21 世纪普通高等教育基础课系列教材

Griffiths
量子力学概论
学习指导与习题解答

胡行　贾瑜　编著

机 械 工 业 出 版 社

本书是主教材《量子力学概论》（翻译版、原书第 12 版）的配套学习指导书，主要内容有波函数、定态薛定谔方程、形式理论、三维空间中的量子力学、全同粒子、不含时微扰理论、变分原理、WKB 近似、含时微扰理论、绝热近似、散射等。本书密切配合主教材，对每一章的主要内容都给出了简明扼要的学习指导，对习题作出了详细解答。本书把理解量子力学的基本原理和方法贯穿在整个解题过程中，突出每一步的物理思想，读者通过学习本书，能够更深入地掌握量子力学的基本原理和方法。

本书适合高等学校物理专业以及相关专业学生使用，同时也可供相关专业的教师、科研人员和工程技术人员参考。

图书在版编目（CIP）数据

Griffiths 量子力学概论学习指导与习题解答/胡行，贾瑜编著．—北京：机械工业出版社，2011.12（2024.6 重印）
21 世纪普通高等教育基础课系列教材
ISBN 978-7-111-36524-2

Ⅰ.①G… Ⅱ.①胡…②贾… Ⅲ.①量子力学-高等学校-教学参考资料 Ⅳ.①O413.1

中国版本图书馆 CIP 数据核字（2011）第 239270 号

机械工业出版社（北京市百万庄大街 22 号 邮政编码 100037）
策划编辑：李永联 责任编辑：李永联 陈崇昱
版式设计：常天培 责任校对：陈秀丽 胡艳萍
封面设计：路恩中 责任印制：邓 博
北京盛通数码印刷有限公司印刷
2024 年 6 月第 1 版 · 第 12 次印刷
184mm×260mm · 27.25 印张 · 672 千字
标准书号：ISBN 978-7-111-36524-2
定价：65.00 元

电话服务	网络服务
客服电话：010-88361066	机 工 官 网：www.cmpbook.com
010-88379833	机 工 官 博：weibo.com/cmp1952
010-68326294	金 书 网：www.golden-book.com
封底无防伪标均为盗版	机工教育服务网：www.cmpedu.com

前　言

Griffiths 教授是美国著名的物理教育学家，他所撰写的许多教材都被美国著名高校所使用。其中，《量子力学概论》一书是美国许多一流理工科大学，包括麻省理工学院（MIT）和加州大学洛杉矶分校（UCLA）等一些著名高校物理系学生的教学用书，在欧美被认为是最合适和最现代的教材之一。《量子力学概论》的英文版和中文翻译版已由机械工业出版社出版发行，深受我国广大读者的欢迎。

Griffiths《量子力学概论》不仅在内容上讲授物理概念清晰、方式简明、易于初学者理解，而且还随书配置了大量有启发性的习题。这些习题除了常见的经典题目外，还有相当一部分与实际问题密切相关，可以让读者充分体会到量子力学在现代科技中的作用。另外，作者还把一些内容转移到了课外习题中，学生通过对这些习题的演算，可以巩固在课堂上所学的内容。总之，作者在习题选择上特别下工夫，与主教材的学习密切结合，十分有特色。

《量子力学概论》的英文版和中文翻译版出版后，许多读者希望见到相应的习题解答和学习指导。Griffiths 教授本人曾对书中的习题给出过解答，应读者的要求，编者编写了这本《Griffiths 量子力学概论学习指导和习题解答》。编者在参考相关文献的基础上，对所有的习题进行了解答，并给出了必要的文字说明，力求使解题思路更加清晰，方式更加简洁。

如何使用好本书对初学量子力学的读者十分重要。正如 Griffiths 教授所说的那样：这不是一个任何人都有直观感觉的课程——这里你们正在开发的是一个全新的肌体，运动锻炼是不可替代的。因此，演算大量的习题是学习量子力学的必备步骤，初学者只有通过对习题的具体演算，才能更深刻理解课本所讲内容。编者不赞成读者在没有对一道题进行深入思考和具体演算之前，就阅读习题解答，这种学习方式有百害而无一利。习题解答仅是在完成习题后用来检验解题思路是否适当、演算方式和答案是否正确的，在与习题解答对比的过程中读者会进一步体会习题所包含的物理内容，很多时候读者自己会发现比习题解答所给方法更好的解答方法。《量子力学概论》中的习题有相当一部分与课本内容有直接联系，编者力图使习题解答能够独立于课本，让使用其他量子力学教材的读者也能顺利阅读本习题解答，但是，由于一部分习题是对课文内容的直接拓展，所以读者最好备有《量子力学概论》英文版或中文翻译版。

在本书的编写过程中，郑州大学物理工程学院胡素垒、侯亚森、刘成延等帮助核算或演算了部分习题，郑州大学李玉晓教授、李新建教授对本书的编写给出过很好的建议，机械工业出版社对本书从策划到最后完稿给了很大的帮助和支持，在此一并表示衷心的感谢！希望本书的出版能够对我国的量子力学教学能起到积极作用。由于编者水平所限，难免有不当之处，欢迎广大读者指正。

编　者

目录

第1章 波函数

本章主要内容

1. 薛定谔方程

微观粒子的状态由一个波函数描写，这个波函数通过解**薛定谔（Schrödinger）**方程得到：

$$i\hbar\frac{\partial\Psi(x,t)}{\partial t}=\left[-\frac{\hbar^2}{2m}\frac{\partial^2}{\partial x^2}+V(x,t)\right]\Psi(x,t)\quad（一维情况）$$

$$i\hbar\frac{\partial\Psi(\boldsymbol{r},t)}{\partial t}=\left[-\frac{\hbar^2}{2m}\nabla^2+V(\boldsymbol{r},t)\right]\Psi(\boldsymbol{r},t)\quad（三维情况）$$

$\hbar$是普朗克（Planck）常数——或者最初的常数（h）除以2π：

$$\hbar=\frac{h}{2\pi}=1.054572\times10^{-34}\,\mathrm{J\cdot s}$$

薛定谔方程的作用和地位从逻辑上讲就像牛顿第二定律：给定适当的初始条件（一般来说，$\Psi(x,0)$），薛定谔方程确定以后所有时刻的波函数$\Psi(x,t)$就像经典力学中牛顿定律确定以后所有时刻的$x(t)$一样。

2. 波函数的统计解诠释

玻恩（Born）关于波函数的统计诠释认为，当一个微观粒子处于状态$\Psi(\boldsymbol{r},t)$时，在t时刻$\boldsymbol{r}$处的体积V内发现这个粒子的概率为

$$\int_V|\Psi(\boldsymbol{r},t)|^2\mathrm{d}^3\boldsymbol{r}=\{在\,t\,时刻发现粒子处于\,V\,内的概率\}$$

所以，$|\Psi(\boldsymbol{r},t)|^2$是概率密度，它给出在$t$时刻$\boldsymbol{r}$处单位体积内发现粒子的概率。由于$|\Psi(\boldsymbol{r},t)|^2$是概率密度，物理上的波函数必须满足归一化条件

$$\int_{整个空间}|\Psi(\boldsymbol{r},t)|^2\mathrm{d}^3\boldsymbol{r}=1$$

物理上的波函数还需满足连续和单值条件。

3. 力学量的期望值、标准差

对一个系综（对大量相同的Ψ态每一个进行测量）测量的统计平均值（期望值）是

$$\langle Q(\boldsymbol{r},\boldsymbol{p})\rangle=\int\Psi^*(\boldsymbol{r},t)\,\hat{Q}(\boldsymbol{r},-i\hbar\nabla)\Psi(\boldsymbol{r},t)\,\mathrm{d}^3\boldsymbol{r}$$

标准差是

$$\sigma_Q=\sqrt{\langle Q^2\rangle-\langle Q\rangle^2}$$

4. 测量对波函数的影响

给定初始波函数，体系的波函数将按薛定谔方程演化，但是，如果对体系进行测量，将

导致波函数的坍缩。对坐标进行测量，如果测量结果是 x_0，波函数将坍缩为 x_0 处的一个尖峰。

题解

＊**习题 1.1** 对于教材 1.3.1 节中所给的年龄分布：

（a）计算 $\langle j^2\rangle$ 和 $\langle j\rangle^2$。

（b）对每一个 j 确定其 Δj，利用式 1.11 计算标准差。

（c）利用（a）和（b）所得结果验证式 1.12。

解：

（a）1.3.1 节中所给的年龄分布为

$$N(14)=1$$
$$N(15)=1$$
$$N(16)=3$$
$$N(22)=2$$
$$N(24)=2$$
$$N(25)=5$$

相应的概率分布由

$$P(j)=N(j)/\sum_{j=0}^{\infty}N(j)$$

确定为

$$P(14)=1/14$$
$$P(15)=1/14$$
$$P(16)=3/14$$
$$P(22)=2/14$$
$$P(24)=2/14$$
$$P(25)=5/14$$

年龄平方的平均值为

$$\begin{aligned}\langle j^2\rangle &= \sum_{j=0}^{\infty}j^2P(j)\\ &= (14)^2\times\frac{1}{14}+(15)^2\times\frac{1}{14}+(16)^2\times\frac{3}{14}+(22)^2\times\frac{2}{14}+(24)^2\times\frac{2}{14}+(25)^2\times\frac{5}{14}\\ &= \frac{6434}{14}=459.571\end{aligned}$$

而年龄平均值的平方为

$$\begin{aligned}\langle j\rangle^2 &= \left[\sum_{j=0}^{\infty}jP(j)\right]^2\\ &= \left(14\times\frac{1}{14}+15\times\frac{1}{14}+16\times\frac{3}{14}+22\times\frac{2}{14}+24\times\frac{2}{14}+25\times\frac{5}{14}\right)^2\\ &= \left(\frac{294}{14}\right)^2=441\end{aligned}$$

（b）由

$$\Delta j = j - \langle j \rangle$$

对应年龄 14，15，16，22，24，25 可分别计算出对应的 $\Delta j = -7, -6, -5, 1, 3, 4$

由

$$\begin{aligned}\sigma^2 &= \langle(\Delta j)^2\rangle \\ &= (-7)^2 \times \frac{1}{14} + (-6)^2 \times \frac{1}{14} + (-5)^2 \times \frac{3}{14} + (1)^2 \times \frac{2}{14} + (3)^2 \times \frac{2}{14} + (4)^2 \times \frac{5}{14} \\ &= \frac{260}{14} = 18.571\end{aligned}$$

得到

$$\sigma = \sqrt{\frac{260}{14}} = \sqrt{18.571} = 4.309$$

(c)

$$\sigma = \sqrt{\langle j^2 \rangle - \langle j \rangle^2} = \sqrt{\frac{6434}{14} - 441} = \sqrt{\frac{260}{14}} = 4.309$$

这与（b）中的结果是一致的。

习题 1.2

(a) 求出例 1.1 中所给分布的标准方差。

(b) 随机拍摄一张照片其显示距离 x 比平均值差一个标准差以上的概率是多少？

例题 1.1 假设我们从高度为 h 的悬崖上释放一块石头。当石头下落时，以随机的间隔，我们拍取了一百万张照片。在每一张照片上我们测量石头已经落下的距离。问：所有这些距离的平均值是多少？也就是说，下降距离的时间平均是多少？

原例题解：石头从静止开始下落，下落过程中逐渐加速；它在靠近悬崖顶端处所花费的时间较多，所以平均距离一定比 $h/2$ 小。忽略空气阻力，距离 x 与下降时间的关系为

$$x(t) = \frac{1}{2}gt^2$$

速度为 $dx/dt = gt$，总下降时间为 $T = \sqrt{2h/g}$。照相机在时间间隔 dt 拍照的概率是 dt/T，所以，一个照片是在处于 dx 间隔内被拍照的概率是

$$\frac{dt}{T} = \frac{dx}{gt}\sqrt{\frac{g}{2h}} = \frac{1}{2\sqrt{hx}}dx$$

很明显，概率密度是

$$\rho(x) = \frac{1}{2\sqrt{hx}} \quad (0 \leqslant x \leqslant h)$$

（当然，超出这个区间，概率密度是零）。

解：(a)

$$\langle x\rangle = \int_0^h x\frac{1}{2\sqrt{hx}}\mathrm{d}x = \frac{1}{2\sqrt{h}}\left(\frac{2}{3}x^{3/2}\right)\Big|_0^h = \frac{h}{3}$$

$$\langle x^2\rangle = \int_0^h x^2\frac{1}{2\sqrt{hx}}\mathrm{d}x = \frac{1}{2\sqrt{h}}\left(\frac{2}{5}x^{5/2}\right)\Big|_0^h = \frac{1}{5}h^2$$

$$\sigma_x = \sqrt{\langle x^2\rangle - \langle x\rangle^2} = \sqrt{\frac{1}{5}h^2 - \left(\frac{1}{3}h\right)^2} = \sqrt{\frac{4}{45}}h = 0.2981h$$

(b) 设

$$x_+ = \langle x\rangle + \sigma_x = \frac{h}{3} + \sqrt{\frac{4}{45}}h = \frac{1}{3}\left(1+\sqrt{\frac{4}{5}}\right)h$$

$$x_- = \langle x\rangle - \sigma_x = \frac{h}{3} - \sqrt{\frac{4}{45}}h = \frac{1}{3}\left(1-\sqrt{\frac{4}{5}}\right)h$$

随机拍摄一张照片，其显示距离 x 比平均值差一个标准差以上的概率是

$$P(x > x_+ \text{且} x < x_-) = 1 - \int_{x_-}^{x_+}\rho(x)\mathrm{d}x = 1 - \int_{x_-}^{x_+}\frac{1}{2\sqrt{hx}}\mathrm{d}x$$

$$= 1 - \frac{1}{2\sqrt{h}}(2\sqrt{x})\Big|_{x_-}^{x_+} = 1 - \left[\sqrt{\frac{1}{3}\left(1+\sqrt{\frac{4}{5}}\right)} - \sqrt{\frac{1}{3}\left(1-\sqrt{\frac{4}{5}}\right)}\right]$$

$$\approx 1 - (\sqrt{0.6315} - \sqrt{0.0352}) \approx 0.393$$

***习题 1.3** 考虑高斯（Gaussian）分布

$$\rho(x) = A\mathrm{e}^{-\lambda(x-a)^2}$$

其中 A，a 和 λ 为正的实数（查阅你所需要的积分公式）。

(a) 利用公式 1.16 确定 A。

(b) 求出 $\langle x\rangle$，$\langle x^2\rangle$ 和 σ。

(c) 画出 $\rho(x)$ 的草图。

解： 由

$$\int_{-\infty}^{+\infty}\rho(x)\mathrm{d}x = 1$$

及定积分公式

$$\int_0^{+\infty}\mathrm{e}^{-\lambda x^2}\mathrm{d}x = \frac{1}{2}\sqrt{\frac{\pi}{\lambda}} \quad (\lambda > 0)$$

作变量代换，令 $\xi = x - a$，则 $\mathrm{d}\xi = \mathrm{d}x$，$\xi \in (-\infty, +\infty)$

$$\int_{-\infty}^{+\infty}A\mathrm{e}^{-\lambda(x-a)^2}\mathrm{d}x = \int_{-\infty}^{+\infty}A\mathrm{e}^{-\lambda\xi^2}\mathrm{d}\xi = 2A\int_0^{+\infty}\mathrm{e}^{-\lambda\xi^2}\mathrm{d}\xi = A\sqrt{\frac{\pi}{\lambda}} = 1$$

所以

$$A = \sqrt{\frac{\lambda}{\pi}}$$

(b)

$$\langle x\rangle = \int_{-\infty}^{+\infty} Ax\mathrm{e}^{-\lambda(x-a)^2}\mathrm{d}x = \int_{-\infty}^{+\infty} A(\xi+a)\mathrm{e}^{-\lambda\xi^2}\mathrm{d}\xi$$

$$= A\int_{-\infty}^{+\infty}\xi\mathrm{e}^{-\lambda\xi^2}\mathrm{d}\xi + Aa\int_{-\infty}^{+\infty}\mathrm{e}^{-\lambda\xi^2}\mathrm{d}\xi$$

$$= 0 + 2Aa\int_{0}^{+\infty}\mathrm{e}^{-\lambda\xi^2}\mathrm{d}\xi = Aa\sqrt{\frac{\pi}{\lambda}} = a$$

其中，第一项的积分结果是利用了$\xi\mathrm{e}^{-\lambda\xi^2}$是奇函数的性质。

$$\langle x^2\rangle = \int_{-\infty}^{+\infty} Ax^2\mathrm{e}^{-\lambda(x-a)^2}\mathrm{d}x = \int_{-\infty}^{+\infty} A(\xi+a)^2\mathrm{e}^{-\lambda\xi^2}\mathrm{d}\xi$$

$$= A\int_{-\infty}^{+\infty}\xi^2\mathrm{e}^{-\lambda\xi^2}\mathrm{d}\xi + 2Aa\int_{-\infty}^{+\infty}\xi\mathrm{e}^{-\lambda\xi^2}\mathrm{d}\xi + Aa^2\int_{-\infty}^{+\infty}\mathrm{e}^{-\lambda\xi^2}\mathrm{d}\xi$$

$$= A\int_{-\infty}^{+\infty}\xi^2\mathrm{e}^{-\lambda\xi^2}\mathrm{d}\xi + 0 + a^2$$

利用定积分公式

$$\int_{0}^{+\infty} x^{2n}\mathrm{e}^{-\lambda x^2}\mathrm{d}x = \frac{(2n-1)!!}{2^{n+1}\lambda^n}\sqrt{\frac{\pi}{\lambda}} \quad (\lambda>0)$$

所以

$$\langle x^2\rangle = A\int_{-\infty}^{+\infty}\xi^2\mathrm{e}^{-\lambda\xi^2}\mathrm{d}\xi + a^2 = 2A\int_{0}^{+\infty}\xi^2\mathrm{e}^{-\lambda\xi^2}\mathrm{d}\xi + a^2$$

$$= 2A\frac{1}{4\lambda}\sqrt{\frac{\pi}{\lambda}} + a^2 = \frac{1}{2\lambda} + a^2$$

标准差为

$$\sigma_x = \sqrt{\langle x^2\rangle - \langle x\rangle^2} = \sqrt{\frac{1}{2\lambda} + a^2 - a^2} = \sqrt{\frac{1}{2\lambda}}$$

(c) $\rho(x) = \sqrt{\frac{\lambda}{\pi}}\mathrm{e}^{-\lambda(x-a)^2}$的示意图如图1-1所示，可以看出，这个图是以$a$为中心的高斯分布，$x=a$时概率最大，$a$既是分布的中值，又是平均值；$\lambda$是衡量分布的标准差（这个图可以用Origin软件，通过设置x和$\rho(x)$的值画出，当然需要指定λ和a的值）。

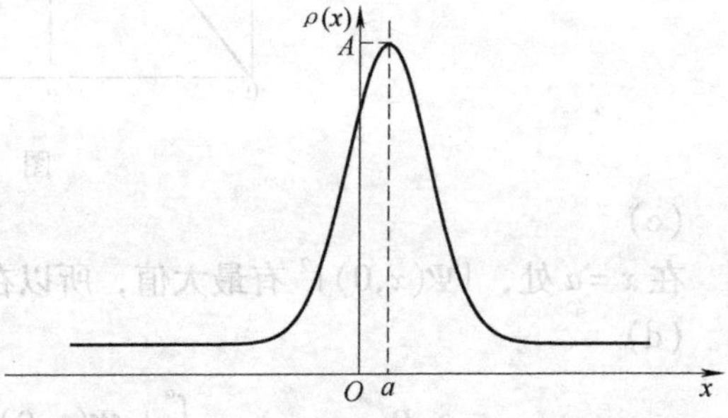

图 1-1

习题 1.4 在$t=0$时刻一粒子由下面的波函数描述

$$\Psi(x,0) = \begin{cases} A\dfrac{x}{a} & (0\leqslant x\leqslant a) \\ A\dfrac{(b-x)}{(b-a)} & (a\leqslant x\leqslant b) \\ 0 & (\text{其他地方}) \end{cases}$$

式中，A，a和b是常实数。

（a）归一化 Ψ（即求出以 a 和 b 表示的 A）。

（b）作为 x 的函数画出 $\Psi(x,0)$ 的草图。

（c）在 $t=0$ 时刻在哪里最有可能发现粒子？

（d）在 a 的左边发现粒子的概率是多少？对 $b=a$ 和 $b=2a$ 两种极限情况验证你的结果。

（e）x 的期望值是多少？

解：（a）

$$1=\int_{-\infty}^{+\infty}|\Psi(x,0)|^2\mathrm{d}x=|A|^2\left[\int_0^a\frac{x^2}{a^2}\mathrm{d}x+\int_a^b\frac{(b-x)^2}{(b-a)^2}\mathrm{d}x\right]$$

$$=|A|^2\left[\frac{a}{3}+\frac{(b-a)}{3}\right]=|A|^2\frac{b}{3}$$

所以

$$A=\sqrt{\frac{3}{b}}\quad\text{（不考虑可能的相因子，以后都是如此）}$$

（b）$\Psi(x,0)$ 的示意图如图 1-2 所示。

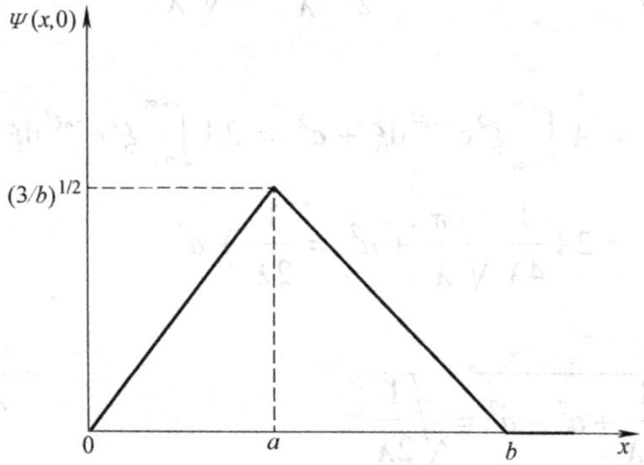

图 1-2

（c）

在 $x=a$ 处，$|\Psi(x,0)|^2$ 有最大值，所以在此处发现粒子的概率最大。

（d）

$$P(x<a)=\int_0^a|\Psi(x,0)|^2\mathrm{d}x=\frac{3}{b}\int_0^a\frac{x^2}{a^2}\mathrm{d}x=\frac{a}{b}$$

当 $b=a$ 时，在 b 左边发现粒子的概率是 1；当 $b=2a$ 时，发现粒子的概率是 1/2。

（e）

$$\langle x\rangle=\int_{-\infty}^{+\infty}\Psi^*(x,0)x\Psi(x,0)\mathrm{d}x=\frac{3}{b}\left[\int_0^a\frac{x^3}{a^2}\mathrm{d}x+\int_a^b\frac{x(b-x)^2}{(b-a)^2}\mathrm{d}x\right]$$

$$=\frac{2a+b}{4}$$

*** 习题 1.5** 考虑波函数

$$\Psi(x,t)=A\mathrm{e}^{-\lambda|x|}\mathrm{e}^{-\mathrm{i}\omega t}$$

式中，A，λ 和 ω 是正的实数。

（a）归一化 Ψ。

（b）求出 x 和 x^2 的期望值。

（c）求出 x 的标准差。作为 x 的函数，画出 $|\Psi|^2$ 的图像，并标出点 $(\langle x\rangle+\sigma)$ 和 $(\langle x\rangle-\sigma)$，解释在何种意义上 σ 代表 x 的"弥散"。在这个区域之外发现粒子的概率是多少？

解：（a）

$$1=\int_{-\infty}^{+\infty}|\Psi(x,t)|^2\mathrm{d}x=|A|^2\int_{-\infty}^{+\infty}\mathrm{e}^{-2\lambda|x|}\mathrm{d}x=2|A|^2\int_0^{+\infty}\mathrm{e}^{-2\lambda x}\mathrm{d}x=\frac{|A|^2}{\lambda}$$

所以 $$|A|^2=\lambda\text{，即 }A=\sqrt{\lambda}$$

（b）

$$\langle x\rangle=\int_{-\infty}^{+\infty}x|\Psi(x,t)|^2\mathrm{d}x=\lambda\int_{-\infty}^{+\infty}x\mathrm{e}^{-2\lambda|x|}\mathrm{d}x=0$$

（利用了奇函数的性质）

$$\langle x^2\rangle=\int_{-\infty}^{+\infty}x^2|\Psi(x,t)|^2\mathrm{d}x=2\lambda\int_0^{+\infty}x^2\mathrm{e}^{-2\lambda x}\mathrm{d}x=2\lambda\left[\frac{2}{(2\lambda)^3}\right]=\frac{1}{2\lambda^2}$$

（c）

$$\sigma_x=\sqrt{\langle x^2\rangle-\langle x\rangle^2}=\frac{1}{\sqrt{2}\lambda}$$

$|\Psi|^2$ 的图像如图 1-3 所示。

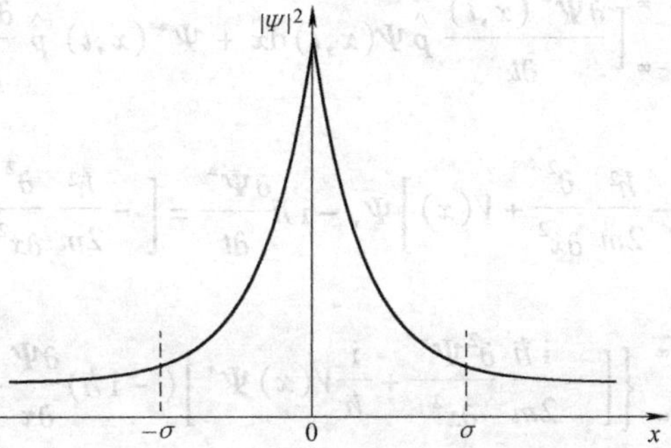

图 1-3

$$P(|x|>\sigma)=2\int_\sigma^\infty|\Psi(x,t)|^2\mathrm{d}x=2\lambda\int_\sigma^\infty\mathrm{e}^{-2\lambda|x|}\mathrm{d}x=\mathrm{e}^{-2\lambda\sigma}=\mathrm{e}^{-\sqrt{2}}=0.2431$$

在区间 $(-\sigma,\sigma)$ 内，$|\Psi|^2$ 有较大的值，发现粒子的概率主要集中在这个区间。σ 越大，这个区间就越大，对系综多次测量 x 所得结果中与平均值的差别较大的次数就越多，即 x 的弥散就越大。

习题 1.6 为什么你不能直接对式 1.29 的中间一步进行分部积分——转化为对 x 的时间导数，利用 $\partial x/\partial t=0$ 得到 $\mathrm{d}\langle x\rangle/\mathrm{d}t=0$ 的结论？

解：在课本中式 1.29 为

$$\frac{\mathrm{d}\langle x\rangle}{\mathrm{d}t}=\int x\frac{\partial}{\partial t}|\Psi|^2\mathrm{d}x$$

因为

$$\frac{\partial}{\partial t}(x|\Psi|^2)=\frac{\partial x}{\partial t}|\Psi|^2+x\frac{\partial|\Psi|^2}{\partial t}=x\frac{\partial|\Psi|^2}{\partial t}$$

所以有

$$\int x\frac{\partial}{\partial t}|\Psi|^2\mathrm{d}x=\int\frac{\partial}{\partial t}(x|\Psi|^2)\mathrm{d}x$$

但是

$$\int_a^b x\frac{\partial}{\partial t}|\Psi|^2\mathrm{d}x=\int_a^b\frac{\partial}{\partial t}(x|\Psi|^2)\mathrm{d}x\neq(x|\Psi|^2)\big|_a^b$$

因为这里积分是对 x 的，被积函数中却是对 t 求导。

习题 1.7 计算 $\mathrm{d}\langle p\rangle/\mathrm{d}t$。答案：

$$\frac{\mathrm{d}\langle p\rangle}{\mathrm{d}t}=\left\langle-\frac{\partial V}{\partial x}\right\rangle$$

式 1.32（或式 1.33 的第一部分）和式 1.38 是**恩费斯脱［Ehrenfest］定理**之例，这个定理告诉我们期望值遵从经典定律。

解：

$$\frac{\mathrm{d}\langle p\rangle}{\mathrm{d}t}=\frac{\mathrm{d}}{\mathrm{d}t}\int_{-\infty}^{+\infty}\Psi^*(x,t)\,\hat{p}\,\Psi(x,t)\mathrm{d}x$$

$$=\int_{-\infty}^{+\infty}\left[\frac{\partial\Psi^*(x,t)}{\partial t}\hat{p}\,\Psi(x,t)\mathrm{d}x+\Psi^*(x,t)\,\hat{p}\,\frac{\partial\Psi(x,t)}{\partial t}\right]\mathrm{d}x$$

利用薛定谔方程

$$\mathrm{i}\hbar\frac{\partial\Psi}{\partial t}=\left[-\frac{\hbar^2}{2m}\frac{\partial^2}{\partial x^2}+V(x)\right]\Psi,\ -\mathrm{i}\hbar\frac{\partial\Psi^*}{\partial t}=\left[-\frac{\hbar^2}{2m}\frac{\partial^2}{\partial x^2}+V(x)\right]\Psi^*$$

并代入 $\hat{p}=-\mathrm{i}\hbar\partial/\partial x$

$$\frac{\mathrm{d}\langle p\rangle}{\mathrm{d}t}=\int_{-\infty}^{+\infty}\left\{\left[-\frac{\mathrm{i}\hbar}{2m}\frac{\partial^2\Psi^*}{\partial x^2}+\frac{\mathrm{i}}{\hbar}V(x)\Psi^*\right](-\mathrm{i}\hbar)\frac{\partial\Psi}{\partial x}+\right.$$

$$\left.\Psi^*(x,t)\left(-\mathrm{i}\hbar\frac{\partial}{\partial x}\right)\left[\frac{\mathrm{i}\hbar}{2m}\frac{\partial^2\Psi}{\partial x^2}-\frac{\mathrm{i}}{\hbar}V(x)\Psi\right]\right\}\mathrm{d}x$$

$$=\int_{-\infty}^{+\infty}\left\{-\frac{\hbar^2}{2m}\frac{\partial^2\Psi^*}{\partial x^2}\frac{\partial\Psi}{\partial x}+\frac{\hbar^2}{2m}\Psi^*\frac{\partial^3\Psi}{\partial x^3}+\Psi^*\left[-\frac{\partial V(x)}{\partial x}\right]\Psi\right\}\mathrm{d}x$$

对第一项分部积分两次，并利用边界条件（当 $x=\pm\infty$ 时，波函数及其导数为零），前面两项相互抵消，最后有

$$\frac{\mathrm{d}\langle p\rangle}{\mathrm{d}t}=\int_{-\infty}^{+\infty}\Psi^*\left[-\frac{\partial V(x)}{\partial x}\right]\Psi\mathrm{d}x=\left\langle-\frac{\partial V}{\partial x}\right\rangle$$

这就是量子力学中的牛顿运动方程。

（在学习第 3 章后，我们有更简洁的方法处理本题。

$$\frac{\mathrm{d}\langle p\rangle}{\mathrm{d}t}=\frac{\mathrm{d}}{\mathrm{d}t}\langle\Psi|\hat{p}|\Psi\rangle=\frac{1}{\mathrm{i}\hbar}\langle\Psi|(\hat{p}\hat{H}-\hat{H}\hat{p})|\Psi\rangle$$

利用哈密顿算符与动量算符的对应关系

$$\hat{p}\hat{H}-\hat{H}\hat{p}=\hat{p}V(x)-V(x)\hat{p}=-\mathrm{i}\hbar\frac{\partial V(x)}{\partial x}$$

所以

$$\frac{\mathrm{d}\langle p\rangle}{\mathrm{d}t}=\left\langle \Psi\left|\left(-\frac{\partial V}{\partial x}\right)\right|\Psi\right\rangle=\left\langle -\frac{\partial V}{\partial x}\right\rangle$$

习题 1.8　假定你在势能中增加了一个常数势 V_0（这里常数表示它不依赖于 x 和 t）。在经典力学中这不改变任何事情，但是在量子力学中如何？证明波函数将增加一个依赖时间的相因子：$\exp(-\mathrm{i}V_0t/\hbar)$。这对力学量的期望值有什么影响？

解：设 $\Psi(x,t)$是薛定谔方程

$$\mathrm{i}\hbar\frac{\partial\Psi(x,t)}{\partial t}=\left[-\frac{\hbar^2}{2m}\frac{\partial^2}{\partial x^2}+V(x)\right]\Psi(x,t)$$

的解，那么可以证明 $\Phi(x,t)=\exp(-\mathrm{i}V_0t/\hbar)\Psi(x,t)$将是薛定谔方程

$$\mathrm{i}\hbar\frac{\partial\Phi(x,t)}{\partial t}=\left[-\frac{\hbar^2}{2m}\frac{\partial^2}{\partial x^2}+V(x)+V_0\right]\Phi(x,t)$$

的解。将 $\Phi(x,t)=\exp(-\mathrm{i}V_0t/\hbar)\Psi(x,t)$代入，得到

$$\mathrm{i}\hbar\exp(-\mathrm{i}V_0t/\hbar)\frac{\partial\Psi(x,t)}{\partial t}+V_0\exp(-\mathrm{i}V_0t/\hbar)\Psi(x,t)$$

$$=\exp(-\mathrm{i}V_0t/\hbar)\left[-\frac{\hbar^2}{2m}\frac{\partial^2}{\partial x^2}+V(x)+V_0\right]\Psi(x,t)$$

消去两边相同的项和公共因子 $\exp(-\mathrm{i}V_0t/\hbar)$后，得到

$$\mathrm{i}\hbar\frac{\partial\Psi(x,t)}{\partial t}=\left[-\frac{\hbar^2}{2m}\frac{\partial^2}{\partial x^2}+V(x)\right]\Psi(x,t)$$

所以势能中增加了一个常数势，波函数将增加一个依赖时间的相因子：$\exp(-\mathrm{i}V_0t/\hbar)$。显然

$$|\Phi(x,t)|^2=|\Psi(x,t)|^2$$

概率密度不变。若力学量不显含时间（实际上只要力学量算符不含有对后面波函数对时间的求导运算，我们的结论就成立，我们几乎从来没有遇到算符中含有对时间的求导运算），则

$$\int\Phi^*(x,t)\,\hat{F}(x,\hat{p})\,\Phi(x,t)\,\mathrm{d}x=\int\Psi^*(x,t)\,\hat{F}(x,\hat{p})\,\Psi(x,t)\,\mathrm{d}x$$

期望值也不改变。

***习题 1.9**　一个质量为 m 的粒子处于态

$$\Psi(x,t)=A\mathrm{e}^{-a[(mx^2/\hbar)+\mathrm{i}t]}$$

式中，A 和 a 为正的实数。

（a）求出 A。

（b）对什么样的势能函数 $V(x)$，这个 Ψ 满足薛定谔方程。

（c）计算 x，x^2，p 和 p^2 的期望值。

（d）求出 σ_x 和 σ_p，它们的积满足测不准关系吗?

解：（a）由归一化

$$1=\int_{-\infty}^{+\infty}|\Psi(x,t)|^2\mathrm{d}x=|A|^2\int_{-\infty}^{+\infty}\exp(-2amx^2/\hbar)\mathrm{d}x=|A|^2\sqrt{\frac{\hbar\pi}{2am}}$$

所以
$$A=\left(\frac{2am}{\hbar\pi}\right)^{1/4}$$

（b）在第2章，我们将讨论一维谐振子，你将发现势能 $\frac{1}{2}m\omega^2x^2$ 会得到这样的波函数解。不过现在我们打算直接从薛定谔方程

$$\mathrm{i}\hbar\frac{\partial\Psi(x,t)}{\partial t}=\left[-\frac{\hbar^2}{2m}\frac{\partial^2}{\partial x^2}+V(x)\right]\Psi(x,t)$$

得到对应的势能。把所给的波函数代入薛定谔方程，经过对 t 和 x 的求导运算后，得到

$$\hbar a\Psi(x,t)=-\frac{\hbar^2}{2m}\left[\left(-\frac{2am}{\hbar}\right)+\left(-\frac{2amx}{\hbar}\right)^2\right]\Psi(x,t)+V(x)\Psi(x,t)$$

两边消去相同的项后，得到

$$V(x)=2a^2mx^2$$

注意：如果令 $a=\omega/2$。则 $V(x)=\frac{1}{2}m\omega^2x^2$，所给的波函数其实就是一维谐振子的基态，对应的基态能量是 $E_0=\frac{1}{2}\hbar\omega=\hbar a$，在第2章将会看到这些结果。

（c）

$$\langle x\rangle=\int_{-\infty}^{+\infty}x|\Psi|^2\mathrm{d}x=0(\text{被积函数是奇函数})$$

$$\langle x^2\rangle=\int_{-\infty}^{+\infty}x^2|\Psi|^2\mathrm{d}x=|A|^2\int_{-\infty}^{+\infty}x^2\mathrm{e}^{-2amx^2/\hbar}\mathrm{d}x$$

$$=2|A|^2\frac{1}{2^2(2am/\hbar)}\sqrt{\frac{\pi}{(2am/\hbar)}}=\frac{\hbar}{4am}$$

$$\langle p\rangle=m\frac{\mathrm{d}\langle x\rangle}{\mathrm{d}t}=0$$

$$\langle p^2\rangle=\int_{-\infty}^{+\infty}\Psi^*(-\mathrm{i}\hbar\partial/\partial x)^2\Psi\mathrm{d}x=-\hbar^2\int_{-\infty}^{+\infty}\Psi^*\left[-\frac{2am}{\hbar}\left(1-\frac{2amx^2}{\hbar}\right)\right]\Psi\mathrm{d}x$$

$$=2am\hbar\int_{-\infty}^{+\infty}|\Psi|^2\mathrm{d}x-(2am)^2\int_{-\infty}^{+\infty}x^2|\Psi|^2\mathrm{d}x$$

$$=2am\hbar-(2am)^2\langle x^2\rangle=2am\hbar-(2am)^2\frac{\hbar}{4am}=am\hbar$$

（d）

$$\sigma_x=\sqrt{\langle x^2\rangle-\langle x\rangle^2}=\sqrt{\frac{\hbar}{4am}}$$

$$\sigma_p = \sqrt{\langle p^2 \rangle - \langle p \rangle^2} = \sqrt{am\,\hbar}$$

$$\sigma_x \sigma_p = \sqrt{\frac{\hbar}{4am}} \cdot \sqrt{am\,\hbar} = \frac{\hbar}{2}$$

这刚好是不确定原理的下限。

第1章补充习题解答

习题1.10 考虑π的前25位数（3，1，4，1，5，9，…）

（a）如果随机从这些数字中选取一个，得到10个数字（0~9）中每一个的概率是多少？

（b）最概然的数字是哪一个？

（c）给出这个分布的标准差。

解：圆周率的前25位数：π=3.141592653589793238462643。由

$$P(j) = \frac{N(j)}{\sum_j N(j)}$$

可以求出

$$\begin{aligned}
N(0) &= 0 & P(0) &= 0 \\
N(1) &= 2 & P(1) &= 2/25 \\
N(2) &= 3 & P(2) &= 3/25 \\
N(3) &= 5 & P(3) &= 5/25 \\
N(4) &= 3 & P(4) &= 3/25 \\
N(5) &= 3 & P(5) &= 3/25 \\
N(6) &= 3 & P(6) &= 3/25 \\
N(7) &= 1 & P(7) &= 1/25 \\
N(8) &= 2 & P(8) &= 2/25 \\
N(9) &= 3 & P(9) &= 3/25
\end{aligned}$$

概然

（b）显然，最可几数字是3，它出现的概率最大，为1/5。

（c）

$$\langle j \rangle = \sum_{j=0}^{9} jP(j) = 128/25 = 4.72$$

$$\langle j^2 \rangle = \sum_{j=0}^{9} j^2 P(j) = 710/25 = 28.4$$

$$\sigma = \sqrt{\langle j^2 \rangle - \langle j \rangle^2} = \frac{\sqrt{1366}}{25} = 2.474$$

（一个有趣的小插曲：在网络上你可以查到，曾有人编诗来记忆圆周率，山巅一寺一壶酒（3.14159），尔乐苦煞吾（26535），把酒吃，酒杀尔（897932），杀不死，乐而乐（384626）。）

习题 1.11 一个破损汽车的速度表指针可以自由摆动，并且当碰到表盘指示两端柱时理想返回，所以如果你拨动指针后它可能停止在 0 到 π 之间的任何角度。

(a) 求出概率密度 $\rho(\theta)$。提示：$\rho(\theta)\,d\theta$ 是指针将停留在 θ 到 $(\theta+d\theta)$ 之间的概率。作为 θ 的函数画出 $-\pi/2$ 到 $3\pi/2$ 之间的 $\rho(\theta)$（当然这个区间内部分地方指针是不能到达的，所以这些地方的 $\rho=0$），注意总概率是 1。

(b) 对这个分布计算 $\langle\theta\rangle$，$\langle\theta^2\rangle$ 及 σ_θ。

(c) 计算 $\langle\sin\theta\rangle$，$\langle\cos\theta\rangle$ 及 $\langle\cos^2\theta\rangle$。

解:

(a) 指针停在 0 到 π 之间任何角度的概率都一样，所以概率密度为

$$\rho(\theta)=\begin{cases}\dfrac{1}{\pi} & (0\leqslant\theta\leqslant\pi)\\ 0 & (\text{其他})\end{cases}$$

图像如图 1-4 所示。

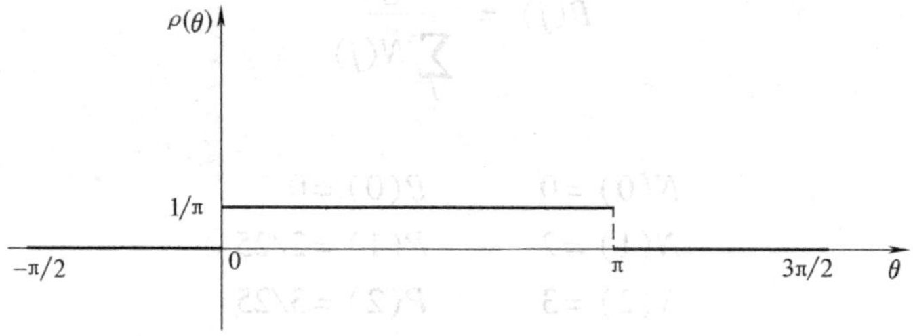

图 1-4

(b)

$$\langle\theta\rangle=\int_0^\pi\theta\rho(\theta)\,d\theta=\frac{1}{\pi}\int_0^\pi\theta d\theta=\frac{\pi}{2}$$

$$\langle\theta^2\rangle=\int_0^\pi\theta^2\rho(\theta)\,d\theta=\frac{1}{\pi}\int_0^\pi\theta^2 d\theta=\frac{\pi^2}{3}$$

$$\sigma_\theta=\sqrt{\langle\theta^2\rangle-\langle\theta\rangle^2}=\frac{\pi}{2\sqrt{3}}$$

(c)

$$\langle\sin\theta\rangle=\int_0^\pi\sin\theta\rho(\theta)\,d\theta=\frac{1}{\pi}\int_0^\pi\sin\theta d\theta=\frac{2}{\pi}$$

$$\langle\cos\theta\rangle=\int_0^\pi\cos\theta\rho(\theta)\,d\theta=\frac{1}{\pi}\int_0^\pi\cos\theta d\theta=0$$

$$\langle\cos^2\theta\rangle=\int_0^\pi\cos^2\theta\rho(\theta)\,d\theta=\frac{1}{\pi}\int_0^\pi\cos^2\theta d\theta=\frac{1}{\pi}\left(\frac{\theta}{2}+\frac{1}{2}\sin\theta\cos\theta\right)\Bigg|_0^\pi=\frac{1}{2}$$

习题 1.12 接上题，不过我们现在对指针所指示位置的 x 坐标感兴趣，也就是说，指针在水平线上的投影位置。

(a) 求出概率密度 $\rho(x)$。画出从 $-2r$ 到 $2r$ 之间的 $\rho(x)$，其中 r 是指针的长度。确认总

概率是1。提示：$\rho(x)\mathrm{d}x$ 是指针投影处在 x 到 $x+\mathrm{d}x$ 之间的概率。从上题你已经知道了 θ 处在某个范围的概率；现在的问题是，对应间隔 $\mathrm{d}\theta$ 的间隔 $\mathrm{d}x$ 是什么？

（b）对这个分布计算 $\langle x\rangle$，$\langle x^2\rangle$ 及 σ_x。解释如何从上题的（c）的结果得到现在的结果。

解：

（a）由

$$x=r\cos\theta,\quad \mathrm{d}x=-r\sin\theta\mathrm{d}\theta$$

$$\rho(x)|\mathrm{d}x|=\rho(\theta)|\mathrm{d}\theta|$$

可以得到

$$\rho(x)=\frac{1}{\pi\sqrt{r^2-x^2}}\quad(-r<x<r,\text{已归一化})$$

图像如图1-5所示。

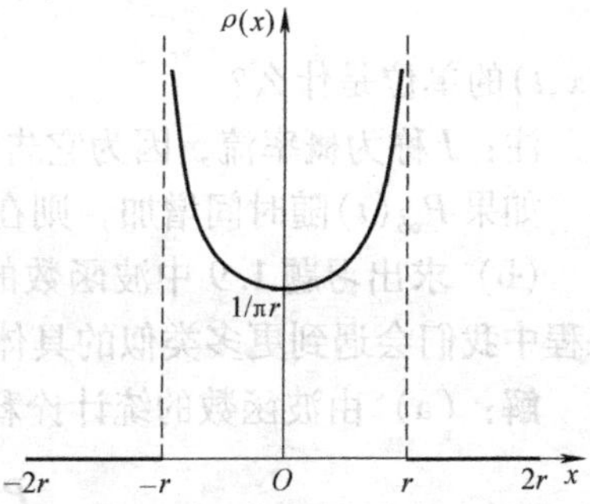

图 1-5

（b）

$$\langle x\rangle=\int_{-r}^{r}x\rho(x)\mathrm{d}x=\int_{-r}^{r}\frac{x\mathrm{d}x}{\pi\sqrt{r^2-x^2}}=0$$

$$\langle x^2\rangle=\int_{-r}^{r}x^2\rho(x)\mathrm{d}x=\int_{-r}^{r}\frac{x^2\mathrm{d}x}{\pi\sqrt{r^2-x^2}}=\frac{1}{2}r^2$$

$$\sigma_x=\sqrt{\langle x^2\rangle-\langle x\rangle^2}=\frac{r}{\sqrt{2}}$$

由上题的结果

$$\langle x\rangle=\langle r\cos\theta\rangle=\int_0^{\pi}r\cos\theta\rho(\theta)\mathrm{d}\theta=\frac{r}{\pi}\int_0^{\pi}\cos\theta\mathrm{d}\theta=0$$

$$\langle x^2\rangle=\langle r^2\cos^2\theta\rangle=\int_0^{\pi}r^2\cos^2\theta\rho(\theta)\mathrm{d}\theta=\frac{r^2}{\pi}\int_0^{\pi}\cos^2\theta\mathrm{d}\theta=\frac{r^2}{\pi}\left(\frac{\theta}{2}+\frac{1}{2}\sin\theta\cos\theta\right)\Bigg|_0^{\pi}=\frac{r^2}{2}$$

** **习题1.13** 布丰（Buffon）投针。一张纸上画有间距为 l 的平行线，一个长度为 l 的针随机掷向纸面。问针和一条线相交的概率是多少？

解：如图1-6所示，设一次随机投掷针的中心与最近的平行线距离为 x，显然有 $0\leqslant x\leqslant l/2$，针中心处于间隔 $\mathrm{d}x$ 的概率为 $\dfrac{\mathrm{d}x}{l/2}$。设 θ 为针与平行线方向交角的锐角，$0\leqslant\theta\leqslant\pi/2$，这个角度处于 $\mathrm{d}\theta$ 内的概率为 $\dfrac{\mathrm{d}\theta}{\pi/2}$。$x$，$\theta$ 是两个独立变量，针中心处于 $\mathrm{d}x$ 同时交角处于 $\mathrm{d}\theta$ 的概率为（两概率之积）

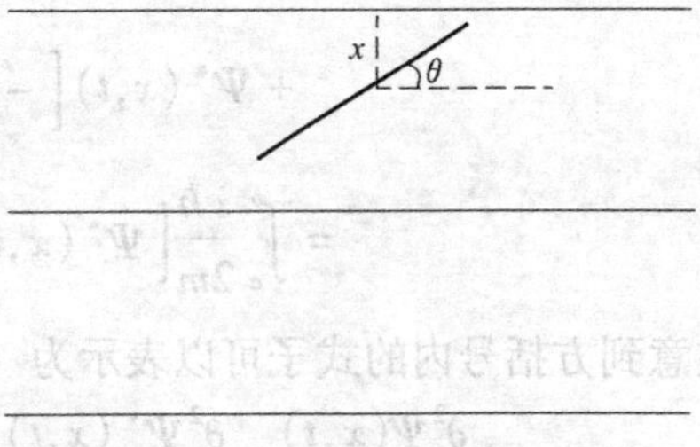

图 1-6

$$\frac{\mathrm{d}x\mathrm{d}\theta}{l\pi/4}$$

只有当 $x\leqslant\dfrac{l}{2}\sin\theta$ 时，针与平行线相交。这个条件概

率是

$$P=\int_0^{\pi/2}\int_0^{l\sin\theta/2}\frac{\mathrm{d}x\mathrm{d}\theta}{l\pi/4}=\frac{2}{\pi}$$

注：在网上可以检索到布丰投针的有趣故事，由布丰投针可以确定圆周率的值。

习题1.14 设 $P_{ab}(t)$ 是在 t 时刻发现粒子处在区间（$a<x<b$）内的概率。

（a）证明

$$\frac{\mathrm{d}P_{ab}}{\mathrm{d}t}=J(a,t)-J(b,t)$$

其中

$$J(x,t)\equiv\frac{\mathrm{i}\hbar}{2m}\left(\Psi\frac{\partial\Psi^*}{\partial x}-\Psi^*\frac{\partial\Psi}{\partial x}\right)$$

$J(x,t)$ 的单位是什么？

注：J 称为概率流，因为它告诉你“流”过 x 点的概率的速率。

如果 $P_{ab}(t)$ 随时间增加，则在一端流进这个区域的概率比在另一端流出的大。

（b）求出习题1.9中波函数的概率流（这并不是一个非常简单的例子，恐怕在以后的课程中我们会遇到更多类似的具体问题）。

解：（a）由波函数的统计诠释，在 t 时刻发现粒子处在区间（$a<x<b$）内的概率是

$$P_{ab}=\int_a^b\Psi^*(x,t)\Psi(x,t)\mathrm{d}x$$

求这个概率对时间的变化率

$$\frac{\mathrm{d}P_{ab}}{\mathrm{d}t}=\int_a^b\left[\frac{\partial\Psi^*(x,t)}{\partial t}\Psi(x,t)+\Psi^*(x,t)\frac{\partial\Psi(x,t)}{\partial t}\right]\mathrm{d}x$$

代入薛定谔方程

$$\mathrm{i}\hbar\frac{\partial\Psi}{\partial t}=-\frac{\hbar^2}{2m}\frac{\partial^2\Psi}{\partial x^2}+V(x)\Psi$$

及其共轭式

$$-\mathrm{i}\hbar\frac{\partial\Psi^*}{\partial t}=-\frac{\hbar^2}{2m}\frac{\partial^2\Psi^*}{\partial x^2}+V(x)\Psi^*$$

把对时间的导数转换为对坐标的导数

$$\begin{aligned}\frac{\mathrm{d}P_{ab}}{\mathrm{d}t}&=\int_a^b\left\{\left[\frac{\hbar}{2\mathrm{i}m}\frac{\partial^2\Psi^*(x,t)}{\partial x^2}-\frac{1}{\mathrm{i}\hbar}V(x)\Psi^*(x,t)\right]\Psi(x,t)\right.\\&\quad\left.+\Psi^*(x,t)\left[-\frac{\hbar}{2\mathrm{i}m}\frac{\partial^2\Psi(x,t)}{\partial x^2}+\frac{1}{\mathrm{i}\hbar}V(x)\Psi(x,t)\right]\right\}\mathrm{d}x\\&=\int_a^b\frac{\mathrm{i}\hbar}{2m}\left[\Psi^*(x,t)\frac{\partial^2\Psi(x,t)}{\partial x^2}-\frac{\partial^2\Psi^*(x,t)}{\partial x^2}\Psi(x,t)\right]\mathrm{d}x\end{aligned}$$

注意到方括号内的式子可以表示为

$$\Psi^*(x,t)\frac{\partial^2\Psi(x,t)}{\partial x^2}-\frac{\partial^2\Psi^*(x,t)}{\partial x^2}\Psi(x,t)=\frac{\partial}{\partial x}\left[\Psi^*(x,t)\frac{\partial\Psi(x,t)}{\partial x}-\frac{\partial\Psi^*(x,t)}{\partial x}\Psi(x,t)\right]$$

所以

$$\frac{\mathrm{d}P_{ab}}{\mathrm{d}t}=\int_a^b\frac{\mathrm{i}\hbar}{2m}\frac{\partial}{\partial x}\Big[\Psi^*(x,t)\frac{\partial\Psi(x,t)}{\partial x}-\frac{\partial\Psi^*(x,t)}{\partial x}\Psi(x,t)\Big]\mathrm{d}x$$

$$=-\int_a^b\frac{\partial J(x,t)}{\partial x}\mathrm{d}x=J(a,t)-J(b,t)$$

$J(x,t)$的量纲为$\left[\frac{\hbar|\Psi|^2}{mx}\right]$的量纲，在一维情况下（$|\Psi|^2$ 的量纲为（长度$^{-1}$）），$J(x,t)$的量纲是（s^{-1}），它表示在单位时间流过点 x 的概率密度。在三维情况下$|\Psi|^2$ 的量纲是（长度$^{-3}$），$\boldsymbol{J}(\boldsymbol{r},t)$是一个矢量，它的量纲是（$\mathrm{m}^{-2}\cdot\mathrm{s}^{-1}$），表示单位时间流过垂直于$\boldsymbol{J}(\boldsymbol{r},t)$单位面积的概率。

（b）习题 1.9 中的波函数为

$$\Psi(x,t)=\left(\frac{2am}{\hbar\pi}\right)\mathrm{e}^{-a[(mx^2/\hbar)+\mathrm{i}t]}$$

代入一维概率流的表示式

$$J(x,t)=\frac{\mathrm{i}\hbar}{2m}\Big[\frac{\partial\Psi^*(x,t)}{\partial x}\Psi(x,t)-\Psi^*(x,t)\frac{\partial\Psi(x,t)}{\partial x}\Big]$$

我们会发现 $J(x,t)=0$，这是因为 $\Psi(x,t)=\left(\frac{2am}{\hbar\pi}\right)\mathrm{e}^{-amx^2/\hbar}\mathrm{e}^{-\mathrm{i}at}$，对空间的依赖是实函数，两项相互抵消。

**** 习题 1.15** 假设你要描述一个自发衰变的不稳定粒子，其寿命是 τ。在这种情况下整个空间发现粒子的概率不是常数，而是（比如说）按指数衰减：

$$P(t)\equiv\int_{-\infty}^{+\infty}|\Psi(x,t)|^2\mathrm{d}x=\mathrm{e}^{-t/\tau}$$

下面是得到这个结果的粗略方法。在式 1.24$\left(\frac{\partial\Psi^*}{\partial t}=-\frac{\mathrm{i}\hbar}{2m}\frac{\partial^2\Psi^*}{\partial x^2}+\frac{\mathrm{i}}{\hbar}V\Psi^*\right)$中，我们不言而喻地假设了 V（势能）是实数。这个假设当然是有道理的，但是它导致了式 1.27 $\left(\frac{\mathrm{d}}{\mathrm{d}t}\int_{-\infty}^{+\infty}|\Psi(x,t)|^2\mathrm{d}x=0\right)$隐含着“概率守恒”。如果我们在 V 中添加上一个虚数部分：

$$V=V_0-\mathrm{i}\Gamma$$

式中，V_0 是真实的势能；Γ 是一个正的实数，将会怎么样？

（a）证明（取代式 1.27）我们现在有

$$\frac{\mathrm{d}P}{\mathrm{d}t}=-\frac{2\Gamma}{\hbar}P$$

（b）求出 $P(t)$，并给出以 Γ 表示的粒子的寿命。

解：（a）由

$$P(t)=\int_{-\infty}^{+\infty}\Psi^*(x,t)\Psi(x,t)\mathrm{d}x$$

$$\frac{\mathrm{d}P(t)}{\mathrm{d}t}=\int_{-\infty}^{+\infty}\left[\frac{\partial\Psi^*(x,t)}{\partial t}\Psi(x,t)+\Psi^*(x,t)\frac{\partial\Psi(x,t)}{\partial t}\right]\mathrm{d}x$$

代入薛定谔方程

$$\mathrm{i}\hbar\frac{\partial\Psi}{\partial t}=-\frac{\hbar^2}{2m}\frac{\partial^2\Psi}{\partial x^2}+(V_0-\mathrm{i}\Gamma)\Psi$$

及其共轭式

$$-\mathrm{i}\hbar\frac{\partial\Psi^*}{\partial t}=-\frac{\hbar^2}{2m}\frac{\partial^2\Psi^*}{\partial x^2}+(V_0+\mathrm{i}\Gamma)\Psi^*$$

把对时间的导数转换为对坐标的导数

$$\frac{\mathrm{d}P(t)}{\mathrm{d}t}=\int_{-\infty}^{+\infty}\left\{\left[\frac{\hbar}{2\mathrm{i}m}\frac{\partial^2\Psi^*(x,t)}{\partial x^2}-\frac{1}{\mathrm{i}\hbar}(V_0+\mathrm{i}\Gamma)\Psi^*(x,t)\right]\Psi(x,t)+\right.$$

$$\left.\Psi^*(x,t)\left[-\frac{\hbar}{2\mathrm{i}m}\frac{\partial^2\Psi(x,t)}{\partial x^2}+\frac{1}{\mathrm{i}\hbar}(V-\mathrm{i}\Gamma)\Psi(x,t)\right]\right\}\mathrm{d}x$$

$$=\int_{-\infty}^{+\infty}\frac{\mathrm{i}\hbar}{2m}\left[\Psi^*(x,t)\frac{\partial^2\Psi(x,t)}{\partial x^2}-\frac{\partial^2\Psi^*(x,t)}{\partial x^2}\Psi(x,t)\right]\mathrm{d}x-$$

$$\frac{2\Gamma}{\hbar}\int_{-\infty}^{+\infty}\Psi^*(x,t)\Psi(x,t)\,\mathrm{d}x$$

第一项的积分仍然同以前一样，由于在 $x=\pm\infty$ 时波函数为零，积分为零。所以

$$\frac{\mathrm{d}P(t)}{\mathrm{d}t}=-\frac{2\Gamma}{\hbar}\int_{-\infty}^{+\infty}\Psi^*(x,t)\Psi(x,t)\,\mathrm{d}x=-\frac{2\Gamma}{\hbar}P(t)$$

（b）对上式两端积分，得到

$$P(t)=A\exp(-2\Gamma t/\hbar)$$

当 $t=0$ 时，$P(0)=1$，所以积分常数 $A=1$

$$P(t)=\exp(-2\Gamma t/\hbar)$$

粒子的（平均）寿命可以表示为

$$\tau=\frac{\int_0^{+\infty}t\mathrm{e}^{-2\Gamma t/\hbar}\mathrm{d}t}{\int_0^{+\infty}\mathrm{e}^{-2\Gamma t/\hbar}\mathrm{d}t}=\frac{\hbar}{2\Gamma}$$

习题 1.16 证明对任何两个同时满足薛定谔方程（归一化的）的解 Ψ_1 和 Ψ_2 有

$$\frac{\mathrm{d}}{\mathrm{d}t}\int_{-\infty}^{+\infty}\Psi_1^*\Psi_2\mathrm{d}x=0$$

证：

$$\frac{\mathrm{d}}{\mathrm{d}t}\int_{-\infty}^{+\infty}\Psi_1^*\Psi_2\mathrm{d}x=\int_{-\infty}^{+\infty}\left(\frac{\partial\Psi_1^*}{\partial t}\Psi_2+\Psi_1^*\frac{\partial\Psi_2}{\partial t}\right)\mathrm{d}x$$

因为两个波函数满足具有相同势函数的薛定谔方程，所以

$$-\mathrm{i}\hbar\frac{\partial\Psi_1^*}{\partial t}=-\frac{\hbar^2}{2m}\frac{\partial^2\Psi_1^*}{\partial x^2}+V(x)\Psi_1^*$$

$$i\hbar\frac{\partial\Psi_2}{\partial t}=-\frac{\hbar^2}{2m}\frac{\partial^2\Psi_2}{\partial x^2}+V(x)\Psi_2$$

代入前面的式子

$$\begin{aligned}\frac{d}{dt}\int_{-\infty}^{+\infty}\Psi_1^*\Psi_2 dx &= \int_{-\infty}^{+\infty}\left\{\left[\frac{\hbar}{2mi}\frac{\partial^2\Psi_1^*}{\partial x^2}-\frac{V(x)}{i\hbar}\Psi_1^*\right]\Psi_2+\Psi_1^*\left[-\frac{\hbar}{2mi}\frac{\partial^2\Psi_2}{\partial x^2}+\frac{V(x)}{i\hbar}\Psi_2\right]\right\}dx\\ &= \int_{-\infty}^{+\infty}\left[\left(\frac{\hbar}{2mi}\frac{\partial^2\Psi_1^*}{\partial x^2}\right)\Psi_2+\Psi_1^*\left(-\frac{\hbar}{2mi}\frac{\partial^2\Psi_2}{\partial x^2}\right)\right]dx\\ &= \frac{\hbar}{2mi}\int_{-\infty}^{+\infty}\frac{\partial}{\partial x}\left(\frac{\partial\Psi_1^*}{\partial x}\Psi_2-\Psi_1^*\frac{\partial\Psi_2}{\partial x}\right)dx\\ &= \frac{\hbar}{2mi}\left(\frac{\partial\Psi_1^*}{\partial x}\Psi_2-\Psi_1^*\frac{\partial\Psi_2}{\partial x}\right)\Bigg|_{-\infty}^{+\infty}=0\end{aligned}$$

其中最后一步利用了 $x=\pm\infty$ 时，波函数为零的条件。

习题 1.17 一个粒子由下述波函数描述（$t=0$ 时刻）

$$\Psi(x,0)=\begin{cases}A(a^2-x^2) & (-a\leqslant x\leqslant a)\\ 0 & (\text{其他})\end{cases}$$

（a）确定归一化常数 A。

（b）x 的期望值（$t=0$ 时刻）是多少？

（c）p 的期望值（$t=0$ 时刻）是多少？（注意：你不能从 $\langle p\rangle=md\langle x\rangle/dt$ 得到它，为什么？）

（d）求出 x^2 的期望值。

（e）求出 p^2 的期望值。

（f）求出 x 的不确定（即 σ_x）。

（g）求出 p 的不确定（即 σ_p）。

（h）验证你所得到的结果符合不确定原理。

解：（a）归一化

$$\begin{aligned}1&=\int_{-\infty}^{+\infty}|\Psi(x,0)|^2dx=|A|^2\int_{-a}^{a}(a^2-x^2)^2dx\\ &=|A|^2\int_{-a}^{a}(a^4-2a^2x^2+x^4)dx=|A|^2\frac{16a^5}{15}\end{aligned}$$

$$A=\sqrt{\frac{15}{16a^5}}$$

（b）

$$\langle x\rangle=\int_{-\infty}^{+\infty}x|\Psi(x,0)|^2dx=|A|^2\int_{-a}^{a}x(a^4-2a^2x^2+x^4)dx=0$$

注意：被积函数是奇函数，所以很容易得出积分结果，下面动量的期望值也是如此。

（c）

$$\langle p\rangle=\int_{-\infty}^{+\infty}\Psi^*(x,0)\left(-i\hbar\frac{\partial}{\partial x}\right)\Psi(x,t)dx=-i\hbar A^2\int_{-a}^{a}(a^2-x^2)(-2x)dx=0$$

注意：因为本题仅给出 $t=0$ 的波函数，我们求出的仅是坐标在 $t=0$ 时刻的期望值，无法知道 $\langle x\rangle$ 随时间的变化规律，所以不能从 $\langle p\rangle = m\mathrm{d}\langle x\rangle/\mathrm{d}t$ 得到动量的期望值。

(d)

$$\langle x^2\rangle = \int_{-\infty}^{+\infty} x^2 \,|\, \Psi(x,0)\,|^2 \mathrm{d}x = |\,A\,|^2 \int_{-a}^{a} x^2(a^4 - 2a^2x^2 + x^4)\,\mathrm{d}x$$

$$= |\,A\,|^2 \frac{16a^7}{105} = \frac{a^2}{7}$$

(e)

$$\langle p^2\rangle = \int_{-\infty}^{+\infty} \Psi^*(x,0)\left(-\hbar^2\frac{\partial^2}{\partial x^2}\right)\Psi(x,t)\,\mathrm{d}x = -\hbar^2A^2\int_{-a}^{a}(a^2-x^2)(-2)\,\mathrm{d}x$$

$$= \frac{8}{3}\hbar^2a^3A^2 = \frac{8}{3}\hbar^2a^3\frac{15}{16a^5} = \frac{5\,\hbar^2}{2a^2}$$

(f)

$$\sigma_x = \sqrt{\langle x^2\rangle - \langle x\rangle^2} = \frac{a}{\sqrt{7}}$$

(g)

$$\sigma_p = \sqrt{\langle p^2\rangle - \langle p\rangle^2} = \frac{\hbar}{a}\sqrt{\frac{5}{2}}$$

(h)

$$\sigma_x\sigma_p = \hbar\sqrt{\frac{5}{14}} = \frac{\hbar}{2}\sqrt{\frac{10}{7}} > \frac{\hbar}{2}$$

习题1.18 一般来讲，当粒子的德布罗意波长（h/p）比体系的特征长度（d）大时，就要涉及量子力学。粒子在温度 T(K)时处于热平衡，其平均动能是

$$\frac{p^2}{2m} = \frac{3}{2}k_BT$$

（其中 k_B 是玻尔兹曼（Boltzmann）常数），所以对应的德布罗意波长为

$$\lambda = \frac{h}{\sqrt{3mk_BT}} \qquad [1.41]$$

本题的目的是要预测什么样的体系必须用量子力学的方法处理，什么样的体系可以可靠地用经典力学处理。

(a) 固体。典型固体的晶格间距大约是 $d=0.3\mathrm{nm}$。求在什么温度以下固体中的自由电子是量子力学的，什么温度以下固体中的核子是量子力学的（以钠为例）。原则上：固体中的自由电子总是量子力学的；核子几乎从不是量子力学的。对液体也有同样的结果（原子之间的间隔和固体情况差不多），但是4K以下的氦是个例外。

(b) 气体。什么温度以下压强为 p 的理想气体中原子是量子力学的？提示：利用理想气态方程（$pV=Nk_BT$）导出原子之间的间距。答案：$T<(1/k_B)(h^2/3m)^{3/5}p^{2/5}$。显然（为了使气体显示量子行为），$m$ 应当尽可能小，而 p 尽可能大。把一个大气压下氦的数据代入

上式。遥远宇宙中的氢气（温度大约3K，粒子间距大约1cm）是量子力学的么？

解：我们要求

$$\lambda=\frac{h}{\sqrt{3mk_BT}}>d\to T<\frac{h^2}{3mk_Bd^2}$$

$$h=6.62620\times10^{-34}\text{J}\cdot\text{s},\quad k_B=1.38062\times10^{-23}\text{J/K}$$

（a）固体中的电子（$m=9.10956\times10^{-31}$kg）

$$T<\frac{(6.6\times10^{-34})^2}{3\times(9.1\times10^{-31})\times(1.4\times10^{-23})\times(3\times10^{-10})^2}=1.3\times10^5\text{K}$$

可以看出，这个温度远大于一般固体溶化温度，所以固体中的电子总是量子力学的。

固体中的核子（以钠原子为例）；

钠原子核质量（$m_{\text{Na}}=23m_p=23\times1.7\times10^{-27}\text{kg}=3.9\times10^{-26}\text{kg}$）

$$T<\frac{(6.6\times10^{-34})^2}{3\times(3.9\times10^{-26})\times(1.4\times10^{-23})\times(3\times10^{-10})^2}=3.0\text{K}$$

所以在一般温度时，固体中的原子核不是量子力学的。

（b）由理想气态方程，气体密度为

$$n=\frac{N}{V}=\frac{p}{k_BT}$$

粒子间距为

$$d=\frac{1}{n^{1/3}}=\left(\frac{k_BT}{p}\right)^{1/3}$$

所以

$$T<\frac{h^2}{3mk_Bd^2}=\frac{h^2}{3mk_B(k_BT/p)^{2/3}}\to T<\frac{1}{k_B}\left(\frac{h^2}{3m}\right)^{3/5}p^{2/5}$$

对处在一个大气压（$p=1.0\times10^5\text{N/m}^2$）的氦气（$m=4m_p=6.8\times10^{-27}$kg），

$$T<\frac{1}{(1.4\times10^{-23})}\times\left[\frac{(6.6\times10^{-34})^2}{3\times(6.8\times10^{-27})}\right]^{3/5}\times(1.0\times10^5)^{2/5}=2.8\text{K}$$

所以在极低温下氦将是量子力学的

对遥远宇宙中的氢气（$m=2m_p=3.4\times10^{-27}$kg，$d=0.01$m）

$$T<\frac{(6.6\times10^{-34})^2}{3\times(3.4\times10^{-27})\times(1.4\times10^{-23})\times(0.01)^2}=3.1\times10^{-14}\text{K}$$

在3K时遥远宇宙中的稀薄氢气显然不是量子力学的。

第 2 章　定态薛定谔方程

本章主要内容

1. 定态薛定谔方程与定态的性质

在势能不显含时间的情况下，含时薛定谔方程可以通过分离变量法来求解。首先求解定态薛定谔方程（能量本征值方程）

$$-\frac{\hbar^2}{2m}\frac{\mathrm{d}^2\psi}{\mathrm{d}x^2}+V\psi=E\psi$$

求解时需考虑波函数的标准条件（连续、有限、单值等）。能量本征函数 ψ_n 具有正交归一性（分立谱）

$$\int_{-\infty}^{+\infty}\psi_m^*(x)\psi_n(x)\,\mathrm{d}x = \delta_{mn}$$

或 δ 函数正交归一性（连续谱）

$$\int_{-\infty}^{+\infty}\psi_q^*(x)\psi_{q'}(x)\,\mathrm{d}x = \delta(q-q')$$

由能量本征函数 ψ_n 可以得到定态波函数

$$\Psi_n(x,t)=\psi_n(x)\mathrm{e}^{-\mathrm{i}E_nt/\hbar}$$

定态波函数满足含时薛定谔方程。为简略起见，ψ_n 也称为定态波函数，但要注意，真正的定态波函数总是含有因子 $\mathrm{e}^{-\mathrm{i}E_nt/\hbar}$ 的。

对分立谱，定态是物理上可实现的态，粒子处在定态时，能量具有确定值 E_n，其他力学量（不显含时间）的期望值不随时间变化。对连续谱，定态不是物理上可实现的态（不可归一化），但是它们可以叠加成物理上可实现的态。

含时薛定谔方程的一般解可由定态解叠加而成，在分离谱情况下为

$$\Psi(x,t) = \sum_{n=1}^{\infty}c_n\Psi_n(x,t)$$

系数 c_n 由初始波函数确定

$$\Psi(x,0) = \sum_{n=1}^{\infty}c_n\psi_n(x),\quad c_n = \int_{-\infty}^{+\infty}\psi_n^*(x)\Psi(x,0)\,\mathrm{d}x$$

由波函数 $\Psi(x,t)$ 的归一性可以得到系数 c_n 的归一性

$$\sum_{n=1}^{\infty}|c_n|^2 = 1$$

对 $\Psi(x,t)$ 态测量能量只能得到能量本征值，得到 E_n 的概率是 $|c_n|^2$，能量的期望值可由

$$\langle H\rangle = \sum_{n=1}^{\infty}|c_n|^2E_n$$

求出。这种方法与用

$$\langle H\rangle = \int_{-\infty}^{+\infty}\Psi^*(x,t)\,\hat{H}\Psi(x,t)\,\mathrm{d}x$$

方法等价。

2. 一维典型例子

（a）一维无限深势阱（分立谱，束缚态）

$$V(x)=\begin{cases}0 & (0\leqslant x\leqslant a)\\ \infty & (\text{其他})\end{cases}$$

能量本征函数和能量本征值为

$$\psi_n(x)=\sqrt{\frac{2}{a}}\sin\left(\frac{n\pi x}{a}\right)\quad(0<x<a,n=1,2,3,\cdots)$$

$$E_n=\frac{n^2\pi^2\hbar^2}{2ma^2}$$

若

$$V(x)=\begin{cases}0 & (-a\leqslant x\leqslant a)\\ \infty & (\text{其他})\end{cases}$$

则能量本征函数和能量本征值为

$$\psi_n(x)=\sqrt{\frac{1}{a}}\sin\left[\frac{n\pi}{2a}(x+a)\right]\quad(-a<x<a,n=1,2,3,\cdots)$$

$$E_n=\frac{n^2\pi^2\hbar^2}{2m(2a)^2}$$

$n=1$ 是基态（能量最低），$n=2$ 是第一激发态。波函数相对于势阱的中心是奇偶交替的：ψ_1 是偶函数，ψ_2 是奇函数，ψ_3 是偶函数，依次类推。

（b）一维简谐振子（分立谱，束缚态）

$$V(x)=\frac{1}{2}m\omega^2x^2\quad(-\infty<x<\infty)$$

能量本征函数和能量本征值为

$$\psi_n(x)=\left(\frac{m\omega}{\pi\hbar}\right)^{1/4}\frac{1}{\sqrt{2^n n!}}H_n(\xi)\mathrm{e}^{-\xi^2/2}\quad\left(\xi\equiv\sqrt{\frac{m\omega}{\hbar}}x\right)$$

$$E_n=\left(n+\frac{1}{2}\right)\hbar\omega\quad(n=1,2,3,\cdots)$$

其中 $H_n(\xi)$ 为厄密多项式，可由母函数 $\mathrm{e}^{-\xi^2}$ 生成

$$H_n(\xi)=(-1)^n\mathrm{e}^{\xi^2}\left(\frac{\mathrm{d}}{\mathrm{d}\xi}\right)^n\mathrm{e}^{-\xi^2}$$

厄密多项式满足递推关系

$$H_{n+1}(\xi)=2\xi H_n(\xi)-2nH_{n-1}(\xi)$$

$$\frac{\mathrm{d}H_n(\xi)}{\mathrm{d}\xi}=2nH_{n-1}(\xi)$$

定义产生算符 $\hat{a}_+$ 与湮灭算符 $\hat{a}_-$

$$\hat{a}_{\pm}=\frac{1}{\sqrt{2\hbar m\omega}}(m\omega\hat{x}\mp \mathrm{i}\hat{p})$$

则有

$$\hat{x}=\sqrt{\frac{\hbar}{2m\omega}}(\hat{a}_{+}+\hat{a}_{-}),\quad \hat{p}=\mathrm{i}\sqrt{\frac{\hbar m\omega}{2}}(\hat{a}_{+}-\hat{a}_{-})$$

$$\hat{a}_{+}\psi_n=\sqrt{n+1}\psi_{n+1},\quad \hat{a}_{-}\psi_n=\sqrt{n}\psi_{n-1}$$

$$\psi_n=\frac{1}{\sqrt{n!}}(\hat{a}_{+})^n\psi_0,\quad \hat{a}_{-}\psi_0=0$$

当处于能量本征态时

$$\langle x\rangle=0,\quad \langle p\rangle=0$$

$$\langle T\rangle=\left\langle\frac{p^2}{2m}\right\rangle=\langle V\rangle=\left\langle\frac{1}{2}m\omega^2x^2\right\rangle=\frac{1}{2}E_n=\frac{1}{2}\left(n+\frac{1}{2}\right)\hbar\omega$$

（c）一维自由粒子（连续谱，散射态）

定态薛定谔方程为

$$-\frac{\hbar^2}{2m}\frac{\mathrm{d}^2\psi}{\mathrm{d}x^2}=E\psi\quad(-\infty<x<+\infty)$$

能量本征函数和本征值为

$$\psi_k(x)=\frac{1}{\sqrt{2\pi}}\mathrm{e}^{\mathrm{i}kx},\quad k\equiv\frac{\sqrt{2mE}}{\hbar}\quad(-\infty<k<\infty)$$

$$E_k=\frac{\hbar^2k^2}{2m}$$

能量本征函数满足δ函数正交归一性

$$\int_{-\infty}^{+\infty}\psi_{k'}^*\psi_k\mathrm{d}x=\frac{1}{2\pi}\int_{-\infty}^{+\infty}\mathrm{e}^{\mathrm{i}(k-k')x}\mathrm{d}x=\delta(k-k')$$

定态波函数为

$$\Psi_k(x,t)=\frac{1}{\sqrt{2\pi}}\mathrm{e}^{\mathrm{i}kx}\mathrm{e}^{-\mathrm{i}E_kt/\hbar}=\frac{1}{\sqrt{2\pi}}\mathrm{e}^{\mathrm{i}(kx-\hbar k^2t/2m)}=\frac{1}{\sqrt{2\pi}}\mathrm{e}^{\mathrm{i}(kx-\omega t)}$$

定态不是物理上可实现的态（不可归一化），它代表一个向右传播的正弦波（$k>0$）或向左传播的正弦波（$k<0$），波的传播速度（相速度）为

$$v_{\text{phase}}=\frac{\omega}{k}=\frac{\hbar k}{2m}$$

尽管定态不是物理上可实现的态，但是定态叠加成的波包

$$\Psi(x,t)=\int_{-\infty}^{+\infty}\phi(k)\Psi_k(x,t)\mathrm{d}k=\frac{1}{\sqrt{2\pi}}\int_{-\infty}^{+\infty}\phi(k)\mathrm{e}^{\mathrm{i}(kx-\hbar k^2t/2m)}\mathrm{d}k$$

可以是物理上可实现（可归一化）的态。其中叠加系数 $\phi(k)$ 由初始波包 $\Psi(x,0)$ 决定

$$\Psi(x,0)=\frac{1}{\sqrt{2\pi}}\int_{-\infty}^{+\infty}\phi(k)\mathrm{e}^{\mathrm{i}kx}\mathrm{d}k$$

由能量本征函数满足 δ 函数正交归一性

$$\phi(k)=\frac{1}{\sqrt{2\pi}}\int_{-\infty}^{+\infty}\Psi(x,0)\mathrm{e}^{-\mathrm{i}kx}\mathrm{d}k$$

波包在空间的传播速度称为群速度

$$v_{\text{group}}=\frac{\mathrm{d}\omega}{\mathrm{d}k}=\frac{\hbar k}{m}=2v_{\text{phase}}$$

(d) 一维 δ 函数势阱：

$$V(x)=-\alpha\delta(x)$$

$\delta(x)$函数的性质为

$$\delta(x)=\begin{cases}\infty & (x=0)\\ 0 & (x\neq 0)\end{cases}$$

$$\int_{-\infty}^{+\infty}\delta(x)\mathrm{d}x=1,\quad\int_{-\infty}^{+\infty}f(x)\delta(x-a)\mathrm{d}x=f(a)$$

在 $x=0$ 处由于 $\delta(x)$函数势的存在，波函数的导数出现跃变

$$\Delta\left(\frac{\mathrm{d}\psi}{\mathrm{d}x}\right)\equiv\left.\frac{\mathrm{d}\psi}{\mathrm{d}x}\right|_{0+\varepsilon}-\left.\frac{\mathrm{d}\psi}{\mathrm{d}x}\right|_{0-\varepsilon}=-\frac{2m\alpha}{\hbar^2}\psi(0)$$

(如果是 $\delta(x-a)$函数势，上式中作 $0\to a$ 代换)

$E<0$ 束缚态：只有一个束缚态，能量本征函函数和本征值为

$$\psi(x)=\sqrt{\kappa}\mathrm{e}^{-\kappa|x|},\quad\kappa\equiv\frac{m\alpha}{\hbar^2}$$

$$E=-\frac{\hbar^2\kappa^2}{2m}=-\frac{m\alpha^2}{2\hbar^2}$$

$E>0$ 散射态（连续谱）：定态薛定谔方程的解为

$$\psi(x)=\begin{cases}A\mathrm{e}^{\mathrm{i}kx}+B\mathrm{e}^{-\mathrm{i}kx} & \left(x<0,k\equiv\frac{\sqrt{2mE}}{\hbar}\right)\\ F\mathrm{e}^{\mathrm{i}kx}+G\mathrm{e}^{-\mathrm{i}kx} & (0<x)\end{cases}$$

尽管散射态不是可归一化的态，但是我们可以用它作为代表来讨论入射粒子（波包）被势反射或透射的情况。由波函数及其导数在 $x=0$ 连续和跃变条件，可以得出反射波振幅 B，透射波振幅 F 与入射波振幅 A 的关系（设 $G=0$，没有从右向左入射的波）。计算出反射波概率流密度 J_R，透射波概率流密度 J_T，入射波概率流密度 J_I，可以得到反射系数 R 和透射系数 T。由概率流密度定义

$$J=\frac{\mathrm{i}\hbar}{2m}\left(\Psi\frac{\partial\Psi^*}{\partial x}-\Psi^*\frac{\partial\Psi}{\partial x}\right)$$

$\left(\text{三维情况为 }\boldsymbol{J}=\frac{\mathrm{i}\hbar}{2m}(\Psi\ \nabla\Psi^*-\Psi^*\ \nabla\Psi)\right)$

计算出

$$R=\left|\frac{J_R}{J_I}\right|=\left|\frac{B}{A}\right|^2=\frac{1}{1+(2\hbar^2E/m\alpha^2)}$$

$$T=\left|\frac{J_T}{J_I}\right|=\left|\frac{F}{A}\right|^2=\frac{1}{1+(m\alpha^2/2\hbar^2E)}$$

反射系数 R 和透射系数 T 之和为1，即

$$R+T=1$$

题解

＊**习题2.1**　证明下列三个定理：

（a）对归一化的解，其分离变量常数 E 必定是实数。提示：把式2.7（$\Psi(x,t)=\psi(x)\mathrm{e}^{-\mathrm{i}Et/\hbar}$）中的 E 写成 $E_0+\mathrm{i}\Gamma$ 的形式（E_0 和 Γ 都是实数），然后证明如果对任何时间 t，式1.20（$\int_{-\infty}^{+\infty}|\Psi(x,t)|^2\mathrm{d}x=1$）都成立，则 Γ 必定为零。

（b）定态波函数 $\psi(x)$ 总可以取作实数（不像 $\Psi(x,t)$ 一定是复数的）。这里并不是说任何定态薛定谔方程的解一定都是实数，而是说，如果你得到的解不是实数，总可以用这些解（具有相同能量）的线性组合得到实数解。所以可以说解总可以取作实数。提示：对于一个给定的能量 E，如果 $\psi(x)$ 满足式2.5（$-\frac{\hbar^2}{2m}\frac{\mathrm{d}^2\psi}{\mathrm{d}x^2}+V\psi=E\psi$），那么它的共轭复数也满足；这样它们的线性组合 $\psi+\psi^*$ 和 $\mathrm{i}(\psi-\psi^*)$ 为实数解，它们同样也满足式2.5。

（c）如果 $V(x)$ 是偶函数（也就是说，$V(-x)=V(x)$）那么 $\psi(x)$ 总可以取作偶函数或奇函数。提示：对于一个给定的能量 E，如果 $\psi(x)$ 满足式2.5（$-\frac{\hbar^2}{2m}\frac{\mathrm{d}^2\psi}{\mathrm{d}x^2}+V\psi=E\psi$），那么 $\psi(-x)$ 也满足，因此它们的奇偶组合 $\psi(x)\pm\psi(-x)$ 也满足。

解：（a）假设在定态解把实数 E 改为复数（$E_0+\mathrm{i}\Gamma$），则

$$\Psi(x,t)=\psi(x)\mathrm{e}^{-\mathrm{i}E_0t/\hbar}\mathrm{e}^{\Gamma t/\hbar}$$

若在 $t=0$ 时刻，波函数是归一化的，即

$$\int_{-\infty}^{+\infty}|\Psi(x,0)|^2\mathrm{d}x=\int_{-\infty}^{+\infty}|\psi(x)|^2\mathrm{d}x=1$$

在以后时刻

$$\int_{-\infty}^{+\infty}|\Psi(x,t)|^2\mathrm{d}x=\mathrm{e}^{2\Gamma t/\hbar}\int_{-\infty}^{+\infty}|\psi(x)|^2\mathrm{d}x=\mathrm{e}^{2\Gamma t/\hbar}$$

所以要求在任何时候都有

$$\int_{-\infty}^{+\infty}|\Psi(x,t)|^2\mathrm{d}x=1$$

必须有 $\Gamma=0$，即 E 必须为实数。

（b）设 $\psi(x)$ 满足定态薛定谔方程

$$\left[-\frac{\hbar^2}{2m}\frac{\partial^2}{\partial x^2}+V(x)\right]\psi(x)=E\psi(x)$$

把这个式子取复共轭，注意到 $V(x)$，E 是实的，得到

$$\left[-\frac{\hbar^2}{2m}\frac{\partial^2}{\partial x^2}+V(x)\right]\psi^*(x)=E\psi^*(x)$$

显然，$\psi(x)$和$\psi^*(x)$是同一薛定谔方程的解，所以它们的线性叠加

$$\phi(x)=\psi(x)+\psi^*(x)$$

或

$$\phi(x)=\mathrm{i}[\psi(x)-\psi^*(x)]$$

也是同一薛定谔方程的解。显然，$\phi^*(x)=\phi(x)$是实函数，所以，一维定态薛定谔方程的解总可以取为实函数。

（c）对

$$\left[-\frac{\hbar^2}{2m}\frac{\partial^2}{\partial x^2}+V(x)\right]\psi(x)=E\psi(x)$$

进行空间反演$x\to -x$，得到

$$\left[-\frac{\hbar^2}{2m}\frac{\partial^2}{\partial(-x)^2}+V(-x)\right]\psi(-x)=E\psi(-x)$$

如果势能$V(x)=V(-x)$是偶函数，则有

$$\left(-\frac{\hbar^2}{2m}\frac{\partial^2}{\partial x^2}+V(x)\right)\psi(-x)=E\psi(-x)$$

因此，$\psi(x)$和$\psi(-x)$是同一薛定谔方程的解，所以它们的线性组合

$$\phi_{\pm}(x)=\psi(x)\pm\psi(-x)$$

也是同一薛定谔方程的解。$\phi_{\pm}(-x)=\pm\phi_{\pm}(x)$，所以，当势能是偶函数时，定态薛定谔方程的解总可以取为有确定宇称的解。

---

* **习题 2.2**　证明对于定态薛定谔方程的每一个归一化的解，E必定要大于$V(x)$的最小值。其经典类比是什么？提示：把式 2.5 写为

$$\frac{\mathrm{d}^2\psi}{\mathrm{d}x^2}=\frac{2m}{\hbar^2}[V(x)-E]\psi$$

如果$E<V_{\min}$，那么ψ和它的二次导数有同样的符号，在这种情况下函数是不可归一化的。

证：如果$E<V_{\min}$，那么ψ和它的二次导数有同样的符号。如果ψ是正值，它将一直增加，这与$x\to\pm\infty\ (\psi\to 0)$的要求不符，导致函数是不可归一化的。如果$\psi$是负值，它将一直减少（绝对值在增大），这同样与$x\to\pm\infty\ (\psi\to 0)$的要求不符，导致函数是不可归一化的。

也可以从另一个方面讨论这个问题。设$\psi(x)\mathrm{e}^{-\mathrm{i}Et/\hbar}$是定态薛定谔方程的一个归一化解，有

$$E=\langle H\rangle=\left\langle\left(\frac{p^2}{2m}\right)\right\rangle+\langle V(x)\rangle\geqslant\langle V(x)\rangle\geqslant V_{\min}$$

在经典力学中我们同样有，一个粒子在一个势场中运动，它的总能量为动能加势能，因为动能$\geqslant 0$，所以总能$\geqslant$势能$\geqslant$势能最小值。如果总能$<$势能最小值，将意味着动能为负值，这显然是不可能的。在量子力学中，如果$E<V_{\min}$，则意味着动能的期望值为负值，或p^2的期

望值为负值。这对归一化的解是不可能的。

习题2.3 证明在 $E=0$ 或 $E<0$ 的情况下，一维无限深方势阱的（定态）薛定谔方程没有可接受的解（这是习题2.2中一般定理的一个特殊例子，但这次你要直接解薛定谔方程，并且证明无法满足边界条件）。

证： 一维无限深方势阱的定态薛定谔方程为

$$-\frac{\hbar^2}{2m}\frac{\mathrm{d}^2\psi}{\mathrm{d}x^2}=E\psi \quad (0<x<a,\psi(0)=\psi(a)=0)$$

如果 $E=0$，方程的解为

$$\psi=A+Bx$$

$\psi(0)=\psi(a)=0$ 要求 $A=0$，$B=0$，因此只有零解。

如果 $E<0$，方程可以写为

$$-\frac{\hbar^2}{2m}\frac{\mathrm{d}^2\psi}{\mathrm{d}x^2}=-|E|\psi$$

其解为

$$\psi(x)=A\mathrm{e}^{\beta x}+B\mathrm{e}^{-\beta x} \quad \left(\beta\equiv\frac{\sqrt{2m|E|}}{\hbar}\right)$$

由 $x=0$，a 时波函数的连续条件，

$$\psi(0)=A+B=0$$
$$\psi(a)=A\mathrm{e}^{\beta a}+B\mathrm{e}^{-\beta a}=0$$

因此，要么 $A=B=0$，要么有 $\mathrm{e}^{-2\beta a}=1\rightarrow\beta=0\rightarrow E=0$，但是这两种情况下，我们只有非物理的零解。所以在 $E=0$ 或 $E<0$ 的情况下，一维无限深方势阱的（定态）薛定谔方程没有（物理）可接受的解。

***习题2.4** 对一维无限深势阱的第 n 个定态计算 $\langle x\rangle$，$\langle x^2\rangle$，$\langle p\rangle$，$\langle p^2\rangle$，σ_x 和 σ_p 的值。验证不确定原理。指出哪个态最接近不确定原理的极限？

解： 一维无限深势阱的定态波函数为

$$\psi(x)=\sqrt{\frac{2}{a}}\sin\left(\frac{n\pi x}{a}\right) \quad (0<x<a)$$

$$\langle x\rangle=\frac{2}{a}\int_0^a x\sin^2(n\pi x/a)\,\mathrm{d}x=\frac{2}{a}\int_0^a x\frac{1-\cos(2n\pi x/a)}{2}\mathrm{d}x=\frac{a}{2}$$

$$\langle x^2\rangle=\frac{2}{a}\int_0^a x^2\sin^2(n\pi x/a)\,\mathrm{d}x=\frac{2}{a}\int_0^a x^2\frac{1-\cos(2n\pi x/a)}{2}\mathrm{d}x=\frac{a^2}{3}-\frac{a^2}{2n^2\pi^2}$$

$$\sigma_x=\sqrt{\langle x^2\rangle-\langle x\rangle^2}=a\sqrt{\frac{1}{12}-\frac{1}{2n^2\pi^2}}$$

$$\langle p\rangle=\frac{2}{a}\int_0^a\sin(n\pi x/a)\left(-\mathrm{i}\hbar\frac{\mathrm{d}}{\mathrm{d}x}\right)\sin(n\pi x/a)\,\mathrm{d}x$$

$$=-\mathrm{i}\hbar\frac{2}{a}\int_0^a\sin(n\pi x/a)\,\mathrm{d}(\sin(n\pi x/a))=0$$

$$\langle p^2\rangle = \frac{2}{a}\int_0^a \sin(n\pi x/a)\left(-\hbar^2\frac{d^2}{dx^2}\right)\sin(n\pi x/a)\,dx$$

$$= \hbar^2\frac{n^2\pi^2}{a^2}\frac{2}{a}\int_0^a \sin^2(n\pi x/a)\,dx = \frac{\hbar^2 n^2\pi^2}{a^2}$$

$$\sigma_p = \sqrt{\langle p^2\rangle - \langle p\rangle^2} = \frac{\hbar n\pi}{a}$$

$$\sigma_x\sigma_p = \hbar\sqrt{\frac{n^2\pi^2}{12}-\frac{1}{2}} = \frac{\hbar}{2}\sqrt{\frac{n^2\pi^2-6}{3}}$$

显然，当 $n=1$ 基态时最接近不确定原理的极限。

---

* **习题 2.5**　在一维无限深方势阱中一个粒子的初始波函数由前两个定态组合而成：

$$\Psi(x,0) = A[\psi_1(x)+\psi_2(x)]$$

(a) 归一化 $\Psi(x,0)$（即求出 A。如果用 ψ_1 和 ψ_2 的正交归一性计算会很简单。记住，在 $t=0$ 时，归一化的波函数 Ψ 在其他时间也是归一化的——如对此点有疑问，在做完（b）后验证一下。

(b) 求 $\Psi(x,t)$ 和 $|\Psi(x,t)|^2$。像教材中的例题 2.1 一样，把后者用时间的正弦函数展开。为了简化结果，令 $\omega\equiv\pi^2\hbar/2ma^2$。

(c) 计算 $\langle x\rangle$ 的值。注意它是随时间振荡的。角频率是多少？振幅是多少（如果你得到的振幅大于 $a/2$，计算一定有错）？

(d) 计算 $\langle p\rangle$ 的值。

(e) 如果你测量粒子的能量，可能得到什么值？得到各个值的概率是多少？求出 H 的期望值。并与 E_1 和 E_2 比较。

解：

(a) 利用哈密顿本征函数的正交归一性

$$\int\psi_m^*\psi_n\,dx = \delta_{mn}$$

$$1 = \int|\Psi(x,0)|^2dx = |A|^2\int|\psi_1(x)+\psi_2(x)|^2dx$$

$$= |A|^2\int[\psi_1(x)^*+\psi_2(x)^*][\psi_1(x)+\psi_2(x)]dx$$

$$= |A|^2\int[|\psi_1|^2+|\psi_2|^2+\psi_1^*\psi_2+\psi_2^*\psi_1]dx$$

$$= 2|A|^2$$

所以

$$A = \frac{1}{\sqrt{2}}$$

(b)

$$\Psi(x,t) = \frac{1}{\sqrt{2}}[\psi_1(x)e^{-iE_1t/\hbar}+\psi_2(x)e^{-iE_2t/\hbar}]$$

$$|\Psi(x,t)|^2 = \frac{1}{2}|\psi_1(x)e^{-iE_1t/\hbar}+\psi_2(x)e^{-iE_2t/\hbar}|^2$$

$$= \frac{1}{2}[|\psi_1|^2+|\psi_2|^2+\psi_1^*\psi_2 e^{-i(E_2-E_1)t/\hbar}+\psi_1\psi_2^* e^{i(E_2-E_1)t/\hbar}]$$

代入

$$\psi_n(x) = \sqrt{\frac{2}{a}}\sin\left(\frac{n\pi}{a}x\right) \quad (0\leqslant x\leqslant a)$$

$$E_n = \frac{n^2\pi^2\hbar^2}{2ma^2}$$

并令

$$\omega \equiv \frac{E_2-E_1}{\hbar}$$

$$|\Psi(x,t)|^2 = \frac{1}{2}|\psi_1(x)e^{-iE_1t/\hbar}+\psi_2(x)e^{-iE_2t/\hbar}|^2$$

$$= \frac{1}{a}\left[\sin^2\left(\frac{\pi}{a}x\right)+\sin^2\left(\frac{2\pi}{a}x\right)+\sin\left(\frac{\pi}{a}x\right)\sin\left(\frac{2\pi}{a}x\right)(e^{i\omega t}+e^{-i\omega t})\right]$$

$$= \frac{1}{a}\left[\sin^2\left(\frac{\pi}{a}x\right)+\sin^2\left(\frac{2\pi}{a}x\right)+2\sin\left(\frac{\pi}{a}x\right)\sin\left(\frac{2\pi}{a}x\right)\cos\omega t\right]$$

(c) 当 $t\neq0$ 时

$$\langle x\rangle = \int_0^a x|\Psi(x,t)|^2 dx$$

$$= \frac{1}{2}\int_0^a x\frac{2}{a}\left[\sin^2\left(\frac{\pi}{a}x\right)+\sin^2\left(\frac{2\pi}{a}x\right)+2\sin\left(\frac{\pi}{a}x\right)\sin\left(\frac{2\pi}{a}x\right)\cos\omega t\right]dx$$

完成积分得到

$$\langle x\rangle = \frac{a}{2}-\frac{16a}{9\pi^2}\cos\omega t \quad （以 a/2 为中心的振荡）$$

(d) 由动量期望值与坐标期望值之间的关系

$$\langle p\rangle = m\frac{d\langle x\rangle}{dt} = m\omega\frac{16a}{9\pi^2}\sin\omega t$$

(e)

$$\langle E\rangle = \int\Psi^*(x,t)H\Psi(x,t)dx$$

$$= \frac{1}{2}\int(\psi_1^* e^{iE_1t/\hbar}+\psi_2^* e^{iE_2t/\hbar})H(\psi_1 e^{-iE_1t/\hbar}+\psi_2 e^{-iE_2t/\hbar})dx$$

$$= \frac{1}{2}\int(\psi_1^* e^{iE_1t/\hbar}+\psi_2^* e^{iE_2t/\hbar})(H\psi_1 e^{-iE_1t/\hbar}+H\psi_2 e^{-iE_2t/\hbar})dx$$

$$= \frac{1}{2}\int(\psi_1^* e^{iE_1t/\hbar}+\psi_2^* e^{iE_2t/\hbar})(E_1\psi_1 e^{-iE_1t/\hbar}+E_2\psi_2 e^{-iE_2t/\hbar})dx$$

$$= \frac{1}{2}\left[E_1\int|\psi_1|^2\mathrm{d}x + E_2\int|\psi_2|^2\mathrm{d}x + E_2\mathrm{e}^{\mathrm{i}(E_1-E_2)t/\hbar}\int\psi_1^*\psi_2\mathrm{d}x + E_1\mathrm{e}^{-\mathrm{i}(E_1-E_2)t/\hbar}\int\psi_2^*\psi_1\mathrm{d}x\right]$$

$$= \frac{1}{2}(E_1 + E_2)$$

对 $\Psi(x,t)$ 测量能量，得到 E_1 的概率为1/2，得到 E_2 的概率为1/2，这个概率同 $t=0$ 时刻是一样的，也就是说 $\langle E\rangle$ 不随时间变化，这是能量守恒的体现。

为什么 $\langle x\rangle$，$\langle p\rangle$ 会随时间变化，而 $\langle E\rangle$ 不随时间变化？因为 ψ_n 是哈密顿算符的本征函数，$H\psi_n = E_n\psi_n$，干涉项 $E_2\mathrm{e}^{\mathrm{i}(E_1-E_2)t/\hbar}\int\psi_1^*\psi_2\mathrm{d}x + E_1\mathrm{e}^{-\mathrm{i}(E_1-E_2)t/\hbar}\int\psi_2^*\psi_1\mathrm{d}x$ 由于本征函数的正交性，结果为零。但是，对于 x，p 算符，干涉项一般不为零（$x\psi_2$ 与 ψ_1，$\hat{p}\psi_2$ 与 ψ_1 一般不会正交）。

习题 2.6　尽管波函数中的普乘相因子常量没有任何物理意义（在计算可观测量的时候可以抵消），但是在式 2.17 中的相对相因子却起作用。例如，假定把习题 2.5 变为

$$\Psi(x,0) = A[\psi_1(x) + \mathrm{e}^{\mathrm{i}\phi}\psi_2(x)]$$

其中 ϕ 是常数。求出 $\Psi(x,t)$，$|\Psi(x,t)|^2$ 和 $\langle x\rangle$，并与上题的结果比较。研究 $\phi = \pi/2$ 和 $\phi = \pi$ 的具体情况。

解： 先归一化

$$1 = \int|\Psi(x,0)|^2\mathrm{d}x = |A|^2\int|\psi_1 + \mathrm{e}^{\mathrm{i}\phi}\psi_2|^2\mathrm{d}x$$

$$= |A|^2\int(|\psi_1|^2 + |\psi_2|^2 + \psi_1^*\psi_2\mathrm{e}^{\mathrm{i}\phi} + \psi_2^*\psi_1\mathrm{e}^{-\mathrm{i}\phi})\mathrm{d}x = 2|A|^2$$

$$A = \frac{1}{\sqrt{2}}$$

$$\Psi(x,t) = \frac{1}{\sqrt{2}}(\psi_1\mathrm{e}^{-\mathrm{i}E_1t/\hbar} + \mathrm{e}^{\mathrm{i}\phi}\psi_2\mathrm{e}^{-\mathrm{i}E_2t/\hbar})$$

$$|\Psi(x,t)|^2 = \frac{1}{2}(\psi_1\mathrm{e}^{-\mathrm{i}E_1t/\hbar} + \mathrm{e}^{\mathrm{i}\phi}\psi_2\mathrm{e}^{-\mathrm{i}E_2t/\hbar})^*(\psi_1\mathrm{e}^{-\mathrm{i}E_1t/\hbar} + \mathrm{e}^{\mathrm{i}\phi}\psi_2\mathrm{e}^{-\mathrm{i}E_2t/\hbar})$$

$$= \frac{1}{2}(|\psi_1|^2 + |\psi_2|^2 + \psi_1^*\psi_2\mathrm{e}^{\mathrm{i}\phi}\mathrm{e}^{-\mathrm{i}(E_2-E_1)t/\hbar} + \psi_2^*\psi_1\mathrm{e}^{-\mathrm{i}\phi}\mathrm{e}^{\mathrm{i}(E_2-E_1)t/\hbar})$$

$$= \frac{1}{a}\left[\sin^2\left(\frac{\pi x}{a}\right) + \sin^2\left(\frac{2\pi x}{a}\right) + 2\sin\left(\frac{\pi x}{a}\right)\sin\left(\frac{2\pi x}{a}\right)\cos(\omega t - \phi)\right]$$

其中，

$$\omega \equiv \frac{E_2 - E_1}{\hbar}$$

$$\langle x\rangle = \frac{1}{a}\int_0^a x\left[\sin^2\left(\frac{\pi x}{a}\right) + \sin^2\left(\frac{2\pi x}{a}\right) + 2\sin\left(\frac{\pi x}{a}\right)\sin\left(\frac{2\pi x}{a}\right)\cos(\omega t - \phi)\right]\mathrm{d}x$$

$$= \frac{a}{2} - \frac{16a}{9\pi^2}\cos(\omega t - \phi)$$

当 $\phi=\pi/2$ 时，

$$\langle x\rangle=\frac{a}{2}-\frac{16a}{9\pi^2}\cos(\omega t-\pi/2)=\frac{a}{2}-\frac{16a}{9\pi^2}\sin(\omega t)$$

当 $\phi=\pi$ 时，

$$\langle x\rangle=\frac{a}{2}-\frac{16a}{9\pi^2}\cos(\omega t-\pi)=\frac{a}{2}+\frac{16a}{9\pi^2}\cos(\omega t)$$

*** 习题 2.7**　一个处在一维无限深势阱中的粒子，其初始波函数是

$$\Psi(x,0)=\begin{cases}Ax & (0\leqslant x\leqslant a/2)\\ A(a-x) & (a/2\leqslant x\leqslant a)\end{cases}$$

(a) 画出 $\Psi(x,0)$ 的图形然后求出 A。

(b) 求出 $\Psi(x,t)$。

(c) 测量能量得到结果为 E_1 的概率是多少？

(d) 求出能量的期望值。

解： (a) $\Psi(x,0)$ 的图形如图 2-1 所示。

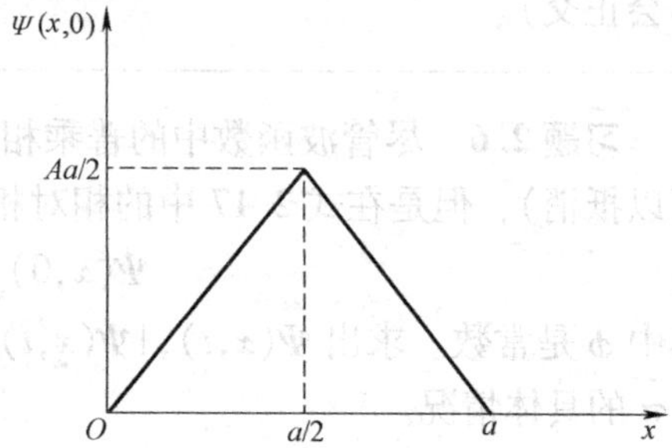

图　2-1

归一化波函数

$$1=\int_{-\infty}^{+\infty}|\Psi(x,0)|^2\mathrm{d}x$$

$$=|A|^2\left[\int_0^{a/2}x^2\mathrm{d}x+\int_{a/2}^{a}(a-x)^2\mathrm{d}x\right]=|A|^2\frac{a^3}{12}$$

所以

$$A=\sqrt{\frac{12}{a^3}}$$

(b) 一维无限深势阱的定态波函数为

$$\psi_n(x)=\sqrt{\frac{2}{a}}\sin\left(\frac{n\pi x}{a}\right)\quad(0<x<a)$$

把初始波函数用定态展开

$$\Psi(x,0)=\sum_{n=1}^{\infty}c_n\psi_n(x)$$

其中展开系数为

$$c_n=\int_0^a\psi_n^*(x)\Psi(x,0)\mathrm{d}x=\frac{\sqrt{24}}{a^2}\left[\int_0^{a/2}x\sin(n\pi x/a)\mathrm{d}x+\int_{a/2}^{a}(a-x)\sin(n\pi x/a)\mathrm{d}x\right]$$

利用积分公式

$$\int_b^d x\sin(kx)\mathrm{d}x=\left[\frac{1}{k^2}\sin(kx)-\frac{x}{k}\cos(kx)\right]\Bigg|_b^d$$

可以求出

$$c_n=\frac{4\sqrt{6}}{(n\pi)^2}\sin\left(\frac{n\pi}{2}\right)=\begin{cases}0 & (n=2,4,6,\cdots)\\ (-1)^{(n-1)/2}\dfrac{4\sqrt{6}}{n^2\pi^2} & (n=1,3,5,\cdots)\end{cases}$$

所以

$$\Psi(x,t) = \sum_{n=1}^{\infty} c_n e^{-iE_n t/\hbar}\psi_n(x), E_n = \frac{\hbar^2 n^2 \pi^2}{2ma^2}$$

（c）测量能量得到结果为 E_1 的概率是 $P_1 = |c_1|^2 = \left(\frac{4\sqrt{6}}{\pi^2}\right)^2 = 0.9855$

（d）

$$\langle E\rangle = \sum_{n=1}^{\infty} |c_n|^2 E_n = \frac{\hbar^2}{2ma^2}\frac{16\times 6}{\pi^2}\sum_{n=\text{奇数}}^{\infty}\frac{1}{n^2} = \frac{6\hbar^2}{ma^2}$$

其中利用了级数求和公式（这些公式可由函数的傅里叶级数展开式得到，可在数学手册上查到）

$$\sum_{n=\text{奇数}}^{\infty}\frac{1}{n^2} = 1 + \frac{1}{3^2} + \frac{1}{5^2} + \frac{1}{7^2} + \cdots = \frac{\pi^2}{8}$$

习题 2.8 一个质量为 m 的粒子，处在一维无限深方势阱（宽度为 a）中，从势阱的左半边开始运动，并且在这个区域中（$t=0$ 时）的每一点找到粒子的概率相同。

（a）求出初始波函数 $\Psi(x,0)$（假设它为实数，并且不要忘记归一化）。

（b）测量能量得到值为 $\pi^2\hbar^2/2ma^2$ 的概率是多少？

解：（a）初始波函数为

$$\Psi(x,0) = \begin{cases} A & (0<x<a/2) \\ 0 & (a/2<x<a) \end{cases}$$

归一化

$$1 = \int_0^a |\Psi(x,0)|^2 dx = |A|^2\int_0^{a/2} dx = |A|^2 a/2$$

所以

$$A = \sqrt{2/a}$$

（b）一维无限深势阱的定态波函数为

$$\psi_n(x) = \sqrt{\frac{2}{a}}\sin\left(\frac{n\pi x}{a}\right) \quad (0<x<a)$$

把初始波函数用定态展开

$$\Psi(x,0) = \sum_{n=1}^{\infty} c_n\psi_n(x)$$

其中展开系数为

$$c_n = \int_0^a \psi_n^*(x)\Psi(x,0)dx = \frac{2}{a}\int_0^{a/2}\sin(n\pi x/a)dx = \frac{2}{n\pi}[1-\cos(n\pi/2)]$$

所以测量能量得到基态 $E_1 = \pi^2\hbar^2/2ma^2$ 的概率为 $|c_1|^2 = 4/\pi^2 \approx 0.4053$

习题 2.9 对例题 2.2 中的波函数，用公式

$$\int\Psi(x,0)^* \hat{H}\Psi(x,0)dx$$

求 $t=0$ 时 H 的期望值。同用式 2.39 ($\langle H\rangle=\sum_{n=1}^{\infty}|c_n|^2E_n$) 求出例题 2.3 的结果比较。注意：因为 $\langle H\rangle$ 不依赖时间，所以用 $t=0$ 也不失普遍性。

解：例题 2.2 中一维无限深势阱归一化初始波函数是

$$\Psi(x,0)=\sqrt{\frac{30}{a^5}}x(a-x)\quad(0<x<a)$$

$$\langle H\rangle=\int_0^a\Psi^*(x,0)\hat{H}\Psi(x,0)\mathrm{d}x=-\frac{\hbar^2}{2m}\frac{30}{a^5}\int_0^a x(a-x)\frac{\mathrm{d}^2}{\mathrm{d}x^2}[x(a-x)]\mathrm{d}x$$

$$=\frac{\hbar^2}{2m}\frac{30}{a^5}\int_0^a 2x(a-x)\mathrm{d}x=\frac{\hbar^2}{2m}\frac{30}{a^5}\frac{a^3}{3}=\frac{5\hbar^2}{ma^2}$$

这与例题 2.3 中用

$$\langle H\rangle=\sum_{n=1}^{\infty}|c_n|^2E_n$$

求出的结果是一样的。

＊习题 2.10 对一维谐振子，

(a) 构造出 $\psi_2(x)$。

(b) 画出 ψ_0，ψ_1 和 ψ_2。

(c) 通过直接积分，检验 ψ_0，ψ_1 和 ψ_2 的正交性。提示：如果你利用函数的奇偶性，仅需计算一个积分。

解：(a) 由

$$\psi_0(x)=\left(\frac{m\omega}{\pi\hbar}\right)^{1/4}\mathrm{e}^{-\frac{m\omega}{2\hbar}x^2}$$

$$\psi_1(x)=\left(\frac{m\omega}{\pi\hbar}\right)^{1/4}\sqrt{\frac{2m\omega}{\hbar}}x\mathrm{e}^{-m\omega x^2/2\hbar}$$

$$\psi_n(x)=\frac{1}{\sqrt{n}}a_+\psi_{n-1}(x)=\frac{1}{\sqrt{n!}}(a_+)^n\psi_0(x)$$

$$a_+=\frac{1}{\sqrt{2\hbar m\omega}}(-\mathrm{i}\hat{p}+m\omega x)=\frac{1}{\sqrt{2\hbar m\omega}}\left(-\hbar\frac{\partial}{\partial x}+m\omega x\right)$$

可以求出

$$\psi_2=\frac{1}{\sqrt{2}}\frac{1}{2\hbar m\omega}\left(\frac{m\omega}{\pi\hbar}\right)^{1/4}\left(-\hbar\frac{\partial}{\partial x}+m\omega x\right)^2\mathrm{e}^{-m\omega x^2/2\hbar}$$

$$=\left(\frac{m\omega}{\pi\hbar}\right)^{1/4}\mathrm{e}^{-m\omega x^2/2\hbar}\frac{1}{2\sqrt{2}}\left(4\frac{m\omega}{\hbar}x^2-2\right)$$

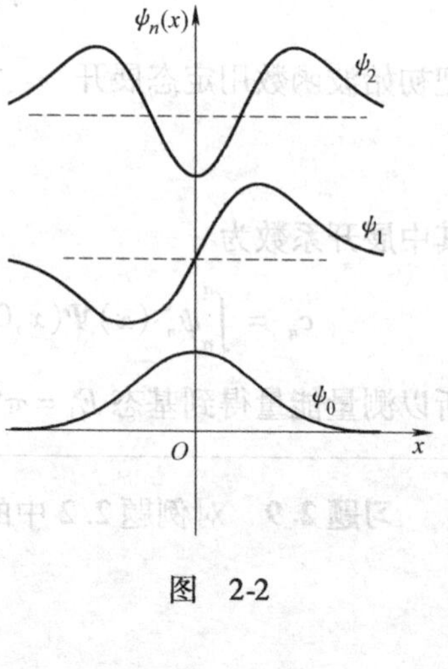

图 2-2

(b) 定态 ψ_0，ψ_1 和 ψ_2 的图像，如图 2-2 所示（为了清楚起见波函数 ψ_0，ψ_1 和 ψ_2 选择了不同的零点）。

(c) 因为 $\psi_1(x)$ 是奇函数，$\psi_0(x)$ 和 $\psi_2(x)$ 是偶函数，所以有

$$\int_{-\infty}^{+\infty}\psi_0^*(x)\psi_1(x)\mathrm{d}x = 0$$

$$\int_{-\infty}^{+\infty}\psi_1^*(x)\psi_2(x)\mathrm{d}x = 0$$

而

$$\int_{-\infty}^{+\infty}\psi_0^*(x)\psi_2(x)\mathrm{d}x = \left(\frac{m\omega}{\pi\hbar}\right)^{1/2}\frac{1}{2\sqrt{2}}\int_{-\infty}^{+\infty}\left(4\frac{m\omega}{\hbar}x^2-2\right)\mathrm{e}^{-m\omega x^2/\hbar}\mathrm{d}x$$

$$=\frac{1}{\sqrt{2\pi}}\int_0^{+\infty}(4\xi^2-2)\mathrm{e}^{-\xi^2}\mathrm{d}\xi = \frac{1}{\sqrt{2\pi}}\left(4\frac{\sqrt{\pi}}{4}-2\frac{\sqrt{\pi}}{2}\right)=0$$

其中，$\xi = x\sqrt{\frac{m\omega}{\hbar}}$。

所以 ψ_0，ψ_1 和 ψ_2 是互相正交的。

*** 习题 2. 11**

（a）通过直接积分计算 ψ_0 态 $\left(\text{式 2. 59}\ \psi_0(x)=\left(\frac{m\omega}{\pi\hbar}\right)^{1/4}\mathrm{e}^{-\frac{m\omega}{2\hbar}x^2}\right)$ 和 ψ_1 态 $\left(\text{式 2. 62}\ \psi_1(x)=A_1\left(\frac{m\omega}{\pi\hbar}\right)^{1/4}\sqrt{\frac{2m\omega}{\hbar}}x\mathrm{e}^{-\frac{m\omega}{2\hbar}x^2}\right)$ 的 $\langle x\rangle$，$\langle p\rangle$，$\langle x^2\rangle$ 及 $\langle p^2\rangle$。注意：在涉及谐振子的问题中，如果你引入变量 $\xi\equiv\sqrt{m\omega/\hbar}x$ 和常数 $\alpha\equiv(m\omega/\pi\hbar)^{1/4}$，可以简化问题。

（b）对这些态验证不确定原理。

（c）计算这些态的 $\langle T\rangle$（平均动能）和 $\langle V\rangle$（平均势能），（无需再积分）你预期它们的和会是什么？

解：对任何谐振子的定态我们都有

$$\langle x\rangle = \int_{-\infty}^{+\infty}\psi_n^*(x)x\psi_n(x)\mathrm{d}x = 0 \quad \text{（被积函数是奇函数）}$$

$$\langle p\rangle = m\frac{\mathrm{d}\langle x\rangle}{\mathrm{d}t}=0 \quad \text{（定态}\langle x\rangle\text{不随时间变化是常数）}$$

所以只需要计算 $\langle x^2\rangle$ 及 $\langle p^2\rangle$

当 $n=0$ 时，

$$\psi_0(x)=\left(\frac{m\omega}{\pi\hbar}\right)^{1/4}\mathrm{e}^{-m\omega x^2/2\hbar}$$

$$\langle x^2\rangle = \int_{-\infty}^{+\infty}\psi_0^*(x)x^2\psi_0(x)\mathrm{d}x = \left(\frac{m\omega}{\pi\hbar}\right)^{1/2}\int_{-\infty}^{+\infty}x^2\mathrm{e}^{-m\omega x^2/\hbar}\mathrm{d}x = \frac{\hbar}{2m\omega}$$

其中利用了积分公式

$$\int_0^{+\infty}x^{2n}\mathrm{e}^{-ax^2}\mathrm{d}x = \frac{(2n-1)!!}{2^{n+1}a^n}\sqrt{\frac{\pi}{a}} \quad (a>0)$$

$$\langle p^2\rangle = -\hbar^2\int_{-\infty}^{+\infty}\psi_0^*(x)\frac{\mathrm{d}^2\psi_0(x)}{\mathrm{d}x^2}\mathrm{d}x$$

$$= -\hbar^2\left(\frac{m\omega}{\pi\hbar}\right)^{1/2}\int_{-\infty}^{+\infty}\left(-\frac{m\omega}{\hbar}+\frac{m^2\omega^2}{\hbar^2}x^2\right)\exp(-m\omega x^2/\hbar)\,dx$$

$$= \frac{1}{2}m\hbar\omega$$

当 $n=1$ 时，

$$\psi_1(x) = \left(\frac{m\omega}{\pi\hbar}\right)^{1/4}\sqrt{\frac{2m\omega}{\hbar}}x e^{-m\omega x^2/2\hbar}$$

$$\langle x^2\rangle = \int_{-\infty}^{+\infty}\psi_1^*(x)x^2\psi_1(x)\,dx = \left(\frac{m\omega}{\pi\hbar}\right)^{1/2}\frac{2m\omega}{\hbar}\int_{-\infty}^{+\infty}x^4 e^{-m\omega x^2/\hbar}dx = \frac{3\hbar}{2m\omega}$$

$$\langle p^2\rangle = -\hbar^2\int_{-\infty}^{+\infty}\psi_1^*(x)\frac{d^2\psi_1(x)}{dx^2}dx$$

$$= -\hbar^2\left(\frac{m\omega}{\pi\hbar}\right)^{1/2}\frac{2m\omega}{\hbar}\int_{-\infty}^{+\infty}x e^{-m\omega x^2/2\hbar}\frac{d^2(x e^{-m\omega x^2/2\hbar})}{dx^2}dx$$

$$= -\hbar^2\left(\frac{m\omega}{\pi\hbar}\right)^{1/2}\frac{2m\omega}{\hbar}\int_{-\infty}^{+\infty}\left[\left(\frac{m\omega}{\hbar}\right)^2x^4-3\left(\frac{m\omega}{\hbar}\right)x^2\right]e^{-m\omega x^2/\hbar}dx$$

$$= \frac{3m\hbar\omega}{2}$$

得出上面的结果是再次利用了前面的积分公式。

（b）当 $n=0$ 时，

$$\sigma_x\sigma_p = \sqrt{\langle x^2\rangle-\langle x\rangle^2}\cdot\sqrt{\langle p^2\rangle-\langle p\rangle^2} = \sqrt{\frac{\hbar}{2m\omega}}\cdot\sqrt{\frac{m\hbar\omega}{2}} = \frac{\hbar}{2}$$

可以看出，对基态刚好是不确定原理的极限

当 $n=1$ 时，

$$\sigma_x\sigma_p = \sqrt{\langle x^2\rangle-\langle x\rangle^2}\cdot\sqrt{\langle p^2\rangle-\langle p\rangle^2} = \sqrt{\frac{3\hbar}{2m\omega}}\cdot\sqrt{\frac{3m\hbar\omega}{2}} = \frac{3\hbar}{2} > \frac{\hbar}{2}$$

（c）

$$\langle T\rangle = \frac{1}{2m}\langle p^2\rangle = \begin{cases}\hbar\omega/4 & (n=0)\\ 3\hbar\omega/4 & (n=1)\end{cases}$$

$$\langle V\rangle = \frac{1}{2}m\omega^2\langle x^2\rangle = \begin{cases}\hbar\omega/4 & (n=0)\\ 3\hbar\omega/4 & (n=1)\end{cases}$$

$$\langle H\rangle = \langle T\rangle + \langle V\rangle = \begin{cases}E_0 = \hbar\omega/2 & (n=0)\\ E_1 = 3\hbar\omega/2 & (n=1)\end{cases}$$

*** 习题 2.12**　利用例题 2.5 中的方法，计算谐振子第 n 态的 $\langle x\rangle$，$\langle p\rangle$，$\langle x^2\rangle$，$\langle p^2\rangle$ 及 $\langle T\rangle$。验证它们满足不确定原理。

解：由

$$x = \sqrt{\frac{\hbar}{2m\omega}}(a_+ + a_-),\quad p = i\sqrt{\frac{\hbar m\omega}{2}}(a_+ - a_-)$$

$$a_+\psi_n=\sqrt{n+1}\psi_{n+1},\quad a_-\psi_n=\sqrt{n}\psi_{n-1}$$

$$\langle x\rangle=\int_{-\infty}^{+\infty}\psi_n^* x\psi_n\mathrm{d}x=\sqrt{\frac{\hbar}{2m\omega}}\int_{-\infty}^{+\infty}\psi_n^*(a_++a_-)\psi_n\mathrm{d}x$$

$$=\sqrt{\frac{\hbar}{2m\omega}}\int_{-\infty}^{+\infty}\psi_n^*(\sqrt{n+1}\psi_{n+1}+\sqrt{n}\psi_{n-1})\mathrm{d}x=0$$

$$\langle p\rangle=\int_{-\infty}^{+\infty}\psi_n^*\hat{p}\psi_n\mathrm{d}x=\mathrm{i}\sqrt{\frac{\hbar m\omega}{2}}\int_{-\infty}^{+\infty}\psi_n^*(a_+-a_-)\psi_n\mathrm{d}x$$

$$=\mathrm{i}\sqrt{\frac{\hbar m\omega}{2}}\int_{-\infty}^{+\infty}\psi_n^*(\sqrt{n+1}\psi_{n+1}-\sqrt{n}\psi_{n-1})\mathrm{d}x=0$$

$$\langle x^2\rangle=\int_{-\infty}^{+\infty}\psi_n^* x^2\psi_n\mathrm{d}x=\frac{\hbar}{2m\omega}\int_{-\infty}^{+\infty}\psi_n^*(a_++a_-)^2\psi_n\mathrm{d}x$$

$$=\frac{\hbar}{2m\omega}\int_{-\infty}^{+\infty}\psi_n^*(a_++a_-)(\sqrt{n+1}\psi_{n+1}+\sqrt{n}\psi_{n-1})\mathrm{d}x$$

$$=\frac{\hbar}{2m\omega}\int_{-\infty}^{+\infty}\psi_n^*[\sqrt{n+2}\cdot\sqrt{n+1}\psi_{n+2}+(n+1)\psi_n+n\psi_n+\sqrt{n}\cdot\sqrt{n-1}\psi_{n-2}]\mathrm{d}x$$

$$=\frac{(2n+1)\hbar}{2m\omega}$$

$$\langle p^2\rangle=\int_{-\infty}^{+\infty}\psi_n^*\hat{p}^2\psi_n\mathrm{d}x=-\frac{\hbar m\omega}{2}\int_{-\infty}^{+\infty}\psi_n^*(a_+-a_-)^2\psi_n\mathrm{d}x$$

$$=-\frac{\hbar m\omega}{2}\int_{-\infty}^{+\infty}\psi_n^*(a_+-a_-)(\sqrt{n+1}\psi_{n+1}-\sqrt{n}\psi_{n-1})\mathrm{d}x$$

$$=-\frac{\hbar m\omega}{2}\int_{-\infty}^{+\infty}\psi_n^*[\sqrt{n+2}\cdot\sqrt{n+1}\psi_{n+2}-(n+1)\psi_n-n\psi_n+\sqrt{n}\cdot\sqrt{n-1}\psi_{n-2}]\mathrm{d}x$$

$$=\frac{(2n+1)\hbar m\omega}{2}$$

$$\langle T\rangle=\left\langle\frac{p^2}{2m}\right\rangle=\frac{1}{2}\left(n+\frac{1}{2}\right)\hbar\omega$$

$$\sigma_x\sigma_p=\sqrt{\langle x^2\rangle-\langle x\rangle^2}\cdot\sqrt{\langle p^2\rangle-\langle p\rangle^2}=\left(n+\frac{1}{2}\right)\hbar\geqslant\hbar/2$$

习题 2.13　一个处于谐振子势的粒子的初始状态为

$$\Psi(x,0)=A[3\psi_0(x)+4\psi_1(x)]$$

(a) 求出 A。

(b) 给出 $\Psi(x,t)$ 和 $|\Psi(x,t)|^2$。

(c) 计算 $\langle x\rangle$ 和 $\langle p\rangle$。如果它们是在以经典的频率振荡，也不要太兴奋；如果用 $\psi_2(x)$ 代替 $\psi_1(x)$，结果会怎样？验证**恩费斯脱定理** $\left(式 1.38\ \frac{\mathrm{d}\langle p\rangle}{\mathrm{d}t}=\left\langle-\frac{\partial V}{\partial x}\right\rangle\right)$ 对此波函数成立。

（d）如果测量这个粒子的能量，有哪些可能的值？各自出现的概率是多少？

解：（a）归一化 $\Psi(x,0)$

$$1 = \int_{-\infty}^{+\infty} |\Psi(x,0)|^2 dx = |A|^2 \int_{-\infty}^{+\infty} (3\psi_0 + 4\psi_1)^* (3\psi_0 + 4\psi_1) dx$$

$$= |A|^2 \int_{-\infty}^{+\infty} (9|\psi_0|^2 + 16|\psi_1|^2 + 12\psi_1^* \psi_0 + 12\psi_0^* \psi_1) dx$$

$$= 25|A|^2$$

所以

$$A = 1/5, \quad \Psi(x,0) = \frac{3}{5}\psi_0(x) + \frac{4}{5}\psi_1(x)$$

（b）

$$\Psi(x,t) = \frac{3}{5}\psi_0(x) e^{-iE_0t/\hbar} + \frac{4}{5}\psi_1(x) e^{-iE_1t/\hbar}$$

其中，$E_0 = \frac{1}{2}\hbar\omega$，$E_1 = \frac{3}{2}\hbar\omega$ 是谐振子基态和第一激发态的能量。

$$|\Psi(x,t)|^2 = \left[\frac{3}{5}\psi_0(x) e^{-iE_0t/\hbar} + \frac{4}{5}\psi_1(x) e^{-iE_1t/\hbar}\right]^* \left[\frac{3}{5}\psi_0(x) e^{-iE_0t/\hbar} + \frac{4}{5}\psi_1(x) e^{-iE_1t/\hbar}\right]$$

$$= \frac{9}{25}|\psi_0(x)|^2 + \frac{16}{25}|\psi_1(x)|^2 + \frac{12}{25}\psi_0^*(x)\psi_1(x) e^{-i\omega t} + \frac{12}{25}\psi_1^*(x)\psi_0(x) e^{i\omega t}$$

$$= \frac{9}{25}|\psi_0(x)|^2 + \frac{16}{25}|\psi_1(x)|^2 + \frac{12}{25}\psi_0(x)\psi_1(x)(e^{i\omega t} + e^{-i\omega t})$$

$$= \frac{9}{25}|\psi_0(x)|^2 + \frac{16}{25}|\psi_1(x)|^2 + \frac{24}{25}\psi_0(x)\psi_1(x)\cos\omega t$$

（c）

$$\langle x\rangle = \int_{-\infty}^{+\infty} x|\Psi(x,t)|^2 dx$$

$$= \int_{-\infty}^{+\infty} x\left[\frac{9}{25}|\psi_0(x)|^2 + \frac{16}{25}|\psi_1(x)|^2 + \frac{24}{25}\psi_0(x)\psi_1(x)\cos\omega t\right] dx$$

$$= 0 + 0 + \frac{24}{25}\cos\omega t \int_{-\infty}^{+\infty} x\psi_0(x)\psi_1(x) dx$$

利用

$$x = \sqrt{\frac{\hbar}{2m\omega}}(a_+ + a_-), \hat{p} = i\sqrt{\frac{\hbar m\omega}{2}}(a_+ - a_-)$$

$$a_+\psi_n = \sqrt{n+1}\psi_{n+1}, a_-\psi_n = \sqrt{n}\psi_{n-1}$$

$$\langle x\rangle = \frac{24}{25}\cos\omega t \int_{-\infty}^{+\infty} x\psi_0(x)\psi_1(x) dx$$

$$= \frac{24}{25}\cos(\omega t)\sqrt{\frac{\hbar}{2m\omega}} \int_{-\infty}^{+\infty} \psi_1(x)\psi_1(x) dx = \frac{24}{25}\sqrt{\frac{\hbar}{2m\omega}}\cos\omega t$$

$$\langle p\rangle = m\frac{\mathrm{d}\langle x\rangle}{\mathrm{d}t} = -m\omega\frac{24}{25}\sqrt{\frac{\hbar}{2m\omega}}\sin\omega t = -\frac{24}{25}\sqrt{\frac{m\omega\hbar}{2}}\sin\omega t$$

或者

$$\int_{-\infty}^{+\infty}\Psi(x,t)\ \hat{p}\ \Psi(x,t)\,\mathrm{d}x$$

$$= \mathrm{i}\sqrt{\frac{\hbar m\omega}{2}}\int_{-\infty}^{+\infty}\mathrm{d}x\left[\frac{3}{5}\psi_0(x)\mathrm{e}^{-\mathrm{i}E_0t/\hbar}+\frac{4}{5}\psi_1(x)\mathrm{e}^{-\mathrm{i}E_1t/\hbar}\right]^*(a_+-a_-)\left[\frac{3}{5}\psi_0(x)\mathrm{e}^{-\mathrm{i}E_0t/\hbar}+\frac{4}{5}\psi_1(x)\mathrm{e}^{-\mathrm{i}E_1t/\hbar}\right]$$

$$= \mathrm{i}\sqrt{\frac{\hbar m\omega}{2}}\int_{-\infty}^{+\infty}\mathrm{d}x\left[\frac{3}{5}\psi_0(x)\mathrm{e}^{-\mathrm{i}E_0t/\hbar}+\frac{4}{5}\psi_1(x)\mathrm{e}^{-\mathrm{i}E_1t/\hbar}\right]^*\left[\frac{3}{5}\psi_1(x)\mathrm{e}^{-\mathrm{i}E_0t/\hbar}+\frac{4}{5}\sqrt{2}\psi_2(x)\mathrm{e}^{-\mathrm{i}E_1t/\hbar}-\frac{4}{5}\psi_0(x)\mathrm{e}^{-\mathrm{i}E_1t/\hbar}\right]$$

$$= \mathrm{i}\sqrt{\frac{\hbar m\omega}{2}}\frac{12}{25}(\mathrm{e}^{\mathrm{i}\omega t}-\mathrm{e}^{-\mathrm{i}\omega t}) = -\frac{24}{25}\sqrt{\frac{\hbar m\omega}{2}}\sin\omega t$$

由恩费斯脱（Ehrenfest）定理

$$\frac{\mathrm{d}\langle p\rangle}{\mathrm{d}t} = \left\langle -\frac{\partial V}{\partial x}\right\rangle$$

代入谐振子势能 $V(x)=\dfrac{1}{2}m\omega^2x^2$ 及 $\langle p\rangle$，有

$$\frac{\mathrm{d}\langle p\rangle}{\mathrm{d}t} = -\frac{24}{25}\omega\sqrt{\frac{m\hbar\omega}{2}}\cos\omega t$$

$$\left\langle -\frac{\partial V}{\partial x}\right\rangle = -m\omega^2\langle x\rangle = -m\omega^2\frac{24}{25}\sqrt{\frac{\hbar}{2m\omega}}\cos\omega t = -\frac{24}{25}\omega\sqrt{\frac{m\hbar\omega}{2}}\cos\omega t$$

显然满足恩费斯脱定理，如果用 $\psi_2(x)$ 替代 $\psi_1(x)$，则有

$$\Psi(x,t) = \frac{3}{5}\psi_0(x)\mathrm{e}^{-\mathrm{i}E_0t/\hbar}+\frac{4}{5}\psi_2(x)\mathrm{e}^{-\mathrm{i}E_2t/\hbar}$$

其中 $E_2=\dfrac{5}{2}\hbar\omega$，重复上面的计算，有

$$\langle x\rangle = \frac{24}{25}\cos(2\omega t)\int_{-\infty}^{+\infty}x\psi_0(x)\psi_2(x)\,\mathrm{d}x = \frac{24}{25}\cos(2\omega t)\sqrt{\frac{\hbar}{2m\omega}}\int_{-\infty}^{+\infty}\psi_1(x)\psi_2(x)\,\mathrm{d}x = 0$$

$$\langle p\rangle = m\frac{\mathrm{d}\langle x\rangle}{\mathrm{d}t} = 0$$

显然此时，$\dfrac{\mathrm{d}\langle p\rangle}{\mathrm{d}t}=\left\langle -\dfrac{\partial V}{\partial x}\right\rangle$ 仍然满足（也必须满足）。

讨论：当不同的谐振子定态叠加时，只有叠加态中有相邻态时，即有 ψ_n 态时，必须还有 $\psi_{n\pm1}$ 态，$\langle x\rangle$ 才会以 $\cos\omega t$ 的形式振荡。

(d) 测量能量得到 $E_0=\hbar\omega/2$ 的概率是 $|c_0|^2=9/25$，得到 $E_1=3\hbar\omega/2$ 的概率是 $|c_1|^2=16/25$。

习题 2.14 一个粒子处在经典频率为 ω 的基态，若突然改变其频率：$\omega'=2\omega$，而不改变原本的波函数（当然，由于哈密顿量的改变，波函数的演变要发生变化）。测量能量得到 $\hbar\omega/2$ 的概率是多少？得到 $\hbar\omega$ 的概率又是多少（答案：0.943）？

解：本题其实就是以经典频率为 ω 的基态为体系的初始态，体系的哈密顿量为

$$\hat{H}=\frac{\hat{p}^2}{2m}+\frac{1}{2}m(2\omega)x^2$$

能量本征函数为

$$\phi_n(x)=\left(\frac{m\omega'}{\pi\hbar}\right)^{1/4}\frac{1}{\sqrt{2^n n!}}\mathrm{e}^{-m\omega' x^2/2\hbar}H_n(\sqrt{m\omega'/\hbar}x)$$

能量本征值为

$$E_n=(n+1/2)\hbar\omega'=(n+1/2)2\hbar\omega$$

含时薛定谔方程的一般解为

$$\Phi(x,t)=\sum_{n=1}^{\infty}c_n\phi_n\mathrm{e}^{-\mathrm{i}E_n t/\hbar}$$

当 $t=0$ 时，

$$\Phi(x,0)=\sum_{n=1}^{\infty}c_n\phi_n=\psi_0$$

显然，对 $\Phi(x,t)$ 测量能量，不可能得到 $\hbar\omega/2$，因为现在的能量本征态中没有这个本征值，所以测量能量得到 $\hbar\omega/2$ 的概率为零。现在体系基态的能量为 $\hbar\omega'/2=\hbar\omega$，所以测量能量得到 $\hbar\omega$ 的概率是 $|c_0|^2$，由

$$c_0=\int_{-\infty}^{+\infty}\phi_0^*\Phi(x,0)\mathrm{d}x=\int_{-\infty}^{+\infty}\phi_0^*\psi_0\mathrm{d}x$$

代入

$$\psi_0=\left(\frac{m\omega}{\pi\hbar}\right)^{1/4}\exp(-m\omega x^2/2\hbar)$$

$$\phi_0=\left(\frac{m2\omega}{\pi\hbar}\right)^{1/4}\exp(-m2\omega x^2/2\hbar)$$

$$c_0=\int_{-\infty}^{+\infty}\phi_0^*\psi_0\mathrm{d}x=(2)^{1/4}\sqrt{\frac{m\omega}{\pi\hbar}}\int_{-\infty}^{+\infty}\exp(-3m\omega x^2/2\hbar)$$

$$=(2)^{1/4}\sqrt{\frac{m\omega}{\pi\hbar}}\cdot\sqrt{\frac{2\hbar\pi}{3m\omega}}=\sqrt{\frac{2\sqrt{2}}{3}}$$

$$|c_0|^2=0.94281$$

注意：在 $t=0$ 时，体系的能量期望值不是 $\hbar\omega/2$，因为体系的哈密顿量是频率为 $\omega'=2\omega$ 的谐振子哈密顿量。

习题 2.15 在谐振子的基态发现粒子处于经典理论所允许的范围之外的概率是多少

(精确到小数点后三位数)? 提示：经典谐振子的能量是 $E=(1/2)ka^2=(1/2)m\omega^2a^2$，其中 a 是振幅。所以一个具有能量 E 的谐振子的“经典允许范围”是从 $-\sqrt{2E/m\omega^2}$ 到 $\sqrt{2E/m\omega^2}$。参考数学手册中“正态分布”或“误差函数”的数值积分。

解：设 $x_0=\sqrt{2E/m\omega^2}=\sqrt{\hbar/m\omega}$，需要求积分

$$P(x>|x_0|)=2\int_{x_0}^{\infty}|\psi_0|^2\mathrm{d}x=2\sqrt{\frac{m\omega}{\pi\hbar}}\int_{x_0}^{\infty}\exp(-m\omega x^2/\hbar)\mathrm{d}x$$

令

$$\frac{z}{\sqrt{2}}=\sqrt{\frac{m\omega}{\hbar}}x$$

显然，当 $x=x_0$ 时，$z=z_0=\sqrt{2}$，积分变为

$$P(z>|\sqrt{2}|)=\frac{2}{\sqrt{2\pi}}\int_{\sqrt{2}}^{\infty}\exp(-z^2/2)\mathrm{d}z$$

由数学手册的正态分布表

$$\Phi(y)=\frac{1}{\sqrt{2\pi}}\int_{-\infty}^{y}\exp(-x^2/2)\mathrm{d}x$$

$$\Phi(\sqrt{2})\approx 0.921$$

所以

$$P(z>|\sqrt{2}|)=2[1-\Phi(\sqrt{2})]=0.157$$

在经典理论所允许的范围以外发现粒子的概率显然要远小于经典范围以内。

习题 2.16　利用递推公式（式 2.84）计算出 $H_5(\xi)$ 和 $H_6(\xi)$。按照惯例选择常数使 ξ 最高幂次的系数是 2^n。

解：厄密多项式系数的递推公式为

$$a_{j+2}=\frac{-2(n-j)}{(j+1)(j+2)}a_j$$

选 a_0 或 a_1 的值使最高幂次的系数是 2^n，或者从最高项系数向下递推。对 H_6，有

$$a_6=2^6=\frac{-2\times(6-4)}{5\times 6}a_4,\ a_4=-30\times 2^4=-480$$

$$a_4=-480=\frac{-2\times(6-2)}{3\times 4}a_2,\ a_2=+720$$

$$a_2=720=\frac{-2\times(6-0)}{1\times 2}a_0,\ a_0=-120$$

所以

$$H_6(\xi)=64\xi^6-480\xi^4+720\xi^2-120$$

对 H_5 有

$$a_5=2^5=\frac{-2\times(5-3)}{4\times 5}a_3,\ a_3=-160$$

$$a_3 = -160 = \frac{-2\times(5-1)}{2\times 3}a_1, a_1 = 120$$

所以

$$H_5(\xi) = 32\xi^5 - 160\xi^3 + 120\xi$$

** **习题 2.17** 在这个习题中我们探讨一些有关厄密多项式的定理（不加证明）

（a）罗德里格（Rodrigues）公式为：

$$H_n(\xi) = (-1)^n e^{\xi^2}\left(\frac{d}{d\xi}\right)^n e^{-\xi^2}$$

由它导出 H_3 和 H_4。

（b）下面的递推关系式给出用相邻的两个厄密多项式来表示 H_{n+1}

$$H_{n+1}(\xi) = 2\xi H_n(\xi) - 2nH_{n-1}(\xi)$$

利用它和（a）中的结果，得出 H_5 和 H_6。

（c）如果你对一个 n 阶多项式求导，可以得到一个 $n-1$ 阶的多项式。对厄密多项式，事实上有：

$$\frac{dH_n}{d\xi} = 2nH_{n-1}(\xi)$$

通过对 H_5 和 H_6 求导检验上式。

（d）$H_n(\xi)$是母函数 $\exp(-z^2+2z\xi)$对 z 求 n 次导数后再取 $z=0$ 时的值，即它是母函数的泰勒展开式中 $z^n/n!$ 项的系数

$$e^{-z^2+2z\xi} = \sum_{n=0}^{\infty}\frac{z^n}{n!}H_n(\xi)$$

利用这个公式导出 H_0，H_1 和 H_2。

解：（a）

$$H_3(\xi) = (-1)^3 e^{\xi^2}\left(\frac{d}{d\xi}\right)^3 e^{-\xi^2} = -e^{\xi^2}\left(\frac{d}{d\xi}\right)^2(-2\xi e^{-\xi^2})$$

$$= e^{\xi^2}\left(\frac{d}{d\xi}\right)(2e^{-\xi^2} - 4\xi^2 e^{-\xi^2}) = 8\xi^3 - 12\xi$$

$$H_4(\xi) = (-1)^4 e^{\xi^2}\left(\frac{d}{d\xi}\right)^4 e^{-\xi^2} = e^{\xi^2}\left(\frac{d}{d\xi}\right)^3(-2\xi e^{-\xi^2})$$

$$= e^{\xi^2}\left(\frac{d}{d\xi}\right)^2(-2e^{-\xi^2} + 4\xi^2 e^{-\xi^2}) = e^{\xi^2}\left(\frac{d}{d\xi}\right)(4\xi e^{-\xi^2} + 8\xi e^{-\xi^2} - 8\xi^3 e^{-\xi^2})$$

$$= 16\xi^4 - 48\xi^2 + 12$$

（b）

$$H_5(\xi) = 2\xi H_4(\xi) - 8H_3(\xi) = 2\xi(16\xi^4 - 48\xi^2 + 12) - 8(8\xi^3 - 12\xi)$$

$$= 32\xi^5 - 160\xi^3 + 120\xi$$

$$H_6(\xi) = 2\xi H_5(\xi) - 10H_4(\xi) = 2\xi(32\xi^5 - 160\xi^3 + 120\xi) - 10(16\xi^4 - 48\xi^2 + 12)$$

$$= 64\xi^6 - 480\xi^4 + 720\xi^2 - 120$$

(c)

$$\frac{dH_6}{d\xi}=\frac{d}{d\xi}(64\xi^6-480\xi^4+720\xi^2-120)$$
$$=(6\times64)\xi^5-(4\times480)\xi^3+(2\times720)\xi$$
$$=12\times(32\xi^5-160\xi^3+120\xi)=(2\times6)H_5(\xi)$$

$$\frac{dH_5}{d\xi}=160\xi^4-480\xi^2+120=10\times(16\xi^4-48\xi^2+12)=(2\times5)H_4(\xi)$$

(d)

$$H_0(\xi)=1$$

$$H_1(\xi)=\frac{d}{dz}\exp(-z^2+2z\xi)\mid_{z=0}=(-2z+2\xi)\exp(-z^2+2z\xi)\mid_{z=0}=2\xi$$

$$H_2(\xi)=\frac{d^2}{dz^2}\exp(-z^2+2z\xi)\mid_{z=0}$$
$$=\frac{d}{dz}[(-2z+2)\exp(-z^2+2z\xi)]\mid_{z=0}$$
$$=[-2\exp(-z^2+2z\xi)]\mid_{z=0}+[(-2z+2)^2\exp(-z^2+2z\xi)]\mid_{z=0}$$
$$=-2+4\xi^2$$

习题 2.18　证明$[Ae^{ikx}+Be^{-ikx}]$和$[C\cos kx+D\sin kx]$是x相同函数的等价方式，用A和B表示C和D，及用C和D表示A和B。注意：在量子力学中，当$V=0$时，指数形式代表一个行波，在讨论自由粒子时最为方便，而正弦和余弦对应于驻波，它们在无限深方势阱问题中自然出现。

证：由数学公式

$$e^{ikx}=\cos kx+i\sin kx,\quad e^{-ikx}=\cos kx-i\sin kx$$

有

$$Ae^{ikx}+Be^{-ikx}=A(\cos kx+i\sin kx)+B(\cos kx-i\sin kx)$$
$$=(A+B)\cos kx+i(A-B)\sin kx$$
$$=C\cos kx+D\sin kx$$

所以

$$C=A+B,\quad D=i(A-B)$$
$$A=\frac{C-iD}{2},\quad B=\frac{C+iD}{2}$$

习题 2.19　求出自由粒子波函数，即式 2.94（$\Psi_k(x,t)=Ae^{i\left(kx-\frac{\hbar k^2}{2m}t\right)}$）的概率流$J$（习题 1.14），概率流朝哪个方向流动？

解：把

$$\Psi_k(x,t)=Ae^{i\left(kx-\frac{\hbar k^2}{2m}t\right)}$$

代入

$$J(x,t)=\frac{\mathrm{i}\hbar}{2m}\left[\Psi(x,t)\frac{\partial\Psi^*(x,t)}{\partial x}-\Psi^*(x,t)\frac{\partial\Psi(x,t)}{\partial x}\right]$$

得到

$$J(x,t)=\frac{k\hbar}{m}|A|^2$$

显然，概率流是朝 x 正方向，即波的传播方向流动。

** **习题 2.20** 本题的目的是引导你熟悉普朗克尔（Plancherel）定理的证明，从在一个有限区间的普通傅里叶级数理论出发扩展到无限区间。

（a）普朗克尔定理说“任何”在区间$[-a,a]$的函数$f(x)$可以展开为傅里叶级数：

$$f(x)=\sum_{n=0}^{\infty}[a_n\sin(n\pi x/a)+b_n\cos(n\pi x/a)]$$

证明此式可以等价写为

$$f(x)=\sum_{n=-\infty}^{\infty}c_n\mathrm{e}^{\mathrm{i}n\pi x/a}$$

以 a_n 和 b_n 表示，c_n 为什么?

（b）证明（由傅里叶技巧的适当改变）

$$c_n=\frac{1}{2a}\int_{-a}^{a}f(x)\mathrm{e}^{-\mathrm{i}n\pi x/a}\mathrm{d}x$$

（c）引入新变量 $k=(n\pi/a)$和 $F(k)=\sqrt{2/\pi}\,ac_n$ 取代 n 和 c_n。证明（a）和（b）现在成为

$$f(x)=\frac{1}{\sqrt{2\pi}}\sum_{n=-\infty}^{\infty}F(k)\mathrm{e}^{\mathrm{i}kx}\Delta k,\quad F(k)=\frac{1}{\sqrt{2\pi}}\int_{-a}^{a}f(x)\mathrm{e}^{-\mathrm{i}kx}\mathrm{d}x$$

其中 Δk 是 n 变化到 $n+1$ 时 k 的增量。

（d）取 $a\to\infty$ 得到普朗克尔定理。注意：鉴于它们非常不同的起源，很惊奇（也很有趣）两个公式——一个是以$f(x)$表示的 $F(k)$，另一个是以 $F(k)$表示的$f(x)$——在 $a\to\infty$ 时有相同的结构。

解:

（a）由数学公式

$$\cos\theta=\frac{1}{2}(\mathrm{e}^{\mathrm{i}\theta}+\mathrm{e}^{-\mathrm{i}\theta}),\quad \sin\theta=\frac{1}{2\mathrm{i}}(\mathrm{e}^{\mathrm{i}\theta}-\mathrm{e}^{-\mathrm{i}\theta})$$

$f(x)$可以表示为

$$\begin{aligned}f(x)&=\sum_{n=0}^{\infty}[a_n\sin(n\pi x/a)+b_n\cos(n\pi x/a)]\\&=b_0+\sum_{n=1}^{\infty}\left\{\frac{a_n}{2\mathrm{i}}[\exp(\mathrm{i}n\pi x/a)-\exp(-\mathrm{i}n\pi x/a)]+\frac{b_n}{2}[\exp(\mathrm{i}n\pi x/a)+\exp(-\mathrm{i}n\pi x/a)]\right\}\\&=b_0+\sum_{n=1}^{\infty}\left(\frac{b_n-\mathrm{i}a_n}{2}\right)\exp(\mathrm{i}n\pi x/a)+\sum_{n=1}^{\infty}\left(\frac{b_n+\mathrm{i}a_n}{2}\right)\exp(-\mathrm{i}n\pi x/a)\end{aligned}$$

$$= b_0 + \sum_{n=1}^{\infty}\left(\frac{b_n - \mathrm{i}a_n}{2}\right)\exp(\mathrm{i}n\pi x/a) + \sum_{n=-1}^{-\infty}\left(\frac{b_{-n} + \mathrm{i}a_{-n}}{2}\right)\exp(\mathrm{i}n\pi x/a)$$

$$= \sum_{n=-\infty}^{\infty} c_n \exp(\mathrm{i}n\pi x/a)$$

其中

$$c_0 = b_0$$
$$c_n = (b_n - \mathrm{i}a_n)/2 \quad (n = 1, 2, 3, \cdots)$$
$$c_n = (b_{-n} + \mathrm{i}a_{-n})/2 \quad (n = -1, -2, -3, \cdots)$$

（b）在

$$f(x) = \sum_{n=-\infty}^{\infty} c_n \exp(\mathrm{i}n\pi x/a)$$

两边同乘以 $\exp(-\mathrm{i}m\pi x/a)$，并对区间（$-a$，$a$）积分

$$\int_{-a}^{a} f(x)\exp(-\mathrm{i}m\pi x/a)\mathrm{d}x = \sum_{n=-\infty}^{\infty} c_n \int_{-a}^{a}\mathrm{d}x\exp(\mathrm{i}(n-m)\pi x/a) = 2a\sum_{n=-\infty}^{\infty} c_n\delta_{nm} = 2ac_m$$

所以

$$c_n = \frac{1}{2a}\int_{-a}^{a} f(x)\exp(-\mathrm{i}n\pi x/a)\mathrm{d}x$$

（c）引入新变量 $k = (n\pi/a)$，n 变化到 $n+1$ 时 k 的增量为 $\Delta k = \pi/a$，把它们及 $F(k) = \sqrt{2/\pi}ac_n$ 代入

$$f(x) = \sum_{n=-\infty}^{\infty} c_n \exp(\mathrm{i}n\pi x/a)$$

取代 n 和 c_n，有

$$f(x) = \frac{1}{\sqrt{2\pi}}\sum_{n=-\infty}^{\infty}\sqrt{\frac{2}{\pi}}c_n a\exp(\mathrm{i}n\pi x/a)\frac{\pi}{a}$$

$$= \frac{1}{\sqrt{2\pi}}\sum_{n=-\infty}^{\infty} F(k)\exp(\mathrm{i}kx)\Delta k$$

代入

$$c_n = \frac{1}{2a}\int_{-a}^{a} f(x)\exp(-\mathrm{i}n\pi x/a)\mathrm{d}x$$

有

$$\sqrt{\frac{2}{\pi}}c_n a = \sqrt{\frac{2}{\pi}}\frac{1}{2}\int_{-a}^{a} f(x)\exp(-\mathrm{i}kx)\mathrm{d}x$$

所以

$$F(k) = \frac{1}{\sqrt{2\pi}}\int_{-a}^{a} f(x)\exp(-\mathrm{i}kx)\mathrm{d}x$$

（d）令 $a\to\infty$，$k = n\pi/a$ 的变化趋于连续，$\Delta k\to 0$

所以有

$$f(x) = \lim_{a\to\infty}\frac{1}{\sqrt{2\pi}}\sum_{n=-\infty}^{\infty}F(k)\exp(ikx)\Delta k = \frac{1}{\sqrt{2\pi}}\int_{-\infty}^{+\infty}F(k)e^{ikx}dk$$

$$F(k) = \frac{1}{\sqrt{2\pi}}\int_{-\infty}^{+\infty}f(x)e^{-ikx}dx$$

习题 2.21 一个自由粒子的初始波函数为

$$\Psi(x,0) = Ae^{-a|x|}$$

其中 A 和 a 是正的实常数。

(a) 归一化 $\Psi(x,0)$。

(b) 求出 $\phi(k)$。

(c) 以积分形式写出 $\Psi(x,t)$。

(d) 讨论极限情况（a 很大，a 很小）。

解：(a)

$$1 = |A|^2\int_{-\infty}^{+\infty}e^{-2a|x|}dx = 2|A|^2\int_{0}^{+\infty}e^{-2ax}dx = \frac{|A|^2}{a}$$

所以 $A=\sqrt{a}$

(b)

$$\phi(k) = \frac{1}{\sqrt{2\pi}}\int_{-\infty}^{+\infty}\Psi(x,0)e^{-ikx}dx = \sqrt{\frac{a}{2\pi}}\int_{-\infty}^{+\infty}e^{-a|x|}e^{-ikx}dx$$

$$= \sqrt{\frac{a}{2\pi}}\int_{-\infty}^{0}e^{ax-ikx}dx + \sqrt{\frac{a}{2\pi}}\int_{0}^{+\infty}e^{-ax-ikx}dx$$

$$= \sqrt{\frac{a}{2\pi}}\left(\frac{1}{a-ik}+\frac{1}{a+ik}\right)$$

$$= \sqrt{\frac{a}{2\pi}}\frac{2a}{a^2+k^2}$$

(c)

$$\Psi(x,t) = \frac{1}{\sqrt{2\pi}}\int_{-\infty}^{+\infty}\phi(k)\exp[i(kx-\hbar k^2t/2m)]dk$$

$$= \frac{a^{3/2}}{\pi}\int_{-\infty}^{+\infty}\frac{\exp[i(kx-\hbar k^2t/2m)]}{a^2+k^2}dk$$

这个积分可以用复变函数中的留数定理计算。

当 $x>0$ 时

$$\Psi(x,t) = \frac{a^{3/2}}{\pi}\int_{-\infty}^{+\infty}\frac{\exp[i(kx-\hbar k^2t/2m)]}{a^2+k^2}dk$$

$$= \frac{a^{3/2}}{\pi}2\pi i\frac{1}{2ia}\exp[i(iax-\hbar(ia)^2t/2m)]$$

$$=\sqrt{a}\exp(-ax+i\hbar a^2t/2m)$$

当 $x<0$ 时

$$\Psi(x,t)=\frac{a^{3/2}}{\pi}2\pi i\frac{1}{2ia}\exp[i(-iax-\hbar(-ia)^2t/2m)]$$

$$=\sqrt{a}\exp(ax+i\hbar a^2t/2m)$$

所以

$$\Psi(x,t)=\sqrt{a}\exp(-a|x|+i\hbar a^2t/2m)$$

粒子能量的期望值是

$$\langle E\rangle=\frac{\hbar^2a^2}{2m}$$

(d) 当 a 很大时，坐标的不确定性较小，动量的不确定性较大，$\phi(k)\approx\sqrt{\frac{2}{\pi a}}$。

当 a 很小时，坐标的不确定性较大，动量的不确定性较小 $\phi(k)\approx\sqrt{\frac{2a}{\pi}\frac{a}{k^2}}$。

***习题 2.22** 高斯波包。一个自由粒子的初始波函数为

$$\Psi(x,0)=Ae^{-ax^2}$$

其中 A 和 a 是常数（a 是正的实数）。

(a) 归一化 $\Psi(x,0)$。

(b) 求出 $\Psi(x,t)$。提示：积分

$$\int_{-\infty}^{+\infty}e^{-(ax^2+bx)}dx$$

可以由“配平方”的方法处理；令 $y\equiv\sqrt{a}[x+(b/2a)]$，并注意到 $(ax^2+bx)=y^2-(b^2/4a)$。答案：

$$\Psi(x,t)=\left(\frac{2a}{\pi}\right)^{1/4}\frac{e^{-ax^2/[1+(2i\hbar at/m)]}}{\sqrt{1+(2i\hbar at/m)}}$$

(c) 求出 $|\Psi(x,t)|^2$，以量

$$\omega\equiv\sqrt{\frac{a}{1+(2\hbar at/m)^2}}$$

表示画出 $t=0$ 和 t 很大时的 $|\Psi|^2$（作为 x 的函数）。定性上，当时间增加时，$|\Psi|^2$ 有什么变化？

(d) 求出 $\langle x\rangle$，$\langle p\rangle$，$\langle x^2\rangle$，$\langle p^2\rangle$，σ_x 和 σ_p。部分答案：$\langle p^2\rangle=a\hbar^2$，但是得到这个简单形式需要作一些代数运算。

(e) 不确定原理成立吗？在什么时间体系最接近不确定原理的极限。

解：(a)

$$1=\int_{-\infty}^{+\infty}|\Psi(x,0)|^2dx=|A|^2\int_{-\infty}^{+\infty}\exp(-2ax^2)dx=|A|^2\sqrt{\frac{\pi}{2a}}$$

所以

$$A = \left(\frac{2a}{\pi}\right)^{1/4}$$

(b)

$$\phi(k) = \frac{1}{\sqrt{2\pi}}\int_{-\infty}^{+\infty}\Psi(x,0)\mathrm{e}^{-ikx}\mathrm{d}x = \frac{1}{\sqrt{2\pi}}\left(\frac{2a}{\pi}\right)^{1/4}\int_{-\infty}^{+\infty}\mathrm{e}^{-ax^2-ikx}\mathrm{d}x$$

$$= \frac{1}{\sqrt{2\pi}}\left(\frac{2a}{\pi}\right)^{1/4}\exp(-k^2/4a)\int_{-\infty}^{+\infty}\exp[-a(x+\mathrm{i}k/2a)^2]\mathrm{d}x$$

$$= \frac{1}{\sqrt{2\pi}}\left(\frac{2a}{\pi}\right)^{1/4}\exp(-k^2/4a)\sqrt{\frac{\pi}{a}}$$

$$= \left(\frac{1}{2\pi a}\right)^{1/4}\exp(-k^2/4a)$$

$$\Psi(x,t) = \frac{1}{\sqrt{2\pi}}\int_{-\infty}^{+\infty}\phi(k)\mathrm{e}^{\mathrm{i}(kx-\hbar k^2t/2m)}\mathrm{d}k$$

$$= \frac{1}{\sqrt{2\pi}}\left(\frac{1}{2\pi a}\right)^{1/4}\int_{-\infty}^{+\infty}\mathrm{e}^{\mathrm{i}(kx-\hbar k^2t/2m)-k^2/4a}\mathrm{d}k$$

$$= \frac{1}{\sqrt{2\pi}}\left(\frac{1}{2\pi a}\right)^{1/4}\exp[-ax^2/(1+(2\mathrm{i}\hbar at/m))]\frac{\sqrt{\pi}}{\sqrt{(1/4a)+(\mathrm{i}\hbar t/2m)}}$$

$$= \left(\frac{2a}{\pi}\right)^{1/4}\frac{\exp[-ax^2/(1+(2\mathrm{i}\hbar at/m))]}{\sqrt{1+(2\mathrm{i}\hbar at/m)}}$$

(c)

$$|\Psi(x,t)|^2 = \left(\frac{2a}{\pi}\right)^{1/2}\left|\frac{\exp[-ax^2/(1+(2\mathrm{i}\hbar at/m))]}{\sqrt{1+(2\mathrm{i}\hbar at/m)}}\right|^2$$

$$= \left(\frac{2a}{\pi}\right)^{1/2}\frac{\exp[-2ax^2/(1+(2\hbar at/m)^2)]}{\sqrt{1+(2\hbar at/m)^2}}$$

$$= \left(\frac{2}{\pi}\right)^{1/2}\omega\exp(-2\omega^2x^2)$$

当 $t=0$ 时，$\omega=\omega_0=\sqrt{a}$，当 t 很大时，$\omega \ll \omega_0$。如图 2-3 所示，该图给出 ω_0 和 $\omega=0.5\omega_0$（取 $a=1$，利用 Origin 软件作图）时的 $|\Psi|^2$。

可以看出当时间演化时，波包变得弥散。

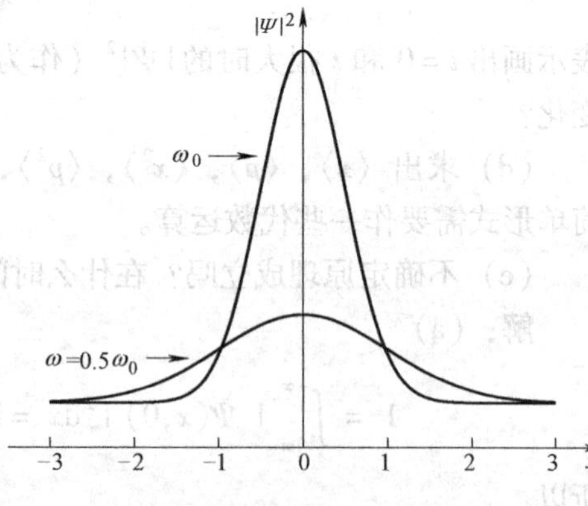

图 2-3

(d)

$$\langle x\rangle = \int_{-\infty}^{+\infty}x|\Psi(x,t)|^2\mathrm{d}x$$

$$= \left(\frac{2}{\pi}\right)^{1/2}\omega\int_{-\infty}^{+\infty}x\exp(-2\omega^2x^2)\mathrm{d}x = 0$$

$$\langle p\rangle = m\frac{\mathrm{d}\langle x\rangle}{\mathrm{d}t} = 0$$

$$\langle x^2\rangle = \int_{-\infty}^{+\infty} x^2 \mid \Psi(x,t)\mid^2 \mathrm{d}x = \left(\frac{2}{\pi}\right)^{1/2}\omega\int_{-\infty}^{+\infty} x^2\exp(-2\omega^2x^2)\,\mathrm{d}x$$

$$= \left(\frac{2}{\pi}\right)^{1/2}\omega\frac{1}{4\omega^2}\sqrt{\frac{\pi}{2\omega^2}} = \frac{1}{4\omega^2} = \frac{1+(2\hbar at/m)^2}{4a}$$

$$\langle p^2\rangle = \int_{-\infty}^{+\infty}\Psi^*(x,t)\,\hat{p}^2\Psi(x,t)\,\mathrm{d}x = \int_{-\infty}^{+\infty}(\hat{p}\Psi(x,t))^*\,\hat{p}\Psi(x,t)\,\mathrm{d}x$$

$$= \hbar^2\left(\frac{2a}{\pi}\right)^{1/2}\int_{-\infty}^{+\infty}\left|\frac{-2ax\exp\{-ax^2/[1+(2\mathrm{i}\hbar at/m)]\}}{[1+(2\mathrm{i}\hbar at/m)]^{3/2}}\right|^2\mathrm{d}x$$

$$= \hbar^2\left(\frac{2a}{\pi}\right)^{1/2}\int_{-\infty}^{+\infty}\frac{4a^2x\exp\{-2ax^2/[1+(2\hbar at/m)^2]\}}{[1+(2\hbar at/m)^2]^{3/2}}\mathrm{d}x$$

$$= 4\hbar^2\left(\frac{2}{\pi}\right)^{1/2}a\omega^3\int_{-\infty}^{+\infty}x^2\exp(-2\omega^2x^2)\,\mathrm{d}x$$

$$= 4\hbar^2\left(\frac{2}{\pi}\right)^{1/2}a\omega^3\frac{1}{4\omega^2}\sqrt{\frac{\pi}{2\omega^2}} = a\hbar^2$$

$$\sigma_x = \sqrt{\langle x^2\rangle - \langle x\rangle^2} = \left[\frac{1+(2\hbar at/m)^2}{4a}\right]^{1/2}$$

$$\sigma_p = \sqrt{\langle p^2\rangle - \langle p\rangle^2} = \hbar\sqrt{a}$$

（e）不确定原理成立吗？在什么时间体系最接近不确定原理的极限。

$$\sigma_x\sigma_p = \frac{\hbar}{2}[1+(2\hbar at/m)^2]^{1/2} \geqslant \frac{\hbar}{2}$$

显然不确定原理成立，在 $t=0$ 时体系最接近不确定原理的极限。

＊习题 2.23　计算下列积分：

（a）$\int_{-3}^{1}(x^3-3x^2+2x-1)\delta(x+2)\,\mathrm{d}x$

（b）$\int_{0}^{+\infty}[\cos(3x)+2]\delta(x-\pi)\,\mathrm{d}x$

（c）$\int_{-1}^{1}\exp(|x|+3)\delta(x-2)\,\mathrm{d}x$

解：

（a）由公式

$$\int_{x_1}^{x_2}f(x)\delta(x-x_0)\,\mathrm{d}x = f(x_0)\quad(x_1<x_0<x_2)$$

$$\int_{-3}^{1}(x^3-3x^2+2x-1)\delta(x+2)\,\mathrm{d}x$$

$$=(-2)^3-3\times(-2)^2+2\times(-2)-1=-25$$

（b）$\int_{0}^{+\infty}[\cos(3x)+2]\delta(x-\pi)\,\mathrm{d}x = \cos(3\pi)+2 = 1$

（c）$\int_{-1}^{1}\exp(|x|+3)\delta(x-2)\,\mathrm{d}x = 0$（因为点 $x=2$ 不在积分区域内）

习题 2.24 称两个涉及 δ 函数的表示式 $D_1(x)$ 和 $D_2(x)$ 是相等的，如果对任何（一般）函数 $f(x)$ 都有

$$\int_{-\infty}^{+\infty} f(x) D_1(x)\,\mathrm{d}x = \int_{-\infty}^{+\infty} f(x) D_2(x)\,\mathrm{d}x$$

（a）证明

$$\delta(cx) = \frac{1}{|c|}\delta(x)$$

式中 c 是一个实常数（一定要检验 c 为负值的情况）。

（b）设 $\theta(x)$ 是阶梯函数：

$$\theta(x) \equiv \begin{cases} 1 & (x>0) \\ 0 & (x<0) \end{cases}$$

（在少数情况下，我们需要 $\theta(0)$，我们定义 $\theta(0)=1/2$）证明 $\mathrm{d}\theta/\mathrm{d}x=\delta(x)$。

证：（a）需要证明对任何函数 $f(x)$，有

$$\int_{-\infty}^{+\infty} f(x)\delta(cx)\,\mathrm{d}x = \int_{-\infty}^{+\infty} f(x)\frac{1}{|c|}\delta(x)\,\mathrm{d}x$$

假设 $c>0$，

$$\int_{-\infty}^{+\infty} f(x)\delta(cx)\,\mathrm{d}x = \int_{-\infty}^{+\infty} f(x)\frac{1}{c}\delta(x)\,\mathrm{d}x$$

令 $z=cx$，则等式左边为

$$\int_{-\infty}^{+\infty} f(x)\delta(cx)\,\mathrm{d}x = \int_{-\infty}^{+\infty} f(z/c)\frac{1}{c}\delta(z)\,\mathrm{d}z = f(0)/c$$

等式右边为

$$\int_{-\infty}^{+\infty} f(x)\frac{1}{c}\delta(x)\,\mathrm{d}x = f(0)/c$$

再假设 $c<0$，则等式左边为

$$\int_{-\infty}^{+\infty} f(x)\delta(cx)\,\mathrm{d}x = \int_{+\infty}^{-\infty} f(z/c)\frac{1}{c}\delta(z)\,\mathrm{d}z$$

$$= -\frac{1}{c}\int_{-\infty}^{+\infty} f(z/c)\delta(z)\,\mathrm{d}z = -f(0)/c$$

等式右边为

$$-\int_{-\infty}^{+\infty} f(x)\frac{1}{c}\delta(x)\,\mathrm{d}x = -f(0)/c$$

所以，无论 $c<0$，还是 $c>0$，等式对对任意 $f(x)$ 都成立，所以

$$\delta(cx) = \frac{1}{|c|}\delta(x)$$

（b）当 $x\neq 0$ 时，显然有 $\frac{\mathrm{d}\theta}{\mathrm{d}x}=0$，围绕 $x=0$ 的点作积分，有

$$\lim_{\varepsilon\to 0}\int_{-\varepsilon}^{\varepsilon}\frac{\mathrm{d}\theta}{\mathrm{d}x}\mathrm{d}x = \lim_{\varepsilon\to 0}[\theta(\varepsilon)-\theta(-\varepsilon)] = 1$$

所以必须有$\left.\frac{\mathrm{d}\theta}{\mathrm{d}x}\right|_{x=0}=\infty$，即$\frac{\mathrm{d}\theta}{\mathrm{d}x}=\delta(x)$。

** **习题 2.25** 对式 2.129 中的波函数验证不确定原理。

提示：计算 $\langle p^2\rangle$ 要当心，因为 ψ 的导数在 $x=0$ 有一个阶梯形的不连续。利用习题 2.24（b）的结果。部分答案：$\langle p^2\rangle=(m\alpha/\hbar)^2$。

解：在 δ 势阱中，粒子能量 $E<0$ 时束缚态波函数是（式 2.129）

$$\psi(x)=\frac{\sqrt{m\alpha}}{\hbar}\mathrm{e}^{-m\alpha|x|/\hbar^2},\quad E=-\frac{m\alpha^2}{2\hbar^2}$$

$$\langle x\rangle=\int_{-\infty}^{+\infty}x\,|\psi(x)|^2\mathrm{d}x=\frac{m\alpha}{\hbar^2}\int_{-\infty}^{+\infty}x\exp(-2m\alpha|x|/\hbar^2)\,\mathrm{d}x=0$$

$$\langle x^2\rangle=\int_{-\infty}^{+\infty}x^2|\psi(x)|^2\mathrm{d}x=\frac{m\alpha}{\hbar^2}2\int_0^{+\infty}x^2\exp(-2m\alpha|x|/\hbar^2)\,\mathrm{d}x$$

$$=\frac{m\alpha}{\hbar^2}2\frac{2!}{(2m\alpha/\hbar^2)^3}=\frac{\hbar^2}{2}\left(\frac{\hbar}{m\alpha}\right)^2=\frac{\hbar^4}{2m^2\alpha^2}$$

$$\langle p\rangle=\int_{-\infty}^{+\infty}\psi^*(x)\,\hat{p}\psi(x)\,\mathrm{d}x$$

$$=\int_{-\infty}^{0}\psi^*(x)\,\hat{p}\psi(x)\,\mathrm{d}x+\int_0^{+\infty}\psi^*(x)\,\hat{p}\psi(x)\,\mathrm{d}x$$

$$=-\mathrm{i}\frac{m\alpha}{\hbar}\left[\int_{-\infty}^{0}\exp(m\alpha x/\hbar^2)\frac{\mathrm{d}\exp(m\alpha x/\hbar^2)}{\mathrm{d}x}\mathrm{d}x+\right.$$

$$\left.\int_0^{+\infty}\exp(-m\alpha x/\hbar^2)\frac{\mathrm{d}\exp(-m\alpha x/\hbar^2)}{\mathrm{d}x}\mathrm{d}x\right]$$

$$=0$$

$$\langle p^2\rangle=\int_{-\infty}^{+\infty}\psi^*(x)\,\hat{p}^2\psi(x)\,\mathrm{d}x$$

$$=\lim_{\varepsilon\to0}\left[\int_{-\infty}^{-\varepsilon}\psi^*(x)\,\hat{p}^2\psi(x)\,\mathrm{d}x+\int_{\varepsilon}^{+\infty}\psi^*(x)\,\hat{p}^2\psi(x)\,\mathrm{d}x+\int_{-\varepsilon}^{\varepsilon}\psi^*(x)\,\hat{p}^2\psi(x)\,\mathrm{d}x\right]$$

$$=-m\alpha\lim_{\varepsilon\to0}\left[\int_{-\infty}^{-\varepsilon}\exp(m\alpha x/\hbar^2)\frac{\mathrm{d}^2\exp(m\alpha x/\hbar^2)}{\mathrm{d}x^2}\mathrm{d}x+\right.$$

$$\left.\int_{\varepsilon}^{+\infty}\exp(-m\alpha x/\hbar^2)\frac{\mathrm{d}^2\exp(-m\alpha x/\hbar^2)}{\mathrm{d}x^2}\mathrm{d}x\right]-$$

$$m\alpha\lim_{\varepsilon\to0}\left[\int_{-\varepsilon}^{\varepsilon}\exp(-m\alpha|x|/\hbar^2)\frac{\mathrm{d}^2\exp(-m\alpha|x|/\hbar^2)}{\mathrm{d}x^2}\mathrm{d}x\right]$$

可以看出前两项积分相互抵消，最后一项积分中，求一次导数后，在 $x=0$ 处是一个阶梯函数

$$-\frac{\mathrm{d}\exp(-m\alpha|x|/\hbar^2)}{\mathrm{d}x}=\begin{cases}m\alpha/\hbar^2 & (x>0)\\ -m\alpha/\hbar^2 & (x<0)\end{cases}$$

而阶梯函数的导数是 δ 函数，所以积分为

$$\langle p^2 \rangle = -m\alpha \lim_{\varepsilon \to 0}\left[\int_{-\varepsilon}^{\varepsilon} \exp(-m\alpha|x|/\hbar^2)\frac{\mathrm{d}^2 \exp(-m\alpha|x|/\hbar^2)}{\mathrm{d}x^2}\mathrm{d}x\right]$$

$$= \left(\frac{m\alpha}{\hbar}\right)^2 \lim_{\varepsilon \to 0}\left[\int_{-\varepsilon}^{\varepsilon} \exp(-m\alpha|x|/\hbar^2)\delta(x)\mathrm{d}x\right] = \left(\frac{m\alpha}{\hbar}\right)^2$$

不确定关系为

$$\sigma_x\sigma_p = \sqrt{\langle x^2 \rangle - \langle x \rangle^2} \cdot \sqrt{\langle p^2 \rangle - \langle p \rangle^2} = \sqrt{\frac{\hbar^2}{2}} = \sqrt{2}\frac{\hbar}{2} > \frac{\hbar}{2}$$

*** 习题 2.26** δ(x)的傅里叶变换是什么？利用普朗克尔（Plancherel）定理证明

$$\delta(x) = \frac{1}{2\pi}\int_{-\infty}^{+\infty} \mathrm{e}^{ikx}\mathrm{d}k$$

注意：这个公式会使很多数学家困惑。虽然这个积分在 $x=0$ 时明显为无限大，但是，当 $x \neq 0$ 时它并不收敛（0 或其他），因为积分永远振荡。一些方法可以修补这个问题（例如，你可以从 $-L$ 到 L 积分，然后令 $L \to \infty$，并把该式解释为有限积分的平均值）。问题的根源是由于 δ 函数不满足普朗克尔定理所要求的平方可积性。尽管如此，如果小心对待，此式是极其有用。

证： 由

$$f(x) = \frac{1}{\sqrt{2\pi}}\int_{-\infty}^{+\infty} F(k)\mathrm{e}^{ikx}\mathrm{d}k \Leftrightarrow F(k) = \frac{1}{\sqrt{2\pi}}\int_{-\infty}^{+\infty} f(x)\mathrm{e}^{-ikx}\mathrm{d}x$$

所以 δ(x)的傅里叶变换是

$$F(k) = \frac{1}{\sqrt{2\pi}}\int_{-\infty}^{+\infty} \delta(x)\mathrm{e}^{-ikx}\mathrm{d}x = \frac{1}{\sqrt{2\pi}}$$

从而

$$\delta(x) = \frac{1}{\sqrt{2\pi}}\int_{-\infty}^{+\infty} \frac{1}{\sqrt{2\pi}}\mathrm{e}^{ikx}\mathrm{d}k = \frac{1}{2\pi}\int_{-\infty}^{+\infty} \mathrm{e}^{ikx}\mathrm{d}k$$

*** 习题 2.27** 考虑双 δ 函数势

$$V(x) = -\alpha[\delta(x+a) + \delta(x-a)]$$

其中 α 和 a 都是正的常数。

（a）画出这个势。

（b）存在多少个束缚态？当 $\alpha = \hbar^2/ma$ 和 $\alpha = \hbar^2/4ma$ 时，求出允许的能级，并画出波函数。

解：（a）双 δ 函数的势如图 2-4 所示。

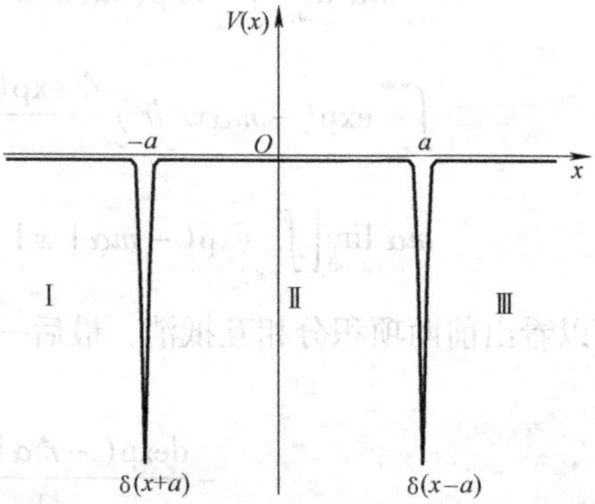

图 2-4

（b）对束缚态必须有 $E<0$，解薛定谔方程

$$\left[-\frac{\hbar^2}{2m}\frac{\mathrm{d}^2}{\mathrm{d}x^2} + V(x)\right]\psi(x) = E\psi(x)$$

其解为

$$\psi_1(x) = A\mathrm{e}^{\kappa x} \quad (-\infty < x < -a)$$

$$\psi_2(x)=Be^{\kappa x}+Ce^{-\kappa x}\qquad(-a<x<a)$$
$$\psi_3(x)=De^{-\kappa x}\qquad(a<x<+\infty)$$

其中

$$\kappa\equiv\sqrt{\frac{2m|E|}{\hbar^2}}$$

并且已经利用了波函数在 $x\to\pm\infty$ 时应为有限的条件。

波函数在 $x=\pm a$ 处必须连续，我们有

$$Ae^{-\kappa a}=Be^{-\kappa a}+Ce^{\kappa a}$$
$$De^{-\kappa a}=Be^{\kappa a}+Ce^{-\kappa a}$$

但是，由于此处势能为无限大，所以波函数的导数是不连续的，波函数导数的跃变可以由薛定谔方程求出。在 $x=-a$ 处，由积分

$$\int_{-a-\varepsilon}^{-a+\varepsilon}\left[-\frac{\hbar^2}{2m}\frac{d^2}{dx^2}+V(x)\right]\psi(x)dx=\int_{-a-\varepsilon}^{-a+\varepsilon}E\psi(x)dx$$

得到

$$-\frac{\hbar^2}{2m}\lim_{\varepsilon\to0}\frac{d\psi}{dx}\bigg|_{-a-\varepsilon}^{-a+\varepsilon}=-\frac{\hbar^2}{2m}\Delta\psi(-a)=\alpha\psi(-a)$$

其中

$$\Delta\psi(-a)=\lim_{\varepsilon\to0}\frac{d\psi}{dx}\bigg|_{-a-\varepsilon}^{-a+\varepsilon}$$

为波函数导数在 $x=-a$ 处的跃变。同样可以求得波函数导数在 $x=a$ 处的跃变为

$$-\frac{\hbar^2}{2m}\lim_{\varepsilon\to0}\frac{d\psi}{dx}\bigg|_{a-\varepsilon}^{a+\varepsilon}=-\frac{\hbar^2}{2m}\Delta\psi(a)=\alpha\psi(a)$$

所以

$$\kappa Ae^{-\kappa a}-\kappa(Be^{-\kappa a}-Ce^{\kappa a})=\frac{2m\alpha}{\hbar^2}Ae^{-\kappa a}$$
$$\kappa De^{-\kappa a}+\kappa(Be^{\kappa a}-Ce^{-\kappa a})=\frac{2m\alpha}{\hbar^2}De^{-\kappa a}$$

与

$$Ae^{-\kappa a}=Be^{-\kappa a}+Ce^{\kappa a}$$
$$De^{-\kappa a}=Be^{\kappa a}+Ce^{-\kappa a}$$

一起整理得到

$$(1-\beta)e^{-\kappa a}A-e^{-\kappa a}B+e^{\kappa a}C+0=0$$
$$0+e^{\kappa a}B-e^{-\kappa a}C+(1-\beta)e^{-\kappa a}D=0$$
$$e^{-\kappa a}A-e^{-\kappa a}B-e^{\kappa a}C+0=0$$
$$0+-e^{\kappa a}B-e^{-\kappa a}C+e^{-\kappa a}D=0$$

其中

$$\beta\equiv\frac{2m\alpha}{\hbar^2\kappa}$$

这个以 A，B，C，D 为未知数的方程组有非零解的条件是系数行列式为零，即

$$\begin{vmatrix} (1-\beta)e^{-\kappa a} & -e^{-\kappa a} & e^{\kappa a} & 0 \\ 0 & e^{\kappa a} & -e^{-\kappa a} & (1-\beta)e^{-\kappa a} \\ e^{-\kappa a} & -e^{-\kappa a} & -e^{\kappa a} & 0 \\ 0 & -e^{\kappa a} & -e^{-\kappa a} & e^{-\kappa a} \end{vmatrix} = 0$$

得到

$$4-4\beta+\beta^2(1-e^{-4\kappa a})=0$$

这个方程还可以表示为

$$[\beta e^{-2\kappa a}-(2-\beta)][\beta e^{-2\kappa a}+(2-\beta)]=0$$

所以有两个解 $\kappa_{\pm}$（单 δ 势阱时有一个解，双 δ 势阱时有两个解，由此可以推论当有 N 个 δ 势阱时，应该有 N 个解）

由 $$\alpha=\frac{\hbar^2}{ma}\to\beta=\frac{2}{\kappa a}$$

得到 $\kappa_{\pm}$ 满足的方程为

$$\exp(-2\kappa_- a)=\kappa_- a-1$$

$$\exp(-2\kappa_+ a)=1-\kappa_+ a$$

求这两个方程（注意 $\kappa a>0$）的数值解得到

$$\kappa_- a\approx 1.13$$

$$\kappa_+ a\approx 0.78$$

所以能量为

$$E_-=-\frac{(1.13)^2\hbar^2}{2ma^2}$$

$$E_+=-\frac{(0.78)^2\hbar^2}{2ma^2}$$

注意，当取 $\alpha=\frac{\hbar^2}{ma}$ 时，单 δ 势阱的能量为 $E=-\frac{\hbar^2}{2ma^2}$，所以双阱时有两个能量本征值，一个比单阱时高，一个比单阱时低。

对于 $\alpha=\frac{\hbar^2}{4ma}$ 情况，$\beta=\frac{1}{2\kappa a}$

$\kappa_{\pm}$ 满足的方程为

$$\exp(-2\kappa_- a)=4\kappa_- a-1$$

$$\exp(-2\kappa_+ a)=1-4\kappa_+ a$$

对应的数值解为

$$\kappa_- a=0.36$$

$$\kappa_+ a=0$$

所以能量为

$$E_+=0$$

$$E_-=-\frac{(0.36)^2\hbar^2}{2ma^2}$$

但是，$E=0$ 的解不符合波函数必须归一化的要求（在这种情况下，波函数在三个区间都是常数，积分为无限大，或者说不符合开始要求的 $E<0$ 束缚态的要求），所以现在只有一个解。

下面求出两种情况下的波函数。首先把所有的系数都用 A 表示，可以解出

$$B=(1-\beta/2)A$$

$$C=(\beta/2)\mathrm{e}^{-2\kappa a}A$$

$$D=(1-\beta/2)\mathrm{e}^{2\kappa a}A+(\beta/2)\mathrm{e}^{-2\kappa a}A$$

Ⅰ. 对 $\alpha=\dfrac{\hbar^2}{ma}\to\beta=\dfrac{2}{\kappa a}$，满足 $\exp(-2\kappa_- a)=\kappa_- a-1$ 的解，有

$$A=D,\quad B=C=\frac{\mathrm{e}^{-\kappa_- a}}{\mathrm{e}^{\kappa_- a}+\mathrm{e}^{-\kappa_- a}}A$$

所以波函数为

$$\psi_1(x)=A\mathrm{e}^{\kappa x}\quad(-\infty<x<-a)$$

$$\psi_2(x)=\frac{\mathrm{e}^{-\kappa_- a}}{\mathrm{e}^{\kappa_- a}+\mathrm{e}^{-\kappa_- a}}A(\mathrm{e}^{\kappa x}+\mathrm{e}^{-\kappa x})\quad(-a<x<a)$$

$$\psi_3(x)=A\mathrm{e}^{-\kappa x}\quad(a<x<+\infty)$$

可以看出，这是一个偶函数。

归一化

$$|A|^2\left[\int_{-\infty}^{-a}\mathrm{e}^{2\kappa_- x}\mathrm{d}x+\frac{\mathrm{e}^{-2\kappa_- a}}{(\mathrm{e}^{\kappa_- a}+\mathrm{e}^{-\kappa_- a})^2}\int_{-a}^{a}(\mathrm{e}^{\kappa_- x}+\mathrm{e}^{-\kappa_- x})^2\mathrm{d}x+\int_{a}^{+\infty}\mathrm{e}^{-2\kappa_- x}\mathrm{d}x\right]=1$$

积分得到

$$|A|^2\left[\frac{\mathrm{e}^{-2\kappa_- a}}{\kappa_-}+\frac{\mathrm{e}^{-2\kappa_- a}}{(\mathrm{e}^{\kappa_- a}+\mathrm{e}^{-\kappa_- a})^2}\left(\frac{\mathrm{e}^{2\kappa_- a}}{\kappa_-}+4a-\frac{\mathrm{e}^{-2\kappa_- a}}{\kappa_-}\right)\right]=1$$

解得

$$A=\sqrt{\frac{4(\kappa_- a+1/2)(\kappa_- a-1)}{\kappa_-(\kappa_- a)}}$$

这个波函数的图形如图 2-5 所示。

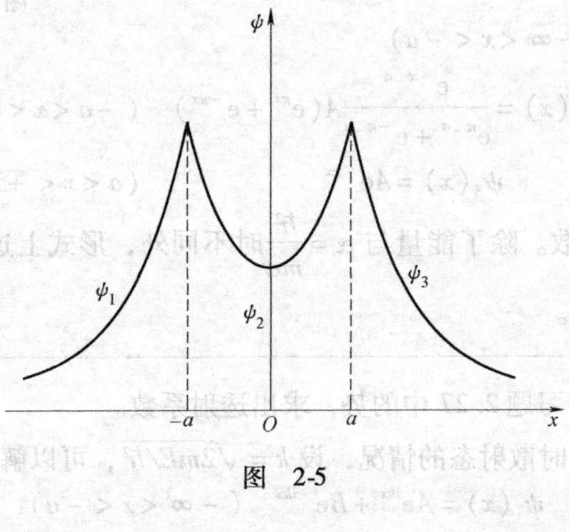

图　2-5

Ⅱ. 对 $\alpha=\frac{\hbar^2}{ma}\to\beta=\frac{2}{\kappa a}$，满足 $\exp(-2\kappa_+a)=1-\kappa_+a$ 的解，有

$$A=-D,\quad B=-C=\frac{\kappa_+a-1}{\kappa_+a}A=-\frac{e^{-\kappa_+a}}{e^{\kappa_+a}-e^{-\kappa_+a}}A$$

所以波函数为

$$\psi_1(x)=Ae^{\kappa x}\quad(-\infty<x<-a)$$
$$\psi_2(x)=-\frac{e^{-\kappa_+a}}{e^{\kappa_+a}-e^{-\kappa_+a}}A(e^{\kappa x}-e^{-\kappa x})\quad(-a<x<a)$$
$$\psi_3(x)=-Ae^{-\kappa x}\quad(a<x<+\infty)$$

可以看出，这是一个奇函数。

归一化

$$|A|^2\left[\int_{-\infty}^{-a}e^{2\kappa_+x}dx+\frac{e^{-2\kappa_+a}}{(e^{\kappa_+a}-e^{-\kappa_+a})^2}\int_{-a}^{a}(e^{\kappa_+x}-e^{-\kappa_+x})^2dx+\int_{a}^{+\infty}e^{-2\kappa_+x}dx\right]=1$$

积分得到

$$|A|^2\left[\frac{e^{-2\kappa_+a}}{\kappa_+}+\frac{e^{-2\kappa_+a}}{(e^{\kappa_+a}-e^{-\kappa_+a})^2}\left(\frac{e^{2\kappa_+a}}{\kappa_+}-4a-\frac{e^{-2\kappa_+a}}{\kappa_+}\right)\right]=1$$

解出

$$A=\sqrt{\frac{4(\kappa_+a-1/2)(1-\kappa_+a)}{\kappa_+(\kappa_+a)}}$$

这个波函数的图形如图 2-6 所示。

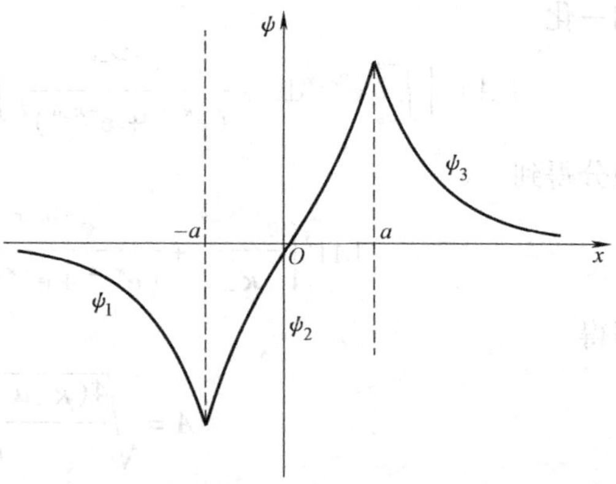

图　2-6

对情况 $\alpha=\frac{\hbar^2}{4ma}$，$\beta=\frac{1}{2\kappa a}$，$\exp(-2\kappa_-a)=4\kappa_-a-1$（也只需考虑这种情况），我们得到

$$B=C=\frac{4\kappa_-a-1}{4\kappa_-a}A=\frac{e^{-\kappa_-a}}{e^{\kappa_-a}+e^{-\kappa_-a}}A,\quad D=A$$

所以波函数为

$$\psi_1(x)=Ae^{\kappa x}\quad(-\infty<x<-a)$$
$$\psi_2(x)=\frac{e^{-\kappa_-a}}{e^{\kappa_-a}+e^{-\kappa_-a}}A(e^{\kappa x}+e^{-\kappa x})\quad(-a<x<a)$$
$$\psi_3(x)=Ae^{-\kappa x}\quad(a<x<+\infty)$$

可以看出这是一个偶函数。除了能量与 $\alpha=\frac{\hbar^2}{ma}$ 时不同外，形式上这个波函数与 $\alpha=\frac{\hbar^2}{ma}$ 时，能量为 E_- 的波函数一样。

** **习题 2.28**　对于习题 2.27 中的势，求出透射系数。

解：首先考虑 $E>0$ 时散射态的情况，设 $k=\sqrt{2mE}/\hbar$，可以解出波函数为

$$\psi_1(x)=Ae^{ikx}+Be^{-ikx}\quad(-\infty<x<-a)$$

$$\psi_2(x)=C\mathrm{e}^{\mathrm{i}kx}+D\mathrm{e}^{-\mathrm{i}kx}\quad(-a<x<a)$$
$$\psi_3(x)=F\mathrm{e}^{\mathrm{i}kx}\quad(a<x<+\infty)$$

由于已经假设了在（$a<x<+\infty$）区域没有从右向左传播的波，只有透射波。所以由波函数在（$x=\pm a$）处的连续条件以及波函数导数在此处的跃变情况，可以得到

$$A\mathrm{e}^{-\mathrm{i}ka}+B\mathrm{e}^{\mathrm{i}ka}=C\mathrm{e}^{-\mathrm{i}ka}+D\mathrm{e}^{\mathrm{i}ka}$$
$$C\mathrm{e}^{\mathrm{i}ka}+D\mathrm{e}^{-\mathrm{i}ka}=F\mathrm{e}^{\mathrm{i}ka}$$
$$[(A\mathrm{e}^{-\mathrm{i}ka}-B\mathrm{e}^{\mathrm{i}ka})-(C\mathrm{e}^{-\mathrm{i}ka}-D\mathrm{e}^{\mathrm{i}ka})]=\frac{2m\alpha}{\mathrm{i}k\hbar^2}(C\mathrm{e}^{-\mathrm{i}ka}+D\mathrm{e}^{\mathrm{i}ka})$$
$$[(C\mathrm{e}^{\mathrm{i}ka}-D\mathrm{e}^{-\mathrm{i}ka})-F\mathrm{e}^{\mathrm{i}ka}]=\frac{2m\alpha}{\mathrm{i}k\hbar^2}F\mathrm{e}^{\mathrm{i}ka}$$

用矩阵的方法消除系数 C 和 D，有

$$\begin{pmatrix}A\\B\end{pmatrix}=\begin{pmatrix}(1+\beta/2) & (\beta/2)\mathrm{e}^{\mathrm{i}2ka}\\-(\beta/2)\mathrm{e}^{-\mathrm{i}2ka} & (1-\beta/2)\end{pmatrix}\begin{pmatrix}C\\D\end{pmatrix}$$
$$\begin{pmatrix}C\\D\end{pmatrix}=\begin{pmatrix}(1+\beta/2) & 0\\-(\beta/2)\mathrm{e}^{\mathrm{i}2ka} & 0\end{pmatrix}\begin{pmatrix}F\\0\end{pmatrix}$$

其中 $\beta=2m\alpha/\mathrm{i}k\hbar^2$

所以

$$\begin{pmatrix}A\\B\end{pmatrix}=\begin{pmatrix}(1+\beta/2) & (\beta/2)\mathrm{e}^{\mathrm{i}2ka}\\-(\beta/2)\mathrm{e}^{-\mathrm{i}2ka} & (1-\beta/2)\end{pmatrix}\begin{pmatrix}(1+\beta/2)F\\-(\beta/2)\mathrm{e}^{\mathrm{i}2ka}F\end{pmatrix}$$

由此得到入射波振幅与透射波振幅的关系

$$A=[(1+\beta/2)^2-(\beta^2/4)\mathrm{e}^{\mathrm{i}4ka}]F$$

令

$$g=-\mathrm{i}/\beta=\hbar^2k/2m\alpha,\phi=4ka$$

有

$$\frac{F}{A}=\frac{4g^2}{(2g-\mathrm{i})^2+\mathrm{e}^{\mathrm{i}\phi}}=\frac{4g^2}{4g^2-1+\cos\phi+\mathrm{i}(\sin\phi-4g)}$$

所以透射系数为

$$T=\frac{|F|^2}{|A|^2}=\frac{16g^4}{(4g^2-1+\cos\phi)^2+(\sin\phi-4g)^2}$$
$$=\frac{16g^4}{16g^4+8g^2+2+2(4g^2-1)\cos\phi-8g\sin\phi}$$
$$=\frac{8g^4}{8g^4+4g^2+1+(4g^2-1)\cos\phi-4g\sin\phi}$$

注意：这里透射波矢与入射波矢一样，所以我们直接用振幅模平方之比，否则还会有波矢之比出现。

＊**习题 2.29**　分析一维有限深方势阱的束缚态奇波函数。求出允许能级满足的超越方

程，并用作图法求解。考察两种极限情况。是否总是至少存在一个奇束缚态？

解：一维有限深方势阱如图 2-7 所示，它的定态薛定谔方程为

$$-\frac{\hbar^2}{2m}\frac{d^2\psi}{dx^2}=E\psi \quad (-\infty<x<-a)$$

$$-\frac{\hbar^2}{2m}\frac{d^2\psi}{dx^2}-V_0\psi=E\psi \quad (-a<x<a)$$

$$-\frac{\hbar^2}{2m}\frac{d^2\psi}{dx^2}=E\psi \quad (a<x<+\infty)$$

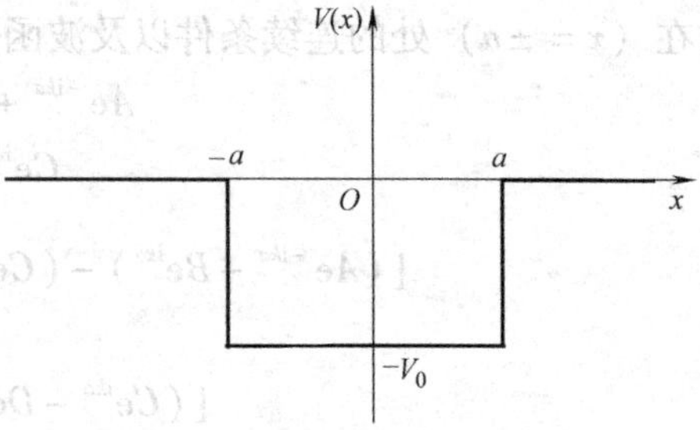

图 2-7

它的束缚态 $(-V_0<E<0)$ 奇波函数解为

$$\psi(x)=\begin{cases}Fe^{-\kappa x} & (x>a)\\ D\sin(lx) & (0<x<a)\\ -\psi(-x) & (x<0)\end{cases}$$

其中

$$\kappa\equiv\frac{\sqrt{2m|E|}}{\hbar},\quad l=\frac{\sqrt{2m(V_0-|E|)}}{\hbar}$$

由波函数及其导数在 $x=a$ 的连续性，有

$$Fe^{-\kappa a}=D\sin(la)$$

两边求导后，得

$$-\kappa Fe^{-\kappa a}=lD\cos(la)$$

两式相除得到

$$-\kappa=l\cot(la)$$

或者

$$-\kappa a=la\cot(la)$$

令

$$z\equiv la,z_0\equiv\frac{a\sqrt{2mV_0}}{\hbar}$$

则

$$\kappa a=\sqrt{z_0^2-z^2}$$

所以

$$\sqrt{z_0^2-z^2}=-z\cot z$$

或者

$$\sqrt{\frac{z_0^2}{z^2}-1}=-\cot z$$

数值解这个超越方程，如图 2-8 所示。z_0 的大小（即阱宽 a 与阱深 V_0）决定了函数$\sqrt{(z_0/z)^2-1}$与 cot$z$ 的交点 z_n 及交点的数目（图中给出的是 $z_0=10>3\pi$

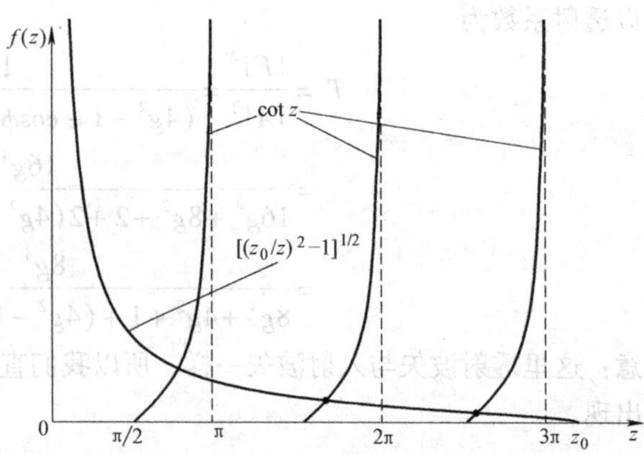

图 2-8

的情况，所以有 3 个交点)，由此决定束缚态的能级

$$E_n=\frac{\hbar^2}{2ma^2}(z_n^2-z_0^2)$$

或者

$$E_n+V_0=\frac{\hbar^2 z_n^2}{2ma^2}$$

对于宽深势阱（$a^2V_0>>1\to z_0>>1$）交点 z_n 非常靠近整数 π，即 $z_n\approx\pi$，2π，3π，…

$$E_n+V_0\approx\frac{\hbar^2(n/2)^2\pi^2}{2ma^2}=\frac{\hbar^2n^2\pi^2}{2m(2a)^2}\quad(n=2,4,6,\cdots)$$

左边给出了无限深势阱 n 为偶数的一半能级（另一半是在书上已经求出的波函数为偶函数的解)。

对于浅窄势阱，如果 $z_0<\pi/2$，将没有交点出现，所以当

$$V_0<\frac{\pi^2\hbar^2}{8ma^2}$$

时，对奇波函数的解没有束缚态存在。

习题 2.30 归一化式 2.151 中的 $\psi(x)$，确定常数 D 和 F。

解：有限深势阱的偶波函数解为（教材中的式 2.151）

$$\psi(x)=\begin{cases}Fe^{-\kappa x} & (x>a)\\ D\cos(lx) & (0<x<a)\\ \psi(-x) & (x<0)\end{cases}$$

由于波函数是偶函数，所以归一化有

$$\begin{aligned}1&=2\int_0^{+\infty}|\psi(x)|^2dx=2\left[|D|^2\int_0^a\cos^2(lx)dx+|F|^2\int_a^{+\infty}e^{-2\kappa x}dx\right]\\&=2\left[|D|^2\left(\frac{x}{2}+\frac{1}{4l}\sin(2lx)\right)\Bigg|_0^a+|F|^2\left(-\frac{1}{2\kappa}e^{-2\kappa x}\right)\Bigg|_a^{+\infty}\right]\\&=2\left[|D|^2\left[\frac{a}{2}+\frac{1}{4l}\sin(2la)\right]+|F|^2\frac{e^{-2\kappa a}}{2\kappa}\right]\end{aligned}$$

由波函数及其导数在 $x=a$ 的连续性，有

$$Fe^{-\kappa a}=D\cos(la)$$

两边求导后，得

$$-\kappa Fe^{-\kappa a}=-lD\sin(la)$$

两式相除有

$$\kappa=l\tan(la)$$

所以有

$$\begin{aligned}1&=|D|^2\left[a+\frac{\sin(2la)}{2l}+\frac{\cos^2(la)}{\kappa}\right]\\&=|D|^2\left[a+\frac{\sin(la)\cos(la)}{l}+\frac{\cos^3(la)}{l\sin(la)}\right]\end{aligned}$$

$$= |D|^2\left[a + \frac{\cos(la)}{l\sin(la)}\right] = |D|^2\left[a + \frac{1}{\kappa}\right]$$

所以

$$D = \frac{1}{\sqrt{a + 1/\kappa}}, \quad F = \frac{e^{\kappa a}\cos(la)}{\sqrt{a + 1/\kappa}}$$

习题 2.31 狄拉克 δ 函数可看做高度趋于无限高而宽度趋于零的极限情况下面积为 1 的矩形。证明在 $z_0 \to 0$ 情况下，δ 势阱（式 2.114 $V(x) = -\alpha\delta(x)$）是个“弱”势（即便是在无限深情况下）。把它作为有限深方势阱的极限情况来确定 δ 势阱的束缚态能级。验证你的结果与式 2.129 $\left(E = -\frac{m\alpha^2}{2\hbar^2}\right)$ 一致。同时，证明在取适当极限情况下式 2.169：$T^{-1} = 1 + \frac{V_0^2}{4E(E+V_0)}\sin^2\left(\frac{2a}{\hbar}\sqrt{2m(E+V_0)}\right)$ 成为式 2.141：$R = \frac{1}{1 + (2\hbar^2E/m\alpha^2)}$，$T = \frac{1}{1 + (m\alpha^2/2\hbar^2E)}$。

证：设势阱的宽度为 $2a$，深度为 V_0。定义势阱面积为

$$\alpha = 2aV_0$$

并且当 $a \to 0$ 时，假设势阱面积保持不变。由教材 2.6 节中求解有限势阱问题，定义

$$z_0 = \frac{a\sqrt{2mV_0}}{\hbar} \quad （教材中式 2.155）$$

当

$$z_0 = \frac{a\sqrt{2mV_0}}{\hbar} = \frac{\sqrt{2ma^2(\alpha/2a)}}{\hbar} = \frac{\sqrt{ma\alpha}}{\hbar} \to 0$$

时，在教材的图 2.18 中，函数 $\sqrt{(z_0/z)^2 - 1}$ 与函数 $\tan z$ 仅有的一个交点值将非常小。所以，可以把超越方程

$$\tan z = \sqrt{(z_0/z)^2 - 1} \quad （教材中式 2.156）$$

展开为

$$\tan z \approx z = \sqrt{(z_0/z)^2 - 1} = \frac{1}{z}\sqrt{z_0^2 - z^2}$$

或者

$$z^4 = z_0^2 - z^2$$

代入

$$\kappa a = \sqrt{z_0^2 - z^2}$$

我们得到

$$z^2 = \kappa a$$

但是，由于交点很小，所以有

$$(z_0^2 - z^2) = z^4 << 1$$

这表明交点 z 非常接近 z_0，即

$$z \approx z_0$$

这样便有

$$\kappa a \approx z_0^2 = \frac{ma\alpha}{\hbar^2}$$

或者

$$\kappa = \frac{\sqrt{2m|E|}}{\hbar} = \frac{m\alpha}{\hbar^2}$$

在这个表达式中势阱宽度 a 不出现，$a \to 0$ 并不影响这个式子。这样

$$E = -\frac{m\alpha^2}{2\hbar^2}$$

这同教材 2.5 节中 δ 势阱情况一样。

习题 2.32 推导出式 2.167：$B = \mathrm{i}\dfrac{\sin(2la)}{2kl}(l^2 - k^2)F$ 和式 2.168：$F = \dfrac{\mathrm{e}^{-2\mathrm{i}ka}A}{\cos(2la) - \mathrm{i}\dfrac{(k^2+l^2)}{2kl}\sin(2la)}$。提示：用式 2.165：$C\sin(la) + D\cos(la) = F\mathrm{e}^{\mathrm{i}ka}$ 和式 2.166：$l[C\cos(la) - D\sin(la)] = \mathrm{i}kF\mathrm{e}^{\mathrm{i}ka}$ 求出用 F 表示的 C 和 D：

$$C = \left[\sin(la) + \mathrm{i}\frac{k}{l}\cos(la)\right]\mathrm{e}^{\mathrm{i}ka}F,\quad D = \left[\cos(la) - \mathrm{i}\frac{k}{l}\sin(la)\right]\mathrm{e}^{\mathrm{i}ka}F$$

然后代入到式 2.163：$A\mathrm{e}^{-\mathrm{i}ka} + B\mathrm{e}^{\mathrm{i}ka} = -C\sin(la) + D\cos(la)$ 和式 2.164：$\mathrm{i}k(A\mathrm{e}^{-\mathrm{i}ka} - B\mathrm{e}^{\mathrm{i}ka}) = l[C\cos(la) + D\sin(la)]$ 中。求出透射系数、验证式 2.169。

解：当 $E>0$ 时，一维有限深势阱散射态的解是

$$\psi(x) = \begin{cases} A\mathrm{e}^{\mathrm{i}kx} + B\mathrm{e}^{-\mathrm{i}kx} & (x < -a) \\ C\sin(lx) + D\cos(lx) & (-a < x < a) \\ F\mathrm{e}^{\mathrm{i}kx} & (a < x) \end{cases}$$

其中

$$k \equiv \frac{\sqrt{2mE}}{\hbar},\quad l \equiv \frac{\sqrt{2m(E+V_0)}}{\hbar}$$

由波函数及其导数在 $x = \pm a$ 处的连续性，有

$$A\mathrm{e}^{-\mathrm{i}ka} + B\mathrm{e}^{\mathrm{i}ka} = -C\sin(la) + D\cos(la) \quad (\text{教材中式 2.163})$$

$$A\mathrm{e}^{-\mathrm{i}ka} - B\mathrm{e}^{\mathrm{i}ka} = \frac{l}{\mathrm{i}k}[C\cos(la) + D\sin(la)] \quad (\text{教材中式 2.164})$$

$$C\sin(la) + D\cos(la) = F\mathrm{e}^{\mathrm{i}ka} \quad (\text{教材中式 2.165})$$

$$l[C\cos(la) - D\sin(la)] = \mathrm{i}kF\mathrm{e}^{\mathrm{i}ka} \quad (\text{教材中式 2.166})$$

由前两个式子相加相减可以得到

$$A = \frac{\mathrm{e}^{\mathrm{i}ka}}{2}\left[C\left(\frac{l}{\mathrm{i}k}\cos(la) - \sin(la)\right) + D\left(\frac{l}{\mathrm{i}k}\sin(la) + \cos(la)\right)\right]$$

$$B = \frac{\mathrm{e}^{-\mathrm{i}ka}}{2}\left[-C\left(\frac{l}{\mathrm{i}k}\cos(la) + \sin(la)\right) - D\left(\frac{l}{\mathrm{i}k}\sin(la) - \cos(la)\right)\right]$$

用 $\sin(la)$ 乘以式 2.165，$\cos(la)$ 乘以式 2.166 后，两式相加得到

$$C = F\mathrm{e}^{\mathrm{i}ka}\left[\sin(la) + \frac{\mathrm{i}k}{l}\cos(la)\right]$$

用 $\cos(la)$乘以式2.165，$\sin(la)$乘以式2.166后，两式相减得到

$$D = F\mathrm{e}^{\mathrm{i}ka}\left[\cos(la) - \frac{\mathrm{i}k}{l}\sin(la)\right]$$

把 C，D 的表达式代入 A，B 的表达式

$$\begin{aligned} A &= \frac{F\mathrm{e}^{\mathrm{i}2ka}}{2}\left[\left(\frac{\mathrm{i}k}{l}\cos(la) + \sin(la)\right)\left(\frac{l}{\mathrm{i}k}\cos(la) - \sin(la)\right) + \right. \\ &\quad \left.\left(\cos(la) - \frac{\mathrm{i}k}{l}\sin(la)\right)\left(\frac{l}{\mathrm{i}k}\sin(la) + \cos(la)\right)\right] \\ &= \frac{F\mathrm{e}^{\mathrm{i}2ka}}{2}\left[2(\cos^2(la) - \sin^2(la)) + 2\left(\frac{l}{\mathrm{i}k} - \frac{\mathrm{i}k}{l}\right)\cos(la)\sin(la)\right] \\ &= F\mathrm{e}^{\mathrm{i}2ka}\left[\cos(2la) - \frac{\mathrm{i}}{2kl}(l^2 + k^2)\sin(2la)\right] \end{aligned}$$

所以

$$F = \frac{A\mathrm{e}^{-\mathrm{i}2ka}}{\left[\cos(2la) - \frac{\mathrm{i}}{2kl}(l^2 + k^2)\sin(2la)\right]}$$

$$\begin{aligned} B &= \frac{\mathrm{e}^{-\mathrm{i}ka}}{2}\left[-F\mathrm{e}^{\mathrm{i}ka}\left(\frac{\mathrm{i}k}{l}\cos(la) + \sin(la)\right)\left(\frac{l}{\mathrm{i}k}\cos(la) + \sin(la)\right) - \right. \\ &\quad \left. F\mathrm{e}^{\mathrm{i}ka}\left(\cos(la) - \frac{\mathrm{i}k}{l}\sin(la)\right)\left(\frac{l}{\mathrm{i}k}\sin(la) - \cos(la)\right)\right] \\ &= \mathrm{i}\frac{\sin(2la)}{2kl}(l^2 - k^2)F \end{aligned}$$

透射系数（的倒数）为

$$\begin{aligned} T^{-1} &= \left|\frac{A}{F}\right|^2 = \left|\cos(2la) - \mathrm{i}\frac{\sin(2la)}{2kl}(k^2 + l^2)\right|^2 \\ &= \cos^2(2la) + \frac{\sin^2(2la)}{(2kl)^2}(k^2 + l^2)^2 \\ &= 1 - \sin^2(2la) + \frac{\sin^2(2la)}{(2kl)^2}(k^2 + l^2)^2 \\ &= 1 + \sin^2(2la)\left[\frac{(k^2 + l^2)^2}{(2kl)^2} - 1\right] = 1 + \sin^2(2la)\frac{(k^2 - l^2)^2}{(2kl)^2} \end{aligned}$$

代入

$$k \equiv \frac{\sqrt{2mE}}{\hbar},\quad l \equiv \frac{\sqrt{2m(E + V_0)}}{\hbar}$$

有

$$2la = \frac{2a\sqrt{2m(E+V_0)}}{\hbar}$$

$$k^2 - l^2 = -\frac{2mV_0}{\hbar^2}$$

$$\frac{(k^2-l^2)^2}{(2kl)^2} = \frac{(-2mV_0/\hbar^2)^2}{4(2mE/\hbar^2)[2m(E+V_0)/\hbar^2]} = \frac{V_0^2}{4E(E+V_0)}$$

所以

$$T^{-1} = 1 + \frac{{V_0}^2}{4E(E+V_0)}\sin^2\left(\frac{2a}{\hbar}\sqrt{2m(E+V_0)}\right)$$

这与教材中的式 2.169 一致。

** **习题 2.33**　求出矩形势垒的透射系数（与式 2.145 相似，只不过在 $-a<x<a$ 区域 $V(x)=+V_0>0$）。按 $E<V_0$，$E=V_0$ 和 $E>V_0$ 三种情况来分开处理（注意：在三种情况下，势垒区中的波函数是不同的）。部分答案：对于 $E<V_0$，

$$T^{-1} = 1 + \frac{{V_0}^2}{4E(V_0-E)}\sinh^2\left(\frac{2a}{\hbar}\sqrt{2m(V_0-E)}\right)$$

解：定态薛定谔方程为

$$\begin{cases} -\dfrac{\hbar^2}{2m}\dfrac{d^2\psi}{dx^2} = E\psi & (x<-a) \\ -\dfrac{\hbar^2}{2m}\dfrac{d^2\psi}{dx^2} + V_0\psi = E\psi & (-a<x<a) \\ -\dfrac{\hbar^2}{2m}\dfrac{d^2\psi}{dx^2} = E\psi & (x>a) \end{cases}$$

1. $E<V_0$ 的情况

薛定谔方程的解为

$$\psi(x) = \begin{cases} Ae^{ikx} + Be^{-ikx} & (x<-a) \\ Ce^{\kappa x} + De^{-\kappa x} & (-a<x<a) \\ Fe^{ikx} & (x>a) \end{cases}$$

其中

$$k \equiv \frac{\sqrt{2mE}}{\hbar},\quad \kappa \equiv \frac{\sqrt{2m(V_0-E)}}{\hbar}$$

并且已经假设在 $x>a$ 时只有透射波。

由波函数及其导数在 $x=\pm a$ 处的连续性，有

$$Ae^{-ika} + Be^{ika} = Ce^{-\kappa a} + De^{\kappa a}$$

$$Ae^{-ika} - Be^{ika} = \beta(Ce^{-\kappa a} - De^{\kappa a})$$

$$Ce^{\kappa a} + De^{-\kappa a} = Fe^{ika}$$

$$\beta(Ce^{\kappa a} - De^{-\kappa a}) = Fe^{ika}$$

其中

$$\beta \equiv \frac{\kappa}{ik}$$

由前两式解出

$$2Ae^{-ika} = (1+\beta)Ce^{-\kappa a} + (1-\beta)De^{\kappa a}$$

由后两式解出

$$2Ce^{\kappa a} = (1+1/\beta)Fe^{ika}, 2De^{-\kappa a} = (1-1/\beta)Fe^{ika}$$

由此得到入射波振幅 A 与透射波振幅 F 的关系，

$$\begin{aligned}2Ae^{-ika} &= \frac{1}{2}(1+\beta)(1+1/\beta)e^{-2\kappa a}Fe^{ika} + \frac{1}{2}(1-\beta)(1-1/\beta)e^{2\kappa a}Fe^{ika} \\ &= Fe^{ika}\left[\frac{1}{2}(2+\beta+1/\beta)e^{-2\kappa a} + \frac{1}{2}(2-\beta-1/\beta)e^{2\kappa a}\right] \\ &= Fe^{ika}[2\cosh(2\kappa a) - (\beta+1/\beta)\sinh(2\kappa a)] \\ &= Fe^{ika}\left[2\cosh(2\kappa a) + i\frac{\kappa^2-k^2}{k\kappa}\sinh(2\kappa a)\right]\end{aligned}$$

所以

$$\begin{aligned}T^{-1} = \left|\frac{A}{F}\right|^2 &= \cosh^2(2\kappa a) + \left(\frac{\kappa^2-k^2}{2k\kappa}\right)^2\sinh^2(2\kappa a) \\ &= 1 + \left[1 + \left(\frac{\kappa^2-k^2}{2k\kappa}\right)^2\right]\sinh^2(2\kappa a) \\ &= 1 + \frac{(\kappa^2+k^2)^2}{4k^2\kappa^2}\sinh^2(2\kappa a) \\ &= 1 + \frac{V_0^2}{4E(V_0-E)}\sinh^2\left(\frac{2a}{\hbar}\sqrt{2m(V_0-E)}\right)\end{aligned}$$

2. $E = V_0$ 的情况

薛定谔方程的解为

$$\psi(x) = \begin{cases} Ae^{ikx} + Be^{-ikx} & (x < -a) \\ C + Dx & (-a < x < a) \\ Fe^{ikx} & (x > a) \end{cases}$$

由波函数及其导数在 $x = \pm a$ 处的连续性，有

$$\begin{aligned}Ae^{-ika} + Be^{ika} &= C - Da \\ ik(Ae^{-ika} - Be^{ika}) &= D \\ C + Da &= Fe^{ika} \\ D &= ikFe^{ika}\end{aligned}$$

由上面的四个方程可以得到入射波振幅与透射波振幅的关系

$$2Ae^{-i2ka} = 2F(1 - ika)$$

所以

$$T^{-1} = \left|\frac{A}{F}\right|^2 = 1 + (ka)^2 = 1 + \frac{2mE}{\hbar^2}a^2$$

3. $E>V_0$ 的情况

薛定谔方程的解为

$$\psi(x)=\begin{cases}Ae^{ikx}+Be^{-ikx} & (x<-a)\\ C\sin(lx)+D\cos(lx) & (-a<x<a)\\ Fe^{ikx} & (x>a)\end{cases}$$

其中

$$l\equiv\frac{\sqrt{2m(E-V_0)}}{\hbar}$$

由波函数及其导数在 $x=\pm a$ 的连续性，有

$$Ae^{-ika}+Be^{ika}=-C\sin(la)+D\cos(la)$$
$$(Ae^{-ika}-Be^{ika})=\alpha[C\cos(la)+D\sin(la)]$$
$$C\sin(la)+D\cos(la)=Fe^{ika}$$
$$\alpha[C\cos(la)-D\sin(la)]=Fe^{ika}$$

其中

$$\alpha\equiv\frac{l}{ik}$$

前两式相加得到

$$2Ae^{-ika}=C[\alpha\cos(la)-\sin(la)]+D[\alpha\sin(la)+\cos(la)]$$

后两式消去 D，或者 C 得到

$$C=\left[\sin(la)+\frac{1}{\alpha}\cos(la)\right]Fe^{ika}$$

$$D=\left[\cos(la)-\frac{1}{\alpha}\sin(la)\right]Fe^{ika}$$

把 C，D 代入前一个式子，得到

$$\begin{aligned}2Ae^{-ika}&=Fe^{ika}\{[\sin(la)+(1/\alpha)\cos(la)][\alpha\cos(la)-\sin(la)]+\\&\quad[\cos(la)-(1/\alpha)\sin(la)][\alpha\sin(la)+\cos(la)]\}\\&=Fe^{ika}[2\cos^2(la)-2\sin^2(la)+2(\alpha-1/\alpha)\cos(la)\sin(la)]\end{aligned}$$

所以

$$\begin{aligned}T^{-1}&=\left|\frac{A}{F}\right|^2=|(\cos^2(la)-\sin^2(la)+(\alpha-1/\alpha)\cos(la)\sin(la)|^2\\&=\left|\cos(2la)+\frac{(\alpha^2-1)}{2\alpha}\sin(2la)\right|^2=\left|\cos(2la)-i\frac{(l^2+k^2)}{2lk}\sin(2la)\right|^2\\&=\cos^2(2la)+\frac{(l^2+k^2)^2}{4l^2k^2}\sin^2(2la)\\&=1+\left[\frac{(l^2+k^2)^2}{4l^2k^2}-1\right]\sin^2(2la)=1+\left[\frac{(l^2-k^2)^2}{4l^2k^2}\right]\sin^2(2la)\\&=1+\left[\frac{V_0^2}{4E(E-V_0)}\right]\sin^2\left(\frac{2a}{\hbar}\sqrt{2m(E-V_0)}\right)\end{aligned}$$

* **习题 2.34** 考虑"阶梯"势

$$V(x)=\begin{cases}0 & (x\leqslant 0)\\ V_0 & (x>0)\end{cases}$$

(a) 当 $E<V_0$ 时，求出反射系数，并对结果进行讨论。

(b) 当 $E>V_0$ 时，求出反射系数。

(c) 对于这样一个右边没有回到零的势垒，透射系数并非简单的等于 $|F|^2/|A|^2$（A 是入射波振幅，F 是透射波振幅），这是由于透射波的波速与入射波不同。对于 $E>V_0$，证明

$$T=\sqrt{\frac{E-V_0}{E}}\frac{|F|^2}{|A|^2}$$

对于 $E<V_0$ 的情况，T 是多少？

(d) 对 $E>V_0$ 的情况，求出"阶梯"势的透射系数，并验证 $T+R=1$。

解 (a) 对 $E<V_0$ 情况，定态薛定谔方程的解为

$$\psi(x)=\begin{cases}Ae^{ikx}+Be^{-ikx} & (x<0)\\ Fe^{-\kappa x} & (x>0)\end{cases}$$

其中

$$k\equiv\frac{\sqrt{2mE}}{\hbar},\quad \kappa\equiv\frac{\sqrt{2m(V_0-E)}}{\hbar}$$

由于已经假设在 $x>0$ 时仅有透射波，由波函数及其导数在 $x=0$ 处的连续性有

$$A+B=F$$
$$ik(A-B)=-\kappa F$$

消去 F 得到

$$A(1+ik/\kappa)=B(ik/\kappa-1)$$

反射系数为

$$R=\left|\frac{B}{A}\right|^2=\left|\frac{(ik/\kappa)+1}{(ik/\kappa)-1}\right|^2=1$$

(b) 对于 $E>V_0$ 情况，定态薛定谔方程的解为

$$\psi(x)=\begin{cases}Ae^{ikx}+Be^{-ikx} & (x<0)\\ Fe^{ilx} & (x>0)\end{cases}$$

其中，

$$k\equiv\frac{\sqrt{2mE}}{\hbar},\quad l\equiv\frac{\sqrt{2m(E-V_0)}}{\hbar}$$

由波函数及其导数在 $x=0$ 处的连续性，有

$$A+B=F$$
$$ik(A-B)=ilF$$

消去 F 得到

$$A(1-k/l)=-B(k/l+1)$$

反射系数为

$$R=\left|\frac{B}{A}\right|^2=\left|\frac{(k/l)-1}{(k/l)+1}\right|^2=\frac{(k-l)^2}{(k+l)^2}=1-\frac{4kl}{(k+l)^2}=1-\frac{4\sqrt{E(E-V_0)}}{(\sqrt{E}+\sqrt{E-V_0})^2}$$

（c）由于右边透射波区域势能与左边入射波区域不一样，所以透射系数不能简单地用 $|F|^2/|A|^2$，而应该用透射波概率流密度 J_T 比上入射波概率流密度 J_I。其中概率流密度的定义为（一维情况）

$$J\equiv\frac{\mathrm{i}\hbar}{2m}\left(\Psi\frac{\partial\Psi^*}{\partial x}-\Psi^*\frac{\partial\Psi}{\partial\Psi}\right)$$

对于 $E>V_0$ 情况，代入入射波 $A\mathrm{e}^{ikx}$，透射波 $F\mathrm{e}^{ilx}$，得到

$$J_I=\frac{k\hbar}{m}|A|^2,\quad J_T=\frac{l\hbar}{m}|F|^2$$

所以

$$T=\frac{J_T}{J_I}=\frac{l}{k}\frac{|F|^2}{|A|^2}=\frac{\sqrt{E-V_0}}{\sqrt{E}}\frac{|F|^2}{|A|^2}$$

即除了振幅之比外，还有波矢之比出现。

对于 $E<V_0$，代入透射波 $F\mathrm{e}^{-\kappa x}$，可以求出 $J_T=0$（透射波是指数衰减波，它不能传到无限远处，透射波是实函数，概率流密度公式中的两项相互抵消），所以 $T=0$。

（d）对于 $E>V_0$ 情况，可以求出

$$F=\frac{2k}{k+l}A$$

所以

$$T=\frac{\sqrt{E-V_0}}{\sqrt{E}}\left|\frac{2\sqrt{E}}{\sqrt{E}+\sqrt{E-V_0}}\right|^2=\frac{4\sqrt{E(E-V_0)}}{(\sqrt{E}+\sqrt{E-V_0})^2}=1-R$$

对于 $E<V_0$ 情况，$T=0$，所以反射系数在这种情况下等于 1。

***习题 2.35**　一质量为 m，动能为 $E>0$ 的粒子靠近一个突然下降 V_0 的势（见图 2-9）。

（a）如果 $E=V_0/3$，粒子被“反射”回来的概率是多大？提示：这与习题 2.34 相似，只不过阶梯由向上变为向下。

（b）画图的目的是让你想象到一辆靠近悬崖的汽车，显然，汽车被悬崖边缘弹回来的概率要比（a）中得到的要低得多——除非你是只疯狂的兔子。解释为什么这个势不能正确的表示一个悬崖。提示：在图 2-9 中，当通过 $x=0$ 时，汽车势能不连续地降到 $-V_0$，这与实际情况下汽车坠落一样吗？

（c）当一个自由中子进入一个原子核，它将经历一个势能的突然下降，从外面 $V_0=0$ 到内部大约 -12MeV（兆电子伏）。假设由裂变产生的一个中子，其动能为 4MeV，轰击上述的原子核，它被吸收的概率是多大？能否触发新的裂变？提示：可以像（a）中那样先计算出反射概率，再用 $T=1-R$ 求出穿透表面的概率。

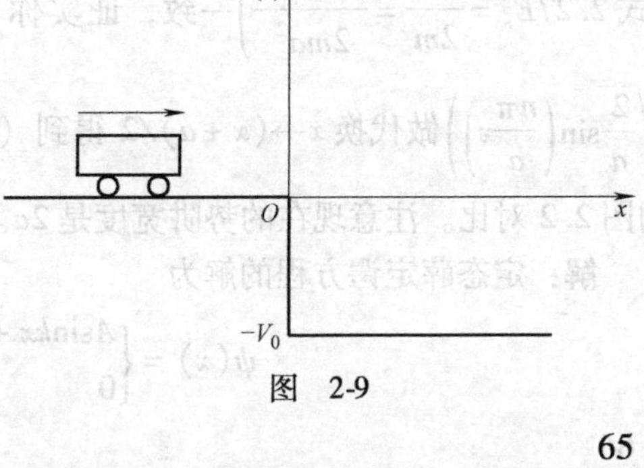

图　2-9

解：(a)

定态薛定谔方程在左右两个区域的解为

$$\psi(x)=\begin{cases}Ae^{ikx}+Be^{-ikx} & (x<0)\\ Fe^{ilx} & (x>0)\end{cases}$$

其中

$$k\equiv\frac{\sqrt{2mE}}{\hbar},\quad l\equiv\frac{\sqrt{2m(E+V_0)}}{\hbar}$$

由波函数及其导数在 $x=0$ 处的连续性，有

$$A+B=F$$
$$ik(A-B)=ilF$$

解出

$$\frac{B}{A}=-\frac{l-k}{l+k}$$

反射系数为

$$R=\left|\frac{B}{A}\right|^2=\left(\frac{l-k}{l+k}\right)^2=\left(\frac{\sqrt{E+V_0}-\sqrt{E}}{\sqrt{E+V_0}+\sqrt{E}}\right)^2$$

当 $E=V_0/3$ 时，

$$R=\left(\frac{\sqrt{1+V_0/E}-1}{\sqrt{1+V_0/E}+1}\right)^2=\left(\frac{\sqrt{1+3}-1}{\sqrt{1+3}+1}\right)^2=\frac{1}{9}$$

(b) 悬崖是二维的，当汽车掉下时，它的竖直坐标在变化，假定在下降过程中竖直坐标正比于水平坐标，那么在下降过程中，汽车的势能为 $V(x)=-mgx$，它从 0 变到 $-V_0$ 是连续变化的，如图 2-10 所示。

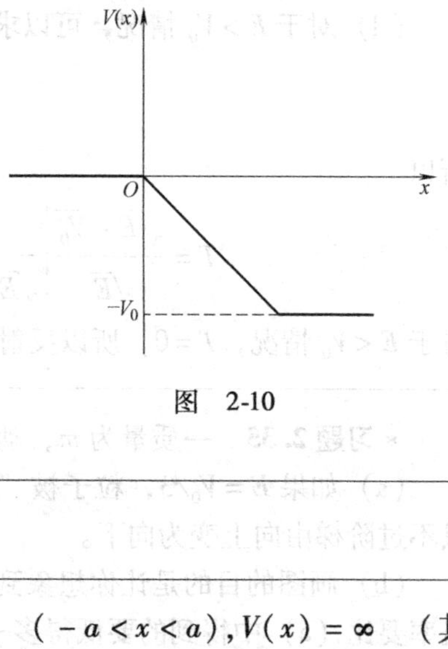

图　2-10

(c) 显然现在 $E=V_0/3$，所以反射系数与 (a) 相同为 1/9。所以透射系数（也就是中子被原子核吸收的概率）为 $8/9\approx0.8889$

第 2 章补充习题解答

习题 2.36　对于"中心"无限深方势阱：$V(x)=0\quad(-a<x<a)$，$V(x)=\infty$（其他）。在适当边界条件下，求出定态薛定谔方程。验证你求得的允许能量与我们已知的$\left(\text{式 2.27}\ E_n=\frac{\hbar k_n^2}{2m}=\frac{m^2\pi^2\hbar^2}{2ma^2}\right)$一致，证实你所得到的 ψ 可以由对已知的$\left(\text{式 2.28}\ \psi_n(x)=\sqrt{\frac{2}{a}}\sin\left(\frac{n\pi}{a}x\right)\right)$做代换 $x\to(x+a)/2$ 得到（并适当归一化）。画出你的前三个解并与教材中的图 2.2 对比。注意现在的势阱宽度是 $2a$。

解：定态薛定谔方程的解为

$$\psi(x)=\begin{cases}A\sin kx+B\cos kx & (-a<x<a)\\ 0 & (|x|>a)\end{cases}$$

由波函数在 $x=\pm a$ 处的连续性（注意这个地方势能从零突变为无限大，所以波函数导数不连续），有

$$A\sin ka + B\cos ka = 0$$
$$-A\sin ka + B\cos ka = 0$$

两式相减得到

$$A\sin ka = 0 \rightarrow ka = j\pi \text{ 或者 } A = 0$$

两式相加得到

$$B\cos ka = 0 \rightarrow ka = \left(j - \frac{1}{2}\right)\pi \text{ 或者 } B = 0$$

其中 $j=1, 2, 3, \cdots$

如果取 $B=0$，那么 A 就不能取零（否则只有零解）只有 $k=j\pi/a$。令 $n=2j$（所以 n 是偶整数），$k=n\pi/2a$ 这种情况下的波函数可以写为

$$\psi(x) = A\sin\left(\frac{n\pi}{2a}x\right) \quad (-a<x<a)$$

归一化

$$1 = |A|^2\int_{-a}^{a}\sin^2\left(\frac{n\pi x}{2a}\right)\mathrm{d}x \rightarrow A = \frac{1}{\sqrt{a}}$$

如果取 $A=0$，那么 B 就不能取零，只有 $k=\left(j-\frac{1}{2}\right)\pi/a$。令 $n=(2j-1)$（所以 n 是奇整数），$k=n\pi/2a$，这种情况的波函数为

$$\psi(x) = B\cos\left(\frac{n\pi}{2a}x\right) \quad (-a<x<a)$$

归一化

$$1 = |B|^2\int_{-a}^{a}\cos^2\left(\frac{n\pi x}{2a}\right)\mathrm{d}x \rightarrow B = \frac{1}{\sqrt{a}}$$

在两种情况下，能量本征值都可以表示为

$$E_n = \frac{\hbar^2k^2}{2m} = \frac{n^2\pi^2\hbar^2}{2m(2a)^2} \quad (n=1,2,3,\cdots)$$

这个表达式把阱宽为 a $(0<x<a)$ 时的表达式中的阱宽换为了现在的 $2a$。

如果在阱宽为 a 的波函数

$$\sqrt{\frac{2}{a}}\sin\left(\frac{n\pi}{a}x\right)$$

中作变换 $x\rightarrow(x+a)/2$，可以得到

$$\sqrt{\frac{2}{a}}\sin\left(\frac{n\pi}{a}x\right) = \sqrt{\frac{2}{a}}\sin\left(\frac{n\pi(x+a)}{2a}\right) = \sqrt{\frac{2}{a}}\sin\left(\frac{n\pi x}{2a}+\frac{n\pi}{2}\right)$$
$$= \begin{cases}(-1)^{n/2}\sqrt{2/a}\sin(n\pi x/2a), & (n=2,4,6,\cdots)\\ (-1)^{(n-1)/2}\sqrt{2/a}\cos(n\pi x/2a) & (n=1,3,5,\cdots)\end{cases}$$

除了一个归一化常数，这与前面得到的解是一样的。所以也可以把阱宽为 $2a$ 的解写为

$$\psi(x)=A\sin\left(\frac{n\pi(x+a)}{2a}\right)\quad(n=1,2,3,\cdots)(-a<x<a)$$

归一化 $A=1/\sqrt{a}$，所以

$$\psi(x)=\frac{1}{\sqrt{a}}\sin\left(\frac{n\pi(x+a)}{2a}\right)\quad(n=1,2,3,\cdots)$$

下图（见图2-11a）给出了前三个波函数的图形，与教材中的图（见图2-11b）相比较，它们的形状是一样的，只不过现在势阱的宽度为 $2a$。

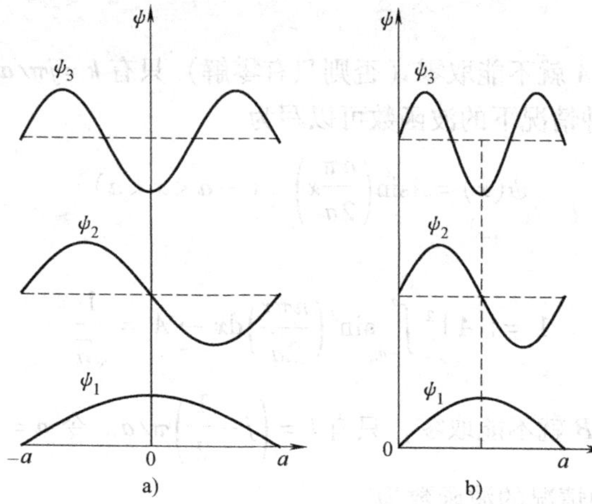

图 2-11

习题 2.37 一维无限深方势阱（式 2.19）中的一个粒子具有初始波函数

$$\Psi(x,0)=A\sin^3(\pi x/a)\quad(0\leqslant x\leqslant a)$$

求出 A 和 $\psi(x,t)$，并计算作为时间函数的 $\langle x\rangle$。能量的期望值是多少？提示：$\sin^n\theta$ 和 $\cos^n\theta$ 可以通过重复利用三角公式化简为 $\sin(m\theta)$ 和 $\cos(m\theta)$ $(m=0,1,2,\cdots,n)$ 的线性组合。

解：利用三角公式 $\sin3\theta=3\sin\theta-4\sin^3\theta\rightarrow\sin^3\theta=\frac{3}{4}\sin\theta-\frac{1}{4}\sin3\theta$

$$\Psi(x,0)=A\sin^3\left(\frac{\pi x}{a}\right)=A\left[\frac{3}{4}\sin\left(\frac{\pi x}{a}\right)-\frac{1}{4}\sin\left(\frac{3\pi x}{a}\right)\right]$$

$$=A\sqrt{\frac{a}{2}}\left[\frac{3}{4}\psi_1(x)-\frac{1}{4}\psi_3(x)\right]$$

其中

$$\psi_n(x)=\sqrt{\frac{2}{a}}\sin\left(\frac{n\pi x}{a}\right)$$

是一维无限方势阱能量本征函数。归一化：

$$1=\int_0^a|\Psi(x,0)|^2\mathrm{d}x=|A|^2\frac{a}{2}\int_0^a\left|\frac{3}{4}\psi_1(x)-\frac{1}{4}\psi_3(x)\right|^2\mathrm{d}x$$

$$=|A|^2\frac{a}{2}\left(\frac{9}{16}+\frac{1}{16}\right)\rightarrow A=\sqrt{\frac{16}{5a}}$$

所以

$$\Psi(x,0)=\frac{1}{\sqrt{10}}[3\psi_1(x)-\psi_3(x)]$$

当 $t>0$ 时，波函数为

$$\Psi(x,t)=\frac{1}{\sqrt{10}}(3\mathrm{e}^{-\mathrm{i}E_1t/\hbar}\psi_1(x)-\mathrm{e}^{-\mathrm{i}E_3t/\hbar}\psi_3(x))$$

其中，

$$E_n=\frac{n^2\pi^2\hbar^2}{2ma^2}$$

是一维无限方势阱能量本征值。

$$|\Psi(x,t)|^2=\left|\frac{1}{\sqrt{10}}(3\mathrm{e}^{-\mathrm{i}E_1t/\hbar}\psi_1(x)-\mathrm{e}^{-\mathrm{i}E_3t/\hbar}\psi_3(x))\right|^2$$

$$=\frac{1}{10}[9\psi_1^2+\psi_3^2-6\psi_1\psi_3\cos(\omega t)]$$

其中，

$$\omega\equiv\frac{E_3-E_1}{\hbar}$$

坐标的期望值为

$$\langle x\rangle=\int_0^a x|\Psi(x,t)|^2\mathrm{d}x=\frac{9}{10}\int_0^a x\psi_1^2\mathrm{d}x+\frac{1}{10}\int_0^a x\psi_3^2\mathrm{d}x-\frac{3}{5}\cos(\omega t)\int_0^a x\psi_1\psi_3\mathrm{d}x$$

$$=\frac{9}{10}\langle x\rangle_1+\frac{1}{10}\langle x\rangle_3-\frac{3}{5}\cos(\omega t)\int_0^a x\psi_1\psi_3\mathrm{d}x$$

代入

$$\langle x\rangle_n=\int_0^a x|\psi_n|^2\mathrm{d}x=\frac{a}{2}$$

$$\int_0^a x\psi_1\psi_3\mathrm{d}x=\frac{2}{a}\int_0^a x\sin\left(\frac{\pi x}{a}\right)\sin\left(\frac{3\pi x}{a}\right)\mathrm{d}x$$

$$=\frac{1}{a}\int_0^a x\left[\cos\left(\frac{2\pi x}{a}\right)-\cos\left(\frac{4\pi x}{a}\right)\right]\mathrm{d}x=0$$

最后得到

$$\langle x\rangle=\frac{9}{10}\langle x\rangle_1+\frac{1}{10}\langle x\rangle_3-\frac{3}{5}\cos(\omega t)\int_0^a x\psi_1\psi_3\mathrm{d}x=\frac{a}{2}$$

***习题 2.38** 一个质量为 m 的粒子处在一维无限深方势阱的基态。势阱突然扩展为原

来尺寸的 2 倍——右阱壁从 a 移到 $2a$——波函数（暂时）没受干扰。此时测量粒子的能量。

（a）最有可能出现的结果是什么？得到此结果的概率是多大？

（b）其次最有可能出现的结果是什么？概率是多大？

（c）能量的期望值是什么？提示：如果你发现遇到一个无穷级数，尝试其他方法。

解：（a）体系的初始波函数为

$$\Psi(x,0)=\sqrt{\frac{2}{a}}\sin\left(\frac{\pi x}{a}\right)\quad(0<x<a)$$

当右阱壁从 a 移到 $2a$ 后，体系的能量本征函数和本征值为

$$\psi_n(x)=\sqrt{\frac{1}{a}}\sin\left(\frac{n\pi x}{2a}\right)\quad(0<x<2a)$$

$$E_n=\frac{n^2\pi^2\hbar^2}{2m(2a)^2}\quad(n=1,2,3,\cdots)$$

所以需要把 $\Psi(x,0)$ 用现在的本征函数展开

$$\Psi(x,0)=\sum_n c_n\psi_n(x)=\sum_n c_n\sqrt{\frac{1}{a}}\sin\left(\frac{n\pi x}{2a}\right)$$

展开系数可以由傅里叶技巧求出

$$\begin{aligned}
c_n&=\int_0^{2a}\psi_n^*(x)\Psi(x,0)\mathrm{d}x=\int_0^a\sqrt{\frac{1}{a}}\sin\left(\frac{n\pi x}{2a}\right)\sqrt{\frac{2}{a}}\sin\left(\frac{\pi x}{a}\right)\mathrm{d}x\\
&=\frac{\sqrt{2}}{2a}\int_0^a\left[\cos\left(\frac{(n-2)\pi x}{2a}\right)-\cos\left(\frac{(n+2)\pi x}{2a}\right)\right]\mathrm{d}x\\
&=\begin{cases}\dfrac{1}{\sqrt{2}a}\left[\dfrac{2a}{(n-2)\pi}\sin\left(\dfrac{(n-2)\pi x}{2a}\right)-\dfrac{2a}{(n+2)\pi}\sin\left(\dfrac{(n+2)\pi x}{2a}\right)\right]\Bigg|_0^a & (n\neq 2)\\[2ex]
\dfrac{1}{\sqrt{2}a}\left[x-\dfrac{a}{2\pi}\sin\left(\dfrac{2\pi x}{a}\right)\right]\Bigg|_0^a & (n=2)\end{cases}\\
&=\begin{cases}0 & (n=4,6,8,\cdots)\\[1ex]
\pm\dfrac{4\sqrt{2}}{\pi(n^2-4)} & (n=1,5,9,\cdots\text{取负号},n=3,7,11,\cdots\text{取正号})\\[2ex]
\dfrac{1}{\sqrt{2}} & (n=2)\end{cases}
\end{aligned}$$

对能量进行测量得到 E_n 的概率为

$$P_n=\begin{cases}0 & (n=4,6,8,\cdots)\\[1ex]
\dfrac{32}{\pi^2(n^2-4)^2} & (n=1,3,5,\cdots)\\[2ex]
\dfrac{1}{2} & (n=2)\end{cases}$$

显然 $P_2=0.5$ 是最概然概率，所以测量得到 $E_2=\dfrac{2^2\pi^2\hbar^2}{2m(2a)^2}=\dfrac{\pi^2\hbar^2}{2ma^2}$ 的概率最大，注意这个能

量与势阱壁没有移动时的基态能量一样。

(b) $P_1=\dfrac{32}{9\pi^2}>P_3=\dfrac{32}{25\pi^2}>P_5>\cdots$所以次最概然概率是 $P_1=\dfrac{32}{9\pi^2}\approx 0.36025$

(c) $\langle H\rangle=\int_0^{2a}\psi^*(x,0)\hat{H}\Psi(x,0)\mathrm{d}x=\dfrac{2}{a}\int_0^a\sin\left(\dfrac{\pi x}{a}\right)\left(-\dfrac{\hbar^2}{2m}\dfrac{\mathrm{d}^2}{\mathrm{d}x^2}\right)\sin\left(\dfrac{\pi x}{a}\right)\mathrm{d}x=\dfrac{\pi^2\hbar^2}{2ma^2}$

这正是势阱移动前的基态能量，所以势阱移动前后体系的能量是一样的，这是能量守恒的体现。

习题 2.39

(a) 证明：对于任何态（不仅仅限于定态），一维无限源方势阱的波函数在经历一个量子恢复周期 $T=4ma^2/\pi\hbar$后，恢复到初始形式。即 $\Psi(x,T)=\psi(x,0)$。

(b) 对于一个在势阱内在两阱壁之间来回碰撞能量为 E 的粒子，经典恢复时间是多少？

(c) 何种能量条件下两种恢复时间相等？

解：(a) 波函数的一般解可以表示为定态解的线性组合，即

$$\Psi(x,t)=\sum_{n=1}^{\infty}c_n\psi_n(x)\mathrm{e}^{-\mathrm{i}E_nt/\hbar}$$

其中，定态能量

$$E_n=\frac{n^2\pi^2\hbar^2}{2ma^2}\quad(n=1,2,3,\cdots)$$

由

$$E_nT=\frac{n^2\pi^2\hbar^2}{2ma^2}\frac{4ma^2}{\pi\hbar}=2n^2\pi\hbar$$

所以

$$\begin{aligned}\Psi(x,t+T)&=\sum_{n=1}^{\infty}c_n\psi_n(x)\mathrm{e}^{-\mathrm{i}E_n(t+T)/\hbar}\\&=\sum_{n=1}^{\infty}c_n\psi_n(x)\mathrm{e}^{-\mathrm{i}E_nt/\hbar}\mathrm{e}^{-\mathrm{i}2n^2\pi}\\&=\sum_{n=1}^{\infty}c_n\psi_n(x)\mathrm{e}^{-\mathrm{i}E_nt/\hbar}=\Psi(x,t)\end{aligned}$$

(b) 经典粒子在势阱中来回碰撞的速度为

$$v=\sqrt{\frac{2E}{m}}$$

所以在势阱中运动一个来回的时间为

$$T=\frac{2a}{v}=\frac{2a}{\sqrt{2E/m}}=a\sqrt{\frac{2m}{E}}$$

(c) 让经典的恢复周期与量子恢复周期相等，即

$$\frac{2a}{\sqrt{2E/m}}=\frac{4ma^2}{\pi\hbar}\rightarrow E=\frac{\pi^2\hbar^2}{8ma^2}=\frac{E_1}{4}$$

即经典能量等于量子基态能量的1/4时，两个周期相等。

习题2.40 一个质量为 m 的粒子，处在势能

$$V(x)=\begin{cases}\infty & (x<0)\\ -32\,\hbar^2/ma^2 & (0\leqslant x\leqslant a)\\ 0 & (x>a)\end{cases}$$

中。

（a）存在多少束缚态？

（b）对最高束缚态能级，粒子在阱外（$x>a$）被发现的概率是多少？答案：0.542，由此可见即使它被“束缚”在阱内，它在阱外被观察到的可能性比阱内还要大。

解：（a）设 $V_0\equiv 32\,\hbar^2/ma^2$，定态薛定谔方程在三个区域的束缚态（$E<0$）解为

$$\psi(x)=\begin{cases}0 & (x<0)\\ A\sin lx+B\cos lx & (0<x<a)\\ Ce^{-\kappa x}+De^{\kappa x} & (x>a)\end{cases}$$

其中

$$l\equiv\frac{\sqrt{2m(E+V_0)}}{\hbar},\quad \kappa\equiv\frac{\sqrt{-2mE}}{\hbar}$$

当 $x\to\infty$ 时，由波函数的有限性，$D=0$，当 $x=0$ 时，由波函数的连续性，$B=0$

所以

$$\psi(x)=\begin{cases}0 & (x<0)\\ A\sin lx & (0<x<a)\\ Ce^{-\kappa x} & (x>a)\end{cases}$$

由波函数及其导数在 $x=a$ 处的连续性，有

$$A\sin la=Ce^{-\kappa a}$$

两边求导，有

$$lA\cos la=-\kappa Ce^{-\kappa a}$$

两式相除，有

$$l\cot la=-\kappa$$

或者

$$-\cot la=\kappa/l$$

令

$$la\equiv z,\quad z_0\equiv\frac{\sqrt{2mV_0}}{\hbar}a=\frac{\sqrt{2m(32\,\hbar^2/ma^2)}}{\hbar}a=8$$

$$\frac{z_0^2-z^2}{z^2}=\frac{(2mV_0a^2/\hbar^2)-2m(E+V_0)a^2/\hbar^2}{l^2a^2}=\frac{-2mE/\hbar^2}{l^2}=\frac{\kappa^2}{l^2}$$

所以

$$-\cot z=\sqrt{(z_0^2/z^2)-1}=\sqrt{(64/z^2)-1}$$

数值解这个超越方程（见图2-12）。

从图中可以发现有三个束缚态解，分别对应 $z\approx2.8$，5.5，7.9，相应的束缚态能量为

$$E=\frac{z^2\hbar^2}{2ma^2}-V_0$$

$$=\frac{z^2\hbar^2}{2ma^2}-\frac{64\hbar^2}{2ma^2}<0\quad(z<8)$$

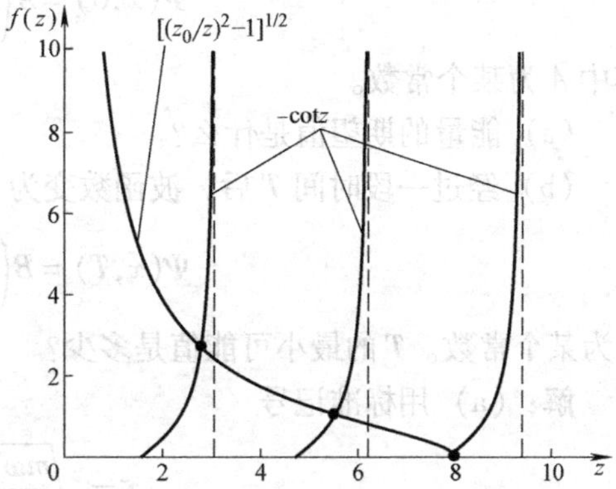

图 2-12

（b）粒子处于阱内的概率为

$$P_1=\int_0^a|\psi|^2\mathrm{d}x=|A|^2\int_0^a\sin^2(lx)\mathrm{d}x$$

$$=|A|^2\left[\frac{a}{2}-\frac{1}{2l}\sin(la)\cos(la)\right]$$

粒子处于阱外的概率为

$$P_2=\int_a^{+\infty}|\psi|^2\mathrm{d}x$$

$$=|C|^2\int_a^{+\infty}\mathrm{e}^{-2\kappa x}\mathrm{d}x=|C|^2\frac{\mathrm{e}^{-2\kappa a}}{2\kappa}=|A|^2\frac{\sin^2 la}{2\kappa}$$

最后一步是，利用了波函数在 $x=a$ 的连续性，即 $C\mathrm{e}^{-\kappa a}=A\sin la$。

这两个概率之和应该等于1（归一化），即

$$1=P_1+P_2=|A|^2\left[\frac{a}{2}-\frac{1}{2l}\sin(la)\cos(la)\right]+|A|^2\frac{\sin^2 la}{2\kappa}$$

代入 $-\cot la=\kappa/l$，

$$1=\frac{1}{2\kappa}|A|^2[\kappa a+\cot(la)\sin(la)\cos(la)+\sin^2 la]=\frac{1}{2\kappa}|A|^2[\kappa a+1]$$

所以

$$|A|^2=\frac{2\kappa}{\kappa a+1}$$

粒子处于阱外的概率可以表示为

$$P_2=|A|^2\frac{\sin^2 la}{2\kappa}=\frac{\sin^2 la}{\kappa a+1}$$

代入

$$\sin^2(la)=\sin^2(z)=\frac{1}{1+\cot^2 z}=\frac{1}{1+(z_0^2/z^2)-1}=\frac{z^2}{z_0^2}$$

$$\kappa a=\sqrt{z_0^2-z^2}$$

$$P_2=\frac{z^2}{z_0^2(1+\sqrt{z_0^2-z^2})}=\frac{z^2}{64(1+\sqrt{64-z^2})}$$

对应最高能级的束缚态，$z\approx7.9$，计算出 $P_2\approx0.54$，这比处在阱内的概率还要大。

习题 2.41 一个质量为 m 的粒子处在谐振子势$\left(\text{式 } 2.43\, V(x)=\frac{1}{2}m\omega^2x^2\right)$中，初始态为

$$\Psi(x,0)=A\left(1-2\sqrt{\frac{m\omega}{\hbar}}x\right)^2\mathrm{e}^{-\frac{m\omega}{2\hbar}x^2}$$

其中 A 为某个常数。

(a) 能量的期望值是什么?

(b) 经过一段时间 T 后，波函数变为

$$\Psi(x,T)=B\left(1+2\sqrt{\frac{m\omega}{\hbar}}x\right)^2\mathrm{e}^{-\frac{m\omega}{2\hbar}x^2}$$

B 为某个常数。T 的最小可能值是多少?

解:(a) 用标准记号

$$\xi\equiv\sqrt{\frac{m\omega}{\hbar}}x,\quad \alpha\equiv\left(\frac{m\omega}{\pi\hbar}\right)^{1/4}$$

这个初始波函数可以写为

$$\Psi(x,0)=A(1-2\xi)^2\mathrm{e}^{-\xi^2/2}=A(1-4\xi+4\xi^2)\mathrm{e}^{-\xi^2/2}$$

可以看出它是谐振子能量本征函数 ψ_0，ψ_1，ψ_2 的线性组合 $\psi_0(x)=\alpha\mathrm{e}^{-\xi^2/2}$，$\psi_1(x)=\sqrt{2}\alpha\xi\mathrm{e}^{-\xi^2/2}$，$\psi_2(x)=\frac{\alpha}{\sqrt{2}}(2\xi^2-1)\mathrm{e}^{-\xi^2/2}$

所以

$$\begin{aligned}\Psi(x,0)&=c_0\psi_0+c_1\psi_1+c_2\psi_2\\&=c_0\alpha\mathrm{e}^{-\xi^2/2}+c_1\sqrt{2}\alpha\xi\mathrm{e}^{-\xi^2/2}+c_2\frac{\alpha}{\sqrt{2}}(2\xi^2-1)\mathrm{e}^{-\xi^2/2}\\&=\alpha\left(c_0-\frac{c_2}{\sqrt{2}}+\sqrt{2}c_1\xi+\sqrt{2}c_2\xi^2\right)\mathrm{e}^{-\xi^2/2}\end{aligned}$$

因此，有

$$\sqrt{2}c_2\alpha=4A\rightarrow c_2=2\sqrt{2}\frac{A}{\alpha}$$

$$\sqrt{2}c_1\alpha=-4A\rightarrow c_1=-2\sqrt{2}\frac{A}{\alpha}$$

$$\alpha c_0-\alpha\frac{c_2}{\sqrt{2}}=A\rightarrow c_0=3\frac{A}{\alpha}$$

归一化

$$1=|c_0|^2+|c_1|^2+|c_2|^2=\frac{25}{\alpha^2}|A|^2\rightarrow A=\frac{\alpha}{5}$$

所以

$$c_0=\frac{3}{5},\quad c_1=-\frac{2\sqrt{2}}{5},\quad c_2=\frac{2\sqrt{2}}{5}$$

能量的期望值为

$$\langle H\rangle=\sum_{n=0}^{2}|c_n|^2E_n=E_0|c_0|^2+E_1|c_1|^2+E_2|c_2|^2$$

$$=\frac{9}{25}\left(\frac{1}{2}\hbar\omega\right)+\frac{8}{25}\left(\frac{3}{2}\hbar\omega\right)+\frac{8}{25}\left(\frac{5}{2}\hbar\omega\right)=\frac{73}{50}\hbar\omega$$

（b）当 $t>0$ 时，波函数为

$$\Psi(x,t)=c_0\mathrm{e}^{-\mathrm{i}E_0t/\hbar}\psi_0+c_1\mathrm{e}^{-\mathrm{i}E_1t/\hbar}\psi_1+c_2\mathrm{e}^{-\mathrm{i}E_2t/\hbar}\psi_2$$

$$=\frac{3}{5}\mathrm{e}^{-\mathrm{i}\omega t/2}\psi_0-\frac{2\sqrt{2}}{5}\mathrm{e}^{-\mathrm{i}3\omega t/2}\psi_1+\frac{2\sqrt{2}}{5}\mathrm{e}^{-\mathrm{i}5\omega t/2}\psi_2$$

$$=\mathrm{e}^{-\mathrm{i}\omega t/2}\left(\frac{3}{5}\psi_0-\frac{2\sqrt{2}}{5}\mathrm{e}^{-\mathrm{i}\omega t}\psi_1+\frac{2\sqrt{2}}{5}\mathrm{e}^{-\mathrm{i}2\omega t}\psi_2\right)$$

当时间为 T 时，要想得到题目所要求的形式，中间一项必须变号，而最后一项不变号，即要求

$\mathrm{e}^{-\mathrm{i}\omega T}=-1$，$\mathrm{e}^{-2\mathrm{i}\omega T}=1$，显然需要 $\omega T=\pi\to T=\pi/\omega$。

习题 2.42 求半谐振子势

$$V(x)=\begin{cases}(1/2)m\omega^2x^2 & (x>0)\\ \infty & (x<0)\end{cases}$$

的允许能级。

例如，上式表示一个弹簧只能被拉伸而不能被压缩的情况。提示：本题仅需要一些细致的思考，实际运算很少。

解： 定态薛定谔方程在 $x>0$ 区域与谐振子的方程完全一样，但是在 $x=0$ 处波函数必须为零，所以可以从谐振子的本征函数中选出满足在 $x=0$ 处的能量本征函数，显然，当 $\psi_n(x)$ 为奇函数时满足要求，而当 $\psi_n(x)$ 为偶函数时不满足要求。所以半谐振子势的解是谐振子解中 $n=1$，3，5，…的那些解。能量本征值为

$$E_n=\left(n+\frac{1}{2}\right)\hbar\omega\quad(n=1,3,5,\cdots)$$

基态为 $n=1$ 的态，这比谐振子基态能量高 $\hbar\omega$。

** **习题 2.43** 在习题 2.22 中，已经分析了静态高斯自由粒子波包。现在对传播的高斯波包解决同样问题。初始波函数为

$$\Psi(x,0)=A\mathrm{e}^{-ax^2}\mathrm{e}^{\mathrm{i}lx}$$

其中 l 是一个实常数。

解：（a）归一化

$$1=\int_{-\infty}^{+\infty}|\Psi(x,0)|^2=|A|^2\int_{-\infty}^{+\infty}\mathrm{e}^{-2ax^2}\mathrm{d}x=|A|^2\sqrt{\frac{\pi}{2a}}\to A=\left(\frac{2a}{\pi}\right)^{1/4}$$

（b）这个初始波函数可以用自由粒子的能量本征函数（尽管它不是物理可实现的态，但是它们的组合可以是归一化的态）的组合表示，即

$$\Psi(x,0)=\frac{1}{\sqrt{2\pi}}\int_{-\infty}^{+\infty}\phi(k)\mathrm{e}^{\mathrm{i}kx}\mathrm{d}k$$

其中，

$$\phi(k)=\frac{1}{\sqrt{2\pi}}\int_{-\infty}^{+\infty}\Psi(x,0)\mathrm{e}^{-ikx}\mathrm{d}x$$

$$=\frac{1}{\sqrt{2\pi}}\left(\frac{2a}{\pi}\right)^{1/4}\int_{-\infty}^{+\infty}\mathrm{e}^{-ax^2}\mathrm{e}^{ilx}\mathrm{e}^{-ikx}\mathrm{d}x=\frac{1}{\sqrt{2\pi}}\left(\frac{2a}{\pi}\right)^{1/4}\int_{-\infty}^{+\infty}\mathrm{e}^{-ax^2-\mathrm{i}(k-l)x}\mathrm{d}x$$

把指数配平方

$$-ax^2-\mathrm{i}(k-l)x=-a\left\{x^2+2\frac{\mathrm{i}}{2a}(k-l)x+\left[\frac{\mathrm{i}(k-l)}{2a}\right]^2-\left[\frac{\mathrm{i}(k-l)}{2a}\right]^2\right\}$$

$$=-a\left[x+\frac{\mathrm{i}}{2a}(k-l)\right]^2-\frac{(k-l)^2}{4a}$$

所以

$$\phi(k)=\frac{1}{\sqrt{2\pi}}\left(\frac{2a}{\pi}\right)^{1/4}\mathrm{e}^{-(k-l)^2/4a}\int_{-\infty}^{+\infty}\mathrm{e}^{-a[x+\mathrm{i}(k-l)/2a]^2}\mathrm{d}x$$

$$=\frac{1}{\sqrt{2\pi}}\left(\frac{2a}{\pi}\right)^{1/4}\mathrm{e}^{-(k-l)^2/4a}\sqrt{\frac{\pi}{a}}=\frac{1}{(2\pi a)^{1/4}}\mathrm{e}^{-(k-l)^2/4a}$$

$t>0$ 时的波函数为

$$\Psi(x,t)=\frac{1}{\sqrt{2\pi}(2\pi a)^{1/4}}\int_{-\infty}^{+\infty}\mathrm{e}^{-(k-l)^2/4a}\mathrm{e}^{\mathrm{i}(kx-\hbar k^2t/2m)}\mathrm{d}k$$

同样，把指数对 k 配平方

$$-\frac{(k-l)^2}{4a}+\mathrm{i}\left(kx-\frac{\hbar k^2t}{2m}\right)$$

$$=-\frac{l^2}{4a}-\left[\left(\frac{1}{4a}+\mathrm{i}\frac{\hbar t}{2m}\right)k^2-\left(\mathrm{i}x+\frac{l}{2a}\right)k\right]$$

$$=-\frac{l^2}{4a}+\frac{1}{4}\left(\mathrm{i}x+\frac{l}{2a}\right)^2\left(\frac{1}{4a}+\mathrm{i}\frac{\hbar t}{2m}\right)^{-1}-\left(\frac{1}{4a}+\mathrm{i}\frac{\hbar t}{2m}\right)\left[k-\frac{1}{2}\left(\mathrm{i}x+\frac{l}{2a}\right)\left(\frac{1}{4a}+\mathrm{i}\frac{\hbar t}{2m}\right)^{-1}\right]^2$$

积分为

$$\Psi(x,t)=\frac{1}{\sqrt{2\pi}(2\pi a)^{1/4}}\mathrm{e}^{-l^2/4a}\mathrm{e}^{a(\mathrm{i}x+l/2a)^2/(1+2\mathrm{i}a\hbar t/m)}\sqrt{\frac{\pi}{1/4a+(\mathrm{i}\hbar t/2m)}}$$

$$=\left(\frac{2a}{\pi}\right)^{1/4}\frac{\mathrm{e}^{-l^2/4a}\mathrm{e}^{a(\mathrm{i}x+l/2a)^2/(1+2\mathrm{i}a\hbar t/m)}}{\sqrt{1+2\mathrm{i}\hbar at/m}}$$

(c) 令 $\theta\equiv 2\hbar at/m$

$$|\Psi(x,t)|^2=\left|\left(\frac{2a}{\pi}\right)^{1/4}\frac{\mathrm{e}^{-l^2/4a}\mathrm{e}^{a(\mathrm{i}x+l/2a)^2/(1+\mathrm{i}\theta)}}{\sqrt{1+\mathrm{i}\theta}}\right|^2$$

$$=\left(\frac{2a}{\pi}\right)^{1/2}\frac{\mathrm{e}^{-l^2/2a}\mathrm{e}^{a(\mathrm{i}x+l/2a)^2/(1+\mathrm{i}\theta)}\mathrm{e}^{a(-\mathrm{i}x+l/2a)^2/(1-\mathrm{i}\theta)}}{\sqrt{1+\mathrm{i}\theta}\cdot\sqrt{1-\mathrm{i}\theta}}$$

$$=\left(\frac{2}{\pi}\right)^{1/2}\sqrt{\frac{a}{1+\theta^2}}\exp\left(-\frac{2a}{1+\theta^2}\left(x-\frac{\theta l}{2a}\right)^2\right)$$

令

$$w \equiv \sqrt{\frac{a}{1+\theta^2}}$$

则

$$|\Psi(x,t)|^2 = \sqrt{\frac{2}{\pi}} w \exp\left(-2w^2\left(x-\frac{\theta l}{2a}\right)^2\right)$$

(d)

$$\langle x\rangle = \int_{-\infty}^{+\infty} x|\Psi(x,t)|^2 \mathrm{d}x = \sqrt{\frac{2}{\pi}}\int_{-\infty}^{+\infty} xw\exp\left(-2w^2\left(x-\frac{\theta l}{2a}\right)^2\right)\mathrm{d}x$$

令 $y \equiv x-\dfrac{\theta l}{2a} = x-\dfrac{\hbar l}{m}t = x-vt$，其中，$v=\hbar l/m$ 是波包的群速度。

$$\langle x\rangle = \sqrt{\frac{2}{\pi}}\int_{-\infty}^{+\infty}(y+vt)w\exp(-2w^2y^2)\mathrm{d}y = vt$$

其中，前半部分积分的被积函数是奇函数，所以积分为零。而后半部分的积分为

$$\int_{-\infty}^{+\infty}\exp(-2w^2y^2)\mathrm{d}y = \sqrt{\frac{\pi}{2w^2}}$$

$$\langle x^2\rangle = \sqrt{\frac{2}{\pi}}\int_{-\infty}^{+\infty}(y+vt)^2 w\exp(-2w^2y^2)\mathrm{d}y$$

$$= \sqrt{\frac{2}{\pi}}\int_{-\infty}^{+\infty}(y^2+2yvt+v^2t^2)w\exp(-2w^2y^2)\mathrm{d}y$$

$$= \sqrt{\frac{2}{\pi}}w\frac{1}{2(2w^2)}\sqrt{\frac{\pi}{2w^2}}+0+(vt)^2$$

$$= \frac{1}{4w^2}+(vt)^2$$

$$\langle p\rangle = m\frac{\mathrm{d}\langle x\rangle}{\mathrm{d}x} = mv = \hbar l$$

$$\langle p^2\rangle = \int_{-\infty}^{+\infty}\Psi^*(x,t)\,\hat{p}^2\Psi(x,t)\mathrm{d}x = \int_{-\infty}^{+\infty}[\hat{p}\Psi(x,t)]^*[\hat{p}\Psi(x,t)]\mathrm{d}x$$

由前面求出的 $\Psi(x,t)$，有

$$\hat{p}\Psi(x,t) = -\mathrm{i}\hbar\frac{\mathrm{d}\Psi}{\mathrm{d}t} = \frac{2\hbar a(\mathrm{i}x+l/2a)}{1+\mathrm{i}\theta}\Psi$$

$$\langle p^2\rangle = \int_{-\infty}^{+\infty}\left[\frac{2\hbar a(\mathrm{i}x+l/2a)}{1+\mathrm{i}\theta}\Psi\right]^*\left[\frac{2\hbar a(\mathrm{i}x+l/2a)}{1+\mathrm{i}\theta}\Psi\right]\mathrm{d}x$$

$$= \int_{-\infty}^{+\infty}\left[\frac{2\hbar a(-\mathrm{i}x+l/2a)}{1-\mathrm{i}\theta}\Psi^*\right]\left[\frac{2\hbar a(\mathrm{i}x+l/2a)}{1+\mathrm{i}\theta}\Psi\right]\mathrm{d}x$$

$$= \frac{(2\hbar a)^2}{1+\theta^2}\int_{-\infty}^{+\infty}[(x^2+(l/2a)^2]\Psi^*\Psi\mathrm{d}x$$

$$=\frac{(2\hbar a)^2}{1+\theta^2}[\langle x^2\rangle+(l/2a)^2]$$

$$=\frac{(2\hbar a)^2}{1+\theta^2}\left[\frac{1}{4w^2}+(vt)^2+(l/2a)^2\right]$$

$$=\hbar^2\left[\frac{a^2}{w^2(1+\theta^2)}+\frac{(2avt)^2+l^2}{(1+\theta^2)}\right]$$

$$=\hbar^2\left[a+\frac{(2a\hbar lt/m)^2+l^2}{1+(2a\hbar t/m)^2}\right]$$

$$=\hbar^2(a+l^2)$$

$$\sigma_x=\sqrt{\langle x^2\rangle-\langle x\rangle^2}=\sqrt{\frac{1}{4w^2}+(vt)^2-(vt)^2}=\frac{1}{2w}$$

$$\sigma_p=\sqrt{\langle p^2\rangle-\langle p\rangle^2}=\sqrt{\hbar^2a+(\hbar l)^2-(\hbar l)^2}=\hbar\sqrt{a}$$

（e）动量与坐标满足不确定关系

$$\sigma_x\sigma_p=\frac{\hbar\sqrt{a}}{2w}=\frac{\hbar\sqrt{a}}{2\sqrt{a/(1+\theta^2)}}=\frac{\hbar}{2}[1+(2\hbar at/m)^2]\geqslant\frac{\hbar}{2}$$

习题 2.44　对于中间存在一个 δ 函数势垒的中心一维无限深势阱

$$V(x)=\begin{cases}\alpha\delta(x) & (-a\leqslant x\leqslant a)\\ \infty & (|x|\geqslant a)\end{cases}$$

求解定态薛定谔方程。对偶波函数和奇波函数分开处理。不必去归一化这些波函数。找出允许的能量值（必要时可用作图法）。同没有 δ 函数存在时的情况相比，相应的能级有何不同？解释为什么奇函数解不受 δ 函数的影响？并对 $\alpha\to0$ 和 $\alpha\to\infty$ 两种极限情况进行讨论。

解：对偶函数解 $\psi(x)=\psi(-x)$，在 $(0<x<a)$ 和 $(-a<x<0)$ 两个区域定态薛定谔方程的解为

$$\psi(x)=\begin{cases}A\sin kx+B\cos kx & (0<x<a)\\ -A\sin kx+B\cos kx & (-a<x<0)\end{cases}$$

其中

$$k\equiv\frac{\sqrt{2mE}}{\hbar}$$

在 $x=0$ 处波函数连续已经满足（$B=B$），（δ 函数势引起）波函数导数跃变给出

$$kA+kA=\frac{2m\alpha}{\hbar^2}B\to B=\frac{\hbar^2k}{m\alpha}A$$

在 $x=a$ 的边界条件给出

$$A\left(\sin ka+\frac{\hbar^2k}{m\alpha}\cos ka\right)=0$$

由此得到能级满足的方程

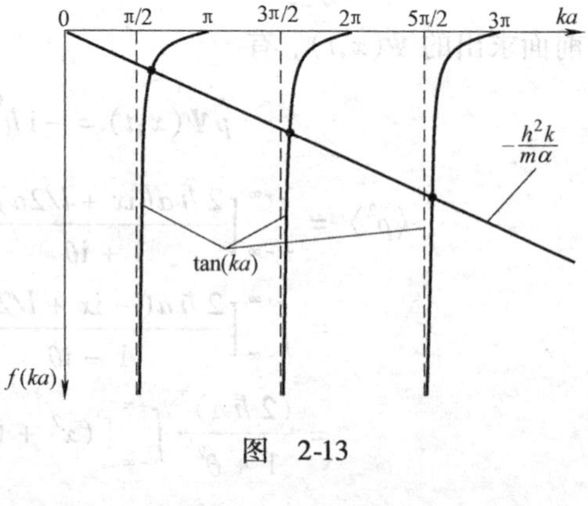

图　2-13

$$\tan ka = -\frac{\hbar^2 k}{m\alpha}$$

数值解这个超越方程（见图2-13）可以得到解

从图中可以看出，解得的 ka 值略大于

$$ka = \frac{n\pi}{2} \quad (n = 1, 2, 3, \cdots)$$

而且随着 n 的增加越来越靠近 $n\pi/2$，所以能量本征值为

$$E_n \geqslant \frac{n^2\pi^2\hbar^2}{2m(2a)^2}$$

此式右边为阱宽为 $2a$ 的无限深势阱的能量本征值，所以在 δ 势在势阱中心存在的情况下，能量本征值比没有时略有增加。当 δ 势的强度减弱（α 减小），图中直线变得更加倾斜，E_n 将更加接近于阱宽为 $2a$ 的无限深势阱的能量本征值。当 δ 势的强度增加（α 增大），图中直线将变得更接近水平，ka 将接近 $n\pi$，E_n 将接近阱宽为 a 的无限深势阱的能量本征值 $n^2\pi^2\hbar^2/2ma^2$。当 $\alpha \to \infty$ 时，$E_n = n^2\pi^2\hbar^2/2ma^2$，中心的势垒把势阱分割成两个孤立的阱宽为 a 的无限深势阱。

对奇函数解 $\psi(x) = -\psi(-x)$，在 $(0 < x < a)$ 和 $(-a < x < 0)$ 两个区域定态薛定谔方程的解为

$$\psi(x) = \begin{cases} A\sin kx + B\cos kx & (0 < x < a) \\ A\sin kx - B\cos kx & (-a < x < 0) \end{cases}$$

在 $x = 0$ 处波函数连续要求 $B = 0$（δ 函数势引起），波函数导数跃变给出

$$kA - kA = 0 (\text{自然满足})$$

在 $x = a$ 的边界条件给出

$$A\sin ka = 0$$

由此我们得到能级满足的方程

$$ka = \frac{n\pi}{2} \quad (n = 2, 4, 6, \cdots)$$

即

$$E_n = \frac{n^2\pi^2\hbar^2}{2m(2a)^2} \quad (n = 2, 4, 6, \cdots)$$

这正是阱宽为 $2a$ 的无限深势阱的能量本征值中 n 为偶数的那些，所以在 δ 势在势阱中心存在的情况下，对奇函数解，能量本征值没有变化。这是因为波函数在势阱中心为零，所以感受不到此处 δ 势的影响。

习题 2.45 如果两个（或更多）定态薛定谔方程的不同的解具有同一个能量 E，我们说这些态是**简并**的。例如：自由粒子态是二重简并的——一个解代表向右运动，另一个解代表向左运动。但是我们从未遇到过可归一化的简并解，这并非偶然。证明如下定理：一维情况下，不存在简并束缚态。提示：假设两个解 ψ_1 和 ψ_2，具有同样的能量，ψ_1 乘以关于 ψ_2 的薛定谔方程，ψ_2 乘以关于 ψ_1 的薛定谔方程，然后两式相减，去证明 $(\psi_2 \mathrm{d}\psi_1/\mathrm{d}x - \psi_1 \mathrm{d}\psi_2/\mathrm{d}x)$ 是个常数。利用归一化解在 ±∞ 处应有 $\psi \to 0$ 的事实，去证明这个常数为零。从而得出

结论，ψ_2 是 ψ_1 乘以一个常数，因此两个解并非是不同的。

证：设 ψ_1，ψ_2 是定态薛定谔方程具有同一个能量 E 的不同的解，即

$$-\frac{\hbar^2}{2m}\frac{d^2\psi_1}{dx^2}+V\psi_1=E\psi_1$$

$$-\frac{\hbar^2}{2m}\frac{d^2\psi_2}{dx^2}+V\psi_2=E\psi_2$$

第一个式子乘以 ψ_2，第二个式子乘以 ψ_1，两式相减得到

$$\psi_2\frac{d^2\psi_1}{dx^2}-\psi_1\frac{d^2\psi_2}{dx^2}=0\rightarrow\frac{d}{dx}\left(\psi_2\frac{d\psi_1}{dx}-\psi_1\frac{d\psi_2}{dx}\right)=0$$

这表明

$$\psi_2\frac{d\psi_1}{dx}-\psi_1\frac{d\psi_2}{dx}=K\quad(\text{常数})$$

考虑到当 $x\rightarrow\infty$ 时，$\psi_1\rightarrow 0$，$\psi_2\rightarrow 0$（束缚态归一化的要求），所以 $K=0$。这样有

$$\frac{1}{\psi_1}\frac{d\psi_1}{dx}=\frac{1}{\psi_2}\frac{d\psi_2}{dx}\rightarrow\ln\psi_1=\ln\psi_2+\text{常数}(\text{或者 }\psi_1=\text{常数}\times\psi_2)$$

即这两个解仅相差一个常数，归一化后，它们仅相差一个相因子，因此它们代表同一个物理状态。

习题 2.46　设想一个质量为 m 的小珠子，绕着一个周长为 L 的圆线环作无摩擦滑动，这与自由粒子相似，只不过 $\psi(x+L)=\psi(x)$。找出它的定态（并适当归一化）和相应的允许能量。注意对于每一个能级 E_n 都有两个独立的解，分别对应顺时针和逆时针运动情况；称它们为 $\psi_n^+(x)$ 和 $\psi_n^-(x)$。鉴于习题 2.45 中的定理，如何解释此种简并（为什么在此种情况下定理失效了）？

解：定态薛定谔方程为

$$-\frac{\hbar^2}{2m}\frac{d^2\psi}{dx^2}=E\psi$$

其解为

$$\psi(x)=Ae^{ikx}+Be^{-ikx}$$

其中

$$k\equiv\frac{\sqrt{2mE}}{\hbar}$$

考虑到周期性边界条件

$$\psi(x+L)=\psi(x)$$
$$Ae^{ikx}e^{ikL}+Be^{-ikx}e^{-ikL}=Ae^{ikx}+Be^{-ikx}$$

这个式子对任何 x 都应该成立，比如 $x=0$，及 $x=\frac{\pi}{2k}$，代入这两个值，有

$$Ae^{ikL}+Be^{-ikL}=A+B$$
$$Ae^{ikL}-Be^{-ikL}=A-B$$

两式相加得到

$$2Ae^{ikL}=2A$$

这表明，要么

$$e^{ikL}=1\to kl=2n\pi\quad(n=0,\pm1,\pm2,\pm3,\cdots)$$

要么 $A=0$，但是 $A=0$ 意味着 $Be^{-ikL}=B$，要想得到非零解，只有

$$e^{-ikL}=1\to kl=2n\pi\quad(n=0,\pm1,\pm2,\pm3,\cdots)$$

得到同样的结论。所以定态解可以表示为

$$\psi(x)=Ae^{\pm i2n\pi x/L}\quad(n=0,1,2,3,\cdots)$$

归一化：

$$1=\int_0^L|\psi_n|^2dx=|A|^2\int_0^L dx=|A|^2L\to A=\frac{1}{\sqrt{L}}$$

能量本征值为

$$E_n=\frac{\hbar^2}{2m}\left(\frac{2\pi n}{L}\right)^2=\frac{2n^2\pi^2\hbar^2}{mL^2}$$

显然

$$\psi_n^+(x)=\frac{e^{i2n\pi x/L}}{\sqrt{L}}$$

与

$$\psi_n^-(x)=\frac{e^{-i2n\pi x/L}}{\sqrt{L}}$$

是具有同样能量的本征态，所以是二重简并的。习题2.45所证明的定理在这里不成立，因为 $\psi(x)$ 在无限远处不为零，由于周期性，x 被限制在一个有限范围，所以上题中的常数 K 我们不能确定其为零。

习题2.47 注意：这是一个严格定性问题——不允许做任何计算！考虑“双方势阱”(见图2-14)。假设阱深 V_0 和阱宽 a 固定，并且足够大，可以出现几个束缚态。

(a) 对(i)$b=0$,(ii)$b\approx a$ 和(iii)$b\geqslant a$ 三种情况，画出基态波函数 ψ_1 和第一激发态波函数 ψ_2。

(b) 定性描述一下当 b 从0变化到无穷时，相对应的能级（E_1，E_2）是如何变化的？在同一图中画出 $E_1(b)$ 和 $E_2(b)$。

(c) 双势阱模型是一种很重要的一维模型，用来描述一个电子在一个双原子分子中所受到的势（两个势阱代表两个原子核的吸引力）。如果两核被看做是自由移动的，它们将遵循最小能量分布。鉴于已在（b）中的结论，电子更趋向使两个核靠在一起，还是使其分离(当然两个核之间存在排斥力，不过这是另外一个问题)？

解：(a)

(i) $b=0$，变成一个阱宽为 $2a$ 的有限深势阱问题。在阱外指数衰减，阱内正弦或余弦振荡（对基态是 $\psi_1\propto\cos(kx)$，对第一激发态是正弦 $\psi_2\propto\sin(kx)$，在 $x=0$ 有一个节点）基态是偶函数，第一激发态是奇函数，图像如图2-15所示。

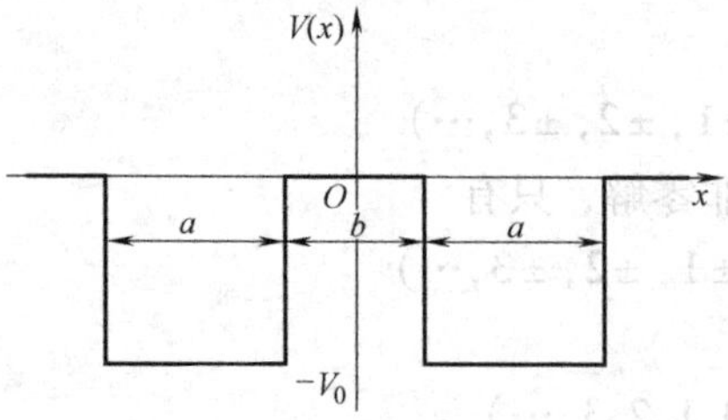

图 2-14

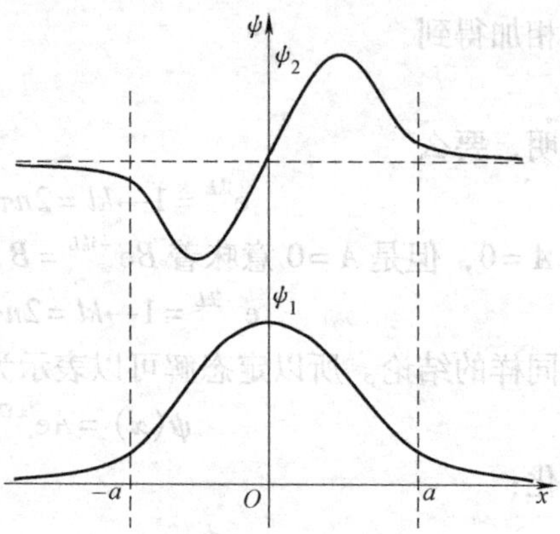

图 2-15

（ii）$b \approx a$。在 $-b/2 < x < b/2$ 区域，基态是双曲余弦，第一激发态是双曲正弦，其余同上，图像如图 2-16 所示。

（iii）$b \gg a$。同（ii）一样，但是由于 b 比较大，在 $-b/2 < x < b/2$ 区域波函数值很小，基本与两个孤立有限深势阱情况一样。ψ_1 与 ψ_2 能量非常接近（兼并），它们是两个孤立有限深势阱基态波函数的线性组合，一个是偶函数，另一个是奇函数，图像如图 2-17 所示。

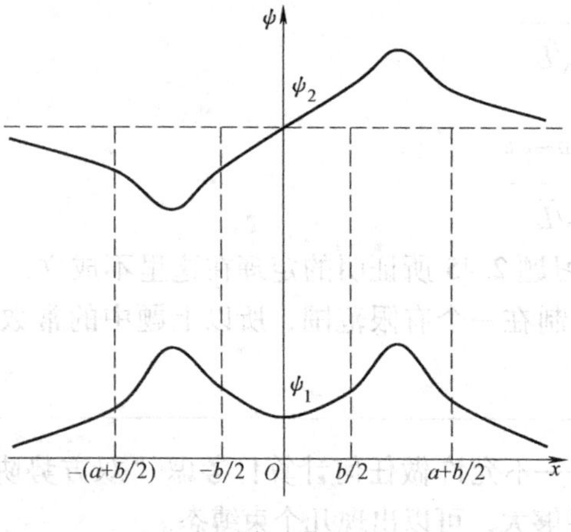

图 2-16

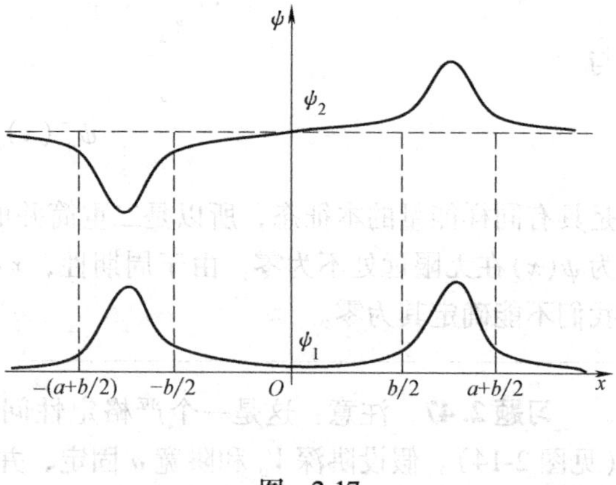

图 2-17

（b）当 $b=0$ 时，为阱宽 $2a$ 的有限深势阱，基态能量和第一激发态能量略小于无限深势阱的相应能量

$$E_1 + V_0 \approx \frac{\pi^2 \hbar^2}{2m(2a)^2}$$

$$E_2 + V_0 \approx \frac{4\pi^2 \hbar^2}{2m(2a)^2}$$

当 $b \gg a$ 时，ψ_1 与 ψ_2 简并，能量略小于阱宽为 a 无限深势阱基态能量

$$E_1 + V_0 \approx E_2 + V_0 \approx \frac{\pi^2 \hbar^2}{2ma^2}$$

能量随 b 增加的变化如图 2-18 所示。

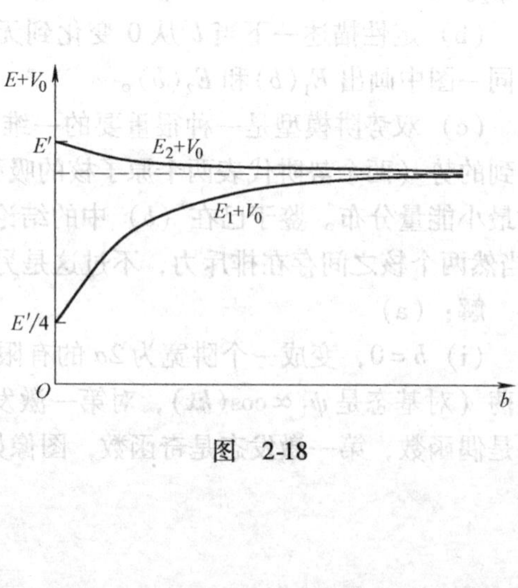

图 2-18

（c）在（偶函数的）基态，两个原子越靠

近，能量越低，电子倾向于把原子核吸引在一起，有利于原子的结合。而对（奇函数的）第一激发态，两个原子越靠近，能量升高，电子倾向于使原子核分离，不利于原子的结合。

习题2.48 在习题2.7（d）中，通过对式2.39 $\left(\langle H\rangle=\sum_{n=1}^{\infty}|c_n|^2E_n\right)$ 中数列的求和可以得到能量的期望值，但是我曾经提示过不要用“老方法”$\langle H\rangle=\int\Psi(x,0)^*H\Psi(x,0)\mathrm{d}x$，由于 $\Psi(x,0)$ 一阶导数的不连续性，会使得二阶导数产生很多问题。实际中，你也许可以用分部积分法，但狄拉克δ函数会提供一个更简洁的方法去处理这些反常问题。

（a）计算 $\Psi(x,0)$ 一阶微分（习题2.7），以在（式2.143）$\theta(x)\equiv\begin{cases}1 & （如果 x>0）\\ 0 & （如果 x<0）\end{cases}$ 中定义的阶梯函数 $\theta(x-a/2)$ 来表示结果（不必担心端点部分——只考虑 $0<x<a$ 区间内）。

（b）利用习题2.24（b）已得到的结果，以δ函数的形式写出 $\Psi(x,0)$ 二阶导数。

（c）求出积分 $\int\Psi(x,0)^*H\Psi(x,0)\mathrm{d}x$，并检验与前面得到结果一致。

解： 根据习题2.7中得到的结论

（a）

$$\frac{\mathrm{d}\Psi}{\mathrm{d}x}=\sqrt{\frac{12}{a^3}}\times\begin{cases}1 & (0<x<a/2)\\ -1 & (a/2<x<a)\end{cases}$$

在 $x=a/2$ 处一阶导数有跃变，引入阶梯函数

$$\theta(x-a/2)=\begin{cases}0 & (0<x<a/2)\\ 1 & (a/2<x<a)\end{cases}$$

所以可以把一阶导数表示为

$$\frac{\mathrm{d}\Psi}{\mathrm{d}x}=\frac{2\sqrt{3}}{a\sqrt{a}}[1-2\theta(x-a/2)]$$

（b）

$$\frac{\mathrm{d}^2\Psi}{\mathrm{d}^2x}=-\frac{2\sqrt{3}}{a\sqrt{a}}\times2\delta(x-a/2)=-\frac{4\sqrt{3}}{a\sqrt{a}}\delta(x-a/2)$$

（c）

$$\begin{aligned}\langle H\rangle&=\int_0^a\Psi^*(x,0)\left(-\frac{\hbar^2}{2m}\frac{\mathrm{d}^2}{\mathrm{d}x^2}\right)\Psi(x,0)\mathrm{d}x\\&=\frac{\hbar^2}{2m}\frac{4\sqrt{3}}{a\sqrt{a}}\int_0^a\Psi^*(x,0)\delta(x-a/2)\mathrm{d}x\\&=\frac{\hbar^2}{2m}\frac{4\sqrt{3}}{a\sqrt{a}}\Psi^*(a/2,0)=\frac{\hbar^2}{2m}\frac{4\sqrt{3}}{a\sqrt{a}}\sqrt{\frac{12}{a^3}}\frac{a}{2}=\frac{6\hbar^2}{ma^2}\end{aligned}$$

这与用 $\langle H\rangle=\sum_{n=1}^{\infty}|c_n|^2E_n$ 得到的结果是一致的，说明只要小心处理一阶导数的跃变，就可以得到正确结果。

还可以用另一种分区域积分的方法，而不用考虑一阶导数在 $x=a/2$ 处的跃变。

$$\langle H\rangle = \int_0^a \Psi^*(x,0)\left(\frac{\hat{p}^2}{2m}\right)\Psi(x,0)\,\mathrm{d}x = \frac{1}{2m}\int_0^a [\hat{p}\Psi(x,0)]^*[\hat{p}\Psi(x,0)]\,\mathrm{d}x$$

$$= \frac{1}{2m}\int_0^{a/2}[\hat{p}\Psi(x,0)]^*[\hat{p}\Psi(x,0)]\,\mathrm{d}x + \frac{1}{2m}\int_{a/2}^a [\hat{p}\Psi(x,0)]^*[\hat{p}\Psi(x,0)]\,\mathrm{d}x$$

$$= \frac{1}{2m}\int_0^{a/2}\left[-\mathrm{i}\hbar\frac{\mathrm{d}\Psi(x,0)}{\mathrm{d}x}\right]^*\left[-\mathrm{i}\hbar\frac{\mathrm{d}\Psi(x,0)}{\mathrm{d}x}\right]\mathrm{d}x +$$

$$\frac{1}{2m}\int_{a/2}^a\left[-\mathrm{i}\hbar\frac{\mathrm{d}\Psi(x,0)}{\mathrm{d}x}\right]^*\left[-\mathrm{i}\hbar\frac{\mathrm{d}\Psi(x,0)}{\mathrm{d}x}\right]\mathrm{d}x$$

$$= \frac{1}{2m}\int_0^{a/2}(-\mathrm{i}\hbar A)^*(-\mathrm{i}\hbar A)\,\mathrm{d}x + \frac{1}{2m}\int_{a/2}^a[-\mathrm{i}\hbar(-A)]^*[-\mathrm{i}\hbar(-A)]\,\mathrm{d}x$$

$$= \frac{\hbar^2}{2m}|A|^2\int_0^{a/2}\mathrm{d}x + \frac{\hbar^2}{2m}|A|^2\int_{a/2}^a\mathrm{d}x = \frac{\hbar^2 a}{2m}|A|^2 = \frac{\hbar^2 a}{2m}\frac{12}{a^3} = \frac{6\hbar^2}{ma^2}$$

（这里利用了动量是厄密算符的性质）

***** 习题 2.49**

（a）证明：$\Psi(x,t) = \left(\dfrac{m\omega}{\pi\hbar}\right)^{1/4}\exp\left[-\dfrac{m\omega}{2\hbar}\left(x^2+\dfrac{a^2}{2}(1+\mathrm{e}^{-2\mathrm{i}\omega t})+\dfrac{\mathrm{i}\hbar t}{m}-2ax\mathrm{e}^{-\mathrm{i}\omega t}\right)\right]$

满足谐振子势的含时薛定谔方程。这里 a 是一个具有长度量纲的任意实数。

（b）求出 $|\Psi(x,t)|^2$，并描述波包的运动。

（c）计算 $\langle x\rangle$ 和 $\langle p\rangle$，并检验它们满足恩费斯脱定理(Ehrenfest) $\left(\dfrac{\mathrm{d}\langle p\rangle}{\mathrm{d}t}=\left\langle-\dfrac{\partial V}{\partial x}\right\rangle\right)$。

解：

（a）分别计算出 $\dfrac{\partial\Psi}{\partial t}$，$\dfrac{\partial^2\Psi}{\partial x^2}$

$$\frac{\partial\Psi}{\partial t} = \left(-\frac{m\omega}{2\hbar}\right)\left[\frac{a^2}{2}(-2\mathrm{i}\omega\mathrm{e}^{-2\mathrm{i}\omega t})+\frac{\mathrm{i}\hbar}{m}-2ax(-\mathrm{i}\omega)\mathrm{e}^{-\mathrm{i}\omega t}\right]\Psi$$

$$\frac{\partial\Psi}{\partial x} = \left[\left(-\frac{m\omega}{2\hbar}\right)(2x-2a\mathrm{e}^{-\mathrm{i}\omega t})\right]\Psi = \left(-\frac{m\omega}{\hbar}\right)(x-a\mathrm{e}^{-\mathrm{i}\omega t})\Psi$$

$$\frac{\partial^2\Psi}{\partial x^2} = \left(-\frac{m\omega}{\hbar}\right)\Psi + \left[\left(-\frac{m\omega}{\hbar}\right)(x-a\mathrm{e}^{-\mathrm{i}\omega t})\right]\frac{\partial\Psi}{\partial x}$$

$$= \left(-\frac{m\omega}{\hbar}\right)\Psi + \left[\left(-\frac{m\omega}{\hbar}\right)(x-a\mathrm{e}^{-\mathrm{i}\omega t})\right]^2\Psi$$

$$= \left[-\frac{m\omega}{\hbar}+\left(\frac{m\omega}{\hbar}\right)^2(x^2-2ax\mathrm{e}^{-\mathrm{i}\omega t}+a^2\mathrm{e}^{-2\mathrm{i}\omega t})\right]\Psi$$

代入薛定谔方程

$$\mathrm{i}\hbar\frac{\partial\Psi}{\partial t} = \left(-\frac{\hbar^2}{2m}\frac{\partial^2}{\partial x^2}+\frac{1}{2}m\omega^2x^2\right)\Psi$$

就可以发现 $\Psi(x,t)$ 是满足薛定谔方程的。

(b)

$$|\Psi(x,t)|^2 = \left|\left(\frac{m\omega}{\pi\hbar}\right)^{1/4}\exp\left[-\frac{m\omega}{2\hbar}\left(x^2+\frac{a^2}{2}(1+\mathrm{e}^{-2\mathrm{i}\omega t})+\frac{\mathrm{i}\hbar t}{m}-2ax\mathrm{e}^{-\mathrm{i}\omega t}\right)\right]\right|^2$$

$$=\sqrt{\frac{m\omega}{\pi\hbar}}\exp\left[\left(-\frac{m\omega}{2\hbar}\left(x^2+\frac{a^2}{2}(1+\mathrm{e}^{-2\mathrm{i}\omega t})+\frac{\mathrm{i}\hbar t}{m}-2ax\mathrm{e}^{-\mathrm{i}\omega t}\right)\right)+\left(-\frac{m\omega}{2\hbar}\left(x^2+\frac{a^2}{2}(1+\mathrm{e}^{2\mathrm{i}\omega t})-\frac{\mathrm{i}\hbar t}{m}-2ax\mathrm{e}^{\mathrm{i}\omega t}\right)\right)\right]$$

$$=\sqrt{\frac{m\omega}{\pi\hbar}}\exp\left[-\frac{m\omega}{\hbar}\left(x^2-\frac{a^2}{2}-\frac{a^2}{4}(\mathrm{e}^{2\mathrm{i}\omega t}+\mathrm{e}^{-2\mathrm{i}\omega t})-ax(\mathrm{e}^{\mathrm{i}\omega t}+\mathrm{e}^{-\mathrm{i}\omega t})\right)\right]$$

$$=\sqrt{\frac{m\omega}{\pi\hbar}}\exp\left[-\frac{m\omega}{\hbar}\left(x^2-\frac{a^2}{2}-\frac{a^2}{2}\cos 2\omega t-2ax\cos\omega t\right)\right]$$

$$=\sqrt{\frac{m\omega}{\pi\hbar}}\exp\left[-\frac{m\omega}{\hbar}(x^2-a^2\cos^2\omega t-2ax\cos\omega t)\right]$$

$$=\sqrt{\frac{m\omega}{\pi\hbar}}\exp\left[-\frac{m\omega}{\hbar}(x-a\cos\omega t)^2\right]$$

可以看出，这是一个形状不变的高斯波包，但是波包的中心作振幅为 a，频率为 ω 的余弦振荡。

(c)

$$\langle x\rangle = \int_{-\infty}^{+\infty} x|\Psi(x,t)|^2\mathrm{d}x = \frac{m\omega}{\pi\hbar}\int_{-\infty}^{+\infty} x\exp\left(-\frac{2m\omega}{\hbar}(x-a\cos\omega t)^2\right)\mathrm{d}x$$

作变量代换

$$y = x - a\cos\omega t$$

$$\langle x\rangle = \frac{m\omega}{\pi\hbar}\int_{-\infty}^{+\infty}(y+a\cos\omega t)\exp\left(-\frac{2m\omega}{\hbar}y^2\right)\mathrm{d}x = a\cos\omega t$$

$$\langle p\rangle = m\frac{\mathrm{d}\langle x\rangle}{\mathrm{d}t} = -ma\omega\sin\omega t$$

$$\frac{\mathrm{d}\langle p\rangle}{\mathrm{d}t} = -ma\omega^2\cos\omega t$$

$$\left\langle -\frac{\partial V}{\partial x}\right\rangle = -m\omega^2\langle x\rangle = -m\omega^2 a\cos\omega t$$

所以

$$\frac{\mathrm{d}\langle p\rangle}{\mathrm{d}t} = \left\langle -\frac{\partial V}{\partial x}\right\rangle$$

满足恩费斯脱定理（Ehrenfest）。

** **习题 2.50** 考虑运动的 δ 函数势阱

$$V(x,t) = -\alpha\delta(x-vt)$$

其中 v（常数）是势阱运动的速度。

（a）证明含时薛定谔方程有下述严格解

$$\Psi(x,t)=\frac{\sqrt{m\alpha}}{\hbar}e^{-m\alpha|x-vt|/\hbar^2}e^{-i[(E+(1/2)mv^2)t-mvx]/\hbar}$$

其中 $E=-m\alpha^2/2\hbar^2$ 是静止的 δ 函数的束缚态能级。提示：用习题2.24（b）所得结果，把此解代入验证。

（b）对此态求出哈密顿量的期望值，并对结果进行讨论。

解：（a）

$$\frac{\partial\Psi}{\partial t}=\left[-\frac{m\alpha}{\hbar^2}\frac{\partial}{\partial t}|x-vt|-i\frac{\left(E+\frac{1}{2}mv^2\right)}{\hbar}\right]\Psi$$

$$\frac{\partial}{\partial t}|x-vt|=\begin{cases}-v & (\text{当 } x-vt>0 \text{ 时})\\ v & (\text{当 } x-vt<0 \text{ 时})\end{cases}$$

利用阶梯函数

$$\theta(z)=\begin{cases}1 & (z>0)\\ 0 & (z<0)\end{cases}$$

可写成

$$\frac{\partial|x-vt|}{\partial t}=-v[2\theta(x-vt)-1]$$

所以

$$i\hbar\frac{\partial\Psi}{\partial t}=\left\{i\frac{m\alpha}{\hbar}v[2\theta(x-vt)-1]+E+\frac{1}{2}mv^2\right\}\Psi$$

$$\frac{\partial\Psi}{\partial x}=\left(-\frac{m\alpha}{\hbar^2}\frac{\partial}{\partial x}|x-vt|+\frac{imv}{\hbar}\right)\Psi$$

$$\frac{\partial}{\partial x}|x-vt|=\left.\begin{cases}1 & (x-vt>0)\\ -1 & (x-vt<0)\end{cases}\right\}2\theta(x-vt)-1$$

所以

$$\frac{\partial\Psi}{\partial x}=\left\{-\frac{m\alpha}{\hbar^2}[2\theta(x-vt)-1]+\frac{imv}{\hbar}\right\}\Psi$$

$$\frac{\partial^2\Psi}{\partial x^2}=\left\{-\frac{m\alpha}{\hbar^2}[2\theta(x-vt)-1]+\frac{imv}{\hbar}\right\}^2\Psi-\frac{2m\alpha}{\hbar^2}\left[\frac{\partial\theta(x-vt)}{\partial x}\right]\Psi$$

$$=\left\{-\frac{m\alpha}{\hbar^2}[2\theta(x-vt)-1]+\frac{imv}{\hbar}\right\}^2\Psi-\frac{2m\alpha}{\hbar^2}\delta(x-vt)\Psi$$

代入薛定谔方程

$$i\hbar\frac{\partial\Psi}{\partial t}=-\frac{\hbar^2}{2m}\frac{\partial^2\Psi}{\partial x^2}+\alpha\delta(x-vt)\Psi$$

$$=-\frac{\hbar^2}{2m}\left\{-\frac{m\alpha}{\hbar^2}[2\theta(x-vt)-1]+\frac{imv}{\hbar}\right\}^2\Psi$$

$$= -\frac{\hbar^2}{2m}\left\{\left(\frac{m\alpha}{\hbar^2}\right)^2[2\theta(x-vt)-1]^2-2\frac{m\alpha}{\hbar^2}[2\theta(x-vt)-1]\frac{imv}{\hbar}+\left(\frac{imv}{\hbar}\right)^2\right\}\Psi$$

$$= -\frac{\hbar^2}{2m}\left\{\left(\frac{m\alpha}{\hbar^2}\right)^2-2\frac{m\alpha}{\hbar^2}[2\theta(x-vt)-1]\frac{imv}{\hbar}-\left(\frac{mv}{\hbar}\right)^2\right\}\Psi$$

$$=\left\{-\frac{m\alpha^2}{2\hbar^2}+\frac{1}{2}mv^2+\frac{imv\alpha}{\hbar}[2\theta(x-vt)-1]\right\}\Psi$$

$$=\left\{-E+\frac{1}{2}mv^2+\frac{imv\alpha}{\hbar}[2\theta(x-vt)-1]\right\}\Psi$$

$$= i\hbar\frac{\partial\Psi}{\partial t}$$

(b) 检查波函数是否已归一化

$$\int_{-\infty}^{+\infty}|\Psi(x,t)|^2dx=\frac{m\alpha}{\hbar^2}\int_{-\infty}^{+\infty}e^{-2m\alpha|x-vt|/\hbar^2}dx(\text{令 } y=x-vt)$$

$$=2\frac{m\alpha}{\hbar^2}\int_0^{+\infty}e^{-2m\alpha y/\hbar^2}dy$$

$$=2\frac{m\alpha}{\hbar^2}\frac{\hbar^2}{2m\alpha}=1$$

哈密顿量的期望值为

$$\langle H\rangle=\int_{-\infty}^{+\infty}\Psi^*\hat{H}\Psi=\int_{-\infty}^{+\infty}\Psi^* i\hbar\frac{\partial\Psi}{\partial t}dx$$

$$=\int_{-\infty}^{+\infty}\left\{i\frac{m\alpha}{\hbar}v[2\theta(x-vt)-1]+E+\frac{1}{2}mv^2\right\}|\Psi|^2dx$$

$$=0+E+\frac{1}{2}mv^2=E+\frac{1}{2}mv^2$$

其中利用了$[2\theta(x-vt)-1]$是奇函数的性质。可以看出，这个波函数是以速度 v 拖拽的$|x|\to|x-vt|$ δ 势束缚态波函数，所以其能量是束缚态能量 E 加上动能 $mv^2/2$。

*** **习题 2.51** 考虑势能

$$V(x)=-\frac{\hbar^2a^2}{m}\text{sech}^2(ax)$$

其中 a 是一个正的常数，而“sech”代表双曲正割。

(a) 画图表示这个势。

(b) 验证这个势存在基态

$$\psi_0(x)=A\text{sech}(ax)$$

并求出其能量。归一化 ψ_0，并画图表示。

(c) 证明函数：

$$\psi_k(x)=A\left(\frac{ik-a\tanh(ax)}{ik+a}\right)e^{ikx}$$

(其中，一般情况下，$k\equiv\sqrt{2mE}/\hbar$) 对于任何（正的）能量 E 都满足薛定谔方程。由于当 z

$\to -\infty$ 时，$\tanh z \to -1$，

$$\psi_k(x) \approx A\mathrm{e}^{ikx} \quad (x\text{ 为大的负数})$$

所以，这表示一个从左边入射的且没有伴生反射波的波（即不存在 $\exp(-ikx)$ 项）。对大的正值 x，$\psi_k(x)$ 的渐进形式是什么？对于这个势，R 和 T 是多少？注意：这是**无反射势**的一个著名的例子——每一个入射的粒子，不论其能量大小，都能穿越势能。

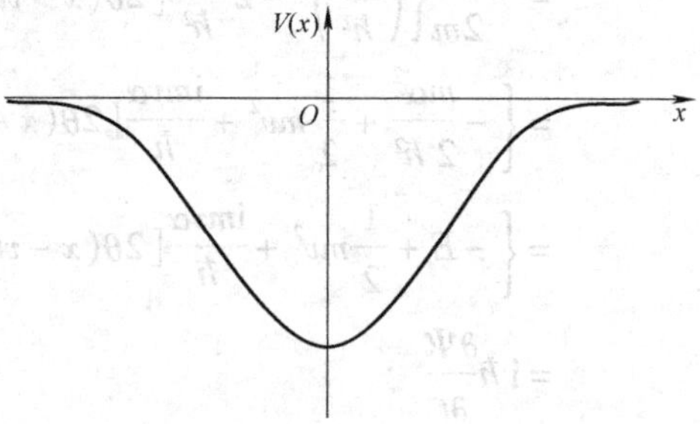

图　2-19

解：(a) 所给势能如图 2-19 所示。

(b)
$$\operatorname{sech}(ax) = \frac{1}{\cosh(ax)} = \frac{2}{\mathrm{e}^{ax}+\mathrm{e}^{-ax}}$$

$$\frac{\mathrm{d}}{\mathrm{d}x}\operatorname{sech}(ax) = \frac{-a\sinh(ax)}{\cosh^2(ax)}$$

$$\begin{aligned}
\frac{\mathrm{d}^2}{\mathrm{d}x^2}\operatorname{sech}(ax) &= -\frac{a^2}{\cosh(ax)} + \frac{2a^2\sinh^2(ax)}{\cosh^3(ax)} \\
&= a^2\left[\frac{-\cosh^2(ax)+2\sinh^2(ax)}{\cosh^3(ax)}\right] \\
&= a^2\left\{\frac{-[1+\sinh^2(ax)]+2\sinh^2(ax)}{\cosh^3(ax)}\right\} \\
&= a^2\left[\frac{-1+\sinh^2(ax)}{\cosh^3(ax)}\right] \\
&= a^2[-\operatorname{sech}^3(ax)+\operatorname{sech}(ax)\tanh^2(ax)]
\end{aligned}$$

所以

$$\begin{aligned}
\hat{H}\psi_0(x) &= \left[-\frac{\hbar^2}{2m}\frac{\mathrm{d}^2}{\mathrm{d}x^2} - \frac{\hbar^2a^2}{m}\operatorname{sech}^2(ax)\right]A\operatorname{sech}(ax) \\
&= \frac{\hbar^2}{2m}Aa^2[\operatorname{sech}^3(ax)-\operatorname{sech}(ax)\tanh^2(ax)] - \frac{\hbar^2a^2}{m}\operatorname{sech}^2(ax)A\operatorname{sech}(ax) \\
&= \left\{\frac{\hbar^2a^2}{2m}[\operatorname{sech}^2(ax)-\tanh^2(ax)] - \frac{\hbar^2a^2}{m}\operatorname{sech}^2(ax)\right\}A\operatorname{sech}(ax) \\
&= \left\{\frac{\hbar^2a^2}{2m}[\operatorname{sech}^2(ax)-\tanh^2(ax)] - \frac{\hbar^2a^2}{m}\operatorname{sech}^2(ax)\right\}\psi_0(x) \\
&= \left\{-\frac{\hbar^2a^2}{2m}[\operatorname{sech}^2(ax)+\tanh^2(ax)]\right\}\psi_0(x) \\
&= \left\{-\frac{\hbar^2a^2}{2m}\left[\frac{1+\sinh^2(ax)}{\cosh^2(ax)}\right]\right\}\psi_0(x) \\
&= -\frac{\hbar^2a^2}{2m}\psi_0(x)
\end{aligned}$$

所以 $\psi_0(x)$ 是能量本征函数，能量本征值为

$$E_0 = -\hbar^2a^2/2m$$

归一化波函数：

$$1 = |A|^2 \int_{-\infty}^{+\infty} \operatorname{sech}^2(ax)\,dx = |A|^2 \frac{1}{a}\tanh(ax)\Big|_{-\infty}^{+\infty} = |A|^2 \frac{2}{a} \to A = \sqrt{\frac{a}{2}}$$

波函数的图形如图 2-20 所示。

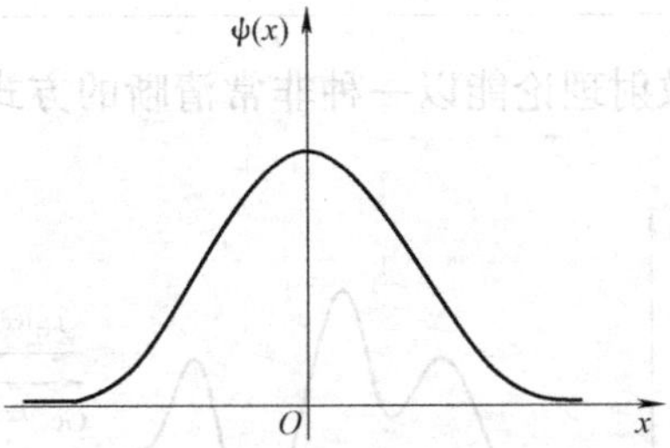

图 2-20

（c）

$$\psi_k(x) = A\left[\frac{ik - a\tanh(ax)}{ik + a}\right]e^{ikx}$$

$$\frac{d\psi_k(x)}{dx} = A\left[\frac{ik - a\tanh(ax)}{ik + a}\right]ike^{ikx} - A\left(\frac{a^2}{ik+a}\right)\frac{1}{\cosh^2(ax)}e^{ikx}$$

$$= \frac{A}{ik+a}[(ik - a\tanh(ax))ik - a^2\operatorname{sech}^2(ax)]e^{ikx}$$

$$\frac{d^2\psi_k(x)}{dx^2} = A\left[\frac{ik - a\tanh(ax)}{ik + a}\right]ike^{ikx} - A\frac{a^2}{ik+a}\frac{1}{\cosh^2(ax)}e^{ikx}$$

$$= \frac{A}{ik+a}\{[(ik - a\tanh(ax))ik - a^2\operatorname{sech}^2(ax)]ik -$$

$$ika^2\operatorname{sech}^2(ax) + 2a^3\operatorname{sech}^2(ax)\tanh(ax)\}e^{ikx}$$

$$= \frac{A}{ik+a}\{[(ik - a\tanh(ax))ik]ik - 2ika^2\operatorname{sech}^2(ax) + 2a^3\operatorname{sech}^2(ax)\tanh(ax)\}e^{ikx}$$

$$= \frac{A}{ik+a}\{-k^2[ik - a\tanh(ax)] - 2a^2\operatorname{sech}^2(ax)[ik - a\tanh(ax)]\}e^{ikx}$$

$$= -[k^2 + 2a^2\operatorname{sech}^2(ax)]\psi_k$$

$$\hat{H}\psi_k = -\frac{\hbar^2}{2m}\frac{d^2\psi_k}{dx^2} + V(x)\psi_k$$

$$= \frac{\hbar^2}{2m}[k^2 + 2a^2\operatorname{sech}^2(ax)]\psi_k - \frac{\hbar^2 a^2}{m}\operatorname{sech}^2(ax)\psi_k = \frac{\hbar^2 k^2}{2m}\psi_k = E_k\psi_k$$

所以 ψ_k 是哈密顿能量本征值为 E_k 的本征态（散射态，连续谱）。

当 $x \to +\infty$ 时，$\tanh(ax) \to 1$，势阱右侧的透射波为

$$\psi_k(x) \underset{x\to\infty}{\longrightarrow} A\left(\frac{ik - a}{ik + a}\right)e^{ikx} = Fe^{ikx}$$

透射系数为

$$T = \left|\frac{F}{A}\right|^2 = \left|\frac{ik - a}{ik + a}\right|^2 = 1$$

所以反射系数 R 为零。另外

$$\psi_k(x)\underset{x\to-\infty}{\longrightarrow}A\left(\frac{ik+a}{ik+a}\right)e^{ikx}=Ae^{ikx}$$

因此，只有入射波。

习题 2.52 散射矩阵。散射理论能以一种非常清晰的方式推广到任意的局域势（见图2-21）。

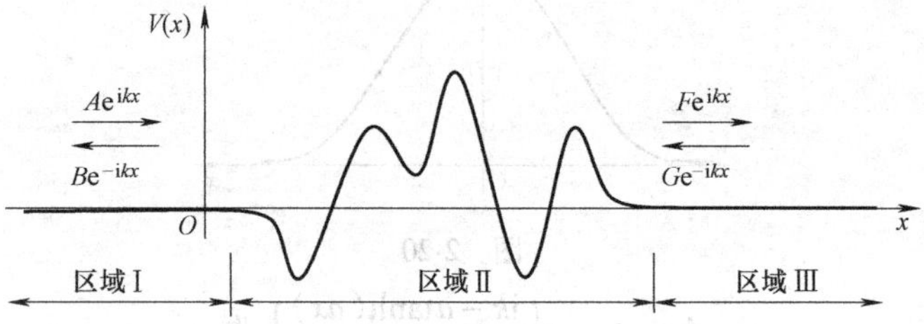

图 2-21 任意局域势的散射（除了区域Ⅱ外，$V(x)=0$）

在左边（区域Ⅰ），$V(x)=0$，所以

$$\psi(x)=Ae^{ikx}+Be^{-ikx},\quad 其中\ k\equiv\frac{\sqrt{2mE}}{\hbar}$$

在右边（区域Ⅲ），$V(x)$同样为0，所以

$$\psi(x)=Fe^{ikx}+Ge^{-ikx}$$

在中间（区域Ⅱ），在指定势前无法知道 ψ，但是，由于薛定谔方程是一个线性的二阶微分的方程，一般解必有如下形式

$$\psi(x)=Cf(x)+Dg(x)$$

其中$f(x)$和$g(x)$是两个线性独立的特解。存在四个边界条件（区域Ⅰ和区域Ⅱ交汇处两个，区域Ⅱ和区域Ⅲ交汇处两个）。利用其中的两个方程消去 C 和 D，其他两个可以用来求出以 A 和 G 表示的 B 和 F：

$$B=S_{11}A+S_{12}G,\quad F=S_{21}A+S_{22}G$$

四个依赖于 k（从而依赖 E）的系数 S_{ij}组成一个 2×2 矩阵 $\boldsymbol{S}$，称为"散射矩阵"（简称 **S 矩阵**）。**S** 矩阵告诉你以入射振幅（A 和 G）表示的出射振幅（B 和 F）

$$\begin{pmatrix}B\\F\end{pmatrix}=\begin{pmatrix}S_{11}&S_{12}\\S_{21}&S_{22}\end{pmatrix}\begin{pmatrix}A\\G\end{pmatrix}$$

在从左边入射的特定情况下，$G=0$，因此，反射系数和透射系数为

$$R_l=\left.\frac{|B|^2}{|A|^2}\right|_{G=0}=|S_{11}|^2,\quad T_l=\left.\frac{|F|^2}{|A|^2}\right|_{G=0}=|S_{21}|^2$$

对从右边入射的情况，$A=0$，

$$R_r=\left.\frac{|F|^2}{|G|^2}\right|_{A=0}=|S_{22}|^2,\quad T_r=\left.\frac{|B|^2}{|G|^2}\right|_{A=0}=|S_{12}|^2$$

（a）构造由 δ 函数势阱 $V(x)=-\alpha\delta(x)$散射的 **S** 矩阵；

（b）构造一维有限深方势阱的 **S** 矩阵。提示：如果你仔细分析问题的对称性，无需重

新计算。

解：(a) 对 δ 势阱，$E>0$ 散射态的解为

$$\psi(x)=\begin{cases}Ae^{ikx}+Be^{-ikx} & (x<0)\\ Fe^{ikx}+Ge^{-ikx} & (x>0)\end{cases}$$

在 $x=0$ 处波函数连续及波函数导数跃变给出

$$F+G=A+B$$

$$ik(F-G-A+B)=-\frac{2m\alpha}{\hbar^2}(A+B)$$

或者令 $\beta\equiv m\alpha/\hbar^2k$

$$F-G=A(1+2i\beta)-B(1-2i\beta)$$

消去 F 得到

$$B=\frac{1}{1-i\beta}(i\beta A+G)$$

消去 B 得到

$$F=\frac{1}{1-i\beta}(A+i\beta G)$$

用矩阵表示上述关系

$$\begin{pmatrix}B\\F\end{pmatrix}=\frac{1}{1-i\beta}\begin{pmatrix}i\beta & 1\\ 1 & i\beta\end{pmatrix}\begin{pmatrix}A\\G\end{pmatrix}$$

显然，散射矩阵为

$$\boldsymbol{S}=\frac{1}{1-i\beta}\begin{pmatrix}i\beta & 1\\ 1 & i\beta\end{pmatrix}$$

(b) 有限深方势阱的势能满足 $V(x)=V(-x)$，对这种偶函数势，从右边入射同从左边入射结果是一样的，即作变换 $x\leftrightarrow -x$，$A\leftrightarrow G$，$B\leftrightarrow F$，$\boldsymbol{S}$ 矩阵不变，所以同时有

$$\begin{pmatrix}B\\F\end{pmatrix}=\begin{pmatrix}S_{11} & S_{12}\\ S_{21} & S_{22}\end{pmatrix}\begin{pmatrix}A\\G\end{pmatrix}$$

$$\begin{pmatrix}F\\B\end{pmatrix}=\begin{pmatrix}S_{11} & S_{12}\\ S_{21} & S_{22}\end{pmatrix}\begin{pmatrix}G\\A\end{pmatrix}$$

所以

$$S_{11}=S_{22},\quad S_{12}=S_{21}$$

注意：(a) 中的 δ 也是偶函数势，所以也有这种性质。

对有限深方势阱 $E>0$ 散射态，从左边入射的解 $(G=0)$ 为

$$\psi(x)=Ae^{ikx}+Be^{-ikx}\qquad (x<-a)$$
$$\psi(x)=C\sin(lx)+D\cos(lx)\qquad (-a<x<a)$$
$$\psi(x)=Fe^{ikx}\qquad (x>a)$$

其中，

$$k=\frac{\sqrt{2mE}}{\hbar},\quad l\equiv\frac{\sqrt{2m(E+V_0)}}{\hbar}$$

由 $x=\pm a$ 波函数及其导数连续，有

$$Ae^{-ika}+Be^{ika}=-C\sin(la)+D\cos(la)$$
$$ik[Ae^{-ika}-Be^{ika}]=l[C\cos(la)+D\sin(la)]$$
$$C\sin(la)+D\cos(la)=Fe^{ika}$$
$$l[C\cos(la)-D\sin(la)]=ikFe^{ika}$$

消去 C 和 D 解出

$$F=\frac{e^{-2ika}A}{\cos(2la)-i\dfrac{(k^2-l^2)}{2kl}\sin(2la)}$$

$$B=i\frac{\sin(2la)}{2kl}(l^2-k^2)F=i\frac{\sin(2la)}{2kl}(l^2-k^2)\frac{e^{-2ika}A}{\cos(2la)-i\dfrac{(k^2-l^2)}{2kl}\sin(2la)}$$

在 $G=0$ 的情况下，$F=S_{21}A$，$B=S_{11}A$

所以

$$S_{21}=\frac{e^{-2ika}}{\cos(2la)-i\dfrac{(k^2-l^2)}{2kl}\sin(2la)}=S_{12}$$

$$S_{22}=\frac{i\sin(2la)(l^2-k^2)e^{-2ika}}{2kl\cos(2la)-i(k^2-l^2)\sin(2la)}=S_{11}$$

有限深方势阱的 S 矩阵为

$$S=\begin{pmatrix}S_{11}&S_{12}\\S_{21}&S_{22}\end{pmatrix}=\frac{e^{-2ika}}{2kl\cos(2la)-i(k^2+l^2)\sin(2la)}\begin{pmatrix}i\sin(2la)(l^2-k^2)&2kl\\2kl&i\sin(2la)(l^2-k^2)\end{pmatrix}$$

*** **习题2.53 传递矩阵。**散射矩阵（习题2.152）告诉我们了出射振幅（B 和 F）与入射振幅（A 和 G）的关系——$\begin{pmatrix}B\\F\end{pmatrix}=\begin{pmatrix}S_{11}&S_{12}\\S_{21}&S_{22}\end{pmatrix}\begin{pmatrix}A\\G\end{pmatrix}$。有些情况利用传递矩阵 $\boldsymbol{M}$ 是很方便的，传递矩阵可以给出势能右侧波的振幅（F 和 G）同左侧波的振幅（A 和 B）之间的关系：

$$\begin{pmatrix}F\\G\end{pmatrix}=\begin{pmatrix}M_{11}&M_{12}\\M_{21}&M_{22}\end{pmatrix}\begin{pmatrix}A\\B\end{pmatrix}$$

（a）用 $\boldsymbol{S}$ 矩阵的矩阵元表示出 $\boldsymbol{M}$ 矩阵的四个矩阵元，反之亦然。用 $\boldsymbol{M}$ 矩阵的矩阵元表示出 $\boldsymbol{S}$ 矩阵的矩阵元。用 $\boldsymbol{M}$ 矩阵的矩阵元表示出$\left(R_l=\left.\dfrac{|B|^2}{|A|^2}\right|_{G=0}=|S_{11}|^2,T_l=\left.\dfrac{|F|^2}{|A|^2}\right|_{G=0}=|S_{21}|^2\right.$和$\left.R_r=\left.\dfrac{|F|^2}{|G|^2}\right|_{A=0}=|S_{22}|^2,T_r=\left.\dfrac{|B|^2}{|G|^2}\right|_{A=0}=|S_{12}|^2\right)$中的 R_l，T_l，R_r 和 T_r。

（b）假设一个势由两个孤立部分组成（见图2-22）。证明总势的 $\boldsymbol{M}$ 矩阵是两个部分势的 $\boldsymbol{M}$ 矩阵的乘积：

$$\boldsymbol{M}=\boldsymbol{M}_2\boldsymbol{M}_1$$

显然，这可以推广到任意多个部分势的情况，这说明了 $\boldsymbol{M}$ 矩阵的用途。

（c）对于在点 a 处的一个 δ 函数散射势能：

$$V(x)=-\alpha\delta(x-a)$$

求 $\boldsymbol{M}$ 矩阵。

（d）利用（b）中的方法，求双 δ 函数：

$$V(x)=-\alpha[\delta(x+a)+\delta(x-a)]$$

的 $\boldsymbol{M}$ 矩阵。这个势的透射系数是什么？

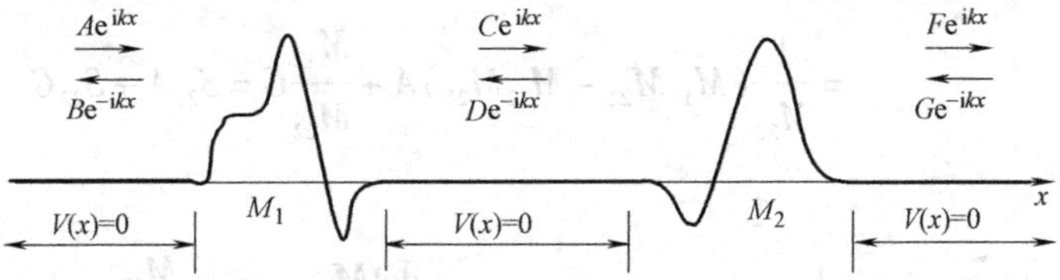

图2-22　含有两个孤立部分的势

解：（a）由散射矩阵

$$\begin{pmatrix}B\\F\end{pmatrix}=\begin{pmatrix}S_{11}&S_{12}\\S_{21}&S_{22}\end{pmatrix}\begin{pmatrix}A\\G\end{pmatrix}$$

有

$$B=S_{11}A+S_{12}G\to G=\frac{1}{S_{12}}(B-S_{11}A)=M_{21}A+M_{22}B$$

所以

$$M_{22}=\frac{1}{S_{12}},\quad M_{21}=-\frac{S_{11}}{S_{12}}$$

$$F=S_{21}A+S_{22}G=S_{21}A+\frac{S_{22}}{S_{12}}(B-S_{11}A)$$

$$=\frac{1}{S_{12}}(S_{12}S_{21}-S_{11}S_{22})A+\frac{S_{22}}{S_{12}}B=M_{11}A+M_{12}B$$

故

$$M_{11}=\frac{1}{S_{12}}(S_{12}S_{21}-S_{11}S_{22})=\frac{-\det\boldsymbol{S}}{S_{12}},\quad M_{12}=\frac{S_{22}}{S_{12}}$$

所以

$$\boldsymbol{M}=\frac{1}{S_{12}}\begin{pmatrix}-\det\boldsymbol{S}&S_{22}\\-S_{11}&1\end{pmatrix}$$

反过来由

$$\begin{pmatrix} F \\ G \end{pmatrix} = \begin{pmatrix} M_{11} & M_{12} \\ M_{21} & M_{22} \end{pmatrix} \begin{pmatrix} A \\ B \end{pmatrix}$$

有

$$G = M_{21}A + M_{22}B \rightarrow B = \frac{1}{M_{22}}(G - M_{21}A) = S_{11}A + S_{12}G$$

所以

$$S_{11} = -\frac{M_{21}}{M_{22}}, \quad S_{12} = \frac{1}{M_{22}}$$

$$F = M_{11}A + M_{12}B = M_{11}A + \frac{M_{12}}{M_{22}}(G - M_{21}A)$$

$$= \frac{1}{M_{22}}(M_{11}M_{22} - M_{12}M_{21})A + \frac{M_{12}}{M_{22}}G = S_{21}A + S_{22}G$$

故

$$S_{21} = \frac{1}{M_{22}}(M_{11}M_{22} - M_{12}M_{21}) = \frac{\det \boldsymbol{M}}{M_{22}}, \quad S_{22} = \frac{M_{12}}{M_{22}}$$

所以

$$\boldsymbol{S} = \frac{1}{M_{22}} \begin{pmatrix} -M_{21} & 1 \\ \det \boldsymbol{M} & M_{12} \end{pmatrix}$$

注意：薛定谔方程的时间反转不变性加上概率守恒要求 $M_{22} = M_{11}^*$，$M_{12} = M_{21}^*$，$\det \boldsymbol{M} = 1$，对偶函数势有 $S_{11} = S_{22}$，$S_{12} = S_{21}$。

在左边入射，且 $G = 0$ 的情况下

$$R_l = \left|\frac{B}{A}\right|^2 = |S_{11}|^2 = \left|\frac{M_{21}}{M_{22}}\right|^2, \quad T_l = \left|\frac{F}{A}\right|^2 = |S_{21}|^2 = \left|\frac{\det \boldsymbol{M}}{M_{22}}\right|^2$$

在右边入射，且 $A = 0$ 的情况下

$$R_r = \left|\frac{F}{G}\right|^2 = |S_{22}|^2 = \left|\frac{M_{12}}{M_{22}}\right|^2, \quad T_r = \left|\frac{B}{G}\right|^2 = |S_{12}|^2 = \left|\frac{1}{M_{22}}\right|^2$$

（b）假设势是由两个孤立部分组成，如图 2-22 所示。

则有

$$\begin{pmatrix} F \\ G \end{pmatrix} = \boldsymbol{M}_2 \begin{pmatrix} C \\ D \end{pmatrix}, \quad \begin{pmatrix} C \\ D \end{pmatrix} = \boldsymbol{M}_1 \begin{pmatrix} A \\ B \end{pmatrix} \rightarrow \begin{pmatrix} F \\ G \end{pmatrix} = \boldsymbol{M}_2\boldsymbol{M}_1 \begin{pmatrix} A \\ B \end{pmatrix} = \boldsymbol{M} \begin{pmatrix} A \\ B \end{pmatrix}$$

其中

$$\boldsymbol{M} = \boldsymbol{M}_2\boldsymbol{M}_1$$

（c）对于在点 a 处的一个 δ 函数散射势能：

$$V(x) = -\alpha\delta(x - a)$$

定态薛定谔方程的解为

$$\psi(x)=\begin{cases}Ae^{ikx}+Be^{-ikx} & (x<a)\\ Fe^{ikx}+Ge^{-ikx} & (x>a)\end{cases},\quad \text{其中 } k\equiv\frac{\sqrt{2mE}}{\hbar}$$

由在 $x=a$ 处波函数连续及其导数跃变有

$$Ae^{ika}+Be^{-ika}=Fe^{ika}+Ge^{-ika}$$

$$ik(Fe^{ika}-Ge^{-ika})-ik(Ae^{ika}-Be^{-ika})=-\frac{2m\alpha}{\hbar^2}(Ae^{ika}+Be^{-ika})$$

整理有

$$Fe^{i2ka}+G=Ae^{i2ka}+B$$

$$Fe^{i2ka}-G=(1+i2\beta)Ae^{i2ka}-(1-i2\beta)B,\quad \text{其中 } \beta\equiv\frac{m\alpha}{k\hbar^2}$$

两式相加

$$F=(1+i\beta)A+i\beta e^{-i2ka}B=M_{11}A+M_{12}B$$

所以

$$M_{11}=(1+i\beta),\quad M_{12}=i\beta e^{-i2ka}$$

两式相减

$$G=-i\beta e^{i2ka}A+(1-i\beta)B=M_{21}A+M_{22}B$$

所以

$$M_{21}=-i\beta e^{i2ka},\quad M_{22}=1-i\beta$$

$$\boldsymbol{M}=\begin{pmatrix}1+i\beta & i\beta e^{-i2ka}\\ -i\beta e^{i2ka} & 1-i\beta\end{pmatrix}$$

（d）对双 δ 势

$$\boldsymbol{M}_2=\begin{pmatrix}1+i\beta & i\beta e^{-i2ka}\\ -i\beta e^{i2ka} & 1-i\beta\end{pmatrix}$$

在 $\boldsymbol{M}_2$ 中作变换 $a\to -a$ 得到

$$\boldsymbol{M}_1=\begin{pmatrix}1+i\beta & i\beta e^{i2ka}\\ -i\beta e^{-i2ka} & 1-i\beta\end{pmatrix}$$

$$\boldsymbol{M}=\boldsymbol{M}_2\boldsymbol{M}_1=\begin{pmatrix}1+2i\beta+\beta^2(e^{-i4ka}-1) & 2i\beta(\cos 2ka-\beta\sin 2ka)\\ -2i\beta(\cos 2ka-\beta\sin 2ka) & 1-2i\beta+\beta^2(e^{i4ka}-1)\end{pmatrix}$$

由于

$$\begin{cases}T_l=\left|\dfrac{F}{A}\right|^2_{G=0}=|S_{21}|^2=\left|\dfrac{\det\boldsymbol{M}}{M_{22}}\right|^2=\left|\dfrac{1}{M_{22}}\right|^2\\ T_r=\left|\dfrac{B}{G}\right|^2_{A=0}=|S_{12}|^2=\left|\dfrac{1}{M_{22}}\right|^2\end{cases}$$

所以

$$T=\left|\frac{1}{M_{22}}\right|^2$$

$$
\begin{aligned}
T^{-1} &= |M_{22}|^2 = [1+2\mathrm{i}\beta+\beta^2(\mathrm{e}^{-\mathrm{i}4ka}-1)][1-2\mathrm{i}\beta+\beta^2(\mathrm{e}^{\mathrm{i}4ka}-1)] \\
&= (1+2\mathrm{i}\beta)(1-2\mathrm{i}\beta)+(1+2\mathrm{i}\beta)\beta^2(\mathrm{e}^{\mathrm{i}4ka}-1)+ \\
&\quad (1-2\mathrm{i}\beta)\beta^2(\mathrm{e}^{-\mathrm{i}4ka}-1)+\beta^4(\mathrm{e}^{-\mathrm{i}4ka}-1)(\mathrm{e}^{\mathrm{i}4ka}-1) \\
&= 1+2\beta^2(1+\cos 4ka)+4\beta^3\sin 4ka+2\beta^4(1-\cos 4ka) \\
&= 1+4\beta^2\cos^2 2ka+8\beta^3\sin 2ka\cos 2ka+4\beta^4\sin^2 2ka \\
&= 1+4\beta^2(\cos 2ka+\beta\sin 2ka)^2
\end{aligned}
$$

所以

$$
T=\frac{1}{1+4\beta^2(\cos 2ka+\beta\sin 2ka)^2}
$$

习题2.54~2.56略。

第3章 形式理论

本章主要内容

1. 力学量算符与其本征函数

量子力学中力学量（可观测量）用厄密算符表示，厄密算符满足

$$\int f^*(x)\,\hat{Q}g(x)\,\mathrm{d}x = \int(\hat{Q}f(x))^*g(x)\,\mathrm{d}x$$

或者用狄拉克符号，$\langle f|\hat{Q}g\rangle = \langle\hat{Q}f|g\rangle$，其中 $f(x),g(x)$ 为任意满足平方可积条件的函数（当 $x\to\pm\infty$ 时，$f(x),g(x)$ 为零）。

厄密算符具有实本征值的本征函数（系），具有不同本征值的本征函数相互正交，若本征值为分立谱，本征函数可归一化，是物理上可实现的态。若本征值为连续谱，本征函数可归一化为 δ 函数，这种本征函数不是物理上可实现的态，但是它们的组合可以是物理上可实现的态。

一组相互对易的厄密算符有共同的本征函数系。而两个不对易的厄密算符没有共同的本征函数系，它们称为不相容力学量。对任意态测量不相容力学量 $\hat{Q}$ 和 $\hat{F}$，不可能同时得到确定值，它们的标准差满足不确定原理

$$\sigma_Q^2\sigma_F^2 \geqslant \left(\frac{1}{2\mathrm{i}}\langle[\hat{Q},\hat{F}]\rangle\right)^2$$

2. 广义统计诠释

设力学量 $\hat{Q}$ 具有分立谱的正交归一本征函数系 $\{f_n(x)\}$ 本征值为 $\{q_n\}$，即

$$\hat{Q}f_n(x) = q_nf_n(x),\quad \int f_m^*(x)f_n(x)\,\mathrm{d}x = \delta_{mn}\quad (m,n=1,2,3,\cdots)$$

或

$$\hat{Q}\,|f_n\rangle = q_n\,|f_n\rangle,\quad \langle f_m|f_n\rangle = \delta_{mn}$$

这个本征函数系是完备的，即 $\sum\limits_n |f_n\rangle\langle f_n| = 1$（恒等算符，封闭性），任意一个波函数可以用这个本征函数系展开

$$\Psi(x,t) = \sum_n c_nf_n(x),\text{或}\,|\Psi\rangle = \sum_n |f_n\rangle\langle f_n|\Psi\rangle = \sum_n c_n\,|f_n\rangle$$

展开系数为

$$c_n(t) = \langle f_n|\Psi\rangle = \int f_n^*(x)\Psi(x,t)\,\mathrm{d}x$$

若 $\Psi(x,t)$ 是归一化的，则 c_n 也是归一化的，$\sum\limits_n |c_n|^2 = 1$。广义统计诠释指出，对 $\Psi(x,t)$ 态测量力学量 Q，得到的可能结果必是 Q 本征值中的一个，得到 q_n 概率为 $|c_n|^2$。对系综

测量力学量 Q（具有大量相同 Ψ 态系综中的每一个 Ψ 进行测量）所得的平均值（期望值）为

$$\langle Q\rangle = \sum_n q_n |c_n|^2$$

这与用 $\langle Q\rangle = \int \Psi^* \hat{Q}\Psi \mathrm{d}x$ 计算方法等价。

如果力学量 $\hat{Q}$ 具有连续谱的本征函数系

$$\hat{Q}f_q(x) = qf_q(x), \quad \int f_q^*(x)f_{q'}(x)\mathrm{d}x = \delta(q-q')$$

任意一个波函数可以用这个本征函数系展开为

$$\Psi(x,t) = \int c_q f_q(x)\mathrm{d}q \quad \text{或}\ |\Psi\rangle = \int c_q |f_n\rangle \mathrm{d}q$$

由于 q 是连续变化的，展开系数 c_q 是 q 的函数，可以表示为 $c(q,\ t)$，其归一化表示为 $\int |c(q,t)|^2\mathrm{d}q = 1$。广义统计诠释指出，对 $\Psi(x,t)$ 态测量力学量 Q，得到结果处于 q 到 $q+\mathrm{d}q$ 之间的概率为 $|c(q,t)|^2\mathrm{d}q$，即 $|c(q,t)|^2$ 是概率密度。

3. 表象理论

对任意一个物理态 $|\Psi\rangle$ 可以用一个力学量的本征态展开，比如若用坐标的本征态 $|x\rangle$（连续谱）

$$|\Psi\rangle = \int \Psi(x,t)\,|x\rangle \mathrm{d}x, \quad \Psi(x,t) = \langle x|\Psi\rangle$$

则展开系数 $\Psi(x,t)$ 称为坐标表象的波函数。我们可在坐标表象用波函数 $\Psi(x,t)$ 来研究这个态。若用动量的本征态 $|p\rangle$，则有

$$|\Psi\rangle = \int C(p,t)\,|p\rangle \mathrm{d}p \quad C(p,t) = \langle p|\Psi\rangle$$

展开系数 $C(p,t)$ 称为动量表象的波函数，我们可在动量表象用波函数 $C(p,t)$ 来研究这个态。$|\Psi\rangle$ 的性质都是唯一确定的，无论用什么表象研究都是一样的。

当力学量 $\hat{F}$ 的本征态为分立谱 $|f_n\rangle$ 时，

$$|\Psi\rangle = \sum_n c_n |f_n\rangle, \quad c_n = \langle f_n|\Psi\rangle$$

在 $\hat{F}$ 表象中，可以用矩阵形式来表示各种量子力学的公式。这个表象的波函数（展开系数 $\{c_n\}$）可表示为一列矩阵，算符 $\hat{G}$ 表示为一个方矩阵

$$\boldsymbol{\Psi} = \begin{pmatrix} c_1 \\ c_2 \\ \vdots \\ c_n \end{pmatrix} \quad \boldsymbol{G} = \begin{pmatrix} G_{11} & G_{12} & \cdots & G_{1n} & \cdots \\ G_{21} & G_{22} & \cdots & G_{2n} & \cdots \\ \vdots & \vdots & & \vdots & \vdots \\ G_{n1} & G_{n2} & \cdots & G_{nn} & \cdots \end{pmatrix} \quad G_{mn} \equiv \langle f_m|\,\hat{G}\,|f_n\rangle = \int f_m^*(x)\,\hat{G}f_n(x)\mathrm{d}x$$

波函数的归一化表示为

$$1 = \langle\Psi|\Psi\rangle = \Psi^\dagger\Psi = (c_1^* \quad c_2^* \quad \cdots \quad c_n^*)\begin{pmatrix} c_1 \\ c_2 \\ \vdots \\ c_n \end{pmatrix} = \sum_n |c_n|^2 = 1$$

G 的平均值表示为

$$\langle G\rangle=\langle \boldsymbol{\Psi}\mid \hat{G}\mid \boldsymbol{\Psi}\rangle=\boldsymbol{\Psi}^{\dagger}\boldsymbol{G}\boldsymbol{\Psi}=(c_1^*\quad c_2^*\quad\cdots\quad c_n^*)\begin{pmatrix}G_{11}&G_{12}&\cdots&G_{1n}&\cdots\\G_{21}&G_{22}&\cdots&G_{2n}&\cdots\\\vdots&\vdots&&\vdots&\vdots\\G_{n1}&G_{n2}&\cdots&G_{nn}&\cdots\end{pmatrix}\begin{pmatrix}c_1\\c_2\\\vdots\\c_n\end{pmatrix}$$

G 的本征方程表示为

$$\begin{pmatrix}G_{11}&G_{12}&\cdots&G_{1n}&\cdots\\G_{21}&G_{22}&\cdots&G_{2n}&\cdots\\\vdots&\vdots&&\vdots&\vdots\\G_{n1}&G_{n2}&\cdots&G_{nn}&\cdots\end{pmatrix}\begin{pmatrix}a_1\\a_2\\\vdots\\a_n\end{pmatrix}=\lambda\begin{pmatrix}a_1\\a_2\\\vdots\\a_n\end{pmatrix}$$

解久期方程

$$\begin{vmatrix}G_{11}-\lambda&G_{12}&\cdots&G_{1n}&\cdots\\G_{21}&G_{22}-\lambda&\cdots&G_{2n}&\cdots\\\vdots&\vdots&&\vdots&\vdots\\G_{n1}&G_{n2}&\cdots&G_{nn}-\lambda&\cdots\end{vmatrix}=0$$

可以得到本征值 λ_n，把某一个本征值代入本征方程可以得到对应这个本征值的本征函数。

题解

习题 3.1

(a) 证明全体平方可积函数构成一个矢量空间（参考教材 A.1 节中的定义）。提示：要点是证明两个平方可积函数之和也是平方可积的，利用式 3.7 $\left|\int_a^b f(x)^*g(x)\mathrm{d}x\right|\leqslant\sqrt{\int_a^b|f(x)|^2\mathrm{d}x\int_a^b|g(x)|^2\mathrm{d}x}$。全体可归一化的函数构成一个矢量空间吗?

(b) 证明式 3.6 ($\langle f|g\rangle\equiv\int_a^b f(x)^*g(x)\mathrm{d}x$) 中的积分满足内积条件（参考教材 A.2 节）。

证：(a) 本题需要证明两个平方可积函数之和也是平方可积的。设为 f, g 为区域$[a, b]$上的任意两个平方可积函数，即

$$\langle f|f\rangle=\int_a^b|f(x)|^2\mathrm{d}x<\infty,\langle g|g\rangle=\int_a^b|g(x)|^2\mathrm{d}x<\infty$$

设

$$h=f+g$$

则有

$$\langle h\mid h\rangle=\langle f+g\mid f+g\rangle=\langle f|f\rangle+\langle g\mid g\rangle+\langle f|g\rangle+\langle g\mid f\rangle$$

其中

$$\langle f|g\rangle=\int_a^b f^*(x)g(x)\mathrm{d}x,\quad\langle g|f\rangle=\int_a^b g^*(x)f(x)\mathrm{d}x=\langle f|g\rangle^*$$

由施瓦茨（Schwarz）不等式，若f，g皆平方可积，则

$$|\langle f|g\rangle| = |\langle g|f\rangle| \leqslant \sqrt{\langle f|f\rangle\langle g|g\rangle} < \infty$$

因此

$$\langle f+g|f+g\rangle = \langle f|f\rangle + \langle g|g\rangle + \langle f|g\rangle + \langle g|f\rangle < \infty$$

即$f+g$也是平方可积函数，因此特定区域上的全体平方可积函数构成矢量空间。

很容易证明全体可归一化函数不构成一个矢量空间：设f为任意可归一化函数，由于$\langle -f|-f\rangle = \langle f|f\rangle$，$-f$亦是可归一化函数，但$f+(-f)=0$不可归一化，另外$2f=f+f$，但是$\langle 2f|2f\rangle=4$，也不是可归一化的，因此，全体可归一化函数不构成一个矢量空间。

（b）对于不同的条件有不同的矢量内积定义，本题所指是通常意义下的线性空间两矢量内积，即内积满足如下条件：

Ⅰ. $\langle c_1f_1+c_2f_2|g\rangle = c_1^*\langle f_1|g\rangle + c_2^*\langle f_2|g\rangle$

Ⅱ. $\langle f|c_1g_1+c_2g_2\rangle = c_1\langle f|g_1\rangle + c_2\langle f|g_2\rangle$

Ⅲ. $\langle f|g\rangle = \langle g|f\rangle^*$

Ⅳ. $\langle f|f\rangle$是实数，且$\langle f|f\rangle \geqslant 0$，当且仅当$f(x)=0$时等号成立。

由内积的定义

$$\langle f|g\rangle = \int_a^b f^*(x)g(x)\mathrm{d}x$$

可验证：

Ⅰ.

$$\begin{aligned}\langle c_1f_1+c_2f_2|g\rangle &= \int_a^b (c_1f_1+c_2f_2)^*g(x)\mathrm{d}x \\ &= c_1^*\int_a^b f_1^*(x)g(x)\mathrm{d}x + c_2^*\int_a^b f_2^*(x)g(x)\mathrm{d}x \\ &= c_1^*\langle f_1|g\rangle + c_2^*\langle f_2|g\rangle\end{aligned}$$

Ⅱ.

$$\begin{aligned}\langle f|c_1g_1+c_2g_2\rangle &= \int_a^b f^*(x)[c_1g_1(x)+c_2g_2(x)]\mathrm{d}x \\ &= c_1\int_a^b f^*(x)g_1(x)\mathrm{d}x + c_2\int_a^b f^*(x)g_2(x)\mathrm{d}x \\ &= c_1\langle f|g_1\rangle + c_2\langle f|g_2\rangle\end{aligned}$$

Ⅲ.

$$\langle f|g\rangle = \int_a^b f^*(x)g(x)\mathrm{d}x = \int_a^b [g^*(x)f(x)]^*\mathrm{d}x = \langle g|f\rangle^*$$

Ⅳ.

$$\langle f|f\rangle = \int_a^b |f(x)|^2\mathrm{d}x \geqslant 0$$ 为实数，当且仅当$f=0$时等号成立。

所以关于内积的四个条件都成立。

习题 3.2

（a）v取什么范围值时，函数$f(x)=x^v(0\leqslant x\leqslant 1)$是在希尔伯特空间中？假设$v$是实数，但不必是正数。

（b）对于特定情况$v=1/2$，$f(x)$在希尔伯特空间吗？$xf(x)$呢？$(\mathrm{d}/\mathrm{d}x)f(x)$呢？

解：

(a)

$$\langle f|f\rangle = \int_0^1 (x^v)^* x^v \mathrm{d}x$$

由于 v 为实数，因此

$$\langle f|f\rangle = \int_0^1 x^{2v}\mathrm{d}x = \frac{1}{2v+1}x^{2v+1}\Big|_0^1$$

显然，（Ⅰ）当 $2v+1=0$ 时，$\langle f|f\rangle \to \infty$；（Ⅱ）当 $2v+1>0$ 时，$\langle f|f\rangle = \dfrac{1}{2v+1} < \infty$；（Ⅲ）当 $2v+1<0$ 时，$\langle f|f\rangle = \dfrac{1}{2v+1}(1-\lim\limits_{x\to 0} x^{2v+1}) \to \infty$。综上可知，若要使 $f(x)=x^v$，$(0 \leqslant x \leqslant 1)$ 处于希尔伯特空间中，必有 $2v+1>0$，即 $v>-\dfrac{1}{2}$。

（b）由（a）知，$f(x)=x^v$，$(0\leqslant x\leqslant 1)$ 处于希尔伯特空间中的条件为 $v>-1/2$，所以当 $v=1/2$ 时，$f(x)=x^{1/2}$，$xf(x)=x^{\frac{3}{2}}$，$\dfrac{\mathrm{d}}{\mathrm{d}x}f(x)=\dfrac{1}{2}x^{-\frac{1}{2}}$，因此，$f(x)$ 和 $xf(x)$ 在希尔伯特空间中，$\dfrac{\mathrm{d}}{\mathrm{d}x}f(x)$ 不在。

---

* **习题 3.3** 证明如果对于所有（希尔伯特空间中）的函数 h 都有 $\langle h|\hat{Q}h\rangle = \langle \hat{Q}h|h\rangle$，那么，对于所有的 f 和 g 就有 $\langle f|\hat{Q}g\rangle = \langle \hat{Q}f|g\rangle$（即，两种对于厄密算符的定义——等式 $\langle f|\hat{Q}f\rangle = \langle \hat{Q}f|f\rangle$ 和 $\langle f|\hat{Q}g\rangle = \langle \hat{Q}f|g\rangle$——是等价的）。提示：首先设 $h=f+g$，然后令 $h=f+\mathrm{i}g$。

证明：

若对于希尔伯特空间中任意函数 h，都有

$$\langle h|\hat{Q}h\rangle = \langle \hat{Q}h|h\rangle$$

则设

$$h(x)=f(x)+cg(x) \quad （其中 c 是一任意常数或复数）$$

于是有

$$\langle h|Qh\rangle = \langle (f+cg)|\hat{Q}(f+cg)\rangle = \langle f|\hat{Q}f\rangle + c\langle f|\hat{Q}g\rangle + c^*\langle g|\hat{Q}f\rangle + |c|^2\langle g|\hat{Q}g\rangle\langle Qh|h\rangle$$
$$= \langle \hat{Q}(f+cg)|(f+cg)\rangle = \langle \hat{Q}f|f\rangle + c\langle \hat{Q}f|g\rangle + c^*\langle \hat{Q}g|f\rangle + |c|^2\langle \hat{Q}g|g\rangle$$

即 $$c\langle f|\hat{Q}g\rangle + c^*\langle g|\hat{Q}f\rangle = c\langle \hat{Q}f|g\rangle + c^*\langle \hat{Q}g|f\rangle$$

上式对任意常数 c 都成立，分别取 $c=1$ 和 i，有

$$\langle f|\hat{Q}g\rangle + \langle g|\hat{Q}f\rangle = \langle \hat{Q}f|g\rangle + \langle \hat{Q}g|f\rangle$$
$$\langle f|\hat{Q}g\rangle - \langle g|\hat{Q}f\rangle = \langle \hat{Q}f|g\rangle - \langle \hat{Q}g|f\rangle$$

两式相加得到所要结果

$$\langle f|\hat{Q}g\rangle = \langle \hat{Q}f|g\rangle$$

习题 3.4

(a) 证明两个厄密算符之和仍为厄密算符。

(b) 假设$\hat{Q}$是厄密的，α 是一个复数。在什么条件下（α 的）$\alpha\hat{Q}$也是厄密的？

(c) 在什么条件下两个厄密算符的积也是厄密的？

(d) 证明坐标算符（$\hat{x}=x$）和哈密顿算符($\hat{H}=-(\hbar^2/2m)\mathrm{d}^2/\mathrm{d}x^2+V(x)$)是厄密算符。

证:

(a) 设$\hat{Q}$，$\hat{S}$是两个厄密算符，则对任意函数$f(x)$,$g(x)$有

$$\langle f|\hat{Q}g\rangle=\langle\hat{Q}f|g\rangle,\langle f|\hat{S}g\rangle=\langle\hat{S}f|g\rangle$$

又

$$\langle f|(\hat{Q}+\hat{S})g\rangle=\langle f|\hat{Q}g\rangle+\langle f|\hat{S}g\rangle=\langle\hat{Q}f|g\rangle+\langle\hat{S}f|g\rangle=\langle(\hat{Q}+\hat{S})f|g\rangle$$

故$\hat{Q}+\hat{S}$仍是厄密算符。

(b)

$$\langle f|\alpha\hat{Q}g\rangle=\alpha\langle f|\hat{Q}g\rangle$$

$$\langle\alpha\hat{Q}f|g\rangle=\alpha^*\langle\hat{Q}f|g\rangle$$

两式相等，α 必须为实数。所以当 α 为实数时 $\alpha\hat{Q}$也是厄密的。

(c)

设$\hat{Q}$，$\hat{S}$是厄密算符，则有

$$\langle f|\hat{Q}\hat{S}g\rangle=\langle f|\hat{Q}(\hat{S}g)\rangle=\langle\hat{Q}f|\hat{S}g\rangle=\langle\hat{S}\hat{Q}f|g\rangle$$

如果$\hat{Q}\hat{S}$是厄密的，必须有

$$\langle f|\hat{Q}\hat{S}g\rangle=\langle\hat{Q}\hat{S}f|g\rangle$$

即$\hat{Q}\hat{S}=\hat{S}\hat{Q}$，所以两厄密算符在对易的条件下，其积才是厄密的。

(d)

$$\langle f|\hat{x}g\rangle=\int_{-\infty}^{+\infty}f^*(x)xg(x)\mathrm{d}x=\int_{-\infty}^{+\infty}(xf(x))^*g(x)\mathrm{d}x=\langle\hat{x}f|g\rangle$$

$$\begin{aligned}\langle f|\hat{H}g\rangle&=\int_{-\infty}^{+\infty}f^*(x)\left[-\frac{\hbar^2}{2m}\frac{\mathrm{d}^2}{\mathrm{d}x^2}+V(x)\right]g(x)\mathrm{d}x\\&=-\frac{\hbar^2}{2m}f^*\frac{\mathrm{d}g}{\mathrm{d}x}\bigg|_{-\infty}^{+\infty}+\frac{\hbar^2}{2m}\int_{-\infty}^{+\infty}\frac{\mathrm{d}f^*}{\mathrm{d}x}\frac{\mathrm{d}g}{\mathrm{d}x}\mathrm{d}x+\int_{-\infty}^{+\infty}[V(x)f(x)]^*g(x)\mathrm{d}x\\&=\frac{\hbar^2}{2m}g\frac{\mathrm{d}f^*}{\mathrm{d}x}\bigg|_{-\infty}^{+\infty}-\frac{\hbar^2}{2m}\int_{-\infty}^{+\infty}\frac{\mathrm{d}^2f^*}{\mathrm{d}x^2}g\mathrm{d}x+\int_{-\infty}^{+\infty}[f(x)V(x)]^*g(x)\mathrm{d}x\\&=\int_{-\infty}^{+\infty}\left[-\frac{\hbar^2}{2m}\frac{\mathrm{d}^2f}{\mathrm{d}x^2}+V(x)f\right]^*g\mathrm{d}x=\langle\hat{H}f|g\rangle\end{aligned}$$

中间两步利用了在$x\to\pm\infty$时，$f(\pm\infty)=g(\pm\infty)=0$ 以及势能$V(x)$是实函数的条件。所以有$\langle f|\hat{x}g\rangle=\langle\hat{x}f|g\rangle$,$\langle f|\hat{H}g\rangle=\langle\hat{H}f|g\rangle$，即$\hat{x}$和$\hat{H}$都为厄密算符。

习题 3.5 算符$\hat{Q}$的厄密共轭算符（伴算符）是算符$\hat{Q}^{\dagger}$，有

$$\langle f \mid \hat{Q}g\rangle = \langle \hat{Q}^{\dagger} f \mid g\rangle \quad (\text{对所有的} f \text{和} g)$$

（所以，一个厄密算符与它的厄密共轭算符相等，即$\hat{Q}=\hat{Q}^{\dagger}$）

（a）给出 x，i，和 $\mathrm{d}/\mathrm{d}x$ 的厄密共轭算符。

（b）构建谐振子的升阶算符 a_+（等式 $a_{\pm}\equiv\frac{1}{\sqrt{2\hbar m\omega}}(\mp \mathrm{i}p+m\omega x)$）的厄密共轭算符。

（c）证明 $(\hat{Q}\hat{R})^{\dagger}=\hat{R}^{\dagger}\hat{Q}^{\dagger}$。

解：（a）

由上题知，$\hat{x}$为厄密算符，所以

$$\hat{x}^{\dagger}=\hat{x}$$

由于

$$\langle f \mid \mathrm{i}g\rangle = \mathrm{i}\langle f \mid g\rangle = \langle \mathrm{i}^* f \mid g\rangle = \langle -\mathrm{i}f \mid g\rangle$$

所以

$$\mathrm{i}^{\dagger}=-\mathrm{i}$$

$$\left\langle f \left| \frac{\mathrm{d}}{\mathrm{d}x}g \right.\right\rangle = \int_{-\infty}^{+\infty} f^*(x)\frac{\mathrm{d}}{\mathrm{d}x}g(x)\mathrm{d}x = f^* g\Big|_{-\infty}^{+\infty} - \int_{-\infty}^{+\infty}\left[\frac{\mathrm{d}}{\mathrm{d}x}f^*(x)\right]g(x)\mathrm{d}x$$

$$= \int_{-\infty}^{+\infty}\left[-\frac{\mathrm{d}}{\mathrm{d}x}f(x)\right]^* g(x)\mathrm{d}x = \left\langle -\frac{\mathrm{d}}{\mathrm{d}x}f \,\middle|\, g\right\rangle$$

所以

$$\left(\frac{\mathrm{d}}{\mathrm{d}x}\right)^{\dagger} = -\frac{\mathrm{d}}{\mathrm{d}x}$$

（b）

$$\hat{a}_+ = \frac{1}{\sqrt{2m\hbar\omega}}(m\omega\hat{x}-\mathrm{i}\hat{p})$$

$\hat{x}$，$\hat{p}$是厄密算符，$\mathrm{i}^{\dagger}=-\mathrm{i}$（i 与任何算符都是对易的），所以

$$\hat{a}_+^{\dagger} = \frac{1}{\sqrt{2m\hbar\omega}}(m\omega\hat{x}^{\dagger}-\mathrm{i}^{\dagger}\hat{p}^{\dagger}) = \frac{1}{\sqrt{2m\hbar\omega}}(m\omega\hat{x}+\mathrm{i}\hat{p}) = \hat{a}_-$$

（c）设f，g 为任意函数，则

$$\langle f \mid \hat{Q}\hat{R}g\rangle = \langle (\hat{Q}\hat{R})^{\dagger} f \mid g\rangle$$

又

$$\langle f \mid \hat{Q}\hat{R}g\rangle = \langle f \mid \hat{Q}(\hat{R}g)\rangle = \langle \hat{Q}^{\dagger} f \mid \hat{R}g\rangle = \langle \hat{R}^{\dagger}\hat{Q}^{\dagger} f \mid g\rangle$$

与上式比较知

$$(\hat{Q}\hat{R})^{\dagger} = \hat{R}^{\dagger}\hat{Q}^{\dagger} \quad (\text{注意算符的次序变化})$$

推广

$$(\hat{N}\hat{M}\cdots\hat{Q}\hat{R})^{\dagger} = \hat{R}^{\dagger}\hat{Q}^{\dagger}\cdots\hat{M}^{\dagger}\hat{N}^{\dagger}$$

习题 3.6 考虑算符$\hat{Q}=\mathrm{d}^2/\mathrm{d}\phi^2$，其中$\phi$是极坐标中的方位角（同教材中的例 3.1），并且函数同样遵从$f(\phi+2\pi)=f(\phi)$。$\hat{Q}$是厄密算符吗？求出它的本征函数和本征值。$\hat{Q}$的谱是什么？这个谱是简并吗？

解：

$$\langle f|\hat{Q}g\rangle=\int_0^{2\pi}f^*\frac{\mathrm{d}^2}{\mathrm{d}\phi^2}g\mathrm{d}\phi=f^*\frac{\mathrm{d}g}{\mathrm{d}\phi}\bigg|_0^{2\pi}-\int_0^{2\pi}\frac{\mathrm{d}f^*}{\mathrm{d}\phi}\frac{\mathrm{d}g}{\mathrm{d}\phi}\mathrm{d}\phi=-\int_0^{2\pi}\frac{\mathrm{d}f^*}{\mathrm{d}\phi}\frac{\mathrm{d}g}{\mathrm{d}\phi}\mathrm{d}\phi$$

$$=-g\frac{\mathrm{d}f^*}{\mathrm{d}\phi}\bigg|_0^{2\pi}+\int_0^{2\pi}g\left(\frac{\mathrm{d}^2f}{\mathrm{d}\phi^2}\right)^*\mathrm{d}\phi=\langle\hat{Q}f|g\rangle$$

所以$\hat{Q}=\dfrac{\mathrm{d}^2}{\mathrm{d}\phi^2}$是厄密算符。以上证明中利用了周期条件

$$f(\phi+2\pi)=f(\phi),g(\phi+2\pi)=g(\phi)$$

$\hat{Q}=\dfrac{\mathrm{d}^2}{\mathrm{d}\phi^2}$的本征方程为

$$\frac{\mathrm{d}^2}{\mathrm{d}\phi^2}f(\phi)=qf(\phi)$$

解为

$$f(\phi)=A\mathrm{e}^{\pm\sqrt{q}\phi}$$

由周期性条件$f(\phi+2\pi)=f(\phi)$，得到$\sqrt{q}(2\pi)=2\pi n\mathrm{i}$或者$\sqrt{q}=\mathrm{i}n\quad(n=0,1,2,\cdots)$

因此本征值为

$$q=-n^2$$

给定一个n，有两个本征函数（$\mathrm{e}^{\mathrm{i}n\phi}$，$\mathrm{e}^{-\mathrm{i}n\phi}$）它们的本征值一样，所以是二重简并的（$n=0$除外）。如果让$n$取负值，本征函数可以表示为

$$f(\phi)=A\mathrm{e}^{\mathrm{i}n\phi}\quad(n=0,\pm1,\pm2,\cdots)$$

习题 3.7

（a）假设$f(x)$和$g(x)$是算符$\hat{Q}$的两个具有相同本征值q的本征函数。证明任何f和g的线性组合也是与$\hat{Q}$具有相同本征值q的本征函数。

（b）验证$f(x)=\exp(x)$与$g(x)=\exp(-x)$是算符$\mathrm{d}^2/\mathrm{d}x^2$具有相同本征值的两个本征函数。构造两个$f$和$g$的线性组合，使它们在（-1，1）范围内是正交的。

证：（a）依题意有

$$\hat{Q}f(x)=qf(x),\quad\hat{Q}g(x)=qg(x)$$

设

$$h(x)=af(x)+bg(x)$$

其中a，b为任意常数（复数），则有

$$\hat{Q}h(x)=\hat{Q}[af(x)+bg(x)]=a\hat{Q}f(x)+b\hat{Q}g(x)$$
$$=aqf(x)+bqg(x)=q[af(x)+bg(x)]$$
$$=qh(x)$$

(b)

$$\frac{d^2}{dx^2}f(x)=\frac{d^2}{dx^2}\exp(x)=f(x),\quad \frac{d^2}{dx^2}g(x)=\frac{d^2}{dx^2}\exp(-x)=g(x)$$

因此，$f(x)$和$g(x)$是算符$\frac{d^2}{dx^2}$属于本征值1的两个本征函数。可由对称化和反对称化来构造正交的本征函数

$$h_1(x)=\frac{1}{2}[f(x)+g(x)]=\cosh x$$

$$h_2(x)=\frac{1}{2}[f(x)-g(x)]=\sinh x$$

因为一个是偶函数，一个是奇函数，显然它们是正交的。

习题 3.8

(a) 验证教材例题3.1中厄密算符的本征值是实数。证明（具有不同本征值的）本征函数是正交的。

(b) 对习题3.6中的算符作同样的验证。

解：(a) 教材例题3.1中的厄密算符和本征函数为

$$\hat{Q}=\mathrm{i}\frac{d}{d\phi},\quad f(\phi)=A\mathrm{e}^{-\mathrm{i}q\phi}$$

本征值（分立谱）$q=0, \pm1, \pm2, \cdots$显然是实数。对任意两个本征函数

$$f_q(\phi)=A\mathrm{e}^{-\mathrm{i}q\phi},\quad f_{q'}(\phi)=A\mathrm{e}^{-\mathrm{i}q'\phi},\quad (q\neq q')$$

有

$$\langle f_q|f_{q'}\rangle=A_q^*A_{q'}\int_0^{2\pi}\mathrm{e}^{\mathrm{i}(q-q')\phi}d\phi=A_q^*A_{q'}\left[\frac{\mathrm{e}^{\mathrm{i}(q-q')\phi}}{\mathrm{i}(q-q')}\right]\Bigg|_0^{2\pi}=0$$

(b) 习题3.6中的算符和本征函数为

$$\frac{d^2}{d\phi^2},\quad f_n(\phi)=A\mathrm{e}^{-\mathrm{i}n\phi}\quad (n=0,\pm1,\pm2,\cdots)$$

本征值为$q=-n^2$（二重简并），显然本征值为实数。

$$\langle f_n|f_m\rangle=A_n^*A_m\int_0^{2\pi}\mathrm{e}^{\mathrm{i}(n-m)\phi}d\phi=A_n^*A_m\left[\frac{\mathrm{e}^{\mathrm{i}(n-m)\phi}}{\mathrm{i}(n-m)}\right]\Bigg|_0^{2\pi}=0\quad (n\neq m)$$

所以算符$\frac{d^2}{d\phi^2}$（具有不同本征值）的本征函数是正交的（在$n=-m$情况下，两个态的本征值一样，但是它们也是正交的）。

习题 3.9

(a) 从第2章中列举一个仅具有分立谱线的哈密顿量（谐振子除外）。

(b) 从第2章中列举一个仅具有连续谱的哈密顿量（自由粒子除外）。

(c) 从第2章中列举一个既具有分立谱又具有连续谱的哈密顿量（有限深方势阱除外）。

解：易知 (a) (b) (c) 的答案分别为：无限深方势阱，δ-函数势垒，δ-函数势阱。

习题 3.10 无限深方势阱的基态是动量的本征函数吗？如果是，它的动量是什么？如果不是，为什么不是？

解：无限深方势阱的基态为

$$\psi_1(x)=\sqrt{\frac{2}{a}}\sin\frac{\pi}{a}x \quad (0\leqslant x\leqslant a)$$

动量算符 $\hat{p}=-\mathrm{i}\hbar\frac{\mathrm{d}}{\mathrm{d}x}$，由于

$$\hat{p}\psi_1(x)=-\mathrm{i}\hbar\frac{\mathrm{d}}{\mathrm{d}x}\sqrt{\frac{2}{a}}\sin\left(\frac{\pi}{a}x\right)=-\mathrm{i}\hbar\sqrt{\frac{2}{a}}\frac{\pi}{a}\cos\left(\frac{\pi}{a}x\right)=\left[-\mathrm{i}\hbar\frac{\pi}{a}\cot\left(\frac{\pi}{a}x\right)\right]\psi_1(x)$$

由于

$$\hat{p}\psi_1(x)\neq 常数\times\psi_1(x)$$

所以，$\psi_1(x)$ 不是动量的本征函数。(对无限深方势阱的能量本征函数 ψ_n，它是向右传播的平面波和向左传播的平面波的叠加，两个波的动量数值一样 $\left(\sqrt{2mE_n}=\frac{n\pi\hbar}{a}\right)$，但是符号相反，所以也不是动量的本征函数，但却是动量平方算符的本征函数)。

习题 3.11 对谐振子的基态，求出其动量空间的波函数 $\Phi(p,t)$。测量该状态的动量发现其结果处于经典范围（具有相同能量）之外的概率是多大（精确到两位数）？提示：数值计算部分可查阅数学手册中“正态分布”或“误差函数”部分，或者使用 Mathematic 软件。

解：谐振子基态在坐标空间中的波函数为

$$\Psi_0(x,t)=\left(\frac{m\omega}{\pi\hbar}\right)^{\frac{1}{4}}\mathrm{e}^{-\frac{m\omega}{2\hbar}x^2}\mathrm{e}^{-\mathrm{i}\omega t/2}$$

则动量空间的波函数为

$$\Phi(p,t)=\int_{-\infty}^{+\infty}\mathrm{e}^{-\mathrm{i}px/\hbar}\Psi_0(x,t)\mathrm{d}x=\left(\frac{m\omega}{\pi\hbar}\right)^{\frac{1}{4}}\frac{\mathrm{e}^{-\mathrm{i}\omega t/2}}{\sqrt{2\pi\hbar}}\int_{-\infty}^{+\infty}\mathrm{e}^{-\mathrm{i}px/\hbar}\mathrm{e}^{-\frac{m\omega}{2\hbar}x^2}\mathrm{d}x$$

$$=\left(\frac{m\omega}{\pi\hbar}\right)^{\frac{1}{4}}\frac{\mathrm{e}^{-\mathrm{i}\omega t/2}}{\sqrt{2\pi\hbar}}\sqrt{\frac{2\pi\hbar}{m\omega}}\mathrm{e}^{-p^2/2m\omega\hbar}=\frac{1}{(m\omega\pi\hbar)^{1/4}}\mathrm{e}^{-p^2/2m\omega\hbar}\mathrm{e}^{-\mathrm{i}\omega t/2}$$

$$|\Phi(p,t)|^2=\frac{1}{\sqrt{m\omega\pi\hbar}}\mathrm{e}^{-p^2/m\omega\hbar}$$

经典范围为

$$|p|<\sqrt{2mE_0}=\sqrt{m\omega\hbar}$$

所以发现粒子动量在经典动量以外的概率为

$$P(|p|>\sqrt{m\omega\hbar})=\int_{-\infty}^{-\sqrt{m\omega\hbar}}|\Phi(p,t)|^2\mathrm{d}p+\int_{\sqrt{m\omega\hbar}}^{+\infty}|\Phi(p,t)|^2\mathrm{d}p$$

$$=1-2\int_0^{\sqrt{m\omega\hbar}}|\Phi(p,t)|^2\mathrm{d}p=1-\frac{2}{\sqrt{m\omega\pi\hbar}}\int_0^{\sqrt{m\omega\hbar}}\mathrm{e}^{-p^2/m\omega\hbar}\mathrm{d}p$$

令

$$z \equiv \sqrt{\frac{2}{m\omega\hbar}}\,p, \quad \mathrm{d}p = \sqrt{\frac{m\omega\hbar}{2}}\mathrm{d}z$$

$$\frac{1}{\sqrt{m\omega\pi\hbar}}\int_0^{\sqrt{m\omega\hbar}} \mathrm{e}^{-p^2/m\omega\hbar}\mathrm{d}p = \frac{1}{\sqrt{2\pi}}\int_0^{\sqrt{2}} \mathrm{e}^{-z^2/2}\mathrm{d}z = \frac{1}{\sqrt{2\pi}}\int_{-\infty}^{\sqrt{2}} \mathrm{e}^{-z^2/2}\mathrm{d}z - \frac{1}{2} = F(\sqrt{2}) - \frac{1}{2}$$

查正态分布表

$$F(\sqrt{2}) = 0.9215$$

所以

$$P(|p| > \sqrt{m\omega\hbar}) = 1 - 2(F(\sqrt{2}) - 0.5) = 0.157$$

习题 3.12　证明

$$\langle x\rangle = \int \Phi^*\left(-\frac{\hbar}{\mathrm{i}}\frac{\partial}{\partial p}\right)\Phi\mathrm{d}p$$

提示：注意到 $x\exp(\mathrm{i}px/\hbar) = -\mathrm{i}\hbar(\mathrm{d}/\mathrm{d}p)\exp(\mathrm{i}px/\hbar)$。则在动量空间，坐标算符则可表示为 $\mathrm{i}\hbar\partial/\partial p$。更普遍地，有

$$\langle Q(x,p)\rangle = \begin{cases} \int \Psi^* \hat{Q}\left(x, \dfrac{\hbar}{\mathrm{i}}\dfrac{\partial}{\partial x}\right)\Psi\mathrm{d}x & (\text{在坐标空间}) \\ \int \Phi^* \hat{Q}\left(-\dfrac{\hbar}{\mathrm{i}}\dfrac{\partial}{\partial p}, p\right)\Phi\mathrm{d}p & (\text{在动量空间}) \end{cases}$$

原则上，可以像在坐标空间一样在动量空间进行所有计算（当然并不总是很简便）。

证：由

$$\Psi(x,t) = \int_{-\infty}^{+\infty} \mathrm{e}^{\mathrm{i}px/\hbar}\Phi(p,t)\mathrm{d}p$$

有

$$\begin{aligned}
\langle x\rangle &= \int_{-\infty}^{+\infty} \Psi^*(x,t)x\Psi(x,t)\mathrm{d}x \\
&= \frac{1}{2\pi\hbar}\int_{-\infty}^{+\infty}\left[\int_{-\infty}^{+\infty} \mathrm{e}^{\mathrm{i}px/\hbar}\Phi(p,t)\mathrm{d}p\right]^* x\left[\int_{-\infty}^{+\infty} \mathrm{e}^{\mathrm{i}p'x/\hbar}\Phi(p',t)\mathrm{d}p'\right]\mathrm{d}x \\
&= \frac{1}{2\pi\hbar}\int_{-\infty}^{+\infty}\int_{-\infty}^{+\infty} \Phi^*(p,t)\left[\int_{-\infty}^{+\infty} \mathrm{e}^{-\mathrm{i}px/\hbar}x\mathrm{e}^{\mathrm{i}p'x/\hbar}\mathrm{d}x\right]\Phi(p',t)\mathrm{d}p\mathrm{d}p' \\
&= \int_{-\infty}^{+\infty}\int_{-\infty}^{+\infty}\int_{-\infty}^{+\infty} \Phi^*(p,t)\left(\mathrm{i}\hbar\frac{\mathrm{d}}{\mathrm{d}p}\right)\left(\frac{1}{2\pi\hbar}\int_{-\infty}^{+\infty} \mathrm{e}^{-\mathrm{i}px/\hbar}\mathrm{e}^{\mathrm{i}p'x/\hbar}\mathrm{d}x\right)\Phi(p,t)\mathrm{d}p\mathrm{d}p' \\
&= \int_{-\infty}^{+\infty}\int_{-\infty}^{+\infty} \Phi^*(p,t)\left(\mathrm{i}\hbar\frac{\mathrm{d}}{\mathrm{d}p}\right)\delta(p'-p)\Phi(p',t)\mathrm{d}p\mathrm{d}p' \\
&= \int_{-\infty}^{+\infty} \Phi^*(p,t)\left(\mathrm{i}\hbar\frac{\mathrm{d}}{\mathrm{d}p}\right)\Phi(p,t)\mathrm{d}p
\end{aligned}$$

***习题 3.13**

(a) 证明下面的对易关系等式：

$$[AB, C] = A[B, C] + [A, C]B$$

（b）证明

$$[x^n, p] = i\hbar n x^{n-1}$$

（c）对任意函数 $f(x)$，更一般地，证明

$$[f(x), p] = i\hbar\frac{df}{dx}$$

证：（a）左边 $=\hat{A}\hat{B}\hat{C}-\hat{C}\hat{A}\hat{B}$

$$右边=\hat{A}(\hat{B}\hat{C}-\hat{C}\hat{B})+(\hat{A}\hat{C}-\hat{C}\hat{A})\hat{B}=\hat{A}\hat{B}\hat{C}-\hat{C}\hat{A}\hat{B}$$

所以等式两边相等，故有

$$[\hat{A}\hat{B}, \hat{C}]=\hat{A}[\hat{B}, \hat{C}]+[\hat{A}, \hat{C}]\hat{B}$$

（b）利用数学归纳法证明

Ⅰ. 当 $n=1$ 时，有 $[x, p]=i\hbar$，显然成立。

Ⅱ. 假设当 $n=k$ 时成立，即有 $[x^k, p]=i\hbar kx^{k-1}$。

Ⅲ. 当 $n=k+1$ 时，有 $[x^{k+1}, p]=[xx^k, p]$，利用（a）中结论，则有

$$[x^{k+1}, p]=x[x^k, p]+[x, p]x^k$$

因为 $[x^k, p]=i\hbar kx^{k-1}$，所以

$$[x^{k+1}, p]=i\hbar kx^k+i\hbar x^k=i\hbar(k+1)x^k$$

即当 $n=k+1$ 时原式也成立。所以

$$[x^n, p]=i\hbar nx^{n-1}$$

（c）取任意波函数 $\phi(x)$，则有

$$\begin{aligned}[f(x), p]\phi(x) &= -i\hbar f(x)\frac{d\phi(x)}{dx}-\left[-i\hbar\frac{d(f(x)\phi(x))}{dx}\right]\\ &= -i\hbar f(x)\frac{d\phi(x)}{dx}+i\hbar\frac{df(x)}{dx}\phi(x)+i\hbar f(x)\frac{d\phi(x)}{dx}\\ &= i\hbar\frac{df(x)}{dx}\phi(x)\end{aligned}$$

由于 $\phi(x)$ 是任意函数，所以有

$$[f(x), p]=i\hbar\frac{df}{dx}$$

***习题 3.14** 证明著名的“(名副其实的)不确定原理”联系着坐标 $(A=x)$ 的不确定性和能量 $(B=p^2/2m+V)$ 的不确定性：

$$\sigma_x\sigma_H \geqslant \frac{\hbar}{2m}|\langle p\rangle|$$

对于定态，这个并不能告诉你更多——为什么？

证：由两个算符之间的不确定关系

$$\sigma_A\sigma_B \geqslant \left|\frac{1}{2i}\langle[A, B]\rangle\right|$$

对坐标和哈密顿算符有

$$\sigma_x\sigma_H \geqslant \left|\frac{1}{2\mathrm{i}}\left\langle\left[x,\ \frac{p^2}{2m}+V\right]\right\rangle\right|$$

由于

$$\left[x,\ \frac{p^2}{2m}+V\right]=\left[x,\ \frac{p^2}{2m}\right]+[x,\ V]=\frac{1}{2m}[x,\ p^2]=\frac{1}{2m}(p[x,\ p]+[x,\ p]p)=\frac{1}{2m}(2\mathrm{i}\,\hbar p)$$

所以有

$$\sigma_x\sigma_H \geqslant \left|\frac{1}{2\mathrm{i}}\left\langle\frac{1}{2m}(2\mathrm{i}\,\hbar p)\right\rangle\right|=\frac{\hbar}{2m}|\langle p\rangle|$$

对于定态，由于已经知道 $\sigma_H=0$（能量有确定值），$\langle p\rangle=0$。上式显然成立，因此无法再从中获取新的信息。

习题 3.15　证明两个非对易算符不能拥有共同的完备本征函数系。提示：证明如果 $\hat{P}$ 和 $\hat{Q}$ 拥有共同的完备本征函数系，则对于希尔伯特空间的任意函数有 $[\hat{P},\ \hat{Q}]f=0$。

证： 假设 $\hat{P}f_n=\lambda_n f_n$ 和 $\hat{Q}f_n=\mu_n f_n$（即 $f_n(x)$ 是 $\hat{P}$ 和 $\hat{Q}$ 的共同本征方程），并且函数集 $\{f_n\}$ 是完备的，因此，任意（希尔伯特空间中的）函数 $f(x)$ 都能表示成 $\{f_n\}$ 线性组合 $f=\sum c_n f_n$，那么有

$$\begin{aligned}[\hat{P},\ \hat{Q}]f&=(\hat{P}\hat{Q}-\hat{Q}\hat{P})\sum c_n f_n=\hat{P}(\sum c_n\mu_n f_n)-\hat{Q}(\sum c_n\lambda_n f_n)\\&=\sum c_n\mu_n\lambda_n f_n-\sum c_n\lambda_n\mu_n f_n=0\end{aligned}$$

因为上式对任意的 f 都成立，所以得到 $[\hat{P},\ \hat{Q}]=0$，这显然与所给条件矛盾，因此，两个非对易算符不能具有共同的完备本征函数系。

*** 习题 3.16**　求方程

$$\left(\frac{\hbar}{\mathrm{i}}\frac{\mathrm{d}}{\mathrm{d}x}-\langle p\rangle\right)\Psi=\mathrm{i}a(x-\langle x\rangle)\Psi$$

的解。注意 $\langle x\rangle$ 和 $\langle p\rangle$ 都是实常数。

解：

$$\frac{\mathrm{d}\Psi}{\mathrm{d}x}=\frac{\mathrm{i}}{\hbar}(\mathrm{i}ax-\mathrm{i}a\langle x\rangle+\langle p\rangle)\Psi=\frac{a}{\hbar}\left(-x+\langle x\rangle+\frac{\mathrm{i}}{a}\langle p\rangle\right)\Psi$$

$$\frac{\mathrm{d}\Psi}{\Psi}=\frac{a}{\hbar}\left(-x+\langle x\rangle+\frac{\mathrm{i}}{a}\langle p\rangle\right)\mathrm{d}x\rightarrow\ln\Psi=\frac{a}{\hbar}\left(-\frac{x^2}{2}+\langle x\rangle x+\frac{\mathrm{i}\langle p\rangle}{a}x\right)+C$$

令 $C=-\dfrac{\langle x\rangle^2 a}{2\,\hbar}+B$（$B$ 是一个新的常数）

$$\ln\Psi=-\frac{a}{2\,\hbar}(x+\langle x\rangle)^2+\frac{\mathrm{i}\langle p\rangle}{\hbar}x+B$$

$$\Psi=\mathrm{e}^{-\frac{a}{2\hbar}(x-\langle x\rangle)^2+\frac{\mathrm{i}\langle p\rangle x}{\hbar}+B}=A\exp\left[\frac{-a(x-\langle x\rangle)^2}{2\,\hbar}+\frac{\mathrm{i}\langle p\rangle x}{\hbar}\right]\quad（其中，A\equiv \mathrm{e}^B）$$

习题 3.17　在下面的具体例子中应用公式

$$\frac{\mathrm{d}}{\mathrm{d}t}\langle\hat{Q}\rangle=\frac{\mathrm{i}}{\hbar}\langle[\hat{H},\ \hat{Q}]\rangle+\left\langle\frac{\partial\hat{Q}}{\partial t}\right\rangle$$

(a) $Q=1$；(b) $Q=H$；(c) $Q=x$；(d) $Q=p$。在每种情况下，解释结果，特别是参考教材中的式 1.27 $\left(\frac{\mathrm{d}}{\mathrm{d}t}\int_{-\infty}^{+\infty}|\Psi(x,t)|^2\mathrm{d}x=0\right)$，式 1.33 $\left(\langle p\rangle = m\frac{\mathrm{d}\langle x\rangle}{\mathrm{d}t} = -\mathrm{i}\hbar\int\left(\Psi^*\frac{\partial\Psi}{\partial x}\right)\mathrm{d}x\right)$，1.38 $\left(\frac{\mathrm{d}\langle p\rangle}{\mathrm{d}t}=\left\langle -\frac{\partial V}{\partial x}\right\rangle\right)$ 和能量守恒（教材中的式 2.39 后的评注）。

解：(a) $\frac{\mathrm{d}}{\mathrm{d}t}\langle 1\rangle = \frac{\mathrm{i}}{\hbar}\langle[\hat{H},1]\rangle + \left\langle\frac{\partial}{\partial t}1\right\rangle = 0 \rightarrow \frac{\mathrm{d}}{\mathrm{d}t}\langle\Psi|\Psi\rangle = 0$

上式表明，波函数的归一化不随时间改变。

(b) $\frac{\mathrm{d}}{\mathrm{d}t}\langle\hat{H}\rangle = \frac{\mathrm{i}}{\hbar}\langle[\hat{H},\hat{H}]\rangle + \left\langle\frac{\partial\hat{H}}{\partial t}\right\rangle$

当 $\hat{H}$ 中不显含时间时得到 $\frac{\mathrm{d}}{\mathrm{d}t}\langle\hat{H}\rangle = \frac{\mathrm{i}}{\hbar}\langle[\hat{H},\hat{H}]\rangle = 0$

此即能量守恒。

(c) $\frac{\mathrm{d}}{\mathrm{d}t}\langle\hat{x}\rangle = \frac{\mathrm{i}}{\hbar}\langle[\hat{H},\hat{x}]\rangle + \left\langle\frac{\partial\hat{x}}{\partial t}\right\rangle = \frac{\mathrm{i}}{2m\hbar}\langle[p^2,\hat{x}]\rangle = \frac{\langle p\rangle}{m}$

(d) $\frac{\mathrm{d}}{\mathrm{d}t}\langle\hat{p}\rangle = \frac{\mathrm{i}}{\hbar}\langle[\hat{H},\hat{p}]\rangle + \left[\frac{\partial\hat{p}}{\partial t}\right] = \frac{\mathrm{i}}{\hbar}\langle[V(x),\hat{p}]\rangle = \left\langle -\frac{\partial V}{\partial x}\right\rangle$

这就是恩费斯脱（Ehrenfest）定理，量子力学中的牛顿运动方程。

习题 3.18 对习题 2.5 中的波函数和可观测量 x 通过计算 σ_H，σ_x 和 $\mathrm{d}\langle x\rangle/\mathrm{d}t$ 来验证能量-时间不确定原理。

解：习题 2.5 中的一维无限深势阱（$0<x<a$）的定态叠加波函数为

$$\Psi(x,t) = \frac{1}{\sqrt{2}}(\psi_1\mathrm{e}^{-\mathrm{i}E_1t/\hbar} + \psi_2\mathrm{e}^{-\mathrm{i}E_2t/\hbar})$$

$$H\psi_1 = E_1\psi_1 \rightarrow H^2\psi_1 = E_1H\psi_1 = E_1^2\psi_1,\ H\psi_2 = E_2\psi_2 \rightarrow H^2\psi_2 = E_2H\psi_2 = E_2^2\psi_2$$

$$\langle H^2\rangle = \frac{1}{2}(E_1^2+E_2^2),\quad \langle H\rangle = \frac{1}{2}(E_1+E_2)$$

$$\sigma_H^2 = \langle H^2\rangle - \langle H\rangle^2 = \frac{1}{2}(E_1^2+E_2^2) - \frac{1}{4}(E_1+E_2)^2 = \frac{1}{4}(E_2-E_1)^2$$

$$\sigma_H = \frac{1}{2}(E_2-E_1) = \frac{1}{2}\hbar\omega,\quad \omega \equiv \frac{E_2-E_1}{\hbar} = \frac{3\pi^2\hbar}{2ma^2}$$

$$\langle x^2\rangle = \frac{1}{2}[\langle\psi_1|x^2|\psi_1\rangle + \langle\psi_2|x^2|\psi_2\rangle + \langle\psi_1|x^2|\psi_2\rangle\mathrm{e}^{\mathrm{i}(E_1-E_2)t/\hbar} + \langle\psi_2|x^2|\psi_1\rangle\mathrm{e}^{\mathrm{i}(E_2-E_1)t/\hbar}]$$

$$\langle\psi_n|x^2|\psi_m\rangle = \frac{2}{a}\int_0^a x^2\sin\left(\frac{n\pi}{a}x\right)\sin\left(\frac{m\pi}{a}x\right)\mathrm{d}x$$

$$= \frac{1}{a}\int_0^a x^2\left[\cos\left(\frac{n-m}{a}\pi x\right) - \cos\left(\frac{n+m}{a}\pi x\right)\right]\mathrm{d}x$$

而

$$\int_0^a x^2\cos\left(\frac{k}{a}\pi x\right)\mathrm{d}x = \left\{\frac{2a^2x}{k^2\pi^2}\cos\left(\frac{k}{a}\pi x\right)+\left(\frac{a}{k\pi}\right)^3\left[\left(\frac{k\pi x}{a}\right)^2-2\right]\sin\left(\frac{k}{a}\pi x\right)\right\}\Bigg|_0^a$$

$$= \frac{2a^3}{k^2\pi^2}\cos(k\pi) = \frac{2a^3}{k^2\pi^2}(-1)^k \quad (k\text{ 是非零整数})$$

因为$\langle\psi_n|x^2|\psi_m\rangle=\dfrac{2a^2}{\pi^2}\left[\dfrac{(-1)^{n-m}}{(n-m)^2}-\dfrac{(-1)^{n+m}}{(n+m)^2}\right]=\dfrac{2a^2}{\pi^2}(-1)^{n+m}\dfrac{4nm}{(n^2-m^2)^2}$

所以$\langle\psi_1|x^2|\psi_2\rangle=\langle\psi_2|x^2|\psi_1\rangle=-\dfrac{16a^2}{9\pi^2}$

由习题2.4知

$$\langle\psi_n|x^2|\psi_n\rangle=a^2\left[\frac{1}{3}-\frac{1}{2(n\pi)^2}\right]$$

所以

$$\langle x^2\rangle=\frac{1}{2}\left\{a^2\left(\frac{1}{3}-\frac{1}{2\pi^2}\right)+a^2\left(\frac{1}{3}-\frac{1}{8\pi^2}\right)-\frac{16a^2}{9\pi^2}\left[\mathrm{e}^{\mathrm{i}(E_2-E_1)t/\hbar}+\mathrm{e}^{-\mathrm{i}(E_2-E_1)t/\hbar}\right]\right\}$$

$$=a^2\left(\frac{1}{3}-\frac{5}{16\pi^2}-\frac{16}{9\pi^2}\cos\omega t\right)\quad\left(\text{其中，}\omega\equiv\frac{E_2-E_1}{\hbar}=\frac{3\pi^2\hbar}{2ma^2}\right)$$

由习题2.5知

$$\langle x\rangle=\frac{a}{2}\left[1-\frac{32}{9\pi^2}\cos(\omega t)\right]$$

$$\langle x\rangle^2=\frac{a^2}{4}\left[1-\frac{64}{9\pi^2}\cos(\omega t)+\left(\frac{32}{9\pi^2}\right)^2\cos^2(\omega t)\right]$$

$$\frac{\mathrm{d}\langle x\rangle}{\mathrm{d}t}=\frac{16a\omega}{9\pi^2}\sin(\omega t)$$

所以

$$\sigma_x^2=\langle x^2\rangle-\langle x\rangle^2=\frac{a^2}{4}\left[\frac{1}{3}-\frac{5}{4\pi^2}-\left(\frac{32}{9\pi^2}\right)^2\cos^2(\omega t)\right]$$

能量-时间不确定原理$\left(\sigma_H\sigma_x\geqslant\dfrac{\hbar}{2}\left|\dfrac{\mathrm{d}\langle x\rangle}{\mathrm{d}t}\right|\right)$给出

$$\sigma_H^2\sigma_x^2\geqslant\frac{\hbar^2}{4}\left(\frac{\mathrm{d}\langle x\rangle}{\mathrm{d}t}\right)^2$$

$$\sigma_H^2\sigma_x^2=\frac{1}{4}(\hbar\omega)^2\frac{a^2}{4}\left[\frac{1}{3}-\frac{5}{4\pi^2}-\left(\frac{32}{9\pi^2}\right)^2\cos^2(\omega t)\right]\geqslant\left[\frac{\hbar}{2}\frac{16a\omega}{9\pi^2}\sin(\omega t)\right]^2\rightarrow$$

$$\frac{1}{16}\left[\frac{1}{3}-\frac{5}{4\pi^2}-\left(\frac{32}{9\pi^2}\right)^2\cos^2(\omega t)\right]\geqslant\left(\frac{8}{9\pi^2}\sin(\omega t)\right)^2\rightarrow$$

$$\frac{1}{16}\left(\frac{1}{3}-\frac{5}{4\pi^2}\right)\geqslant\left(\frac{8}{9\pi^2}\right)\sin^2(\omega t)+\left(\frac{8}{9\pi^2}\right)^2\cos^2(\omega t)=\left(\frac{8}{9\pi^2}\right)^2\rightarrow$$

$$\left(\frac{1}{3}-\frac{5}{4\pi^2}\right)\geqslant\left(\frac{32}{9\pi^2}\right)^2$$

估算一下两边大小

$$\frac{1}{3}-\frac{5}{4\pi^2}\approx 0.20668,\ \left(\frac{32}{9\pi^2}\right)^2\approx 0.12978$$

显然满足能量-时间不确定原理。

习题 3.19 对习题2.43中的自由粒子波包和力学量 x 通过计算 σ_H, σ_x 和 $\mathrm{d}\langle x\rangle/\mathrm{d}t$ 来验证能量-时间不确定原理。

解: 由习题2.43，对题目所给的自由粒子波包，有

$$\langle x\rangle=\frac{\hbar l}{m}t,\ \frac{\mathrm{d}\langle x\rangle}{\mathrm{d}t}=\frac{\hbar l}{m},\ \sigma_x^2=\frac{1}{4\omega^2}=\frac{1+\theta^2}{4a}\quad\left(\text{其中, }\theta\equiv\frac{2\hbar at}{m}\right)$$

$$\langle H\rangle=\frac{1}{2m}\langle p^2\rangle=\frac{1}{2m}\hbar^2(a+l^2)$$

为了得到 σ_H 需要计算 $\langle H^2\rangle$。对自由粒子，$H=\dfrac{p^2}{2m}$ 所以

$$\langle H^2\rangle=\frac{1}{4m^2}\langle p^4\rangle=\frac{1}{4m^2}\int_{-\infty}^{+\infty}p^4\,|\Phi(p,t)|^2\mathrm{d}p$$

其中

$$\Phi(p,t)=\frac{1}{\sqrt{2\pi\hbar}}\int_{-\infty}^{+\infty}\mathrm{e}^{-\mathrm{i}px/\hbar}\Psi(x,t)\,\mathrm{d}x$$

由习题2.43

$$\begin{aligned}\Psi(x,t)&=\left(\frac{2a}{\pi}\right)^{1/4}\frac{1}{\sqrt{1+\mathrm{i}\theta}}\mathrm{e}^{-\frac{l^2}{4a}}\mathrm{e}^{a\left(\mathrm{i}x+\frac{l}{2a}\right)^2/(1+\mathrm{i}\theta)}\\&=\frac{1}{\sqrt{2\pi\hbar}}\left(\frac{2a}{\pi}\right)^{1/4}\frac{1}{\sqrt{1+\mathrm{i}\theta}}\mathrm{e}^{-l^2/4a}\mathrm{e}^{pl/2a\hbar}\int_{-\infty}^{+\infty}\mathrm{e}^{-\mathrm{i}py/\hbar}\mathrm{e}^{-ay^2/(1+\mathrm{i}\theta)}\mathrm{d}y\end{aligned}$$

所以

$$\begin{aligned}\Phi(p,t)&=\frac{1}{\sqrt{2\pi\hbar}}\left(\frac{2a}{\pi}\right)^{1/4}\frac{1}{\sqrt{1+\mathrm{i}\theta}}\mathrm{e}^{-l^2/4a}\int_{-\infty}^{+\infty}\mathrm{e}^{-\mathrm{i}px/\hbar}\mathrm{e}^{a\left(\mathrm{i}x+\frac{l}{2a}\right)^2/(1+\mathrm{i}\theta)}\mathrm{d}x\quad\left(\text{令 }y\equiv x-\frac{\mathrm{i}l}{2a}\right)\\&=\frac{1}{\sqrt{2\pi\hbar}}\left(\frac{2a}{\pi}\right)^{1/4}\frac{1}{\sqrt{1+\mathrm{i}\theta}}\mathrm{e}^{-l^2/4a}\mathrm{e}^{pl/2a\hbar}\int_{-\infty}^{+\infty}\mathrm{e}^{-\mathrm{i}py/\hbar}\mathrm{e}^{-ay^2/(1+\mathrm{i}\theta)}\mathrm{d}y\quad(\text{积分见习题 2.22})\\&=\frac{1}{\sqrt{2\pi\hbar}}\left(\frac{2a}{\pi}\right)^{1/4}\frac{1}{\sqrt{1+\mathrm{i}\theta}}\mathrm{e}^{-l^2/4a}\mathrm{e}^{pl/2a\hbar}\sqrt{\frac{\pi(1+\mathrm{i}\theta)}{a}}\mathrm{e}^{-\frac{p^2(1+\mathrm{i}\theta)}{4a\hbar^2}}\\&=\frac{1}{\sqrt{\hbar}}\left(\frac{1}{2a\pi}\right)^{1/4}\mathrm{e}^{-l^2/4a}\mathrm{e}^{pl/2a\hbar}\mathrm{e}^{-\frac{p^2(1+\mathrm{i}\theta)}{4a\hbar^2}}\end{aligned}$$

$$|\Phi(p,t)|^2=\frac{1}{\sqrt{2a\pi}}\frac{1}{\hbar}\mathrm{e}^{-l^2/2a}\mathrm{e}^{pl/a\hbar}\mathrm{e}^{-\frac{p^2}{2a\hbar^2}}=\frac{1}{\hbar\sqrt{2a\pi}}\mathrm{e}^{\frac{1}{2a}\left(l^2-\frac{2pl}{\hbar}+\frac{p^2}{\hbar^2}\right)}=\frac{1}{\hbar\sqrt{2a\pi}}\mathrm{e}^{-(l-p/\hbar)^2/2a}$$

$$\begin{aligned}\langle p^4\rangle&=\frac{1}{\hbar\sqrt{2a\pi}}\int_{-\infty}^{+\infty}p^4\mathrm{e}^{-(l-p/\hbar)^2/2a}\mathrm{d}p\quad\left(\text{令 }\frac{p}{\hbar}-l\equiv z,\quad \mathrm{d}p=\hbar\,\mathrm{d}z\right)\\&=\frac{1}{\hbar\sqrt{2a\pi}}\hbar^5\int_{-\infty}^{+\infty}(z+l)^4\mathrm{e}^{-z^2/2a}\mathrm{d}z\end{aligned}$$

$$= \frac{\hbar^4}{\sqrt{2a\pi}}\left[\frac{3(2a)^2}{4}\sqrt{2a\pi} + 6l^2\frac{2a}{2}\sqrt{2a\pi} + l^4\sqrt{2a\pi}\right]$$

$$= \hbar^4(3a^2 + 6al^2 + l^4)$$

$$\langle H^2\rangle = \frac{\hbar^4}{4m^2}(3a^2 + 6al^2 + l^4)$$

所以

$$\sigma_H^2 = \langle H^2\rangle - \langle H\rangle^2 = \frac{\hbar^4}{4m^2}(3a^2 + 6al^2 + l^4 - a^2 - 2al^2 - l^4)$$

$$= \frac{\hbar^4}{4m^2}(2a^2 + 4al^2) = \frac{\hbar^4 a}{2m^2}(a + 2l^2)$$

$$\sigma_H^2\sigma_x^2 = \frac{\hbar^4 a}{2m^2}(a + 2l^2)\frac{1}{4a}\left[1 + \left(\frac{2\hbar at}{m}\right)^2\right] = \frac{\hbar^4 l^2}{4m^2}\left(1 + \frac{a}{2l^2}\right)\left[1 + \left(\frac{2\hbar at}{m}\right)^2\right]$$

$$\geqslant \frac{\hbar^4 l^2}{4m^2} = \frac{\hbar^2}{4}\left(\frac{\hbar l}{m}\right)^2 = \frac{\hbar^2}{4}\left(\frac{\mathrm{d}\langle x\rangle}{\mathrm{d}t}\right)^2$$

所以题给的自由粒子波包满足能量-时间不确定原理。

习题 3.20　证明当问题中的可观测量为 x 时，能量-时间不确定原理还原为“名副其实”的不确定原理(习题 3.14)。

证：当 $Q = x$ 时，能量-时间不确定原理为 $\sigma_H\sigma_x \geqslant \frac{\hbar}{2}\left|\frac{\mathrm{d}\langle x\rangle}{\mathrm{d}t}\right|$，但是 $\langle p\rangle = m\frac{\mathrm{d}\langle x\rangle}{\mathrm{d}t}$，所以 $\sigma_x\sigma_H \geqslant \frac{\hbar}{2m}|\langle p\rangle|$，再由 $[x, H] = \frac{1}{2m}[x, p^2] = \frac{1}{2m}(p[x, p] + [x, p]p) = \frac{\mathrm{i}\hbar}{m}p$ 得到“名副其实”的不确定原理，即 $\sigma_x\sigma_H \geqslant \left|\frac{1}{2\mathrm{i}}\langle[x, H]\rangle\right|$。

习题 3.21　证明投影算符是等幂的：$\hat{P}^2 = \hat{P}$。求出 $\hat{P}$ 本征值，描述它的本征矢量。

证：设 $|\beta\rangle$ 为任意态矢量，有

$$P^2|\beta\rangle = P(P|\beta\rangle) = P(|\alpha\rangle\langle\alpha|\beta\rangle) = |\alpha\rangle\langle\alpha|\alpha\rangle\langle\alpha|\beta\rangle = |\alpha\rangle\langle\alpha|\beta\rangle = P|\beta\rangle$$

所以 $P^2 = P$ (注意：说两个算符相等是指这两个算符对于任意矢量作用结果相同)。

如果 $|\gamma\rangle$ 是 $\hat{P}$ 的属于本征值 λ 的本征矢量，那么有 $P^2|\gamma\rangle = \lambda P|\gamma\rangle = \lambda^2|\gamma\rangle$，所以 $\lambda^2 = \lambda$，因此，$\hat{P}$ 的本征值是 0 和 1，任意常(复)数乘以 $|\alpha\rangle$ 的矢量是 $\hat{P}$ 的属于本征值 1 的本征矢，任何与 $|\alpha\rangle$ 正交的矢量是 $\hat{P}$ 的属于本征值 0 的本征矢。

习题 3.22　考虑由正交归一基 $|1\rangle$，$|2\rangle$，$|3\rangle$ 张成的三维矢量空间。右矢 $|\alpha\rangle$ 和 $|\beta\rangle$ 由下式给定

$$|\alpha\rangle = \mathrm{i}|1\rangle - 2|2\rangle - \mathrm{i}|3\rangle,\quad |\beta\rangle = \mathrm{i}|1\rangle + 2|3\rangle$$

(a) 给出 $\langle\alpha|$ 和 $\langle\beta|$ (以对偶基 $\langle 1|$，$\langle 2|$，$\langle 3|$ 表示的)。

(b) 求出 $\langle\alpha|\beta\rangle$ 和 $\langle\beta|\alpha\rangle$ 并证实 $\langle\beta|\alpha\rangle = \langle\alpha|\beta\rangle^*$。

(c) 在这个基中，求出算符 $\hat{A}\equiv|\alpha\rangle\langle\beta|$ 里的9个矩阵元，并写出矩阵 $\boldsymbol{A}$。它是厄密矩阵么？

解：(a) $\langle\alpha|=-\mathrm{i}\langle1|-2\langle2|+\mathrm{i}\langle3|$，$\langle\beta|=-\mathrm{i}\langle1|+2\langle3|$

(b)

$$\langle\alpha|\beta\rangle=(-\mathrm{i}\langle1|-2\langle2|+\mathrm{i}\langle3|)(\mathrm{i}|1\rangle+2|3\rangle)=1+2\mathrm{i}$$

$$\langle\beta|\alpha\rangle=(-\mathrm{i}\langle1|+2\langle3|)(\mathrm{i}|1\rangle-2|2\rangle-\mathrm{i}|3\rangle)=1-2\mathrm{i}=\langle\alpha|\beta\rangle^*$$

(c)

$$A_{11}=\langle1|\alpha\rangle\langle\beta|1\rangle=(\mathrm{i})(-\mathrm{i})=1,\ A_{12}=\langle1|\alpha\rangle\langle\beta|2\rangle=(\mathrm{i})(0)=0$$

$$A_{13}=\langle1|\alpha\rangle\langle\beta|3\rangle=(\mathrm{i})(2)=2\mathrm{i},\ A_{21}=\langle2|\alpha\rangle\langle\beta|1\rangle=(-2)(-\mathrm{i})=2\mathrm{i}$$

$$A_{22}=\langle2|\alpha\rangle\langle\beta|2\rangle=(-2)\times(0)=0,\ A_{23}=\langle2|\alpha\rangle\langle\beta|3\rangle=(-2)\times(2)=-4$$

$$A_{31}=\langle3|\alpha\rangle\langle\beta|1\rangle=(-\mathrm{i})(-\mathrm{i})=-1,\ A_{32}=\langle3|\alpha\rangle\langle\beta|2\rangle=(-\mathrm{i})(0)=0$$

$$A_{33}=\langle3|\alpha\rangle\langle\beta|3\rangle=(-\mathrm{i})(2)=-2\mathrm{i}$$

$$\boldsymbol{A}=\begin{pmatrix}1&0&2\mathrm{i}\\2\mathrm{i}&0&-4\\-1&0&-2\mathrm{i}\end{pmatrix}$$

显然它不是厄密矩阵。

习题3.23 某个二能级体系的哈密顿量为

$$\hat{H}=\varepsilon(|1\rangle\langle1|-|2\rangle\langle2|+|1\rangle\langle2|+|2\rangle\langle1|)$$

这里 $|1\rangle$，$|2\rangle$ 是正交归一基，ε 是量纲为能量的一个实数。求出它的本征值和归一化的本征矢(用 $|1\rangle$ 和 $|2\rangle$ 的线性组合)。相应于这个基表示 $\hat{H}$ 的矩阵 $\boldsymbol{H}$ 是什么？

解：相应于这个基表示 $\hat{H}$ 的矩阵 $\boldsymbol{H}$ 的矩阵元是

$$\langle1|\hat{H}|1\rangle=\varepsilon,\quad\langle1|\hat{H}|2\rangle=\varepsilon,\quad\langle2|\hat{H}|1\rangle=\varepsilon,\quad\langle2|\hat{H}|2\rangle=-\varepsilon$$

所以

$$\boldsymbol{H}=\varepsilon\begin{pmatrix}1&1\\1&-1\end{pmatrix}$$

本征方程为

$$\varepsilon\begin{pmatrix}1&1\\1&-1\end{pmatrix}\begin{pmatrix}c_1\\c_2\end{pmatrix}=E\begin{pmatrix}c_1\\c_2\end{pmatrix}$$

久期方程为

$$\begin{vmatrix}\varepsilon-E&\varepsilon\\\varepsilon&-\varepsilon-E\end{vmatrix}=0\to(E^2-\varepsilon^2)-\varepsilon^2=0\to E_\pm=\pm\sqrt{2}\varepsilon$$

把 $E_+=\sqrt{2}\varepsilon$ 代入本征方程，有

$$\begin{pmatrix}1&1\\1&-1\end{pmatrix}\begin{pmatrix}c_1\\c_2\end{pmatrix}=\sqrt{2}\begin{pmatrix}c_1\\c_2\end{pmatrix}\to c_1+c_2=\sqrt{2}c_1\to c_2=(\sqrt{2}-1)c_1$$

归一化：

$$|c_1|^2+|c_2|^2=1\to|c_1|^2[1+(\sqrt{2}-1)^2]=1\to c_1=\frac{1}{\sqrt{4-2\sqrt{2}}}$$

（得到 c_1 时不计一任意相因子），所以对应 $E_+=\sqrt{2}\varepsilon$ 的本征态为

$$|\psi_+\rangle=\frac{1}{\sqrt{4-2\sqrt{2}}}[\,|1\rangle+(\sqrt{2}-1)\,|2\rangle\,]$$

同理，把 $E_-=-\sqrt{2}\varepsilon$ 代入本征方程，有

$$\begin{pmatrix}1 & 1\\ 1 & -1\end{pmatrix}\begin{pmatrix}c_1\\ c_2\end{pmatrix}=-\sqrt{2}\begin{pmatrix}c_1\\ c_2\end{pmatrix}\to c_1+c_2=-\sqrt{2}c_1\to c_2=-(\sqrt{2}+1)c_1$$

归一化

$$|c_1|^2+|c_2|^2=1\to|c_1|^2[1+(\sqrt{2}+1)^2]=1\to c_1=\frac{1}{\sqrt{4+2\sqrt{2}}}$$

所以对应 $E_-=-\sqrt{2}\varepsilon$ 的本征态为

$$|\psi_-\rangle=\frac{1}{\sqrt{4+2\sqrt{2}}}[\,|1\rangle-(\sqrt{2}+1)\,|2\rangle\,]$$

习题 3.24 设算符 $\hat{Q}$ 有一组完备的正交归一本征矢

$$\hat{Q}|e_n\rangle=q_n|e_n\rangle\quad(n=1,2,3,\cdots)$$

证明 $\hat{Q}$ 可以被写成它的谱分解形式：

$$\hat{Q}=\sum_n q_n|e_n\rangle\langle e_n|$$

提示：一个算符是通过它对所有可能矢量的作用来表征的，因此，你需要证明的是，对于任意矢量 $|\alpha\rangle$ 来说，有

$$\hat{Q}|\alpha\rangle=\{\sum_n q_n|e_n\rangle\langle e_n|\}|\alpha\rangle$$

证：设 $|\alpha\rangle$ 为一任意态矢量，它可以用 $\{|e_n\rangle\}$ 展开为 $|\alpha\rangle=\sum_n c_n|e_n\rangle$，$c_n=\langle e_n|\alpha\rangle$，所以有

$$\hat{Q}|\alpha\rangle=\sum_n c_n\hat{Q}|e_n\rangle=\sum_n\langle e_n|\alpha\rangle q_n|e_n\rangle=\left(\sum_n q_n|e_n\rangle\langle e_n|\right)|\alpha\rangle\to\hat{Q}=\sum_n q_n|e_n\rangle\langle e_n|$$

第3章补充习题解答

习题 3.25 勒让德(Legendre)多项式。用格拉姆-施密特方法（见教材中习题 A.4）在区间 $-1\leqslant x\leqslant 1$ 里来正交归一化函数 $1,x,x^2,x^3$。你可能会认出这些结果——（除了归一化外）它们是勒让德多项式（见教材中的表 4.1）。

解：

$$|e_1\rangle=1,\ \langle e_1|e_1\rangle=\int_{-1}^{1}1\mathrm{d}x=2\to|e_1'\rangle=\frac{1}{\sqrt{2}}$$

$$|e_2\rangle=x,\ \langle e_1'|e_2\rangle=\frac{1}{\sqrt{2}}\int_{-1}^{1}x\mathrm{d}x=0,\ \langle e_2|e_2\rangle=\int_{-1}^{1}x^2\mathrm{d}x=\frac{2}{3}\to|e_2'\rangle=\sqrt{\frac{3}{2}}x$$

$$|e_3\rangle = x^2,\ \langle e_1'|e_3\rangle = \int_{-1}^{1}\frac{1}{\sqrt{2}}x^2\mathrm{d}x = \frac{\sqrt{2}}{3},\ \langle e_2'|e_3\rangle = \int_{-1}^{1}\sqrt{\frac{3}{2}}x^3\mathrm{d}x = 0$$

设

$$|e_3'\rangle = c\left(|e_3\rangle - \frac{\sqrt{2}}{3}|e_1'\rangle\right) = c\left(x^2 - \frac{1}{3}\right)$$

它与$|e_1'\rangle$及$|e_2'\rangle$正交，归一化

$$1 = \langle e_3'|e_3'\rangle = |c|^2\int_{-1}^{1}\left(x^2 - \frac{1}{3}\right)^2\mathrm{d}x = |c|^2\frac{8}{45} \to c = \sqrt{\frac{45}{8}}$$

所以 $$|e_3'\rangle = \sqrt{\frac{45}{8}}\left(x^2 - \frac{1}{3}\right) = \sqrt{\frac{5}{2}}\left(\frac{3}{2}x^2 - \frac{1}{2}\right)$$

$$|e_4\rangle = x^3,\ \langle e_1'|e_4\rangle = \frac{1}{\sqrt{2}}\int_{-1}^{1}x^3\mathrm{d}x = 0,\ \langle e_2'|e_4\rangle = \sqrt{\frac{3}{2}}\int_{-1}^{1}x^4\mathrm{d}x = \sqrt{\frac{3}{2}}\times\frac{2}{5} = \frac{\sqrt{6}}{5}$$

$$\langle e_3'|e_4\rangle = \sqrt{\frac{5}{2}}\int_{-1}^{1}\left(\frac{3}{2}x^5 - \frac{1}{2}x^3\right)\mathrm{d}x = 0$$

设

$$|e_4'\rangle = c\left(|e_4\rangle - \frac{\sqrt{6}}{5}|e_2'\rangle\right) = c\left(x^3 - \frac{3x}{5}\right)$$

它与$|e_1'\rangle$，$|e_2'\rangle$及$|e_3'\rangle$正交，归一化

$$\langle e_4'|e_4'\rangle = |c|^2\int_{-1}^{1}\left(x^3 - \frac{3x}{5}\right)^2\mathrm{d}x = |c|^2\frac{8}{175} \to c = \sqrt{\frac{175}{8}} = \frac{5}{2}\sqrt{\frac{7}{2}}$$

$$|e_4'\rangle = \frac{5}{2}\sqrt{\frac{7}{2}}\left(x^3 - \frac{3x}{5}\right) = \sqrt{\frac{7}{2}}\left(\frac{5x^3}{2} - \frac{3x}{2}\right)$$

这样就构造出了四个相互正交且归一的（在区间$-1 < x < 1$）函数$|e_1'\rangle$，$|e_2'\rangle$，$|e_3'\rangle$，$|e_4'\rangle$。

习题 3.26 一个反厄密算符等于它的负的厄密共轭，即

$$\hat{Q}^\dagger = -\hat{Q}$$

(a) 证明一个反厄密算符的期望值是个虚数。

(b) 证明两个厄密算符的对易式是反厄密的。那么两个反厄密算符的对易式如何？

证：(a) $\langle Q\rangle = \langle\psi|\hat{Q}\psi\rangle = \langle\hat{Q}^\dagger\psi|\psi\rangle = -\langle\hat{Q}\psi|\psi\rangle = -\langle\psi|\hat{Q}\psi\rangle^* = -\langle Q\rangle^*$所以$\langle Q\rangle$是个虚数

(b) 由$(\hat{P}\hat{Q})^\dagger = \hat{Q}^\dagger\hat{P}^\dagger$，所以如果$\hat{P} = \hat{P}^\dagger$和$\hat{Q} = \hat{Q}^\dagger$那么

$$[\hat{P},\hat{Q}]^\dagger = (\hat{P}\hat{Q} - \hat{Q}\hat{P})^\dagger = \hat{Q}^\dagger\hat{P}^\dagger - \hat{P}^\dagger\hat{Q}^\dagger = \hat{Q}\hat{P} - \hat{P}\hat{Q} = -[\hat{P},\hat{Q}]$$

如果$\hat{P} = -\hat{P}^\dagger$和$\hat{Q} = -\hat{Q}^\dagger$，则

$$[\hat{P},\hat{Q}]^\dagger = \hat{Q}^\dagger\hat{P}^\dagger - \hat{P}^\dagger\hat{Q}^\dagger = (-\hat{Q})(-\hat{P}) - (-\hat{P})(-\hat{Q}) = -[\hat{P},\hat{Q}]$$

所以在两种情况下对易式都是反厄密的。

习题3.27 连续测量。一个算符 $\hat{A}$ 表示可观测量 A，它的两个归一化本征态是 ψ_1 和 ψ_2，分别对应本征值 a_1 和 a_2。算符 $\hat{B}$ 表示可观测量 B，它的两个归一化本征态是 ϕ_1 和 ϕ_2，分别对应本征值 b_1 和 b_2。两组本征态之间有关系

$$\psi_1=(3\phi_1+4\phi_2)/5,\qquad \psi_2=(4\phi_1-3\phi_2)/5$$

(a) 测量可观测量 A，所得结果为 a_1。那么在测量之后(瞬时)体系处在什么态?

(b) 如果现在再测量 B，可能的结果是什么？它们出现的概率是多少？

(c) 在恰好测出 B 之后，再次测量 A。那么结果为 a_1 的概率是多少？(注意如果我已经告诉你测量 B 所得结果，对不同的测量 B 所得结果，本问的答案将是不同的。)

解：

(a) 当对体系测量 $\hat{A}$ 得到 a_1 时，体系的波函数会坍缩为 $\hat{A}$ 本征值为 a_1 的本征态 ψ_1，所以在测量之后(瞬时)体系在 ψ_1 态。

(b) 由 $\psi_1=(3\phi_1+4\phi_2)/5$ 是 $\hat{B}$ 的本征态 ϕ_1 和 ϕ_2 的线性组合，当对 ψ_1 态测量 $\hat{B}$ 时，可能得到 b_1 或 b_2，得到 b_1 的概率为9/25，得到 b_2 的概率为16/25。

(c) 如果在测量 $\hat{B}$ 时得到的结果是 b_1，则波函数坍缩到 ϕ_1 态(概率为9/25)，由

$$\psi_1=(3\phi_1+4\phi_2)/5,\qquad \psi_2=(4\phi_1-3\phi_2)/5$$

可以解出

$$\phi_1=(3\psi_1+4\psi_2)/5$$

所以再测量 $\hat{A}$ 时，得到 a_1 的概率为9/25。

同理，如果在测量 $\hat{B}$ 得到的结果是 b_2，则波函数坍缩到 ϕ_2 态(概率为16/25)

$$\phi_2=(4\psi_1-3\psi_2)/5$$

所以再测量 $\hat{A}$ 时得到 a_1 的概率为16/25。

所以测量 $\hat{B}$，再测量 $\hat{A}$ 得到 a_1 的概率为

$$P=\frac{9}{25}\times\frac{9}{25}+\frac{16}{25}\times\frac{16}{25}=\frac{337}{625}=0.5392$$

** **习题3.28** 对无限深方势阱第 n 定态求其动量空间的波函数 $\Phi_n(p,t)$。作为 p 的函数，画出 $|\Phi_1(p,t)|^2$ 和 $|\Phi_2(p,t)|^2$(特别注意点 $p=\pm n\pi\hbar/a$)。用 $\Phi_n(p,t)$ 来计算 p^2 的期望值。并把答案和习题2.4比较。

解： 一维无限深方势阱的定态波函数为

$$\Psi_n(x,t)=\sqrt{\frac{2}{a}}\sin\left(\frac{n\pi}{a}x\right)\mathrm{e}^{-\mathrm{i}E_nt/\hbar}$$

其中，$0<x<a$，$E_n=\dfrac{n^2\pi^2\hbar^2}{2ma^2}$，$n=1,2,3\cdots$。

动量空间的波函数由下式得出

$$\Phi(p,t)=\frac{1}{\sqrt{2\pi\hbar}}\int_{-\infty}^{+\infty}\mathrm{e}^{-ipx/\hbar}\Psi(x,t)\,\mathrm{d}x$$

所以

$$\Phi_n(p,\ t) = \frac{1}{\sqrt{2\pi\hbar}}\int_0^a \mathrm{e}^{-\mathrm{i}px/\hbar}\sqrt{\frac{2}{a}}\sin\left(\frac{n\pi}{a}x\right)\mathrm{e}^{-\mathrm{i}E_nt/\hbar}\mathrm{d}x$$

$$= \frac{1}{\sqrt{\pi\hbar a}}\mathrm{e}^{-\mathrm{i}E_nt/\hbar}\int_0^a \mathrm{e}^{-\mathrm{i}px/\hbar}\frac{(\mathrm{e}^{\mathrm{i}n\pi x/a} - \mathrm{e}^{-\mathrm{i}n\pi x/a})}{2\mathrm{i}}\mathrm{d}x$$

$$= \frac{1}{\sqrt{\pi\hbar a}}\mathrm{e}^{-\mathrm{i}E_nt/\hbar}\frac{1}{2\mathrm{i}}\int_0^a (\mathrm{e}^{\mathrm{i}(n\pi/a - p/\hbar)x} - \mathrm{e}^{-\mathrm{i}(n\pi/a + p/\hbar)x})\mathrm{d}x$$

$$= \frac{1}{\sqrt{\pi\hbar a}}\mathrm{e}^{-\mathrm{i}E_nt/\hbar}\frac{1}{2\mathrm{i}}\left[\frac{\mathrm{e}^{\mathrm{i}(n\pi/a - p/\hbar)x}}{\mathrm{i}(n\pi/a - p/\hbar)} + \frac{\mathrm{e}^{-\mathrm{i}(n\pi/a + p/\hbar)x}}{\mathrm{i}(n\pi/a + p/\hbar)}\right]\Bigg|_0^a$$

$$= \frac{-1}{2\sqrt{\pi\hbar a}}\mathrm{e}^{-\mathrm{i}E_nt/\hbar}\left[\frac{\mathrm{e}^{\mathrm{i}(n\pi/a - p/\hbar)a} - 1}{(n\pi/a - p/\hbar)} + \frac{\mathrm{e}^{-\mathrm{i}(n\pi/a + p/\hbar)a} - 1}{(n\pi/a + p/\hbar)}\right]$$

$$= \frac{-1}{2\sqrt{\pi\hbar a}}\mathrm{e}^{-\mathrm{i}E_nt/\hbar}\left[\frac{\mathrm{e}^{\mathrm{i}(n\pi - ap/\hbar)} - 1}{(n\pi - ap/\hbar)}a + \frac{\mathrm{e}^{-\mathrm{i}(n\pi + ap/\hbar)} - 1}{(n\pi + ap/\hbar)}a\right]$$

$$= -\frac{1}{2}\sqrt{\frac{a}{\pi\hbar}}\mathrm{e}^{-\mathrm{i}E_nt/\hbar}\left[\frac{(-1)^n\mathrm{e}^{-\mathrm{i}ap/\hbar} - 1}{(n\pi - ap/\hbar)} + \frac{(-1)^n\mathrm{e}^{-\mathrm{i}ap/\hbar} - 1}{(n\pi + ap/\hbar)}\right]$$

$$= -\frac{1}{2}\sqrt{\frac{a}{\pi\hbar}}\mathrm{e}^{-\mathrm{i}E_nt/\hbar}\frac{2n\pi}{[(n\pi)^2 - (ap/\hbar)^2]}[(-1)^n\mathrm{e}^{-\mathrm{i}ap/\hbar} - 1]$$

$$= \sqrt{\frac{a\pi}{\hbar}}\mathrm{e}^{-\mathrm{i}E_nt/\hbar}\frac{n}{[(n\pi)^2 - (ap/\hbar)^2]}[1 - (-1)^n\mathrm{e}^{-\mathrm{i}ap/\hbar}]$$

注意到

$$1 - (-1)^n\mathrm{e}^{-\mathrm{i}ap/\hbar}$$
$$= \mathrm{e}^{-\mathrm{i}ap/2\hbar}[\mathrm{e}^{\mathrm{i}ap/2\hbar} - (-1)^n\mathrm{e}^{-\mathrm{i}ap/2\hbar}]$$
$$= \begin{cases}\mathrm{e}^{-\mathrm{i}ap/2\hbar}(\mathrm{e}^{\mathrm{i}ap/2\hbar} + \mathrm{e}^{-\mathrm{i}ap/2\hbar}] = 2\mathrm{e}^{-\mathrm{i}ap/2\hbar}\cos\left(\dfrac{ap}{2\hbar}\right) & (n = 1,\ 3,\ 5,\ \cdots)\\ \mathrm{e}^{-\mathrm{i}ap/2\hbar}(\mathrm{e}^{\mathrm{i}ap/2\hbar} - \mathrm{e}^{-\mathrm{i}ap/2\hbar}) = 2\mathrm{i}\mathrm{e}^{-\mathrm{i}ap/2\hbar}\sin\left(\dfrac{ap}{2\hbar}\right) & (n = 2, 4, 6,\ \cdots)\end{cases}$$

所以

$$\Phi_n(p,\ t) = \sqrt{\frac{a\pi}{\hbar}}\mathrm{e}^{-\mathrm{i}E_nt/\hbar}\frac{n}{[(n\pi)^2 - (ap/\hbar)^2]}\times\begin{cases}2\mathrm{e}^{-\mathrm{i}ap/2\hbar}\cos\left(\dfrac{ap}{2\hbar}\right) & (n = 1,\ 3,\ 5,\ \cdots)\\ 2\mathrm{i}\mathrm{e}^{-\mathrm{i}ap/2\hbar}\sin\left(\dfrac{ap}{2\hbar}\right) & (n = 2,\ 4,\ 6,\ \cdots)\end{cases}$$

对 $n = 1,\ 2$ 有

$$|\Phi_1(p,\ t)|^2 = \frac{4a\pi}{\hbar}\frac{\cos^2\left(\dfrac{ap}{2\hbar}\right)}{[\pi^2 - (ap/\hbar)^2]^2},\quad |\Phi_2(p,\ t)|^2 = \frac{16a\pi}{\hbar}\frac{\sin^2\left(\dfrac{ap}{2\hbar}\right)}{[4\pi^2 - (ap/\hbar)^2]^2}$$

当 $p = \pm n\pi\hbar/a$ 时，上式的分母为零，但是分子也为零，所以在这些点波函数不会出现奇异行为。波函数的模平方图如图 3-1 所示。

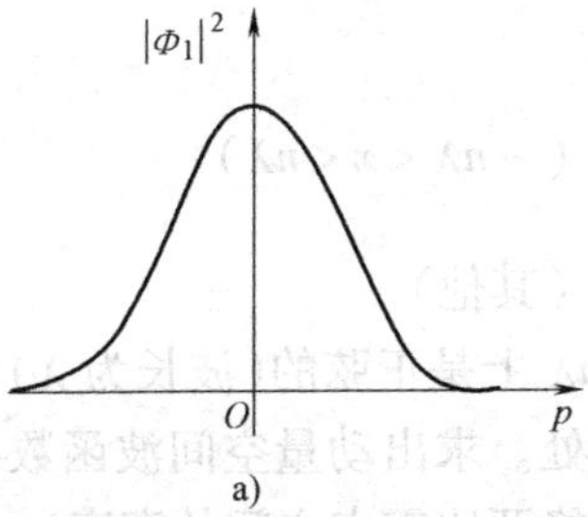

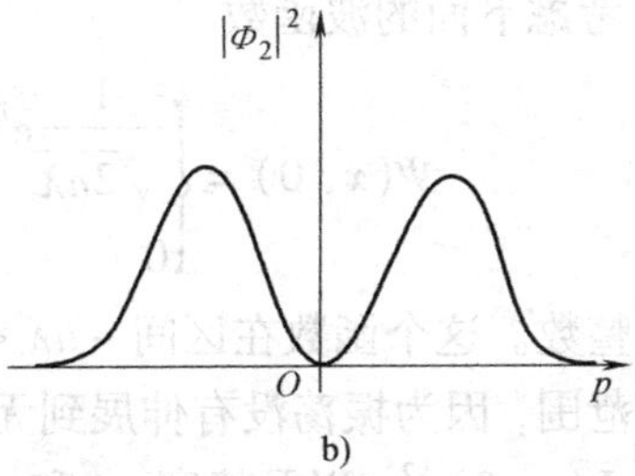

图 3-1

$$\langle p^2\rangle = \int_{-\infty}^{+\infty} p^2 |\Phi_n(p,\ t)|^2 \mathrm{d}p = \frac{4n^2\pi a}{\hbar}\int_{-\infty}^{+\infty}\frac{p^2}{[(n\pi)^2-(ap/\hbar)^2]^2}\begin{Bmatrix}\cos^2(ap/2\hbar)\\ \sin^2(ap/2\hbar)\end{Bmatrix}\mathrm{d}p$$

（令 $x\equiv(ap/n\pi\hbar)$）

$$= \frac{4n\hbar^2}{a^2}\int_{-\infty}^{+\infty}\frac{x^2}{(1-x^2)^2}T_n(x)\mathrm{d}x = \frac{4n\hbar^2}{a^2}I_n$$

式中

$$T_n(x)\equiv\begin{cases}\cos^2(n\pi x/2) & (n=1,\ 3,\ 5,\ \cdots)\\ \sin(n\pi x/2) & (n=2,\ 4,\ 6,\ \cdots)\end{cases},\ I_n\equiv\int_{-\infty}^{+\infty}\frac{x^2}{(1-x^2)^2}T_n(x)\mathrm{d}x$$

因式分解 I_n

$$\frac{x^2}{(1-x^2)} = \frac{1}{4}\left[\frac{1}{(x-1)^2}+\frac{1}{(x+1)^2}+\frac{1}{(x-1)}-\frac{1}{(x+1)}\right]$$

$$I_n = \frac{1}{4}\int_{-\infty}^{+\infty}\left[\frac{1}{(x-1)^2}+\frac{1}{(x+1)^2}+\frac{1}{(x-1)}-\frac{1}{(x+1)}\right]T_n(x)\mathrm{d}x$$

对 n 为奇数的情况

$$\int_{-\infty}^{+\infty}\frac{1}{(x\pm1)^k}\cos^2\left(\frac{n\pi}{2}x\right)\mathrm{d}x = \int_{-\infty}^{+\infty}\frac{1}{y^k}\cos^2\left(\frac{n\pi}{2}(y\mp1)\right)\mathrm{d}y = \int_{-\infty}^{+\infty}\frac{1}{y^k}\sin^2\left(\frac{n\pi}{2}y\right)\mathrm{d}y$$

对 n 为偶数的情况

$$\int_{-\infty}^{+\infty}\frac{1}{(x\pm1)^k}\sin^2\left(\frac{n\pi}{2}x\right)\mathrm{d}x = \int_{-\infty}^{+\infty}\frac{1}{y^k}\sin^2\left(\frac{n\pi}{2}(y\mp1)\right)\mathrm{d}y = \int_{-\infty}^{+\infty}\frac{1}{y^k}\sin^2\left(\frac{n\pi}{2}y\right)\mathrm{d}y$$

所以在两种情况下都有

$$I_n = \frac{1}{2}\int_{-\infty}^{+\infty}\left(\frac{1}{y^2}+\frac{1}{y}\right)\sin^2\left(\frac{n\pi}{2}y\right)\mathrm{d}y = \frac{1}{2}\int_{-\infty}^{+\infty}\frac{1}{y^2}\sin^2\left(\frac{n\pi}{2}y\right)\mathrm{d}y$$

（第二项积分由于被积函数是奇函数，所以为零）故

$$I_n = \frac{1}{2}\int_{-\infty}^{+\infty}\frac{1}{y^2}\sin^2\left(\frac{n\pi}{2}y\right)\mathrm{d}y = \frac{n\pi}{4}\int_{-\infty}^{+\infty}\frac{\sin^2u}{u^2}\mathrm{d}u = \frac{n\pi^2}{4}$$

$$\langle p^2\rangle = \frac{4n\hbar^2}{a^2}I_n = \frac{4n\hbar^2}{a^2}\frac{n\pi^2}{4} = \frac{n^2\pi^2\hbar^2}{a^2}$$

这与用坐标空间的定态波函数 $\Psi_n(x,\ t)$ 由公式

$$\langle p^2\rangle = -\hbar^2\int_{-\infty}^{+\infty}\Psi_n(x,\ t)\frac{\mathrm{d}^2\Psi_n(x,\ t)}{\mathrm{d}x^2}\mathrm{d}x = \frac{n^2\pi^2\hbar^2}{a^2}$$

计算的结果是一样的（当然它们也必须一样）。

习题 3.29 考虑下面的波函数

$$\Psi(x,0)=\begin{cases}\dfrac{1}{\sqrt{2n\lambda}}e^{i2\pi x/\lambda} & (-n\lambda<x<n\lambda)\\ 0 & (\text{其他})\end{cases}$$

这里 n 是某个正整数。这个函数在区间 $-n\lambda<x<n\lambda$ 上是正弦的(波长为 λ)，但是它的动量仍然有一个分布范围，因为振荡没有伸展到无限远处。求出动量空间波函数 $\Phi(p,0)$，画出 $|\Psi(x,0)|^2$ 和 $|\Phi(p,0)|^2$，以及峰宽 w_x 和 w_p(主峰两边零点之间的宽度)，并考虑当 $n\to\infty$ 时每一个宽度会怎样。用 w_x 和 w_p 来估计 Δx 和 Δp，验证不确定原理是否满足。提醒：如果尝试计算 σ_p，你将会很意外。你能够分析问题所在么？

解：

$$\Phi(p,0)=\frac{1}{\sqrt{2\pi\hbar}}\int_{-\infty}^{+\infty}e^{-ipx/\hbar}\Psi(x,0)\,dx=\frac{1}{2\sqrt{n\pi\hbar\lambda}}\int_{-n\lambda}^{n\lambda}e^{i(2\pi/\lambda-p/\hbar)x}dx$$

$$=\frac{1}{2\sqrt{n\pi\hbar\lambda}}\left[\frac{e^{i(2\pi/\lambda-p/\hbar)x}}{i(2\pi/\lambda-p/\hbar)}\right]\Bigg|_{-n\lambda}^{n\lambda}$$

$$=\frac{1}{2\sqrt{n\pi\hbar\lambda}}\frac{e^{i(2\pi/\lambda-p/\hbar)n\lambda}-e^{-i(2\pi/\lambda-p/\hbar)n\lambda}}{i(2\pi/\lambda-p/\hbar)}$$

$$=\sqrt{\frac{\hbar\lambda}{n\pi}}\frac{\sin(np\lambda/\hbar)}{(p\lambda-2\pi\hbar)}$$

$$|\Phi(p,0)|^2=\frac{\hbar\lambda}{n\pi}\frac{\sin^2(np\lambda/\hbar)}{(p\lambda-2\pi\hbar)^2}\quad(-\infty<p<\infty)$$

$$|\Psi(x,0)|^2=\begin{cases}\dfrac{1}{2n\lambda} & (-n\lambda<x<n\lambda)\\ 0 & (\text{其他})\end{cases}$$

它们的图形如图3-2所示。

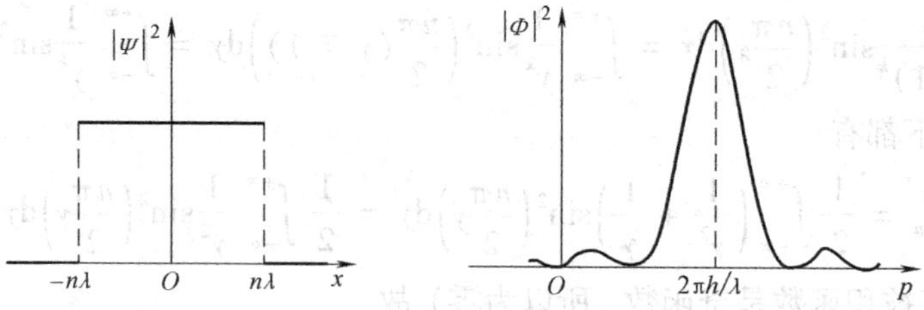

图 3-2

$|\Psi|^2$的宽度为 $w_x=2n\lambda$。$|\Phi|^2$ 的最大值在 $2\pi\hbar/\lambda$ 处(注意此处分母为零，但是分子也为零)，这个最大值两侧的零点出现在$\dfrac{2\pi\hbar}{\lambda}\left(1\pm\dfrac{1}{2n}\right)$处，所以 $w_p=\dfrac{2\pi\hbar}{n\lambda}$。

当 $n\to\infty$，$w_x\to\infty$，$w_p\to0$ 时，在这个极限下，粒子有比较确定的动量，但是坐标非常不确定。

$$w_x w_p = 2n\lambda \frac{2\pi\hbar}{n\lambda} = 4\pi\hbar > \frac{\hbar}{2}$$

满足不确定原理。

如果试图计算 $\sigma_p = \sqrt{\langle p^2\rangle - \langle p\rangle^2}$，可以发现$\langle p\rangle = 0$，但

$$\langle p^2\rangle = \frac{\hbar\lambda}{n\pi}\int_{-\infty}^{+\infty} p^2 \frac{\sin^2(np\lambda/\hbar)}{(p\lambda - 2\pi\hbar)^2}\mathrm{d}p \to \infty$$

出现这个问题的根源在于波函数 $\Psi(x, 0)$在端点 $\pm n\lambda$ 是不连续的，这导致 $\hat{p}\Psi = -\mathrm{i}\hbar\,\mathrm{d}\Psi/\mathrm{d}x$ 在端点产生 δ 函数，而$\langle \Psi | p^2 | \Psi\rangle = \langle \hat{p}\Psi | \hat{p}\Psi\rangle$是 δ 函数模平方的积分，结果为无限大。一般来讲，如果想要 σ_p 有限，波函数必须连续。

习题 3.30 假设：

$$\Psi(x, 0) = \frac{A}{x^2 + a^2}$$

式中 A 和 a 是常数。

(a) 归一化 $\Psi(x, 0)$，确定 A 的值。

(b) 求出$\langle x\rangle$，$\langle x^2\rangle$和 σ_x（在 $t=0$ 时刻）。

(c) 求出动量空间的波函数 $\Phi(p, 0)$，并验证它是归一化的。

(d) 用 $\Phi(p, 0)$来计算$\langle p\rangle$，$\langle p^2\rangle$和 σ_p（在 $t=0$ 时刻）。

(e) 对这个态验证不确定原理。

解：(a)

$$1 = |A|^2\int_{-\infty}^{+\infty}\frac{1}{(x^2+a^2)^2}\mathrm{d}x = 2|A|^2\int_0^{+\infty}\frac{1}{(x^2+a^2)^2}\mathrm{d}x$$

$$= 2|A|^2\frac{1}{2a^2}\left[\frac{x}{x^2+a^2} + \frac{1}{a}\arctan(x/a)\right]\Big|_0^{+\infty} = \frac{\pi}{2a^3}|A|^2$$

所以

$$A = \sqrt{\frac{2a^3}{\pi}}$$

(b)

$$\langle x\rangle = \int_{-\infty}^{+\infty} x|\Psi(x, 0)|^2\mathrm{d}x = |A|^2\int_{-\infty}^{+\infty}\frac{x}{(x^2+a^2)^2}\mathrm{d}x = 0\ （被积函数是奇函数）$$

$$\langle x^2\rangle = \int_{-\infty}^{+\infty} x^2|\Psi(x, 0)|^2\mathrm{d}x = |A|^2\int_{-\infty}^{+\infty}\frac{x^2}{(x^2+a^2)^2}\mathrm{d}x$$

$$= \frac{|A|^2}{a}\int_{-\infty}^{+\infty}\frac{(x/a)^2}{[(x/a)^2+1]^2}\mathrm{d}(x/a) \quad （令 (x/a) = \tan\theta）$$

$$= \frac{|A|^2}{a}\int_{-\pi/2}^{\pi/2}\tan^2\theta\cos^4\theta\frac{\mathrm{d}\theta}{\cos^2\theta} = \frac{|A|^2}{a}\int_{-\pi/2}^{\pi/2}\sin^2\theta\mathrm{d}\theta$$

$$= \frac{|A|^2}{a}\frac{\pi}{2} = a^2$$

所以

$$\sigma_x = \sqrt{\langle x^2\rangle - \langle x\rangle^2} = a$$

（c）动量空间的波函数为

$$\Phi(p,0) = \frac{1}{\sqrt{2\pi\hbar}}\int_{-\infty}^{+\infty} \mathrm{e}^{-\mathrm{i}px/\hbar}\Psi(x,0)\,\mathrm{d}x = \frac{1}{\sqrt{2\pi\hbar}}\int_{-\infty}^{+\infty} \mathrm{e}^{-\mathrm{i}px/\hbar}\frac{A}{x^2+a^2}\mathrm{d}x$$

$$= \frac{A}{\sqrt{2\pi\hbar}}\int_{-\infty}^{+\infty}\frac{\cos(px/\hbar)+\mathrm{i}\sin(px/\hbar)}{x^2+a^2}\mathrm{d}x \quad \text{（第二个积分的被积函数为奇函数）}$$

$$= \frac{A}{\sqrt{2\pi\hbar}}\int_{-\infty}^{+\infty}\frac{\cos(px/\hbar)}{x^2+a^2}\mathrm{d}x = \frac{A}{a\sqrt{2\pi\hbar}}\int_{-\infty}^{+\infty}\frac{\cos\left(\frac{pa}{\hbar}\frac{x}{a}\right)}{(x/a)^2+1}\mathrm{d}\left(\frac{x}{a}\right) \quad \text{（令}\ \xi\equiv x/a\text{）}$$

$$= \frac{2A}{a\sqrt{2\pi\hbar}}\int_0^{+\infty}\frac{\cos\left(\frac{pa}{\hbar}\xi\right)}{\xi^2+1}\mathrm{d}\xi$$

$$\left(\text{其中，}\alpha = pa/\hbar,\ \int_0^{+\infty}\frac{\cos(\alpha\xi)}{1+\xi^2}\mathrm{d}\xi = \begin{cases}\pi\mathrm{e}^{-\alpha}/2 & (\alpha>0)\\ \pi\mathrm{e}^{\alpha}/2 & (\alpha<0)\end{cases}\right)$$

$$= \frac{2}{a\sqrt{2\pi\hbar}}\sqrt{\frac{2a^3}{\pi}}\frac{\pi}{2}\mathrm{e}^{-|p|a/\hbar} = \sqrt{\frac{a}{\hbar}}\mathrm{e}^{-|p|a/\hbar}$$

验证归一化：

$$\int_{-\infty}^{+\infty}|\Phi(p,0)|^2\mathrm{d}p = \frac{a}{\hbar}2\int_0^{+\infty}\mathrm{e}^{-2pa/\hbar}\mathrm{d}p = \frac{2a}{\hbar}\left(-\frac{\hbar}{2a}\mathrm{e}^{-2pa/\hbar}\Big|_0^{+\infty}\right) = 1$$

（d）

$$\langle p\rangle = \int_{-\infty}^{+\infty}p|\Phi(p,0)|^2\mathrm{d}p = 0 \quad \text{（被积函数为奇函数）}$$

$$\langle p^2\rangle = \int_{-\infty}^{+\infty}p^2|\Phi(p,0)|^2\mathrm{d}p = 2\frac{a}{\hbar}\int_0^{+\infty}p^2\mathrm{e}^{-2pa/\hbar}\mathrm{d}p = \frac{2a}{\hbar}2\left(\frac{\hbar}{2a}\right)^3 = \frac{\hbar^2}{2a^2}$$

所以

$$\sigma_p = \sqrt{\langle p^2\rangle - \langle p\rangle^2} = \frac{\hbar}{\sqrt{2}a}$$

（e）$\sigma_x\sigma_p = a\dfrac{\hbar}{\sqrt{2}a} = \dfrac{\hbar}{\sqrt{2}} > \dfrac{\hbar}{2}$

满足不确定原理。

＊习题 3.31　维里[Virial]定理。利用式 3.71 $\dfrac{\mathrm{d}}{\mathrm{d}t}\langle Q\rangle = \dfrac{\mathrm{i}}{\hbar}\langle[\hat{H},\hat{Q}]\rangle + \left\langle\dfrac{\partial\hat{Q}}{\partial t}\right\rangle$ 证明：

$$\frac{\mathrm{d}}{\mathrm{d}t}\langle xp\rangle = 2\langle T\rangle - \left\langle x\frac{\mathrm{d}V}{\mathrm{d}x}\right\rangle$$

式中 T 是动能（$H=T+V$）。对于定态，上式的左边为 0（为什么？），所以有

$$2\langle T\rangle = \left\langle x\frac{\mathrm{d}V}{\mathrm{d}x}\right\rangle$$

这称为**维里定理**。用它来证明对谐振子的定态有$\langle T\rangle=\langle V\rangle$，并验证这与你在习题2.11和习题2.12里得到的结果是一致的。

解：由力学量期望值随时间演化的公式

$$\frac{\mathrm{d}}{\mathrm{d}t}\langle Q\rangle=\frac{\mathrm{i}}{\hbar}\langle[\hat{H},\hat{Q}]\rangle+\left\langle\frac{\partial\hat{Q}}{\partial t}\right\rangle$$

算符$x\hat{p}$不显含时间，所以

$$\begin{aligned}\frac{\mathrm{d}}{\mathrm{d}t}\langle xp\rangle&=\frac{\mathrm{i}}{\hbar}\langle[H,xp]\rangle=\frac{\mathrm{i}}{\hbar}\langle[T+V,xp]\rangle=\frac{\mathrm{i}}{\hbar}\left\langle\left[\frac{p^2}{2m},xp\right]+[V,xp]\right\rangle\\&=\frac{\mathrm{i}}{\hbar}\left\langle\left[\frac{p^2}{2m},x\right]p+x\left[\frac{p^2}{2m},p\right]+[V,x]p+x[V,p]\right\rangle\\&=\frac{\mathrm{i}}{\hbar}\left\langle\frac{p}{2m}[p,x]p+[p,x]\frac{p^2}{2m}+x[V,p]\right\rangle\\&=\frac{\mathrm{i}}{\hbar}\left\langle\frac{p}{2m}(-\mathrm{i}\hbar)p+(-\mathrm{i}\hbar)\frac{p^2}{2m}+x\left(\mathrm{i}\hbar\frac{\mathrm{d}V}{\mathrm{d}x}\right)\right\rangle\\&=\left\langle2\frac{p^2}{2m}-x\frac{\mathrm{d}V}{\mathrm{d}x}\right\rangle=2\langle T\rangle-\left\langle x\frac{\mathrm{d}V}{\mathrm{d}x}\right\rangle\end{aligned}$$

对于定态，所有力学量(不显含时间)的期望值都不随时间变化，即$\mathrm{d}\langle xp\rangle/\mathrm{d}t=0$，所以$2\langle T\rangle=\langle x(\mathrm{d}V/\mathrm{d}x)\rangle$。

对于谐振子，$V=\frac{1}{2}m\omega^2x^2$，$\mathrm{d}V/\mathrm{d}x=m\omega^2x$，所以

$$2\langle T\rangle=\langle x(\mathrm{d}V/\mathrm{d}x)\rangle=\langle m\omega^2x^2\rangle=2\langle V\rangle\to\langle T\rangle=\langle V\rangle$$

由于

$$E_n=\langle H\rangle=\langle T\rangle+\langle V\rangle$$

所以，对谐振子定态有

$$\langle T\rangle=\langle V\rangle=\frac{1}{2}E_n=\frac{1}{2}(n+1/2)\hbar\omega$$

习题3.32 在一个关于能量-时间不确定原理的有趣版本里$\Delta t=\tau/\pi$，这里τ是$\Psi(x,t)$演变为与$\Psi(x,0)$相正交的态所需要的时间。用某个(任意的)势的两个(正交归一的)定态波函数的均匀叠加：$\Psi(x,0)=(1/\sqrt{2})[\psi_1(x)+\psi_2(x)]$，验证这个结论。

解：

$$\Psi(x,t)=\frac{1}{\sqrt{2}}[\psi_1(x)\mathrm{e}^{-\frac{\mathrm{i}}{\hbar}E_1t}+\psi_2(x)\mathrm{e}^{-\frac{\mathrm{i}}{\hbar}E_2t}]$$

$$\langle\Psi(x,t)|\Psi(x,0)\rangle=0$$

$$\begin{aligned}\int_{-\infty}^{+\infty}\Psi^*(x,t)\Psi(x,0)\mathrm{d}x&=\frac{1}{2}\int_{-\infty}^{+\infty}[\psi_1^*(x)\mathrm{e}^{\mathrm{i}E_1t/\hbar}+\psi_2^*(x)\mathrm{e}^{\mathrm{i}E_2t/\hbar}][\psi_1(x)+\psi_2(x)]\mathrm{d}x\\&=\frac{1}{2}\int_{-\infty}^{+\infty}(\mathrm{e}^{\mathrm{i}E_1t/\hbar}|\psi_1|^2+\mathrm{e}^{\mathrm{i}E_2t/\hbar}|\psi_2|^2+\end{aligned}$$

$$\mathrm{e}^{\mathrm{i}E_1t/\hbar}\psi_1^*\psi_2+\mathrm{e}^{\mathrm{i}E_2t/\hbar}\psi_2^*\psi_1)\,\mathrm{d}x$$

$$=\frac{1}{2}(\mathrm{e}^{\mathrm{i}E_1t/\hbar}+\mathrm{e}^{\mathrm{i}E_2t/\hbar})=0\rightarrow\mathrm{e}^{\mathrm{i}E_2t/\hbar}=-\mathrm{e}^{\mathrm{i}E_1t/\hbar}\rightarrow\mathrm{e}^{\mathrm{i}(E_2-E_1)t/\hbar}=-1$$

所以 $$(E_2-E_1)t/\hbar=(2n+1)\pi\quad(n=0,1,2,3,\cdots)$$

$n=0$ 对应的时间

$$\tau=\frac{\hbar\pi}{E_2-E_1}$$

是两个波函数第一次正交的时间，定义时间的不确定为

$$\Delta t=\frac{\tau}{\pi}=\frac{\hbar}{E_2-E_1}$$

而

$$\langle H^2\rangle=\frac{1}{2}E_1^2+\frac{1}{2}E_2^2,\quad\langle H\rangle^2=\left(\frac{1}{2}E_1+\frac{1}{2}E_2\right)^2=\frac{1}{4}E_1^2+\frac{1}{4}E_2^2+\frac{1}{2}E_1E_2$$

$$\langle H^2\rangle-\langle H\rangle^2=\frac{1}{4}E_1^2+\frac{1}{4}E_2^2-\frac{1}{2}E_1E_2=\frac{1}{4}(E_2-E_1)^2$$

所以

$$\Delta E=\sigma_H=\sqrt{\langle H^2\rangle-\langle H\rangle^2}=\frac{1}{2}(E_2-E_1)$$

从而有

$$\Delta E\Delta t=\frac{1}{2}\hbar$$

我们得到了所谓的能量-时间不确定原理。

** **习题 3.33** 以谐振子(正交归一的)定态为基，求矩阵元$\langle n|x|n'\rangle$和$\langle n|p|n'\rangle$。你已在习题2.12里计算过对角元素($n=n'$)；用同样方法计算更一般的情况。构造出相应的(无限)矩阵 $\boldsymbol{X}$ 和 $\boldsymbol{P}$。证明$(1/2m)\boldsymbol{P}^2+(m\omega^2/2)\boldsymbol{X}^2=\boldsymbol{H}$在这个基中是对角的。你预期它的对角元素是什么？部分答案如下：

$$\langle n|x|n'\rangle=\sqrt{\frac{\hbar}{2m\omega}}(\sqrt{n'}\delta_{n,n'-1}+\sqrt{n}\delta_{n',n-1})$$

解： 利用产生和湮灭算符 a_+，a_- 以及

$$a_+|n\rangle=\sqrt{n+1}|n+1\rangle,\ a_-|n\rangle=\sqrt{n}|n-1\rangle$$

$$x=\sqrt{\frac{\hbar}{2m\omega}}(a_++a_-),\ p=\mathrm{i}\sqrt{\frac{\hbar m\omega}{2}}(a_+-a_-)$$

$$\langle n|x|n'\rangle=\sqrt{\frac{\hbar}{2m\omega}}\langle n|a_++a_-|n'\rangle=\sqrt{\frac{\hbar}{2m\omega}}(\langle n|a_+|n'\rangle+\langle n|a_-|n'\rangle)$$

$$=\sqrt{\frac{\hbar}{2m\omega}}(\sqrt{n'+1}\langle n|n'+1\rangle+\sqrt{n'}\langle n|n'-1\rangle)$$

$$=\sqrt{\frac{\hbar}{2m\omega}}(\sqrt{n}\delta_{n,n'+1}+\sqrt{n'}\delta_{n,n'-1})$$

$$\langle n|p|n'\rangle = \mathrm{i}\sqrt{\frac{\hbar m\omega}{2}}\langle n|(a_+ - a_-)|n'\rangle = \mathrm{i}\sqrt{\frac{\hbar m\omega}{2}}\langle [n|a_+|n'\rangle - \langle n|a_-|n'\rangle)$$

$$= \mathrm{i}\sqrt{\frac{\hbar m\omega}{2}}(\sqrt{n'+1}\langle n|n'+1\rangle - \sqrt{n'}\langle n|n'-1\rangle)$$

$$= \mathrm{i}\sqrt{\frac{\hbar m\omega}{2}}(\sqrt{n}\delta_{n,\,n'+1} - \sqrt{n'}\delta_{n,\,n'-1})$$

所以，在占有数表象（能量本征态表象）坐标与动量的矩阵为

$$\boldsymbol{X} = \sqrt{\frac{\hbar}{2m\omega}}\begin{pmatrix} 0 & \sqrt{1} & 0 & 0 & 0 & \\ \sqrt{1} & 0 & \sqrt{2} & 0 & 0 & \\ 0 & \sqrt{2} & 0 & \sqrt{3} & 0 & \cdots \\ 0 & 0 & \sqrt{3} & 0 & \sqrt{4} & \\ 0 & 0 & 0 & \sqrt{4} & 0 & \\ & & \vdots & & & \end{pmatrix}, \quad \boldsymbol{P} = \mathrm{i}\sqrt{\frac{m\hbar\omega}{2}}\begin{pmatrix} 0 & -\sqrt{1} & 0 & 0 & 0 & \\ \sqrt{1} & 0 & -\sqrt{2} & 0 & 0 & \\ 0 & \sqrt{2} & 0 & -\sqrt{3} & 0 & \cdots \\ 0 & 0 & \sqrt{3} & 0 & -\sqrt{4} & \\ 0 & 0 & 0 & \sqrt{4} & 0 & \\ & & \vdots & & & \end{pmatrix}$$

由此得到

$$\boldsymbol{X}^2 = \frac{\hbar}{2m\omega}\begin{pmatrix} 1 & 0 & \sqrt{1\times 2} & 0 & 0 & \\ 0 & 3 & 0 & \sqrt{2\times 3} & 0 & \\ \sqrt{1\times 2} & 0 & 5 & 0 & \sqrt{3\times 4} & \cdots \\ 0 & \sqrt{2\times 3} & 0 & 7 & 0 & \\ 0 & 0 & \sqrt{3\times 4} & 0 & 9 & \\ & & \vdots & & & \end{pmatrix},$$

$$\boldsymbol{P}^2 = -\frac{m\hbar\omega}{2}\begin{pmatrix} -1 & 0 & \sqrt{1\times 2} & 0 & 0 & \\ 0 & -3 & 0 & \sqrt{2\times 3} & 0 & \\ \sqrt{1\times 2} & 0 & -5 & 0 & \sqrt{3\times 4} & \cdots \\ 0 & \sqrt{2\times 3} & 0 & -7 & 0 & \\ 0 & 0 & \sqrt{3\times 4} & 0 & -9 & \\ & & \vdots & & & \end{pmatrix}$$

所以

$$\boldsymbol{H} = \frac{1}{2m}\boldsymbol{P}^2 + \frac{1}{2}m\omega^2\boldsymbol{X}^2$$

$$= -\frac{\hbar\omega}{4}\begin{pmatrix} -1 & 0 & \sqrt{1\times 2} & 0 & 0 & \\ 0 & -3 & 0 & \sqrt{2\times 3} & 0 & \\ \sqrt{1\times 2} & 0 & -5 & 0 & \sqrt{3\times 4} & \cdots \\ 0 & \sqrt{2\times 3} & 0 & -7 & 0 & \\ 0 & 0 & \sqrt{3\times 4} & 0 & -9 & \\ & & \cdots & & & \end{pmatrix} +$$

$$\frac{\hbar\omega}{4}\begin{pmatrix} 1 & 0 & \sqrt{1\times 2} & 0 & 0 \\ 0 & 3 & 0 & \sqrt{2\times 3} & 0 \\ \sqrt{1\times 2} & 0 & 5 & 0 & \sqrt{3\times 4} & \cdots \\ 0 & \sqrt{2\times 3} & 0 & 7 & 0 \\ 0 & 0 & \sqrt{3\times 4} & 0 & 9 \\ & & \vdots & & \end{pmatrix}$$

$$=\frac{\hbar\omega}{2}\begin{pmatrix} 1 & 0 & 0 & 0 & 0 \\ 0 & 3 & 0 & 0 & 0 \\ 0 & 0 & 5 & 0 & 0 & \cdots \\ 0 & 0 & 0 & 7 & 0 \\ 0 & 0 & 0 & 0 & 9 \\ & & \vdots & & \end{pmatrix}$$

由此，可以看出哈密顿算符在它自己的表象中是对角矩阵的(也必须是)，对角元素为$(n+1/2)\hbar\omega(n=0,1,2,3,\cdots)$，是谐振子的能量本征值。

习题 3.34 一个谐振子处于这样的态，当对其测量能量时所得结果必是$(1/2)\hbar\omega$或$(3/2)\hbar\omega$其中之一，并且得到两者的概率相等。在此态中，$\langle p\rangle$的可能的最大值是多少呢？如果假设在$t=0$时刻为这个可能的最大值，$\Psi(x,t)$是什么？

解：由题意波函数为

$$\Psi(x,t)=c_0\psi_0(x)\mathrm{e}^{-\mathrm{i}E_0t/\hbar}+c_1\psi_1(x)\mathrm{e}^{-\mathrm{i}E_2t/\hbar}$$
$$E_0=\hbar\omega/2,\ E_1=3\hbar\omega/2$$

并且

$$|c_0|^2=|c_1|^2=\frac{1}{2}\rightarrow c_0=\frac{1}{\sqrt{2}}\mathrm{e}^{\mathrm{i}\theta_0},\ c_1=\frac{1}{\sqrt{2}}\mathrm{e}^{\mathrm{i}\theta_1}\quad(\theta_0,\theta_1\text{ 为实数})$$

所以

$$\Psi(x,t)=\frac{1}{\sqrt{2}}(\psi_0\mathrm{e}^{-\mathrm{i}(\omega t/2-\theta_0)}+\psi_1\mathrm{e}^{-\mathrm{i}(3\omega t/2-\theta_1)})$$

$$\begin{aligned}\langle p\rangle&=\langle\Psi|p|\Psi\rangle\\&=\frac{1}{2}\mathrm{i}\sqrt{\frac{\hbar m\omega}{2}}[\langle 0|\mathrm{e}^{\mathrm{i}(\omega t/2-\theta_0)}+\langle 1|\mathrm{e}^{\mathrm{i}(3\omega t/2-\theta_1)}](a_+-a_-)[|0\rangle\mathrm{e}^{-\mathrm{i}(\omega t/2-\theta_0)}+|1\rangle\mathrm{e}^{-\mathrm{i}(3\omega t/2-\theta_1)}]\\&=\frac{1}{2}\mathrm{i}\sqrt{\frac{\hbar m\omega}{2}}[\langle 0|\mathrm{e}^{\mathrm{i}(\omega t/2-\theta_0)}+\langle 1|e^{\mathrm{i}(3\omega t/2-\theta_1)}][|1\rangle\mathrm{e}^{-\mathrm{i}(\omega t/2-\theta_0)}+\sqrt{2}|2\rangle\mathrm{e}^{-\mathrm{i}(3\omega t/2-\theta_1)}-\\&\quad|0\rangle\mathrm{e}^{-\mathrm{i}(3\omega t/2-\theta_1)}]\\&=\frac{1}{2}\mathrm{i}\sqrt{\frac{\hbar m\omega}{2}}(-\mathrm{e}^{-\mathrm{i}(\omega t+\theta_0-\theta_1)}+\mathrm{e}^{\mathrm{i}(\omega t+\theta_0-\theta_1)})\\&=-\sqrt{\frac{\hbar m\omega}{2}}\sin(\omega t+\theta_0-\theta_1)\end{aligned}$$

$\langle p\rangle$可能的最大值为$\sqrt{\frac{\hbar m\omega}{2}}$，若$t=0$时刻为最大值，则$\theta_0-\theta_1=2n\pi-\frac{\pi}{2}$，取$n=1$，$\theta_0=0$，则

$\theta_1 = \dfrac{\pi}{2}$

这样

$$\Psi(x,\ t) = \frac{1}{\sqrt{2}}(\psi_0 \mathrm{e}^{-\mathrm{i}E_0 t/\hbar} + \psi_1 \mathrm{e}^{\mathrm{i}\pi/2}\mathrm{e}^{-\mathrm{i}E_1 t/\hbar}) = \frac{1}{\sqrt{2}}(\psi_0 \mathrm{e}^{-\mathrm{i}E_0 t/\hbar} + \mathrm{i}\psi_1 \mathrm{e}^{-\mathrm{i}E_1 t/\hbar})$$

** **习题 3.35** 谐振子的相干态。在谐振子定态中($|n\rangle = \psi_n(x)$，式 2.67，即 $\psi_n = \frac{1}{\sqrt{n!}}(a_+)^n\psi_0$)仅 $n=0$ 的态符合不确定原理的极限($\sigma_x\sigma_p = \hbar/2$)；一般情况下，$\sigma_x\sigma_p = (2n+1)\hbar/2$，如你在习题 2.12 求出的那样。但是某些线性组合(所谓的相干态)也会减小不确定原理中的积。它们是湮灭算符的本征函数：

$$a_-|\alpha\rangle = \alpha|\alpha\rangle$$

(这里本征值 α 可以是任何复数)。

(a) 对态 $|\alpha\rangle$ 计算 $\langle x\rangle$，$\langle x^2\rangle$，$\langle p\rangle$，$\langle p^2\rangle$。提示：利用教材中例题 2.5 的方法，并记住 a_+ 是 a_- 的厄密共轭。不要假定 α 是实数。

(b) 求出 σ_x 和 σ_p，证明 $\sigma_x\sigma_p = \hbar/2$。

(c) 像其他的波函数一样，相干态可以用能量本征态展开

$$|\alpha\rangle = \sum_{n=0}^{\infty} c_n|n\rangle$$

证明展开系数是

$$c_n = \frac{\alpha^n}{\sqrt{n!}}c_0$$

(d) 由归一化 $|\alpha\rangle$ 确定 c_0。答案：$\exp(-|\alpha|^2/2)$。

(e) 现在加入时间因子：

$$|n\rangle \to \mathrm{e}^{-\mathrm{i}E_n t/\hbar}|n\rangle$$

证明 $|\alpha(t)\rangle$ 仍然是 a_- 的本征态，但是本征值随时间变化

$$\alpha(t) = \mathrm{e}^{-\mathrm{i}\omega t}\alpha$$

因此，一个相干态维持相干，并继续减小不确定原理中的积。

(f) 基态($|n=0\rangle$)本身是相干态吗？如果是，它的本征值是什么？

解：

(a) 因为 a_+ 是 a_- 的厄密共轭，所以有

$$\langle\alpha|a_+|\alpha\rangle = \langle\alpha|a_-|\alpha\rangle^* = \langle a_-\alpha|\alpha\rangle = \alpha^*$$

$$\langle x\rangle = \langle\alpha|x|\alpha\rangle = \langle\alpha|\sqrt{\frac{\hbar}{2m\omega}}(\hat{a}_+ + \hat{a}_-)|\alpha\rangle = \sqrt{\frac{\hbar}{2m\omega}}(\langle\alpha|\hat{a}_+|\alpha\rangle + \langle\alpha|\hat{a}_-|\alpha\rangle)$$

$$= \sqrt{\frac{\hbar}{2m\omega}}(\langle\hat{a}_-\alpha|\alpha\rangle + \langle\alpha|\hat{a}_-|\alpha\rangle) = \sqrt{\frac{\hbar}{2m\omega}}(\alpha^* + \alpha) = \sqrt{\frac{2\hbar}{m\omega}}\mathrm{Re}(\alpha)$$

$$\langle x^2\rangle = \langle\alpha|x^2|\alpha\rangle$$

$$= \frac{\hbar}{2m\omega}\langle\alpha|(\hat{a}_+ + \hat{a}_-)(\hat{a}_+ + \hat{a}_-)|\alpha\rangle$$

$$=\frac{\hbar}{2m\omega}(\langle\alpha|\hat{a}_+\hat{a}_+|\alpha\rangle+\langle\alpha|\hat{a}_+\hat{a}_-|\alpha\rangle+\langle\alpha|\hat{a}_-\hat{a}_+|\alpha\rangle+\langle\alpha|\hat{a}_-\hat{a}_-|\alpha\rangle)$$

$$=\frac{\hbar}{2m\omega}(\alpha^*\alpha^*+\alpha^*\alpha+\langle\alpha|\hat{a}_+\hat{a}_-+1|\alpha\rangle+\alpha\alpha)\qquad(\text{其中，}[a_-,\ a_+]=1)$$

$$=\frac{\hbar}{2m\omega}(\alpha^*\alpha^*+\alpha\alpha+2\alpha^*\alpha+1)$$

$$=\frac{\hbar}{2m\omega}[(\alpha^*+\alpha)^2+1]$$

$$=\frac{\hbar}{2m\omega}[4\mathrm{Re}^2(\alpha)+1]$$

$$\langle\hat{p}\rangle=\langle\alpha|\hat{p}|\alpha\rangle=\langle\alpha|\mathrm{i}\sqrt{\frac{\hbar m\omega}{2}}(\hat{a}_+-\hat{a}_-)|\alpha\rangle=\mathrm{i}\sqrt{\frac{\hbar m\omega}{2}}(\langle\alpha|\hat{a}_+|\alpha\rangle-\langle\alpha|\hat{a}_-|\alpha\rangle)$$

$$=\mathrm{i}\sqrt{\frac{\hbar m\omega}{2}}(\langle\hat{a}_-\alpha|\alpha\rangle-\langle\alpha|\hat{a}_-|\alpha\rangle)=\mathrm{i}\sqrt{\frac{\hbar m\omega}{2}}(\alpha^*-\alpha)=\sqrt{2\hbar m\omega}\mathrm{Im}(\alpha)$$

$$\langle p^2\rangle=\langle\alpha|p^2|\alpha\rangle=-\frac{\hbar m\omega}{2}\langle\alpha|(\hat{a}_+-\hat{a}_-)(\hat{a}_+-\hat{a}_-)|\alpha\rangle$$

$$=-\frac{\hbar m\omega}{2}(\langle\alpha|\hat{a}_+\hat{a}_+|\alpha\rangle-\langle\alpha|\hat{a}_+\hat{a}_-|\alpha\rangle-\langle\alpha|\hat{a}_-\hat{a}_+|\alpha\rangle+\langle\alpha|\hat{a}_-\hat{a}_-|\alpha\rangle)$$

$$=-\frac{\hbar m\omega}{2}(\alpha^*\alpha^*-\alpha^*\alpha-\langle\alpha|\hat{a}_+\hat{a}_-+1|\alpha\rangle+\alpha\alpha)$$

$$=\frac{\hbar m\omega}{2}(\alpha^*\alpha^*+\alpha\alpha-2\alpha^*\alpha-1)$$

$$=-\frac{\hbar m\omega}{2}[(\alpha^*-\alpha)^2-1]=\frac{\hbar m\omega}{2}[4\mathrm{Im}^2(\alpha)+1]$$

(b)

$$\sigma_x=\sqrt{\langle x^2\rangle-\langle x\rangle^2}=\sqrt{\frac{\hbar}{2m\omega}[4\mathrm{Re}^2(\alpha)+1]-\frac{2\hbar}{m\omega}\mathrm{Re}^2(\alpha)}=\sqrt{\frac{\hbar}{2m\omega}}$$

$$\sigma_p=\sqrt{\langle p^2\rangle-\langle p\rangle^2}=\sqrt{\frac{\hbar m\omega}{2}(4\mathrm{Im}^2(\alpha)+1)-2\hbar m\omega\mathrm{Im}^2(\alpha)}=\sqrt{\frac{\hbar m\omega}{2}}$$

$$\sigma_x\sigma_p=\sqrt{\frac{\hbar}{2m\omega}}\cdot\sqrt{\frac{\hbar m\omega}{2}}=\frac{\hbar}{2}$$

(c) 由

$$|\alpha\rangle=\sum_{n=0}^{\infty}c_n|n\rangle,\ c_n=\langle n|\alpha\rangle,\ |n\rangle=\frac{1}{\sqrt{n!}}(a_+)^n|0\rangle$$

所以

$$c_n=\langle n|\alpha\rangle=\frac{1}{\sqrt{n!}}\langle 0|(a_-)^n|\alpha\rangle=\frac{\alpha^n}{\sqrt{n!}}\langle 0|\alpha\rangle=\frac{\alpha^n}{\sqrt{n!}}c_0$$

(d) 归一化：

$$1=\sum_{n=0}^{\infty}|c_n|^2=\sum_{n=0}^{\infty}\frac{1}{n!}\alpha^{*n}c_0^*\alpha^nc_0=|c_0|^2\sum_{n=0}^{\infty}\frac{(|\alpha|^2)^n}{n!}=|c_0|^2\mathrm{e}^{|\alpha|^2}$$

所以

$$c_0 = e^{-|\alpha|^2/2} \quad (\text{不考虑任意相因子 } e^{i\delta})$$

(e)

$$\hat{a}_-\,|\alpha(t)\rangle = \sum_{n=0}^{\infty}\frac{\alpha^n}{\sqrt{n!}}c_0 e^{-iE_n t/\hbar}\hat{a}_-\,|n\rangle = \sum_{n=1}^{\infty}\frac{\alpha^n}{\sqrt{(n-1)!}}c_0 e^{-iE_n t/\hbar}\,|n-1\rangle$$

$$= \sum_{n=0}^{\infty}\frac{\alpha^{n+1}}{\sqrt{n!}}c_0 e^{-iE_{n+1}t/\hbar}\,|n\rangle \quad (\text{令 } E_{n+1} = E_n + \hbar\omega)$$

$$= \alpha e^{-i\omega t}\sum_{n=0}^{\infty}\frac{\alpha^n}{\sqrt{n!}}c_0 e^{-iE_n t/\hbar}\,|n\rangle = \alpha e^{-i\omega t}\,|\alpha(t)\rangle$$

所以，$|\alpha(t)\rangle$仍然是a_-的本征态，其本征值为$\alpha e^{-i\omega t}$

(f) 因为$\hat{a}_-\,|0\rangle = 0 = 0\,|0\rangle$，所以基态$|0\rangle$是$\hat{a}_-$的本征值为0的本征态，因此是相干态。

习题3.36　扩展的不确定原理。广义不确定原理指出：

$$\sigma_A{}^2\sigma_B{}^2 \geqslant \frac{1}{4}\langle C\rangle^2$$

其中$\hat{C} \equiv -i[\hat{A},\hat{B}]$。

(a) 证明它可以扩展为

$$\sigma_A^2\sigma_B^2 \geqslant \frac{1}{4}(\langle C\rangle^2 + \langle D\rangle^2)$$

其中$\hat{D} \equiv \hat{A}\hat{B} + \hat{B}\hat{A} - 2\langle A\rangle\langle B\rangle$。提示：保留式3.60 $|z|^2 = [\mathrm{Re}(z)]^2 + [\mathrm{Im}(z)]^2 \geqslant [\mathrm{Im}(z)]^2 = \left[\frac{1}{2i}(z - z^*)\right]^2$ 中的实部项$\mathrm{Re}(z)$。

(b) 当$B = A$时验证上式(在这种情况下标准的不确定原理是平庸的，因为$\hat{C} = 0$；遗憾的是扩展的不确定原理也没多少帮助)。

解：(a)

$$\sigma_A^2 = \langle(\hat{A} - \langle A\rangle)\Psi|(\hat{A} - \langle A\rangle)\Psi\rangle = \langle f|f\rangle$$

$$\sigma_B^2 = \langle(\hat{B} - \langle B\rangle)\Psi|(\hat{B} - \langle B\rangle)\Psi] = \langle g|g\rangle$$

$$\sigma_A^2\sigma_B^2 = \langle f|f\rangle\langle g|g\rangle \geqslant |\langle f|g\rangle|^2 \quad (\text{Schwarz 不等式})$$

和

$$\langle f|g\rangle = \langle(\hat{A} - \langle A\rangle)\Psi|(\hat{B} - \langle B\rangle\Psi\rangle$$

$$= \langle\Psi|(\hat{A} - \langle A\rangle)(\hat{B} - \langle B\rangle)\Psi\rangle$$

$$= \langle AB\rangle - \langle A\rangle\langle B\rangle - \langle A\rangle\langle B\rangle + \langle A\rangle\langle B\rangle$$

$$= \langle AB\rangle - \langle A\rangle\langle B\rangle$$

$$\langle g|f\rangle = \langle BA\rangle - \langle A\rangle\langle B\rangle$$

得

$$\sigma_A^2\sigma_B^2 \geqslant |\langle f|g\rangle|^2 = \mathrm{Re}^2(\langle f|g\rangle) + \mathrm{Im}^2(\langle f|g\rangle)$$

$$= \left(\frac{\langle f|g\rangle + \langle f|g\rangle^*}{2}\right)^2 + \left(\frac{\langle f|g\rangle - \langle f|g\rangle^*}{2i}\right)^2$$

$$=\left(\frac{\langle f|g\rangle+\langle g|f\rangle}{2}\right)^2+\left(\frac{\langle f|g\rangle-\langle g|f\rangle}{2\mathrm{i}}\right)^2$$

$$=\left(\frac{\langle AB\rangle-\langle A\rangle\langle B\rangle+\langle BA\rangle-\langle A\rangle\langle B\rangle}{2}\right)^2+$$

$$\left(\frac{\langle AB\rangle-\langle A\rangle\langle B\rangle-\langle BA\rangle+\langle A\rangle\langle B\rangle}{2\mathrm{i}}\right)^2$$

$$=\left(\frac{\langle AB+BA-2\langle A\rangle\langle B\rangle\rangle}{2}\right)^2+\left(\frac{-\mathrm{i}(\langle AB\rangle-\langle BA\rangle)}{2}\right)^2$$

$$=\frac{1}{4}(\langle D\rangle^2+\langle C\rangle^2)$$

(b) 当 $\hat{A}=\hat{B}$ 时，$\hat{C}=0$，$\langle\hat{D}\rangle=2\langle(\hat{A}^2-\langle A\rangle^2)\rangle=2\sigma_A^2$

$$\sigma_A^2\sigma_A^2\geqslant\frac{1}{4}(\langle C\rangle^2+\langle D\rangle^2)=\sigma_A^4$$

习题 3.37 某个三能级体系的哈密顿矩阵表示为

$$\boldsymbol{H}=\begin{pmatrix}a&0&b\\0&c&0\\b&0&a\end{pmatrix}$$

其中 a，b 和 c 都是实数。

(a) 如果体系的初始态是

$$|\Im(0)\rangle=\begin{pmatrix}0\\1\\0\end{pmatrix}$$

求 $|\Im(t)\rangle$。

(b) 如果初始态是

$$|\Im(0)\rangle=\begin{pmatrix}0\\0\\1\end{pmatrix}$$

求 $|\Im(t)\rangle$。

解:

首先解久期方程

$$\begin{vmatrix}a-E&0&b\\0&c-E&0\\b&0&a-E\end{vmatrix}=0$$

$$(a-E)^2(c-E)-b^2(c-E)=0$$

所以

$$E_1=c,\ E_2=a+b,\ E_3=a-b$$

代入本征方程

$$\begin{pmatrix}a&0&b\\0&c&0\\b&0&a\end{pmatrix}\begin{pmatrix}\alpha\\\beta\\\gamma\end{pmatrix}=E_n\begin{pmatrix}\alpha\\\beta\\\gamma\end{pmatrix}$$

得到对应的本征函数为

$$|E_1\rangle=\begin{pmatrix}0\\1\\0\end{pmatrix},\ |E_2\rangle=\frac{1}{\sqrt{2}}\begin{pmatrix}1\\0\\1\end{pmatrix},\ |E_3\rangle=\frac{1}{\sqrt{2}}\begin{pmatrix}1\\0\\-1\end{pmatrix}$$

所以 $t>0$ 时的波函数为

$$|\mathfrak{J}(t)\rangle=c_1\mathrm{e}^{-\mathrm{i}ct/\hbar}|E_1\rangle+c_2\mathrm{e}^{-\mathrm{i}(a+b)t/\hbar}|E_2\rangle+c_3\mathrm{e}^{-\mathrm{i}(a-b)t/\hbar}|E_3\rangle$$

(a) 由初始条件

$$|\mathfrak{J}(0)\rangle=\begin{pmatrix}0\\1\\0\end{pmatrix}=|E_1\rangle$$

得 $c_1=1$, $c_2=c_3=0$, 所以

$$|\mathfrak{J}(t)\rangle=\mathrm{e}^{-\mathrm{i}ct/\hbar}|E_1\rangle=\mathrm{e}^{-\mathrm{i}ct/\hbar}\begin{pmatrix}0\\1\\0\end{pmatrix}$$

(b) 由初始条件

$$|\mathfrak{J}(0)\rangle=c_1|E_1\rangle+c_2|E_2\rangle+c_3|E_3\rangle$$

$$=c_1\begin{pmatrix}0\\1\\0\end{pmatrix}+c_2\frac{1}{\sqrt{2}}\begin{pmatrix}1\\0\\1\end{pmatrix}+c_3\frac{1}{\sqrt{2}}\begin{pmatrix}1\\0\\-1\end{pmatrix}=\begin{pmatrix}(c_2+c_3)/\sqrt{2}\\c_1\\(c_2-c_3)/\sqrt{2}\end{pmatrix}=\begin{pmatrix}0\\0\\1\end{pmatrix}$$

得

$$c_1=0,\ c_2=\frac{1}{\sqrt{2}}=-c_3$$

所以

$$|\mathfrak{J}(t)\rangle=\frac{1}{\sqrt{2}}\mathrm{e}^{-\mathrm{i}(a+b)t/\hbar}|E_2\rangle-\frac{1}{\sqrt{2}}\mathrm{e}^{-\mathrm{i}(a-b)t/\hbar}|E_3\rangle=\frac{1}{2}\mathrm{e}^{-\mathrm{i}(a+b)t/\hbar}\begin{pmatrix}1\\0\\1\end{pmatrix}-\frac{1}{2}\mathrm{e}^{-\mathrm{i}(a-b)t/\hbar}\begin{pmatrix}1\\0\\-1\end{pmatrix}$$

$$=\frac{\mathrm{e}^{-\mathrm{i}at/\hbar}}{2}\begin{pmatrix}\mathrm{e}^{-\mathrm{i}bt/\hbar}-\mathrm{e}^{\mathrm{i}bt/\hbar}\\0\\\mathrm{e}^{-\mathrm{i}bt/\hbar}+\mathrm{e}^{\mathrm{i}bt/\hbar}\end{pmatrix}=\mathrm{e}^{-\mathrm{i}at/\hbar}\begin{pmatrix}-\mathrm{i}\sin(bt/\hbar)\\0\\\cos(bt/\hbar)\end{pmatrix}$$

习题 3.38 某个三能级体系的哈密顿矩阵表示为

$$\boldsymbol{H}=\hbar\omega\begin{pmatrix}1&0&0\\0&2&0\\0&0&2\end{pmatrix}$$

另外两个可观测量 A 和 B 的矩阵表示为

$$\boldsymbol{A}=\lambda\begin{pmatrix}0&1&0\\1&0&0\\0&0&2\end{pmatrix},\ \boldsymbol{B}=\mu\begin{pmatrix}2&0&0\\0&0&1\\0&1&0\end{pmatrix}$$

式中 ω, λ 和 μ 都是正实数。

(a) 求 $\boldsymbol{H}$, $\boldsymbol{A}$ 和 $\boldsymbol{B}$ 的本征值和归一化的本征函数。

(b) 假设体系初始态为

$$|\Im(0)\rangle=\begin{pmatrix}c_1\\c_2\\c_3\end{pmatrix}$$

其中 $|c_1|^2+|c_2|^2+|c_3|^2=1$，求 $\boldsymbol{H}$, $\boldsymbol{A}$ 和 $\boldsymbol{B}$ 的期望值(在 $t=0$ 时刻)。

(c) $|\Im(t)\rangle$是什么？如果你测量这个态的能量(在 t 时刻)，可能会得到什么值，它们的概率是多少？对 A 和 B 回答同样的问题。

解： (a) $\boldsymbol{H}$ 已经是对角的，所以是在自己的表象中，本征值为对角元，所以

$$E_1=\hbar\omega,\ E_2=E_3=2\hbar\omega$$

对应的本征态为

$$|E_1\rangle=\begin{pmatrix}1\\0\\0\end{pmatrix},\quad |E_2\rangle=\begin{pmatrix}0\\1\\0\end{pmatrix},\quad |E_3\rangle=\begin{pmatrix}0\\0\\1\end{pmatrix}$$

对算符 $\hat{A}$，解久期方程

$$\begin{vmatrix}-a & \lambda & 0\\ \lambda & -a & 0\\ 0 & 0 & 2\lambda-a\end{vmatrix}=0$$

得 $a_1=2\lambda$, $a_2=\lambda$, $a_3=-\lambda$

本征值分别代入本征方程

$$\lambda\begin{pmatrix}0&1&0\\1&0&0\\0&0&2\end{pmatrix}\begin{pmatrix}\alpha\\\beta\\\lambda\end{pmatrix}=a_n\begin{pmatrix}\alpha\\\beta\\\lambda\end{pmatrix}$$

求出本征函数

$$|2\lambda\rangle=\begin{pmatrix}0\\0\\1\end{pmatrix},\quad |\lambda\rangle=\frac{1}{\sqrt{2}}\begin{pmatrix}1\\1\\0\end{pmatrix},\quad |-\lambda\rangle=\frac{1}{\sqrt{2}}\begin{pmatrix}1\\-1\\0\end{pmatrix}$$

同样的步骤可以求出 $\hat{B}$ 算符的本征值和本征函数

$$b_1=2\mu,\ b_2=\mu,\ b_3=-\mu$$

对应的本征函数为，

$$|2\mu\rangle=\begin{pmatrix}1\\0\\0\end{pmatrix},\quad |\mu\rangle=\frac{1}{\sqrt{2}}\begin{pmatrix}0\\1\\1\end{pmatrix},\quad |-\mu\rangle=\frac{1}{\sqrt{2}}\begin{pmatrix}0\\1\\-1\end{pmatrix}$$

(b)

$$\langle H\rangle=\langle\Im(0)|H|\Im(0)\rangle=(c_1^*\quad c_2^*\quad c_3^*)\hbar\omega\begin{pmatrix}1&0&0\\0&2&0\\0&0&2\end{pmatrix}\begin{pmatrix}c_1\\c_2\\c_3\end{pmatrix}$$

$$=\hbar\omega(c_1^* \quad c_2^* \quad c_3^*)\begin{pmatrix}c_1\\2c_2\\2c_3\end{pmatrix}=\hbar\omega(c_1^*c_1+2c_2^*c_2+2c_3^*c_3)=\hbar\omega(1+|c_2|^2+|c_3|^2)$$

$$\langle A\rangle=\langle\Im(0)|A|\Im(0)\rangle=(c_1^* \quad c_2^* \quad c_3^*)\lambda\begin{pmatrix}0&1&0\\1&0&0\\0&0&2\end{pmatrix}\begin{pmatrix}c_1\\c_2\\c_3\end{pmatrix}$$

$$=\lambda(c_1^* \quad c_2^* \quad c_3^*)\begin{pmatrix}c_2\\c_1\\2c_3\end{pmatrix}=\lambda(c_1^*c_2+c_2^*c_1+2c_3^*c_3)$$

$$\langle B\rangle=\langle\Im(0)|B|\Im(0)\rangle=(c_1^* \quad c_2^* \quad c_3^*)\mu\begin{pmatrix}2&0&0\\0&0&1\\0&1&0\end{pmatrix}\begin{pmatrix}c_1\\c_2\\c_3\end{pmatrix}$$

$$=\mu(c_1^* \quad c_2^* \quad c_3^*)\begin{pmatrix}2c_1\\c_3\\c_2\end{pmatrix}=\mu(2c_1^*c_1+c_2^*c_3+c_3^*c_2)$$

（c）由初始条件

$$|\Im(0)\rangle=\begin{pmatrix}c_1\\c_2\\c_3\end{pmatrix}$$

所以

$$|\Im(t)\rangle=c_1\mathrm{e}^{-\mathrm{i}\omega t}|E_1\rangle+c_2\mathrm{e}^{-\mathrm{i}2\omega t}|E_2\rangle+c_3\mathrm{e}^{-\mathrm{i}2\omega t}|E_3\rangle=\begin{pmatrix}c_1\mathrm{e}^{-\mathrm{i}\omega t}\\c_2\mathrm{e}^{-2\mathrm{i}\omega t}\\c_3\mathrm{e}^{-2\mathrm{i}\omega t}\end{pmatrix}=\mathrm{e}^{-2\mathrm{i}\omega t}\begin{pmatrix}c_1\mathrm{e}^{\mathrm{i}\omega t}\\c_2\\c_3\end{pmatrix}$$

如果测量这个态的能量值，可能得到$\hbar\omega$或$2\hbar\omega$，得到$\hbar\omega$的概率为$|c_1|^2$，得到$2\hbar\omega$的概率为$|c_2|^2+|c_3|^2$。

把$|\Im(t)\rangle$用算符$\hat{A}$的本征态展开，

$$|\Im(t)\rangle=\sum_n A_n|a_n\rangle,\ A_n=\langle a_n|\Im(t)\rangle$$

展开系数的模平方$|A_n|^2$即为测量得到本征值a_n概率。

$$a_1=2\lambda,\ P_1=\left|(0 \quad 0 \quad 1)\begin{pmatrix}c_1\mathrm{e}^{-\mathrm{i}\omega t}\\c_2\mathrm{e}^{-2\mathrm{i}\omega t}\\c_3\mathrm{e}^{-2\mathrm{i}\omega t}\end{pmatrix}\right|^2=|c_3|^2$$

$$a_2=\lambda,\ P_2=\left|\frac{1}{\sqrt{2}}(1 \quad 1 \quad 0)\begin{pmatrix}c_1\mathrm{e}^{-\mathrm{i}\omega t}\\c_2\mathrm{e}^{-2\mathrm{i}\omega t}\\c_3\mathrm{e}^{-2\mathrm{i}\omega t}\end{pmatrix}\right|^2=\frac{1}{2}|c_1\mathrm{e}^{-\mathrm{i}\omega t}+c_2\mathrm{e}^{-2\mathrm{i}\omega t}|^2$$

$$=\frac{1}{2}(|c_1|^2+|c_2|^2+c_1^*c_2\mathrm{e}^{\mathrm{i}\omega t}+c_2^*c_1\mathrm{e}^{-\mathrm{i}\omega t})$$

$$a_3=-\lambda,\ P_3=\left|\frac{1}{\sqrt{2}}(1\quad -1\quad 0)\begin{pmatrix}c_1\mathrm{e}^{-\mathrm{i}\omega t}\\ c_2\mathrm{e}^{-2\mathrm{i}\omega t}\\ c_3\mathrm{e}^{-2\mathrm{i}\omega t}\end{pmatrix}\right|^2=\frac{1}{2}|c_1\mathrm{e}^{-\mathrm{i}\omega t}-c_2\mathrm{e}^{-2\mathrm{i}\omega t}|^2$$

$$=\frac{1}{2}(|c_1|^2+|c_2|^2-c_1^*c_2\mathrm{e}^{\mathrm{i}\omega t}-c_2^*c_1\mathrm{e}^{-\mathrm{i}\omega t})$$

$$(P_1+P_2+P_3=1)$$

同样对算符 $\hat{B}$ 有

$$b_1=2\mu,\ P_1=\left|(1\quad 0\quad 0)\begin{pmatrix}c_1\mathrm{e}^{-\mathrm{i}\omega t}\\ c_2\mathrm{e}^{-2\mathrm{i}\omega t}\\ c_3\mathrm{e}^{-2\mathrm{i}\omega t}\end{pmatrix}\right|^2=|c_1|^2$$

$$b_2=\mu,\ P_2=\left|\frac{1}{\sqrt{2}}(0\quad 1\quad 1)\begin{pmatrix}c_1\mathrm{e}^{-\mathrm{i}\omega t}\\ c_2\mathrm{e}^{-2\mathrm{i}\omega t}\\ c_3\mathrm{e}^{-2\mathrm{i}\omega t}\end{pmatrix}\right|^2=\frac{1}{2}|c_2\mathrm{e}^{-2\mathrm{i}\omega t}+c_3\mathrm{e}^{-2\mathrm{i}\omega t}|^2$$

$$=\frac{1}{2}(|c_2|^2+|c_3|^2+c_2^*c_3+c_3^*c_2)$$

$$b_3=-\mu,\ P_3=\left|\frac{1}{\sqrt{2}}(0\quad 1\quad -1)\begin{pmatrix}c_1\mathrm{e}^{-\mathrm{i}\omega t}\\ c_2\mathrm{e}^{-2\mathrm{i}\omega t}\\ c_3\mathrm{e}^{-2\mathrm{i}\omega t}\end{pmatrix}\right|^2=\frac{1}{2}|c_2\mathrm{e}^{-2\mathrm{i}\omega t}-c_3\mathrm{e}^{-2\mathrm{i}\omega t}|^2$$

$$=\frac{1}{2}(|c_2|^2+|c_3|^2-c_2^*c_3-c_3^*c_2)$$

$$(P_1+P_2+P_3=1)$$

**** 习题 3.39**

（a）一个函数 $f(x)$ 可以作泰勒展开，证明

$$f(x+x_0)=\mathrm{e}^{\mathrm{i}\hat{p}x_0/\hbar}f(x)$$

（其中 x_0 是任意常数距离）。由于这个原因，称 $\hat{p}/\hbar$ 为**空间平移生成元**。注意：指数算符是由一个幂级数定义的：

$$\mathrm{e}^{\hat{Q}}\equiv 1+\hat{Q}+(1/2)\hat{Q}^2+(1/3!)\hat{Q}^3+\cdots$$

（b）如果 $\Psi(x,t)$ 满足（含时）薛定谔方程，证明

$$\Psi(x,t+t_0)=\mathrm{e}^{-\mathrm{i}\hat{H}t_0/\hbar}\Psi(x,t)$$

式中，t_0 为任意时间常数；$-\hat{H}/\hbar$ 称为**时间平移生成元**。

（c）证明力学量 $Q(x,p,t)$ 在 $t+t_0$ 时刻的期望值可以写为

$$\langle Q\rangle_{t+t_0}=\langle\Psi(x,t)|\mathrm{e}^{\mathrm{i}\hat{H}t_0/\hbar}Q(\hat{x},\hat{p},t+t_0)\mathrm{e}^{-\mathrm{i}\hat{H}t_0/\hbar}|\Psi(x,t)\rangle$$

用这个公式重新得到式3.71 $\frac{d}{dt}\langle Q\rangle=\frac{i}{\hbar}\langle[\hat{H},\hat{Q}]\rangle+\left\langle\frac{\partial\hat{Q}}{\partial t}\right\rangle$。提示：设 $t_0=dt$，然后展开到 dt 的一阶。

解：(a)

$$f(x+x_0)=\sum_{n=0}^{\infty}\frac{f^{(n)}(x)}{n!}x_0^n=\sum_{n=0}^{\infty}\frac{1}{n!}\left[\frac{i}{\hbar}\left(-i\hbar\frac{d}{dx}\right)\right]^n f(x)x_0^n$$
$$=\sum_{n=0}^{\infty}\frac{1}{n!}\left(\frac{i}{\hbar}\hat{p}x_0\right)^n f(x)=e^{i\hat{p}x_0/\hbar}f(x)$$

(b)

$$\Psi(x,t+t_0)=\sum_{n=0}^{\infty}\frac{1}{n!}\left(\frac{\partial}{\partial t}\right)^n\Psi(x,t)t_0^n=\sum_{n=0}^{\infty}\frac{1}{n!}\left[-\frac{i}{\hbar}\left(i\hbar\frac{\partial}{\partial t}\right)t_0\right]^n\Psi(x,t)$$
$$=\sum_{n=0}^{\infty}\frac{1}{n!}\left(-\frac{i}{\hbar}\hat{H}t_0\right)^n\Psi(x,t)=e^{-i\hat{H}t_0/\hbar}\Psi(x,t)$$

(c)

$$\langle Q\rangle_{t+t_0}=\int\Psi^*(x,t+t_0)Q(x,p,t+t_0)\Psi(x,t+t_0)dx$$
$$=\int(e^{-i\hat{H}t_0/\hbar}\Psi(x,t))^*Q(x,p,t+t_0)e^{-i\hat{H}t_0/\hbar}\Psi(x,t)dx$$
$$=\int\Psi^*(x,t)(e^{-i\hat{H}t_0/\hbar})^\dagger Q(x,p,t+t_0)e^{-i\hat{H}t_0/\hbar}\Psi(x,t)dx$$
$$=\int\Psi^*(x,t)e^{i\hat{H}t_0/\hbar}Q(x,p,t+t_0)e^{-i\hat{H}t_0/\hbar}\Psi(x,t)dx$$
$$=\langle\Psi|e^{i\hat{H}t_0/\hbar}Q(x,p,t+t_0)e^{-i\hat{H}t_0\hbar}|\Psi\rangle$$

设 $t_0=dt$，展开到 dt 一阶项有

$$\langle Q\rangle_t+\frac{d\langle Q\rangle}{dt}dt=\int\Psi^*(x,t)(1+i\hat{H}dt/\hbar)\left(\hat{Q}+\frac{\partial\hat{Q}}{\partial t}dt\right)(1-i\hat{H}dt/\hbar)\Psi(x,t)dx$$
$$=\int\Psi^*(x,t)\left(\hat{Q}+\frac{i\hat{H}}{\hbar}dt\hat{Q}-\hat{Q}\frac{i\hat{H}}{\hbar}dt+\frac{\partial\hat{Q}}{\partial t}dt\right]\Psi(x,t)dx$$
$$=\langle Q\rangle_t+\frac{i}{\hbar}\langle[\hat{H},\hat{Q}]\rangle dt+\left\langle\frac{\partial\hat{Q}}{\partial t}\right\rangle dt$$
$$\frac{d\langle Q\rangle}{dt}=\frac{i}{\hbar}\langle[\hat{H},\hat{Q}]\rangle+\left\langle\frac{\partial\hat{Q}}{\partial t}\right\rangle$$

**** 习题 3.40**

(a) 对自由粒子，在动量空间中写出其含时薛定谔方程，并求解。答案：

$$\exp(-ip^2t/2m\hbar)\Phi(p,0)$$

(b) 求运动高斯波包（习题2.43）的 $\Phi(p,0)$，并构造 $\Phi(p,t)$。给出 $|\Phi(p,t)|^2$，注意到它是不依赖于时间的。

(c) 通过求涉及 Φ 的积分，计算 $\langle p\rangle$ 和 $\langle p^2\rangle$，然后将你的答案和习题2.43比较。

（d）证明$\langle H\rangle=\langle p\rangle^2/2m+\langle H\rangle_0$（这里脚标0表示高斯稳态），并讨论结果。

解：（a）对自由粒子$V(x)=0$，其含时薛定谔方程为

$$i\hbar\frac{\partial\Psi}{\partial t}=-\frac{\hbar^2}{2m}\frac{\partial^2\Psi}{\partial x^2}$$

一般波函数是能量本征函数的叠加

$$\Psi(x,t)=\frac{1}{\sqrt{2\pi\hbar}}\int_{-\infty}^{+\infty}\Phi(p,t)e^{ipx/\hbar}dp$$

$$\frac{\partial\Psi}{\partial t}=\frac{1}{\sqrt{2\pi\hbar}}\int_{-\infty}^{+\infty}\frac{\partial\Phi}{\partial t}e^{ipx/\hbar}dp,\quad \frac{\partial^2\Psi}{\partial x^2}=\frac{1}{\sqrt{2\pi\hbar}}\int_{-\infty}^{+\infty}\Phi\left(-\frac{p^2}{\hbar^2}\right)e^{ipx/\hbar}dp$$

代入薛定谔方程

$$\frac{i\hbar}{\sqrt{2\pi\hbar}}\int_{-\infty}^{+\infty}\frac{\partial\Phi}{\partial t}e^{ipx/\hbar}dp=-\frac{\hbar^2}{2m}\frac{1}{\sqrt{2\pi\hbar}}\int_{-\infty}^{+\infty}\left(-\frac{p^2}{\hbar^2}\right)\Phi e^{ipx/\hbar}dp$$

$$\frac{1}{\sqrt{2\pi\hbar}}\int_{-\infty}^{+\infty}\left(i\hbar\frac{\partial\Phi}{\partial t}-\frac{p^2}{2m}\Phi\right)e^{ipx/\hbar}dp=0$$

$$i\hbar\frac{\partial\Phi}{\partial t}=\frac{p^2}{2m}\Phi$$

积分求解

$$\frac{d\Phi}{\Phi}=\frac{p^2}{2m\hbar i}dt$$

所以
$$\ln\Phi=-\frac{ip^2}{2m\hbar}t+C$$

当$t=0$时，$\Phi(p,t)=\Phi(p,0)$积分常数$C=\ln\Phi(p,0)$，所以

$$\Phi(p,t)=e^{-ip^2t/2m\hbar}\Phi(p,0)$$

（b）由习题2.43

$$\Psi(x,0)=Ae^{-ax^2}e^{ilx},\quad A=\left(\frac{2a}{\pi}\right)^{1/4}$$

$$\Phi(p,0)=\frac{1}{\sqrt{2\pi\hbar}}\left(\frac{2a}{\pi}\right)^{1/4}\int_{-\infty}^{+\infty}e^{-ax^2}e^{ilx}e^{-ipx/\hbar}dx=\frac{1}{(2\pi a\hbar^2)^{1/4}}e^{-(l-p/\hbar)^2/4a}$$

所以

$$\Phi(p,t)=e^{-ip^2t/2m\hbar}\Phi(p,0)=\frac{1}{(2\pi a\hbar^2)^{1/4}}e^{-ip^2t/2m\hbar}e^{-(l-p/\hbar)^2/4a}$$

$$|\Phi(p,t)|^2=\frac{1}{\hbar\sqrt{2\pi a}}e^{-(l-p/\hbar)^2/2a}$$

（c）

$$\langle p\rangle=\int_{-\infty}^{+\infty}p|\Phi(p,t)|^2dp=\frac{1}{\hbar\sqrt{2\pi a}}\int_{-\infty}^{+\infty}pe^{-(l-p/\hbar)^2/2a}dp$$

令$\frac{p}{\hbar}-l=y$，则$p=\hbar(y+l)$，$dp=\hbar dy$

$$\langle p\rangle = \frac{1}{\hbar\sqrt{2\pi a}}\int_{-\infty}^{+\infty}\hbar(l+y)\mathrm{e}^{-y^2/2a}\,\hbar\,\mathrm{d}y$$

$$= \frac{\hbar}{\sqrt{2\pi a}}\int_{-\infty}^{+\infty}(y+l)\mathrm{e}^{-y^2/2a}\mathrm{d}y \quad (\text{其中，} y\mathrm{e}^{-y^2/2a}\text{ 为奇函数})$$

$$= \frac{\hbar l}{\sqrt{2\pi a}}\int_{-\infty}^{+\infty}\mathrm{e}^{-y^2/2a}\mathrm{d}y = \frac{\hbar l}{\sqrt{2\pi a}}\sqrt{2a\pi} = \hbar l$$

$$\langle p^2\rangle = \int_{-\infty}^{+\infty}p^2|\Phi(p,t)|^2\mathrm{d}p = \frac{1}{\hbar\sqrt{2\pi a}}\int_{-\infty}^{+\infty}p^2\mathrm{e}^{-(l-p/\hbar)^2/2a}\mathrm{d}p$$

$$= \frac{\hbar^2}{\sqrt{2\pi a}}\int_{-\infty}^{+\infty}(y+l)^2\mathrm{e}^{-y^2/2a}\mathrm{d}y = \frac{\hbar^2}{\sqrt{2\pi a}}\int_{-\infty}^{+\infty}(y^2+2yl+l^2)\mathrm{e}^{-y^2/2a}\mathrm{d}y$$

$$= \frac{2\hbar^2}{\sqrt{2\pi a}}\int_{0}^{+\infty}(y^2+l^2)\mathrm{e}^{-y^2/2a}\mathrm{d}y = \frac{2\hbar^2}{\sqrt{2\pi a}}\left(\frac{2a}{4}\sqrt{2a\pi}+l^2\sqrt{\frac{a\pi}{2}}\right) = (a+l^2)\hbar^2$$

(d) $\langle H\rangle = \left\langle\frac{p^2}{2m}\right\rangle = \frac{1}{2m}\langle p^2\rangle = \frac{\hbar^2}{2m}(a+l^2) = \frac{a\hbar^2}{2m} + \frac{1}{2m}\langle p\rangle^2$

由习题2.43可知，对于高斯稳态，有

$$\langle H\rangle_0 = \frac{1}{2m}<p^2>_0 = \frac{a\hbar^2}{2m}$$

所以对运动的高斯波包其能量为稳态的能量加上波包运动时的动能$\langle p\rangle^2/2m$。

第 4 章　三维空间中的量子力学

本章主要内容

1. 球对称势场中能量本征函数的求解方法

能量本征方程为

$$-\frac{\hbar^2}{2m}\nabla^2\psi + V(r)\psi = E\psi$$

其中球坐标系中的拉普拉斯算符为

$$\nabla^2 = \frac{1}{r^2}\frac{\partial}{\partial r}\left(r^2\frac{\partial}{\partial r}\right) + \frac{1}{r^2}\frac{1}{\sin\theta}\frac{\partial}{\partial\theta}\left(\sin\theta\frac{\partial}{\partial\theta}\right) + \frac{1}{r^2}\frac{1}{\sin^2\theta}\frac{\partial^2}{\partial\phi^2}$$

设 $\psi(r,\theta,\phi) = R(r)\mathrm{Y}(\theta,\phi) = \frac{u(r)}{r}\mathrm{Y}(\theta,\phi)$ 分离变量，能量本征方程分解为角方程和径向方程

$$\frac{1}{\mathrm{Y}}\left\{\frac{1}{\sin\theta}\frac{\partial}{\partial\theta}\left(\sin\theta\frac{\partial\mathrm{Y}}{\partial\theta}\right) + \frac{1}{\sin\theta^2}\frac{\partial^2\mathrm{Y}}{\partial\phi^2}\right\} = -l(l+1)$$

$$-\frac{\hbar^2}{2m}\frac{\mathrm{d}^2u}{\mathrm{d}r^2} + \left[V + \frac{\hbar^2}{2m}\frac{l(l+1)}{r^2}\right]u = Eu$$

角方程的解是球谐函数 $\mathrm{Y}_l^m(\theta,\phi)$，径向方程在指定势函数后可由级数法等求解。

2. 空间角动量

空间角动量算符

$$\boldsymbol{L} = \boldsymbol{r}\times\hat{\boldsymbol{p}} = (\hbar/\mathrm{i})(\boldsymbol{r}\times\nabla)$$

$$L^2 = -\hbar^2\left[\frac{1}{\sin\theta}\frac{\partial}{\partial\theta}\left(\sin\theta\frac{\partial}{\partial\theta}\right) + \frac{1}{\sin^2\theta}\frac{\partial^2}{\partial\phi^2}\right],\quad L_z = \frac{\hbar}{i}\frac{\partial}{\partial\phi}$$

对易关系

$$[L_x, L_y] = \mathrm{i}\hbar L_z,\quad [L_y, L_z] = \mathrm{i}\hbar L_x,\quad [L_z, L_x] = \mathrm{i}\hbar L_y \rightarrow \boldsymbol{L}\times\boldsymbol{L} = \mathrm{i}\hbar\boldsymbol{L}$$

$$[L^2, L_i] = 0,\quad (i = x, y, z)$$

L^2 与 $\boldsymbol{L}$ 的三个直角分量都对易，球谐函数 $\mathrm{Y}_l^m(\theta,\phi)$ 为 L^2，L_z 的共同本征函数。

$$\hat{L}^2\mathrm{Y}_l^m(\theta,\phi) = l(l+1)\hbar^2\mathrm{Y}_l^m(\theta,\phi),\quad \hat{L}_z\mathrm{Y}_l^m(\theta,\phi) = m\hbar\mathrm{Y}_l^m(\theta,\phi)$$

以 $l=1$ 的三个基矢量 Y_1^1，Y_1^0，Y_1^{-1} 构成的(子)表象是常用表象，在这个表象中，$\boldsymbol{L}_x$，$\boldsymbol{L}_y$，$\boldsymbol{L}_z$ 的矩阵表示是

$$L_x = \frac{\sqrt{2}}{2}\hbar\begin{pmatrix}0 & 1 & 0\\ 1 & 0 & 1\\ 0 & 1 & 0\end{pmatrix},\quad L_y = \frac{\sqrt{2}}{2}\hbar\begin{pmatrix}0 & -\mathrm{i} & 0\\ \mathrm{i} & 0 & -\mathrm{i}\\ 0 & i & 0\end{pmatrix},\quad L_z = \hbar\begin{pmatrix}1 & 0 & 0\\ 0 & 0 & 0\\ 0 & 0 & -1\end{pmatrix}$$

其中，L_z 是在自身表象中，为对角矩阵，对角元是本征值。

3. 电子自旋

每一种基本粒子都有内禀的自旋角动量($\boldsymbol{S}$)从而有自旋磁矩，自旋角动量满足与轨道角动量一样的对易关系，即

$$[S_x, S_y] = \mathrm{i}\hbar S_z,\quad [S_y, S_z] = \mathrm{i}\hbar S_x,\quad [S_z, S_x] = \mathrm{i}\hbar S_y \rightarrow$$

$$\boldsymbol{S}\times\boldsymbol{S} = \mathrm{i}\hbar\boldsymbol{S}$$

电子自旋量子数为1/2，即 $\boldsymbol{S}^2$ 本征值为$\frac{1}{2}\left(1+\frac{1}{2}\right)\hbar^2 = \frac{3}{4}\hbar^2$，$S_z$ 本征值为 $\pm\hbar/2$，在以 $\boldsymbol{S}^2$，S_z 共同本征矢为基矢量的表象中，S_x，S_y，S_z 的矩阵表示为

$$S_x = \frac{\hbar}{2}\begin{pmatrix}0 & 1\\ 1 & 0\end{pmatrix},\ S_y = \frac{\hbar}{2}\begin{pmatrix}0 & -\mathrm{i}\\ \mathrm{i} & 0\end{pmatrix},\ S_z = \frac{\hbar}{2}\begin{pmatrix}1 & 0\\ 0 & -1\end{pmatrix}$$

S_z 的本征矢为$\chi_+ = \begin{pmatrix}1\\0\end{pmatrix}$，$\chi_- = \begin{pmatrix}0\\1\end{pmatrix}$，一般旋量可以表示为它们的线性组合，即

$$\chi = \begin{pmatrix}a\\b\end{pmatrix} = a\chi_+ + b\chi_-$$

对这个态测量 S_z 得到$\hbar/2$ 的概率为$|a|^2$，得到$-\hbar/2$ 的概率为$|b|^2$，$|a|^2+|b|^2=1$。

4. 两个角动量的叠加

两个角动量 $\boldsymbol{J}_1$，$\boldsymbol{J}_2$($\boldsymbol{J}_1$，$\boldsymbol{J}_2$ 可为轨道或自旋)可以叠加一个总角动量 $\boldsymbol{J}$，叠加出来的总角动量的量子数可能取值为

$$j = j_1 + j_2,\ j_1 + j_2 - 1,\ \cdots,\ |j_1 - j_2|$$

它们之间满足对易关系为($\boldsymbol{J}_1$，$\boldsymbol{J}_2$ 是相互独立的，它们是对易的)

$$[J^2, J_1^2] = 0,\ [J^2, J_2^2] = 0,\ [J_z, J_1^2] = 0,\ [J_z, J_2^2] = 0,$$

但是 J^2 与 $\boldsymbol{J}_1$，$\boldsymbol{J}_2$ 不对易。如果选择 J_1^2，J_{1z}，J_2^2，J_{2z}的共同本征矢$|j_1\ \ j_{1z}\rangle|j_2\ \ j_{2z}\rangle$作为表象的基矢，这个表象称为无耦合表象。如果选择 J^2，J_z，J_1^2，J_2^2 的共同本征矢$|j\ \ j_z\ \ j_1\ \ j_2\rangle$作为表象的基矢，这个表象称为耦合表象。联系这两个表象变换的幺正矩阵元称为克莱布希—高登(Clebsch-Gordan，CG)系数。

5. 氢原子的能量本征波函数和能量本征值

在径向方程中代入电子与原子核(质子)的库仑势能 $V(r) = -\frac{e^2}{4\pi\varepsilon_0 r}$，用级数法可以求出氢原子的能量本征波函数 $\Psi_{nlm} = R_{nl}(r)\mathrm{Y}_l^m(\theta,\phi)$。其中径向波函数为

$$R_{nl}(r) = -\sqrt{\left(\frac{2}{na}\right)^3\frac{(n-l-1)!}{2n[(n+l)!]^3}}\left(\frac{2r}{na}\right)^l \mathrm{e}^{-r/na}\mathrm{L}_{n+l}^{2l+1}\left(\frac{2r}{na}\right)$$

其中波尔半径 $a \equiv \frac{4\pi\varepsilon_0\hbar^2}{e^2 m_\mathrm{e}} = 0.529167\times10^{-10}\mathrm{m}$。

$$\mathrm{L}_{n+l}^{2l+1}(\rho) = \sum_{v=0}^{n-l-1}(-1)^{v+1}\frac{[(n+l)!]^2}{(n-l-1-v)!(2l+1+v)!v!}\rho^v\qquad \left(\rho \equiv \frac{2r}{na}\right)$$

是关联拉盖尔多项式。

氢原子的能量本征值为

$$E_n = -\frac{m_e}{2\hbar^2}\left(\frac{e^2}{4\pi\varepsilon_0}\right)^2\frac{1}{n^2}\quad (n=1, 2, 3, \cdots)$$

基态($n=1$)的能量为 $E_1 = -\frac{m_e}{2\hbar^2}\left(\frac{e^2}{4\pi\varepsilon_0}\right)^2 = -13.6\text{eV}$。对 n 能级，角动量量子数 l 可取 0，1，2，…，$n-1$ 共 n 个值，对每个 l，量子数 m 可取 l，$l-1$，…，1，0，-1，…，$-l$ 共 $2l+1$ 个值，所以氢原子能级的简并度为 n^2(不考虑自旋时)，考虑电子自旋时为 $2n^2$。

当电子从高能级跃迁到低能级会辐射出一个光子(从低能级跃迁到高能级会吸收一个光子)，光的频率为

$$\nu = \frac{|E_n - E_{n'}|}{2\pi\hbar} = Rc\left|\frac{1}{n'^2} - \frac{1}{n^2}\right|$$

其中，

$$R \equiv \frac{m_e}{4\pi c\hbar^3}\left(\frac{e^2}{4\pi\varepsilon_0}\right)^2 = 1.09737\times10^7\text{m}^{-1}$$

是里德伯(Rydberg)常数(这里 m_e 是电子质量，如果考虑原子核的运动，需用约化质量 $\mu = \frac{m_e m_p}{m_e + m_p}$ 取代 m_e，但是由于 $m_p \gg m_e$，结果只有略微的改变)。

题解

＊习题 4.1

(a) 求出算符 $\boldsymbol{r}$ 和 $\boldsymbol{p}$ 的各分量之间的**正则对易关系**：$[x, y]$，$[x, p_y]$，$[x, p_x]$，$[p_y, p_z]$ 等等。答案：

$$[r_i, p_j] = -[p_i, r_j] = \mathrm{i}\hbar\delta_{ij},\ [r_i, r_j] = [p_i, p_j] = 0$$

这里的指标分别表示 x, y, z，$r_x = x$，$r_y = y$，$r_z = z$。

(b) 证明三维情况下的恩费斯脱定理：

$$\frac{\mathrm{d}}{\mathrm{d}t}\langle\boldsymbol{r}\rangle = \frac{1}{m}\langle\boldsymbol{p}\rangle \text{和} \frac{\mathrm{d}}{\mathrm{d}t}\langle\boldsymbol{p}\rangle = \langle -\nabla V\rangle$$

(当然，上面每个式子表示三个方程——一个分量一个)。提示：首先验证式 3.71 $\left[\frac{\mathrm{d}}{\mathrm{d}t}\langle Q\rangle = \frac{i}{\hbar}\langle[\hat{H}, \hat{Q}]\rangle + \left\langle\frac{\partial\hat{Q}}{\partial T}\right\rangle\right]$ 在三维情况下是成立的。

(c) 给出三维情况下的海森堡不确定原理公式。答案：

$$\sigma_x\sigma_{p_x} \geqslant \hbar/2,\ \sigma_y\sigma_{p_y} \geqslant \hbar/2,\ \sigma_z\sigma_{p_z} \geqslant \hbar/2$$

但是，对 $\sigma_x\sigma_{p_y}$ 等却没有限制。

解：(a) 设 $\psi(x, y, z)$ 是一任意波函数，有

$$[r_i, p_j]\psi = (r_i p_j - p_j r_i)\psi = -\mathrm{i}\hbar\left[r_i\frac{\partial\psi}{\partial r_j} - \frac{\partial}{\partial r_j}(r_i\psi)\right]$$

$$= -\mathrm{i}\hbar\left(r_i\frac{\partial\psi}{\partial r_j}-r_i\frac{\partial\psi}{\partial r_j}-\frac{\partial r_i}{\partial r_j}\psi\right)=i\hbar\frac{\partial r_i}{\partial r_j}\psi=\mathrm{i}\hbar\delta_{ij}\psi$$

所以

$$[r_i, p_j] = -[p_j, r_i] = \mathrm{i}\hbar\delta_{ij}$$

$$[p_i, p_j]\psi = \frac{\hbar}{\mathrm{i}}\frac{\partial}{\partial r_i}\left(\frac{\hbar}{\mathrm{i}}\frac{\partial\psi}{\partial r_j}\right)-\frac{\hbar}{\mathrm{i}}\frac{\partial}{\partial r_j}\left(\frac{\hbar}{\mathrm{i}}\frac{\partial\psi}{\partial r_i}\right)$$

$$=\left(-\hbar^2\frac{\partial^2}{\partial r_i\partial r_j}+\hbar^2\frac{\partial^2}{\partial r_j\partial r_i}\right)\psi=0$$

所以

$$[p_i, p_j]=0$$

$$[r_i, r_j]\psi=(r_ir_j-r_jr_i)\psi=0$$

所以

$$[r_i, r_j]=0$$

(b) 式3.71为

$$\frac{\mathrm{d}}{\mathrm{d}t}\langle Q\rangle=\frac{\mathrm{i}}{\hbar}\langle[\hat{H}, \hat{Q}]\rangle+\left\langle\frac{\partial\hat{Q}}{\partial t}\right\rangle$$

代入 $\hat{Q}=r_i$, $(\mathrm{i}=x, y, z)$, $\partial r_i/\partial t=0$

$$\frac{\mathrm{d}}{\mathrm{d}t}\langle r_i\rangle=\frac{\mathrm{i}}{\hbar}\langle[\hat{H}, r_i]\rangle$$

由于

$$[H, r_i] = \left[\frac{p^2}{2m}+V(\boldsymbol{r}), r_i\right]=\left[\frac{p^2}{2m}, r_i\right]+[V(\boldsymbol{r}), r_i] \quad ([V(\boldsymbol{r}), r_i]=0)$$

$$=\frac{1}{2m}[p^2, r_i]=\frac{1}{2m}\left[\sum_j p_j^2, r_i\right]=\frac{1}{2m}[p_i^2, r_i] \quad ([p_j^2, r_i]=0, i\neq j)$$

$$=\frac{1}{2m}\{p_i[p_i, r_i]+[p_i, r_i]p_i\}=\frac{1}{2m}\{-\mathrm{i}\hbar p_i-\mathrm{i}\hbar p_i\}=-\mathrm{i}\frac{\hbar}{m}p_i$$

所以

$$\frac{\mathrm{d}}{\mathrm{d}t}\langle r_i\rangle=\frac{\mathrm{i}}{\hbar}\left\langle-\mathrm{i}\frac{\hbar}{m}p_i\right\rangle=\frac{1}{m}\langle p_i\rangle$$

上式对每一个分量都成立，从而有

$$\frac{\mathrm{d}}{\mathrm{d}t}\langle\boldsymbol{r}\rangle=\frac{1}{m}\langle\boldsymbol{p}\rangle$$

代入 $\hat{Q}=p_i$, $\partial p_i/\partial t=0$

$$\frac{\mathrm{d}}{\mathrm{d}t}\langle p_i\rangle=\frac{\mathrm{i}}{\hbar}\langle[\hat{H}, p_i]\rangle$$

$$[H, p_i]=\left[\frac{p^2}{2m}+V(\boldsymbol{r}), p_i\right]=\left[\frac{p^2}{2m}, p_i\right]+[V(\boldsymbol{r}), p_i] \quad \left(\left[\frac{p^2}{2m}, p_i\right]=0\right)$$

$$=[V(\boldsymbol{r}), p_i]=\mathrm{i}\hbar\frac{\partial V}{\partial r_i} \quad \left([f(r_i), p_i]=i\hbar\frac{\mathrm{d}f}{\mathrm{d}r_i}\right)$$

所以有

$$\frac{\mathrm{d}}{\mathrm{d}t}\langle p_i\rangle=\frac{\mathrm{i}}{\hbar}\left\langle \mathrm{i}\hbar\frac{\partial V}{\partial r_i}\right\rangle=\left\langle -\frac{\partial V}{\partial r_i}\right\rangle$$

上式对每一个分量都成立，从而有

$$\frac{\mathrm{d}}{\mathrm{d}t}\langle \boldsymbol{p}\rangle=\langle -\nabla V\rangle$$

（c）由两力学量算符的不确定原理

$$\sigma_A^2\sigma_B^2\geqslant\left(\frac{1}{2\mathrm{i}}\langle[\hat{A},\hat{B}]\rangle\right)^2$$

令 $A=r_i$，$B=p_j$，有 $[r_i,p_j]=\mathrm{i}\hbar\delta_{ij}$，所以

$$\sigma_{r_i}^2\sigma_{p_j}^2\geqslant\left(\frac{1}{2\mathrm{i}}\mathrm{i}\hbar\delta_{ij}\right)^2=\left(\frac{\hbar}{2}\delta_{ij}\right)^2$$

即

$$\sigma_x^2\sigma_{p_x}^2\geqslant\left(\frac{\hbar}{2}\right)^2,\ \sigma_y^2\sigma_{py}^2\geqslant\left(\frac{\hbar}{2}\right)^2,\ \sigma_z^2\sigma_{p_z}^2\geqslant\left(\frac{\hbar}{2}\right)^2$$

但是，对 $i\neq j$ 时却没有限制。

习题 4.2　在直角坐标系下，用分离变量法来求解三维无限深方势阱（处在箱子里的一个粒子）：

$$V(x,y,z)=\begin{cases}0 & (0<x,\ y,\ z<a)\\ \infty & (\text{其他})\end{cases}$$

（a）求出定态波函数及相应的能级。

（b）按能量增加的顺序标记不同的能量 E_1，E_2，E_3，…。给出 E_1，E_2，E_3，E_4，E_5 和 E_6。确定它们的简并度（即具有相同能量的态的数目）。注意：一维情况下不会发生简并（参见习题2.45），但在三维情况下是很平常的。

（c）E_{14} 的简并度是多少，为什么该情况是有趣的？

解：（a）定态薛定谔方程为

$$-\frac{\hbar^2}{2m}\left(\frac{\partial^2\psi}{\partial x^2}+\frac{\partial^2\psi}{\partial y^2}+\frac{\partial^2\psi}{\partial z^2}\right)=E\psi\quad(0<x,\ y,\ z<a)$$

分离变量

$$\psi(x,y,z)=X(x)Y(y)Z(z)$$

代入方程

$$-\frac{\hbar^2}{2m}\left(YZ\frac{\mathrm{d}^2X}{\mathrm{d}x^2}+XZ\frac{\mathrm{d}^2Y}{\mathrm{d}y^2}+XY\frac{\mathrm{d}^2Z}{\mathrm{d}z^2}\right)=EXYZ$$

两边同除以 XYZ，得

$$\frac{1}{X}\frac{\mathrm{d}^2X}{\mathrm{d}x^2}+\frac{1}{Y}\frac{\mathrm{d}^2Y}{\mathrm{d}y^2}+\frac{1}{Z}\frac{\mathrm{d}^2Z}{\mathrm{d}z^2}=-\frac{2m}{\hbar^2}E$$

上式左边分别仅与 x，y，z 有关，故每一项必须是常数

令

$$\frac{1}{X}\frac{d^2X}{dx^2}=-k_x^2,\ \frac{1}{Y}\frac{d^2Y}{dy^2}=-k_y^2,\ \frac{1}{Z}\frac{d^2Z}{dz^2}=-k_z^2$$

解得

$$X(x)=A_x\sin k_x x+B_x\cos k_x x$$
$$Y(y)=A_y\sin k_y y+B_y\cos k_y y$$
$$Z(z)=A_z\sin k_z z+B_z\cos k_z z$$

由边界条件x, y, $z=0$, 及$x=y=z=a$时, $\psi=0$, 即

$$X(0)=Y(0)=Z(0)=X(a)=Y(a)=Z(a)=0$$

得到

$$B_x=B_y=B_z=0$$

$$k_x=\frac{n_x\pi}{a},\ k_y=\frac{n_y\pi}{a},\ k_z=\frac{n_z\pi}{a}\quad (n_x,\ n_y,\ n_z=1,\ 2,\ 3,\ \cdots)$$

分别对X、Y、Z归一化, 得 $A_x=A_y=A_z=\sqrt{\dfrac{2}{a}}$

所以 $$\psi_{n_xn_yn_z}(x,\ y,\ z)=\left(\frac{2}{a}\right)^{3/2}\sin\left(\frac{n_x\pi}{a}x\right)\sin\left(\frac{n_y\pi}{a}y\right)\sin\left(\frac{n_z\pi}{a}z\right)$$

$$E=\frac{\hbar^2}{2m}(k_x^2+k_y^2+k_z^2)=\frac{\pi^2\hbar^2}{2ma^2}(n_x^2+n_y^2+n_z^2)\quad (n_x,\ n_y,\ n_z=1,\ 2,\ 3,\ \cdots)$$

(b) 能量E仅与$n_x^2+n_y^2+n_z^2$有关:

当n_x, n_y, n_z全为1时, $E_1=\dfrac{3\pi^2\hbar^2}{2ma^2}$, 简并度$d=1$(基态);

当n_x, n_y, n_z有两个等于1、一个等于2时, $E_2=\dfrac{3\pi^2\hbar^2}{ma^2}$, $d=3$(第一激发态);

当n_x, n_y, n_z有一个等于1、两个等于2时, $E_3=\dfrac{9\pi^2\hbar^2}{2ma^2}$, $d=3$;

当n_x, n_y, n_z有两个等于1、一个等于3时, $E_4=\dfrac{11\pi^2\hbar^2}{2ma^2}$, $d=3$;

当n_x, n_y, n_z全为2时, $E_5=\dfrac{6\pi^2\hbar}{ma^2}$, $d=1$;

当n_x, n_y, n_z分别等于1, 2, 3时, $E_6=\dfrac{7\pi^2\hbar^2}{ma^2}$, $d=6$。

可以看出, 当n_x, n_y, n_z一样时, 简并度为1, 当两个一样时, 简并度为3, 当三个都不一样时简并度为6。

(c) 当能量分别为E_7, E_8, E_9, E_{10}, E_{11}, E_{12}, E_{13}时, n_x, n_y, n_z的组合分别可为(3, 2, 2), (4, 1, 1), (3, 3, 1), (4, 2, 1), (3, 3, 2), (4, 2, 2), (4, 3, 1)。

当能量为E_{14}时, n_x, n_y, n_z凑巧有三个全等于3或者两个一样5, 1, 1的组合, 因此简并度为$d=1+C_3^1=4$。

＊**习题4.3**　用教材中的式4.27，式4.28和式4.32，来构建 Y_0^0 和 Y_2^1，验证它们是正交归一的。

解：方程4.27，4.28和4.32分别为

$$P_l^m(x) \equiv (1-x^2)^{|m|/2}\left(\frac{d}{dx}\right)^{|m|} P_l(x)$$

$$P_l(x) \equiv \frac{1}{2^l l!}\left(\frac{d}{dx}\right)^l (x^2-1)^l$$

$$Y_l^m(\theta,\phi) \equiv \varepsilon\sqrt{\frac{(2l+1)(l-|m|)!}{4\pi(l+|m|)!}} e^{im\phi} P_l^m(\cos\theta)$$

其中 $m \geqslant 0$ 时，$\varepsilon = (-1)^m$，$m \leqslant 0$ 时，$\varepsilon = 1$。

$$Y_0^0 = \sqrt{\frac{1}{4\pi}} P_0^0(\cos\theta)$$

又　$P_0^0(x) = P_0(x) = 1$，所以

$$Y_0^0 = \sqrt{\frac{1}{4\pi}}$$

$$Y_2^1 = -\sqrt{\frac{5}{24\pi}} e^{i\phi} P_2^1(\cos\theta)$$

$$P_2^1(x) = (1-x^2)^{1/2}\frac{d}{dx}P_2(x)$$

$$P_2(x) = \frac{1}{4\times 2}\left(\frac{d}{dx}\right)^2 (x^2-1)^2 = \frac{1}{8}\left(\frac{d}{dx}\right)^2 (x^4-2x^2+1)$$

$$= \frac{1}{8}\frac{d}{dx}(4x^3-4x) = \frac{1}{2}(3x^2-1)$$

$$P_2^1(x) = \sqrt{1-x^2}\frac{d}{dx}\left(\frac{3}{2}x^2-\frac{1}{2}\right) = 3x\sqrt{1-x^2}$$

$$P_2^1(\cos\theta) = 3\cos\theta\sin\theta$$

所以

$$Y_2^1 = -\sqrt{\frac{15}{8\pi}}\cos\theta\sin\theta e^{i\varphi}$$

验证正交性

$$\int_0^{2\pi}\int_0^{\pi} Y_0^{0*} Y_2^1 \sin\theta d\theta d\phi = -\sqrt{\frac{1}{4\pi}}\cdot\sqrt{\frac{15}{8\pi}}\int_0^{\pi}\sin^2\theta\cos\theta d\theta\int_0^{2\pi} e^{i\phi} d\phi$$

$$= -\sqrt{\frac{1}{4\pi}}\cdot\sqrt{\frac{15}{8\pi}}\left[\frac{\sin^3\theta}{3}\right]_0^{\pi}\left[\frac{e^{i\phi}}{i}\right]_0^{2\pi} = 0$$

验证归一性

$$\int_0^{2\pi}\int_0^{\pi} |Y_0^0|^2 \sin\theta d\theta d\phi = \frac{1}{4\pi}\int_0^{\pi}\sin\theta d\theta\int_0^{2\pi} d\phi = \frac{1}{4\pi}\times 2\times 2\pi = 1$$

$$\int_0^{2\pi}\int_0^{\pi}|Y_2^1|^2\sin\theta d\theta d\varphi = \int_0^{2\pi}\int_0^{\pi}Y_2^{1*}Y_2^1\sin\theta d\theta d\varphi$$
$$= \frac{15}{8\pi}\int_0^{\pi}\sin^3\theta\cos^2\theta d\theta\int_0^{2\pi}d\varphi$$
$$= -\frac{15}{4}\int_0^{\pi}\cos^2\theta(1-\cos^2\theta)d\cos\theta$$
$$= -\frac{15}{4}\left[\frac{1}{3}\cos^3\theta - \frac{1}{5}\cos^5\theta\right]\Big|_0^{\pi} = 1$$

习题 4.4 证明 $\Theta(\theta) = A\ln[\tan(\theta/2)]$

对 $l=m=0$，满足 θ 的方程$\left(式 4.25\ \sin\theta\frac{d}{d\theta}\left(\sin\theta\frac{d\Theta}{d\theta}\right)+[l(l+1)\sin^2\theta-m^2]\Theta=0\right)$。这就是不可接受的"第二个解"——错误出在哪里？

解：
$$\Theta(\theta) = A\ln[\tan(\theta/2)]$$

$$\frac{d\Theta}{d\theta}=\frac{A}{\tan(\theta/2)}\cdot\frac{1}{2}\sec^2\frac{\theta}{2}=\frac{A}{2}\cdot\frac{\cos\frac{\theta}{2}}{\sin\frac{\theta}{2}}\cdot\frac{1}{\cos^2\frac{\theta}{2}}=\frac{A}{\sin\theta}$$

$$\frac{d}{d\theta}\left(\sin\theta\frac{d\Theta}{d\theta}\right)=\frac{dA}{d\theta}=0$$

当 $l=m=0$ 时，
$$l(l+1)\sin^2\theta-m^2=0$$

故 $\Theta(\theta)$ 满足方程
$$\sin\theta\frac{d}{d\theta}\left(\sin\theta\frac{d\Theta}{d\theta}\right)+[l(l+1)\sin^2\theta-m^2]\Theta=0$$

当 $\theta=0$ 时，$\Theta(0)=A\ln 0=A\cdot(-\infty)$

当 $\theta=\pi$ 时，$\Theta(\pi)=A\ln\left(\tan\frac{\pi}{2}\right)=A\ln(\infty)=A\cdot\infty$

所以这个解在物理上不可接受。

*** 习题 4.5** 利用式 4.32 $Y_l^m(\theta,\phi)=\varepsilon\sqrt{\frac{(2l-1)(l-|m|)!}{4\pi(l+|m|)!}}e^{im\phi}P_l^m(\cos\theta)$ 构造 $Y_l^l(\theta,\phi)$ 和 $Y_3^2(\theta,\phi)$（你可以从教材的表 4.2 中查出 P_3^2，但是你得从式 4.27 $P_l^m(x)\equiv(1-x^2)^{|m|/2}\left(\frac{d}{dx}\right)^{|m|}P_l(x)$ 和式 4.28 $P_l(x)\equiv\frac{1}{2^l l!}\left(\frac{d}{dx}\right)^l(x^2-1)^l$ 求出 P_l^l）。对适当的 l 和 m，验证它们是否满足角动量方程$\left(式 4.18\sin\theta\frac{\partial}{\partial\theta}\left(\sin\theta\frac{\partial Y}{\partial\theta}\right)+\frac{\partial^2 Y}{\partial\phi^2}=-l(l+1)\sin^2\theta Y\right)$。

解： 同 4.3 题

$$Y_l^m(\theta,\phi)\equiv\varepsilon\sqrt{\frac{(2l+1)(l-|m|)!}{4\pi(l+|m|)!}}e^{im\phi}P_l^m(\cos\theta)$$

$$\mathrm{P}_l^m(x) \equiv (1-x^2)^{|m|/2}\left(\frac{\mathrm{d}}{\mathrm{d}x}\right)^{|m|}\mathrm{P}_l(x)$$

$$\mathrm{P}_l(x) \equiv \frac{1}{2^l l!}\left(\frac{\mathrm{d}}{\mathrm{d}x}\right)^l (x^2-1)^l$$

$$\mathrm{Y}_l^l(\theta,\ \phi) = (-1)^l\sqrt{\frac{2l+1}{4\pi(2l)!}}\mathrm{e}^{\mathrm{i}l\phi}\mathrm{P}_l^l(\cos\theta)$$

$$\mathrm{P}_l^l(x) = (1-x^2)^{l/2}\left(\frac{\mathrm{d}}{\mathrm{d}x}\right)^l\mathrm{P}_l(x) = \frac{1}{2^l l!}(1-x^2)^{l/2}\left(\frac{\mathrm{d}}{\mathrm{d}x}\right)^{2l}(x^2-1)^l$$

其中 $(x^2-1)^l = x^{2l} + ax^{2l-1} + bx^{2l-2} + \cdots + 1$　（a，b，…是常数）

对上式求 $2l$ 阶导数时，$\left(\frac{\mathrm{d}}{\mathrm{d}x}\right)^{2l}x^{2l} = (2l)!$，其余各项均为 0

所以

$$\mathrm{P}_l^l(x) = \frac{(2l)!}{2^l l!}(1-x^2)^{l/2}$$

$$\mathrm{Y}_l^l(\theta,\ \varphi) = (-1)^l\sqrt{\frac{2l+1}{4\pi(2l)!}}\mathrm{e}^{\mathrm{i}l\varphi}\frac{(2l)!}{2^l l!}(\sin\theta)^l = A(\sin\theta)^l\mathrm{e}^{\mathrm{i}l\varphi}$$

$$A \equiv (-1)^l\sqrt{\frac{2l+1}{4\pi(2l)!}}\frac{(2l)!}{2^l l!}$$

$$\mathrm{Y}_3^2(\theta,\ \phi) = \sqrt{\frac{7}{4\pi\cdot 5!}}\mathrm{e}^{2\mathrm{i}\phi}\mathrm{P}_3^2(\cos\theta)$$

$$\mathrm{P}_3^2(x) = (1-x^2)\left(\frac{\mathrm{d}}{\mathrm{d}x}\right)^2\mathrm{P}_3(x)$$

$$\begin{aligned}\mathrm{P}_3(x) &= \frac{1}{8\times 3!}\left(\frac{\mathrm{d}}{\mathrm{d}x}\right)^3(x^2-1)^3 = \frac{1}{48}\left(\frac{\mathrm{d}}{\mathrm{d}x}\right)^2[6x(x^2-1)^2]\\ &= \frac{1}{8}\frac{\mathrm{d}}{\mathrm{d}x}[(x^2-1)^2 + 4x^2(x^2-1)]\\ &= \frac{1}{8}[4x(x^2-1) + 8x(x^2-1) + 8x^3]\\ &= \frac{1}{2}(5x^3-3x)\end{aligned}$$

所以

$$\begin{aligned}\mathrm{P}_3^2(x) &= \frac{1}{2}(1-x^2)\left(\frac{\mathrm{d}}{\mathrm{d}x}\right)^2(5x^3-3x) = \frac{1}{2}(1-x^2)\frac{\mathrm{d}}{\mathrm{d}x}(15x^2-3)\\ &= \frac{1}{2}(1-x^2)30x = 15x(1-x^2)\end{aligned}$$

$$\mathrm{Y}_3^2(\theta,\ \varphi) = \sqrt{\frac{7}{4\pi\cdot 5!}}\mathrm{e}^{2\mathrm{i}\varphi}\cdot 15\cos\theta\sin^2\theta$$

$$\frac{\partial \mathrm{Y}_l^l}{\partial\theta} = A\mathrm{e}^{\mathrm{i}l\phi}l(\sin\theta)^{l-1}\cos\theta,\ \sin\theta\frac{\partial \mathrm{Y}_l^l}{\partial\theta} = A\mathrm{e}^{\mathrm{i}l\varphi}l(\sin\theta)^l\cos\theta = l\cos\theta\mathrm{Y}_l^l$$

$$\sin\theta\frac{\partial}{\partial\theta}\left(\sin\theta\frac{\partial \mathrm{Y}_l^l}{\partial\theta}\right)=\sin\theta\left(-l\sin\theta\mathrm{Y}_l^l+l\cos\theta\cdot\frac{l\cos\theta\mathrm{Y}_l^l}{\sin\theta}\right)=(l^2\cos^2\theta-l\sin^2\theta)\mathrm{Y}_l^l$$

$$\frac{\partial^2\mathrm{Y}_l^l}{\partial\phi^2}=-l^2\mathrm{Y}_l^l$$

$$\sin\theta\frac{\partial}{\partial\theta}\left(\sin\theta\frac{\partial \mathrm{Y}_l^l}{\partial\theta}\right)+\frac{\partial^2\mathrm{Y}_l^l}{\partial\varphi^2}=(l^2\cos^2\theta-l\sin^2\theta-l^2)\mathrm{Y}_l^l=-l(l+1)\sin^2\theta\mathrm{Y}_l^l$$

所以 Y_l^l 满足式 4. 18。

对于

$$\mathrm{Y}_3^2(\theta,\varphi)=15\sqrt{\frac{7}{4\pi\cdot 5!}}\mathrm{e}^{2\mathrm{i}\varphi}\cos\theta\sin^2\theta=B\mathrm{e}^{2\mathrm{i}\varphi}\cos\theta\sin^2\theta$$

其中

$$B\equiv 15\sqrt{\frac{7}{4\pi\cdot 5!}}$$

$$\frac{\partial\mathrm{Y}_3^2}{\partial\theta}=-B\mathrm{e}^{2\mathrm{i}\phi}\sin^3\theta+2B\mathrm{e}^{2\mathrm{i}\phi}\cos^2\theta\sin\theta$$

$$\sin\theta\frac{\partial\mathrm{Y}_3^2}{\partial\theta}=B\mathrm{e}^{2\mathrm{i}\phi}(2\sin^2\theta\cos^2\theta-\sin^4\theta)$$

$$\begin{aligned}&\sin\theta\frac{\partial}{\partial\theta}\left(\sin\theta\frac{\partial\mathrm{Y}_3^2}{\partial\theta}\right)\\&=B\mathrm{e}^{2\mathrm{i}\varphi}\sin\theta\frac{\partial}{\partial\theta}(2\sin^2\theta\cos^2\theta-\sin^4\theta)\\&=B\mathrm{e}^{2\mathrm{i}\varphi}\sin\theta(4\sin\theta\cos^3\theta-4\sin^3\theta\cos\theta-4\sin^3\theta\cos\theta)\\&=4B\mathrm{e}^{2\mathrm{i}\varphi}\sin^2\theta\cos\theta(\cos^2\theta-2\sin^2\theta)=4(\cos^2\theta-2\sin^2\theta)\mathrm{Y}_3^2\end{aligned}$$

$$\frac{\partial^2\mathrm{Y}_3^2}{\partial\phi^2}=-4\mathrm{Y}_3^2$$

所以

$$\sin\theta\frac{\partial}{\partial\theta}\left(\sin\theta\frac{\partial\mathrm{Y}_3^2}{\partial\theta}\right)+\frac{\partial^2\mathrm{Y}_3^2}{\partial\phi^2}=4(\cos^2\theta-2\sin^2\theta)\mathrm{Y}_3^2-4\mathrm{Y}_3^2=-12\sin^2\theta\mathrm{Y}_3^2$$

又

$$l=3,\ -l(l+1)\sin^2\theta\mathrm{Y}_3^2=-12\sin^2\theta\mathrm{Y}_3^2$$

所以 Y_3^2 满足角动量方程

$$\sin\theta\frac{\partial}{\partial\theta}\left(\sin\theta\frac{\partial\mathrm{Y}_3^2}{\partial\theta}\right)+\frac{\partial^2\mathrm{Y}_3^2}{\partial\phi^2}=-l(l+1)\sin^2\theta\mathrm{Y}_3^2$$

** **习题 4.6** 从罗德里格(Rodrigue)公式出发，推导出关联勒让德多项式的归一化条件：

$$\int_{-1}^{1}\mathrm{P}_l(x)\mathrm{P}_{l'}(x)\,\mathrm{d}x=\left(\frac{2}{2l+1}\right)\delta_{ll'}$$

提示：利用分部积分。

解：由 Rodrigue 公式

$$P_l(x)=\frac{1}{2^l\cdot l!}\left(\frac{d}{dx}\right)^l(x^2-1)^l$$

$$\int_{-1}^{1}P_l(x)P_{l'}(x)dx=\frac{1}{2^l\cdot l!}\cdot\frac{1}{2^{l'}\cdot l'!}\int_{-1}^{1}\left[\left(\frac{d}{dx}\right)^l(x^2-1)^l\right]\left[\left(\frac{d}{dx}\right)^{l'}(x^2-1)^{l'}\right]dx$$

当 $l\neq l'$ 时，设 $l>l'$，由分部积分法

$$\int_{-1}^{1}\left[\left(\frac{d}{dx}\right)^l(x^2-1)^l\right]\left[\left(\frac{d}{dx}\right)^{l'}(x^2-1)^{l'}\right]dx$$

$$=\int_{-1}^{1}\left[\left(\frac{d}{dx}\right)^{l'}(x^2-1)^{l'}\right]d\left[\left(\frac{d}{dx}\right)^{l-1}(x^2-1)^l\right]$$

$$=\left[\left(\frac{d}{dx}\right)^{l-1}(x^2-1)^l\right]\left[\left(\frac{d}{dx}\right)^{l'}(x^2-1)^{l'}\right]\Big|_{-1}^{1}-\int_{-1}^{1}\left[\left(\frac{d}{dx}\right)^{l-1}(x^2-1)^l\right]d\left[\left(\frac{d}{dx}\right)^{l'}(x^2-1)^{l'}\right]$$

$$=\left[\left(\frac{d}{dx}\right)^{l-1}(x^2-1)^l\right]\left[\left(\frac{d}{dx}\right)^{l'}(x^2-1)^{l'}\right]\Big|_{-1}^{1}-\int_{-1}^{1}\left[\left(\frac{d}{dx}\right)^{l-1}(x^2-1)^l\right]\left[\left(\frac{d}{dx}\right)^{l'+1}(x^2-1)^{l'}\right]dx$$

$$=\left[\left(\frac{d}{dx}\right)^{l-1}(x^2-1)^l\right]\left[\left(\frac{d}{dx}\right)^{l'}(x^2-1)^{l'}\right]\Big|_{-1}^{1}-\left[\left(\frac{d}{dx}\right)^{l-2}(x^2-1)^l\right]\left[\left(\frac{d}{dx}\right)^{l'+1}(x^2-1)^{l'}\right]\Big|_{-1}^{1}+$$

$$\int_{-1}^{1}\left[\left(\frac{d}{dx}\right)^{l-2}(x^2-1)^l\right]\left[\left(\frac{d}{dx}\right)^{l'+2}(x^2-1)^{l'}\right]dx$$

$$=\left[\left(\frac{d}{dx}\right)^{l-1}(x^2-1)^l\right]\left[\left(\frac{d}{dx}\right)^{l'}(x^2-1)^{l'}\right]\Big|_{-1}^{1}-\left[\left(\frac{d}{dx}\right)^{l-2}(x^2-1)^l\right]\left[\left(\frac{d}{dx}\right)^{l'+1}(x^2-1)^{l'}\right]\Big|_{-1}^{1}$$

$$\cdots+\left[\left(\frac{d}{dx}\right)^{l-n}(x^2-1)^l\right]\left[\left(\frac{d}{dx}\right)^{l'+n-1}(x^2-1)^{l'}\right]\Big|_{-1}^{1}+$$

$$\cdots+(-1)^l\int_{-1}^{1}(x^2-1)^l\left(\frac{d}{dx}\right)^{l'+l}(x^2-1)^{l'}dx$$

其中 $n=1, 2, 3, \cdots, l$

因为 $l>l'$，$l+l'>2l'$，所以 $\left(\frac{d}{dx}\right)^{l'+l}(x^2-1)^{l'}=0$

又

$$\frac{d}{dx}(x^2-1)^l=2xl(x^2-1)^{l-1}$$

$$\frac{d^2}{dx^2}(x^2-1)^l=2l(x^2-1)^{l-1}+2l(l-1)\cdot 2x^2(x^2-1)^{l-2}$$

可知 $\left(\frac{d}{dx}\right)^{l-n}(x^2-1)^l$ 所展开的多项式能提取出公因式 (x^2-1)

因为积分区间是从 -1 到 1，所以

$$\left[\left(\frac{d}{dx}\right)^{l-n}(x^2-1)^l\right]\left[\left(\frac{d}{dx}\right)^{l'+n-1}(x^2-1)^{l'}\right]\Big|_{-1}^{1}=0$$

即当 $l\neq l'$ 时，

$$\int_{-1}^{1}P_l(x)P_{l'}(x)dx=0$$

当 $l=l'$ 时，由上面知

$$\int_{-1}^{1}P_l(x)P_{l'}(x)\,dx = \frac{1}{(2^l\cdot l!)^2}\cdot(-1)^l\int_{-1}^{1}(x^2-1)^l\left(\frac{d}{dx}\right)^{2l}(x^2-1)^l dx$$

其中，

$$(-1)^l\int_{-1}^{1}(x^2-1)^l\left(\frac{d}{dx}\right)^{2l}(x^2-1)^l dx = (-1)^l(2l)!\int_{-1}^{1}(x^2-1)^l dx$$
$$=2\cdot(2l)!\int_{0}^{1}(1-x^2)^l dx$$

令 $x=\cos\theta$，则 $1-x^2=\sin^2\theta$，$dx=-\sin\theta d\theta$，完成积分

$$\int_0^1(1-x^2)^l dx = \int_{\pi/2}^{0}(\sin\theta)^{2l}(-\sin\theta)\,d\theta = \int_0^{\pi/2}(\sin\theta)^{2l+1}d\theta$$
$$=\frac{2\times4\times6\times\cdots\times2l}{1\times3\times5\times\cdots\times(2l+1)}$$
$$=\frac{(2^l\cdot l!)^2}{1\times2\times3\times\cdots\times(2l+1)}=\frac{(2^l\cdot l!)^2}{(2l+1)!}$$

所以

$$\int_{-1}^{1}[P_l(x)]^2dx = \frac{1}{(2^l\cdot l!)^2}\cdot2\cdot(2\cdot l)!\frac{(2^l\cdot l!)^2}{(2l+1)!}=\frac{2}{2l+1}$$

结合前面 $l\neq l'$ 情况，有

$$\int_{-1}^{1}P_l(x)P_{l'}(x)\,dx=\frac{2}{2l+1}\delta_{ll'}$$

习题 4.7

(a) 根据定义(教材中的式 4.46)给出 $n_1(x)$ 和 $n_2(x)$。

(b) 当 $x\ll1$ 时，通过展开正弦和余弦得出 $n_1(x)$ 和 $n_2(x)$ 的近似公式。并验证它们在原点处趋于无穷大。

解：(a) 教材中的式 4.46 为

$$n_l(x)=-(-x)^l\left(\frac{1}{x}\frac{d}{dx}\right)^l\frac{\cos x}{x}$$

所以

$$n_1(x)=-(-x)\left(\frac{1}{x}\frac{d}{dx}\right)\frac{\cos x}{x}=-\frac{\cos x}{x^2}-\frac{\sin x}{x}$$

$$n_2(x)=-(-x)^2\left(\frac{1}{x}\frac{d}{dx}\right)^2\frac{\cos x}{x}=-x^2\left(\frac{1}{x}\frac{d}{dx}\right)\left[\frac{1}{x}\frac{d}{dx}\left(\frac{\cos x}{x}\right)\right]$$
$$=-x\frac{d}{dx}\left(\frac{1}{x}\cdot\frac{-\cos x-x\sin x}{x^2}\right)=x\frac{d}{dx}\left(\frac{\cos x+x\sin x}{x^3}\right)$$
$$=x\left(\frac{x^4\cos x-2x^3\sin x-x^3\sin x-3x^2\cos x}{x^6}\right)=-\frac{3}{x^2}\sin x-\left(\frac{3}{x^3}-\frac{1}{x}\right)\cos x$$

(b) 当 $x\ll1$ 时，$\sin x\approx x$，$\cos x\approx1$

所以

$$n_1(x) \approx -\frac{1}{x^2} - 1,\quad n_2(x) \approx -\frac{3}{x} - \frac{3}{x^3} + \frac{1}{x}$$

在原点处，当 $x \to 0$ 时，$n_1(x)$，$n_2(x)$ 均趋于无穷大。

习题 4.8

(a) 对 $V(r)=0$ 和 $l=1$，验证 $Arj_1(kr)$ 满足径向方程。

(b) 当 $l=1$ 时，用图解法确定无限深球势阱的允许能级，证明对于较大的 n，$E_{n1} \approx (\hbar^2\pi^2/2ma^2)(n+1/2)^2$。提示：首先证明 $j_1(x)=0 \to x=\tan x$。在同一个图上画处 x 和 $\tan x$，找出交点位置。

解：(a) 径向方程为

$$-\frac{\hbar^2}{2m}\frac{d^2u}{dr^2} + \left[V + \frac{\hbar^2}{2m}\frac{l(l+1)}{r^2}\right]u = Eu$$

对 $V(r)=0$ 和 $l=1$，可化简为

$$\frac{d^2u}{dr^2} - \frac{2}{r^2}u = -\frac{2mE}{\hbar^2}u = -k^2u,\ \text{其中}\ k \equiv \frac{\sqrt{2mE}}{\hbar}$$

$u=Arj_1(kr)$，由教材中的表 4.4 知 $j_1(x) = \dfrac{\sin x}{x^2} - \dfrac{\cos x}{x}$

$$u = Ar\left[\frac{\sin(kr)}{k^2r^2} - \frac{\cos(kr)}{kr}\right] = \frac{A}{k}\left[\frac{\sin(kr)}{kr} - \cos(kr)\right]$$

$$\frac{du}{dr} = \frac{A}{k}\left[\frac{k^2r\cos(kr) - k\sin(kr)}{k^2r^2} + k\sin(kr)\right]$$

$$= \frac{A}{k}\left[\frac{\cos(kr)}{r} - \frac{\sin(kr)}{kr^2} + k\sin(kr)\right]$$

$$\frac{d^2u}{dr^2} = \frac{A}{k}\left[\frac{-kr\sin(kr) - \cos(kr)}{r^2} - \frac{k^2r^2\cos(kr) - 2kr\sin(kr)}{k^2r^4} + k^2\cos(kr)\right]$$

$$= Ak\left\{\left[1 - \frac{2}{(kr)^2}\right]\cos(kr) + \left[\frac{2}{(kr)^3} - \frac{1}{kr}\right]\sin(kr)\right\}$$

$$\frac{d^2u}{dr^2} - \frac{2u}{r^2} = Ak\left\{\left[1 - \frac{2}{(kr)^2}\right]\cos(kr) + \left[\frac{2}{(kr)^3} - \frac{1}{kr}\right]\sin(kr)\right\} - \frac{2A}{kr^2}\left[\frac{\sin(kr)}{kr} - \cos(kr)\right]$$

$$= Ak\left[\cos(kr) - \frac{\sin(kr)}{kr}\right]$$

又因为

$$-k^2u = -k^2 \cdot \frac{A}{k}\left[\frac{\sin(kr)}{kr} - \cos(kr)\right] = Ak\left[\cos(kr) - \frac{\sin(kr)}{kr}\right]$$

所以 u 满足方程

$$\frac{d^2u}{dr^2} - \frac{2u}{r^2} = -k^2u$$

(b) $R(r)=Aj_l(kr)$，对无限深球势阱，由边界条件 $R(a)=0$ 知 $j_l(ka)=0$，由教材中的表 4.4 知

$$j_1(z)=\frac{\sin z}{z^2}-\frac{\cos z}{z}\quad (z\equiv ka)$$

所以 $j_1(z)=0$

即
$$\frac{\sin z}{z^2}=\frac{\cos z}{z}$$

$$z=\tan z$$

在同一个图上画出 z 和 $\tan z$，找到交点位置，如图 4-1 所示。

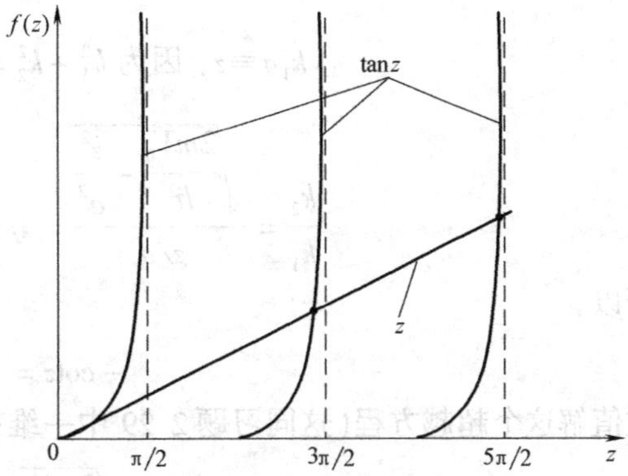

图 4-1

由图中可以看出，对于较大的 n，交点位置趋向于 $\left(n+\frac{1}{2}\right)\pi\quad (n=1,2,3,\cdots)$

即

$$ka\approx\left(n+\frac{1}{2}\right)\pi\rightarrow E_n\approx\frac{(n+1/2)^2\pi^2\hbar^2}{2ma^2}$$

** **习题 4.9** 一个质量为 m 的粒子在一个有限深球势阱中：

$$V(r)=\begin{cases}-V_0 & (r\leqslant a)\\ 0 & (r\geqslant a)\end{cases}$$

通过解 $l=0$ 时的径向方程求出基态，证明当 $V_0a^2<\hbar^2\pi^2/8m$ 时不会有束缚态。

解： $l=0$ 时径向方程为

$$-\frac{\hbar^2}{2m}\frac{d^2u}{dr^2}+Vu=Eu$$

束缚态$(-V_0<E<0)$的解为

在势阱内 $r\leqslant a$，

$$u(r)=A\sin(k_1r)+B\cos(k_1r)\quad (k_1\equiv\sqrt{2m(E+V_0)}/\hbar)$$

径向波函数 $R(r)=u(r)/r$，所以当 $r\rightarrow 0$ 时，$\cos(k_1r)/r$ 趋于无穷大，故必须有 $B=0$

所以

$$u(r)=A\sin(k_1r)\quad (r\leqslant a)$$

在势阱外 $r\geqslant a$ 处，$V(r)=0$，

$$u(r)=Ce^{k_2r}+De^{-k_2r}\quad (k_2\equiv\sqrt{-2mE}/\hbar)$$

当 $r\rightarrow\infty$ 时，e^{k_2r} 趋于无穷大，故必须有 $C=0$

$$u(r)=De^{-k_2r}$$

由在 $r=a$ 处波函数及其导数的连续性可得

$$A\sin(k_1a)=De^{-k_2a},\ Ak_1\cos(k_1a)=-Dk_2e^{-k_2a}$$

两式相除有

$$-\cot(k_1a)=\frac{k_2}{k_1}$$

令

$$k_1 a \equiv z,\ 因为\ k_1^2+k_2^2=\frac{2mV_0}{\hbar^2},\ k_2=\sqrt{\frac{2mV_0}{\hbar^2}-k_1^2}$$

$$\frac{k_2}{k_1}=\frac{\sqrt{\dfrac{2mV_0}{\hbar^2}-\dfrac{z^2}{a^2}}}{z/a}=\sqrt{(z_0/z)^2-1},\ z_0\equiv\frac{\sqrt{2mV_0}}{\hbar}a$$

所以

$$-\cot z=\sqrt{(z_0/z)^2-1}$$

数值解这个超越方程(这同习题2.29中一维有限深势阱是一样的方程)

如图4-2所示，当 $z_0<\dfrac{\pi}{2}$ 时无解，即 $\dfrac{\sqrt{2mV_0}}{\hbar}a<\dfrac{\pi}{2}$，$V_0a^2<\dfrac{\hbar^2\pi^2}{8m}$ 时不会有束缚态。对基态交点处于 $\pi/2<z<\pi$ 之间某处。能量本征值为

$$E_n+V_0=\frac{\hbar^2k_n^2a^2}{2ma^2}=\frac{\hbar^2}{2ma^2}z_n^2$$

所以基态能量满足

$$\frac{\hbar^2\pi^2}{8ma^2}<E_1+V_0<\frac{\hbar^2\pi^2}{2ma^2}$$

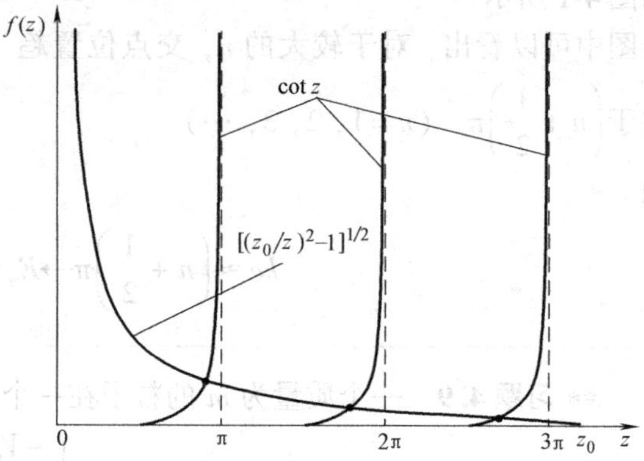

图　4-2

---

* **习题 4.10**　利用递推公式$\left(式4.76\ c_{j+1}=\dfrac{2(j+l+1-n)}{(j+1)(j+2l+2)}c_j\right)$，写出径向波函数 R_{30}，R_{31} 和 R_{32}。不用归一化它们。

解：

$$R_{nl}(r)=\frac{1}{r}\rho^{l+1}e^{-\rho}v(\rho)\qquad\left(\rho\equiv\frac{r}{an}\right)$$

$$v(\rho)=\sum_{j=0}^{n-l-1}c_j\rho^j$$

其中

$$c_{j+1}=\frac{2(j+l+1-n)}{(j+1)(j+2l+2)}c_j$$

对 $n=3$，$l=0$，c_2 以后为零

$$c_1=-2c_0,\quad c_2=-\frac{1}{3}c_1=\frac{2}{3}c_0$$

所以

$$R_{30}=\frac{1}{r}\cdot\frac{r}{3a}e^{-r/3a}\left[c_0-\frac{2c_0r}{3a}+\frac{2}{3}c_0\left(\frac{r}{3a}\right)^2\right]=\frac{c_0}{3a}\left(1-\frac{2r}{3a}+\frac{2r^2}{27a^2}\right)e^{-r/3a}$$

对于 $n=3$，$l=1$，c_1 以后为零

$$c_1 = -\frac{1}{2}c_0$$

所以

$$R_{31} = \frac{1}{r}\left(\frac{r}{3a}\right)^2 e^{-r/3a}\left(c_0 - \frac{c_0}{2}\frac{r}{3a}\right) = \frac{rc_0}{9a^2}\left(1 - \frac{r}{6a}\right)e^{-r/3a}$$

对于 $n=3$，$l=2$，c_0 以后为零

$$R_{32} = \frac{1}{r}\left(\frac{r}{3a}\right)^3 e^{-r/3a}c_0 = \frac{r^2c_0}{27a^3}e^{-r/3a}$$

***习题 4.11**

(a) 把 R_{20} 归一化$\left(式 4.82\ R_{20}(r) = \frac{c_0}{2a}\left(1-\frac{r}{2a}\right)e^{-r/2a}\right)$，并给出函数 ψ_{200}

(b) 把 R_{21} 归一化$\left(式 4.83\ R_{21}(r) = \frac{c_0}{4a^2}re^{-r/2a}\right)$，并构造函数 ψ_{211}，ψ_{210}，ψ_{21-1}。

解：(a) $R_{20} = \frac{c_0}{2a}\left(1-\frac{r}{2a}\right)e^{-r/2a}$

所以

$$\begin{aligned}\int_0^{+\infty} |R_{20}|^2r^2\mathrm{d}r &= \frac{c_0^2}{4a^2}\int_0^{+\infty}\left(1-\frac{r}{2a}\right)^2 e^{-r/a}r^2\mathrm{d}r \quad \left(令\ x \equiv \frac{r}{a}\right)\\ &= \frac{c_0^2}{4a^2}\int_0^{+\infty}\left(1-\frac{x}{2}\right)^2 e^{-x}a^2x^2\cdot a\mathrm{d}x\\ &= \frac{ac_0^2}{4}\int_0^{+\infty}\left(x^2 - x^3 + \frac{1}{4}x^4\right)e^{-x}\mathrm{d}x \quad \left(利用\int_0^{+\infty}x^n e^{-\beta x}\mathrm{d}x = \frac{n!}{\beta^{n+1}}\right)\\ &= \frac{ac_0^2}{4}(2-6+6) = \frac{ac_0^2}{2} = 1\end{aligned}$$

$$c_0 = \sqrt{\frac{2}{a}}$$

所以

$$\psi_{200} = R_{20}Y_0^0 = \frac{1}{\sqrt{4\pi}}R_{20} = \frac{1}{2a\ \sqrt{2\pi a}}\left(1-\frac{r}{2a}\right)e^{-r/2a}$$

(b) $R_{21} = \frac{c_0}{4a^2}re^{-r/2a}$

$$\begin{aligned}\int_0^{+\infty}|R_{21}|^2r^2\mathrm{d}r &= \left(\frac{c_0}{4a^2}\right)^2\int_0^{+\infty}r^4e^{-r/a}\mathrm{d}r\\ &= \left(\frac{c_0}{4a^2}\right)^2\frac{4!}{(1/a)^{4+1}} = \frac{6c_0^2a}{4} = 1\end{aligned}$$

$$c_0 = \sqrt{\frac{2}{3a}}$$

所以

$$R_{21}=\frac{1}{4a^2}\sqrt{\frac{2}{3a}}re^{-r/2a}=\frac{1}{2a^2\sqrt{6a}}re^{-r/2a}$$

由教材中的表4.3知

$$Y_1^{\pm1}=\mp\left(\frac{3}{8\pi}\right)^{1/2}\sin\theta e^{\pm i\varphi},\ Y_1^0=\left(\frac{3}{4\pi}\right)^{1/2}\cos\theta$$

所以

$$\psi_{21\pm1}=\frac{1}{2a^2\sqrt{6a}}re^{-r/2a}\left[\mp\left(\frac{3}{8\pi}\right)^{1/2}\sin\theta e^{\pm i\varphi}\right]$$

$$\psi_{210}=\frac{1}{2a^2\sqrt{6a}}re^{-r/2a}\left[\left(\frac{3}{4\pi}\right)^{1/2}\cos\theta\right]$$

＊习题 4.12

(a) 根据式4.88 $L_q(x)\equiv e^x\left(\frac{d}{dx}\right)^q(e^{-x}x^q)$写出前四个勒盖尔多项式。

(b) 根据式4.86 $v(\rho)=L_{n-l-1}^{2l+1}(2\rho)$，4.87$L_{q-p}^p(x)\equiv(-1)^p\left(\frac{d}{dx}\right)^pL_q(x)$和4.88，对$n=5$，$l=2$ 情况，求出$v(\rho)$。

(c) 利用递推公式(式4.76)重新求$v(\rho)$($n=5$，$l=2$ 情况)。

解: (a) 由式4.88 关联勒盖尔多项式可表示为

$$L_q(x)=e^x\left(\frac{d}{dx}\right)^q(e^{-x}x^q)$$

所以

$$L_0(x)=e^xe^{-x}=1$$

$$L_1(x)=e^x\frac{d}{dx}(e^{-x}x)=e^x(-xe^{-x}+e^{-x})=-x+1$$

$$L_2(x)=e^x\left(\frac{d}{dx}\right)^2(e^{-x}x^2)=e^x\frac{d}{dx}(2xe^{-x}-x^2e^{-x})$$

$$=e^x(2e^{-x}-2xe^{-x}-2xe^{-x}+x^2e^{-x})=x^2-4x+2$$

$$L_3(x)=e^x\left(\frac{d}{dx}\right)^3(e^{-x}x^3)$$

$$=e^x\left(\frac{d}{dx}\right)^2(3x^2e^{-x}-x^3e^{-x})$$

$$=e^x\frac{d}{dx}(6xe^{-x}-3x^2e^{-x}-3x^2e^{-x}+x^3e^{-x})$$

$$=e^x(6e^{-x}-6xe^{-x}-12xe^{-x}+6x^2e^{-x}+3x^2e^{-x}-x^3e^{-x})$$

$$=-x^3+9x^2-18x+6$$

(b) 由教材中的式4.86，式4.87 和式4.88 有

$$v(\rho)=L_{n-l-1}^{2l+1}(2\rho)\ ,\ L_{q-p}^p(x)=(-1)^p\left(\frac{d}{dx}\right)^pL_q(x)\ ,\ L_q(x)=e^x\left(\frac{d}{dx}\right)^q(e^{-x}x^q)。$$

对 $n=5$，$l=2$

$$L_2^5(x)=L_{7-5}^5(x)=(-1)^5\left(\frac{d}{dx}\right)^5 L_7(x)$$

$$\begin{aligned}
L_7(x)&=e^x\left(\frac{d}{dx}\right)^7(e^{-x}x^7)\\
&=e^x\left(\frac{d}{dx}\right)^6(7x^6e^{-x}-x^7e^{-x})\\
&=e^x\left(\frac{d}{dx}\right)^5(42x^5e^{-x}-7x^6e^{-x}-7x^6e^{-x}+x^7e^{-x})\\
&=e^x\left(\frac{d}{dx}\right)^4(210x^4e^{-x}-42x^5e^{-x}-84x^5e^{-x}+14x^6e^{-x}+7x^6e^{-x}-x^7e^{-x})\\
&=e^x\left(\frac{d}{dx}\right)^3(840x^3e^{-x}-210x^4e^{-x}-630x^4e^{-x}+126x^5e^{-x}+126x^5e^{-x}-21x^6e^{-x}-\\
&\quad 7x^6e^{-x}+x^7e^{-x})\\
&=e^x\left(\frac{d}{dx}\right)^2(2520x^2e^{-x}-840x^3e^{-x}-3360x^3e^{-x}+840x^4e^{-x}+1260x^4e^{-x}-\\
&\quad 252x^5e^{-x}-168x^5e^{-x}+28x^6e^{-x}+7x^6e^{-x}-x^7e^{-x})\\
&=e^x\left(\frac{d}{dx}\right)(5040xe^{-x}-2520x^2e^{-x}-12600x^2e^{-x}+4200x^3)e^{-x}+8400x^3e^{-x}-\\
&\quad 2100x^4e^{-x}-2100x^4e^{-x}+420x^5e^{-x}+210x^5e^{-x}-35x^6e^{-x}-7x^6e^{-x}+x^7e^{-x})\\
&=e^x(5040e^{-x}-5040xe^{-x}-30240xe^{-x}+15120x^2e^{-x}+37800x^2e^{-x}-12600x^3e^{-x}-\\
&\quad 8400x^3e^{-x}-8400x^3e^{-x}+2100x^4e^{-x}+2100x^4e^{-x}+3150x^4e^{-x}-630x^5e^{-x}-\\
&\quad 252x^5e^{-x}+42x^6e^{-x}+7x^6e^{-x}-x^7e^{-x})\\
&=-x^7+49x^6-882x^5+7350x^4-29400x^3+52920x^2-35280x+5040
\end{aligned}$$

$$\begin{aligned}
\left(\frac{d}{dx}\right)^5 L_7(x)&=\left(\frac{d}{dx}\right)^5(-x^7+49x^6-882x^5)\\
&=-7\times6\times5\times4\times3x^2+49\times6\times5\times4\times3\times2x-882\times5\times4\times3\times2\\
&=2520(-x^2+14x-42)
\end{aligned}$$

$$L_2^5(x)=2520(x^2-14x+42)$$

所以

$$v(\rho)=L_2^5(2\rho)=2520(4\rho^2-28\rho+42)=5040(2\rho^2-14\rho+21)$$

(c)

$$v(\rho)=\sum_{j=0}^{n-l-1}c_j\rho^j,\ c_{j+1}=\frac{2(j+l+1-n)}{(j+1)(j+2l+2)}c_j$$

对 $n=5$，$l=2$，c_2 以后为零

$$c_1=-\frac{2}{3}c_0,\ c_2=-\frac{1}{7}c_1=\frac{2}{21}c_0$$

所以

$$v(\rho)=c_0-\frac{2}{3}c_0\rho+\frac{2}{21}c_0\rho^2=\frac{c_0}{21}(2\rho^2-14\rho+21)$$

＊习题 4.13

(a) 求电子处于氢原子基态时的$\langle r\rangle$和$\langle r^2\rangle$，用玻尔(Bohr)半径表示你的结果。

(b) 求电子处于氢原子基态时的$\langle x\rangle$和$\langle x^2\rangle$。提示：利用基态的对称性并注意到$r^2=x^2+y^2+z^2$，不用重新积分。

(c) 对$n=2$，$l=1$，$m=1$的态，求$\langle x^2\rangle$。注意：这个态对x，y，z不是对称的，利用$x=r\sin\theta\cos\phi$计算。

解：(a) 电子处于基态时的波函数为

$$\psi=\frac{1}{\sqrt{\pi a^3}}\mathrm{e}^{-r/a}$$

由

$$\langle r^n\rangle=\frac{1}{\pi a^3}\int r^n\mathrm{e}^{-2r/a}r^2\sin\theta\mathrm{d}r\mathrm{d}\theta\mathrm{d}\phi=\frac{4\pi}{\pi a^3}\int_0^{+\infty}r^{n+2}\mathrm{e}^{-2r/a}\mathrm{d}r$$

所以

$$\langle r\rangle=\frac{4}{a^3}\int_0^{+\infty}r^3\mathrm{e}^{-2r/a}\mathrm{d}r=\frac{4}{a^3}3!\left(\frac{a}{2}\right)^4=\frac{3}{2}a$$

$$\langle r^2\rangle=\frac{4}{a^3}\int_0^{+\infty}r^4\mathrm{e}^{-2r/a}\mathrm{d}r=\frac{4}{a^3}4!\left(\frac{a}{2}\right)^5=3a^2$$

(b)
$$\langle x\rangle=\int_{+\infty}^{-\infty}x\mathrm{e}^{-2\sqrt{x^2+y^2+z^2}/a}\mathrm{d}x\mathrm{d}y\mathrm{d}z$$

由被积函数$x\mathrm{e}^{-2r/a}$为奇函数所以$\langle x\rangle=0$。由基态的对称性可得$\langle x^2\rangle=\frac{1}{3}\langle r^2\rangle=a^2$

(c)
$$\psi_{211}=R_{21}\mathrm{Y}_1^1=-\frac{1}{\sqrt{\pi a}}\frac{1}{8a^2}r\mathrm{e}^{-r/2a}\sin\theta\mathrm{e}^{i\varphi}$$

$$\begin{aligned}\langle x^2\rangle&=\frac{1}{\pi a}\frac{1}{(8a^2)^2}\int(r^2\sin^2\theta\cos^2\phi)(r^2\mathrm{e}^{-r/a}\sin^2\theta)r^2\sin\theta\mathrm{d}r\mathrm{d}\theta\mathrm{d}\phi\\&=\frac{1}{64\pi a^5}\int_0^{+\infty}r^6\mathrm{e}^{-r/a}\mathrm{d}r\int_0^{\pi}\sin^5\theta\mathrm{d}\theta\int_0^{2\pi}\cos^2\phi\mathrm{d}\phi\\&=\frac{1}{64\pi a^5}(6!a^7)\left(2\frac{2\times4}{1\times3\times5}\right)\left(\frac{1}{2}2\pi\right)=12a^2\end{aligned}$$

＊习题 4.14 求氢原子基态r的最概然值(答案不是零!)。提示：你必须首先求出电子处于r到$r+\mathrm{d}r$范围内的概率。

解：氢原子基态的波函数$\psi=\frac{1}{\sqrt{\pi a^3}}\mathrm{e}^{-r/a}$，对角度积分得到电子处于$r$到$r+\mathrm{d}r$范围的概率

$$P=|\psi|^2 4\pi r^2\mathrm{d}r=\frac{4}{a^3}\mathrm{e}^{-2r/a}r^2\mathrm{d}r=p(r)\mathrm{d}r$$

所以概率密度为

$$p(r)=\frac{4}{a^3}r^2\mathrm{e}^{-2r/a}$$

求极值，令

$$\frac{\mathrm{d}p}{\mathrm{d}r}=\frac{4}{a^3}\left[2r\mathrm{e}^{-2r/a}+r^2\left(-\frac{2}{a}\mathrm{e}^{-2r/a}\right)\right]=\frac{8r}{a^3}\mathrm{e}^{-2r/a}\left(1-\frac{r}{a}\right)=0$$

所以 $r=a$ 是氢原子基态的最概然值。

习题 4.15 一个氢原子的初始态为

$$\Psi(\boldsymbol{r},0)=\frac{1}{\sqrt{2}}(\psi_{211}+\psi_{21-1})$$

(a) 求出含时波函数 $\Psi(\boldsymbol{r},t)$，并尽可能简化表示式。

(b) 求出势能的期望值 $\langle V\rangle$。(它是否依赖时间 t?) 给出公式结果和用 eV 表示的数值结果。

解：(a) $\Psi(\boldsymbol{r},t)=\frac{1}{\sqrt{2}}(\psi_{211}\mathrm{e}^{-\mathrm{i}E_2t/\hbar}+\psi_{21-1}\mathrm{e}^{-\mathrm{i}E_2t/\hbar})=\frac{1}{\sqrt{2}}(\psi_{211}+\psi_{21-1})\mathrm{e}^{-\mathrm{i}E_2t/\hbar}$

$$\left(\text{其中 } E_2=\frac{E_1}{4}=-\frac{\hbar^2}{8ma^2}\right)$$

$$\psi_{211}=R_{21}\mathrm{Y}_{11}=-\left(\frac{1}{2a}\right)^{\frac{3}{2}}\frac{r}{\sqrt{8\pi}a}\mathrm{e}^{-r/2a}\sin\theta\mathrm{e}^{\mathrm{i}\varphi}$$

$$\psi_{21-1}=R_{21}\mathrm{Y}_{1-1}=\left(\frac{1}{2a}\right)^{\frac{3}{2}}\frac{r}{\sqrt{8\pi}a}\mathrm{e}^{-r/2a}\sin\theta\mathrm{e}^{-\mathrm{i}\varphi}$$

$$\psi_{211}+\psi_{21-1}=\left(\frac{1}{2a}\right)^{\frac{3}{2}}\frac{r}{\sqrt{8\pi}a}\mathrm{e}^{-r/2a}\sin\theta(-\mathrm{e}^{\mathrm{i}\varphi}+\mathrm{e}^{-\mathrm{i}\varphi})=-\frac{\mathrm{i}}{\sqrt{\pi a}4a^2}r\mathrm{e}^{-r/2a}\sin\theta\sin\varphi$$

所以
$$\Psi(\boldsymbol{r},t)=-\frac{\mathrm{i}}{\sqrt{2\pi a}4a^2}r\mathrm{e}^{-r/2a}\sin\theta\sin\varphi\mathrm{e}^{-\mathrm{i}E_2t/\hbar}$$

(b)

$$\langle V\rangle=\int|\Psi|^2\left(-\frac{e^2}{4\pi\varepsilon_0}\frac{1}{r}\right)\mathrm{d}^3\boldsymbol{r}$$

$$=\frac{1}{(2\pi a)(2a)^4}\left(-\frac{e^2}{4\pi\varepsilon_0}\right)\int r^2\mathrm{e}^{-r/a}\sin^2\theta\sin^2\varphi\frac{1}{r}r^2\sin\theta\mathrm{d}r\mathrm{d}\theta\mathrm{d}\varphi$$

$$=\frac{1}{32\pi a^5}\left(-\frac{\hbar^2}{ma}\right)\int_0^{+\infty}r^3\mathrm{e}^{-r/a}\mathrm{d}r\int_0^{\pi}\sin^3\theta\mathrm{d}\theta\int_0^{2\pi}\sin^2\varphi\mathrm{d}\varphi=-\frac{\hbar^2}{32\pi ma^6}(3!a^4)(4/3)\pi$$

$$=-\frac{\hbar^2}{4ma^2}=\frac{1}{2}E_1=-6.8\mathrm{eV}\quad\left(\text{其中用到 } a\equiv\frac{4\pi\varepsilon_0\hbar^2}{me^2}\to\frac{e^2}{4\pi\varepsilon_0}=\frac{\hbar^2}{ma}\right)$$

显然结果不依赖于时间，这是因为 $\Psi(\boldsymbol{r},t)$ 是能量相同的定态叠加，$\mathrm{e}^{-\mathrm{i}Et/\hbar}$ 在取模平方时被抵消。如果是不同能量定态的叠加，除了哈密顿算符，其他算符(不显含时间)的期望值一般是依赖于时间的。

* **习题 4.16** 类氢原子中有一个电子围绕有 Z 个质子的原子核运动($Z=1$ 是氢原子, $Z=2$ 是氦离子, $Z=3$ 是二价锂离子,等等)。求出波尔能量 $E_n(Z)$, 结合能 $E_1(Z)$, 玻尔半径 $a(Z)$, 里德伯常数 $R(Z)$。(答案用一个乘子乘以氢原子相应的值表示)。对 $Z=2$, $Z=3$ 情况, 莱曼(Lyman)系分别处在那个光谱区? 提示:这不需要太多计算——在势能中(式 4.52)作代换 $e^2 \to Ze^2$, 所以你只需在最终的结果作同样的代换。

解:在氢原子的能量本征值 E_n、结合能 E_1、玻尔半径 a 中作代换 $e^2 \to Ze^2$ 得到类氢原子的能量本征值 $E_n(Z)$、结合能 $E_1(Z)$、波尔半径 $a(Z)$。

$$E_n(Z) = Z^2 E_n = -\left[\frac{m}{2\hbar^2}\left(\frac{Ze^2}{4\pi\varepsilon_0}\right)^2\right]\frac{1}{n^2},\quad E_1(Z) = Z^2 E_1 = -\left[\frac{m}{2\hbar^2}\left(\frac{Ze^2}{4\pi\varepsilon_0}\right)^2\right]$$

$$a(Z) \equiv \frac{4\pi\varepsilon_0 \hbar^2}{mZe^2} = \frac{a}{Z},\quad R(Z) \equiv \frac{m}{4\pi c\hbar^3}\left(\frac{Ze^2}{4\pi\varepsilon_0}\right)^2 = Z^2 R$$

莱曼系是从 $n_i = 2, 3, \cdots, \infty$ 态向基态 $n_f = 1$ 态跃迁产生的谱系, 对氢原子其最长波长为

$$\frac{1}{\lambda_2} = R\left(\frac{1}{1^2} - \frac{1}{2^2}\right) = \frac{3}{4}R \to \lambda_2 = \frac{4}{3R}$$

其最短波长为

$$\frac{1}{\lambda_1} = R\left(\frac{1}{1^2} - \frac{1}{\infty^2}\right) = R \to \lambda_1 = \frac{1}{R}$$

所以氢原子莱曼系的波长范围为$(\lambda_1 \sim \lambda_2)$。

对 $Z=2$, 莱曼系的波长范围为

$$\lambda_1 = \frac{1}{R(2)} = \frac{1}{4R} = \frac{1}{4\times(1.097\times10^7)} = 2.28\times10^{-8}\text{m},\quad \lambda_2 = \frac{4}{3R(2)} = \frac{1}{3R} = 3.04\times10^{-8}\text{m}$$

对 $Z=3$, $\lambda_1 = \dfrac{1}{R(3)} = \dfrac{1}{9R} = 1.01\times10^{-8}\text{m}$, $\lambda_2 = \dfrac{4}{3R(3)} = \dfrac{4}{27R} = 1.35\times10^{-8}\text{m}$

它们处于紫外光范围。

习题 4.17 把地球—太阳引力体系类比为氢原子,

(a) 势能函数是什么(替换式 4.52)? (设地球质量为 m, 太阳质量为 M)

(b) 这个体系的"玻尔半径"a_g 为多少? 给出数值结果。

(c) 写出重力的"玻尔公式", 令 E_n 等同于半径为 r_0 的行星轨道的经典能量, 证明 $n = \sqrt{r_0/a_g}$。依此估算地球的量子数 n。

(d) 假设地球跃迁到相邻的$(n-1)$低能级。将会释放多少能量(以 J 为单位)? 发射的光子波长(或许引力子)为多少? (用光年表示你的答案——这个不寻常的答案是一种巧合吗?)

解: (a) 引力势能为

$$V(r) = -G\frac{Mm}{r}$$

而氢原子的势能为

$$-\frac{e^2}{4\pi\varepsilon_0}\frac{1}{r}$$

所以 GMm 相当于$\frac{e^2}{4\pi\varepsilon_0}$

(b) 氢原子的玻尔半径 $a=\left(\frac{4\pi\varepsilon_0}{e^2}\right)\frac{\hbar^2}{m}$，所以此体系的玻尔半径为

$$a_g=\frac{\hbar^2}{GMm^2}=\frac{(1.0546\times10^{-34}\text{Js})^2}{(6.6726\times10^{-11}\text{m}^3/\text{kg}\cdot\text{s}^2)(1.9892\times10^{30}\text{kg})(5.98\times10^{24}\text{kg})^2}$$
$$=2.34\times10^{-138}\text{m}$$

(c) 由氢原子的能级

$$E_n=-\left(\frac{e^2}{4\pi\varepsilon_0}\right)^2\frac{m_e}{2\hbar^2n^2}$$

则此体系的能级为

$$E_n=-(GMm)^2\frac{m}{2\hbar^2n^2}$$

当半径为 r 时，体系的经典能量为

$$E_c=\frac{1}{2}mv^2-G\frac{Mm}{r}$$

由向心力与向心加速度的关系

$$G\frac{Mm}{r^2}=\frac{mv^2}{r}\rightarrow\frac{1}{2}mv^2=G\frac{Mm}{2r}$$

所以，当半径为 r_0 时

$$E_c=-G\frac{Mm}{2r_0}=-\left[\frac{m}{2\hbar^2}(GMm)^2\right]\frac{1}{n^2}\rightarrow n=\sqrt{G\frac{Mm^2}{\hbar^2}r_0}=\sqrt{\frac{r_0}{a_g}}$$

取 r_0 为地球绕太阳的行星轨道半径(1.496×10^{11}m)，则

$$n=\sqrt{\frac{1.496\times10^{11}}{2.34\times10^{-138}}}\approx2.53\times10^{74}$$

(d)

$$\Delta E=-\left[\frac{G^2M^2m^3}{2\hbar^2}\right]\left[\frac{1}{(n+1)^2}-\frac{1}{n^2}\right]$$

利用近似公式

$$\frac{1}{(n+1)^2}=\frac{1}{n^2(1+1/n)^2}\approx\frac{1}{n^2}\left(1-\frac{2}{n}\right)$$

有

$$\frac{1}{(n+1)^2}-\frac{1}{n^2}\approx-\frac{2}{n^3}\quad\rightarrow\Delta E=\frac{GM^2m^3}{\hbar^2n^3}$$

代入数据得

$$\Delta E=\frac{(6.67\times10^{-11})^2(1.99\times10^{30})^2(5.98\times10^{24})^3}{(1.055\times10^{-34})^2(2.53\times10^{74})^3}\text{J}\approx2.09\times10^{-41}\text{J}$$

辐射光子(或许引力子)的能量为

$$E_p = \Delta E = h\nu = \frac{hc}{\lambda}$$

$$\lambda = \frac{(3\times 10^{8})(6.63\times 10^{-34})}{(2.09\times 10^{-41})}\text{m} \approx 9.52\times 10^{15}\text{m}$$

一光年的长度为9.46×10^{15}m，与λ非常接近。辐射光子的波长为一光年是一种巧合么？实际不然。

由(c)知，$n^2 = GMm^2 r_0/\hbar^2$，所以波长可以表示为

$$\lambda = \frac{hc}{\Delta E} \approx 2\pi\hbar c\frac{\hbar^2 n^3}{(GMm)^2 m} = \frac{2\pi\hbar^3 c}{G^2M^2m^3}\left(\frac{GMm^2 r}{\hbar^2}\right)^{3/2} = c\left(2\pi\sqrt{\frac{r^3}{GM}}\right)$$

由于地球速度

$$v = \sqrt{GM/r_0} = 2\pi r_0/T \quad \text{（其中 } T \text{ 为轨道周期，对地球为 1 年）}$$

所以

$$T = 2\pi\sqrt{r_0^3/GM}$$

这样波长与轨道周期有关系$\lambda = cT$，当T为1年时，波长为1光年。巧合的是，对氢原子也有这样的关系。从极高的激发态向下一能级跃迁时发射的光子波长等于光在一个轨道周期内传播的距离。

＊习题4.18　升阶和降阶算符使m的值改变1：

$$L_{\pm}f_l^m = (A_l^m)f_l^{m\pm 1}$$

其中A_l^m为常数。问题：如果本征函数要归一化，A_l^m是什么？提示：首先证明$L_{\mp}$是$L_{\pm}$的厄密共轭算符（因为L_x和L_y是可观测的力学量，你可以假定它们是厄密算符…但是如果你乐意，请证明它）；再利用式4.112。答案：

$$A_l^m = \hbar\sqrt{l(l+1)-m(m\pm 1)} = \hbar\sqrt{(l\mp m)(l\pm m+1)}$$

注意对最高的阶梯和最低的阶梯会出现什么（即对f_l^l应用L_+，对f_l^{-l}应用L_-）？

证：

$$\langle f|L_{\pm}g\rangle = \langle f|L_x g\rangle \pm \mathrm{i}\langle f|L_y g\rangle = \langle L_x f|g\rangle \pm \mathrm{i}\langle L_y f|g\rangle = \langle (L_x \mp \mathrm{i}L_y)f|g\rangle = \langle L_{\mp}f|g\rangle$$

所以

$$(L_{\pm})^{\dagger} = L_{\mp}$$

由式4.112有，$L_{\mp}L_{\pm} = L^2 - L_2^2 \mp \hbar L_z$

$$\langle f_l^m|L_{\mp}L_{\pm}f_l^m\rangle = \langle f_l^m|(L^2 - L_z^2 \mp \hbar L_z)f_l^m\rangle = \langle f_l^m|[\hbar^2 l(l+1) - \hbar^2 m^2 \mp \hbar^2 m]f_l^m\rangle$$
$$= \hbar^2[l(l+1) - m(m\pm 1)]\langle f_l^m|f_l^m\rangle = \hbar^2[l(l+1) - m(m\pm 1)]$$

而另一方面

$$\langle f_l^m|L_{\mp}L_{\pm}f_l^m\rangle = \langle L_{\pm}f_l^m|L_{\pm}f_l^m\rangle = \langle A_l^m f_l^{m\pm 1}|A_l^m f_l^{m\pm 1}\rangle = |A_l^m|^2\langle f_l^{m\pm 1}|f_l^{m\pm 1}\rangle = |A_l^m|^2$$

所以（不计一任意相因子）

$$A_l^m = \hbar\sqrt{l(l+1) - m(m\pm 1)}$$

＊习题4.19

(a) 由坐标和动量的正则对易关系（式4.10），求下列对易关系

$$[L_z, x] = \mathrm{i}\hbar y,\ [L_z, y] = -\mathrm{i}\hbar x,\ [L_z, z] = 0$$

$$[L_z,p_x]=i\hbar p_y,\ [L_z,p_y]=-i\hbar p_x,\ [L_z,p_z]=0$$

(b) 利用这些结果直接从式 4.96 导出$[L_z, L_x]=i\hbar L_y$。

(c) 计算对易式$[L_z, r^2]$和$[L_z, p^2]$(当然，这里$r^2=x^2+y^2+z^2$, $p^2=p_x^2+p_y^2+p_z^2$)。

(d) 证明哈密顿量$H=(p^2/2m)+V$与$\boldsymbol{L}$的三个分量都是对易的，只要V仅依赖r(这样，H, L^2, L_z是相互相容的力学量)。

解：(a)

$$[L_z,x]=[xp_y-yp_x,x]=[xp_y,x]-[yp_x,x]=0-y[p_x,x]=i\hbar y$$

$$[L_z,y]=[xp_y-yp_x,y]=[xp_y,y]-[yp_x,y]=x[p_y,y]-0=-i\hbar x$$

$$[L_z,z]=[xp_y-yp_x,z]=[xp_y,z]-[yp_x,z]=0-0=0$$

$$[L_z,p_x]=[xp_y-yp_x,p_x]=[xp_y,p_x]-[yp_x,p_x]=p_y[x,p_x]-0=i\hbar p_y$$

$$[L_z,p_y]=[xp_y-yp_x,p_y]=0-p_x[y,p_y]=-i\hbar p_x$$

$$[L_z,p_z]=[xp_y-yp_x,p_z]=[xp_y,p_z]-[yp_x,p_z]=0-0=0$$

(b)

$$\begin{aligned}[L_z,L_x]&=[L_z,yp_z-zp_y]=[L_z,yp_z]-[L_z,zp_y]=[L_z,y]p_z-z[L_z,p_y]\\&=-i\hbar xp_z+i\hbar zp_x=i\hbar(zp_x-xp_z)=i\hbar L_y\end{aligned}$$

当然循环指标有

$$[L_y,L_z]=i\hbar L_x,\ [L_x,L_y]=i\hbar L_z$$

(c)

$$\begin{aligned}[L_z,r^2]&=[L_z,x^2]+[L_z,y^2]+[L_z,z^2]\\&=[L_z,x]x+x[L_z,x]+[L_z,y]y+y[L_z,y]+0\\&=i\hbar yx+xi\hbar y+(-i\hbar x)y+y(-i\hbar x)=0\end{aligned}$$

$$\begin{aligned}[L_z,p^2]&=[L_z,p_x^2]+[L_z,p_y^2]+[L_z,p_z^2]\\&=p_x[L_z,p_x]+[L_z,p_x]p_x+p_y[L_z,p_y]+[L_z,p_y]p_y\\&=p_xi\hbar p_y+i\hbar p_yp_x+(-i\hbar p_x)p_y+p_y(-i\hbar p_x)=0\end{aligned}$$

同样可证

$$[L_x,r^2]=0,\ [L_y,r^2]=0,\ [L_x,p^2]=0,\ [L_y,p^2]=0$$

(d) $\boldsymbol{L}$的三个分量都与r^2和p^2对易，所以与$H=\dfrac{p^2}{2m}+V(\sqrt{r^2})$对易。

**** 习题 4.20**

(a) 证明，一个处在势$V(\boldsymbol{r})$中的粒子，其轨道角动量$\boldsymbol{L}$期望值的变化速率等于力矩的期望值

$$\frac{\mathrm{d}}{\mathrm{d}t}\langle\boldsymbol{L}\rangle=\langle\boldsymbol{N}\rangle$$

其中

$$\boldsymbol{N}=\boldsymbol{r}\times(-\nabla V)$$

(这是转动情况下与恩费斯脱定理类似的公式。)

(b) 证明对任何球对称势有$\mathrm{d}\langle\boldsymbol{L}\rangle\mathrm{d}t=0$(这是**角动量守恒**的量子力学表述的一种形式)。

证：(a) 由算符期望值随时间的变化可知

$$\frac{d\langle L_x\rangle}{dt}=\frac{i}{\hbar}\langle[H,L_x]\rangle,\quad [H,L_x]=\frac{1}{2m}[p^2,L_x]+[V,L_x]$$

由对易关系第一项为零；如果势能 V 仅是 r 的函数则第二项也为零。但是对一般情况下的 $V(\boldsymbol{r})$，

$$[H,L_x]=[V,yp_z-zp_y]=y[V,p_z]-z[V,p_y]$$

由习题3.13(c)有 $[f(x),p_x]=i\hbar\frac{\partial f}{\partial x}$，所以

$$[V,p_z]=i\hbar\frac{\partial V}{\partial z},\quad [V,p_y]=i\hbar\frac{\partial V}{\partial y}$$

$$[H,L_x]=yi\hbar\frac{\partial V}{\partial z}-zi\hbar\frac{\partial V}{\partial y}=i\hbar[\boldsymbol{r}\times(\nabla V)]_x\longrightarrow\frac{d\langle L_x\rangle}{dt}=-\langle[\boldsymbol{r}\times(\nabla V)]_x\rangle$$

同理可得

$$\frac{d\langle L_y\rangle}{dt}=-\langle[\boldsymbol{r}\times(\nabla V)]_y\rangle,\quad\frac{d\langle L_z\rangle}{dt}=-\langle[\boldsymbol{r}\times(\nabla V)]_z]$$

所以

$$\frac{d\langle\boldsymbol{L}\rangle}{dt}=\langle\boldsymbol{r}\times(-\nabla V)\rangle=\langle\boldsymbol{N}\rangle$$

(b) 对球对称势有 $V(\boldsymbol{r})=V(r)$ 则

$$\nabla V=\frac{\partial V}{\partial r}\nabla r=\frac{\partial V}{\partial r}\frac{\boldsymbol{r}}{r}=\frac{\partial V}{\partial r}\hat{r}$$

其中 $\hat{r}$ 是沿 $\boldsymbol{r}$ 方向的单位矢量，这样

$$\boldsymbol{r}\times(-\nabla V)=-(\boldsymbol{r}\times\hat{r})\frac{\partial V}{\partial r}=0$$

所以

$$\frac{d\langle L\rangle}{dt}=0$$

*** 习题 4.21**

(a) 由式 4.130 $L_\pm=\pm\hbar e^{\pm i\phi}\left(\frac{\partial}{\partial\theta}\pm i\cot\theta\frac{\partial}{\partial\phi}\right)$ 导出式 4.131 $L_+L_-=-\hbar^2\left(\frac{\partial^2}{\partial\theta^2}+\cot\theta\frac{\partial}{\partial\theta}+\cot^2\theta\frac{\partial^2}{\partial\phi^2}+i\frac{\partial}{\partial\phi}\right)$。提示：利用一个试探函数；否则你会有可能丢掉某些项。

(b) 由式 4.129 $L_z=\frac{\hbar}{i}\frac{\partial}{\partial\phi}$ 和式 4.131 导出式 4.132 $L^2=-\hbar^2\left[\frac{1}{\sin\theta}\frac{\partial}{\partial\theta}\left(\sin\theta\frac{\partial}{\partial\theta}\right)+\frac{1}{\sin^2\theta}\frac{\partial^2}{\partial\phi^2}\right]$。提示：利用式 4.112 $L^2=L_\pm L_\mp+L_z^2\mp\hbar L_z$。

解： (a) 设 f 是一个任意函数

$$L_+L_-f=-\hbar^2e^{i\phi}\left(\frac{\partial}{\partial\theta}+i\cot\theta\frac{\partial}{\partial\phi}\right)\left[e^{-i\phi}\left(\frac{\partial f}{\partial\theta}-i\cot\theta\frac{\partial f}{\partial\phi}\right)\right]$$

$$= -\hbar^2 e^{i\phi}\left\{e^{-i\phi}\left(\frac{\partial^2 f}{\partial\theta^2} - i\left(-\csc^2\theta\frac{\partial f}{\partial\phi} + \cot\theta\frac{\partial^2 f}{\partial\theta\partial\phi}\right)\right] + \right.$$

$$\left. i\cot\theta\left[-ie^{-i\phi}\left(\frac{\partial f}{\partial\theta} - i\cot\theta\frac{\partial f}{\partial\phi}\right) + e^{-i\phi}\left(\frac{\partial^2 f}{\partial\phi\partial\theta} - i\cot\theta\frac{\partial^2 f}{\partial\phi^2}\right)\right]\right\}$$

$$= -\hbar^2\left[\frac{\partial^2}{\partial\theta^2} + \cot\theta\frac{\partial}{\partial\theta} + \cot^2\theta\frac{\partial^2}{\partial\phi^2} + i(\csc^2\theta - \cot^2\theta)\frac{\partial}{\partial\phi}\right]f$$

所以

$$L_+L_- = -\hbar^2\left(\frac{\partial^2}{\partial\theta^2} + \cot\theta\frac{\partial}{\partial\theta} + \cot^2\theta\frac{\partial^2}{\partial\phi^2} + i\frac{\partial}{\partial\phi}\right)$$

(b) 由式 4.129$L_z = \frac{\hbar}{i}\frac{\partial}{\partial\phi}$及式 4.112$L^2 = L_+L_- + L_z^2 - \hbar L_z$，利用(a)的结果得

$$L^2 = -\hbar^2\left(\frac{\partial^2}{\partial\theta^2} + \cot\theta\frac{\partial}{\partial\theta} + \cot^2\theta\frac{\partial^2}{\partial\phi^2} + i\frac{\partial}{\partial\phi}\right) - \hbar^2\frac{\partial^2}{\partial\phi^2} - \hbar\left(\frac{\hbar}{i}\right)\frac{\partial}{\partial\phi}$$

$$= -\hbar^2\left(\frac{\partial^2}{\partial\theta^2} + \cot\theta\frac{\partial}{\partial\theta} + (\cot^2\theta + 1)\frac{\partial^2}{\partial\phi^2} + i\frac{\partial}{\partial\phi} - i\frac{\partial}{\partial\phi}\right)$$

$$= -\hbar^2\left(\frac{\partial^2}{\partial\theta^2} + \cot\theta\frac{\partial}{\partial\theta} + \frac{1}{\sin^2\theta}\frac{\partial^2}{\partial\phi^2}\right)$$

$$= -\hbar^2\left[\frac{1}{\sin\theta}\frac{\partial}{\partial\theta}\left(\sin\theta\frac{\partial}{\partial\theta}\right) + \frac{1}{\sin^2\theta}\frac{\partial^2}{\partial\phi^2}\right]$$

***习题 4.22**

(a) $L_+Y_l^l$ 是什么？(不允许计算！)

(b) 利用(a)的结果和式 4.130 以及 $L_zY_l^l = \hbar lY_l^l$ 的事实，除了一个待定的归一化常数外，求出 $Y_l^l(\theta, \phi)$。

(c) 由直接积分确定归一化常数。把你所得的最终结果与习题 4.5 的结果相比较。

解：(a) $L_+Y_l^l = 0$（这里 $m = l$ 已是最高的量子数，已不能再升阶）

(b) $L_zY_l^l = \hbar lY_l^l \rightarrow \frac{\hbar}{i}\frac{\partial}{\partial\phi}Y_l^l = \hbar lY_l^l \rightarrow \frac{\partial Y_l^l}{\partial\phi} = ilY_l^l$ 所以，$Y_l^l = f(\theta)e^{il\phi}$

$$L_+Y_l^l = 0 \Rightarrow \hbar e^{i\phi}\left(\frac{\partial}{\partial\theta} + i\cot\theta\frac{\partial}{\partial\varphi}\right)[f(\theta)e^{il\phi}] = 0 \rightarrow \frac{df}{d\theta} - l\cot\theta f(\theta) = 0$$

$$\frac{df}{f} = l\cot\theta d\theta \rightarrow \ln f = l\ln(\sin\theta) + C \rightarrow f(\theta) = A\sin^l\theta$$

其中 A, C 为常数，所以

$$Y_l^l(\theta, \phi) = A(e^{i\phi}\sin\theta)^l$$

(c) 归一化

$$1 = A^2\int\sin^{2l}\theta\sin\theta d\theta d\phi = 2\pi A^2\int_0^\pi\sin^{2l+1}\theta d\theta = 2\pi A^2 2\frac{2\cdot4\cdot6\cdot\cdots\cdot(2l)}{1\cdot3\cdot5\cdot\cdots\cdot(2l+1)}$$

$$= 4\pi A^2\frac{(2\cdot4\cdot6\cdot\cdots\cdot2l)^2}{1\cdot2\cdot3\cdot4\cdot\cdots\cdot(2l+1)} = 4\pi A^2\frac{(2^l l!)^2}{(2l+1)!} \rightarrow A = \frac{1}{2^{l+1}l!}\sqrt{\frac{(2l+1)!}{\pi}}$$

除了一个任意的相因子$(-1)^l$，这与习题 4.5 的结果是一样的。

习题 4.23　在习题 4.3 中我们知道

$$Y_2^1(\theta,\phi)=-\sqrt{15/8\pi}\sin\theta\cos\theta e^{i\phi}$$

对它应用升阶算符求出 $Y_2^2(\theta,\phi)$。利用式 4.121 $A_l^m=\hbar\sqrt{l(l+1)-m(m\pm1)}=\hbar\sqrt{(l\mp m)(l\pm m+1)}$对其归一化。

解：

$$L_+Y_2^1=\hbar e^{i\phi}\left(\frac{\partial}{\partial\theta}+i\cot\theta\frac{\partial}{\partial\theta}\right)\left[-\sqrt{\frac{15}{8\pi}}\sin\theta\cos\theta e^{i\phi}\right]$$

$$=-\sqrt{\frac{15}{8\pi}}\hbar e^{i\phi}\left[e^{i\phi}(\cos^2\theta-\sin^2\theta)+i\frac{\cos\theta}{\sin\theta}\sin\theta\cos\theta ie^{i\phi}\right]$$

$$=-\sqrt{\frac{15}{8\pi}}\hbar e^{2i\phi}(\cos^2\theta-\sin^2\theta-\cos^2\theta)$$

$$=\sqrt{\frac{15}{8\pi}}\hbar(e^{i\phi}\sin\theta)^2$$

$$=\hbar\sqrt{2\times3-1\times2}Y_2^2=2\hbar Y_2^2$$

所以

$$Y_2^2=\frac{1}{4}\sqrt{\frac{15}{2\pi}}(e^{i\phi}\sin\theta)^2$$

习题 4.24　两个质量为 m 的粒子固定在一个质量忽略不计的长度为 a 的刚性杆两端。这个体系可以在三维空间绕杆中心自由转动（杆的中心是固定的）。

(a) 证明这个刚性转子所允许的能量值是

$$E_n=\frac{\hbar^2n(n+1)}{ma^2}\quad(n=0,1,2,\cdots)$$

（提示：首先把（经典）能量用总角动量表示。）

(b) 这个体系归一化后的波函数是什么？第 n 能级的简并度是多少？

证：(a) 体系的转动惯量为 $I=2\cdot(a/2)^2m=ma^2/2$，体系的哈密顿量为 $H=L^2/2I$

我们知道 $L^2=\hbar^2l(l+1)$，所以能量本征值为

$$E_l=\frac{\hbar^2l(l+1)}{2I}=\frac{\hbar^2l(l+1)}{ma^2}\quad(l=0,1,2,\cdots)$$

作代换 $l\to n$ 得到题给能量本征值形式。

(b) H 与 L^2 具有相同的本征函数，其归一化波函数为 $\psi_{nm}(\theta,\phi)=Y_n^m(\theta,\phi)$，第 n 能级的简并度为 $2n+1$。

习题 4.25　如果电子是一个经典的固体球，半径为

$$r_c=\frac{e^2}{4\pi\varepsilon_0mc^2}$$

（所谓的**经典电子半径**，由爱因斯坦公式质能公式 $E=mc^2$，假设电子的质量是由于其电场的

能量得到的)，它的角动量是$(1/2)\hbar$，问在"赤道"上的一点运动速度有多快？这个模型有意义吗(实际上，实验判定电子的半径要比r_c小得多，不过这将使模型更糟糕。)？

解：$$r_c=\frac{(1.6\times10^{-19})^2}{4\pi(8.85\times10^{-12})(9.11\times10^{-31})(3.0\times10^8)^2}\text{m}\approx2.81\times10^{-15}\text{m}$$

$$L=\frac{1}{2}\hbar=I\omega=\left(\frac{2}{5}mr^2\right)\left(\frac{v}{r}\right)=\frac{2}{5}mrv \quad 则$$

$$v=\frac{5\hbar}{4mr}=\frac{5\times(1.055\times10^{-34})}{4\times(9.11\times10^{-31})(2.81\times10^{-15})}\text{m/s}=5.15\times10^{10}\text{m/s}$$

这个模型没有实际意义，因为它的速度为光速的100多倍。

习题 4.26

(a) 验证自旋矩阵$\left(式4.145\ S_z=\frac{\hbar}{2}\begin{pmatrix}1&0\\0&-1\end{pmatrix}和式4.147 S_x=\frac{\hbar}{2}\begin{pmatrix}0&1\\1&0\end{pmatrix},\ S_y=\frac{\hbar}{2}\begin{pmatrix}0&-i\\i&0\end{pmatrix}\right)$满足角动量的对易关系，式4.134$[S_x,S_y]=i\hbar S_z$，$[S_y,S_z]=i\hbar S_x$，$[S_z,S_x]=i\hbar S_y$。

(b) 证明泡利自旋矩阵$\left(式4.148\ \boldsymbol{\sigma}_x\equiv\begin{pmatrix}0&1\\1&0\end{pmatrix},\ \boldsymbol{\sigma}_y\equiv\begin{pmatrix}0&-i\\i&0\end{pmatrix},\boldsymbol{\sigma}_z\equiv\begin{pmatrix}1&0\\0&-1\end{pmatrix}\right)$的乘积满足

$$\boldsymbol{\sigma}_j\boldsymbol{\sigma}_k=\delta_{jk}+\sum_l\varepsilon_{jkl}\boldsymbol{\sigma}_l$$

这里指标代表x，y或z，ε_{jkl}是莱维-齐维塔(Levi-Civita)符号：如果$jkl=123$，231或312，为+1；如果$jkl=132$，213或321，为−1；其余为零。

解：(a) 由

$$\boldsymbol{S}_x=\frac{\hbar}{2}\begin{pmatrix}0&1\\1&0\end{pmatrix},\ \boldsymbol{S}_y=\frac{\hbar}{2}\begin{pmatrix}0&-i\\i&0\end{pmatrix},\ \boldsymbol{S}_z=\frac{\hbar}{2}\begin{pmatrix}1&0\\0&-1\end{pmatrix}$$

可得

$$[\boldsymbol{S}_x,\boldsymbol{S}_y]=\boldsymbol{S}_x\boldsymbol{S}_y-\boldsymbol{S}_y\boldsymbol{S}_x=\frac{\hbar^2}{4}\left[\begin{pmatrix}0&1\\1&0\end{pmatrix}\begin{pmatrix}0&-i\\i&0\end{pmatrix}-\begin{pmatrix}0&-i\\i&0\end{pmatrix}\begin{pmatrix}0&1\\1&0\end{pmatrix}\right]$$

$$=\frac{\hbar^2}{4}\left[\begin{pmatrix}i&0\\0&-i\end{pmatrix}-\begin{pmatrix}-i&0\\0&i\end{pmatrix}\right]=\frac{\hbar^2}{4}\begin{pmatrix}2i&0\\0&-2i\end{pmatrix}=i\hbar\frac{\hbar}{2}\begin{pmatrix}1&0\\0&-1\end{pmatrix}=i\hbar\boldsymbol{S}_z$$

$$[\boldsymbol{S}_y,\boldsymbol{S}_z]=\boldsymbol{S}_y\boldsymbol{S}_z-\boldsymbol{S}_z\boldsymbol{S}_y=\frac{\hbar^2}{4}\left[\begin{pmatrix}0&-i\\i&0\end{pmatrix}\begin{pmatrix}1&0\\0&-1\end{pmatrix}-\begin{pmatrix}1&0\\0&-1\end{pmatrix}\begin{pmatrix}0&-i\\i&0\end{pmatrix}\right]$$

$$=\frac{\hbar^2}{4}\left[\begin{pmatrix}0&i\\i&0\end{pmatrix}-\begin{pmatrix}0&-i\\-i&0\end{pmatrix}\right]=\frac{\hbar^2}{4}\begin{pmatrix}0&2i\\2i&0\end{pmatrix}=i\hbar\frac{\hbar}{2}\begin{pmatrix}0&1\\1&0\end{pmatrix}=i\hbar\boldsymbol{S}_x$$

$$[\boldsymbol{S}_z,\boldsymbol{S}_x]=\boldsymbol{S}_z\boldsymbol{S}_x-\boldsymbol{S}_x\boldsymbol{S}_z=\frac{\hbar^2}{4}\left[\begin{pmatrix}1&0\\0&-1\end{pmatrix}\begin{pmatrix}0&1\\1&0\end{pmatrix}-\begin{pmatrix}0&1\\1&0\end{pmatrix}\begin{pmatrix}1&0\\0&-1\end{pmatrix}\right]$$

$$=\frac{\hbar^2}{4}\left[\begin{pmatrix}0&1\\-1&0\end{pmatrix}-\begin{pmatrix}0&-1\\1&0\end{pmatrix}\right]=\frac{\hbar^2}{4}\begin{pmatrix}0&2\\-2&0\end{pmatrix}=i\hbar\frac{\hbar}{2}\begin{pmatrix}0&-i\\i&0\end{pmatrix}=i\hbar\boldsymbol{S}_y$$

这三个式子可以用矢量表示为

$$\boldsymbol{S}\times\boldsymbol{S}=\mathrm{i}\hbar\boldsymbol{S}$$

(b) 由泡利矩阵与自旋矩阵的关系 $\boldsymbol{S}=\frac{\hbar}{2}\boldsymbol{\sigma}$，可以得到

$$\boldsymbol{\sigma}_x\boldsymbol{\sigma}_x=\begin{pmatrix}0&1\\1&0\end{pmatrix}\begin{pmatrix}0&1\\1&0\end{pmatrix}=\begin{pmatrix}1&0\\0&1\end{pmatrix}=1,\quad \boldsymbol{\sigma}_y\boldsymbol{\sigma}_y=\begin{pmatrix}0&-\mathrm{i}\\\mathrm{i}&0\end{pmatrix}\begin{pmatrix}0&-\mathrm{i}\\\mathrm{i}&0\end{pmatrix}=\begin{pmatrix}1&0\\0&1\end{pmatrix}=1$$

$$\boldsymbol{\sigma}_z\boldsymbol{\sigma}_z=\begin{pmatrix}1&0\\0&-1\end{pmatrix}\begin{pmatrix}1&0\\0&-1\end{pmatrix}=\begin{pmatrix}1&0\\0&1\end{pmatrix}=1$$

$$\boldsymbol{\sigma}_x\boldsymbol{\sigma}_y=\begin{pmatrix}0&1\\1&0\end{pmatrix}\begin{pmatrix}0&-\mathrm{i}\\\mathrm{i}&0\end{pmatrix}=\begin{pmatrix}\mathrm{i}&0\\0&-\mathrm{i}\end{pmatrix}=\mathrm{i}\boldsymbol{\sigma}_z,\quad \boldsymbol{\sigma}_y\boldsymbol{\sigma}_x=\begin{pmatrix}0&-\mathrm{i}\\\mathrm{i}&0\end{pmatrix}\begin{pmatrix}0&1\\1&0\end{pmatrix}=\begin{pmatrix}-\mathrm{i}&0\\0&\mathrm{i}\end{pmatrix}=-\mathrm{i}\boldsymbol{\sigma}_z$$

$$\boldsymbol{\sigma}_z\boldsymbol{\sigma}_x=\begin{pmatrix}1&0\\0&-1\end{pmatrix}\begin{pmatrix}0&1\\1&0\end{pmatrix}=\begin{pmatrix}0&1\\-1&0\end{pmatrix}=i\boldsymbol{\sigma}_y,\quad \boldsymbol{\sigma}_x\boldsymbol{\sigma}_z=\begin{pmatrix}0&1\\1&0\end{pmatrix}\begin{pmatrix}1&0\\0&-1\end{pmatrix}=\begin{pmatrix}0&-1\\1&0\end{pmatrix}=-\mathrm{i}\boldsymbol{\sigma}_y$$

$$\boldsymbol{\sigma}_y\boldsymbol{\sigma}_z=\begin{pmatrix}0&-\mathrm{i}\\\mathrm{i}&0\end{pmatrix}\begin{pmatrix}1&0\\0&-1\end{pmatrix}=\begin{pmatrix}0&\mathrm{i}\\\mathrm{i}&0\end{pmatrix}=i\boldsymbol{\sigma}_x,\quad \boldsymbol{\sigma}_z\boldsymbol{\sigma}_y=\begin{pmatrix}1&0\\0&-1\end{pmatrix}\begin{pmatrix}0&-\mathrm{i}\\\mathrm{i}&0\end{pmatrix}=\begin{pmatrix}0&-\mathrm{i}\\-\mathrm{i}&0\end{pmatrix}=-\mathrm{i}\boldsymbol{\sigma}_x$$

把这些式子合并在一起有

$$\boldsymbol{\sigma}_j\boldsymbol{\sigma}_k=\delta_{jk}+\sum_l\varepsilon_{jkl}\boldsymbol{\sigma}_l$$

***习题 4.27**　一个粒子处在自旋态

$$\boldsymbol{\chi}=A\begin{pmatrix}3\mathrm{i}\\4\end{pmatrix}$$

(a) 求出归一化常数 A。

(b) 求出 $\boldsymbol{S}_x$，$\boldsymbol{S}_y$ 和 $\boldsymbol{S}_z$ 的期望值。

(c) 求出 σ_{S_x}，σ_{S_y} 和 σ_{S_z} 的“不确定度”（注意：这里的 σ 是标准方差，不是泡利矩阵）。

(d) 证实你的结果符合不确定原理 $\left(\text{式 4.100}\left(\sigma_{L_x}\sigma_{L_y}\geqslant\frac{\hbar}{2}|\langle L_z\rangle|\right)\text{和它的循环置换——当然要用 } S \text{ 取代 } L\right)$。

解：(a) 归一化

$$\boldsymbol{\chi}^\dagger\boldsymbol{\chi}=|A|^2(-3\mathrm{i}\quad 4)\begin{pmatrix}3\mathrm{i}\\4\end{pmatrix}=25|A|^2=1\Rightarrow A=\frac{1}{5}$$

(b)

$$\langle\boldsymbol{S}_x\rangle=\boldsymbol{\chi}^\dagger\boldsymbol{S}_x\boldsymbol{\chi}=\frac{1}{25}\frac{\hbar}{2}(-3\mathrm{i}\quad 4)\begin{pmatrix}0&1\\1&0\end{pmatrix}\begin{pmatrix}3\mathrm{i}\\4\end{pmatrix}=\frac{\hbar}{50}(-3\mathrm{i}\quad 4)\begin{pmatrix}4\\3\mathrm{i}\end{pmatrix}=\frac{\hbar}{50}(-12\mathrm{i}+12\mathrm{i})=0$$

$$\langle\boldsymbol{S}_y\rangle=\boldsymbol{\chi}^\dagger\boldsymbol{S}_y\boldsymbol{\chi}=\frac{1}{25}\frac{\hbar}{2}(-3\mathrm{i}\quad 4)\begin{pmatrix}0&-\mathrm{i}\\\mathrm{i}&0\end{pmatrix}\begin{pmatrix}3\mathrm{i}\\4\end{pmatrix}=\frac{\hbar}{50}(-3\mathrm{i}\quad 4)\begin{pmatrix}-4\mathrm{i}\\-3\end{pmatrix}=\frac{\hbar}{50}(-12-12)=-\frac{12}{25}\hbar$$

$$\langle\boldsymbol{S}_z\rangle=\boldsymbol{\chi}^\dagger\boldsymbol{S}_z\boldsymbol{\chi}=\frac{1}{25}\frac{\hbar}{2}(-3\mathrm{i}\quad 4)\begin{pmatrix}1&0\\0&-1\end{pmatrix}\begin{pmatrix}3\mathrm{i}\\4\end{pmatrix}=\frac{\hbar}{50}(-3\mathrm{i}\quad 4)\begin{pmatrix}3\mathrm{i}\\-4\end{pmatrix}=\frac{\hbar}{50}(9-16)=-\frac{7}{50}\hbar$$

(c) 由于 $\boldsymbol{S}_x^2$，$\boldsymbol{S}_y^2$，$\boldsymbol{S}_z^2$ 只有一个本征值 $\hbar^2/4$，所以对任何自旋态都有

$$\langle\boldsymbol{S}_x^2\rangle=\langle\boldsymbol{S}_y^2\rangle=\langle\boldsymbol{S}_z^2\rangle=\frac{\hbar^2}{4}$$

这样标准差为

$$\sigma_{s_x}^2 = \langle S_x^2 \rangle - \langle S_x \rangle^2 = \frac{\hbar^2}{4} - 0 = \frac{\hbar^2}{4} \rightarrow \sigma_{s_x} = \frac{\hbar}{2}$$

$$\sigma_{s_y}^2 = \langle S_y^2 \rangle - \langle S_y \rangle^2 = \frac{\hbar^2}{4} - \left(-\frac{12}{25}\hbar\right)^2 = \frac{49}{2500}\hbar^2 \rightarrow \sigma_{s_y} = \frac{7}{50}\hbar$$

$$\sigma_{s_z}^2 = \langle S_z^2 \rangle - \langle S_z \rangle^2 = \frac{\hbar^2}{4} - \left(-\frac{7}{50}\hbar\right)^2 = \frac{576}{2500}\hbar^2 \rightarrow \sigma_{s_z} = \frac{12}{25}\hbar$$

(d)

$$\sigma_{s_x}\sigma_{s_y} = \frac{\hbar}{2} \cdot \frac{7}{50}\hbar \geqslant \frac{\hbar}{2}|\langle S_z \rangle| = \frac{\hbar}{2} \cdot \frac{7}{50}\hbar$$

$$\sigma_{s_y}\sigma_{s_z} = \frac{7}{50}\hbar \cdot \frac{12}{25}\hbar \geqslant \frac{\hbar}{2}|\langle S_x \rangle| = 0$$

$$\sigma_{s_z}\sigma_{s_x} = \frac{12}{25}\hbar \cdot \frac{\hbar}{2} \geqslant \frac{\hbar}{2}|\langle S_y \rangle| = \frac{\hbar}{2} \cdot \frac{12}{25}\hbar$$

显然满足不确定原理。

习题 4.28 对最一般的旋量$\chi\left(\text{式 4.139 } \chi = \begin{pmatrix} a \\ b \end{pmatrix} = a\chi_+ + b\chi_-\right)$，计算$\langle S_x \rangle$，$\langle S_y \rangle$，$\langle S_z \rangle$，$\langle S_x^2 \rangle$，$\langle S_y^2 \rangle$和$\langle S_z^2 \rangle$。

验证$\langle S_x^2 \rangle + \langle S_y^2 \rangle + \langle S_z^2 \rangle = \langle S^2 \rangle$。

解：

$$\langle S_x \rangle = \chi^\dagger S_x \chi = \frac{\hbar}{2}(a^* \quad b^*)\begin{pmatrix} 0 & 1 \\ 1 & 0 \end{pmatrix}\begin{pmatrix} a \\ b \end{pmatrix} = \frac{\hbar}{2}(a^* \quad b^*)\begin{pmatrix} b \\ a \end{pmatrix}$$

$$= \frac{\hbar}{2}(a^* b + b^* a) = \hbar \operatorname{Re}(a^* b)$$

$$\langle S_y \rangle = \chi^\dagger S_y \chi = \frac{\hbar}{2}(a^* \quad b^*)\begin{pmatrix} 0 & -\mathrm{i} \\ \mathrm{i} & 0 \end{pmatrix}\begin{pmatrix} a \\ b \end{pmatrix} = \frac{\hbar}{2}(a^* \quad b^*)\begin{pmatrix} -\mathrm{i}b \\ \mathrm{i}a \end{pmatrix}$$

$$= \frac{\hbar}{2}(-\mathrm{i}a^* b + \mathrm{i}b^* a) = -\hbar \operatorname{Im}(b^* a)$$

$$\langle S_z \rangle = \chi^\dagger S_z \chi = \frac{\hbar}{2}(a^* \quad b^*)\begin{pmatrix} 1 & 0 \\ 0 & -1 \end{pmatrix}\begin{pmatrix} a \\ b \end{pmatrix} = \frac{\hbar}{2}(a^* \quad b^*)\begin{pmatrix} a \\ -b \end{pmatrix}$$

$$= \frac{\hbar}{2}(a^* a - b^* b) = \frac{\hbar}{2}(|a|^2 - |b|^2)$$

对任何(自旋 1/2)自旋态都有

$$\langle S_x^2 \rangle = \langle S_y^2 \rangle = \langle S_z^2 \rangle = \frac{\hbar^2}{4}$$

所以

$$\langle S^2 \rangle = \langle S_x^2 \rangle + \langle S_y^2 \rangle + \langle S_z^2 \rangle = \frac{3\hbar^2}{4} = \frac{1}{2}\left(\frac{1}{2} + 1\right)\hbar^2 = s(s+1)\hbar^2$$

即对任何(自旋 1/2)自旋态 S^2 的期望值都是 $3\hbar^2/4$，S^2 只有一个本征值 $3\hbar^2/4$。

习题 4.29

(a) 求出 S_y 的本征值和本征矢。

(b) 如果对一个一般态 χ(教材中的式 4.139)测量 S_y,可能得到什么值?每一个值的概率大小是多少?验证概率之和为 1。注意:a 和 b 不一定是实数!

(c) 如果测量 S_y^2,可能得到哪些值?它们的概率大小是多少?

解:(a) 由

$$S_y = \frac{\hbar}{2}\begin{pmatrix}0 & -i\\ i & 0\end{pmatrix}$$

本征方程为

$$\frac{\hbar}{2}\begin{pmatrix}0 & -i\\ i & 0\end{pmatrix}\begin{pmatrix}\alpha\\ \beta\end{pmatrix} = \lambda\begin{pmatrix}\alpha\\ \beta\end{pmatrix}$$

久期方程(特征方程)为

$$\begin{vmatrix}-\lambda & -i\hbar/2\\ i\hbar/2 & -\lambda\end{vmatrix} = 0 \to \lambda^2 - \frac{\hbar^2}{4} \to 0 \to \lambda = \pm\frac{\hbar}{2}\ (\text{显然对任一分量本征值都为} \pm\hbar/2)$$

把本征值代回本征方程有

$$\frac{\hbar}{2}\begin{pmatrix}0 & -i\\ i & 0\end{pmatrix}\begin{pmatrix}\alpha\\ \beta\end{pmatrix} = \pm\frac{\hbar}{2}\begin{pmatrix}\alpha\\ \beta\end{pmatrix} \to -i\beta = \pm\alpha$$

$$|\alpha|^2 + |\beta|^2 = 1 \to \alpha = \frac{1}{\sqrt{2}}$$

所以 S_y 的本征态为

$$\chi_+^{(y)} = \frac{1}{\sqrt{2}}\begin{pmatrix}1\\ i\end{pmatrix}\quad\left(\text{本征值为}\frac{\hbar}{2}\right)$$

$$\chi_-^{(y)} = \frac{1}{\sqrt{2}}\begin{pmatrix}1\\ -i\end{pmatrix}\quad\left(\text{本征值为} -\frac{\hbar}{2}\right)$$

(b) 对一般态把它按 S_y 的本征态展开

$$\chi = \begin{pmatrix}a\\ b\end{pmatrix} = c_+\chi_+^{(y)} + c_-\chi_-^{(y)}$$

由本征态的正交归一性可得

$$c_+ = (\chi_+^{(y)})^\dagger\chi = \frac{1}{\sqrt{2}}(1\quad -i)\begin{pmatrix}a\\ b\end{pmatrix} = \frac{1}{\sqrt{2}}(a - ib)$$

$$c_- = (\chi_-^{(y)})^\dagger\chi = \frac{1}{\sqrt{2}}(1\quad i)\begin{pmatrix}a\\ b\end{pmatrix} = \frac{1}{\sqrt{2}}(a + ib)$$

对这个一般态测量 S_y 得到 $\hbar/2$ 的概率为 $|c_+|^2 = \frac{1}{2}|a - ib|^2$,得到 $-\hbar/2$ 的概率为 $|c_-|^2 = \frac{1}{2}|a + ib|^2$,二者概率之和为

$$|c_+|^2 + |c_-|^2 = \frac{1}{2}|a - ib|^2 + \frac{1}{2}|a + ib|^2 = |a|^2 + |b|^2 = 1\quad(\text{显然必须为} 1)$$

(c) S_y^2 只有一个本征值$\hbar^2/4$，所以对任何态测量只能得到$\hbar^2/4$，概率为 1。

** **习题 4.30** 构造一个表示自旋角动量沿一个任意方向$\hat{r}$的矩阵 S_r。使用下面的球坐标，有

$$\hat{r}=\sin\theta\cos\phi\ \hat{i}+\sin\theta\sin\phi\ \hat{j}+\cos\theta\ \hat{k}$$

求出 S_r 的本征值和(归一化的)本征旋量。答案：

$$\chi_+^r=\begin{pmatrix}\cos(\theta/2)\\ e^{i\phi}\sin(\theta/2)\end{pmatrix},\ \chi_-^r=\begin{pmatrix}e^{i\phi}\sin(\theta/2)\\ -\cos(\theta/2)\end{pmatrix}$$

注意：你总是可以自由地去乘上一个任意相因子——比如说，$e^{i\phi}$——所以你的答案可能与我所给的答案看起来好像不完全一样。

解：

$$\begin{aligned}S_r&=S\cdot\hat{r}=S_x\sin\theta\cos\phi+S_y\sin\theta\sin\phi+S_z\cos\theta\\&=\frac{\hbar}{2}\left[\begin{pmatrix}0&\sin\theta\cos\phi\\ \sin\theta\cos\phi&0\end{pmatrix}+\begin{pmatrix}0&-i\sin\theta\sin\phi\\ i\sin\theta\sin\phi&0\end{pmatrix}+\begin{pmatrix}\cos\theta&0\\0&-\cos\theta\end{pmatrix}\right]\\&=\frac{\hbar}{2}\begin{pmatrix}\cos\theta&\sin\theta(\cos\phi-i\sin\phi)\\ \sin\theta(\cos\phi+i\sin\phi)&-\cos\theta\end{pmatrix}=\frac{\hbar}{2}\begin{pmatrix}\cos\theta&e^{-i\phi}\sin\theta\\ e^{i\phi}\sin\theta&-\cos\theta\end{pmatrix}\end{aligned}$$

本征方程为

$$\frac{\hbar}{2}\begin{pmatrix}\cos\theta&e^{-i\phi}\sin\theta\\ e^{i\phi}\sin\theta&-\cos\theta\end{pmatrix}\begin{pmatrix}\alpha\\ \beta\end{pmatrix}=\lambda\begin{pmatrix}\alpha\\ \beta\end{pmatrix}$$

解久期方程

$$\begin{vmatrix}\left(\frac{\hbar}{2}\cos\theta-\lambda\right)&\frac{\hbar}{2}e^{-i\phi}\sin\theta\\ \frac{\hbar}{2}e^{i\phi}\sin\theta&\left(-\frac{\hbar}{2}\cos\theta-\lambda\right)\end{vmatrix}=-\frac{\hbar^2}{4}\cos^2\theta+\lambda^2-\frac{\hbar^2}{4}\sin^2\theta=0\to\lambda=\pm\frac{\hbar}{2}$$

把本征值代回本征方程

$$\frac{\hbar}{2}\begin{pmatrix}\cos\theta&e^{-i\phi}\sin\theta\\ e^{i\phi}\sin\theta&-\cos\theta\end{pmatrix}\begin{pmatrix}\alpha\\ \beta\end{pmatrix}=\pm\frac{\hbar}{2}\begin{pmatrix}\alpha\\ \beta\end{pmatrix}\to\alpha\cos\theta+\beta e^{-i\phi}\sin\theta$$
$$=\pm\alpha\to\beta=e^{i\phi}\frac{(\pm1-\cos\theta)}{\sin\theta}\alpha$$

归一化

$$|\alpha|^2+|\beta|^2=1\to\begin{cases}\alpha=\cos\dfrac{\theta}{2},\ \beta=e^{i\phi}\sin\dfrac{\theta}{2}\to\chi_+^r=\begin{pmatrix}\cos(\theta/2)\\ e^{i\phi}\sin(\theta/2)\end{pmatrix}\\ \alpha=\sin\dfrac{\theta}{2},\ \beta=-e^{i\phi}\cos\dfrac{\theta}{2}\to\chi_-^r=\begin{pmatrix}\sin(\theta/2)\\ -e^{i\varphi}\cos(\theta/2)\end{pmatrix}\end{cases}$$

习题 4.31 对一个自旋为 1 的粒子，构造它的自旋矩阵(S_x, S_y 和 S_z)。提示：在这种情况下 S_z 有几个本征态？对每个本征态确定 S_z，S_+ 和 S_- 的作用结果。仿照书中对自旋 1/2 处理的步骤。

解：由 S_z 和 S^2 的共同表象构造自旋矩阵，自旋 $s=1$ 时 S_z 的本征值为 $\hbar$, 0, $-\hbar$，对应的本征态为

$$\chi_+=\begin{pmatrix}1\\0\\0\end{pmatrix},\chi_0=\begin{pmatrix}0\\1\\0\end{pmatrix},\chi_-=\begin{pmatrix}0\\0\\1\end{pmatrix}$$

现在需要求出以这三个为基矢 S_x, S_y 和 S_z 的自旋矩阵，由于 S_z 是在自身的表象中，其矩阵表示是对角的，对角元素为本征值，所以

$$S_z=\hbar\begin{pmatrix}1&0&0\\0&0&0\\0&0&-1\end{pmatrix}$$

由教材中的式4.136有

$$S_+\chi_+=0,\ S_+\chi_0=\hbar\sqrt{2}\chi_+,\ S_+\chi_-=\hbar\sqrt{2}\chi_0$$

$$S_-\chi_+=\hbar\sqrt{2}\chi_0,\ S_-\chi_0=\hbar\sqrt{2}\chi_-,\ S_-\chi_-=0$$

因此有

$$S_+=\sqrt{2}\hbar\begin{pmatrix}0&1&0\\0&0&1\\0&0&0\end{pmatrix},\quad S_-=\sqrt{2}\hbar\begin{pmatrix}0&0&0\\1&0&0\\0&1&0\end{pmatrix}$$

从而

$$S_x=\frac{1}{2}(S_++S_-)=\frac{\hbar}{\sqrt{2}}\begin{pmatrix}0&1&0\\1&0&1\\0&1&0\end{pmatrix},\quad S_y=\frac{1}{2\mathrm{i}}(S_+-S_-)=\frac{\mathrm{i}\hbar}{\sqrt{2}}\begin{pmatrix}0&-1&0\\1&0&-1\\0&1&0\end{pmatrix}$$

习题 4.32　在例题4.3中：

(a) 如果在 t 时刻，测量自旋角动量沿 x 方向的分量，求得到 $+\hbar/2$ 的概率是多少？

(b) 问题同上，但为自旋角动量沿 y 方向的分量。

(c) 问题同上，但为自旋角动量沿 z 方向的分量。

解：例题4.3中的自旋态为

$$\chi(t)=\begin{pmatrix}\cos(\alpha/2)\mathrm{e}^{\mathrm{i}\gamma B_0t/2}\\\sin(\alpha/2)\mathrm{e}^{-\mathrm{i}\gamma B_0t/2}\end{pmatrix}$$

S_x, S_y, S_z 本征值为 $+\hbar/2$ 的本征态分别为

$$\chi_+^{(x)}=\frac{1}{\sqrt{2}}\begin{pmatrix}1\\1\end{pmatrix},\quad \chi_+^{(y)}=\frac{1}{\sqrt{2}}\begin{pmatrix}1\\\mathrm{i}\end{pmatrix},\quad \chi_+^{(z)}=\begin{pmatrix}1\\0\end{pmatrix}$$

(a) 测量自旋角动量沿 x 方向的分量得到 $+\hbar/2$ 的概率是

$$P_+^{(x)}(t)=|\chi_+^{(x)\dagger}\chi(t)|^2=\left|\frac{1}{\sqrt{2}}(1\quad 1)\begin{pmatrix}\cos(\alpha/2)\mathrm{e}^{\mathrm{i}\gamma B_0t/2}\\\sin(\alpha/2)\mathrm{e}^{-\mathrm{i}\gamma B_0t/2}\end{pmatrix}\right|^2$$

$$=\left|\frac{1}{\sqrt{2}}[\cos(\alpha/2)\mathrm{e}^{\mathrm{i}\gamma B_0t/2}+\sin(\alpha/2)\mathrm{e}^{-\mathrm{i}\gamma B_0t/2}]\right|^2$$

$$=\frac{1}{2}[\cos(\alpha/2)e^{-i\gamma B_0t/2}+\sin(\alpha/2)e^{i\gamma B_0t/2}][\cos(\alpha/2)e^{i\gamma B_0t/2}+\sin(\alpha/2)e^{-i\gamma B_0t/2}]$$

$$=\frac{1}{2}[\cos^2(\alpha/2)+\sin^2(\alpha/2)+\sin(\alpha/2)\cos(\alpha/2)(e^{i\gamma B_0t}+e^{-i\gamma B_0t})]$$

$$=\frac{1}{2}[1+2\sin(\alpha/2)\cos(\alpha/2)\cos(\gamma B_0t)]=\frac{1}{2}[1+\sin\alpha\cos(\gamma B_0t)]$$

(b) 测量自旋角动量沿 y 方向的分量得到 $+\hbar/2$ 的概率是

$$P_+^{(y)}(t)=|\chi_+^{(y)\dagger}\chi|^2=\left|\frac{1}{\sqrt{2}}(1\quad -i)\begin{pmatrix}\cos(\alpha/2)e^{i\gamma B_0t/2}\\ \sin(\alpha/2)e^{-i\gamma B_0t/2}\end{pmatrix}\right|^2$$

$$=\left|\frac{1}{\sqrt{2}}\left[\cos\frac{\alpha}{2}e^{i\gamma B_0t/2}-i\sin(\alpha/2)e^{-i\gamma B_0t/2}\right]\right|^2$$

$$=\frac{1}{2}[\cos(\alpha/2)e^{-i\gamma B_0t/2}+i\sin(\alpha/2)e^{i\gamma B_0t/2}][\cos(\alpha/2)e^{i\gamma B_0t/2}-i\sin(\alpha/2)e^{-i\gamma B_0t/2}]$$

$$=\frac{1}{2}[\cos^2(\alpha/2)+\sin^2(\alpha/2)+i\sin(\alpha/2)\cos(\alpha/2)(e^{i\gamma B_0t}-e^{-i\gamma B_0t})]$$

$$=\frac{1}{2}[1-2\sin(\alpha/2)\cos(\alpha/2)\sin(\gamma B_0t)]=\frac{1}{2}[1-\sin\alpha\sin(\gamma B_0t)]$$

(c)

$$P_+^{(z)}(t)=|\chi_+^{(z)\dagger}\chi|^2=\left|(1\quad 0)\begin{pmatrix}\cos(\alpha/2)e^{i\gamma B_0t/2}\\ \sin(\alpha/2)e^{-i\gamma B_0t/2}\end{pmatrix}\right|^2=\left|\cos\frac{\alpha}{2}e^{i\gamma B_0t/2}\right|^2=\cos^2\frac{\alpha}{2}$$

**** 习题 4.33** 一电子静止在一振荡磁场中

$$\boldsymbol{B}=B_0\cos(\omega t)\hat{k}$$

其中 B_0 和 ω 为常数。

(a) 构造这个体系的哈密顿矩阵。

(b) 这个电子的初始态($t=0$ 时)为处于 x 轴方向上的上自旋态(即 $\chi(0)=\chi_+^{(x)}$)。确定以后任意时刻的 $\chi(t)$。注意:这是一个与时间有关的哈密顿量，所以你不能用通常从定态得到 $\chi(t)$ 的方法。幸运的是，本题可以直接解含时薛定谔方程(教材中的式 4.162)。

(c) 如果测量 S_x，求出得到 $-\hbar/2$ 的概率。答案:

$$\sin^2\left(\frac{\gamma B_0}{2\omega}\sin(\omega t)\right)$$

(d) 迫使 S_x 完全翻转所需要的最小磁场(B_0)是多大?

解: 在 S_z 的表象中讨论问题

(a) $\boldsymbol{H}=-\gamma\boldsymbol{B}\cdot\boldsymbol{S}$，对于电子 $\gamma=-e/m$，若磁场沿 z 轴方向

$$\boldsymbol{H}=-\gamma\boldsymbol{B}\cdot\boldsymbol{S}=\frac{e}{m}B_0\cos(\omega t)S_z=\frac{\hbar e}{2m}B_0\cos(\omega t)\begin{pmatrix}1 & 0\\ 0 & -1\end{pmatrix}$$

(b) 设自旋波函数为

$$\chi(t)=\begin{pmatrix}a(t)\\ b(t)\end{pmatrix}$$

它满足含时薛定谔方程

$$\mathrm{i}\hbar\frac{\mathrm{d}\chi(t)}{\mathrm{d}t}=\boldsymbol{H}\chi(t)$$

即

$$\mathrm{i}\hbar\begin{pmatrix}\mathrm{d}a/\mathrm{d}t\\\mathrm{d}b/\mathrm{d}t\end{pmatrix}=\frac{\hbar e}{2m}B_0\cos(\omega t)\begin{pmatrix}1&0\\0&-1\end{pmatrix}\begin{pmatrix}a(t)\\b(t)\end{pmatrix}=\frac{\hbar e}{2m}B_0\cos(\omega t)\begin{pmatrix}a(t)\\-b(t)\end{pmatrix}$$

$$\mathrm{i}\mathrm{d}a/\mathrm{d}t=\frac{e}{2m}B_0\cos(\omega t)a(t),\ \mathrm{i}\mathrm{d}b/\mathrm{d}t=-\frac{e}{2m}B_0\cos(\omega t)b(t)$$

解出

$$a(t)=a_0\exp\left(-\mathrm{i}\frac{eB_0}{2m\omega}\sin(\omega t)\right),\ b(t)=b_0\exp\left(\mathrm{i}\frac{eB_0}{2m\omega}\sin(\omega t)\right)$$

波函数的初始条件是，x 轴方向上的上自旋态 $\chi(0)=\chi_+^{(x)}$，即 S_x 本征值为 $+\hbar/2$ 的本征态。所以

$$\chi(0)=\begin{pmatrix}a(0)\\b(0)\end{pmatrix}=\begin{pmatrix}a_0\\b_0\end{pmatrix}=\frac{1}{\sqrt{2}}\begin{pmatrix}1\\1\end{pmatrix}\rightarrow a_0=b_0=\frac{1}{\sqrt{2}}$$

$$\chi(t)=\frac{1}{\sqrt{2}}\begin{pmatrix}\exp\left(-\mathrm{i}\frac{eB_0}{2m\omega}\sin(\omega t)\right)\\\exp\left(\mathrm{i}\frac{eB_0}{2m\omega}\sin(\omega t)\right)\end{pmatrix}$$

（c）测量 S_x，得到 $-\hbar/2$ 的概率为

$$P=|\langle\chi_-^x|\chi(t)\rangle|^2=\left|\frac{1}{\sqrt{2}}(1\quad -1)\frac{1}{\sqrt{2}}\begin{pmatrix}\mathrm{e}^{-\mathrm{i}\xi}\\\mathrm{e}^{\mathrm{i}\xi}\end{pmatrix}\right|^2=\left|\frac{1}{2}(\mathrm{e}^{-\mathrm{i}\xi}-\mathrm{e}^{\mathrm{i}\xi})\right|^2$$

$$=|-\mathrm{i}\sin\xi|^2=\sin^2\xi=\sin^2\left(\frac{eB_0}{2m\omega}\sin(\omega t)\right)$$

（d）完全翻转，即测量 S_x 得到 $-\hbar/2$ 的概率为 $P=1$，所以

$$\left(\frac{eB_0}{2m\omega}\sin(\omega t)\right)=\frac{\pi}{2}$$

最小磁场为

$$B_0=\frac{m\omega\pi}{e}$$

*** 习题 4.34**

（a）将 S_- 作用到 $|10\rangle$ 上 $\left(\text{式}4.177\quad |10\rangle=\frac{1}{\sqrt{2}}(\uparrow\downarrow+\downarrow\uparrow)\right)$，并证实你会得到 $\sqrt{2}\hbar|1\,-1\rangle$。

（b）将 $S_\pm$ 作用到 $|00\rangle$ 上 $\left(\text{式}4.178\quad |00\rangle=\frac{1}{\sqrt{2}}(\uparrow\downarrow-\downarrow\uparrow)\right)$，并证实你会得到零。

（c）证明 $|11\rangle$ 和 $|1\,-1\rangle$ 是 S^2 具有恰当本征值的本征态。

解：(a)

$$S_-|10\rangle=(S_-^{(1)}+S_-^{(2)})\frac{1}{\sqrt{2}}(\uparrow\downarrow+\downarrow\uparrow)$$

$$=\frac{1}{\sqrt{2}}[(S_-^{(1)}\uparrow)\downarrow+\uparrow(S_-^{(2)}\downarrow)+(S_-^{(1)}\downarrow)\uparrow+\downarrow(S_-^{(2)}\uparrow)]$$

由于 $S_-\uparrow=\hbar\downarrow$，$S_-\downarrow=0$，故 $S_-|10\rangle=\frac{1}{\sqrt{2}}[\hbar\downarrow\downarrow+0+0+\hbar\downarrow\downarrow]=\sqrt{2}\hbar|1-1\rangle$

(b)

$$S_\pm|00\rangle=(S_\pm^{(1)}+S_\pm^{(2)})\frac{1}{\sqrt{2}}(\uparrow\downarrow-\downarrow\uparrow)$$

$$=\frac{1}{\sqrt{2}}[(S_\pm^{(1)}\uparrow)\downarrow+\uparrow(S_\pm^{(2)}\downarrow)-(S_\pm^{(1)}\downarrow)\uparrow-\downarrow(S_\pm^{(2)}\uparrow)]$$

由于 $S_+\uparrow=0$，$S_+\downarrow=\hbar\uparrow$，故 $S_+|00\rangle=\frac{1}{\sqrt{2}}(0+\hbar\uparrow\uparrow-\hbar\uparrow\uparrow-0)=0$

$$S_-|00\rangle=\frac{1}{\sqrt{2}}(\hbar\downarrow\downarrow+0-0-\hbar\downarrow\downarrow)=0$$

(c)

$$\begin{aligned}
S^2|11\rangle&=[(S^{(1)})^2+(S^{(2)})^2+2S^{(1)}\cdot S^{(2)}]\uparrow\uparrow\\
&=[(S^{(1)})^2\uparrow]\uparrow+\uparrow[(S^{(2)})^2\uparrow]+2(S_x^{(1)}\uparrow)(S_x^{(2)}\uparrow)+2(S_y^{(1)}\uparrow)(S_y^{(2)}\uparrow)+\\
&\quad 2(S_z^{(1)}\uparrow)(S_z^{(2)}\uparrow)\\
&=\frac{3\hbar^2}{4}\uparrow\uparrow+\frac{3\hbar^2}{4}\uparrow\uparrow+2\frac{\hbar}{2}\downarrow\frac{\hbar}{2}\downarrow+2\frac{i\hbar}{2}\downarrow\frac{i\hbar}{2}\downarrow+2\frac{\hbar}{2}\uparrow\frac{\hbar}{2}\uparrow\\
&=2\hbar^2\uparrow\uparrow=2\hbar^2|11\rangle
\end{aligned}$$

$$\begin{aligned}
S^2|1-1\rangle&=[(S^{(1)})^2+(S^{(2)})^2+2S^{(1)}\cdot S^{(2)}]\downarrow\downarrow\\
&=[(S^{(1)})^2\downarrow]\downarrow+\downarrow[(S^{(2)})^2\downarrow]+2(S_x^{(1)}\downarrow)(S_x^{(2)}\downarrow)+2(S_y^{(1)}\downarrow)(S_y^{(2)}\downarrow)+\\
&\quad 2(S_z^{(1)}\downarrow)(S_z^{(2)}\downarrow)\\
&=\frac{3\hbar^2}{4}\downarrow\downarrow+\frac{3\hbar^2}{4}\downarrow\downarrow+2\frac{\hbar}{2}\uparrow\frac{\hbar}{2}\uparrow+2\left(-\frac{i\hbar}{2}\uparrow\right)\left(-\frac{i\hbar}{2}\uparrow\right)+2\left(-\frac{\hbar}{2}\downarrow\right)\left(-\frac{\hbar}{2}\downarrow\right)\\
&=2\hbar^2\downarrow\downarrow=2\hbar^2|1-1\rangle
\end{aligned}$$

习题 4.35　夸克的自旋为 1/2。三个夸克结合在一起形成一个重子（如质子或中子）；两个夸克（或更确切说一个夸克和一个反夸克）结合在一起形成一个介子（比如 π 介子或 K 介子）。假设夸克是处于基态（所以轨道角动量为零）。

(a) 重子可能的自旋为多少？

(b) 介子可能的自旋为多少？

解：(a) 两个 1/2 自旋耦合可以得到自旋 1 或 0，再与 1/2 耦合可以得到 3/2 或 1/2，0 再与 1/2 耦合可以得到 1/2，所以重子的可能自旋为 3/2 或 1/2。的确，最轻的重子具有自旋 1/2（质子，中子等）或 3/2（Δ，Ω^- 等），较重的重子可以有较高的自旋，这是因为夸克的轨道角动量所致。

(b) 两个 1/2 自旋耦合可以得到自旋 1 或 0，所以介子的自旋可能为 1 或 0，的确，观察到的最轻的介子具有自旋 0(π, K 等)或自旋 1(ρ, ω 等)。

习题 4.36

(a) 一个自旋为 1 的粒子和一个自旋为 2 的粒子处在静止态中，其总自旋为 3，z 分量为 $\hbar$。如果你测得自旋为 2 的粒子的角动量的 z 分量，你将会得到什么值？概率为多少？

(b) 一个自旋向下的电子处于氢原子的 ψ_{510} 态。如果你能测量电子的总角动量的平方(不包括质子自旋)，你将会得到什么值？概率为多少？

解：(a) 把耦合表象的基矢用无耦合表象的基矢表示出来，由教材中表 4.8 查克莱布希—高登系数有

$$|31\rangle=\sqrt{\frac{1}{15}}|22\rangle|1-1\rangle+\sqrt{\frac{8}{15}}|21\rangle|10\rangle+\sqrt{\frac{6}{15}}|20\rangle|11\rangle$$

所以测量自旋为 2 的粒子的角动量的 z 分量可能值为 $2\hbar$, $\hbar$, 0，相应的概率分别 1/15，8/15，6/15。

(b) 把无耦合表象的基矢用耦合表象基矢表示出来，

$$|10\rangle\left|\frac{1}{2}-\frac{1}{2}\right\rangle=\sqrt{\frac{2}{3}}\left|\frac{3}{2}-\frac{1}{2}\right\rangle+\sqrt{\frac{1}{3}}\left|\frac{1}{2}-\frac{1}{2}\right\rangle$$

总角动量量子数为 3/2，1/2，测量 J^2 可能值为 $15\hbar^2/4$，$3\hbar^2/4$，概率分别为 2/3，1/3。

习题 4.37　求出 S^2 和 $S_z^{(1)}$ 的对易式($\boldsymbol{S}\equiv\boldsymbol{S}^{(1)}+\boldsymbol{S}^{(2)}$)。推广你的结果去证明：

$$[S^2,\boldsymbol{S}^{(1)}]=2\mathrm{i}\hbar(\boldsymbol{S}^{(1)}\times\boldsymbol{S}^{(2)})$$

评注：因为 $S_z^{(1)}$ 与 S^2 不对易，所以不能找到它们两个共同的本征矢。为了形成 S^2 的本征态，我们需要线性迭加 $S_z^{(1)}$ 本征态。这就是克莱布希—高登系数(教材中的式 4.185)能为我们做的。另一方面，由上式明显的推论，$\boldsymbol{S}^{(1)}+\boldsymbol{S}^{(2)}$ 与 S^2 确实是对易的，这是我们熟知的结果(见教材中的式 4.103)的一个特例。

解：

$$\begin{aligned}[S^2,S_z^{(1)}]&=[(\boldsymbol{S}^{(1)})^2+(\boldsymbol{S}^{(2)})^2+2\boldsymbol{S}^{(1)}\cdot\boldsymbol{S}^{(2)},S_z^{(1)}]\\&=[(\boldsymbol{S}^{(1)})^2,S_z^{(1)}]+[(\boldsymbol{S}^{(2)})^2,S_z^{(1)}]+2[\boldsymbol{S}^{(1)}\cdot\boldsymbol{S}^{(2)},S_z^{(1)}]\\&=0+0+2\{S_x^{(2)}[S_x^{(1)},S_z^{(1)}]+S_y^{(2)}[S_y^{(1)},S_z^{(1)}]+S_z^{(2)}[S_z^{(1)},S_z^{(1)}]\}\\&=2(-\mathrm{i}\hbar S_y^{(1)}S_x^{(2)}+\mathrm{i}\hbar S_x^{(1)}S_y^{(2)}+0)=2\mathrm{i}\hbar(\boldsymbol{S}^{(1)}\times\boldsymbol{S}^{(2)})_z\end{aligned}$$

同理，可得

$$[S^2,S_x^{(1)}]=2\mathrm{i}\hbar(\boldsymbol{S}^{(1)}\times\boldsymbol{S}^{(2)})_x,\ [S^2,S_y^{(1)}]=2\mathrm{i}\hbar(\boldsymbol{S}^{(1)}\times\boldsymbol{S}^{(2)})_y$$

所以

$$[S^2,\boldsymbol{S}^{(1)}]=2\mathrm{i}\hbar(\boldsymbol{S}^{(1)}\times\boldsymbol{S}^{(2)})$$

第 4 章补充习题解答

**** 习题 4.38**　考虑一个三维谐振子，其势函数为

$$V(r) = \frac{1}{2}m\omega^2 r^2$$

(a) 证明在笛卡儿坐标系中分离变量，可以得到三个一维谐振子。并利用所学知识给出允许的能量值。答案：

$$E_n = \left(n + \frac{3}{2}\right)\hbar\,\omega$$

(b) 确定 E_n 的简并度 $d(n)$

解：(a) 定态薛定谔方程为

$$-\frac{\hbar^2}{2m}\left(\frac{\partial^2\psi}{\partial x^2} + \frac{\partial^2\psi}{\partial y^2} + \frac{\partial^2\psi}{\partial z^2}\right) + \frac{1}{2}m\omega^2(x^2 + y^2 + z^2)\psi = E\psi$$

分离变量，令

$$\psi(x,\ y,\ z) = X(x)Y(y)Z(z)$$

代入定态薛定谔方程，并在等号两边同时除以 XYZ 有

$$\left(-\frac{\hbar^2}{2m}\frac{1}{X}\frac{\mathrm{d}^2X}{\mathrm{d}x^2} + \frac{1}{2}m\omega^2x^2\right) + \left(-\frac{\hbar^2}{2m}\frac{1}{Y}\frac{\mathrm{d}^2Y}{\mathrm{d}y^2} + \frac{1}{2}m\omega^2y^2\right) + \left(-\frac{\hbar^2}{2m}\frac{1}{Z}\frac{\mathrm{d}^2Z}{\mathrm{d}z^2} + \frac{1}{2}m\omega^2z^2\right) = E$$

左边三项分别只与 x，y，z 有关，因此每一项必须为一常数，记为 E_x，E_y，E_z，且有

$$E_x + E_y + E_z = E$$

这样定态薛定谔方程分离为三个方程

$$-\frac{\hbar^2}{2m}\frac{\mathrm{d}^2X}{\mathrm{d}x^2} + \frac{1}{2}m\omega^2x^2X = E_xX$$

$$-\frac{\hbar^2}{2m}\frac{\mathrm{d}^2Y}{\mathrm{d}y^2} + \frac{1}{2}m\omega^2y^2Y = E_yY$$

$$-\frac{\hbar^2}{2m}\frac{\mathrm{d}^2Z}{\mathrm{d}z^2} + \frac{1}{2}m\omega^2z^2Z = E_zZ$$

可以看出，每一个方程都是一个一维谐振子方程，所以

$$E_x = \left(n_x + \frac{1}{2}\right)\hbar\,\omega,\ E_y = \left(n_y + \frac{1}{2}\right)\hbar\,\omega,\ E_z = \left(n_z + \frac{1}{2}\right)\hbar\,\omega \quad (n_x,\ n_y,\ n_z = 0,\ 1,\ 2,\ 3,\ \cdots)$$

从而三维谐振子的能量为

$$E = \left(n_x + n_y + n_z + \frac{3}{2}\right)\hbar\,\omega = \left(n + \frac{3}{2}\right)\hbar\,\omega \quad (\text{令 } n = n_x + n_y + n_z)$$

(b) 现在的问题是当 n 给定后，三个非负整数有多少种组合 $(n_x,\ n_y,\ n_z)$ 满足 $n_x + n_y + n_z = n$

当 $n_x = n$ 时，$n_y = n_z = 0$，一种；

当 $n_x = n - 1$ 时，$n_y = 0$，$n_z = 1$ 或者 $n_y = 1$，$n_z = 0$，两种；

当 $n_x = n - 2$ 时，$n_y = 0$，$n_z = 2$ 或 $n_y = 1$，$n_z = 1$ 或 $n_y = 2$，$n_z = 0$，三种。

$$\vdots$$

$$d(n) = 1 + 2 + 3 + \cdots + (n + 1) = \frac{(n+1)(n+2)}{2}$$

*** **习题 4.39** 由于三维谐振子的势函数$\left(V(r)=\frac{1}{2}m\omega^2r^2\right)$是球对称的，因而如同在直角坐标系中一样，可以在球坐标系中通过分离变量法求解薛定谔方程。利用幂级数法求解径向方程，得到系数项的递推公式，确定能量的允许值。并利用式4.189（$E_n=(n+3/2)\hbar\omega$）验证你的结果。

解： 对球对称势，波函数可设为$\psi=R(r)\mathrm{Y}(\theta,\phi)=\frac{u(r)}{r}\mathrm{Y}(\theta,\phi)$分离变量，由径向方程

$$-\frac{\hbar^2}{2m}\frac{\mathrm{d}^2u}{\mathrm{d}r^2}+\left[\frac{1}{2}m\omega^2r^2+\frac{l(l+1)\hbar^2}{2mr^2}\right]u=Eu$$

作变量代换，令$\xi=\sqrt{\frac{m\omega}{\hbar}}r$，则方程变为

$$-\frac{\hbar^2}{2m}\frac{m\omega}{\hbar}\frac{\mathrm{d}^2u}{\mathrm{d}\xi^2}+\left[\frac{1}{2}m\omega^2\frac{\hbar}{m\omega}\xi^2+\frac{\hbar^2}{2m}\frac{m\omega}{\hbar}\frac{l(l+1)}{\xi^2}\right]u=Eu$$

$$\frac{\mathrm{d}^2u}{\mathrm{d}\xi^2}-\left[\xi^2+\frac{l(l+1)}{\xi^2}-\frac{2E}{\hbar\omega}\right]u=0$$

考察极限情况，$\xi\to\pm\infty$时，方程可化为

$$\frac{\mathrm{d}^2u}{\mathrm{d}\xi^2}-\xi^2u=0$$

它的满足物理要求的解为$u\sim\mathrm{e}^{-\xi^2/2}$。当$\xi\to0$时，方程可化为

$$\frac{\mathrm{d}^2u}{\mathrm{d}\xi^2}-\frac{l(l+1)}{\xi^2}u=0$$

它满足物理要求的解为$u\sim\xi^{l+1}$。因此，可设解的形式为

$$u(\xi)=\mathrm{e}^{-\xi^2/2}\xi^{l+1}v(\xi)$$

求出u的一阶、二阶导数

$$\frac{\mathrm{d}u}{\mathrm{d}\xi}=(l+1)\xi^l\mathrm{e}^{-\xi^2/2}v(\xi)-\xi^{l+2}\mathrm{e}^{-\xi^2/2}v(\xi)+\xi^{l+1}\mathrm{e}^{-\xi^2/2}v'(\xi)$$

$$\frac{\mathrm{d}^2u}{\mathrm{d}\xi^2}=l(l+1)\xi^{l-1}\mathrm{e}^{-\xi^2/2}v(\xi)-(l+1)\xi^{l+1}\mathrm{e}^{-\xi^2/2}v(\xi)+(l+1)\xi^l\mathrm{e}^{-\xi^2/2}v'(\xi)-$$
$$(l+2)\xi^{l+1}\mathrm{e}^{-\xi^2/2}v(\xi)+\xi^{l+3}\mathrm{e}^{-\xi^2/2}v(\xi)-\xi^{l+2}\mathrm{e}^{-\xi^2/2}v'(\xi)+(l+1)\xi^l\mathrm{e}^{-\xi^2/2}v'(\xi)-$$
$$\xi^{l+2}\mathrm{e}^{-\xi^2/2}v'(\xi)+\xi^{l+1}\mathrm{e}^{-\xi^2/2}v''(\xi)$$

将上面两式代入到u的微分方程中，整理可得到关于$v(\xi)$的微分方程

$$v''+2v'\left(\frac{l+1}{\xi}-\xi\right)+(K-2l-3)v=0\quad\left(K\equiv\frac{2E}{\hbar\omega}\right)$$

设级数解

$$v(\xi)=\sum_{j=0}^{\infty}a_j\xi^j$$

则其导数为

$$v'(\xi)=\sum_{j=1}^{\infty}ja_j\xi^{j-1},\quad v''(\xi)=\sum_{j=2}^{\infty}j(j-1)a_j\xi^{j-2}$$

代入到 v 满足的微分方程中，得到

$$\sum_{j=2}^{\infty} j(j-1)a_j\xi^{j-2} + 2(l+1)\sum_{j=1}^{\infty} ja_j\xi^{j-2} - 2\sum_{j=1}^{\infty} ja_j\xi^j + (K-2l-3)\sum_{j=0}^{\infty} a_j\xi^j = 0$$

在前两项的求和公式中，令 $j\to j+2$

$$\sum_{j=0}^{\infty}(j+2)(j+1)a_{j+2}\xi^j + 2(l+1)\sum_{j=-1}^{\infty}(j+2)a_{j+2}\xi^j - 2\sum_{j=0}^{\infty} ja_j\xi^j + (K-2l-3)\sum_{j=0}^{\infty} a_j\xi^j = 0$$

要使方程成立，此式中每一幂次的系数之和必须为零，由此可得系数 a_j 的递推公式

$$a_{j+2} = \frac{2j+2l+3-K}{(j+2)(j+2l+3)}a_j$$

注意，在上面式子中第二项求和是从 $j=-1$ 开始的，ξ^{-1} 的系数是 $2(l+1)a_1$，这样一来必须有 $a_1=0$，从而所有奇数系数为零时，方程才能成立。因此现在级数为

$$v(\xi) = \sum_{j=0}^{\infty} a_j\xi^j \quad (j = \text{偶数})$$

下面考察级数的收敛性，当 $j\to\infty$ 时，相邻项系数之比为 $\dfrac{a_{j+2}}{a_j}\to\dfrac{2}{j}$，和级数

$$\mathrm{e}^{\xi^2/2} = 1 + \frac{\xi^2}{1!} + \frac{\xi^4}{2!} + \cdots + \frac{\xi^\nu}{(j/2)!} + \frac{\xi^{\nu+2}}{(j/2+1)!} + \cdots$$

相邻项系数之比是一样的，由此可见，当 ξ 很大时，v 级数的行为与 $\mathrm{e}^{\xi^2/2}$ 的行为相同，即 $\psi(\xi)$ 在 $\xi\to\pm\infty$ 时变为无穷大，这与波函数的有限性条件相抵触。因此，级数必须在某一项中断而变为多项式，存在某个最大的 $j_{\max}$ 使得 $2j_{\max}+2l+3-K=0$，从而 $j_{\max}+2=0$ 级数被中断。这样一来，能量谐振子能量($K=2E/\hbar\omega$)就不能是任意的，必须满足

$$E = \left(j_{\max} + l + \frac{3}{2}\right)\hbar\omega$$

即

$$E = \left(n + \frac{3}{2}\right)\hbar\omega \quad (\text{其中，} n = j_{\max} + l)$$

** **习题 4.40**

(a) 证明三维**维里(Virial)定理**：(对于定态)

$$2\langle T\rangle = \langle \boldsymbol{r}\cdot\nabla V\rangle$$

提示：参考习题 3.31

(b) 将维里定理应用到氢原子情况并证明

$$\langle T\rangle = -E_n,\ \langle V\rangle = 2E_n$$

(c) 将维里定理应用到三维谐振子情况(习题 4.38)，并证明在此情况下有

$$\langle T\rangle = \langle V\rangle = E_n/2$$

证：(a) 由算符期望值随时间变化的公式有

$$\begin{aligned}\frac{\mathrm{d}}{\mathrm{d}t}\langle \boldsymbol{r}\cdot\boldsymbol{p}\rangle &= \frac{\mathrm{i}}{\hbar}\langle[H, \boldsymbol{r}\cdot\boldsymbol{p}]\rangle = \frac{\mathrm{i}}{\hbar}\langle[H, xp_x + yp_y + zp_z]\rangle \\ &= \frac{\mathrm{i}}{\hbar}\{\langle[H, xp_x]\rangle + \langle[H, yp_y]\rangle + \langle[H, zp_z]\rangle\}\end{aligned}$$

$$=\frac{\mathrm{i}}{\hbar}\{\langle x[H,p_x]\rangle+\langle[H,x]p_x\rangle+\langle y[H,p_y]\rangle+\langle[H,y]p_y\rangle+\langle z[H,p_z]\rangle+\langle[H,z]p_z\rangle\}$$

$$=\frac{\mathrm{i}}{\hbar}\left\{\langle x[V,p_x]\rangle+\left\langle\left[\frac{p_x^2}{2m},x\right]p_x\right\rangle+\langle y[V,p_y]\rangle+\left\langle\left[\frac{p_y^2}{2m},y\right]p_y\right\rangle+\langle z[V,p_z]\rangle+\left\langle\left[\frac{p_z^2}{2m},z\right]p_z\right\rangle\right\}$$

代入对易关系

$$[p_i^2,r_i]=p_i[p_i,r_i]+[p_i,r_i]p_i=-2\mathrm{i}\hbar p_i,\quad [V,p_i]=\mathrm{i}\hbar\frac{\partial V}{\partial p_i}$$

得到

$$\frac{\mathrm{d}}{\mathrm{d}t}\langle\boldsymbol{r}\cdot\boldsymbol{p}\rangle=\frac{\mathrm{i}}{\hbar}\left\{\left\langle\mathrm{i}\hbar x\frac{\partial V}{\partial p_x}\right\rangle+\left\langle-2\mathrm{i}\hbar\frac{p_x^2}{2m}\right\rangle+\left\langle\mathrm{i}\hbar y\frac{\partial V}{\partial p_y}\right\rangle+\left\langle-2\mathrm{i}\hbar\frac{p_y^2}{2m}\right\rangle+\left\langle\mathrm{i}\hbar z\frac{\partial V}{\partial p_z}\right\rangle+\left\langle-2\mathrm{i}\hbar\frac{p_y^2}{2m}\right\rangle\right\}$$

$$=\frac{\mathrm{i}}{\hbar}\left\{\mathrm{i}\hbar\left\langle x\frac{\partial V}{\partial p_x}+y\frac{\partial V}{\partial p_y}+z\frac{\partial V}{\partial p_z}\right\rangle-2\mathrm{i}\hbar\left\langle\frac{p_x^2}{2m}+\frac{p_y^2}{2m}+\frac{p_y^2}{2m}\right\rangle\right\}$$

$$=-\langle\boldsymbol{r}\cdot\nabla V\rangle+2\langle T\rangle$$

对于定态$\frac{\mathrm{d}}{\mathrm{d}t}\langle\boldsymbol{r}\cdot\boldsymbol{p}\rangle=0$，所以有

$$2\langle T\rangle=\langle\boldsymbol{r}\cdot\nabla\boldsymbol{V}\rangle$$

（b）氢原子势能为 $V(r)=-\frac{e^2}{4\pi\varepsilon_0}\frac{1}{r}$

$$\nabla V=\frac{e^2}{4\pi\varepsilon_0}\frac{1}{r^2}\hat{r}\to\boldsymbol{r}\cdot\nabla V=\frac{e^2}{4\pi\varepsilon_0}\frac{1}{r^2}\boldsymbol{r}\cdot\hat{r}=\frac{e^2}{4\pi\varepsilon_0}\frac{1}{r}=-V$$

由维里定理，对氢原子有

$$2\langle T\rangle=-\langle V\rangle$$

但是对定态$\langle T\rangle+\langle V\rangle=E_n$，所以

$$\langle T\rangle=-E_n,\quad\langle V\rangle=2E_n$$

（c）三维谐振子势能为 $V=\frac{1}{2}m\omega^2r^2$

$$\nabla V=m\omega^2r\hat{r}\to\boldsymbol{r}\cdot\nabla V=m\omega^2r\boldsymbol{r}\cdot\hat{r}=m\omega^2r^2=2V$$

所以对三维谐振子定态有

$$\langle T\rangle+\langle V\rangle=E_n,\langle T\rangle=\langle V\rangle=\frac{E_n}{2}$$

*** **习题 4.41**　（在你熟悉矢量运算的基础上试做本题）推广习题 1.14 定义三维概率流为

$$\boldsymbol{J} \equiv \frac{\mathrm{i}\hbar}{2m}(\boldsymbol{\Psi}\ \nabla\boldsymbol{\Psi}^* - \boldsymbol{\Psi}^*\ \nabla\boldsymbol{\Psi})$$

(a) 证明 $\boldsymbol{J}$ 满足连续性方程

$$\nabla \cdot \boldsymbol{J} = -\frac{\partial}{\partial t}|\boldsymbol{\Psi}|^2$$

它表明局域概率守恒。由此(由散度定理)

$$\int_S \boldsymbol{J} \cdot \mathrm{d}\boldsymbol{a} = -\frac{\mathrm{d}}{\mathrm{d}t}\int_\nu |\boldsymbol{\Psi}|^2 \mathrm{d}^3\boldsymbol{r}$$

其中 V 是(固定的)体积，S 是体积的边界面。用语言表述:流出表面的概率等于体积内发现粒子概率的减少。

(b) 求处于 $n=2$, $l=1$, $m=1$ 状态下的氢原子的概率流 $\boldsymbol{J}$。答案

$$\frac{\hbar}{64\pi m a^5} r\mathrm{e}^{-r/a}\sin\theta\,\hat{\phi}$$

(c) 假如将 $m\boldsymbol{J}$ 解释为质量流，角动量可以表示为

$$\boldsymbol{L} = m\int(\boldsymbol{r} \times \boldsymbol{J})\,\mathrm{d}^3\boldsymbol{r}$$

利用这个公式计算 $\boldsymbol{\Psi}_{211}$ 的 L_z，并对结果进行讨论。

证：(a)

$$\nabla \cdot \boldsymbol{J} = \frac{\mathrm{i}\hbar}{2m}\nabla \cdot (\boldsymbol{\Psi}\ \nabla\boldsymbol{\Psi}^* - \boldsymbol{\Psi}^*\ \nabla\psi) = \frac{\mathrm{i}\hbar}{2m}(\nabla\boldsymbol{\Psi} \cdot \nabla\boldsymbol{\Psi}^* - \nabla\boldsymbol{\Psi}^* \cdot \nabla\boldsymbol{\Psi} + \boldsymbol{\Psi}\ \nabla^2\boldsymbol{\Psi}^* - \boldsymbol{\Psi}^*\ \nabla^2\boldsymbol{\Psi})$$

$$= \frac{\mathrm{i}\hbar}{2m}(\boldsymbol{\Psi}\ \nabla^2\boldsymbol{\Psi}^* - \boldsymbol{\Psi}^*\ \nabla^2\boldsymbol{\Psi})$$

由薛定谔方程

$$\mathrm{i}\hbar\frac{\partial}{\partial t}\boldsymbol{\Psi} = -\frac{\hbar^2}{2m}\nabla^2\boldsymbol{\Psi} + V\boldsymbol{\Psi}$$

有

$$\nabla^2\boldsymbol{\Psi} = \frac{2m}{\hbar^2}\left(V\boldsymbol{\Psi} - \mathrm{i}\hbar\frac{\partial\boldsymbol{\Psi}}{\partial t}\right),\quad \nabla^2\boldsymbol{\Psi}^* = \frac{2m}{\hbar^2}\left(V\boldsymbol{\Psi}^* + i\hbar\frac{\partial\boldsymbol{\Psi}^*}{\partial t}\right)$$

所以

$$\nabla \cdot \boldsymbol{J} = \frac{\mathrm{i}\hbar}{2m}\frac{2m}{\hbar^2}\left[\boldsymbol{\Psi}\left(V\boldsymbol{\Psi}^* + \mathrm{i}\hbar\frac{\partial\boldsymbol{\Psi}^*}{\partial t}\right) - \boldsymbol{\Psi}^*\left(V\boldsymbol{\Psi} - \mathrm{i}\hbar\frac{\partial\boldsymbol{\Psi}}{\partial t}\right)\right]$$

$$= \frac{\mathrm{i}}{\hbar}\left[\mathrm{i}\hbar\boldsymbol{\Psi}\frac{\partial\boldsymbol{\Psi}^*}{\partial t} + \boldsymbol{\Psi}^*\mathrm{i}\hbar\frac{\partial\psi}{\partial t}\right] = -\frac{\partial}{\partial t}(\boldsymbol{\Psi}^*\boldsymbol{\Psi})$$

即概率流密度矢量 $\boldsymbol{J}$ 和概率密度满足连续性方程

$$\frac{\partial}{\partial t}|\boldsymbol{\Psi}|^2 + \nabla \cdot \boldsymbol{J} = 0$$

(b) $\psi_{211} = -\frac{1}{\sqrt{\pi a}}\frac{1}{8a^2}r\mathrm{e}^{-r/2a}\sin\theta\mathrm{e}^{\mathrm{i}\phi}\mathrm{e}^{-\mathrm{i}E_2 t/\hbar}$

在球坐标系中

$$\nabla\Psi=\frac{\partial\Psi}{\partial r}\hat{r}+\frac{1}{r}\frac{\partial\Psi}{\partial\theta}\hat{\theta}+\frac{1}{r\sin\theta}\frac{\partial\Psi}{\partial\phi}\hat{\phi}$$

$$\nabla\psi_{211}=-\frac{1}{\sqrt{\pi a}}\frac{1}{8a^2}\left[\left(1-\frac{r}{2a}\right)e^{-r/2a}\sin\theta e^{i\phi}e^{-iE_2t/\hbar}\hat{r}+\frac{1}{r}re^{-r/2a}\cos\theta e^{i\phi}e^{-iE_2t/\hbar}\hat{\theta}+\right.$$

$$\left.\frac{i}{r\sin\theta}re^{-r/2a}\sin\theta e^{i\phi}e^{-iE_2t/\hbar}\hat{\phi}\right]$$

$$=\left[\left(1-\frac{r}{2a}\right)\hat{r}+\cot\theta\cdot\hat{\theta}+\frac{i}{\sin\theta}\hat{\phi}\right]\frac{1}{r}\psi_{211}$$

$$\nabla\psi_{211}^*=\left[\left(1-\frac{r}{2a}\right)\hat{r}+\cot\theta\cdot\hat{\theta}-\frac{i}{\sin\theta}\hat{\phi}\right]\frac{1}{r}\psi_{211}^*$$

代入

$$\boldsymbol{J}=\frac{i\hbar}{2m}(\psi_{211}\nabla\psi_{211}^*-\psi_{211}^*\nabla\psi_{211})$$

$$=\frac{i\hbar}{2m}\left[\left(1-\frac{r}{2a}\right)\hat{r}+\cot\theta\cdot\hat{\theta}-\frac{i}{\sin\theta}\hat{\phi}-\left(1-\frac{r}{2a}\right)\hat{r}-\cot\theta\cdot\hat{\theta}-\frac{i}{\sin\theta}\hat{\phi}\right]\frac{1}{r}|\psi_{211}|^2$$

$$=\frac{\hbar}{mr\sin\theta}|\psi_{211}|^2\hat{\phi}=\frac{\hbar}{64\pi ma^5}re^{-r/a}\sin\theta\,\hat{\phi}$$

(c)

$$\boldsymbol{r}\times\boldsymbol{J}=\frac{\hbar}{64\pi ma^5}r^2e^{-r/a}\sin\theta(\hat{r}\times\hat{\phi})=-\frac{\hbar}{64\pi ma^5}r^2e^{-r/a}\sin\theta\cdot\hat{\theta}\quad(\hat{r}\times\hat{\phi}=-\hat{\theta})$$

$$(\boldsymbol{r}\times\boldsymbol{J})_z=(\boldsymbol{r}\times\boldsymbol{J})\cdot\hat{z}=-\frac{\hbar}{64\pi ma^5}r^2e^{-r/a}\sin\theta\cdot\hat{\theta}\cdot\hat{z}=\frac{\hbar}{64\pi ma^5}r^2e^{-r/a}\sin^2\theta\quad(\hat{\theta}\cdot\hat{z}=-\sin\theta)$$

$$L_z=m\int(\boldsymbol{r}\times\boldsymbol{J})_z d^3r=m\int\frac{\hbar}{64\pi ma^5}r^2e^{-r/a}(\sin\theta)^2\ r^2\sin\theta drd\theta d\phi$$

$$=\frac{\hbar}{64\pi a^5}\int_0^{+\infty}r^4e^{-r/a}dr\int_0^{\pi}\sin^3\theta d\theta\int_0^{2\pi}d\varphi=\frac{\hbar}{64\pi a^5}(4!a^5)\left(\frac{4}{3}\right)(2\pi)=\hbar$$

这是自然的，因为 L_z 的本征值是 $m\hbar$，对 ψ_{211} 态 $m=1$。

*** **习题 4.42** 三维动量空间的波函数(不含时间)可由教材中的式 3.54 的推广而定义：

$$\phi(\boldsymbol{p})\equiv\frac{1}{(2\pi\hbar)^{3/2}}\int e^{-i(\boldsymbol{p}\cdot\boldsymbol{r})/\hbar}\psi(\boldsymbol{r})d^3\boldsymbol{r}$$

(a) 求出氢原子基态($\psi_{100}(r,\theta,\phi)=\frac{1}{\sqrt{\pi a^3}}e^{-r/a}$，式 4.80)的动量空间波函数。提示：用球坐标，让极轴方向沿动量 $\boldsymbol{p}$ 的方向。首先对 θ 进行积分。答案：

$$\phi(\boldsymbol{p})=\frac{1}{\pi}\left(\frac{2a}{\hbar}\right)^{3/2}\frac{1}{[1+(ap/\hbar)^2]^2}$$

(b) 验证 $\phi(\boldsymbol{p})$ 是归一化的。

(c) 对氢原子的基态，用 $\phi(\boldsymbol{p})$ 来计算 $\langle p^2\rangle$。

(d) 在这个状态中，动能的期望值是什么？答案用 E_1 的倍数表示，验证它与用维理定理得到的结果一致（$T=-E_n$，$\langle V\rangle=2E_n$）。

解：(a) 氢原子基态波函数为$\psi(r)=\frac{1}{\sqrt{\pi a^3}}e^{-r/a}$，所以动量空间的波函数为

$$\phi(\boldsymbol{p})=\frac{1}{(2\pi\hbar)^{3/2}}\int e^{-i\boldsymbol{p}\cdot\boldsymbol{r}/\hbar}\frac{1}{\sqrt{\pi a^3}}e^{-r/a}r^2\sin\theta \mathrm{d}r\mathrm{d}\theta\mathrm{d}\phi$$

让$\boldsymbol{p}$沿$\hat{z}$方向，$\boldsymbol{p}\cdot\boldsymbol{r}=pr\cos\theta$，所以

$$\begin{aligned}\phi(\boldsymbol{p})&=\frac{1}{(2\pi\hbar)^{3/2}}\int e^{-ipr\cos\theta/\hbar}\frac{1}{\sqrt{\pi a^3}}e^{-r/a}r^2\sin\theta \mathrm{d}r\mathrm{d}\theta\mathrm{d}\phi\\
&=\frac{2\pi}{(2\pi\hbar)^{3/2}}\frac{1}{\sqrt{\pi a^3}}\int_0^{+\infty}e^{-r/a}r^2\left[\int_0^{\pi}e^{-ipr\cos\theta/\hbar}\sin\theta \mathrm{d}\theta\right]\mathrm{d}r\\
&=\frac{2\pi}{(2\pi\hbar)^{3/2}}\frac{1}{\sqrt{\pi a^3}}\int_0^{+\infty}e^{-r/a}r^2\left[-\frac{i\hbar}{pr}e^{-ipr\cos\theta/\hbar}\Big|_0^{\pi}\right]\mathrm{d}r\\
&=\frac{2\pi}{(2\pi\hbar)^{3/2}}\frac{1}{\sqrt{\pi a^3}}\int_0^{+\infty}e^{-r/a}r^2\left[-\frac{i\hbar}{pr}(e^{ipr/\hbar}-e^{-ipr/\hbar})\right]\mathrm{d}r\\
&=\frac{2\pi}{(2\pi\hbar)^{3/2}}\frac{1}{\sqrt{\pi a^3}}\frac{-i\hbar}{p}\left[\int_0^{+\infty}e^{ipr/\hbar-(r/a)}r\mathrm{d}r-\int_0^{+\infty}e^{-ipr/\hbar-(r/a)}r\mathrm{d}r\right]\\
&=\frac{2\pi}{(2\pi\hbar)^{3/2}}\frac{1}{\sqrt{\pi a^3}}\frac{-i\hbar}{p}\left\{\frac{1}{[(ip/\hbar)-(1/a)]^2}-\frac{1}{[(ip/\hbar)+(1/a)]^2}\right\}\\
&=\frac{2\pi}{(2\pi\hbar)^{3/2}}\frac{1}{\sqrt{\pi a^3}}\frac{-i\hbar}{p}\left\{\frac{4ip/a\hbar}{[(p/\hbar)^2+(1/a)^2]^2}\right\}\\
&=\frac{1}{\pi}\left(\frac{2a}{\hbar}\right)^{3/2}\frac{1}{[1+(ap/\hbar)^2]^2}\end{aligned}$$

(b) 验证$\phi(\boldsymbol{p})$的归一性

$$\begin{aligned}\int|\phi(p)|^2\mathrm{d}^3\boldsymbol{p}&=\int_0^{+\infty}\int_0^{\pi}\int_0^{2\pi}|\phi(p)|^2p^2\mathrm{d}p\sin\theta \mathrm{d}\theta\mathrm{d}\varphi\\
&=4\pi\int_0^{+\infty}p^2|\phi(p)|^2\mathrm{d}p=\frac{4}{\pi}\left(\frac{2a}{\hbar}\right)^3\int_0^{+\infty}\frac{p^2}{[1+(ap/\hbar)^2]^4}\mathrm{d}p\\
&=\frac{4}{\pi}\left(\frac{2a}{\hbar}\right)^3\left(\frac{\hbar}{a}\right)^8\int_0^{+\infty}\frac{p^2}{[p^2+(\hbar/a)^2]^4}\mathrm{d}p=\frac{4}{\pi}\left(\frac{2a}{\hbar}\right)^3\left(\frac{\hbar}{a}\right)^8\frac{\pi}{32}\left(\frac{\hbar}{a}\right)^{-5}=1\end{aligned}$$

(c)

$$\begin{aligned}\langle p^2\rangle&=\int p^2|\phi(p)|^2\mathrm{d}^3\boldsymbol{p}=\frac{4}{\pi}\left(\frac{2a}{\hbar}\right)^3\int_0^{+\infty}\frac{p^4}{[1+(ap/\hbar)^2]^4}\mathrm{d}p\\
&=\frac{4}{\pi}\left(\frac{2a}{\hbar}\right)^3\left(\frac{\hbar}{a}\right)^8\int_0^{+\infty}\frac{p^4}{[p^2+(\hbar/a)^2]^4}\mathrm{d}p=\frac{4}{\pi}\left(\frac{2a}{\hbar}\right)^3\left(\frac{\hbar}{a}\right)^8\frac{\pi}{32}\left(\frac{\hbar}{a}\right)^{-3}=\left(\frac{\hbar}{a}\right)^2\end{aligned}$$

(d)

$$\langle T\rangle=\frac{1}{2m}\langle p^2\rangle=\frac{1}{2m}\frac{\hbar^2}{a^2}=\frac{\hbar^2}{2m}\left(\frac{me^2}{4\pi\varepsilon_0\hbar^2}\right)^2=\frac{m}{2\hbar^2}\left(\frac{e^2}{4\pi\varepsilon_0}\right)^2=-E_1$$

这与用维里定理的结果一致。

习题 4.43

(a) 构造氢原子 $n=3$, $l=2$, $m=1$ 态的空间波函数(ψ)，仅用 r, θ, ϕ 及 a(玻尔半径)表示结果——不允许用其他的变量(如 ρ, z)，或函数(如 Y, v)，或常数(A, c_0 等)，或导数，但 π, e, 2 等允许使用。

(b) 通过 r, θ, ϕ 的积分验证波函数是可归一化的。

(c) 对这个态求出 r^s 的期望值。s 在哪个范围内(正、负)结果是有限的？

解：(a)

$$\psi_{321}(r,\theta,\phi)=R_{32}Y_2^1=\frac{4}{81\sqrt{30}}\frac{1}{a^{3/2}}\left(\frac{r}{a}\right)^2 e^{-r/3a}\left(-\sqrt{\frac{15}{8\pi}}\sin\theta\cos\theta e^{i\phi}\right)$$

$$=-\frac{1}{\sqrt{\pi}}\frac{1}{81a^{7/2}}r^2 e^{-r/3a}\sin\theta\cos\theta e^{i\phi}$$

(b)

$$\int|\psi_{321}(r,\theta,\phi)|^2 d^3\boldsymbol{r}=\frac{1}{\pi(81)^2a^7}2\pi\int_0^{+\infty}r^6e^{-2r/3a}dr\int_0^{\pi}[1-(\cos\theta)^2](\cos\theta)^2\sin\theta d\theta$$

$$=\frac{2}{(81)^2a^7}\left[6!\left(\frac{3a}{2}\right)^7\right]\left[-\frac{(\cos\theta)^3}{3}+\frac{(\cos\theta)^5}{5}\right]\Bigg|_0^{\pi}$$

$$=\frac{2}{(81)^2a^7}\left[6!\left(\frac{3a}{2}\right)^7\right]\frac{4}{15}=1$$

(c)

$$\langle r^s\rangle=\int|R_{32}|^2r^sr^2dr=\left(\frac{4}{81}\right)^2\frac{1}{30a^7}\int_0^{+\infty}r^{6+s}e^{-2r/3a}dr=\left(\frac{4}{81}\right)^2\frac{1}{30a^7}(s+6)!\left(\frac{3a}{2}\right)^{7+s}$$

$$=\frac{8}{15\times(81)^2}(s+6)!\left(\frac{3}{2}\right)^7\left(\frac{3a}{2}\right)^s=\frac{1}{720}(s+6)!\left(\frac{3a}{2}\right)^s$$

当 $s>-7$ 时积分有限。

习题 4.44

(a) 构造氢原子 $n=4$, $l=3$, $m=3$ 态的空间波函数(ψ)。将结果表示为球坐标 r, θ, ϕ 的函数。

(b) 在此状态下，求 r 的期望值(像通常一样，如果需要，查阅积分手册)。

(c) 在此状态下，如果你能够测量可观测量 $L_x^2+L_y^2$，可以得到哪些测量值？各自的概率是多少？

解：(a)

$$\psi_{433}=R_{43}Y_3^3=\frac{1}{768\sqrt{35}}\frac{1}{a^{3/2}}\left(\frac{r}{a}\right)^3e^{-r/4a}\left(-\sqrt{\frac{35}{64\pi}}\sin^3\theta e^{3i\phi}\right)$$

$$=-\frac{1}{6144\sqrt{\pi}a^{9/2}}r^3e^{-r/4a}\sin^3\theta\cos\theta e^{3i\phi}$$

(b)

$$\langle r\rangle = \int r|\psi_{433}|^2 \mathrm{d}^3\boldsymbol{r} = \frac{1}{(6144)^2\pi a^9}\int_0^{+\infty} r^9 e^{-r/2a}\mathrm{d}r\int_0^{\pi}\sin^7\theta\mathrm{d}\theta\int_0^{2\pi}\mathrm{d}\phi$$

$$= \frac{1}{(6144)^2\pi a^9}[9!(2a)^{10}]\left(2\times\frac{2\times4\times6}{3\times5\times7}\right)(2\pi) = 18a$$

(c) 因为 $L_x^2+L_y^2=L^2-L_z^2$，所以测量 $L_x^2+L_y^2$ 等同于测量 $L^2-L_z^2$，所以在 ψ_{433} 态中测量 $L_x^2+L_y^2$ 的值为 $3(3+1)\hbar^2-3^2\hbar^2=3\hbar^2$，概率为1。

习题4.45 在氢原子的基态中，发现一个电子出现在原子核内部的概率有多大?

(a) 首先计算出精确答案，假设波函数(教材中的式4.80)直到 $r=0$ 都是正确，设 b 为原子核半径。

(b) 将结果以小量 $\varepsilon=2b/a$ 展开为幂级数，证明最低次项是三次方项:概率 $P=(4/3)(b/a)^3$。只要 $b\ll a$，这个近似就是恰当的。

(c) 另一种方法，可以假设 $\psi(r)$ 在原子核体积的范围内基本是常数，所以 $P\approx(4/3)\pi b^3|\psi(0)|^2$。验证用这种方法可以得到同样的结果。

(d) 用 $b\approx10^{-15}\mathrm{m}$ 和 $a\approx0.5\times10^{-10}\mathrm{m}$ 估计 P 的数值。粗略地说，它代表电子处于原子核中的时间与总时间的比率。

解: (a) 基态波函数为

$$\psi_{100}=\frac{1}{\sqrt{\pi a^3}}\mathrm{e}^{-r/a}$$

电子在原子核内部的概率为

$$P(r<b) = \frac{4\pi}{\pi a^3}\int_0^b \mathrm{e}^{-2r/a}r^2\mathrm{d}r = \frac{4}{a^3}\left[-\frac{a}{2}\mathrm{e}^{-2r/a}r^2-\frac{a^2}{2}\mathrm{e}^{-2r/a}r-\frac{a^3}{4}\mathrm{e}^{-2r/a}\right]\Bigg|_0^b$$

$$= \frac{4}{a^3}\left[\left(-\frac{a}{2}\mathrm{e}^{-2b/a}b^2-\frac{a^2}{2}\mathrm{e}^{-2b/a}b-\frac{a^3}{4}\mathrm{e}^{-2b/a}\right)-\left(-\frac{a^3}{4}\right)\right]$$

$$= 1-\left(\frac{2b^2}{a^2}+\frac{2b}{a}+1\right)\mathrm{e}^{-2b/a}$$

(b) 以小量 $\varepsilon=2b/a$ 展开为幂级数

$$P = 1-\left(1+\varepsilon+\frac{1}{2}\varepsilon^2\right)\mathrm{e}^{-\varepsilon} = 1-\left(1+\varepsilon+\frac{1}{2}\varepsilon^2\right)\left(1-\varepsilon+\frac{1}{2}\varepsilon^2-\frac{1}{3!}\varepsilon^3+\cdots\right)$$

$$=1-\left(1+\varepsilon+\frac{1}{2}\varepsilon^2\right)+\left(1+\varepsilon+\frac{1}{2}\varepsilon^2\right)\varepsilon-(1+\varepsilon)\frac{1}{2}\varepsilon^2+\frac{1}{3!}\varepsilon^3+\cdots=\frac{1}{3!}\varepsilon^3=\frac{4}{3}\left(\frac{b}{a}\right)^3$$

(c) 假设波函数在原子核内部是常数

$$|\psi_{100}(0)|^2=\frac{1}{\pi a^3}$$

$$P=\frac{4\pi}{3}b^3|\psi_{100}(0)|^2=\frac{4}{3}\left(\frac{b}{a}\right)^3$$

与前面的结果一样。

(d) 将 a 和 b 的值代入可得

$$P=\frac{4}{3}\times\left(\frac{10^{-15}}{0.5\times10^{-10}}\right)^3\approx1.07\times10^{-14}$$

习题 4.46

(a) 用递推公式(教材中的式 4.76)证明：当 $l=n-1$ 时，径向波函数的形式为

$$R_{n(n-1)}=N_n r^{n-1}\mathrm{e}^{-r/na}$$

并通过直接积分求出归一常数 N_n。

(b) 计算形式为 $\psi_{n(n-1)m}$ 态的 $\langle r\rangle$ 和 $\langle r^2\rangle$ 值。

(c) 证明：对这样的态，r 的"不确定度"(σ_r)为 $\langle r\rangle/\sqrt{2n+1}$。注意到随着 n 的增加，r 的弥散减小(在这个意义上，对于较大的 n，体系"开始像经典的了"，具有一个可辨认的圆"轨道")。画出几个 n 值的径向波函数来说明这一点。

解：(a) 由教材中的式 4.75 知

$$R_{nl}(r)=\frac{1}{r}\rho^{l+1}\mathrm{e}^{-\rho}v(\rho)$$

由教材中的式 4.76 知级数 $v(\rho)$ 的系数满足递推关系

$$c_{j+1}=\frac{2(j+l+1-n)}{(j+1)(j+2l+2)}c_j$$

当 $l=n-1$ 时有，$c_1=\dfrac{(n-n)}{n}c_0=0$，所以

$$R_{n(n-1)}(r)=\frac{1}{r}\rho^n\mathrm{e}^{-\rho}c_0=N_n r^{n-1}\mathrm{e}^{-r/na}\quad(\rho\equiv r/na)$$

归一化

$$1=\int_0^{+\infty}|R_{n(n-1)}|^2r^2\mathrm{d}r=(N_n)^2\int_0^{+\infty}r^{2n}\mathrm{e}^{-2r/na}\mathrm{d}r=(N_n)^2(2n)!\left(\frac{na}{2}\right)^{2n+1}$$

所以

$$N_n=\left(\frac{2}{na}\right)^n\sqrt{\frac{2}{na(2n)!}}$$

(b)

$$\langle r\rangle=N_n^2\int_0^{+\infty}r^{2n+1}\mathrm{e}^{-2r/na}\mathrm{d}r=\left(\frac{2}{na}\right)^{2n+1}\frac{1}{(2n)!}(2n+1)!\left(\frac{na}{2}\right)^{2n+2}=(2n+1)\left(\frac{na}{2}\right)$$

$$\langle r^2\rangle=N_n^2\int_0^{+\infty}r^{2n+2}\mathrm{e}^{-2r/na}\mathrm{d}r=\left(\frac{2}{na}\right)^{2n+1}\frac{1}{(2n)!}(2n+2)!\left(\frac{na}{2}\right)^{2n+3}=(2n+2)(2n+1)\left(\frac{na}{2}\right)^2$$

(c)

$$\begin{aligned}\sigma_r^2&=\langle r^2\rangle-\langle r\rangle^2=[(n+1/2)(n+1)(na)^2-(n+1/2)^2(na)^2]\\&=\frac{1}{2}\left(n+\frac{1}{2}\right)(na)^2=\frac{1}{2(n+1/2)}\langle r\rangle^2\end{aligned}$$

所以

$$\sigma_r=\frac{\langle r\rangle}{\sqrt{2n+1}}$$

$R_{n(n-1)}(r)$的图形如图 4-3 所示。

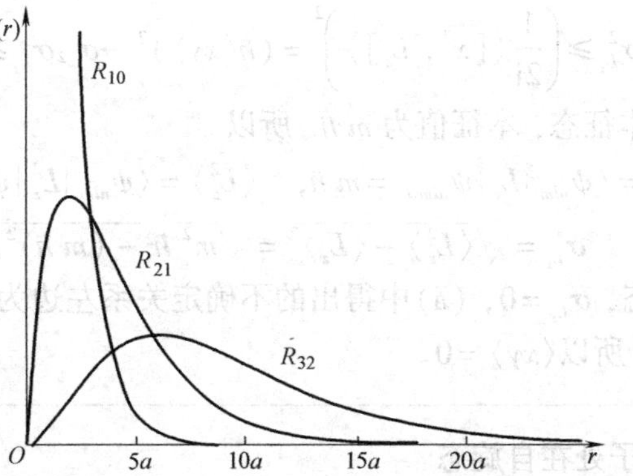

图 4-3

其最大值处由导数求出为

$$\frac{\mathrm{d}R_{n(n-1)}}{\mathrm{d}r}=0\rightarrow(n-1)r^{n-2}\mathrm{e}^{-r/na}-\frac{1}{na}r^{n-1}\mathrm{e}^{-r/na}=0\rightarrow r=na(n-1)$$

习题 4.47 重叠光谱线。

根据里德伯公式$\left(\text{式 4.93 } \frac{1}{\lambda}=R\left(\frac{1}{n_f^2}-\frac{1}{n_i^2}\right)\right)$，初态和末态的主量子数决定里德伯谱中谱线的波长。找出$\{n_i, n_f\}$两对能够产生相同的 λ 的不同主量子数。例如，{6851, 6409}和{15283, 11687}这两对就满足上述要求，但你不能重复再用这两对！

解：根据里德伯公式

$$\frac{1}{\lambda}=R\left(\frac{1}{n_f^2}-\frac{1}{n_i^2}\right)$$

只需保证

$$\frac{1}{n_{f1}^2}-\frac{1}{n_{i1}^2}=\frac{1}{n_{f2}^2}-\frac{1}{n_{i2}^2}$$

成立即可。

可以找到{221, 119}和{119, 91}以及{32, 28}和{224, 56}。

习题 4.48 考虑可观测量 $A=x^2$ 和 $B=L_z$。

(a) 对 $\sigma_A\sigma_B$ 构造不确定原理。

(b) 对氢原子态 ψ_{nlm} 计算 σ_B。

(c) 在这一态中，关于$\langle xy\rangle$你能得到什么结论？

解：(a) 由教材中的式 3.62

$$\sigma_A^2\sigma_B^2\geqslant\left(\frac{1}{2\mathrm{i}}\langle[\hat{A}, \hat{B}]\rangle\right)^2$$

及 x^2 与 L_z 的对易关系

$$[x^2, L_z]=x[x, L_z]+[x, L_z]x=x(-\mathrm{i}\hbar y)+(-\mathrm{i}\hbar y)x=-2\mathrm{i}\hbar xy$$

所以有

$$\sigma_{x^2}^2\sigma_{L_z}^2 \geqslant \left(\frac{1}{2\mathrm{i}}\langle[x^2, L_z]\rangle\right)^2 = (\hbar\langle xy\rangle)^2 \to \sigma_{x^2}\sigma_{L_z} \geqslant \hbar|\langle xy\rangle|$$

(b) ψ_{nlm}是 L_z 的本征态，本征值为 $m\hbar$，所以

$$\langle L_z\rangle = \langle\psi_{nlm}|L_z|\psi_{nlm}\rangle = m\hbar, \quad \langle L_z^2\rangle = \langle\psi_{nlm}|L_z^2|\psi_{nlm}\rangle = m^2\hbar^2$$

$$\sigma_{L_z} = \sqrt{\langle L_z^2\rangle - \langle L_z\rangle^2} = \sqrt{m^2\hbar^2 - (m\hbar)^2} = 0$$

(c) 由于对 ψ_{nlm}态，$\sigma_{L_z}=0$，(a)中得出的不确定关系左边为零，这样为使不确定关系成立，右边也必须为零，所以$\langle xy\rangle = 0$。

习题 4.49　一电子处在自旋态

$$\chi = A\begin{pmatrix}1-2\mathrm{i}\\ 2\end{pmatrix}$$

(a) 归一化χ 确定常数 A。

(b) 如果对这个电子 S_z 分量进行测量，能得到哪些可能的值？每个值的概率是多少？S_z 的期望值是什么？

(c) 如果对这个电子 S_x 分量进行测量，能得到哪些可能的值，每个值的概率是多少？S_x 的期望值是什么？

(d) 如果对这个电子 S_y 分量进行测量，能得到哪些可能的值，每个值的概率是多少？S_y 的期望值是什么？

解：(a)

$$1 = \chi^\dagger\chi = |A|^2(1+2\mathrm{i}\quad 2)\begin{pmatrix}1-2\mathrm{i}\\ 2\end{pmatrix} = 9|A|^2 \to A = \frac{1}{3}$$

(b) 测量得到$\hbar/2$(自旋向上)的概率为

$$P_+ = |A(1-2\mathrm{i})|^2 = 5|A|^2 = \frac{5}{9}$$

测量得到 $-\hbar/2$(自旋向下)的概率为

$$P_- = |2A|^2 = 4|A|^2 = \frac{4}{9}$$

期望值为

$$\begin{aligned}\langle S_z\rangle &= \chi^\dagger S_z\chi = A^*(1+2\mathrm{i}\quad 2)\frac{\hbar}{2}\begin{pmatrix}1 & 0\\ 0 & -1\end{pmatrix}A\begin{pmatrix}1-2\mathrm{i}\\ 2\end{pmatrix}\\ &= 5|A|^2\frac{\hbar}{2} + 4|A|^2\left(-\frac{\hbar}{2}\right) = P_+\frac{\hbar}{2} + P_-\left(-\frac{\hbar}{2}\right) = \frac{5}{9}\frac{\hbar}{2} - \frac{4}{9}\frac{\hbar}{2} = \frac{1}{18}\hbar\end{aligned}$$

(c) 在 S_z 的表象，S_x 的本征矢量为

$$\chi_+^{(x)} = \frac{1}{\sqrt{2}}\begin{pmatrix}1\\ 1\end{pmatrix}\text{本征值为}\frac{\hbar}{2}, \chi_-^{(x)} = \frac{1}{\sqrt{2}}\begin{pmatrix}1\\ -1\end{pmatrix}\text{本征值为}-\frac{\hbar}{2}$$

测量 S_x 得到$\hbar/2$ 的概率为

$$P_+^{(x)} = |(\chi_+^{(x)})^\dagger\chi|^2 = \left|\frac{1}{\sqrt{2}}(1\quad 1)\frac{1}{3}\begin{pmatrix}1-2\mathrm{i}\\ 2\end{pmatrix}\right|^2 = \frac{1}{18}|1-2\mathrm{i}+2|^2 = \frac{13}{18}$$

测量 S_x 得到 $-\hbar/2$ 的概率为

$$P_-^{(x)} = |(\chi_-^{(x)})^\dagger \chi|^2 = \left|\frac{1}{\sqrt{2}}(1 \quad -1)\frac{1}{3}\begin{pmatrix}1-2i\\2\end{pmatrix}\right|^2 = \frac{1}{18}|1-2i-2|^2 = \frac{5}{18}$$

S_x 的期望值为

$$\langle S_x\rangle = \chi^\dagger S_x \chi = \frac{1}{3}(1+2i \quad 2)\frac{\hbar}{2}\begin{pmatrix}0 & 1\\1 & 0\end{pmatrix}\frac{1}{3}\begin{pmatrix}1-2i\\2\end{pmatrix} = \frac{4}{9}\frac{\hbar}{2} = \frac{2}{9}\hbar$$

或者

$$\langle S_x\rangle = P_+^{(x)}\frac{\hbar}{2} + P_-^{(x)}\left(-\frac{\hbar}{2}\right) = \frac{13}{18}\frac{\hbar}{2} + \frac{5}{18}\left(-\frac{\hbar}{2}\right) = \frac{4}{9}\frac{\hbar}{2} = \frac{2}{9}\hbar$$

(d) 在 S_z 的表象，S_y 的本征矢量为

$$\chi_+^{(y)} = \frac{1}{\sqrt{2}}\begin{pmatrix}1\\i\end{pmatrix}\text{本征值为}\frac{\hbar}{2},\ \chi_-^{(y)} = \frac{1}{\sqrt{2}}\begin{pmatrix}1\\-i\end{pmatrix}\text{本征值为}-\frac{\hbar}{2}$$

测量 S_y 得到 $\hbar/2$ 的概率为

$$P_+^{(y)} = |(\chi_+^{(y)})^\dagger \chi|^2 = \left|\frac{1}{\sqrt{2}}(1 \quad -i)\frac{1}{3}\begin{pmatrix}1-2i\\2\end{pmatrix}\right|^2 = \frac{1}{18}|1-2i-2i|^2 = \frac{17}{18}$$

测量 S_y 得到 $-\hbar/2$ 的概率为

$$P_-^{(y)} = |(\chi_-^{(y)})^\dagger \chi|^2 = \left|\frac{1}{\sqrt{2}}(1 \quad i)\frac{1}{3}\begin{pmatrix}1-2i\\2\end{pmatrix}\right|^2 = \frac{1}{18}|1-2i+2i|^2 = \frac{1}{18}$$

S_y 的期望值为

$$\langle S_y\rangle = \chi^\dagger S_y \chi = \frac{1}{3}(1+2i \quad 2)\frac{\hbar}{2}\begin{pmatrix}0 & -i\\i & 0\end{pmatrix}\frac{1}{3}\begin{pmatrix}1-2i\\2\end{pmatrix} = \frac{8}{9}\frac{\hbar}{2} = \frac{4}{9}\hbar$$

或者

$$\langle S_y\rangle = P_+^{(y)}\frac{\hbar}{2} + P_-^{(y)}\left(-\frac{\hbar}{2}\right) = \frac{17}{18}\frac{\hbar}{2} + \frac{1}{18}\left(-\frac{\hbar}{2}\right) = \frac{8}{9}\frac{\hbar}{2} = \frac{4}{9}\hbar$$

*** **习题 4.50** 假设两个自旋为 1/2 的粒子构成总自旋为零的单态（教材中的式 4.178），设 $S_a^{(1)}$ 为第一个粒子的自旋角动量在单位矢量 $\hat{a}$ 方向的分量；$S_b^{(2)}$ 为第二个粒子的自旋角动量在单位矢量 $\hat{b}$ 方向的分量。证明：

$$\langle S_a^{(1)} S_b^{(2)}\rangle = -\frac{\hbar^2}{4}\cos\theta$$

其中，θ 为单位矢量 $\hat{a}$ 与 $\hat{b}$ 之间的夹角。

解： 可设 $\hat{a}$ 的方向为 z 轴方向，$\hat{b}$ 的方向在 xOz，平面内，所以

$$S_a^{(1)} = S_z^{(1)},\ S_b^{(2)} = \cos\theta S_z^{(2)} + \sin\theta S_x^{(2)}$$

需要计算 $\langle 00|S_a^{(1)} S_b^{(2)}|00\rangle$，由耦合表象与无耦合表象基矢之间的关系

$$|00\rangle = \frac{1}{\sqrt{2}}(\uparrow\downarrow - \downarrow\uparrow)$$

以及

$$S_z\uparrow=\frac{\hbar}{2}\uparrow,\quad S_z\downarrow=-\frac{\hbar}{2}\downarrow,\quad S_x\uparrow=\frac{\hbar}{2}\downarrow,\quad S_x\downarrow=\frac{\hbar}{2}\uparrow$$

$$\begin{aligned}S_a^{(1)}S_b^{(2)}|00\rangle&=\frac{1}{\sqrt{2}}[S_z^{(1)}(\cos\theta S_z^{(2)}+\sin\theta S_x^{(2)})](\uparrow\downarrow-\downarrow\uparrow)\\&=\frac{1}{\sqrt{2}}\left\{\left(\frac{\hbar}{2}\uparrow\right)\left[\cos\theta\left(-\frac{\hbar}{2}\downarrow\right)+\sin\theta\left(\frac{\hbar}{2}\uparrow\right)\right]-\right.\\&\qquad\left.\left(-\frac{\hbar}{2}\downarrow\right)\left[\cos\theta\left(\frac{\hbar}{2}\uparrow\right)+\sin\theta\left(\frac{\hbar}{2}\downarrow\right)\right]\right\}\\&=\frac{\hbar^2}{4}\frac{1}{\sqrt{2}}(-\cos\theta\uparrow\downarrow+\sin\theta\uparrow\uparrow+\cos\theta\downarrow\uparrow+\sin\theta\downarrow\downarrow)\\&=\frac{\hbar^2}{4}\left[-\cos\theta\frac{1}{\sqrt{2}}(\uparrow\downarrow-\downarrow\uparrow)+\sin\theta\frac{1}{\sqrt{2}}(\uparrow\uparrow+\downarrow\downarrow)\right]\\&=\frac{\hbar^2}{4}\left[-\cos\theta|00\rangle+\sin\theta\frac{1}{\sqrt{2}}(|11\rangle+|1-1\rangle)\right]\end{aligned}$$

由耦合表象基矢的正交归一性，得到

$$\langle 00|S_a^{(1)}S_b^{(2)}|00\rangle=-\frac{\hbar^2}{4}\cos\theta$$

***** 习题 4.51**

(a) 当 $s_1=1/2$，s_2 任意时，求出克莱布希—高登系数。提示：这里需要求的是下式中的 A 和 B

$$|sm\rangle=A\left|\frac{1}{2}\ \frac{1}{2}\right\rangle\left|s_2\left(m-\frac{1}{2}\right)\right\rangle+B\left|\frac{1}{2}\left(-\frac{1}{2}\right)\right\rangle\left|s_2\left(m+\frac{1}{2}\right)\right\rangle$$

使得 $|sm\rangle$ 是 S^2 的一个本征态。用教材中式 4.179——式 4.182 的方法。如果你忘记了（例如）$S_x^{(2)}$ 对 $|s_2m_2\rangle$ 的作用，查阅式 4.136 和式 4.137 的前一行。答案：

$$A=\sqrt{\frac{s_2\pm m+1/2}{2s_2+1}},\quad B=\pm\sqrt{\frac{s_2\mp m+1/2}{2s_2+1}}$$

式中，正负号取决于 $s=s_2\pm1/2$。

(b) 用教材中表 4.8 里的三个或四个条目核对这一普遍结论。

解：(a) 由于 $S_\pm=S_x\pm iS_y$，所以

$$\begin{aligned}S_x|s,m\rangle&=\frac{1}{2}[S_+|s,m\rangle+S_-|s,m\rangle]\\&=\frac{\hbar}{2}[\sqrt{s(s+1)-m(m+1)}|s,m+1\rangle+\sqrt{s(s+1)-m(m-1)}|s,m-1\rangle]\end{aligned}$$

$$\begin{aligned}S_y|s,m\rangle&=\frac{1}{2i}[S_+|s,m\rangle-S_-|s,m\rangle]\\&=\frac{1}{2i}[\sqrt{s(s+1)-m(m+1)}|s,m+1\rangle-\sqrt{s(s+1)-m(m-1)}|S,m-1\rangle]\end{aligned}$$

利用

$$S^2 = (\boldsymbol{S}^{(1)}+\boldsymbol{S}^{(2)})\cdot(\boldsymbol{S}^{(1)}+\boldsymbol{S}^{(2)}) = (S^{(1)})^2+(S^{(2)})^2+2\boldsymbol{S}^{(1)}\cdot\boldsymbol{S}^{(2)}$$
$$= [(S^{(1)})^2+(S^{(2)})^2+2(S_x^{(1)}S_x^{(2)}+S_y^{(1)}S_y^{(2)}+S_z^{(1)}S_z^{(2)})]$$

以及耦合表象基矢与无耦合表象基矢的关系，有

$$|s\quad m\quad s_1\quad s_1\rangle = \sum_{m_1} C_{m_1}|s_1\quad m_1\rangle|s_2\quad m-m_1\rangle$$

当 $s_1=1/2$ 时，$m_1=\pm 1/2$

$$|s\quad m\rangle = A\left|\frac{1}{2}\quad\frac{1}{2}\right\rangle\left|s_2\quad m-\frac{1}{2}\right\rangle + B\left|\frac{1}{2}\quad -\frac{1}{2}\right\rangle\left|s_2\quad m+\frac{1}{2}\right\rangle$$

A, B 就是要求的克莱布希—高登系数

$$S^2|s,m\rangle = [(S^{(1)})^2+(S^{(2)})^2+2(S_x^{(1)}S_x^{(2)}+S_y^{(1)}S_y^{(2)}+S_z^{(1)}S_z^{(2)})]$$
$$\left[A\left|\frac{1}{2},\frac{1}{2}\right\rangle\left|s_2,m-\frac{1}{2}\right\rangle + B\left|\frac{1}{2},-\frac{1}{2}\right\rangle\left|s_2,m+\frac{1}{2}\right\rangle\right]$$
$$=A\left\{\left[(S^{(1)})^2\left|\frac{1}{2},\frac{1}{2}\right\rangle\right]\left|s_2,m-\frac{1}{2}\right\rangle + \left|\frac{1}{2},\frac{1}{2}\right\rangle\left[(S^{(2)})^2\left|s_2,m-\frac{1}{2}\right.\right]+\right.$$
$$2\left[\left(S_x^{(1)}\left|\frac{1}{2},\frac{1}{2}\right\rangle\right)\left(S_x^{(2)}\left|s_2,m-\frac{1}{2}\right\rangle\right)+\right.$$
$$\left(S_y^{(1)}\left|\frac{1}{2},\frac{1}{2}\right\rangle\right)\left(S_y^{(2)}\left|s_2,m-\frac{1}{2}\right\rangle\right)+$$
$$\left.\left.\left(S_z^{(1)}\left|\frac{1}{2},\frac{1}{2}\right\rangle\right)\left(S_z^{(2)}\left|s_2,m-\frac{1}{2}\right\rangle\right)\right]\right\}+$$
$$B\left\{\left[(S^{(1)})^2\left|\frac{1}{2},-\frac{1}{2}\right\rangle\right]\left|s_2,m+\frac{1}{2}\right\rangle + \left|\frac{1}{2},-\frac{1}{2}\right\rangle\left[(S^{(2)})^2\left|s_2,m+\frac{1}{2}\right\rangle\right]+\right.$$
$$2\left[\left(S_x^{(1)}\left|\frac{1}{2},-\frac{1}{2}\right\rangle\right)\left(S_x^{(2)}\left|s_2,m+\frac{1}{2}\right\rangle\right)+\right.$$
$$\left(S_y^{(1)}\left|\frac{1}{2},-\frac{1}{2}\right\rangle\right)\left(S_y^{(2)}\left|s_2,m+\frac{1}{2}\right\rangle\right)+$$
$$\left.\left.\left(S_z^{(1)}\left|\frac{1}{2},-\frac{1}{2}\right\rangle\right)\left(S_z^{(2)}\left|s_2,m+\frac{1}{2}\right\rangle\right)\right]\right\}$$
$$=A\left\{\frac{3}{4}\hbar^2\left|\frac{1}{2},\frac{1}{2}\right\rangle\left|s_2,m-\frac{1}{2}\right\rangle + \hbar^2 s_2(s_2+1)\left|\frac{1}{2},\frac{1}{2}\right\rangle\left|s_2,m-\frac{1}{2}\right\rangle+\right.$$
$$2\left[\frac{\hbar}{2}\left|\frac{1}{2},-\frac{1}{2}\right\rangle\frac{\hbar}{2}\left(\sqrt{s_2(s_2+1)-\left(m-\frac{1}{2}\right)\left(m+\frac{1}{2}\right)}\left|s_2,m+\frac{1}{2}\right\rangle+\right.\right.$$
$$\left.\sqrt{s_2(s_2+1)-\left(m-\frac{1}{2}\right)\left(m-\frac{3}{2}\right)}\left|s_2,m-\frac{3}{2}\right\rangle\right)+$$
$$\frac{\mathrm{i}\hbar}{2}\left|\frac{1}{2},-\frac{1}{2}\right\rangle\frac{\hbar}{2\mathrm{i}}\left(\sqrt{s_2(s_2+1)-(m-\frac{1}{2})(m+\frac{1}{2})}\left|s_2,m+\frac{1}{2}\right\rangle-\right.$$
$$\left.\sqrt{s_2(s_2+1)-\left(m-\frac{1}{2}\right)\left(m-\frac{3}{2}\right)}\left|s_2,m-\frac{3}{2}\right\rangle\right)+$$

$$\frac{\hbar}{2}\left|\frac{1}{2},\frac{1}{2}\right\rangle\hbar\left(m-\frac{1}{2}\right)\left|s_2,m-\frac{1}{2}\right\rangle\Bigg]\Bigg\}+$$

$$B\Bigg\{\frac{3}{4}\hbar^2\left|\frac{1}{2},-\frac{1}{2}\right\rangle\left|s_2,m+\frac{1}{2}\right\rangle+\hbar^2 s_2(s_2+1)\left|\frac{1}{2},-\frac{1}{2}\right\rangle\left|s_2,m+\frac{1}{2}\right\rangle+$$

$$2\Bigg[\frac{\hbar}{2}\left|\frac{1}{2},\frac{1}{2}\right\rangle\frac{\hbar}{2}\Bigg(\sqrt{s_2(s_2+1)-\left(m+\frac{1}{2}\right)\left(m+\frac{3}{2}\right)}\left|s_2,m+\frac{3}{2}\right\rangle+$$

$$\sqrt{s_2(s_2+1)-\left(m+\frac{1}{2}\right)\left(m-\frac{1}{2}\right)}\left|s_2,m-\frac{1}{2}\right\rangle\Bigg)-$$

$$\frac{\mathrm{i}\hbar}{2}\left|\frac{1}{2},\frac{1}{2}\right\rangle\frac{\hbar}{2\mathrm{i}}\Bigg(\sqrt{s_2(s_2+1)-(m+\frac{1}{2})(m+\frac{3}{2})}\left|s_2,m+\frac{3}{2}\right\rangle-$$

$$\sqrt{s_2(s_2+1)-(m+\frac{1}{2})(m-\frac{1}{2})}\left|s_2,m-\frac{1}{2}\right\rangle\Bigg)-$$

$$\frac{\hbar}{2}\left|\frac{1}{2},-\frac{1}{2}\right\rangle\hbar\left(m+\frac{1}{2}\right)\left|s_2,m+\frac{1}{2}\right\rangle\Bigg]\Bigg\}$$

可以看出，上式中含 $\left|s_2,m\pm\frac{3}{2}\right\rangle$ 的项相互抵消，按 $\left|\frac{1}{2},\frac{1}{2}\right\rangle\left|s_2,m-\frac{1}{2}\right\rangle$ 和 $\left|\frac{1}{2},-\frac{1}{2}\right\rangle\left|s_2,m+\frac{1}{2}\right.$集项，可以得到

$$\begin{aligned}s(s+1)|s,m\rangle&=s(s+1)\left\{A\left|\frac{1}{2},\frac{1}{2}\right\rangle\left|s_2,m-\frac{1}{2}\right\rangle+B\left|\frac{1}{2},-\frac{1}{2}\right\rangle\left|s_2,m+\frac{1}{2}\right\rangle\right\}\\&=\hbar^2\Bigg\{A\left[\frac{3}{4}+s_2(s_2+1)+m-\frac{1}{2}\right]+\\&\quad B\sqrt{s_2(s_2+1)-\left(m-\frac{1}{2}\right)\left(m+\frac{1}{2}\right)}\Bigg\}\left|\frac{1}{2},\frac{1}{2}\right\rangle\left|s_2,m-\frac{1}{2}\right\rangle+\\&\quad\hbar^2\Bigg\{B\left[\frac{3}{4}+s_2(s_2+1)-m-\frac{1}{2}\right]+\\&\quad A\sqrt{s_2(s_2+1)-\left(m-\frac{1}{2}\right)\left(m+\frac{1}{2}\right)}\Bigg\}\left|\frac{1}{2},-\frac{1}{2}\right\rangle\left|s_2,m+\frac{1}{2}\right\rangle\end{aligned}$$

由此得到 A, B 满足的方程

$$A\left[s_2(s_2+1)-s(s+1)+\frac{1}{4}+m\right]+B\sqrt{s_2(s_2+1)-m^2+\frac{1}{4}}=0$$

$$B\left[s_2(s_2+1)-s(s+1)+\frac{1}{4}-m\right]+A\sqrt{s_2(s_2+1)-m^2+\frac{1}{4}}=0$$

这个方程组有非零解的条件是系数行列式等于零，即

$$[s_2(s_2+1)-s(s+1)+\frac{1}{4}]^2-m^2-\left[s_2(s_2+1)-m^2+\frac{1}{4}\right]=0$$

由此得到

$$\left[s_2(s_2+1)-s(s+1)+\frac{1}{4}\right]^2=s_2^2+s_2+\frac{1}{4}=\left(s_2+\frac{1}{2}\right)^2$$

$$\left[s_2(s_2+1)-s(s+1)+\frac{1}{4}-\left(s_2+\frac{1}{2}\right)\right]\left[s_2(s_2+1)-s(s+1)+\frac{1}{4}+\left(s_2+\frac{1}{2}\right)\right]=0$$

$$\begin{cases}\left[s_2(s_2+1)-s(s+1)+\frac{1}{4}-\left(s_2+\frac{1}{2}\right)\right]=0\\ \left[s_2(s_2+1)-s(s+1)+\frac{1}{4}+\left(s_2+\frac{1}{2}\right)\right]=0\end{cases}$$

$$\begin{cases}\left(s+\frac{1}{2}\right)^2=s_2^2\\ \left(s+\frac{1}{2}\right)^2=(s_2+1)^2\end{cases}$$

$$\begin{cases}s=\pm s_2-\frac{1}{2}\\ s=\pm(s_2+1)-\frac{1}{2}\end{cases}$$

由于 $s\geqslant 0$，$s_2\geqslant 0$，所以 $s=s_2\pm\frac{1}{2}$，这正是两个角动量合成的规则。把 $s=s_2\pm\frac{1}{2}$ 代入 A，B 满足的方程

$$A\left[s_2(s_2+1)-\left(s_2\pm\frac{1}{2}\right)\left(s_2\pm\frac{1}{2}+1\right)+\frac{1}{4}+m\right]+B\sqrt{s_2(s_2+1)-m^2+\frac{1}{4}}=0$$

$$A\left(s_2+\frac{1}{2}\mp m\right)=\pm B\sqrt{\left(s_2+\frac{1}{2}+m\right)\left(s_2+\frac{1}{2}-m\right)}$$

$$A\sqrt{s_2+\frac{1}{2}\mp m}=\pm B\sqrt{s_2+\frac{1}{2}\pm m}$$

由归一化的要求 $|A|^2+|B|^2=1$，得到

$$|A|^2+|A|^2\left(\frac{s_2+\frac{1}{2}\mp m}{s_2+\frac{1}{2}\pm m}\right)=\frac{2s_2+1}{s_2\pm m+1/2}|A|^2=1$$

$$A=\sqrt{\frac{s_2\pm m+\frac{1}{2}}{2s_2+1}},\quad B=\pm\sqrt{\frac{s_2\mp m+\frac{1}{2}}{2s_2+1}}$$

如果 $s=s_2+\frac{1}{2}$，正负号取上符号，如果 $s=s_2-\frac{1}{2}$，正负号取下符号

（b）根据教材中的表4.8，可以验证

（1）$s_2=1$，$s=3/2$，$m=1/2$

$$A=\sqrt{\frac{1+\frac{1}{2}+\frac{1}{2}}{2+1}}=\sqrt{\frac{2}{3}},\ B=\sqrt{\frac{1-\frac{1}{2}+\frac{1}{2}}{2+1}}=\sqrt{\frac{1}{3}}$$

(2) $s_2=\frac{1}{2}$, $s=1$, $m=0$

$$A=\sqrt{\frac{\frac{1}{2}+0+\frac{1}{2}}{1+1}}=\sqrt{\frac{1}{2}},\ B=\sqrt{\frac{\frac{1}{2}-0+\frac{1}{2}}{1+1}}=\sqrt{\frac{1}{2}}$$

(3) $s_2=3/2$, $s=1$, $m=-1$

$$A=\sqrt{\frac{\frac{3}{2}+1+\frac{1}{2}}{3+1}}=\frac{\sqrt{3}}{2},\ B=-\sqrt{\frac{\frac{3}{2}-1+\frac{1}{2}}{3+1}}=-\frac{1}{2}$$

(4) $s_2=2$, $s=\frac{3}{2}$, $m=\frac{1}{2}$

$$A=\sqrt{\frac{2-\frac{1}{2}+\frac{1}{2}}{4+1}}=\sqrt{\frac{2}{5}},\quad B=-\sqrt{\frac{2+\frac{1}{2}+\frac{1}{2}}{4+1}}=-\sqrt{\frac{3}{5}}$$

习题4.52 对自旋3/2的粒子求出 S_x 的矩阵表示(像通常一样，用 S_z 的本征矢做基)。解久期方程确定 S_x 的本征值。

解：S 为3/2的粒子，S_z 可能的取值为 $\pm\frac{3}{2}$，$\pm\frac{1}{2}$。所以在 S_z 的表象中，S_z 的四个本征函数为

$$\left|\frac{3}{2},\frac{3}{2}\right\rangle=\begin{pmatrix}1\\0\\0\\0\end{pmatrix},\ \left|\frac{3}{2},\frac{1}{2}\right\rangle=\begin{pmatrix}0\\1\\0\\0\end{pmatrix},\ \left|\frac{3}{2},-\frac{1}{2}\right\rangle=\begin{pmatrix}0\\0\\1\\0\end{pmatrix},\ \left|\frac{3}{2},-\frac{3}{2}\right\rangle=\begin{pmatrix}0\\0\\0\\1\end{pmatrix}$$

由教材中的式4.136

$$S_\pm|s,m\rangle=\hbar\sqrt{s(s+1)-m(m\pm1)}\,|s,m\pm1\rangle$$

可以得出

$$S_+\left|\frac{3}{2},\frac{3}{2}\right\rangle=0,\ S_+\left|\frac{3}{2},\frac{1}{2}\right\rangle=\sqrt{3}\hbar\left|\frac{3}{2},\frac{3}{2}\right\rangle,\ S_+\left|\frac{3}{2},-\frac{1}{2}\right\rangle=2\hbar\left|\frac{3}{2},\frac{1}{2}\right\rangle$$

$$S_+\left|\frac{3}{2},-\frac{3}{2}\right\rangle=\sqrt{3}\hbar\left|\frac{3}{2},-\frac{1}{2}\right\rangle,\ S_-\left|\frac{3}{2},\frac{3}{2}\right\rangle=\sqrt{3}\hbar\left|\frac{3}{2},\frac{1}{2}\right\rangle$$

$$S_-\left|\frac{3}{2},\frac{1}{2}\right\rangle=2\hbar\left|\frac{3}{2},-\frac{1}{2}\right\rangle,\ S_-\left|\frac{3}{2},-\frac{1}{2}\right\rangle=\sqrt{3}\hbar\left|\frac{3}{2},-\frac{3}{2}\right\rangle,\ S_-\left|\frac{3}{2},-\frac{3}{2}\right\rangle=0$$

由此可以计算出 S_+，S_- 在 S_z 表象中的矩阵

$$\boldsymbol{S}_+=\hbar\begin{pmatrix}0&\sqrt{3}&0&0\\0&0&2&0\\0&0&0&\sqrt{3}\\0&0&0&0\end{pmatrix},\ \boldsymbol{S}_-=\hbar\begin{pmatrix}0&0&0&0\\\sqrt{3}&0&0&0\\0&2&0&0\\0&0&\sqrt{3}&0\end{pmatrix}$$

所以

$$S_x=\frac{1}{2}(S_++S_-)=\frac{1}{2}\hbar\begin{pmatrix}0&\sqrt{3}&0&0\\\sqrt{3}&0&2&0\\0&2&0&\sqrt{3}\\0&0&\sqrt{3}&0\end{pmatrix}$$

算符 S_x 的本征方程为

$$\frac{1}{2}\hbar\begin{pmatrix}0&\sqrt{3}&0&0\\\sqrt{3}&0&2&0\\0&2&0&\sqrt{3}\\0&0&\sqrt{3}&0\end{pmatrix}\begin{pmatrix}a\\b\\c\\\mathrm{d}\end{pmatrix}=\frac{1}{2}\hbar\lambda\begin{pmatrix}a\\b\\c\\\mathrm{d}\end{pmatrix}$$

解久期方程

$$\begin{vmatrix}-\lambda&\sqrt{3}&0&0\\\sqrt{3}&-\lambda&2&0\\0&2&-\lambda&\sqrt{3}\\0&0&\sqrt{3}&-\lambda\end{vmatrix}=0$$

$$(\lambda^2-9)(\lambda^2-1)=0\to\lambda=\pm3,\ \pm1$$

所以 S_x 的本征值为 $\frac{3}{2}\hbar,\ \frac{1}{2}\hbar,\ -\frac{1}{2}\hbar,\ -\frac{3}{2}\hbar$。

*** **习题 4.53** 推广自旋1/2(式4.145和式4.147)，自旋1(习题4.31)和自旋3/2(习题4.52)的情况，对于任意自旋 s，给出它们的自旋矩阵。

解：此题为在 S, S_z 的共同表象中求自旋矩阵。对于任意自旋 s, S_z 的取值为 $s\hbar$, $(s-1)\hbar$, $(s-2)\hbar$, …, $-s\hbar$。用 $|m\rangle$ 代表 S_z 为 $m\hbar$ 的态，即 $S_z|m\rangle=m\hbar|m\rangle$，则矩阵元 $(\boldsymbol{S}_z)_{nm}=\langle n|S_z|m\rangle=m\hbar\delta_{nm}$(在自身表象 $\boldsymbol{S}_z$ 是一对角矩阵)

$$\boldsymbol{S}_z=\hbar\begin{pmatrix}s&0&\cdots&0\\0&s-1&\cdots&0\\\vdots&\vdots&&\vdots\\0&0&\cdots&-s\end{pmatrix}$$

由教材中的式4.136

$$S_\pm|s,m\rangle=\hbar\sqrt{s(s+1)-m(m\pm1)}\,|s,m\pm1\rangle=\hbar\sqrt{(s\mp m)(s\pm m+1)}\,|s,m\pm1\rangle$$

得

$$(\boldsymbol{S}_+)_{nm}=\langle n|S_+|m\rangle=\hbar\sqrt{(s-m)(s+m+1)}\langle n|m+1\rangle=\hbar b_{m+1}\delta_{n,m+1}=\hbar b_n\delta_{n,m+1}$$

式中

$$b_n\equiv\sqrt{(s-n+1)(s+n)}$$

所以

$$\boldsymbol{S}_+ = \hbar\begin{pmatrix} 0 & b_s & 0 & \cdots & 0 \\ 0 & 0 & b_{s-1} & \cdots & 0 \\ \vdots & \vdots & \vdots & & \vdots \\ 0 & 0 & 0 & \cdots & b_{-s+1} \\ 0 & 0 & 0 & \cdots & 0 \end{pmatrix}$$

同理，

$$(S_-)_{nm} = \langle n|S_-|m\rangle = \hbar\sqrt{(s+m)(s-m+1)}\delta_{n,\,m-1} = \hbar b_m \delta_{n,\,m-1}$$

所以

$$S_- = \hbar\begin{pmatrix} 0 & 0 & \cdots & 0 & 0 \\ b_s & 0 & \cdots & 0 & 0 \\ 0 & b_{s-1} & \cdots & 0 & 0 \\ \vdots & \vdots & & \vdots & \vdots \\ 0 & 0 & \cdots & b_{-s+1} & 0 \end{pmatrix}$$

所以

$$\boldsymbol{S}_x = \frac{1}{2}(\boldsymbol{S}_+ + \boldsymbol{S}_-) = \frac{\hbar}{2}\begin{pmatrix} 0 & b_s & 0 & 0 & \cdots & 0 & 0 \\ b_s & 0 & b_{s-1} & 0 & \cdots & 0 & 0 \\ 0 & b_{s-1} & 0 & b_{s-2} & \cdots & 0 & 0 \\ 0 & 0 & b_{s-2} & 0 & \cdots & 0 & 0 \\ \vdots & \vdots & \vdots & \vdots & & \vdots & \vdots \\ 0 & 0 & 0 & 0 & \cdots & 0 & b_{-s+1} \\ 0 & 0 & 0 & 0 & \cdots & b_{-s+1} & 0 \end{pmatrix}$$

$$\boldsymbol{S}_y = \frac{1}{2\mathrm{i}}(\boldsymbol{S}_+ - \boldsymbol{S}_-) = \frac{\hbar}{2\mathrm{i}}\begin{pmatrix} 0 & b_s & 0 & 0 & \cdots & 0 & 0 \\ -b_s & 0 & b_{s-1} & 0 & \cdots & 0 & 0 \\ 0 & -b_{s-1} & 0 & b_{s-2} & \cdots & 0 & 0 \\ 0 & 0 & -b_{s-2} & 0 & \cdots & 0 & 0 \\ \vdots & \vdots & \vdots & \vdots & & \vdots & \vdots \\ 0 & 0 & 0 & 0 & \cdots & 0 & b_{-s+1} \\ 0 & 0 & 0 & 0 & \cdots & -b_{-s+1} & 0 \end{pmatrix}$$

*** **习题 4.54**　按如下方法求出球谐函数的归一化系数。从 4.1.2 节我们知道

$$\mathrm{Y}_l^m = B_l^m \mathrm{e}^{\mathrm{i}m\phi}\mathrm{P}_l^m(\cos\theta)$$

我们的问题是，求出因子 B_l^m（在式 4.32 中被引用，但没有导出）。用式 4.120，式 4.121 和式 4.130 来得到一个递推关系，以 B_l^m 表示出 B_l^{m+1}。除了一个普乘常数 $C(l)$ 外，通过对 m 归纳确定 B_l^m。最后，利用习题 4.22 的结果来确定这个常数。下面的关联勒让德函数的导数公式非常有用

$$(1-x^2)\frac{\mathrm{dP}_l^m}{\mathrm{d}x} = \sqrt{1-x^2}\mathrm{P}_l^{m+1} - mx\mathrm{P}_l^m$$

解：由习题4.18知，

$$L_{\pm} Y_l^m = \hbar\sqrt{(l\mp m)(l\pm m+1)}\,Y_l^{m\pm1}$$

$$L_{\pm} = \pm\hbar\,\mathrm{e}^{\pm \mathrm{i}\phi}\left(\frac{\partial}{\partial\theta} \pm \mathrm{i}\cot\theta\frac{\partial}{\partial\phi}\right)$$

这里选用 L_+，代入 $Y_l^m = B_l^m \mathrm{e}^{\mathrm{i}m\phi} P_l^m(\cos\theta)$ 得

$$\hbar\,\mathrm{e}^{\mathrm{i}\phi}\left(\frac{\partial}{\partial\theta} + \mathrm{i}\cot\theta\frac{\partial}{\partial\phi}\right)B_l^m \mathrm{e}^{\mathrm{i}m\phi} P_l^m(\cos\theta) = \hbar\sqrt{(l-m)(l+m+1)}\,B_l^{m+1}\mathrm{e}^{\mathrm{i}(m+1)\phi}P_l^{m+1}(\cos\theta)$$

$$\left(\frac{\partial}{\partial\theta} - m\cot\theta\right)B_l^m P_l^m(\cos\theta) = \sqrt{(l-m)(l+m+1)}\,B_l^{m+1}P_l^{m+1}(\cos\theta)$$

令 $\cos\theta = x$，则 $\dfrac{\mathrm{d}}{\mathrm{d}\theta} = \dfrac{\mathrm{d}x}{\mathrm{d}\theta}\dfrac{\mathrm{d}}{\mathrm{d}x} = -\sin\theta\dfrac{\mathrm{d}}{\mathrm{d}x} = -\sqrt{1-x^2}\dfrac{\mathrm{d}}{\mathrm{d}x}$，$\cot\theta = \dfrac{x}{\sqrt{1-x^2}}$

代入上式有

$$B_l^m\left(-\sqrt{1-x^2}\frac{\mathrm{d}}{\mathrm{d}x} - m\frac{x}{\sqrt{1-x^2}}\right)P_l^m(x) = \sqrt{(l-m)(l+m+1)}\,B_l^{m+1}P_l^{m+1}(x)$$

$$-B_l^m\frac{1}{\sqrt{1-x^2}}\left[(1-x^2)\frac{\mathrm{d}}{\mathrm{d}x}P_l^m + mxP_l^m\right] = \sqrt{(l-m)(l+m+1)}\,B_l^{m+1}P_l^{m+1}(x)$$

代入题目所给公式

$$(1-x^2)\frac{\mathrm{d}P_l^m}{\mathrm{d}x} = \sqrt{1-x^2}\,P_l^{m+1} - mxP_l^m$$

得到

$$-B_l^m P_l^{m+1} = \sqrt{(l-m)(l+m+1)}\,B_l^{m+1}P_l^{m+1}$$

所以

$$B_l^{m+1} = \frac{-1}{\sqrt{(l-m)(l+m+1)}}B_l^m$$

当 $m>0$ 时，

$$B_l^1 = \frac{-1}{\sqrt{(l+1)l}}B_l^0 = -\frac{\sqrt{(l-1)!}}{\sqrt{(l+1)!}}B_l^0$$

$$B_l^{2} = \frac{-1}{\sqrt{(l-1)(l+2)}}B_l^{1} = \frac{1}{\sqrt{l(l+1)(l-1)(l+2)}}B_l^{0} = \frac{\sqrt{(l-2)!}}{\sqrt{(l+2)!}}B_l^0$$

$$\vdots$$

$$B_l^{m} = \frac{(-1)^m}{\sqrt{(l-m+1)(l-m+2)\cdots(l+m)}}B_l^{0} = (-1)^m\frac{\sqrt{(l-m)!}}{\sqrt{(l+m)!}}B_l^0$$

当 $m<0$ 时，因为 $B_l^{-m} = B_l^m$，所以

$$B_l^{m} = (-1)^m\frac{\sqrt{(l-|m|)!}}{\sqrt{(l+|m|)!}}B_l^0$$

由习题4.22结果知

$$Y_l^l = \frac{1}{2^{l+1}l!}\sqrt{\frac{(2l+1)!}{\pi}}(e^{i\phi}\sin\theta)^l = B_l^l e^{il\phi}P_l^l(\cos\theta)$$

因为

$$P_l^l(x) = (1-x^2)^{l/2}\left(\frac{d}{dx}\right)^l \frac{1}{2^l l!}\left(\frac{d}{dx}\right)^l (x^2-1)^l = \frac{(2l)!}{2^l l!}(1-x^2)^{l/2}$$

$$P_l^l(\cos\theta) = \frac{(2l)!}{2^l l!}(\sin\theta)^l$$

因此

$$\frac{1}{2^{l+1}l!}\sqrt{\frac{(2l+1)!}{\pi}}(e^{i\phi}\sin\theta)^l = B_l^l e^{il\phi}\frac{(2l)!}{2^l l!}(\sin\theta)^l$$

$$B_l^l = \sqrt{\frac{2l+1}{4\pi(2l)!}} \to B_l^0 = (-1)^l\sqrt{\frac{2l+1}{4\pi}}$$

所以

$$B_l^m = (-1)^{m+l}\sqrt{\frac{(2l+1)(l-|m|)!}{4\pi(l+|m|)!}}$$

习题 4.55 氢原子中的电子处于自旋和位置的结合态

$$R_{21}\left(\sqrt{1/3}Y_1^0\chi_+ + \sqrt{2/3}Y_1^1\chi_-\right)$$

(a) 如果测得轨道角动量的平方 L^2，可能得哪些值？每个值的概率是多少？

(b) 同样的问题对轨道角动量的 z 分量(L_z)又是如何？

(c) 同样的问题对自旋角动量的平方(S^2)又是如何？

(d) 同样的问题对自旋角动量 z 分量(S_z)又是如何？

设总角动量为 $\boldsymbol{J}\equiv\boldsymbol{L}+\boldsymbol{S}$。

(e) 如果测得总角动量的平方 J^2，可能得到哪些值，每个值的概率是多少？

(f) 同样的问题对 J_z 又是如何？

(g) 如果你测得了这个粒子的位置，在 r, θ, ϕ 处找到它的概率密度为多少？

(h) 如果测得自旋的 z 分量和距原点的距离(注意这些为相容的可观测量)，发现粒子在半径 r 处且自旋向上的概率密度为多少？

解：

(a) 测量 L^2 可得 $L^2=2\hbar^2$，$P=1$。

(b) 测量 L_z 可得 $L_z=0$，$P=\frac{1}{3}$或 $L_z=\hbar$，$P=\frac{2}{3}$。

(c) 测量 S^2 可得 $S^2=\frac{3\hbar^2}{4}$，$P=1$。

(d) 测量 S_z 可得 $S_z=\frac{\hbar}{2}$，$P=\frac{1}{3}$或 $S_z=-\frac{\hbar}{2}$，$P=\frac{2}{3}$。

要想知道测量总角动量的情况，需要把无耦合表象的基矢 $|l, l_z, s, s_z\rangle$ 用耦合表象的基矢 $|j, j_z, l, s\rangle$ 表示出来，对本题 $j=\frac{3}{2}$，$\frac{1}{2}$，而 $j_z=l_z+s_z$ 对波函数中的两项都为$\frac{1}{2}$。由表 4.8

中的克莱布希-高登系数可得

$$\left|\frac{3}{2}\ \frac{1}{2}\ 1\ \frac{1}{2}\right\rangle=\sqrt{\frac{2}{3}}\left|1\ 0\ \frac{1}{2}\ \frac{1}{2}\right\rangle+\frac{1}{\sqrt{3}}\left|1\ 1\ \frac{1}{2}\ -\frac{1}{2}\right\rangle=\sqrt{\frac{2}{3}}Y_1^0\chi_++\frac{1}{\sqrt{3}}Y_1^1\chi_-$$

$$\left|\frac{1}{2}\ \frac{1}{2}\ 1\ \frac{1}{2}\right\rangle=-\sqrt{\frac{1}{3}}\left|1\ 0\ \frac{1}{2}\ \frac{1}{2}\right\rangle+\sqrt{\frac{2}{3}}\left|1\ 1\ \frac{1}{2}\ -\frac{1}{2}\right\rangle=-\sqrt{\frac{1}{3}}Y_1^0\chi_++\sqrt{\frac{2}{3}}Y_1^1\chi_-$$

解得

$$Y_1^0\chi_+=\frac{\sqrt{2}}{\sqrt{3}}\left|\frac{3}{2}\ \frac{1}{2}\ 1\ \frac{1}{2}\right\rangle-\frac{1}{\sqrt{3}}\left|\frac{1}{2}\ \frac{1}{2}\ 1\ \frac{1}{2}\right\rangle$$

$$Y_1^1\chi_-=\frac{1}{\sqrt{3}}\left|\frac{3}{2}\ \frac{1}{2}\ 1\ \frac{1}{2}\right\rangle+\sqrt{\frac{2}{3}}\left|\frac{1}{2}\ \frac{1}{2}\ 1\ \frac{1}{2}\right\rangle$$

所以用耦合表象的基矢表示有

$$\psi=R_{21}(\sqrt{1/3}Y_1^0\chi_++\sqrt{2/3}Y_1^1\chi_-)=R_{21}\left[\frac{2\sqrt{2}}{3}\left|\frac{3}{2}\ \frac{1}{2}\ 1\ \frac{1}{2}\right\rangle+\frac{1}{3}\left|\frac{1}{2}\ \frac{1}{2}\ 1\ \frac{1}{2}\right\rangle\right]$$

(e) 测量 J^2 可得 $J^2=\frac{15}{4}\hbar^2$，$P=\frac{8}{9}$ 或 $J^2=\frac{3}{4}\hbar^2$，$P=\frac{1}{9}$

(f) 测量 J_z 可得 $J_z=\frac{1}{2}\hbar$，$P=1$

(g) 粒子位置只与空间部分有关

$$|\psi|^2=|R_{21}|^2\left[\frac{1}{3}|Y_1^0|^2\chi_+^\dagger\chi_++\frac{2}{3}|Y_1^1|^2\chi_-^\dagger\chi_-+\frac{\sqrt{2}}{3}Y_1^{0*}Y_1^1\chi_+^\dagger\chi_-+\frac{\sqrt{2}}{3}Y_1^{1*}Y_1^0\chi_-^\dagger\chi_+\right]$$

$$=\frac{1}{3}|R_{21}|^2[|Y_1^0|^2+2|Y_1^1|^2]=\frac{1}{3}\cdot\frac{1}{24}\cdot\frac{1}{a^3}\cdot\frac{r^2}{a^2}e^{-r/a}\left[\frac{3}{4\pi}\cos^2\theta+2\frac{3}{8\pi}\sin^2\theta\right]$$

$$=\frac{1}{3}\cdot\frac{1}{24}\cdot\frac{1}{a^3}\cdot\frac{r^2}{a^2}e^{-r/a}\frac{3}{4\pi}=\frac{1}{96\pi}\frac{r^2}{a^5}e^{-r/a}$$

(h) 粒子自旋向上时只需考虑 $\frac{1}{3}|R_{21}|^2|Y_1^0|^2$ 部分，对角度积分得到在半径 r 处的概率密度为

$$\int\left|R_{21}\sqrt{1/3}Y_1^0\right|^2\sin\theta d\theta d\phi=\frac{1}{3}|R_{21}|^2=\frac{1}{72a^5}r^2e^{-r/a}$$

***** 习题 4.56**

(a) 对于一个能用泰勒级数展开的函数 $f(\phi)$，证明：

$$f(\phi+\varphi)=e^{iL_z\varphi/\hbar}f(\phi)$$

其中 φ 为任意角度。由于这个原因，$L_z/\hbar$ 被称为绕 z 轴转动的**转动生成元**。提示：利用教材中的式 4.129，参考习题 3.39。更普遍地，$\boldsymbol{L}\cdot\hat{n}/\hbar$ 是 $\hat{n}$ 方向的转动生成元，在这个意义上，exp

$(i\boldsymbol{L}\cdot\hat{n}\varphi/\hbar)$的作用是产生绕$\hat{n}$方向角度为$\varphi$的一个转动(右手指向)。在自旋情况下，转动生成元为$\boldsymbol{S}\cdot\hat{n}/\hbar$。特别地，对自旋1/2，

$$\chi'=e^{i(\boldsymbol{\sigma}\cdot\hat{n})\varphi/2}\chi$$

这告诉我们旋量是如何转动的。

(b) 构造一个表示绕x轴旋转180°的(2×2)矩阵，证明:它使自旋向上(χ_+)变为自旋向下(χ_-)。

(c) 构造一个表示绕y轴旋转90°的矩阵，检验它使χ_+变为什么。

(d) 构造一个表示绕z轴旋转360°的矩阵，如果结果和你期望的不太一样，解释它的含义。

(e) 证明:

$$e^{i(\boldsymbol{\sigma}\cdot\hat{n})\varphi/2}=\cos(\varphi/2)+i(\hat{n}\cdot\boldsymbol{\sigma})\sin(\varphi/2)$$

解: (a) 此问同习题3.39类似，只不过那里是动量算符$\hat{p}=-i\hbar\partial/\partial x$，这里是角动量算符$\hat{L}_z=-i\hbar\partial/\partial\phi$。作展开

$$\begin{aligned}f(\phi+\varphi)&=f(\phi)+\frac{df(\phi)}{d\phi}\varphi+\frac{1}{2!}\frac{d^2f(\phi)}{d\phi^2}\varphi^2+\cdots+\frac{1}{n!}\frac{d^nf(\phi)}{d\phi^n}\phi^n+\cdots\\&=\left[1+\left(\frac{i}{\hbar}\right)\left(-i\hbar\frac{d}{d\phi}\right)\varphi+\frac{1}{2!}\left(\frac{i}{\hbar}\right)^2\left(-i\hbar\frac{d}{d\phi}\right)^2\varphi^2+\cdots+\frac{1}{n!}\left(\frac{i}{\hbar}\right)^n\left(-i\hbar\frac{d}{d\phi}\right)^n\varphi^n+\cdots\right]f(\phi)\\&=\left[1+\frac{i}{\hbar}\hat{L}_z\varphi+\frac{1}{2!}\left(\frac{i}{\hbar}\hat{L}_z\varphi\right)^2+\cdots+\frac{1}{n!}\left(\frac{i}{\hbar}\hat{L}_z\varphi\right)^n+\cdots\right]f(\phi)\\&=e^{iL_z\varphi/\hbar}f(\phi)\end{aligned}$$

(b) 使旋量转动φ的算符为$e^{i(\boldsymbol{\sigma}\cdot\hat{n})\varphi/2}$，我们需要把这个算符表示成2×2的矩阵

$$\begin{aligned}e^{i(\boldsymbol{\sigma}\cdot\hat{n})\varphi/2}=e^{i\sigma_n\varphi/2}&=1+\left(\boldsymbol{\sigma}_n\frac{i\varphi}{2}\right)+\frac{1}{2!}\left(\boldsymbol{\sigma}_n\frac{i\varphi}{2}\right)^2+\frac{1}{3!}\left(\boldsymbol{\sigma}_n\frac{i\varphi}{2}\right)^3+\cdots+\frac{1}{n!}\left(\boldsymbol{\sigma}_n\frac{i\varphi}{2}\right)^n+\cdots\\&=1+\left(\boldsymbol{\sigma}_n\frac{i\varphi}{2}\right)+\frac{1}{2!}\boldsymbol{\sigma}_n{}^2\left(\frac{i\varphi}{2}\right)^2+\frac{1}{3!}\boldsymbol{\sigma}_n{}^3\left(\frac{i\varphi}{2}\right)^3+\cdots+\frac{1}{l!}\boldsymbol{\sigma}_n{}^l\left(\frac{i\varphi}{2}\right)^l+\cdots\end{aligned}$$

由于

$$\boldsymbol{\sigma}_n=\boldsymbol{\sigma}\cdot n=\boldsymbol{\sigma}_x n_x+\boldsymbol{\sigma}_y n_y+\boldsymbol{\sigma}_z n_z=\begin{pmatrix}n_z & n_x-in_y\\ n_x+in_y & -n_z\end{pmatrix}$$

$$\boldsymbol{\sigma}_n^2=\begin{pmatrix}n_z & n_x-in_y\\ n_x+in_y & -n_z\end{pmatrix}\begin{pmatrix}n_z & n_x-in_y\\ n_x+in_y & -n_z\end{pmatrix}=\begin{pmatrix}n_x^2+n_y^2+n_z^2 & 0\\ 0 & n_x^2+n_y^2+n_z^2\end{pmatrix}=\begin{pmatrix}1&0\\0&1\end{pmatrix}=\boldsymbol{I}$$

所以

$$\boldsymbol{\sigma}_n^l=\begin{cases}\boldsymbol{I} & (\text{当}\ l\ \text{为偶数时})\\ \boldsymbol{\sigma}_n & (\text{当}\ l\ \text{为奇数时})\end{cases}$$

$$e^{i\sigma_n\varphi/2}=\boldsymbol{I}\left[1+\frac{1}{2!}\left(\frac{i\varphi}{2}\right)^2+\frac{1}{4!}\left(\frac{i\varphi}{2}\right)^4+\cdots\right]+\boldsymbol{\sigma}_n\left[\left(\frac{i\varphi}{2}\right)+\frac{1}{3!}\left(\frac{i\varphi}{2}\right)^3+\frac{1}{5!}\left(\frac{i\varphi}{2}\right)^5+\cdots\right]$$

$$=\boldsymbol{I}\left[1-\frac{1}{2!}\left(\frac{\varphi}{2}\right)^2+\frac{1}{4!}\left(\frac{\varphi}{2}\right)^4+\cdots\right]+\mathrm{i}\sigma_n\left[\left(\frac{\varphi}{2}\right)-\frac{1}{3!}\left(\frac{\varphi}{2}\right)^3+\frac{1}{5!}\left(\frac{\varphi}{2}\right)^5+\cdots\right]$$

$$=\boldsymbol{I}\cos(\varphi/2)+\mathrm{i}\sigma_n\sin(\varphi/2)$$

当 $\hat{n}$ 方向为 x 轴方向，$\varphi=\pi$ 时，有

$$\mathrm{e}^{\mathrm{i}\sigma_x\varphi/2}=\boldsymbol{I}\cos(\pi/2)+\mathrm{i}\begin{pmatrix}0&1\\1&0\end{pmatrix}\sin(\pi/2)=\begin{pmatrix}0&\mathrm{i}\\\mathrm{i}&0\end{pmatrix}$$

S_z 本征值为$\hbar/2$ 的本征态为

$$\chi_+=\begin{pmatrix}1\\0\end{pmatrix}$$

所以

$$\mathrm{e}^{\mathrm{i}\sigma_x\varphi/2}\chi_+=\begin{pmatrix}0&\mathrm{i}\\\mathrm{i}&0\end{pmatrix}\begin{pmatrix}1\\0\end{pmatrix}=\mathrm{i}\begin{pmatrix}0\\1\end{pmatrix}\quad(\mathrm{i}\text{ 只是一相因子})$$

(c) 同理，

$$\mathrm{e}^{\mathrm{i}\pi\sigma_y/4}=\boldsymbol{I}\cos\frac{\pi}{4}+\mathrm{i}\sigma_y\sin\frac{\pi}{4}=\frac{1}{\sqrt{2}}\begin{pmatrix}1&0\\0&1\end{pmatrix}+\frac{\mathrm{i}}{\sqrt{2}}\begin{pmatrix}0&-\mathrm{i}\\\mathrm{i}&0\end{pmatrix}=\frac{1}{\sqrt{2}}\begin{pmatrix}1&1\\-1&1\end{pmatrix}$$

$$\mathrm{e}^{\mathrm{i}\sigma_y\pi/4}\chi_+=\frac{1}{\sqrt{2}}\begin{pmatrix}1&1\\-1&1\end{pmatrix}\begin{pmatrix}1\\0\end{pmatrix}=\frac{1}{\sqrt{2}}\begin{pmatrix}1\\-1\end{pmatrix}=\chi_-^{(x)}$$

它使自旋从沿 z 轴正向变为沿 x 轴负向。

(d) $$\mathrm{e}^{\mathrm{i}\pi\sigma_z}=\boldsymbol{I}\cos\pi+\mathrm{i}\sigma_z\sin\pi=-\begin{pmatrix}1&0\\0&1\end{pmatrix}$$

$$\mathrm{e}^{\mathrm{i}\sigma_z\pi}\chi_+=-\begin{pmatrix}1&0\\0&1\end{pmatrix}\begin{pmatrix}1\\0\end{pmatrix}=-\begin{pmatrix}1\\0\end{pmatrix}=-\chi_+$$

即绕 z 轴旋转 360°从而改变了自旋波函数前的系数符号，由于系数(相因子)不影响自旋取向，所以绕 z 轴旋转 360°不改变自旋。

(e)在(b)中已经证明

$$\mathrm{e}^{\mathrm{i}(\boldsymbol{\sigma}\cdot\hat{n})\varphi/2}=\cos(\varphi/2)+\mathrm{i}(\hat{n}\cdot\boldsymbol{\sigma})\sin(\varphi/2)$$

*** **习题 4.57** 角动量的基本对易关系(式 4.99)允许是半整数(以及整数)的本征值。但实际上对于轨道角动量只有整数值出现。对特殊形式 $\boldsymbol{L}=\boldsymbol{r}\times\boldsymbol{p}$，肯定存在一些额外约束，使得半整数被排除在外。设 a 为某个有着长度量纲 L 的约化常数，(如果我们讨论氢原子，比如说为玻尔半径)，定义算符：

$$q_1\equiv\frac{1}{\sqrt{2}}[x+(a^2/\hbar)p_y],\quad p_1\equiv\frac{1}{\sqrt{2}}[p_x-(\hbar/a^2)y]$$

$$q_2\equiv\frac{1}{\sqrt{2}}[x-(a^2/\hbar)p_y],\quad p_2\equiv\frac{1}{\sqrt{2}}[p_x+(\hbar/a^2)y]$$

(a) 验证$[q_1,q_2]=[p_1,p_2]=0$，$[q_1,p_1]=[q_2,p_2]=\mathrm{i}\hbar$。这样，$q$ 和 p 满足与坐标和动量一样的对易关系，指标 1 和指标 2 是相容的。

(b) 证明

$$L_z = \frac{\hbar}{2a^2}(q_1^2 - q_2^2) + \frac{a^2}{2\hbar}(p_1^2 - p_2^2)$$

(c)　验证 $L_z = H_1 - H_2$，其中 H 是质量 $m = \hbar/a^2$，频率 $\omega = 1$ 的谐振子的哈密顿量。

(d) 我们知道谐振子的哈密顿量的本征值为$(n+1/2)\hbar\omega$，$n = 0,1,2,\cdots$（在教材的2.3.1节中的代数理论中，这些结果取决于哈密顿量的形式和正则对易关系）。用这些来说明 L_z 的本征值必须为整数。

解： 已知$[x, x] = [y, y] = [p_x, y] = [p_y, x] = [p_y, p_x] = 0$，$[x, p_x] = [y, p_y] = \mathrm{i}\hbar$

(a) $[q_1, q_2] = \frac{1}{2}\{[x, x] - (a^2/\hbar)[x, p_y] + (a^2/\hbar)[p_y, x] - (a^2/\hbar)^2[p_y, p_y]\} = 0$

$$[p_1, p_2] = \frac{1}{2}\{[p_x, p_x] - (\hbar/a^2)[p_x, y] + (\hbar/a^2)[y, p_x] - (\hbar/a^2)^2[y, y]\} = 0$$

$$[q_1, p_1] = \frac{1}{2}\{[x, p_x] - (\hbar/a^2)[x, y] + (a^2/\hbar)[p_y, p_x] - [p_y, y]\}$$

$$= \frac{1}{2}\{[x, p_x] + [y, p_y]\} = \mathrm{i}\hbar$$

$$[q_2, p_2] = \frac{1}{2}\{[x, p_x] + (\hbar/a^2)[x, y] - (a^2/\hbar)[p_y, p_x] - [p_y, y]\}$$

$$= \frac{1}{2}\{[x, p_x] + [y, p_y]\} = \mathrm{i}\hbar$$

(b) $q_1^2 - q_2^2 = \frac{1}{2}[x + (a^2/\hbar)p_y]^2 - \frac{1}{2}[x - (a^2/\hbar)p_y]^2$

$$= \frac{1}{2}[x^2 + 2(a^2/\hbar)xp_y + (a^2/\hbar)^2 p_y^2] - \frac{1}{2}[x^2 - 2(a^2/\hbar)xp_y + (a^2/\hbar)^2 p_y^2]$$

$$= \frac{2a^2}{\hbar}xp_y$$

$$p_1^2 - p_2^2 = \frac{1}{2}[p_x - (\hbar/a^2)y]^2 - \frac{1}{2}[p_x + (\hbar/a^2)y]^2$$

$$= \frac{1}{2}[p_x^2 - 2(\hbar/a^2)p_x y + (\hbar/a^2)^2 y^2] - \frac{1}{2}[p_x^2 + 2(\hbar/a^2)p_x y + (\hbar/a^2)^2 y^2]$$

$$= -\frac{2\hbar}{a^2}yp_x$$

所以

$$\frac{\hbar}{2a^2}(q_1^2 - q_2^2) + \frac{a^2}{2\hbar}(p_1^2 - p_2^2) = xp_y - yp_x = L_z$$

(c) 质量 $m = \hbar/a^2$，频率 $\omega = 1$ 的谐振子的哈密顿量

$$H = \frac{p^2}{2m} + \frac{1}{2}m\omega^2 x^2 = \frac{a^2}{2\hbar}p^2 + \frac{\hbar}{2a^2}x^2 = H(x, p)$$

因为 q 和 p 满足与坐标和动量一样的对易关系

$$H_1 = H(q_1, p_1) = \frac{a^2}{2\hbar}p_1^2 + \frac{\hbar}{2a^2}q_1^2, \quad H_2 = H(q_2, p_2) = \frac{a^2}{2\hbar}p_2^2 + \frac{\hbar}{2a^2}q_2^2$$

所以

$$L_z = H_1 - H_2$$

(d) 谐振子的哈密顿量的本征值为$(n+1/2)\hbar\omega$ $(\omega=1)$，所以

$$L_z = H_1 - H_2 = (n_1 - n_2)\hbar = l\hbar$$

因为 n_1，n_2 为整数，所以 l 为整数，即 L_z 的本征值必为整数。

习题 4.58 对于自旋为 1/2 的粒子的一般态（教材中的式 4.139），推导出 S_x 和 S_y 的最小不确定性满足的条件（即在 $\sigma_{S_y}\sigma_{S_x} \geqslant (\hbar/2)|\langle S_z\rangle|$ 中取等号）。

解： 对于一般归一化旋量

$$\chi = \begin{pmatrix} a \\ b \end{pmatrix},\quad |a|^2 + |b|^2 = 1$$

$$\langle S_z\rangle = \langle \chi^* | S_z | \chi\rangle = (a^* \quad b^*)\frac{\hbar}{2}\begin{pmatrix} 1 & 0 \\ 0 & -1 \end{pmatrix}\begin{pmatrix} a \\ b \end{pmatrix} = \frac{\hbar}{2}(|a|^2 - |b|^2)$$

$$\langle S_x\rangle = (a^* \quad b^*)\frac{\hbar}{2}\begin{pmatrix} 0 & 1 \\ 1 & 0 \end{pmatrix}\begin{pmatrix} a \\ b \end{pmatrix} = \frac{\hbar}{2}(a^* b + b^* a) = \hbar\,\mathrm{Re}(ab^*)$$

$$\langle S_y\rangle = (a^* \quad b^*)\frac{\hbar}{2}\begin{pmatrix} 0 & -\mathrm{i} \\ \mathrm{i} & 0 \end{pmatrix}\begin{pmatrix} a \\ b \end{pmatrix} = \frac{\hbar}{2}(-\mathrm{i}a^* b + \mathrm{i}b^* a) = -\hbar\,\mathrm{Im}(ab^*)$$

$$\langle S_x^2\rangle = \langle S_y^2\rangle = \frac{\hbar^2}{4}$$

令 $a = |a|\mathrm{e}^{\mathrm{i}\varphi_a}$，$b = |b|\mathrm{e}^{\mathrm{i}\varphi_b}$，则

$$ab^* = |a||b|\mathrm{e}^{\mathrm{i}(\varphi_a - \varphi_b)} = |a||b|\mathrm{e}^{\mathrm{i}\theta} \quad (\theta \equiv \varphi_a - \varphi_b)$$

所以

$$\langle S_x\rangle = \hbar\,\mathrm{Re}(ab^*) = \hbar|a||b|\cos\theta,\quad \langle S_y\rangle = -\hbar\,\mathrm{Im}(ab^*) = -\hbar|a||b|\sin\theta$$

$$\sigma_{S_x}^2 = \langle S_x^2\rangle - \langle S_x\rangle^2 = \frac{1}{4}\hbar^2 - \hbar^2|a|^2|b|^2\cos^2\theta$$

$$\sigma_{S_y}^2 = \langle S_y^2\rangle - \langle S_y\rangle^2 = \frac{1}{4}\hbar^2 - \hbar^2|a|^2|b|^2\sin^2\theta$$

最小不确定性成立时$(\sigma_{S_y}\sigma_{S_x})^2 = (\hbar^2/4)|\langle S_z\rangle|^2$，即

$$\frac{\hbar^2}{4}(1 - 4|a|^2|b|^2\cos^2\theta)\frac{\hbar^2}{4}(1 - 4|a|^2|b|^2\sin^2\theta) = \left(\frac{\hbar^2}{4}\right)^2(|a|^2 - |b|^2)^2$$

$$1 - 4|a|^2|b|^2(\cos^2\theta + \sin^2\theta) + 16|a|^4|b|^4\cos^2\theta\sin^2\theta = |a|^4 + |b|^4 - 2|a|^2|b|^2$$

$$1 + 16|a|^4|b|^4\cos^2\theta\sin^2\theta = |a|^4 + |b|^4 + 2|a|^2|b|^2 = (|a|^2 + |b|^2)^2 = 1$$

所以必须有

$$|a|^4|b|^4\cos^2\theta\sin^2\theta = 0$$

$$\theta = 0,\ \pi \quad (a = \pm b) \quad 或 \quad \theta = \pm\frac{\pi}{2} \quad (a = \pm\mathrm{i}b,\ 即\ a = \pm b,\ \pm\mathrm{i}b)$$

如果把 a 取为实数，那么最小不确定性的条件是，b 要么是纯实数，要么是纯虚数。

*** **习题 4.59** 在经典电动力学中，电荷为 q 的粒子以速度 $\boldsymbol{v}$ 通过电场 $\boldsymbol{E}$ 和磁场 $\boldsymbol{B}$ 时，

受到的力由**洛伦兹力**定律给出：

$$\boldsymbol{F}=q(\boldsymbol{E}+\boldsymbol{v}\times\boldsymbol{B})$$

该力不能被表示成标量势能函数的梯度，因此，薛定谔方程的原始形式不适合它。但是，如果在

$$\mathrm{i}\hbar\frac{\partial\psi}{\partial t}=H\psi$$

中考虑经典的哈密顿量

$$H=\frac{1}{2m}(\boldsymbol{p}-q\boldsymbol{A})^2+q\varphi$$

就不存在任何问题，其中 $\boldsymbol{A}$ 是矢势($\boldsymbol{B}=\nabla\times\boldsymbol{A}$)，$\varphi$ 是标势($\boldsymbol{E}=-\nabla\varphi-\partial\boldsymbol{A}/\partial t$)，所以薛定谔方程(用标准的替代 $\boldsymbol{p}\rightarrow(\hbar/\mathrm{i})\nabla$)成为

$$\mathrm{i}\hbar\frac{\partial\psi}{\partial t}=\left[\frac{1}{2m}\left(\frac{\hbar}{\mathrm{i}}\nabla-q\boldsymbol{A}\right)^2+q\varphi\right]\psi$$

(a) 证明：

$$\frac{\mathrm{d}\langle\boldsymbol{r}\rangle}{\mathrm{d}t}=\frac{1}{m}\langle(\boldsymbol{p}-q\boldsymbol{A})\rangle$$

(b) 我们总是定义 $\mathrm{d}\langle\boldsymbol{r}\rangle/\mathrm{d}t$ 为 $\langle\boldsymbol{v}\rangle$ $\left(\text{见式 1.32} \langle v\rangle=\frac{\mathrm{d}\langle x\rangle}{\mathrm{d}t}\right)$。证明：

$$m\frac{\mathrm{d}\langle\boldsymbol{v}\rangle}{\mathrm{d}t}=q\langle\boldsymbol{E}\rangle+\frac{q}{2m}\langle(\boldsymbol{p}\times\boldsymbol{B}-\boldsymbol{B}\times\boldsymbol{p})\rangle-\frac{q^2}{m}\langle(\boldsymbol{A}\times\boldsymbol{B})\rangle$$

(c) 特别有，如果 $\boldsymbol{E}$ 和 $\boldsymbol{B}$ 在波包所处体积内是均匀的，证明

$$m\frac{\mathrm{d}\langle\boldsymbol{v}\rangle}{\mathrm{d}t}=q(\boldsymbol{E}+\langle\boldsymbol{v}\rangle\times\boldsymbol{B})$$

所以，期望值 $\langle\boldsymbol{v}\rangle$ 按洛伦兹力定律运动，正如恩费斯脱(Ehrenfest)定理所预期那样。

解：(a) 由

$$\frac{\mathrm{d}\langle\boldsymbol{r}\rangle}{\mathrm{d}t}=\frac{\mathrm{i}}{\hbar}\langle[H,\boldsymbol{r}]\rangle$$

代入

$$H=\frac{1}{2m}[p^2-q(\boldsymbol{p}\cdot\boldsymbol{A}+\boldsymbol{A}\cdot\boldsymbol{p})+q^2A^2]+q\varphi$$

$$\begin{aligned}[H,x]&=\frac{1}{2m}\{[p^2,x]-q[(\boldsymbol{p}\cdot\boldsymbol{A}+\boldsymbol{A}\cdot\boldsymbol{p}),x]\}\\&=\frac{1}{2m}\{[p_x^2+p_y^2+p_z^2,x]-q[(p_xA_x+p_yA_y+p_zA_z+A_xp_x+A_yp_y+A_zp_z),x]\}\\&=\frac{1}{2m}\{[p_x^2,x]-q[(p_xA_x+A_xp_x),x]\}=\frac{1}{2m}\{-2\mathrm{i}\hbar p_x+2\mathrm{i}\hbar qA_x\}=-\frac{\mathrm{i}\hbar}{m}(p_x-qA_x)\end{aligned}$$

同理，对坐标的其他分量有

$$[H,y]=-\frac{\mathrm{i}\hbar}{m}(p_y-qA_y),\ [H,z]=-\frac{\mathrm{i}\hbar}{m}(p_z-qA_z)$$

所以

$$\frac{\mathrm{d}\langle \boldsymbol{r}\rangle}{\mathrm{d}t}=\frac{\mathrm{i}}{\hbar}\langle[H,\boldsymbol{r}]\rangle=\frac{\langle(\boldsymbol{p}-q\boldsymbol{A})\rangle}{m}$$

(b) 定义

$$\boldsymbol{v}=\frac{(\boldsymbol{p}-q\boldsymbol{A})}{m}$$

有

$$\frac{\partial \boldsymbol{v}}{\partial t}=-\frac{q}{m}\frac{\partial \boldsymbol{A}}{\partial t},\quad H=\frac{mv^2}{2}+q\varphi$$

$$\frac{\mathrm{d}\langle \boldsymbol{v}\rangle}{\mathrm{d}t}=\frac{\mathrm{i}}{\hbar}\langle[\hat{H},\boldsymbol{v}]\rangle+\left\langle\frac{\partial \boldsymbol{v}}{\partial t}\right\rangle$$

下求

$$[\hat{H},\boldsymbol{v}]=\frac{m}{2}[v^2,\boldsymbol{v}]+q[\varphi,\boldsymbol{v}]$$

$$[\varphi,\boldsymbol{v}]=\frac{1}{m}[\varphi,\boldsymbol{p}]=\frac{1}{m}\nabla\varphi$$

$$[v^2,v_x]=[v_x{}^2,v_x]+[v_y^2,v_x]+[v_z^2,v_x]=v_y[v_y,v_x]+[v_y,v_x]v_y+v_z[v_z,v_x]+[v_z,v_x]v_z$$

$$[v_y,v_x]=\frac{1}{m^2}[(p_y-qA_y),(p_x-qA_x)]=-\frac{q}{m^2}([A_y,p_x]+[p_y,A_x])$$

$$=-\frac{q}{m^2}\left(\mathrm{i}\hbar\frac{\partial A_y}{\partial x}-\mathrm{i}\hbar\frac{\partial A_x}{\partial y}\right)=-\frac{\mathrm{i}\hbar q}{m^2}(\nabla\times\boldsymbol{A})_z=-\frac{\mathrm{i}\hbar q}{m^2}B_z$$

$$[v_z,v_x]=\frac{1}{m^2}[(p_z-qA_z),(p_x-qA_x)]=-\frac{q}{m^2}([A_z,p_x]+[p_z,A_x])$$

$$=-\frac{q}{m^2}\left(\mathrm{i}\hbar\frac{\partial A_z}{\partial x}-\mathrm{i}\hbar\frac{\partial A_x}{\partial z}\right)=-\frac{\mathrm{i}\hbar q}{m^2}(\nabla\times\boldsymbol{A})_y=-\frac{\mathrm{i}\hbar q}{m^2}B_y$$

所以

$$[v^2,v_x]=\frac{\mathrm{i}\hbar q}{m^2}(-v_yB_z-B_zv_y+v_zB_y+B_yv_z)=\frac{\mathrm{i}\hbar q}{m^2}[-(\boldsymbol{v}\times\boldsymbol{B})_x+(\boldsymbol{B}\times\boldsymbol{v})_x]$$

同理

$$[v^2,v_y]=\frac{\mathrm{i}\hbar q}{m^2}[-(\boldsymbol{v}\times\boldsymbol{B})_y+(\boldsymbol{B}\times\boldsymbol{v})_y],\ [v^2,v_z]=\frac{\mathrm{i}\hbar q}{m^2}[-(\boldsymbol{v}\times\boldsymbol{B})_z+(\boldsymbol{B}\times\boldsymbol{v})_z]\text{所以}$$

$$[v^2,\boldsymbol{v}]=\frac{\mathrm{i}\hbar q}{m^2}[-(\boldsymbol{v}\times\boldsymbol{B})+(\boldsymbol{B}\times\boldsymbol{v})]$$

$$m\frac{\mathrm{d}\langle \boldsymbol{v}\rangle}{\mathrm{d}t}=\frac{\mathrm{i}m}{\hbar}\left\langle\left[\frac{m}{2}\frac{\mathrm{i}\hbar q}{m^2}(\boldsymbol{B}\times\boldsymbol{v}-\boldsymbol{v}\times\boldsymbol{B})+\frac{\mathrm{i}\hbar q}{m}\nabla\varphi\right]\right\rangle-m\frac{q}{m}\left\langle\frac{\partial \boldsymbol{A}}{\partial t}\right\rangle$$

$$=\frac{q}{2}\langle\boldsymbol{v}\times\boldsymbol{B}-\boldsymbol{B}\times\boldsymbol{v}\rangle+q\left\langle-\nabla\varphi-\frac{\partial \boldsymbol{A}}{\partial t}\right\rangle=\frac{q}{2}\langle\boldsymbol{v}\times\boldsymbol{B}-\boldsymbol{B}\times\boldsymbol{v}\rangle+q\langle\boldsymbol{E}\rangle$$

而

$$\boldsymbol{v}\times\boldsymbol{B}-\boldsymbol{B}\times\boldsymbol{v}=\frac{1}{m}[(\boldsymbol{p}-q\boldsymbol{A})\times\boldsymbol{B}-\boldsymbol{B}\times(\boldsymbol{p}-q\boldsymbol{A})]$$

$$=\frac{1}{m}(\boldsymbol{p}\times\boldsymbol{B}-\boldsymbol{B}\times\boldsymbol{p})-\frac{q}{m}(\boldsymbol{A}\times\boldsymbol{B}-\boldsymbol{B}\times\boldsymbol{A})=\frac{1}{m}(\boldsymbol{p}\times\boldsymbol{B}-\boldsymbol{B}\times\boldsymbol{p})-\frac{2q}{m}\boldsymbol{A}\times\boldsymbol{B}$$

$\boldsymbol{p}$ 与 $\boldsymbol{B}$(一般为坐标的函数)一般是不对易的，但是 $\boldsymbol{A}$ 与 $\boldsymbol{B}$ 是对易的。
所以

$$m\frac{\mathrm{d}\langle\boldsymbol{v}\rangle}{\mathrm{d}t}=q\langle\boldsymbol{E}\rangle+\frac{q}{2m}\langle(\boldsymbol{p}\times\boldsymbol{B}-\boldsymbol{B}\times\boldsymbol{p})\rangle-\frac{q^2}{m}\langle\boldsymbol{A}\times\boldsymbol{B}\rangle$$

(c)如果 $\boldsymbol{E}$ 和 $\boldsymbol{B}$ 在波包所处体积内是均匀的，则有

$$\langle\boldsymbol{E}\rangle=\boldsymbol{E},\ \langle\boldsymbol{v}\times\boldsymbol{B}\rangle=\langle\boldsymbol{v}\rangle\times\boldsymbol{B},\ \langle\boldsymbol{B}\times\boldsymbol{v}\rangle=\boldsymbol{B}\times\langle\boldsymbol{v}\rangle=-\langle\boldsymbol{v}\rangle\times\boldsymbol{B}$$

则有

$$m\frac{\mathrm{d}\langle\boldsymbol{v}\rangle}{\mathrm{d}t}=q\langle\boldsymbol{v}\rangle\times\boldsymbol{B}+q\boldsymbol{E}$$

** **习题 4.60**　(以 4.59 题为背景)假设：

$$\boldsymbol{A}=\frac{B_0}{2}(x\hat{j}-y\hat{i}),\quad \varphi=Kz^2$$

式中 B_0 和 K 为常数。

(a) 求电场 $\boldsymbol{E}$ 和磁感应强度 $\boldsymbol{B}$。

(b) 对处在上述场中的一个质量为 m，电荷为 q 的粒子，计算出定态和允许的能量值。
答案：

$$E(n_1,n_2)=\left(n_1+\frac{1}{2}\right)\hbar\omega_1+\left(n_2+\frac{1}{2}\right)\hbar\omega_2\quad(n_1,n_2=0,1,2,\cdots)$$

其中 $\omega_1\equiv\dfrac{qB_0}{m}$，$\omega_2\equiv\sqrt{\dfrac{2qK}{m}}$。注：如果 $K=0$，这是对回旋运动的量子类比；ω_1 为经典的回旋频率，它是一个沿 z 轴方向的自由粒子。这些允许的能量值，$\left(n_1+\dfrac{1}{2}\right)\hbar\omega_1$，称为**朗道能级**。

解：(a)

$$\boldsymbol{E}=-\nabla\varphi-\frac{\partial\boldsymbol{A}}{\partial t}=-K\nabla z^2=-2Kz\hat{k}$$

$$\boldsymbol{B}=\nabla\times\boldsymbol{A}=\begin{vmatrix}\hat{i} & \hat{j} & \hat{k}\\ \partial/\partial x & \partial/\partial y & \partial/\partial z\\ -B_0y/2 & B_0x/2 & 0\end{vmatrix}=B_0\hat{k}$$

(b) $H=\dfrac{1}{2m}(\boldsymbol{p}-q\boldsymbol{A})^2+q\varphi=\dfrac{p^2}{2m}-\dfrac{q}{2m}(\boldsymbol{pA}+\boldsymbol{Ap})+\dfrac{q^2A^2}{2m}+q\varphi$

定态方程为

$$\frac{-\hbar^2\nabla^2\psi}{2m}+\frac{\mathrm{i}\hbar q}{2m}[\nabla\cdot(\boldsymbol{A}\psi)+\boldsymbol{A}\cdot\nabla\psi]+\frac{q^2A^2}{2m}\psi+q\varphi\psi=E\psi$$

但是

$$\nabla(\boldsymbol{A}\psi)=(\nabla\cdot\boldsymbol{A})\psi+\boldsymbol{A}\cdot(\nabla\psi)$$

所以

$$\frac{-\hbar^2}{2m}\nabla^2\psi+\frac{\mathrm{i}\hbar q}{2m}[(\nabla\cdot\boldsymbol{A})\psi+2\boldsymbol{A}\cdot\nabla\psi]+\left(\frac{q^2A^2}{2m}+q\varphi\right)\psi=E\psi$$

对本题所给矢势

$$\nabla\cdot\boldsymbol{A}=0,\ \boldsymbol{A}\cdot\nabla\psi=\frac{B_0}{2}\left(x\frac{\partial\psi}{\partial y}-y\frac{\partial\psi}{\partial x}\right)=\frac{B_0}{2}\frac{\mathrm{i}}{\hbar}\hat{L}_z\psi,\quad A^2=\frac{B_0{}^2}{4}(x^2+y^2),\quad \varphi=Kz^2$$

又因为 L_z 与 H 对易，且有 $L_z\psi=m_z\hbar\psi$，所以定态方程为

$$\left[\frac{-\hbar^2\nabla^2}{2m}+\frac{q^2B_0^2}{8m}(x^2+y^2)+qKz^2\right]\psi=\left(E+\frac{qB_0}{2m}m_z\hbar\right)\psi$$

令 $\omega_1=qB_0/m$，$\omega_2=\sqrt{2Kq/m}$，采用柱坐标系有

$$\frac{-\hbar^2}{2m}\left[\frac{1}{r^2}\frac{\partial}{\partial r}\left(r\frac{\partial\psi}{\partial r}\right)+\frac{1}{r^2}\frac{\partial^2\psi}{\partial\varphi^2}+\frac{\partial^2\psi}{\partial z^2}\right]+\left(\frac{1}{8}m\omega_1^2r^2+\frac{1}{2}m\omega_2^2z^2\right)\psi=\left(E+\frac{1}{2}m_z\hbar\omega_1\right)\psi$$

用分离变量法，记 $\psi=R(r)\Phi(\varphi)Z(z)$，有

$$\left\{\frac{-\hbar^2}{2m}\left[\frac{1}{Rr}\frac{\mathrm{d}}{\mathrm{d}r}\left(r\frac{\mathrm{d}R}{\mathrm{d}r}\right)-\frac{m_z^2}{r^2}\right]+\frac{1}{8}m\omega_1^2r^2\right\}+\left(-\frac{\hbar^2}{2m}\frac{1}{Z}\frac{\mathrm{d}^2Z}{\mathrm{d}z^2}+\frac{1}{2}m\omega_2^2z^2\right)=E+\frac{m_z\hbar\omega_1}{2}$$

第一项只与 r 有关，第二项只与 z 有关，因此可设

$$\frac{-\hbar^2}{2m}\left[\frac{1}{Rr}\frac{\mathrm{d}}{\mathrm{d}r}\left(r\frac{\mathrm{d}R}{\mathrm{d}r}\right)-\frac{m_z{}^2}{r^2}\right]+\frac{1}{8}m\omega_1^2r^2=E_r,\quad -\frac{\hbar^2}{2m}\frac{1}{Z}\frac{\mathrm{d}^2Z}{\mathrm{d}z^2}+\frac{1}{2}m\omega_2^2z^2=E_z$$

$$E\equiv E_r+E_z-\frac{m_z\hbar\omega_1}{2}$$

显然，第二部分为一维谐振子方程，$E_z=\left(n_z+\frac{1}{2}\right)\hbar\omega_2$

第一部分为二维谐振子方程，令 $u=R\sqrt{r}$

则有

$$\frac{\mathrm{d}R}{\mathrm{d}r}=\frac{u'}{\sqrt{r}}-\frac{u}{2r^{3/2}},\quad r\frac{\mathrm{d}R}{\mathrm{d}r}=\sqrt{r}u'-\frac{u}{2r^{1/2}},\quad \frac{\mathrm{d}}{\mathrm{d}r}\left(r\frac{\mathrm{d}R}{\mathrm{d}r}\right)=\sqrt{r}u''+\frac{u}{4r^{3/2}}$$

方程可写为

$$\frac{-\hbar^2}{2m}\left(\frac{u''}{\sqrt{r}}+\frac{u}{4r^{5/2}}-\frac{m_z^2u}{r^{5/2}}\right)+\frac{1}{8}m\omega_1^2r^2\frac{u}{\sqrt{r}}=E_r\frac{u}{\sqrt{r}}$$

即

$$-\frac{\hbar^2}{2m}\left[\frac{\mathrm{d}^2u}{\mathrm{d}r^2}+\left(\frac{1}{4}-m_z{}^2\right)\frac{u}{r^2}\right]+\frac{1}{8}m\omega_1^2r^2u=E_ru$$

类比教材中的式 4.37 和习题 4.39 中的三维谐振子问题的径向方程

$$-\frac{\hbar^2}{2m}\frac{\mathrm{d}^2u}{\mathrm{d}r^2}+\left[\frac{1}{2}m\omega^2r^2+\frac{\hbar^2}{2m}\frac{l(l+1)}{r^2}\right]u=Eu$$

通过比对 $\omega\to\omega_1/2$，$E\to E_r$，$l(l+1)\to m_z^2-1/4$，即 $\left(l+\frac{1}{2}\right)^2=m_z^2$，因式 4.39 中要求 $l+\frac{1}{2}\geqslant$

0，否则 u 不能归一化，所以 $l=|m_z|-\frac{1}{2}$，利用式 4.39 的结果直接得出 $E_r=(j_{\max}+|m_z|+1)$
$\frac{\hbar\omega_1}{2}$　$(j_{\max}=0,2,4,\cdots)$

$$E=E_r+E_z-\frac{m_z\hbar\omega_1}{2}=(j_{\max}+|m_z|+1)\frac{\hbar\omega_1}{2}+\left(n_z+\frac{1}{2}\right)\hbar\omega_2-\frac{m_z\hbar\omega_1}{2}$$

$$=\left(n_1+\frac{1}{2}\right)\hbar\omega_1+\left(n_z+\frac{1}{2}\right)\hbar\omega_2$$

其中 $n_1=0,1,2,\cdots$，如果 $m_z\geqslant 0$，$n_1=j_{\max}/2$，如果 $m_z<0$，则 $n_1=j_{\max}/2+|m_z|$

** **习题 4.61**　(以习题 4.59 为背景) 在经典的电动力学中，势 $\boldsymbol{A}$ 和 φ 不是唯一确定的，物理量是场 $\boldsymbol{E}$ 和 $\boldsymbol{B}$。

(a) 证明势

$$\varphi'\equiv\varphi-\frac{\partial\Lambda}{\partial t},\quad \boldsymbol{A}'\equiv\boldsymbol{A}+\nabla\Lambda$$

(其中 Λ 为坐标和时间的任意实函数) 给出同 φ 和 $\boldsymbol{A}$ 一样的场。上式称为**规范变换**，称这个理论具有规范不变性。

(b) 在量子力学中，势起着更直接的作用，我们对量子力学是否保持规范不变性很有兴趣。证明

$$\Psi'=\mathrm{e}^{\frac{\mathrm{i}q\Lambda}{\hbar}}\Psi$$

加上规范变换的势 φ' 和 $\boldsymbol{A}'$ 满足薛定谔方程 (式 4.205)。因为 Ψ' 和 Ψ 只差一个相因子，所以它们代表相同的物理态，因此理论是规范不变性的 (进一步的讨论见教材 10.2.3 节)。

解：(a)

$$\boldsymbol{B}'=\nabla\times\boldsymbol{A}'=\nabla\times\boldsymbol{A}+\nabla\times(\nabla\Lambda)=\nabla\times\boldsymbol{A}=\boldsymbol{B}$$

$$\boldsymbol{E}'=-\nabla\varphi'-\partial\boldsymbol{A}'/\partial t=-\nabla\varphi+\nabla\left(\frac{\partial\Lambda}{\partial t}\right)-\frac{\partial\boldsymbol{A}}{\partial t}-\frac{\partial}{\partial t}\nabla\Lambda=-\nabla\varphi-\frac{\partial\boldsymbol{A}}{\partial t}=\boldsymbol{E}$$

(b) 电子在由 φ' 和 $\boldsymbol{A}'$ 所描述的场中

$$H'=\frac{1}{2m}(\boldsymbol{p}-q\boldsymbol{A}')^2+q\varphi'=\frac{1}{2m}(-\mathrm{i}\hbar\nabla-q\boldsymbol{A}-q\nabla\Lambda)^2+q\varphi-q\frac{\partial\Lambda}{\partial t}$$

下面证明 $\psi'=\mathrm{e}^{\mathrm{i}q\Lambda/\hbar}\psi$ 是满足哈密顿量为 H' 的薛定谔方程。

$$\begin{aligned}
&(-\mathrm{i}\hbar\nabla-q\boldsymbol{A}-q\nabla\Lambda)\mathrm{e}^{\mathrm{i}q\Lambda/\hbar}\Psi\\
&=q(\nabla\Lambda)\mathrm{e}^{\mathrm{i}q\Lambda/\hbar}\Psi-\mathrm{i}\hbar\mathrm{e}^{\mathrm{i}q\Lambda/\hbar}\nabla\Psi-qA\mathrm{e}^{\mathrm{i}q\Lambda/\hbar}\Psi-q(\nabla\Lambda)\mathrm{e}^{\mathrm{i}q\Lambda/\hbar}\Psi\\
&=-\mathrm{i}\hbar\mathrm{e}^{\mathrm{i}q\Lambda/\hbar}\nabla\Psi-q\boldsymbol{A}\mathrm{e}^{\mathrm{i}q\Lambda/\hbar}\Psi\\
&(-\mathrm{i}\hbar\nabla-q\boldsymbol{A}-q\nabla\Lambda)^2\mathrm{e}^{\mathrm{i}q\Lambda/\hbar}\Psi\\
&=(-\mathrm{i}\hbar\nabla-qA-q\nabla\Lambda)(-\mathrm{i}\hbar\mathrm{e}^{\mathrm{i}q\Lambda/\hbar}\nabla\Psi-q\boldsymbol{A}\mathrm{e}^{\mathrm{i}q\Lambda/\hbar}\Psi)\\
&=-\hbar^2\left[\frac{\mathrm{i}q}{\hbar}(\nabla\Lambda\cdot\nabla\Psi)\mathrm{e}^{\mathrm{i}q\Lambda/\hbar}+\mathrm{e}^{\mathrm{i}q\Lambda/\hbar}\nabla^2\Psi\right]+\mathrm{i}\hbar q(\nabla\cdot\boldsymbol{A})\mathrm{e}^{\mathrm{i}q\Lambda/\hbar}\Psi-\\
&\quad q^2(\boldsymbol{A}\cdot\nabla\Lambda)\mathrm{e}^{\mathrm{i}q\Lambda/\hbar}\Psi+\mathrm{i}\hbar q\mathrm{e}^{\mathrm{i}q\Lambda/\hbar}\boldsymbol{A}\cdot(\nabla\Psi)+\mathrm{i}\hbar q\mathrm{e}^{\mathrm{i}q\Lambda/\hbar}\boldsymbol{A}\cdot(\nabla\Psi)+\\
&\quad q^2A^2\mathrm{e}^{\mathrm{i}q\Lambda/\hbar}\Psi+\mathrm{i}\hbar q\mathrm{e}^{\mathrm{i}q\Lambda/\hbar}(\nabla\cdot\boldsymbol{A})\nabla\Psi+q^2(\boldsymbol{A}\cdot\nabla\Lambda)\mathrm{e}^{\mathrm{i}q\Lambda/\hbar}\Psi
\end{aligned}$$

$$= e^{iq\Lambda/\hbar}[\,-\hbar^2\nabla^2\boldsymbol{\Psi}+\mathrm{i}\,\hbar\, q(\,\nabla\cdot\boldsymbol{A})\boldsymbol{\Psi}+2\mathrm{i}\,\hbar\, q e^{iq\Lambda/\hbar}\boldsymbol{A}\cdot(\,\nabla\boldsymbol{\Psi})+q^2A^2\boldsymbol{\Psi}]$$
$$= e^{iq\Lambda/\hbar}[\,-\hbar^2\nabla^2\boldsymbol{\Psi}+\mathrm{i}\,\hbar\, q\,\nabla\cdot(\boldsymbol{A}\boldsymbol{\Psi})+\mathrm{i}\,\hbar\, q e^{iq\Lambda/\hbar}\boldsymbol{A}\cdot(\,\nabla\boldsymbol{\Psi})+q^2\boldsymbol{A}^2\boldsymbol{\Psi}]$$
$$= e^{iq\Lambda/\hbar}(\,-\mathrm{i}\,\hbar\,\nabla-q\boldsymbol{A})^2\boldsymbol{\Psi}$$

所以

$$H'\boldsymbol{\Psi}'=\frac{1}{2m}(\,-\mathrm{i}\,\hbar\,\nabla-q\boldsymbol{A}-q\nabla\Lambda)^2+q\varphi-q\,\frac{\partial\Lambda}{\partial t}$$
$$= e^{iq\Lambda/\hbar}\left[\frac{1}{2m}(\,-\mathrm{i}\,\hbar\,\nabla-q\boldsymbol{A})^2+q\varphi-q\,\frac{\partial\Lambda}{\partial t}\right]\boldsymbol{\Psi}$$
$$= e^{iq\Lambda/\hbar}\left(\mathrm{i}\,\hbar\frac{\partial\boldsymbol{\Psi}}{\partial t}-q\,\frac{\partial\Lambda}{\partial t}\boldsymbol{\Psi}\right)=\mathrm{i}\,\hbar\frac{\partial}{\partial t}(\,e^{iq\Lambda/\hbar}\boldsymbol{\Psi})=\mathrm{i}\,\hbar\frac{\partial\boldsymbol{\Psi}'}{\partial t}$$

即 $\boldsymbol{\Psi}'=e^{iq\Lambda/\hbar}\boldsymbol{\Psi}$ 是满足哈密顿量为 H' 的薛定谔方程。

第 5 章　全同粒子

本章主要内容

1. 全同粒子

质量、电荷、自旋等固有性质完全相同的微观粒子称为全同粒子。在一个量子体系中全同粒子是不可区分的，两全同粒子相互交换不会引起物理性质的改变(全同性原理)。所有的微观粒子可以分为两类：玻色子(Bosons)和费米子(Fermions)。所有自旋为$\hbar$整数倍的粒子称为玻色子，而所有自旋为$\hbar/2$奇数倍的粒子称为费米子。在由费米子组成的量子体系中，不能有两个或两个以上的费米子处于同一个状态(泡利不相容原理)，体系的波函数在交换任意两个费米子时是反对称的。对由玻色子组成的量子体系，则不受泡利不相容原理的限制，两个或两个以上的玻色子可以处于同一个状态，体系的波函数在交换任意两个玻色子时是对称的。

如果体系的波函数可以由归一化的单粒子波函数 $\phi_i(q_\alpha)$ 的积表示，其中，i 表示不同的单粒子态，q_α 表示第 α 个粒子的量子数(包括空间与自旋)，则由 N 个费米子组成体系的反对称波函数可以用 N 阶行列式表示为

$$\Phi_A(q_1, q_2, \cdots, q_\alpha, \cdots, q_N) = \frac{1}{\sqrt{N!}}\begin{vmatrix} \phi_i(q_1) & \phi_i(q_2) & \cdots & \phi_i(q_N) \\ \phi_j(q_1) & \phi_j(q_2) & \cdots & \phi_j(q_N) \\ \vdots & \vdots & & \vdots \\ \phi_k(q_1) & \phi_k(q_2) & \cdots & \phi_k(q_N) \end{vmatrix}$$

交换任何两个粒子就是交换行列式中的两列，这使行列式改变符号，即波函数 Φ_A 在交换两粒子时是反对称的。当任意两粒子处于相同状态，即行列式中两行相同时，行列式为零，表示不能有两个或两个以上的费米子处于同一个状态。

对由 N 个玻色子组成的体系，体系的对称波函数可以表示为

$$\Phi_A(q_1, q_2, \cdots, q_\alpha, \cdots, q_N) = C\sum_P P\phi_i(q_1)\phi_j(q_2)\cdots\phi_k(q_N)$$

其中 P 表示 N 个粒子在波函数中的某一种排列；$\sum\limits_P$ 表示对所有可能排列求和，由于玻色子可以处于相同的状态，$i, j, \cdots, k$ 可以相等；C 是归一化常数为求和的项数，$i, j, \cdots, k$ 完全相等时为 1，全不相等时为 $1/\sqrt{N!}$。

2. 交换力

以两粒子体系为例，若体系的波函数可以表示为空间部分和自旋部分之积，则对称和反对称的空间波函数为

$$\psi_\pm(x_1, x_2) = \frac{1}{\sqrt{2}}[\psi_a(x_1)\psi_b(x_2) \pm \psi_b(x_1)\psi_a(x_2)]$$

这种波函数对称化的要求会使两粒子间出现一种力的作用，称为交换力。对对称空间波函数，这个力是吸引力，倾向于把两粒子拉近；对反对称空间波函数，这个力是排斥力，倾向于让两粒子相互远离。固体中属于不同原子的两个电子组成的共价键可以由这种力解释，两电子体系的波函数是反对称的，当两个电子的自旋波函数为反对称的自旋单态时，空间波函数必是对称的，所以这种状态下的两个电子倾向于相互靠近，形成共价键。

3. 元素周期表

原子中一个单粒子态(n, l, m)被称为轨道，因为电子是费米子，受到泡利不相容原理的制约，一个轨道上只能有两个电子(一个自旋向上，一个自旋向下)。当原子处于基态时，电子将从最低能态开始依据洪德(Hund)定则依次填充。$n=1$ 这个壳层能容纳两个电子，$n=2$ 壳层能容纳 8 个，$n=3$ 壳层能容纳 18 个，第 n 个壳层可以容纳 $2n^2$ 个电子。(洪德第一定则：在其他量都相同时，总自旋(S)取最大值的状态的能量最低。洪德第二定则：当自旋给定时，总轨道角量子数(L)取最大值且同整体的反对称性一致，将具有最低的能量。洪德第三定则：如果次壳层(n, l)填充不到一半，则能量最低态满足 $J=|L-S|$；如果填充超过一半，则 $J=L+S$ 态能量最低。)一般以${}^{2S+1}L_J$ 表示原子电子组态，其中 S 为电子总自旋角动量，L 为总轨道角动量，J 为总角动量量子数。

4. 周期性势场中的能带结构

若势场满足周期性条件 $V(x+a)=V(x)$，则薛定谔方程的解满足 $\psi(x+a)=\mathrm{e}^{\mathrm{i}Ka}\psi(x)$ (**布洛赫定理**)。在周期性势场中，电子的能级呈能带结构，分为禁带和允带，没有电子的能态可以处在禁带的能量范围。如果电子依次填充允带，若最高能带被完全填满，此时如果要激发一个电子就需要一个较大的能量，因为电子需要跳过一个禁带，这样的材料称为**绝缘体**。相反地，如果最高能带是部分填充的，激发一个电子只需要一个很小的能量，这种材料通常称为**导体**。

5. 量子统计

在零开，一个物理系统将处在它的能量最低状态(体系的基态)。当温度提高时，随机的热激发将开始占据激发态，当处于热平衡状态时，微观粒子在能态的分布为(相对概率)为

$$n(\varepsilon)=\begin{cases}\mathrm{e}^{-(\varepsilon-\mu)/k_BT} & \text{(麦克斯韦-玻尔兹曼分布适用于可分辨粒子)}\\ \dfrac{1}{\mathrm{e}^{(\varepsilon-\mu)/k_BT}+1} & \text{(费米-狄拉克分布适用于费米子)}\\ \dfrac{1}{\mathrm{e}^{(\varepsilon-\mu)/k_BT}-1} & \text{(玻色-爱因斯坦分布适用于玻色子)}\end{cases}$$

题解

** **习题 5.1** 通常情况下，相互作用势的大小仅依赖于两粒子间的相对位置矢量 $\boldsymbol{r}\equiv\boldsymbol{r}_1-\boldsymbol{r}_2$。这时，如果将变量 $\boldsymbol{r}_1$，$\boldsymbol{r}_2$ 代换为 $\boldsymbol{r}$ 和 $\boldsymbol{R}\equiv(m_1\boldsymbol{r}_1+m_2\boldsymbol{r}_2)/(m_1+m_2)$ (质心坐标)，薛定谔方程就可以分离变量。

(a) 证明 $\boldsymbol{r}_1=\boldsymbol{R}+(\mu/m_1)\boldsymbol{r}$，$\boldsymbol{r}_2=\boldsymbol{R}-(\mu/m_2)\boldsymbol{r}$，$\nabla_1=(\mu/m_2)\nabla_R+\nabla_r$，$\nabla_2=(\mu/m_1)\nabla_R-\nabla_r$，其中，

$$\mu \equiv \frac{m_1 m_2}{m_1 + m_2}$$

是体系的**约化质量**。

(b) 证明(定态)薛定谔方程可以写为

$$-\frac{\hbar^2}{2(m_1+m_2)}\nabla_R^2\psi - \frac{\hbar^2}{2\mu}\nabla_r^2\psi + V(\boldsymbol{r})\psi = E$$

(c) 分离变量，令 $\psi(\boldsymbol{R},\boldsymbol{r}) = \psi_R(\boldsymbol{R})\psi_r(\boldsymbol{r})$。注意到 $\psi_R(\boldsymbol{R})$ 满足总质量为 (m_1+m_2)，势能为零，能量为 E_R 的单粒子薛定谔方程；$\psi_r(\boldsymbol{r})$ 满足总质量为约化质量，势能为 $V(\boldsymbol{r})$，能量为 E_r 的单粒子薛定谔方程。系统的总能量为 $E = E_R + E_r$。这告诉我们质心的运动像一个自由粒子的运动，而相对运动(即在粒子1相对于粒子2的运动)可以看做是以质量为约化质量，处于势场 $V(\boldsymbol{r})$ 的单粒子的运动。在经典力学中存在完全类似的分解方法；用这种方法可以将两体问题简化为等价的单体问题。

解：(a)

$$(m_1+m_2)\boldsymbol{R} = m_1\boldsymbol{r}_1 + m_2\boldsymbol{r}_2 = m_1\boldsymbol{r}_1 + m_2(\boldsymbol{r}_1 - \boldsymbol{r}) = (m_1+m_2)\boldsymbol{r}_1 - m_2\boldsymbol{r}$$

$$\boldsymbol{r}_1 = \boldsymbol{R} + \frac{m_2}{m_1+m_2}\boldsymbol{r} = \boldsymbol{R} + \frac{\mu}{m_1}\boldsymbol{r}$$

$$(m_1+m_2)\boldsymbol{R} = m_1\boldsymbol{r}_1 + m_2\boldsymbol{r}_2 = m_1(\boldsymbol{r}_2 + \boldsymbol{r}) + m_2\boldsymbol{r}_2 = (m_1+m_2)\boldsymbol{r}_2 + m_1\boldsymbol{r}$$

$$\boldsymbol{r}_2 = \boldsymbol{R} - \frac{m_1}{m_1+m_2}\boldsymbol{r} = \boldsymbol{R} - \frac{\mu}{m_2}\boldsymbol{r}$$

令 $\boldsymbol{R} = (X, Y, Z)$，$\boldsymbol{r} = (x, y, z)$

$$(\nabla_1)_x = \frac{\partial}{\partial x_1} = \frac{\partial X}{\partial x_1}\frac{\partial}{\partial X} + \frac{\partial x}{\partial x_1}\frac{\partial}{\partial x} = \frac{m_1}{m_1+m_2}\frac{\partial}{\partial X} + \frac{\partial}{\partial x} = \frac{\mu}{m_2}\frac{\partial}{\partial X} + \frac{\partial}{\partial x}$$

$$= \frac{\mu}{m_2}(\nabla_R)_x + (\nabla_r)_x \rightarrow \nabla_1 = \frac{\mu}{m_2}\nabla_R + \nabla_r$$

$$(\nabla_2)_x = \frac{\partial}{\partial x_2} = \frac{\partial X}{\partial x_2}\frac{\partial}{\partial X} + \frac{\partial x}{\partial x_2}\frac{\partial}{\partial x} = \frac{m_2}{m_1+m_2}\frac{\partial}{\partial X} - \frac{\partial}{\partial x} = \frac{\mu}{m_1}\frac{\partial}{\partial X} - \frac{\partial}{\partial x}$$

$$= \frac{\mu}{m_1}(\nabla_R)_x - (\nabla_r)_x \rightarrow \nabla_2 = \frac{\mu}{m_1}\nabla_R - \nabla_r$$

(b)

$$H = -\frac{\hbar^2}{2m_1}\nabla_1^2 - \frac{\hbar^2}{2m_2}\nabla_2^2 + V(\boldsymbol{r}) = -\frac{\hbar^2}{2m_1}[(\mu/m_2)\nabla_R + \nabla_r]^2 - \frac{\hbar^2}{2m_2}[(\mu/m_1)\nabla_R - \nabla_r]^2 + V(\boldsymbol{r})$$

$$= -\frac{\hbar^2}{2m_1m_2}\left[\frac{\mu^2}{m_2}\nabla_R^2 + m_2\nabla_r^2 + \mu(\nabla_R\nabla_r + \nabla_r\nabla_R) + \frac{\mu^2}{m_1}\nabla_R^2 + m_1\nabla_r^2 - \mu(\nabla_R\nabla_r + \nabla_r\nabla_R)\right] + V(\boldsymbol{r})$$

$$= -\frac{\hbar^2}{2m_1m_2}(\mu\nabla_R^2 + m_1\nabla_r^2 + m_2\nabla_r^2) + V(\boldsymbol{r}) = -\frac{\hbar^2}{2(m_1+m_2)}\nabla_R^2 - \frac{\hbar^2}{2\mu}\nabla_r^2 + V(\boldsymbol{r})$$

所以定态方程为

$$-\frac{\hbar^2}{2(m_1+m_2)}\nabla_R^2\psi - \frac{\hbar^2}{2\mu}\nabla_r^2\psi + V(\boldsymbol{r})\psi = E\psi$$

(c) 采用分离变量法，方程两边同时除以 $\psi_R(\boldsymbol{R})\psi_r(\boldsymbol{r})$ 得

$$-\frac{\hbar^2}{2(m_1+m_2)\psi_r(\boldsymbol{r})}\nabla_R^2\psi_R(\boldsymbol{R})-\frac{\hbar^2}{2\mu\psi_R(\boldsymbol{R})}\nabla_r^2\psi_r(\boldsymbol{r})+V(\boldsymbol{r})=E$$

$$-\frac{\hbar^2}{2(m_1+m_2)\psi_r}\nabla_R^2\psi_R=E+\frac{\hbar^2}{2\mu\psi_R}\nabla_r^2\psi_r-V(\boldsymbol{r})$$

令方程两边同时等于常量 E_R，则有

$$-\frac{\hbar^2}{2(m_1+m_2)\psi_r}\nabla_R^2\psi_R=E_R,\quad E+\frac{\hbar^2}{2\mu\psi_R}\nabla_r^2\psi_r-V(\boldsymbol{r})=E_R$$

后一式可以写为

$$-\frac{\hbar^2}{2\mu\psi_R}\nabla_r^2\psi_r+V(\boldsymbol{r})=E_r\quad(E_r\equiv E-E_R)$$

$\psi_R(\boldsymbol{R})$满足总质量为(m_1+m_2)，势能为零，能量为 E_R 的单粒子薛定谔方程；$\psi_r(\boldsymbol{r})$满足总质量为μ，势能为 $V(\boldsymbol{r})$，能量为 E_r 的单粒子薛定谔方程，且 $E=E_r+E_R$

习题 5.2 利用习题 5.1 的结论，只要简单地把电子质量替代为约化质量，我们就可以修正氢原子中核的运动的影响：

（a）给出在计算氢原子结合能时$\left(\text{式 4.77 } E_1=-\left[\frac{m}{2\hbar^2}\left(\frac{e^2}{4\pi\varepsilon_0}\right)^2\right]=-13.6\text{eV}\right)$用 m 代替 μ 所导致的误差百分比（精确到两位有效数字）。

（b）给出氢和氘的红色巴耳末线（$n=3\to n=2$）的波长差。

（c）给出**电子偶素**（氢原子的质子被正电子代替，正电子和负电子质量相同，但所带的电荷符号相反）的结合能。

（d） 假定你想要证实 μ 子氢（muonic hydrogen，氢原子的电子被具有相同电荷但质量为其 206.77 倍的 μ 子代替所形成的原子）的存在，你应该在哪里寻找 Lyman-α（$n=2\to n=1$）线（也就是说 Lyman-α 线的波长为多少）？

解：（a）氢原子电子的约化质量为

$$\mu=\frac{m_e m_p}{m_e+m_p}=\frac{0.511\times938.272}{0.511+938.272}\text{MeV}=0.5107\text{MeV}$$

根据式 4.77，氢原子基态（$n=1$）能量（结合能）应为

$$E_1=-\left[\frac{\mu}{2\hbar^2}\left(\frac{e^2}{4\pi\varepsilon_0}\right)^2\right]$$

可知 E_1 与质量成正比关系，所以当用电子质量 m_e 取代约化质量 μ 时，产生的误差为

$$\frac{\Delta E_1}{E_1}=\frac{m_e-\mu}{\mu}=\frac{m_e-m_e m_p/(m_e+m_p)}{m_e m_p/(m_e+m_p)}=\frac{m_e(m_e+m_p)-m_e m_p}{m_e m_p}$$

$$=\frac{m_e}{m_p}=\frac{9.109\times10^{-31}\text{kg}}{1.673\times10^{-31}\text{kg}}=5.44\times10^{-4}=0.054\%$$

（b）由式 4.94，用约化质量 μ 计算里德伯常数为

$$R=\frac{\mu}{4\pi c\hbar^3}\left(\frac{e^2}{4\pi\varepsilon_0}\right)$$

正比于质量，当电子从 $n=3$ 向 $n=2$ 能级跃迁时，辐射的波长为

$$\lambda=\frac{1}{R\left(\frac{1}{2^2}-\frac{1}{3^2}\right)}=\frac{36}{5R}$$

对于氢原子 $\mu_H=\frac{m_e m_p}{m_e+m_p}$，对于氘 $\mu_D=\frac{m_e(2m_p)}{m_e+2m_p}$，所以波长差为

$$\begin{aligned}\Delta\lambda&=\lambda_H-\lambda_D=\lambda_H\left(1-\frac{\lambda_D}{\lambda_H}\right)=\lambda_H\left(1-\frac{R_H}{R_D}\right)=\lambda_H\left(1-\frac{\mu_H}{\mu_D}\right)\\&=\lambda_H\left(1-\frac{m_e m_p(m_e+2m_p)}{m_e(2m_p)(m_e+m_p)}\right)=\lambda_H\left(1-\frac{(m_e+2m_p)}{2(m_e+m_p)}\right)\\&=\frac{m_e}{2(m_e+m_p)}\lambda_H\approx\frac{m_e}{2m_p}\lambda_H\end{aligned}$$

$$\lambda_H=\frac{36}{5R}=\frac{36}{5\times 1.097\times 10^7}\text{m}=6.563\times 10^{-7}\text{m}$$

$$\Delta\lambda=\frac{m_e}{2m_p}\lambda_H=\frac{9.109\times 10^{-31}}{2\times 1.673\times 10^{-27}}\times 6.563\times 10^{-7}\text{m}=1.79\times 10^{-10}\text{m}$$

(c) 对电子偶素，其约化质量为 $\mu_+=\frac{m_e m_e}{m_e+m_e}=\frac{m_e}{2}$，所以其基态能量(结合能)为

$$E_+=\frac{\mu_+}{\mu_H}E_H\approx\frac{1}{2}E_H=-6.8\text{eV}$$

(d)

$$\lambda_\mu=\frac{1}{R_\mu\left(\frac{1}{1}-\frac{1}{2^2}\right)}=\frac{4}{3R_\mu}=\frac{4}{3(\mu_\mu/\mu_H)R}=\frac{\mu_H}{\mu_\mu}\lambda_H$$

$$\begin{aligned}\frac{\mu_H}{\mu_\mu}&=\frac{m_e m_p}{(m_e+m_p)}\frac{(m_\mu+m_p)}{m_\mu m_p}\\&=\frac{m_e(m_\mu+m_p)}{m_\mu(m_e+m_p)}\\&=\frac{206.77\times 9.109\times 10^{-31}+1.673\times 10^{-27}}{206.77\times(9.109\times 10^{-31}+1.673\times 10^{-27})}=5.38\times 10^{-3}\end{aligned}$$

$$\lambda_H=\frac{4}{3R}=\frac{1}{0.75\times 1.097\times 10^7}\text{m}=1.215\times 10^{-7}\text{m}$$

所以 μ 子氢的 Lyman-α 线的波长为

$$\lambda_\mu=\frac{\mu_H}{\mu_\mu}\lambda_H=5.38\times 10^{-3}\times 1.215\times 10^{-7}\text{m}=6.54\times 10^{-10}\text{m}$$

习题 5.3 氯原子在自然界有两种同位素：Cl^{35} 和 Cl^{37}。证明 HCl 的振动光谱应包含相距仅为 $\Delta v=7.51\times 10^{-4}v$ 的双线，其中 v 为出射光子的频率。提示：把它看做一个频率为 $\omega=\sqrt{k/\mu}$ 的简谐振子，μ 为约化质量 $\left(\mu=\frac{m_1 m_2}{m_1+m_2}\right)$，$k$ 对于两种同位素可认为近似相等。

解： HCl 的振动可以看做一个频率为 $\omega=\sqrt{k/\mu}$的简谐振子，μ 为其约化质量。能量本征值为

$$E_n=\left(n+\frac{1}{2}\right)\hbar\omega$$

当从 n_i 态跃迁到 n_f 时辐射光子能量满足

$$E_p=h\nu=\Delta E=(n_i-n_f)\hbar\omega=k\hbar\omega\quad(k\equiv n_i-n_f)$$

（这里没有考虑跃迁时需满足的选择定则对 k 的限制，它对我们的结果也没有影响）由于约化质量不同引起的 Cl^{35} 和 Cl^{37} 频率之差为

$$\Delta\nu=\nu_{HCl^{35}}-\nu_{HCl^{37}}=\nu_{HCl^{35}}\left(1-\frac{\nu_{HCl^{37}}}{\nu_{HCl^{35}}}\right)=\nu_{HCl^{35}}\left(1-\frac{\omega_{HCl^{37}}}{\omega_{HCl^{35}}}\right)=\nu_{HCl^{35}}\left(1-\sqrt{\frac{\mu_{HCl^{35}}}{\mu_{HCl^{37}}}}\right)$$

$$\frac{\mu_{HCl^{35}}}{\mu_{HCl^{37}}}=\frac{m_H(35m_H)}{(m_H+35m_H)}\cdot\frac{(m_H+37m_H)}{m_H(37m_H)}=\frac{35\times38}{36\times37}\approx0.9985$$

$$\begin{aligned}\Delta\nu&=\nu_{HCl^{35}}(1-\sqrt{0.9985})=\nu_{HCl^{35}}(1-\sqrt{1-0.0015})\\&\approx\nu_{HCl^{35}}\left[1-\left(1-\frac{1}{2}\times0.0015\right)\right]=7.5\times10^{-4}\nu_{HCl^{35}}\end{aligned}$$

习题 5.4

（a）如果 ψ_a 和 ψ_b 是正交且归一化的，则式 5.10 中的常数 A 为多少？

（b）如果 $\psi_a=\psi_b$（已归一化），则 A 为多少（当然，这种情况只适用于玻色子）？

解：（a）教材中式 5.10 的对称和反对称的波函数为

$$\psi_\pm(\boldsymbol{r}_1,\boldsymbol{r}_2)=A[\psi_a(\boldsymbol{r}_1)\psi_b(\boldsymbol{r}_2)\pm\psi_b(\boldsymbol{r}_1)\psi_a(\boldsymbol{r}_2)]$$

由归一化条件

$$\begin{aligned}1&=\int|\psi_\pm(\boldsymbol{r}_1,\boldsymbol{r}_2)|^2\mathrm{d}^3\boldsymbol{r}_1\mathrm{d}^3\boldsymbol{r}_2\\&=|A|^2\int[\psi_a(\boldsymbol{r}_1)\psi_b(\boldsymbol{r}_2)\pm\psi_b(\boldsymbol{r}_1)\psi_a(\boldsymbol{r}_2)]^*[\psi_a(\boldsymbol{r}_1)\psi_b(\boldsymbol{r}_2)\pm\psi_b(\boldsymbol{r}_1)\psi_a(\boldsymbol{r}_2)]\mathrm{d}^3\boldsymbol{r}_1\mathrm{d}^3\boldsymbol{r}_2\\&=|A|^2[\int|\psi_a(\boldsymbol{r}_1)|^2\mathrm{d}^3\boldsymbol{r}_1\int|\psi_b(\boldsymbol{r}_2)|\,\mathrm{d}^3\boldsymbol{r}_2\pm\int\psi_b^*(\boldsymbol{r}_1)\psi_a(\boldsymbol{r}_1)\,\mathrm{d}^3r_1\int\psi_a^*(\boldsymbol{r}_2)\psi_b(\boldsymbol{r}_2)\,\mathrm{d}^3r_2\pm\\&\quad\int\psi_a^*(\boldsymbol{r}_1)\psi_b(\boldsymbol{r}_1)\,\mathrm{d}^3\boldsymbol{r}_1\int\psi_b^*(\boldsymbol{r}_2)\psi_a(\boldsymbol{r}_2)\mathrm{d}^3\boldsymbol{r}_2+\int|\psi_b(\boldsymbol{r}_1)|^2\mathrm{d}^3\boldsymbol{r}_1\int|\psi_a(\boldsymbol{r}_2)|\mathrm{d}^3\boldsymbol{r}_2]\\&=|A|^2(1\times1\pm0\times0\pm0\times0+1\times1)=2|A|^2\rightarrow A=\frac{1}{\sqrt{2}}\end{aligned}$$

（b）当 $\psi_a=\psi_b$ 时，只有对称的波函数

$$\psi_+(\boldsymbol{r}_1,\boldsymbol{r}_2)=2A\psi_a(\boldsymbol{r}_1)\psi_b(\boldsymbol{r}_2)$$

归一化：

$$\begin{aligned}1&=\int|\psi_+(\boldsymbol{r}_1,\boldsymbol{r}_2)|^2\mathrm{d}^3\boldsymbol{r}_1\mathrm{d}^3\boldsymbol{r}_2=|A|^2\int[2\psi_a(\boldsymbol{r}_1)\psi_b(\boldsymbol{r}_2)]^*[2\psi_a(\boldsymbol{r}_1)\psi_b(\boldsymbol{r}_2)]\mathrm{d}^3\boldsymbol{r}_1\mathrm{d}^3\boldsymbol{r}_2\\&=4|A|^2\int|\psi_a(\boldsymbol{r}_1)|^2\mathrm{d}^3\boldsymbol{r}_1\int|\psi_b(\boldsymbol{r}_2)|^2\mathrm{d}^3\boldsymbol{r}_2=4|A|^2\rightarrow A=\frac{1}{2}\end{aligned}$$

习题 5.5

（a）写出两个无相互作用的全同粒子处于无限深方势阱时的哈密顿量。证明例题 5.1 给出的费米子基态是 H 具有恰当本征值的一个本征函数。

（b）除教材例题 5.1 中的两个激发态外，对另外的两个激发态，找出三种情况（可分辨，全同玻色子，全同费米子）下波函数和能量本征值。

解：（a）哈密顿量

$$H=-\frac{\hbar^2}{2m}\frac{\partial^2}{\partial x_1^2}-\frac{\hbar^2}{2m}\frac{\partial^2}{\partial x_2^2}+V(x_1,x_2)$$

其中

$$V(x_1,x_2)=\begin{cases}0 & (0\leqslant x_1,\ x_2\leqslant a)\\ \infty & (\text{其他情况})\end{cases}$$

定态薛定谔方程为

$$-\frac{\hbar^2}{2m}\frac{\partial^2\psi}{\partial x_1^2}-\frac{\hbar^2}{2m}\frac{\partial^2\psi}{\partial x_2^2}=E\psi\quad(0\leqslant x_1,\ x_2\leqslant a,\ \text{其他地方}\ \psi=0)$$

例题 5.1 给出的费米子基态的波函数是（注意这里没有考虑自旋，可认为这两个全同粒子处于相同的自旋态）

$$\psi=\frac{\sqrt{2}}{a}\left[\sin\left(\frac{\pi x_1}{a}\right)\sin\left(\frac{2\pi x_2}{a}\right)-\sin\left(\frac{2\pi x_1}{a}\right)\sin\left(\frac{\pi x_2}{a}\right)\right]$$

则

$$\frac{\partial^2\psi}{\partial x_1^2}=\frac{\sqrt{2}}{a}\left[-\left(\frac{\pi}{a}\right)^2\sin\left(\frac{\pi x_1}{a}\right)\sin\left(\frac{2\pi x_2}{a}\right)+\left(\frac{2\pi}{a}\right)^2\sin\left(\frac{2\pi x_1}{a}\right)\sin\left(\frac{\pi x_2}{a}\right)\right]$$

$$\frac{\partial^2\psi}{\partial x_2^2}=\frac{\sqrt{2}}{a}\left[-\left(\frac{2\pi}{a}\right)^2\sin\left(\frac{\pi x_1}{a}\right)\sin\left(\frac{2\pi x_2}{a}\right)+\left(\frac{\pi}{a}\right)^2\sin\left(\frac{2\pi x_1}{a}\right)\sin\left(\frac{\pi x_2}{a}\right)\right]$$

所以

$$-\frac{\hbar^2}{2m}\left(\frac{\partial^2\psi}{\partial x_1^2}+\frac{\partial^2\psi}{\partial x_2^2}\right)=\frac{5\pi^2\hbar^2}{2ma^2}\psi=E\psi\rightarrow$$

本征值 $$E=\frac{5\pi^2\hbar^2}{2ma^2}=5K\quad\left(K\equiv\frac{\pi^2\hbar^2}{2ma^2}\right)$$

（b）可分辨粒子：$E=8K,\quad \psi_{22}=\dfrac{2}{a}\sin\left(\dfrac{2\pi x_1}{a}\right)\sin\left(\dfrac{2\pi x_2}{a}\right)$

$$E=10K,\begin{cases}\psi_{13}=\dfrac{2}{a}\sin\left(\dfrac{\pi x_1}{a}\right)\sin\left(\dfrac{3\pi x_2}{a}\right)\\[2ex] \psi_{31}=\dfrac{2}{a}\sin\left(\dfrac{3\pi x_1}{a}\right)\sin\left(\dfrac{\pi x_2}{a}\right)\end{cases}\quad\text{二重简并}$$

全同玻色子：$E=8K,\ \psi_{22}=\dfrac{2}{a}\sin\left(\dfrac{2\pi x_1}{a}\right)\sin\left(\dfrac{2\pi x_2}{a}\right)$

$$E=10K,\ \psi_{13}=\frac{\sqrt{2}}{a}\left[\sin\left(\frac{\pi x_1}{a}\right)\sin\left(\frac{3\pi x_2}{a}\right)+\sin\left(\frac{3\pi x_1}{a}\right)\sin\left(\frac{\pi x_2}{a}\right)\right]$$

全同费米子：$E=10K,\ \psi_{13}=\frac{\sqrt{2}}{a}\left[\sin\left(\frac{\pi x_1}{a}\right)\sin\left(\frac{3\pi x_2}{a}\right)-\sin\left(\frac{3\pi x_1}{a}\right)\sin\left(\frac{\pi x_2}{a}\right)\right]$

$$E=13K,\ \psi_{23}=\frac{\sqrt{2}}{a}\left[\sin\left(\frac{2\pi x_1}{a}\right)\sin\left(\frac{3\pi x_2}{a}\right)-\sin\left(\frac{3\pi x_1}{a}\right)\sin\left(\frac{2\pi x_2}{a}\right)\right]$$

***习题 5.6** 想象两个无相互作用，质量均为 m，处于无限深方势阱中的粒子。如果一个粒子处于 ψ_n 态$\left(\psi_n(x)=\sqrt{\frac{2}{a}}\sin\left(\frac{n\pi}{a}x\right)\right)$，另一个粒子处于 ψ_l $(l\neq n)$ 态，计算 $\langle(x_1-x_2)^2\rangle$。假定：(a) 粒子是可分辨的。(b) 粒子为全同玻色子。(c) 粒子为全同费米子。

解： 第一个粒子的波函数 $\psi_n=\sqrt{\frac{2}{a}}\sin\left(\frac{n\pi}{a}x\right)$，第二个粒子的波函数 $\psi_l=\sqrt{\frac{2}{a}}\sin\left(\frac{l\pi}{a}x\right)$

(a) 粒子可分辨时

$$\langle(x_1-x_2)^2\rangle=\langle x^2\rangle_n+\langle x^2\rangle_l-2\langle x\rangle_n\langle x\rangle_l$$

其中

$$\langle x^2\rangle_n=\frac{2}{a}\int_0^a x^2\sin^2\left(\frac{n\pi}{a}x\right)dx=\frac{2}{a}\int_0^a x^2\frac{1-\cos(2n\pi x/a)}{2}dx$$

$$=\frac{1}{a}\int_0^a x^2dx-\frac{1}{a}\int_0^a x^2\cos\left(\frac{2n\pi}{a}x\right)dx=\frac{a^2}{3}-\frac{a^2}{2(n\pi)^2}\quad(\text{见习题 2.4})$$

同理，
$$\langle x^2\rangle_l=a^2\left[\frac{1}{3}-\frac{1}{2(l\pi)^2}\right]$$

$$\langle x\rangle_n=\frac{2}{a}\int_0^a x\sin^2\left(\frac{n\pi}{a}x\right)dx=\frac{1}{a}\int_0^a x\left[1-\cos\left(\frac{2n\pi}{a}x\right)\right]dx=\frac{a}{2}$$

同理，$\langle x\rangle_l=\frac{a}{2}$，所以

$$\langle(x_1-x_2)^2\rangle=a^2\left[\frac{1}{6}-\frac{1}{2\pi^2}\left(\frac{1}{n^2}+\frac{1}{l^2}\right)\right]$$

(b) 全同玻色子时

$$\langle(x_1-x_2)^2\rangle=\langle x^2\rangle_n+\langle x^2\rangle_l-2\langle x\rangle_n\langle x\rangle_l-2|\langle x\rangle_{nl}|^2$$

其中

$$\langle x\rangle_{nl}=\frac{2}{a}\int_0^a x\sin\left(\frac{n\pi}{a}x\right)\sin\left(\frac{l\pi}{a}x\right)dx=\frac{1}{a}\int_0^a x\left[\cos\left(\frac{(n-l)\pi}{a}x\right)-\cos\left(\frac{(n+l)\pi}{a}x\right)\right]dx$$

$$=\frac{1}{a}\left\{\left[\frac{a}{(n-l)\pi}\right]^2\cos\left(\frac{(n-l)\pi}{a}x\right)+\frac{ax}{(n-l)\pi}\sin\left(\frac{(n-l)\pi}{a}x\right)-\right.$$
$$\left.\left[\frac{a}{(n+l)\pi}\right]^2\cos\left(\frac{(n+l)\pi}{a}x\right)-\frac{ax}{(n+l)\pi}\sin\left(\frac{(n+l)\pi}{a}x\right)\right\}\Bigg|_0^a$$

$$=\frac{1}{a}\left\{\left[\frac{a}{(n-l)\pi}\right]^2(\cos[(n-l)\pi]-1)-\left[\frac{a}{(n+l)\pi}\right]^2[\cos((n+l)\pi)-1]\right\}$$

但是 $\cos[(n\pm l)\pi]=(-1)^{n\pm l}$,因此

$$\langle x\rangle_{nl}=\frac{a}{\pi^2}[(-1)^{n+l}-1]\left(\frac{1}{(n-l)^2}-\frac{1}{(n+l)^2}\right)=\begin{cases}\dfrac{-8nla}{\pi^2(n^2-l^2)^2} & (n\text{ 和 }l\text{ 有相反的奇偶性})\\ 0 & (n\text{ 和 }l\text{ 有相同的奇偶性})\end{cases}$$

所以

$$\langle(x_1-x_2)^2\rangle=a^2\left[\frac{1}{6}-\frac{1}{2\pi^2}\left(\frac{1}{n^2}+\frac{1}{l^2}\right)\right]-\frac{128n^2l^2a^2}{\pi^4(n^2-l^2)^4}$$

最后一项只有当 n 和 l 具有相反的奇偶性时才成立。

(c) 全同费米子时

$$\langle(x_1-x_2)^2\rangle=\langle x^2\rangle_n+\langle x^2\rangle_l-2\langle x\rangle_n\langle x\rangle_l+2|\langle x\rangle_{nl}|^2$$
$$=a^2\left[\frac{1}{6}-\frac{1}{2\pi^2}\left(\frac{1}{n^2}+\frac{1}{l^2}\right)\right]+\frac{128n^2l^2a^2}{\pi^4(n^2-l^2)^4}$$

同样，最后一项只有当 n 和 l 具有相反的奇偶性时才成立。

习题5.7 设想你有三个粒子，一个处在 ψ_a 态，一个处在 ψ_b 态，一个处在 ψ_c 态。假定 ψ_a，ψ_b，ψ_c 彼此正交，试构造三粒子体系的状态波函数（类比教材中的式5.15、式5.16和式5.17)，用来代表：(a) 可分辨粒子；(b) 全同玻色子；(c) 全同费米子。记住 (b) 的情况为：任意两个粒子满足交换对称性；(c) 的情况为任意两个粒子满足交换反对称性。这里有个很有用的构造反对称波函数的方法：建立斯莱特 (Slater) 行列式，它的第一行为 $\psi_a(x_1)$，$\psi_b(x_1)$，$\psi_c(x_1)$，…第二行为 $\psi_a(x_2)$，$\psi_b(x_2)$，$\psi_c(x_2)$，…依此类推（这种方法适用于任意数量的粒子系统)。

解：(a) 可分辨粒子

$$\psi(x_1,x_2,x_3)=\psi_a(x_1)\psi_b(x_2)\psi_c(x_3)$$

(b) 全同玻色子

$$\psi(x_1,x_2,x_3)=\frac{1}{\sqrt{6}}[\psi_a(x_1)\psi_b(x_2)\psi_c(x_3)+\psi_a(x_1)\psi_c(x_2)\psi_b(x_3)+\psi_b(x_1)\psi_a(x_2)\psi_c(x_3)+\psi_b(x_1)\psi_c(x_2)\psi_a(x_3)+\psi_c(x_1)\psi_b(x_2)\psi_a(x_3)+\psi_c(x_1)\psi_a(x_2)\psi_b(x_3)]$$

(c) 全同费米子

$$\psi(x_1,x_2,x_3)=\frac{1}{\sqrt{6}}\begin{vmatrix}\psi_a(x_1)&\psi_b(x_1)&\psi_c(x_1)\\ \psi_a(x_2)&\psi_b(x_2)&\psi_c(x_2)\\ \psi_a(x_3)&\psi_b(x_3)&\psi_c(x_3)\end{vmatrix}$$
$$=\frac{1}{\sqrt{6}}[\psi_a(x_1)\psi_b(x_2)\psi_c(x_3)-\psi_a(x_1)\psi_c(x_2)\psi_b(x_3)-\psi_b(x_1)\psi_a(x_2)\psi_c(x_3)+\psi_b(x_1)\psi_c(x_2)\psi_a(x_3)-\psi_c(x_1)\psi_b(x_2)\psi_a(x_3)+\psi_c(x_1)\psi_a(x_2)\psi_b(x_3)]$$

习题 5.8 假设对哈密顿量（式 5.24 $\left(H = \sum_{j=1}^{z}\left\{-\frac{\hbar^2}{2m}\Delta_j^2 - \left(\frac{1}{4\pi\varepsilon_0}\right)\frac{Ze^2}{r_j}\right\} + \frac{1}{2}\left(\frac{1}{4\pi\varepsilon_0}\right)\sum_{j\neq k}^{z}\frac{e^2}{|\boldsymbol{r}_j - \boldsymbol{r}_k|}\right)$）你可以找到满足薛定谔方程（式 5.25（$H\psi = E\psi$））的解 ψ（$\boldsymbol{r}_1$，$\boldsymbol{r}_2$，…，$\boldsymbol{r}_z$）。描述一下你将如何用它来构造一个完全对称或反对称的函数，且同时满足具有相同能量的薛定谔方程。

解：

$$\psi = A[\psi(\boldsymbol{r}_1, \boldsymbol{r}_2, \boldsymbol{r}_3, \cdots, \boldsymbol{r}_z) \pm \psi(\boldsymbol{r}_2, \boldsymbol{r}_1, \boldsymbol{r}_3, \cdots, \boldsymbol{r}_z) + \psi(\boldsymbol{r}_2, \boldsymbol{r}_3, \boldsymbol{r}_1, \cdots, \boldsymbol{r}_z) + \mathrm{etc}]$$

其中“etc”表示的是所有的变量 $\boldsymbol{r}_1$，$\boldsymbol{r}_2$，$\boldsymbol{r}_3$，…，$\boldsymbol{r}_z$ 之间进行交换所得的函数，当 $\boldsymbol{r}_i \leftrightarrow \boldsymbol{r}_j$ 交换的次数是偶数次时取“+”号，当交换的次数是奇数时取“±”号（对玻色子取正号，对费米子取负号）。最后求归一化系数 A，一般情况 $A = 1/\sqrt{Z!}$，但是如果函数 ψ（$\boldsymbol{r}_1$，$\boldsymbol{r}_2$，…，$\boldsymbol{r}_z$）已经在一些变换下具有对称性，那么系数 $A \neq 1/\sqrt{Z!}$。

习题 5.9

（a）假设你将两个电子放入氦原子 $n = 2$ 的能态；那么发射电子的能量将是多少？

（b）（定量）描述氦离子 He^+ 的光谱。

解：（a）每个电子的能量是 $E = Z^2E_1/n^2 = 4E_1/4 = E_1 = -13.6\text{eV}$，（$E_1$ 为氢原子基态能量）因此两个电子最初的能量总共是 $2\times(-13.6)\text{eV} = -27.2\text{eV}$。一个电子跌落到基态后它的能量是 $Z^2E_1/1 = 4E_1$，因此另外一个被发射电子的能量是 $2E_1 - 4E_1 = -2E_1 = 27.2\text{eV}$（注意这里提及氦原子能级时没有考虑两个电子之间的相互作用）。

（b）He^+ 有一个电子，它是一个 $Z = 2$ 的类氢离子，因此，它的光谱 $\frac{1}{\lambda} = 4R\left(\frac{1}{n_f^2} - \frac{1}{n_i^2}\right)$。其中 R 是氢原子的里德伯常数，n_i 和 n_f 分别是初态和末态的主量子数。

习题 5.10（定量）讨论在下述两种情况下氦原子的能级图：

（a）电子是全同玻色子；

（b）假设电子是可分辨的粒子，它的质量和电量没有变化，并且自旋仍为 1/2，即仍有自旋单态和自旋三态。

解：

（a）基态波函数的空间部分是对称的，对玻色子，它必须和对称的自旋波函数结合，所以它的基态是正氦，而且三重简并。激发态可以形成正氦（三重态）或仲氦（独态），因为正氦的空间波函数是对称的，因此正氦的能量要比对应的仲氦的能量高（这显然与试验矛盾，因为电子不是玻色子）。

（b）基态和所有的激发态都能形成正氦和仲氦，而且都是四重简并。但是我们无法事先知道正氦和仲氦的能量哪个高，因为我们不知道这两种态哪个和对称空间波函数相结合。

**** 习题5.11**

(a) 计算 $\psi_0\left(式5.30\left(\psi_0(\boldsymbol{r}_1,\boldsymbol{r}_2)=\psi_{100}(\boldsymbol{r}_1)\psi_{100}(\boldsymbol{r}_2)=\frac{8}{\pi a^3}e^{-2(r_1+r_2)/a}\right)\right)$下的$\langle(1/|\boldsymbol{r}_1-\boldsymbol{r}_2|)\rangle$。

提示:首先在极坐标下积分 $d^3\boldsymbol{r}_2$,极轴沿 $\boldsymbol{r}_1$ 方向使:

$$|\boldsymbol{r}_1-\boldsymbol{r}_2|=\sqrt{r_1^2+r_2^2-2r_1r_2\cos\theta_2}$$

θ_2 的积分是容易的,但要注意根号下只能取正值。所以我们需要把 r_2 分为两部分,第一部分从0积到 r_1,第二部分从 r_2 积到 $+\infty$(答案是 $5/4a$)。

(b)应用(a)的结果估算氦原子基态的电子相互作用能的大小。结果用eV(电子伏特)表示,并将结果加到 E_0(式5.31($E_0=8(-13.6\text{eV})=-109\text{eV}$))上，从而得到修正后的氦原子基态能量。和实验测量值相比较（当然，我们使用的仍然是一个近似波函数，所以不要指望两个值完全吻合)。

解:(a) $\psi_0=\left(\frac{8}{\pi a^3}\right)e^{-2(r_1+r_2)/a}$

$$\left\langle\frac{1}{|\boldsymbol{r}_1-\boldsymbol{r}_2|}\right\rangle=\left(\frac{8}{\pi a^3}\right)^2\int\underbrace{\left[\int\frac{e^{-4(r_1+r_2)/a}}{\sqrt{r_1^2+r_2^2-2r_1r_2\cos\theta_2}}d^3\boldsymbol{r}_2\right]}_{P}d^3\boldsymbol{r}_1$$

$$P=2\pi\int_0^{+\infty}e^{-4(r_1+r_2)/a}\underbrace{\left[\int_0^{\pi}\frac{\sin\theta_2}{\sqrt{r_1^2+r_2^2-2r_1r_2\cos\theta_2}}d\theta_2\right]}_{Q}r_2^2dr_2$$

$$Q=\frac{1}{r_1r_2}\sqrt{r_1^2+r_2^2-2r_1r_2\cos\theta_2}\Big|_0^{\pi}=\frac{1}{r_1r_2}\left(\sqrt{r_1^2+r_2^2+2r_1r_2}-\sqrt{r_1^2+r_2^2-2r_1r_2}\right)$$

$$=\frac{1}{r_1r_2}[(r_1+r_2)-|r_1-r_2|)=\begin{cases}\dfrac{2}{r_1} & (r_2<r_1)\\[2ex]\dfrac{2}{r_2} & (r_1<r_2)\end{cases}$$

$$P=4\pi e^{-4r_1/a}\left[\frac{1}{r_1}\int_0^{r_1}r_2^2e^{-4r_2/a}dr_2+\int_{r_1}^{+\infty}r_2e^{-4r_2/a}dr_2\right]$$

$$\frac{1}{r_1}\int_0^{r_1}r_2^2e^{-4r_2/a}dr_2=\frac{1}{r_1}\left[-\frac{a}{4}r_2^2e^{-4r_2/a}-2\left(\frac{a}{4}\right)^2r_2e^{-4r_2/a}-2\left(\frac{a}{4}\right)^3e^{-4r_2/a}\right]\Bigg|_0^{r_1}$$

$$=-\frac{a}{4r_1}\left[r_1^2e^{-4r_1/a}+\frac{a}{2}r_1e^{-4r_1/a}+\frac{a^2}{8}e^{-4r_1/a}-\frac{a^2}{8}\right]$$

$$\int_{r_1}^{+\infty}r_2e^{-4r_2/a}dr_2=\left[-\left(\frac{a}{4}\right)r_2e^{-4r_2/a}-\left(\frac{a}{4}\right)^2e^{-4r_2/a}\right]\Bigg|_{r_1}^{+\infty}=\frac{a}{4}r_1e^{-4r_1/a}+\frac{a^2}{16}e^{-4r_1/a}$$

$$P=4\pi\left\{\frac{a^3}{32r_1}e^{-4r_1/a}+\left[-\frac{a}{4}r_1-\frac{a^2}{8}-\frac{a^3}{32r_1}+\frac{a}{4}r_1+\frac{a^2}{16}\right]e^{-8r_1/a}\right\}$$

$$=\frac{\pi a^2}{8}\left[\frac{a}{r_1}e^{-4r_1/a}-\left(2+\frac{a}{r_1}\right)e^{-8r_1/a}\right]$$

$$\left\langle \frac{1}{|\boldsymbol{r}_1-\boldsymbol{r}_2|} \right\rangle = \frac{8}{\pi a^4} 4\pi \int_0^{+\infty} \left[\frac{a}{r_1} \mathrm{e}^{-4r_1/a} - \left(2+\frac{a}{r_1}\right) \mathrm{e}^{-8r_1/a} \right] r_1^2 \mathrm{d}r_1$$

$$= \frac{32}{a^4} \left(a\int_0^{+\infty} r_1 \mathrm{e}^{-4r_1/a} \mathrm{d}r_1 - 2\int_0^{+\infty} r_1^2 \mathrm{e}^{-8r_1/a} \mathrm{d}r_1 - a\int_0^{+\infty} r_1 \mathrm{e}^{-8r_1/a} \mathrm{d}r_1 \right)$$

$$= \frac{32}{a^4} \left[a\cdot\left(\frac{a}{4}\right)^2 - 2\cdot 2\left(\frac{a}{8}\right)^3 - a\cdot\left(\frac{a}{8}\right)^2 \right] = \frac{32}{a}\left(\frac{1}{16}-\frac{1}{128}-\frac{1}{64}\right) = \frac{5}{4a}$$

(b)

$$V_{ee} \approx \frac{e^2}{4\pi\varepsilon_0} \left\langle \frac{1}{|\boldsymbol{r}_1-\boldsymbol{r}_2|} \right\rangle = \frac{5}{4}\frac{\mathrm{e}^2}{4\pi\varepsilon_0}\frac{1}{a} = \frac{5}{2}\frac{m}{\hbar^2}\left(\frac{e^2}{4\pi\varepsilon_0}\right)^2 = \frac{5}{2}(-E_1)$$

$$= \frac{5}{2}\times 13.6\mathrm{eV} = 34\mathrm{eV}$$

$$E_0 + V_{ee} \approx (-109+34)\,\mathrm{eV} = -75\mathrm{eV}$$

这个值非常接近实验值 −79eV。

习题 5.12

(a) 按照式 5.33($(1s)^2(2s)^2(2p)^2$)的写法，写出周期表前两行（氖之前）元素的基态电子组态，并在教材的表 5.1 中对照结果是否正确。

(b) 按照式 5.34 ($^{2s+1}L_J$) 的写法，写出前四种元素对应的总角量子数，并列出硼、碳、氮的所有可能组态。

解：(a) H: $(1s)$，He: $(1s)^2$，Li: $(1s)^2(2s)$，Be: $(1s)^2(2s)^2$，B: $(1s)^2(2s)^2(2p)$

C: $(1s)^2(2s)^2(2p)^2$，N: $(1s)^2(2s)^2(2p)^3$，O: $(1s)^2(2s)^2(2p)^4$

F: $(1s)^2(2s)^2(2p)^5$，Ne: $(1s)^2(2s)^2(2p)^6$

(b) H: $^2S_{1/2}$，He: $^1S_0$，Li: $^2S_{1/2}$，Be: $^1S_0$

B：1 个 p 电子的自旋为 $s=1/2$，轨道角动量 $l=1$，因此 $J=3/2$ 或 $1/2$，所以可能组态是 $^2P_{3/2}$，$^2P_{1/2}$。

C：两个 p 电子的总轨道角动量可能值为 $L=0$，1，2，总自旋为 $S=0$，1，因此总角动量可能值为 $J=0$，1，2，3，所以可能组态是 $^1S_0$，$^3S_1$，$^1P_1$，$^3P_2$，$^3P_1$，$^3P_0$，$^1D_2$，$^3D_3$，$^3D_2$，$^3D_1$。

N：三个 p 电子总轨道角动量可能值为 $L=3$，2，1，总自旋可能值为 $S=3/2$，1/2，总角动量可能值为 $J=1/2$，3/2，5/2，7/2，9/2，所以可能组态是

$^2S_{1/2}$，$^4S_{3/2}$，$^2P_{1/2}$，$^2P_{3/2}$，$^4P_{1/2}$，$^4P_{3/2}$，$^4P_{5/2}$，$^2D_{3/2}$，$^2D_{5/2}$

$^4D_{1/2}$，$^4D_{3/2}$，$^4D_{5/2}$，$^4D_{7/2}$，$^2F_{5/2}$，$^2F_{3/2}$，$^4F_{3/2}$，$^2F_{5/2}$，$^4F_{7/2}$，$^4F_{9/2}$

**** 习题 5.13**

(a) **洪德第一定则**告诉我们：在不违背泡利不相容原理下，总自旋（S）取最大值的状态的能量最低。这个定则如何预测氦原子激发态的情况？

(b) **洪德第二定则**告诉我们：当自旋给定时，总轨道角量子数（L）取最大值，且整体波函数具有反对称性的态，将具有最低的能量。为什么碳原子不可能有 $L=2$？提示：“梯子最顶端”（$M_L=L$）空间波函数是对称的。

(c) **洪德第三定则**告诉我们：如果子壳层（n，l）填充不到半满，则能量最低态满足：$J=|L-S|$；如果填充超过一半，则 $J=L+S$ 态能量最低。应用这个定则解决硼的不确定性问题（即习题5.12（b））。

(d) 应用洪德定则以及对称自旋态必须配之空间位置反对称态（反之亦然）这个结论解决碳原子和氮原子的不确定性问题（即习题5.12（b））。提示：爬到"梯子的顶端"总可以得到一个对称态。

解:

(a) 对于相对应的态，正氦（$S=1$）的能量比仲氦（$S=0$）的能量低。

(b) 由洪德第一定则可知，两个最外层电子的总自旋 $S=1$ 时，能量最低，此时两个电子的自旋波函数是自旋三态，是对称的，那么空间波函数必须是反对称的，而由"梯子最顶端是对称的"原理可知 $L\neq 2$，如果 $L=2$ 两个电子的轨道波函数 $|22\rangle=|11\rangle_1|11\rangle_2$ 将是对称的，所以碳原子的基态 $S=1$，$L=1$，可能的电子组态有 ${}^3P_2, {}^3P_1, {}^3P_0$ 三种情况。

(c) 对于硼原子仅仅有一个电子处于 $2p$ 子壳层，而 $2p$ 子壳层可以容纳6个电子，因此由洪德第三定则可知 $J=|L-S|$，在习题5.12（b）中 $s=1/2$，$l=1$，则 $J=1/2$，所以硼原子电子组态为 ${}^2P_{1/2}$。

(d) 对于碳原子仅有两个电子处在最外子壳层，由第一、第二定则可得 $S=1$，$L=1$，由第三定则可得 $J=0$，因此碳原子基态的电子组态是 ${}^3P_0$

对于氮原子，有三个 p 电子，由洪德第一定则可知 $S=3/2$，由于处于梯子的顶端 $\left|\frac{3}{2}\ \frac{3}{2}\right\rangle=\left|\frac{1}{2}\ \frac{1}{2}\right\rangle_1\left|\frac{1}{2}\ \frac{1}{2}\right\rangle_2\left|\frac{1}{2}\ \frac{1}{2}\right\rangle_3$，此时自旋波函数是对称的。由洪德第二定则可知若 $L=3$，空间波函数也是对称的，因此不满足费米子波函数反对称的要求。事实上，只有 $L=0$ 的轨道波函数才是反对称的。（你可以直接计算 C-G 系数得到，但是通过以下方法更容易得到这个结论：假设三个电子都处在"梯子的顶端"的自旋状态，那么每个电子都有向上的自旋 $\left|\frac{1}{2}\ \frac{1}{2}\right\rangle$，那么轨道波函数必须是不一样的（由泡利不相容原理，因为自旋波函数现在是一样的）：$|1\,1\rangle$，$|1\,0\rangle$，$|1\,-1\rangle$，这时 $L=0$）最外层有三个电子，正好充满了一半，因此由洪德第三定则可得 $J=|L-S|$，即 $J=3/2$，所以氮的基态电子组态是 ${}^4S_{3/2}$。

习题 5.14 镝（Dy）原子（66号元素，处在周期表的第六行）的基态为 ${}^5I_8$。求总自旋、总轨道和总角动量的量子数。并写出镝原子的一种可能的电子组态。

解: $S=2$；$L=6$；$J=8$

$$\underbrace{(1s)^2(2s)^2(2p)^6(3s)^2(3p)^6(3d)^{10}(4s)^2(4p)^6}_{\text{确定的36个电子}}\ \underbrace{(4d)^{10}(5s)^2(5p)^6(4f)^{10}(6s)^2}_{\text{可能的30个电子}}$$

习题 5.15 计算出每个自由电子的平均能量是费米能级的几分之几？答案：$(3/5)\ E_F$。

解：对金属中的自由电子气体，设固体体积为 V，自由电子数目为 Nq，费米能级为（教材中的式5.43）

$$E_F=\frac{\hbar^2}{2m}\left(3\rho\pi^2\right)^{2/3},\ \rho\equiv\frac{Nq}{V}$$

电子气体的总能量为

$$E_{\mathrm{tot}}=\frac{\hbar^2 V}{2\pi^2 m}\int_0^{k_F}k^4\mathrm{d}k=\frac{\hbar^2 k_F^5 V}{10\pi^2 m}=\frac{\hbar^2(3\pi^2 Nq)^{\frac{5}{3}}}{10\pi^2 m}V^{-\frac{2}{3}}\quad（教材中的式5.45）$$

所以每个自由电子的平均能量除以费米能级为

$$\frac{(E_{\mathrm{tot}}/Nq)}{E_F}=\frac{\hbar^2\ (3\pi^2 Nq)^{5/3}}{10\pi^2 mV^{2/3}}\frac{1}{Nq}\frac{2m}{\hbar^2(3\pi^2 Nq/V)^{2/3}}=\frac{3}{5}$$

习题5.16 铜的密度为$8.96\times10^3\mathrm{kg/m^3}$，相对原子质量为63.5g。

（a）计算铜的费米能级（式5.43）。假定$q=1$，单位选为电子伏（eV）。

（b）相应的电子速度为多少？提示：$E_F=\frac{1}{2}mv^2$。将铜中的电子假定为非相对论的是否合适？

（c）温度为多少时铜的特征热能（k_BT，其中k_B为玻尔兹曼常数，T为热力学温度）和费米能量相同？注：这个温度被称为费米温度。只要实际的温度远远小于费米温度，则大部分的电子将会处于最低的能态，此时该物质就可以被视为“冷的”。因为铜的熔点为1356K，固态铜总是可以被视为冷的。

（d）用电子气体模型计算铜的简并压力（式5.46）。

解：（a）对于铜每个原子贡献1个自由电子$q=1$，由费米能级表示式

$$E_F=\frac{\hbar^2}{2m}(3\rho\pi^2)^{2/3}$$

其中自由电荷密度为

$$\rho=\frac{Nq}{V}=\frac{N}{V}=\frac{原子数目}{体积}=\frac{原子数目}{摩尔数}\frac{摩尔数}{质量}\frac{质量}{体积}=\frac{N_A}{M}d$$

式中，$N_A=\frac{原子数目}{摩尔数}=6.02\times10^{23}$是阿伏伽德罗常量；$d=\frac{质量}{体积}=8.96\mathrm{g/cm^3}$是铜的密度；$M=\frac{质量}{摩尔数}=63.5\mathrm{g/mol}$是铜的摩尔质量。将这三个量代入可求出

$$\rho=\frac{6.02\times10^{23}}{63.5}\times8.96=8.49\times10^{22}/\mathrm{cm^3}=8.49\times10^{28}/\mathrm{m^3}$$

$$E_F=\frac{(1.055\times10^{-34}\mathrm{J\cdot s})^2}{2\times(9.11\times10^{-31}\mathrm{kg})}(3\pi^2\times8.49\times10^{28}\mathrm{m^{-3}})^{2/3}$$

$$=\frac{(1.055\times10^{-34}\mathrm{J\cdot s})\left(\frac{1.055\times10^{-34}}{1.602\times10^{-19}}\mathrm{eV\cdot s}\right)}{2\times(9.11\times10^{-31}\mathrm{kg})}(3\pi^2\times8.49\times10^{28}\mathrm{m^{-3}})^{2/3}$$

$$=\frac{(1.055\times10^{-34}\mathrm{J\cdot s})(6.58\times10^{-16}\mathrm{eV\cdot s})}{2\times(9.11\times10^{-31}\mathrm{kg})}(3\pi^2\times8.49\times10^{28}\mathrm{m^{-3}})^{2/3}$$

$$=7.04\mathrm{eV}$$

（b）由$E_F=\frac{1}{2}mv^2$可得

$$v=\sqrt{\frac{2E_F}{m}}=\sqrt{\frac{2\times 7.04\mathrm{eV}}{0.511\times 10^6\mathrm{eV}/c^2}}=5.25\times 10^{-3}c=1.57\times 10^6\mathrm{m/s}$$

可知铜中的电子是非相对论的。

(c)
$$T=\frac{E_F}{k_B}=\frac{7.04\mathrm{eV}}{8.62\times 10^{-5}\mathrm{eV/K}}=8.17\times 10^4\mathrm{K}$$

(d) 由教材中的式5.46

$$P=\frac{(3\pi^2)^{2/3}\hbar^2}{5m}\rho^{5/3}=\frac{(3\pi^2)^{2/3}(1.055\times 10^{-34})^2}{5\times(9.109\times 10^{-31})}\times(8.49\times 10^{28})^{5/3}\mathrm{N/m^2}$$
$$=3.84\times 10^{10}\mathrm{N/m^2}$$

习题5.17 物质的体积模量的定义为压力的减少量和由此导致的单位体积增加量的比：$B=-V\dfrac{\mathrm{d}P}{\mathrm{d}V}$

证明在自由电子气体模型中的$B=(5/3)P$，应用习题5.16（d）中的结果估算铜的体积模量。注：实验值为$13.4\times 10^{10}\mathrm{N/m^2}$，但是不要期待你的估算值和实验值完全吻合——毕竟我们忽略了所有电子-核子、电子-电子的相互作用力。但实际上，你会发现估算值和实验值依然令人吃惊地相近。

解：在自由电子气体模型中，量子压力

$$P=\frac{(3\pi^2)^{2/3}\hbar^2}{5m}\rho^{5/3}=\frac{(3\pi^2)^{2/3}\hbar^2}{5m}\left(\frac{Nq}{V}\right)^{5/3}=AV^{-5/3}$$

$$B=-V\frac{\mathrm{d}P}{\mathrm{d}V}=-V\left(-\frac{5}{3}\right)AV^{-8/3}=\frac{5}{3}AV^{-5/3}=\frac{5}{3}P$$

由习题5.16（d）可知，铜的简并压为$3.84\times 10^{10}\mathrm{N/m^2}$，所以

$$B=(5/3)P=\frac{5}{3}\times 3.84\times 10^{10}\mathrm{N/m^2}=6.4\times 10^{10}\mathrm{N/m^2}$$

习题5.18 (a)利用式5.59和式5.63，证明处于周期性δ函数势中的一个粒子的波函数可以写为

$$\psi(x)=C[\sin(kx)+\mathrm{e}^{-\mathrm{i}Ka}\sin k(a-x)]\quad(0\leqslant x\leqslant a)$$

(不需要求出归一化常数C的具体值)

(b) 这里存在一个例外：在一个能带顶端，z是π的整数倍（见教材中的图5.6），(a)中所给的波函数将导致$\psi(x)=0$。找出这种情况下正确的波函数。注意每个狄拉克函数会导致ψ产生变化。

解：(a) 式5.59给出

$$\psi(x)=A\sin(kx)+B\cos(kx)\quad(0<x<a)$$

式5.63给出

$$A\sin(ka)=[\mathrm{e}^{\mathrm{i}Ka}-\cos(ka)]B$$

因此，

$$\psi(x)=A\sin(kx)+B\cos(kx)=A\sin(kx)+\frac{A\sin(ka)}{e^{iKa}-\cos(ka)}\cos(kx)$$

$$=\frac{A}{e^{iKa}-\cos(ka)}[e^{iKa}\sin(kx)-\cos(ka)\sin(kx)+\sin(ka)\cos(kx)]$$

$$=\frac{A}{e^{iKa}-\cos(ka)}[e^{iKa}\sin(kx)+\sin k(a-x)]$$

$$=\frac{A}{e^{iKa}-\cos(ka)}e^{iKa}[\sin(kx)+e^{-iKa}\sin k(a-x)]$$

令

$$C=\frac{A}{e^{iKa}-\cos(ka)}e^{iKa}$$

所以 $$\psi(x)=C[\sin(kx)+e^{-iKa}\sin k(a-x)]$$

（b）如果 $z=ka=n\pi$（n 为整数），由式 5.64 能级满足的方程

$$\cos(Ka)=\cos(ka)+\frac{m\alpha}{\hbar^2 k}\sin(ka)$$

有

$$\cos(Ka)=\cos(ka)=(-1)^n$$

$$\cos^2(Ka)+\sin^2(Ka)=1\to\sin(Ka)=0\to$$

$$e^{iKa}=\cos(Ka)+i\sin(Ka)=\cos(Ka)$$

此时，常数 $C=\dfrac{Ae^{iKa}}{e^{iKa}-\cos(ka)}$ 中分母为零，必须用式 5.63

$$A\sin(ka)=[e^{iKa}-\cos(ka)]B$$

由于 $\sin ka=0$，$e^{iKa}-\cos ka=0$，现在上式对任何 A，B 都成立。而由式 5.62

$$kA-e^{-iKa}k[A\cos(ka)-B\sin(ka)]=\frac{2m\alpha}{\hbar^2}B$$

左边 $=kA-\cos(ka)kA\cos(ka)=kA[1-(-1)^{2n}]=0$，所以 $B=0$，这样波函数为 $\psi(x)=A\sin(kx)$。

在 δ 函数处，$x=a$，$\psi(x)=0$，波函数没有感受到狄拉克梳的存在。

习题 5.19 对 $\beta=10$ 时，第一允带底端的能量大小，精确到千分位。为了便于讨论，可令 $\alpha/a=1\text{eV}$。

解：对 $\beta=10$，第一允带底，式 5.66 给出

$$f(z)=\cos z+10\frac{\sin z}{z}=1$$

数值求解给出 $z=2.62768$，因此，第一允带底端的能量（$\beta\equiv m\alpha a/\hbar^2$）

$$E=\frac{\hbar^2k^2}{2m}=\frac{\hbar^2(ka)^2}{2ma^2}=\frac{\alpha z^2}{2\beta a}=\frac{2.62768^2}{20}\text{eV}=0.345\text{eV}。$$

** **习题 5.20** 假设此时的情况是 δ 函数势阱，而不再是峰（也就是改变式 5.57 中 α

的符号)。分析这种情况,建立类似于教材中图 5.6 和图 5.7 的图像。对于正能量,我们不需要更多的计算(只需要将式 5.66 做一下适当修改),但是对于能量为负的情况,我们就需要重新计算—并且将它们也表示在图表上(这样,图像将包含负 z 轴的情况)。此时,第一允带将有多少个态存在?

解:对于 $E>0$ 情况,解仍然是课本所给解的形式,只不过现在 α 是负值。

对于能量 $E<0$ 情况,在区域 $0<x<a$,定态薛定谔方程为

$$\frac{\mathrm{d}^2\psi}{\mathrm{d}x^2}=\kappa^2\psi,\ \kappa\equiv\frac{\sqrt{-2mE}}{\hbar}$$

通解为

$$\psi(x)=A\sinh\kappa x+B\cosh\kappa x$$

根据布洛赫定理,在 $-a<x<0$ 区域,

$$\psi(x)=\mathrm{e}^{-\mathrm{i}Ka}\left[A\sinh\kappa(x+a)+B\cosh\kappa(x+a)\right]$$

由波函数在 $x=0$ 处连续条件,有

$$B=\mathrm{e}^{-\mathrm{i}Ka}(A\sinh\kappa a+B\cosh\kappa a)\rightarrow$$

$$A\mathrm{e}^{-\mathrm{i}Ka}\sinh\kappa a+B(\mathrm{e}^{-\mathrm{i}Ka}\cosh\kappa a-1)=0$$

波函数的导数在 $x=0$ 处有跃变,

$$\kappa A-\mathrm{e}^{-\mathrm{i}Ka}\kappa(A\cosh\kappa a+B\sinh\kappa a)=\frac{2m\alpha}{\hbar^2}B$$

$$\Rightarrow A(\kappa-\mathrm{e}^{-\mathrm{i}Ka}\kappa\cosh\kappa a)-B\left(\kappa\mathrm{e}^{-\mathrm{i}Ka}\sinh\kappa a+\frac{2m\alpha}{\hbar^2}\right)=0$$

A,B 有非零解的条件(即能级必须满足的条件)为以上方程组的系数行列式为零

$$\begin{vmatrix}\mathrm{e}^{-\mathrm{i}Ka}\sinh\kappa a & (\mathrm{e}^{-\mathrm{i}Ka}\cosh\kappa a-1)\\(\kappa-\mathrm{e}^{-\mathrm{i}Ka}\kappa\cosh\kappa a) & -(\kappa\mathrm{e}^{-\mathrm{i}Ka}\sinh\kappa a+2m\alpha/\hbar^2)\end{vmatrix}=0$$

$$-\mathrm{e}^{-\mathrm{i}Ka}\sinh\kappa a(\kappa\mathrm{e}^{-\mathrm{i}Ka}\sinh\kappa a+2m\alpha/\hbar^2)-(\mathrm{e}^{-\mathrm{i}Ka}\cosh\kappa a-1)(\kappa-\mathrm{e}^{-\mathrm{i}Ka}\kappa\cosh\kappa a)=0\rightarrow$$

$$\mathrm{e}^{\mathrm{i}Ka}-2\cosh\kappa a+\mathrm{e}^{-\mathrm{i}Ka}\cosh^2\kappa a-\mathrm{e}^{-\mathrm{i}Ka}\sinh^2\kappa a=\frac{2m\alpha}{\hbar^2\kappa}\sinh\kappa a\rightarrow$$

$$\cos Ka=\cosh\kappa a+\frac{m\alpha}{\hbar^2\kappa}\sinh\kappa a$$

这个方程类似教材中的式 5.64。定义 $z\equiv-\kappa a$,$\beta\equiv\frac{m\alpha a}{\hbar^2}$,类似地,可得

$$f(z)=\cosh z+\beta\frac{\sinh z}{z}$$

由于 $\kappa\equiv\frac{\sqrt{-2mE}}{\hbar}>0$,这个方程仅对 $z<0$ 成立,对应 $E<0$ 的情况。对 $E>0$ 的情况,κ 为虚数,我们回到课本式 5.66

$$f(z)=\cos(z)+\beta\frac{\sin(z)}{z}$$

此式适用于 $z>0$ 的情况。图 5-1 画出了 $\beta=-1.5$ 时的 $f(z)$,其中 $z>0$ 时是用课本的式 5.66。同样,由于 $|\cos Ka|\leqslant 1$,当 $f(z)$ 超出了 $(-1,1)$ 的

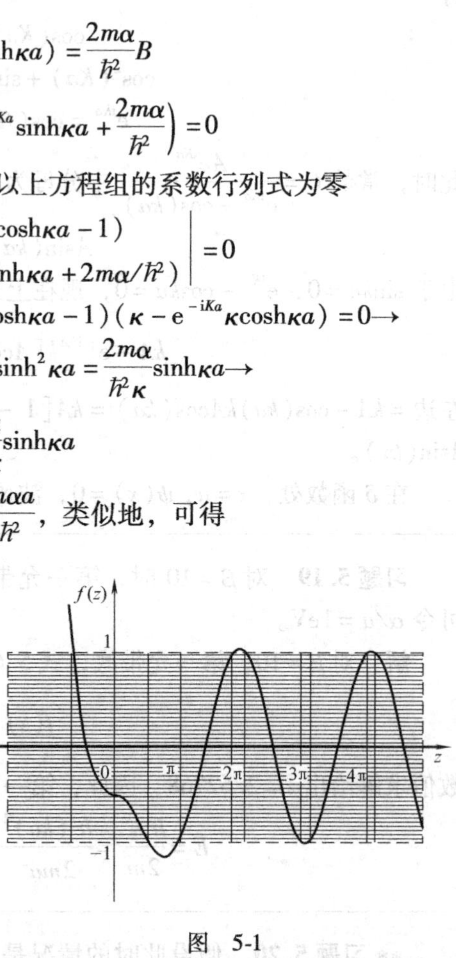

图 5-1

范围时，方程无解，即允许解被分成能带。由于 $\cos Ka=\cos(2\pi n/Na)$ ($n=0, 1, 2, \cdots, N-1$) 在图中画 N 条水平线，与 $f(z)$ 有 N 个交点。显然，每个带中有 N 个状态。

习题 5.21　证明绝大多数由式 5.64 决定的能量是二重简并的。哪些情况属于例外？提示：通过验证 $N=1, 2, 3, 4, \cdots$ 时的情况，发现规律。在每种情况下，cos（Ka）的可能值是多少？

解：式 5.64

$$\cos(Ka)=\cos(ka)+\frac{m\alpha}{\hbar^2 k}\sin(ka)$$

决定了 k 的可能值，即决定了允许的能量值。令 $z=ka$，$\beta=\frac{m\alpha a}{\hbar^2}$，方程右边写成

$$f(z)\equiv\cos(z)+\beta\frac{\sin z}{z}$$

其中 $K=\frac{2\pi n}{Na}$，每一个 n 值对应一个不同的态。为了找出允许的能量值，由 $Ka=\frac{2\pi n}{N}$，作 N 条水平线，水平线的纵坐标等于 cos（$2\pi n/N$），我们会发现，在大多数情况下，对于不同的一对 n 值，它们会给出同样的 cos（Ka），即给出同样的 k 值，能态是简并的。具体例子

$N=1\to n=0\to\cos(Ka)=1$，非简并。

$N=2\to n=0, 1\to\cos(Ka)=1, -1$，非简并。

$N=3\to n=0, 1, 2\to\cos(Ka)=1, -\frac{1}{2}, -\frac{1}{2}$，显然 $n=1, 2$ 一对是简并的。

$N=4\to n=0, 1, 2, 3\to\cos(Ka)=1, 0, -1, 0$，显然 $n=1, 3$ 一对是简并的。

⋮

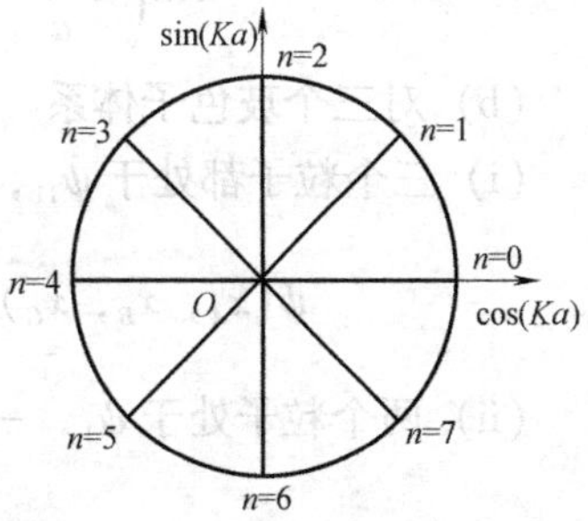

图　5-2

显然，除了在能带顶和能带底，即 $\cos(Ka)=\pm1$ 时，都会出现二重简并（一对 n 给出同样的 $\cos(Ka)$ 值）

由 Block 因子 e^{iKa} 可知，在复平面上它所给出的点是等角度分布的，如图 5-2 所示，该图为 $N=8$ 的情况。

因此，对一个具有负的虚部的点，总有一个具有相同正虚部值的对称点，这一对点具有相同的实部 $\cos(Ka)$。当然虚部为零的两个点（图中的 $n=0, 4$）除外。

＊习题 5.22

（a）一个系统有三个全同费米子，一个处在 ψ_5，一个处在 ψ_7，一个处在 ψ_{17}，构造该系统的反对称波函数 $\psi(x_A, x_B, x_C)$。

（b）一个系统有三个全同玻色子，在下面几种情况下，计算该系统的对称波函数 $\psi(x_A, x_B, x_C)$：（i）三个粒子都处于 ψ_{11}；（ii）两个处于 ψ_1，一个处于 ψ_{19}；（iii）一个处于 ψ_5，一个处于 ψ_7，一个处于 ψ_{17}。

解：（a）

$$\psi(x_A,x_B,x_C)=\frac{1}{\sqrt{6}}\begin{vmatrix}\psi_5(x_A) & \psi_5(x_B) & \psi_5(x_C)\\ \psi_7(x_A) & \psi_7(x_B) & \psi_7(x_C)\\ \psi_{17}(x_A) & \psi_{17}(x_B) & \psi_{17}(x_C)\end{vmatrix}$$

$$=\frac{1}{\sqrt{6}}[\psi_5(x_A)\psi_7(x_B)\psi_{17}(x_C)-\psi_5(x_A)\psi_{17}(x_B)\psi_7(x_C)+\psi_7(x_A)\psi_{17}(x_B)\psi_5(x_C)-\psi_7(x_A)\psi_5(x_B)\psi_{17}(x_C)+\psi_{17}(x_A)\psi_5(x_B)\psi_7(x_C)-\psi_{17}(x_A)\psi_7(x_B)\psi_5(x_C)]$$

对一维无限深方势阱中，$\psi_n=\sqrt{\frac{2}{a}}\sin\frac{n\pi x}{a}$

$$\psi(x_A,x_B,x_C)=\frac{1}{\sqrt{6}}\left(\sqrt{\frac{2}{a}}\right)^3\left[\sin\left(\frac{5\pi x_A}{a}\right)\sin\left(\frac{7\pi x_B}{a}\right)\sin\left(\frac{17\pi x_C}{a}\right)-\sin\left(\frac{5\pi x_A}{a}\right)\sin\left(\frac{17\pi x_B}{a}\right)\sin\left(\frac{7\pi x_C}{a}\right)+\sin\left(\frac{7\pi x_A}{a}\right)\sin\left(\frac{17\pi x_B}{a}\right)\sin\left(\frac{5\pi x_C}{a}\right)-\sin\left(\frac{7\pi x_A}{a}\right)\sin\left(\frac{5\pi x_B}{a}\right)\sin\left(\frac{17\pi x_C}{a}\right)+\sin\left(\frac{17\pi x_A}{a}\right)\sin\left(\frac{5\pi x_B}{a}\right)\sin\left(\frac{7\pi x_C}{a}\right)-\sin\left(\frac{17\pi x_A}{a}\right)\sin\left(\frac{7\pi x_B}{a}\right)\sin\left(\frac{5\pi x_C}{a}\right)\right]$$

（b）对三个玻色子体系

（i）三个粒子都处于 ψ_{11}，

$$\psi(x_A,\ x_B,\ x_C)=\left(\sqrt{\frac{2}{a}}\right)^3\left[\sin\left(\frac{11\pi x_A}{a}\right)\sin\left(\frac{11\pi x_B}{a}\right)\sin\left(\frac{11\pi x_C}{a}\right)\right]$$

（ii）两个粒子处于 ψ_1，一个粒子处于 ψ_{19}。

$$\psi(x_A,\ x_B,\ x_C)=\frac{1}{\sqrt{3}}\left(\sqrt{\frac{2}{a}}\right)^3\left[\sin\left(\frac{\pi x_A}{a}\right)\sin\left(\frac{\pi x_B}{a}\right)\sin\left(\frac{19\pi x_C}{a}\right)+\sin\left(\frac{\pi x_A}{a}\right)\sin\left(\frac{19\pi x_B}{a}\right)\sin\left(\frac{\pi x_C}{a}\right)+\sin\left(\frac{19\pi x_A}{a}\right)\sin\left(\frac{\pi x_B}{a}\right)\sin\left(\frac{\pi x_C}{a}\right)\right]$$

（iii）一个处于 ψ_5，一个处于 ψ_7，一个处于 ψ_{17}。

$$\psi(x_A,x_B,x_C)=\frac{1}{\sqrt{6}}\left(\sqrt{\frac{2}{a}}\right)^3\left[\sin\left(\frac{5\pi x_A}{a}\right)\sin\left(\frac{7\pi x_B}{a}\right)\sin\left(\frac{17\pi x_C}{a}\right)+\sin\left(\frac{5\pi x_A}{a}\right)\sin\left(\frac{17\pi x_B}{a}\right)\sin\left(\frac{7\pi x_C}{a}\right)+\sin\left(\frac{7\pi x_A}{a}\right)\sin\left(\frac{17\pi x_B}{a}\right)\sin\left(\frac{5\pi x_C}{a}\right)+\sin\left(\frac{7\pi x_A}{a}\right)\sin\left(\frac{5\pi x_B}{a}\right)\sin\left(\frac{17\pi x_C}{a}\right)+\sin\left(\frac{17\pi x_A}{a}\right)\sin\left(\frac{5\pi x_B}{a}\right)\sin\left(\frac{7\pi x_C}{a}\right)+\sin\left(\frac{17\pi x_A}{a}\right)\sin\left(\frac{7\pi x_B}{a}\right)\sin\left(\frac{5\pi x_C}{a}\right)\right]$$

注意：这里没有考虑自旋，即认为三个粒子都是处于同样的自旋态，仅对空间波函数依据费米子、玻色子的性质构造反对称、对称的波函数。

＊习题 5.23　假设你有三个处在热平衡态（无相互作用）粒子，处在热平衡状态，位于一维简谐振子势中，总能量为 $E=(9/2)\hbar\omega$。

(a) 如果粒子为可分辨粒子（质量都相同），则可能的粒子占有数组态是什么？每种组态有多少种不同的（三粒子）状态？最概然组态是什么？如果你随机选取一个粒子并测量它的能量，你将可能得到哪些值？它们的概率分别为多少？最概然能量为多少？

(b) 如果粒子为全同费米子呢（忽略自旋）？

(c) 如果粒子为全同玻色子呢（忽略自旋）？

解：三个无相互作用的粒子，处于一维简谐振子势中，总能量为

$$E_{n_1n_2n_3}=\left(n_1+n_2+n_3+\frac{3}{2}\right)\hbar\omega=\frac{9}{2}\hbar\omega$$

所以

$$n_1+n_2+n_3=3\quad(n_1,n_2,n_3=0,1,2,\cdots)$$

可以看出，n_1，n_2，n_3 之和为 3 的组合方式共有 10 种，如下：

(1, 1, 1)

(0, 0, 3)，(0, 3, 0)，(3, 0, 0)

(0, 1, 2)，(0, 2, 1)，(1, 2, 0)，(2, 1, 0)，(1, 0, 2)，(2, 0, 1)

(a) 若粒子为可分辨的，以上每个排列都代表一个不同的量子状态，由统计力学的基本假设，在热平衡时这些态出现的概率是完全相同的。(1) 三个粒子均处于 ψ_1，有 1 种量子状态 (1, 1, 1)。组态为 (0, 3, 0, 0, …)，这种组态出现的概率为 1/10；(2) 两个粒子处于 ψ_0，一个粒子处于 ψ_3，有三种不同的量子状态，(0, 0, 3)，(0, 3, 0)，(3, 0, 0)，组态为 (2, 0, 0, 1, 0, 0…)，这种组态出现的概率为 3/10；(3) 一个粒子处于 ψ_0，一个处于 ψ_1，一个处于 ψ_2，有 6 种量子态 (0, 1, 2)，(0, 2, 1)，(1, 2, 0)，(2, 1, 0)，(1, 0, 2)，(2, 0, 1) 组态为 (1, 1, 1, 0, 0, 0…)，这种组态出现的概率为 6/10。显然，最概然组态为 (1, 1, 1, 0, 0, 0…)，其概率为 6/10。随机选取一个粒子，其能量可能值为

$$E_0=\frac{1}{2}\hbar\omega,\ P_0=\frac{3}{10}\times\frac{2}{3}+\frac{6}{10}\times\frac{1}{3}=\frac{4}{10}$$

$$E_1=\frac{3}{2}\hbar\omega,\ P_1=\frac{1}{10}\times1+\frac{6}{10}\times\frac{1}{3}=\frac{3}{10}$$

$$E_2=\frac{5}{2}\hbar\omega,\ P_2=\frac{6}{10}\times\frac{1}{3}=\frac{2}{10}$$

$$E_3=\frac{7}{2}\hbar\omega,\ P_3=\frac{3}{10}\times\frac{1}{3}=\frac{1}{10}$$

显然，最概然能量为 $\hbar\omega/2$，其概率为 4/10。

(b) 若粒子为全同费米子，由波函数反对称的要求，两个全同费米子不可能占据相同的状态，所以排除 (0, 3, 0, 0, 0, 0, …)，(2, 0, 0, 1, 0, 0, …) 这两种组态。仅有 (1, 1, 1, 0, 0, 0, …) 一种组态，且该种组态只有一种状态，一个处于 ψ_0，一个处于 ψ_1，一个处于 ψ_2。所以随机选取一个粒子，能量可能值为 $\hbar\omega/2$，$3\hbar\omega/2$，$5\hbar\omega/2$，概率

均为1/3。三种能量值出现概率相同，因此它们都为最概然能量。

（c）若粒子为全同玻色子，对称性要求允许每种组态仅有一个状态。三种组态都存在，即可能的组态为（0，3，0，0，0，0，…），（2，0，0，1，0，0，…），（1，1，1，0，0，0，…），每种组态都仅有一种量子态，三种组态的概率相等。随机选取一个粒子，能量可能值及其概率分别为

$$E_0=\frac{1}{2}\hbar\omega,\ P_0=\frac{1}{3}\times\frac{2}{3}+\frac{1}{3}\times\frac{1}{3}=\frac{1}{3}$$

$$E_1=\frac{3}{2}\hbar\omega,\ P_1=\frac{1}{3}\times1+\frac{1}{3}\times\frac{1}{3}=\frac{4}{9}$$

$$E_2=\frac{5}{2}\hbar\omega,\ P_2=\frac{1}{3}\times\frac{1}{3}=\frac{1}{9}$$

$$E_3=\frac{7}{2}\hbar\omega,\ P_3=\frac{1}{3}\times\frac{1}{3}=\frac{1}{9}$$

因此，最概然能量为$3\hbar\omega/2$，概率为4/9。

＊习题5.24 对5.4.1节中的例子，验证式5.74，式5.75和式5.77。

解：在教材的5.4.1节中，三个无相互作用的粒子（质量均为m），处于一维无限深方势阱中，总能量为

$$E=E_A+E_B+E_C=\frac{\pi^2\hbar^2}{2ma^2}(n_A{}^2+n_B{}^2+n_C{}^2)\quad(n_A,n_B,n_C=1,2,3,\cdots)$$

假设$E=363$（$\pi^2\hbar^2/2ma^2$），即$n_A{}^2+n_B{}^2+n_C{}^2=363$。得到组合方式如下：

$$(11,11,11)$$

$$(13,13,5),(13,5,13),(5,13,13)$$

$$(1,1,19),(1,19,1),(19,1,1)$$

$$(5,7,17),(5,17,7),(7,5,17),(7,17,5),(17,5,7),(17,7,5)$$

总粒子数$N=3$，对于每个单粒子能量仅有1个单原子态，即$d_n=1$。

第一种组态，三个粒子都处于ψ_{11}；

第二种组态，两个粒子处于ψ_{13}，一个粒子处于ψ_5；

第三种组态，两个粒子处于ψ_1，一个粒子处于ψ_{19}；

第四种组态，一个粒子处于ψ_5，一个粒子处于ψ_7，一个粒子处于ψ_{17}。

现在需要考虑，对于每种组态有多少不同的量子状态，用Q（N_1，N_2，N_3，…）表示。

若粒子是可分辨的，由式（5.74）得

$$Q=N!\prod_{n=1}^{\infty}\frac{d_n{}^{N_n}}{N_n!}=6\prod_{n=1}^{\infty}\frac{1}{N_n!}$$

若粒子为全同费米子，由式（5.75）得

$$Q=\prod_{n=1}^{\infty}\frac{d_n!}{N_n!(d_n-N_n)!}=\prod_{n=1}^{\infty}\frac{1}{N_n!(1-N_n)!}$$

若粒子为全同玻色子，由式(5.77)得

$$Q=\prod_{n=1}^{\infty}\frac{(N_n+d_n-1)!}{N_n!(d_n-1)!}=\prod_{n=1}^{\infty}\frac{N_n!}{N_n!0!}=1$$

(其中，0! =1，如果 $d_n<N_n$，则 $1/(d_n-N_n)!=0$)

i）对于第一种组态：$N_{11}=3$，其余为零。

可分辨粒子： $Q=6\times\frac{1}{3!}=1$

全同费米子： $Q=\frac{1}{3!(-2)!}=0$

全同玻色子： $Q=\frac{3!}{3!0!}=1$

ii）对于第二种组态：$N_{13}=2$，$N_5=1$，其余为零。

可分辨粒子： $Q=6\times\frac{1}{1!}\times\frac{1}{2!}=3$

全同费米子： $Q=\frac{1}{1!\ 0!}\times\frac{1}{2!\ (-1)!}=0$

全同玻色子： $Q=\frac{1!}{1!\ 0!}\times\frac{2!}{2!\ 0!}=1$

iii）对于第三种组态：$N_1=2$，$N_{19}=1$，其余为零。

可分辨粒子： $Q=6\times\frac{1}{2!}\times\frac{1}{1!}=3$

全同费米子： $Q=\frac{1}{2!\ (-1)!}\times\frac{1}{1!\ 0!}=0$

全同玻色子： $Q=\frac{2!}{2!\ 0!}\times\frac{1!}{1!\ 0!}=1$

iv）对于第四组态：$N_5=N_7=N_{17}=1$。

可分辨粒子： $Q=6\times\frac{1}{1!}\times\frac{1}{1!}\times\frac{1}{1!}=6$

全同费米子： $Q=\frac{1}{1!\ 0!}\times\frac{1}{1!\ 0!}\times\frac{1}{1!\ 0!}=1$

全同玻色子： $Q=\frac{1!}{1!\ 0!}\times\frac{1!}{1!\ 0!}\times\frac{1!}{1!\ 0!}=1$

在教材 5.4.1 节，我们了解到：对于可分辨粒子，第一种组态有 1 种量子态，第二、三种组态各有 3 种不同量子态，第四种组态有 6 种不同量子态。对于全同费米子，反对称要求的制约排除前三种组态，第四种组态仅有 1 种量子态。对于全同玻色子，对称性要求允许每种组态仅有 1 个状态，因此四种组态均存在，且每种组态都只有 1 种量子态。这些正和上面所求的相符，验证了式 5.74，式 5.75 和式 5.77 的成立。

**** 习题 5.25** 利用归纳法得出式 5.76$\left(\frac{(N_n+d_n-1)!}{N_n!\ (d_n-1)!}=\binom{N_n+d_n-1}{N_n}\right)$。这个组合的同

题是这样的：把 N 个全同的球放入 d 个篮子总共有多少种不同的放法（此时可以不考虑下标 n 的问题）？你可以把 N 个球都放进3号篮子里；或者一个放进5号里，其他放进2号篮子；再或者两个放进1号篮子里，三个放进3号篮子，其他所有都放进7号篮子，等等。具体计算 $N=1$，$N=2$，$N=3$，$N=4$ 时的情形；之后你就可以归纳出一般性的结论了。

解：当 $N=1$ 时，把1个球放入 d 个篮子有 d 种放法。

当 $N=2$ 时，两个球放在同一个篮子中，有 d 种放法，两个球各放在一个篮子中，第一个球有 d 种选择，第二个球有（$d-1$）种选择，因为无需分辨在一个篮子中是哪一个球，所以有 d（$d-1$）/2种放法，因此，总的放法为 $d+\frac{d(d-1)}{2}=\frac{d(d+1)}{2!}$种。

当 $N=3$ 时，3个球放在同一个篮子中的放法有 d 种，或者两个球放在同一篮子中，另一个球放在另一篮子中放法为的 d（$d-1$）种，或者3个球放在三个篮子中放法有 $d(d-1)(d-2)/3!$ 种。因此总放法为

$$d+d(d-1)+\frac{d(d-1)(d-2)}{6}=\frac{1}{6}d(6+6d-6+d^2-3d+2)$$

$$=\frac{1}{6}d(d^2+3d+2)$$

$$=\frac{d(d+1)(d+2)}{3!}$$

当 $N=4$ 时，4个球放在同一个篮子中放法有 d 种，或者两个球放在同一篮子，另两个球放在另一篮子中放法有 $d(d-1)/2$ 种，或者三个球放在同一篮子中，另一个球放在另一个篮子中放法有 $d(d-1)$种，或者两个球放在同一篮子，另两个球放在另两个不同的篮子中放法有 $d(d-1)(d-2)/2$，或者4个球放在四个篮子中放法有 $d(d-1)(d-2)(d-3)/4!$。因此，总放法有

$$d+d(d-1)+\frac{d(d-1)}{2}+\frac{d(d-1)(d-2)}{2}+\frac{d(d-1)(d-2)(d-3)}{4!}$$

$$=\frac{1}{24}d(24+24d-24+12d-12+12d^2-36d+24+d^3-6d^2+11d-6)$$

$$=\frac{1}{24}d(d^3+6d^2+11d+6)$$

$$=\frac{d(d+1)(d+2)(d+3)}{4!}$$

推广上面的结论，把 N 个球放进 d 个篮子，放法为

$$f(N,d)=\frac{d(d+1)\cdots(d+N+1)}{N!}=\frac{(d+N-1)!}{N!\,(d-1)!}=\binom{d+N-1}{N}$$

把 N 个球放进 d 个篮子的一般证明：

如果 N 个球都放进第一个篮子，只有1种放法，即 $f(0,\ d-1)$ 种；

如果（$N-1$）个球都放进第一个篮子，剩余的1个球放进剩下（$d-1$）个篮子中，有（$d-1$）中放法，为 f（1，$d-1$）种；

如果（$N-2$）个球都放进第一个篮子，剩余的两个球放进剩下的（$d-1$）个篮子中，

为$f(2, d-1)$种放法；

⋮

如果1个球放进第一个篮子，剩余的（$N-1$）放入剩下的（$d-1$）个篮子有$f(N-1, d-1)$种放法。

如果无球放进第一个篮子，对剩下（$d-1$）个篮子需放入N个球，为$f(N, d-1)$种放法。

因此，把N个球放进d个篮子，放法为

$$f(N,d) = f(0,d-1) + f(1,d-1) + f(2,d-1) + \cdots + f(N,d-1)$$
$$= \sum_{j=0}^{N} f(j,d-1)$$

其中$f(0,d-1) = 1$

这个式子还可以写为

$$f(N,d) = \sum_{j=0}^{N-1} f(j,d-1) + f(N,d-1) = f(N-1,d) + f(N,d-1)$$

利用数学归纳法，假设（$N-1$）个球放进d个篮子，即$f(N-1,d) = \dfrac{(d+N-2)!}{(N-1)!\ (d-1)!}$成立，那么当把$N$个球放进$d$个篮子时，

$$f(N, d) = f(N-1, d) + f(N, d-1) = \binom{d+N-2}{N-1} + \binom{d+N-2}{N}$$
$$= \frac{(d+N-2)!}{(N-1)!\ (d-1)!} + \frac{(d+N-2)!}{N!\ (d-2)!}$$
$$= \frac{(d+N-2)!}{N!\ (d-1)!}(N+d-1) = \frac{(d+N-1)!}{N!\ (d-1)!}$$

也成立。所以，可归纳出把N个全同球放进d个篮子，共有

$$f(N,d) = \frac{(d+N-1)!}{N!\ (d-1)!} = \binom{d+N-1}{N}$$

种不同的方法。

特别地，当$N=0$时，$\binom{d-1}{0}=1$；当$d=1$时，$\binom{N}{N}=1$。

习题 5.26 边和坐标轴平行的矩形内接于椭圆$(x/a)^2+(y/b)^2=1$内，利用拉格朗日乘子法计算出在哪种情况下，矩形的面积取得最大值。

解：如图5-3所示，需要求出在椭圆内如何使内接矩形有最大面积。

椭圆内接矩形面积为

$$S(x,y) = 2|x| \cdot 2|y| = 4|xy|$$

点（x, y）在椭圆$(x/a)^2+(y/b)^2=1$上，引入函数

$$G(x,y,\lambda) \equiv 4xy + \lambda\left(\frac{x^2}{a^2} + \frac{y^2}{b^2} - 1\right)$$

其中λ为拉格朗日乘子。

$$\frac{\partial G}{\partial x}=4y+\frac{2\lambda x}{a^2}=0\rightarrow y=-\frac{\lambda x}{2a^2}$$

$$\frac{\partial G}{\partial y}=4x+\frac{2\lambda y}{b^2}=0\rightarrow x=-\frac{\lambda y}{2b^2}=\frac{\lambda^2}{4a^2b^2}x$$

要满足上式必须有 $x=0$，但是这对应面积最小（零），或者 $\lambda=\pm 2ab$，这样

$$y=\mp\frac{2ab}{2a^2x}=\mp\frac{b}{a}x$$

可选择 x，y 处在第一象限，所以 $y=\frac{b}{a}x$，$\lambda=-2ab$。由

$$\frac{\partial G}{\partial \lambda}=0\rightarrow \frac{x^2}{a^2}+\frac{y^2}{b^2}=1\text{（必然结果）}$$

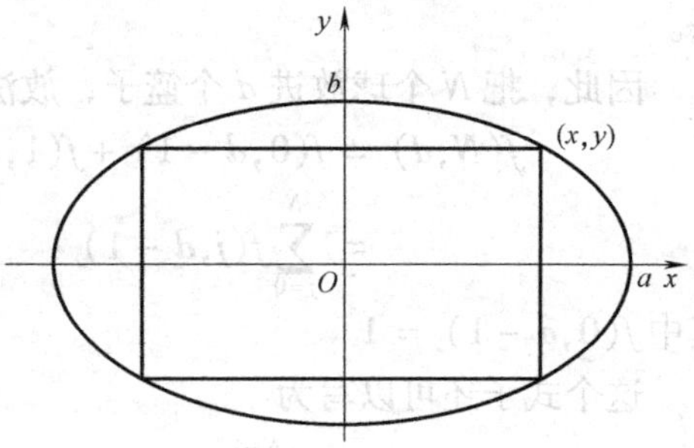

图 5-3

代入 $y=\frac{b}{a}x$，得到

$$\frac{x^2}{a^2}+\frac{x^2}{a^2}=1\rightarrow x=\frac{a}{\sqrt{2}},\ y=\frac{b}{\sqrt{2}}$$

内接矩形的最大面积为

$$S=4xy=2ab$$

习题 5.27

（a）找出 $z=10$ 时，斯特林近似的误差百分比。

（b）使误差小于 1% 的最小整数 z 为多少？

解：（a）斯特林（Stirling）近似公式为

$$\ln(z!)\approx z\ln z-z\quad (z>>1)$$

当 $z=10$ 时，

$$\ln(10!)=\ln(3628800)=15.1044,10\ln 10-10=23.026-10=13.026$$

所以斯特林近似的误差百分比

$$\frac{\ln(10!)-(10\ln 10-10)}{\ln(10!)}\times 100\%=\frac{15.1044-13.026}{15.1044}\times 100\%=13.76\%$$

（b）斯特林近似误差百分比为

$$\frac{\ln(z!)-z\ln z+z}{\ln(z!)}\times 100\%$$

对不同的 z 值计算可得

z	误差(%)	z	误差(%)
10	13.8	89	1.009
20	5.7	90	0.996
50	1.9	100	0.89
85	1.06		

由上表可以看出，误差小于1%的最小整数为90。

习题5.28 计算绝对零度时全同费米子的积分（式5.108和式5.109）。将结果同式5.43和式5.45对比（注意对于电子，我们需要考虑自旋简并，应将结果乘上因子2）。

解： 由式5.108和式5.109对全同费米子（不考虑自旋时），粒子数为

$$N = \frac{V}{2\pi^2}\int_0^{+\infty}\frac{k^2}{e^{[(\hbar^2k^2/2m)-\mu]/k_BT}+1}dk$$

总能量为

$$E = \frac{V}{2\pi^2}\frac{\hbar^2}{2m}\int_0^{+\infty}\frac{k^4}{e^{[(\hbar^2k^2/2m)-\mu]/k_BT}+1}dk$$

在绝对零度时

$$\frac{1}{e^{[(\hbar^2k^2/2m)-\mu]/k_BT}+1}=\begin{cases}1 & (\text{当}\hbar^2k^2/2m<\mu(0)\text{时})\\ 0 & (\text{当}\hbar^2k^2/2m>\mu(0)\text{时})\end{cases}$$

因此，

$$N = \frac{V}{2\pi^2}\int_0^{k_{\max}}k^2 dk = \frac{V}{2\pi^2}\frac{k_{\max}^2}{3}$$

其中$\hbar^2k_{\max}^2/2m=\mu(0)=E_F$（费米能）$\to k_{\max}=\sqrt{2mE_F}/\hbar$。将$k_{\max}$代入，得到

$$N=\frac{V}{2\pi^2}\frac{1}{3}\left(\frac{\sqrt{2mE_F}}{\hbar}\right)^3=\frac{V}{6\pi^2\hbar^3}(2mE_F)^{3/2}$$

当考虑自旋时，对电子一个能态可以安置两个自旋不同的电子，所以上式应乘因子2，故修改为

$$N=2\times\frac{V}{6\pi^2\hbar^3}(2mE_F)^{3/2}=\frac{V}{3\pi^2\hbar^3}(2mE_F)^{3/2}$$

对总能量同样需要乘以因子2

$$E = 2\times\frac{V}{2\pi^2}\frac{\hbar^2}{2m}\int_0^{k_{\max}}k^4 dk = 2\times\frac{V\hbar^2}{4\pi^2 m}\frac{k_{\max}^5}{5}=\frac{V\hbar^2k_{\max}^5}{10\pi^2 m}$$

将$k_{\max}=\sqrt{2mE_F}/\hbar$代入，

$$E=\frac{V}{10\pi^2 m\hbar^3}(2mE_F)^{5/2}$$

这与式5.45相同。

讨论： 对相同的粒子数，考虑电子自旋与不考虑电子自旋，考虑自旋时，由于一个能级可以填充两个自旋相反的电子，所以费米能级及$k_{\max}$要比不考虑自旋（一个能级仅填充一个电子）低，总能量也要小。但是总能量与费米能级的关系是不变的。

*** **习题5.29**

（a）证明对于玻色子，它的化学势必须小于所允许的最小能量。提示：$n(\varepsilon)$不能为负。

（b）特别地，对于理想玻色气体，$\mu(T)<0$对所有T都成立。对这种情况，证明当T下降时$\mu(T)$单调递增，假设N和V都为常数。提示：研究式5.108取负号时的情况。

（c）当$\mu(T)$上升为零时（不断降低T时），将出现一个拐点（称为玻色凝结）。计算$\mu(T)=0$时的积分值，我们就可以得到这个现象出现的临界温度T_C。在临界温度以下，所有粒子将聚集在基态。此时，将求和变成积分的计算方法将不再适用。提示：$\int_0^{+\infty}\frac{x^{s-1}}{e^x-1}dx=\Gamma(s)\zeta(s)$，其中$\Gamma$是欧拉的嘎马（gamma）函数，$\zeta$是黎曼截塔（zeta）函数。查表得出合适的数值。

（d）找出^4He的临界温度。它在该温度下的密度为$1.5\times10^2kg/m^3$。注：^4He的临界温度实验测定值为2.17K。^4He在临界温度附近的显著属性的更多内容，可以从教材的脚注29提到的书中查到。

解：(a)对于玻色子，服从玻色—爱因斯坦分布，

$$n(\varepsilon)=\frac{1}{e^{(\varepsilon-\mu)/k_BT}-1}$$

由于必须有$n(\varepsilon)>0$，即$e^{(\varepsilon-\mu)/k_BT}-1>0\to e^{(\varepsilon-\mu)/k_BT}>1\to(\varepsilon-\mu)/k_BT>0\to\varepsilon>\mu(T)$

（b）对于理想玻色气体（为自由粒子气体），$\varepsilon=\hbar^2k^2/2m$，当$k\to0$时，$\varepsilon\to0$、

由（a）知，$\mu(T)<\varepsilon_{\min}$，故$\mu(T)<0$总成立。

（实际上，自由粒子气体$E=\frac{\hbar^2\pi^2}{2m}\left(\frac{n_x^2}{l_x^2}+\frac{n_y^2}{l_y^2}+\frac{n_z^2}{l_z^2}\right)$，$E_{\min}=\frac{\hbar^2\pi^2}{2m}\left(\frac{1}{l_x^2}+\frac{1}{l_y^2}+\frac{1}{l_z^2}\right)\not\to0$，不过若当边长$l_x$，$l_y$，$l_z$很大时，$E_{\min}\to0$成立）

下面讨论当T下降时化学势$\mu(T)$如何变化。由式5.108

$$N=\frac{V}{2\pi^2}\int_0^{+\infty}\frac{k^2}{e^{[(\hbar^2k^2/2m)-\mu]/k_BT}-1}dk$$

即

$$\int_0^{+\infty}\frac{k^2}{e^{[(\hbar^2k^2/2m)-\mu]/k_BT}-1}dk=\frac{N}{V}2\pi^2$$

这个积分总为正值。被积函数中，只有$\mu(T)$和k_BT随T变化，当T下降时，k_BT减小，要使积分不变，只有$\frac{\hbar^2k^2}{2m}-\mu$减小，即$-\mu(T)$减小，所以$\mu(T)$增大，所以当$T$下降时$\mu(T)$单调递增（注意$\mu(T)$总是负值）。

（c）当$\mu=0$时，

$$\frac{N}{V}=\frac{1}{2\pi^2}\int_0^{+\infty}\frac{k^2}{e^{(\hbar^2k^2/2m)/k_BT}-1}dk$$

令$x=\frac{\hbar^2k^2}{2mk_BT}$，则$k=\frac{\sqrt{2mk_BT}}{\hbar}x^{1/2}$，$dk=\frac{\sqrt{2mk_BT}}{2\hbar}x^{-1/2}dx$

$$\frac{N}{V}=\frac{1}{2\pi^2}\int_0^{+\infty}\frac{2mk_BTx}{\hbar^2(e^x-1)}\frac{\sqrt{2mk_BT}}{2\hbar}x^{-1/2}dx=\frac{1}{4\pi^2}\left(\frac{2mk_BT}{\hbar^2}\right)^{3/2}\int_0^{+\infty}\frac{x^{1/2}}{e^x-1}dx$$

$$\int_0^{+\infty}\frac{x^{1/2}}{e^x-1}dx=\Gamma(3/2)\zeta(3/2)，查表\ \Gamma(3/2)=\sqrt{\pi}/2,\zeta(3/2)=2.61238$$

所以
$$\frac{N}{V}=\frac{1}{4\pi^2}\left(\frac{2mk_BT}{\hbar^2}\right)^{3/2}\frac{\sqrt{\pi}}{2}\times 2.61238=2.612\left(\frac{mk_BT}{2\pi\hbar^2}\right)^{3/2}$$

$$T_C=\frac{2\pi\hbar^2}{mk_B}\left(\frac{N}{2.612V}\right)^{2/3}$$

(d) ^{4}He，设总质量为 m，摩尔质量为 M，阿伏伽德罗常数 N_A，密度为 ρ。

$$\frac{N}{V}=\frac{\frac{m}{M}N_A}{V}=\frac{\rho N_A}{M}=\frac{(0.15\times10^3\,\mathrm{kg/m^3})\ (6.02\times10^{23}/\mathrm{mol})}{4\times10^{-3}\,\mathrm{kg/mol}}=2.2\times10^{28}/\mathrm{m^3}$$

所以临界温度为

$$T_C=\frac{2\pi\hbar^2}{mk_B}\left(\frac{N}{2.612V}\right)^{2/3}=\frac{2\pi(1.05\times10^{-34}\,\mathrm{J\cdot s})^2}{4\times(1.67\times10^{-27}\,\mathrm{kg})(1.38\times10^{-23}\,\mathrm{J/K})}\left(\frac{2.2\times10^{28}}{2.612\mathrm{m^3}}\right)^{2/3}=3.1\mathrm{K}$$

习题 5.30

(a) 利用式 5.113 确定波长范围 dλ 内的能量密度。提示：令 $\rho(\omega)\mathrm{d}\omega=\bar{\rho}(\lambda)\mathrm{d}\lambda$，之后求出 $\bar{\rho}(\lambda)$。

(b) 推导出黑体能量密度取最大值处的维恩（Wien）位移公式

$$\lambda_{\max}=\frac{2.9\times10^{-3}\,\mathrm{m\cdot K}}{T}$$

提示：你需要利用计算机或计算器求解超越方程 $(5-x)=5\mathrm{e}^{-x}$，将结果精确到千分位。

解：

(a) 根据 λ 与 ω 的关系：$\lambda=\frac{2\pi c}{\omega}\to\mathrm{d}\omega=-\frac{2\pi c}{\lambda^2}\mathrm{d}\lambda$。教材中的由式 5.113

$$\rho(\omega)=\frac{\hbar\omega^3}{\pi^2c^3(\mathrm{e}^{\hbar\omega/k_BT}-1)}$$

令 $\rho(\omega)\mathrm{d}\omega=\bar{\rho}(\lambda)\mathrm{d}\lambda$，有

$$\rho(\omega)\mathrm{d}\omega=\frac{\hbar\omega^3}{\pi^2c^3(\mathrm{e}^{\hbar\omega/k_BT}-1)}\mathrm{d}\omega=\frac{\hbar(2\pi c/\lambda)^3}{\pi^2c^3(\mathrm{e}^{2\pi c\hbar/k_BT\lambda}-1)}\left|-\frac{2\pi c}{\lambda^2}\mathrm{d}\lambda\right|$$
$$=\frac{16\pi^2\hbar c}{\lambda^5(\mathrm{e}^{2\pi c\hbar/k_BT\lambda}-1)}\mathrm{d}\lambda=\bar{\rho}(\lambda)\mathrm{d}\lambda\Rightarrow\bar{\rho}(\lambda)=\frac{16\pi^2\hbar c}{\lambda^5(\mathrm{e}^{2\pi c\hbar/k_BT\lambda}-1)}$$

(b) 求导求 $\bar{\rho}(\lambda)$ 的最大值

$$\frac{\mathrm{d}\bar{\rho}}{\mathrm{d}\lambda}=16\pi^2\hbar c\left[\frac{-5}{\lambda^6(\mathrm{e}^{2\pi c\hbar/k_BT\lambda}-1)}+\frac{\mathrm{e}^{2\pi c\hbar/k_BT\lambda}(2\pi c\hbar/k_BT\lambda^2)}{\lambda^5(\mathrm{e}^{2\pi c\hbar/k_BT\lambda}-1)^2}\right]=0$$

$$5(\mathrm{e}^x-1)=\mathrm{e}^xx\to5\mathrm{e}^{-x}=5-x\quad(x\equiv2\pi c\hbar/k_BT\lambda)$$

数值解给出 $x=4.966$（$x=0$ 对应的不是 $\bar{\rho}$（λ）最大值）

$$\lambda_{\max}=\frac{2\hbar\pi c}{4.966k_BT}=\frac{2.897\times10^{-3}\,\mathrm{m\cdot K}}{T}\qquad\text{（维恩位移定律）}$$

习题 5.31 推导黑体辐射总能量密度的斯特藩（Stefan）—玻尔兹曼公式：

$$\frac{E}{V}=\left(\frac{\pi^2 k_B^4}{15\hbar^3c^3}\right)T^4=(7.57\times10^{-16}\mathrm{J}\cdot\mathrm{m}^{-3}\cdot\mathrm{K}^{-4})\ T^4$$

提示：利用式 5.110 $\left(\int_0^{+\infty}\frac{x^{s-1}}{e^x-1}dx=\Gamma(s)\zeta(s)\right)$ 计算积分。注意：$\zeta(4)=\pi^4/90$。

解：

$$\frac{E}{V}=\int_0^{+\infty}\rho(\omega)d\omega=\int_0^{+\infty}\frac{\hbar\omega^3}{\pi^2c^3(e^{\hbar\omega/k_BT}-1)}d\omega$$

令 $x\equiv\hbar\omega/k_BT$

$$\frac{E}{V}=\int_0^{+\infty}\frac{\hbar\omega^3}{\pi^2c^3(e^x-1)}d\omega=\frac{\hbar}{\pi^2c^3}\left(\frac{k_BT}{\hbar}\right)^4\int_0^{+\infty}\frac{x^3}{e^x-1}dx=\frac{(k_BT)^4}{\pi^2c^3\hbar^3}\Gamma(4)\zeta(4)$$
$$=\frac{(k_BT)^4}{\pi^2c^3\hbar^3}\cdot6\cdot\frac{\pi^4}{90}=\left(\frac{\pi^2k_B^4}{15\hbar^3c^3}\right)T^4=(7.57\times10^{-16}\mathrm{J}\cdot\mathrm{m}^{-3}\cdot\mathrm{K}^{-4})\ T^4$$

此即斯特藩—玻尔兹曼公式。

第5章补充习题解答

习题 5.32 假设有两个无相互作用的粒子，质量均为 m，处于一维谐振子势 $\left(式 2.43\left(V_{(x)}=\frac{1}{2}m\omega^2x^2\right)\right)$ 中。如果一个粒子处于基态，另一个处于第一激发态，对下列三种情况分别计算 $\langle(x_1-x_2)^2\rangle$：(a) 它们是可分辨粒子，(b) 它们是全同玻色子，(c) 它们是全同费米子。忽略自旋（如果你困惑这个，可假设两者都处于相同的自旋态）。

解： 对谐振子基态和第一激发态有

$$\langle x\rangle_0=0,\ \langle x\rangle_1=0,\ \langle x^2\rangle_0=\frac{\hbar}{2m\omega},\ \langle x^2\rangle_1=\frac{3\hbar}{2m\omega}$$

(a) 当两个粒子是可分辨粒子时，共有两种波函数，即 $|0,1\rangle$ 和 $|1,0\rangle$。由于

$$(x_1-x_2)^2=(x_2-x_1)^2$$

故这两个波函数的 $\langle(x_1-x_2)^2\rangle$ 是相同的。于是，有

$$\langle(x_1-x_2)^2\rangle_d=\langle x_1^2\rangle+\langle x_2^2\rangle-2\langle x_1\rangle\langle x_2\rangle=\frac{\hbar}{2m\omega}+\frac{3\hbar}{2m\omega}-0=\frac{2\hbar}{m\omega}$$

(b) 当粒子为全同玻色子时，利用教材中的式 5.22

$$\langle(x_1-x_2)^2\rangle_+=\langle(x_1-x_2)^2\rangle_d-2|\langle x\rangle_{01}|^2$$

其中

$$\langle x\rangle_{01}=\int x\psi_0^*\psi_1dx=\sqrt{\frac{\hbar}{2m\omega}}$$

故有

$$\langle(x_1-x_2)^2\rangle_+=\frac{2\hbar}{m\omega}-2\cdot\frac{\hbar}{2m\omega}=\frac{\hbar}{m\omega}$$

(c) 粒子为全同费米子时，有

$$\langle (x_1-x_2)^2\rangle_- = \langle (x_1-x_2)^2\rangle_d + 2\,|\langle x\rangle_{01}|^2 = \frac{2\hbar}{m\omega} + 2\cdot\frac{\hbar}{2m\omega} = \frac{3\hbar}{m\omega}$$

习题5.33 假设你有三个粒子和三个不同的单粒子态（$\psi_a(x)$，$\psi_b(x)$和$\psi_c(x)$）。对于下列几种情况，可以组成多少种三粒子态：(a) 它们是可分辨粒子，(b) 它们是全同玻色子，(c) 它们是全同费米子（如果粒子是可分辨的，粒子不一定必须要处于不同的状态——$\psi_a(x_1)\psi_a(x_2)\psi_a(x_3)$就是一种可能的状态）。

解：

(a) 对于可分辨粒子，三个粒子都可能处于任意一个态，所以总共会有$3^3=27$个可能三粒子态。

(b) 当粒子为全同玻色子时，要求波函数满足交换对称性，共10个可能态。

三个粒子处于相同粒子态：3个

$$\psi_a(x_1)\psi_a(x_2)\psi_a(x_3),\quad \psi_b(x_1)\psi_b(x_2)\psi_b(x_3),\quad \psi_c(x_1)\psi_c(x_2)\psi_c(x_3)$$

三个粒子处于两个粒子态：6个

$$\frac{1}{\sqrt3}[\psi_a(x_1)\psi_a(x_2)\psi_b(x_3)+\psi_a(x_1)\psi_b(x_2)\psi_a(x_3)+\psi_b(x_1)\psi_a(x_2)\psi_a(x_3)]$$

$$\frac{1}{\sqrt3}[\psi_a(x_1)\psi_a(x_2)\psi_c(x_3)+\psi_a(x_1)\psi_c(x_2)\psi_a(x_3)+\psi_c(x_1)\psi_a(x_2)\psi_a(x_3)]$$

$$\frac{1}{\sqrt3}[\psi_b(x_1)\psi_b(x_2)\psi_a(x_3)+\psi_b(x_1)\psi_a(x_2)\psi_b(x_3)+\psi_a(x_1)\psi_b(x_2)\psi_b(x_3)]$$

$$\frac{1}{\sqrt3}[\psi_b(x_1)\psi_b(x_2)\psi_c(x_3)+\psi_b(x_1)\psi_c(x_2)\psi_b(x_3)+\psi_c(x_1)\psi_b(x_2)\psi_b(x_3)]$$

$$\frac{1}{\sqrt3}[\psi_c(x_1)\psi_c(x_2)\psi_a(x_3)+\psi_c(x_1)\psi_a(x_2)\psi_c(x_3)+\psi_a(x_1)\psi_c(x_2)\psi_c(x_3)]$$

$$\frac{1}{\sqrt3}[\psi_c(x_1)\psi_c(x_2)\psi_b(x_3)+\psi_c(x_1)\psi_b(x_2)\psi_c(x_3)+\psi_b(x_1)\psi_c(x_2)\psi_c(x_3)]$$

三个粒子处于三个不同粒子态:1个

$$\frac{1}{\sqrt6}[\psi_a(x_1)\psi_b(x_2)\psi_c(x_3)+\psi_a(x_1)\psi_c(x_2)\psi_b(x_3)+\psi_b(x_1)\psi_a(x_2)\psi_c(x_3)+\psi_b(x_1)\psi_c(x_2)\psi_a(x_3)+\psi_c(x_1)\psi_a(x_2)\psi_b(x_3)+\psi_c(x_1)\psi_b(x_2)\psi_a(x_3)]$$

(c) 当粒子为全同费米子时，要求波函数满足完全反对称性，因此每个费米子必须处在互不相同的态上，只有1种可能态。

$$\frac{1}{\sqrt6}\begin{vmatrix}\psi_a(x_1) & \psi_b(x_1) & \psi_c(x_1)\\ \psi_a(x_2) & \psi_b(x_2) & \psi_c(x_2)\\ \psi_a(x_3) & \psi_b(x_3) & \psi_c(x_3)\end{vmatrix} = \frac{1}{\sqrt6}[\psi_a(x_1)\psi_b(x_2)\psi_c(x_3)-\psi_a(x_1)\psi_c(x_2)\psi_b(x_3)-\psi_b(x_1)\psi_a(x_2)\psi_c(x_3)+\psi_b(x_1)\psi_c(x_2)\psi_a(x_3)+\psi_c(x_1)\psi_a(x_2)\psi_b(x_3)-\psi_c(x_1)\psi_b(x_2)\psi_a(x_3)]$$

习题 5.34 计算处于二维无限深方势阱的无相互作用电子的费米能。令 σ 为单位面积内的自由电子数。

解：对二维无限深势阱（$0<x<l_x$，$0<y<l_y$）能量本征值为

$$E_{n_x n_y}=\frac{\pi^2\hbar^2}{2m}\left(\frac{n_x^2}{l_x^2}+\frac{n_y^2}{l_y^2}\right)\quad (n_x,\ n_y=1,\ 2,\ 3,\ \cdots)$$

或者表示为

$$E_k=\frac{\hbar^2\boldsymbol{k}^2}{2m},\quad \boldsymbol{k}\equiv\left(\frac{\pi n_x}{l_x},\ \frac{\pi n_y}{l_y}\right)$$

每一个状态在 $\boldsymbol{k}$ 占据的体积（面积）为 $\frac{\pi^2}{l_x l_y}=\frac{\pi^2}{A}$，其中，$A=l_x l_y$ 为势阱面积。考虑自旋，每个能态上可以填充两个电子，第一象限的费米圆内可填充的电子数 N 满足

$$\frac{N}{2}\frac{\pi^2}{A}=\frac{1}{4}\pi k_F^2\rightarrow k_F=\left(2\pi\frac{N}{A}\right)^{1/2}=(2\pi\sigma)^{1/2}$$

其中 $\sigma=N/A$ 为面电荷密度。费米能为

$$E_F=\frac{\hbar^2 k_F^2}{2m}=\frac{\hbar^2\pi\sigma}{m}$$

*** **习题 5.35** 有些冷星体（称为**白矮星**）的稳定存在是因为电子气体的简并压（式 5.46）的存在抵抗了引力坍缩的发生。假设密度为常数，这种星体的半径 R 可以用如下方法计算出来：

（a）用半径，核子（质子和光子）数 N，每个核子的电子数 q 和电子质量 m 为参数，写出电子总能量的表达式。

（b）查表或计算，得出密度均匀的球体的引力能。结果用 G（引力常数），R，N 和 M（一个核子的质量）表示。注意：引力能为负值。

（c）找出下列两种情况时的半径：（i）总能量为正，（ii）总能量取最小值。答案：

$$R=\left(\frac{9\pi}{4}\right)^{2/3}\frac{\hbar^2 q^{5/3}}{GmM^2N^{1/3}}$$

（注意当总质量增大时半径将减小!）除了 N 之外都将真实值代入，q 取 1/2（实际上当原子量增加时，q 将略有减小，但在这里我们可以忽略）。答案：$R=7.6\times10^{25}N^{-1/3}\mathrm{m}$。

（d）计算与太阳的质量相同的一个白矮星的半径，以 km 为单位。

（e）计算出（d）中白矮星的费米能量，单位取 eV，并将结果与一个电子的静止能量比较。注意这个系统已危险地进入了相对论框架（见习题 5.36）。

解：（a）设有星体有 N 核子，每个核子有 q 个电子，故共有 Nq 个电子。由已知，每对电子在"k 空间"占据的体积为 $\frac{\pi^3}{V}$，所以电子数与费米波矢有如下的关系

$$\frac{1}{8}\cdot\frac{4}{3}\pi k_F^3=\frac{1}{2}Nq\cdot\frac{\pi^3}{V}\rightarrow k_F=\left(3\frac{Nq}{V}\pi^2\right)^{\frac{1}{3}\left(令\rho=\frac{Nq}{V}\right)}=(3\rho\pi^2)^{\frac{1}{3}}$$

“k 空间”的 1/8 球壳中的体积为$\frac{1}{2}\pi k^2\mathrm{d}k$，可填充电子数目为 $2\ \frac{V}{\pi^3}\cdot\frac{1}{2}\pi k^2\mathrm{d}k=\frac{V}{\pi^2}k^2\mathrm{d}k$

所以这 1/8 球壳中电子的能量为

$$\mathrm{d}E=\frac{\hbar^2k^2}{2m}\cdot\frac{V}{\pi^2}k^2\mathrm{d}k=\frac{\hbar^2V}{2m\pi^2}k^4\mathrm{d}k$$

则电子总能量为

$$E_T=\int_0^{E_F}\mathrm{d}E=\int_0^{k_F}\frac{\hbar^2V}{2m\pi^2}k^4\mathrm{d}k=\frac{\hbar^2V}{2m\pi^2}\cdot\frac{1}{5}k_F^5$$

$$=\frac{\hbar^2(4\pi R^3/3)}{10m\pi^2}\left[3\pi^2\ \frac{Nq}{(4\pi R^3/3)}\right]^{5/3}$$

$$=\left(\frac{9}{4}\pi\right)^{2/3}\frac{3\ \hbar^2N^{5/3}q^{5/3}}{10m}\cdot\frac{1}{R^2}$$

(b) 设想由一层层球壳构建一个星体，当构建到半径为 r，球体质量为 m 时，继续增加质量 $\mathrm{d}m$ 时，引力做的功为

$$\mathrm{d}W_{\mathrm{grav}}=-\frac{Gm}{r}\mathrm{d}m$$

星体密度用 ρ 表示，

$$m=\frac{4}{3}\pi r^3\rho,\quad \mathrm{d}m=\rho4\pi r^2\mathrm{d}r$$

$$\mathrm{d}W_{\mathrm{grav}}=-\frac{G\ (4\pi r^3\rho/3)}{r}\rho4\pi r^2\mathrm{d}r=-\frac{16\pi^2G\rho^2}{3}r^4\mathrm{d}r$$

所以，一个半径为 R 的星体总能量为

$$E_{\mathrm{grav}}=\int_0^R\mathrm{d}W_{\mathrm{grav}}=-\frac{16\pi^2G\rho^2}{3}\int_0^R r^4\mathrm{d}r=-\frac{16\pi^2G\rho^2}{15}R^5$$

设核子质量为 M，可以得到白矮星的密度为

$$\rho=\frac{NM}{V}=\frac{3NM}{4\pi R^3}$$

所以

$$E_{\mathrm{grav}}=-\frac{16\pi^2G\rho^2}{15}R^5=-\frac{3GN^2M^2}{5R}$$

(c) 系统总能量为

$$E_{\mathrm{tot}}=\left(\frac{9}{4}\pi\right)^{2/3}\frac{3\ \hbar^2N^{5/3}q^{5/3}}{10m}\ \frac{1}{R^2}-\frac{3GN^2M^2}{5R}$$

求导后计算极值，

$$\frac{\mathrm{d}E_{\mathrm{tot}}}{\mathrm{d}R}=\frac{3GN^2M^2}{5}\cdot\frac{1}{R^2}-\left(\frac{9}{4}\pi\right)^{\frac{2}{3}}\frac{3\ \hbar^2N^{\frac{5}{3}}q^{\frac{5}{3}}}{10m}\cdot2\ \frac{1}{R^3}=0$$

$$R=\left(\frac{9}{4}\pi\right)^{2/3}\frac{\hbar^2 q^{5/3}}{GN^{1/3}mM^2}$$
$$=\left(\frac{9}{4}\pi\right)^{2/3}\frac{(1.055\times10^{-34}\mathrm{J\cdot s})^2(1/2)^{5/3}}{(6.673\times10^{-11}\mathrm{N\cdot m^2/kg})(9.109\times10^{-31}\mathrm{kg})(1.674\times10^{-27}\mathrm{kg})^2}N^{-1/3}$$
$$=(7.58\times10^{25}N^{-1/3})\mathrm{m}$$

当半径为此值时总能量有最小值，系统是稳定的。

(d) 太阳质量为 1.989×10^{30}kg，可以计算出与太阳质量相当的白矮星中的核子数为

$$N=\frac{1.989\times10^{30}}{1.674\times10^{-27}}=1.188\times10^{57}\rightarrow N^{-1/3}=9.44\times10^{-20}$$

$$R=(7.58\times10^{25})\times(9.44\times10^{-20})=7.16\times10^{6}\mathrm{m}(\text{比地球半径稍大})$$

(e) 费米能

$$E_F=\frac{\hbar^2k_F^2}{2m}=\frac{\hbar^2}{2m}\left(3\pi^2\frac{Nq}{4\pi R^3/3}\right)^{2/3}=\frac{\hbar^2}{2mR^2}\left(\frac{9}{4}\pi Nq\right)^{2/3}$$
$$=\frac{(1.055\times10^{-34}\mathrm{J\cdot s})^2}{2(9.109\times10^{-31}\mathrm{kg})(7.16\times10^{6}\mathrm{m})^2}\left[\frac{9}{4}\pi\times(1.188\times10^{57})\times(1/2)\right]^{2/3}$$
$$=3.102\times10^{-14}\mathrm{J}=1.94\times10^{5}\mathrm{eV}$$

电子的静止能量为 $E=mc^2=5.11\times10^5$eV。可以看出，费米能（近似等于大多数电子的动能）已经接近电子的静止能，所以这样的白矮星中的电子已经进入了相对论框架。

*** **习题 5.36** 将经典动能 $E=p^2/2m$ 代换为相对论的 $E=\sqrt{p^2c^2+m^2c^4}-mc^2$，我们就可以把自由电子气体理论（教材中的 5.3.1 节）扩展到相对论的理论框架下。动量还是通过 $\boldsymbol{p}=\hbar\boldsymbol{k}$ 和波矢联系起来。特别地，在极端相对论情况下，$E\approx pc=\hbar ck$。

(a) 将式 5.44 中的 $\hbar^2k^2/2m$ 换成极端相对论下的 $\hbar ck$，计算此时的 E_{tot}。

(b) 对于极端相对论下的电子气体，重复习题 5.44 中的 (a)，(b) 计算。注意此时不管 R 为多少，都不存在稳定的极小值；如果总能量为正，简并力将超过引力，星体将扩大；如果总能量为负，引力占上风，星体将坍缩。找出临界核子数 N_c，当 $N>N_c$ 时星体将坍缩。它被称为**钱德拉萨卡**（Chandrasekhar）**极限**。答案：2.4×10^{57}。相应的星体质量为多少？（将答案表示为太阳质量的倍数）。质量大于此的星体将不会形成白矮星，而是进一步的坍缩，形成（如果条件满足的话）**中子星**。

(c) 当密度极大时，**逆 $\boldsymbol{\beta}$ 衰变**：$e^-+p^+\rightarrow n+v$ 将把所有的质子和电子转变成中子（释放出中微子，并在这个过程中带走能量）。最终中子的简并压将使坍缩停止，就像电子简并对中子星的作用（见习题 5.35）。计算质量大小和太阳相同的一颗中子星的半径。同样，计算出它的（中子）费米能量，并将结果与一个中子的静能比较。将中子星视为非相对论的是否合理？

解：

(a) 把式 5.44 中电子动能换 $\hbar ck$，电子体系的总能量为

$$E=\int_0^{k_F}\hbar ck\cdot\frac{Vk^2}{\pi^2}\mathrm{d}k=\frac{V\hbar c}{\pi^2}\int_0^{k_F}k^3\mathrm{d}k=\frac{V\hbar ck_F^4}{4\pi^2}$$

代入 $k_F=\left(\dfrac{3Nq}{V}\pi^2\right)^{1/3}$，可得

$$E=\frac{\hbar c}{4\pi^2}3Nq\pi^2\left(\frac{3\pi^2Nq}{V}\right)^{1/3}=\frac{3\hbar cNq}{4}\left(\frac{9\pi Nq}{4}\right)^{1/3}\frac{1}{R}$$

（b）星体的总能量（电子动能+引力能）为

$$E_{\text{tot}}=\left[\frac{3\hbar cNq}{4}\left(\frac{9Nq\pi}{4}\right)^{\frac{1}{3}}-\frac{3GN^2M^2}{5}\right]\frac{1}{R}$$

显然，星体的能量只能是随着 R 增大单调递增，或单调递减（取决于前面系数正负）。临界点的核子数即为系数取零时的核子数 N。系数为零时（此时总能量为零），

$$N_C=\frac{15}{16}\sqrt{5\pi}\left(\frac{\hbar c}{G}\right)^{3/2}\frac{q^2}{M^3}=2.04\times10^{57}$$

可以看出临界状态的核子数大约为太阳核子数的 2 倍。临界质量为 $M_{星体}=NM=3.42\times10^{30}\text{kg}$，约为太阳质量的 1.7 倍。

（c）中子为费米子，在非相对论情形下，把习题 5.35 中计算电子问题中的质量换为中子质量，并取 $q=1$，可以得到

$$R=\left(\frac{9}{4}\pi\right)^{2/3}\frac{\hbar^2}{GN^{1/3}M^3}=(1.31\times10^{28}N^{-1/3})\,\text{m}$$

取 $N=1.188\times10^{57}$

$$R=(1.31\times10^{28}\text{m})\times(9.44\times10^{-20})=12.4\text{km}$$

中子体系的费米能为

$$E_F=\frac{\hbar^2k_F^2}{2M}=\frac{\hbar^2}{2M}\left(3\pi^2\frac{N}{4\pi R^3/3}\right)^{2/3}=\frac{\hbar^2}{2MR^2}\left(\frac{9}{4}\pi N\right)^{2/3}$$

$$=\frac{(1.055\times10^{-34}\text{J}\cdot\text{s})^2}{2\,(1.67\times10^{-27}\text{kg})\,(12.4\times10^3\text{m})^2}\left(\frac{9}{4}\pi\times1.188\times10^{57}\right)^{2/3}$$

$$=56.0\text{MeV}$$

这远小于中子静止能量 940MeV，所以可以认为中子是非相对论的。

*** 习题 5.37

（a）计算出处于三维谐振子势（习题4.38）中的可分辨粒子的化学势和总能量。提示：式 5.78 和式 5.79 中的求和式可以精确计算出，所以这里不用像在处理无限深方势阱情况时进行积分近似。注意：将**几何级数**求导，

$$\frac{1}{1-x}=\sum_{n=0}^{\infty}x^n$$

得到

$$\frac{\text{d}}{\text{d}x}\left(\frac{x}{1-x}\right)=\sum_{n=0}^{\infty}(n+1)x^n$$

更高阶的求导结果和上式很类似。答案：

$$E=\frac{3}{2}N\hbar\omega\left(\frac{1+\text{e}^{-\hbar\omega/k_BT}}{1-\text{e}^{-\hbar\omega/k_BT}}\right)$$

(b) 讨论 $k_BT \ll \hbar\omega$ 的极限情况。

(c) 根据**能量均分定理**，讨论 $k_B \gg \hbar\omega$ 的经典极限情况。处于三维谐振子势中的粒子**自由度为多少**？

解：(a) 三维谐振子，能级为 $E_n = \left(n+\frac{3}{2}\right)\hbar\omega$。而对于第 n 个能级的简并度为 $d_n = \frac{(n+1)(n+2)}{2}$。在温度 T 时，一个能态被占据的概率为 $n(\varepsilon) = e^{-(\varepsilon-\mu)/k_BT}$ 所以在一个简并度为 d_n 的能级上粒子数为

$$N_n = d_n e^{-(\varepsilon-\mu)/k_BT} = \frac{(n+1)(n+2)}{2} e^{(\mu-3\hbar\omega/2)/k_BT} e^{-n\hbar\omega/k_BT}$$

在所有能级上的粒子数为

$$N = \sum_{n=0}^{\infty} N_n = \frac{1}{2} e^{(\mu-3\hbar\omega/2)/k_BT} \sum_{n=0}^{\infty} (n+1)(n+2) e^{-n\hbar\omega/k_BT}$$

$$= \frac{1}{2} e^{(\mu-3\hbar\omega/2)/k_BT} \sum_{n=0}^{\infty} (n+1)(n+2) x^n \quad (\text{其中}, x \equiv e^{-\hbar\omega/k_BT})$$

由

$$\frac{1}{1-x} = \sum_{n=0}^{\infty} x^n \rightarrow \frac{d^2}{dx^2}\left(\frac{1}{1-x}\right) = \sum_{n=0}^{\infty} (n+1)(n+2) x^n = \frac{2}{(1-x)^3}$$

可得

$$N = \frac{e^{(\mu-3\hbar\omega/2)/k_BT}}{(1-e^{-\hbar\omega/k_BT})^3} \rightarrow e^{\mu/k_BT} = Ne^{3\hbar\omega/2k_BT}\,(1-e^{-\hbar\omega/k_BT})^3$$

$$\mu = k_BT[\ln N + 3\ln(1-e^{-\hbar\omega/k_BT}) + 3\hbar\omega/(2k_BT)]$$

粒子总能量为

$$E = \sum_{n=0}^{\infty} N_n E_n = -\frac{\partial N}{\partial \beta} = -\frac{\partial}{\partial \beta}\left[\frac{e^{-\left(\alpha+\frac{3}{2}\hbar\omega\beta\right)}}{(1-e^{-\hbar\omega\beta})^3}\right] = \frac{3}{2}\hbar\omega e^{-\alpha} e^{-\frac{3}{2}\hbar\omega\beta} \frac{(1+e^{-\hbar\omega\beta})}{(1-e^{-\hbar\omega\beta})^4}$$

$$= \frac{3}{2}\hbar\omega N \frac{(1+e^{-\hbar\omega/k_BT})}{(1-e^{-\hbar\omega/k_BT})}$$

$(\alpha \equiv \mu/k_BT,\ \beta \equiv 1/k_BT)$

(b) 当 $k_BT \ll \hbar\omega$ 时，$e^{-\hbar\omega/k_BT} \rightarrow 0$，$E \rightarrow \frac{3}{2}N\hbar\omega$，$\mu(T) \rightarrow \frac{3}{2}\hbar\omega$，所有粒子处于基态上。

(c) 当 $k_BT \gg \hbar\omega$ 时，$e^{-\hbar\omega/k_BT} \approx 1 - \frac{\hbar\omega}{k_BT}$，$E \approx 3Nk_BT$。根据能量均分定理，粒子每个自由度的能量应该为 $\frac{1}{2}k_BT$，对三维谐振子自由度为6，所以 $E \approx 3Nk_BT$。

第 6 章　不含时微扰理论

本章主要内容

1. 非简并微扰理论

设体系的哈密顿量为 $H = H^0 + H'$，其中 H^0 的本征函数已知，但是 H 的严格解无法求出，若 H' 对应的能量远小于 H^0 对应的能量，这时可由微扰理论近似求解 H 的能量本征值和本征函数。一级近似下（近似到 H' 一次项），能量本征值为

$$E_n = E_n^0 + E_n^1 = E_n^0 + \langle \psi_n^0 | H' | \psi_n^0 \rangle$$

能量本征函数为

$$\psi_n = \psi_n^0 + \psi_n^1 = \psi_n^0 + \sum_{n \neq m} \frac{\langle \psi_m^0 | H' | \psi_n^0 \rangle}{E_n^0 - E_m^0} \psi_m^0$$

其中 ψ_n^0 是 H^0 本征值为 E_n^0 的本征函数；$\langle \psi_m^0 | H' | \psi_n^0 \rangle$ 是微扰哈密顿量在 H^0 表象中的矩阵元。二级近似下能量本征值为

$$E_n = E_n^0 + E_n^1 + E_n^2 = E_n^0 + \langle \psi_n^0 | H' | \psi_n^0 \rangle + \sum_{n \neq m} \frac{|\langle \psi_m^0 | H' | \psi_n^0 \rangle|^2}{E_n^0 - E_m^0}$$

2. 简并微扰理论

若 H^0 的某个能量是 k 度简并的，即有 k 本征函数 ψ_i（$i = 1, 2, \cdots, k$）对应同一个能量本征值 E（这里略写了对应能级的指标），要求能量的一级修正，首先在简并子空间，即 $\{\psi_i\}$ 为基矢的表象，求出微扰哈密顿 H' 的矩阵元 $\langle \psi_i | H' | \psi_j \rangle$，然后解 H' 的本征方程

$$\begin{pmatrix} H'_{11} & H'_{12} & \cdots & H'_{1k} \\ H'_{21} & H'_{22} & \cdots & H'_{2k} \\ \vdots & \vdots & & \vdots \\ H'_{k1} & H'_{k2} & \cdots & H'_{kk} \end{pmatrix} \begin{pmatrix} c_1 \\ c_2 \\ \vdots \\ c_k \end{pmatrix} = E^1 \begin{pmatrix} c_1 \\ c_2 \\ \vdots \\ c_k \end{pmatrix}$$

由此可以求出 k 个能量一级修正 E_i^1（可能有重根，表示简并仅部分消除），再把得到的每个 E_i^1 代入本征方程，对每个 E_i^1 可以得到 $\{c_i\}$，对应的零级近似波函数为

$$\phi_i^0 = \sum_{j=1}^{k} c_j \psi_j$$

之所以称 ϕ_i^0 为零级近似波函数是由于它们是 ψ_i 的线性组合，仍然是 H^0 本征值为 E 的本征函数，并且有 $E_i^1 = \langle \phi_i^0 | H' | \phi_i^0 \rangle$。

3. 氢原子的精细结构

若在氢原子哈密顿量中考虑相对论修正和自旋—轨道耦合，由此产生的对氢原子能级的修正称为精细结构。相对论微扰哈密顿量为 $H'_r = -\hat{p}^4 / 8m^3c^2$，由此带来的能量一级修正为

$$E_r^1 = -\frac{E_n^2}{2mc^2}\left[\frac{4n}{l + 1/2} - 3\right]$$

其中，E_n 为无微扰时氢原子能级（略写了上标0）。自旋—轨道耦合哈密顿量为

$$H'_{so}=\left(\frac{e^2}{8\pi\varepsilon_0}\right)\frac{1}{m^2c^2r^3}\boldsymbol{S}\cdot\boldsymbol{L}$$

由此得到的能量一级修正为

$$E_{so}^1=\frac{E_n^2}{mc^2}\left\{\frac{n[j(j+1)-l(l+1)-3/4]}{l(l+1/2)(l+1)}\right\}$$

其中 j 是总角动量（自旋+轨道）量子数。精细结构修正为两者之和

$$E_{fs}^1=E_r^1+E_{so}^1=\frac{E_n^2}{2mc^2}\left(3-\frac{4n}{j+1/2}\right)$$

4. 塞曼效应

当一个原子被置于均匀外磁场 $\boldsymbol{B}_{ext}$ 中时，由于自旋和轨道磁矩与外磁场的相互作用能级将发生改变。这个现象被称为塞曼效应。微扰哈密顿量为

$$H'_Z=\frac{e}{2m}(\boldsymbol{L}+2\boldsymbol{S})\cdot\boldsymbol{B}_{ext}$$

在弱场情况下（$\boldsymbol{B}_{ext}\ll\boldsymbol{B}_{int}\sim 10\text{T}$），能量的一级修正为（取 $\boldsymbol{B}_{ext}$ 沿 z 轴方向）

$$E_Z^1=\mu_B g_j\boldsymbol{B}_{ext}m_j$$

其中 $\mu_B\equiv e\hbar/2m=5.788\times10^{-5}\text{eV/T}$ 是玻尔磁子；$g_j=\left[1+\dfrac{j(j+1)-l(l+1)+3/4}{2j(j+1)}\right]$ 为朗道 g 因子；m_j 是总动量的磁量子数。总能量一级修正是精细结构部分和塞曼效应部分之和。在强场情况下（$\boldsymbol{B}_{ext}\gg\boldsymbol{B}_{int}\sim 10\text{T}$），能量的一级修正为（忽略精细结构）为

$$E_Z^1=\mu_B\boldsymbol{B}_{ext}(m_l+2m_s)$$

题解

***习题 6.1** 假设在一维无限深方势阱的中心加入一个 δ 函数峰

$$H'=\alpha\delta(x-a/2)$$

其中 α 为常数，

(a) 给出能级的一级修正。解释为何对偶数 n 能量没有受到扰动。

(b) 给出基态波函数一级修正 ψ_1^1 展开式$\left(\text{式 6.13}\left(\psi_n^1=\sum\limits_{m\neq n}\dfrac{\langle\psi_m^0|H'|\psi_n^0\rangle}{(E_n^0-E_m^0)}\psi_m^0\right)\right)$的前三个非零项。

解：

(a) 一维无限深方势阱的波函数为

$$\psi_n^0=\sqrt{\frac{2}{a}}\sin\left(\frac{n\pi}{a}x\right)$$

根据能量的一级修正公式 $E_n^1=\langle\psi_n^0|H'|\psi_n^0\rangle$，可得到

$$E_n^1=\langle\psi_n^0|H'|\psi_n^0\rangle=\frac{2\alpha}{a}\int_0^a\sin^2\left(\frac{n\pi}{a}x\right)\delta\left(x-\frac{a}{2}\right)\mathrm{d}x=\frac{2\alpha}{a}\sin^2\left(\frac{n\pi}{2}\right)$$

当 n 为偶数的时候，$E_n^1=0$，这是因为对 n 为偶数的波函数，它在 $x=\frac{a}{2}$ 处的波函数值为零，因此感受不到此处的微扰存在。

(b) 基态波函数的一级修正为

$$\psi_1^1 = \sum_{n=2}^{\infty}\frac{\langle\psi_n^0|H'|\psi_1^0\rangle}{E_1^0-E_n^0}\psi_n^0$$

其中矩阵元为

$$\langle\psi_n^0|H'|\psi_n^0\rangle = \frac{2\alpha}{a}\int_0^a \sin\left(\frac{n\pi}{a}x\right)\delta\left(x-\frac{a}{2}\right)\sin\left(\frac{\pi}{a}x\right)\mathrm{d}x = \frac{2\alpha}{a}\sin\left(\frac{n\pi}{2}\right)$$

$$E_1^0-E_n^0=\frac{\hbar^2\pi^2}{2ma^2}(1-n^2)$$

其中，前三个非零项为 $n=3, 5, 7$。

$$\psi_1^1 = \frac{2\alpha}{a}\frac{2ma^2}{\pi^2\hbar^2}\left[\frac{1}{8}\sqrt{\frac{2}{a}}\sin\left(\frac{3\pi}{a}x\right)-\frac{1}{24}\sqrt{\frac{2}{a}}\sin\left(\frac{5\pi}{a}x\right)+\frac{1}{48}\sqrt{\frac{2}{a}}\sin\left(\frac{7\pi}{a}x\right)+\cdots\right]$$

$$=\frac{m\alpha}{\pi^2\hbar^2}\sqrt{\frac{a}{2}}\left[\sin\left(\frac{3\pi}{a}x\right)-\frac{1}{3}\sin\left(\frac{5\pi}{a}x\right)+\frac{1}{6}\sin\left(\frac{7\pi}{a}x\right)+\cdots\right]$$

---

* **习题 6.2**　对于谐振子[$V(x)=(1/2)kx^2$]，能量允许值为

$$E_n=(n+1/2)\hbar\omega \quad (n=0,1,2,\cdots)$$

其中 $\omega=\sqrt{k/m}$ 为经典频率。现在假设弹性系数稍微增大：$k\to(1+\varepsilon)k$（也许我们冷却了弹簧，使它变得不那么有弹性了）。

(a) 找出此时能量的精确值（这种情况很平凡）。将你的结果展开为 ε 的幂级数，直到第二级。

(b) 现在，利用式 6.9（$E_n^1=\langle\psi_n^0|H'|\psi_n^0\rangle$）计算能量的一级修正。$H'$ 是什么？将你的结果和 (a) 中的对比。提示：在这个问题中，积分计算是不必要的——事实上，也是不允许的。

解： (a) 对于一维谐振子方程

$$-\frac{\hbar^2}{2m}\frac{\mathrm{d}^2\psi}{\mathrm{d}x^2}+\frac{1}{2}m\omega^2x^2=E\psi$$

可以精确解出

$$E_n=\left(n+\frac{1}{2}\right)\hbar\omega \quad (n=0,1,2,3,\cdots)$$

其中，$\omega\equiv\sqrt{k/m}$。当 $k\to(1+\varepsilon)k$ 时，$\omega\to\omega\sqrt{1+\varepsilon}$，所以能级为

$$E_n=\left(n+\frac{1}{2}\right)\hbar\omega\sqrt{1+\varepsilon}$$

对 ε 展开，直到第二级，可以得到

$$E_n=\left(n+\frac{1}{2}\right)\hbar\omega\left(1+\frac{1}{2}\varepsilon-\frac{1}{8}\varepsilon^2+\cdots\right)$$

(b) $H'=\frac{1}{2}\varepsilon kx^2=\varepsilon V(x)$，能量一级修正为

$$E_n^1=\langle\psi_n^0|H'|\psi_n^0\rangle=\varepsilon\langle\psi_n^0|V|\psi_n^0\rangle=\frac{1}{2}\varepsilon E_n=\frac{1}{2}\varepsilon(n+1/2)\hbar\omega$$

利用微扰方法得到的一级近似和精确解展开到第一级相同。

习题 6.3 一个无限深方势阱中放入两个全同玻色子（式 2.19）。两者通过势场

$$V(x_1,x_2)=-aV_0\delta(x_1-x_2)$$

有微弱的相互作用：（V_0 是具有能量量纲的一个常数；a 为势阱宽度）。

(a) 首先忽略粒子间的相互作用，求基态和第一激发态——包括波函数和对应的能量。

(b) 利用一级微扰理论估算粒子相互作用对基态、第一激发态能量的影响。

解：(a) 基态和第一激发态的波函数应该分别为（不考虑粒子的自旋）

$$\psi_{11}^0=\frac{2}{a}\sin\left(\frac{\pi x_1}{a}\right)\sin\left(\frac{\pi x_2}{a}\right),\quad E_{11}^0=\frac{\pi^2\hbar^2}{ma^2}$$

$$\psi_{12}^0=\frac{\sqrt{2}}{a}\left[\sin\left(\frac{\pi x_1}{a}\right)\sin\left(\frac{2\pi x_2}{a}\right)+\sin\left(\frac{2\pi x_1}{a}\right)\sin\left(\frac{\pi x_2}{a}\right)\right],\quad E_{12}^0=\frac{5\pi^2\hbar^2}{2ma^2}$$

以上两个能级都是非简并的。

(b) 按照一级微扰理论，

$$E'_{11}=\langle\psi_{11}^0|H'|\psi_{11}^0\rangle=-4\frac{V_0}{a}\int_0^a\int_0^a\sin\left(\frac{\pi x_1}{a}\right)\sin\left(\frac{\pi x_2}{a}\right)\delta(x_1-x_2)\sin\left(\frac{\pi x_1}{a}\right)\sin\left(\frac{\pi x_2}{a}\right)\mathrm{d}x_1\mathrm{d}x_2$$

$$=-4\frac{V_0}{a}\int_0^a\sin^4\left(\frac{\pi x_2}{a}\right)\mathrm{d}x_2=-\frac{3}{2}V_0$$

$$E'_{12}=\langle\psi_{12}^0|H'|\psi_{12}^0\rangle=-2\frac{V_0}{a}\int_0^a\int_0^a\left[\sin\left(\frac{\pi x_1}{a}\right)\sin\left(\frac{2\pi x_2}{a}\right)+\sin\left(\frac{2\pi x_1}{a}\right)\sin\left(\frac{\pi x_2}{a}\right)\right]^2\delta(x_1-x_2)\mathrm{d}x_1\mathrm{d}x_2$$

$$=-2\frac{V_0}{a}\int_0^a\left[\sin\left(\frac{\pi x_1}{a}\right)\sin\left(\frac{2\pi x_1}{a}\right)+\sin\left(\frac{2\pi x_1}{a}\right)\sin\left(\frac{\pi x_1}{a}\right)\right]^2\mathrm{d}x_1$$

$$=-8\frac{V_0}{a}\int_0^a\sin^2\left(\frac{\pi x_1}{a}\right)\sin^2\left(\frac{2\pi x_1}{a}\right)\mathrm{d}x_1=-2V_0$$

*** 习题 6.4**

(a) 给出习题 6.1 中作用势的能量的二级修正（E_n^2）。注意：你可以直接求出级数的和，对奇数 n 结果是 $-2m(\alpha/\pi\hbar n)^2$。

(b) 对习题 6.2 中的作用势，计算基态能量的二级修正（E_0^2）。验证你所得到的结果和精确解是一致的。

解：二级能量修正公式为

$$E_n^2 = \sum_{k\neq n}\frac{|\langle\psi_k^0|H'|\psi_n^0\rangle|^2}{E_n^0 - E_k^0}$$

（a）对于习题6.1中的一维无限深势阱和微扰势，有

$$\langle\psi_k^0|H'|\psi_n^0\rangle = \frac{2\alpha}{a}\sin\left(\frac{k}{2}\pi\right)\sin\left(\frac{n}{2}\pi\right),\quad E_n^0 - E_k^0 = \frac{(n^2-k^2)\pi^2\hbar^2}{2ma^2}$$

只有当 m 和 n 都为奇数时，矩阵元才不为0，所以

$$E_n^2 = \sum_{k\neq n}\frac{|\langle\psi_k^0|H'|\psi_n^0\rangle|^2}{E_n^0 - E_k^0} = \sum_{k\neq n\text{且为奇数}}\frac{4\alpha^2/a^2}{(n^2-k^2)\pi^2\hbar^2/2ma^2}$$

$$= \frac{8m\alpha^2}{\pi^2\hbar^2}\cdot\frac{1}{2n}\sum_{k\neq n\text{且为奇数}}\left(\frac{1}{k+n}-\frac{1}{k-n}\right)$$

当 $n=1$ 时，

$$\sum_{k=3,5,7,\cdots}\left(\frac{1}{k+1}-\frac{1}{k-1}\right) = \left(\frac{1}{4}+\frac{1}{6}+\frac{1}{8}+\cdots-\frac{1}{2}-\frac{1}{4}-\frac{1}{6}-\cdots\right) = -\frac{1}{2}$$

当 $n=3$ 时，

$$\sum_{k=1,5,7,\cdots}\left(\frac{1}{k+3}-\frac{1}{k-3}\right) = \left(\frac{1}{4}+\frac{1}{8}+\frac{1}{10}\cdots+\frac{1}{2}-\frac{1}{2}-\frac{1}{4}-\frac{1}{6}-\frac{1}{8}\cdots\right) = -\frac{1}{6}$$

$$\vdots$$

推广到一般情况级数除了 $-\frac{1}{2n}$ 一项无法抵消外，其余均可以相互抵消掉，所以有

$$E_n^2 = \begin{cases} 0 & (n\text{ 为偶数}) \\ \dfrac{8m\alpha^2}{\pi^2\hbar^2}\cdot\dfrac{-1}{4n^2} = -2m(\alpha/\pi\hbar n)^2 & (n\text{ 为奇数}) \end{cases}$$

（b）利用产生与湮灭算符

$$x = \sqrt{\frac{\hbar}{2m\omega}}(a_+ + a_-),\quad a_+\psi_n = \sqrt{n+1}\psi_{n+1},\ a_-\psi_n = \sqrt{n}\psi_{n-1}$$

$$H' = \frac{1}{2}\varepsilon kx^2 = \frac{\hbar\varepsilon k}{4m\omega}(a_+^2 + a_+a_- + a_-a_+ + a_-^2) = \frac{\hbar\varepsilon\omega}{4}(a_+^2 + a_+a_- + a_-a_+ + a_-^2)$$

$$E_n^2 = \sum_{l\neq n}\frac{|\langle\psi_l^0|H'|\psi_n^0\rangle|^2}{E_n^0 - E_l^0} = \frac{\hbar^2\varepsilon^2\omega^2}{16}\sum_{l\neq n}\frac{|\langle\psi_l^0|a_+^2 + a_+a_- + a_-a_+ + a_-^2|\psi_n^0\rangle|^2}{\hbar\omega(n-l)}$$

由于 $l\neq n$，故有

$$E_n^2 = \frac{\varepsilon^2\hbar\omega}{16}\sum_{l\neq n}\frac{|\langle\psi_l^0|a_+^2|\psi_n^0\rangle + \langle\psi_l^0|a_-^2|\psi_n^0\rangle|^2}{n-l}$$

$$= \frac{\varepsilon^2\hbar\omega}{16}\sum_{l\neq n}\frac{\left|\sqrt{(n+1)(n+2)}\delta_{l,n+2} + \sqrt{n(n-1)}\delta_{l,n-2}\right|^2}{n-l}$$

$$= \frac{\varepsilon^2\hbar\omega}{16}\left[\frac{-(n+1)(n+2)}{2} + \frac{n(n-1)}{2}\right] = -\frac{\varepsilon^2\hbar\omega}{8}\left(n+\frac{1}{2}\right) = -\frac{\varepsilon^2}{8}E_n^0$$

这与习题6.2中的结果是一致的。

** **习题 6.5** 考虑一个带电粒子位于一维谐振子势中。假设我们加入了一个微弱的电场（E_{ext}），从而使势能大小产生了 $H' = -qE_{\text{ext}}x$ 的偏移。

（a）证明能量一级修正为零，并计算出能量的二级修正。提示：参考习题3.33。

（b）在这个例子中，薛定谔方程是可以直接求解的，只要将变量变成 $x' \equiv x - (qE/m\omega^2)$。给出能量的精确值，并证明它们和微扰理论是一致的。

解：

（a）利用产生与湮灭算符，能量的一级修正为

$$E_n^1 = \langle \psi_n^0 | H' | \psi_n^0 \rangle = -qE_{\text{ext}} \langle \psi_n^0 | x | \psi_n^0 \rangle = -qE_{\text{ext}} \sqrt{\frac{\hbar}{2m\omega}} \langle \psi_n^0 | a_+ + a_- | \psi_n^0 \rangle = 0$$

能量二级修正为

$$\begin{aligned} E_n^2 &= \sum_{k \neq n} \frac{|\langle \psi_k^0 | H' | \psi_n^0 \rangle|^2}{E_n^0 - E_k^0} = \frac{E_{\text{ext}}^2 q^2}{\hbar\,\omega} \sum_{k \neq n} \frac{|\langle \psi_k^0 | x | \psi_n^2 \rangle|^2}{n-k} \\ &= \frac{E_{\text{ext}}^2 q^2}{2m\omega^2} \sum_{k \neq n} \frac{|\langle \psi_k^0 | a_+ + a_- | \psi_n^0 \rangle|^2}{n-k} \\ &= \frac{E_{\text{ext}}^2 q^2}{2m\omega^2} \sum_{k \neq n} \frac{\left| \sqrt{n+1}\delta_{k,n+1} + \sqrt{n}\delta_{k,n-1} \right|^2}{n-k} = -\frac{E_{\text{ext}}^2 q^2}{2m\omega^2} \end{aligned}$$

（b）定态薛定谔方程为

$$-\frac{\hbar^2}{2m}\frac{\mathrm{d}^2\psi}{\mathrm{d}x^2} + \left(\frac{1}{2}m\omega^2 x^2 - E_{\text{ext}}qx\right)\psi = E\psi$$

作变量代换 $x' = x - \left(\frac{E_{\text{ext}}q}{m\omega^2}\right)$，方程换为

$$-\frac{\hbar^2}{2m}\frac{\mathrm{d}^2\psi}{\mathrm{d}x'^2} + \frac{1}{2}m\omega^2 x'^2\psi = \left(E + \frac{E_{\text{ext}}^2 q^2}{2m\omega^2}\right)\psi$$

可以得到能量的精确解为

$$E_n = \left(n + \frac{1}{2}\right)\hbar\,\omega - \frac{E_{\text{ext}}^2 q^2}{2m\omega^2}$$

可以看出一级微扰为零，二级微扰为 $-\frac{E_{\text{ext}}^2 q^2}{2m\omega^2}$，这与微扰理论得到的结果是一致的。

习题 6.6 设两个“好”的无微扰的零级波函数为

$$\psi_\pm^0 = \alpha_\pm \psi_a^0 + \beta_\pm \psi_b^0$$

其中，$\alpha_\pm$ 和 $\beta_\pm$（满足归一化）由式6.22（或式6.24）确定。证明：

（a）$\psi_\pm^0$ 是正交的（$\langle \psi_+^0 | \psi_-^0 \rangle = 0$）。

（b）$\langle \psi_+^0 | H' | \psi_-^0 \rangle = 0$。

（c）$\langle \psi_\pm^0 | H' | \psi_\pm^0 \rangle = E_\pm^1$，其中 $E_\pm^1$ 由式6.27给出。

解：（a）

$$\begin{aligned}\langle\psi_+^0\,|\,\psi_-^0\rangle &= \langle\alpha_+\psi_a^0+\beta_+\psi_b^0\,|\,\alpha_-\psi_a^0+\beta_-\psi_b^0\rangle\\ &= \alpha_+^*\alpha_-\langle\psi_a^0\,|\,\psi_a^0\rangle+\beta_+^*\beta_-\langle\psi_b^0\,|\,\psi_b^0\rangle+\alpha_+^*\beta_-\langle\psi_a^0\,|\,\psi_b^0\rangle+\beta_+^*\alpha_-\langle\psi_b^0\,|\,\psi_a^0\rangle\\ &= \alpha_+^*\alpha_-+\beta_+^*\beta_-\end{aligned}$$

由教材中的式 6.22，α，β 满足关系

$$\alpha W_{aa}+\beta W_{ab}=\alpha E^1\rightarrow\beta_\pm=\frac{\alpha_\pm(E_\pm^1-W_{aa})}{W_{ab}}$$

所以

$$\langle\psi_+^0\,|\,\psi_-^0\rangle=\alpha_+^*\alpha_-+\frac{\alpha_+^*\alpha_-}{|W_{ab}|^2}[E_+^1E_-^1-W_{aa}(E_+^1+E_-^1)+|W_{aa}|^2]$$

其中，$E_\pm^1$ 为下列一元二次方程的根

$$(E^1)^2-E^1(W_{aa}+W_{bb})+(W_{aa}W_{bb}-|W_{ab}|^2)=0$$

所以，由一元二次方程的性质，有

$$E_+^1+E_-^1=W_{aa}+W_{bb},\quad E_+^1E_-^1=W_{aa}W_{bb}-|W_{ab}|^2$$

代入原式后就有

$$\langle\psi_+^0\,|\,\psi_-^0\rangle=\alpha_+^*\alpha_-+\frac{\alpha_+^*\alpha_-}{|W_{ab}|^2}(W_{aa}W_{bb}-|W_{ab}|^2-W_{aa}^2-W_{aa}W_{bb}+|W_{aa}|^2)=0$$

（b）在 ψ_a^0，ψ_b^0 为基矢的表象中

$$\boldsymbol{H}'=\begin{pmatrix}W_{aa} & W_{ab}\\ W_{ba} & W_{bb}\end{pmatrix}$$

所以

$$\langle\psi_+^0\,|H'|\psi_-^0\rangle=\alpha_+^*\alpha_-W_{aa}+\alpha_+^*\beta_-W_{ab}+\beta_+^*\alpha_-W_{ba}+\beta_+^*\beta_-W_{bb}$$

根据（a）的结果 $\alpha_+^*\alpha_-=-\beta_+^*\beta_-$，于是

$$\begin{aligned}\langle\psi_+^0\,|H'|\psi_-^0\rangle &= \alpha_+^*\alpha_-W_{aa}+\alpha_+^*(\alpha_-E_-^1-\alpha_-W_{aa})+\alpha_-(\alpha_+^*E_+^1-\alpha_+^*W_{aa}^*)-\alpha_+^*\alpha_-W_{bb}\\ &= \alpha_+^*\alpha_-(E_+^1+E_-^1-W_{aa}-W_{bb})=0\end{aligned}$$

（c）

$$\langle\psi_\pm^0\,|H'|\psi_\pm^0\rangle=|\alpha_\pm|^2W_{aa}+\alpha_\pm^*\beta_\pm W_{ab}+\beta_\pm^*\alpha_\pm W_{ba}+|\beta_\pm|^2W_{bb}$$

在右边第二项代入

$$\beta_\pm W_{ab}=\alpha_\pm(E_\pm^1-W_{aa})$$

第三项代入（由式 6.24）

$$\alpha_\pm W_{ba}=\beta(E_\pm^1-W_{bb})$$

得到

$$\langle\psi_\pm^0\,|H'|\psi_\pm^0\rangle=(|\alpha_\pm|^2+|\beta_\pm|^2)E_\pm^1=E_\pm^1$$

最后一步利用了归一化条件 $|\alpha_\pm|^2+|\beta_\pm|^2=1$。

习题 6.7 假设有一个质量为 m 的粒子可以在一个长度为 L 的一维闭合区域自由运动（例如，一个小球在长度为 L 的圆环线上作无摩擦运动，见习题 2.46）。

（a）证明定态可以写为

$$\psi_n(x)=\frac{1}{\sqrt{L}}e^{2\pi inx/L}\quad(-L/2<x<L/2)$$

其中，$n=0$，±1，±2，…，允许的能量为

$$E_n=\frac{2}{m}\left(\frac{n\pi\hbar}{L}\right)^2$$

注意，除了基态（$n=0$）之外，能量都是二重简并的。

（b）假设引入微扰：

$$H'=-V_0e^{-x^2/a^2}$$

其中，$a\ll L$。（这个微扰在势场 $x=0$ 处加上了一个小凹槽，就像我们将线圈弯了一下，形成了一个小“陷阱”一样）利用式6.27给出 E_n 的一级修正。提示：为了计算积分，需利用 $a\ll L$ 将极限从 $\pm L/2$ 扩展到 $\pm\infty$；毕竟，H'在 $-a<x<a$ 之外基本为零。

（c）ψ_n 和 ψ_{-n}的“好”的线性组合是什么？证明基于这些态，你可以利用式6.9得出一级修正。

（d）找到一个满足定理的厄密算符 A，并证明 H^0 和 A 的共同本征函数和我们在（c）中用过的一样。

解：（a）参考本书关于习题2.46的解答过程。

（b）简并子空间的基矢为

$$\psi_a^0(x)=\psi_n(x),\psi_b^0(x)=\psi_{-n}(x)$$

在这个表象中求出 H'的矩阵元

$$W_{aa}=\langle\psi_a^0|H'|\psi_n^0\rangle=-\frac{V_0}{L}\int_{-L/2}^{L/2}e^{-2\pi inx/L}e^{-x^2/a^2}e^{2\pi inx/L}dx$$

$$=-\frac{V_0}{L}\int_{-L/2}^{L/2}e^{-x^2/a^2}dx\approx-\frac{V_0}{L}\int_{-\infty}^{+\infty}e^{-x^2/a^2}dx=-\frac{V_0}{L}a\sqrt{\pi}$$

$$W_{bb}=\langle\psi_b^0|H'|\psi_b^0\rangle=-\frac{V_0}{L}a\sqrt{\pi}=W_{aa}$$

$$W_{ab}=\langle\psi_a^0(x)|H'|\psi_b^0(x)\rangle=-\frac{V_0}{L}\int_{-L/2}^{L/2}e^{-4\pi inx/L}e^{-x^2/a^2}dx\approx-\frac{V_0}{L}\int_{-\infty}^{+\infty}e^{-(x^2/a^2+4\pi inxa/L)}dx$$

$$=-\frac{V_0}{L}e^{-(2\pi na/L)^2}\int_{-\infty}^{+\infty}e^{-(x+2\pi ina^2/L)^2/a^2}dx=-\frac{V_0}{L}e^{-(2\pi na/L)^2}a\sqrt{\pi}$$

$$W_{ba}=\langle\psi_b^0(x)|H'|\psi_a^0(x)\rangle=-\frac{V_0}{L}\int_{-L/2}^{L/2}e^{4\pi inx/L}e^{-x^2/a^2}dx=-\frac{V_0}{L}e^{-(2\pi na/L)^2}a\sqrt{\pi}=W_{ab}$$

解久期方程

$$\begin{vmatrix}W_{aa}-E^1 & W_{ab}\\ W_{ba} & W_{bb}-E^1\end{vmatrix}=0$$

得到能量的一级修正

$$E_{\pm}^1=W_{aa}\pm|W_{ab}|=-\frac{aV_0}{L}\sqrt{\pi}\ (1\mp e^{-4\pi^2n^2a^2/L^2})$$

（c）“好”的线性组合系数即 α 与 β，它们可以由式6.22给出

$$\beta_{\pm}=\frac{\alpha_{\pm}\ (E_{\pm}^{1}-W_{aa})}{W_{ab}}=\alpha_{\pm}\frac{\pm|W_{ab}|}{W_{ab}}=\mp\alpha_{\pm}$$

进一步地，根据波函数归一化条件$|\alpha|^2+|\beta|^2=1$，可以确定出线性组合的新波函数

$$\psi_{+}^{0}=\frac{1}{\sqrt{2}}(\psi_{n}^{0}-\psi_{-n}^{0})=\frac{1}{\sqrt{2L}}(\mathrm{e}^{2\pi\mathrm{i}nx/L}-\mathrm{e}^{-2\pi\mathrm{i}nx/L})=\mathrm{i}\sqrt{\frac{2}{L}}\sin(2\pi nx/L)$$

$$\psi^{0}_{-}=\frac{1}{\sqrt{2}}(\psi_{n}^{0}+\psi_{-n}^{0})=\frac{1}{\sqrt{2L}}(\mathrm{e}^{2\pi\mathrm{i}nx/L}+\mathrm{e}^{-2\pi\mathrm{i}nx/L})=\sqrt{\frac{2}{L}}\cos(2\pi nx/L)$$

由它们可以直接求出一级能量修正

$$\begin{aligned}E_{+}^{1}&=\langle\psi_{+}^{0}|H'|\psi_{+}^{0}\rangle=-\frac{2V_0}{L}\int_{-L/2}^{L/2}\mathrm{e}^{-x^2/a^2}\sin^2(2\pi nx/L)\,\mathrm{d}x\\&\approx-\frac{2aV_0}{L}\int_{-\infty}^{+\infty}\mathrm{e}^{-x^2}\sin^2(2\pi nax/L)\,\mathrm{d}x\\&=-\frac{aV_0}{L}\Big[\int_{-\infty}^{+\infty}\mathrm{e}^{-x^2}\mathrm{d}x-\int_{-\infty}^{+\infty}\mathrm{e}^{-x^2}\cos(4\pi nax/L)\,\mathrm{d}x\Big]\\&=-\frac{aV_0}{L}\sqrt{\pi}(1-\mathrm{e}^{-4\pi^2n^2a^2/L^2})\end{aligned}$$

$$\begin{aligned}E_{-}^{1}&=\langle\psi_{-}^{0}|H'|\psi_{-}^{0}\rangle\approx-\frac{2aV_0}{L}\int_{-\infty}^{+\infty}\mathrm{e}^{-x^2}\cos^2(2\pi nax/L)\,\mathrm{d}x\\&=-\frac{aV_0}{L}\Big[\int_{-\infty}^{+\infty}\mathrm{e}^{-x^2}\mathrm{d}x+\int_{-\infty}^{+\infty}\mathrm{e}^{-x^2}\cos(4\pi nax/L)\,\mathrm{d}x\Big]\\&=-\frac{aV_0}{L}\sqrt{\pi}(1+\mathrm{e}^{-4\pi^2n^2a^2/L^2})\end{aligned}$$

与（b）中的结果相一致。

（d）不难看出，宇称算符 P 就是满足定理的厄密算符，即 $Pf(x)=f(-x)$

设宇称算符 P 的本征值为 λ，根据宇称算符的本征方程有

$$P^2f(x)=P[Pf(x)]=P[\lambda f(x)]=\lambda Pf(x)=\lambda^2f(x)=f(x)$$

所以 $\lambda=\pm1$，属于本征值 $\lambda=+1$ 的本征函数为偶函数，属于本征值 $\lambda=-1$ 的本征函数为奇函数，因此，宇称算符与微扰哈密顿算符的共同本征函数可以通过对简并本征函数的奇偶化得到，它们即为（c）中所得到的零级近似波函数。

$$\psi_{+}^{0}(x)=\frac{1}{\sqrt{2}}\frac{1}{\sqrt{L}}(\mathrm{e}^{2\pi\mathrm{i}nx/L}-\mathrm{e}^{-2\pi\mathrm{i}nx/L})=\frac{\sqrt{2}}{\sqrt{L}}\mathrm{i}\sin(2\pi nx/L)\quad（奇宇称）$$

$$\psi_{-}^{0}(x)=\frac{1}{\sqrt{2}}\frac{1}{\sqrt{L}}(\mathrm{e}^{2\pi\mathrm{i}nx/L}+\mathrm{e}^{-2\pi\mathrm{i}nx/L})=\frac{\sqrt{2}}{\sqrt{L}}\cos(2\pi nx/L)\quad（偶宇称）$$

其中，$1/\sqrt{2}$为归一化因子

习题 6.8　假设我们在无限深立方势阱（式 6.30）内的点（$a/4$，$a/2$，$3a/4$）引入一个 δ 函数的扰动

$$H'=a^3V_0\delta(x-a/4)\delta(y-a/2)\delta(z-3a/4)$$

求出基态和第一激发态（三重简并）能量的一级修正。

解：对于无限深的立方势阱，基态波函数为

$$\psi_{111}^{0}(x,\ y,\ z)=\left(\frac{2}{a}\right)^{3/2}\sin\left(\frac{\pi x}{a}\right)\sin\left(\frac{\pi y}{a}\right)\sin\left(\frac{\pi z}{a}\right)$$

能量非简并，直接用能量一级修正公式

$$\begin{aligned}E^{1}&=\langle\psi_{111}^{0}|H'|\psi_{111}^{0}\rangle\\&=8V_0\int_0^a\int_0^a\int_0^a\sin^2\left(\frac{\pi x}{a}\right)\sin^2\left(\frac{\pi y}{a}\right)\sin^2\left(\frac{\pi z}{a}\right)\delta(x-a/4)\delta(y-a/2)\delta(z-3a/4)\,\mathrm{d}x\mathrm{d}y\mathrm{d}z\\&=8V_0\sin^2\left(\frac{\pi}{4}\right)\sin^2\left(\frac{\pi}{2}\right)\sin^2\left(\frac{3\pi}{4}\right)=2V_0\end{aligned}$$

对于第一激发态，三重简并，波函数：

$$\psi_a^0=\psi_{211}^0(x,y,z)=\left(\frac{2}{a}\right)^{3/2}\sin\left(\frac{2\pi x}{a}\right)\sin\left(\frac{\pi y}{a}\right)\sin\left(\frac{\pi z}{a}\right)$$

$$\psi_b^0=\psi_{121}^0(x,y,z)=\left(\frac{2}{a}\right)^{3/2}\sin\left(\frac{\pi x}{a}\right)\sin\left(\frac{2\pi y}{a}\right)\sin\left(\frac{\pi z}{a}\right)$$

$$\psi_c^0=\psi_{112}^0(x,y,z)=\left(\frac{2}{a}\right)^{3/2}\sin\left(\frac{\pi x}{a}\right)\sin\left(\frac{\pi y}{a}\right)\sin\left(\frac{2\pi z}{a}\right)$$

在简并子空间求出 H' 的矩阵元。首先，由于波函数与哈密顿都是实数，所以 W 矩阵是一个实矩阵；由于 W 矩阵是厄密矩阵，所以有 $W_{ij}=W_{ji}$。

$$\begin{aligned}W_{aa}&=\langle\psi_a^0|H'|\psi_a^0\rangle\\&=8V_0\int_0^a\int_0^a\int_0^a\sin^2\left(\frac{2\pi x}{a}\right)\sin^2\left(\frac{\pi y}{a}\right)\sin^2\left(\frac{\pi z}{a}\right)\delta(x-a/4)\delta(y-a/2)\delta(z-3a/4)\,\mathrm{d}x\mathrm{d}y\mathrm{d}z\\&=8V_0\sin^2\left(\frac{\pi}{2}\right)\sin^2\left(\frac{\pi}{2}\right)\sin^2\left(\frac{3\pi}{4}\right)=4V_0\end{aligned}$$

$$\begin{aligned}W_{bb}&=\langle\psi_b^0|H'|\psi_b^0\rangle\\&=8V_0\int_0^a\int_0^a\int_0^a\sin^2\left(\frac{\pi x}{a}\right)\sin^2\left(\frac{2\pi y}{a}\right)\sin^2\left(\frac{\pi z}{a}\right)\delta(x-a/4)\delta(y-a/2)\delta(z-3a/4)\,\mathrm{d}x\mathrm{d}y\mathrm{d}z\\&=8V_0\sin^2\left(\frac{\pi}{4}\right)\sin^2(\pi)\sin^2\left(\frac{3\pi}{4}\right)=0\end{aligned}$$

$$\begin{aligned}W_{cc}&=\langle\psi_c^0|H'|\psi_c^0\rangle\\&=8V_0\int_0^a\int_0^a\int_0^a\sin^2\left(\frac{\pi x}{a}\right)\sin^2\left(\frac{\pi y}{a}\right)\sin^2\left(\frac{2\pi z}{a}\right)\delta(x-a/4)\delta(y-a/2)\delta(z-3a/4)\,\mathrm{d}x\mathrm{d}y\mathrm{d}z\\&=8V_0\sin^2\left(\frac{\pi}{4}\right)\sin^2\left(\frac{\pi}{2}\right)\sin^2\left(\frac{3\pi}{2}\right)=4V_0\end{aligned}$$

$$\begin{aligned}W_{ab}&=\langle\psi_a^0|H'|\psi_b^0\rangle\\&=8V_0\int_0^a\int_0^a\int_0^a\sin\left(\frac{2\pi x}{a}\right)\sin\left(\frac{\pi x}{a}\right)\sin\left(\frac{\pi y}{a}\right)\sin\left(\frac{2\pi y}{a}\right)\sin^2\left(\frac{\pi z}{a}\right)\\&\qquad\delta(x-a/4)\delta(y-a/2)\delta(z-3a/4)\,\mathrm{d}x\mathrm{d}y\mathrm{d}z\\&=8V_0\sin\left(\frac{\pi}{2}\right)\sin\left(\frac{\pi}{4}\right)\sin\left(\frac{\pi}{2}\right)\sin(\pi)\sin^2\left(\frac{3\pi}{4}\right)=0=W_{ba}\end{aligned}$$

$$W_{ac} = \langle \psi_a^0 | H' | \psi_c^0 \rangle$$

$$= 8V_0 \int_0^a \int_0^a \int_0^a \sin\left(\frac{2\pi x}{a}\right)\sin\left(\frac{\pi x}{a}\right)\sin^2\left(\frac{\pi y}{a}\right)\sin\left(\frac{2\pi z}{a}\right)\sin\left(\frac{\pi z}{a}\right)$$

$$\delta(x - a/4)\delta(y - a/2)\delta(z - 3a/4)\,\mathrm{d}x\mathrm{d}y\mathrm{d}z$$

$$= 8V_0 \sin\left(\frac{\pi}{2}\right)\sin\left(\frac{\pi}{4}\right)\sin^2\left(\frac{\pi}{2}\right)\sin\left(\frac{3\pi}{2}\right)\sin\left(\frac{3\pi}{4}\right) = -4V_0 = W_{ca}$$

$$W_{bc} = \langle \psi_b^0 | H' | \psi_c^0 \rangle$$

$$= 8V_0 \int_0^a \int_0^a \int_0^a \sin^2\left(\frac{\pi x}{a}\right)\sin\left(\frac{2\pi y}{a}\right)\sin\left(\frac{\pi y}{a}\right)\sin\left(\frac{\pi z}{a}\right)\sin\left(\frac{2\pi z}{a}\right)$$

$$\delta(x - a/4)\delta(y - a/2)\delta(z - 3a/4)\,\mathrm{d}x\mathrm{d}y\mathrm{d}z$$

$$= 8V_0 \sin^2\left(\frac{\pi}{4}\right)\sin(\pi)\sin\left(\frac{\pi}{2}\right)\sin\left(\frac{3\pi}{4}\right)\sin\left(\frac{3\pi}{2}\right) = 0 = W_{cb}$$

于是 W 矩阵的具体形式如下

$$\boldsymbol{W} = 4V_0 \begin{pmatrix} 1 & 0 & -1 \\ 0 & 0 & 0 \\ -1 & 0 & 1 \end{pmatrix}$$

设本征值为 $4V_0\kappa$，解久期方程

$$\begin{vmatrix} 1-\kappa & 0 & -1 \\ 0 & -\kappa & 0 \\ -1 & 0 & 1-\kappa \end{vmatrix} = 0 \rightarrow -\ (1-\kappa)^2\kappa + \kappa = 0 \rightarrow \kappa = \begin{cases} 0 \\ 0 \\ 2 \end{cases}$$

所以第一激发态的一级能量修正为0，0，$8V_0$，原有的简并得到了部分消除。

＊习题6.9 一个量子系统仅有三个相互线性独立的态。假设哈密顿量的矩阵形式为

$$\boldsymbol{H} = V_0 \begin{pmatrix} 1-\varepsilon & 0 & 0 \\ 0 & 1 & \varepsilon \\ 0 & \varepsilon & 2 \end{pmatrix}$$

其中，V_0 为常数；ε 为一小量（$\varepsilon \ll 1$）。

（a）求出无微扰（$\varepsilon = 0$）时哈密顿量的本征态和本征值。

（b）严格求解 $\boldsymbol{H}$ 的本征值。结果展开为 ε 的幂级数，展开到 ε 的二次项。

（c）利用非简并微扰理论的一级和二级修正公式，求出由 $\boldsymbol{H}^0$ 的非简并本征态所生成态的近似本征值。同（a）中的精确结果比较。

（d）利用简并微扰理论，找出两个原来简并的本征值的一级修正。同精确结果比较。

解：（a）无微扰情况下哈密顿量的矩阵表示为

$$\boldsymbol{H}^0 = V_0 \begin{pmatrix} 1 & 0 & 0 \\ 0 & 1 & 0 \\ 0 & 0 & 2 \end{pmatrix}$$

已是一个对角矩阵，它的对角元就是 $\boldsymbol{H}^0$ 的本征值。本征值为 V_0，V_0，$2V_0$，对应的本征态为

$$|\psi_1^0\rangle=\begin{pmatrix}1\\0\\0\end{pmatrix},|\psi_2^0\rangle=\begin{pmatrix}0\\1\\0\end{pmatrix},|\psi_3^0\rangle=\begin{pmatrix}0\\0\\1\end{pmatrix}$$

（b）设本征值为 $V_0\lambda$，哈密顿量的矩阵 $\boldsymbol{H}$ 的久期方程为

$$\det(\boldsymbol{H}-\lambda V_0)=V_0\begin{vmatrix}1-\varepsilon-\lambda & 0 & 0\\ 0 & 1-\lambda & \varepsilon\\ 0 & \varepsilon & 2-\lambda\end{vmatrix}=0\to(1-\varepsilon-\lambda)(\lambda^2-3\lambda+2-\varepsilon^2)=0$$

所以 $\lambda_1=1-\varepsilon,\lambda_2=\dfrac{3}{2}-\dfrac{1}{2}\sqrt{1+4\varepsilon^2},\lambda_3=\dfrac{3}{2}+\dfrac{1}{2}\sqrt{1+4\varepsilon^2}$

能量本征值为

$$E_1=(1-\varepsilon)V_0,E_2=\frac{3V_0}{2}-\frac{V_0}{2}\sqrt{1+4\varepsilon^2},E_3=\frac{3V_0}{2}+\frac{V_0}{2}\sqrt{1+4\varepsilon^2}$$

利用函数展开式

$$\sqrt{1+x}=1+\frac{1}{2}x-\frac{3}{8}x^2+\frac{5}{16}x^3-\cdots$$

可以将本征值 $E_{2,3}$ 展开为关于 ε 的级数，精确至二次项有

$$E_2\approx(1-\varepsilon^2)V_0,E_3\approx(2+\varepsilon^2)V_0$$

（c）微扰哈密顿量的矩阵表示为

$$\boldsymbol{H}'=\boldsymbol{H}-\boldsymbol{H}^0=V_0\begin{pmatrix}-\varepsilon & 0 & 0\\ 0 & 0 & \varepsilon\\ 0 & \varepsilon & 0\end{pmatrix}=\boldsymbol{W}$$

$|\psi_3^0\rangle$ 非简并，一级能量修正为

$$E_3^1=\langle\psi_3^0|\boldsymbol{H}'|\psi_3^0\rangle=\boldsymbol{W}_{33}=0$$

二级能量修正为

$$E_3^2=\frac{|\boldsymbol{W}_{13}|^2}{E_3^0-E_1^0}+\frac{|\boldsymbol{W}_{23}|^2}{E_3^0-E_2^0}=\frac{\varepsilon^2V_0^2}{2V_0-V_0}=\varepsilon^2V_0$$

所以在二级修正下非简并态 $|\psi_3^0\rangle$ 的能量为

$$E_3=2V_0+\varepsilon^2V_0$$

它正好是（b）中 E_3 的精确解关于 ε 的展开式精确至二次的结果。

（d）下面考虑有二重简并的本征态 $|\psi_1^0\rangle$ 和 $|\psi_2^0\rangle$，首先解久期方程：

$$\begin{vmatrix}\boldsymbol{W}_{11}-E^1 & \boldsymbol{W}_{12}\\ \boldsymbol{W}_{21} & \boldsymbol{W}_{22}-E^1\end{vmatrix}=\begin{vmatrix}-\varepsilon V_0-E^1 & 0\\ 0 & -E^1\end{vmatrix}=0\to E^1=0\text{ 或 }-\varepsilon V_0$$

于是简并情况的能量经过一级修正之后为

$$E_1=V_0-\varepsilon V_0,\qquad E_2=V_0$$

能量简并被消除。与（b）中的结果对比可知上式与精确解在保留到一次项时的结果一致。

习题 6.10 在本书中，曾指出过 n 重简并能量的一级修正就是 W 矩阵的本征值，我把它当成 $n=2$ 情况的自然推广的结果。通过重复教材 6.2.1 节中的步骤，证明从

$$\psi^0 = \sum_{j=1}^{n} \alpha_j \psi_j^0$$

开始（式6.17的推广式），最后得到结论：对应于式6.22的式子可以解释为W矩阵的本征值方程。

解：设ψ_j^0　（$j=1，2，3，\cdots，k$）是无微扰哈密顿H^0具有相同能量本征值的本征函数$H^0\psi_j^0=E^0\psi_j^0$，且已归一化，并且诸ψ_j^0之间相互正交，即$\langle\psi_i^0|\psi_j^0\rangle=\delta_{ij}$。以这$k$个$\psi_j^0$为基矢的空间称为简并子空间。用这$k$个$\psi_j^0$构建一个新的波函数

$$|\psi_\alpha^0\rangle = \sum_{j=1}^{n} c_{j\alpha} |\psi_j^0\rangle$$

显然$|\psi_\alpha^0\rangle$仍然为H^0本征值为E^0的本征函数。现在把$|\psi_\alpha^0\rangle$作为零级近似波函数代入到式6.7($H^0\psi^1+H'\psi^0=E^0\psi^1+E^1\psi^0$)中，得到

$$(H^0-E^0)|\psi_\alpha^1\rangle = (E_\alpha^1-H')|\psi_\alpha^0\rangle = \sum_{j=1}^{n}\alpha_{j\alpha}(E_\alpha^1-H')|\psi_j^0\rangle$$

对上式的两边同时左乘一个左矢$\langle\psi_i^0|$，对于等式左边有

$$\langle\psi_i^0|(H^0-E^0)|\psi^1\rangle=(\langle\psi^1|(H^0-E^0)|\psi_i^0\rangle)^*=[(E^0-E^0)\langle\psi^1|\psi_i^0\rangle]^*=0$$

因此对于等式右边有

$$\sum_{j=1}^{n}\alpha_{j\alpha}\langle\psi_i^0|(E^1-H')|\psi_j^0\rangle = \sum_{j=1}^{n}\alpha_{j\alpha}E^1\delta_{jk} - \sum_{j=1}^{n}\alpha_{j\alpha}\langle\psi_i^0|H'|\psi_j^0\rangle = \sum_{j=1}^{n}\alpha_{j\alpha}(E^1\delta_{jk}-W_{jk}) = 0$$

因此只要我们在简并子空间$\{\psi_j^0\}$求出H'的矩阵（W矩阵）然后求解久期方程

$$\begin{vmatrix} H'_{11}-E^1 & H'_{12} & \cdots & H'_{1k} \\ H'_{21} & H'_{22}-E^1 & \cdots & H'_{2k} \\ \vdots & \vdots & & \vdots \\ H'_{k1} & H'_{k2} & \cdots & H'_{kk}-E^1 \end{vmatrix}=0$$

即可求出能量的一级修正。如果得到的k个根完全不同，则简并完全消除。如果有重根则简并部分消除。把得到的某个根E_α^1代入到本征方程

$$\begin{pmatrix} H'_{11} & H'_{12} & \cdots & H'_{1k} \\ H'_{21} & H'_{22} & \cdots & H'_{2k} \\ \vdots & \vdots & & \vdots \\ H'_{k1} & H'_{k2} & \cdots & H'_{kk} \end{pmatrix}\begin{pmatrix} c_{1\alpha} \\ c_{2\alpha} \\ \vdots \\ c_{k\alpha} \end{pmatrix} = E_\alpha^1 \begin{pmatrix} c_{1\alpha} \\ c_{2\alpha} \\ \vdots \\ c_{k\alpha} \end{pmatrix}$$

可以求出$\{c_{j\alpha}\}$，从而求出零级近似波函数ψ_α^0。

习题 6.11

（a）用精细结构常数和静止能（mc^2）表示出玻尔能量。

（b）从第一性原理出发，计算精细结构常数（即，计算中不利用经验参数ε_0，e，$\hbar$，c等）。注意：毫无疑问，精细结构常数是所有物理学问题中最基本的纯数（无量纲）。它将电磁学（电子电荷量）、相对论（光速）和量子力学（普朗克常数）联系在了一起。如果你可以解答（b）问题，那么，你将是历史上最十拿九稳获得诺贝尔奖的人。但是我并不建议你现在就花大量时间计算这个问题；很多聪明的人都尝试过求解，但至今都失败了。

解：（a） 由教材中的式4.70给出玻尔能量以及精细结构常数的表达式有

$$E_n=-\frac{m}{2\hbar^2n^2}\left(\frac{e^2}{4\pi\varepsilon_0}\right)^2=-\frac{mc^2}{2n^2}\left(\frac{e^2}{4\pi\varepsilon_0\hbar c}\right)^2=-\frac{mc^2}{2n^2}\alpha^2$$

（b） 暂时无解。

---

* **习题6.12**　利用维里定理（习题4.40）证明式6.55 $\left\langle\frac{1}{r}\right\rangle=\frac{1}{n^2a}$。

解：在习题4.40中我们利用维里定理证明了在氢原子中存在如下结论

$$\langle V\rangle=2E_n$$

将氢原子的库仑势能表达式及玻尔能量代入上式就有

$$-\frac{e^2}{4\pi\varepsilon_0}\left\langle\frac{1}{r}\right\rangle=-\frac{m}{\hbar^2n^2}\left(\frac{e^2}{4\pi\varepsilon_0}\right)^2\to\left\langle\frac{1}{r}\right\rangle=\frac{me^2}{4\pi\varepsilon_0\hbar^2n^2}=\frac{1}{n^2a}$$

其中 a 是玻尔半径。

习题6.13　在习题4.43中，计算 ψ_{321} 态中 r^s 的平均值。验证在 $s=0$（平庸情况），$s=-1$（式6.55），$s=-2$（式6.56）和 $s=-3$（式6.64）的情况下你的答案的正确性。讨论 $s=-7$ 时的情况。

解：引用习题4.43中的结果，即在 ψ_{321} 态中 r^s 的期望值表达式为

$$\langle r^s\rangle=\frac{(s+6)!}{6!}\left(\frac{3a}{2}\right)^s$$

当 $s=0$ 时，$\langle 1\rangle=\frac{6!}{6!}\left(\frac{3a}{2}\right)^0=1$，等价于波函数 ψ_{321} 的归一化；

当 $s=-1$ 时，$\left\langle\frac{1}{r}\right\rangle=\frac{5!}{6!}\left(\frac{3a}{2}\right)^{-1}=\frac{1}{9a}$，由式6.55得 $\left\langle\frac{1}{r}\right\rangle=\frac{1}{3^2a}=\frac{1}{9a}$，与结果相一致；

当 $s=-2$ 时，$\left\langle\frac{1}{r^2}\right\rangle=\frac{4!}{6!}\left(\frac{3a}{2}\right)^{-2}=\frac{2}{135a^2}$

由式6.56得

$$\left\langle\frac{1}{r^2}\right\rangle=\frac{1}{(l+1/2)n^3a^2}\xrightarrow{n=3,l=2}\frac{2}{135a^2}$$

$$\left\langle\frac{1}{r^2}\right\rangle=\frac{1}{(2+1/2)\times3^3a^2}=\frac{2}{135a^2}$$

与结果相一致；

当 $s=-3$ 时，$\left\langle\frac{1}{r^3}\right\rangle=\frac{3!}{6!}\left(\frac{3a}{2}\right)^{-3}=\frac{1}{405a^3}$，由式6.64得

$$\left\langle\frac{1}{r^3}\right\rangle=\frac{1}{l(l+1/2)(l+1)n^3a^3}\xrightarrow{n=3,l=2}\frac{1}{2\times(2+1/2)\times(2+1)\times3^3\times a^3}=\frac{1}{405a^3}$$

与结果相一致；

当 $s=-7$ 时我们的公式中出现了因子 $(-1)!$，它的值是∞，这说明积分发散。

** **习题 6.14** 找出一维谐振子能级的相对论（最低级的）修正。提示：应用教材中的例题 2.5 的方法。

解：由式 6.53，对能量的相对论修正可以表示为

$$E_r^1 = -\frac{1}{2mc^2}[E^2 - 2E\langle V\rangle + \langle V^2\rangle]$$

所以我们需要求出一维谐振子的 $\langle V\rangle$ 和 $\langle V^2\rangle$。由已知，对于谐振子，$\langle V\rangle = \frac{1}{2}E_n$，所以

$$E_r^1 = -\frac{1}{2mc^2}\langle V^2\rangle$$

利用产生与湮灭算符有

$$x = \sqrt{\frac{\hbar}{2m\omega}}(a_+ + a_-)$$

$$\langle V^2\rangle = \frac{1}{4}m^2\omega^4\langle x^4\rangle = \frac{1}{4}m^2\omega^4\langle x^2\psi_n \mid x^2\psi_n\rangle = \frac{1}{16}\hbar^2\omega^2\langle (a_+ + a_-)^2\psi_n \mid (a_+ + a_-)^2\psi_n\rangle$$

而

$$\begin{aligned}(a_+ + a_-)^2\psi_n &= a_+^2\psi_n + a_+a_-\psi_n + a_-a_+\psi_n + a_-^2\psi_n \\ &= a_+^2\psi_n + a_+a_-\psi_n + (1 + a_+a_-)\psi_n + a_-^2\psi_n \\ &= \sqrt{(n+1)(n+2)}\psi_{n+2} + (2n+1)\psi_n + \sqrt{n(n-1)}\psi_{n-2}\end{aligned}$$

所以

$$\langle V^2\rangle = \frac{1}{16}\hbar^2\omega^2[(2n+1)^2 + (n+1)(n+2) + n(n-1)] = \frac{3}{16}\hbar^2\omega^2(2n^2 + 2n + 1)$$

$$E_r^1 = -\frac{3\hbar^2\omega^2}{32mc^2}(2n^2 + 2n + 1)$$

*** **习题 6.15** 证明对于处于 $l=0$ 的氢原子态，p^2 为厄密算符，而 p^4 不是。提示：这里的 ψ 态是不依赖 θ 和 ϕ 的，所以

$$p^2 = -\frac{\hbar^2}{r^2}\frac{\mathrm{d}}{\mathrm{d}r}\left(r^2\frac{\mathrm{d}}{\mathrm{d}r}\right)$$

(式 4.13)。利用分部积分法证明

$$\langle f \mid p^2 g\rangle = -4\pi\hbar^2\left(r^2 f\frac{\mathrm{d}g}{\mathrm{d}r} - r^2 g\frac{\mathrm{d}f}{\mathrm{d}r}\right)\Bigg|_0^{+\infty} + \langle p^2 f \mid g\rangle$$

验证对于 ψ_{n00}，边界项为零，ψ_{n00} 在原点附近有如下形式

$$\psi_{n00} \sim \frac{1}{\sqrt{\pi}(na)^{3/2}}\exp(-r/na)$$

现在对 p^4 做同样处理，证明边界项不会消失。事实上

$$<\psi_{n00} \mid p^4\psi_{m00}> = \frac{8\hbar^4}{a^4}\frac{(n-m)}{(nm)^{5/2}} + <p^4\psi_{n00} \mid \psi_{m00}>$$

解：设有两个仅关于径向 r 的函数 $f(r)$ 和 $g(r)$。由于此时函数不依赖 θ 和 ϕ，所以

$$p^2=-\hbar^2\ \nabla^2=-\frac{\hbar^2}{r^2}\frac{\mathrm{d}}{\mathrm{d}r}\left(r^2\frac{\mathrm{d}}{\mathrm{d}r}\right)$$

$$\langle f\,|\,p^2g\rangle=-\hbar^2\iiint f\frac{1}{r^2}\frac{\mathrm{d}}{\mathrm{d}r}\left(r^2\frac{\mathrm{d}g}{\mathrm{d}r}\right)\mathrm{d}^3\boldsymbol{r}=-4\pi\hbar^2\int_0^{+\infty}f\frac{\mathrm{d}}{\mathrm{d}r}\left(r^2\frac{\mathrm{d}g}{\mathrm{d}r}\right)\mathrm{d}r$$

对上式进行一次分部积分就有

$$\langle f|p^2g\rangle=-4\pi\hbar^2\int_0^{+\infty}f\mathrm{d}\left(r^2\frac{\mathrm{d}g}{\mathrm{d}r}\right)=-4\pi\hbar^2\left(r^2f\frac{\mathrm{d}g}{\mathrm{d}r}\bigg|_0^{+\infty}-\int_0^{+\infty}r^2\frac{\mathrm{d}f}{\mathrm{d}r}\frac{\mathrm{d}g}{\mathrm{d}r}\mathrm{d}r\right)$$

再对右边的积分进行一次分部积分就有

$$\langle f|p^2g\rangle=-4\pi\hbar^2\left[\left(r^2f\frac{\mathrm{d}g}{\mathrm{d}r}-r^2g\frac{\mathrm{d}f}{\mathrm{d}r}\right)\bigg|_0^{+\infty}+\int_0^{+\infty}g\frac{\mathrm{d}}{\mathrm{d}r}\left(r^2\frac{\mathrm{d}f}{\mathrm{d}r}\right)\mathrm{d}r\right]$$

即
$$\langle f|p^2g\rangle=-4\pi\hbar^2\left(r^2f\frac{\mathrm{d}g}{\mathrm{d}r}-r^2g\frac{\mathrm{d}f}{\mathrm{d}r}\right)\bigg|_0^{+\infty}+\langle p^2f|g\rangle$$

当$f(r)=\psi_{n00}(r)$，$g(r)=\psi_{m00}(r)$时，容易验证上式的边界项化为零，因为氢原子的s波函数在原点处概率振幅有限，在无穷远处指数衰减。所以对于$l=0$的氢原子波函数，p^2是厄密算符。

$$\langle f|p^4g\rangle=4\pi\hbar^4\int_0^{+\infty}f\frac{\mathrm{d}}{\mathrm{d}r}\left\{r^2\frac{\mathrm{d}}{\mathrm{d}r}\left[\frac{1}{r^2}\frac{\mathrm{d}}{\mathrm{d}r}\left(r^2\frac{\mathrm{d}g}{\mathrm{d}r}\right)\right]\right\}\mathrm{d}r$$

分部积分四次后得到

$$\begin{aligned}\langle f|p^4g\rangle=&4\pi\hbar^4\left\{\left[r^2f\frac{\mathrm{d}}{\mathrm{d}r}\left[\frac{1}{r^2}\frac{\mathrm{d}}{\mathrm{d}r}\left(r^2\frac{\mathrm{d}g}{\mathrm{d}r}\right)\right]-\frac{\mathrm{d}f}{\mathrm{d}r}\frac{\mathrm{d}}{\mathrm{d}r}\left(r^2\frac{\mathrm{d}g}{\mathrm{d}r}\right)+\right.\right.\\&\left.\frac{\mathrm{d}}{\mathrm{d}r}\left(r^2\frac{\mathrm{d}f}{\mathrm{d}r}\right)\frac{\mathrm{d}g}{\mathrm{d}r}-r^2g\frac{\mathrm{d}}{\mathrm{d}r}\left[\frac{1}{r^2}\frac{\mathrm{d}}{\mathrm{d}r}\left(r^2\frac{\mathrm{d}f}{\mathrm{d}r}\right)\right]\right]\bigg|_0^{+\infty}+\\&\left.\int_0^{+\infty}\frac{\mathrm{d}}{\mathrm{d}r}\left[r^2\frac{\mathrm{d}}{\mathrm{d}r}\left[\frac{1}{r^2}\frac{\mathrm{d}}{\mathrm{d}r}\left(r^2\frac{\mathrm{d}f}{\mathrm{d}r}\right)\right]\right]g\mathrm{d}r\right\}\\=&4\pi\hbar^4\left[r^2f\frac{\mathrm{d}}{\mathrm{d}r}\left[\frac{1}{r^2}\frac{\mathrm{d}}{\mathrm{d}r}\left(r^2\frac{\mathrm{d}g}{\mathrm{d}r}\right)\right]-\frac{\mathrm{d}f}{\mathrm{d}r}\frac{\mathrm{d}}{\mathrm{d}r}\left(r^2\frac{\mathrm{d}g}{\mathrm{d}r}\right)+\right.\\&\left.\frac{\mathrm{d}}{\mathrm{d}r}\left(r^2\frac{\mathrm{d}f}{\mathrm{d}r}\right)\frac{\mathrm{d}g}{\mathrm{d}r}-r^2g\frac{\mathrm{d}}{\mathrm{d}r}\left[\frac{1}{r^2}\frac{\mathrm{d}}{\mathrm{d}r}\left(r^2\frac{\mathrm{d}f}{\mathrm{d}r}\right)\right]\right]\bigg|_0^{+\infty}+\langle p^4f|g\rangle\end{aligned}$$

现在需要考察边界项是否为零。$l=0$（s态）的波函数可以表示为（取原子核电荷$Z=1$）

$$\psi_{n00}=R_{n0}\mathrm{Y}_0^0=\frac{1}{\sqrt{4\pi}}\left[-\sqrt{\left(\frac{2}{na}\right)^3\frac{1}{2n^2}\frac{1}{(n!)}}\right]\mathrm{e}^{-r/na}\mathrm{L}_n^1\left(\frac{2r}{na}\right)$$

其中关联拉盖尔多项式为（$l=0$情况）

$$\begin{aligned}\mathrm{L}_n^1(x)&=\sum_{v=0}^{n-1}(-1)^{v+1}\frac{(n!)^2}{(n-1-v)!(1+v)!}x^v\\&=-n(n!)+\frac{1}{2}n(n-1)(n!)x-\frac{1}{6}n(n-1)(n-2)(n!)x^2+\cdots\left(x\equiv\frac{2r}{na}\right)\end{aligned}$$

所以

$$\psi_{n00}=R_{n0}Y_0^0=\frac{1}{\sqrt{4\pi}}\left[-\sqrt{\left(\frac{2}{na}\right)^3\frac{1}{2n^2}}\right]e^{-r/na}\left[-n+(n-1)\frac{r}{a}-\frac{2}{3}(n-1)(n-2)\frac{r^2}{na^2}+\cdots\right]$$

$$=A_n e^{-r/na}\left[n-(n-1)\frac{r}{a}+\frac{2}{3}(n-1)(n-2)\frac{r^2}{na^2}+\cdots\right]\quad\left(\text{其中}, A_n\equiv\frac{1}{\sqrt{4\pi}}\sqrt{\left(\frac{2}{na}\right)^3\frac{1}{2n^2}}\right)$$

令 $f=\psi_{n00}$， $g=\psi_{m00}$来考察边界项。

$$r^2\frac{d\psi_{n00}}{dr}=-\frac{1}{na}r^2A_n e^{-r/na}\left[n-(n-1)\frac{r}{a}+\frac{2}{3}(n-1)(n-2)\frac{r^2}{na^2}+\cdots\right]+$$

$$+r^2A_n e^{-r/na}\left[-(n-1)\frac{1}{a}+\frac{4}{3}(n-1)(n-2)\frac{r}{na^2}+\cdots\right]$$

$$=A_n e^{-r/na}r^2\left[-\frac{n}{a}+\frac{1}{3}(n-1)(4n-5)\frac{r}{na^2}+\cdots\right]$$

注意：如果取如题所给 $\psi_{n00}\sim A_n n e^{-r/na}$，那么将会有 $r^2\frac{d\psi_{n00}}{dr}=-A_n e^{-r/na}r^2/a$，与现在用波函数所得的结果比较少了一个因子 n，这是导致题中论断 p^4 不是厄密算符的原因。

$$\frac{d}{dr}\left(r^2\frac{d\psi_{n00}}{dr}\right)=-\frac{1}{na}A_n e^{-r/na}\left[-\frac{n}{a}r^2+\frac{1}{3}(n-1)(4n-5)\frac{r^3}{na^2}+\cdots\right]+$$

$$A_n e^{-r/na}\left[-\frac{2n}{a}r+(n-1)(4n-5)\frac{r^2}{na^2}+\cdots\right]$$

$$\frac{1}{r^2}\frac{d}{dr}\left(r^2\frac{d\psi_{n00}}{dr}\right)=-\frac{1}{na}A_n e^{-r/na}\left[-\frac{n}{a}+\frac{1}{3}(n-1)(4n-5)\frac{r}{na^2}+\cdots\right]+$$

$$A_n e^{-r/na}\left[-\frac{2n}{ar}+(n-1)(4n-5)\frac{1}{na^2}+\cdots\right]$$

$$\frac{d}{dr}\left[\frac{1}{r^2}\frac{d}{dr}\left(r^2\frac{d\psi_{n00}}{dr}\right)\right]=A_n e^{-r/na}\frac{2n}{r^2}+\cdots$$

把上面的结果代入到边界项中，发现当 $r\to\infty$ 时，由于指数因子 $e^{-r/na}$ 和 $e^{-r/ma}$ 的所有边界项为零；当 $r\to 0$ 时，$\frac{df}{dr}\frac{d}{dr}\left(r^2\frac{dg}{dr}\right)\to 0$，$\frac{dg}{dr}\frac{d}{dr}\left(r^2\frac{df}{dr}\right)\to 0$，而 $r^2g\frac{d}{dr}\left[\frac{1}{r^2}\frac{d}{dr}\left(r^2\frac{df}{dr}\right)\right]\to 2nmA_nA_m$，$r^2f\frac{d}{dr}\left[\frac{1}{r^2}\frac{d}{dr}\left(r^2\frac{dg}{dr}\right)\right]\to 2nmA_nA_m$

这两项相互抵消，所以所有的边界项之和为零。即对于氢原子的 s 波函数，算符 p^4 也是厄密算符（编者注：如果在求导前就取 $\psi_{n00}\sim\frac{1}{\sqrt{\pi}(na)^{3/2}}\exp(-r/na)$，上面的两项一项少了 n，而另一项少了 m，则边界项为 $(m-n)2A_nA_m$，两项不能抵消，边界项的确存在，但是我们必须考虑关联拉盖尔多项式，在求导后再取 $r\to 0$ 的极限）。

习题 6.16 计算下面的对易子：(a) $[\boldsymbol{L}\cdot\boldsymbol{S}, \boldsymbol{L}]$，(b) $[\boldsymbol{L}\cdot\boldsymbol{S}, \boldsymbol{S}]$，(c) $[\boldsymbol{L}\cdot\boldsymbol{S}, \boldsymbol{J}]$，(d) $[\boldsymbol{L}\cdot\boldsymbol{S}, L^2]$，(e) $[\boldsymbol{L}\cdot\boldsymbol{S}, S^2]$，(f) $[\boldsymbol{L}\cdot\boldsymbol{S}, J^2]$。提示：$\boldsymbol{L}$ 和 $\boldsymbol{S}$ 满足角动量的基本对易关系（式 4.99（$[L_x, L_y]=i\hbar L_z$；$[L_y, L_z]=i\hbar L_x$；$[L_z, L_x]=i\hbar L_y$）和式 4.134），但是它们相互对

易。

解：(a) 首先计算 $\boldsymbol{L}\cdot\boldsymbol{S}$ 与 $\boldsymbol{L}$ 的各分量的对易结果：

$$[\boldsymbol{L}\cdot\boldsymbol{S},L_x]=[L_xS_x,L_x]+[L_yS_y,L_x]+[L_zS_z,L_x]=S_y[L_y,L_x]+S_z[L_z,L_x]$$
$$=\mathrm{i}\hbar(S_zL_y-S_yL_z)=\mathrm{i}\hbar(\boldsymbol{L}\times\boldsymbol{S})_x$$

同理有

$$[\boldsymbol{L}\cdot\boldsymbol{S},L_y]=\mathrm{i}\hbar(S_xL_z-S_zL_x)=\mathrm{i}\hbar(\boldsymbol{L}\times\boldsymbol{S})_y$$
$$[\boldsymbol{L}\cdot\boldsymbol{S},L_z]=\mathrm{i}\hbar(S_yL_x-S_xL_y)=\mathrm{i}\hbar(\boldsymbol{L}\times\boldsymbol{S})_z$$

所以

$$[\boldsymbol{L}\cdot\boldsymbol{S},\boldsymbol{L}]=\mathrm{i}\hbar(\boldsymbol{L}\times\boldsymbol{S})$$

(b) 容易看出:在上式中交换 $\boldsymbol{L}$ 与 $\boldsymbol{S}$ 的位置即可得

$$[\boldsymbol{L}\cdot\boldsymbol{S},\boldsymbol{S}]=\mathrm{i}\hbar(\boldsymbol{S}\times\boldsymbol{L})$$

(c) $[\boldsymbol{L}\cdot\boldsymbol{S},\boldsymbol{J}]=[\boldsymbol{L}\cdot\boldsymbol{S},\boldsymbol{S}]+[\boldsymbol{L}\cdot\boldsymbol{S},\boldsymbol{L}]=\mathrm{i}\hbar(\boldsymbol{S}\times\boldsymbol{L}+\boldsymbol{L}\times\boldsymbol{S})=0$

(d) 由于$[L^2,L_i]=0,[L^2,S_i]=0$(其中 $i=x,y,z$),所以$[\boldsymbol{L}\cdot\boldsymbol{S},L^2]=0$

(e) 同问题(d),所以 $[\boldsymbol{L}\cdot\boldsymbol{S},S^2]=0$

(f) $[\boldsymbol{L}\cdot\boldsymbol{S},J^2]=[\boldsymbol{L}\cdot\boldsymbol{S},L^2]+[\boldsymbol{L}\cdot\boldsymbol{S},S^2]+2[\boldsymbol{L}\cdot\boldsymbol{S},\boldsymbol{L}\cdot\boldsymbol{S}]=0$

---

* **习题 6.17**　从相对论修正$\left(式6.57\left(E_r^1=-\dfrac{(E_n)^2}{2mc^2}\left[\dfrac{4n}{l+1/2}-3\right]\right)\right)$和自旋轨道耦合修正$\left(式6.65\left(E_{\mathrm{so}}^1=\dfrac{(E_n)^2}{mc^2}\left\{\dfrac{n\ [j\ (j+1)\ \ -l\ (l+1)\ \ -3/4]}{l\ (l+1/2)\ \ (l+1)}\right\}\right)\right)$推导出的精细结构公式$\left(式6.66\left(E_{\mathrm{fs}}^1=\dfrac{(E_n)^2}{2mc^2}\left(3-\dfrac{4n}{j+1/2}\right)\right)\right)$。提示：注意到$j=l\pm1/2$；分别处理正号和负号的情况，你将会发现不管是哪种情况，最终结果都相同。

解：精细结构公式为相对论修正与自旋轨道耦合修正之和，所以：

$$E_{\mathrm{fs}}^1=E_r^1+E_{\mathrm{so}}^1=\frac{(E_n)^2}{mc^2}\left\{\frac{3}{2}-\frac{2n}{l+\frac{1}{2}}+\frac{n\left[j\ (j+1)\ \ -l\ (l+1)\ \ -\frac{3}{4}\right]}{l\left(l+\frac{1}{2}\right)\ (l+1)}\right\}$$

对于氢原子来说有 $j=l\pm\dfrac{1}{2}$。若将 $j=l+\dfrac{1}{2}$代入上式，化简后有

$$E_{\mathrm{fs}}^1=\frac{(E_n)^2}{mc^2}\left(\frac{3}{2}-\frac{2n}{l+1}\right)=\frac{(E_n)^2}{2mc^2}\left(3-\frac{4n}{j+1/2}\right)$$

而将 $j=l-\dfrac{1}{2}$代入后则有

$$E_{\mathrm{fs}}^1=\frac{(E_n)^2}{mc^2}\left(\frac{3}{2}-\frac{2n}{l}\right)=\frac{(E_n)^2}{2mc^2}\left(3-\frac{4n}{j+1/2}\right)$$

二者恰好相同。综合以上结果，就有精细结构公式，即教材中的6.66。

** **习题 6.18**　氢原子光谱可见光区域最重要的特性就是红色巴耳末线，它来自于能级 $n=3$ 到 $n=2$ 的跃迁。首先，根据玻尔理论计算出该谱线的波长和频率。精细结构的存在将使这条线分裂为几条相距很近的线；问题是：这些分裂出来的线的数量和分布情况是什么？提示：首先确定出 $n=2$ 能级分裂为几条，并找出每条子线的 E_{fs}^1，单位为 eV。第二步对 $n=3$ 重复上步骤。画出能级图并表示出所有可能的从 $n=3$ 到 $n=2$ 的跃迁。释放出的能量（以光子形式）为 $(E_3-E_2)+\Delta E$，第一项是所有可能的跃迁都有的部分，ΔE 部分（由精细结构导致的）对于不同的跃迁方式大小是不同的。找出每个跃迁的 ΔE（单位为 eV），最后转化为光子频率，并确定出相邻谱线的间距（单位为 Hz）——它不是各条线和无扰动时的能级线的频率间距（它显然也是观察不到的），而是每条线和它相邻的线的频率间距。你最终答案的形式应该是："红色巴耳末线分裂为（???）条。按照频率逐渐增加的顺序，跃迁分别为（1）从 $j=$(???) 到 $j=$(???)，（2）从 $j=$(???) 到 $j=$(???)，……"线（1）和线（2）的频率差值为（???）Hz，线（2）和线（3）的频率差值为（???）Hz，……

解：首先，根据玻尔公式和德布罗意关系有

$$E_3^0-E_2^0=E_1\left(\frac{1}{3^2}-\frac{1}{2^2}\right)=-\frac{5}{36}E_1=\frac{hc}{\lambda}$$

其中 $E_1=-13.6\text{eV}$ 为氢原子的基态能量。于是可以得到算得红色巴耳末线的频率与波长

$$\lambda=655\text{nm},\ \nu=4.58\times10^{14}\text{Hz}$$

下面引用精细结构公式，即式 6.66

$$E_{fs}^1=\frac{(E_n)^2}{2mc^2}\left(3-\frac{4n}{j+1/2}\right)$$

当 $n=2$ 时，轨道角动量 $l=0,1$，总角动量 $j=\frac{1}{2},\frac{3}{2}$，因此氢原子的第一激发态能级在精细结构公式的修正下，分裂为两个子能级，其修正值分别为

$$\varepsilon_1=\frac{(E_2)^2}{2mc^2}\left(3-\frac{4\times2}{1/2+1/2}\right)=-\frac{5\ (E_1)^2}{32mc^2}$$

$$\varepsilon_2=\frac{(E_2)^2}{2mc^2}\left(3-\frac{4\times2}{3/2+1/2}\right)=-\frac{(E_1)^2}{32mc^2}$$

当 $n=3$ 时，轨道角动量 $l=0,1,2$，总角动量 $j=\frac{1}{2},\frac{3}{2},\frac{5}{2}$，因此氢原子的第二激发态能级在精细结构公式的修正下，分裂为三个子能级，其修正值分别为

$$\varepsilon_3=\frac{(E_3)^2}{2mc^2}\left(3-\frac{4\times3}{1/2+1/2}\right)=-\frac{(E_1)^2}{18mc^2}$$

$$\varepsilon_4=\frac{(E_3)^2}{2mc^2}\left(3-\frac{4\times3}{3/2+1/2}\right)=-\frac{(E_1)^2}{54mc^2}$$

$$\varepsilon_5=\frac{(E_3)^2}{2mc^2}\left(3-\frac{4\times3}{5/2+1/2}\right)=-\frac{(E_1)^2}{162mc^2}$$

能级示意图如图 6-1 所示。

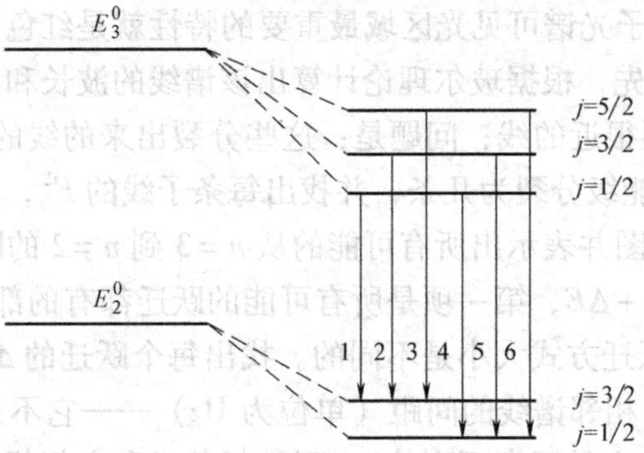

图　6-1

从图 6-1 中容易看出：共有 6 种可能的能级跃迁。因此，原有的红色巴耳末谱线在精细结构中分裂为 6 条子谱线，它们分别为

$$（1）j=\frac{1}{2}\to j=\frac{3}{2}：\Delta E=\varepsilon_3-\varepsilon_2=-\frac{7}{288}\frac{(E_1)^2}{mc^2}=-8.80\times10^{-6}\text{eV}$$

$$（2）j=\frac{3}{2}\to j=\frac{3}{2}：\Delta E=\varepsilon_4-\varepsilon_2=\frac{11}{864}\frac{(E_1)^2}{mc^2}=4.61\times10^{-6}\text{eV}$$

$$（3）j=\frac{5}{2}\to j=\frac{3}{2}：\Delta E=\varepsilon_5-\varepsilon_2=\frac{65}{2592}\frac{(E_1)^2}{mc^2}=9.08\times10^{-6}\text{eV}$$

$$（4）j=\frac{1}{2}\to j=\frac{1}{2}：\Delta E=\varepsilon_3-\varepsilon_1=\frac{29}{288}\frac{(E_1)^2}{mc^2}=36.45\times10^{-6}\text{eV}$$

$$（5）j=\frac{3}{2}\to j=\frac{1}{2}：\Delta E=\varepsilon_4-\varepsilon_1=\frac{119}{864}\frac{(E_1)^2}{mc^2}=49.86\times10^{-6}\text{eV}$$

$$（6）j=\frac{5}{2}\to j=\frac{1}{2}：\Delta E=\varepsilon_5-\varepsilon_1=\frac{389}{2592}\frac{(E_1)^2}{mc^2}=54.33\times10^{-6}\text{eV}$$

最后，根据以上数据来求相邻谱线的频率差（$\hbar=h/2\pi$）：

$$\nu_2-\nu_1=\frac{\Delta E_2-\Delta E_1}{h}=3.23\times10^9\text{Hz}$$

$$\nu_3-\nu_2=\frac{\Delta E_3-\Delta E_2}{h}=1.08\times10^9\text{Hz}$$

$$\nu_4-\nu_3=\frac{\Delta E_4-\Delta E_3}{h}=6.60\times10^9\text{Hz}$$

$$\nu_5-\nu_4=\frac{\Delta E_5-\Delta E_4}{h}=3.23\times10^9\text{Hz}$$

$$\nu_6-\nu_5=\frac{\Delta E_6-\Delta E_5}{h}=1.08\times10^9\text{Hz}$$

习题 6.19　氢原子准确的精细结构公式（直接由狄拉克方程求出而没有利用微扰理论）为

$$E_{nj}=mc^2\left\{\left[1+\left(\frac{\alpha}{n-\ (j+1/2)\ +\sqrt{(j+1/2)^2-\alpha^2}}\right)^2\right]^{-1/2}-1\right\}$$

展开至 α^4 项（注意到有 $\alpha\ll 1$），并证明你重新得到了

$$E_{nj}=-\frac{13.6\text{eV}}{n^2}\left[1+\frac{\alpha^2}{n^2}\left(\frac{n}{j+1/2}-\frac{3}{4}\right)\right]$$

解： $\alpha\ll 1\rightarrow\alpha\ll j+1/2\rightarrow\dfrac{\alpha}{j+1/2}\ll 1$

$$\sqrt{(j+1/2)^2-\alpha^2}=(j+1/2)\sqrt{1-\frac{\alpha^2}{(j+1/2)^2}}\approx(j+1/2)\left[1-\frac{1}{2}\frac{\alpha^2}{(j+1/2)^2}\right]$$

$$=(j+1/2)-\frac{1}{2}\frac{\alpha^2}{(j+1/2)}\qquad\frac{\alpha}{n-(j+1/2)+\sqrt{(j+1/2)^2-\alpha^2}}$$

$$\approx\frac{\alpha}{n-(j+1/2)+(j+1/2)-\dfrac{\alpha^2}{2(j+1/2)}}$$

$$=\frac{\alpha}{n-\dfrac{\alpha^2}{2(j+1/2)}}=\frac{\alpha}{n}\left[\frac{1}{1-\dfrac{\alpha^2}{2n(j+1/2)}}\right]\approx\frac{\alpha}{n}\left[1+\frac{\alpha^2}{2n(j+1/2)}\right]$$

所以

$$\left\{1+\left[\frac{\alpha}{n-(j+1/2)+\sqrt{(j+1/2)^2-\alpha^2}}\right]^2\right\}^{-1/2}\approx\left[1+\frac{\alpha^2}{n^2}\left(1+\frac{\alpha^2}{2n(j+1/2)}\right)^2\right]^{-1/2}$$

$$\approx\left[1+\frac{\alpha^2}{n^2}\left(1+\frac{\alpha^2}{n(j+1/2)}\right)\right]^{-1/2}$$

$$\approx 1-\frac{1}{2}\frac{\alpha^2}{n^2}\left[1+\frac{\alpha^2}{n(j+1/2)}\right]+\frac{3}{8}\frac{\alpha^4}{n^4}$$

$$=1-\frac{1}{2}\frac{\alpha^2}{n^2}+\frac{\alpha^4}{2n^4}\left(\frac{-n}{j+1/2}+\frac{3}{4}\right)$$

$$E_{nj}\approx mc^2\left[1-\frac{1}{2}\frac{\alpha^2}{n^2}+\frac{\alpha^4}{2n^4}\left(\frac{-n}{j+1/2}+\frac{3}{4}\right)-1\right]=mc^2\left[-\frac{1}{2}\frac{\alpha^2}{n^2}+\frac{\alpha^4}{2n^4}\left(\frac{-n}{j+1/2}+\frac{3}{4}\right)\right]$$

$$=-\frac{mc^2\alpha^2}{2n^2}\left[1-\frac{\alpha^2}{n^2}\left(\frac{-n}{j+1/2}+\frac{3}{4}\right)\right]=-\frac{13.6\text{eV}}{n^2}\left[1-\frac{\alpha^2}{n^2}\left(\frac{-n}{j+1/2}+\frac{3}{4}\right)\right]$$

习题 6.20　利用

$$\boldsymbol{B}=\frac{1}{4\pi\varepsilon_0}\frac{e}{mc^2r^3}\boldsymbol{L}$$

估算氢原子的内磁场大小，并定量给出“强”和“弱”的塞曼场的大小。

解：在 $\boldsymbol{B}=\frac{1}{4\pi\varepsilon_0}\frac{e}{mc^2r^3}\boldsymbol{L}$ 中，$L\approx\hbar$，$r\approx a$（玻尔半径），所以

$$B\sim\frac{1}{4\pi\varepsilon_0}\frac{e\hbar}{mc^2a^3}=\frac{(1.60\times10^{-19}\mathrm{C})(1.05\times10^{-34}\mathrm{J\cdot s})}{4\pi(8.9\times10^{-12}\mathrm{C^2/N\cdot m^2})(9.1\times10^{-31}\mathrm{kg})(3\times10^{8}\mathrm{m/s})^2(0.53\times10^{-10}\mathrm{m})^3}$$
$$\approx12\mathrm{T}$$

通常所说的外加强磁场与弱磁场，其“强”与“弱”是针对原子内磁场而言的，故“强”塞曼场应对应远大于原子内磁场的磁场量级，即 $B\gg10\mathrm{T}$；“弱”塞曼场应对应远小于原子内磁场的磁场量级，即 $B\ll10\mathrm{T}$。

---

* **习题 6.21** 考虑(共8个)$n=2$ 的态，$|2ljm_j\rangle$。找出位于弱场塞曼分裂下的各个态的能量，并画出类似于教材中图 6.11 的图来表示当 $\boldsymbol{B}_{\mathrm{ext}}$ 增大时能量的演变过程。清晰地画出每条线，并表示出它们的斜率。

解：弱场中氢原子态的能量为

$$E=-\frac{13.6\mathrm{eV}}{n^2}\left[1+\frac{\alpha^2}{n^2}\left(\frac{n}{j+1/2}-\frac{3}{4}\right)\right]+mg_J\mu_BB$$

其中

$$g_J=1+\frac{j(j+1)-l(l+1)+3/4}{2j(j+1)}$$

当 $n=2$ 时，$l=0$，1，由 $j=l\pm s$ 知，当 $l=0$ 时，$j=1/2$，$m_J=1/2$，$-1/2$；$l=1$ 时，$j=1/2$ 或 $3/2$，$m_J=3/2$，$1/2$，$-1/2$，$-3/2$

故 8 个 $|2ljm_J\rangle$ 态为

$$\left.\begin{aligned}|1\rangle&=\left|2\ 0\ \tfrac{1}{2}\ \tfrac{1}{2}\right\rangle\\|2\rangle&=\left|2\ 0\ \tfrac{1}{2}\ -\tfrac{1}{2}\right\rangle\end{aligned}\right\}\quad g_J=1+\frac{\frac{1}{2}\times\left(\frac{1}{2}+1\right)-0+\frac{3}{4}}{2\times\frac{1}{2}\times\left(\frac{1}{2}+1\right)}=2$$

$$\left.\begin{aligned}|3\rangle&=\left|2\ 1\ \tfrac{1}{2}\ \tfrac{1}{2}\right\rangle\\|4\rangle&=\left|2\ 1\ \tfrac{1}{2}\ -\tfrac{1}{2}\right\rangle\end{aligned}\right\}\quad g_J=1+\frac{\frac{1}{2}\times\left(\frac{1}{2}+1\right)-1\times(1+1)+\frac{3}{4}}{2\times\frac{1}{2}\times\left(\frac{1}{2}+1\right)}=\frac{2}{3}$$

$$\left.\begin{aligned}|5\rangle&=\left|2\ 1\ \tfrac{3}{2}\ \tfrac{3}{2}\right\rangle\\|6\rangle&=\left|2\ 1\ \tfrac{3}{2}\ \tfrac{1}{2}\right\rangle\\|7\rangle&=\left|2\ 1\ \tfrac{3}{2}\ -\tfrac{1}{2}\right\rangle\\|8\rangle&=\left|2\ 1\ \tfrac{3}{2}\ -\tfrac{3}{2}\right\rangle\end{aligned}\right\}\quad g_J=1+\frac{\frac{3}{2}\times\left(\frac{3}{2}+1\right)-1\times(1+1)+\frac{3}{4}}{2\times\frac{3}{2}\times\left(\frac{3}{2}+1\right)}=\frac{4}{3}$$

这 8 个态的能量为

$$E_1=-3.4\mathrm{eV}\left(1+\frac{5\alpha^2}{16}\right)+\mu_B B_{\mathrm{ext}},E_2=-3.4\mathrm{eV}\left(1+\frac{5\alpha^2}{16}\right)-\mu_B B_{\mathrm{ext}}$$

$$E_3=-3.4\mathrm{eV}\left(1+\frac{5\alpha^2}{16}\right)+\frac{1}{3}\mu_B B_{\mathrm{ext}},E_4=-3.4\mathrm{eV}\left(1+\frac{5\alpha^2}{16}\right)-\frac{1}{3}\mu_B B_{\mathrm{ext}}$$

$$E_5=-3.4\mathrm{eV}\left(1+\frac{\alpha^2}{16}\right)+2\mu_B B_{\mathrm{ext}},E_6=-3.4\mathrm{eV}\left(1+\frac{\alpha^2}{16}\right)+\frac{2}{3}\mu_B B_{\mathrm{ext}}$$

$$E_7=-3.4\mathrm{eV}\left(1+\frac{\alpha^2}{16}\right)-\frac{2}{3}\mu_B B_{\mathrm{ext}},E_8=-3.4\mathrm{eV}\left(1+\frac{\alpha^2}{16}\right)-2\mu_B B_{\mathrm{ext}}$$

能级分裂随外磁场变化如图 6-2 所示。

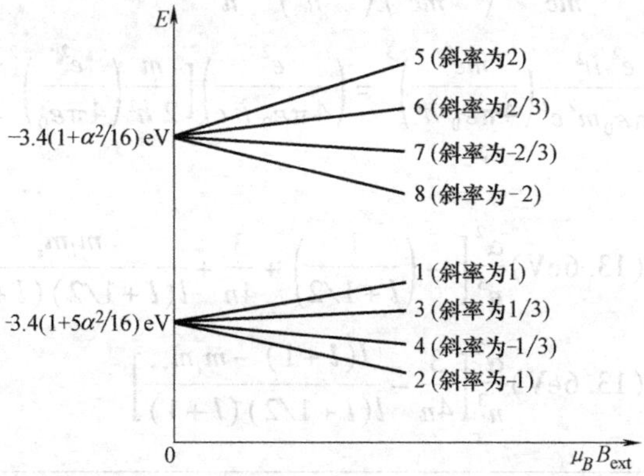

图　6-2

习题 6.22　从式 6.80（$E^1_{\mathrm{fs}}=\langle nlm_lm_s\mid(H'_r+H'_{\mathrm{so}})\mid nlm_lm_s\rangle$）开始，利用式 6.57、式 6.61$\left(H'_{\mathrm{so}}=\left(\frac{e^2}{8\pi\varepsilon_0}\right)\frac{1}{m^2c^2r^3}\boldsymbol{S}\cdot\boldsymbol{L}\right)$、式 6.64$\left(\left\langle\frac{1}{r^3}\right\rangle=\frac{1}{l(l+1/2)(l+1)n^3a^3}\right)$和式 6.81（$\langle\boldsymbol{S}\cdot\boldsymbol{L}\rangle=\langle S_x\rangle\langle L_x\rangle+\langle S_y\rangle\langle L_y\rangle+\langle S_z\rangle\langle L_y\rangle=\hbar^2m_lm_s$）导出式 6.82 $\left(E^1_{\mathrm{fs}}=\frac{13.6\mathrm{eV}}{n^3}\alpha^2\left\{\frac{3}{4n}-\left[\frac{l(l+1)-m_lm_s}{l(l+1/2)(l+1)}\right]\right\}\right)$。

解：所需的各式为

$$E^1_{\mathrm{fs}}=\langle nlm_lm_s\mid(H'_r+H'_{\mathrm{so}})\mid nlm_lm_s\rangle \tag{式 6.80}$$

$$E^1_r=-\frac{(E_n)^2}{2mc^2}\left[\frac{4n}{l+1/2}-3\right] \tag{式 6.57}$$

$$H'_{\mathrm{so}}=\left(\frac{e^2}{8\pi\varepsilon_0}\right)\frac{1}{m^2c^2r^3}\boldsymbol{S}\cdot\boldsymbol{L} \tag{式 6.61}$$

$$\left\langle\frac{1}{r^3}\right\rangle=\frac{1}{l(l+1/2)(l+1)n^3a^3} \tag{式 6.64}$$

$$\langle \boldsymbol{S}\cdot\boldsymbol{L}\rangle = \langle S_x\rangle\langle L_x\rangle + \langle S_y\rangle\langle L_y\rangle + \langle S_z\rangle\langle L_y\rangle = \hbar^2 m_l m_s \quad (式 6.81)$$

$$E_{\text{fs}}^1 = \frac{13.6\text{eV}\alpha^2}{n^3}\left[\frac{3}{4n} - \frac{l(l+1) - m_l m_s}{l(l+1/2)(l+1)}\right] \quad (式 6.82)$$

$$E_{\text{fs}}^1 = \langle nlm_l m_s | (H_r' + H_{\text{so}}') | nlm_l m_s\rangle = \langle nlm_l m_s | H_r' | nlm_l m_s\rangle + \langle nlm_l m_s | H_{\text{so}}' | nlm_l m_s\rangle$$

$$= -\frac{(E_n)^2}{2mc^2}\left[\frac{4n}{l+1/2} - 3\right] + \left(\frac{e^2}{8\pi\varepsilon_0 m^2 c^2}\right)\frac{\hbar^2 m_l m_s}{l(l+1/2)(l+1)n^3 a^3}$$

代入

$$\frac{2E_n^2}{mc^2} = \left(-\frac{2E_1}{mc^2}\right)\left(-\frac{E_1}{n^4}\right) = \frac{\alpha^2}{n^4}(13.6\text{eV})$$

$$\frac{e^2\hbar^2}{8\pi\varepsilon_0 m^2 c^2 a^3} = \frac{e^2\hbar^2}{8\pi\varepsilon_0 m^2 c^2}\left(\frac{me^2}{4\pi\varepsilon_0\hbar^2}\right)^3 = \left(\frac{e^2}{4\pi\varepsilon_0\hbar c}\right)\left[\frac{m}{2\hbar^2}\left(\frac{e^2}{4\pi\varepsilon_0}\right)^2\right] = \alpha^2(13.6\text{eV})$$

得到

$$E_{\text{fs}}^1 = (13.6\text{eV})\frac{\alpha^2}{n^3}\left[-\left(\frac{1}{l+1/2}\right) + \frac{3}{4n} + \frac{m_l m_s}{l(l+1/2)(l+1)}\right]$$

$$= (13.6\text{eV})\frac{\alpha^2}{n^3}\left[\frac{3}{4n} - \frac{l(l+1) - m_l m_s}{l(l+1/2)(l+1)}\right]$$

** **习题 6.23** 考虑（共8个）$n=2$ 的能级，$|2lm_l m_s\rangle$。找出位于强场塞曼分裂下的各个态的能量。将每个答案都表示成三项和的形式：玻尔能级，精细结构（α^2 的倍数）和塞曼效应部分（正比于$\mu_0 B_{\text{ext}}$）。如果忽略精细结构，将有多少个不同的能级存在，它们的简并度又是多少？

解：当 $n=2$ 时，氢原子能级的玻尔能级部分为

$$E_2 = E_1/2^2 = -3.4\text{eV}$$

精细结构部分为

$$E_{\text{fs}}^1 = \frac{13.6\text{eV}\alpha^2}{2^3}\left[\frac{3}{8} - \frac{l(l+1) - m_l m_s}{l(l+1/2)(l+1)}\right] = (1.7\text{eV})\alpha^2\left[\frac{3}{8} - \frac{l(l+1) - m_l m_s}{l(l+1/2)(l+1)}\right]$$

注意：当 $l=0$ 时，$\dfrac{l(l+1) - m_l m_s}{l(l+1/2)(l+1)}$没有意义，这时应取值为1。

塞曼分裂部分为

$$E_Z = \mu_B B(m_l + 2m_s)$$

因此总能量为

$$E = E_2 + E_{\text{fs}}^1 + E_Z = -3.4\text{eV} + (1.7\text{eV})\alpha^2\left[\frac{3}{8} - \frac{l(l+1) - m_l m_s}{l(l+1/2)(l+1)}\right] + \mu_B B(m_l + 2m_s)$$

讨论如表 6-1 所示。

表　6-1

$\vert n\ l\ m_l\ m_s\rangle$	m_l+2m_s	$\frac{3}{8}-\frac{l(l+1)-m_lm_s}{l(l+1/2)(l+1)}$	$E=E_2+E_{fs}^1+E_Z$
$\vert 1\rangle=\left\vert 2\ 0\ 0\ \frac{1}{2}\right\rangle$	1	−5/8	$-3.4\text{eV}\left(1+\frac{5}{16}\alpha^2\right)+\mu_BB_{ext}$
$\vert 2\rangle=\left\vert 2\ 0\ 0\ -\frac{1}{2}\right\rangle$	−1	−5/8	$-3.4\text{eV}\left(1+\frac{5}{16}\alpha^2\right)-\mu_BB_{ext}$
$\vert 3\rangle=\left\vert 2\ 1\ 1\ \frac{1}{2}\right\rangle$	2	−1/8	$-3.4\text{eV}\left(1+\frac{1}{16}\alpha^2\right)+2\mu_BB_{ext}$
$\vert 4\rangle=\left\vert 2\ 1\ 1\ -\frac{1}{2}\right\rangle$	0	−11/24	$-3.4\text{eV}\left(1+\frac{11}{48}\alpha^2\right)$
$\vert 5\rangle=\left\vert 2\ 1\ 0\ \frac{1}{2}\right\rangle$	1	−7/24	$-3.4\text{eV}\left(1+\frac{7}{48}\alpha^2\right)+\mu_BB_{ext}$
$\vert 6\rangle=\left\vert 2\ 1\ 0\ -\frac{1}{2}\right\rangle$	−1	−7/24	$-3.4\text{eV}\left(1+\frac{7}{48}\alpha^2\right)-\mu_BB_{ext}$
$\vert 7\rangle=\left\vert 2\ 1\ -1\ \frac{1}{2}\right\rangle$	0	−11/24	$-3.4\text{eV}\left(1+\frac{11}{48}\alpha^2\right)$
$\vert 8\rangle=\left\vert 2\ 1\ -1\ -\frac{1}{2}\right\rangle$	−2	−1/8	$-3.4\text{eV}\left(1+\frac{1}{16}\alpha^2\right)-2\mu_BB_{ext}$

从上表的讨论中可以看到，在考虑精细结构的情况下，$n=2$ 的情况一共有 8 种能级。若忽略精细结构，则可能的能级有

$$E_1=E_5=-3.4\text{eV}+\mu_BB_{ext}\ \text{（二重简并）}$$
$$E_2=E_6=-3.4\text{eV}-\mu_BB_{ext}\ \text{（二重简并）}$$
$$E_3=-3.4\text{eV}+2\mu_BB_{ext}$$
$$E_4=E_7=-3.4\text{eV}\ \text{（二重简并）}$$
$$E_8=-3.4\text{eV}-2\mu_BB_{ext}$$

习题 6.24　如果 $l=0$，则 $j=s$，$m_j=m_s$，对于强场和弱场“好”量子态是一样的都为（$\vert nm_s\rangle$）。由式 6.72 和式 6.67 确定 E_Z^1 和精细结构能量，并且写出 $l=0$ 时塞曼效应的一般结果——即不考虑场的强弱。证明：当方括号中的不确定项定为 1 时，强场公式（式 6.82）同样会得到这个结果。

解：由式 6.72，当 $l=0$ 时

$$E_Z^1=\frac{e}{2m}\boldsymbol{B}_{ext}\cdot(\boldsymbol{L}+2\boldsymbol{S})=\frac{e}{2m}B_{ext}2m_s\hbar=2m_s\mu_BB_{ext}$$

由式 6.67，当 $j=1/2$ 时

$$E_{nj}=-\frac{13.6\text{eV}}{n^2}\left[1+\frac{\alpha^2}{n^2}\left(\frac{n}{j+1/2}-\frac{3}{4}\right)\right]\overline{\overline{\ _{j=1/2}\ }}-\frac{13.6\text{eV}}{n^2}\left[1+\frac{\alpha^2}{n^2}\left(n-\frac{3}{4}\right)\right]$$

所以总能量为

$$E=E_{nj}+E_Z^1=-\frac{13.6\text{eV}}{n^2}\left[1+\frac{\alpha^2}{n^2}\left(n-\frac{3}{4}\right)\right]+2m_s\mu_B B_{\text{ext}}$$

精细结构部分是

$$E_{\text{fs}}^1=-\frac{13.6\text{eV}\alpha^2}{n^3}\left(1-\frac{3}{4n}\right)$$

这与在式6.82

$$E_{\text{fs}}^1=\frac{13.6\text{eV}\alpha^2}{n^3}\left[\frac{3}{4n}-\frac{l\ (l+1)\ -m_l m_s}{l\ (l+1/2)\ (l+1)}\right]$$

中把$\frac{l(l+1)-m_l m_s}{l(l+1/2)(l+1)}$取为1是一样的。

习题6.25　计算出H_Z'和H_{fs}'的矩阵元素，并构造出教材6.5节中提到的$\boldsymbol{W}$矩阵（$n=2$）。

解：当$n=2$时，由式6.66

$$E_{\text{fs}}^1=\frac{(E_2)^2}{2mc^2}\left(3-\frac{8}{j+1/2}\right)=\frac{E_1^2}{32mc^2}\left(3-\frac{8}{j+1/2}\right)=\frac{(13.6\text{eV})\alpha^2}{64}\left(3-\frac{8}{j+1/2}\right)$$

$$=\gamma\left(3-\frac{8}{j+1/2}\right)\quad\left(\text{其中},\gamma\equiv\frac{(13.6\text{eV})\alpha^2}{64}\right)$$

教材第184页所给的8个态

$$l=0\begin{cases}|\psi_1\rangle=\left|\frac{1}{2}\ \ \frac{1}{2}\right\rangle=|0\ \ 0\rangle\left|\frac{1}{2}\ \ \frac{1}{2}\right\rangle\\ |\psi_2\rangle=\left|\frac{1}{2}\ \ -\frac{1}{2}\right\rangle=|0\ \ 0\rangle\left|\frac{1}{2}\ \ -\frac{1}{2}\right\rangle\end{cases}$$

$$l=1\begin{cases}|\psi_3\rangle\equiv\left|\frac{3}{2}\ \ \frac{3}{2}\right\rangle=|1\ \ 1\rangle\left|\frac{1}{2}\ \ \frac{1}{2}\right\rangle\\ |\psi_4\rangle\equiv\left|\frac{3}{2}\ \ -\frac{3}{2}\right\rangle=|1\ \ -1\rangle\left|\frac{1}{2}\ \ -\frac{1}{2}\right\rangle\\ |\psi_5\rangle\equiv\left|\frac{3}{2}\ \ \frac{1}{2}\right\rangle=\sqrt{2/3}\,|1\ \ 0\rangle\left|\frac{1}{2}\ \ \frac{1}{2}\right\rangle+\sqrt{1/3}\,|1\ \ 1\rangle\left|\frac{1}{2}\ \ -\frac{1}{2}\right\rangle\\ |\psi_6\rangle\equiv\left|\frac{1}{2}\ \ \frac{1}{2}\right\rangle=-\sqrt{1/3}\,|1\ \ 0\rangle\left|\frac{1}{2}\ \ \frac{1}{2}\right\rangle+\sqrt{2/3}\,|1\ \ 1\rangle\left|\frac{1}{2}\ \ -\frac{1}{2}\right\rangle\\ |\psi_7\rangle\equiv\left|\frac{3}{2}\ \ -\frac{1}{2}\right\rangle=\sqrt{1/3}\,|1\ \ -1\rangle\left|\frac{1}{2}\ \ \frac{1}{2}\right\rangle+\sqrt{2/3}\,|1\ \ 0\rangle\left|\frac{1}{2}\ \ -\frac{1}{2}\right\rangle\\ |\psi_8\rangle\equiv\left|\frac{1}{2}\ \ -\frac{1}{2}\right\rangle=-\sqrt{2/3}\,|1\ \ -1\rangle\left|\frac{1}{2}\ \ \frac{1}{2}\right\rangle+\sqrt{1/3}\,|1\ \ 0\rangle\left|\frac{1}{2}\ \ -\frac{1}{2}\right\rangle\end{cases}$$

都是 H_{fs}^1 的本征态，所以 H_{fs}^1 在这个表象中是对角的。对 $j=1/2$ 态（ψ_1，ψ_2，ψ_6，ψ_8 态）$H_{\mathrm{fs}}^1=\gamma(3-8)=-5\gamma$，对 $j=3/2$ 态（ψ_3，ψ_4，ψ_5，ψ_7 态）$H_{\mathrm{fs}}^1=\gamma(3-8/2)=-\gamma$。而对

$$H_Z'=\frac{e}{2m}B_{\mathrm{ext}}(L_z+2S_z)$$

ψ_1，ψ_2，ψ_3，ψ_4 是 H_Z' 的本征态（这四个态既是耦合表象的基矢，也是无耦合表象的基矢），所以仅有对角元素。

$$H_Z'=\frac{e\hbar}{2m}B_{\mathrm{ext}}(m_l+2m_s)=\beta(m_l+2m_s)$$

$$(H_Z')_{11}=\beta,\ (H_Z')_{22}=-\beta,\ (H_Z')_{33}=2\beta,\ (H_Z')_{44}=-2\beta$$

对于 ψ_5，ψ_6，ψ_7，ψ_8 它们不是 H_Z' 的本征态（它们仅是耦合表象的基矢，而不是无耦合表象的基矢），因此需要计算矩阵元，由

$$(L_z+2S_z)\,|\psi_5\rangle=(L_z+2S_z)\left[\sqrt{\frac{2}{3}}\,|1\quad 0\rangle\left|\frac{1}{2}\quad\frac{1}{2}\right\rangle+\sqrt{\frac{1}{3}}\,|1\quad 1\rangle\left|\frac{1}{2}\quad -\frac{1}{2}\right\rangle\right]$$

$$=\hbar\sqrt{\frac{2}{3}}\,|1\quad 0\rangle\left|\frac{1}{2}\quad\frac{1}{2}\right\rangle$$

$$(L_z+2S_z)\,|\psi_6\rangle=(L_z+2S_z)\left[-\sqrt{\frac{1}{3}}\,|1\quad 0\rangle\left|\frac{1}{2}\quad\frac{1}{2}\right\rangle+\sqrt{\frac{2}{3}}\,|1\quad 1\rangle\left|\frac{1}{2}\quad -\frac{1}{2}\right\rangle\right]$$

$$=-\hbar\sqrt{\frac{1}{3}}\,|1\quad 0\rangle\left|\frac{1}{2}\quad\frac{1}{2}\right\rangle$$

$$(L_z+2S_z)\,|\psi_7\rangle=(L_z+2S_z)\left[\sqrt{\frac{1}{3}}\,|1\quad -1\rangle\left|\frac{1}{2}\quad\frac{1}{2}\right\rangle+\sqrt{\frac{2}{3}}\,|1\quad 0\rangle\left|\frac{1}{2}\quad -\frac{1}{2}\right\rangle\right]$$

$$=-\hbar\sqrt{\frac{2}{3}}\,|1\quad 0\rangle\left|\frac{1}{2}\quad -\frac{1}{2}\right\rangle$$

$$(L_z+2S_z)\,|\psi_8\rangle=(L_z+2S_z)\left[-\sqrt{\frac{2}{3}}\,|1\quad -1\rangle\left|\frac{1}{2}\quad\frac{1}{2}\right\rangle+\sqrt{\frac{1}{3}}\,|1\quad 0\rangle\left|\frac{1}{2}\quad -\frac{1}{2}\right\rangle\right]$$

$$=-\hbar\sqrt{\frac{1}{3}}\,|1\quad 0\rangle\left|\frac{1}{2}\quad -\frac{1}{2}\right\rangle$$

可以得到

$$(H_Z')_{55}=\frac{2}{3}\beta,\ (H_Z')_{66}=\frac{1}{3}\beta,\ (H_Z')_{77}=-\frac{2}{3}\beta,\ (H'_Z)_{88}=-\frac{1}{3}\beta$$

$$(H_Z')_{56}=(H_Z')_{65}=-\frac{\sqrt{2}}{3}\beta,\ (H_Z')_{78}=(H_Z')_{87}=-\frac{\sqrt{2}}{3}\beta$$

最后得到 **W** 矩阵

$$\begin{pmatrix} 5\gamma-\beta & 0 & 0 & 0 & 0 & 0 & 0 & 0 \\ 0 & 5\gamma+\beta & 0 & 0 & 0 & 0 & 0 & 0 \\ 0 & 0 & \gamma-2\beta & 0 & 0 & 0 & 0 & 0 \\ 0 & 0 & 0 & \gamma+2\beta & 0 & 0 & 0 & 0 \\ 0 & 0 & 0 & 0 & \gamma-\frac{2}{3}\beta & \frac{\sqrt{2}}{3}\beta & 0 & 0 \\ 0 & 0 & 0 & 0 & \frac{\sqrt{2}}{3}\beta & 5\gamma-\frac{1}{3}\beta & 0 & 0 \\ 0 & 0 & 0 & 0 & 0 & 0 & \gamma+\frac{2}{3}\beta & \frac{\sqrt{2}}{3}\beta \\ 0 & 0 & 0 & 0 & 0 & 0 & \frac{\sqrt{2}}{3}\beta & 5\gamma+\frac{1}{3}\beta \end{pmatrix}$$

*** **习题 6.26** 在弱场、中间场、强场下，分别分析氢原子 $n=3$ 时的塞曼效应，并写出类似于教材中表 6.2 的能量表，并画出将其作为外场函数时的图像（类似于教材中的图 6.12），并验证中间场情况的两个极限即为弱场、强场的情况。

解：对于 $n=3$，可能的态数目为 $2n^2=18$

弱场情况：对于弱场情况，式 6.67 给出精细结构项为

$$E_{nj}=-\frac{13.6\text{eV}}{n^2}\left[1+\frac{\alpha^2}{n^2}\left(\frac{3}{j+1/2}-\frac{3}{4}\right)\right]=-1.51\text{eV}\left[1+\frac{\alpha^2}{3}\left(\frac{1}{j+1/2}-\frac{1}{4}\right)\right]$$

式 6.76 给出塞曼分裂项为

$$E_Z^1=g_J m_j \mu_B \boldsymbol{B}_{\text{ext}} \quad \left(\text{其中，} g_j=1+\frac{j(j+1)-l(l+1)-3/4}{2j(j+1)}\right)$$

列出能量表如表 6-2 所示。

表 6-2

$\|3\ l\ j\ m_j\rangle$		g_j	$\frac{1}{3}\left(\frac{1}{j+1/2}-\frac{1}{4}\right)$	$E=E_{nj}+E_Z^1$
$l=0, j=1/2$	$\left\|3\ 0\ \frac{1}{2}\ \frac{1}{2}\right\rangle$	2	1/4	$-1.51\text{eV}(1+\alpha^2/4)+\mu_B B_{\text{ext}}$
$l=0, j=1/2$	$\left\|3\ 0\ \frac{1}{2}\ -\frac{1}{2}\right\rangle$	2	1/4	$-1.51\text{eV}(1+\alpha^2/4)-\mu_B B_{\text{ext}}$
$l=1, j=1/2$	$\left\|3\ 1\ \frac{1}{2}\ \frac{1}{2}\right\rangle$	2/3	1/4	$-1.51\text{eV}(1+\alpha^2/4)+\frac{1}{3}\mu_B B_{\text{ext}}$
$l=1, j=1/2$	$\left\|3\ 1\ \frac{1}{2}\ -\frac{1}{2}\right\rangle$	2/3	1/4	$-1.51\text{eV}(1+\alpha^2/4)-\frac{1}{3}\mu_B B_{\text{ext}}$
$l=1, j=3/2$	$\left\|3\ 1\ \frac{3}{2}\ \frac{3}{2}\right\rangle$	4/3	1/12	$-1.51\text{eV}(1+\alpha^2/12)+2\mu_B B_{\text{ext}}$
$l=1, j=3/2$	$\left\|3\ 1\ \frac{3}{2}\ \frac{1}{2}\right\rangle$	4/3	1/12	$-1.51\text{eV}(1+\alpha^2/12)+\frac{2}{3}\mu_B B_{\text{ext}}$

（续）

$\|3\ l\ j\ m_j\rangle$		g_j	$\frac{1}{3}\left(\frac{1}{j+1/2}-\frac{1}{4}\right)$	$E=E_{nj}+E_Z^1$
$l=1,j=3/2$	$\left\|3\ \ 1\ \ \frac{3}{2}\ \ -\frac{1}{2}\right\rangle$	4/3	1/12	$-1.51\text{eV}(1+\alpha^2/12)-\frac{2}{3}\mu_B B_{\text{ext}}$
$l=1,j=3/2$	$\left\|3\ \ 1\ \ \frac{3}{2}\ \ -\frac{3}{2}\right\rangle$	4/3	1/12	$-1.51\text{eV}(1+\alpha^2/12)-2\mu_B B_{\text{ext}}$
$l=2,j=3/2$	$\left\|3\ \ 2\ \ \frac{3}{2}\ \ \frac{3}{2}\right\rangle$	4/5	1/12	$-1.51\text{eV}(1+\alpha^2/12)+\frac{6}{5}\mu_B B_{\text{ext}}$
$l=2,j=3/2$	$\left\|3\ \ 2\ \ \frac{3}{2}\ \ \frac{1}{2}\right\rangle$	4/5	1/12	$-1.51\text{eV}(1+\alpha^2/12)+\frac{2}{5}\mu_B B_{\text{ext}}$
$l=2,j=3/2$	$\left\|3\ \ 2\ \ \frac{3}{2}\ \ -\frac{1}{2}\right\rangle$	4/5	1/12	$-1.51\text{eV}(1+\alpha^2/12)-\frac{2}{5}\mu_B B_{\text{ext}}$
$l=2,j=3/2$	$\left\|3\ \ 2\ \ \frac{3}{2}\ \ -\frac{3}{2}\right\rangle$	4/5	1/12	$-1.51\text{eV}(1+\alpha^2/12)-\frac{6}{5}\mu_B B_{\text{ext}}$
$l=2,j=5/2$	$\left\|3\ \ 2\ \ \frac{5}{2}\ \ \frac{5}{2}\right\rangle$	6/5	1/36	$-1.51\text{eV}(1+\alpha^2/36)+3\mu_B B_{\text{ext}}$
$l=2,j=5/2$	$\left\|3\ \ 2\ \ \frac{5}{2}\ \ \frac{3}{2}\right\rangle$	6/5	1/36	$-1.51\text{eV}(1+\alpha^2/36)+\frac{9}{5}\mu_B B_{\text{ext}}$
$l=2,j=5/2$	$\left\|3\ \ 2\ \ \frac{5}{2}\ \ \frac{1}{2}\right\rangle$	6/5	1/36	$-1.51\text{eV}(1+\alpha^2/36)+\frac{3}{5}\mu_B B_{\text{ext}}$
$l=2,j=5/2$	$\left\|3\ \ 2\ \ \frac{5}{2}\ \ -\frac{1}{2}\right\rangle$	6/5	1/36	$-1.51\text{eV}(1+\alpha^2/36)-\frac{3}{5}\mu_B B_{\text{ext}}$
$l=2,j=5/2$	$\left\|3\ \ 2\ \ \frac{5}{2}\ \ -\frac{3}{2}\right\rangle$	6/5	1/36	$-1.51\text{eV}(1+\alpha^2/36)-\frac{9}{5}\mu_B B_{\text{ext}}$
$l=2,j=5/2$	$\left\|3\ \ 2\ \ \frac{5}{2}\ \ -\frac{5}{2}\right\rangle$	6/5	1/36	$-1.51\text{eV}(1+\alpha^2/36)-3\mu_B B_{\text{ext}}$

强场情况：由式 6.79 玻尔能量 + 塞曼分裂项为

$$E_{nm_lm_s}=-\frac{13.6\text{eV}}{n^2}+\mu_B B_{\text{ext}}(m_l+2m_s)=-1.51\text{eV}+\mu_B B_{\text{ext}}(m_l+2m_s)$$

能量的精细结构项为

$$E_{\text{fs}}^1=\frac{13.6\text{eV}}{n^3}\alpha^2\left[\frac{3}{4n}-\frac{l(l+1)-m_lm_s}{l(l+1/2)(l+1)}\right]=-1.51\text{eV}\,\frac{\alpha^2}{3}\left[\frac{l(l+1)-m_lm_s}{l(l+1/2)(l+1)}-\frac{1}{4}\right]$$

总能量为

$$E=E_{nm_lm_s}+E_{\text{fs}}^1=-1.51\text{eV}(1+A\alpha^2)+\mu_B B_{\text{ext}}(m_l+2m_s)$$

$$A\equiv\frac{1}{3}\left[\frac{l(l+1)-m_lm_s}{l(l+1/2)(l+1)}-\frac{1}{4}\right]$$

列出能量表如表 6-3 所示。

表　6-3

$\vert 3\ l\ m_l\ m_s\rangle$		m_l+2m_s	A	E
$l=0$	$\left\vert 3\ 0\ 0\ \frac{1}{2}\right\rangle$	1	1/4	$-1.51\text{eV}(1+\alpha^2/4)+\mu_B B_{\text{ext}}$
$l=0$	$\left\vert 3\ 0\ 0\ -\frac{1}{2}\right\rangle$	−1	1/4	$-1.51\text{eV}(1+\alpha^2/4)-\mu_B B_{\text{ext}}$
$l=1$	$\left\vert 3\ 1\ 1\ \frac{1}{2}\right\rangle$	2	1/12	$-1.51\text{eV}(1+\alpha^2/12)+2\mu_B B_{\text{ext}}$
$l=1$	$\left\vert 3\ 1\ 1\ -\frac{1}{2}\right\rangle$	0	7/36	$-1.51\text{eV}(1+7\alpha^2/36)$
$l=1$	$\left\vert 3\ 1\ 0\ \frac{1}{2}\right\rangle$	1	5/36	$-1.51\text{eV}(1+5\alpha^2/36)+\mu_B B_{\text{ext}}$
$l=1$	$\left\vert 3\ 1\ 0\ -\frac{1}{2}\right\rangle$	−1	5/36	$-1.51\text{eV}(1+5\alpha^2/36)-\mu_B B_{\text{ext}}$
$l=1$	$\left\vert 3\ 1\ -1\ \frac{1}{2}\right\rangle$	0	7/36	$-1.51\text{eV}(1+7\alpha^2/36)$
$l=1$	$\left\vert 3\ 1\ -1\ -\frac{1}{2}\right\rangle$	−2	1/12	$-1.51\text{eV}(1+\alpha^2/12)-2\mu_B B_{\text{ext}}$
$l=2$	$\left\vert 3\ 2\ 2\ \frac{1}{2}\right\rangle$	3	1/36	$-1.51\text{eV}(1+\alpha^2/36)+3\mu_B B_{\text{ext}}$
$l=2$	$\left\vert 3\ 2\ 2\ -\frac{1}{2}\right\rangle$	1	13/180	$-1.51\text{eV}(1+13\alpha^2/180)+\mu_B B_{\text{ext}}$
$l=2$	$\left\vert 3\ 2\ 1\ \frac{1}{2}\right\rangle$	2	7/180	$-1.51\text{eV}(1+7\alpha^2/180)+2\mu_B B_{\text{ext}}$
$l=2$	$\left\vert 3\ 2\ 1\ -\frac{1}{2}\right\rangle$	0	11/180	$-1.51\text{eV}(1+11\alpha^2/180)$
$l=2$	$\left\vert 3\ 2\ 0\ \frac{1}{2}\right\rangle$	1	1/20	$-1.51\text{eV}(1+\alpha^2/20)+\mu_B B_{\text{ext}}$
$l=2$	$\left\vert 3\ 2\ 0\ -\frac{1}{2}\right\rangle$	−1	1/20	$-1.51\text{eV}(1+\alpha^2/20)-\mu_B B_{\text{ext}}$
$l=2$	$\left\vert 3\ 2\ -1\ \frac{1}{2}\right\rangle$	0	11/180	$-1.51\text{eV}(1+11\alpha^2/180)$
$l=2$	$\left\vert 3\ 2\ -1\ -\frac{1}{2}\right\rangle$	−2	7/180	$-1.51\text{eV}(1+7\alpha^2/180)-2\mu_B B_{\text{ext}}$
$l=2$	$\left\vert 3\ 2\ -2\ \frac{1}{2}\right\rangle$	−1	13/180	$-1.51\text{eV}(1+13\alpha^2/180)-\mu_B B_{\text{ext}}$
$l=2$	$\left\vert 3\ 2\ -2\ -\frac{1}{2}\right\rangle$	−3	1/36	$-1.51\text{eV}(1+\alpha^2/36)-3\mu_B B_{\text{ext}}$

中强磁场：仍用$\vert n\quad l\quad j\quad m_j\rangle$为表象基矢，则精细结构项的哈密顿量在这个表象是对角的，由式6.66

$$E_{\text{fs}}^1=\frac{E_3^2}{2mc^2}\left(3-\frac{4n}{j+1/2}\right)=\frac{E_1^2}{54mc^2}\left(1-\frac{4}{j+1/2}\right)=-\frac{E_1\alpha^2}{108}\left(1-\frac{4}{j+1/2}\right)$$

$$=3\gamma\left(1-\frac{4}{j+1/2}\right)\quad\left(\text{其中，}\gamma\equiv\frac{13.6\text{eV}\alpha^2}{324}\right)$$

对 $j=1/2$，$E_{\text{fs}}^1=-9\gamma$；对 $j=3/2$，$E_{\text{fs}}^1=-3\gamma$；对 $j=5/2$，$E_{\text{fs}}^1=-\gamma$。

由式6.71，能量的塞曼分裂项为

$$H_Z'=\frac{1}{\hbar}\mu_B B_{\text{ext}}\left(L_z+2S_z\right)=\frac{\beta}{\hbar}\left(L_z+2S_z\right)\qquad\left(\text{其中，}\beta\equiv\mu_B B_{\text{ext}}\right)$$

对 $l=0$，$l=1$ 的8个态，H_Z'的矩阵元与习题6.25中的一样。

对 $l=2$ 的10个态，我们把耦合表象的基矢用无耦合表象的基矢表示出来，并求出 H_Z'的矩阵元，从而 $-\boldsymbol{W}$ 矩阵（求法与6.25题中的一样）。

$$|\psi_9\rangle=\left|\frac{5}{2}\ \ \frac{5}{2}\right\rangle=|2\ \ 2\rangle\left|\frac{1}{2}\ \ \frac{1}{2}\right\rangle,(-W)_{99}=(-H_{\text{fs}}^1-H_Z')_{99}=\gamma-3\beta$$

$$|\psi_{10}\rangle=\left|\frac{5}{2}\ \ -\frac{5}{2}\right\rangle=|2\ \ -2\rangle\left|\frac{1}{2}\ \ -\frac{1}{2}\right\rangle,(-W)_{1010}=(-H_{\text{fs}}^1-H_Z')_{1010}=\gamma+3\beta$$

$$|\psi_{11}\rangle=\left|\frac{5}{2}\ \ \frac{3}{2}\right\rangle=\sqrt{\frac{1}{5}}|2\ \ 2\rangle\left|\frac{1}{2}\ \ -\frac{1}{2}\right\rangle+\sqrt{\frac{4}{5}}|2\ \ 1\rangle\left|\frac{1}{2}\ \ \frac{1}{2}\right\rangle$$

$$|\psi_{12}\rangle=\left|\frac{3}{2}\ \ \frac{3}{2}\right\rangle=\sqrt{\frac{4}{5}}|2\ \ 2\rangle\left|\frac{1}{2}\ \ -\frac{1}{2}\right\rangle-\sqrt{\frac{1}{5}}|2\ \ 1\rangle\left|\frac{1}{2}\ \ \frac{1}{2}\right\rangle$$

$$(L_z+2S_z)|\psi_{11}\rangle=\sqrt{\frac{1}{5}}\hbar|2\ \ 2\rangle\left|\frac{1}{2}\ \ -\frac{1}{2}\right\rangle+2\hbar\sqrt{\frac{4}{5}}|2\ \ 1\rangle\left|\frac{1}{2}\ \ \frac{1}{2}\right\rangle$$

$$(L_z+2S_z)|\psi_{12}\rangle=\hbar\sqrt{\frac{4}{5}}|2\ \ 2\rangle\left|\frac{1}{2}\ \ -\frac{1}{2}\right\rangle-2\hbar\sqrt{\frac{1}{5}}|2\ \ 1\rangle\left|\frac{1}{2}\ \ \frac{1}{2}\right\rangle$$

$$(-W)_{1111}=(-H_{\text{fs}}^1-H_Z')_{1111}=\gamma-\frac{9}{5}\beta,(-W)_{1212}=3\gamma-\frac{6}{5}\beta$$

$$(-W)_{1112}=(-W)_{1211}=\frac{2}{5}\beta$$

同样地，由

$$|\psi_{13}\rangle=\left|\frac{5}{2}\ \ \frac{1}{2}\right\rangle=\sqrt{\frac{2}{5}}|2\ \ 1\rangle\left|\frac{1}{2}\ \ -\frac{1}{2}\right\rangle+\sqrt{\frac{3}{5}}|2\ \ 0\rangle\left|\frac{1}{2}\ \ \frac{1}{2}\right\rangle$$

$$|\psi_{14}\rangle=\left|\frac{3}{2}\ \ \frac{1}{2}\right\rangle=\sqrt{\frac{3}{5}}|2\ \ 1\rangle\left|\frac{1}{2}\ \ -\frac{1}{2}\right\rangle-\sqrt{\frac{2}{5}}|2\ \ 0\rangle\left|\frac{1}{2}\ \ \frac{1}{2}\right\rangle$$

可求出

$$-\begin{pmatrix}W_{1313} & W_{1314}\\ W_{1413} & W_{1414}\end{pmatrix}=\begin{pmatrix}\gamma-\dfrac{3}{5}\beta & \dfrac{\sqrt{6}}{5}\beta\\ \dfrac{\sqrt{6}}{5}\beta & 3\gamma-\dfrac{2}{5}\beta\end{pmatrix}$$

对

$$|\psi_{15}\rangle=\left|\frac{5}{2}\quad-\frac{1}{2}\right\rangle=\sqrt{\frac{3}{5}}|2\quad0\rangle\left|\frac{1}{2}\quad-\frac{1}{2}\right\rangle+\sqrt{\frac{2}{5}}|2\quad-1\rangle\left|\frac{1}{2}\quad\frac{1}{2}\right\rangle$$

$$|\psi_{16}\rangle=\left|\frac{3}{2}\quad-\frac{1}{2}\right\rangle=\sqrt{\frac{2}{5}}|2\quad0\rangle\left|\frac{1}{2}\quad-\frac{1}{2}\right\rangle-\sqrt{\frac{3}{5}}|2\quad-1\rangle\left|\frac{1}{2}\quad\frac{1}{2}\right\rangle$$

$$-\begin{pmatrix}W_{1515} & W_{1516}\\ W_{1615} & W_{1616}\end{pmatrix}=\begin{pmatrix}\gamma+\frac{3}{5}\beta & \frac{\sqrt{6}}{5}\beta\\ \frac{\sqrt{6}}{5}\beta & 3\gamma+\frac{2}{5}\beta\end{pmatrix}$$

对

$$|\psi_{17}\rangle=\left|\frac{5}{2}\quad-\frac{3}{2}\right\rangle=\sqrt{\frac{4}{5}}|2\quad-1\rangle\left|\frac{1}{2}\quad-\frac{1}{2}\right\rangle+\sqrt{\frac{1}{5}}|2\quad-2\rangle\left|\frac{1}{2}\quad\frac{1}{2}\right\rangle$$

$$|\psi_{18}\rangle=\left|\frac{3}{2}\quad-\frac{3}{2}\right\rangle=\sqrt{\frac{1}{5}}|2\quad-1\rangle\left|\frac{1}{2}\quad-\frac{1}{2}\right\rangle-\sqrt{\frac{4}{5}}|2\quad-2\rangle\left|\frac{1}{2}\quad\frac{1}{2}\right\rangle$$

$$-\begin{pmatrix}W_{1717} & W_{1718}\\ W_{1817} & W_{1818}\end{pmatrix}=\begin{pmatrix}\gamma+\frac{9}{5}\beta & \frac{2}{5}\beta\\ \frac{2}{5}\beta & 3\gamma+\frac{6}{5}\beta\end{pmatrix}$$

这样一个 18×18 阶的 $-\boldsymbol{W}$ 矩阵可以约化为 6 个 1×1 阶矩阵和 6 个 2×2 阶矩阵。所以需要求出这 6 个 2×2 阶矩阵的 12 个本征值（求法略），再加上 6 个对角元，从而得到 18 个能量的修正值。

$$\varepsilon_1=E_3-9\gamma+\beta$$
$$\varepsilon_2=E_3-3\gamma+2\beta$$
$$\varepsilon_3=E_3-\gamma+3\beta$$
$$\varepsilon_4=E_3-6\gamma+\beta/2+\sqrt{9\gamma^2+\beta\gamma+\beta^2/4}$$
$$\varepsilon_5=E_3-6\gamma+\beta/2-\sqrt{9\gamma^2+\beta\gamma+\beta^2/4}$$
$$\varepsilon_6=E_3-2\gamma+3\beta/2+\sqrt{\gamma^2+\frac{3}{5}\beta\gamma+\beta^2/4}$$
$$\varepsilon_7=E_3-2\gamma+3\beta/2-\sqrt{\gamma^2+\frac{3}{5}\beta\gamma+\beta^2/4}$$
$$\varepsilon_8=E_3-2\gamma+\beta/2+\sqrt{\gamma^2+\frac{1}{5}\beta\gamma+\beta^2/4}$$
$$\varepsilon_9=E_3-2\gamma+\beta/2-\sqrt{\gamma^2+\frac{1}{5}\beta\gamma+\beta^2/4}$$

另外 9 个由上面的 9 个作代换 $\beta\to-\beta$ 即可得到。

在弱场极限下($\beta\ll\gamma$)

$$\varepsilon_4\approx E_3-6\gamma+\beta/2+3\gamma\sqrt{1+\beta/9\gamma}\approx E_3-6\gamma+\beta/2+3\gamma(1+\beta/18\gamma)=E_3-3\gamma+2\beta/3$$

$$\varepsilon_5\approx E_3-6\gamma+\beta/2-\sqrt{9\gamma^2+\beta\gamma}\approx E_3-9\gamma+\beta/3$$

$$\varepsilon_6 \approx E_3 - 2\gamma + 3\beta/2 + \sqrt{\gamma^2 + \frac{3}{5}\beta\gamma} \approx E_3 - \gamma + 9\beta/5$$

$$\varepsilon_7 \approx E_3 - 2\gamma + 3\beta/2 - \sqrt{\gamma^2 + \frac{3}{5}\beta\gamma} \approx E_3 - 3\gamma + 6\beta/5$$

$$\varepsilon_8 \approx E_3 - 2\gamma + \beta/2 + \sqrt{\gamma^2 + \frac{1}{5}\beta\gamma} \approx E_3 - \gamma + 3\beta/5$$

$$\varepsilon_9 \approx E_3 - 2\gamma + \beta/2 - \sqrt{\gamma^2 + \frac{1}{5}\beta\gamma} \approx E_3 - 3\gamma + 2\beta/5$$

代入 $\gamma = \dfrac{1.51\text{eV}\alpha^2}{36}$，$\beta = \mu_B B_{\text{ext}}$，这些结果与本题表 6-2 中的弱场情况能量是一致的。

在强场情况下（$\beta >> \gamma$）

$$\varepsilon_4 \approx E_3 - 6\gamma + \beta/2 + (\beta/2)\sqrt{4\gamma/\beta + 1} \approx E_3 - 5\gamma + \beta$$

$$\varepsilon_5 \approx E_3 - 6\gamma + \beta/2 - (\beta/2)\sqrt{4\gamma/\beta + 1} \approx E_3 - 7\gamma$$

$$\varepsilon_6 \approx E_3 - 2\gamma + 3\beta/2 + (\beta/2)\sqrt{\frac{12}{5}\gamma/\beta + 1} \approx E_3 - \frac{7}{5}\gamma + 2\beta$$

$$\varepsilon_7 \approx E_3 - 2\gamma + 3\beta/2 - (\beta/2)\sqrt{\frac{12}{5}\gamma/\beta + 1} \approx E_3 - \frac{13}{5}\gamma + \beta$$

$$\varepsilon_8 \approx E_3 - 2\gamma + \beta/2 + (\beta/2)\sqrt{\frac{4}{5}\gamma/\beta + 1} \approx E_3 - \frac{9}{5}\gamma + \beta$$

$$\varepsilon_9 \approx E_3 - 2\gamma + \beta/2 - (\beta/2)\sqrt{\frac{4}{5}\gamma/\beta + 1} \approx E_3 - \frac{11}{5}\gamma$$

这些结果与本题表 6-3 中的强场情况能量是一致的。如图 6-3 所示，该图画出了能级随外场的变化情况。

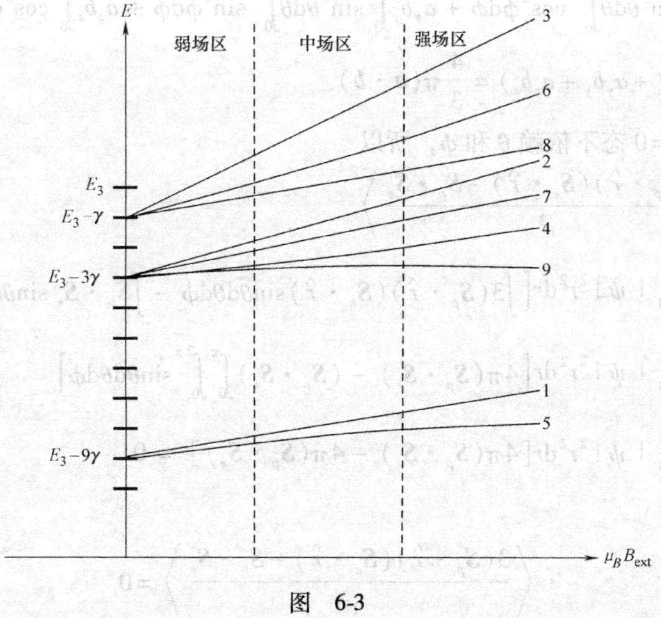

图 6-3

可以看出，ε_1，ε_2，ε_3 是随磁场的增加线性变化的，其斜线的斜率分别是1，2，3。ε_4，ε_6，ε_8 是上弯的曲线，斜率从弱场时的2/5，9/5，3/5分别趋近于强场时的1，2，1。ε_5，ε_7，ε_9 是下弯的曲线，斜率从弱场时的1/3，6/5，2/5分别趋近于强场时的0，1，0。

习题6.27 令 $\boldsymbol{a}$，$\boldsymbol{b}$ 为两个常向量，证明

$$\int(\boldsymbol{a}\cdot\hat{r})(\boldsymbol{b}\cdot\hat{r})\sin\theta\mathrm{d}\theta\mathrm{d}\phi=\frac{4\pi}{3}(\boldsymbol{a}\cdot\boldsymbol{b})$$

（积分区域为 $0<\theta<\pi, 0<\phi<2\pi$）。利用该结果证明，对 $l=0$ 态有

$$\left\langle\frac{3(\boldsymbol{S}_p\cdot\hat{r})(\boldsymbol{S}_e\cdot\hat{r})-\boldsymbol{S}_p\cdot\boldsymbol{S}_e}{r^3}\right\rangle=0$$

（提示：$\hat{r}=\sin\theta\cos\phi\ \hat{i}+\sin\theta\sin\phi\ \hat{j}+\cos\theta\ \hat{k}$）

解：

$$\text{原式}=\int(\boldsymbol{a}\cdot\hat{r})(\boldsymbol{b}\cdot\hat{r})\sin\theta\mathrm{d}\theta\mathrm{d}\phi$$

$$=\int(a_x\sin\theta\cos\phi+a_y\sin\theta\sin\phi+a_z\cos\theta)(b_x\sin\theta\cos\phi+b_y\sin\theta\sin\phi+b_z\cos\theta)\mathrm{d}\theta\mathrm{d}\phi$$

$$=\int a_xb_x\sin^3\theta\cos^2\phi\mathrm{d}\theta\mathrm{d}\phi+\int a_yb_y\sin^3\theta\sin^2\phi\mathrm{d}\theta\mathrm{d}\phi+\int a_zb_z\cos^2\theta\sin\phi\mathrm{d}\theta\mathrm{d}\phi+$$

$$\int(a_xb_y+a_yb_x)\sin^3\theta\sin\phi\cos\phi\mathrm{d}\theta\mathrm{d}\phi+\int(a_xb_z+a_zb_x)\sin^2\theta\cos\theta\cos\phi\mathrm{d}\theta\mathrm{d}\phi+$$

$$\int(a_yb_z+a_zb_y)\sin^2\theta\cos\theta\sin\phi\mathrm{d}\theta\mathrm{d}\phi$$

由于

$$\int_0^{2\pi}\cos\phi\mathrm{d}\phi=\int_0^{2\pi}\sin\phi\mathrm{d}\phi=\int_0^{2\pi}\sin\phi\cos\phi\mathrm{d}\phi=0$$

$$\int(\boldsymbol{a}\cdot\hat{r})(\boldsymbol{b}\cdot\hat{r})\sin\theta\mathrm{d}\theta\mathrm{d}\phi$$

$$=a_xb_x\int_0^{\pi}\sin^3\theta\mathrm{d}\theta\int_0^{2\pi}\cos^2\phi\mathrm{d}\phi+a_yb_y\int_0^{\pi}\sin^3\theta\mathrm{d}\theta\int_0^{2\pi}\sin^2\phi\mathrm{d}\phi+a_zb_z\int_0^{\pi}\cos^2\theta\sin\theta\mathrm{d}\theta\int_0^{2\pi}\mathrm{d}\phi$$

$$=\frac{4}{3}\pi(a_xb_x+a_yb_y+a_zb_z)=\frac{4}{3}\pi(\boldsymbol{a}\cdot\boldsymbol{b})$$

利用以上结果，$l=0$ 态不依赖 θ 和 ϕ，所以

$$\left\langle\frac{3(\boldsymbol{S}_p\cdot\hat{r})(\boldsymbol{S}_e\cdot\hat{r})-\boldsymbol{S}_p\cdot\boldsymbol{S}_e}{r^3}\right\rangle$$

$$=\int_0^{+\infty}\frac{1}{r^3}|\psi|^2r^2\mathrm{d}r\left[\int3(\boldsymbol{S}_p\cdot\hat{r})(\boldsymbol{S}_e\cdot\hat{r})\sin\theta\mathrm{d}\theta\mathrm{d}\phi-\int\boldsymbol{S}_p\cdot\boldsymbol{S}_e\sin\theta\mathrm{d}\theta\mathrm{d}\phi\right]$$

$$=\int_0^{+\infty}\frac{1}{r^3}|\psi|^2r^2\mathrm{d}r\left[4\pi(\boldsymbol{S}_p\cdot\boldsymbol{S}_e)-(\boldsymbol{S}_p\cdot\boldsymbol{S}_e)\int_0^{\pi}\int_0^{2\pi}\sin\theta\mathrm{d}\theta\mathrm{d}\phi\right]$$

$$=\int_0^{+\infty}\frac{1}{r^3}|\psi|^2r^2\mathrm{d}r[4\pi(\boldsymbol{S}_p\cdot\boldsymbol{S}_e)-4\pi(\boldsymbol{S}_p\cdot\boldsymbol{S}_e)]=0$$

所以对 $l=0$ 态有

$$\left\langle\frac{3(\boldsymbol{S}_p\cdot\hat{r})(\boldsymbol{S}_e\cdot\hat{r})-\boldsymbol{S}_p\cdot\boldsymbol{S}_e}{r^3}\right\rangle=0$$

习题 6.28 对氢原子的公式做适当修正，确定以下粒子基态的超精细分裂：(a)μ 子氢电子被 μ 子——和电子具有相同电荷和 g 因子，但质量为其 207 倍——代替所形成的原子)。(b) 正电子素（质子被正电子——和电子具有相同的质量和 g 因子，但电荷量相反——代替所形成的原子)。(c) 反 μ 子素（质子被反 μ 子——和 μ 子具有相同质量和 g 因子，但电荷量相反——代替所形成的原子)。提示：在计算奇异原子的“玻尔半径”时，不要忘了应用约化质量（习题 5.1)。你得到的答案 (4.82×10^{-4}eV) 会和实验值 (8.41×10^{-4}eV) 差距很大；这个大的差异是由正负电子对湮没 ($e^+ + e^- \to \gamma + \gamma$) 导致的，它贡献了 (3/4) ΔE 的能量，不过这在一般的氢原子、μ 子氢和反 μ 子素中不会发生。

解：氢原子超精细结构能量修正公式为

$$E_{\mathrm{hf}}^{1}=\frac{\mu_0 g_{\mathrm{p}} e^2}{3\pi m_{\mathrm{p}} m_{\mathrm{e}} a^3}\langle \boldsymbol{S}_p \cdot \boldsymbol{S}_e \rangle$$

其中 $a=\dfrac{\hbar^2}{\mu e^2}\left(\mu=\dfrac{m_{\mathrm{e}} m_{\mathrm{p}}}{m_{\mathrm{e}}+m_{\mathrm{p}}}\right.$是氢原子中电子的约化质量$\left.\right)$。

三重态与单态能量差为 $\Delta E=\dfrac{4 g_{\mathrm{p}}\hbar^4}{3 m_{\mathrm{p}} m_{\mathrm{e}} c^2 a^4}=5.88\times10^{-6}\mathrm{eV}$

μ 子氢：g 因子不变，作代换 $m_{\mathrm{e}}\to m_{\mu}=207 m_{\mathrm{e}}$，$a\to a_{\mu}$

$$\begin{aligned}\frac{a}{a_\mu}&=\frac{m_\mu m_{\mathrm{p}}/(m_\mu+m_{\mathrm{p}})}{m_{\mathrm{e}} m_{\mathrm{p}}/(m_{\mathrm{e}}+m_{\mathrm{p}})}\approx\frac{m_\mu m_{\mathrm{p}}/(m_\mu+m_{\mathrm{p}})}{m_{\mathrm{e}}}\\&=\frac{207}{1+m_\mu/m_{\mathrm{p}}}=\frac{207}{1+207\ (9.11\times10^{-31}/1.67\times10^{-27})}\\&=\frac{207}{1.11}=186\end{aligned}$$

$$\Delta E=5.88\times10^{-6}\mathrm{eV}\left(\frac{m_{\mathrm{e}}}{m_\mu}\right)\left(\frac{a^3}{a_\mu^3}\right)=5.88\times10^{-6}\mathrm{eV}\left(\frac{1}{207}\right)(186)^3=0.183\mathrm{eV}$$

正电子素：质子的 g 因子 5.59 被正电子的 g 因子 2 所替代。作代换 $m_{\mathrm{p}}\to m_{\mathrm{e}}$，$a\to a_{+\mathrm{e}}$

$$\frac{a}{a_{+\mathrm{e}}}\approx\frac{m_{\mathrm{e}} m_{\mathrm{e}}/(m_{\mathrm{e}}+m_{\mathrm{e}})}{m_{\mathrm{e}}}=\frac{1}{2}$$

$$\begin{aligned}\Delta E&=5.88\times10^{-6}\mathrm{eV}\left(\frac{g_{\mathrm{e}}}{g_{\mathrm{p}}}\right)\left(\frac{m_{\mathrm{p}}}{m_{\mathrm{e}}}\right)\left(\frac{a^3}{a_{+\mathrm{e}}^3}\right)\\&=5.88\times10^{-6}\mathrm{eV}\left(\frac{2}{5.59}\right)\left(\frac{1.67\times10^{-27}}{9.11\times10^{-31}}\right)\left(\frac{1}{2}\right)^3\\&=4.82\times10^{-4}\mathrm{eV}\end{aligned}$$

反 μ 子素：质子的 g 因子 5.59 被 μ 的 g 因子 2 所替代，作代换 $m_{\mathrm{p}}\to m_\mu$，$a\to a_\mu$

$$\frac{a}{a_\mu}\approx\frac{m_{\mathrm{e}} m_\mu/(m_{\mathrm{e}}+m_\mu)}{m_{\mathrm{e}}}=\frac{207}{208}$$

$$\begin{aligned}\Delta E&=5.88\times10^{-6}\mathrm{eV}\left(\frac{g_\mu}{g_{\mathrm{p}}}\right)\left(\frac{m_{\mathrm{p}}}{m_\mu}\right)\left(\frac{a^3}{a_\mu^3}\right)\\&=5.88\times10^{-6}\mathrm{eV}\left(\frac{2}{5.59}\right)\left(\frac{1.67\times10^{-27}}{207\times9.11\times10^{-31}}\right)\left(\frac{207}{208}\right)^3=1.84\times10^{-4}\mathrm{eV}\end{aligned}$$

第6章补充习题解答

习题6.29 估算因核子有限大小所引起的氢原子基态能量的修正值。将质子视为电荷均匀分布的半径为 b 的球壳，因此球壳内电子的势能为常数：$-e^2/(4\pi\varepsilon_0 b)$；这虽然不太现实，但却是最简单的模型，而且能够给出正确的数量级。将结果展开为小参数（b/a）的幂级数，其中 a 为玻尔半径，并仅保留第一项，最终你将得到

$$\frac{\Delta E}{E}=A\ (b/a)^n$$

你的任务是确定常数 A 和指数 n 的值。最后，将 $b\approx 10^{-15}$ m（质子半径的粗略估计值）代入，得出实际的数值。与精细结构和超精细结构相比，它的大小如何？

解：依据题意，当 $r<b$ 时，电子的势能可以写为

$$V=-\frac{e^2}{4\pi\varepsilon_0 b}\quad(0<r<b)$$

这个势能可以写为

$$-\frac{e^2}{4\pi\varepsilon_0 r}-\frac{e^2}{4\pi\varepsilon_0}\left(\frac{1}{b}-\frac{1}{r}\right)\quad(0<r<b)$$

所以微扰哈密顿量为

$$H'=-\frac{e^2}{4\pi\varepsilon_0}\left(\frac{1}{b}-\frac{1}{r}\right)$$

氢原子基态波函数为 $\psi_{100}=\frac{1}{\sqrt{\pi a^3}}\mathrm{e}^{-r/a}$，所以能量的一级修正为

$$\begin{aligned}\Delta E&=\langle\psi_{100}|H'|\psi_{100}\rangle\\&=-\frac{e^2}{4\pi\varepsilon_0}\frac{1}{\pi a^3}\int\left(\frac{1}{b}-\frac{1}{r}\right)\mathrm{e}^{-2r/a}r^2\sin\theta\mathrm{d}\theta\mathrm{d}\phi\mathrm{d}r\\&=-\frac{e^2}{4\pi\varepsilon_0}\frac{1}{\pi a^3}4\pi\int_0^b\left(\frac{r^2}{b}-r\right)\mathrm{e}^{-2r/a}\mathrm{d}r\end{aligned}$$

积分

$$\int_0^b r^2\mathrm{e}^{-2r/a}\mathrm{d}r=-\frac{ab^2}{2}\mathrm{e}^{-2b/a}-\frac{a^2b}{2}\mathrm{e}^{-2b/a}-\frac{a^3}{4}\mathrm{e}^{-2b/a}+\frac{a^3}{4}$$

$$\int_0^b r\mathrm{e}^{-2r/a}\mathrm{d}r=-\frac{ab}{2}\mathrm{e}^{-2b/a}-\frac{a^2}{4}\mathrm{e}^{-2b/a}+\frac{a^2}{4}$$

$$\begin{aligned}\int_0^b\left(\frac{r^2}{b}-r\right)\mathrm{e}^{-2r/a}\mathrm{d}r&=-\frac{a^2}{4}\mathrm{e}^{-2b/a}-\frac{a^3}{4b}\mathrm{e}^{-2b/a}+\frac{a^3}{4b}-\frac{a^2}{4}\\&=-\frac{1}{4}a^2\left[\left(1-\frac{a}{b}\right)+\mathrm{e}^{-2b/a}\left(1+\frac{a}{b}\right)\right]\end{aligned}$$

故

$$\Delta E=\frac{e^2}{4\pi\varepsilon_0 a}\left[\left(1-\frac{a}{b}\right)+\mathrm{e}^{-2b/a}\left(1+\frac{a}{b}\right)\right]$$

由于 $a \sim 10^{-11}\mathrm{m}$，$b \sim 10^{-15}\mathrm{m}$，所以 $b/a \ll 1$，设 $\varepsilon = 2b/a$，则能量修正可以表示为

$$\begin{aligned}\Delta E &= \frac{e^2}{4\pi\varepsilon_0 a}\left[\left(1-\frac{2}{\varepsilon}\right)+\mathrm{e}^{-\varepsilon}\left(1+\frac{2}{\varepsilon}\right)\right] \\ &= \frac{e^2}{4\pi\varepsilon_0 a}\left[\left(1-\frac{2}{\varepsilon}\right)+\left(1-\varepsilon+\frac{1}{2}\varepsilon^2-\frac{1}{6}\varepsilon^3+\cdots\right)\left(1+\frac{2}{\varepsilon}\right)\right] \\ &= \frac{e^2}{4\pi\varepsilon_0 a}\left(\frac{1}{6}\varepsilon^2+\cdots\right) \approx \frac{e^2}{4\pi\varepsilon_0 a}\frac{4}{6}\frac{b^2}{a^2} = \frac{e^2 b^2}{6\pi\varepsilon_0 a^3}\end{aligned}$$

由于

$$E_1 = -\frac{e^2}{8\pi\varepsilon_0 a}$$

所以

$$\frac{\Delta E}{E_1} = -\frac{4}{3}\left(\frac{b}{a}\right)^2 = -\frac{4}{3}\left(\frac{10^{-15}}{5\times10^{-11}}\right)^2 \approx -5\times10^{-10}$$

对于精细结构，有 $\frac{\Delta E}{E} \approx \alpha^2 \approx \left(\frac{1}{137}\right)^2 \sim 10^{-5}$；对于超精细结构，有 $\frac{\Delta E}{E} \approx \left(\frac{m_e}{m_p}\right)\alpha^2 \sim 10^{-8}$，所以考虑核子有限半径的能量修正要比精细结构和超精细结构能量修正要小的多。

习题 6.30 考虑三维各向同性谐振子（习题 4.38）。设微扰为

$$H' = \lambda x^2 yz \quad (\lambda \text{ 为常数})$$

讨论下面两种情况的（一级）微扰效应：

（a）基态。

（b）第一激发态（三重简并）。提示：利用习题 2.12 和习题 3.33 的结果。

解： 用直角坐标系，三维各向同性谐振子的波函数可以表示为一维谐振子波函数的直积

$$\psi_{n_x n_y n_z}(x,y,z) = \psi_{n_x}(x)\psi_{n_y}(y)\psi_{n_z}(z)$$

$$E_{n_x n_y n_z} = \left(n_x+n_y+n_z+\frac{3}{2}\right)\hbar\omega \quad (n_x,n_y,n_z = 0,1,2,3,\cdots)$$

（a）对于基态，波函数为

$$\psi_0(x,y,z) = \psi_0(x)\psi_0(y)\psi_0(z)$$

它是非简并的，因此它的能量一级修正为

$$\begin{aligned}E_0^{(1)} &= \langle 0|H'|0\rangle = \int \psi_0^*(x)\psi_0^*(y)\psi_0^*(z)\lambda x^2 yz\psi_0(x)\psi_0(y)\psi_0(z)\mathrm{d}x\mathrm{d}y\mathrm{d}z \\ &= \lambda\int_{-\infty}^{+\infty}\psi_0^*(x)x^2\psi_0(x)\mathrm{d}x \underbrace{\int_{-\infty}^{+\infty}\psi_0^*(y)y\psi_0(y)\mathrm{d}y}_{0}\underbrace{\int_{-\infty}^{+\infty}\psi_0^*(z)z\psi_0(z)\mathrm{d}z}_{0} = 0\end{aligned}$$

（b）对于第一激发态，波函数可为

$$|1\rangle = |\psi_1(x)\psi_0(y)\psi_0(z)\rangle$$

$$|2\rangle = |\psi_0(x)\psi_1(y)\psi_0(z)\rangle$$

$$|3\rangle = |\psi_0(x)\psi_0(y)\psi_1(z)\rangle$$

所以第一激发态三重简并，在以这三个态为基矢的简并子空间，微扰矩阵元为

$$H'_{11} = \langle 1|H'|1\rangle = \int \psi_1^*(x)\psi_0^*(y)\psi_0^*(z)\lambda x^2 yz\psi_1(x)\psi_0(y)\psi_0(z)\mathrm{d}x\mathrm{d}y\mathrm{d}z = 0$$

$$H'_{22}=\langle 2|H'|2\rangle=\int\psi_0^*(x)\psi_1^*(y)\psi_0^*(z)\lambda x^2yz\psi_0(x)\psi_1(y)\psi_0(z)\,\mathrm{d}x\mathrm{d}y\mathrm{d}z=0$$

$$H'_{33}=\langle 3|H'|3\rangle=\int\psi_0^*(x)\psi_0^*(y)\psi_1^*(z)\lambda x^2yz\psi_0(x)\psi_0(y)\psi_1(z)\,\mathrm{d}x\mathrm{d}y\mathrm{d}z=0$$

$$H'_{12}=(H'_{21})^*=\langle 1|H'|2\rangle=\int\psi_1^*(x)\psi_0^*(y)\psi_0^*(z)\lambda x^2yz\psi_0(x)\psi_1(y)\psi_0(z)\,\mathrm{d}x\mathrm{d}y\mathrm{d}z=0$$

$$H'_{13}=(H'_{31})^*=\langle 1|H'|3\rangle=\int\psi_1^*(x)\psi_0^*(y)\psi_0^*(z)\lambda x^2yz\psi_0(x)\psi_0(y)\psi_1(z)\,\mathrm{d}x\mathrm{d}y\mathrm{d}z=0$$

$$H'_{23}=(H'_{32})^*=\langle 2|H'|3\rangle=\int\psi_0^*(x)\psi_1^*(y)\psi_0^*(z)\lambda x^2yz\psi_0(x)\psi_0(y)\psi_1(z)\,\mathrm{d}x\mathrm{d}y\mathrm{d}z$$

$$=\lambda\underbrace{\int_{-\infty}^{+\infty}\psi_0^*(x)x^2\psi_0(x)\,\mathrm{d}x}_{\hbar/2m\omega}\underbrace{\int_{-\infty}^{+\infty}\psi_1^*(y)y\psi_0(y)\,\mathrm{d}y}_{\sqrt{\hbar/2m\omega}}\underbrace{\int_{-\infty}^{+\infty}\psi_0^*(z)z\psi_1(z)\,\mathrm{d}z}_{\sqrt{\hbar/2m\omega}}=\lambda\left(\frac{\hbar}{2m\omega}\right)^2$$

设 $\kappa\equiv\lambda\left(\frac{\hbar}{2m\omega}\right)^2$，微扰矩阵可以写为

$$\boldsymbol{H}'=\begin{pmatrix}0&0&0\\0&0&\kappa\\0&\kappa&0\end{pmatrix}$$

解久期方程

$$\begin{vmatrix}-E_1^{(1)}&0&0\\0&-E_1^{(1)}&\kappa\\0&\kappa&-E_1^{(1)}\end{vmatrix}=0\rightarrow E_1^{(1)}=\begin{cases}-\kappa\\0\\\kappa\end{cases}$$

*** **习题 6.31** 范德瓦尔斯相互作用，考虑两相距为 R 的原子。因为它们都是电中性的，你可能会认为它们之间没有力作用，但如果它们是可极化的，它们之间将会有一个弱的相互吸引。为了建立这个系统的物理模型，我们将每个原子都看做由一个电子（质量为 m，电荷为 $-e$），通过一根弹簧（劲度系数为常数 k）和核（电荷为 $+e$）连接在一起，如图6-4所示。假设核子很重，而且基本上不动。无微扰系统的哈密顿量为

$$H^0=\frac{1}{2m}p_1^2+\frac{1}{2}kx_1^2+\frac{1}{2m}p_2^2+\frac{1}{2}kx_2^2$$

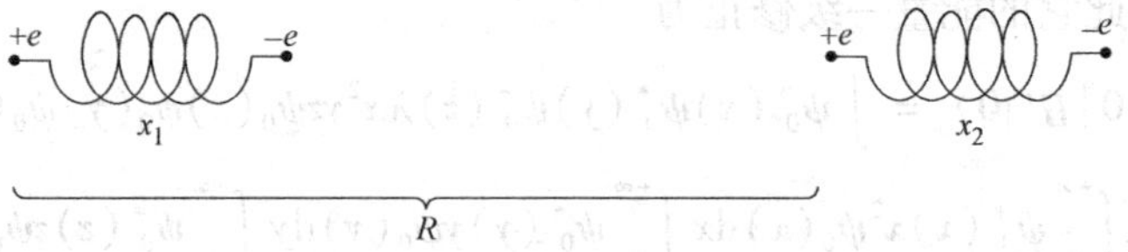

图6-4 两个相邻的极化原子

原子间的库仑相互作用为

$$H'=\frac{1}{4\pi\varepsilon_0}\left(\frac{e^2}{R}-\frac{e^2}{R-x_1}-\frac{e^2}{R+x_2}+\frac{e^2}{R-x_1+x_2}\right)$$

(a) 解释原子之间的库仑相互作用。假设 $|x_1|$ 和 $|x_2|$ 都远小于 R，证明：

$$H' \cong -\frac{e^2 x_1 x_2}{2\pi\varepsilon_0 R^3}$$

(b) 证明总的哈密顿量（$H^0 + H'$）可分为两个谐振子哈密顿量：

$$H = \left[\frac{1}{2m}p_+^2 + \frac{1}{2}\left(k - \frac{e^2}{2\pi\varepsilon_0 R^3}\right)x_+^2\right] + \left[\frac{1}{2m}p_-^2 + \frac{1}{2}\left(k + \frac{e^2}{2\pi\varepsilon_0 R^3}\right)x_-^2\right]$$

其中变量变换为

$$x_\pm = \frac{1}{\sqrt{2}}(x_1 \pm x_2)\text{，它导致 } p_\pm = \frac{1}{\sqrt{2}}(p_1 \pm p_2)$$

(c) 该哈密顿量的基态能量显然为

$$E = \frac{1}{2}\hbar(\omega_+ + \omega_-)\text{，其中 } \omega_\pm = \sqrt{\frac{k \mp (e^2/2\pi\varepsilon_0 R^3)}{m}}$$

如果没有库仑相互作用的话，$E_0 = \hbar\omega_0$，其中 $\omega_0 = \sqrt{k/m}$。假设 $k \gg \left(\frac{e^2}{2\pi\varepsilon_0 R^3}\right)$，证明：

$$\Delta V \equiv E - E_0 \cong -\frac{\hbar}{8m^2\omega_0^3}\left(\frac{e^2}{2\pi\varepsilon_0}\right)^2\frac{1}{R^6}$$

结论：原子间存在一个相互吸引势能，它的大小和原子间距的六次方成反比。这就是两中性原子间的范德瓦尔斯相互作用。

(d) 现在利用二级微扰理论做同样的计算。提示：无微扰态的形式是 $\psi_{n1}(x_1)\psi_{n2}(x_2)$，其中 $\psi_n(x)$ 是质量为 m，劲度系数为 k 的单粒子振子的波函数；ΔV 是微扰 H' 对基态能量的二级修正（注意到一级修正为零）。

解：(a) 由图 6-4 可知两个核子（正电荷）的库仑势为 $e^2/4\pi\varepsilon_0 R$，两个电子之间的库仑势为 $e^2/4\pi\varepsilon_0(R - x_1 + x_2)$，第一个核子与第二个原子中的电子的库仑势为 $-e^2/4\pi\varepsilon_0(R + x_2)$，第二个核子与第一个原子中的电子的库仑势为 $-e^2/4\pi\varepsilon_0(R - x_1)$，所以原子间库仑作用为

$$H' = \frac{1}{4\pi\varepsilon_0}\left(\frac{e^2}{R} - \frac{e^2}{R - x_1} - \frac{e^2}{R + x_2} + \frac{e^2}{R - x_1 + x_2}\right)$$

由于 $x_1 \ll R, x_2 \ll R$

$$\frac{e^2}{R - x} = \frac{e^2}{R(1 - x/R)} \approx \frac{e^2}{R}\left(1 - \frac{x}{R} + \frac{x^2}{R^2} + \cdots\right)$$

所以

$$\begin{aligned}
H' &= \frac{e^2}{4\pi\varepsilon_0 R}\left[1 - \frac{1}{1 - x_1/R} - \frac{1}{1 + x_2/R} + \frac{1}{1 - (x_1 - x_2)/R}\right] \\
&= \frac{e^2}{4\pi\varepsilon_0 R}[1 - (1 - (x_1/R) + (x_1/R)^2 + \cdots) - (1 + (x_2/R) + (x_2/R)^2 + \cdots) + \\
&\quad (1 - ((x_1 - x_2)/R) + ((x_1 - x_2)/R)^2 + \cdots)] \\
&\approx \frac{e^2}{4\pi\varepsilon_0 R}\left(\frac{-2x_1x_2}{R^2}\right) = -\frac{e^2 x_1 x_2}{2\pi\varepsilon_0 R^3}
\end{aligned}$$

(b)

$$H=\frac{p_1^2}{2m}+\frac{1}{2}kx_1^2+\frac{p_2^2}{2m}+\frac{1}{2}kx_2^2-\frac{e^2x_1x_2}{2\pi\varepsilon_0R^3}$$

$$=-\frac{\hbar^2}{2m}\left(\frac{\partial^2}{\partial x_1^2}+\frac{\partial^2}{\partial x_2^2}\right)+\frac{1}{2}kx_1^2+\frac{1}{2}kx_2^2-\frac{e^2x_1x_2}{2\pi\varepsilon_0R^3}$$

作变量代换 $x_\pm=\frac{1}{\sqrt{2}}(x_1\pm x_2)\to x_1=\frac{1}{\sqrt{2}}(x_++x_-)$，　$x_2=\frac{1}{\sqrt{2}}(x_+-x_-)$

$$\frac{\partial}{\partial x_1}=\frac{\partial x_+}{\partial x_1}\frac{\partial}{\partial x_+}+\frac{\partial x_-}{\partial x_1}\frac{\partial}{\partial x_-}=\frac{1}{\sqrt{2}}\left(\frac{\partial}{\partial x_+}+\frac{\partial}{\partial x_-}\right),$$

$$\frac{\partial}{\partial x_2}=\frac{\partial x_+}{\partial x_2}\frac{\partial}{\partial x_+}+\frac{\partial x_-}{\partial x_2}\frac{\partial}{\partial x_-}=\frac{1}{\sqrt{2}}\left(\frac{\partial}{\partial x_+}-\frac{\partial}{\partial x_-}\right)$$

则

$$H=-\frac{\hbar^2}{2m}\left(\frac{\partial^2}{\partial x_1^2}+\frac{\partial^2}{\partial x_2^2}\right)+\frac{1}{2}kx_1^2+\frac{1}{2}kx_2^2-\frac{e^2x_1x_2}{2\pi\varepsilon_0R^3}$$

$$=-\frac{\hbar^2}{2m}\left[\frac{1}{2}\left(\frac{\partial}{\partial x_+}+\frac{\partial}{\partial x_-}\right)\left(\frac{\partial}{\partial x_+}+\frac{\partial}{\partial x_-}\right)+\frac{1}{2}\left(\frac{\partial}{\partial x_+}-\frac{\partial}{\partial x_-}\right)\left(\frac{\partial}{\partial x_+}-\frac{\partial}{\partial x_-}\right)\right]+$$

$$\frac{1}{2}k\cdot\frac{1}{2}(x_++x_-)^2+\frac{1}{2}k\cdot\frac{1}{2}(x_+-x_-)^2-\frac{e^2}{2\pi\varepsilon_0R^3}\cdot\frac{1}{2}(x_++x_-)(x_+-x_-)$$

$$=-\frac{\hbar^2}{2m}\left[\left(\frac{\partial^2}{\partial x_+^2}+\frac{\partial^2}{\partial x_-^2}\right)\right]+\frac{1}{2}\left(k-\frac{e^2}{2\pi\varepsilon_0R^3}\right)x_+^2+\frac{1}{2}\left(k+\frac{e^2}{2\pi\varepsilon_0R^3}\right)x_-^2$$

$$=\left[\frac{p_+^2}{2m}+\frac{1}{2}\left(k-\frac{e^2}{2\pi\varepsilon_0R^3}\right)x_+^2\right]+\left[\frac{p_-^2}{2m}+\frac{1}{2}\left(k+\frac{e^2}{2\pi\varepsilon_0R^3}\right)x_-^2\right]$$

（c）显然这是两个一维谐振子的哈密顿量之和，所以基态能量为

$$E=\frac{1}{2}\hbar(\omega_++\omega_-),\quad \omega_\pm=\sqrt{\frac{k\mp(e^2/2\pi\varepsilon_0R^3)}{m}}$$

若 $k>>(e^2/2\pi\varepsilon_0R^3)$

$$\omega_\pm=\sqrt{\frac{k\mp(e^2/2\pi\varepsilon_0R^3)}{m}}=\sqrt{\frac{k}{m}}\cdot\sqrt{1\mp\frac{e^2}{2\pi\varepsilon_0R^3k}}$$

$$\approx\omega_0\left[1\mp\frac{1}{2}\left(\frac{e^2}{2\pi\varepsilon_0R^3m\omega_0^2}\right)-\frac{1}{8}\left(\frac{e^2}{2\pi\varepsilon_0R^3m\omega_0^2}\right)^2+\cdots\right]$$

故

$$\Delta V=E-E_0=\frac{1}{2}\hbar(\omega_++\omega_-)-\hbar\omega_0\approx-\hbar\omega_0\frac{1}{8}\left(\frac{e^2}{2\pi\varepsilon_0R^3m\omega_0^2}\right)^2$$

$$=-\frac{\hbar}{8m^2\omega_0^3}\left(\frac{e^2}{2\pi\varepsilon_0}\right)^2\frac{1}{R^6}$$

（d）对于基态，无微扰时的波函数非简并为

$$\psi_0(x_1,x_2)=\psi_0(x_1)\psi_0(x_2)$$

故能量的一级修正为

$$E_0^1=\langle\psi_0|H'|\psi_0\rangle=-\frac{e^2}{2\pi\varepsilon_0R^3}\langle\psi_0|x_1x_2|\psi_0\rangle$$

$$=-\frac{e^2}{2\pi\varepsilon_0R^3}\underbrace{\int_{-\infty}^{+\infty}\psi_0^*(x_1)x_1\psi_0(x_2)\mathrm{d}x_1}_{0}\underbrace{\int_{-\infty}^{+\infty}\psi_0^*(x_2)x_2\psi_0(x_2)\mathrm{d}x_2}_{0}=0$$

能量的二级修正为

$$E_0^2=\sum_{n,l=1}^{\infty}\frac{|\langle\psi_{00}|H'|\psi_{nl}\rangle|^2}{E_{0,0}^0-E_{n,l}^0},\ |\psi_{00}\rangle\equiv|\psi_0\rangle|\psi_0\rangle,|\psi_{nl}\rangle\equiv|\psi_n\rangle|\psi_l\rangle,$$

$$=\left(\frac{e^2}{2\pi\varepsilon_0R^3}\right)^2\sum_{n=1}^{\infty}\sum_{l=1}^{\infty}\frac{|\langle\psi_0|x_1|\psi_n\rangle|^2|\langle\psi_0|x_2|\psi_l\rangle|^2}{E_{0,0}^0-E_{n,l}^0}$$

显然求和只有当 $n=1,l=1$ 才不为零，由于$\langle\psi_0|x|\psi_1\rangle=\sqrt{\frac{\hbar}{2m\omega_0}}$，所以

$$E_0^2=\left(\frac{e^2}{2\pi\varepsilon_0R^3}\right)^2\frac{(\hbar/2m\omega_0)^2}{\hbar\omega_0-3\hbar\omega_0}=-\frac{\hbar}{8m^2\omega_0^3}\left(\frac{e^2}{2\pi\varepsilon_0}\right)^2\frac{1}{R^6}$$

这与前面的结果一致。

** **习题 6.32** 假设对于一个特定的量子系统，哈密顿量 H 是某个参数 λ 的函数，令 $E_n(\lambda)$ 和 $\psi_n(\lambda)$ 为 $H(\lambda)$ 的本征值和本征函数。赫尔曼—费曼定理指出：

$$\frac{\partial E_n}{\partial\lambda}=\left\langle\psi_n\left|\frac{\partial H}{\partial\lambda}\right|\psi_n\right\rangle$$

假定 E_n 非简并，或（如果简并的话）ψ_n 为简并本征波函数“好”的线性组合。

(a) 证明赫尔曼—费曼定理。提示：利用式6.9。

(b) 将该定理应用于一维简谐振子：

(i) 令 $\lambda=\omega$（这将得出关于 V 平均值的公式）。

(ii) 令 $\lambda=\hbar$（这将得到 $\langle T\rangle$）。

(iii) 令 $\lambda=m$（这将得到关于 $\langle T\rangle$ 和 $\langle V\rangle$ 的一个关系式）。将你的答案与习题2.12及维里定理（习题3.31）相比较。

解：

(a) $E_n(\lambda)$ 和 $\psi_n(\lambda)$ 为 $H(\lambda)$ 的本征值和本征函数，所以有

$$[H(\lambda)-E_n(\lambda)]|\psi_n(\lambda)\rangle=0\text{（能量本征方程）}$$

对 λ 求导有，

$$\left[\frac{\partial H(\lambda)}{\partial\lambda}-\frac{\partial E_n(\lambda)}{\partial\lambda}\right]|\psi_n(\lambda)\rangle+[H(\lambda)-E_n(\lambda)]\frac{\partial|\psi_n(\lambda)\rangle}{\partial\lambda}=0$$

左乘$\langle\psi_n(\lambda)|$，有

$$\left\langle\psi_n(\lambda)\left|\left[\frac{\partial H(\lambda)}{\partial\lambda}-\frac{\partial E_n(\lambda)}{\partial\lambda}\right]\right|\psi_n(\lambda)\right\rangle+\langle\psi_n(\lambda)|[H(\lambda)-E_n(\lambda)]\frac{\partial|\psi_n(\lambda)\rangle}{\partial\lambda}=0\rightarrow$$

$$\left\langle\psi_n(\lambda)\left|\left[\frac{\partial H(\lambda)}{\partial\lambda}-\frac{\partial E_n(\lambda)}{\partial\lambda}\right]\right|\psi_n(\lambda)\right\rangle+\langle\psi_n(\lambda)|\underbrace{[E_n(\lambda)-E_n(\lambda)]}_{0}\frac{\partial|\psi_n(\lambda)\rangle}{\partial\lambda}=0\rightarrow$$

$$\left\langle \psi_n(\lambda) \left| \left[\frac{\partial H(\lambda)}{\partial \lambda} - \frac{\partial E_n(\lambda)}{\partial \lambda} \right] \right| \psi_n(\lambda) \right\rangle = 0 \rightarrow$$

$$\frac{\partial E_n(\lambda)}{\partial \lambda} \langle \psi_n(\lambda) \mid \psi_n(\lambda) \rangle = \frac{\partial E_n(\lambda)}{\partial \lambda} = \left\langle \psi_n(\lambda) \left| \frac{\partial H(\lambda)}{\partial \lambda} \right| \psi_n(\lambda) \right\rangle$$

其中利用了哈密顿算符的厄密性及本征态的归一性。

(b) 对于一维简谐振子：

$$E_n = (n+1)\hbar\omega, H = -\frac{\hbar^2}{2m}\frac{d^2}{dx^2} + \frac{1}{2}m\omega^2 x^2$$

(i) $\lambda = \omega$

$$\frac{\partial E_n}{\partial \omega} = \left(n + \frac{1}{2}\right)\hbar, \frac{\partial H}{\partial \omega} = m\omega x^2$$

由赫尔曼—费曼定理得到

$$\left(n + \frac{1}{2}\right)\hbar = \langle n \mid m\omega x^2 \mid n \rangle$$

而

$$\langle V \rangle = \left\langle n \left| \frac{1}{2}m\omega^2 x^2 \right| n \right\rangle = \frac{1}{2}\omega\left(n + \frac{1}{2}\right)\hbar \rightarrow \langle V \rangle = \frac{1}{2}\left(n + \frac{1}{2}\right)\hbar\omega = \frac{1}{2}E_n$$

(ii) $\lambda = \hbar$

$$\frac{\partial E_n}{\partial \hbar} = \left(n + \frac{1}{2}\right)\omega, \frac{\partial H}{\partial \hbar} = -\frac{\hbar}{m}\frac{d^2}{dx^2} = \frac{2}{\hbar}\left(-\frac{\hbar^2}{2m}\frac{d^2}{dx^2}\right) = \frac{2}{\hbar}T$$

由赫尔曼—费曼定理得到

$$\left(n + \frac{1}{2}\right)\omega = \frac{2}{\hbar}\langle n \mid T \mid n \rangle \rightarrow \langle T \rangle = \frac{1}{2}\left(n + \frac{1}{2}\right)\hbar\omega = \frac{1}{2}E_n$$

(iii) $\lambda = m$

$$\frac{\partial E_n}{\partial m} = 0, \frac{\partial H}{\partial m} = \frac{\hbar^2}{2m^2}\frac{d^2}{dx^2} + \frac{1}{2}\omega^2 x^2 = -\frac{1}{m}\left(-\frac{\hbar^2}{2m}\frac{d^2}{dx^2}\right) + \frac{1}{m}\left(\frac{1}{2}m\omega^2 x^2\right) = -\frac{1}{m}T + \frac{1}{m}V$$

由赫尔曼—费曼定理得到

$$0 = -\frac{1}{m}\langle T \rangle + \frac{1}{m}\langle V \rangle \rightarrow \langle T \rangle = \langle V \rangle$$

这里的结果与习题2.12和习题3.31中的结果是一致的。

** **习题6.33** 赫尔曼—费曼定理（习题6.32）可以用来确定氢原子 $1/r$ 和 $1/r^2$ 的期望值。径向波函数（式4.53）的有效哈密顿量为

$$H = -\frac{\hbar^2}{2m}\frac{d^2}{dr^2} + \frac{\hbar^2}{2m}\frac{l(l+1)}{r^2} - \frac{e^2}{4\pi\varepsilon_0}\frac{1}{r}$$

能量本征值（表示 l 的函数）为（式4.70）

$$E_n = -\frac{me^4}{32\pi^2\varepsilon_0^2\hbar^2(j_{\max}+l+1)^2}$$

（a）令赫尔曼—费曼定理中的 $\lambda = e$ 可以得到 $\langle 1/r\rangle$。对比式 6.55 验证你的结果。

（b）令赫尔曼—费曼定理中的 $\lambda = l$ 可以得到 $\langle 1/r\rangle^2$。对比式 6.56 验证你的结果。

解：

（a）

$$\frac{\partial E_n}{\partial e} = -\frac{4me^3}{32\pi^2\varepsilon_0^2\hbar^2(j_{\max}+l+1)^2} = \frac{4}{e}E_n, \frac{\partial H}{\partial e} = -\frac{2e}{4\pi\varepsilon_0}\frac{1}{r} = -\frac{e}{2\pi\varepsilon_0}\frac{1}{r}$$

由赫尔曼—费曼定理得到

$$\frac{4}{e}E_n = -\frac{e}{2\pi\varepsilon_0}\left\langle\frac{1}{r}\right\rangle \to \left\langle\frac{1}{r}\right\rangle = -\left(\frac{8\pi\varepsilon_0}{e^2}\right)E_n = \left(\frac{8\pi\varepsilon_0}{e^2}\right)\frac{me^4}{32\pi^2\varepsilon_0^2\hbar^2n^2} = \frac{me^2}{4\pi\varepsilon_0\hbar^2n^2} = \frac{1}{an^2}$$

（b）

$$\frac{\partial E_n}{\partial l} = \frac{2me^4}{32\pi^2\varepsilon_0^2\hbar^2(j_{\max}+l+1)^3} = -\frac{2E_n}{n}, \frac{\partial H}{\partial l} = \frac{\hbar^2}{2mr^2}(2l+1)$$

由赫尔曼—费曼定理得到

$$-\frac{2E_n}{n} = \frac{\hbar^2(2l+1)}{2m}\left\langle\frac{1}{r^2}\right\rangle$$

$$\left\langle\frac{1}{r^2}\right\rangle = -\frac{4mE_n}{n\hbar^2(2l+1)} = \frac{4m}{n\hbar^2(2l+1)}\frac{me^4}{32\pi^2\varepsilon_0^2\hbar^2n^2}$$

$$= \frac{2}{n^3(2l+1)}\left(\frac{me^2}{4\pi\varepsilon_0\hbar^2}\right)^2 = \frac{1}{n^3(l+1/2)a^2}$$

习题 6.34 证明克拉默斯（Kramers）关系：

$$\frac{s+1}{n^2}\langle r^s\rangle - (2s+1)a\langle r^{s-1}\rangle + \frac{s}{4}[(2l+1)^2-s^2]a^2\langle r^{s-2}\rangle = 0$$

它将氢原子 ψ_{nlm} 态 r 的三个不同的幂（s，$s-1$，$s-2$）的期望值联系起来。提示：重新将径向方程（式 4.53）写为

$$u'' = \left[\frac{l(l+1)}{r^2} - \frac{2}{ar} + \frac{1}{n^2a^2}\right]u$$

并用它以 $\langle r^s\rangle$，$\langle r^{s-1}\rangle$ 和 $\langle r^{s-2}\rangle$ 去表示 $\int(ur^su'')\mathrm{d}r$。然后利用分部积分将二次导数降阶。证明 $\int(ur^su')\mathrm{d}r = -(s/2)\langle r^{s-1}\rangle$ 和 $\int(u'r^su')\mathrm{d}r = -[2/(s+1)]\int(u''r^{s+1}u')\mathrm{d}r$。你可从这里开始。

解： 径向方程式，即式 4.53 为

$$-\frac{\hbar^2}{2m}\frac{\mathrm{d}^2u}{\mathrm{d}r^2} + \left[-\frac{e^2}{4\pi\varepsilon_0}\frac{1}{r} + \frac{\hbar^2}{2m}\frac{l(l+1)}{r^2}\right]u = Eu$$

可写为

$$u'' = \left[\frac{l(l+1)}{r^2} - \frac{2mE_n}{\hbar^2} - \frac{2m}{\hbar^2}\left(\frac{e^2}{4\pi\varepsilon_0}\right)\frac{1}{r}\right]u$$

由于

$$E_n = \frac{E_1}{n^2}, E_1 = -\frac{m}{2\hbar^2}\left(\frac{e^2}{4\pi\varepsilon_0}\right)^2,$$

$$a = \frac{4\pi\varepsilon_0\hbar^2}{me^2} \to -\frac{2mE_n}{\hbar^2} = \left(\frac{me^2}{\hbar^2 4\pi\varepsilon_0}\right)^2\frac{1}{n^2} = \frac{1}{a^2n^2}$$

由此可将径向方程写为

$$u'' = \left[\frac{l(l+1)}{r^2} - \frac{2}{ar} + \frac{1}{n^2a^2}\right]u$$

$$\int(ur^su'')\mathrm{d}r = \int ur^s\left[\frac{l(l+1)}{r^2} - \frac{2}{ar} + \frac{1}{n^2a^2}\right]u\mathrm{d}r = l(l+1)\langle r^{s-2}\rangle - \frac{2}{a}\langle r^{s-1}\rangle + \frac{1}{n^2a^2}\langle r^s\rangle$$

用分部积分法,波函数在无穷远处为零,可得到

$$\int(ur^su'')\mathrm{d}r = \int(ur^s)\mathrm{d}u' = 0 - \int\frac{\mathrm{d}}{\mathrm{d}r}(ur^s)u'\mathrm{d}r = -\int(u'r^su')\mathrm{d}r - s\int(ur^{s-1}u')\mathrm{d}r$$

引理1:

$$\int(ur^su')\mathrm{d}r = \int(ur^s)\mathrm{d}u = 0 - \int\frac{\mathrm{d}}{\mathrm{d}r}(ur^s)u\mathrm{d}r = -\int(u'r^su)\mathrm{d}r - s\int(ur^{s-1}u)\mathrm{d}r \to$$

$$2\int(ur^su')\mathrm{d}r = -s\int ur^{s-1}u\mathrm{d}r$$

引理2:

$$\int(u''r^{s+1}u')\mathrm{d}r = \int(u'r^{s+1})\mathrm{d}u' = 0 - \int\frac{\mathrm{d}}{\mathrm{d}r}(u'r^{s+1})u'\mathrm{d}r$$

$$= -(s+1)\int(u'r^su')\mathrm{d}r - \int(u'r^{s+1}u'')\mathrm{d}r \to$$

$$2\int(u''r^{s+1}u')\mathrm{d}r = -(s+1)\int(u'r^su')\mathrm{d}r$$

引理3:将上述结果综合

$$\int(u'r^su')\mathrm{d}r = -\frac{2}{s+1}\int\left[\frac{l(l+1)}{r^2} - \frac{2}{ar} + \frac{1}{n^2a^2}\right](ur^{s+1}u')\mathrm{d}r$$

$$= -\frac{2}{s+1}\left[l(l+1)\int(ur^{s-1}u')\mathrm{d}r - \frac{2}{a}\int(ur^su')\mathrm{d}r + \frac{1}{n^2a^2}\int(ur^{s+1}u')\mathrm{d}r\right]$$

$$= -\frac{2}{s+1}\left[l(l+1)\left(-\frac{s-1}{2}\langle r^{s-2}\rangle\right) - \frac{2}{a}\left(-\frac{s}{2}\langle r^{s-1}\rangle\right) + \frac{1}{n^2a^2}\left(-\frac{s+1}{2}\langle r^s\rangle\right)\right]$$

$$= l(l+1)\left(\frac{s-1}{s+1}\right)\langle r^{s-2}\rangle - \frac{2}{a}\left(\frac{s}{s+1}\right)\langle r^{s-1}\rangle + \frac{1}{n^2a^2}\langle r^s\rangle$$

$$\int(ur^su'')\mathrm{d}r = l(l+1)\langle r^{s-2}\rangle - \frac{2}{a}\langle r^{s-1}\rangle + \frac{1}{n^2a^2}\langle r^s\rangle$$

$$= -\int(u'r^su')\mathrm{d}r - s\int(ur^{s-1}u')\mathrm{d}r$$

$$= -l(l+1)\left(\frac{s-1}{s+1}\right)\langle r^{s-2}\rangle + \frac{2}{a}\left(\frac{s}{s+1}\right)\langle r^{s-1}\rangle - \frac{1}{n^2a^2}\langle r^s\rangle + \frac{s(s-1)}{2}\langle r^{s-2}\rangle$$

移项并合并得到克拉默斯关系

$$\frac{s+1}{n^2}\langle r^s\rangle-(2s+1)a\langle r^{s-1}\rangle+\frac{s}{4}[(2l+1)^2-s^2]a^2\langle r^{s-2}\rangle=0$$

习题 6.35

(a) 分别将 $s=0$，$s=1$，$s=2$ 和 $s=3$ 代入克拉默斯关系得到 $\langle r^{-1}\rangle$，$\langle r\rangle$，$\langle r^2\rangle$ 和 $\langle r^3\rangle$ 的公式。注意你可以无限次进行这个过程，得到任意的正幂次项。

(b) 然而当你向一个方向重复这个过程时，将遇到一个障碍。把 $s=-1$ 代入，证明你能得到的只有 $\langle r^{-2}\rangle$ 和 $\langle r^{-3}\rangle$ 的关系式。

(c) 但是如果你可以通过其他方法得到 $\langle r^{-2}\rangle$，你仍然可以利用克拉默斯关系得到其他负幂次项。利用 $\left\langle\frac{1}{r^2}\right\rangle=\frac{1}{(l+1/2)\ n^3a^2}$（它在习题 6.33 中得到）确定 $\langle r^{-3}\rangle$ 的大小，并利用 $\left\langle\frac{1}{r^3}\right\rangle=\frac{1}{l\left(l+\frac{1}{2}\right)\ (l+1)\ n^3a^3}$ 验证你的结果。

解：

(a) $s=0$，

$$\frac{1}{n^2}\langle 1\rangle-a\langle r^{-1}\rangle+0=0\rightarrow\langle r^{-1}\rangle=\frac{1}{n^2a}$$

$s=1$，

$$\frac{2}{n^2}\langle r\rangle-3a\langle 1\rangle+\frac{1}{4}[(2l+1)^2-1]a^2\langle r^{-1}\rangle=0\rightarrow$$

$$\frac{2}{n^2}\langle r\rangle=3a\langle 1\rangle-\frac{1}{4}[(2l+1)^2-1]a^2\langle r^{-1}\rangle$$

$$\langle r\rangle=\frac{n^2}{2}\left[3a-l(l+1)\frac{a}{n^2}\right]=\frac{a}{2}[3n^2-l(l+1)]$$

$s=2$，

$$\frac{3}{n^2}\langle r^2\rangle-5a\langle r\rangle+\frac{1}{2}[(2l+1)^2-4]a^2\langle 1\rangle=0\rightarrow$$

$$\frac{3}{n^2}\langle r^2\rangle=5a\langle r\rangle-\frac{1}{2}[(2l+1)^2-4]a^2$$

$$\langle r^2\rangle=\frac{n^2a^2}{2}[5n^2-3l(l+1)+1]$$

$s=3$，

$$\frac{4}{n^2}\langle r^3\rangle-7a\langle r^2\rangle+\frac{3}{4}[(2l+1)^2-9]a^2\langle r\rangle=0\rightarrow$$

$$\frac{4}{n^2}\langle r^3\rangle=7a\langle r^2\rangle-\frac{3}{4}[(2l+1)^2-9]a^2\langle r\rangle$$

$$\langle r^3\rangle=\frac{n^2a^3}{8}[35n^4+25n^2-30l(l+1)n^2+3l^2(l+1)^2-6l(l+1)]$$

(b) $s=-1, 0+a\langle r^{-2}\rangle-\frac{1}{4}[(2l+1)^2-1]a^2\langle r^{-3}\rangle=0\to\langle r^{-2}\rangle=al(l+1)\langle r^{-3}\rangle$

(c) 利用习题6.33中的结果

$$\langle r^{-2}\rangle=\frac{1}{n^3(l+1/2)a^2}$$

得到：

$$\langle r^{-3}\rangle=\frac{\langle r^{-2}\rangle}{al(l+1)}=\frac{1}{l(l+1/2)(l+1)n^3a^3}$$

*** **习题6.36** 一个原子置于一个稳恒外电场 E_{ext} 中，电子能级将发生改变——这个现象被称为斯塔克（Stark）效应（它是对应于电学上的塞曼效应）。在这里，我们将研究一下氢原子 $n=1$ 和 $n=2$ 能级的斯塔克效应。令电场的方向沿 z 轴，因此电子的势能为

$$H_S'=eE_{ext}z=eE_{ext}r\cos\theta$$

将它看做加在玻尔哈密顿量 $\left(H=-\frac{\hbar^2}{2m}\nabla^2-\frac{e^2}{4\pi\varepsilon_0}\frac{1}{r}\right)$ 上的扰动（自旋和这个问题无关，所以我们将其忽略，且不考虑精细结构的影响）。

(a) 证明一级修正下，基态能量不受扰动的影响。

(b) 第一激发态是四重简并的：ψ_{200}，ψ_{211}，ψ_{210}，ψ_{21-1}。利用简并微扰理论确定能量的一级修正。E_2 将分裂为几条能级？

(c) 问题 (b) 的“好”的波函数是什么？在这些“好”态中分别给出电偶极矩（$\boldsymbol{p}_e=-e\boldsymbol{r}$）的期望值。注意到得出的结果将和电场的大小没有关系——显然，处在第一激发态的氢原子可以具有恒定的电偶极矩。

提示：问题中有很多积分需要计算，但是几乎所有的积分都为零。所以在你计算积分前，要仔细观察每一个积分项：如果 ϕ 积分为零，那么无需计算 r 和 θ 的积分！部分答案：$W_{13}=W_{31}=-3eaE_{ext}$；其他所有元素都为零。

解：

(a) 氢原子基态为 $|1\ 0\ 0\rangle=\frac{1}{\sqrt{\pi a^3}}e^{-r/a}$，非简并，能量的一级修正为

$$E_0^1=\langle 1\ 0\ 0|H_S'|1\ 0\ 0\rangle=\frac{eE_{ext}}{\pi a^3}\int e^{-2r/a}r\cos\theta r^2\sin\theta drd\theta d\phi$$

$$=\frac{eE_{ext}}{\pi a^3}\int_0^{+\infty}e^{-2r/a}r^3dr\underbrace{\int_0^{\pi}\cos\theta\sin\theta d\theta}_{0}\int_0^{2\pi}d\phi=0$$

(b) 第一激发态四重简并

$$|1\rangle=\psi_{200}=\frac{1}{\sqrt{8\pi a^3}}\left(1-\frac{r}{2a}\right)e^{-r/2a}$$

$$|2\rangle=\psi_{211}=-\frac{1}{\sqrt{64\pi a^5}}re^{-r/2a}\sin\theta e^{i\phi}$$

$$|3\rangle = \psi_{210} = \frac{1}{\sqrt{32\pi a^5}} r\mathrm{e}^{-r/2a}\cos\theta$$

$$|4\rangle = \psi_{21-1} = \frac{1}{\sqrt{64\pi a^5}} r\mathrm{e}^{-r/2a}\sin\theta\mathrm{e}^{-\mathrm{i}\phi}$$

在简并子空间中计算 H_S'矩阵元，发现仅有 $\langle 1|H_S'|3\rangle$ 和 $\langle 3|H_S'|1\rangle$ 不为零，其余为零。

$$\langle 1|H_S'|3\rangle = \frac{1}{\sqrt{8\pi a^3}}\frac{1}{\sqrt{32\pi a^5}} eE_{\mathrm{ext}} \underbrace{\int_0^{+\infty}\left(1-\frac{r}{2a}\right)\mathrm{e}^{-r/a}r^4\mathrm{d}r}_{4!a^5-5!a^6/2a}\underbrace{\int_0^{\pi}\cos^2\theta\sin\theta\mathrm{d}\theta}_{2/3}\underbrace{\int_0^{2\pi}\mathrm{d}\phi}_{2\pi} = -3aeE_{\mathrm{ext}}$$

H_S'矩阵

$$\boldsymbol{H}_S' = -3aeE_{\mathrm{ext}}\begin{pmatrix}0&0&1&0\\0&0&0&0\\1&0&0&0\\0&0&0&0\end{pmatrix}$$

设能量本征值为 $-3aeE_{\mathrm{ext}}\lambda$ 解久期方程

$$\begin{vmatrix}-\lambda&0&1&0\\0&-\lambda&0&0\\1&0&-\lambda&0\\0&0&0&-\lambda\end{vmatrix} = -\lambda\begin{vmatrix}-\lambda&0&0\\0&-\lambda&0\\0&0&-\lambda\end{vmatrix} + \begin{vmatrix}0&1&0\\-\lambda&0&0\\0&0&-\lambda\end{vmatrix} = 0$$

$$\lambda^4-\lambda^2 \to \lambda = 0,\ 0,\ 1,\ -1$$

所以，到一级修正能量为

$$E = E_2,\ E_2,\ E_2-3aeE_{\mathrm{ext}},\ E_2+3aeE_{\mathrm{ext}}$$

（c）把本征值 $\lambda=0$，0，±1 代回本征方程，求本征函数

$$\begin{pmatrix}0&0&1&0\\0&0&0&0\\1&0&0&0\\0&0&0&0\end{pmatrix}\begin{pmatrix}c_1\\c_2\\c_3\\c_4\end{pmatrix} = \lambda\begin{pmatrix}c_1\\c_2\\c_3\\c_4\end{pmatrix}$$

$\lambda=0$ 时：$c_1=0$，$c_3=0$，考虑到归一化，$\lambda=0$ 的两个态可选为为（$c_2=1$，$c_4=0$ 或 $c_2=0$，$c_4=1$）

$$|\psi_{\lambda=0_1}\rangle = |2\rangle = \begin{pmatrix}0\\1\\0\\0\end{pmatrix},\quad |\psi_{\lambda=0_2}\rangle = |4\rangle = \begin{pmatrix}0\\0\\0\\1\end{pmatrix}$$

$\lambda=\pm1$ 时：$c_2=0$，$c_4=0$，$c_1=\pm c_3$，归一化后，$\lambda=\pm1$ 的两个态为

$$|\psi_{\lambda=1}\rangle = \frac{1}{\sqrt{2}}\begin{pmatrix}1\\0\\1\\0\end{pmatrix},\quad |\psi_{\lambda=-1}\rangle = \frac{1}{\sqrt{2}}\begin{pmatrix}1\\0\\-1\\0\end{pmatrix}$$

零级近似波函数（“好”的波函数）为

$$|\psi\rangle = \sum_{n=1}^{4} c_n |n\rangle$$

对 $\lambda=0$ 零级近似波函数为 ψ_{211}，ψ_{21-1}，对 $\lambda=1$ 零级近似波函数为 $\frac{1}{\sqrt{2}}(\psi_{200}+\psi_{210})$，对 $\lambda=-1$ 零级近似波函数为 $\frac{1}{\sqrt{2}}(\psi_{200}-\psi_{210})$。

在这4个零级近似波函数中求电偶极矩（$\boldsymbol{p}_e=-e\boldsymbol{r}$）的期望值。

对 $\lambda=0$ 的两个态

$$\begin{aligned}\langle\psi_{\lambda=0_1}|\boldsymbol{p}_e|\psi_{\lambda=0_1}\rangle &= \langle 2|\boldsymbol{p}_e|2\rangle = \int\psi_{211}^*(-e\boldsymbol{r})\psi_{211}\mathrm{d}^3\boldsymbol{r}\\ &= -e\frac{1}{64\pi a^5}\int_0^{+\infty}\int_0^{\pi}\int_0^{2\pi}r^2\mathrm{e}^{-r/a}\sin^2\theta(r\sin\theta\cos\phi\,\hat{i}+r\sin\theta\sin\phi\,\hat{j}+\\ &\quad r\cos\theta\,\hat{k})r^2\sin\theta\mathrm{d}r\mathrm{d}\theta\mathrm{d}\phi\\ &= -e\frac{1}{64\pi a^5}\left(\int_0^{+\infty}r^5\mathrm{e}^{-r/a}\mathrm{d}r\int_0^{\pi}\sin^4\theta\mathrm{d}\theta\underbrace{\int_0^{2\pi}\cos\phi\mathrm{d}\phi}_{0}\,\hat{i}+\right.\\ &\quad\int_0^{+\infty}r^5\mathrm{e}^{-r/a}\mathrm{d}r\int_0^{\pi}\sin^4\theta\mathrm{d}\theta\underbrace{\int_0^{2\pi}\sin\phi\mathrm{d}\phi}_{0}\,\hat{j}+\\ &\quad\left.\int_0^{+\infty}r^5\mathrm{e}^{-r/a}\mathrm{d}r\underbrace{\int_0^{\pi}\sin^3\theta\cos\theta\mathrm{d}\theta}_{0}\int_0^{2\pi}\mathrm{d}\phi\,\hat{k}\right)=0\end{aligned}$$

同样有

$$\langle\psi_{\lambda=0_2}|\boldsymbol{p}_e|\psi_{\lambda=0_2}\rangle = \langle 4|\boldsymbol{p}_e|4\rangle = \int\psi_{21-1}^*(-e\boldsymbol{r})\psi_{21-1}\mathrm{d}^3\boldsymbol{r}=0$$

对 $\lambda=\pm1$ 的两个态

$$\begin{aligned}&\langle\psi_{\lambda=1}|\boldsymbol{p}_e|\psi_{\lambda=1}\rangle\\ &=\frac{1}{2}(\langle 1|+\langle 3|)\boldsymbol{p}_e(|1\rangle+|3\rangle)=\frac{1}{2}\int(\psi_{200}+\psi_{210})^*(-e\boldsymbol{r})(\psi_{200}+\psi_{210})\mathrm{d}^3\boldsymbol{r}\\ &=\frac{1}{2}\Big[\underbrace{\int\psi_{200}^*(-e\boldsymbol{r})\psi_{200}\mathrm{d}^3\boldsymbol{r}}_{0}+\int\psi_{200}^*(-e\boldsymbol{r})\psi_{210}\mathrm{d}^3\boldsymbol{r}+\int\psi_{210}^*(-e\boldsymbol{r})\psi_{200}\mathrm{d}^3\boldsymbol{r}+\underbrace{\int\psi_{210}^*(-e\boldsymbol{r})\psi_{210}\mathrm{d}^3\boldsymbol{r}}_{0}\Big]\\ &=\int\psi_{200}\psi_{210}(-e\boldsymbol{r})\mathrm{d}^3\boldsymbol{r}\\ &=-e\frac{1}{8\pi a^3}\int_0^{+\infty}\int_0^{\pi}\int_0^{2\pi}\left(1-\frac{r}{2a}\right)\left(\frac{r}{2a}\cos\theta\right)\mathrm{e}^{-r/a}(r\sin\theta\cos\phi\,\hat{i}+r\sin\theta\sin\phi\,\hat{j}+\\ &\quad r\cos\theta\,\hat{k})r^2\sin\theta\mathrm{d}r\mathrm{d}\theta\mathrm{d}\phi\\ &=-e\frac{1}{8\pi a^3}\frac{1}{2a}\left[\int_0^{+\infty}\left(1-\frac{r}{2a}\right)r^4\mathrm{e}^{-r/a}\mathrm{d}r\int_0^{\pi}\sin^2\theta\cos\theta\mathrm{d}\theta\underbrace{\int_0^{2\pi}\cos\phi\mathrm{d}\phi}_{0}\,\hat{i}+\right.\\ &\quad\left.\int_0^{+\infty}\left(1-\frac{r}{2a}\right)r^4\mathrm{e}^{-r/a}\mathrm{d}r\int_0^{\pi}\sin^2\theta\cos\theta\mathrm{d}\theta\underbrace{\int_0^{2\pi}\sin\phi\mathrm{d}\phi}_{0}\,\hat{j}+\int_0^{+\infty}\left(1-\frac{r}{2a}\right)r^4\mathrm{e}^{-r/a}\mathrm{d}r\underbrace{\int_0^{\pi}\sin\theta\cos^2\theta\mathrm{d}\theta}_{2/3}\underbrace{\int_0^{2\pi}\mathrm{d}\phi}_{2\pi}\,\hat{k}\right]\end{aligned}$$

$$= -e\frac{\hat{k}}{12a^4}\underbrace{\int_0^{+\infty}\left(1-\frac{r}{2a}\right)r^4 e^{-r/a}dr}_{4!a^5-5!a^6/2a} = 3ea\,\hat{k}$$

同样可得

$$\langle\psi_{\lambda=-1}|\boldsymbol{p}_e|\psi_{\lambda=-1}\rangle = \frac{1}{2}(\langle 1| - \langle 3|)\boldsymbol{p}_e(|1\rangle - |3\rangle)$$

$$= \frac{1}{2}\int(\psi_{200}-\psi_{210})^*(-e\boldsymbol{r})(\psi_{200}-\psi_{210})d^3\boldsymbol{r}$$

$$= -\int\psi_{200}\psi_{210}(-e\boldsymbol{r})d^3\boldsymbol{r} = -3ea\,\hat{k}$$

*** **习题 6.37** 考虑氢原子 $n=3$ 时的斯塔克效应（习题6.36）。开始时共有9个简并态，ψ_{3lm}（和以前一样，忽略自旋），然后加上一个沿 z 轴的电场。

(a) 构造 9×9 的矩阵表示出微扰哈密顿量。部分答案：$\langle 300|z|310\rangle = -3\sqrt{6}a$，$\langle 310|z|320\rangle = -3\sqrt{3}a$，$\langle 31\pm1|z|32\pm1\rangle = -(9/2)a$。

(b) 找出本征值和它们的简并度。

解：

简并子空间的9个态是

$|1\rangle = |3\ \ 0\ \ 0\rangle = R_{30}Y_0^0$，$|2\rangle = |3\ \ 1\ \ 0\rangle = R_{31}Y_1^0$，$|3\rangle = |3\ \ 2\ \ 0\rangle = R_{32}Y_2^0$

$|4\rangle = |3\ \ 1\ \ 1\rangle = R_{31}Y_1^1$，$|5\rangle = |3\ \ 2\ \ 1\rangle = R_{32}Y_2^1$，$|6\rangle = |3\ \ 1\ \ -1\rangle = R_{31}Y_1^{-1}$

$|7\rangle = |3\ \ 2\ \ -1\rangle = R_{32}Y_2^{-1}$，$|8\rangle = |3\ \ 2\ \ 2\rangle = R_{32}Y_2^2$，$|9\rangle = |3\ \ 2\ \ -2\rangle = R_{32}Y_2^{-2}$

由于，$H_S' = eE_{ext}z = eE_{ext}r\cos\theta$ 不依赖 ϕ，所以

$$\langle n\ \ l'\ \ m'|H_S'|n\ \ l\ \ m\rangle = \{\cdots\}\int_0^{2\pi}e^{-m'\phi}e^{im\phi}d\phi$$

当 $m\neq m'$ 时，矩阵元为零。对于对角元

$$\langle n\ \ l\ \ m|H_S'|n\ \ l\ \ m\rangle = \{\cdots\}\int_0^{\pi}[P_l^m(\cos\theta)]^2\cos\theta\sin\theta d\theta$$

由于 $[P_l^m(\cos\theta)]^2$ 是关于 $\cos\theta$ 偶次幂的多项式，而每一项的积分

$$\int_0^{\pi}\cos^{2J}\theta\cos\theta\sin\theta d\theta = -\left.\frac{\cos^{2J+2}\theta}{2J+2}\right|_0^{\pi} = 0$$

所以所有的对角元都为零，另外当 $m=m'$ 时，如果 $l+l'$ 为偶数，$P_l^m(\cos\theta)\ P_{l'}^m(\cos\theta)$ 也是关于 $\cos\theta$ 偶次幂的多项式，积分为零，这样只需计算4个矩阵元（共有8个不为零）。

$$\langle 3\ \ 0\ \ 0|H_S'|3\ \ 1\ \ 0\rangle,\langle 3\ \ 1\ \ 0|H_S'|3\ \ 2\ \ 0\rangle,\langle 3\ \ 1\ \ \pm1|H_S'|3\ \ 2\ \ \pm1\rangle$$

$$\langle 3\ \ 0\ \ 0|H_S'|3\ \ 1\ \ 0\rangle = eE_{ext}\int_0^{+\infty}R_{30}R_{31}r^3dr\int_0^{\pi}Y_0^0Y_1^0\cos\theta\sin\theta d\theta$$

$$\int_0^{+\infty}R_{30}R_{31}r^3dr = \frac{2}{\sqrt{27a^3}}\frac{4}{9\sqrt{6a^3}}\int_0^{+\infty}\left[1-\frac{2r}{3a}+\frac{1}{6}\left(\frac{2r}{3a}\right)^2\right]e^{-r/3a}\left(1-\frac{1}{4}\cdot\frac{2r}{3a}\right)\left(\frac{2r}{3a}\right)e^{-r/3a}r^3dr$$

$$= \frac{a}{2\sqrt{2}}\int_0^{+\infty}\left(1-x+\frac{1}{6}x^2\right)\left(1-\frac{1}{4}x\right)x^4e^{-x}dx\quad\left(令\ x\equiv\frac{2r}{3a}\right)$$

$$= \frac{a}{2\sqrt{2}}\int_0^{+\infty}\left(1 - \frac{5}{4}x + \frac{5}{12}x^2 - \frac{1}{24}x^3\right)x^4 e^{-x}dx$$

$$= \frac{a}{2\sqrt{2}}\left(4! - \frac{5}{4}5! + \frac{5}{12}6! - \frac{1}{24}7!\right) = -9\sqrt{2}a$$

$$\int Y_0^0 Y_1^0 \cos\theta\sin\theta d\theta d\phi = \frac{1}{\sqrt{4\pi}}\sqrt{\frac{3}{4\pi}}2\pi\underbrace{\int_0^{\pi}\cos^2\theta\sin\theta d\theta}_{2/3} = \frac{\sqrt{3}}{3}$$

所以

$$\langle 3\quad 0\quad 0|H_S'|3\quad 1\quad 0\rangle = -3\sqrt{6}aeE_{\text{ext}}$$

同理

$$\langle 3\quad 1\quad 0|H_S'|3\quad 2\quad 0\rangle = -3\sqrt{3}aeE_{\text{ext}}$$

$$\langle 3\quad 1\quad \pm 1|H_S'|3\quad 2\quad \pm 1\rangle = -\frac{9}{2}aeE_{\text{ext}}$$

所以微扰矩阵为

$$-aeE_{\text{ext}}\begin{pmatrix} 0 & 3\sqrt{6} & 0 & 0 & 0 & 0 & 0 & 0 & 0 \\ 3\sqrt{6} & 0 & 3\sqrt{3} & 0 & 0 & 0 & 0 & 0 & 0 \\ 0 & 3\sqrt{3} & 0 & 0 & 0 & 0 & 0 & 0 & 0 \\ 0 & 0 & 0 & 0 & 9/2 & 0 & 0 & 0 & 0 \\ 0 & 0 & 0 & 9/2 & 0 & 0 & 0 & 0 & 0 \\ 0 & 0 & 0 & 0 & 0 & 0 & 9/2 & 0 & 0 \\ 0 & 0 & 0 & 0 & 0 & 9/2 & 0 & 0 & 0 \\ 0 & 0 & 0 & 0 & 0 & 0 & 0 & 0 & 0 \\ 0 & 0 & 0 & 0 & 0 & 0 & 0 & 0 & 0 \end{pmatrix}$$

这个矩阵可以约化为一个 3×3 阶子矩阵，两个 2×2 阶和两个 1×1 阶子矩阵，设能量本征值为 $-aeE_{\text{ext}}\lambda$

对 3×3 阶的矩阵，久期方程为

$$\begin{vmatrix} -\lambda & 3\sqrt{6} & 0 \\ 3\sqrt{6} & -\lambda & 3\sqrt{3} \\ 0 & 3\sqrt{3} & -\lambda \end{vmatrix} = 0 \to -\lambda^3 + 81\lambda = 0 \to \lambda = 0,\ \pm 9$$

所以能量的一级修正为（这里下标表示不同的能量修正本征值，不是玻尔能量量子数）

$$E_1^1 = 0,\ E_2^1 = 9aeE_{\text{ext}},\ E_3^1 = -9aeE_{\text{ext}}$$

对 2×2 阶矩阵（两个一样）

$$\begin{vmatrix} -\lambda & 9/2 \\ 9/2 & -\lambda \end{vmatrix} = 0 \to \lambda = \pm\frac{9}{2}$$

所以能量的一级修正为

$$E_4^1 = \frac{9}{2}aeE_{\text{ext}},\ E_5^1 = -\frac{9}{2}aeE_{\text{ext}},\ E_6^1 = \frac{9}{2}aeE_{\text{ext}},\ E_7^1 = -\frac{9}{2}aeE_{\text{ext}}$$

对于两个 1×1 阶的矩阵，$\lambda=0$，所以 $E_8^1=E_9^1=0$。这样原来9重简并的能级分裂为5个能级。

$$E_1^1=E_8^1=E_9^1=0\ (3\text{ 重简并})$$

$$E_4^1=E_6^1=\frac{9}{2}aeE_{\mathrm{ext}}\ (2\text{ 重简并})$$

$$E_5^1=E_7^1=-\frac{9}{2}aeE_{\mathrm{ext}}\ (2\text{ 重简并})$$

$$E_2^1=9aeE_{\mathrm{ext}},\ E_3^1=-9aeE_{\mathrm{ext}}\ (\text{非简并})$$

习题6.38 计算基态（$n=1$）氘原子的超精细跃迁所释放出的光子的波长，单位为cm。氘原子是“重”的氢原子，它的核中多出来一个中子；质子和中子结合在一起形成了氘核，它的自旋为1，磁矩为

$$\boldsymbol{\mu}_{\mathrm{d}}=\frac{g_{\mathrm{d}}e}{2m_{\mathrm{d}}}\boldsymbol{S}_{\mathrm{d}}$$

它的 g 因子为1.71。

解：氘原子的超细结构能量修正应为式6.89

$$E_{\mathrm{hf}}^1=\frac{\mu_0g_{\mathrm{d}}e^2}{3\pi m_{\mathrm{d}}m_{\mathrm{e}}a^3}\langle\boldsymbol{S}_{\mathrm{d}}\cdot\boldsymbol{S}_{\mathrm{e}}\rangle=\frac{\mu_0g_{\mathrm{d}}e^2}{3\pi m_{\mathrm{d}}m_{\mathrm{e}}a^3}\frac{1}{2}\langle S^2-S_{\mathrm{d}}^2-S_{\mathrm{e}}^2\rangle$$

氘核子的自旋为1，所以 $S_{\mathrm{d}}^2=2\hbar^2$，电子 $S_{\mathrm{e}}^2=3\hbar^2/4$，总自旋量子数为3/2，1/2，所以 $S^2=15\hbar^2/4$，$3\hbar^2/4$，因此

$$E_{\mathrm{hf}}^1=\frac{\mu_0g_{\mathrm{d}}e^2}{6\pi m_{\mathrm{d}}m_{\mathrm{e}}a^3}\langle S^2-S_{\mathrm{d}}^2-S_{\mathrm{e}}^2\rangle=\begin{cases}\dfrac{\mu_0g_{\mathrm{d}}e^2\hbar^2}{6\pi m_{\mathrm{d}}m_{\mathrm{e}}a^3} & (S^2=15\hbar^2/4)\\[2ex] -2\dfrac{\mu_0g_{\mathrm{d}}e^2\hbar^2}{6\pi m_{\mathrm{d}}m_{\mathrm{e}}a^3} & (S^2=3\hbar^2/4)\end{cases}$$

两个能级的能量差为

$$\Delta E=\frac{\mu_0g_{\mathrm{d}}e^2\hbar^2}{2\pi m_{\mathrm{d}}m_{\mathrm{e}}a^3}=\frac{g_{\mathrm{d}}e^2\hbar^2}{2\pi\varepsilon_0m_{\mathrm{d}}m_{\mathrm{e}}c^2a^3}\quad(\mu_0\varepsilon_0\equiv1/c^2)$$

把这个能量差用氢原子的超精细结构能量差表示（氘原子的玻尔半径与氢原子的玻尔半径近似是一样的）

$$\Delta E_{\mathrm{hydrogen}}=\frac{\mu_0g_{\mathrm{p}}e^2\hbar^2}{3\pi m_{\mathrm{p}}m_{\mathrm{e}}a^3}=\frac{g_{\mathrm{p}}e^2\hbar^2}{3\pi\varepsilon_0m_{\mathrm{p}}m_{\mathrm{e}}c^2a^3}$$

$$\Delta E=\left(\frac{g_{\mathrm{d}}}{g_{\mathrm{p}}}\right)\left(\frac{m_{\mathrm{p}}}{m_{\mathrm{d}}}\right)\left(\frac{3}{2}\right)\frac{g_{\mathrm{p}}e^2\hbar^2}{3\pi\varepsilon_0m_{\mathrm{p}}m_{\mathrm{e}}c^2a^3}=\left(\frac{g_{\mathrm{d}}}{g_{\mathrm{p}}}\right)\left(\frac{m_{\mathrm{p}}}{m_{\mathrm{d}}}\right)\left(\frac{3}{2}\right)\Delta E_{\mathrm{hydrogen}}$$

$$\lambda_{\mathrm{d}}=\frac{c}{v_{\mathrm{d}}}=\frac{ch}{\Delta E}=\left(\frac{2}{3}\right)\left(\frac{g_{\mathrm{p}}}{g_{\mathrm{d}}}\right)\left(\frac{m_{\mathrm{d}}}{m_{\mathrm{p}}}\right)\frac{ch}{\Delta E_{\mathrm{hydrogen}}}=\left(\frac{2}{3}\right)\left(\frac{g_{\mathrm{p}}}{g_{\mathrm{d}}}\right)\left(\frac{m_{\mathrm{d}}}{m_{\mathrm{p}}}\right)\lambda_{\mathrm{h}}$$

$$=\frac{2}{3}\times\frac{5.59}{1.71}\times2\times21(\mathrm{cm})=92\mathrm{cm}$$

*** **习题 6.39** 在晶体中，某个原子相邻离子的电场将对它的能级形成微扰。作为一个粗略的模型，假设一个氢原子被三对点电荷包围，如图6-5所示（自旋和这个问题是没有什么关系的，所以我们将其忽略）。

（a）假设 $r \ll d_1$，$r \ll d_2$，$r \ll d_3$，证明：

$$H' = V_0 + 3(\beta_1 x^2 + \beta_2 y^2 + \beta_3 z^2) - (\beta_1 + \beta_2 + \beta_3) r^2$$

其中，

$$\beta_i = -\frac{e}{4\pi\varepsilon_0}\frac{q_i}{d_i^3},\ V_0 = 2(\beta_1 d_1^2 + \beta_2 d_2^2 + \beta_3 d_3^2)$$

（b）给出基态能量的最低级修正。

（c）分别计算以下几种情况下的第一激发态（$n=2$）能量一级修正。该四重简并系统将分裂为几个能级：（i）立方对称，$\beta_1 = \beta_2 = \beta_3$；（ii）四方对称，$\beta_1 = \beta_2 \neq \beta_3$；（iii）一般的正交对称（三个都不相同）。

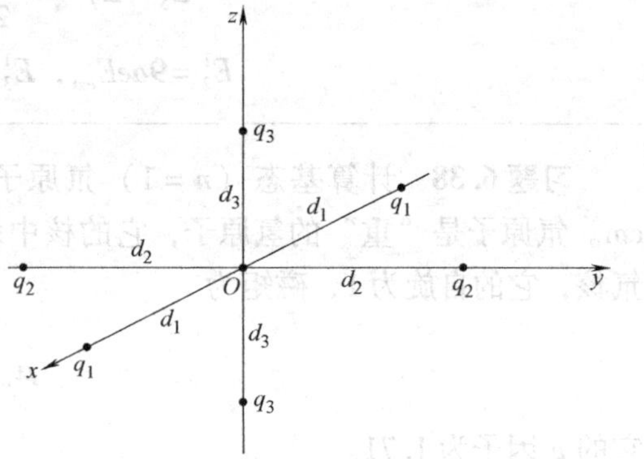

图6-5 被6个正电荷包围的氢原子（晶格的粗略模型）

解：（a）氢原子中的电子（坐标为（x，y，z））与一对电荷 q（处在（$\pm d$，0，0））的相互作用势能为

$$V = -\frac{eq}{4\pi\varepsilon_0}\left[\frac{1}{\sqrt{(x+d)^2 + y^2 + z^2}} + \frac{1}{\sqrt{(x-d)^2 + y^2 + z^2}}\right]$$

由于 $d \gg x$，y，z，可将其展开

$$\begin{aligned}\frac{1}{\sqrt{(x+d)^2 + y^2 + z^2}} &= (x^2 + 2dx + d^2 + y^2 + z^2)^{-1/2} = (d^2 + 2dx + r^2)^{-1/2} \\ &= \frac{1}{d}\left(1 + \frac{2x}{d} + \frac{r^2}{d^2}\right)^{-1/2} \approx \frac{1}{d}\left[1 - \frac{1}{2}\left(\frac{2x}{d} + \frac{r^2}{d^2}\right) + \frac{3}{8}\left(\frac{2x}{d} + \frac{r^2}{d^2}\right)^2\right] \\ &= \frac{1}{d}\left[1 - \frac{1}{2}\left(\frac{2x}{d} + \frac{r^2}{d^2}\right) + \frac{3}{8}\frac{4x^2}{d^2}\right] = \frac{1}{d}\left[1 - \frac{x}{d} + \frac{1}{2d^2}(3x^2 - r^2)\right]\end{aligned}$$

势能由此可表示为

$$\begin{aligned}V &= -\frac{eq}{4\pi\varepsilon_0}\frac{1}{d}\left[1 - \frac{x}{d} + \frac{1}{2d^2}(3x^2 - r^2) + 1 + \frac{x}{d} + \frac{1}{2d^2}(3x^2 - r^2)\right] \\ &= -\frac{eq}{4\pi\varepsilon_0 d^3}\left[2d^2 + (3x^2 - r^2)\right] \\ &= 2\beta d^2 + 3\beta x^2 - \beta r^2 \quad \left(\text{其中，}\beta \equiv -\frac{eq}{4\pi\varepsilon_0 d^3}\right)\end{aligned}$$

另外两对处在（0，$\pm d_2$，0）和（0，0，$\pm d_3$）电荷的势可以同样求出，因此微扰哈密顿量为

$$\begin{aligned}H' &= 2(\beta_1 d_1^2 + \beta_2 d_2^2 + \beta_3 d_3^2) + 3(\beta_1 x^2 + \beta_2 y^2 + \beta_3 z^2) - r^2(\beta_1 + \beta_2 + \beta_3) \\ &= V_0 + 3(\beta_1 x^2 + \beta_2 y^2 + \beta_3 z^2) - r^2(\beta_1 + \beta_2 + \beta_3)\end{aligned}$$

（b）基态非简并，一级能量修正为

$$\langle 100|H'|100\rangle = \langle 100|V_0|100\rangle + 3[\beta_1\langle 100|x^2|100\rangle + \beta_2\langle 100|y^2|100\rangle + \beta_3\langle 100|z^2|100\rangle] - (\beta_1+\beta_2+\beta_3)\langle 100|r^2|100\rangle$$

在球坐标下（$x = r\sin\theta\cos\phi$，$y = r\sin\theta\sin\phi$，$z = r\cos\theta$）

$$\langle 100|x^2|100\rangle = \int R_{10}^* R_{10} r^4 \mathrm{d}r \frac{1}{4\pi}\iint \sin^2\theta\cos^2\phi\sin\theta\mathrm{d}\theta\mathrm{d}\phi$$

$$= \frac{1}{\pi a^3}\int_0^{+\infty} \mathrm{e}^{-2r/a} r^4 \mathrm{d}r \int_0^{\pi}\sin^3\theta\mathrm{d}\theta\int_0^{2\pi}\cos^2\phi\mathrm{d}\phi$$

$$= \frac{1}{\pi a^3}\left(\frac{a}{2}\right)^5 4!\frac{4}{3}\pi = a^2$$

同理:$\langle 100|y^2|100\rangle = \langle 100|z^2|100\rangle = a^2$,$\langle 100|r^2|100\rangle = 3a^2$

于是基态能量一级修正为

$$\langle 100|H'|100\rangle = V_0 + 3(\beta_1+\beta_2+\beta_3)a^2 - 3(\beta_1+\beta_2+\beta_3)a^2 = V_0$$

（c）第一激发态（$n=2$）四重简并，4 个态为

$|1\rangle = |200\rangle = R_{20}Y_0^0$

$|2\rangle = |211\rangle = R_{21}Y_1^1$

$|3\rangle = |21-1\rangle = R_{21}Y_1^{-1}$

$|4\rangle = |210\rangle = R_{21}Y_1^0$

计算微扰矩阵的矩阵元，对角矩阵元有如下形式：

$$\langle nlm|H'|nlm\rangle = V_0 + 3(\beta_1\langle x^2\rangle + \beta_2\langle y^2\rangle + \beta_3\langle z^2\rangle) - (\beta_1+\beta_2+\beta_3)\langle r^2\rangle$$

对于 $|200\rangle$ 态，Y_0^0 不依赖于 θ 和 ϕ，波函数具有球对称性，所以

$$\langle x^2\rangle = \langle y^2\rangle = \langle z^2\rangle = \frac{1}{3}\langle r^2\rangle \to \langle 200|H'|200\rangle = V_0$$

对于 $|210\rangle$ 态

由习题 6. 35（a）得到

$$\langle r^2\rangle = \frac{n^2a^2}{2}[5n^2 - 3l(l+1)+1] \xrightarrow[n=2,l=1]{} \langle r^2\rangle = 30a^2$$

$$\langle x^2\rangle = \{\cdots\}\int_0^{2\pi}\cos^2\phi\mathrm{d}\phi = \{\cdots\}\int_0^{2\pi}\sin^2\phi\mathrm{d}\phi = \langle y^2\rangle$$

$$\langle z^2\rangle = \langle 210|z^2|210\rangle = \frac{1}{2\pi a}\frac{1}{16a^4}\int r^2\mathrm{e}^{-r/a}\cos^2\theta(r^2\cos^2\theta)r^2\sin\theta\mathrm{d}r\mathrm{d}\theta\mathrm{d}\phi$$

$$= \frac{1}{16a^5}\int_0^{+\infty} r^6\mathrm{e}^{-r/a}\mathrm{d}r\int_o^{\pi}\cos^4\theta\sin\theta\mathrm{d}\theta = \frac{1}{16a^5}(6!a^7)\frac{2}{5} = 18a^2$$

$$\langle x^2\rangle = \langle y^2\rangle = \frac{1}{2}(\langle r^2\rangle - \langle z^2\rangle) = \frac{1}{2}(30a^2 - 18a^2) = 6a^2$$

所以

$$\langle 210|H'|210\rangle = V_0 + 3(6a^2\beta_1 + 6a^2\beta_2 + 18a^2\beta_3) - 30a^2(\beta_1+\beta_2+\beta_3)$$
$$= V_0 - 12a^2(\beta_1+\beta_2+\beta_3) + 36a^2\beta_3$$

对于 $|21\pm1\rangle$态

$$\langle z^2\rangle = \langle 21\pm1|z^2|21\pm1\rangle = \frac{1}{\pi a}\frac{1}{64a^4}\int r^2 e^{-r/a}\sin^2\theta(r^2\cos^2\theta)r^2\sin\theta drd\theta d\phi$$

$$= \frac{1}{32a^5}\int_0^{+\infty} r^6 e^{-r/a}dr\int_0^{\pi}(1-\cos^2\theta)\cos^2\theta\sin\theta d\theta = \frac{1}{32a^5}6!a^7\left(\frac{2}{3}-\frac{2}{5}\right) = 6a^2$$

$$\langle x^2\rangle = \langle y^2\rangle = \frac{1}{2}(\langle r^2\rangle - \langle z^2\rangle) = \frac{1}{2}(30a^2-6a^2) = 12a^2$$

所以

$$\langle 21\pm1|H'|21\pm1\rangle = V_0 + 3(12a^2\beta_1 + 12a^2\beta_2 + 6a^2\beta_3) - 30a^2(\beta_1+\beta_2+\beta_3)$$
$$= V_0 + 6a^2(\beta_1+\beta_2+\beta_3) - 18a^2\beta_3$$

对6个非对角元：

$$\langle 200|H'|210\rangle, \langle 200|H'|21\pm1\rangle, \langle 210|H'|21\pm1\rangle, \langle 21-1|H'|211\rangle$$

由于不同态函数正交归一性

$$\langle nlm|V_0|n'l'm'\rangle = 0$$

由于 Y_l^m 的正交归一性，

$$\langle nlm|r^2|n'l'm'\rangle = 0 \rightarrow \langle x^2\rangle + \langle y^2\rangle + \langle z^2\rangle = 0$$

对于$\langle 200|x^2|21\pm1\rangle$和$\langle 210|x^2|21\pm1\rangle$，积分中关于 ϕ 的表达式为

$$\int_0^{2\pi}\cos^2\phi e^{\pm i\phi}d\phi = \int_0^{2\pi}\cos^3\phi d\phi \pm i\int_0^{2\pi}\cos^2\phi\sin\phi d\phi = 0$$

对于$\langle y^2\rangle$也有同样的结果，所以$\langle z^2\rangle = 0$，$\langle r^2\rangle = 0$

$$\langle 200|H'|21\pm1\rangle = \langle 210|H'|21\pm1\rangle = 0$$

对于$\langle 200|x^2|210\rangle$和$\langle 200|y^2|210\rangle$，积分中关于 θ 的表达式为

$$\int_0^{\pi}\cos\theta\sin^2\theta\sin\theta d\theta = 0$$

所以

$$\langle 200|H'|210\rangle = 0$$

对于$\langle 21-1|H'|211\rangle$

$$\langle 21-1|x^2|211\rangle = -\frac{1}{\pi a}\frac{1}{64a^4}\int r^2 e^{-r/a}\sin^2\theta e^{2i\phi}(r^2\sin^2\theta\cos^2\phi)r^2\sin\theta drd\theta d\phi$$

$$= -\frac{1}{64\pi a^5}\int_0^{+\infty} r^6 e^{-r/a}dr\int_0^{\pi}\sin^5\theta d\theta\int_0^{2\pi}e^{2i\phi}\cos^2\phi d\phi$$

$$= -\frac{1}{64\pi a^5}6!a^7\frac{16}{15}\frac{\pi}{2} = -6a^2$$

$$\langle 21-1|y^2|211\rangle = -\frac{1}{\pi a}\frac{1}{64a^4}\int r^2 e^{-r/a}\sin^2\theta e^{2i\phi}(r^2\sin^2\theta\sin^2\phi)r^2\sin\theta drd\theta d\phi$$

$$= -\frac{1}{64\pi a^5}\int_0^{+\infty} r^6 e^{-r/a}dr\int_0^{\pi}\sin^5\theta d\theta\int_0^{2\pi}e^{2i\phi}\sin^2\phi d\phi$$

$$= -\frac{1}{64\pi a^5}6!a^7\frac{16}{15}\left(-\frac{\pi}{2}\right) = 6a^2$$

$$\langle z^2\rangle = 0 - \langle x^2\rangle - \langle y^2\rangle = 0$$

所以

$$\langle 21-1|H'|211\rangle=3[\beta_1(-6a^2)+\beta_2(6a^2)]=-18a^2(\beta_1-\beta_2)$$

最后得到微扰矩阵

$$\begin{pmatrix} V_0 & 0 & 0 & 0 \\ 0 & V_0-12a^2(\beta_1+\beta_2)+24a^2\beta_3 & 0 & 0 \\ 0 & 0 & V_0+6a^2(\beta_1+\beta_2)-12a^2\beta_3 & -18a^2(\beta_1-\beta_2) \\ 0 & 0 & -18a^2(\beta_1-\beta_2) & V_0+6a^2(\beta_1+\beta_2)-12a^2\beta_3 \end{pmatrix}$$

久期方程为

$$\begin{vmatrix} H'_{11}-E_2^{(1)} & 0 & 0 & 0 \\ 0 & H'_{22}-E_2^{(1)} & 0 & 0 \\ 0 & 0 & H'_{33}-E_2^{(1)} & H'_{34} \\ 0 & 0 & H'_{43} & H'_{44}-E_2^{(1)} \end{vmatrix}=0$$

$$(H'_{11}-E_2^{(1)})(H'_{22}-E_2^{(1)})[(H'_{33}-E_2^{(1)})^2-H'_{34}H'_{43}]=0$$

由此可解得能量的一级修正

$$\varepsilon_1=E_{21}^{(1)}=H'_{11}=V_0$$

$$\varepsilon_2=E_{22}^{(1)}=H'_{22}=V_0-12a^2(\beta_1+\beta_2-2\beta_3)$$

$$\varepsilon_3=E_{23}^{(1)}=H'_{33}-H'_{34}=V_0-12a^2(-2\beta_1+\beta_2+\beta_3)$$

$$\varepsilon_4=E_{24}^{(1)}=H'_{33}+H'_{34}=V_0-12a^2(\beta_1-2\beta_2+\beta_3)$$

(i) 立方对称 ($\beta_1=\beta_2=\beta_3$),

$$\varepsilon_1=\varepsilon_2=\varepsilon_3=\varepsilon_4=V_0$$

能级发生平移，未出现分裂。

(ii) 四方对称 ($\beta_1=\beta_2\neq\beta_3$),

$$\varepsilon_1=V_0$$

$$\varepsilon_2=V_0-24a^2(\beta_1-\beta_3)$$

$$\varepsilon_3=\varepsilon_4=V_0+12a^2(\beta_1-\beta_3)$$

能级出现分裂，但仍有一个未分裂的能级。

(iii) 如果 $\beta_1\neq\beta_2\neq\beta_3$，则出现4个分裂的能级，简并完全消除。

*** **习题 6.40** 有时候我们能够直接求解式 6.10 ($(H^0-E_n^0)\psi_n^1=-(H'-E_n^1)\psi_n^0$)，而不需要将 ψ_n^1 用无微扰时的波函数 $\left(\psi_n^1=\sum\limits_{m\neq n}c_m^{(n)}\psi_m^0\right)$ 展开。这里有两个非常好的例子：

(a) 氢原子基态的斯塔克效应

(i) 找出位于恒定外电场 E_{ext} 中的氢原子基态能量的一级修正（斯塔克效应——见习题 6.36)。提示：尝试如下形式的解：

$$(A+Br+Cr^2)\mathrm{e}^{-r/a}\cos\theta$$

你的任务是找出常数 A，B 和 C 使上式满足式 6.10。

(ii) 利用($E_n^2=\langle\psi_n^0|H'|\psi_n^1\rangle-E_n^1\langle\psi_n^0|\psi_n^1\rangle$)确定基态能量的二级修正（在习题 6.36

(a) 中我们已经知道它的一级修正为零)。答案：$-m\ (3a^2eE_{\text{ext}}/2\hbar)^2$。

(b) 如果质子有电偶极矩 p，氢原子中电子的势能将受到如下大小的扰动

$$H' = -\frac{ep\cos\theta}{4\pi\varepsilon_0 r^2}$$

(i) 求解式6.10，得到基态波函数的一级修正。

(ii) 证明原子总的电偶极矩在一级近似下（令人吃惊的）为零。

(iii) 利用式6.14($E_n^2 = \langle\psi_n^0|H'|\psi_n^1\rangle - E_n^1\langle\psi_n^0|\psi_n^1\rangle$)确定基态能量的二级修正。一级修正是多少呢?

解：(a)

(i) 式6.10为

$$(H^0 - E_n^0)\psi_n^1 = -(H' - E_n^1)\psi_n^0$$

根据习题6.36的结果有

$$H^0 = -\frac{\hbar^2}{2m}\nabla^2 - \frac{e^2}{4\pi\varepsilon_0 r^2} = -\frac{\hbar^2}{2m}\left(\nabla^2 + \frac{2}{ar}\right) \quad \left(a \equiv \frac{4\pi\varepsilon_0\hbar^2}{me^2}\right)$$

$$E_0^0 = -\frac{\hbar^2}{2ma^2}$$

$$H' = eE_{\text{ext}}r\cos\theta$$

由习题6.36(a)$E_0^1 = 0$

$$\psi_0^0 = \frac{1}{\sqrt{\pi a^3}}e^{-r/a}, \text{设 } \psi_0^1 = f(r)e^{-r/a}\cos\theta$$

将以上诸式代入式6.10，同时参考球坐标系中的拉普拉斯算符表达式

$$\nabla^2 = \frac{1}{r^2}\frac{\partial}{\partial r}\left(r^2\frac{\partial}{\partial r}\right) + \frac{1}{r^2\sin\theta}\frac{\partial}{\partial\theta}\left(\sin\theta\frac{\partial}{\partial\theta}\right) + \frac{1}{r^2\sin^2\theta}\frac{\partial^2}{\partial\phi^2}$$

于是有

$$\nabla^2\psi_0^1 = \frac{\cos\theta}{r^2}\left[r^2\frac{d}{dr}f(r)e^{-r/a}\right] + \frac{f(r)e^{-r/a}}{r^2\sin\theta}\frac{d}{d\theta}\left(\sin\theta\frac{d\cos\theta}{d\theta}\right)$$

$$= e^{-r/a}\cos\theta\left[\left(f'' - \frac{2}{a}f' + \frac{f}{a^2}\right) + \frac{2}{r}\left(f' - \frac{f}{a}\right) - \frac{2f}{r^2}\right]$$

代入式6.10并化简，最后就有

$$f'' - \frac{2f'}{a} + \frac{2f'}{r} - \frac{2f}{r^2} = \frac{2meE_{\text{ext}}}{\hbar^2\sqrt{\pi a^3}}r$$

令 $f(r) = A + Br + Cr^2$，于是有

$$-\frac{1}{r^2}(A + Br + Cr^2) + \frac{1}{r}(B + 2Cr) - \frac{1}{a}(B + 2Cr) + C = \frac{meE_{\text{ext}}}{\hbar^2\sqrt{\pi a^3}}r$$

比较等式两边 r 的不同次幂的系数可以得到关于 A，B，C 的一次方程组，解之就有

$$A = 0, B = -\frac{meE_{\text{ext}}}{\hbar^2}\sqrt{\frac{a}{\pi}}, C = -\frac{meE_{\text{ext}}}{2\hbar^2\sqrt{\pi a}}$$

即
$$\psi_0^1 = -\frac{meE_{\text{ext}}}{2\hbar^2\sqrt{\pi a}}(r^2+2ar)\mathrm{e}^{-r/a}\cos\theta$$

（ii）知道了波函数的一级修正后，能量的二级修正为

$$\begin{aligned}E_0^2 &= \langle\psi_0^0|H'|\psi_0^1\rangle \\ &= -\frac{1}{\sqrt{\pi a^3}}\frac{meE_{\text{ext}}}{2\hbar^2\sqrt{\pi a}}\int \mathrm{e}^{-r/a}(eE_{\text{ext}}r\cos\theta)(r^2+2ra)\mathrm{e}^{-r/a}\cos\theta r^2\sin\theta\mathrm{d}r\mathrm{d}\theta\mathrm{d}\phi \\ &= -\frac{me^2E_{\text{ext}}^2}{a^2\hbar^2}\underbrace{\int_0^{+\infty}(r^5+2ar^4)\mathrm{e}^{-2r/a}\mathrm{d}r}_{5!(a/2)^6+2a(4!)(a/2)^5}\underbrace{\int_0^{\pi}\cos^2\theta\sin\theta\mathrm{d}\theta}_{2/3} \\ &= -\frac{9me^2a^4E_{\text{ext}}^2}{4\hbar^2}\end{aligned}$$

（b）

（i）沿用（a）小问（i）中的结果，此时 $H' = -\frac{ep\cos\theta}{4\pi\varepsilon_0 r^2}$，式 6.10 变为

$$f''+2f'\left(\frac{1}{r}-\frac{1}{a}\right)-\frac{2f}{r^2} = -\frac{2mep}{4\pi\varepsilon_0\hbar^2\sqrt{\pi a^3}}\frac{1}{r^2}$$

比较等式两边关于 r 的不同次幂的系数后有

$$f(r) = \frac{mep}{4\pi\varepsilon_0\hbar^2\sqrt{\pi a^3}}$$

是一个常数。所以基态波函数的一级修正为

$$\psi_0^1 = \frac{mep}{4\pi\varepsilon_0\hbar^2\sqrt{\pi a^3}}\mathrm{e}^{-r/a}\cos\theta$$

（ii）在质子电偶极矩的影响下，电子也会产生相应的电偶极矩，下面在电子波函数的一级近似条件下来计算该电偶极矩的平均值

$$\begin{aligned}\langle p_e\rangle &= \langle -er\cos\theta\rangle = -e\langle\psi_0^0+\psi_0^1|r\cos\theta|\psi_0^0+\psi_0^1\rangle \\ &= -e(\langle\psi_0^0|r\cos\theta|\psi_0^0\rangle+2\langle\psi_0^0|r\cos\theta|\psi_0^1\rangle+\langle\psi_0^1|r\cos\theta|\psi_0^1\rangle) \\ &= -e(\langle z\rangle+2\langle\psi_0^0|r\cos\theta|\psi_0^1\rangle+\langle\psi_0^1|r\cos\theta|\psi_0^1\rangle)\end{aligned}$$

由于氢原子的 S 波函数是球对称的，所以上式的第一项为零。最后一项属于高阶项（只考虑一级修正），可以舍去，所以电子云产生的电偶极矩平均值为

$$\begin{aligned}\langle p_e\rangle &= -2e\langle\psi_0^0|r\cos\theta|\psi_0^1\rangle = -\frac{me^2p}{2\pi^2\varepsilon_0\hbar^2a^3}\int r\mathrm{e}^{-2r/a}\cos^2\theta r^2\sin\theta\mathrm{d}r\mathrm{d}\theta\mathrm{d}\phi \\ &= -\frac{me^2p}{\pi\varepsilon_0\hbar^2a^3}\underbrace{\int_0^{+\infty}r^3\mathrm{e}^{-2r/a}\mathrm{d}r}_{3!(a/2)^4}\underbrace{\int_0^{\pi}\sin\theta\cos^2\theta\mathrm{d}\theta}_{2/3} = -\frac{me^2pa}{4\pi\varepsilon_0\hbar^2} = -p\end{aligned}$$

电子的电偶极矩正好抵消了质子的电偶极矩，因此，原子的电偶极矩在一级近似下为零。

（iii）由于氢原子的 S 波函数是球对称的，因此 $\langle\cos\theta\rangle=0$，即基态能量的一级修正是零。下面考虑二级修正，根据式 6.11 有

$$E_0^2=\langle\psi_0^0|H'|\psi_0^1\rangle=\int\left(\frac{\mathrm{e}^{-r/a}}{\sqrt{\pi a^3}}\right)\left(-\frac{ep\cos\theta}{4\pi\varepsilon_0 r^2}\right)\left(\frac{mep}{4\pi\varepsilon_0\hbar^2\sqrt{\pi a^3}}\mathrm{e}^{-r/a}\right)\cos\theta r^2\sin\theta\mathrm{d}r\mathrm{d}\theta\mathrm{d}\phi$$

$$=-\frac{2\pi me^2p^2}{(4\pi\varepsilon_0\hbar)^2\pi a^3}\underbrace{\int_0^{+\infty}\mathrm{e}^{-2r/a}\mathrm{d}r}_{a/2}\underbrace{\int_0^{\pi}\sin\theta\cos^2\theta\mathrm{d}\theta}_{2/3}=-\frac{2}{3}m\left(\frac{ep}{4\pi\varepsilon_0\hbar a}\right)^2$$

代入玻尔基态能量 $E_1=-\dfrac{me^4}{2\hbar^2(4\pi\varepsilon_0)^2}$，能量的二级修正可以表示为

$$E_0^2=\frac{4}{3}\left(\frac{p}{ea}\right)^2E_1$$

第 7 章　变分原理

本章主要内容

1. 变分原理

设有任意试探波函数 $\psi(\lambda)$，其中 λ 为可调参数，变分原理指出，用这个波函数求出的能量期望值一定大于等于体系的基态能量，即 $\langle H\rangle=\langle\psi|H|\psi\rangle\geqslant E_{gs}$，因此，改变可调参数使 $\langle H\rangle$ 达到最小值，即令 $\frac{\partial\langle H\rangle}{\partial\lambda}=0$，可以得到基态能量的上限。

2. 氦原子基态

体系哈密顿量为

$$H=-\frac{\hbar^2}{2m}(\nabla_1^2+\nabla_2^2)-\frac{e^2}{4\pi\varepsilon_0}\left(\frac{2}{r_1}+\frac{2}{r_2}-\frac{1}{|\boldsymbol{r}_1-\boldsymbol{r}_2|}\right)$$

选取试验波函数为

$$\psi_1(\boldsymbol{r}_1,\boldsymbol{r}_2)\equiv\frac{Z^3}{\pi a^3}\mathrm{e}^{-Z(r_1+r_2)/a}$$

其中 Z 为可调参数，计算出能量期望值

$$\langle H\rangle=[2Z^2-4Z(Z-2)-(5/4)Z]E_1=[-2Z^2+(27/4)Z]E_1$$

其中，E_1 为氢原子基态能量。令 $\partial\langle H\rangle/\partial Z=0$，求出当 $Z=27/16$ 时，$\langle H\rangle$ 最小为

$$\langle H\rangle_{\min}=\frac{1}{2}\left(\frac{3}{2}\right)^6E_1=-77.5\mathrm{eV}$$

由变分原理，氦原子基态能量 $\leqslant-77.5\mathrm{eV}$（实验值为 $-79\mathrm{eV}$）。

题解

∗习题 7.1　取一个高斯函数试探函数求以下两种情况的基态能量的最优上限。

(a) 线形势能：$V(x)=\alpha|x|$；

(b) 四次方势能：$V(x)=\alpha x^4$。

解： 取高斯函数作为试探波函数

$$\psi(x)=A\mathrm{e}^{-bx^2}$$

其中 b 为常数；A 由归一化确定

$$1=|A|^2\int_{-\infty}^{+\infty}\mathrm{e}^{-2bx^2}\mathrm{d}x=|A|^2\sqrt{\frac{\pi}{2b}}\rightarrow A=\left(\frac{2b}{\pi}\right)^{\frac{1}{4}}$$

动能项

$$\langle T\rangle = -\frac{\hbar}{2m}A^2\int_{-\infty}^{+\infty} e^{-bx^2}\frac{d^2}{dx^2}(e^{-bx^2})dx = \frac{\hbar^2 b}{2m}$$

(a) 势能项

$$\langle V\rangle = \alpha A^2\int_{-\infty}^{+\infty}|x|e^{-2bx^2}dx = 2\alpha A^2\int_0^{+\infty}xe^{-2bx^2}dx = \alpha A^2\frac{1}{2b} = \frac{\alpha}{\sqrt{2b\pi}}$$

$$\langle H\rangle = \langle T\rangle + \langle V\rangle = \frac{\hbar^2 b}{2m} + \frac{\alpha}{\sqrt{2\pi b}}$$

对任意 b，$\langle H\rangle$必大于等于 E_{gs}。为了得到最佳上限，求$\langle H\rangle$的最小值：

$$\frac{d\langle H\rangle}{db} = \frac{\hbar^2}{2m} - \frac{1}{2}\frac{\alpha}{\sqrt{2\pi}}b^{-3/2} = 0 \to b = \left(\frac{m\alpha}{\sqrt{2\pi}\hbar^2}\right)^{2/3}$$

$$\langle H\rangle_{\min} = \frac{\hbar^2}{2m}\left(\frac{m\alpha}{\sqrt{2\pi}\hbar^2}\right)^{2/3} + \frac{\alpha}{\sqrt{2\pi}}\left(\frac{\sqrt{2\pi}\hbar^2}{m\alpha}\right)^{1/3} = \frac{3}{2}\left(\frac{\alpha^2\hbar^2}{2\pi m}\right)^{1/3}$$

(b) 势能项

$$\langle V\rangle = \alpha A^2\int_{-\infty}^{+\infty}x^4e^{-2bx^2}dx = 2\alpha A^2\int_0^{+\infty}x^4e^{-2bx^2}dx = 2\alpha A^2\frac{3}{8(2b)^2}\sqrt{\frac{\pi}{2b}} = \frac{3\alpha}{16b^2}$$

$$\langle H\rangle = \langle T\rangle + \langle V\rangle = \frac{\hbar^2 b}{2m} + \frac{3\alpha}{16b^2}$$

求$\langle H\rangle$的最小值：

$$\frac{d\langle H\rangle}{db} = \frac{\hbar^2}{2m} - \frac{3\alpha}{8b^3} = 0 \to b = \left(\frac{3m\alpha}{4\hbar^2}\right)^{1/3}$$

$$\langle H\rangle_{\min} = \frac{\hbar^2}{2m}\left(\frac{3m\alpha}{4\hbar^2}\right)^{1/3} + \frac{3\alpha}{16}\left(\frac{4\hbar^2}{3m\alpha}\right)^{2/3} = \frac{3}{4}\left(\frac{3\alpha^2\hbar^4}{4m^2}\right)^{1/3}$$

**** 习题 7.2** 求一维简谐振子的 E_{gs} 的最优上限，取以下形式为试探波函数，

$$\psi(x) = \frac{A}{x^2+b^2}$$

其中 A 由归一化所决定；b 是可调参数。

解：归一化波函数求 A

$$1 = |A|^2\int_{-\infty}^{+\infty}\left(\frac{1}{x^2+b^2}\right)^2dx = 2|A|^2\int_0^{+\infty}\left(\frac{1}{x^2+b^2}\right)^2dx = 2|A|^2\frac{\pi}{4b^3} = \frac{\pi}{2b^3}|A|^2$$

$$A = \sqrt{\frac{2b^3}{\pi}}$$

动能项

$$\langle T\rangle = -\frac{\hbar^2}{2m}|A|^2\int_{-\infty}^{+\infty}\frac{1}{(x^2+b^2)}\frac{d^2}{dx^2}\left(\frac{1}{x^2+b^2}\right)dx = -\frac{\hbar^2}{2m}|A|^2\int_{-\infty}^{+\infty}\frac{1}{x^2+b^2}\frac{2(3x^2-b^2)}{(x^2+b^2)^3}dx$$

$$= -\frac{\hbar^2}{2m}|A|^2 4\int_0^{+\infty}\frac{3(x^2+b^2)-4b^2}{(x^2+b^2)^4}dx$$

$$= -\frac{4\hbar^2 b^3}{m\pi}\left[\int_0^{+\infty}\frac{3}{(x^2+b^2)^3}\mathrm{d}x - \int_0^{+\infty}\frac{4b^2}{(x^2+b^2)^4}\mathrm{d}x\right]$$

$$= -\frac{4\hbar^2 b^3}{m\pi}\left(3\,\frac{3\pi}{16b^5} - 4b^2\,\frac{5\pi}{32b^7}\right) = \frac{\hbar^2}{4mb^2}$$

势能项

$$\langle V\rangle = \frac{1}{2}m\omega^2|A|^2\int_{-\infty}^{+\infty}\frac{x^2}{(x^2+b^2)^2}\mathrm{d}x = m\omega^2|A|^2\int_0^{+\infty}\frac{x^2+b^2-b^2}{(x^2+b^2)^2}\mathrm{d}x$$

$$= m\omega^2|A|^2\left[\int_0^{+\infty}\frac{1}{x^2+b^2}\mathrm{d}x - \int_0^{+\infty}\frac{b^2}{(x^2+b^2)^2}\mathrm{d}x\right]$$

$$= m\omega^2|A|^2\left(\frac{\pi}{2b} - \frac{b^2}{2b^3}\frac{\pi}{2}\right)$$

$$= m\omega^2\frac{2b^3}{\pi}\frac{\pi}{4b} = \frac{1}{2}m\omega^2 b^2$$

则有

$$\langle H\rangle = \langle T\rangle + \langle V\rangle = \frac{\hbar^2}{4mb^2} + \frac{1}{2}m\omega^2 b^2$$

$$\frac{\mathrm{d}\langle H\rangle}{\mathrm{d}b} = -\frac{\hbar^2}{2mb^3} + m\omega^2 b = 0 \rightarrow b^2 = \frac{\hbar}{\sqrt{2}m\omega}$$

$$\langle H\rangle_{\min} = \frac{\hbar^2}{4m}\frac{\sqrt{2}m\omega}{\hbar} + \frac{1}{2}m\omega^2\frac{\hbar}{\sqrt{2}m\omega} = \frac{\sqrt{2}}{2}\hbar\omega > \frac{1}{2}\hbar\omega$$

习题 7.3 求处于 δ 函数势的 E_{gs} 的最优上限：$V(x) = -\alpha\delta(x)$，取三角形函数为试探波函数（参考教材中的式 7.10，不过现在中心在原点）。这里 a 为可调参数。

解：试探波函数为

$$\psi(x) = \begin{cases} A(x+a/2) & (-a/2 < x < 0) \\ A(a/2 - x) & (0 < x < a/2) \\ 0 & (\text{其他}) \end{cases}$$

归一化波函数(利用被积函数是偶函数)：

$$1 = |A|^2\int_{-a/2}^{0}\left(x+\frac{a}{2}\right)^2\mathrm{d}x + |A|^2\int_0^{a/2}\left(\frac{a}{2}-x\right)^2\mathrm{d}x$$

$$= 2|A|^2\int_0^{a/2}\left(\frac{a}{2}-x\right)^2\mathrm{d}x = \frac{a^3}{12}|A|^2 \rightarrow A = \sqrt{\frac{12}{a^3}}$$

$$\frac{\mathrm{d}\psi}{\mathrm{d}x} = \begin{cases} A & (-a/2 < x < 0) \\ -A & (0 < x < a/2) \\ 0 & (\text{其他}) \end{cases}, \quad \frac{\mathrm{d}^2\psi}{\mathrm{d}x^2} = A\delta\left(x+\frac{a}{2}\right) - 2A\delta(x) + A\delta\left(x-\frac{a}{2}\right)$$

动能项

$$\langle T\rangle = -\frac{\hbar^2}{2m}\int\psi\left[A\delta\left(x+\frac{a}{2}\right)-2A\delta(x)+A\delta\left(x-\frac{a}{2}\right)\right]dx$$

$$=\frac{\hbar^2}{2m}2A\psi(0) = \frac{\hbar^2}{m}A^2\frac{a}{2} = 6\frac{\hbar^2}{ma^2}$$

势能项

$$\langle V\rangle = -\alpha\int|\psi|^2\delta(x)\,dx = -\alpha|\psi(0)|^2 = -\alpha A^2\left(\frac{a}{2}\right)^2 = -3\frac{\alpha}{a}$$

则

$$\langle H\rangle = \langle T\rangle + \langle V\rangle = 6\frac{\hbar^2}{ma^2}-3\frac{\alpha}{a}$$

$$\frac{d\langle H\rangle}{da} = -12\frac{\hbar^2}{ma^3}+3\frac{\alpha}{a^2}=0\to a=4\frac{\hbar^2}{m\alpha}$$

$$\langle H\rangle_{\min}=6\frac{\hbar^2}{m}\left(\frac{m\alpha}{4\hbar^2}\right)^2-3\alpha\left(\frac{m\alpha}{4\hbar^2}\right)=-\frac{3m\alpha^2}{8\hbar^2}>-\frac{m\alpha^2}{2\hbar^2}\quad(\delta\text{ 势束缚态能量})$$

习题 7.4

(a) 证明下面关于变分原理的推论：如果$\langle\psi|\psi_{gs}\rangle=0$，则$\langle H\rangle>E_{fe}$，其中$E_{fe}$是第一激发态的能量。

因此，如果可以找到一个试探函数和严格的基态正交的话，我们就能得到第一激发态的上限。一般来说，很难保证ψ与ψ_{gs}是正交的，因为（假定地）我们并不知道后者。然而，如果势能$V(x)$是x的偶函数，则基态很可能是偶函数的。因此，任意试探奇函数将自动满足推论的条件。

(b) 求一维谐振子的第一激发态能量的最优上限，取以下函数为试探函数，

$$\psi(x)=Axe^{-bx^2}$$

解：

(a) 任意波函数可以用能量本征函数展开为$\psi=\sum_{n=1}^{\infty}c_n\psi_n$，其中$\psi_1=\psi_{gs}$为基态波函数。由于$\langle\psi|\psi_{gs}\rangle=0$，则有

$$\sum_{n=1}^{\infty}c_n\langle\psi_1|\psi\rangle = c_1 = 0$$

基态的展开系数为0，则

$$\langle H\rangle = \sum_{n=2}^{\infty}E_n|c_n|^2 \geqslant E_{fe}\sum_{n=2}^{\infty}|c_n|^2 = E_{fe}$$

于是有$\langle H\rangle>E_{fe}$，其中E_{fe}是第一激发态的能量。

(b) 归一化试探函数

$$1 = |A|^2\int_{-\infty}^{+\infty}x^2e^{-2bx^2}dx = |A|^2 2\frac{1}{8b}\sqrt{\frac{\pi}{2b}}\to|A|^2 = 4b\sqrt{\frac{2b}{\pi}}$$

动能项

$$\langle T\rangle = -\frac{\hbar^2}{2m}|A|^2\int_{-\infty}^{+\infty} xe^{-bx^2}\frac{d^2}{dx^2}(xe^{-bx^2})dx$$

$$= -\frac{\hbar^2}{2m}|A|^2\int_{-\infty}^{+\infty} xe^{-bx^2}(-6bxe^{-bx^2}+4b^2x^3e^{-bx^2})dx$$

$$= \frac{\hbar^2}{2m}|A|^2 6b\int_{-\infty}^{+\infty} x^2e^{-2bx^2}dx - \frac{\hbar^2}{2m}|A|^2 4b^2\int_{-\infty}^{+\infty} x^4e^{-2bx^2}dx$$

$$= \frac{\hbar^2}{2m}4b\sqrt{\frac{2b}{\pi}}2\left(6b\frac{1}{8b}\sqrt{\frac{\pi}{2b}} - 4b^2\frac{3}{32b^2}\sqrt{\frac{\pi}{2b}}\right) = \frac{3b\hbar^2}{2m}$$

势能项

$$\langle V\rangle = \frac{1}{2}m\omega^2|A|^2\int_{-\infty}^{+\infty} x^4e^{-2bx^2}dx = \frac{1}{2}m\omega^2|A|^2 2\frac{3}{32b^2}\sqrt{\frac{\pi}{2b}} = \frac{3m\omega^2}{8b}$$

则

$$\langle H\rangle = \frac{3b\hbar^2}{2m}+\frac{3m\omega}{8b},\quad \frac{d\langle H\rangle}{db} = \frac{3\hbar^2}{2m} - \frac{3m\omega^2}{8b^2} = 0 \rightarrow b = \frac{m\omega}{2\hbar}$$

$$\langle H\rangle_{\min} = \frac{3\hbar^2}{2m}\frac{m\omega}{2\hbar}+\frac{3m\omega^2}{8}\frac{2\hbar}{m\omega} = \frac{3}{2}\hbar\omega \geqslant \frac{3}{2}\hbar\omega$$

这是第一激发态能量的准确值，因为试探函数是真实波函数的形式。

习题 7.5 （a）用变分定理证明一级非简并微扰理论永远高估了（或者说在任何情况下从未低估过）基态能量。

（b）根据（a），你会期望基态的二级修正永远是负的。通过验证教材中的式 6.15 来证明这种观点的正确性。

解：（a）对于一级非简并微扰，我们不妨选取非微扰情况下的基态波函数 ψ^0_{gs} 作为试探波函数。由变分原理

$$E_{gs} \leqslant \langle\psi_0|H|\psi_0\rangle$$

其中 $H=H^0+H'$，H_0 为非微扰情况下的哈密顿量，H' 为微扰哈密顿量。代入上式有

$$E_{gs} \leqslant \langle\psi_0|H_0+H'|\psi_0\rangle = \langle\psi_0|H_0|\psi_0\rangle + \langle\psi_0|H'|\psi_0\rangle$$

第一项为 E^0_{gs} 是非微扰情况下的基态能量，第二项为 E^1_{gs} 是基态能量的一级修正。这样，有

$$E_{gs} \leqslant E^0_{gs}+E^1_{gs}$$

所以一级非简并微扰理论永远高估了基态能量。

（b）基态能量的二级修正项为

$$E^2_{gs} = \sum_{gs\neq m}\frac{|\langle\psi^0_m|H'|\psi^0_{gs}\rangle|^2}{E^0_{gs}-E^0_m}$$

等号右边，分子显然为正，对于分母，由于所有的 $E^0_m > E^0_{gs}$，即分母恒为负，所以 E^2_{gs} 恒为负值。

习题 7.6 取氦的基态能量为 $E_{gs} = -79.0\text{eV}$，计算电离能（仅移走一个电子所需的能量）。

解：根据能量守恒，计算出 He^+ 的基态能量，与氦的基态能量之差即为所求。对于 He^+，属于类氢原子（$Z=2$），其基态能量为

$$E_1=2^2\times(-13.6\mathrm{eV})=-54.4\mathrm{eV}$$

所以，氦的电离能为

$$79.0-54.4=24.6\mathrm{eV}$$

---

* **习题 7.7** 将7.3节的方法应用到 H^- 和 Li^+ 离子（与氦类似，它们都含有两个电子，只是核电荷分别是 $Z=1$ 和 $Z=3$）分别求出两种情况下的有效（部分屏蔽）核电荷，并由此确定 E_{gs} 的最优上限。注：对 H^- 的情况中你会得到 $\langle H\rangle>-13.6\mathrm{eV}$，这表明没有束缚态，从能量角度有利于一个电子电离，余下一个中性的氢原子。这并不奇怪，因为与氦相比，电子与核的相互吸引较弱，电子间的相互排斥倾向于瓦解原子。但是，如果选取一个精心构造的试探波函数，会得到 $E_{gs}<-13.6\mathrm{eV}$ 的结果，因此束缚态的确存在。但是没有激发态的存在，所以 H^- 没有分立的光谱（所有的跃迁自始至终都是连续的），尽管在太阳表面它大量存在，但是在实验室里很难研究它。

解：显然，和氦类似，唯有不同的是 Z 值，分别为1，2，3。所以，我们先求出任意 Z 的情况。设核子有 Z_0 个质子，忽略两电子间排斥力，基态波函数为

$$\psi_0=\frac{Z_0^3}{\pi a^3}\mathrm{e}^{-Z_0(r_1+r_2)/a}$$

对应能量为 $2Z_0^2E_1$。电子间的排斥能为（对比教材中的式7.20和式7.25）

$$\langle V_{ee}\rangle=-\frac{5}{4}Z_0E_1$$

所以

$$\langle H\rangle=\left(2Z_0^2-\frac{5}{4}Z_0\right)E_1$$

考虑两个电子之间的相互作用使实际上的 Z 要比 Z_0 小。我们选取试探波函数

$$\psi_1(r_1,r_2)\equiv\frac{Z^3}{\pi a^3}\mathrm{e}^{-Z(r_1+r_2)/a}$$

计算 $\langle H\rangle$，与教材中计算氦基态能量的式7.28（$Z_0=2$）对比，我们只需把对应公式中的 $Z-2$ 换成 $Z-Z_0$，则有，

$$\langle H\rangle=\left[2Z^2-4Z(Z-Z_0)-\frac{5}{4}Z\right]E_1=\left(-2Z^2+4ZZ_0-\frac{5}{4}Z\right)E_1$$

对 Z 求最小值有

$$\frac{\mathrm{d}\langle H\rangle}{\mathrm{d}Z}=\left(-4Z+4Z_0-\frac{5}{4}\right)E_1=0\rightarrow Z=Z_0-\frac{5}{16}$$

$$\langle H\rangle_{\min}=\left[-2\left(Z_0-\frac{5}{16}\right)^2+4\left(Z_0-\frac{5}{16}\right)Z_0-\frac{5}{4}\left(Z_0-\frac{5}{16}\right)\right]E_1$$

$$=\left(2Z_0^2-\frac{5}{4}Z_0+\frac{25}{128}\right)E_1=\frac{(16Z_0-5)^2}{128}E_1$$

$Z_0=1(H^-)$：

$$Z=\frac{11}{16},\langle H\rangle_{\min}=\frac{121}{128}E_1=-12.9\text{eV}$$

$Z_0=2$(He):

$$Z=\frac{27}{16},\langle H\rangle_{\min}=\frac{729}{128}E_1=-77.5\text{eV}$$

$Z_0=3$(Li^+):

$$Z=\frac{43}{16},\langle H\rangle_{\min}=\frac{1849}{128}E_1=-196\text{eV}$$

***习题 7.8** 计算式 7.45 $\left(X\equiv a\left\langle\psi_0(r_1)\left|\frac{1}{r_1}\right|\psi_0(r_2)\right\rangle\right)$和式 7.46 $\left(D\equiv a\left\langle\psi_0(r_1)\left|\frac{1}{r_2}\right|\psi_0(r_1)\right\rangle\right)$中的 D 和 X，并与 $D=\frac{a}{R}-\left(1+\frac{a}{R}\right)e^{-2R/a}$ 和 $X=\left(1+\frac{R}{a}\right)e^{-R/a}$ 对比验证结果。

解：由式 7.45

$$D=a\left\langle\psi_0(r_1)\left|\frac{1}{r_2}\right|\psi_0(r_1)\right\rangle=a\left\langle\psi_0(r_2)\left|\frac{1}{r_1}\right|\psi_0(r_2)\right\rangle$$
$$=a\frac{1}{\pi a^3}\int e^{-2r_2/a}\frac{1}{r_1}r^2\sin\theta\mathrm{d}r\mathrm{d}\theta\mathrm{d}\phi$$

其中，r_1 是 H_2^+ 中电子到第一个核子的距离；r_2 是这个电子到第二个核子的距离。与教材中计算 I 时一样，我们让第一个核子处于坐标原点，所以有

$$r_1=r,\quad r_2=\sqrt{r^2+R^2-2rR\cos\theta}$$

这样有

$$D=a\frac{1}{\pi a^3}\int e^{-\frac{2}{a}\sqrt{r^2+R^2-2rR\cos\theta}}r\sin\theta\mathrm{d}r\mathrm{d}\theta\mathrm{d}\phi=\frac{2\pi}{\pi a^2}\int_0^{+\infty}r\mathrm{d}r\int_0^{\pi}e^{-\frac{2}{a}\sqrt{r^2+R^2-2rR\cos\theta}}\sin\theta\mathrm{d}\theta$$

令

$$r^2+R^2-2rR\cos\theta=y^2\to rR\sin\theta\mathrm{d}\theta=y\mathrm{d}y$$

$$\int_0^{\pi}e^{-\frac{2}{a}\sqrt{r^2+R^2-2rR\cos\theta}}\sin\theta\mathrm{d}\theta=\frac{1}{rR}\int_{|R-r|}^{R+r}e^{-2y/a}y\mathrm{d}y=\frac{1}{rR}\left[-\frac{a}{2}e^{-2y/a}y-\frac{a^2}{4}e^{-2y/a}\right]\Bigg|_{|R-r|}^{R+r}$$
$$=-\frac{a}{2rR}\left[e^{-2(R+r)/a}\left(R+r+\frac{a}{2}\right)-e^{-2|R-r|/a}\left(|R-r|+\frac{a}{2}\right)\right]$$

$$D=-\frac{1}{aR}\int_0^{+\infty}\mathrm{d}r\left[e^{-2(R+r)/a}\left(R+r+\frac{a}{2}\right)-e^{-2|R-r|/a}\left(|R-r|+\frac{a}{2}\right)\right]$$
$$=-\frac{1}{aR}\left[\int_0^{+\infty}\mathrm{d}re^{-2(R+r)/a}\left(R+r+\frac{a}{2}\right)-\int_0^{R}\mathrm{d}re^{-2(R-r)/a}\left(R-r+\frac{a}{2}\right)-\right.$$
$$\left.\int_R^{+\infty}\mathrm{d}re^{-2(r-R)/a}\left(r-R+\frac{a}{2}\right)\right]$$
$$=-\frac{1}{aR}\left[e^{-2R/a}\int_0^{+\infty}\mathrm{d}re^{-2r/a}\left(R+r+\frac{a}{2}\right)-e^{-2R/a}\int_0^{R}\mathrm{d}re^{2r/a}\left(R-r+\frac{a}{2}\right)-\right.$$

$$e^{2R/a}\int_R^{+\infty} dre^{-2r/a}\left(r-R-\frac{a}{2}\right)\Big]$$

$$=-\frac{1}{aR}\left\{e^{-2R/a}\left[R\frac{a}{2}+\left(\frac{a}{2}\right)^2+\left(\frac{a}{2}\right)^2\right]-e^{-2R/a}\left[\frac{a}{2}e^{2r/a}\left(R-r+\frac{a}{2}\right)+\left(\frac{a}{2}\right)^2e^{2r/a}\right]\Bigg|_0^R-\right.$$

$$\left.e^{2R/a}\left[-\frac{a}{2}e^{-2r/a}\left(r-R+\frac{a}{2}\right)-\left(\frac{a}{2}\right)^2e^{-2r/a}\right]\Bigg|_R^{+\infty}\right\}$$

$$=-\frac{1}{aR}\left\{e^{-2R/a}\left[R\frac{a}{2}+2\left(\frac{a}{2}\right)^2\right]-2\left(\frac{a}{2}\right)^2+e^{-2R/a}\frac{a}{2}(R+a)-2\left(\frac{a}{2}\right)^2\right\}$$

$$=-\frac{1}{aR}\left[e^{-2R/a}(Ra+a^2)-a^2\right]$$

所以

$$D=\frac{a}{R}-e^{-2R/a}\left(1+\frac{a}{R}\right)\quad（结果同式 7.47 一致）$$

对于 X,类似有

$$X=a\left\langle\psi_0(r_1)\left|\frac{1}{r_1}\right|\psi_0(r_2)\right\rangle=\frac{2\pi}{\pi a^2}\int_0^{+\infty}re^{-r/a}dr\left(\int_0^{\pi}e^{-\frac{1}{a}\sqrt{r^2+R^2-2rR\cos\theta}}\sin\theta d\theta\right)$$

$$=\frac{2}{a^2}\int_0^{+\infty}re^{-r/a}dr\left(\frac{1}{rR}\int_{|R-r|}^{R+r}e^{-y/a}ydy\right)$$

$$=\frac{2}{a^2}\int_0^{+\infty}re^{-r/a}dr\left\{-\frac{a}{rR}\left[e^{-(R+r)/a}(R+r+a)-e^{-|R-r|/a}(|R-r|+a)\right]\right\}$$

$$=-\frac{2}{aR}\left[e^{-R/a}\int_0^{+\infty}dre^{-2r/a}(R+r+a)-e^{-R/a}\int_0^R dr(R-r+a)-e^{R/a}\int_R^{+\infty}dre^{-2r/a}(r-R+a)\right]$$

$$=-\frac{2}{aR}\left\{e^{-R/a}\left[\frac{a}{2}(R+a)+\left(\frac{a}{2}\right)^2\right]-e^{-R/a}\left[(R+a)R-\frac{R^2}{2}\right]-\right.$$

$$\left.e^{R/a}\left[-\frac{a}{2}e^{-2r/a}(r-R+a)-\left(\frac{a}{2}\right)^2e^{-2r/a}\right]\Bigg|_R^{+\infty}\right\}$$

$$=-\frac{2}{aR}\left\{e^{-R/a}\left[\frac{a}{2}(R+a)+\left(\frac{a}{2}\right)^2\right]-e^{-R/a}\left[(R+a)R-\frac{R^2}{2}\right]-\right.$$

$$\left.e^{R/a}\left[\frac{a^2}{2}e^{-2R/a}+\left(\frac{a}{2}\right)^2e^{-2R/a}\right]\right\}$$

$$=-\frac{2}{aR}e^{-R/a}\left(-\frac{aR}{2}-\frac{R^2}{2}\right)$$

所以

$$X=e^{-R/a}\left(1+\frac{R}{a}\right)\quad（结果同式 7.48 一致）$$

**** 习题 7.9** 假设在试探波函数（式 7.37）中使用负号：

$$\psi=A[\psi_0(r_1)-\psi_0(r_2)]$$

在这种情况下，无需作任何新的积分，（类比教材中的式 7.51）求 $F(x)$ 并作图。证明这种情况时没有束缚态（因为变分原理仅仅给出上限，这并不能证明这种情况不能产生束缚态。但是它看起来没有希望）。注：事实上，任何以下形式的函数

$$\psi = A[\psi_0(r_1) - e^{i\phi}\psi_0(r_2)]$$

都有想要的性质，也就是电子相对于任意一个质子地位相等。然而，由于哈密顿量在交换算符 P：$r_1 \leftrightarrow r_2$ 下是不变的，所以它的本征函数同时可以作为 P 的本征函数。正号($\psi = A[\psi_0(r_1) + \psi_0(r_2)]$)给出本征值 1，而负号($\psi = A[\psi_0(r_1) - \psi_0(r_2)]$)的本征值是 -1。考虑更一般的情况($\psi = A[\psi_0(r_1) - e^{i\phi}\psi_0(r_2)]$)，得不到新结果，但是如果读者感兴趣，欢迎尝试。

解：设试探波函数为

$$\psi = A[\psi_0(r_1) - \psi_0(r_2)]$$

归一化求 A：

$$1 = \int |\psi|^2 d^3r = |A|^2\left[\int |\psi_0(r_1)|^2 d^3r + \int |\psi_0(r_2)|^2 d^3r - 2\int \psi_0(r_1)\psi_0(r_2) d^3r\right]$$

同样的，前两个积分是 1，第三个只是前面变为负号。仍然定义

$$I \equiv \langle \psi_0(r_1) | \psi_0(r_2) \rangle = \frac{1}{\pi a^3}\int e^{-(r_1+r_2)/a} d^3r$$

于是，归一化结果为

$$|A|^2 = \frac{1}{2(1-I)}$$

与 $|A|^2 = \dfrac{1}{2(1+I)}$ 相比，也只是在 I 前面为负号。现在，计算在此试探波函数下 H 的期望值。

显然，与 $\langle H \rangle = \left[1 + 2\dfrac{(D+X)}{(1-I)}\right]E_1$，相比，也只是在第二项中由 $(D+X)$ 变为了 $(D-X)$，于是，类比 $\langle H \rangle = \left[1 + 2\dfrac{(D+X)}{(1-I)}\right]E_1$，得到新试探波函数下的能量期望值

$$\langle H \rangle = \left[1 + 2\frac{(D-X)}{(1-I)}\right]E_1$$

其中的 E_1，I，D，X 和原来定义完全一样。将上题计算的结果代入上式，并考虑两个质子间的排斥能 $e^2/4\pi\varepsilon_0 R = -2aE_1/R$，令 $R/a = x$。以 $-E_1$ 为单位表示能量，因此，系统的总能量小于

$$F_-(x) = \frac{E_{tot}}{-E_1} = \frac{2a}{R} - 1 - 2\frac{D-X}{1-I} = \frac{2}{x} - 1 - 2\frac{\dfrac{1}{x} - \left(1+\dfrac{1}{x}\right)e^{-2x} - (1+x)e^{-x}}{1 - \left(1+x+\dfrac{x^2}{3}\right)e^{-x}}$$

$$= -1 + \frac{2}{x}\left[\frac{\left(1+\dfrac{1}{x}\right)e^{-2x} + \left(-1+\dfrac{2x^2}{3}\right)e^{-x}}{1 - \left(1+x+\dfrac{x^2}{3}\right)e^{-x}}\right]$$

这个函数的图像如图 7-1 所示（与教材中的 $F_+(x)$ 对比）。

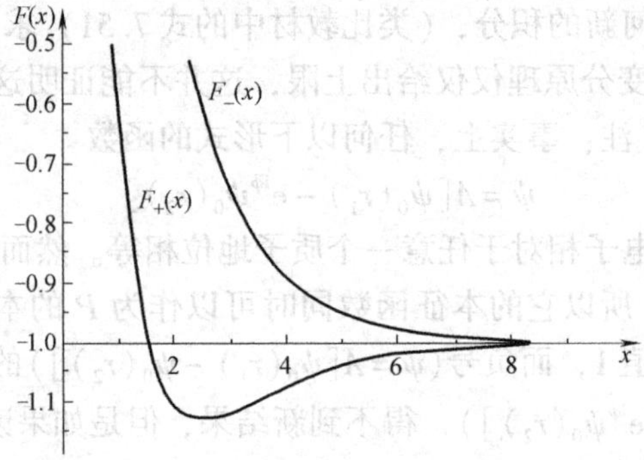

图 7-1

从图 7-1 中显然可以得到以下结论：新的试探波函数下的 $F(x)$ 没有极小值，恒大于 -1，也就是说系统总能量恒大于 E_1（氢原子基态能量）。因此对新的波函数，不存在束缚态。

*** **习题 7.10** 由 $F(x)$ 在平衡点处的二阶导数可估算氢分子离子中两个质子振动的固有频率（ω）（见教材 2.3 节）。如果这个振子的基态能量（$\hbar\omega/2$）超过系统的束缚能，那么它将分离。证明实际上振动能量足够小，所以这种情况不会发生，并估算束缚振动能级有多少。注意，你可能无法用解析的方法得到最小值的位置和二阶导数值，需用数值方法算出数值。

解：由式 7.51

$$F(x)=-1+\frac{2}{x}\left\{\frac{[1-(2/3)x^2]e^{-x}+(1+x)e^{-2x}}{1+[1+x+(1/3)x^2]e^{-x}}\right\}$$

令一阶导数等于零，数值计算可得极值发生在 $x=2.493$，此点的二阶导数为 $F''=0.1257$ 由教材 2.3 节可知，谐振子势能的二阶导数与频率有关系，即

$$m\omega^2=V''=-\frac{E_1}{a^2}F''$$

所以

$$\omega=\frac{1}{a}\sqrt{-\frac{0.1257E_1}{m}}$$

这里 m 为约化质量

$$m=\frac{m_p m_p}{m_p+m_p}=\frac{m_p}{2}$$

将相关量代入，即可估算出氢分子离子中两个质子振动的固有频率

$$\omega=\frac{1}{a}\sqrt{\frac{-E_1F''}{m}}=3.42\times10^{14}/\text{s}$$

于是得到基态振动能为

$$\frac{1}{2}\hbar\omega=0.113\text{eV}$$

在此平衡位置（$x=2.493$），有 $F=-1.1297$，于是，束缚态能量为 $0.1297\times13.6\text{eV}=1.76\text{eV}$。可见，其能量值远大于质子振子基态能量（$0.113\text{eV}$）。由

$$E=(n+1/2)\hbar\omega$$

可求出束缚能级的数目，代入各数值，求出当 $n=7.29$ 时，$E=1.76\text{eV}$，这表明质子振子束缚态至少存在 8 个振动能级（包括基态）。

第 7 章补充习题解答

习题 7.11

（a）取以下形式的试探波函数

$$\psi(x)=\begin{cases}A\cos(\pi x/a) & (-a/2<x<a/2)\\ 0 & (\text{其他})\end{cases}$$

求一维简谐振子的基态能量。a 的“最优”值是多少？对比 $\langle H\rangle_{\min}$ 与准确能量。注意：这个试探函数在 $\pm a/2$ 处有一个“拐点”（微分不连续），读者需要像在教材的例题 7.3 中所做的那样考虑到这一点吗？

（b）在区间 $(-a,a)$ 中，取 $\psi(x)=B\sin(\pi x/a)$，求第一激发态上限，并与准确值作对比。

解：（a）首先，归一化试探波函数

$$1=\int|\psi|^2\mathrm{d}x=|A|^2\int_{-a/2}^{a/2}\cos^2\left(\frac{\pi x}{a}\right)\mathrm{d}x=|A|^2\frac{a}{2}\rightarrow A=\sqrt{\frac{2}{a}}$$

对于一维简谐振子，

$$H=T+V=-\frac{\hbar^2}{2m}\frac{\mathrm{d}^2}{\mathrm{d}x^2}+\frac{1}{2}m\omega^2x^2$$

$$\langle T\rangle=-\frac{\hbar^2}{2m}\int_{-\infty}^{+\infty}\psi\frac{\mathrm{d}^2\psi}{\mathrm{d}x^2}\mathrm{d}x=\frac{\hbar^2}{2m}\left(\frac{\pi}{a}\right)^2\int_{-a/2}^{a/2}\psi^2\mathrm{d}x=\frac{\pi^2\hbar^2}{2ma^2}$$

$$\langle V\rangle=\frac{1}{2}m\omega^2\int_{-\infty}^{+\infty}x^2\psi^2\mathrm{d}x=\frac{1}{2}m\omega^2\frac{2}{a}\int_{-a/2}^{a/2}x^2\cos^2\left(\frac{\pi x}{a}\right)\mathrm{d}x=\frac{m\omega^2a^2}{4\pi^2}\left(\frac{\pi^2}{6}-1\right)$$

$$\langle H\rangle=\frac{\pi^2\hbar^2}{2ma^2}+\frac{m\omega^2a^2}{4\pi^2}\left(\frac{\pi^2}{6}-1\right)$$

$$\frac{\partial}{\partial a}\langle H\rangle=-\frac{\pi^2\hbar^2}{ma^3}+\frac{m\omega^2a}{2\pi^2}\left(\frac{\pi^2}{6}-1\right)=0\rightarrow a=\pi\sqrt{\frac{\hbar}{m\omega}}\left(\frac{2}{\pi^2/6-1}\right)^{1/4}\rightarrow$$

$$\langle H\rangle_{\min}=\frac{1}{2}\hbar\omega\sqrt{\frac{\pi^2}{3}-2}=\frac{1}{2}\hbar\omega(1.136)>\frac{1}{2}\hbar\omega$$

波函数的二阶导数在 $x=\pm a/2$ 的确为 δ 函数，但是在此处的波函数为 0，故在运算中无须考虑。

（b）由于试探波函数为奇函数，且它与基态波函数（偶函数）正交，所以可以由变分法求第一激发态能量的上限。归一化波函数：

$$1 = \int |\psi|^2 \mathrm{d}x = |B|^2 \int_{-a}^{a} \sin^2\left(\frac{\pi x}{a}\right) \mathrm{d}x = |B|^2 a \to B = \sqrt{\frac{1}{a}}$$

$$\langle T \rangle = -\frac{\hbar^2}{2m}\int_{-\infty}^{+\infty} \psi \frac{\mathrm{d}^2\psi}{\mathrm{d}x^2}\mathrm{d}x = \frac{\hbar^2}{2m}\left(\frac{\pi}{a}\right)^2 \int_{-a}^{a} \psi^2 \mathrm{d}x = \frac{\pi^2 \hbar^2}{2ma^2}$$

$$\langle V \rangle = \frac{1}{2}m\omega^2 \int_{-\infty}^{+\infty} x^2 \psi^2 \mathrm{d}x = \frac{1}{2}m\omega^2 \frac{1}{a}\int_{-a}^{a} x^2 \sin^2\left(\frac{\pi x}{a}\right)\mathrm{d}x = \frac{m\omega^2 a^2}{4\pi^2}\left(\frac{2\pi^2}{3} - 1\right)$$

$$\langle H \rangle = \frac{\pi^2 \hbar^2}{2ma^2} + \frac{m\omega^2 a^2}{4\pi^2}\left(\frac{2\pi^2}{3} - 1\right)$$

$$\frac{\partial}{\partial a}\langle H \rangle = -\frac{\pi^2 \hbar^2}{ma^3} + \frac{m\omega^2 a}{2\pi^2}\left(\frac{2\pi^2}{3} - 1\right) = 0 \to a = \pi\sqrt{\frac{\hbar}{m\omega}}\left(\frac{2}{2\pi^2/3 - 1}\right)^{1/4} \to$$

$$\langle H \rangle_{\min} = \frac{1}{2}\hbar\omega\sqrt{\frac{4\pi^2}{3} - 2} = \frac{1}{2}\hbar\omega(3.341) > \frac{3}{2}\hbar\omega$$

**** 习题 7.12**

(a) 将习题7.2推广，取如下试探波函数

$$\psi(x) = \frac{A}{(x^2 + b^2)^n}$$

(b) 求简谐振子第一激发态能量最小上限，取试探波函数为

$$\psi(x) = \frac{Bx}{(x^2 + b^2)^n}$$

(c) 注意到当 $n \to \infty$ 时上限值趋于准确能量。为什么会这样？提示：对 $n=2$，$n=3$ 和 $n=4$ 的试探波函数分别作图，并将它们与真实波函数 $\left(\psi_0(x) = \left(\frac{m\omega}{\pi\hbar}\right)^{1/4} \mathrm{e}^{-\frac{m\omega}{2\hbar}x^2}\right.$ 和 $\psi_1(x) = A_1\left(\frac{m\omega}{\pi\hbar}\right)^{1/4}\sqrt{\frac{2m\omega}{\hbar}}x\mathrm{e}^{-\frac{m\omega}{2\hbar}x^2}\Big)$ 作对比。由等式

$$\mathrm{e}^z = \lim_{n\to\infty}\left(1 + \frac{z}{n}\right)^n$$

开始分析。

解：(a) 归一化试探波函数，

$$1 = 2|A|^2 \int_0^{+\infty} \frac{1}{(x^2 + b^2)^{2n}}\mathrm{d}x = \frac{|A|^2}{b^{4n-1}} \frac{\Gamma\left(\frac{1}{2}\right)\Gamma\left(\frac{4n-1}{2}\right)}{\Gamma(2n)} \to A = \sqrt{\frac{b^{4n-1}\Gamma(2n)}{\Gamma\left(\frac{1}{2}\right)\Gamma\left(\frac{4n-1}{2}\right)}}$$

其中利用了定积分公式

$$\int_0^{+\infty} \frac{x^k}{(x^2 + b^2)^l}\mathrm{d}x = \frac{1}{2b^{2l-k-1}} \frac{\Gamma\left(\frac{k+1}{2}\right)\Gamma\left(\frac{2l-k-1}{2}\right)}{\Gamma(l)}$$

$$\langle T\rangle = \frac{1}{2m}\int_{-\infty}^{+\infty}\psi^*\ \hat{p}^2\psi\mathrm{d}x = \frac{1}{2m}\int_{-\infty}^{+\infty}(\hat{p}\psi)^*\ \hat{p}\psi\mathrm{d}x$$

$$= \frac{\hbar^2}{2m}\int_{-\infty}^{+\infty}\left(\frac{\mathrm{d}\psi}{\mathrm{d}x}\right)^*\frac{\mathrm{d}\psi}{\mathrm{d}x}\mathrm{d}x = \frac{\hbar^2}{2m}|A|^2\int_{-\infty}^{+\infty}\left[\frac{-2nx}{(x^2+b^2)^{n+1}}\right]^2\mathrm{d}x$$

$$= \frac{2n^2\hbar^2}{m}|A|^2\int_{-\infty}^{+\infty}\frac{x^2}{(x^2+b^2)^{2n+2}}\mathrm{d}x$$

$$= \frac{2n^2\hbar^2}{m}\frac{b^{4n-1}\Gamma(2n)}{\Gamma\left(\frac{1}{2}\right)\Gamma\left(\frac{4n-1}{2}\right)}\frac{\Gamma\left(\frac{2+1}{2}\right)\Gamma\left(\frac{2(2n+2)-2-1}{2}\right)}{b^{2(2n+2)-2-1}\Gamma(2n+2)}$$

$$= \frac{2n^2\hbar^2}{m}\frac{b^{4n-1}\Gamma(2n)}{\Gamma\left(\frac{1}{2}\right)\Gamma\left(\frac{4n-1}{2}\right)}\frac{\Gamma\left(\frac{3}{2}\right)\Gamma\left(\frac{4n+1}{2}\right)}{b^{4n+1}\Gamma(2n+2)}$$

$$= \frac{2n^2\hbar^2}{m}\frac{b^{4n-1}(2n-1)!}{\Gamma\left(\frac{1}{2}\right)\Gamma\left(\frac{4n-1}{2}\right)}\frac{\frac{1}{2}\Gamma\left(\frac{1}{2}\right)\left(2n-\frac{1}{2}\right)\Gamma\left(\frac{4n-1}{2}\right)}{b^{4n+1}(2n+1)!}$$

（其中，$\Gamma(z+1) = z\Gamma(z)$，　$\Gamma(n+1) = n!$）

$$= \frac{2n^2\hbar^2}{mb^2}\frac{\frac{1}{2}\left(2n-\frac{1}{2}\right)}{(2n+1)(2n)} = \frac{\hbar^2}{4mb^2}\frac{n(4n-1)}{(2n+1)}$$

$$\langle V\rangle = \frac{1}{2}m\omega^2\int_{-\infty}^{+\infty}x^2|\psi|^2\mathrm{d}x = \frac{1}{2}m\omega^2 2|A|^2\int_0^{+\infty}\frac{x^2}{(x^2+b^2)^{2n}}\mathrm{d}x$$

$$= m\omega^2\frac{b^{4n-1}\Gamma(2n)}{\Gamma\left(\frac{1}{2}\right)\Gamma\left(\frac{4n-1}{2}\right)}\frac{\Gamma\left(\frac{3}{2}\right)\Gamma\left(\frac{4n-3}{2}\right)}{2b^{4n-3}\Gamma(2n)}$$

$$= m\omega^2b^2\frac{1}{\Gamma\left(\frac{1}{2}\right)\left(2n-\frac{3}{2}\right)\Gamma\left(\frac{4n-3}{2}\right)}\frac{\frac{1}{2}\Gamma\left(\frac{1}{2}\right)\Gamma\left(\frac{4n-3}{2}\right)}{2} = \frac{m\omega^2b^2}{8n-6}$$

$$\langle H\rangle = \frac{\hbar^2}{4mb^2}\frac{n(4n-1)}{(2n+1)} + \frac{m\omega^2b^2}{8n-6} \rightarrow \frac{\partial\langle H\rangle}{\partial b} = -\frac{\hbar^2}{2mb^3}\frac{n(4n-1)}{(2n+1)} + \frac{m\omega^2 b}{4n-3} = 0 \rightarrow$$

$$b^2 = \frac{\hbar}{m\omega}\left[\frac{n(4n-1)(4n-3)}{2(2n+1)}\right]^{1/2} \rightarrow$$

$$\langle H\rangle_{\min}=\frac{1}{2}\hbar\omega\sqrt{\frac{2n(4n-1)}{(2n+1)(4n-3)}}>\frac{1}{2}\hbar\omega$$

显然 $n\to\infty$，$\langle H\rangle_{\min}\underset{n\to\infty}{\longrightarrow}\frac{1}{2}\hbar\omega$。

(b) $\psi(x)$为奇函数与基态波函数（偶函数）正交，所以可由变分原理求第一激发态能量上限。归一化波函数：

$$1=2|B|^2\int_0^{+\infty}\frac{x^2}{(x^2+b^2)^{2n}}\mathrm{d}x=2|B|^2\frac{\Gamma\left(\frac{3}{2}\right)\Gamma\left(\frac{4n-3}{2}\right)}{2b^{4n-3}\Gamma(2n)}\to B=\sqrt{\frac{b^{4n-3}\Gamma(2n)}{\Gamma\left(\frac{3}{2}\right)\Gamma\left(\frac{4n-3}{2}\right)}}$$

同（a）中的方法，求得第一激发态能量期望值为

$$\langle H\rangle=\langle T\rangle+\langle V\rangle=\frac{3\hbar^2}{4mb^2}\frac{n(4n-3)}{(2n+1)}+\frac{3m\omega^2b^2}{2(4n-5)}$$

$$\frac{\partial}{\partial b}\langle H\rangle=-\frac{3\hbar^2}{2mb^3}\frac{n(4n-3)}{(2n+1)}+\frac{3m\omega^2b}{(4n-5)}=0\to b^2=\frac{\hbar}{m\omega}\left[\frac{n(4n-3)(4n-5)}{2(2n+1)}\right]^{1/2}\to$$

$$\langle H\rangle_{\min}=\frac{3}{2}\hbar\omega\sqrt{\frac{2n(4n-3)}{(2n+1)(4n-5)}}>\frac{3}{2}\hbar\omega$$

显然 $n\to\infty$ $\langle H\rangle_{\min}\underset{n\to\infty}{\longrightarrow}\frac{3}{2}\hbar\omega$

(c) 为什么当 $n\to\infty$ 时，$\langle H\rangle_{\min}$成为精确的能量值？由(a)中 b 的最优值表达式可知，

$$b^2=\frac{\hbar}{m\omega}\left[\frac{n(4n-1)(4n-3)}{2(2n+1)}\right]^{1/2}\underset{n\to\infty}{\longrightarrow}\frac{2n\hbar}{m\omega}$$

于是，试探波函数在 $n\to\infty$ 的情况下有

$$\psi(x)=\frac{A}{(x^2+b^2)^n}=\frac{A}{b^{2n}(1+x^2/b^2)^n}\underset{n\to\infty}{\longrightarrow}\frac{A}{b^{2n}\left(1+\frac{m\omega x^2}{2\hbar}\frac{1}{n}\right)^n}\underset{n\to\infty}{\longrightarrow}\frac{A}{b^{2n}}\mathrm{e}^{-\frac{m\omega x^2}{2\hbar}}$$

利用 Stirling 公式对较大的 z 有 $\Gamma(z+1)\approx z^z\mathrm{e}^{-z}$，

$$A^2=\frac{b^{4n-1}\Gamma(2n)}{\Gamma\left(\frac{1}{2}\right)\Gamma\left(\frac{4n-1}{2}\right)}\approx\frac{b^{4n-1}(2n-1)^{2n-1}\mathrm{e}^{-(2n-1)}}{\sqrt{\pi}(2n-3/2)^{2n-3/2}\mathrm{e}^{-(2n-3/2)}}$$

$$=\frac{b^{4n-1}}{\sqrt{\pi}\sqrt{\mathrm{e}}}\left(\frac{2n-1}{2n-3/2}\right)^{2n-1}\sqrt{(2n-3/2)}$$

由于

$$\left(\frac{2n-1}{2n-3/2}\right)^{2n-1}=\left(1+\frac{1/2}{2n-3/2}\right)^{2n}\left(1+\frac{1/2}{2n-3/2}\right)^{-1}\underset{n\to\infty}{\approx}\left(1+\frac{1}{4n}\right)^{2n}\frac{1}{1+1/4n}\underset{n\to\infty}{\longrightarrow}(\mathrm{e}^{1/4})^2=\sqrt{\mathrm{e}}$$

所以

$$A=\sqrt{\frac{b^{4n-1}}{\sqrt{\pi}\sqrt{e}}\left(\frac{2n-1}{2n-3/2}\right)^{2n-1}\sqrt{(2n-3/2)}}\underset{n\to\hbar}{\longrightarrow}\sqrt{\frac{b^{4n-1}}{\sqrt{\pi}}\sqrt{2n}}=\left(\frac{2n}{\pi}\right)^{2}b^{2n-1/2}$$

$$\frac{A}{b^{2n}}\underset{n\to\infty}{\longrightarrow}\left(\frac{2n}{\pi}\right)^{1/2}\frac{1}{b}=\left(\frac{2n}{\pi}\right)^{1/2}\frac{1}{(2n\hbar/m\omega)^{1/4}}=\left(\frac{m\omega}{\pi\hbar}\right)^{1/4}$$

这样

$$\psi(x)=\underset{n\to\infty}{\longrightarrow}\frac{A}{b^{2n}}e^{-\frac{m\omega x^2}{2\hbar}}=\left(\frac{m\omega}{\pi\hbar}\right)^{1/4}e^{-\frac{m\omega x^2}{2\hbar}}$$

即波函数形式为精确的基态波函数，由此波函数得到的基态能量为精确基态能量也就不奇怪了。对第一激发态，同样有

$$b^2=\frac{\hbar}{m\omega}\left[\frac{n(4n-3)(4n-5)}{2(2n+1)}\right]^{1/2}\underset{n\to\infty}{\longrightarrow}\frac{2n\hbar}{m\omega}$$

试探波函数

$$\psi_1(x)=\frac{Bx}{(x^2+b^2)^n}=\frac{Bx}{b^{2n}(1+x^2/b^2)^n}=\frac{Bx}{b^{2n}(1+m\omega x^2/2\hbar n)^n}\underset{n\to\infty}{\longrightarrow}\frac{B}{b^{2n}}xe^{-m\omega x^2/2\hbar}$$

$$B^2=\frac{b^{4n-3}\Gamma(2n)}{\Gamma\left(\frac{3}{2}\right)\Gamma\left(\frac{4n-3}{2}\right)}=\frac{b^{4n-3}(2n-1)^{2n-1}e^{-(2n-1)}}{\frac{1}{2}\sqrt{\pi}(2n-5/2)^{2n-5/2}e^{-(2n-5/2)}}$$

$$=\frac{2b^{4n-3}}{\sqrt{\pi}e^{3/2}}\left(\frac{2n-1}{2n-5/2}\right)^{2n-1}(2n-5/2)^{3/2}$$

$$\left(\frac{2n-1}{2n-5/2}\right)^{2n-1}=\left(1+\frac{3/2}{2n-5/2}\right)^{2n}\left(1+\frac{3/2}{2n-5/2}\right)^{-1}\underset{n\to\infty}{\approx}\left(1+\frac{3}{4n}\right)^{2n}\frac{1}{1+1/n}\approx e^{3/2}$$

$$\frac{B}{b^{2n}}\underset{n\to\infty}{\longrightarrow}\frac{1}{b^{2n}}\sqrt{\frac{2b^{4n-3}}{\sqrt{\pi}}(2n)^{3/2}}=\sqrt{\frac{2b^{-3}}{\sqrt{\pi}}(2n)^{3/2}}=\sqrt{\frac{2}{\sqrt{\pi}}\left(\frac{m\omega}{2n\hbar}\right)^{3/2}(2n)^{3/2}}$$

$$=\sqrt{\frac{2}{\sqrt{\pi}}\left(\frac{m\omega}{\hbar}\right)^{3/2}}=\sqrt{2}\left(\frac{m\omega}{\pi\hbar}\right)^{1/4}\left(\frac{m\omega}{\hbar}\right)^{1/2}$$

所以

$$\psi_1(x)\underset{n\to\infty}{\longrightarrow}\frac{B}{b^{2n}}xe^{-m\omega x^2/2\hbar}=\frac{1}{\sqrt{2}}\left(\frac{m\omega}{\pi\hbar}\right)^{1/4}\left[2\left(\frac{m\omega}{\hbar}\right)^{1/2}x\right]e^{-m\omega x^2/2\hbar}$$

这正是精确的第一激发态波函数，所以由它可以得到精确的第一激发态能量。

图 7-2a、b 给出了 $n=2,3,4$ 时，题目所给的基态和第一激发态波函数（对每个 n 都采用优化的 b，并用 $\hbar/m\omega=1$ 为单位），可以看出它们已经非常接近精确的基态和第一激发态波函数（对比教材 2.3 节中的精确波函数图）。

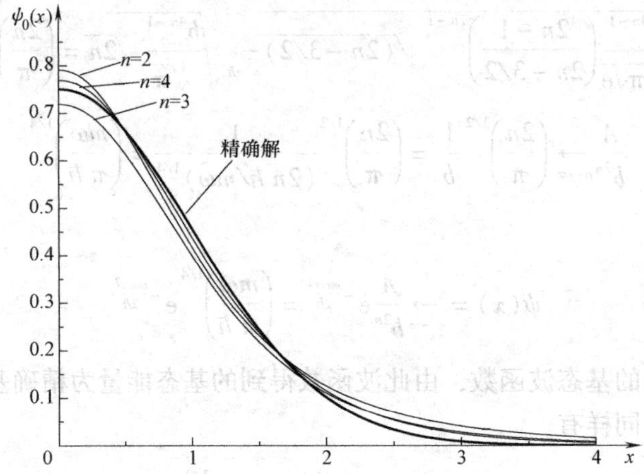

a)

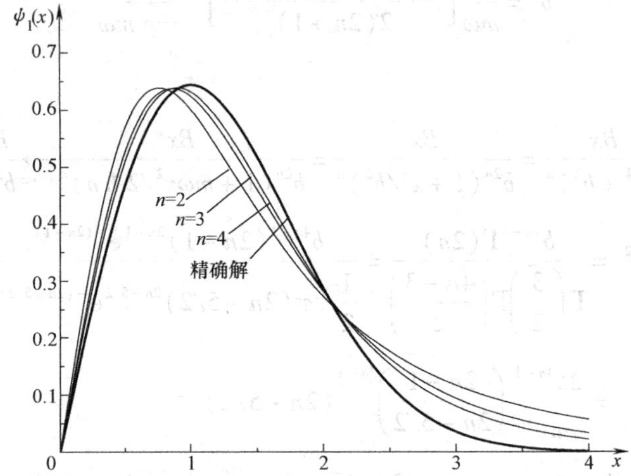

b)

图 7-2

习题 7.13 使用高斯型试探波函数求氢基态能量的最低上限值，

$$\psi(\boldsymbol{r}) = A\mathrm{e}^{-br}$$

其中 A 由归一化确定；b 是可调参数。

解：首先归一化波函数

$$1 = |A|^2\int \mathrm{e}^{-2br^2} r^2 \sin\theta \mathrm{d}r\mathrm{d}\theta\mathrm{d}\phi = 4\pi|A|^2\int_0^{+\infty} r^2\mathrm{e}^{-2br^2}\mathrm{d}r = |A|^2\left(\frac{\pi}{2b}\right)^{3/2} \rightarrow A = \left(\frac{2b}{\pi}\right)^{3/4}$$

$$\langle V\rangle = -\frac{e^2}{4\pi\varepsilon_0}|A|^2 4\pi\int_0^{+\infty}\mathrm{e}^{-2br^2}\frac{1}{r}r^2\mathrm{d}r = -\frac{e^2}{4\pi\varepsilon_0}2\sqrt{\frac{2b}{\pi}}$$

$$\langle T\rangle = -\frac{4\pi\hbar^2}{2m}|A|^2\int_0^{+\infty}\mathrm{e}^{-br^2}(\nabla^2\mathrm{e}^{-br^2})r^2\mathrm{d}r = -\frac{\hbar^2}{2m}|A|^2\int_0^{+\infty}\mathrm{e}^{-br^2}\left[\frac{1}{r^2}\frac{\mathrm{d}}{\mathrm{d}r}\left(r^2\frac{\mathrm{d}}{\mathrm{d}r}\mathrm{e}^{-br^2}\right)\right]r^2\mathrm{d}r$$

$$= -\frac{4\pi\hbar^2}{2m}|A|^2\int_0^{+\infty}\mathrm{e}^{-br^2}[-2b(3r^2-2br^4)\mathrm{e}^{-br^2}]\mathrm{d}r$$

$$= \frac{4b\pi\hbar^2}{m}\left(\frac{2b}{\pi}\right)^{3/2}\int_0^{+\infty}(3r^2-2br^4)\mathrm{e}^{-2br^2}\mathrm{d}r$$

$$= \frac{4\pi b\,\hbar^2}{m}\left(\frac{2b}{\pi}\right)^{3/2}\left(3\frac{1}{8b}\sqrt{\frac{\pi}{2b}} - 2b\frac{3}{32b^2}\sqrt{\frac{\pi}{2b}}\right)$$

$$= \frac{4\pi b\,\hbar^2}{m}\left(\frac{2b}{\pi}\right)\left(\frac{3}{8b} - \frac{3}{16b}\right) = \frac{3\,\hbar^2 b}{2m}$$

所以

$$\langle H\rangle = \langle T\rangle + \langle V\rangle = \frac{3\,\hbar^2 b}{2m} - \frac{e^2}{4\pi\varepsilon_0}2\sqrt{\frac{2b}{\pi}}$$

$$\frac{\partial}{\partial b}\langle H\rangle = \frac{3\,\hbar^2}{2m} - \frac{e^2}{4\pi\varepsilon_0}\sqrt{\frac{2}{\pi}}\frac{1}{\sqrt{b}} = 0 \to \sqrt{b} = \left(\frac{e^2}{4\pi\varepsilon_0}\sqrt{\frac{2}{\pi}}\frac{2m}{3\,\hbar^2}\right)$$

$$\langle H\rangle_{\min} = \frac{3\,\hbar^2}{2m}\left(\frac{e^2}{4\pi\varepsilon_0}\right)^2\frac{2}{\pi}\frac{4m^2}{9\,\hbar^4} - \frac{e^2}{4\pi\varepsilon_0}2\sqrt{\frac{2}{\pi}}\left(\frac{e^2}{4\pi\varepsilon_0}\sqrt{\frac{2}{\pi}}\frac{2m}{3\,\hbar^2}\right)$$

$$= \left(\frac{e^2}{4\pi\varepsilon_0}\right)^2\frac{12m}{9\pi\,\hbar^2} - \left(\frac{e^2}{4\pi\varepsilon_0}\right)^2\frac{8m}{3\pi\,\hbar^2} = -\left(\frac{e^2}{4\pi\varepsilon_0}\right)^2\frac{12m}{9\pi\,\hbar^2} = \frac{24}{9\pi}\left[-\left(\frac{e^2}{4\pi\varepsilon_0}\right)^2\frac{m}{2\,\hbar^2}\right]$$

$$= \frac{8}{3\pi}E_1 = \frac{8}{3\pi}(-13.6\text{eV}) = -11.5\text{eV} > -13.6\text{eV}$$

** **习题 7.14** 如果光子的质量非零（$m_\gamma \neq 0$），则库仑能可被汤川（**Yukawa**）势所取代，

$$V(\boldsymbol{r}) = -\frac{e^2}{4\pi\varepsilon_0}\frac{e^{-\mu r}}{r}$$

其中 $\mu = m_\gamma c/\hbar$。用你自己选用的试探波函数，估算这种势下“氢”原子的束缚能。假设 $\mu a \ll 1$，给出你的结果，精确至 $(\mu a)^2$ 量级。

解：既然仍是求“氢”原子的束缚能，我们不妨仍选氢原子的基态波函数

$$\psi = \frac{1}{\sqrt{\pi b^3}}e^{-r/b} \qquad (*)$$

作为试探波函数。不过，考虑到势的变化，这里将 a 换为 b 以示与氢原子试探波函数的区别。这个波函数已经是归一化的。与氢原子类比，动能的期望值为 $\langle T\rangle = \frac{\hbar^2}{2mb^2}$。势能期待值为

$$\langle V\rangle = -\frac{e^2}{4\pi\varepsilon_0}\frac{4\pi}{\pi b^3}\int_0^{+\infty} e^{-2r/b}\frac{e^{-\mu r}}{r}r^2\text{d}r = -\frac{e^2}{4\pi\varepsilon_0}\frac{4}{b^3}\frac{1}{(\mu+2/b)^2} = -\frac{e^2}{4\pi\varepsilon_0}\frac{1}{b(1+\mu b/2)^2}$$

$$\langle H\rangle = \langle T\rangle + \langle V\rangle = \frac{\hbar^2}{2mb^2} - \frac{e^2}{4\pi\varepsilon_0}\frac{1}{b(1+\mu b/2)^2}$$

$$\frac{\partial\langle H\rangle}{\partial b} = -\frac{\hbar^2}{mb^3} + \frac{e^2}{4\pi\varepsilon_0}\frac{(1+3\mu b/2)}{b^2(1+\mu b/2)^3} = 0 \to b\frac{(1+3\mu b/2)}{(1+\mu b/2)^3} = \frac{\hbar^2}{m}\left(\frac{4\pi\varepsilon_0}{e^2}\right) = a$$

由于不能得到 b 解析表达式，我们讨论它的近似解。由题目条件可知 $\mu a \ll 1$，当 $\mu = 0$ 时，有 $b = a$，所以，$\mu a \ll 1 \to \mu b \ll 1$，故可把小量 μb 展开，

$$a\approx\left(1+\frac{3\mu b}{2}\right)\left[1-\frac{3\mu b}{2}+6\left(\frac{\mu b}{2}\right)^2\right]b\approx\left[1-\frac{3}{4}(\mu b)^2\right]b\rightarrow$$

$$b\approx\left[1+\frac{3}{4}(\mu b)^2\right]a\approx\left[1+\frac{3}{4}(\mu a)^2\right]a$$

由于$(\mu b)^2$已是二级小量,所以在涉及二级小量时,我们可以用$(\mu a)^2$替代$(\mu b)^2$

$$\langle H\rangle_{\min}\approx\frac{\hbar^2}{2ma^2\left[1+\frac{3}{4}(\mu a)^2\right]^2}-\frac{e^2}{4\pi\varepsilon_0}\frac{1}{a\left[1+\frac{3}{4}(\mu a)^2\right]\left(1+\frac{\mu a}{2}\right)^2}$$

$$\approx\frac{\hbar^2}{2ma^2}\left[1-2\,\frac{3}{4}(\mu a)^2\right]-\frac{e^2}{4\pi\varepsilon_0}\frac{1}{a}\left[1-\frac{3}{4}(\mu a)^2\right]\left[1-2\frac{\mu a}{2}+3\left(\frac{\mu a}{2}\right)^2\right]^2$$

$$=-E_1\left[1-2\,\frac{3}{4}(\mu a)^2\right]+2E_1\left[1-\frac{3}{4}(\mu a)^2\right]\left[1-2\frac{\mu a}{2}+3\left(\frac{\mu a}{2}\right)^2\right]^2$$

$$\approx-E_1\left[1-2(\mu a)+\frac{3}{2}(\mu a)^2\right]$$

习题 7.15 假设给你一个量子系统，它的哈密顿量H^0仅有两个本征态，ψ_a（能量为E_a）和ψ_b（能量为E_b）。它们是正交归一的并且非简并（假设$E_a<E_b$）。现在我们引入一个微扰H'，具有下列矩阵元。

$$\langle\psi_a|H'|\psi_a\rangle=\langle\psi_b|H'|\psi_b\rangle=0,\ \langle\psi_a|H'|\psi_b\rangle=\langle\psi_b|H'|\psi_a\rangle=h$$

其中h是一个常数（不是普朗克常数）。

（a）求微扰哈密顿量的严格本征值。

（b）用二次微扰理论估算微扰系统的能量。

（c）用变分原理估算微扰系统的基态能量，取以下试探波函数

$$\psi=(\cos\phi)\psi_a+(\sin\phi)\psi_b$$

其中ϕ为可调参数。注意：这种线性组合是保证ψ归一化的一种简便方法。

（d）对比你的（a），（b）和（c）答案，为什么在这种情况下，变分原理得到的结果这么准确？

解：（a）由题目所给的矩阵元可以得到$H=H^0+H'$的矩阵表达式为

$$H=\begin{pmatrix}E_a & h\\ h & E_b\end{pmatrix}$$

解久期方程

$$\begin{vmatrix}E_a-E & h\\ h & E_b-E\end{vmatrix}=0\rightarrow E^2-E(E_a+E_b)+E_aE_b-h^2=0$$

$$E_\pm=\frac{1}{2}\left(E_a+E_b\pm\sqrt{E_a^2-2E_aE_b+E_b^2+4h^2}\right)$$

$$=\frac{1}{2}\left(E_a+E_b\pm(E_b-E_a)\sqrt{1+4h^2/(E_b-E_a)^2}\right)$$

(b)由非简并微扰理论,能量的一级修正为

$$E_a^1=\langle\psi_a|H'|\psi_a\rangle=0,E_b^1=\langle\psi_b|H'|\psi_b\rangle=0$$

二级修正为

$$E_a^2=\frac{|\langle\psi_b|H'|\psi_a\rangle|^2}{E_a-E_b}=-\frac{h^2}{E_b-E_a},\ E_b^2=\frac{|\langle\psi_a|H'|\psi_b\rangle|^2}{E_b-E_a}=\frac{h^2}{E_b-E_a}$$

于是,二次微扰理论下的微扰系统能量

$$E_-=E_a-\frac{h^2}{E_b-E_a},\ E_+=E_b+\frac{h^2}{E_b-E_a}$$

(c)用变分原理,需求出在试探波函数下 H 的期望值

$$\langle H\rangle=\langle\cos\phi\psi_a+\sin\phi\psi_b|(H^0+H')|\cos\phi\psi_a+\sin\phi\psi_b\rangle=E_a\cos^2\phi+E_b\sin^2\phi+2h\sin\phi\cos\phi$$

$$\frac{\partial}{\partial\phi}\langle H\rangle=(E_b-E_a)\sin2\phi+2h\cos2\phi=0\rightarrow\tan2\phi=-\frac{2h}{E_b-E_a}\equiv-\varepsilon$$

利用三角函数之间的关系,

$$\sin2\phi=\frac{\pm\varepsilon}{\sqrt{1+\varepsilon^2}},\ \cos2\phi=\frac{\mp1}{\sqrt{1+\varepsilon^2}}$$

$$\cos^2\phi=\frac{1}{2}(1+\cos2\phi)=\frac{1}{2}\left(1\mp\frac{1}{\sqrt{1+\varepsilon^2}}\right),$$

$$\sin^2\phi=\frac{1}{2}(1-\cos2\phi)=\frac{1}{2}\left(1\pm\frac{1}{\sqrt{1+\varepsilon^2}}\right)$$

代入即可得到能量的极值

$$\langle H\rangle=\frac{1}{2}\left(E_a+E_b\pm\sqrt{E_a^2-2E_aE_b+E_b^2+4h^2}\right)$$

根号前为正号对应极大值,负号对应极小值,所以

$$\langle H\rangle_{\min}=\frac{1}{2}\left(E_a+E_b-\sqrt{E_a^2-2E_aE_b+E_b^2+4h^2}\right)$$

(d)当微扰 $h\ll(E_b-E_a)$ 时,(a)中的精确解可展开

$$E_\pm=\frac{1}{2}\left(E_a+E_b\pm(E_b-E_a)\sqrt{1+4h^2/(E_b-E_a)^2}\right)$$

$$\approx\frac{1}{2}(E_a+E_b\pm(E_b-E_a)(1+2h^2/(E_b-E_a)^2))$$

$$\approx\begin{cases}E_b+h^2/(E_b-E_a)\\E_a-h^2/(E_b-E_a)\end{cases}$$

这与(b)中用微扰理论计算的结果一致。(c)用变分原理得到的基态能量与精确解完全一致,这是因为所选取的试探波函数已是最一般的波函数形式。由变分法确定的基态 $\cos\phi$ 和 $\sin\phi$ 的值,正好是由本征方程解出精确的基态波函数的叠加系数。这可证明如下:由能量本征方程

$$\begin{pmatrix}E_a&h\\h&E_b\end{pmatrix}\begin{pmatrix}c_a\\c_b\end{pmatrix}=E_-\begin{pmatrix}c_a\\c_b\end{pmatrix}\rightarrow c_b=\frac{E_--E_a}{h}c_a$$

归一化:

$$|c_a|^2+|c_b|^2=1\rightarrow|c_a|^2\left(1+\left|\frac{E_--E_a}{h}\right|^2\right)=1$$

$$c_a=\frac{h}{\sqrt{(E_a-E_-)^2+h^2}},\ c_b=-\frac{E_a-E_-}{\sqrt{(E_a-E_-)^2+h^2}}$$

代入

$$E_-=\frac{1}{2}\left[E_a+E_b-(E_b-E_a)\sqrt{1+\varepsilon^2}\right]$$

$$E_a-E_-=E_a-\frac{1}{2}\left[E_a+E_b-(E_b-E_a)\sqrt{1+\varepsilon^2}\right]=\frac{1}{2}(E_b-E_a)\left(\sqrt{1+\varepsilon^2}-1\right)$$

$$c_a=\frac{h}{\sqrt{\frac{1}{4}(E_b-E_a)^2(\sqrt{1+\varepsilon^2}-1)^2+h^2}}=\frac{2h/(E_b-E_a)}{\sqrt{\left(\sqrt{1+\varepsilon^2}-1\right)^2+4h^2/(E_b-E_a)^2}}$$

$$=\frac{\varepsilon}{\sqrt{\left(\sqrt{1+\varepsilon^2}-1\right)^2+\varepsilon^2}}=\frac{\varepsilon}{\sqrt{2(1+\varepsilon^2)+2\sqrt{1+\varepsilon^2}}}=\frac{1}{\sqrt{2}}\frac{\varepsilon}{(1+\varepsilon^2)^{1/4}}\frac{1}{\sqrt{\sqrt{1+\varepsilon^2}+1}}$$

$$=\frac{1}{\sqrt{2}}\frac{\varepsilon}{(1+\varepsilon^2)^{1/4}}\frac{1}{\sqrt{\sqrt{1+\varepsilon^2}+1}}\frac{\sqrt{\sqrt{1+\varepsilon^2}-1}}{\sqrt{\sqrt{1+\varepsilon^2}-1}}=\frac{1}{\sqrt{2}}\sqrt{1-\frac{1}{\sqrt{1+\varepsilon^2}}}$$

同样可以求出

$$c_b=\frac{1}{\sqrt{2}}\sqrt{1+\frac{1}{\sqrt{1+\varepsilon^2}}}$$

精确的基态波函数为

$$\psi=c_a\psi_a+c_b\psi_b$$

与基态对应的 $\cos\phi$ 和 $\sin\phi$ 为

$$\cos\phi=\frac{1}{\sqrt{2}}\sqrt{1-\frac{1}{\sqrt{1+\varepsilon^2}}},\ \sin\phi=\frac{1}{\sqrt{2}}\sqrt{1+\frac{1}{\sqrt{1+\varepsilon^2}}}$$

变分原理得出的 $\cos\phi$ 和 $\sin\phi$ 值正好是精确解的叠加系数，这样通过变分原理能得到精确的基态能量也就不奇怪了。

习题 7.16 作为习题 7.15 特殊方法的一个明显的例子，考虑在均匀磁场 $\boldsymbol{B}=B_z\hat{k}$ 中的一个静止电子，其哈密顿量可写为

$$H_0=\frac{eB_z}{m}S_z$$

本征旋量为 χ_a 和 χ_b，$\begin{cases}\chi_+ & (\text{能量}\ E_+=-(\gamma B_0\hbar)/2)\\ \chi_- & (\text{能量}\ E_-=+(\gamma B_0\hbar)/2)\end{cases}$ 给出相应的能量为 E_a 和 E_b。现在我们引入沿 x 方向的均匀场作为微扰，微扰具有以下形式

$$H'=\frac{eB_x}{m}S_x$$

(a) 求 H' 的矩阵元，并证明它们有和($\langle\psi_a|H'|\psi_a\rangle=\langle\psi_b|H'|\psi_b\rangle=0,\langle\psi_a|H'|\psi_b\rangle=\langle\psi_b|H'|\psi_a\rangle=h$)一样的结构。$h$ 是什么？

（b）利用习题7.15（b）的结果，用二级微扰论求解新的基态能量。

（c）利用习题7.15（c）的结果，用变分原理求基态能量的上限。

解：（a）设 $E_b > E_a$，在 S_z 的表象中，

$$\chi_b = \chi_+ = \begin{pmatrix}1\\0\end{pmatrix},\quad \chi_a = \chi_- = \begin{pmatrix}0\\1\end{pmatrix},\ E_a = -\frac{eB_z\hbar}{2m},\ E_b = \frac{eB_z\hbar}{2m},\ \boldsymbol{H}_0 = \frac{eB_z\hbar}{2m}\begin{pmatrix}1 & 0\\0 & -1\end{pmatrix}$$

在 S_z 的表象中微扰矩阵为

$$\boldsymbol{H}' = \frac{eB_x\hbar}{2m}\begin{pmatrix}0 & 1\\1 & 0\end{pmatrix}$$

对照上题，可知此时 $h = \dfrac{eB_x\hbar}{2m}$。

（b）由非简并微扰理论，能量的一级修正为零（$\boldsymbol{H}'$对角元为零），基态能量的二级修正为

$$E_a^{(2)} = \frac{|H'_{ab}|^2}{E_a - E_b} = \frac{(eB_x\hbar/2m)^2}{(-eB_z\hbar/2m)-(eB_z\hbar/2m)} = -\left(\frac{e\hbar}{2m}\right)\frac{B_x^2}{2B_z}$$

$$E_{gs} \approx E_a + E_a^{(2)} = -\frac{e\hbar}{2m}\left(B_z + \frac{B_x^2}{2B_z}\right)$$

（c）根据习题7.15的结果，由变分原理给出（实际上是精确解）

$$\langle H\rangle_{\min} = \frac{1}{2}\left(E_a + E_b - \sqrt{(E_b - E_a)^2 + 4h^2}\right) = -\frac{1}{2}\sqrt{(E_b - E_a)^2 + 4h^2}$$

$$= -\frac{1}{2}\sqrt{\left(\frac{eB_z\hbar}{m}\right)^2 + 4\left(\frac{eB_x\hbar}{2m}\right)^2} = -\frac{e\hbar}{2m}\sqrt{B_z^2 + B_x^2}$$

*** **习题7.17** 尽管氦本身的薛定谔方程无法精确求解，但是存在着可以精确求解的“类氦”体系。一个简单的例子就是“橡皮带氦”，其中的库仑力被胡克定律力所取代

$$H = -\frac{\hbar^2}{2m}(\nabla_1^2 + \nabla_2^2) + \frac{1}{2}m\omega^2(r_1^2 + r_2^2) - \frac{\lambda}{4}m\omega^2|\boldsymbol{r}_1 - \boldsymbol{r}_2|^2$$

（a）证明将变量作如下代换

$$\boldsymbol{u} = \frac{1}{\sqrt{2}}(\boldsymbol{r}_1 + \boldsymbol{r}_2),\quad \boldsymbol{v} = \frac{1}{\sqrt{2}}(\boldsymbol{r}_1 - \boldsymbol{r}_2)$$

则系统的哈密顿量变换为两个独立的三维简谐振子

$$H = \left(-\frac{\hbar^2}{2m}\nabla_u^2 + \frac{1}{2}m\omega^2u^2\right) + \left[-\frac{\hbar^2}{2m}\nabla_v^2 + \frac{1}{2}(1-\lambda)m\omega^2v^2\right]$$

（b）这个系统精确的基态能量是多少？

（c）如果我们不知道精确解，将7.2节（求氦原子基态能量）的方法应用到哈密顿量的原始形式（无需考虑屏蔽效应）求基态能量上限，并把结果与精确解比较。

解：（a）由所给变换

$$u=\frac{1}{\sqrt{2}}(r_1+r_2),\quad v=\frac{1}{\sqrt{2}}(r_1-r_2)\to r_1=\frac{1}{\sqrt{2}}(u+v),\quad r_2=\frac{1}{\sqrt{2}}(u-v)$$

于是有

$$r_1^2+r_2^2=\frac{1}{2}(u+v)^2+\frac{1}{2}(u-v)^2=u^2+v^2$$

$$\frac{\partial}{\partial x_1}=\frac{\partial u_x}{\partial x_1}\frac{\partial}{\partial u_x}+\frac{\partial v_x}{\partial x_1}\frac{\partial}{\partial v_x}=\frac{1}{\sqrt{2}}\left(\frac{\partial}{\partial u_x}+\frac{\partial}{\partial v_x}\right)$$

$$\frac{\partial^2}{\partial x_1^2}=\frac{1}{\sqrt{2}}\left(\frac{\partial}{\partial u_x}+\frac{\partial}{\partial v_x}\right)\frac{1}{\sqrt{2}}\left(\frac{\partial}{\partial u_x}+\frac{\partial}{\partial v_x}\right)=\frac{1}{2}\left(\frac{\partial^2}{\partial u_x^2}+2\frac{\partial^2}{\partial u_x\partial v_x}+\frac{\partial^2}{\partial v_x^2}\right)$$

$$\frac{\partial}{\partial x_2}=\frac{\partial u_x}{\partial x_2}\frac{\partial}{\partial u_x}+\frac{\partial v_x}{\partial x_2}\frac{\partial}{\partial v_x}=\frac{1}{\sqrt{2}}\left(\frac{\partial}{\partial u_x}-\frac{\partial}{\partial v_x}\right)$$

$$\frac{\partial^2}{\partial x_2^2}=\frac{1}{\sqrt{2}}\left(\frac{\partial}{\partial u_x}-\frac{\partial}{\partial v_x}\right)\frac{1}{\sqrt{2}}\left(\frac{\partial}{\partial u_x}-\frac{\partial}{\partial v_x}\right)=\frac{1}{2}\left(\frac{\partial^2}{\partial u_x^2}-2\frac{\partial^2}{\partial u_x\partial v_x}+\frac{\partial^2}{\partial v_x^2}\right)$$

$$\frac{\partial^2}{\partial x_1^2}+\frac{\partial^2}{\partial x_2^2}=\frac{\partial^2}{\partial u_x^2}+\frac{\partial^2}{\partial v_x^2}$$

同样可得

$$\frac{\partial^2}{\partial y_1^2}+\frac{\partial^2}{\partial y_2^2}=\frac{\partial^2}{\partial u_y^2}+\frac{\partial^2}{\partial v_y^2},\frac{\partial^2}{\partial z_1^2}+\frac{\partial^2}{\partial z_2^2}=\frac{\partial^2}{\partial u_z^2}+\frac{\partial^2}{\partial v_z^2}$$

所以
$$\nabla_1^2+\nabla_2^2=\nabla_u^2+\nabla_v^2$$

这样

$$H=-\frac{\hbar^2}{2m}(\nabla_1^2+\nabla_2^2)+\frac{1}{2}m\omega^2(r_1^2+r_2^2)-\frac{\lambda}{4}m\omega^2\left|r_1-r_2\right|^2$$

$$=-\frac{\hbar^2}{2m}(\nabla_u^2+\nabla_v^2)+\frac{1}{2}m\omega^2(u^2+v^2)-\frac{\lambda}{4}m\omega^2\left|\sqrt{2}v\right|^2$$

$$=\left(-\frac{\hbar^2}{2m}\nabla_u^2+\frac{1}{2}m\omega^2u^2\right)+\left[-\frac{\hbar^2}{2m}\nabla_v^2+\frac{1}{2}(1-\lambda)m\omega^2v^2\right]$$

（b）现在哈密顿量为两个无耦合三维谐振子哈密顿量之和，一个频率为 ω，另一个频率为 $\sqrt{1-\lambda}\omega$，所以基态能量为

$$E_{gs}=\frac{3}{2}\hbar\omega+\frac{3}{2}\hbar\omega\sqrt{1-\lambda}$$

（c）对于一维谐振子，基态波函数为

$$\psi_0(x)=\left(\frac{m\omega}{\pi\hbar}\right)^{1/4}e^{-\frac{m\omega}{2\hbar}x^2}$$

因此三维谐振子的基态波函数为

$$\psi_0\ (r)\ =\left(\frac{m\omega}{\pi\hbar}\right)^{3/4}\mathrm{e}^{-\frac{m\omega}{2\hbar}r^2}$$

对于哈密顿量

$$H=-\frac{\hbar^2}{2m}(\ \nabla_1^2+\ \nabla_2^2)+\frac{1}{2}m\omega^2(r_1^2+r_2^2)-\frac{\lambda}{4}m\omega^2\left|\boldsymbol{r}_1-\boldsymbol{r}_2\right|^2$$

如果没有最后一项微扰项，基态波函数为

$$\psi_0(r_1,r_2)=\left(\frac{m\omega}{\pi\hbar}\right)^{3/2}\mathrm{e}^{-\frac{m\omega}{2\hbar}(r_1^2+r_2^2)}$$

我们把这个波函数作为试探波函数来求哈密顿量的期望值

$$\langle H\rangle=2\,\frac{3}{2}\hbar\omega+\langle V_{ee}\rangle$$

其中

$$\langle V_{ee}\rangle=-\frac{\lambda}{4}m\omega^2\left(\frac{m\omega}{\pi\hbar}\right)^3\int\mathrm{e}^{-\frac{m\omega}{\hbar}(r_1^2+r_2^2)}\left|\boldsymbol{r}_1-\boldsymbol{r}_2\right|^2\mathrm{d}^3\boldsymbol{r}_1\mathrm{d}^3\boldsymbol{r}_2$$

$$=-\frac{\lambda}{4}m\omega^2\left(\frac{m\omega}{\pi\hbar}\right)^3\int\mathrm{e}^{-\frac{m\omega}{\hbar}(r_1^2+r_2^2)}(\boldsymbol{r}_1^2+\boldsymbol{r}_2^2-2\boldsymbol{r}_1\cdot\boldsymbol{r}_2)\,\mathrm{d}^3\boldsymbol{r}_1\mathrm{d}^3\boldsymbol{r}_2$$

对 $\boldsymbol{r}_1\cdot\boldsymbol{r}_2$ 的积分为零（这相当于 x 对基态的积分），对 r_1^2 和 r_2^2 两项的积分是一样的。所以

$$\langle V_{ee}\rangle=-\frac{\lambda}{4}m\omega^2\left(\frac{m\omega}{\pi\hbar}\right)^3\int\mathrm{e}^{-\frac{m\omega}{\hbar}(r_1^2+r_2^2)}(\boldsymbol{r}_1^2+\boldsymbol{r}_2^2)\,\mathrm{d}^3\boldsymbol{r}_1\mathrm{d}^3\boldsymbol{r}_2$$

$$=-2\,\frac{\lambda}{4}m\omega^2\left[\left(\frac{m\omega}{\pi\hbar}\right)^{3/2}\int\mathrm{e}^{-\frac{m\omega}{\hbar}r_1^2}r_1^2\mathrm{d}^3r_1\right]\underbrace{\left[\left(\frac{m\omega}{\pi\hbar}\right)^{3/2}\int\mathrm{e}^{-\frac{m\omega}{\hbar}r_2^2}\mathrm{d}^3r_2\right]}_{1}$$

$$=-2\cdot\frac{\lambda}{4}m\omega^2\left[4\pi\left(\frac{m\omega}{\pi\hbar}\right)^{3/2}\int\mathrm{e}^{-\frac{m\omega}{\hbar}r_1^2}r_1^4\mathrm{d}r_1\right]$$

$$=-2\cdot\frac{\lambda}{4}m\omega^2\left[4\pi\left(\frac{m\omega}{\pi\hbar}\right)^{3/2}\frac{3}{2^3}\frac{\sqrt{\pi}}{(m\omega/\hbar)^{5/2}}\right]=-\frac{3}{4}\lambda\hbar\omega$$

所以

$$\langle H\rangle\ =3\hbar\omega-\frac{3}{4}\lambda\hbar\omega=3\hbar\omega\left(1-\frac{\lambda}{4}\right)$$

由于 $\langle H\rangle$ 的极小值是大于等于基态能量的，所以必有

$$\langle H\rangle\ =3\hbar\omega\left(1-\frac{\lambda}{4}\right)\geqslant E_{\mathrm{gs}}=\frac{3}{2}\hbar\omega+\frac{3}{2}\hbar\omega\ \sqrt{1-\lambda}$$

可检验如下，

$$3\hbar\omega\left(1-\frac{\lambda}{4}\right)\geqslant\frac{3}{2}\hbar\omega+\frac{3}{2}\hbar\omega\ \sqrt{1-\lambda}\rightarrow2-\frac{\lambda}{2}>1+\sqrt{1-\lambda}\rightarrow$$

$$1-\frac{\lambda}{2}>\sqrt{1-\lambda}\to 1-\lambda+\frac{\lambda^2}{4}>1-\lambda$$

*** **习题 7.18** 在习题 7.7 中我们发现含屏蔽的试探波函数（$\psi_1(\boldsymbol{r}_1,\boldsymbol{r}_2)=\frac{Z^3}{\pi a^3}e^{-Z(r_1+r_2)/a}$）在氦原子上应用得很好，但是不适合证明负氢离子存在束缚态。钱德拉萨卡（Chandrasekhar）使用如下形式的试探波函数

$$\psi(\boldsymbol{r}_1,\boldsymbol{r}_2)\equiv A[\psi_1(r_1)\psi_2(r_2)+\psi_2(r_1)\psi_1(r_2)]$$

其中

$$\psi_1(r)\equiv\sqrt{\frac{Z_1^3}{\pi a^3}}e^{-Z_1r/a},\ \psi_2(r)\equiv\sqrt{\frac{Z_2^3}{\pi a^3}}e^{-Z_2r/a}$$

为了更有效地描述，考虑到一个电子相对离核子更近一些，而另一个则稍远一些，他引入了两个不同的屏蔽因子（因为电子是全同粒子，所以，当空间波函数在变换下对称时，现在与计算无关的自旋态则明显地是反对称的）。证明：通过巧妙地选择可调参数 Z_1 和 Z_2，你可以得到小于 -13.6eV 的 $\langle H\rangle$。答案：

$$\langle H\rangle=\frac{E_1}{x^6+y^6}\left(-x^8+2x^7+\frac{1}{2}x^6y^2-\frac{1}{2}x^5y^2-\frac{1}{8}x^3y^4+\frac{11}{8}xy^6-\frac{1}{2}y^8\right)$$

其中 $x\equiv Z_1+Z_2$，$y\equiv 2\sqrt{Z_1Z_2}$，钱德拉萨卡选取 $Z_1=1.039$（由于这比 1 大，用它来解释有效核电荷有点问题，不过不必介意，它仍然是一个可以接受的试探波函数）和 $Z_2=0.283$。

解：首先归一化，

$$\begin{aligned}1&=\int|\psi|^2d^3r_1d^3r_2\\&=|A|^2\left[\int\psi_1^2(r_1)d^3r_1\int\psi_2^2(r_2)d^3r_2+2\int\psi_1\psi_2d^3r_1\int\psi_1\psi_2d^3r_2+\int\psi_2^2(r_1)d^3r_1\int\psi_1^2(r_2)d^3r_2\right]\\&=|A|^2(1+2S^2+1)\end{aligned}$$

式中

$$S\equiv\int\psi_1\psi_2d^3r=\left(\frac{\sqrt{(Z_1Z_2)^3}}{\pi a^3}\int e^{-(Z_1+Z_2)r/a}4\pi r^2dr\right)=\frac{4}{a^3}\left(\frac{y}{2}\right)^3\left[\frac{2a^3}{(Z_1+Z_2)^3}\right]=\left(\frac{y}{x}\right)^3$$

其中，$x\equiv Z_1+Z_2$，$y\equiv 2\sqrt{Z_1Z_2}$。由此得归一化常数

$$A^2=\frac{1}{2+2S^2}$$

体系的哈密顿量为

$$H=-\frac{\hbar^2}{2m}(\nabla_1^2+\nabla_2^2)-\frac{e^2}{4\pi\varepsilon_0}\left(\frac{1}{r_1}+\frac{1}{r_2}-\frac{1}{|\boldsymbol{r}_1-\boldsymbol{r}_2|}\right)$$

把它作用到波函数上得到

$$H\psi = A\left\{\left[-\frac{\hbar^2}{2m}(\nabla_1^2+\nabla_2^2)-\frac{e^2}{4\pi\varepsilon_0}\left(\frac{Z_1}{r_1}+\frac{Z_2}{r_2}\right)\right][\psi_1(r_1)\psi_2(r_2)+\psi_2(r_1)\psi_1(r_2)]\right\}+$$

$$A\frac{e^2}{4\pi\varepsilon_0}\left\{\left[\frac{Z_1-1}{r_1}+\frac{Z_2-1}{r_2}\right]\psi_1(r_1)\psi_2(r_2)+\left(\frac{Z_2-1}{r_1}+\frac{Z_1-1}{r_2}\right)\psi_2(r_1)\psi_1(r_2)\right\}+V_{ee}\psi$$

式中，

$$V_{ee}\equiv\frac{e^2}{4\pi\varepsilon_0}\frac{1}{|r_1-r_2|}$$

下面求哈密顿量的期望值。第一项显然为基本项，

$$\langle H\rangle_1=(Z_1^2+Z_2^2)E_1=E_1(x^2-y^2/2)$$

第二项，

$$\langle H\rangle_2 = A^2\left(\frac{e^2}{4\pi\varepsilon_0}\right)\left\{\left\langle \psi_1(r_1)\psi_2(r_2)+\psi_2(r_1)\psi_1(r_2)\right|\left\{\left[\frac{Z_1-1}{r_1}+\frac{Z_2-1}{r_2}\right]\right|\psi_1(r_1)\psi_2(r_2)\right\rangle+$$

$$\left[\frac{Z_2-1}{r_1}+\frac{Z_1-1}{r_2}\right]\left|\psi_2(r_1)\psi_1(r_2)\right\rangle\Bigg\}\Bigg\}$$

$$=A^2\left(\frac{e^2}{4\pi\varepsilon_0}\right)\left\{(Z_1-1)\left\langle\psi_1(r_1)\left|\frac{1}{r_1}\right|\psi_1(r_1)\right\rangle+(Z_2-1)\left\langle\psi_2(r_2)\left|\frac{1}{r_2}\right|\psi_2(r_2)\right\rangle+\right.$$

$$(Z_2-1)\left\langle\psi_1(r_1)\left|\frac{1}{r_1}\right|\psi_2(r_1)\right\rangle\langle\psi_2(r_2)\mid\psi_1(r_2)\rangle+$$

$$(Z_1-1)\langle\psi_1(r_1)\mid\psi_2(r_1)\rangle\left\langle\psi_2(r_2)\left|\frac{1}{r_2}\right|\psi_1(r_2)\right\rangle+$$

$$(Z_1-1)\left\langle\psi_2(r_1)\left|\frac{1}{r_1}\right|\psi_1(r_1)\right\rangle\langle\psi_2(r_2)\mid\psi_1(r_2)\rangle+$$

$$(Z_2-1)\langle\psi_2(r_1)\mid\psi_1(r_1)\rangle\left\langle\psi_1(r_2)\left|\frac{1}{r_2}\right|\psi_2(r_2)\right\rangle+(Z_2-1)\left\langle\psi_2(r_1)\left|\frac{1}{r_1}\right|\psi_2(r_1)\right\rangle+$$

$$\left.(Z_1-1)\left\langle\psi_1(r_2)\left|\frac{1}{r_2}\right|\psi_1(r_2)\right\rangle\right\}$$

$$=A^2\left(\frac{e^2}{4\pi\varepsilon_0}\right)\left[2(Z_1-1)\left\langle\frac{1}{r}\right\rangle_1+2(Z_2-1)\left\langle\frac{1}{r}\right\rangle_2+2(Z_1-1)\langle\psi_1\mid\psi_2\rangle\left\langle\psi_1\left|\frac{1}{r}\right|\psi_2\right\rangle+\right.$$

$$\left.2(Z_2-1)\langle\psi_1\mid\psi_2\rangle\left\langle\psi_1\left|\frac{1}{r}\right|\psi_2\right\rangle\right]$$

代入

$$\left\langle \frac{1}{r} \right\rangle_1 = \frac{Z_1}{a},\ \left\langle \frac{1}{r} \right\rangle_2 = \frac{Z_2}{a},\ \langle \psi_1 | \psi_2 \rangle = S = \left(\frac{y}{x}\right)^3$$

以及

$$\left\langle \psi_1 \left| \frac{1}{r} \right| \psi_2 \right\rangle = \frac{\sqrt{(Z_1 Z_2)^3}}{\pi a^3} 4\pi \int_0^{+\infty} \mathrm{e}^{-(Z_1+Z_2)r/a} r \mathrm{d}r$$

$$= \frac{\sqrt{(Z_1 Z_2)^3}}{\pi a^3} 4\pi \left[\frac{a}{Z_1 + Z_2}\right]^2 = \frac{y^3}{2ax^2}$$

故

$$\langle H \rangle_2 = A^2 \left(\frac{e^2}{4\pi\varepsilon_0}\right) 2 \left[\frac{1}{a}(Z_1 - 1) Z_1 + \frac{1}{a}(Z_2 - 1) Z_2 + (Z_1 + Z_2 - 2) \left(\frac{y}{x}\right)^3 \frac{y^3}{2ax^2}\right]$$

最后一项势能项，

$$\langle V_{ee} \rangle = \frac{e^2}{4\pi\varepsilon_0} \left\langle \psi \left| \frac{1}{|\boldsymbol{r}_1 - \boldsymbol{r}_2|} \right| \psi \right\rangle = A^2 \frac{e^2}{4\pi\varepsilon_0} \left\langle \psi_1(r_1)\psi_2(r_2) + \right.$$

$$\left. \psi_2(r_1)\psi_1(r_2) \left| \frac{1}{|\boldsymbol{r}_1 - \boldsymbol{r}_2|} \right| \psi_1(r_1)\psi_2(r_2) + \psi_2(r_1)\psi_1(r_2) \right\rangle$$

$$= A^2 \frac{e^2}{4\pi\varepsilon_0} \left[2 \left\langle \psi_1(r_1)\psi_2(r_2) \left| \frac{1}{|\boldsymbol{r}_1 - \boldsymbol{r}_2|} \right| \psi_1(r_1)\psi_2(r_2) \right\rangle + \right.$$

$$\left. \left\langle \psi_1(r_1)\psi_2(r_2) \left| \frac{1}{|\boldsymbol{r}_1 - \boldsymbol{r}_2|} \right| \psi_2(r_1)\psi_1(r_2) \right\rangle \right]$$

$$= 2A^2 \frac{e^2}{4\pi\varepsilon_0} (B + C)$$

其中

$$B \equiv \left\langle \psi_1(r_1)\psi_2(r_2) \left| \frac{1}{|\boldsymbol{r}_1 - \boldsymbol{r}_2|} \right| \psi_1(r_1)\psi_2(r_2) \right\rangle$$

$$= \frac{Z_1^3 Z_2^3}{(\pi a^3)^2} \int \mathrm{e}^{-2Z_1 r_1/a} \mathrm{e}^{-2Z_2 r_2/a} \frac{1}{|\boldsymbol{r}_1 - \boldsymbol{r}_2|} \mathrm{d}^3\boldsymbol{r}_1 \mathrm{d}^3\boldsymbol{r}_2$$

这种类型的积分在教材的 7.2 节中做过，先对 $\boldsymbol{r}_2$ 积分

$$\int e^{-2Z_2r_2/a}\frac{r_2^2\sin\theta_2\mathrm{d}r_2\mathrm{d}\theta_2\mathrm{d}\phi_2}{\sqrt{r_1^2+r_2^2-2r_1r_2\cos\theta_2}}=2\pi\int_0^{+\infty}r_2^2\mathrm{d}r_2\int_0^{\pi}\frac{\sin\theta_2\mathrm{d}\theta_2}{\sqrt{r_1^2+r_2^2-2r_1r_2\cos\theta_2}}$$

$$=2\pi\int_0^{+\infty}e^{-2Z_2r_2/a}r_2^2\mathrm{d}r_2\left[\frac{\sqrt{r_1^2+r_2^2-2r_1r_2\cos\theta_2}}{r_1r_2}\right|_0^{\pi}\Bigg]$$

$$=\frac{2\pi}{r_1}\int_0^{+\infty}e^{-2Z_2r_2/a}r_2\mathrm{d}r_2(r_1+r_2-|r_1-r_2|)$$

$$=\frac{4\pi}{r_1}\int_0^{r_1}e^{-2Z_2r_2/a}r_2^2\mathrm{d}r_2+4\pi\int_{r_1}^{+\infty}e^{-2Z_2r_2/a}r_2\mathrm{d}r_2$$

$$=\frac{\pi a^3}{Z_2^3r_1}\left[1-\left(1+\frac{Z_2r_1}{a}\right)e^{-2Z_2r_1/a}\right]$$

这样

$$B=4\pi\frac{Z_1^3}{(\pi a^3)}\int_0^{+\infty}e^{-2Z_1r_1/a}\left[1-\left(1+\frac{Z_2r_1}{a}\right)e^{-2Z_2r_1/a}\right]r_1\mathrm{d}r_1$$

$$=\frac{4Z_1^3}{a^3}\int_0^{+\infty}\left[e^{-2Z_1r_1/a}r_1-e^{-2(Z_1+Z_2)r_1/a}r_1-\frac{Z_2}{a}e^{-2(Z_1+Z_2)r_1/a}r_1^2\right]\mathrm{d}r_1$$

$$=\frac{4Z_1^3}{a^3}\left\{\left(\frac{a}{2Z_1}\right)^2-\left[\frac{a}{2(Z_1+Z_2)}\right]^2-2\frac{Z_2}{a}\left[\frac{a}{2(Z_1+Z_2)}\right]^3\right\}$$

$$=\frac{Z_1^3}{a}\left[\frac{1}{Z_1^2}-\frac{1}{(Z_1+Z_2)^2}-\frac{Z_2}{(Z_1+Z_2)^3}\right]$$

$$=\frac{Z_1Z_2}{a(Z_1+Z_2)}\left[1+\frac{Z_1Z_2}{(Z_1+Z_2)^2}\right]=\frac{y^2}{4ax}\left(1+\frac{y^2}{4ax^2}\right)$$

$$C=\left\langle\psi_1(r_1)\psi_2(r_2)\left|\frac{1}{|\boldsymbol{r}_1-\boldsymbol{r}_2|}\right|\psi_2(r_1)\psi_1(r_2)\right\rangle$$

$$=\frac{Z_1^3Z_2^3}{(\pi a^3)^2}\int e^{-Z_1r_1/a}e^{-Z_2r_2/a}e^{-Z_2r_1/a}e^{-Z_1r_2/a}\frac{1}{|\boldsymbol{r}_1-\boldsymbol{r}_2|}\mathrm{d}^3\boldsymbol{r}_1\mathrm{d}^3\boldsymbol{r}_2$$

$$=\frac{Z_1^3Z_2^3}{(\pi a^3)^2}\int e^{-(Z_1+Z_2)r_1/a}e^{-(Z_1+Z_2)r_2/a}\frac{1}{|\boldsymbol{r}_1-\boldsymbol{r}_2|}\mathrm{d}^3\boldsymbol{r}_1\mathrm{d}^3\boldsymbol{r}_2$$

这个积分与 B 类似，只不过 $2Z_1\to(Z_1+Z_2)$，$2Z_2\to(Z_1+Z_2)$，所以

$$C=\frac{(Z_1Z_2)^3}{(\pi a^3)^2}\frac{5\pi^2}{256}\frac{4^5a^5}{(Z_1+Z_2)^5}=\frac{5}{16a}\frac{y^6}{x^5}$$

最后得到

$$\langle H\rangle=\langle H\rangle_1+\langle H\rangle_2+\langle V_{ee}\rangle$$

$$= E_1\left\{x^2-\frac{1}{2}y^2-\frac{2}{[1+(y/x)^6]}\left[x^2-\frac{1}{2}y^2-x+\frac{1}{2}(x-2)\frac{y^6}{x^5}\right]-\frac{2}{[1+(y/x)^6]}\frac{y^2}{4x}\left(1+\frac{y^2}{4x^2}+\frac{5y^4}{4x^4}\right)\right\}$$

$$=\frac{E_1}{x^6+y^6}\left(-x^8+2x^7+\frac{1}{2}x^6y^2-\frac{1}{2}x^5y^2-\frac{1}{8}x^3y^4+\frac{11}{8}xy^6-\frac{1}{2}y^8\right)$$

对 x, y 求极小值，用数值解法求出 $x=1.32245$, $y=1.08505$，即

$$Z_1=1.0392,\ Z_2=0.2832$$

时 $\langle H\rangle$ 取最小值，

$$\langle H\rangle_{\min}=1.0266E_1=-13.962\ \text{eV}<-13.6\ \text{eV}$$

这确实比氢原子基态能量要小，但是差别不是很大。

习题 7.19 利用核聚变产生能量的关键问题是让两个粒子(例如，氘核)靠的足够近，使得核吸引力(短程力)克服库仑排斥力。“推土机”方法就是将粒子加热至极高的温度，让无规碰撞把它们拉在一起。一个更新奇的建议就是 μ 子催化，即建立一个“氢分子离子”，仅需要把氘核取代质子，而一个 μ 子取代那个电子。预测在这种结构中氘核间的平衡间距，并解释为什么 μ 子在此方面上优于电子。

解：由变分原理对氢分子离子的分析可知，质子间的平衡距离大概为 $R_H=ax_0$，且经过数值计算(习题 7.10)得，$F(x)$ 的极值点在 $x_0=2.493$ 处。其中 $a=4\pi\varepsilon_0\hbar^2/me^2$，为玻尔半径。当进行 μ 子催化时，即让氘核取代质子，而 μ 子取代电子，对这样一个体系的求解，与利用变分原理分析氢分子离子的方法是完全一致的。可以得到：氘核间的平衡间距大概为：$R'=a'x_0$，仍有 $x_0=2.493$，但此时 a' 不再为玻尔半径，而是
$a'=4\pi\varepsilon_0\hbar^2/m'e^2$，其中 m' 为 μ 子在体系中的约化质量，即

$$m'=\frac{m_\mu m_d}{m_\mu+m_d}=\frac{m_\mu 2m_p}{m_\mu+2m_p}=\frac{m_\mu}{1+m_\mu/2m_p}$$

代入 $m_\mu=207m_e$，则 $1+m_\mu/2m_p=1+\left(\frac{207}{2}\right)\times\frac{(9.11\times10^{-31})}{(1.67\times10^{-27})}=1.056$，代入上式得

$$m'=\frac{207m_e}{1.056}=196m_e$$

所以

$$R'=\frac{1}{196}ax_0=\frac{2.493}{196}(0.529\times10^{-10}\text{m})=6.73\times10^{-13}\text{m}$$

由上可以看出，两核之间的平衡距离缩减为原先的 1/200，这就可能使得两个氘核靠的足够近以致核吸引力(短程力)克服库仑排斥力，进而满足产生核聚变的条件。

*** **习题 7.20** 量子点。考虑一个粒子束缚在二维十字形区域内运动，如图 7-3 所示。十字区的“臂”延伸至无穷远。在十字区内部势能为零，而在外部阴影区内势能为无穷大。令人惊奇的是这种势能存在正的能量束缚态。

(a) 证明能传播至无穷远的最小能量为

$$E_{\text{threshold}}=\frac{\pi^2\hbar^2}{8ma^2}$$

任何低于这个能量值的解都是束缚态。提示：沿着一个臂（例如，$x>>a$）用分离变量法解薛定谔方程。如果波函数可以传播至无穷远，那么依赖 x 的部分必须以 $\exp(\mathrm{i}k_x x)$ 的形式出现，其中 $k_x>0$。

（b）用变分原理证明基态能量小于 $E_{\text{threshold}}$。采用下面的试探波函数

$$\psi(x,y)=A\begin{cases}(1-|xy|/a^2)\mathrm{e}^{-\alpha} & (|x|\leqslant a\ 且\ |y|\leqslant a)\\(1-|x|/a)\mathrm{e}^{-\alpha|y|/a} & (|x|\leqslant a\ 且\ |y|>a)\\(1-|y|/a)\mathrm{e}^{-\alpha|x|/a} & (|x|>a\ 且\ |y|\leqslant a)\\0 & (其他)\end{cases}$$

归一化求 A 并计算 H 的期待值。答案：

$$\langle H\rangle=\frac{3\hbar^2}{ma^2}\left(\frac{\alpha^2+2\alpha+3}{6+11\alpha}\right)$$

现在根据 α 求最小值，并证明最小值小于 $E_{\text{threshold}}$。提示：充分利用问题的对称性——你只需对 1/8 的开区域计算积分就可以了，因为其他七个区域和它完全相同。注意尽管试探波函数是连续的，但是它的导数却不连续——在“角线部分”$x=0$，$y=0$，$x=\pm a$ 和 $y=\pm a$ 处，你需要应用教材中例题 7.3 的技巧。

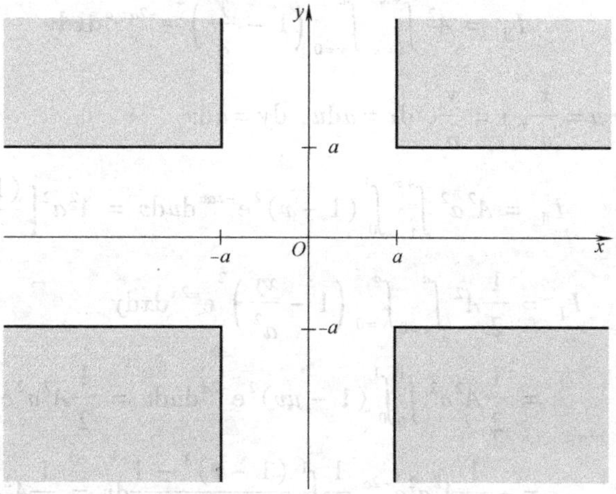

图 7-3 习题 7.20 中的十字交叉区域

解：（a）粒子束缚在二维十字形区域内运动的薛定谔方程为

$$-\frac{\hbar^2}{2m}\left(\frac{\partial^2\psi}{\partial x^2}+\frac{\partial^2\psi}{\partial y^2}\right)=E\psi$$

令 $\psi(x,y)=X(x)Y(y)$，则

$$Y\frac{\mathrm{d}^2X}{\mathrm{d}x^2}+X\frac{\mathrm{d}^2Y}{\mathrm{d}y^2}=-\frac{2mE}{\hbar^2}XY\rightarrow\frac{1}{X}\frac{\mathrm{d}^2X}{\mathrm{d}x^2}+\frac{1}{Y}\frac{\mathrm{d}^2Y}{\mathrm{d}y^2}=-\frac{2mE}{\hbar^2}$$

方程左边第一项仅与 x 有关，第二项仅与 y 有关，所以它们应分别等于常数，两常数之和是 $-\frac{2mE}{\hbar^2}$，若分别以 $-k_x^2$ 和 $-k_y^2$ 表示这两项，则有

$$\frac{\mathrm{d}^2X}{\mathrm{d}x^2}=-k_x^2X,\quad\frac{\mathrm{d}^2Y}{\mathrm{d}y^2}=-k_y^2Y,\ 且\ k_x^2+k_y^2=\frac{2mE}{\hbar^2}$$

其中，关于 y 的方程的通解为

$$Y(y)=A\sin(k_yy)+B\cos(k_yy)$$

由于现在考虑的是粒子沿着一个壁（例如 $x>>a$）进行运动，则 y 方向的边界条件是 $Y(\pm a)$

$=0, \to k_y = \dfrac{n\pi}{2a}$, $(n=1, 2, 3, \cdots)\ k_y a = \dfrac{n}{2}\pi$, $(n=1, 2, 3, \cdots)$其最小值为 $\pi/2a$，所以

$$E \geqslant \frac{\hbar^2}{2m}\left(k_x^2 + \frac{\pi^2}{4a^2}\right)$$

对沿 x 轴方向传播的波，$k_x^2 \geqslant 0$，所以任何 $E < \dfrac{\hbar^2\pi^2}{8ma^2}$的态是束缚态。

(b) 将试探波函数归一化时，考虑到问题的对称性，只需对如图 7-4 所示的 1/8 开区域进行积分就可以了，因为其他七个区域和它完全相同。

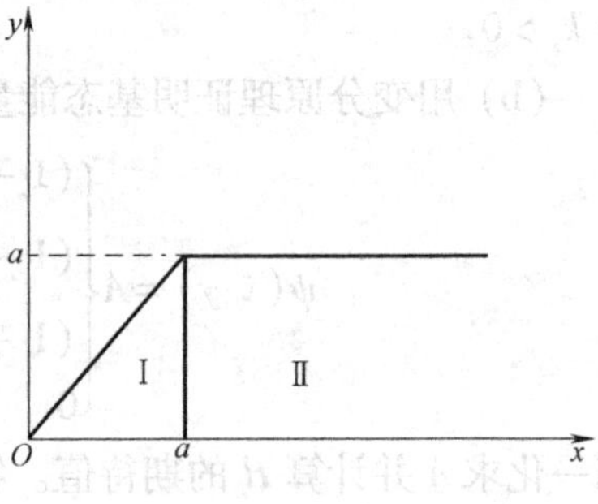

图 7-4

$$I_{\text{Ⅱ}} = A^2 \int_{x=a}^{+\infty} \int_{y=0}^{a} \left(1 - \frac{y}{a}\right)^2 e^{-2\alpha x/a} dx dy$$

令 $u = \dfrac{x}{a}$，$v = \dfrac{y}{a}$，$dx = a du$，$dy = a dv$

$$I_{\text{Ⅱ}} = A^2a^2 \int_1^{+\infty}\int_0^1 (1-v)^2 e^{-2\alpha u} du dv = A^2a^2\left[\frac{(1-v)^3}{3}\right]\Bigg|_0^1 \cdot \left[\frac{e^{-2\alpha u}}{2\alpha}\right]\Bigg|_1^{+\infty} = \frac{A^2a^2}{6\alpha}e^{-2\alpha}$$

$$\begin{aligned}
I_{\text{Ⅰ}} &= \frac{1}{2}A^2 \int_{x=0}^{a}\int_{y=0}^{a}\left(1 - \frac{xy}{a^2}\right)^2 e^{-2\alpha} dx dy \\
&= \frac{1}{2}A^2a^2 \int_0^1\int_0^1 (1-uv)^2 e^{-2\alpha} du dv = \frac{1}{2}A^2a^2e^{-2\alpha}\int_0^1\left[\frac{(1-uv)^3}{-3v}\right]\Bigg|_0^1 dv \\
&= -\frac{1}{2}A^2a^2e^{-2\alpha}\,\frac{1}{3}\int_0^1 \frac{(1-v)^3-1}{v}dv = \frac{1}{6}A^2a^2e^{-2\alpha}\int_0^1 (v^2 - 3v + 3) dv \\
&= \frac{1}{6}A^2a^2e^{-2\alpha}\left(\frac{v^3}{3} - 3\frac{v^2}{2} + 3v\right)\Bigg|_0^1 = \frac{11}{36}A^2a^2e^{-2\alpha}
\end{aligned}$$

将波函数归一化有

$$8\left(\frac{A^2a^2}{6\alpha}e^{-2\alpha} + \frac{11}{36}A^2a^2e^{-2\alpha}\right) = 1 \to A^2 = \frac{9\alpha}{2a^2}\,\frac{e^{2\alpha}}{(6+11\alpha)}$$

下面求 H 的期待值

$$\langle H\rangle = -\frac{\hbar^2}{2m}\left\langle \psi \left| \frac{\partial^2}{\partial x^2} + \frac{\partial^2}{\partial y^2}\right| \psi\right\rangle$$

为了避开导数在"角线部分"$x=0$，$y=0$，$x=\pm a$ 和 $y=\pm a$ 处的不连续，我们利用动量算符的厄密性。在Ⅰ区，

$$\begin{aligned}
\langle H\rangle_{\text{Ⅰ}} &= \frac{1}{2}\,\frac{1}{2m}\left(\int_0^a\int_0^a \psi^*(p_x^2 + p_y^2)\psi dx dy\right) \\
&= \frac{1}{4m}\left(\int_0^a\int_0^a \psi^* p_x^2\psi dx dy + \int_0^a\int_0^a \psi^* p_x^2 \psi dx dy\right) \\
&= \frac{1}{4m}\left[\int_0^a\int_0^a (p_x\psi)^*(p_x\psi) dx dy + \int_0^a\int_0^a (p_y\psi)^*(p_y\psi) dx dy\right]
\end{aligned}$$

代入

$$p_x(1-xy/a^2)\mathrm{e}^{-\alpha}=-\mathrm{i}\hbar\frac{\partial}{\partial x}(1-xy/a^2)\mathrm{e}^{-\alpha}=\mathrm{i}\hbar(y/a^2)\mathrm{e}^{-\alpha}$$

$$p_y(1-xy/a^2)\mathrm{e}^{-\alpha}=-\mathrm{i}\hbar\frac{\partial}{\partial y}(1-xy/a^2)\mathrm{e}^{-\alpha}=\mathrm{i}\hbar(x/a^2)\mathrm{e}^{-\alpha}$$

$$\langle H\rangle_{\mathrm{I}}=|A|^2\frac{\hbar^2}{4m}\left[\int_0^a\int_0^a\left(\frac{y}{a^2}\right)^2\mathrm{e}^{-2\alpha}\mathrm{d}x\mathrm{d}y+\int_0^a\int_0^a\left(\frac{x}{a^2}\right)^2\mathrm{e}^{-2\alpha}\mathrm{d}x\mathrm{d}y\right]=|A|^2\frac{\hbar^2}{6m}\mathrm{e}^{-2\alpha}$$

$$\langle H\rangle_{\mathrm{II}}=\frac{1}{2m}\left[\int_a^{\infty}\int_0^a(p_x\psi)^*(p_x\psi)\mathrm{d}x\mathrm{d}y+\int_a^{+\infty}\int_0^a(p_y\psi)^*(p_y\psi)\mathrm{d}x\mathrm{d}y\right]$$

代入

$$p_x(1-y/a)\mathrm{e}^{-\alpha x/a}=-\mathrm{i}\hbar\frac{\partial}{\partial x}(1-y/a)\mathrm{e}^{-\alpha y/a}=\mathrm{i}\hbar\frac{\alpha}{a}(1-y/a)\mathrm{e}^{-\alpha x/a}$$

$$p_y(1-y/a)\mathrm{e}^{-\alpha x/a}=-\mathrm{i}\hbar\frac{\partial}{\partial y}(1-y/a)\mathrm{e}^{-\alpha x/a}=\mathrm{i}\hbar\frac{1}{a}\mathrm{e}^{-\alpha x/a}$$

$$\begin{aligned}\langle H\rangle_{\mathrm{II}}&=|A|^2\frac{\hbar^2}{2m}\left[\left(\frac{\alpha}{a}\right)^2\int_a^{+\infty}\mathrm{e}^{-2\alpha x/a}\mathrm{d}x\int_0^a(1-y/a)^2\mathrm{d}y+\int_a^{+\infty}\mathrm{e}^{-2\alpha x/a}\mathrm{d}x\int_0^a\left(\frac{1}{a}\right)^2\mathrm{d}y\right]\\&=|A|^2\frac{\hbar^2}{2m}\left[\left(\frac{\alpha}{a}\right)^2\int_0^a(1-y/a)^2\mathrm{d}y+\left(\frac{1}{a}\right)^2\int_0^a\mathrm{d}y\right]\int_a^{+\infty}\mathrm{e}^{-2\alpha x/a}\mathrm{d}x\\&=|A|^2\frac{\hbar^2}{2m}\left[\left(\frac{\alpha}{a}\right)^2\left(a-a+\frac{1}{3}a\right)+\frac{1}{a}\right]\frac{a}{2\alpha}\mathrm{e}^{-2\alpha}\\&=|A|^2\frac{\hbar^2}{2m}\left(\frac{\alpha^2}{3a}+\frac{1}{a}\right)\frac{a}{2\alpha}\mathrm{e}^{-2\alpha}\\&=|A|^2\frac{\hbar^2}{2m}\left(\frac{\alpha^2}{3}+1\right)\frac{1}{2\alpha}\mathrm{e}^{-2\alpha}=|A|^2\frac{\hbar^2}{12m\alpha}(\alpha^2+3)\mathrm{e}^{-2\alpha}\end{aligned}$$

由对称性，一共有8个这样的区域积分相同，所以

$$\begin{aligned}\langle H\rangle&=8(\langle H\rangle_{\mathrm{I}}+\langle H\rangle_{\mathrm{II}})=8|A|^2\left(\frac{\hbar^2}{6m}\mathrm{e}^{-2\alpha}+\frac{\hbar^2}{12m\alpha}(\alpha^2+3)\mathrm{e}^{-2\alpha}\right)\\&=8\frac{9\alpha\mathrm{e}^{2\alpha}}{2a^2(6+11\alpha)}\left(\frac{\hbar^2}{6m}\mathrm{e}^{-2\alpha}+\frac{\hbar^2}{12m\alpha}(\alpha^2+3)\mathrm{e}^{-2\alpha}\right)\\&=\frac{3\hbar^2}{ma^2}\frac{(\alpha^2+2\alpha+3)}{(6+11\alpha)}\end{aligned}$$

由变分原理

$$\frac{\mathrm{d}\langle H\rangle}{\mathrm{d}\alpha}=\frac{3\hbar^2}{ma^2}\frac{(6+11\alpha)(2\alpha+2)-(\alpha^2+2\alpha+3)(11)}{(6+11\alpha)^2}=0\to$$

$$(6+11\alpha)(2\alpha+2) = 11(\alpha^2+2\alpha+3) \rightarrow 11\alpha^2+12\alpha-21=0 \rightarrow$$

$$\alpha = \frac{-12 \pm 2\sqrt{(12)^2-4\times 11\times(-21)}}{22} = \frac{-6 \pm \sqrt{36+231}}{11} \quad (\alpha \text{ 为正值})$$

$$= \frac{-6 \pm 16.34}{11} = \frac{10.34}{11} = 0.940012239$$

所以，

$$\langle H \rangle_{\min} = \frac{3\hbar^2}{ma^2}\frac{2(\alpha+1)}{11} = \frac{6}{11}\frac{\hbar^2}{ma^2}(\alpha+1) = 1.058\left(\frac{\hbar^2}{ma^2}\right)$$

而由(a)可知：$E_{\text{threshold}} = \dfrac{\pi^2\hbar^2}{8ma^2} = 1.2337\left(\dfrac{\hbar^2}{ma^2}\right)$，因此由变分原理可以断定，体系的基态能量 E_0 小于 $E_{\text{threshold}}$。

第 8 章　WKB 近似

本章主要内容

WKB 近似

这是得到一维定态薛定谔方程近似解的一种方法(它的基本思想同样可以应用于三维薛定谔方程的径向部分)，此方法对计算束缚态能量和势垒穿透率都是非常有用的。它的基本思想是：如果势能 $V(x)$ 在远大于波函数波长的区域内变化非常缓慢，则在粒子能量大于势能 $(E>V(x))$ 的经典区域，波函数的近似解可以表示为

$$\psi(x) \cong \frac{1}{\sqrt{p(x)}}\left[A\mathrm{e}^{\frac{\mathrm{i}}{\hbar}\int p(x)\,\mathrm{d}x}+B\mathrm{e}^{-\frac{\mathrm{i}}{\hbar}\int p(x)\,\mathrm{d}x}\right]$$

其中动量 $p(x)\equiv\sqrt{2m[E-V(x)]}$。在粒子能量小于势能 $(E<V(x))$ 的非经典区域(动量为虚数)，波函数的近似解可以表示为

$$\psi(x) \cong \frac{1}{\sqrt{|p(x)|}}\left[C\mathrm{e}^{\frac{1}{\hbar}\int|p(x)|\,\mathrm{d}x}+D\mathrm{e}^{-\frac{1}{\hbar}\int|p(x)|\,\mathrm{d}x}\right]$$

(要依据波函数的标准条件取舍系数)在经典区和非经典区连接处，WKB 近似不再适用，但是可以通过引入在转折点附近的修补波函数，再利用波函数连续的条件把经典区域和非经典区域的波函数联系起来，即把系数 A，B，C，D 联系起来。

题解

* **习题 8.1**　利用 WKB 近似求解“阶梯”形无限深方势阱，势阱底部前半段高出后半段 V_0(见图 8-1)，

$$V(x)=\begin{cases}V_0 & (0<x<a/2)\\ 0 & (a/2<x<a)\\ \infty & (\text{其他})\end{cases}$$

用 V_0 和 $E_n^0\equiv(n\pi\hbar)^2/2ma^2$(无阶梯的无限深方势阱的第 n 个允许的能级)表示你的结果。假设 $E_1^0>V_0$，但是不能假设 $E_n\gg V_0$。将你的结果与教材的例题 6.1 中由一级微扰理论得出的结果相比较。注意：如果当 V_0 非常小(微扰论适用)或者当 n 非常大(WKB——半经典——区域)时，它们的结论一致。

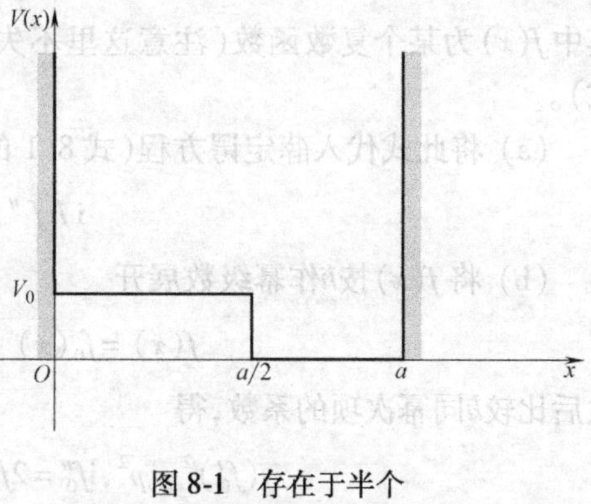

图 8-1　存在于半个势阱的常数微扰

解：假设 $E>V(x)$，此时势阱内部为“经典”区域

$$\psi(x)\cong\frac{1}{\sqrt{p(x)}}[C_1\sin\phi(x)+C_2\cos\phi(x)]$$

其中

$$\phi(x)=\frac{1}{\hbar}\int_0^x p(x')\mathrm{d}x'$$

由 $\psi(x)$ 的连续性边界条件 $\psi(0)=0$ 和 $\psi(a)=0$，有 $C_2=0$，

$$\phi(a)=\frac{1}{\hbar}\int_0^a p(x)\mathrm{d}x=n\pi$$

将 $p(x)=\sqrt{2m[E-V(x)]}$ 代入上式得

$$\frac{a}{2}\sqrt{2mE}+\frac{a}{2}\sqrt{2m(E-V_0)}=n\pi\hbar\rightarrow\sqrt{E}+\sqrt{(E-V_0)}=\frac{2}{a}\frac{n\pi\hbar}{\sqrt{2m}}\rightarrow$$

$$E+E-V_0+2\sqrt{E(E-V_0)}=4\frac{n^2\pi^2\hbar^2}{2ma^2}=4E_n^0\rightarrow$$

$$4E(E-V_0)=(4E_n^0+V_0-2E)^2\rightarrow$$

$$4E(E-V_0)=(4E_n^0+V_0)^2-4E(4E_n^0+V_0)+4E^2\rightarrow$$

$$E_n=\frac{(4E_n^0+V_0)^2}{16E_n^0}=E_n^0+\frac{V_0}{2}+\frac{V_0^2}{16E_n^0}$$

而例题 6.1 中一级微扰理论得出的结果为

$$E_n=E_n^0+\frac{V_0}{2}$$

比较两式可知，对于用 WKB 近似得到的解，当 V_0 非常小或 n 比较大时，最后一项可以忽略不计，此时 WKB 近似解与微扰理论结果一致。

**** 习题 8.2** 另一种推导出 WKB 公式 $\left(\text{式 8.10}\ \psi(x)\cong\frac{C}{\sqrt{p(x)}}\mathrm{e}^{\pm\frac{\mathrm{i}}{\hbar}\int p(x)\mathrm{d}x}\right)$ 的方法是基于按 $\hbar$ 作幂级数展开。由自由粒子波函数，$\psi=A\exp(\pm\mathrm{i}px/\hbar)$ 的启发，写出

$$\psi(x)=\mathrm{e}^{\mathrm{i}f(x)/\hbar}$$

其中 $f(x)$ 为某个复数函数(注意这里不失一般性——因为任意非零函数都可以写成这种形式)。

(a) 将此式代入薛定谔方程(式 8.1 的形式)，求出

$$\mathrm{i}\hbar f''-(f')^2+p^2=0$$

(b) 将 $f(x)$ 按 $\hbar$ 作幂级数展开

$$f(x)=f_0(x)+\hbar f_1(x)+\hbar^2 f_2(x)+\cdots$$

然后比较 $\hbar$ 同幂次项的系数，得

$$(f_0')^2=p^2,\ \mathrm{i}f_0''=2f_0'f_1',\quad \mathrm{i}f_1''=2f_0'f_2'+(f_1')^2,\cdots$$

(c) 解出 $f_0(x)$ 和 $f_1(x)$，并证明近似到 $\hbar$ 一次项你可以重新得到式 8.10。

注意：负数的对数定义为 $\ln(-z)=\ln(z)+in\pi$（其中 n 为奇数）。如果你对这个式子很陌生，试着将两边同时指数化，然后你就知道它是如何得出的了。

解：(a)

$$\frac{d\psi}{dx}=\frac{i}{\hbar}f'e^{if/\hbar},\ \frac{d^2\psi}{dx^2}=\frac{i}{\hbar}\left(f''e^{if/\hbar}+\frac{i}{\hbar}(f')^2e^{if/\hbar}\right)=\left[\frac{i}{\hbar}f''-\frac{1}{\hbar^2}(f')^2\right]e^{if/\hbar}$$

代入薛定谔方程

$$\frac{d^2\psi}{dx^2}=-\frac{p^2}{\hbar^2}\psi$$

有

$$\frac{i}{\hbar}f''e^{if/\hbar}-\frac{1}{\hbar^2}(f')^2e^{if/\hbar}=-\frac{p^2}{\hbar^2}e^{if/\hbar}\rightarrow i\hbar f''-(f')^2+p^2=0$$

(b) 将 $f(x)$ 按 $\hbar$ 作幂级数展开后有

$$f(x)=f_0(x)+\hbar f_1(x)+\hbar^2f_2(x)+\cdots$$
$$f'=f_0'+\hbar f_1'+\hbar^2f_2'+\cdots$$
$$f''=f_0''+\hbar f_1''+\hbar^2f_2''+\cdots$$

代入到(a)中的结果得

$$i\hbar f''-(f')^2=i\hbar(f_0''+\hbar f_1''+\hbar^2f_2''+\cdots)-(f_0'+\hbar f_1'+\hbar^2f_2'+\cdots)^2=-p^2$$

合并 $\hbar$ 同幂次项得

$$-(f_0')^2+\hbar(if_0''-2f_0'f_1')+\hbar^2(if_1''-(f_1')^2-2f_0'f_2')+\cdots=-p^2$$

比较式子两边 $\hbar$ 同幂次项的系数得

$$(f_0')^2=p^2,\ if_0''=2f_0'f_1',\ if_1''=2f_0'f_2'+(f_1')^2,\cdots$$

(c) 由 $(f_0')^2=p^2$ 知，$f_0'=\pm p\rightarrow f_0=\pm\int p(x)\,dx+C_1$（$C_1$ 为一常数），且知 $f_0''=\pm p'$ 由 $if_0''=2f_0'f_1'$ 知，$f_1'=\dfrac{\pm ip'}{\pm 2p}=\dfrac{ip'}{2p}=\dfrac{i}{2}\dfrac{d}{dx}\ln p\rightarrow f_1=\dfrac{i}{2}\ln p+C_2$（$C_2$ 为一常数）当近似到 $\hbar$ 一次项时，

$$\psi=e^{if/\hbar}=\exp\left\{\frac{i}{\hbar}\left[\pm\int p(x)\,dx+C_1+\hbar\frac{i}{2}\ln p+\hbar C_2\right]\right\}=\frac{C}{\sqrt{p(x)}}\exp\left(\pm\frac{i}{\hbar}\int p(x)\,dx\right)$$

C 为任一常数，可以看出此即式 8.10。

*** 习题 8.3** 利用式 8.22 $\left(T\cong e^{-2\gamma},\text{其中}\quad\gamma\equiv\dfrac{1}{\hbar}\displaystyle\int_0^a|p(x)|\,dx\right)$ 近似计算能量为 E 的粒子通过高为 V_0，宽为 $2a$ 的有限势垒透射概率。将你的结果与准确解（习题 2.33）作对比，由 WKB 理论得出的结果在 $T\ll1$ 时将会简化至准确解。

解：由式 8.22，在隧穿区（$0\leqslant x\leqslant 2a$），WKB 近似给出粒子的透射概率为

$$T\approx e^{-2\gamma}$$

其中
$$\gamma=\frac{1}{\hbar}\int_0^{2a}|p(x)|\,dx=\frac{1}{\hbar}\int_0^{2a}\sqrt{2m(V_0-E)}\,dx=\frac{2a}{\hbar}\sqrt{2m(V_0-E)}$$

所以

$$T\approx\exp\left[-4a\sqrt{2m(V_0-E)}/\hbar\right]$$

习题2.33给出的精确解为

$$T=\frac{1}{1+\dfrac{V_0^2}{4E(V_0-E)}\sinh^2\gamma}$$

因为WKB近似假定透射概率是非常小的，也就是说γ是很大的，所以在这种情况下有

$$\sinh\gamma=\frac{1}{2}(e^{\gamma}-e^{-\gamma})\approx\frac{1}{2}e^{\gamma}\rightarrow\sinh^2\gamma=\frac{1}{4}e^{2\gamma}$$

由此可将精确解简化为

$$T\approx\frac{1}{1+\dfrac{V_0^2}{4E(V_0-E)}\dfrac{1}{4}e^{2\gamma}}\approx D_0e^{-2\gamma}$$

其中，$D_0=\dfrac{16E(V_0-E)}{V_0^2}$，它是一个常数，且数量级接近于1。因此，透射概率$T$对入射粒子能量$E$的依赖主要体现在其指数因子上，从这个意义来看，我们就得到了WKB近似解$T\approx\exp[-4a\sqrt{2m(V_0-E)}/\hbar]$。

** **习题8.4** 利用式8.25和式8.28计算U^{238}和Po^{212}的寿命。提示：核物质的密度相对为常量(即所有的原子核都一样)，所以$(r_1)^3$经验上与A(质子数加中子数)成比例。

$$r_1\cong(1.07\text{fm})A^{1/3}$$

利用爱因斯坦质能公式($E=mc^2$)，可以得到所发射的α粒子的能量为

$$E=m_pc^2-m_dc^2-m_\alpha c^2$$

其中，m_p是母核的质量；m_d是子核的质量，m_α是α粒子(即He^4原子核)的质量。为了计算出子核是什么，注意到α粒子包含两个质子和两个中子，所以Z减少2而A减少4。查找相应的核质量。为估算α粒子速度v，可使用公式$E=(1/2)m_\alpha v^2$；这忽略了原子核内的势能(负值)，所以一定低估了v值，但是这是我们目前在这个层次所能做到的。顺便说一下，实验中两者的寿命分别为6×10^9年和0.5μs。

解：在α衰变的伽莫夫(Gamow)理论中，用WKB近似可以得到原子核的寿命(教材中的式8.28)为

$$\tau=\frac{2r_1}{v}e^{2\gamma}$$

其中，

$$\gamma=1.980(\text{MeV})^{1/2}\frac{Z}{\sqrt{E}}-1.485(\text{fm})^{-1/2}\sqrt{Zr_1}\quad\text{(利用了教材中的式8.25～式8.27)}$$

上式中，Z为子核的质子数；r_1为母核的半径。

U^{238}：$Z=92$，$A=238$，$m=238.050784\text{u}$　($1\text{u}=931\ \text{MeV}/c^2$)

$$r_1=(1.07\times10^{-15}\text{m})\times(238)^{1/3}=6.63\times10^{-15}\text{m}$$

U^{238}发射一个α粒子后衰变为Th^{234}(其质量为$m=234.043596\text{u}$)，所以所发射的α粒子(其质

量为 $m=4.002602\text{u}$)的动能为

$$E=m_pc^2-m_dc^2-m_\alpha c^2$$
$$=(238.050784-234.043596-4.002602)\times(931)\ \text{MeV}=4.27\ \text{MeV}$$

所以 α 粒子的速度为

$$v=\sqrt{\frac{2E}{m_\alpha}}=\sqrt{\frac{2E}{m_\alpha c^2}}c=\sqrt{\frac{2\times4.27\ \text{MeV}}{3727\ \text{MeV}}}\times3\times10^8\ \text{m/s}=1.44\times10^7\ \text{m/s}$$

衰变因子为

$$\gamma=1.980\ \frac{90}{\sqrt{4.27}}-1.485\ \sqrt{90\times6.63}=86.19-36.28=49.9$$

U^{238}的寿命为

$$\tau=\frac{2\times6.63\times10^{-15}}{1.44\times10^7}e^{98.8}\ \text{s}=7.46\times10^{21}\ \text{s}=\frac{7.46\times10^{21}}{365\times24\times60\times60}\text{年}=2.4\times10^{14}\text{年}$$

Po^{212}:

$Z=84$, $A=212$, $m=211.988842\text{u}$, $r_1=(1.07\times10^{-15}\ \text{m})\times(212)^{1/3}=6.38\times10^{-15}\ \text{m}$

Po^{212}发射一个 α 粒子后衰变为 Pd^{208}(其质量为 $m=207.976627\text{u}$),所以所发射的 α 粒子的动能为

$$E=m_pc^2-m_dc^2-m_\alpha c^2=(211.988842-207.976627-4.002602)\times(931)\ \text{MeV}=8.95\ \text{MeV}$$

所以 α 粒子的速度为

$$v=\sqrt{\frac{2E}{m_\alpha}}=\sqrt{\frac{2E}{m_\alpha c^2}}c=\sqrt{\frac{2\times8.95\ \text{MeV}}{3727\ \text{MeV}}}\times3\times10^8\ \text{m/s}=2.08\times10^7\ \text{m/s}$$

衰变因子为

$$\gamma=1.980\times\frac{82}{\sqrt{8.95}}-1.485\ \sqrt{82\times6.38}=54.37-33.97=20.4$$

Po^{212}的寿命为

$$\tau=\frac{2\times6.38\times10^{-15}}{2.08\times10^7}e^{40.8}\ \text{s}=3.2\times10^{-4}\ \text{s}$$

两种元素的寿命差异如此之大,显示出元素的寿命非常依赖于原子核的质量,发射粒 α 粒子时能量细微的变化,可以引起指数因子的巨大变化,从而引起了寿命的巨大变化。

** **习题 8.5** 应用量子力学分析一个球(质量 m)在地板上弹性反弹的经典问题。

(a) 如何把势能表示为离地面高度 x 的函数(对于负的 x,势能为无穷——球不可能到达那里)?

(b) 对这个势解薛定谔方程,以合适的艾里函数表达你的结果(注意:对于大 z,$Bi(z)$ 趋于无限大,所以必须舍弃)。不必归一化 $\psi(x)$。

(c) 取 $g=9.80\ \text{m/s}^2$,$m=0.100\ \text{kg}$,求前四个允许能量,单位 J,保留三位有效数字。

(d) 一个电子在这个重力场中的基态能量是多少,以 eV 为单位表示。这个电子离地面的平均高度为多少?提示:用维里(Virial)定理求 $\langle x\rangle$。

解:(a) 由于球不可能到达负 x 处,球的势能可以表示为

$$V(x)=\begin{cases} mgx & (x\geqslant 0)\\ \infty & (x<0)\end{cases}$$

(b) 在 $x<0$ 区域，因为 $V(x)=\infty$，我们有 $\psi(x)=0$。在 $x\geqslant 0$ 区域，定态薛定谔方程为

$$-\frac{\hbar^2}{2m}\frac{\mathrm{d}^2\psi}{\mathrm{d}x^2}+mgx\psi=E\psi\rightarrow\frac{\mathrm{d}^2\psi}{\mathrm{d}x^2}=\frac{2m}{\hbar^2}(mgx-E)$$

令 $y=x-\dfrac{E}{mg}$，$\alpha^3\equiv\left(\dfrac{2m^2g}{\hbar^2}\right)$，于是有

$$\frac{\mathrm{d}^2\psi}{\mathrm{d}y^2}=\alpha^3y\psi$$

再令 $z=\alpha y=\alpha\left(x-\dfrac{E}{mg}\right)$，有

$$\frac{\mathrm{d}^2\psi}{\mathrm{d}z^2}=z\psi$$

此即艾里(Airy)方程，其通解为

$$\psi=aAi(z)+bBi(z)$$

但对于 $z\rightarrow\infty$，$Bi(z)\sim\dfrac{1}{\sqrt{\pi}z^{1/4}}\mathrm{e}^{2z^{2/3}/3}\rightarrow\infty$，所以必须取 $b=0$。这样在 $x\geqslant 0$ 区域的解为

$$\psi(x)=aAi(z)=aAi[\alpha(x-E/mg)]$$

(c) 由波函数在 $x=0$ 处的连续性，有 $\psi(0)=aAi[\alpha(-E/mg)]=0$，设 $Ai(z)$ 的零点处在 $a_n(n=1,2,3,\cdots)$，由数学手册(也可从主教材的图 8.8 的左图中看出)查得：

$$a_1=-2.338,\ a_2=-4.088,\ a_3=-5.521,\ a_4=-6.787$$

所以允许的能级为

$$E_n=-\frac{mg}{\alpha}a_n=-\left(\frac{1}{2}mg^2\hbar^2\right)^{1/3}a_n$$

代入 $g=9.80\ \mathrm{m/s^2}$，$m=0.100\ \mathrm{kg}$，则有

$$\frac{1}{2}mg^2\hbar^2=\frac{1}{2}(0.1\ \mathrm{kg})(9.8\mathrm{m/s^2})^2(1.055\times10^{-34}\ \mathrm{J\cdot s})^2$$

$$=5.34\times10^{-68}\mathrm{J}^3\rightarrow\left(\frac{1}{2}mg^2\hbar^2\right)^{1/3}=3.77\times10^{-23}\ \mathrm{J}$$

于是可求得前四个允许能量分别为

$$E_1=-3.77\times10^{-23}\ \mathrm{J}\times(-2.338)=8.81\times10^{-23}\ \mathrm{J}$$

$$E_2=1.54\times10^{-22}\ \mathrm{J}$$

$$E_3=2.08\times10^{-22}\ \mathrm{J}$$

$$E_4=2.56\times10^{-22}\ \mathrm{J}$$

(d) 对于电子，$m=9.11\times10^{-31}\ \mathrm{kg}$，

$$\left(\frac{1}{2}mg^2\hbar^2\right)^{1/3}=\left[\frac{1}{2}(9.11\times10^{-31}\ \mathrm{kg})(9.8\ \mathrm{m/s^2})^2(1.055\times10^{-34}\ \mathrm{J\cdot s})^2\right]^{1/3}=7.87\times10^{-33}\ \mathrm{J}$$

基态能量为

$$E_1 = -7.87\times10^{-33}\text{J}\times(-2.338) = 1.84\times10^{-32}\text{ J} = \frac{1.84\times10^{-32}}{1.6\times10^{-19}}\text{eV} = 1.15\times10^{-13}\text{ eV}$$

维里定理为

$$2\langle T\rangle = \left\langle x\frac{\mathrm{d}V}{\mathrm{d}x}\right\rangle$$

由 $V=mgx$，可得

$$2\langle T\rangle = \left\langle x\frac{\mathrm{d}V}{\mathrm{d}x}\right\rangle = \langle mgx\rangle = \langle V\rangle \to \langle T\rangle = \frac{1}{2}\langle V\rangle$$

另由$\langle T\rangle+\langle V\rangle=\langle H\rangle=E_n$，可得

$$\frac{3}{2}\langle V\rangle = \frac{3}{2}mg\langle x\rangle = E_n \to \langle x\rangle = \frac{2E_n}{3mg}$$

故处在基态的电子离地面的平均高度为

$$\langle x\rangle = \frac{2E_1}{3mg} = 1.37\times10^{-3}\text{ m} = 1.37\text{mm}$$

***习题8.6** 用 WKB 近似分析习题 8.5 中的反弹球问题。

(a) 用m，g 和$\hbar$表示允许能量 E_n。

(b) 将习题8.5(c)给出的值代入，然后将前四个 WKB 近似得出的结果与精确结果比较。

(c) 量子数 n 值大概需要多大才可以使球在某个平均高度，例如，高出地面 1m。

解：(a) 设球的能量为 E，经典区域(见图 8-2)为 $0<x<x_2$，$x_2=E/mg$

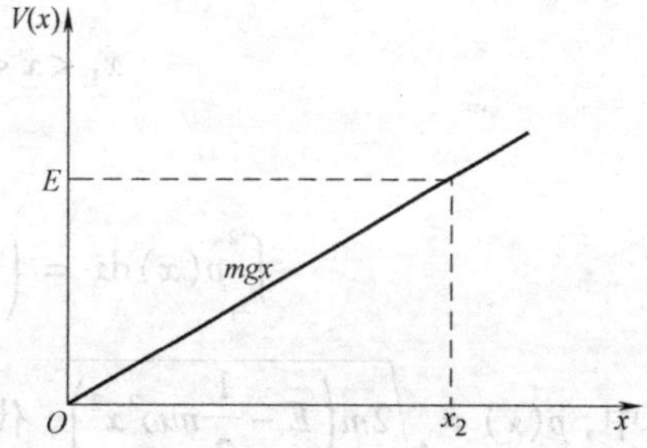

图 8-2

将 WKB 近似应用到单垂直壁势阱，可得

$$\int_0^{x_2} p(x)\,\mathrm{d}x = \left(n-\frac{1}{4}\right)\pi\hbar$$

其中，$p(x)=\sqrt{2m(E-mgx)}$，代入上式得

$$\int_0^{x_2} p(x)\,\mathrm{d}x = \sqrt{2m}\int_0^{x_2}\sqrt{E-mgx}\,\mathrm{d}x = \sqrt{2m}\left[-\frac{2}{3mg}(E-mgx)^{3/2}\right]\Bigg|_0^{x_2}$$

$$= -\frac{2}{3}\sqrt{\frac{2}{m}}\frac{1}{g}\left[(E-mgx_2)^{3/2}-E^{3/2}\right] = \frac{2}{3}\sqrt{\frac{2}{m}}\frac{1}{g}E^{3/2}$$

因此有

$$\frac{2}{3}\sqrt{\frac{2}{m}}\frac{1}{g}E^{3/2} = (n-1/4)\pi\hbar \to E_n = \left[\frac{9}{8}\pi^2 mg^2\hbar^2(n-1/4)^2\right]^{1/3}$$

(b)

$$\left(\frac{9}{8}\pi^2 mg^2\hbar^2\right)^{1/3} = \left[\frac{9}{8}\pi^2(0.1\text{ kg})(9.8\text{ m/s}^2)^2(1.055\times10^{-34}\text{ J}\cdot\text{s})^2\right]^{1/3} = 1.0588\times10^{-22}\text{ J}$$

代入 E_n 得

$$E_1=(1.0588\times10^{-22})\left(\frac{3}{4}\right)^{2/3}=8.74\times10^{-23}\text{J}$$

$$E_2=(1.0588\times10^{-22})\left(\frac{7}{4}\right)^{2/3}=1.54\times10^{-22}\text{J}$$

$$E_3=(1.0588\times10^{-22})\left(\frac{11}{4}\right)^{2/3}=2.08\times10^{-22}\text{J}$$

$$E_4=(1.0588\times10^{-22})\left(\frac{15}{4}\right)^{2/3}=2.56\times10^{-22}\text{J}$$

通过比较可以看出，求得的 WKB 近似解与习题 8.5 中的精确解非常接近。除 E_1 外（精确结果为 8.81×10^{-23}J），其他三个能级的 WKB 近似解都精确到了三位有效数字的程度。

（c）从习题 8.5(d)可知，球在量子数为 n 的态的平均高度为 $\langle x\rangle=\dfrac{2E_n}{3mg}$

要使球高出地面 1m，可将（a）中 E_n 代入得

$$1=\frac{2}{3}\ \frac{(1.0588\times10^{-22})}{0.1\times9.8}\left(n-\frac{1}{4}\right)^{2/3}$$

解上式得，$n=1.64\times10^{33}$。

*** 习题 8.7** 利用 WKB 近似求谐振子的允许能量。

解：将 WKB 近似用于无垂直壁势阱，设粒子能量为 E，则经典区域为

$$x_1<x<x_2\quad\left(-x_1=x_2=\sqrt{\frac{2E}{m\omega^2}}\right)$$

由

$$\int_{x_1}^{x_2}p(x)\,\mathrm{d}x=\left(n-\frac{1}{2}\right)\pi\hbar\quad(n=1,2,3,\cdots)$$

其中，$p(x)=\sqrt{2m\left(E-\dfrac{1}{2}m\omega^2x^2\right)}$，代入上式得

$$\int_{x_1}^{x_2}p(x)\,\mathrm{d}x=m\omega\int_{-x_2}^{x_2}\sqrt{\frac{2E}{m\omega^2}-x^2}\,\mathrm{d}x=2m\omega\int_0^{x_2}\sqrt{x_2^2-x^2}\,\mathrm{d}x$$

$$=m\omega\left[x\sqrt{x_2^2-x^2}+x_2^2\arcsin(x/x_2)\right]\Big|_0^{x_2}=\frac{\pi}{2}m\omega x_2^2=\frac{\pi E}{\omega}$$

由此得出

$$E_n=(n-1/2)\hbar\omega\quad(n=1,2,3,\cdots)$$

或者

$$E_n=(n+1/2)\hbar\omega\quad(n=0,1,2,3,\cdots)$$

可以看出，WKB 近似解和精确解是一致的。

习题 8.8 考虑质量为 m 的粒子处于谐振子第 n 能级定态(角频率 ω)。

(a) 求拐点 x_2。

(b) 在拐点上方多远处(d)线性化的势能($V(x)\cong E+V'(0)x$)的误差达到 1%？也就是说如果

$$\frac{V(x_2+d)-V_{\text{lin}}(x_2+d)}{V(x_2)}=0.01$$

那么 d 是多少?

(c) 只要 $z\geqslant 5$, $Ai(z)$ 的渐近形式的准确率为 1%。对于(b)中的 d 值，求 n 的最小值，使得 $\alpha d\geqslant 5$(对于任何大于此值的 n，就存在一个交叠区，在此交叠区中线性势能的可准确到 1%，而且艾里函数在 z 很大时的形式准确到 1%)。

解: (a) 由粒子处于谐振子第 n 级定态，可得

$$\frac{1}{2}m\omega^2 {x_2}^2=E_n=\left(n+\frac{1}{2}\right)\hbar\,\omega\rightarrow x_2=\sqrt{\frac{(2n+1)\hbar}{m\omega}}$$

(b) 由式 8.32 可知 x_2 处线性势为

$$V_{\ln}(x)=\frac{1}{2}m\omega^2 {x_2}^2+(m\omega^2 x_2)(x-x_2)$$

则

$$\frac{V(x_2+d)-V_{\text{lin}}(x_2+d)}{V(x_2)}=\frac{(1/2)m\omega^2(x_2+d)^2-[(1/2)m\omega^2(x_2)^2+m\omega^2 x_2 d]}{(1/2)m\omega^2(x_2)^2}$$

$$=\left(\frac{d}{x_2}\right)^2=0.01$$

所以
$$d=0.1x_2$$

(c) 由 $V(x)\cong E+V'(0)x$ 可知 $\alpha=\left[\frac{2m}{\hbar^2}V'(x_2)\right]^{1/3}=\left[\frac{2m}{\hbar^2}m\omega^2 x_2\right]^{1/3}$，要使 $Ai(z)$ 的渐近形式的准确率为 1%，则须有 $z=\alpha d\geqslant 5$，即

$$0.1x_2\left(\frac{2m}{\hbar^2}m\omega^2 x_2\right)^{1/3}\geqslant 5\rightarrow\left(\frac{2m^2}{\hbar^2}\omega^2\right)^{1/3}(x_2)^{4/3}\geqslant 50\rightarrow$$

$$\frac{2m^2}{\hbar^2}\omega^2 {x_2}^4=\frac{2m^2\omega^2}{\hbar^2}\frac{(2n+1)^2\,\hbar^2}{m^2\omega^2}\geqslant 50^3\rightarrow(2n+1)^2\geqslant\frac{50^3}{2}$$

即有 $2n+1\geqslant 250\rightarrow n\geqslant 124.5$，$n_{\min}=125$。但是正如我们在习题 8.6 和习题 8.7 中所看到的那样，即对更小的 n，WKB 近似解也是有效的。

** **习题 8.9** 推导向右下(x 轴正方向)倾斜拐点处的连接方程并证明教材中的式 8.50。

解: 先移动坐标轴，使拐点处在 $x=0$ 处(见图 8-3)。

$x>0$ 区域为经典区域，$x<0$ 为非经典区域，由 WKB 近似，有

$$\psi_{\mathrm{WKB}}(x) \cong \begin{cases} \dfrac{D}{\sqrt{|p(x)|}} e^{-\frac{1}{\hbar}\int_x^0 |p(x')| dx'} & (x<0) \\ \dfrac{1}{\sqrt{p(x)}} \left[B e^{\frac{i}{\hbar}\int_0^x p(x')dx'} + C e^{-\frac{i}{\hbar}\int_0^x p(x')dx'} \right] & (x>0) \end{cases}$$

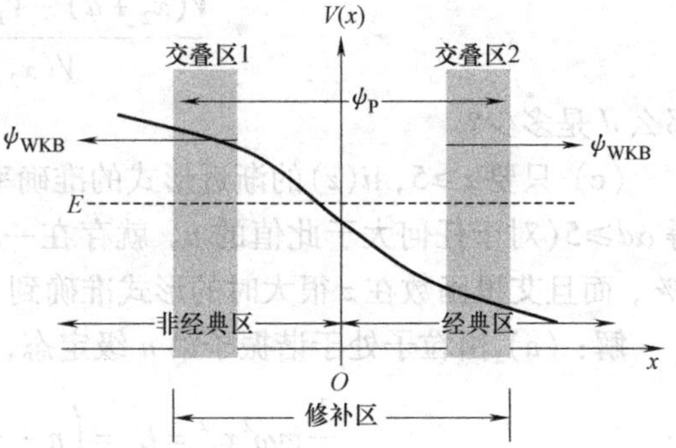

图 8-3

由于 WKB 近似方法在拐点附近不适用(趋于无限大)，我们就需要一个原点邻域的修补波函数 ψ_p 来把两个区域的 WKB 解连接在一起。仿照教材讨论向左下(x 轴负方向)倾斜势的方法，首先将原点邻域处势能近似为线性势

$V(x) \approx V(0) + V'(0)x$

$= E + V'(0)x$ （注意 $V'(0)$ 为负值）

对这个线性势解薛定谔方程

$$-\frac{\hbar^2}{2m}\frac{d^2\psi_p}{dx^2} + [E + V'(0)x]\psi_p = E\psi_p \rightarrow \frac{d^2\psi_p}{dx^2} = \frac{2mV'(0)}{\hbar^2} x\psi_p$$

令 $\alpha = \left[\frac{2m}{\hbar^2}|V'(0)|\right]^{1/3}$，$z \equiv -\alpha x$，方程化为$\frac{d^2\psi_p}{dz^2} = z\psi_p$，这还是艾里方程，其解为

$$\psi_p(x) = aAi(-\alpha x) + bBi(-\alpha x)$$

下面我们要将它与两侧的 WKB 近似解相匹配。根据 WKB 近似解在离拐点足够远处是可靠的，假设修补波函数 ψ_p 和 WKB 近似解重叠形成两个交叠区(如图 8-3 所示)，且在交叠区线性势能 $V(x) = E + V'(0)x$ 足够精确，即在交叠区有

$$p(x) \cong \sqrt{2m[E - E - V'(0)x]} = \sqrt{-2mV'(0)x} = \sqrt{\hbar^2\alpha^3 x} = \hbar\alpha^{3/2}\sqrt{x}$$

在左侧第一交叠区

$$\int_x^0 |p(x')| dx' \cong \hbar\alpha^{3/2}\int_x^0 \sqrt{-x'}dx' = \frac{2}{3}\hbar\alpha^{3/2}(-x)^{3/2} = \frac{2}{3}\hbar(-\alpha x)^{3/2}$$

因此 WKB 波函数可写为

$$\psi_{\mathrm{WKB}}(x) \cong \frac{D}{\sqrt{\hbar}\alpha^{3/4}(-x)^{1/4}} e^{-\frac{2}{3}(-\alpha x)^{3/2}}$$

同时，利用艾里函数在 z 很大($z = -\alpha x >> 1$)时的渐近形式(教材中的表 8.1)，第一交叠区的修补波函数为

$$\psi_p(x) \cong \frac{a}{2\sqrt{\pi}(-\alpha x)^{1/4}} e^{-\frac{2}{3}(-\alpha x)^{3/2}} + \frac{b}{\sqrt{\pi}(-\alpha x)^{1/4}} e^{\frac{2}{3}(-\alpha x)^{3/2}}$$

比较这两个解，得到 $a = \sqrt{\frac{4\pi}{\alpha\hbar}}D$，$b = 0$

在右侧第二交叠区

$$\int_0^x p(x')dx' = \hbar\alpha^{3/2}\int_0^x \sqrt{x'}dx' = \frac{2}{3}\hbar(\alpha x)^{3/2}$$

WKB 波函数为

$$\psi_{\mathrm{WKB}}(x)\cong\frac{1}{\sqrt{\hbar}\alpha^{3/4}x^{1/4}}\left[Be^{i\frac{2}{3}(\alpha x)^{3/2}}+Ce^{-i\frac{2}{3}(\alpha x)^{3/2}}\right]$$

同时，利用艾里函数在 z 取负的很大($z=-\alpha x\ll 1$)时的渐近形式，第二交叠区的修补波函数为(注意修补波函数中的系数 b 已经为零)

$$\psi_p(x)\cong\frac{a}{\sqrt{\pi}(\alpha x)^{1/4}}\sin\left[\frac{2}{3}(\alpha x)^{3/2}+\frac{\pi}{4}\right]\cong\frac{a}{\sqrt{\pi}(\alpha x)^{1/4}}\frac{1}{2i}\left[e^{i\pi/4}e^{i\frac{2}{3}(\alpha x)^{3/2}}-e^{-i\pi/4}e^{-i\frac{2}{3}(\alpha x)^{3/2}}\right]$$

比较这两个解，得到

$$B=\frac{a}{2i}\sqrt{\frac{\hbar\alpha}{\pi}}e^{i\pi/4},\quad C=-\frac{a}{2i}\sqrt{\frac{\hbar\alpha}{\pi}}e^{-i\pi/4}$$

将 $a=\sqrt{\dfrac{4\pi}{\alpha\hbar}}D$ 代入上两式得 $B=-ie^{i\pi/4}D$，$C=ie^{-i\frac{\pi}{4}}D$。

所以在 $x>0$ 区域

$$\begin{aligned}\psi_{\mathrm{WKB}}(x)&=\frac{1}{\sqrt{p(x)}}\left[Be^{\frac{i}{\hbar}\int_0^x p(x')dx'}+Ce^{-\frac{i}{\hbar}\int_0^x p(x')dx'}\right]\\&=\frac{1}{\sqrt{p(x)}}\left[-iDe^{i\pi/4}e^{\frac{i}{\hbar}\int_0^x p(x')dx'}+iDe^{-i\pi/4}e^{-\frac{i}{\hbar}\int_0^x p(x')dx'}\right]\\&=\frac{-iD}{\sqrt{p(x)}}\left[e^{i\left[\frac{1}{\hbar}\int_0^x p(x')dx'+\frac{\pi}{4}\right]}-Ce^{-i\left[\frac{1}{\hbar}\int_0^x p(x')dx'+\frac{\pi}{4}\right]}\right]\\&=\frac{2D}{\sqrt{p(x)}}\sin\left[\frac{1}{\hbar}\int_0^x p(x')dx'+\frac{\pi}{4}\right]\end{aligned}$$

将拐点从原点移动至任意点 x_1，则 WKB 波函数变为

$$\psi_{\mathrm{WKB}}(x)\cong\begin{cases}\dfrac{D}{\sqrt{|p(x)|}}\exp\left[-\dfrac{1}{\hbar}\displaystyle\int_x^{x_1}|p(x')|dx'\right] & (x<x_1)\\[2ex]\dfrac{2D}{\sqrt{p(x)}}\sin\left[\dfrac{1}{\hbar}\displaystyle\int_{x_1}^x p(x')dx'+\dfrac{\pi}{4}\right] & (x>x_1)\end{cases}$$

*** **习题 8.10**　使用合适的连接方程分析斜壁势垒(见图 8-4)的散射问题。

提示：先把 WKB 波函数写成以下形式

$$\psi(x)\cong\begin{cases}\dfrac{1}{\sqrt{p(x)}}\left[Ae^{\frac{i}{\hbar}\int_x^{x_1}p(x')dx'}+Be^{-\frac{i}{\hbar}\int_x^{x_1}p(x')dx'}\right] & (x<x_1)\\[2ex]\dfrac{1}{\sqrt{|p(x)|}}\left[Ce^{\frac{1}{\hbar}\int_{x_1}^x|p(x')|dx'}+De^{-\frac{1}{\hbar}\int_{x_1}^x|p(x')|dx'}\right] & (x_1<x<x_2)\\[2ex]\dfrac{1}{\sqrt{p(x)}}\left[Fe^{\frac{i}{\hbar}\int_{x_2}^x p(x')dx'}\right] & (x>x_2)\end{cases}$$

不要假设 $C=0$。计算隧穿概率，$T=|F|^2/|A|^2$，并证明对宽且高的势垒结果将约化为式8.22。

解：1）先分析 x_1 点，它是一个势向右上倾斜的拐点，这种拐点在教材的8.3节中处理过，不过现在非经典区为有限区域，两个指数项都须保留，我们需要得出4个系数之间的关系。设 x_1 邻域处的势能近似为线性势

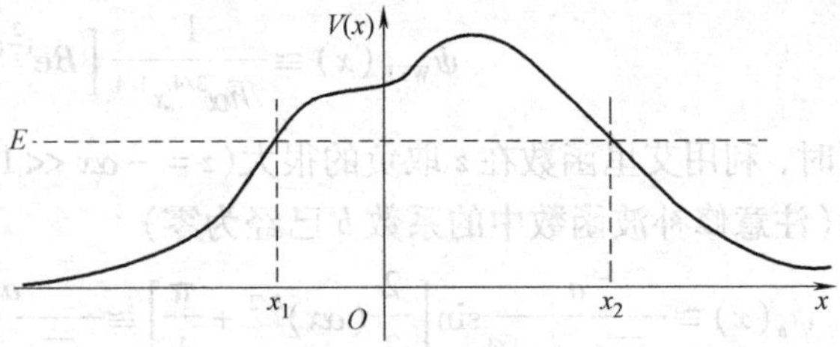

图8-4 有倾斜壁的势垒

$$V(x)\approx V(x_1)+V'(x_1)(x-x_1)=E+V'(x_1)(x-x_1)\quad (V'(x_1)\text{为正值})$$

对这个势求解薛定谔方程

$$\frac{\mathrm{d}^2\psi_p}{\mathrm{d}x^2}=\frac{2m}{\hbar^2}V'(x_1)(x-x_1)\psi_p$$

令 $\alpha\equiv\left[\frac{2m}{\hbar^2}V'(x_1)\right]^{1/3}$，$z\equiv\alpha(x-x_1)$，方程即可化为艾里方程 $\frac{\mathrm{d}^2\psi_p}{\mathrm{d}z^2}=z\psi_p$，其通解为

$$\psi_p(x)=aAi[\alpha(x-x_1)]+bBi[\alpha(x-x_1)]$$

下面将 x_1 处的修补波函数与题中所设定的WKB近似解进行匹配

在 x_1 左侧重叠区（$x<x_1$），

$$p(x)\cong\sqrt{2m[E-E-V'(x_1)(x-x_1)]}=\hbar\alpha^{3/2}\sqrt{x_1-x}(\text{实动量})$$

$$\int_x^{x_1}p(x')\mathrm{d}x'=\int_x^{x_1}\hbar\alpha^{3/2}\sqrt{x_1-x'}\mathrm{d}x'=\frac{2}{3}\hbar[-\alpha(x-x_1)]^{3/2}$$

因此，WKB近似解为

$$\psi(x)\cong\frac{1}{\sqrt{\hbar}\alpha^{3/4}(x_1-x)^{1/4}}\left[A\mathrm{e}^{\mathrm{i}\frac{2}{3}[-\alpha(x-x_1)]^{3/2}}+B\mathrm{e}^{-\mathrm{i}\frac{2}{3}[-\alpha(x-x_1)]^{3/2}}\right]$$

同时，利用艾里函数在 z 取负的很大时的渐近形式，可写出，

$$\psi_p(x)=\frac{1}{\sqrt{\pi}[-\alpha(x-x_1)]^{1/4}}\left\{a\sin\left[\frac{2}{3}[-\alpha(x-x_1)]^{3/2}+\frac{\pi}{4}\right]+b\cos\left[\frac{2}{3}[-\alpha(x-x_1)]^{3/2}+\frac{\pi}{4}\right]\right\}$$

比较两个解，可以得出

$$A=\sqrt{\frac{\hbar\alpha}{\pi}}\mathrm{e}^{\mathrm{i}\frac{\pi}{4}}\left(\frac{1}{2\mathrm{i}}a+\frac{1}{2}b\right),\ B=\sqrt{\frac{\hbar\alpha}{\pi}}\mathrm{e}^{-\mathrm{i}\frac{\pi}{4}}\left(-\frac{1}{2\mathrm{i}}a+\frac{1}{2}b\right)$$

同理，在 x_1 右侧交叠区（$x>x_1$）

$$p(x)\cong\sqrt{2m[E-E-V'(x_1)(x-x_1)]}=\hbar\alpha^{3/2}\sqrt{x_1-x}(\text{虚动量})$$

$$\int_{x_1}^{x}|p(x')|\mathrm{d}x'=\int_{x_1}^{x}\hbar\alpha^{3/2}\sqrt{x'-x_1}\mathrm{d}x'=\frac{2}{3}\hbar[\alpha(x-x_1)]^{3/2}$$

可得WKB近似解与艾里函数在 z 取很大时的渐近形式分别为

$$\psi(x)=\frac{1}{\sqrt{\hbar}\alpha^{3/4}(x-x_1)^{1/4}}\left[C\mathrm{e}^{\frac{2}{3}[\alpha(x-x_1)]^{3/2}}+D\mathrm{e}^{-\frac{2}{3}[\alpha(x-x_1)]^{3/2}}\right]$$

$$\psi_p(x)=\frac{a}{2\sqrt{\pi}[\alpha(x-x_1)]^{1/4}}\mathrm{e}^{-\frac{2}{3}[\alpha(x-x_1)]^{3/2}}+\frac{b}{\sqrt{\pi}[\alpha(x-x_1)]^{1/4}}\mathrm{e}^{\frac{2}{3}[\alpha(x-x_1)]^{3/2}}$$

比较两个解，可以得出 $a=\sqrt{\frac{4\pi}{\hbar\alpha}}D$，$b=\sqrt{\frac{\pi}{\hbar\alpha}}C$，将其代入到 A，B 中得

$$A=\left(\frac{1}{2}C-\mathrm{i}D\right)\mathrm{e}^{\mathrm{i}\pi/4},\quad B=\left(\frac{1}{2}C+\mathrm{i}D\right)\mathrm{e}^{-\mathrm{i}\pi/4}$$

此即 A，B 与 C，D 的关系式。

2）再分析 x_2 点，它是一个向下倾斜的拐点，在$(x_1<x<x_2)$区域的 WKB 近似波函数为

$$\psi(x)=\frac{1}{\sqrt{|p(x)|}}\left[C\mathrm{e}^{\frac{1}{\hbar}\int_{x_1}^{x}|p(x')|\mathrm{d}x'}+D\mathrm{e}^{-\frac{1}{\hbar}\int_{x_1}^{x}|p(x')|\mathrm{d}x'}\right]$$

由于是在 x_2 邻近区域分析，所以可以把在$(x_1<x<x_2)$区域的 WKB 近似波函数写为

$$\psi(x)=\frac{1}{\sqrt{|p(x)|}}\left(C\mathrm{e}^{\frac{1}{\hbar}\int_{x_1}^{x_2}|p(x')|\mathrm{d}x'+\frac{1}{\hbar}\int_{x_2}^{x}|p(x')|\mathrm{d}x'}+D\mathrm{e}^{-\frac{1}{\hbar}\int_{x_1}^{x}|p(x')|\mathrm{d}x'-\frac{1}{\hbar}\int_{x_2}^{x}|p(x')|\mathrm{d}x'}\right)$$

$$=\frac{1}{\sqrt{|p(x)|}}\left(C'\mathrm{e}^{\frac{1}{\hbar}\int_{x}^{x_2}|p(x')|\mathrm{d}x'}+D'\mathrm{e}^{-\frac{1}{\hbar}\int_{x}^{x_2}|p(x')|\mathrm{d}x'}\right)$$

式中（注意积分上下限的调换及 C'，D'与 C，D 的关系）

$$C'\equiv D\mathrm{e}^{-\frac{1}{\hbar}\int_{x_1}^{x_2}|p(x')|\mathrm{d}x'}=D\mathrm{e}^{-\gamma},\quad D'\equiv C\mathrm{e}^{\frac{1}{\hbar}\int_{x_1}^{x_2}|p(x')|\mathrm{d}x'}=C\mathrm{e}^{-\gamma},\quad \gamma\equiv\frac{1}{\hbar}\int_{x_1}^{x_2}|p(x')|\mathrm{d}x'$$

将 x_2 邻域处的势能近似为线性势

$$V(x)\approx V(x_2)+V'(x_2)(x-x_1)=E+V'(x_2)(x-x_2)\quad (V'(x_2)\text{为负值})$$

代入薛定谔方程

$$\frac{\mathrm{d}^2\psi_p}{\mathrm{d}x^2}=\frac{2m}{\hbar^2}V'(x_2)(x-x_2)\psi_p$$

令 $\alpha\equiv\left[\frac{2m}{\hbar^2}|V'(x_2)|\right]^{1/3}$，$z=-\alpha(x-x_2)$，方程化为艾里方程$\frac{\mathrm{d}^2\psi_p}{\mathrm{d}z^2}=z\psi_p$，其解为

$$\psi_p(x)=aAi[-\alpha(x-x_2)]+bBi[-\alpha(x-x_2)]$$

下面将 x_2 处的修补波函数与题中所设定的 WKB 近似解进行匹配

在 x_2 的左侧重叠区$(x<x_2)$，

$$p(x)=\sqrt{2m[E-E-V'(x_2)(x-x_2)]}=\hbar\alpha^{3/2}\sqrt{x-x_2}\quad (\text{虚动量})$$

$$\int_{x}^{x_2}|p(x')|\mathrm{d}x'=\int_{x}^{x_2}\hbar\alpha^{3/2}\sqrt{x_2-x'}\mathrm{d}x'=\frac{2}{3}\hbar[-\alpha(x-x_2)]^{3/2}$$

因此，在 x_2 左侧重叠区 WKB 近似解与艾里函数在 z 取很大$(z=-\alpha(x-x_2)\gg 0)$时的渐近形式分别为

$$\psi_{\mathrm{WKB}}(x)=\frac{1}{\sqrt{\hbar}\alpha^{3/4}(x_2-x)^{1/4}}\left[C'\mathrm{e}^{\frac{2}{3}[\alpha(x_2-x)]^{3/2}}+D'\mathrm{e}^{-\frac{2}{3}[\alpha(x_2-x)]^{3/2}}\right]$$

$$\psi_p(x)=\frac{a}{2\sqrt{\pi}[-\alpha(x-x_2)]^{1/4}}\mathrm{e}^{-\frac{2}{3}[-\alpha(x-x_2)]^{3/2}}+\frac{b}{\sqrt{\pi}[\alpha(x-x_2)]^{1/4}}\mathrm{e}^{\frac{2}{3}[-\alpha(x-x_2)]^{3/2}}$$

比较可知，

$$a=2\sqrt{\frac{\pi}{\hbar\alpha}}D',\quad b=\sqrt{\frac{\pi}{\hbar\alpha}}C'$$

在 x_2 的右侧交叠区($x_2<x$)

$$p(x)=\sqrt{2m[E-E-V'(x_2)(x-x_2)]}=\hbar\alpha^{3/2}\sqrt{x-x_2}\quad（实动量）$$

$$\int_{x_2}^{x}p(x')\mathrm{d}x'=\int_{x_2}^{x}\hbar\alpha^{3/2}\sqrt{x'-x_2}\mathrm{d}x'=\frac{2}{3}\hbar[\alpha(x-x_2)]^{3/2}$$

因此，在 x_2 右侧交叠区 WKB 近似解与艾里函数在 z 取负的很大($z=-\alpha(x-x_2)\ll0$)时的渐近形式分别为

$$\psi(x)\cong\frac{1}{\sqrt{\hbar}\alpha^{3/4}(x-x_2)^{1/4}}F\mathrm{e}^{\mathrm{i}\frac{2}{3}[\alpha(x-x_2)]^{3/2}}$$

$$\psi_p(x)=\frac{a}{\sqrt{\pi}[\alpha(x-x_2)]^{1/4}}\sin\left[\frac{2}{3}[\alpha(x-x_2)]^{3/2}+\frac{\pi}{4}\right]+$$

$$\frac{b}{\sqrt{\pi}[\alpha(x-x_2)]^{1/4}}\cos\left[\frac{2}{3}[-\alpha(x-x_2)]^{3/2}+\frac{\pi}{4}\right]$$

$$=\frac{1}{\sqrt{\pi}[\alpha(x-x_2)]^{1/4}}[(-\mathrm{i}a+b)\mathrm{e}^{\mathrm{i}\pi/4}\mathrm{e}^{\mathrm{i}(2/3)[\alpha(x-x_2)]^{3/2}}+(\mathrm{i}a+b)\mathrm{e}^{-\mathrm{i}\pi/4}\mathrm{e}^{-\mathrm{i}(2/3)[\alpha(x-x_2)]^{3/2}}]$$

比较可知

$$\mathrm{i}a+b=0,\quad -\mathrm{i}a+b=2\sqrt{\frac{\pi}{\hbar\alpha}}\mathrm{e}^{-\mathrm{i}\pi/4}F$$

$$a=\mathrm{i}\sqrt{\frac{\pi}{\hbar\alpha}}\mathrm{e}^{-\mathrm{i}\pi/4}F,\quad b=\sqrt{\frac{\pi}{\hbar\alpha}}\mathrm{e}^{-\mathrm{i}\pi/4}F$$

这样我们得到系数 C', D' 与 F 之间的关系

$$C'=\sqrt{\frac{\hbar\alpha}{\pi}}b=\mathrm{e}^{-\mathrm{i}\pi/4}F,\quad D'=\frac{1}{2}\sqrt{\frac{\hbar\alpha}{\pi}}a=\frac{\mathrm{i}}{2}\mathrm{e}^{-\mathrm{i}\pi/4}F$$

从而得到 C, D 与 F 之间的关系

$$C=\frac{\mathrm{i}}{2}\mathrm{e}^{-\gamma}\mathrm{e}^{-\mathrm{i}\pi/4}F,\quad D=\mathrm{e}^{\gamma}\mathrm{e}^{-\mathrm{i}\pi/4}F$$

加上在 x_1 邻近区的连接关系

$$A=\left(\frac{1}{2}C-\mathrm{i}D\right)\mathrm{e}^{\mathrm{i}\pi/4},\quad B=\left(\frac{1}{2}C+\mathrm{i}D\right)\mathrm{e}^{-\mathrm{i}\pi/4}$$

可以得到

$$A=\mathrm{i}F\left(\frac{\mathrm{e}^{-\gamma}}{4}-\mathrm{e}^{\gamma}\right)$$

透射系数为

$$T=\left|\frac{F}{A}\right|^2=\left|\frac{1}{(\mathrm{e}^{-\gamma}/4)-\mathrm{e}^{\gamma}}\right|^2=\frac{\mathrm{e}^{-2\gamma}}{[1-(\mathrm{e}^{-\gamma}/2)^2]^2}$$

如果 $\gamma >> 1$，则 $T \approx e^{-2\gamma}$，其中 $\gamma \equiv \frac{1}{\hbar}\int_{x_1}^{x_2} |p(x')|\,dx'$，于是得到式 8.22。

第 8 章补充习题解答

** **习题 8.11** 利用 WKB 近似求解一般幂级数势能的允许能量

$$V(x) = \alpha |x|^{\nu}$$

其中 ν 是正数。对 $\nu = 2$ 验证你的结果。答案：

$$E_n = \alpha\left[(n-1/2)\hbar\sqrt{\frac{\pi}{2m\alpha}}\frac{\Gamma\left(\frac{1}{\nu}+\frac{3}{2}\right)}{\Gamma\left(\frac{1}{\nu}+1\right)}\right]^{\left(\frac{2\nu}{\nu+2}\right)}$$

解：将 WKB 近似用于无垂直壁势阱（式 8.51），有

$$\int_{x_1}^{x_2} p(x)\,dx = \left(n-\frac{1}{2}\right)\pi\hbar \quad (n = 1, 2, 3, \cdots)$$

设经典区域为（$x_1 < x < x_2$）拐点满足

$$-x_1 = x_2 = \left(\frac{E}{\alpha}\right)^{1/\nu}$$

$$\int_{x_1}^{x_2} p(x)\,dx = \int_{x_1}^{x_2}\sqrt{2m(E-\alpha|x|^{\nu})}\,dx = 2\sqrt{2mE}\int_0^{x_2}\sqrt{1-\frac{\alpha}{E}x^{\nu}}\,dx$$

令 $z = \frac{\alpha}{E}x^{\nu}$，所以有 $x = \left(\frac{zE}{\alpha}\right)^{\frac{1}{\nu}}$，$dx = \left(\frac{E}{\alpha}\right)^{1/\nu}\frac{1}{\nu}z^{\frac{1}{\nu}-1}dz$，代入上式得

$$\left(n-\frac{1}{2}\right)\pi\hbar = 2\sqrt{2mE}\left(\frac{E}{\alpha}\right)^{1/\nu}\frac{1}{\nu}\int_0^1 z^{\frac{1}{\nu}-1}\sqrt{1-z}\,dz = 2\sqrt{2mE}\left(\frac{E}{\alpha}\right)^{1/\nu}\frac{1}{\nu}\frac{\Gamma(1/\nu)\Gamma(3/2)}{\Gamma\left(\frac{1}{\nu}+\frac{3}{2}\right)}$$

$$= 2\sqrt{2mE}\left(\frac{E}{\alpha}\right)^{1/\nu}\frac{\Gamma\left(\frac{1}{\nu}+1\right)\frac{1}{2}\sqrt{\pi}}{\Gamma\left(\frac{1}{\nu}+\frac{3}{2}\right)}$$

$$= \sqrt{2\pi mE}\left(\frac{E}{\alpha}\right)^{1/\nu}\frac{\Gamma\left(\frac{1}{\nu}+1\right)}{\Gamma\left(\frac{1}{\nu}+\frac{3}{2}\right)} \quad \left(\text{利用}\ \Gamma\left(\frac{1}{\nu}+1\right) = \frac{1}{\nu}\Gamma(1/\nu)\right)$$

由上式解出 E 得

$$E_n = \alpha\left[\left(n-\frac{1}{2}\right)\hbar\sqrt{\frac{\pi}{2m\alpha}}\frac{\Gamma\left(\frac{1}{\nu}+\frac{3}{2}\right)}{\Gamma\left(\frac{1}{\nu}+1\right)}\right]^{\left(\frac{2\nu}{\nu+2}\right)}$$

对于 $\nu = 2$，

$$E_n = \alpha\left[\left(n-\frac{1}{2}\right)\hbar\sqrt{\frac{\pi}{2m\alpha}}\frac{\Gamma(2)}{\Gamma(3/2)}\right] = \left(n-\frac{1}{2}\right)\hbar\sqrt{\frac{2\alpha}{m}}$$

而对于简谐振子，$\alpha = \frac{1}{2}m\omega^2$，代入上式有

$$E_n = \left(n-\frac{1}{2}\right)\hbar\omega \quad (n=1,\ 2,\ 3,\ \cdots)$$

** **习题 8.12** 利用 WKB 近似求解习题 2.51 中势能的束缚态能量，并与准确解比较。答案：

$$-\left[(9/8)-(1/\sqrt{2})\right]\hbar^2 a^2/m$$

解：习题 2.51 中的势能为

$$V(x) = -\frac{\hbar^2 a^2}{m}\mathrm{sech}^2(ax)$$

将 WKB 近似用于此无垂直壁势阱，可得

$$\left(n-\frac{1}{2}\right)\pi\hbar = 2\int_0^{x_2}\sqrt{2m\left[E+\frac{\hbar^2 a^2}{m}\mathrm{sech}^2(ax)\right]}\mathrm{d}x = 2\sqrt{2}\hbar a\int_0^{x_2}\sqrt{\mathrm{sech}^2(ax)+\frac{mE}{\hbar^2 a^2}}\mathrm{d}x$$

其中，拐点 x_2 由 $E = -\frac{\hbar^2 a^2}{m}\mathrm{sech}^2(ax_2)$ 给出。令 $b = -\frac{mE}{\hbar^2 a^2}$，$z = \mathrm{sech}^2(ax)$，则

$$x = \frac{1}{a}\mathrm{arsech}\sqrt{z} \rightarrow \mathrm{d}x = \frac{1}{a}\left(\frac{-1}{\sqrt{z}\cdot\sqrt{1-z}}\right)\frac{1}{2\sqrt{z}}\mathrm{d}z = -\frac{1}{2a}\left(\frac{1}{z\sqrt{1-z}}\right)\mathrm{d}z$$

同时还有 $z_1 = \mathrm{sech}^2(0) = 1$ 及 $z_2 = \mathrm{sech}^2(ax_2) = -\frac{mE}{\hbar^2 a^2} = b$，将这些式子代入上式得

$$\left(n-\frac{1}{2}\right)\pi = 2\sqrt{2}a\left(-\frac{1}{2a}\right)\int_{z_1}^{z_2}\frac{\sqrt{z-b}}{z\sqrt{1-z}}\mathrm{d}z = \sqrt{2}\int_b^1\frac{1}{z}\sqrt{\frac{z-b}{1-z}}\mathrm{d}z$$

其中

$$\frac{1}{z}\sqrt{\frac{z-b}{1-z}} = \frac{1}{z}\frac{(z-b)}{\sqrt{(1-z)(z-b)}} = \frac{1}{\sqrt{(1-z)(z-b)}} - \frac{b}{z\sqrt{(1-z)(z-b)}}$$

则

$$\begin{aligned}\left(n-\frac{1}{2}\right)\pi &= \sqrt{2}\left[\int_b^1\frac{1}{z}\frac{1}{\sqrt{(1-z)(z-b)}}\mathrm{d}z - b\int_b^1\frac{1}{z\sqrt{(1-z)(z-b)}}\mathrm{d}z\right] \\ &= \sqrt{2}\left\{-2\arctan\sqrt{\frac{1-z}{z-b}} - \sqrt{b}\arcsin\left[\frac{(1+b)z-2b}{z(1-b)}\right]\right\}\Bigg|_b^1 \\ &= \sqrt{2}\left[-2\arctan(0)+2\arctan(\infty)-\sqrt{b}\arcsin(1)+\sqrt{b}\arcsin(-1)\right] \\ &= \sqrt{2}\left(0+2\frac{\pi}{2}-\sqrt{b}\frac{\pi}{2}-\sqrt{b}\frac{\pi}{2}\right)\end{aligned}$$

$$= \sqrt{2}\pi(1-\sqrt{b})$$

$$\sqrt{b} = 1 - \frac{1}{\sqrt{2}}\left(n - \frac{1}{2}\right)$$

式子左边是正的，所以必须有

$$\left(n - \frac{1}{2}\right) < \sqrt{2}$$

即 $n < \frac{1}{2} + \sqrt{2} = 0.5 + 1.414 = 1.914$，因此 n 的可能值只能是 1，这也就是习题 2.51 中所给出的只有一个束缚态的结论。对于 $n=1$，$\sqrt{b} = 1 - \frac{1}{2\sqrt{2}} \to b = 1 - \frac{1}{\sqrt{2}} + \frac{1}{8} = \frac{9}{8} - \frac{1}{\sqrt{2}}$，又由 $b = -\frac{mE}{\hbar^2 a^2}$ 可得

$$E_1 = -\frac{\hbar^2 a^2}{m}\left(\frac{9}{8} - \frac{1}{\sqrt{2}}\right) = -0.418\frac{\hbar^2 a^2}{m}$$

而习题 2.51 中求得的精确解为 $-0.5\frac{\hbar^2 a^2}{m}$，比较可以看出，WKB 近似解是比较接近精确解的。

习题 8.13 对于球对称势，可以将 WKB 近似应用在径向部分(式 4.37)。在 $l=0$ 的情况中将式 8.47 用以下形式表示是合理的：

$$\int_0^{r_0} p(r)\,\mathrm{d}r = (n - 1/4)\pi\hbar$$

其中 r_0 是拐点(实际上，我们认为 $r=0$ 处为无限深阱壁)。应用这个公式估算对数势下粒子的允许能量的表达式

$$V(r) = V_0 \ln(r/a)$$

(其中 V_0 和 a 为常数)。仅讨论 $l=0$ 的情况。证明能级的间距与质量无关。部分答案：

$$E_{n+1} - E_n = V_0 \ln\left(\frac{n+3/4}{n-1/4}\right)$$

解：球对称势的径向方程为(式 4.37)：

$$-\frac{\hbar^2}{2m}\frac{\mathrm{d}^2 u}{\mathrm{d}r^2} + \left[V + \frac{\hbar^2}{2m}\frac{l(l+1)}{r^2}\right]u = Eu$$

对 $l=0$：$-\frac{\hbar^2}{2m}\frac{\mathrm{d}^2 u}{\mathrm{d}r^2} + Vu = Eu$，当 $r=r_0$(拐点)时，$E = V(r_0) = V_0 \ln(r_0/a)$

$$(n-1/4)\pi\hbar = \int_0^{r_0} p(r)\,\mathrm{d}r = \int_0^{r_0}\sqrt{2m[E - V_0\ln(r/a)]}\,\mathrm{d}r$$

$$= \sqrt{2mV_0}\int_0^{r_0}\sqrt{\ln(r_0/a) - \ln(r/a)}\,\mathrm{d}r = \sqrt{2mV_0}\int_0^{r_0}\sqrt{\ln(r_0/r)}\,\mathrm{d}r$$

令 $x = \ln(r_0/r) \to \mathrm{e}^x = r_0/r \to r = r_0\mathrm{e}^{-x} \to \mathrm{d}r = -r_0\mathrm{e}^{-x}\mathrm{d}x$　$(r=0,\ x=\infty;\ r=r_0,\ x=0)$

$$(n-1/4)\pi\hbar = r_0\sqrt{2mV_0}\int_0^{+\infty}\sqrt{x}e^{-x}dx = r_0\sqrt{2mV_0}\frac{\sqrt{\pi}}{2}\rightarrow r_0 = \sqrt{\frac{2\pi}{mV_0}}(n-1/4)\hbar\rightarrow$$

$$E_n = V_0\ln\left[\frac{\hbar}{a}\sqrt{\frac{2\pi}{mV_0}}(n-1/4)\right] = V_0\ln(n-1/4)+V_0\ln\left[\frac{\hbar}{a}\sqrt{\frac{2\pi}{mV_0}}\right]\rightarrow$$

$$E_{n+1}-E_n = V_0\ln(n+3/4)-V_0\ln(n-1/4) = V_0\ln\left(\frac{n+3/4}{n-1/4}\right)$$

**** 习题 8.14** 利用以下形式的 WKB 近似

$$\int_{r_1}^{r_2}p(r)\,dr = (n-1/2)\pi\hbar$$

估算氢的束缚态能量。不要忘记在等效势能中的离心力部分(式 4.38)。下列积分或许有用

$$\int_a^b\frac{1}{x}\sqrt{(x-a)(b-x)}\,dx = \frac{\pi}{2}(\sqrt{b}-\sqrt{a})^2$$

注意：当 $n \gg l$ 和 $n \gg \frac{1}{2}$ 时，回到玻尔能级。答案：

$$E_{nl}\cong\frac{-13.6\text{eV}}{\left[n-(1/2)+\sqrt{l(l+1)}\right]^2}$$

解：在径向方程中的有效势为

$$V_{\text{eff}} = V+\frac{\hbar^2}{2m}\frac{l(l+1)}{r^2},\ V = -\frac{e^2}{4\pi\varepsilon_0}\frac{1}{r}$$

所以

$$(n-1/2)\pi\hbar = \int_{r_1}^{r_2}\sqrt{2m\left[E+\frac{e^2}{4\pi\varepsilon_0}\frac{1}{r}-\frac{\hbar^2}{2m}\frac{l(l+1)}{r^2}\right]}dr$$

$$= \sqrt{-2mE}\int_{r_1}^{r_2}\sqrt{-1+\frac{A}{r}-\frac{B}{r^2}}dr$$

$$= \sqrt{-2mE}\int_{r_1}^{r_2}\frac{\sqrt{-r^2+Ar-B}}{r}dr$$

其中

$$A = -\frac{e^2}{4\pi\varepsilon_0}\frac{1}{E},\quad B = -\frac{\hbar^2}{2m}\frac{l(l+1)}{E}\quad (E<0)$$

因为拐点 r_1 和 r_2 是根号下一元二次式的两个根，有

$$-r^2+Ar-B = (r-r_1)(r_2-r)$$

所以积分可以写为

$$(n-1/2)\pi\hbar = \sqrt{-2mE}\int_{r_1}^{r_2}\frac{\sqrt{(r-r_1)(r-r_2)}}{r}dr$$

利用题目所给积分公式

$$\int_a^b\frac{1}{x}\sqrt{(x-a)(b-x)}\,dx = \frac{\pi}{2}(\sqrt{b}-\sqrt{a})^2$$

$$(n-1/2)\pi\hbar=\sqrt{-2mE}\frac{\pi}{2}(\sqrt{r_2}-\sqrt{r_1})^2=\sqrt{-2mE}\frac{\pi}{2}(r_1+r_2-2\sqrt{r_1r_2})$$

由

$$-r^2+Ar-B=(r-r_1)(r_2-r)=-r^2+(r_1+r_2)r-r_1r_2$$

可知

$$r_1+r_2=A,\quad r_1r_2=B$$

所以

$$2(n-1/2)\pi\hbar=\sqrt{-2mE}\pi(A-2\sqrt{B})=\sqrt{-2mE}\pi\left[-\frac{e^2}{4\pi\varepsilon_0}\frac{1}{E}-2\sqrt{-\frac{\hbar^2}{2m}\frac{l(l+1)}{E}}\right]$$

$$=\left[\frac{e^2}{4\pi\varepsilon_0}\sqrt{-\frac{2m}{E}}-2\hbar\sqrt{l(l+1)}\right]\pi\rightarrow\frac{e^2}{4\pi\varepsilon_0}\sqrt{-\frac{2m}{E}}$$

$$=2\hbar[n-1/2+\sqrt{l(l+1)}]$$

$$-\frac{E}{2m}=\frac{(e^2/4\pi\varepsilon_0)^2}{4\hbar^2[n-1/2+\sqrt{l(l+1)}]^2}\rightarrow E_{nl}\cong\frac{-13.6\ \text{eV}}{[n-(1/2)+\sqrt{l(l+1)}]^2}$$

当 $n>>l$ 和 $n>>1/2$ 时，$E_n\cong\dfrac{-13.6\ \text{eV}}{n^2}$，回到玻尔能级。

***** 习题 8.15** 考虑对称双势阱情况，如图 8-5 所示。我们对 $E<V(0)$ 的束缚态感兴趣。

(a) 写出以下区域的 WKB 波函数(i) $x>x_2$，(ii) $x_1<x<x_2$ 和(iii) $0<x<x_1$。利用在 x_1 和 x_2 处的适当连接公式(对 x_2 处的，在式 8.46 中我们已经求出；你们需要写出 x_1 处的)，证明

$$\psi(x)\cong\begin{cases}\dfrac{D}{\sqrt{|p(x)|}}\exp\left[-\dfrac{1}{\hbar}\displaystyle\int_{x_2}^{x}|p(x')|\,\mathrm{d}x'\right] & \text{(i)}\\[2ex] \dfrac{2D}{\sqrt{p(x)}}\sin\left[\dfrac{1}{\hbar}\displaystyle\int_{x}^{x_2}p(x')\,\mathrm{d}x'+\dfrac{\pi}{4}\right] & \text{(ii)}\\[2ex] \dfrac{D}{\sqrt{|p(x)|}}\left[2\cos\theta\, e^{\frac{1}{\hbar}\int_x^{x_1}|p(x')|\mathrm{d}x'}+\sin\theta\, e^{-\frac{1}{\hbar}\int_x^{x_1}|p(x')|\mathrm{d}x'}\right] & \text{(iii)}\end{cases}$$

其中

$$\theta\equiv\frac{1}{\hbar}\int_{x_1}^{x_2}p(x)\,\mathrm{d}x$$

(b) 因为 $V(x)$ 是对称的，所以我们只需考虑偶(+)和奇(-)波函数。对前者有 $\psi'(0)=0$，对后者有 $\psi(0)=0$。证明它们导致下列量子化条件：

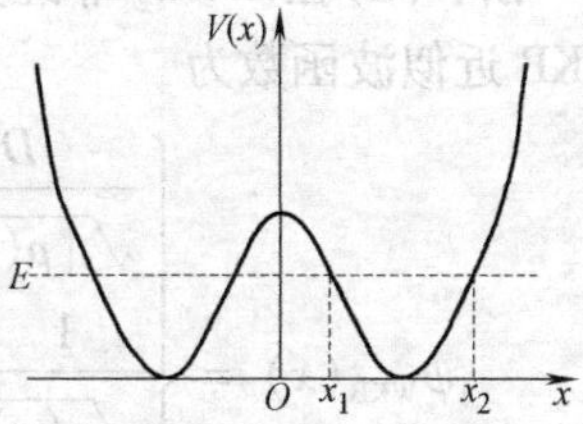

图 8-5 对称双势阱

$$\tan\theta=\pm2e^{\phi}$$

其中

$$\phi \equiv \frac{1}{\hbar}\int_{-x_1}^{x_1} |p(x')| \mathrm{d}x'$$

此式决定了(近似的)允许能量(注意 E 进入 x_1 和 x_2，所以 θ 和 ϕ 都是 E 的函数)。

(c) 我们对高且(或者)宽的中心势垒特别感兴趣，在此势垒中 ϕ 很大，所以 e^{ϕ} 十分大。量子化条件则告诉我们 θ 必须非常接近 π 的半整数倍。所以将 θ 记为 $\theta=(n+1/2)\pi+\varepsilon$，其中 $\varepsilon \ll 1$，证明量子化条件成为

$$\theta \cong \left(n+\frac{1}{2}\right)\pi \mp \frac{1}{2}\mathrm{e}^{-\phi}$$

(d) 假设每个势阱都呈抛物线状：

$$V(x)=\begin{cases}\dfrac{1}{2}m\omega^2(x+a)^2 & (x<0)\\[2ex] \dfrac{1}{2}m\omega^2(x-a)^2 & (x>0)\end{cases}$$

画出此势能的简图，求出 θ，证明：

$$E_n^{\pm} \cong \left(n+\frac{1}{2}\right)\hbar\omega \mp \frac{\hbar\omega}{2\pi}\mathrm{e}^{-\phi}$$

注意：如果中心势垒是不能穿透的($\phi\to\infty$)，则我们只能简单得到两个分离的简谐振子，而能级 $E_n=(n+1/2)\hbar\omega$ 将是双重简并的，因为粒子不是在左侧势阱中就是在右侧势阱中。当势垒变为有限时(两个势阱将产生“交流”)，简并分裂。偶数态(ψ_n^+)拥有较低的能量而奇数态(ψ_n^-)拥有较高的能量。

(e) 假设粒子从右边的势阱开始，或者更精确地说初始态为

$$\psi(x,0)=\frac{1}{\sqrt{2}}(\psi_n^+ + \psi_n^-)$$

粒子将束缚在右边的势阱，这里假设了位相取“自然”值。证明它将在左右势阱来回振荡，并且频率为

$$\tau=\frac{2\pi^2}{\omega}\mathrm{e}^{\phi}$$

(f) 对(d)中所描述的势，计算 ϕ，并证明对 $V(0)\gg E$，$\phi\sim m\omega a^2/\hbar$。

解：(a)在($x>x_2$ 非经典区)，($x_1<x<x_2$ 经典区)，($0<x<x_1$ 非经典区)三个区域的 WKB 近似波函数为

$$\psi_{\mathrm{WKB}}(x)=\begin{cases}\dfrac{D}{\sqrt{|p(x)|}}\mathrm{e}^{-\frac{1}{\hbar}\int_{x_2}^{x}|p(x')|\mathrm{d}x'} & (x>x_2)\\[2ex] \dfrac{1}{\sqrt{p(x)}}\left[B\mathrm{e}^{\frac{i}{\hbar}\int_x^{x_2}p(x')\mathrm{d}x'}+C\mathrm{e}^{-\frac{i}{\hbar}\int_x^{x_2}p(x')\mathrm{d}x'}\right] & (x_1<x<x_2)\\[2ex] \dfrac{1}{\sqrt{|p(x)|}}\left[F\mathrm{e}^{\frac{1}{\hbar}\int_x^{x_1}|p(x')|\mathrm{d}x'}+G\mathrm{e}^{-\frac{1}{\hbar}\int_x^{x_1}|p(x')|\mathrm{d}x'}\right] & (0<x<x_1)\end{cases}$$

我们需要用拐点 x_1，x_2 处的修补波函数把系数 B，C，D，F，G 联系起来，做法与习题8.10类似，不过现在在区域 $x_1<x<x_2$ 势是向下弯曲的，x_1 是一个向右下倾斜的拐点，x_2 是一个向右上倾斜的拐点。

对向右上倾斜的拐点 x_2，教材中已经处理过，由式8.45，有

$$B=-\mathrm{i}e^{\mathrm{i}\pi/4}D,\quad C=\mathrm{i}e^{-\mathrm{i}\pi/4}D$$

所以

$$\psi_{\mathrm{WKB}}(x)=\frac{2D}{\sqrt{p(x)}}\sin\left[\frac{\mathrm{i}}{\hbar}\int_x^{x_2}p(x')\mathrm{d}x'+\frac{\pi}{4}\right]\quad(x_1<x<x_2)$$

对向右下倾斜的拐点 x_1，我们先把在经典区域的波函数写为

$$\begin{aligned}\psi_{\mathrm{WKB}}(x)&=\frac{2D}{\sqrt{p(x)}}\sin\left[\frac{\mathrm{i}}{\hbar}\int_{x_1}^{x_2}p(x')\mathrm{d}x'-\frac{\mathrm{i}}{\hbar}\int_{x_1}^{x}p(x')\mathrm{d}x'+\frac{\pi}{4}\right]\\&=-\frac{2D}{\sqrt{p(x)}}\sin\left[\frac{\mathrm{i}}{\hbar}\int_{x_1}^{x}p(x')\mathrm{d}x'-\theta-\frac{\pi}{4}\right]\quad(x_1<x<x_2)\quad\left(\text{其中},\theta\equiv\frac{\mathrm{i}}{\hbar}\int_{x_1}^{x_2}p(x')\mathrm{d}x'\right)\end{aligned}$$

这样在拐点 x_1 邻近区的WKB波函数为

$$\psi_{\mathrm{WKB}}(x)=\begin{cases}-\dfrac{2D}{\sqrt{p(x)}}\sin\left[\dfrac{\mathrm{i}}{\hbar}\displaystyle\int_{x_1}^{x}p(x')\mathrm{d}x'-\theta-\dfrac{\pi}{4}\right] & (x_1<x<x_2)\\ \dfrac{1}{\sqrt{|p(x)|}}\left[Fe^{\frac{1}{\hbar}\int_x^{x_1}|p(x')|\mathrm{d}x'}+Ge^{-\frac{1}{\hbar}\int_x^{x_1}|p(x')|\mathrm{d}x'}\right] & (0<x<x_1)\end{cases}$$

由习题8.9讨论向右下倾斜拐点的方法，在 x_1 附近线性化势能

$$V(x)=V(x_1)+V'(x_1)(x-x_1)=E+V'(x_1)(x-x_1)\quad(V'(x_1)\text{为负值})$$

代入修补波函数的薛定谔方程

$$\frac{\mathrm{d}^2\psi_p}{\mathrm{d}x^2}=\frac{2m}{\hbar^2}V'(x_1)(x-x_1)\psi_p$$

令 $\alpha\equiv\left[\frac{2m}{\hbar^2}|V'(x_1)|\right]^{1/3}$，$z=-\alpha(x-x_1)$，方程化为艾里方程 $\frac{\mathrm{d}^2\psi_p}{\mathrm{d}z^2}=z\psi_p$，其解为

$$\psi_p(x)=a\mathrm{Ai}[-\alpha(x-x_1)]+b\mathrm{Bi}[-\alpha(x-x_1)]$$

下面将 x_1 处的修补波函数与WKB近似解进行匹配，在 x_1 左侧交叠区 $(0<x<x_1)$，

$$p(x)=\sqrt{2m[E-E-V'(x_1)(x-x_1)]}=\hbar\alpha^{3/2}\sqrt{x-x_1}\quad(\text{虚动量})$$

$$\int_x^{x_1}|p(x')|\mathrm{d}x'=\int_x^{x_2}\hbar\alpha^{3/2}\sqrt{x_1-x'}\mathrm{d}x'=\frac{2}{3}\hbar[-\alpha(x-x_1)]^{3/2}$$

因此，在 x_1 左侧交叠区WKB近似解与艾里函数在 z 很大 $(z=-\alpha(x-x_1)>>0)$ 时的渐近形式分别为

$$\psi_{\mathrm{WKB}}(x)=\frac{1}{\sqrt{\hbar}\alpha^{3/4}(x_1-x)^{1/4}}\left[Fe^{\frac{2}{3}[\alpha(x_1-x)]^{3/2}}+Ge^{-\frac{2}{3}[\alpha(x_1-x)]^{3/2}}\right]$$

$$\psi_p(x)=\frac{a}{2\sqrt{\pi}[-\alpha(x-x_1)]^{1/4}}e^{-\frac{2}{3}[-\alpha(x-x_1)]^{3/2}}+\frac{b}{\sqrt{\pi}[\alpha(x-x_1)]^{1/4}}e^{\frac{2}{3}[-\alpha(x-x_1)]^{3/2}}$$

比较可知，

$$a=2\sqrt{\frac{\pi}{\hbar\alpha}}G,\quad b=\sqrt{\frac{\pi}{\hbar\alpha}}F$$

在 x_1 右侧交叠区($x_1<x$)

$$p(x)=\sqrt{2m[E-E-V'(x_1)(x-x_1)]}=\hbar\alpha^{3/2}\sqrt{x-x_1}\quad（实动量）$$

$$\int_{x_1}^{x}p(x')\mathrm{d}x'=\int_{x_1}^{x}\hbar\alpha^{3/2}\sqrt{x'-x_1}\mathrm{d}x'=\frac{2}{3}\hbar[\alpha(x-x_1)]^{3/2}$$

因此，在 x_1 右侧交叠区 WKB 近似解与艾里函数在 z 取负的很大($z=-\alpha(x-x_1)<<0$)时的渐近形式分别为

$$\psi_{\mathrm{WKB}}(x)=\frac{2D}{\sqrt{\hbar}\alpha^{3/4}(x-x_1)^{1/4}}\sin\left[\frac{2}{3}[\alpha(x-x_1)]^{3/2}-\theta-\frac{\pi}{4}\right]$$

$$\psi_p(x)=\frac{a}{\sqrt{\pi}[\alpha(x-x_1)]^{1/4}}\sin\left[\frac{2}{3}[\alpha(x-x_1)]^{3/2}+\frac{\pi}{4}\right]+\frac{b}{\sqrt{\pi}[\alpha(x-x_1)]^{1/4}}\cos\left[\frac{2}{3}[-\alpha(x-x_1)]^{3/2}+\frac{\pi}{4}\right]$$

把这两个式子都写成指数形式，比较可知

$$a=2D\sqrt{\frac{\pi}{\hbar\alpha}}\sin\theta,\quad b=2D\sqrt{\frac{\pi}{\hbar\alpha}}\cos\theta$$

与 x_2 拐点的结果结合起来，有

$$G=D\sin\theta,\quad F=2D\cos\theta$$

所以最后有

$$\psi(x)\cong\begin{cases}\dfrac{D}{\sqrt{|p(x)|}}\exp\left[-\dfrac{1}{\hbar}\displaystyle\int_{x_2}^{x}|p(x')|\mathrm{d}x'\right] & (x>x_2)\\ \dfrac{2D}{\sqrt{p(x)}}\sin\left[\dfrac{1}{\hbar}\displaystyle\int_{x}^{x_2}p(x')\mathrm{d}x'+\dfrac{\pi}{4}\right] & (x_1<x<x_2)\\ \dfrac{D}{\sqrt{|p(x)|}}\left[2\cos\theta e^{\frac{1}{\hbar}\int_x^{x_1}|p(x')|\mathrm{d}x'}+\sin\theta e^{-\frac{1}{\hbar}\int_x^{x_1}|p(x')|\mathrm{d}x'}\right] & (0<x<x_1)\end{cases}$$

(b) 对奇函数有 $\psi(0)=0$，所以有

$$\frac{D}{\sqrt{|p(x)|}}\left[2\cos\theta e^{\frac{1}{\hbar}\int_0^{x_1}|p(x')|\mathrm{d}x'}+\sin\theta e^{-\frac{1}{\hbar}\int_0^{x_1}|p(x')|\mathrm{d}x'}\right]=0$$

令

$$\frac{1}{\hbar}\int_0^{x_1}|p(x)|\mathrm{d}x=\frac{1}{2\hbar}\int_{-x_1}^{x_1}|p(x)|\mathrm{d}x\equiv\frac{1}{2}\phi$$

有

$$2\cos\theta e^{\phi/2}+\sin\theta e^{-\phi/2}=0\rightarrow\tan\theta=-2e^{\phi}$$

对偶函数有 $\psi'(0)=0$，所以有

$$\frac{\mathrm{d}}{\mathrm{d}x}\left\{\frac{D}{\sqrt{|p(x)|}}\left[2\cos\theta \mathrm{e}^{\frac{1}{\hbar}\int_x^{x_1}|p(x')|\mathrm{d}x'}+\sin\theta \mathrm{e}^{-\frac{1}{\hbar}\int_x^{x_1}|p(x')|\mathrm{d}x'}\right]\right\}\Bigg|_{x=0}=0\to$$

$$-\frac{1}{2}\left[\frac{D}{(|p(x)|)^{3/2}}\frac{\mathrm{d}|p(x)|}{\mathrm{d}x}\right]\Bigg|_{x=0}\left[2\cos\theta \mathrm{e}^{\phi/2}+\sin\theta \mathrm{e}^{-\phi/2}\right]+$$

$$\frac{D}{\sqrt{|p(0)|}}\frac{|p(0)|}{\hbar}\left[-2\cos\theta \mathrm{e}^{\phi/2}+\sin\theta \mathrm{e}^{-\phi/2}\right]=0$$

代入

$$\frac{\mathrm{d}|p(x)|}{\mathrm{d}x}\Bigg|_{x=0}=\frac{\mathrm{d}\sqrt{2m[V(x)-E]}}{\mathrm{d}x}\Bigg|_{x=0}=\sqrt{2m}\left[\frac{1}{2\sqrt{V(x)-E}}\frac{\mathrm{d}V}{\mathrm{d}x}\right]\Bigg|_{x=0}=0$$

有

$$-2\cos\theta \mathrm{e}^{\phi/2}+\sin\theta \mathrm{e}^{-\phi/2}=0\to\tan\theta=2\mathrm{e}^{\phi}$$

(c)

令 $\theta=(n+1/2)\pi+\varepsilon$，并且有 $\varepsilon\ll1$，则

$$\tan\theta=\tan[(n+1/2)\pi+\varepsilon]=\frac{\sin[(n+1/2)\pi+\varepsilon]}{\cos[(n+1/2)\pi+\varepsilon]}=\frac{(-1)^n\cos\varepsilon}{(-1)^{n+1}\sin\varepsilon}=-\frac{\cos\varepsilon}{\sin\varepsilon}\approx-\frac{1}{\varepsilon}$$

所以

$$-\frac{1}{\varepsilon}\approx\pm2\mathrm{e}^{\phi}\to\varepsilon\approx\mp\frac{1}{2}\mathrm{e}^{-\phi}\to\theta-(n+1/2)\pi\approx\mp\frac{1}{2}\mathrm{e}^{-\phi}\to\theta\approx(n+1/2)\pi\mp\frac{1}{2}\mathrm{e}^{-\phi}$$

由于 θ 是非负的，所以 n 必须为非负整数，即 $n=0$，1，2，3，…

(d) 题目所给势能如图 8-6 所示。

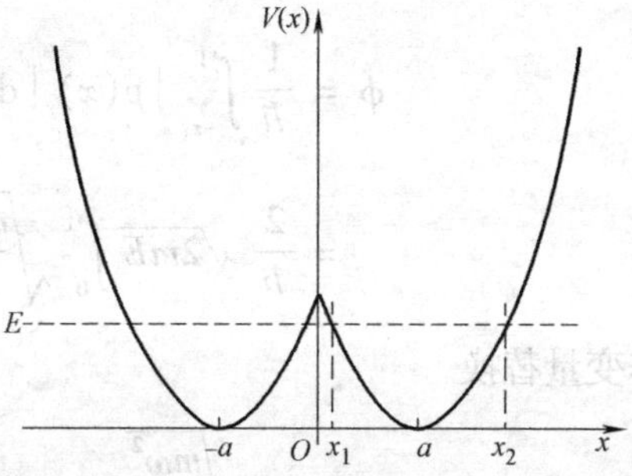

图 8-6

对这个势能计算 θ

$$\theta\equiv\frac{1}{\hbar}\int_{x_1}^{x_2}p(x)\mathrm{d}x$$

$$=\frac{1}{\hbar}\int_{x_1}^{x_2}\sqrt{2m\left[E-\frac{1}{2}m\omega^2(x-a)^2\right]}\mathrm{d}x$$

作变量代换 $z=x-a$（即把坐标原点移至 a）有

$$\theta=\frac{1}{\hbar}\int_{z_1}^{z_2}\sqrt{2m\left[E-\frac{1}{2}m\omega^2z^2\right]}\mathrm{d}z$$

其中，拐点为 $-z_1=z_2=\sqrt{\dfrac{2E}{m\omega^2}}$，积分得出

$$\theta=\frac{2}{\hbar}\int_0^{z_2}\sqrt{2m\left[E-\frac{1}{2}m\omega^2z^2\right]}\mathrm{d}z=\frac{2m\omega}{\hbar}\int_0^{z_2}\sqrt{z_2^2-z^2}\mathrm{d}z$$

$$=2\frac{m\omega}{\hbar}\left[\frac{z}{2}\sqrt{z_2^2-z^2}+\frac{z_2^2}{2}\arcsin(z/z_2)\right]\Bigg|_0^{z_2}$$

$$=\frac{m\omega}{\hbar}z_2^2\arcsin(1)=\frac{\pi}{2}\frac{m\omega}{\hbar}\frac{2E}{m\omega^2}=\frac{\pi E}{\hbar\omega}$$

$$E_n^{\pm} = \frac{\theta}{\pi}\hbar\omega \approx \frac{(n+1/2)\pi \mp (1/2)\mathrm{e}^{-\phi}}{\pi}\hbar\omega = (n+1/2)\hbar\omega \mp \frac{\hbar\omega}{2\pi}\mathrm{e}^{-\phi}$$

（e）由题目所给初始波函数，t 时刻的波函数为

$$\Psi(x,t) = \frac{1}{\sqrt{2}}(\psi_n^+ \mathrm{e}^{-\mathrm{i}E_n^+ t/\hbar} + \psi_n^- \mathrm{e}^{-\mathrm{i}E_n^- t/\hbar}) \to$$

$$|\Psi(x,t)|^2 = \frac{1}{2}\left[|\psi_n^+|^2 + |\psi_n^-|^2 + \psi_n^{+*}\psi_n^- \mathrm{e}^{\mathrm{i}(E_n^+ - E_n^-)t/\hbar} + \psi_n^+\psi_n^{-*}\mathrm{e}^{-\mathrm{i}(E_n^+ - E_n^-)t/\hbar}\right]$$

代入 $\frac{E_n^+ - E_n^-}{\hbar} \approx -\frac{\omega}{\pi}\mathrm{e}^{-\phi}$，并注意到 WKB 波函数都是实的，有

$$|\Psi(x,t)|^2 = \frac{1}{2}\left\{(\psi_n^+)^2 + (\psi_n^-)^2 + \psi_n^+\psi_n^-\left[\exp\left(-\mathrm{i}\frac{\omega}{\pi}\mathrm{e}^{-\phi}t\right) + \exp\left(\mathrm{i}\frac{\omega}{\pi}\mathrm{e}^{-\phi}t\right)\right]\right\}$$

$$= \frac{1}{2}\left[(\psi_n^+)^2 + (\psi_n^-)^2 + 2\psi_n^+\psi_n^-\cos\left(\frac{\omega}{\pi}\mathrm{e}^{-\phi}t\right)\right]$$

显然震荡的周期为

$$\tau = \frac{2\pi}{(\omega/\pi)\mathrm{e}^{-\phi}} = \frac{2\pi^2}{\omega}\mathrm{e}^{\phi}$$

（f）

$$\phi = \frac{1}{\hbar}\int_{-x_1}^{x_1}|p(x)|\,\mathrm{d}x = \frac{2}{\hbar}\int_0^{x_1}\sqrt{2m\left[\frac{1}{2}m\omega^2(a-x)^2 - E\right]}\mathrm{d}x$$

$$= \frac{2}{\hbar}\sqrt{2mE}\int_0^{x_1}\sqrt{\frac{m\omega^2}{2E}(a-x)^2 - 1}\,\mathrm{d}x$$

作变量替换

$$z \equiv \sqrt{\frac{m\omega^2}{2E}}(a-x) \to \mathrm{d}z = -\sqrt{\frac{m\omega^2}{2E}}\mathrm{d}x \to \mathrm{d}x = -\sqrt{\frac{2E}{m\omega^2}}\mathrm{d}z$$

当 $x=0$ 时，$z = z_0 = \sqrt{\frac{m\omega^2}{2E}}a$，当 $x = x_1$ 时（拐点）$z=1$，计算积分

$$\phi = \frac{2}{\hbar}\sqrt{2mE}\left(-\sqrt{\frac{2E}{m\omega^2}}\right)\int_{z_0}^{1}\sqrt{z^2-1}\,\mathrm{d}z = \frac{4E}{\hbar\omega}\int_1^{z_0}\sqrt{z^2-1}\,\mathrm{d}z$$

$$= \frac{4E}{\hbar\omega}\frac{1}{2}\left[z\sqrt{z^2-1} - \ln(z+\sqrt{z^2-1})\right]\Big|_1^{z_0}$$

$$= \frac{2E}{\hbar\omega}\left[z_0\sqrt{z_0^2-1} - \ln(z_0 + \sqrt{z_0^2-1})\right]$$

由于 $V(0) = \frac{1}{2}m\omega^2a^2 \gg E \to \sqrt{\frac{m\omega^2}{2E}}a = z_0 \gg 1$，所以，近似地有

$$\phi \approx \frac{2E}{\hbar\omega}[z_0^2 - \ln(2z_0)] \approx \frac{2E}{\hbar\omega}z_0^2 = \frac{2E}{\hbar\omega}\frac{m\omega^2}{2E}a^2 = \frac{m\omega a^2}{\hbar}$$

习题 8.16 斯塔克效应中的隧穿。原则上，把一个原子置于外电场中，原子内的电子可隧穿出去，从而使原子电离。问题：这个是否能在通常的斯塔克效应实验中发生？我们可以用下面一个粗略的一维模型估计其可能性。设想粒子处在一个非常深的有限势阱中(见教材 2.6 节)

(a) 从势阱底部算起，基态能量是多少？假设 $V_0 >> \hbar^2/ma^2$。提示：这正是无限方势阱(宽度 $2a$)的基态能量。

(b) 现在引进一个微扰 $H' = -\alpha x$(对一个在 $E = -E_{ext}\hat{i}$ 的电场中的电子我们有 $\alpha = eE_{ext}$)。假设它是相对较弱的($\alpha a << \hbar^2/ma^2$)。画出全势能的简图，注意现在粒子可以在 x 的正方向隧穿出去。

(c) 计算隧穿因子 γ(式 8.22)，并估算粒子逃逸所需的时间(式 8.28)。答案：$\gamma = \sqrt{8mV_0^3}/3\alpha\hbar$，$\tau = (8ma^2/\pi\hbar)e^{2\gamma}$

(d) 代入一些合理的数据：$V_0 = 20\text{eV}$(通常的外层电子的结合能)，$a = 10^{-10}\text{m}$(通常的原子半径)，$E_{ext} = 7\times10^6\ \text{V/m}$(强实验室场)，$e$ 和 m 分别是电子的电量和质量。计算 τ 并将它与宇宙的年龄相比较。

解：(a) 对宽度为 $2a$ 的无限深势阱

$$E_n = \frac{n^2\pi^2\hbar^2}{2m(2a)^2},\quad E_1 = \frac{\pi^2\hbar^2}{8ma^2}$$

若势阱为有限深但是 $V_0 >> \hbar^2/ma^2$，则

$$E_n \cong \frac{n^2\pi^2\hbar^2}{2m(2a)^2},\quad E_1 \cong \frac{\pi^2\hbar^2}{8ma^2}$$

(b) 没有加电场和加电场时的势能图如图 8-7a，b 所示。

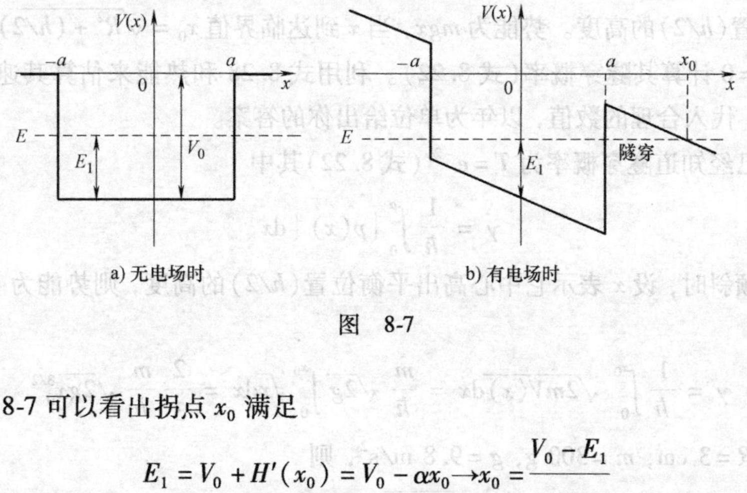

a) 无电场时　　b) 有电场时

图 8-7

(c) 由图 8-7 可以看出拐点 x_0 满足

$$E_1 = V_0 + H'(x_0) = V_0 - \alpha x_0 \rightarrow x_0 = \frac{V_0 - E_1}{\alpha}$$

所以隧穿因子为

$$\gamma = \frac{1}{\hbar}\int_a^{x_0} |p(x)| \mathrm{d}x = \frac{1}{\hbar}\int_a^{x_0} |\sqrt{2m(E_1 - V_0 + \alpha x)}| \mathrm{d}x$$

$$= \frac{2}{3}\frac{\sqrt{2m\alpha}}{\hbar}(x_0 - a)^{3/2} = \frac{2}{3}\frac{\sqrt{2m\alpha}}{\hbar}\left(\frac{V_0 - E_1 - \alpha a}{\alpha}\right)^{3/2}$$

由于 $\alpha a \ll \hbar^2/ma^2 \approx E_1 \ll V_0$，所以与 V_0 相比可以略去 E_1 和 αa，这样有

$$\gamma \approx \frac{2}{3}\frac{\sqrt{2m\alpha}}{\hbar}\left(\frac{V_0}{\alpha}\right)^{3/2} = \frac{\sqrt{8mV_0^3}}{3\hbar\alpha}$$

把 $\frac{1}{2}mv^2 \approx \frac{\pi^2\hbar^2}{8ma^2} \to v \approx \frac{\pi\hbar}{2ma}$ 代入 $\tau = \frac{4a}{v}e^{2\gamma}$（式 8.28）得到隧穿寿命

$$\tau = \frac{4a}{\pi\hbar}2mae^{2\gamma} = \frac{8ma^2}{\pi\hbar}e^{2\gamma}$$

（d）代入 $V_0 = 20$ eV，$a = 10^{-10}$ m，$E_{\text{ext}} = 7\times10^6$ V/m（强实验室场），e 和 m 分别为电子的电量和质量，可以得到

$$\gamma = \frac{\sqrt{8mV_0^3}}{3\hbar\alpha} = \frac{\sqrt{8\times(9.1\times10^{-31})\times(20\times1.6\times10^{-19})^3}}{\pi(1.05\times10^{-34})(7\times10^6)(1.6\times10^{-19})} = 4.4\times10^4 \to e^{2\gamma} = e^{8.8\times10^4} = 10^{38000}$$

$$\tau = \frac{8ma^2}{\pi\hbar}e^{2\gamma} = \frac{8(9.1\times10^{-31})(10^{-10})^2}{\pi(1.05\times10^{-34})}(10^{38000}) = (2\times10^{-19})(10^{38000})\,\text{s} \approx 10^{38000}\text{年}$$

这要比宇宙的年龄 10^{10} 年大出许多倍。所以把一个原子置于外电场中，是不可能使电子电离的。

习题 8.17 由于量子隧穿效应，在室温下的一罐啤酒大概需要多长时间能自发地倾倒？提示：将它当成一个质量为 m，半径为 R，高为 h 的均匀圆柱体。当罐倾斜时，设 x 表示它中心高出平衡位置（$h/2$）的高度。势能为 mgx，当 x 到达临界值 $x_0 = \sqrt{R^2 + (h/2)^2} - h/2$ 时，它将倾倒。对 $E = 0$ 计算其隧穿概率（式 8.22）。利用式 8.28 和热能来估算其速度（$(1/2)mv^2 = (1/2)k_BT$）。代入合理的数值，以年为单位给出你的答案。

解： 我们已经知道隧穿概率为 $T = e^{-2\gamma}$（式 8.22）其中

$$\gamma = \frac{1}{\hbar}\int_0^a |p(x)| \mathrm{d}x$$

对本题，当罐倾斜时，设 x 表示它中心高出平衡位置（$h/2$）的高度，则势能为 mgx。对 $E = 0$ 有

$$\gamma = \frac{1}{\hbar}\int_0^{x_0} \sqrt{2mV(x)}\mathrm{d}x = \frac{m}{\hbar}\sqrt{2g}\int_0^{x_0}\sqrt{x}\mathrm{d}x = \frac{2}{3}\frac{m}{\hbar}\sqrt{2g}x_0^{3/2}$$

设 $h = 10$ cm，$R = 3$ cm，$m = 300$ g，$g = 9.8$ m/s^2，则

$$x_0 = \sqrt{9+25} - 5 = 0.83 \text{ cm}$$

$$\gamma = \frac{2}{3}\frac{m}{\hbar}\sqrt{2g}x_0^{3/2} = \frac{2}{3}\frac{0.3\text{kg}}{(1.05\times10^{-34}\text{J}\cdot\text{s})}\sqrt{2\times9.8\ \text{m/s}^2}(0.83\times10^{-2}\text{m})^{3/2} = 6.4\times10^{30}$$

罐子维持不倒的时间(寿命)为(式8.28)

$$\tau = \frac{2R}{v}e^{2\gamma}$$

代入用热能估计的速度值 $v = \sqrt{k_B T/m}$(取室温 $T = 300$ K)有

$$\begin{aligned}\tau &= \frac{2R}{v}e^{2\gamma} = \frac{2R}{\sqrt{k_B T/m}}e^{2\gamma} = 2\times(0.03)\sqrt{\frac{0.3}{1.4\times10^{-23}\times300}}\exp(2\times6.4\times10^{30})\ \text{s} \\ &= 16\times10^{5.6\times10^{30}}\text{年}\end{aligned}$$

第 9 章　含时微扰理论

本章主要内容

1. 含时微扰理论

设体系哈密顿量为$\hat{H}(t)=\hat{H}_0+\hat{H}'(t)$，其中$\hat{H}_0$与时间无关，仅微扰部分$\hat{H}'(t)$与时间有关。在微扰作用下体系可由$\hat{H}_0$的一个定态跃迁到另一个定态，含时微扰理论是要近似求出跃迁概率。将 t 时刻的波函数 $\Psi(t)$ 按 $\hat{H}_0$ 的定态波函数 $\Phi_n=\phi_n e^{-iE_nt/\hbar}$ 展开成 $\Psi=\sum_n c_n(t)\Phi_n$，代入 $\Psi(t)$满足的含时薛定谔方程，可以求出

$$i\hbar\frac{dc_m(t)}{dt}=\sum_n c_n(t)H'_{mn}e^{i\omega_{mn}t}$$

其中，$H'_{mn}=\int\phi_m^*\hat{H}'\phi_n d^3\boldsymbol{r}$是微扰矩阵元，$\omega_{mn}=(E_m-E_n)/\hbar$是体系从$E_n$能级跃迁到$E_m$能级的玻尔频率。这个方程等价于含时薛定谔方程，是含时薛定谔方程在$\hat{H}_0$表象中的矩阵表示形式。设微扰在 $t=0$ 时开始引入，这时体系处于$\hat{H}_0$的第 k 个本征态 Φ_k，即 $c_n(0)=\delta_{nk}$，则在一级近似下有

$$c_m(t)=\frac{1}{i\hbar}\int_0^t H'_{mk}e^{i\omega_{mk}t'}dt'$$

所以，体系在微扰作用下由初态 Φ_k 跃迁到 Φ_m 的概率为

$$W_{k\to m}=|c_m(t)|^2$$

2. 正弦微扰情况

设微扰对时间的依赖关系具有余弦形式 $H'(\boldsymbol{r},t)=V(\boldsymbol{r})\cos(\omega t)$则有

$$a_m(t)\cong-\frac{i}{\hbar}V_{mk}\int_0^t\cos(\omega t')e^{i\omega_{mk}t'}dt'=-\frac{V_{mk}}{2\hbar}\left[\frac{e^{i(\omega_{mk}+\omega)t}-1}{\omega_{mk}+\omega}+\frac{e^{i(\omega_{mk}-\omega)t}-1}{\omega_{mk}-\omega}\right]$$

其中，$V_{mk}=\langle\phi_m|V|\phi_k\rangle$。如果驱动频率($\omega$)和玻尔频率($\omega_{mk}$)非常接近，则上式方括号中第二项起主要作用(若 $\omega\approx-\omega_{mn}$，则第一项起主要作用)

$$c_m(t)\cong-i\frac{V_{mk}}{\hbar}\frac{\sin[(\omega_{mk}-\omega)t/2]}{\omega_{mk}-\omega}e^{i(\omega_{mk}-\omega)t/2}$$

所以，若粒子初始时处在 ϕ_k 态，经时间 t 后，发现它处在态 ϕ_m 的概率是

$$P_{k\to m}(t)=|c_m(t)|^2\cong\frac{|V_{mk}|^2}{\hbar^2}\frac{\sin^2[(\omega_{mk}-\omega)t/2]}{(\omega_{mk}-\omega)^2}$$

3. 光的发射和吸收

原子在单位时间内由高能级 E_m 自发地向低能级 E_k 跃迁的概率称为自发发射系数 A_{mk}。设作用于原子的光波在 $\omega\to\omega+\mathrm{d}\omega$ 频率范围内的能量密度是 $I(\omega)\mathrm{d}\omega$，则在单位时间内原子由高能级 E_m 向低能级 E_k 跃迁的概率（同时发射一个能量为 $\hbar\omega_{mk}$ 的光子）为 $B_{mk}I(\omega_{mk})$，B_{mk} 称为受激发射系数，在单位时间内原子由低能级 E_k 跃迁到高能级 E_m 的概率（同时吸收一个能量为 $\hbar\omega_{mk}$ 的光子）为 $B_{km}I(\omega_{mk})$，B_{km} 称为吸收系数。在一级近似下（同时仅考虑光波中的电场的作用，称为偶极近似）

$$B_{mk}=B_{km}=\frac{\pi e^2}{3\varepsilon_0\hbar^2}|\langle\psi_m|\boldsymbol{r}|\psi_k\rangle|^2$$

$$A_{mk}=\frac{\hbar\omega_{mk}^3}{c^3\pi^2}B_{mk}=\frac{e^2\omega_{mk}^3}{3\varepsilon_0\hbar c^3}|\langle\psi_m|\boldsymbol{r}|\psi_k\rangle|^2$$

由于 $e\boldsymbol{r}$ 为电子的电偶极矩，由 $|\langle\psi_m|e\boldsymbol{r}|\psi_k\rangle|$ 决定的跃迁称为偶极跃迁。

4. 选择定则

在光波作用下，要实现原子在 ψ_{nlm} 与 $\psi_{n'l'm'}$ 态之间的跃迁，必须满足 $|\langle\psi_{nlm}|\boldsymbol{r}|\psi_{n'l'm'}\rangle|\neq0$ 的条件，不能实现的跃迁称为禁戒跃迁。要使矩阵元不为零，两态之间的角量子数和磁量子数必须满足

$$\Delta l=l'-l=\pm1,\ \Delta m=m'-m=0,\ \pm1$$

题解

***习题 9.1** 一个氢原子放置在含时电场 $\boldsymbol{E}=E(t)\hat{k}$ 中，计算微扰 $H'=eEz$ 在基态（$n=1$）与（四重简并的）第一激发态（$n=2$）之间的四个矩阵元 H'_{ij}。并且证明对于所有的 5 个态 $H'_{ii}=0$。注意：如果考虑到对 z 的奇数性，仅需求一个积分；所以受这种形式的微扰，从基态只能跃迁到（$n=2$）态中的一个态，因此体系的波函数为两个态构成——假定向更高的激发态跃迁可以忽略。

解： 氢原子基态和第一激发态的波函数分别为

$$\psi_{100}=\frac{1}{\sqrt{\pi a^3}}\mathrm{e}^{-r/a}=\varphi_0$$

$$\psi_{200}=\frac{1}{\sqrt{8\pi a^3}}\left(1-\frac{r}{2a}\right)\mathrm{e}^{-r/2a}=\varphi_1$$

$$\psi_{211}=-\frac{1}{8\sqrt{\pi a^3}}\frac{r}{a}\mathrm{e}^{-r/2a}\sin\theta\mathrm{e}^{\mathrm{i}\phi}=\varphi_2$$

$$\psi_{210}=\frac{1}{4\sqrt{2\pi a^3}}\frac{r}{a}\mathrm{e}^{-r/2a}\cos\theta=\varphi_3$$

$$\psi_{21-1}=\frac{1}{8\sqrt{\pi a^3}}\frac{r}{a}\mathrm{e}^{-r/2a}\sin\theta\mathrm{e}^{-\mathrm{i}\phi}=\varphi_4$$

由题意知：$H'=-eEz$，其中 $z=r\cos\theta$，另外 $r\sin\theta\mathrm{e}^{\pm\mathrm{i}\phi}=r\sin\theta(\cos\phi\pm\mathrm{i}\sin\phi)=x\pm\mathrm{i}y$，因此对这

五个态 $|\varphi_i|^2$ 都是 z 的偶函数，所以有

$$H'_{ii}=\langle\varphi_i|H'|\varphi_i\rangle=-eE(t)\int z|\varphi_i|^2\mathrm{d}x\mathrm{d}y\mathrm{d}z=0$$

由于 ψ_{100} 与 ψ_{200}，ψ_{211}，ψ_{21-1} 都是 z 的偶函数，所以 ψ_{100} 与 ψ_{200}，ψ_{211}，ψ_{21-1} 之间的矩阵元 H'_{ij} 为零。只有 ψ_{210} 是 z 的奇函数($r\cos\theta=z$)，所以仅需求

$$\begin{aligned}H'_{100,\,210}&=-eE\frac{1}{\sqrt{\pi a^3}}\frac{1}{\sqrt{32\pi a^3}}\frac{1}{a}\int\mathrm{e}^{-r/a}\mathrm{e}^{-r/2a}z^2\mathrm{d}^3\boldsymbol{r}\\&=-\frac{eE}{4\sqrt{2}\pi a^4}\int\mathrm{e}^{-r/a}\mathrm{e}^{-r/2a}r^2\cos^2\theta r^2\sin\theta\mathrm{d}r\mathrm{d}\theta\mathrm{d}\phi\\&=-\frac{eE}{4\sqrt{2}\pi a^4}\int_0^{+\infty}\mathrm{e}^{-3r/2a}r^4\mathrm{d}r\int_0^{\pi}\cos^2\theta\sin\theta\mathrm{d}\theta\int_0^{2\pi}\mathrm{d}\phi\\&=-\frac{eE}{4\sqrt{2}\pi a^4}4!(2a/3)^5(2/3)(2\pi)=-\frac{2^8}{3^5\sqrt{2}}eEa\\&=-0.7449\,eEa\end{aligned}$$

*** 习题 9.2** 在不含时微扰情况下求解式 9.13，假定 $c_a(0)=1$，$c_b(0)=0$。验证

$$|c_a|^2+|c_b|^2=1$$

注意：很明显，体系在“ψ_a 纯态”和“一些 ψ_b 态”之间振荡，这与不含时微扰体系不发生跃迁的观点相矛盾吗？答案是不会的，但理由相当微妙。在这种情况下，ψ_a 和 ψ_b 不是，也从来不是哈密顿量的本征态——对能量的测量永远不会得到 E_a 和 E_b。在含时微扰理论中为了检验体系，我们通常加微扰一段时间后再去除微扰。在开始前和结束后，ψ_a 和 ψ_b 是严格哈密顿量的本征态，仅在这种背景下，说体系经历了从一个态到另一个态才是有意义的。对于目前的这个问题，可假设微扰从 $t=0$ 开始，在时刻 t 中止——这样并不影响计算，但它能更合理地理解结果。

解：在不含时微扰情况下 H'_{ab} 和 H'_{ba} 均与时间无关。对式 9.13

$$\dot{c}_a=-\frac{\mathrm{i}}{\hbar}H'_{ab}\mathrm{e}^{-\mathrm{i}\omega_0 t}c_b,\quad \dot{c}_b=-\frac{\mathrm{i}}{\hbar}H'_{ba}\mathrm{e}^{\mathrm{i}\omega_0 t}c_a$$

再对 t 求一次导，得到

$$\ddot{c}_a=-\mathrm{i}\omega_0\dot{c}_a-\frac{\mathrm{i}}{\hbar}H'_{ab}\mathrm{e}^{-\mathrm{i}\omega_0 t}\dot{c}_b=-\mathrm{i}\omega_0\dot{c}_a-\frac{1}{\hbar^2}H'_{ab}H'_{ba}c_a$$

$$\ddot{c}_a+\mathrm{i}\omega_0\dot{c}_a+\frac{1}{\hbar^2}H'_{ab}H'_{ba}c_a=0$$

这是一个线性方程，可设 $c_a=\mathrm{e}^{\lambda t}$，求其特解，代入方程得到

$$\lambda^2+\mathrm{i}\omega_0\lambda+\frac{1}{\hbar^2}|H'_{ab}|^2=0$$

解出

$$\lambda=\frac{1}{2}\left(-\mathrm{i}\omega_0\pm\sqrt{-\omega_0^2-\frac{4}{\hbar^2}|H'_{ab}|^2}\,\mathrm{i}\right)=\frac{\mathrm{i}}{2}(-\omega_0\pm\omega)\quad\left(\omega\equiv\sqrt{\omega_0^2+\frac{4}{\hbar^2}|H'_{ab}|^2}\right)$$

通解为

$$c_a(t)=C_1\mathrm{e}^{-\frac{\mathrm{i}}{2}(\omega_0-\omega)t}+C_2\mathrm{e}^{-\frac{\mathrm{i}}{2}(\omega_0+\omega)t}=\mathrm{e}^{-\frac{\mathrm{i}}{2}\omega_0 t}\left(C_1\mathrm{e}^{\frac{\mathrm{i}}{2}\omega t}+C_2\mathrm{e}^{-\frac{\mathrm{i}}{2}\omega t}\right)$$

$$=\mathrm{e}^{-\frac{\mathrm{i}}{2}\omega_0 t}\left[C_3\cos\left(\frac{\omega t}{2}\right)+C_4\sin\left(\frac{\omega t}{2}\right)\right]$$

由题意知 $c_a(0)=1$，得 $C_3=1$

$$c_a(t)=\mathrm{e}^{-\frac{\mathrm{i}}{2}\omega_0 t}\left[\cos\left(\frac{\omega t}{2}\right)+C_4\sin\left(\frac{\omega t}{2}\right)\right]$$

$$\dot{c}_a=\left(-\frac{\mathrm{i}\omega_0}{2}\right)\mathrm{e}^{-\frac{\mathrm{i}}{2}\omega_0 t}\left[\cos\left(\frac{\omega t}{2}\right)+C_4\sin\left(\frac{\omega t}{2}\right)\right]+\mathrm{e}^{-\frac{\mathrm{i}}{2}\omega_0 t}\left[-\frac{\omega}{2}\sin\left(\frac{\omega t}{2}\right)+C_4\frac{\omega}{2}\cos\left(\frac{\omega t}{2}\right)\right]$$

$$=\mathrm{e}^{-\frac{\mathrm{i}}{2}\omega_0 t}\left[\left(C_4\frac{\omega}{2}-\frac{\mathrm{i}\omega_0}{2}\right)\cos\left(\frac{\omega t}{2}\right)-\left(C_4\frac{\mathrm{i}\omega_0}{2}+\frac{\omega}{2}\right)\left(\frac{\omega t}{2}\right)\right]$$

$$c_b=-\frac{\hbar}{\mathrm{i}H'_{ab}}\mathrm{e}^{\mathrm{i}\omega_0 t}\dot{c}_a=-\frac{\hbar}{\mathrm{i}H'_{ab}}\mathrm{e}^{\frac{\mathrm{i}\omega_0 t}{2}}\left[\left(\frac{\omega}{2}C_4-\frac{\mathrm{i}\omega_0}{2}\right)\cos\left(\frac{\omega t}{2}\right)-\left(\frac{\mathrm{i}\omega_0}{2}C_4+\frac{\omega}{2}\right)\sin\left(\frac{\omega t}{2}\right)\right]$$

由 $c_b(0)=0$ 得 $C_4=\dfrac{\mathrm{i}\omega_0}{\omega}$，所以

$$c_a(t)=\mathrm{e}^{-\frac{\mathrm{i}}{2}\omega_0 t}\left[\cos\left(\frac{\omega t}{2}\right)+\frac{\mathrm{i}\omega_0}{\omega}\sin\left(\frac{\omega t}{2}\right)\right]$$

$$c_b(t)=\frac{\hbar}{\mathrm{i}H'_{ab}}\mathrm{e}^{\frac{\mathrm{i}\omega_0 t}{2}}\left(-\frac{\omega_0^2}{2\omega}+\frac{\omega}{2}\right)\sin\left(\frac{\omega t}{2}\right)=\frac{2H'_{ba}}{\mathrm{i}\hbar\omega}\mathrm{e}^{\frac{\mathrm{i}\omega_0 t}{2}}\sin\left(\frac{\omega t}{2}\right)$$

得到
$$|c_a|^2+|c_b|^2=\cos^2\left(\frac{\omega t}{2}\right)+\left(\frac{\omega_0}{\omega}\right)^2\sin^2\left(\frac{\omega t}{2}\right)+\frac{4|H'_{ab}|^2}{\hbar^2\omega^2}\sin^2\left(\frac{\omega t}{2}\right)$$

$$=\cos^2\left(\frac{\omega t}{2}\right)+\left[\left(\frac{\omega_0}{\omega}\right)^2+\frac{\omega^2-\omega_0^2}{\omega^2}\right]\sin^2\left(\frac{\omega t}{2}\right)=1$$

**** 习题 9.3** 假设微扰具有 δ 函数(含时)形式

$$H'=U\delta(t)$$

假设 $U_{aa}=U_{bb}=0$，让 $U_{ab}=U_{ba}^*=\alpha$。如果 $c_a(-\infty)=1$ 和 $c_b(-\infty)=0$，求 $c_a(t)$ 和 $c_b(t)$，并验证 $|c_a|^2+|c_b|^2=1$，发生跃迁($P_{a\to b}$ 当 $t\to\infty$ 时)的概率为多少？提示：可以把 δ 函数作为一系列矩形的极限情况来处理。答案：$P_{a\to b}=\sin^2(|\alpha|/\hbar)$。

解：我们把 δ 函数表示为

$$\delta_\varepsilon(t)=\begin{cases}\dfrac{1}{2\varepsilon} & (-\varepsilon<t<\varepsilon)\\ 0 & (\text{其他})\end{cases}$$

因为 $c_a(-\infty)=1$，$c_b(-\infty)=0$，所以当 $t<-\varepsilon$ 时，$c_a(t)=1$，$c_b(t)=0$，设当 $t>\varepsilon$ 时 $c_a(t)=a, c_b(t)=b$。当 $-\varepsilon<t<\varepsilon$ 时

$$\begin{cases}\dot{c}_a=-\dfrac{\mathrm{i}}{\hbar}H'_{ab}\mathrm{e}^{-\mathrm{i}\omega_0 t}c_b=-\dfrac{\mathrm{i}\alpha}{2\hbar\varepsilon}\mathrm{e}^{-\mathrm{i}\omega_0 t}c_b\\ \dot{c}_b=-\dfrac{\mathrm{i}}{\hbar}H'_{ba}\mathrm{e}^{\mathrm{i}\omega_0 t}c_a=-\dfrac{\mathrm{i}\alpha^*}{2\hbar\varepsilon}\mathrm{e}^{\mathrm{i}\omega_0 t}c_a\end{cases}$$

$$\ddot{c}_b=-\frac{\mathrm{i}\alpha^*}{2\hbar\varepsilon}[(\mathrm{i}\omega_0)c_a+\mathrm{e}^{\mathrm{i}\omega_0 t}\dot{c}_a]\mathrm{e}^{-\mathrm{i}\omega_0 t}=\mathrm{i}\omega_0\dot{c}_b-\frac{|\alpha|^2}{(2\hbar\varepsilon)^2}c_b\rightarrow$$

$$\ddot{c}_b-\mathrm{i}\omega_0\dot{c}_b+\frac{\alpha^2}{(2\hbar\varepsilon)^2}c_b=0$$

与上题一样解这个线性方程，得到通解为

$$c_b(t)=A\mathrm{e}^{\mathrm{i}(\omega_0+\omega)t/2}+B\mathrm{e}^{\mathrm{i}(\omega_0-\omega)t/2}=\mathrm{e}^{\mathrm{i}\omega_0 t/2}(A\mathrm{e}^{\mathrm{i}\omega t/2}+B\mathrm{e}^{-\mathrm{i}\omega t/2})\quad\left(\omega\equiv\sqrt{\omega_0^2+\frac{\alpha^2}{\varepsilon^2\hbar^2}}\right)$$

由初始条件

$$c_b(-\varepsilon)=\mathrm{e}^{\mathrm{i}\omega_0\varepsilon/2}(A\mathrm{e}^{-\mathrm{i}\omega\varepsilon/2}+B\mathrm{e}^{\mathrm{i}\omega\varepsilon/2})=0\rightarrow B=-A\mathrm{e}^{-\mathrm{i}\omega\varepsilon}$$

所以

$$c_b(t)=\mathrm{e}^{\mathrm{i}\omega_0 t/2}A(\mathrm{e}^{\mathrm{i}\omega t/2}-\mathrm{e}^{-\mathrm{i}\omega(\varepsilon+t/2)})$$

$$\dot{c}_b(t)=\frac{\mathrm{i}\omega_0}{2}\mathrm{e}^{\mathrm{i}\omega_0 t/2}A(\mathrm{e}^{\mathrm{i}\omega t/2}-\mathrm{e}^{-\mathrm{i}\omega(\varepsilon+t/2)})+\mathrm{e}^{\mathrm{i}\omega_0 t/2}\frac{\mathrm{i}\omega}{2}A(\mathrm{e}^{\mathrm{i}\omega t/2}+\mathrm{e}^{-\mathrm{i}\omega(\varepsilon+t/2)})$$

$$=\mathrm{e}^{\mathrm{i}\omega_0 t/2}A\frac{\mathrm{i}}{2}[(\omega_0+\omega)\mathrm{e}^{\mathrm{i}\omega t/2}-(\omega_0-\omega)\mathrm{e}^{-\mathrm{i}\omega(\varepsilon+t/2)}]$$

由初始条件

$$c_a(-\varepsilon)=1\rightarrow\dot{c}_b(t)\big|_{t=-\varepsilon}=\left[-\frac{\mathrm{i}\alpha^*}{2\hbar\varepsilon}\mathrm{e}^{\mathrm{i}\omega_0 t}c_a(t)\right]\bigg|_{t=-\varepsilon}=-\frac{\mathrm{i}\alpha^*}{2\hbar\varepsilon}\mathrm{e}^{-\mathrm{i}\omega_0\varepsilon}\rightarrow$$

$$\dot{c}_b(-\varepsilon)=\mathrm{e}^{-\mathrm{i}\omega_0\varepsilon/2}A\frac{\mathrm{i}}{2}[(\omega_0+\omega)\mathrm{e}^{-\mathrm{i}\omega\varepsilon/2}-(\omega_0-\omega)\mathrm{e}^{-\mathrm{i}\omega\varepsilon/2}]=-\frac{\mathrm{i}\alpha^*}{2\hbar\varepsilon}\mathrm{e}^{-\mathrm{i}\omega_0\varepsilon}\rightarrow$$

$$A=-\frac{\alpha^*}{2\hbar\varepsilon\omega}\mathrm{e}^{-\mathrm{i}(\omega_0-\omega)\varepsilon/2}$$

所以

$$c_b(t)=\mathrm{e}^{\mathrm{i}\omega_0 t/2}\left(-\frac{\alpha^*}{2\hbar\varepsilon\omega}\mathrm{e}^{-\mathrm{i}(\omega_0-\omega)\varepsilon/2}\right)(\mathrm{e}^{\mathrm{i}\omega t/2}-\mathrm{e}^{-\mathrm{i}\omega(\varepsilon+t/2)})$$

$$=-\frac{\alpha^*}{2\hbar\varepsilon\omega}\mathrm{e}^{\mathrm{i}\omega_0(t-\varepsilon)/2}(\mathrm{e}^{\mathrm{i}\omega(t+\varepsilon)/2}-\mathrm{e}^{-\mathrm{i}\omega(t+\varepsilon)/2})=-\frac{\mathrm{i}\alpha^*}{\hbar\varepsilon\omega}\mathrm{e}^{\mathrm{i}\omega_0(t-\varepsilon)/2}\sin\left(\frac{\omega(t+\varepsilon)}{2}\right)$$

$$c_a=-\frac{2\hbar\varepsilon}{\mathrm{i}\alpha^*}\mathrm{e}^{-\mathrm{i}\omega_0 t}\dot{c}_b=-\frac{2\hbar\varepsilon}{\mathrm{i}\alpha^*}\mathrm{e}^{-\mathrm{i}\omega_0 t}\left\{\mathrm{e}^{\mathrm{i}\omega_0 t/2}A\frac{\mathrm{i}}{2}[(\omega_0+\omega)\mathrm{e}^{\mathrm{i}\omega t/2}-(\omega_0-\omega)\mathrm{e}^{-\mathrm{i}\omega(\varepsilon+t/2)}]\right\}$$

$$=-\frac{\hbar\varepsilon}{\alpha^*}\mathrm{e}^{-\mathrm{i}\omega_0 t/2}\{A[(\omega_0+\omega)\mathrm{e}^{\mathrm{i}\omega t/2}-(\omega_0-\omega)\mathrm{e}^{-\mathrm{i}\omega(\varepsilon+t/2)}]\}$$

$$=-\frac{\hbar\varepsilon}{\alpha^*}\mathrm{e}^{-\mathrm{i}\omega_0 t/2}\left\{\left(-\frac{\alpha^*}{2\hbar\varepsilon\omega}\mathrm{e}^{-\mathrm{i}(\omega_0-\omega)\varepsilon/2}\right)[(\omega_0+\omega)\mathrm{e}^{\mathrm{i}\omega t/2}-(\omega_0-\omega)\mathrm{e}^{-\mathrm{i}\omega(\varepsilon+t/2)}]\right\}$$

$$=\frac{1}{2\omega}\mathrm{e}^{-\mathrm{i}\omega_0(t+\varepsilon)/2}[(\omega_0+\omega)\mathrm{e}^{\mathrm{i}\omega(t+\varepsilon)/2}-(\omega_0-\omega)\mathrm{e}^{-\mathrm{i}\omega(t+\varepsilon)/2}]$$

$$=\mathrm{e}^{-\mathrm{i}\omega_0(t+\varepsilon)/2}\left[+\frac{1}{2}(\mathrm{e}^{\mathrm{i}\omega(t+\varepsilon)/2}+\mathrm{e}^{-\mathrm{i}\omega(t+\varepsilon)/2})+\frac{\omega_0}{2\omega}(\mathrm{e}^{\mathrm{i}\omega(t+\varepsilon)/2}-\mathrm{e}^{-\mathrm{i}\omega(t+\varepsilon)/2})\right]$$

$$= e^{-i\omega_0(t+\varepsilon)/2}\left[\cos\left(\frac{\omega(t+\varepsilon)}{2}\right)+\frac{i\omega_0}{\omega}\sin\left(\frac{\omega(t+\varepsilon)}{2}\right)\right]$$

当 $t=\varepsilon$ 时，有

$$a=c_a(\varepsilon)=e^{-i\omega_0\varepsilon}\left[\cos(\varepsilon\omega)+i\frac{\omega_0}{\omega}\sin(\omega\varepsilon)\right],\quad b=c_b(\varepsilon)=-\frac{i\alpha}{\hbar\varepsilon\omega}\sin(\omega\varepsilon)$$

现在让 $\varepsilon\to 0$，矩形趋于 δ 函数，这是有 $\omega\to\frac{|\alpha|}{\hbar\varepsilon}$，可以得到

$$a\to\cos\left(\frac{|\alpha|}{\hbar}\right),\quad b\to-\frac{i\alpha}{|\alpha|}\sin\left(\frac{|\alpha|}{\hbar}\right)$$

所以

$$c_a(t)=\begin{cases}1 & (t<0)\\ \cos\left(\frac{|\alpha|}{\hbar}\right) & (t>0)\end{cases},\quad c_b(t)=\begin{cases}0 & (t<0)\\ -\frac{i\alpha}{|\alpha|}\sin\left(\frac{|\alpha|}{\hbar}\right) & (t>0)\end{cases}$$

显然有

$$|c_a(t)|^2+|c_b(t)|^2=1$$

当 $t\to\infty$ 时，a 态跃迁到 b 态的概率为 $P_{a\to b}=|c_b(t)|^2=\sin^2\left(\frac{|\alpha|}{\hbar}\right)$。

** **习题 9.4** 如果没有假定 $H'_{aa}=H'_{bb}=0$，

(a) 在一级微扰理论中，对 $c_a(0)=1$，$c_b(0)=0$ 情况，求 $c_a(t)$ 和 $c_b(t)$。近似到 H' 的一级，验证 $|c_a^{(1)}|^2+|c_b^{(1)}|^2=1$。

(b) 有一个更好的方法处理这个问题，令

$$d_a\equiv e^{\frac{i}{\hbar}\int_0^t H'_{aa}(t')dt'}c_a,\quad d_b\equiv e^{\frac{i}{\hbar}\int_0^t H'_{bb}(t')dt'}c_b$$

证明

$$\dot{d}_a=-\frac{i}{\hbar}e^{i\varphi}H'_{ab}e^{-i\omega_0 t}d_b,\quad \dot{d}_b=-\frac{i}{\hbar}e^{-i\varphi}H'_{ba}e^{i\omega_0 t}d_a$$

其中

$$\varphi(t)\equiv\frac{i}{\hbar}\int_0^t[H'_{aa}(t')-H'_{bb}(t')]dt'$$

关于 d_a 和 d_b 的方程与式 9.13 在结构上是一样的(除了 H' 吸收了一个附加因子 $e^{i\phi}$ 外)。

(c) 在一级微扰理论中，用(b)中的方法求 $c_a(t)$ 和 $c_b(t)$，然后和(a)中所得到的结果进行比较，讨论其区别。

解：(a) 当 H'_{aa}，H'_{bb} 不为零时，由式 9.10 和式 9.11 有

$$\dot{c}_a=-\frac{i}{\hbar}[c_aH'_{aa}+H'_{ab}e^{-i\omega_0 t}c_b],\quad \dot{c}_b=-\frac{i}{\hbar}[c_bH'_{bb}+H'_{ba}e^{i\omega_0 t}c_a],\quad \left(\omega_0\equiv\frac{E_b-E_a}{\hbar}\right)$$

对 $c_a(0)=1$，$c_b(0)=0$ 初始条件：

零级近似(忽略 H')：$c_a^{(0)}(t)=1$，$c_b^{(0)}(t)=0$

一级近似(到 H' 一次项)：

$$\frac{\mathrm{d}c_a^{(1)}}{\mathrm{d}t} = -\frac{\mathrm{i}}{\hbar}H'_{aa} \to c_a^{(1)} = 1 - \frac{\mathrm{i}}{\hbar}\int_0^t H'_{aa}(t')\mathrm{d}t'$$

$$\frac{\mathrm{d}c_b^{(1)}}{\mathrm{d}t} = -\frac{\mathrm{i}}{\hbar}H'_{ba}\mathrm{e}^{\mathrm{i}\omega_0 t} \to c_b^{(1)} = -\frac{\mathrm{i}}{\hbar}\int_0^t H'_{ba}(t')\mathrm{e}^{\mathrm{i}\omega_0 t'}\mathrm{d}t'$$

$$|c_a^{(1)}|^2 = \left(1 + \frac{\mathrm{i}}{\hbar}\int_0^t H'_{aa}(t')\mathrm{d}t'\right)\left(1 - \frac{\mathrm{i}}{\hbar}\int_0^t H'_{aa}(t')\mathrm{d}t'\right) = 1 + \frac{1}{\hbar^2}\left[\int_0^t H'_{aa}(t')\mathrm{d}t'\right]^2 = 1$$

$$|c_b^{(1)}|^2 = \left(\frac{\mathrm{i}}{\hbar}\int_0^t H'_{ba}(t')\mathrm{e}^{\mathrm{i}\omega_0 t'}\mathrm{d}t'\right)\left(-\frac{\mathrm{i}}{\hbar}\int_0^t H'_{ba}(t')\mathrm{e}^{\mathrm{i}\omega_0 t'}\mathrm{d}t'\right) = \frac{1}{\hbar^2}\left[\int_0^t H'_{ba}(t')\mathrm{e}^{\mathrm{i}\omega_0 t'}\mathrm{d}t'\right]^2 = 0$$

所以有

$$|c_a^{(1)}|^2 + |c_b^{(1)}|^2 = 1$$

(b) 因为 $d_a = \mathrm{e}^{\frac{\mathrm{i}}{\hbar}\int_0^t H'_{aa}(t')\mathrm{d}t'}c_a, \dot{c}_a = -\frac{\mathrm{i}}{\hbar}[c_a H'_{aa} + H'_{ab}\mathrm{e}^{-\mathrm{i}\omega_0 t}c_b]$

$$\dot{d}_a = \mathrm{e}^{\frac{\mathrm{i}}{\hbar}\int_0^t H'_{aa}(t')\mathrm{d}t'}\left[\frac{\mathrm{i}}{\hbar}H'_{aa}c_a + \dot{c}_a\right] = \mathrm{e}^{\frac{\mathrm{i}}{\hbar}\int_0^t H'_{aa}(t')\mathrm{d}t'}\left\{\frac{\mathrm{i}}{\hbar}H'_{aa}c_a - \frac{\mathrm{i}}{\hbar}[c_a H'_{aa} + H'_{ab}\mathrm{e}^{-\mathrm{i}\omega_0 t}c_b]\right\}$$

$$= -\frac{\mathrm{i}}{\hbar}H'_{ab}\mathrm{e}^{-\mathrm{i}\omega_0 t}c_b\mathrm{e}^{\frac{\mathrm{i}}{\hbar}\int_0^t H'_{aa}(t')\mathrm{d}t'} = -\frac{\mathrm{i}}{\hbar}H'_{ab}\mathrm{e}^{-\mathrm{i}\omega_0 t}\mathrm{e}^{\frac{\mathrm{i}}{\hbar}\int_0^t [H'_{aa}(t') - H'_{bb}(t')]\mathrm{d}t'}d_b = -\frac{\mathrm{i}}{\hbar}H'_{ab}\mathrm{e}^{\mathrm{i}\varphi}\mathrm{e}^{-\mathrm{i}\omega_0 t}d_b$$

其中，$\varphi = \frac{1}{\hbar}\int_0^t [H'_{aa}(t') - H'_{bb}(t')]\mathrm{d}t'$

同理，$d_b = \mathrm{e}^{\frac{\mathrm{i}}{\hbar}\int_0^t H'_{bb}(t')\mathrm{d}t'}c_b$，$\dot{c}_b = -\frac{\mathrm{i}}{\hbar}[c_b H'_{bb} + H'_{ba}\mathrm{e}^{\mathrm{i}\omega_0 t}c_a]$

$$\dot{d}_b = \mathrm{e}^{\frac{\mathrm{i}}{\hbar}\int_0^t H'_{bb}(t')\mathrm{d}t'}\left[\frac{\mathrm{i}}{\hbar}H'_{bb}c_b + \dot{c}_b\right] = \mathrm{e}^{\frac{\mathrm{i}}{\hbar}\int_0^t H'_{bb}(t')\mathrm{d}t'}\left\{\frac{\mathrm{i}}{\hbar}H'_{bb}c_b - \frac{\mathrm{i}}{\hbar}[c_b H'_{bb} + H'_{ba}\mathrm{e}^{\mathrm{i}\omega_0 t}c_a]\right\}$$

$$= -\frac{\mathrm{i}}{\hbar}H'_{ba}\mathrm{e}^{\mathrm{i}\omega_0 t}\mathrm{e}^{\frac{\mathrm{i}}{\hbar}\int_0^t H'_{bb}(t')\mathrm{d}t'}\mathrm{e}^{-\frac{\mathrm{i}}{\hbar}\int_0^t H'_{aa}(t')\mathrm{d}t'}d_a = -\frac{\mathrm{i}}{\hbar}\mathrm{e}^{-\mathrm{i}\varphi}H'_{ba}\mathrm{e}^{\mathrm{i}\omega_0 t}d_a$$

(c) 初始条件为

$$c_a(0) = 1,\ c_b(0) = 0 \ \to d_a(0) = 1, \quad d_b(0) = 0$$

零级近似：$d_a^{(0)}(t) = 1$，$d_b^{(0)}(t) = 0$

一级近似：$\dot{d}_a^{(1)} = 0 \to d_a^{(1)}(t) = 1 \to c_a^{(1)}(t) = \mathrm{e}^{-\frac{\mathrm{i}}{\hbar}\int_0^t H_{aa}'(t')\mathrm{d}t'}$

$$\dot{d}_b = -\frac{\mathrm{i}}{\hbar}\mathrm{e}^{-\mathrm{i}\varphi}H'_{ba}\mathrm{e}^{\mathrm{i}\omega_0 t} \to d_b^{(1)}(t) = -\frac{\mathrm{i}}{\hbar}\int_0^t \mathrm{e}^{-\mathrm{i}\varphi(t')}H'_{ba}(t')\mathrm{e}^{\mathrm{i}\omega_0 t'}\mathrm{d}t' \to$$

$$c_b^{1}(t) = -\frac{\mathrm{i}}{\hbar}\mathrm{e}^{-\frac{\mathrm{i}}{\hbar}\int_0^t H'_{bb}(t')\mathrm{d}t'}\int_0^t \mathrm{e}^{-\mathrm{i}\varphi(t')}H'_{ba}(t')\mathrm{e}^{\mathrm{i}\omega_0 t'}\mathrm{d}t'$$

这好像与(a)的结果非常不一样，但是，如果把指数展开并近似到一级项，便有

$$c_a^{(1)} = 1 - \frac{\mathrm{i}}{\hbar}\int_0^t H'_{aa}(t')\mathrm{d}t', \quad c_b^{(1)} = -\frac{\mathrm{i}}{\hbar}\int_0^t H'_{ba}(t')\mathrm{e}^{\mathrm{i}\omega_0 t'}\mathrm{d}t'$$

这与(a)的结果是一致的。

*** 习题 9.5** 在一般情况 $c_a(0) = a$，$c_b(0) = b$ 下，求解式 9.13 至二级近似。

解：式 9.13 为

$$\dot{c}_a = -\frac{i}{\hbar}H'_{ab}e^{-i\omega_0 t}c_b,\quad \dot{c}_b = -\frac{i}{\hbar}H'_{ba}e^{i\omega_0 t}c_a$$

初始条件：$c_a(0)=a,\ c_b(0)=b$

零级近似：$c_a^0(t)=a,\ c_b^0(t)=b$

一级近似：$$\frac{dc_a^{(1)}}{dt} = -\frac{i}{\hbar}H'_{ab}e^{i\omega_0 t}b \to c_a^{(1)}(t) = a - \frac{ib}{\hbar}\int_0^t H'_{ab}(t')e^{i\omega_0 t'}dt'$$

$$\frac{dc_b^{(1)}}{dt} = -\frac{i}{\hbar}H'_{ba}e^{i\omega_0 t}a \to c_b^{(1)}(t) = b - \frac{ia}{\hbar}\int_0^t H'_{ba}(t')e^{i\omega_0 t'}dt'$$

二级近似：$$\frac{dc_a^{(2)}}{dt} = -\frac{i}{\hbar}H'_{ab}e^{i\omega_0 t}\left[b - \frac{ia}{\hbar}\int_0^t H'_{ba}(t')e^{i\omega_0 t'}dt'\right]\to$$

$$c_a^{(2)}(t) = a - \frac{i}{\hbar}\int_0^t H'_{ab}(t')e^{i\omega_0 t'}\left[b - \frac{ia}{\hbar}\int_0^{t'} H'_{ba}(t'')e^{i\omega_0 t''}dt''\right]dt'$$

$$\frac{dc_b^{(2)}}{dt} = -\frac{i}{\hbar}H'_{ba}e^{i\omega_0 t}\left[a - \frac{ib}{\hbar}\int_0^t H'_{ab}(t')e^{-i\omega_0 t'}dt'\right]$$

$$c_b^{(2)}(t) = b - \frac{i}{\hbar}\int_0^t H'_{ba}(t')e^{i\omega_0 t'}\left[a - \frac{ib}{\hbar}\int_0^{t'} H'_{ab}(t'')e^{-i\omega_0 t''}dt''\right]dt'$$

** **习题 9.6** 在不含时微扰（习题 9.2）情况下，计算 $c_a(t)$ 和 $c_b(t)$ 至二级近似，并将结果与严格解作比较。

解：不含时微扰情况下，H'_{ab} 和 H'_{ba} 均不随时间变化。

初始条件：$c_a(0)=1,\ c_b(0)=0$

零级近似：$c_a^{(0)}(t)=1,\ c_b^{(0)}(t)=0$

一级近似：$$\frac{dc_a^{(1)}}{dt} = 0 \to c_a^{(1)}(t) = 1$$

$$\frac{dc_b^{(1)}}{dt} = -\frac{i}{\hbar}H'_{ba}e^{i\omega_0 t} \to c_b^{(1)}(t) = -\frac{i}{\hbar}H'_{ba}\int_0^t e^{i\omega_0 t'}dt' = -\frac{H'_{ba}}{\hbar\omega_0}(e^{i\omega_0 t}-1)$$

二级近似：$$\frac{dc_a^{(2)}}{dt} = -\frac{i}{\hbar}H'_{ab}e^{-i\omega_0 t}\left[-\frac{H'_{ba}}{\hbar\omega_0}(e^{i\omega_0 t}-1)\right] = \frac{i|H'_{ab}|^2}{\hbar^2\omega_0}(1-e^{-i\omega_0 t})\to$$

$$c_a^{(2)}(t) = 1 + \frac{i|H'_{ab}|^2}{\hbar^2\omega_0}\int_0^t(1-e^{-i\omega_0 t'})dt' = 1 + \frac{i|H'_{ab}|^2}{\hbar^2\omega_0}\left(t + \frac{e^{-i\omega_0 t}-1}{i\omega_0}\right)$$

$$\frac{dc_b^{(2)}}{dt} = -\frac{i}{\hbar}H'_{ba}e^{i\omega_0 t}\to c_b^{(2)}(t) = \frac{H'_{ba}}{\hbar\omega_0}(1-e^{i\omega_0 t})$$

习题 9.2 中的严格解为

$$c_a(t) = e^{-\frac{i}{2}\omega_0 t}\left[\cos\left(\frac{\omega t}{2}\right) + \frac{i\omega_0}{\omega}\sin\left(\frac{\omega t}{2}\right)\right]$$

$$c_b(t) = \frac{\hbar}{iH'_{ab}}e^{\frac{i\omega_0 t}{2}}\left(-\frac{\omega_0^2}{2\omega} + \frac{\omega}{2}\right)\sin\left(\frac{\omega t}{2}\right) = \frac{2H'_{ba}}{i\hbar\omega}e^{\frac{i\omega_0 t}{2}}\sin\left(\frac{\omega t}{2}\right)$$

注意到 $\omega=\omega_0\sqrt{1+\dfrac{4|H'_{ab}|^2}{\omega_0^2\hbar^2}}\approx 1+\dfrac{2|H'_{ab}|^2}{\omega_0^2\hbar^2}\to\dfrac{\omega_0}{\omega}\approx 1-\dfrac{2|H'_{ab}|^2}{\omega_0^2\hbar^2}$，即两者的差别是 H' 的二次项。注意到 $c_b(t)$ 的表达式前面已有 H' 的一次项，故可以用 ω_0 取代 ω 得到二级近似结果

$$c_b(t)\approx\frac{2H'_{ba}}{i\hbar\omega_0}e^{\frac{i\omega_0t}{2}}\sin\left(\frac{\omega_0t}{2}\right)=\frac{2H'_{ba}}{i\hbar\omega_0}e^{\frac{i\omega_0t}{2}}\frac{1}{2i}\left(e^{\frac{i\omega_0t}{2}}-e^{-\frac{i\omega_0t}{2}}\right)=-\frac{H'_{ba}}{\hbar\omega_0}(e^{i\omega_0t}-1)$$

这与现在得到的二级近似解是一致的。对于 $c_a(t)$ 作如下泰勒展开：

$$\begin{cases}\cos(x+\varepsilon)=\cos x-\varepsilon\sin x\\ \sin(x+\varepsilon)=\sin x+\varepsilon\cos x\end{cases}\quad(\varepsilon\ll 1)$$

$$\begin{cases}\cos\left(\dfrac{\omega t}{2}\right)=\cos\left(\dfrac{\omega_0t}{2}+\dfrac{|H'_{ab}|^2t}{\hbar^2\omega_0}\right)\approx\cos\left(\dfrac{\omega_0t}{2}\right)-\dfrac{|H'_{ab}|^2t}{\hbar^2\omega_0}\sin\left(\dfrac{\omega_0t}{2}\right)\\[2ex] \sin\left(\dfrac{\omega t}{2}\right)=\sin\left(\dfrac{\omega_0t}{2}+\dfrac{|H'_{ab}|^2t}{\hbar^2\omega_0}\right)\approx\sin\left(\dfrac{\omega_0t}{2}\right)+\dfrac{|H'_{ab}|^2t}{\hbar^2\omega_0}\cos\left(\dfrac{\omega_0t}{2}\right)\end{cases}$$

所以(保留到 H' 二次项)

$$c_a(t)\approx e^{-\frac{i\omega_0t}{2}}\left\{\cos\left(\frac{\omega_0t}{2}\right)-\frac{|H'_{ab}|^2t}{\hbar^2\omega_0}\sin\left(\frac{\omega_0t}{2}\right)+i\left(1-2\frac{|H'_{ab}|^2}{\hbar^2\omega_0^2}\right)\left[\sin\left(\frac{\omega_0t}{2}\right)+\frac{|H'_{ab}|^2t}{\hbar^2\omega_0}\cos\left(\frac{\omega_0t}{2}\right)\right]\right\}$$

$$=e^{-\frac{i\omega_0t}{2}}\left\{\left[\cos\left(\frac{\omega_0t}{2}\right)+i\sin\left(\frac{\omega_0t}{2}\right)\right]-\frac{|H'_{ab}|^2t}{\hbar^2\omega_0}\left[\sin\left(\frac{\omega_0t}{2}\right)-i\cos\left(\frac{\omega_0t}{2}\right)\right]-2i\frac{|H'_{ab}|^2}{\hbar^2\omega_0^2}\sin\left(\frac{\omega_0t}{2}\right)\right\}$$

$$=e^{-\frac{i\omega_0t}{2}}\left\{e^{\frac{i\omega_0t}{2}}+i\frac{|H'_{ab}|^2t}{\hbar^2\omega_0}e^{\frac{i\omega_0t}{2}}-\frac{|H'_{ab}|^2}{\hbar^2\omega_0^2}\left(e^{\frac{i\omega_0t}{2}}-e^{-\frac{i\omega_0t}{2}}\right)\right\}$$

$$=1+i\frac{|H'_{ab}|^2}{\hbar^2\omega_0}\left[t+\frac{1}{i\omega_0}(e^{-i\omega_0t}-1)\right]$$

这与现在得到的二级近似解一致。

****习题 9.7** 式 9.25 的第一项来自 $\cos(\omega t)$ 中的 $e^{i\omega t}/2$ 部分，第二项来自 $e^{-i\omega t}/2$ 部分。舍弃第一项，形式上等价于把 H' 写成 $H'=(V/2)e^{-i\omega t}$，也就是

$$H'_{ba}=\frac{V_{ba}}{2}e^{-i\omega t},\quad H'_{ab}=\frac{V_{ab}}{2}e^{i\omega t}$$

(后者来自于哈密顿矩阵是厄密矩阵——或者，如果你愿意的话，可以把公式中的有关 $c_a(t)$ 的与式 9.25 类似的起主要作用的项挑选出来)。拉比(Rabi) 注意到，如果在开始计算时就采用所谓的**旋转波近似**，那么式 9.13 不需要微扰理论就能够严格求解，且不需要假设场的强度。

(a) 用旋转波近似方法求解式 9.13。初始条件为 $c_a(0)=1$，$c_b(0)=0$，用**拉比共振频率**

$$\omega_r\equiv\frac{1}{2}\sqrt{(\omega-\omega_0)^2+(|V_{ab}|/\hbar)^2}$$

表示 $c_a(t)$ 和 $c_b(t)$。

(b) 确定跃迁概率 $P_{a\to b}(t)$，证明它不会大于 1。验证 $|c_a(t)|^2+|c_b(t)|^2=1$。

(c) 当微扰很小时，验证 $P_{a\to b}(t)$ 回到微扰理论的结果(式9.28)，并从对 V 加上的限制，精确解释微扰很小的含义。

(d) 经过多长的时间体系将首次回到它的初始状态？

解：(a) 因为旋转波近似为 $H'_{ba}=\frac{V_{ba}}{2}e^{-i\omega t},\quad H'_{ab}=\frac{V_{ab}}{2}e^{i\omega t}$。由式9.13

$$\dot{c}_a=-\frac{i}{\hbar}H'_{ab}e^{-i\omega_0 t}c_b,\quad \dot{c}_b=-\frac{i}{\hbar}H'_{ba}e^{i\omega_0 t}c_a$$

可以得到

$$\dot{c}_a=-\frac{i}{\hbar}\frac{V_{ab}}{2}e^{i\omega t}e^{-i\omega_0 t}c_b,\quad \dot{c}_b=-\frac{i}{\hbar}\frac{V_{ba}}{2}e^{-i\omega t}e^{i\omega_0 t}c_a$$

$$\begin{aligned}\ddot{c}_b&=\left[i(\omega_0-\omega)\dot{c}_b-\frac{i}{\hbar}\frac{V_{ba}}{2}e^{i(\omega_0-\omega)t}\dot{c}_a\right]\\&=\left[i(\omega_0-\omega)\dot{c}_b-\frac{i}{\hbar}\frac{V_{ba}}{2}e^{i(\omega_0-\omega)t}\left(-\frac{i}{\hbar}\frac{V_{ab}}{2}e^{i\omega t}e^{-i\omega_0 t}c_b\right)\right]\\&=\left[i(\omega_0-\omega)\dot{c}_b-\frac{|V_{ab}|^2}{4\hbar^2}c_b\right]\end{aligned}$$

$$\ddot{c}_b+i(\omega-\omega_0)\dot{c}_b+\frac{|V_{ab}|^2}{4\hbar^2}c_b=0$$

与前面一样把 $c_b=e^{\lambda t}$ 代入求这个线性微分方程的特解，λ 满足的特征方程为

$$\lambda^2+i(\omega-\omega_0)\lambda+\frac{|V_{ab}|^2}{4\hbar^2}=0$$

$$\lambda=\frac{1}{2}\left[-i(\omega-\omega_0)\pm i\sqrt{(\omega-\omega_0)^2+\frac{|V_{ab}|^2}{\hbar^2}}\right]=i\left[-\frac{(\omega-\omega_0)}{2}\pm\omega_r\right]$$

其中，$\omega_r\equiv\frac{1}{2}\sqrt{(\omega-\omega_0)^2+(|V_{ab}|/\hbar)^2}$ 是拉比频率。通解 $c_b(t)$ 为

$$c_b(t)=Ae^{i[-(\omega-\omega_0)/2+\omega_r]t}+Be^{i[-(\omega-\omega_0)/2-\omega_r]t}=e^{i(\omega_0-\omega)t/2}(Ae^{i\omega_r t}+Be^{-i\omega_r t})$$

把解表示为正弦和余弦函数会更方便一些

$$c_b(t)=e^{i(\omega_0-\omega)t/2}[C\cos(\omega_r t)+D\sin(\omega_r t)]$$

由初始条件 $c_b(0)=0$，可得 $C=0$，故

$$c_b(t)=De^{i(\omega_0-\omega)t/2}\sin(\omega_r t)\rightarrow$$

$$\dot{c}_b(t)=D\left[\frac{i(\omega_0-\omega)}{2}\right]e^{i(\omega_0-\omega)t/2}\sin(\omega_r t)+De^{i(\omega_0-\omega)t/2}\omega_r\cos(\omega_r t)$$

由

$$c_a(t)=-\frac{2\hbar}{iV_{ba}}e^{i\omega t}e^{-i\omega_0 t}\dot{c}_b=-\frac{2\hbar}{iV_{ba}}e^{i\omega t}e^{-i\omega_0 t}De^{i(\omega_0-\omega)t/2}\left[\frac{i(\omega_0-\omega)}{2}\sin(\omega_r t)+\omega_r\cos(\omega_r t)\right]$$

$$c_a(0)=-\frac{2\hbar}{iV_{ba}}D\omega_r=1\rightarrow D=-\frac{iV_{ba}}{2\hbar\omega_r}$$

$$c_a(t)=\frac{1}{\omega_r}e^{i\omega t}e^{-i\omega_0 t}e^{i(\omega_0-\omega)t/2}\left[\frac{i(\omega_0-\omega)}{2}\sin(\omega_r t)+\omega_r\cos(\omega_r t)\right]$$

$$= e^{-i(\omega_0-\omega)t/2}\left[\cos(\omega_r t) + \frac{i(\omega_0-\omega)}{2\omega_r}\sin(\omega_r t)\right]$$

$$c_b(t) = -\frac{iV_{ba}}{2\hbar\omega_r}e^{i(\omega_0-\omega)t/2}\sin(\omega_r t)$$

(b) 跃迁概率为 $P_{a\to b}(t) = |c_b(t)|^2 = \frac{|V_{ab}|^2}{4\hbar^2\omega_r^2}\sin^2(\omega_r t)$，其最大值在 $\sin\omega_r t = 1$ 时为

$$(P_{a\to b}(t))_{\max} = \frac{|V_{ab}|^2}{4\hbar^2\omega_r^2}$$

由于 $4\omega_r^2 = (\omega_0-\omega)^2 + \frac{|V_{ab}|^2}{\hbar^2} \geqslant \frac{|V_{ab}|^2}{\hbar^2}$，所以 $P_{a\to b}(t) \leqslant 1$。等号只有在 $\omega = \omega_0$ 时成立。

$$\begin{aligned}|c_a(t)|^2 + |c_b(t)|^2 &= \cos^2(\omega_r t) + \left[\frac{(\omega_0-\omega)}{2\omega_r}\right]^2\sin^2(\omega_r t) + \frac{|V_{ab}|^2}{4\hbar^2\omega_r^2}\sin^2(\omega_r t)\\ &= \cos^2(\omega_r t) + \left[\frac{(\omega_0-\omega)}{2\omega_r}\right]^2\sin^2(\omega_r t) + \frac{4\omega_r^2-(\omega_0-\omega)^2}{4\omega_r^2}\sin^2(\omega_r t)\\ &= 1\end{aligned}$$

(c) 如果微扰很小，$|V_{ab}|^2 << \hbar^2(\omega_0-\omega)^2$

$$\omega_r \equiv \frac{1}{2}\sqrt{(\omega-\omega_0)^2 + (|V_{ab}|/\hbar)^2} \approx \frac{1}{2}|\omega_0-\omega| \approx \frac{1}{2}|\omega_0-\omega|$$

则

$$P_{a\to b}(t) \approx \frac{|V_{ab}|^2}{\hbar^2}\frac{\sin^2\left(\frac{\omega_0-\omega}{2}t\right)}{(\omega_0-\omega)^2}$$

这与式9.28一致。

(d) 由于 $P_{a\to b}(t) = |c_b(t)|^2 = \frac{|V_{ab}|^2}{4\hbar^2\omega_r^2}\sin^2(\omega_r t)$，当 $\omega_r t = \pi$ 时，$P_{a\to b}(t) = 0$，体系首次回到初始状态，对应的时间为 $t = \frac{\pi}{\omega_r}$。

习题9.8 作为向下的跃迁机制，自发发射和热激发射(对于黑体辐射来讲受激发射就是辐射源)存在竞争。证明在室温时($T = 300$ K)，当频率在 5×10^{12}Hz 以下时，热激发占主导地位；而当频率在 5×10^{12}Hz 以上时，自发辐射占主导地位。对于可见光，哪一种发射机制占主导地位？

解：由式9.56知，自发发射的跃迁速率为

$$A = \frac{\omega^3|\boldsymbol{R}|^2}{3\pi\varepsilon_0\hbar c^3}$$

由式9.47知，热激发射的跃迁速率为

$$R = \frac{\pi}{3\varepsilon_0 \hbar^2} |\boldsymbol{R}|^2 \rho(\omega)$$

其中，$\boldsymbol{R} \equiv q\langle\psi_a|\boldsymbol{r}|\psi_b\rangle$ 是电偶极矩矩阵元，$\rho(\omega) = \frac{\hbar}{\pi^2 c^3} \frac{\omega^3}{(e^{\hbar\omega/k_BT}-1)}$ 是电磁波的能量密度。容易求出

$$\frac{A}{R} = e^{\hbar\omega/k_BT} - 1$$

这个比率是随 ω 增加而单调增加的函数，当 $\frac{A}{R} = e^{\hbar\omega/k_BT} - 1 = 1$ 时，

$$e^{\hbar\omega/k_BT} = 2 \to \hbar\omega/k_BT = \ln 2 \to \omega = k_BT\ln 2/\hbar \to \nu = \omega/2\pi = k_BT\ln 2/h$$

当温度 $T = 300$ K 时，可得频率 $\nu = \frac{(1.38\times10^{-23}\ \text{J/K})(300\ \text{K})}{(6.63\times10^{-34}\ \text{J}\cdot\text{s})} = 4.38\times10^{12}$ Hz，当频率高于这个频率时，自发辐射占主导地位，当频率低于这个频率时，热激发射占主导地位。可见光频率远高于这个频率，所以对可见光是自发辐射占主导地位。

习题 9.9 如果知道了电磁场的基态能量密度 $\rho_0(\omega)$，你无需借助爱因斯坦 A、B 系数就可以得出自发辐射速率(式 9.56)，因为此时就是简单的受激发射(式 9.47)。真正要推导需用到量子电动力学；但是，如果认为基态是每个模上有一个光子组成的，那么推导将非常简单：

(a) 在式 5.111 中令 $N_\omega = d_k$，推导出 $\rho_0(\omega)$(也许这个公式在高频失效，否则总的“真空能”将是无限大 …… 但是，这不影响现在的讨论)。

(b) 用你的结果和式 9.47 求自发发射速率，并和式 9.56 比较。

解：(a) 式 5.111 为 $N_\omega = \frac{d_k}{e^{\hbar\omega/k_BT}-1}$，普朗克的黑体辐射公式为

$$\rho(\omega) = \frac{\hbar\omega^3}{\pi^2 c^3 (e^{\hbar\omega/k_BT}-1)}$$

令 $e^{\hbar\omega/k_BT} - 1 = 1$，则有 $N_\omega = d_k$，$\rho_0(\omega) = \frac{\hbar\omega^3}{\pi^2 c^3}$。

(b) 式 9.47 为 $R_{b\to a} = \frac{\pi}{3\varepsilon_0\hbar^2}|\boldsymbol{R}|^2\rho(\omega)$，将(a) 中结果带入得到

$$R_{b\to a} = \frac{\omega^3|\boldsymbol{R}|^2}{3\pi\varepsilon_0\hbar c^3}$$

这与式 9.56 的形式完全一样。

习题 9.10 激发态的半寿命($t_{1/2}$) 是在很大样本中半数原子跃迁到低能态所需要的时间。求 $t_{1/2}$ 与寿命 τ 之间的关系。

解：由式 9.58 有 $N(t) = N(0)e^{-t/\tau}$，根据题意 $N(t_{1/2}) = N(0)/2 \to 1/2 = e^{-t_{1/2}/\tau} \to t_{1/2} = \tau\ln 2$。

***习题 9.11 计算氢原子 $n=2$ 时，四个态的寿命(以 s 为单位)。提示：你需要计算以下形式的矩阵元，$\langle\psi_{100}|x|\psi_{200}\rangle$，$\langle\psi_{100}|y|\psi_{211}\rangle$ 等。记住：$x=r\sin\theta\cos\phi$，$y=r\sin\theta\sin\phi$，$z=r\cos\theta$，这些积分大多数为零，因此在计算之前推敲一下。

解：球坐标下 $x=r\sin\theta\cos\phi$，$y=r\sin\theta\sin\phi$，$z=r\cos\theta$ 则有 $x+\mathrm{i}y=r\sin\theta\mathrm{e}^{\mathrm{i}\phi}$，$x-\mathrm{i}y=r\sin\theta\mathrm{e}^{-\mathrm{i}\phi}$。在习题 9.1 中已经计算过 z 的矩阵元，除了 $\langle 100|z|210\rangle=2^8a/(3^5\sqrt{2})$ 外其余为零。对 x 和 y，注意到 $|100\rangle$，$|200\rangle$，$|210\rangle$ 是 x，y 的偶函数，而 $|21\pm1\rangle$ 是 x，y 的奇函数，所以非零矩阵元为 $\langle 100|x|21\pm1\rangle$ 和 $\langle 100|y|21\pm1\rangle$。

$$\langle\psi_{100}|x|\psi_{21\pm1}\rangle=\langle\psi_{100}|r\sin\theta\cos\phi|\psi_{21\pm1}\rangle=\int_0^{+\infty}R_{10}^*R_{21}r^3\mathrm{d}r\int_{\phi=0}^{2\pi}\int_{\theta=0}^{\pi}\mathrm{Y}_0^{0*}\sin\theta\cos\phi\mathrm{Y}_1^{\pm1}\sin\theta\mathrm{d}\theta\mathrm{d}\phi$$

$$=\frac{1}{\sqrt{\pi a^3}}\left(\frac{\mp1}{\sqrt{64\pi a^3}}\right)\int_0^{+\infty}\mathrm{e}^{-r/a}\left(\frac{r}{a}\right)\mathrm{e}^{-r/2a}r^3\mathrm{d}r\int_0^{\pi}\sin^3\theta\mathrm{d}\theta\int_0^{2\pi}\mathrm{e}^{\pm\mathrm{i}\phi}\cos\phi\mathrm{d}\phi$$

$$=\left(\frac{\mp1}{8\pi a^4}\right)4!\left(\frac{2a}{3}\right)^5\left(\frac{4}{3}\right)(\pi)=\mp\frac{2^7}{3^5}a$$

$$\langle\psi_{100}|y|\psi_{21\pm1}\rangle=\langle\psi_{100}|r\sin\theta\sin\phi|\psi_{21\pm1}\rangle=\int_0^{+\infty}R_{10}^*R_{21}r^3\mathrm{d}r\int_{\phi=0}^{2\pi}\int_{\theta=0}^{\pi}\mathrm{Y}_0^{0*}\sin\theta\sin\phi\mathrm{Y}_1^{\pm1}\sin\theta\mathrm{d}\theta\mathrm{d}\phi$$

$$=\frac{1}{\sqrt{\pi a^3}}\left(\frac{\mp1}{\sqrt{64\pi a^3}}\right)\int_0^{+\infty}\mathrm{e}^{-r/a}\left(\frac{r}{a}\right)\mathrm{e}^{-r/2a}r^3\mathrm{d}r\int_0^{\pi}\sin^3\theta\mathrm{d}\theta\int_0^{2\pi}\mathrm{e}^{\pm\mathrm{i}\phi}\sin\phi\mathrm{d}\phi$$

$$=\left(\frac{\mp1}{8\pi a^4}\right)4!\left(\frac{2a}{3}\right)^5\left(\frac{4}{3}\right)(\pm\mathrm{i}\pi)=-\mathrm{i}\frac{2^7}{3^5}a$$

这样有

$$\langle\psi_{100}|\boldsymbol{r}|\psi_{200}\rangle=0,\quad\langle\psi_{100}|\boldsymbol{r}|\psi_{210}\rangle=\frac{2^7}{3^5}\sqrt{2}a\hat{k},\quad\langle\psi_{100}|\boldsymbol{r}|\psi_{21\pm1}\rangle=\frac{2^7}{3^5}a(\mp\hat{i}-\mathrm{i}\hat{j})$$

这样由 $n=2$ 的 4 个态向 $n=1$ 态的自发发射速率为

$$A_{200\to100}=\frac{\omega_0^3}{3\pi\varepsilon_0\hbar c^3}e^2|\langle 100|\boldsymbol{r}|200\rangle|^2=0,\quad\left(\hbar\omega_0\equiv E_2-E_1=-\frac{3E_1}{4}\right)$$

$$A_{210\to100}=\frac{\omega_0^3}{3\pi\varepsilon_0\hbar c^3}e^2|\langle 100|\boldsymbol{r}|210\rangle|^2=\frac{\omega_0^3e^2}{3\pi\varepsilon_0\hbar c^3}\frac{2^{15}}{3^{10}}a^2=\left(-\frac{3E_1}{4\hbar}\right)^3\frac{2^{15}}{3^{10}}\frac{e^2a^2}{3\pi\varepsilon_0\hbar c^3}$$

$$=\frac{2^{10}}{3^8}\left(\frac{-E_1}{m_ec^2}\right)\frac{c}{a}=\frac{2^{10}}{3^8}\left(\frac{13.6}{0.511\times10^6}\right)\frac{3\times10^8\,\mathrm{m/s}}{0.529\times10^{-10}\,\mathrm{m}}=6.27\times10^8\,\mathrm{s}^{-1}$$

$$A_{21\pm1\to100}=\frac{\omega_0^3}{3\pi\varepsilon_0\hbar c^3}e^2|\langle 100|\boldsymbol{r}|21\pm1\rangle|^2=6.27\times10^8\,\mathrm{s}^{-1}$$

所以对 $l=1$ 的三个态，寿命为 $\tau=\dfrac{1}{6.27\times10^8}\,\mathrm{s}=1.60\times10^{-9}\,\mathrm{s}$，对 $l=0$ 态，寿命为无限大。

习题 9.12 证明式 9.74 的对易关系。提示：首先证明

$$[L^2,z]=2\mathrm{i}\hbar(xL_y-yL_x-\mathrm{i}\hbar z)$$

利用这个式子和 $\boldsymbol{r}\cdot\boldsymbol{L}=\boldsymbol{r}\cdot(\boldsymbol{r}\times\boldsymbol{p})=0$，证明

$$[L^2,[L^2,z]]=2\hbar^2(zL^2+L^2z)$$

从 z 到 $\boldsymbol{r}$ 的推广很简单。

证：式 9.74 为

$$[L^2,[L^2,\boldsymbol{r}]]=2\hbar^2(\boldsymbol{r}L^2+L^2\boldsymbol{r})$$

首先证明

$$[L^2,z]=2\mathrm{i}\hbar(xL_y-yL_x-\mathrm{i}\hbar z)$$

$$[L_x,z]=[yp_z-zp_y,z]=[yp_z,z]-[zp_y,z]=y[p_z,z]=-\mathrm{i}\hbar y$$

同理，可得

$[L_y,z]=\mathrm{i}\hbar x$,　$[L_z,z]=0$,　$[L_x,y]=-[L_y,x]=\mathrm{i}\hbar z$

$$[L^2,z]=[L_x^2,z]+[L_y^2,z]+\underbrace{[L_z^2,z]}_{0}=L_x[L_x,z]+[L_x,z]L_x+L_y[L_y,z]+[L_y,z]L_y$$

$$=\mathrm{i}\hbar(-L_xy-yL_x+L_yx+xL_y)=\mathrm{i}\hbar(-L_xy-yL_x+L_yx+xL_y+[L_x,y]-[L_y,x]-2\mathrm{i}\hbar z)$$

$$=\mathrm{i}\hbar(2xL_y-2yL_x-2\mathrm{i}\hbar z)=2\mathrm{i}\hbar(xL_y-yL_x-\mathrm{i}\hbar z)$$

类似可写出

$$[L^2,x]=2\mathrm{i}\hbar(yL_z-zL_y-\mathrm{i}\hbar x)$$

$$[L^2,y]=2\mathrm{i}\hbar(zL_x-xL_z-\mathrm{i}\hbar y)$$

$$[L^2,[L^2,z]]=[L^2,2\mathrm{i}\hbar(xL_y-yL_x-\mathrm{i}\hbar z)]=2\mathrm{i}\hbar([L^2,xL_y]-[L^2,yL_x]-\mathrm{i}\hbar[L^2,z])$$

$$=2\mathrm{i}\hbar\left(x\underbrace{[L^2,L_y]}_{0}+[L^2,x]L_y-y\underbrace{[L^2,L_x]}_{0}-[L^2,y]L_x-\mathrm{i}\hbar L^2z+\mathrm{i}\hbar zL^2\right)$$

$$=2\mathrm{i}\hbar\{2\mathrm{i}\hbar(yL_z-zL_y-\mathrm{i}\hbar x)L_y-2\mathrm{i}\hbar(zL_x-xL_z-\mathrm{i}\hbar y)L_x-\mathrm{i}\hbar L^2z+\mathrm{i}\hbar zL^2\}$$

$$=-2\hbar^2\{-2z(L_x^2+L_y^2)-L^2z+zL^2+2(yL_z-\mathrm{i}\hbar x)L_y+2(xL_z+\mathrm{i}\hbar y)L_x\}$$

$$=-2\hbar^2\{-2z(L^2-L_z^2)-L^2z+zL^2+2(yL_z+[L_z,y])L_y+2(xL_z+[L_z,x])$$

$$=-2\hbar^2\{-zL^2-L^2z+2zL_z^2+2L_zyL_y+2L_zxL_x\}$$

$$=2\hbar^2(zL^2+L^2z)-4\hbar^2L_z(xL_x+zL_z+yL_y)$$

$$=2\hbar^2(zL^2+L^2z)-4\hbar^2L_z\underbrace{\boldsymbol{r}\cdot\boldsymbol{L}}_{0}=2\hbar^2(zL^2+L^2z)$$

同理，可得

$$[L^2,[L^2,x]]=2\hbar^2(xL^2+L^2x)$$

$$[L^2,[L^2,y]]=2\hbar^2(yL^2+L^2y)$$

所以

$$[L^2,[L^2,\boldsymbol{r}]]=2\hbar^2(\boldsymbol{r}L^2+L^2\boldsymbol{r})$$

习题 9.13　弥补式 9.78（除非 $\Delta l=\pm1$，否则没有跃迁发生）的“漏洞”。证明：如果 $l'=l=0$，则 $\langle n'l'm'|\boldsymbol{r}|nlm\rangle=0$。

证：当 $l'=l=0$ 时，$m'=m=0$

$$\langle n'l'm'|\boldsymbol{r}|nlm\rangle=\langle n'00|\boldsymbol{r}|n00\rangle=\langle R_{n'0}\mathrm{Y}_0^0|\boldsymbol{r}|R_{n0}\mathrm{Y}_0^0\rangle$$

$$=\frac{1}{4\pi}\int_0^{+\infty}R_{n'0}^*R_{n0}(x\hat{i}+y\hat{j}+z\hat{k})\mathrm{d}x\mathrm{d}y\mathrm{d}z$$

$$=\frac{1}{4\pi}\left(\int_0^{+\infty}R_{n'0}^*R_{n0}x\mathrm{d}x\mathrm{d}y\mathrm{d}z\,\hat{i}+\int_0^{+\infty}R_{n'0}^*R_{n0}y\mathrm{d}x\mathrm{d}y\mathrm{d}z\,\hat{j}+\int_0^{+\infty}R_{n'0}^*R_{n0}z\mathrm{d}x\mathrm{d}y\mathrm{d}z\,\hat{k}\right)$$

以上三个积分项中，被积函数分别是关于 x，y，z 的奇函数，故积分都为零，所以 $l'=l=0$ 时，$\langle n'00|\boldsymbol{r}|n00\rangle=0$。

习题 9.14 氢原子处在 $n=3$，$l=0$，$m=0$ 态的电子通过一系列（电偶极矩）跃迁向基态衰变。

（a）衰变的路径有哪些？按照下列方法具体写出每条路径：

$$|300\rangle\to|nlm\rangle\to|n'l'm'\rangle\to\cdots\to|100\rangle$$

（b）如果有许多处在 $|300\rangle$ 态的原子，通过每条路径衰变的百分比是多少？

（c）处于 $|300\rangle$ 态原子的寿命是多少？提示：一旦开始第一次跃迁，它将不再处于 $|300\rangle$ 态，因此，在计算寿命时仅需考虑每个跃迁路径的第一步。当有多个衰变路径时，把跃迁速率相加。

解：（a）由选择定则 $\Delta l=\pm1$，$\Delta m=0$，±1，衰变路径可写为

$$|3\ \ 0\ \ 0\rangle\to\left\{\begin{matrix}|2\ \ 1\ \ \ 0\rangle\\|2\ \ 1\ \ \ 1\rangle\\|2\ \ 1\ \ -1\rangle\end{matrix}\right\}\to|1\ \ 0\ \ 0\rangle$$

（b）需要计算矩阵元

$$\langle\psi_{210}|\boldsymbol{r}|\psi_{300}\rangle,\quad\langle\psi_{211}|\boldsymbol{r}|\psi_{300}\rangle,\quad\langle\psi_{21-1}|\boldsymbol{r}|\psi_{300}\rangle$$

由于当 $\Delta m\neq\pm1$ 时，$\langle n'l'm'|x|nlm\rangle=\langle n'l'm'|y|nlm\rangle=0$（对 ϕ 的积分为零），所以有

$$\langle\psi_{210}|\boldsymbol{r}|\psi_{300}\rangle=\langle\psi_{210}|z|\psi_{300}\rangle\hat{k}$$

当 $\Delta m\neq0$ 时，$\langle n'l'm'|z|nlm\rangle=0$，所以有

$$\langle\psi_{21\pm1}|\boldsymbol{r}|\psi_{300}\rangle=\langle\psi_{21\pm1}|x|\psi_{300}\rangle\hat{i}+\langle\psi_{21\pm1}|y|\psi_{300}\rangle\hat{j}$$

另外由式 9.70

$$(m'-m)\langle n'l'm'|x|nlm\rangle=\mathrm{i}\langle n'l'm'|y|nlm\rangle$$

所以有

$$\pm\langle\psi_{21\pm1}|x|\psi_{300}\rangle=\mathrm{i}\langle\psi_{21\pm1}|y|\psi_{300}\rangle\to|\langle\psi_{21\pm1}|x|\psi_{300}\rangle|^2=|\langle\psi_{21\pm1}|y|\psi_{300}\rangle|^2$$

这样，只需要计算两个矩阵元

$$|\langle\psi_{210}|\boldsymbol{r}|\psi_{300}\rangle|^2=|\langle\psi_{210}|z|\psi_{300}\rangle|^2\text{ 和 }|\langle\psi_{21\pm1}|\boldsymbol{r}|\psi_{300}\rangle|^2=2|\langle\psi_{21\pm1}|x|\psi_{300}\rangle|^2$$

首先计算下列积分

$$\begin{aligned}\int_0^{+\infty}R_{21}^*R_{30}r^3\mathrm{d}r&=\int_0^{+\infty}\left(\frac{1}{6a^2}\right)^{2/3}\frac{r^4}{\sqrt{3}a}\mathrm{e}^{-5r/6a}\left[(2-\frac{4r}{3a}+\frac{4}{27}\left(\frac{r}{a}\right)^2\right]r^3\mathrm{d}r\\&=\frac{2}{18\sqrt{2}a^4}\left[\int_0^{+\infty}\mathrm{e}^{-5r/6a}r^4\mathrm{d}r-\frac{2}{3a}\int_0^{+\infty}\mathrm{e}^{-5r/6a}r^5\mathrm{d}r+\frac{2}{27a^2}\int_0^{+\infty}\mathrm{e}^{-5r/6a}r^6\mathrm{d}r\right]\\&=\frac{1}{9\sqrt{2}}\frac{1}{a^4}\left[4!\left(\frac{6a}{5}\right)^5-\frac{2}{3a}5!\left(\frac{6a}{5}\right)^6+\frac{2}{27a^2}6!\left(\frac{6a}{5}\right)^7\right]\\&=\frac{2\sqrt{2}}{9}\left(\frac{6}{5}\right)^6a\equiv K\end{aligned}$$

$$\int_0^{\pi}\int_0^{2\pi}Y_1^{0*}Y_0^0\cos\theta\sin\theta\mathrm{d}\theta\mathrm{d}\phi=\frac{\sqrt{3}}{4\pi}\int_0^{\pi}\cos^2\theta\sin\theta\mathrm{d}\theta\int_0^{2\pi}\mathrm{d}\phi=\frac{\sqrt{3}}{4\pi}\left(\frac{2}{3}\right)(2\pi)=\frac{1}{\sqrt{3}}$$

$$\int_0^{\pi}\int_0^{2\pi} Y_1^{\pm1\,*}\,Y_0^0\sin\theta\cos\varphi\sin\theta\mathrm{d}\theta\mathrm{d}\varphi = \mp\frac{\sqrt{3}}{4\sqrt{2}\pi}\int_0^{\pi}\sin^3\theta\mathrm{d}\theta\int_0^{2\pi}\mathrm{e}^{\mp\mathrm{i}\varphi}\cos\varphi\mathrm{d}\varphi$$

$$= \mp\frac{\sqrt{3}}{4\sqrt{2}\pi}\left(\frac{4}{3}\right)(\pi) = \mp\frac{1}{\sqrt{6}}$$

有

$$\langle\psi_{210}\,|\,z\,|\,\psi_{300}\rangle = \int(R_{21}Y_1^0)^*r\cos\theta(R_{30}Y_0^0)r^2\sin\theta\mathrm{d}r\mathrm{d}\theta\mathrm{d}\phi = \frac{K}{\sqrt{3}}\to|\langle\psi_{210}\,|\,\boldsymbol{r}\,|\,\psi_{300}\rangle|^2 = \frac{K^2}{3}$$

$$\langle\psi_{21\pm1}\,|\,x\,|\,\psi_{300}\rangle = \int(R_{21}Y_1^{\pm1})^*r\sin\theta\cos\phi(R_{30}Y_0^0)r^2\sin\theta\mathrm{d}r\mathrm{d}\theta\mathrm{d}\phi = \frac{K}{\sqrt{6}}\to|\langle\psi_{21\pm1}\,|\,\boldsymbol{r}\,|\,\psi_{300}\rangle|^2 = \frac{K^2}{3}$$

所以 $|300\rangle$ 向 $|210\rangle$，$|211\rangle$，$|21-1\rangle$ 这三个态的衰变概率相等，即通过每条路径衰变的比率为 1/3。

（c）共有三个跃迁途径，跃迁速率相等，总跃迁速率为三者之和

$$A = 3\frac{\omega_0{}^3e^2(K^2/3)}{3\pi\varepsilon_0\hbar c^3} = 3\frac{[(E_3-E_2)/\hbar]^3e^2a^2}{3\pi\varepsilon_0\hbar c^3}\frac{2^{15}\times3^7}{5^{12}} = \frac{[(E_1/9)-(E_1/4)]^3e^2a^2}{\pi\varepsilon_0\hbar^4c^3}\frac{2^{15}\times3^7}{5^{12}}$$

$$= \frac{|E_1|^3e^2a^2}{\pi\varepsilon_0\hbar^4c^3}\frac{5}{36}\frac{2^{15}\times3^7}{5^{12}} = 6\left(\frac{2}{5}\right)^9\left(\frac{E_1}{mc^2}\right)^2\left(\frac{c}{a}\right)$$

$$= 6\left(\frac{2}{5}\right)^9\left(\frac{13.6\ \mathrm{eV}}{0.511\times10^6\ \mathrm{eV}}\right)^2\left(\frac{3\times10^8\ \mathrm{m/s}}{0.529\times10^{-10}\ \mathrm{m}}\right)$$

$$= 6.32\times10^6\mathrm{s}^{-1}$$

式中，$E_1\equiv-\dfrac{me^4}{2\hbar^2(4\pi\varepsilon_0)^2}$，　$a\equiv\dfrac{4\pi\varepsilon_0\hbar^2}{me^2}$

故 $|300\rangle$ 态的寿命为 $\tau=\dfrac{1}{A}=1.58\times10^{-7}$ s。

第 9 章补充习题解答

** **习题 9.15**　从推广式 9.1 和式 9.2 开始，给出多能级体系的含时微扰理论：

$$H_0\psi_n = E_n\psi_n,\ \langle\psi_n\,|\,\psi_m\rangle = \delta_{nm}$$

在时间 $t=0$ 时，开始加上微扰 $H'(t)$，因此总的哈密顿量是

$$H = H_0 + H'(t)$$

（a）推广式 9.6 为

$$\Psi(t) = \sum c_n(t)\psi_n\mathrm{e}^{-\mathrm{i}E_nt/\hbar}$$

并证明

$$\dot{c}_m = -\frac{\mathrm{i}}{\hbar}\sum_n c_nH'_{mn}\mathrm{e}^{\mathrm{i}(E_m-E_n)t/\hbar}$$

其中

$$H'_{mn}\equiv\langle\psi_m\,|\,H'\,|\,\psi_n\rangle$$

(b) 如果体系开始时处在 ψ_N 态，证明(在一级微扰理论中)

$$c_N(t) \cong 1 - \frac{\mathrm{i}}{\hbar}\int_0^t H'_{NN}(t')\,\mathrm{d}t'$$

及

$$c_m(t) \cong -\frac{\mathrm{i}}{\hbar}\int_0^t H'_{mN}\mathrm{e}^{\mathrm{i}(E_m-E_N)t'/\hbar}\mathrm{d}t' \quad (m \neq N)$$

(c) 例如，假设 H' 是一个常量(在 $t=0$ 时加上，经过一段时间 t 后再去掉)，作为时间 t 的函数，求出从 N 态到 M 态的跃迁概率($M\neq N$)。答案：

$$4\,|H'_{MN}|^2\frac{\sin^2[(E_N-E_M)t/2\hbar]}{(E_N-E_M)^2}$$

(d) 现在假设 H' 是 t 的余弦函数：$H'=V\cos(\omega t)$。作通常的假设，证明只能向 $E_M=E_N\pm\hbar\omega$ 的能级跃迁，跃迁概率是

$$P_{N\to M}=|V_{MN}|^2\frac{\sin^2[(E_N-E_M\pm\hbar\omega)t/2\hbar]}{(E_N-E_M\pm\hbar\omega)^2}$$

(e) 假设一个多能级体系处在非相干电磁辐射中。参考教材 9.2.3 节，证明受激发射的跃迁概率与两能级体系的受激发射概率公式一样(式 9.47)。

解：

(a) 把 $\Psi(t) = \sum\limits_n c_n(t)\psi_n\mathrm{e}^{-\mathrm{i}E_nt/\hbar}$ 代入含时薛定谔方程

$$H\Psi=\mathrm{i}\hbar\frac{\partial\Psi}{\partial t} \quad (H=H_0+H')$$

可得(利用 $H_0\psi_n=E_n\psi_n$)

$$\sum_n c_nE_n\psi_n\mathrm{e}^{-\mathrm{i}E_nt/\hbar}+\sum_n c_nH'(t)\psi_n\mathrm{e}^{-\mathrm{i}E_nt/\hbar}=\mathrm{i}\hbar\sum_n\dot{c}_n\psi_n\mathrm{e}^{-\mathrm{i}E_nt/\hbar}+\mathrm{i}\hbar\sum_n c_n\left(-\mathrm{i}\frac{E_n}{\hbar}\right)\psi_n\mathrm{e}^{-\mathrm{i}E_nt/\hbar}$$

所以
$$\sum_n c_nH'(t)\psi_n\mathrm{e}^{-\mathrm{i}E_nt/\hbar}=\mathrm{i}\hbar\sum_n\dot{c}_n\psi_n\mathrm{e}^{-\mathrm{i}E_nt/\hbar}$$

上式与 ψ_m 作内积

$$\sum_n c_n\langle\psi_m|H'(t)|\psi_n\rangle\mathrm{e}^{-\mathrm{i}E_nt/\hbar}=\mathrm{i}\hbar\sum_n\dot{c}_n\langle\psi_m|\psi_n\rangle\mathrm{e}^{-\mathrm{i}E_nt/\hbar}=\mathrm{i}\hbar\sum_n\dot{c}_n\delta_{mn}\mathrm{e}^{-\mathrm{i}E_nt/\hbar}=\mathrm{i}\hbar\dot{c}_m\mathrm{e}^{-\mathrm{i}E_mt/\hbar}$$

$$\dot{c}_m=-\frac{\mathrm{i}}{\hbar}\sum_n c_nH'_{mn}\mathrm{e}^{\mathrm{i}(E_m-E_n)t/\hbar} \quad (\text{其中 } H'_{mn}=\langle\psi_m|H'(t)|\psi_n\rangle)$$

(b) 初始态为 $c_N(0)=1$，$c_m(t)=0 \quad (m\neq N)$

零级近似：$\dot{c}_m=0\to \quad c_N(t)=1,\ c_m(t)=0 \quad (m\neq N)$

一级近似：在 $\dot{c}_m$ 满足的方程右边代入零级近似值有

$$\dot{c}_N=-\frac{\mathrm{i}}{\hbar}\sum_n c_n(t)H'_{Nn}\mathrm{e}^{-\mathrm{i}(E_N-E_m)t/\hbar}=-\frac{\mathrm{i}}{\hbar}H'_{NN}\to c_N(t)=1-\frac{\mathrm{i}}{\hbar}H'_{NN}t$$

当 $m\neq N$ 时，

$$\dot{c}_m(t)=-\frac{\mathrm{i}}{\hbar}H'_{mN}\mathrm{e}^{\mathrm{i}(E_m-E_N)t/\hbar}\to c_m(t)=-\frac{\mathrm{i}}{\hbar}\int_0^t H'_{mN}\mathrm{e}^{\mathrm{i}(E_m-E_N)t'/\hbar}\mathrm{d}t'$$

(c) H' 不依赖时间为常量

$$c_M(t)=-\frac{\mathrm{i}}{\hbar}\int_0^t H'_{MN}\mathrm{e}^{\mathrm{i}(E_M-E_N)t'/\hbar}\mathrm{d}t'=-\frac{\mathrm{i}}{\hbar}H'_{MN}\int_0^t \mathrm{e}^{\mathrm{i}(E_M-E_N)t'/\hbar}\mathrm{d}t'=-\frac{H'_{MN}}{(E_M-E_N)}\mathrm{e}^{\mathrm{i}(E_M-E_N)t/\hbar}\Big|_0^t$$

$$=-\frac{H'_{MN}}{E_M-E_N}[\mathrm{e}^{\mathrm{i}(E_M-E_N)t/\hbar}-1]=-\frac{H'_{MN}}{E_M-E_N}\mathrm{e}^{\mathrm{i}(E_M-E_N)t/2\hbar}[\mathrm{e}^{\mathrm{i}(E_M-E_N)t/2\hbar}-\mathrm{e}^{-\mathrm{i}(E_M-E_N)t/2\hbar}]$$

$$=-2\mathrm{i}H'_{MN}\frac{\sin[(E_M-E_N)t/2\hbar]}{E_M-E_N}\mathrm{e}^{\mathrm{i}(E_M-E_N)t/2\hbar}$$

由 N 态到 M 态的跃迁概率为

$$P=|c_M(t)|^2=4|H'_{MN}|^2\frac{\sin^2[(E_M-E_N)t/2\hbar]}{(E_M-E_N)^2}$$

(d)

$$H'=V\cos(\omega t),\ H'_{MN}=\langle\psi_M|V\cos(\omega t)|\psi_N\rangle=\langle\psi_M|V|\psi_N\rangle\cos(\omega t)=V_{MN}\cos(\omega t)$$

$$c_M(t)=-\frac{\mathrm{i}}{\hbar}\int_0^t H'_{MN}\mathrm{e}^{\mathrm{i}(E_M-E_N)t'/\hbar}\mathrm{d}t'$$

$$=-\frac{\mathrm{i}}{\hbar}V_{MN}\int_0^t\cos(\omega t)\mathrm{e}^{\mathrm{i}(E_M-E_N)t'/\hbar}\mathrm{d}t'=-\frac{\mathrm{i}}{\hbar}V_{MN}\frac{1}{2}\int_0^t(\mathrm{e}^{\mathrm{i}\omega t}+\mathrm{e}^{-\mathrm{i}\omega t})\mathrm{e}^{\mathrm{i}\omega_0 t'}\mathrm{d}t'$$

$$=-\frac{\mathrm{i}V_{MN}}{2\hbar}\left[\frac{\mathrm{e}^{\mathrm{i}(\omega_0+\omega)t}}{\mathrm{i}(\omega_0+\omega)}+\frac{\mathrm{e}^{\mathrm{i}(\omega_0-\omega)t}}{\mathrm{i}(\omega_0-\omega)}\right]\Big|_0^t\quad(\omega_0\equiv(E_M-E_N)/\hbar)$$

$$=-\frac{V_{MN}}{2\hbar}\left[\frac{\mathrm{e}^{\mathrm{i}(\omega_0+\omega)t}-1}{\omega_0+\omega}+\frac{\mathrm{e}^{\mathrm{i}(\omega_0-\omega)t}-1}{\omega_0-\omega}\right]$$

当 $\omega\approx\omega_0$ 时，第二项分子分母都为零，求其极限，发现这一项与 t 成正比，而第一项不随 t 增加而增加，所以当 $\omega\approx\omega_0$ 时第二项起主要作用，第一项可以略去。同理，当 $\omega\approx-\omega_0$ 时，第一项起主要作用，第二项可以略去。当 $\omega\neq\pm\omega_0$ 时，两项都不随 t 增加，无明显跃迁现象。只有当 $\omega\approx\pm\omega_0$ 时，才出现明显的跃迁，跃迁概率为

$$P_{N\to M}=|c_M(t)|^2=\left|-\frac{V_{MN}}{2\hbar}\frac{\mathrm{e}^{\mathrm{i}(\omega_0\pm\omega)t}-1}{\omega_0\pm\omega}\right|^2=\left|-\frac{V_{MN}}{2\hbar}\frac{\mathrm{e}^{\mathrm{i}(\omega_0\pm\omega)t/2}(\mathrm{e}^{\mathrm{i}(\omega_0\pm\omega)t/2}-\mathrm{e}^{-\mathrm{i}(\omega_0\pm\omega)t/2})}{\omega_0\pm\omega}\right|^2$$

$$=\left|-\frac{V_{MN}}{2\hbar}\frac{\mathrm{e}^{\mathrm{i}(\omega_0\pm\omega)t/2}2\mathrm{i}\sin((\omega_0\pm\omega)t/2)}{\omega_0\pm\omega}\right|^2=|V_{MN}|^2\frac{\sin^2[(E_M-E_N\pm\hbar\omega)t/2\hbar]}{(E_M-E_N\pm\hbar\omega)^2}$$

其中，“+”号对应 $E_M=E_N-\hbar\omega$ 放出光子；“-”号对应 $E_M=E_N+\hbar\omega$ 吸收光子。

(e) 对于光波，电场起主要作用，

$$H'=-e\boldsymbol{r}\cdot\boldsymbol{E}_0\cos\omega t\to V=-e\boldsymbol{r}\cdot\boldsymbol{E}_0=-ezE_0,\quad \boldsymbol{E}_0=E_0\hat{k}$$

则由(d)的结果

$$P_{N\to M}=\frac{|V_{NM}|^2}{\hbar^2}\frac{\sin^2[(\omega_0\pm\omega)t/2]}{(\omega_0\pm\omega)^2}=\frac{e^2E_0^2|z_{NM}|^2}{\hbar^2}\frac{\sin^2[(\omega_0\pm\omega)t/2]}{(\omega_0\pm\omega)^2}$$

代入光的能量密度 $u=\dfrac{\varepsilon_0}{2}E_0^2$

$$P_{N\to M}=\frac{2ue^2|z_{NM}|^2}{\varepsilon_0\hbar^2}\frac{\sin^2[(\omega_0\pm\omega)t/2]}{(\omega_0\pm\omega)^2}$$

如果不是单色光，则需用$\rho(\omega)\mathrm{d}\omega$取代$u$并对$\omega$积分，由于$\sin^2(\xi t/2)/\xi^2$在$t\to\infty$时具有δ函数的性质，所以

$$P_{N\to M}=\frac{2e^2\,|z_{NM}|^2}{\varepsilon_0\hbar^2}\int_0^{+\infty}\rho(\omega)\frac{\sin^2[(\omega_0\pm\omega)t/2]}{(\omega_0\pm\omega)^2}\mathrm{d}\omega=\frac{\pi e^2\,|z_{NM}|^2}{\varepsilon_0\hbar^2}\rho(\omega_0)t$$

（参考教材中的式 9.40 ~ 式 9.42），单位时间的跃迁概率为

$$R_{N\to M}=\frac{\mathrm{d}P_{N\to M}}{\mathrm{d}t}=\frac{\pi e^2\,|z_{NM}|^2}{\varepsilon_0\hbar^2}\rho(\omega_0)$$

如果光波极化方向是各向同性的，则需要对所有极化方向求平均（见教材中的式 9.45 ~ 式 9.47），需用$|\boldsymbol{r}_{NM}|^2/3$取代$|z_{NM}|^2$，所以

$$R_{N\to M}=\frac{\pi e^2\,|\boldsymbol{r}_{NM}|^2}{3\varepsilon_0\hbar^2}\rho(\omega_0)$$

此即式 9.47。

习题 9.16　对习题 9.15 中的（c）和（d），计算一级近似下的$c_m(t)$。验证归一化条件：

$$\sum_m|c_m(t)|^2=1$$

并且讨论一下偏差。假设你想计算仍然停留在初始态ψ_N的概率，用$|c_N(t)|^2$或者$1-\sum_{m\neq N}|c_m(t)|^2$哪个更好一些？

解：在习题 9.15（c）中，H'为常数，有

$$c_N(t)\cong1-\frac{\mathrm{i}}{\hbar}\int_0^t H'_{NN}(t')\mathrm{d}t'=1-\frac{\mathrm{i}}{\hbar}H'_{NN}t\quad\to|c_N(t)|^2=1+\frac{1}{\hbar^2}|H'_{NN}|^2t^2$$

$$c_m(t)\cong-2\mathrm{i}\frac{H'_{mN}}{E_m-E_N}\sin[(E_m-E_N)t/2\hbar]\mathrm{e}^{\mathrm{i}(E_m-E_N)t/2\hbar}\to$$

$$|c_m(t)|^2=4|H'_{mN}|^2\frac{\sin^2[(E_m-E_N)t/2\hbar]}{(E_m-E_N)^2}\quad(m\neq N)$$

$$\sum_m|c_m(t)|^2=1+\frac{1}{\hbar^2}|H'_{NN}|^2t^2+\sum_{m\neq N}4|H'_{mN}|^2\frac{\sin^2[(E_m-E_N)t/2\hbar]}{(E_m-E_N)^2}$$

显然有$\sum_m|c_m(t)|^2>1$，但注意到上式后两项是H'的二次项，因计算c_m仅考虑到一次项，所以应该略去这些二次项，略去之后，c_m显然满足归一化的要求。

在习题 9.15（d）中，$H'=V\cos(\omega t)$

$$c_N(t)\cong1-\frac{\mathrm{i}}{\hbar}V_{NN}\int_0^t\cos(\omega t')\mathrm{d}t'=1-\mathrm{i}\frac{V_{NN}}{\hbar\omega}\sin(\omega t)\to|c_N(t)|^2$$

$$=1+\left(\frac{V_{NN}}{\hbar\omega}\right)^2\sin^2(\omega t)$$

$$c_m(t)=-\frac{V_{mN}}{2}\left[\frac{\mathrm{e}^{\mathrm{i}(E_m-E_N+\hbar\omega)t/\hbar}-1}{E_m-E_N+\hbar\omega}+\frac{\mathrm{e}^{\mathrm{i}(E_m-E_N-\hbar\omega)t/\hbar}-1}{E_m-E_N-\hbar\omega}\right]\to$$

$$c_m(t) = -\frac{V_{mN}}{2}\left[\frac{e^{i(E_m-E_N+\hbar\omega)t/\hbar}-1}{E_m-E_N+\hbar\omega}+\frac{e^{i(E_m-E_N-\hbar\omega)t/\hbar}-1}{E_m-E_N-\hbar\omega}\right] \quad (m \neq N) \rightarrow$$

$$|c_m(t)|^2 = |V_{mN}|^2 \frac{\sin^2[(E_m - E_N \pm \hbar\omega)t/2\hbar]}{(E_m - E_N \pm \hbar\omega)^2}$$

$$\sum_m |c_m(t)|^2 = 1 + \frac{|V_{NN}|^2}{(\hbar\omega)^2}\sin^2(\omega t) + \sum_{m\neq N} |V_{NN}|^2 \frac{\sin^2[(E_m - E_N \pm \hbar\omega)t/2\hbar]}{(E_m - E_N \pm \hbar\omega)^2}$$

显然有 $\sum_m |c_m(t)|^2 > 1$，但是与前面同样的理由，略去 H' 二次项后，c_m 满足归一化的要求。

如果想计算仍然处在初始态 ψ_N 的概率，用 $1 - \sum_{m\neq N} |c_m(t)|^2$ 会更好一些。这是因为按 H' 矩阵元幂次集项有

$$c_m = a_1 H' + a_2 H'^2 + \cdots \rightarrow |c_m|^2 = a_1^2 H'^2 + 2a_1 a_2 H'^3 + \cdots$$

而

$$c_N = 1 + b_1 H' + b_2 H'^2 + \cdots \rightarrow |c_N|^2 = 1 + 2b_1 H' + (2b_2 + b_1^2) H'^2 + \cdots$$

这样，知道了 c_m 到一次项（知道了 a_1），就知道了 $|c_m|^2$ 到二次项。但是，知道了 c_N 到一次项（知道了 b_1），还无法知道 $|c_N|^2$ 的二次项，因为要完全知道二次项还需要知道 b_2。这个 b_2 项可以完全抵消在上面计算中的二次项 $\sum_m |c_m(t)|^2$。

习题 9.17 一个粒子开始时处在无限深方势阱的第 n 态。现在势阱的底部暂时上升（可能是水漏在里面，然后再排干），因此里面是含时的均匀势：$V_0(t)$，$V_0(0) = V_0(T) = 0$

(a) 用方程 9.82 严格求解 $c_m(t)$，并证明波函数的位相发生了改变， 但是没有跃迁发生。用 $V_0(t)$，表示出位相的变化 $\phi(T)$。

(b) 用一阶微扰理论重做，并比较结果。

注：这与无限方势阱没关系，当势能增加一个常量（对 x 而言，不是对 t），我们会得到同样的结果。与习题 1.8 的结果比较一下。

解： (a) $H'_{mn} = \langle\psi_m | V_0(t) | \psi_n\rangle = V_0(t)\delta_{mn}$，由式 9.82

$$\dot{c}_m = -\frac{i}{\hbar}\sum_n c_n H'_{mn} e^{i(E_m-E_n)t/\hbar} = -\frac{i}{\hbar}\sum_n c_n \delta_{mn} V_0(t) e^{i(E_m-E_n)t/\hbar} = -\frac{i}{\hbar}V_0(t)c_m$$

$$c_m(t) = c_m(0)e^{-\frac{i}{\hbar}\int_0^t V_0(t')dt'} \rightarrow |c_m(t)|^2 = \left|c_m(0)e^{-\frac{i}{\hbar}\int_0^t V_0(t')dt'}\right|^2 = |c_m(0)|^2$$

$$|c_m(t)|^2 = \left|c_m(0)e^{-\frac{i}{\hbar}\int_0^t V_0(t')dt'}\right|^2 = |c_m(0)|^2$$

即粒子处于各状态的概率不随时间改变，即波函数只是相位发生改变，无跃迁发生。

波函数随时间的演化

$$\Psi(t) = \sum_n c_n(t)\psi_n e^{-\frac{i}{\hbar}E_n t} = \sum_n c_n(0)\psi_n e^{-\frac{i}{\hbar}\left[E_n t + \int_0^t V_0(t')dt'\right]}$$

$$= e^{-\frac{i}{\hbar}\int_0^t V_0(t')dt'}\sum_n c_n(0)\psi_n e^{-iE_n t/\hbar} = e^{-\frac{i}{\hbar}\int_0^t V_0(t')dt'}\Psi_0(t) = e^{i\phi(t)}\Psi_0(t) \quad (0 < t < T)$$

其中 $\Psi_0(t)$ 是没有微扰时的波函数，可以看出，加上微扰后的波函数与没有微扰时相比只是相位发生了变化，当 $t=T$ 微扰去掉后，相位变化为

$$\phi(T) = -\frac{1}{\hbar}\int_0^T V_0(t')\mathrm{d}t'$$

（b）一级微扰理论下，

$$c_N(t) \cong 1 - \frac{\mathrm{i}}{\hbar}\int_0^t H'_{NN}(t')\mathrm{d}t' = 1 - \frac{\mathrm{i}}{\hbar}\int_0^t V_0(t')\mathrm{d}t' = 1 + \mathrm{i}\phi(t)$$

$$c_m(t) \cong -\frac{\mathrm{i}}{\hbar}\int_0^t H'_{mN}(t')\mathrm{e}^{\mathrm{i}(E_m-E_N)t'/\hbar} = -\frac{\mathrm{i}}{\hbar}\int_0^t \delta_{mN}V_0(t')\mathrm{d}t'\mathrm{e}^{-\mathrm{i}(E_m-E_N)t'/\hbar}\mathrm{d}t' = 0 \quad (m \neq N)$$

而精确解为

$$c_N(t) = c_N(0)\mathrm{e}^{\mathrm{i}\phi(t)} = \mathrm{e}^{\mathrm{i}\phi(t)} \qquad (c_N(0)=1)$$

$$c_m(t) = c_m(0)\mathrm{e}^{\mathrm{i}\phi(t)} = 0 \qquad (c_m(0)=0) \quad (m\neq N)$$

$\mathrm{e}^{\mathrm{i}\phi(t)} = 1 + \mathrm{i}\phi(t) +$ 高阶项，一级近似下 $\mathrm{e}^{\mathrm{i}\phi} \approx 1 + \mathrm{i}\phi$，可见一级微扰下的结果与精确解是一致的。

*** 习题 9.18** 质量为 m 的一个粒子在（一维）无限深方势阱中，开始时处在基态。在 $t=0$ 时把一块“砖”丢到势阱中，因此势变成

$$V(x) = \begin{cases} V_0 & (0\leqslant x\leqslant a/2) \\ 0 & (a/2\leqslant x\leqslant a) \\ \infty & (\text{其他}) \end{cases}$$

其中 $V_0 \ll E_1$。经过时间 T 后，砖被移走，测量粒子的能量，求得 E_2 的概率（在一级微扰理论中）。

解：对一维无限深方势阱

$$\psi_n = \sqrt{\frac{2}{a}}\sin\left(\frac{n\pi}{a}x\right), \quad E_n = \frac{n^2\pi^2\hbar^2}{2ma^2}$$

$V_0 \ll E_1$，可把势的变化看做微扰，微扰矩阵元为

$$H'_{21} = \int_{-\infty}^{+\infty}\psi_2^*(x)V(x)\psi_1(x)\mathrm{d}x = \frac{2}{a}\int_0^{a/2}\sin\left(\frac{2\pi x}{a}\right)V_0\sin\left(\frac{\pi x}{a}\right)\mathrm{d}x$$

$$= \frac{2V_0}{a}\int_0^{a/2}\sin\left(\frac{2\pi x}{a}\right)\sin\left(\frac{\pi x}{a}\right)\mathrm{d}x$$

$$= \frac{2V_0}{a}\cdot\frac{a}{\pi}\int_0^{a/2}\sin^2\left(\frac{\pi x}{a}\right)\mathrm{d}\sin\left(\frac{\pi x}{a}\right) = \frac{2V_0}{\pi}\cdot\frac{1}{3}\sin^3\left(\frac{\pi x}{a}\right)\Bigg|_0^{a/2} = \frac{4V_0}{3\pi}$$

当微扰去掉后

$$c_2(T) = -\frac{\mathrm{i}}{\hbar}\int_0^T H'_{21}\mathrm{e}^{\mathrm{i}(E_2-E_1)t'/\hbar}\mathrm{d}t' = -\frac{\mathrm{i}}{\hbar}\int_0^t \frac{4V_0}{3\pi}\mathrm{e}^{\mathrm{i}\frac{3\pi^2\hbar}{2ma^2}t'}\mathrm{d}t' = \frac{8ma^2V_0}{9\pi^3\hbar^2}\left(1 - \mathrm{e}^{\mathrm{i}\frac{3\pi^2\hbar}{2ma^2}T}\right)$$

$$P_{1\to2} = |c_2(T)|^2 = \left|\frac{8ma^2V_0}{9\pi^3\hbar^2}\left(1 - \mathrm{e}^{\mathrm{i}\frac{3\pi^2\hbar}{2ma^2}T}\right)\right|^2 = \left|\frac{8ma^2V_0}{9\pi^3\hbar^2}\mathrm{e}^{-\mathrm{i}\frac{3\pi^2\hbar}{4ma^2}T}\left(\mathrm{e}^{\mathrm{i}\frac{3\pi^2\hbar}{4ma^2}T} - \mathrm{e}^{-\mathrm{i}\frac{3\pi^2\hbar}{4ma^2}T}\right)\right|^2$$

$$= \left| \mathrm{i}\frac{16ma^2V_0}{9\pi^3\hbar^2}\sin\left(\frac{3\pi^2\hbar}{4ma^2}T\right)\mathrm{e}^{-\mathrm{i}\frac{3\pi^2\hbar}{4ma^2}T} \right|^2 = \left(\frac{16ma^2V_0}{9\pi^3\hbar^2}\right)^2\sin^2\left(\frac{3\pi^2\hbar}{4ma^2}T\right)$$

习题 9.19 我们已经遇到了受激发射、(受激)吸收和自发发射，为什么没有自发吸收？

解： 在自发吸收过程中，原子自发地由低能级 E_m 跃迁到较高能级 E_n，需要吸收光子能量，即便存在处于基态的电磁背景场，这也是不可能的，因为基态电磁场已经处于最低的能量状态，它不可能提供跃迁所需的能量。

***** 习题 9.20** 磁共振。一个静止在稳恒磁场 $B_0\hat{k}$ 中的自旋 1/2 粒子，其回转磁比率为 γ，以拉莫尔频率 $\omega_0=\gamma B_0$ 进动(例题 4.3)。现在我们施加一个很小的横向射频(rf)场，$B_{\mathrm{rf}}[\cos(\omega t)\hat{i}-\sin(\omega t)\hat{j}]$，因此总场是

$$\boldsymbol{B}=B_{\mathrm{rf}}[\cos(\omega t)\hat{i}-\sin(\omega t)\hat{j}]+B_0\hat{k}$$

(a) 构造这个体系的(2×2)哈密顿矩阵(式 4.158)

(b) 如果 $\chi(t)=\begin{pmatrix}a(t)\\b(t)\end{pmatrix}$ 是 t 时刻的自旋态，证明

$$\dot{a}=\frac{\mathrm{i}}{2}(\Omega\mathrm{e}^{\mathrm{i}\omega t}b+\omega_0 a),\quad \dot{b}=\frac{\mathrm{i}}{2}(\Omega\mathrm{e}^{-\mathrm{i}\omega t}a-\omega_0 b)$$

式中 $\Omega\equiv\gamma B_{\mathrm{rf}}$ 和 rf 场的强度有关。

(c) 根据初始值 a_0 和 b_0，求 $a(t)$ 和 $b(t)$ 的一般解。答案：

$$a(t)=\left\{a_0\cos(\omega' t/2)+\frac{\mathrm{i}}{\omega'}[a_0(\omega_0-\omega)+b_0\Omega]\sin(\omega' t/2)\right\}\mathrm{e}^{\mathrm{i}\omega t/2}$$

$$b(t)=\left\{b_0\cos(\omega' t/2)+\frac{\mathrm{i}}{\omega'}[b_0(\omega-\omega_0)+a_0\Omega]\sin(\omega' t/2)\right\}\mathrm{e}^{-\mathrm{i}\omega t/2}$$

式中

$$\omega'\equiv\sqrt{(\omega-\omega_0)^2+\Omega^2}$$

(d) 如果粒子开始时自旋向上(即 $a_0=1$，$b_0=0$)，作为时间的函数，求自旋向上态向自旋向下态的跃迁概率随时间的变化关系。答案：$P(t)=\{\Omega^2/[(\omega-\omega_0)^2+\Omega^2]\}\sin^2(\omega' t/2)$。

(e) 作为驱动频率 ω 的函数，画出共振曲线(ω_0，Ω 固定)

$$P(\omega)=\frac{\Omega^2}{(\omega-\omega_0)^2+\Omega^2}$$

注意在 $\omega=\omega_0$ 时函数有最大值，求"半峰宽度"$\Delta\omega$。

(f) 因为 $\omega_0=\gamma B_0$，所以可以用在实验上观察到的共振来得到粒子的磁偶极矩。在**核磁共振**(nmr)实验可以测量质子的 g 因子，用 10000G 的静场和振幅为 0.01G 的 rf 场。共振频率是多少？(质子的磁矩可参考教材 6.5 节)。求出共振曲线的宽度(答案用 Hz 表示)。

解： (a) 哈密顿矩阵为

$$H=-\gamma\boldsymbol{B}\cdot\boldsymbol{S}=-\gamma\frac{\hbar}{2}(B_x\sigma_x+B_y\sigma_y+B_z\sigma_z)$$

$$= -\frac{\gamma\hbar}{2}\left(B_{\mathrm{rf}}\cos(\omega t)\begin{bmatrix}0 & 1\\1 & 0\end{bmatrix} - B_{\mathrm{rf}}\sin(\omega t)\begin{bmatrix}0 & -\mathrm{i}\\ \mathrm{i} & 0\end{bmatrix} + B_0\begin{bmatrix}1 & 0\\0 & -1\end{bmatrix}\right)$$

$$= -\frac{\gamma\hbar}{2}\begin{pmatrix}B_0 & B_{\mathrm{rf}}(\cos\omega t + \mathrm{i}\sin\omega t)\\ B_{\mathrm{rf}}(\cos\omega t - \mathrm{i}\sin\omega t) & -B_0\end{pmatrix} = -\frac{\gamma\hbar}{2}\begin{bmatrix}B_0 & B_{\mathrm{rf}}\mathrm{e}^{\mathrm{i}\omega t}\\ B_{\mathrm{rf}}\mathrm{e}^{-\mathrm{i}\omega t} & -B_0\end{bmatrix}$$

(b) $\chi(t)$满足含时薛定谔方程

$$\mathrm{i}\hbar\frac{\partial\chi(t)}{\partial t} = H\chi(t)$$

$$\mathrm{i}\hbar\begin{bmatrix}\dot{a}(t)\\ \dot{b}(t)\end{bmatrix} = -\frac{\gamma\hbar}{2}\begin{bmatrix}B_0 & B_{\mathrm{rf}}\mathrm{e}^{\mathrm{i}\omega t}\\ B_{\mathrm{rf}}\mathrm{e}^{-\mathrm{i}\omega t} & -B_0\end{bmatrix}\begin{bmatrix}a(t)\\ b(t)\end{bmatrix} = -\frac{\gamma\hbar}{2}\begin{bmatrix}B_0 a + B_{\mathrm{rf}}\mathrm{e}^{\mathrm{i}\omega t}b\\ B_{\mathrm{rf}}\mathrm{e}^{\mathrm{i}\omega t}a - B_0 b\end{bmatrix}$$

$$\begin{cases}\dot{a}(t) = \dfrac{\mathrm{i}\gamma}{2}(B_0 a + B_{\mathrm{rf}}\mathrm{e}^{\mathrm{i}\omega t}b) = \dfrac{\mathrm{i}}{2}(\Omega\mathrm{e}^{\mathrm{i}\omega t}b + \omega_0 a)\\[2ex] \dot{b}(t) = \dfrac{\mathrm{i}\gamma}{2}(B_{\mathrm{rf}}\mathrm{e}^{-\mathrm{i}\omega t}a - B_0 b) = \dfrac{\mathrm{i}}{2}(\Omega\mathrm{e}^{-\mathrm{i}\omega t}a - \omega_0 b)\end{cases} \quad (\Omega = \gamma B_{\mathrm{rf}},\ \omega_0 = \gamma B_0)$$

(c) 把上面关于 $\dot{a}$ 和 $\dot{b}$ 的方程再对 t 求导退耦

$$\ddot{a}(t) = \frac{\mathrm{i}}{2}(\Omega\mathrm{e}^{\mathrm{i}\omega t}\dot{b} + \mathrm{i}\omega\Omega\mathrm{e}^{\mathrm{i}\omega t}b + \omega_0\dot{a}) = \frac{\mathrm{i}}{2}\left[\Omega\mathrm{e}^{\mathrm{i}\omega t}\frac{\mathrm{i}}{2}(\Omega\mathrm{e}^{-\mathrm{i}\omega t}a - \omega_0 b) + \mathrm{i}\omega\Omega\mathrm{e}^{\mathrm{i}\omega t}b + \omega_0\dot{a}\right]$$

$$= \frac{\mathrm{i}}{2}\left[\frac{\mathrm{i}}{2}\Omega^2 a + \mathrm{i}\left(\omega - \frac{1}{2}\omega_0\right)\Omega\mathrm{e}^{\mathrm{i}\omega t}b + \omega_0\dot{a}\right]$$

$$= \frac{\mathrm{i}}{2}\left[\frac{\mathrm{i}}{2}\Omega^2 a + \mathrm{i}\left(\omega - \frac{1}{2}\omega_0\right)\left(\frac{2}{\mathrm{i}}\dot{a} - \omega_0 a\right) + \omega_0\dot{a}\right]$$

$$\ddot{a} - \mathrm{i}\omega\dot{a} - \frac{1}{4}(2\omega\omega_0 - \omega_0^2 - \Omega^2)a = 0$$

设 $a(t) = \mathrm{e}^{\lambda t}$代入方程求特解，得到

$$\lambda^2 - \mathrm{i}\omega\lambda - \frac{1}{4}(2\omega\omega_0 - \omega_0^2 - \Omega^2) = 0$$

$$\lambda_{\pm} = \frac{\mathrm{i}\omega \pm \sqrt{-\omega^2 + (2\omega\omega_0 - \omega_0^2 - \Omega^2)}}{2} = \frac{\mathrm{i}\omega \pm \mathrm{i}\omega'}{2} \quad \left(\omega' = \sqrt{(\omega - \omega_0)^2 + \Omega^2}\right)$$

得到通解为

$$a(t) = A\mathrm{e}^{\lambda_+ t} + B\mathrm{e}^{\lambda_- t} = \mathrm{e}^{\mathrm{i}\omega t/2}(A\mathrm{e}^{\mathrm{i}\omega' t/2} + B\mathrm{e}^{-\mathrm{i}\omega' t/2})$$

$$\ddot{b}(t) = \frac{\mathrm{i}}{2}(\Omega\mathrm{e}^{-\mathrm{i}\omega t}\dot{a} - \mathrm{i}\omega\Omega\mathrm{e}^{-\mathrm{i}\omega t}a - \omega_0\dot{b}) = \frac{\mathrm{i}}{2}\left[\Omega\mathrm{e}^{-\mathrm{i}\omega t}\frac{\mathrm{i}}{2}(\Omega\mathrm{e}^{\mathrm{i}\omega t}b + \omega_0 a) - \mathrm{i}\omega\Omega\mathrm{e}^{-\mathrm{i}\omega t}a - \omega_0\dot{b}\right]$$

$$= \frac{\mathrm{i}}{2}\left[\frac{\mathrm{i}}{2}\Omega^2 b + \mathrm{i}\left(\frac{\omega_0}{2} - \omega\right)\Omega\mathrm{e}^{-\mathrm{i}\omega t}a - \omega_0\dot{b}\right] = \frac{\mathrm{i}}{2}\left[\frac{\mathrm{i}}{2}\Omega^2 b + \mathrm{i}\left(\frac{\omega_0}{2} - \omega\right)\left(\frac{2}{\mathrm{i}}\dot{b} + \omega_0 b\right) - \omega_0\dot{b}\right]$$

$$\ddot{b} + \mathrm{i}\omega\dot{b} + \frac{1}{4}(\Omega^2 + \omega_0^2 - 2\omega\omega_0)b = 0$$

所以

$$b(t) = \mathrm{e}^{-\mathrm{i}\omega t/2}(C\mathrm{e}^{\mathrm{i}\omega' t/2} + D\mathrm{e}^{-\mathrm{i}\omega' t/2})$$

把 $a(t)$, $b(t)$ 表示成正弦和余弦的形式

$$a(t) = e^{i\omega t/2}[A'\cos(\omega' t/2) + B'\sin(\omega' t/2)]$$
$$b(t) = e^{-i\omega t/2}[C'\cos(\omega' t/2) + D'\sin(\omega' t/2)]$$

由初始条件 $a(0) = a_0$, $b(0) = b_0$, 有

$$A' = a_0, \quad C' = b_0$$

给出一阶导数

$$\dot{a}(t) = \frac{i\omega}{2}e^{i\omega t/2}[A'\cos(\omega' t/2) + B'\sin(\omega' t/2)] + e^{i\omega t/2}\left[-\frac{\omega'}{2}A'\sin(\omega' t/2) + \frac{\omega'}{2}B'\cos(\omega' t/2)\right]$$

$$\dot{b}(t) = -\frac{i\omega}{2}e^{-i\omega t/2}[C'\cos(\omega' t/2) + D'\sin(\omega' t/2)] + e^{-i\omega t/2}\left[-\frac{\omega'}{2}C'\sin(\omega' t/2) + \frac{\omega'}{2}D'\cos(\omega' t/2)\right]$$

$$\dot{a}(0) = \frac{i\omega}{2}A' + \frac{\omega'}{2}B' = \frac{i}{2}(\Omega b_0 + \omega_0 a_0)$$

$$\dot{b}(t) = -\frac{i\omega}{2}C' + \frac{\omega'}{2}D' = \frac{i}{2}(\Omega a_0 - \omega_0 b_0)$$

由此解出

$$B' = \frac{i}{\omega'}[\Omega b_0 + (\omega_0 - \omega)a_0], \quad D' = \frac{i}{\omega'}[\Omega a_0 - (\omega_0 - \omega)b_0]$$

最后得到

$$a(t) = \left\{a_0\cos(\omega' t/2) + \frac{i}{\omega'}[a_0(\omega_0 - \omega) + b_0\Omega]\sin(\omega' t/2)\right\}e^{i\omega t/2}$$

$$b(t) = \left\{b_0\cos(\omega' t/2) + \frac{i}{\omega'}[b_0(\omega - \omega_0) + a_0\Omega]\sin(\omega' t/2)\right\}e^{-i\omega t/2}$$

(d) 把 $a_0 = 1, b_0 = 0$ 代入上面的结果

$$a(t) = \left[\cos(\omega' t/2) + \frac{i}{\omega'}(\omega_0 - \omega)\sin(\omega' t/2)\right]e^{i\omega t/2}$$

$$b(t) = \frac{i}{\omega'}\Omega\sin(\omega' t/2)e^{-i\omega t/2}$$

$$\chi(t) = \begin{bmatrix} a(t) \\ b(t) \end{bmatrix} = a(t)\begin{bmatrix} 1 \\ 0 \end{bmatrix} + b(t)\begin{bmatrix} 0 \\ 1 \end{bmatrix}$$

在 t 时处于自旋向下态的概率, 即由自旋向上态向自旋向下状态的跃迁概率为

$$P(t) = |b(t)|^2 = \left|\frac{i}{\omega'}\Omega\sin(\omega' t/2)e^{-i\omega t/2}\right|^2 = \frac{\Omega^2}{\omega'^2}\sin^2(\omega' t/2)$$
$$= \frac{\Omega^2}{(\omega_0 - \omega)^2 + \Omega^2}\sin^2(\omega' t/2)$$

(e)

$$令 P(\omega)=\frac{\Omega^2}{(\omega-\omega_0)^2+\Omega^2}=\frac{1}{2}\rightarrow(\omega-\omega_0)^2=\Omega^2\rightarrow\omega=\omega_0\pm\Omega$$

半峰宽度为 $\Delta\omega=(\omega_0+\Omega)-(\omega_0-\Omega)=2\Omega$，共振曲线如图 9-1 所示。

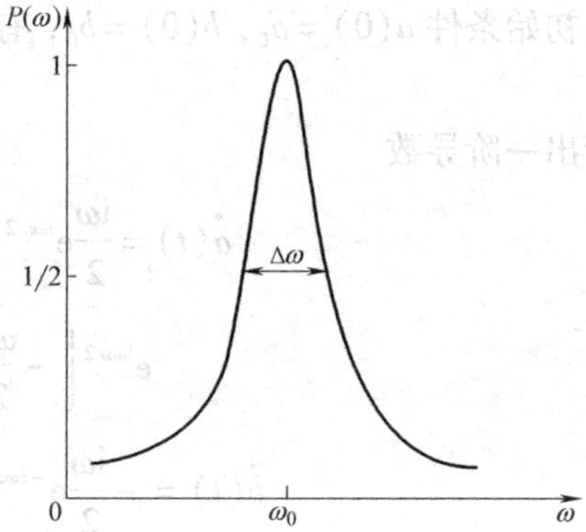

图 9-1

(f) 由题意 $B_0=10000\text{G}=1\ \text{T}$，$B_{\text{rf}}=0.01\text{G}=1\times10^{-6}\ \text{T}$，质子的朗道 g 因子为 $g=5.59$。

旋磁比

$$\gamma=\frac{ge}{2m}=\frac{5.59\times1.6\times10^{-19}}{2\times1.67\times10^{-27}}=2.678\times10^8$$

共振频率

$$\nu=\frac{\omega_0}{2\pi}=\frac{\gamma B_0}{2\pi}=\frac{2.678\times10^8\times1}{2\times3.14}=4.26\times10^7\ \text{Hz}$$

共振曲线的宽度 $\Delta\nu=\dfrac{\Delta\omega}{2\pi}=\dfrac{2\Omega}{2\pi}=\dfrac{\gamma}{2\pi}(2B_{\text{rf}})=\dfrac{2.678\times10^8\times1\times10^{-6}}{3.14}\text{Hz}=85.3\text{Hz}$

*** **习题 9.21** 在式 9.31 中假设原子很小(和光波波长相比)以至于场的空间变化可以忽略。实际的电场是

$$\boldsymbol{E}(\boldsymbol{r},t)=\boldsymbol{E}_0\cos(\boldsymbol{k}\cdot\boldsymbol{r}-\omega t)$$

如果原子位于原点，则在相关体积中 $\boldsymbol{k}\cdot\boldsymbol{r}\ll1$($|\boldsymbol{k}|=2\pi/\lambda$，因此 $\boldsymbol{k}\cdot\boldsymbol{r}\sim r/\lambda\ll1$)，这就是我们为何能舍弃该项的原因。假设我们保留一阶修正

$$\boldsymbol{E}(\boldsymbol{r},t)=\boldsymbol{E}_0[\cos(\omega t)+(\boldsymbol{k}\cdot\boldsymbol{r})\sin(\omega t)]$$

第一项给出了在前文中考虑的容许(电偶极矩)跃迁；而第二项导致了所谓的禁戒(磁偶极和电四极矩)跃迁(高阶 $\boldsymbol{k}\cdot\boldsymbol{r}$ 甚至会产生更多的禁戒跃迁，这种跃迁与高阶多极跃迁相联系).

(a) 求禁戒跃迁的自发辐射速率(不要被极化和传播方向的平均所烦扰，尽管这对完成计算是必需的)。答案：

$$R_{b\to a}=\frac{q^2\omega^5}{\pi\varepsilon_0\hbar c^5}|\langle a|(\hat{n}\cdot\boldsymbol{r})(\hat{k}\cdot\boldsymbol{r})|b\rangle|^2$$

(b) 证明对于一维谐振子从 n 到 $n-2$ 是禁戒跃迁，跃迁速率(适当地对 $\hat{n}$ 和 $\hat{k}$ 求平均)是

$$R=\frac{\hbar q^2\omega^3n(n-1)}{15\pi\varepsilon_0m^2c^5}$$

注意：这里 ω 是光子的频率而不是谐振子的频率，求出“禁戒”跃迁速率与“容许”跃迁速率的比值，并评论术语“禁戒”和“容许”。

(c) 证明氢原子中 $2S\to1S$ 的跃迁，即使是禁戒跃迁也是不可能的(由此得出，所有的高阶多极矩跃迁也是不可能的；事实上占支配地位的衰变是双光子的发射，寿命大约是 0.1s)。

解：(a) 禁戒跃迁项的微扰哈密顿量为

$$H'=-q\boldsymbol{E}\cdot\boldsymbol{r}=-q(\boldsymbol{E}_0\cdot\boldsymbol{r})(\boldsymbol{k}\cdot\boldsymbol{r})\sin(\omega t)$$

设

$$\boldsymbol{E}_0=E_0\hat{n},\ \boldsymbol{k}=k\hat{k}=\frac{\omega}{c}\hat{k}$$

则

$$H'=-\frac{qE_0\omega}{c}(\hat{n}\cdot\boldsymbol{r})(\hat{k}\cdot\boldsymbol{r})\sin(\omega t)$$

微扰矩阵元为

$$H'_{ab}=\langle a\mid H'\mid b\rangle=-\frac{qE_0\omega}{c}\langle a\mid(\hat{n}\cdot\boldsymbol{r})(\hat{k}\cdot\boldsymbol{r})\mid b\rangle\sin(\omega t)$$

这与前面讨论过的 $H'_{ab}=V_{ab}\cos(\omega t)$ 类似，只不过余弦变成了正弦，但是这只不过是时间的零点作了移动，对结果并没有影响。所以，禁戒跃迁的受激辐射速率为

$$\begin{aligned}P_{a\to b}(t)&=\frac{|V_{ab}|^2}{\hbar^2}\frac{\sin^2[(\omega_0-\omega)t/2]}{(\omega_0-\omega)^2}\\&=\left(\frac{qE_0\omega}{\hbar c}\right)^2|\langle a|(\hat{n}\cdot\boldsymbol{r})(\hat{k}\cdot\boldsymbol{r})|b\rangle|^2\frac{\sin^2[(\omega_0-\omega)t/2]}{(\omega_0-\omega)^2}\\&=\left(\frac{q\omega}{\hbar c}\right)^2\frac{2u}{\varepsilon_0}|\langle a|(\hat{n}\cdot\boldsymbol{r})(\hat{k}\cdot\boldsymbol{r})|b\rangle|^2\frac{\sin^2[(\omega_0-\omega)t/2]}{(\omega_0-\omega)^2}\end{aligned}$$

其中，$u=\frac{1}{2}\varepsilon_0E_0{}^2$ 是电磁场能量密度。对非单色光的情况，用 $\rho(\omega)\mathrm{d}\omega$ 取代 u 积分，并考虑到 $\sin^2(\xi t/2)/\xi^2$ 在 t 很大时 δ 函数的特性，有

$$\begin{aligned}P_{a\to b}(t)&=\frac{2q^2\omega^2}{\varepsilon_0\hbar^2c^2}|\langle a|(\hat{n}\cdot\boldsymbol{r})(\hat{k}\cdot\boldsymbol{r})|b\rangle|^2\int_0^{+\infty}\rho(\omega)\frac{\sin^2[(\omega_0-\omega)t/2]}{(\omega_0-\omega)^2}\mathrm{d}\omega\\&=\frac{\pi q^2\omega^2}{\varepsilon_0\hbar^2c^2}|\langle a|(\hat{n}\cdot\boldsymbol{r})(\hat{k}\cdot\boldsymbol{r})|b\rangle|^2\rho(\omega_0)t\end{aligned}$$

所以受激跃迁速率为

$$B_{a\to b}=\frac{dP_{a\to b}}{\mathrm{d}t}=\frac{\pi q^2\omega^2}{\varepsilon_0\hbar^2c^2}|\langle a|(\hat{n}\cdot\boldsymbol{r})(\hat{k}\cdot\boldsymbol{r})|b\rangle|^2=B_{b\to a}$$

由式9.54，禁戒跃迁的自发辐射速率为(注意自发辐射只能从高能态到低能态)

$$\begin{aligned}A&=\frac{\omega_0{}^3\hbar}{\pi^2c^3}B_{b\to a}=\frac{\omega_0{}^3\hbar}{\pi^2c^3}\frac{\pi q^2\omega^2}{\varepsilon_0\hbar^2c^2}|\langle b|(\hat{n}\cdot\boldsymbol{r})(\hat{k}\cdot\boldsymbol{r})|a\rangle|^2\\&=\frac{q^2\omega^5}{\pi\varepsilon_0\hbar c^5}|\langle b|(\hat{n}\cdot\boldsymbol{r})(\hat{k}\cdot\boldsymbol{r})|a\rangle|^2\end{aligned}$$

(b) 设振子沿 x 方向振动，则有 $\hat{n}\cdot\boldsymbol{r}=\hat{n}_xx$，$\hat{k}\cdot\boldsymbol{r}=\hat{k}_xx$，对从 $n\to n'$态的自发跃迁($n>n'$)，有

$$A=\frac{q^2\omega^5}{\pi\varepsilon_0\hbar c^5}\left|\langle n'|(\hat{n}_xx)(\hat{k}_xx)|n\rangle\right|^2=\frac{q^2\omega^5}{\pi\varepsilon_0\hbar c^5}(\hat{n}_x\hat{k}_x)^2|\langle n'|x^2|n\rangle|^2$$

而

$$\langle n'|x^2|n\rangle=\frac{\hbar}{2m\bar{\omega}}\langle n'|(a_++a_-)^2|n\rangle=\frac{\hbar}{2m\bar{\omega}}\langle n'|(a_+^2+a_+a_-+a_-a_++a_-^2)|n\rangle$$

(注意:这里用 $\bar{\omega}$ 表示谐振子频率，以与电磁场频率 ω 区分)由于 $n>n'$，只有 a_-^2 不为零，所以

$$\langle n'|x^2|n\rangle=\frac{\hbar}{2m\bar{\omega}\cdots\cdots}\langle n'|a_-^2|n\rangle=\frac{\hbar}{2m\bar{\omega}\cdots\cdots}\sqrt{n(n-1)}\delta_{n',n-2}$$

故自发禁戒跃迁只能从 $|n\rangle$ 到 $|n-2\rangle$ 态，所发射光子频率为

$$\omega=\frac{E_n-E_{n-2}}{\hbar}=2\bar{\omega}\cdots\cdots$$

这样有

$$A_{n\to n-2}=\frac{q^2\omega^5}{\pi\varepsilon_0\hbar c^5}(\hat{n}_x\hat{k}_x)^2\left(\frac{\hbar}{2m\bar{\omega}\cdots\cdots}\right)^2n(n-1)=\frac{q^2\omega^3\hbar}{\pi\varepsilon_0m^2c^5}(\hat{n}_x\hat{k}_x)^2n(n-1)$$

如果振子不是沿 x 方向振动的，而是各向同性的(或者说光的极化方向与振动方向的交角是无规则的)，即需要求出($n_x{}^2k_x{}^2$)的平均值，则可设光沿 z 轴方向入射，电场方向沿 y 轴方向，而振动沿 $\hat{r}$，我们需要对所有 $\hat{r}$ 方向求平均，即设 $\boldsymbol{k}=k\hat{z}$，$\boldsymbol{n}=\hat{y}$

$$\hat{n}\cdot\hat{r}\equiv\hat{n}_r=\hat{y}\cdot(\sin\theta\cos\phi\,\hat{x}+\sin\theta\sin\phi\,\hat{y}+\cos\theta\,\hat{z})=\sin\theta\sin\phi$$

$$\hat{k}\cdot\hat{r}\equiv\hat{k}_r=\hat{z}\cdot(\sin\theta\cos\phi\,\hat{x}+\sin\theta\sin\phi\,\hat{y}+\cos\theta\hat{z})=\cos\theta$$

注意：这里用 $\hat{x}$，$\hat{y}$，$\hat{z}$ 表示沿 x 轴，y 轴，z 轴方向的单位矢量，而没用常用的 $\hat{i}$，$\hat{j}$，$\hat{k}$，因为本题前面用了 $\hat{k}$ 表示光的传播方向，对所有的角度求平均有

$$\begin{aligned}\langle n_r^2k_r^2\rangle&=\frac{1}{4\pi}\int_{\theta=0}^{\pi}\int_{\phi=0}^{2\pi}\sin^2\theta\sin^2\phi\cos^2\theta\sin\theta\mathrm{d}\theta\mathrm{d}\phi\\&=\frac{1}{4\pi}\int_0^{2\pi}\sin^2\phi\mathrm{d}\phi\int_0^{\pi}\sin^3\theta\cos^2\theta\mathrm{d}\theta\\&=-\frac{1}{4\pi}\int_0^{2\pi}\frac{1}{2}(1-\cos2\phi)\mathrm{d}\phi\int_0^{\pi}(\cos^2\theta-\cos^4\theta)\mathrm{d}\cos\theta\\&=-\frac{1}{4\pi}\left[\frac{1}{2}\phi-\frac{1}{4}\sin2\phi\right]\Big|_0^{2\pi}\left[\frac{1}{3}\cos^3\theta-\frac{1}{5}\cos^5\theta\right]\Big|_0^{\pi}=-\frac{1}{4\pi}\pi\left(-\frac{4}{15}\right)=\frac{1}{15}\end{aligned}$$

这样自发禁戒跃迁速率为

$$A_{n\to n-2}=\frac{q^2\omega^3\hbar}{15\pi\varepsilon_0m^2c^5}n(n-1)=\frac{q^2(2\bar{\omega})^3\hbar}{15\pi\varepsilon_0m^2c^5}n(n-1)$$

由式9.63可得容许项($n\to n-1$)的自发跃迁速率为

$$A=\frac{nq^2\bar{\omega}\cdots\cdots^2}{6\pi\varepsilon_0mc^3}\text{(注意这里发射光子的频率与谐振子频率一样)}$$

两者之比为

$$\frac{\hbar q^2(2\bar{\omega}\cdots\cdots)^3n(n-1)}{15\pi\varepsilon_0m^2c^5}\Big/\frac{nq^2\bar{\omega}\cdots\cdots^2}{6\pi\varepsilon_0mc^3}=\frac{12}{5}\frac{\hbar\bar{\omega}\cdots\cdots(n-1)}{mc^2}$$

对非相对论情况，$\hbar\bar{\omega}\cdots\cdots\ll mc^2$，故禁戒跃迁的速率是很小的，这便是称之为“禁戒”的原因。

(c) $|200\rangle = \frac{1}{\sqrt{4\pi}}R_{20}$, $|100\rangle = \frac{1}{4\pi}R_{10}$

$$\langle 100|(\hat{n}\cdot\boldsymbol{r})(\hat{k}\cdot\boldsymbol{r})|200\rangle = \frac{1}{4\pi}\int_0^{+\infty}R_{10}^*R_{20}r^4\mathrm{d}r\int_0^{2\pi}\int_0^{\pi}(\hat{n}\cdot\hat{r})(\hat{k}\cdot\hat{r})\sin\theta\mathrm{d}\theta\mathrm{d}\phi$$

但是由式 6.95

$$\int(\boldsymbol{a}\cdot\hat{r})(\boldsymbol{b}\cdot\hat{r})\sin\theta\mathrm{d}\theta\mathrm{d}\phi = \frac{4\pi}{3}(\boldsymbol{a}\cdot\boldsymbol{b})$$

$$\int_0^{2\pi}\int_0^{\pi}(\hat{n}\cdot\hat{r})(\hat{k}\cdot\hat{r})\sin\theta\mathrm{d}\theta\mathrm{d}\phi = \frac{4\pi}{3}(\hat{n}\cdot\hat{k})$$

对于电磁波，由于是横波 $(\hat{n}\cdot\hat{k})=0$，故 $\langle 100|(\hat{n}\cdot\boldsymbol{r})(\hat{k}\cdot\boldsymbol{r})|200\rangle=0\rightarrow A_{2S\rightarrow 1S}=0$
即 $2S\rightarrow 1S$ 的跃迁即使是禁戒跃迁也不会发生。

*** **习题 9.22** 证明氢从 n, l 到 n', l' 跃迁的自发发射速率（式 9.56）是

$$\frac{e^2\omega^3 I^2}{3\pi\varepsilon_0\hbar c^3}\times\begin{cases}\dfrac{l+1}{2l+1} & (l'=l+1)\\[2mm] \dfrac{l}{2l-1} & (l'=l-1)\end{cases}$$

式中

$$I\equiv\int_0^{+\infty}r^3R_{nl}(r)R_{n'l'}(r)\mathrm{d}r$$

开始时原子具有确定的 m 值，可以到任意的态 m'，只要满足选择定则：$m'=m+1$, m, $m-1$。注意答案不依赖于 m。提示：首先对 $l'=l+1$ 的情况，计算在 $|nlm\rangle$ 和 $|n'l'm'\rangle$ 之间的所有的非零矩阵元，由这些可计算

$|\langle n', l+1, m+1|\boldsymbol{r}|nlm\rangle|^2+|\langle n', l+1, m|\boldsymbol{r}|nlm\rangle|^2+|\langle n', l+1, m-1|\boldsymbol{r}|nlm\rangle|^2$

然后对 $l'=l-1$ 做同样的计算。

解： 由跃迁选择定则 $\Delta l=\pm1$，$\Delta m=0$，±1，跃迁只能发生在满足 $l'=l\pm1$，$m'=m\pm1$，m 的态之间。

在极坐标系下

$$x=r\sin\theta\cos\varphi,\ y=r\sin\theta\sin\varphi,\ z=r\cos\theta$$

$$\langle n'l'm'|x|nlm\rangle=\frac{1}{2}[\langle n'l'm'|r\sin\theta\mathrm{e}^{\mathrm{i}\phi}|nlm\rangle+\langle n'l'm'|r\sin\theta\mathrm{e}^{-\mathrm{i}\phi}|nlm\rangle]$$

$$\langle n'l'm'|y|nlm\rangle=\frac{1}{2\mathrm{i}}[\langle n'l'm'|r\sin\theta\mathrm{e}^{\mathrm{i}\phi}|nlm\rangle-\langle n'l'm'|r\sin\theta\mathrm{e}^{-\mathrm{i}\phi}|nlm\rangle]$$

球谐函数的性质

$$\cos\theta Y_l^m=a_{l,m}Y_{l+1}^m+a_{l-1,m}Y_{l-1}^m$$

$$\sin\theta\mathrm{e}^{\mathrm{i}\varphi}Y_l^m=b_{l-1,-(m+1)}Y_{l-1}^{m+1}-b_{lm}Y_{l+1}^{m+1}$$

$$\sin\theta\mathrm{e}^{-\mathrm{i}\varphi}Y_{lm}=-b_{l-1,m-1}Y_{l-1}^{m-1}-b_{l,-m}Y_{l+1}^{m-1}$$

其中，$a_{lm}=\sqrt{\dfrac{(l+1)^2-m^2}{(2l+1)(2l+3)}}$，$b_{lm}=\sqrt{\dfrac{(l+m+1)(l+m+2)}{(2l+1)(2l+3)}}$

$$\langle n'l'm' \mid r\sin\theta e^{i\varphi} \mid nlm\rangle = [b_{l-1,-(m+1)}\langle n'l'm' \mid r \mid n,l-1,m+1\rangle - b_{l,m}\langle n'l'm' \mid r \mid n,l+1,m+1\rangle]$$
$$= I[b_{l-1,-(m+1)}\delta_{l',l-1}\delta_{m',m+1} - b_{l,m}\delta_{l',l+1}\delta_{m',m+1}]$$

$$\langle n'l'm' \mid r\sin\theta e^{-i\varphi} \mid nlm\rangle = [-b_{l-1,m-1}\langle n'l'm' \mid r \mid n,l-1,m-1\rangle - b_{l,-m}\langle n'l'm' \mid r \mid n,l+1,m-1\rangle]$$
$$= I[-b_{l-1,m-1}\delta_{l',l-1}\delta_{m',m-1} - b_{l,-m}\delta_{l',l+1}\delta_{m',m-1}]$$

$$\langle n'l'm' \mid r\cos\theta \mid nlm\rangle = [a_{lm}\langle n'l'm' \mid r \mid n,l+1,m\rangle + a_{l-1,m}\langle n'l'm' \mid r \mid n,l-1,m\rangle]$$
$$= I[a_{lm}\delta_{l',l+1}\delta_{m',m} + a_{l-1,m}\delta_{l',l-1}\delta_{m',m}]$$

其中

$$I \equiv \int_0^{+\infty} r^3 R_{nl}(r) R_{n'l'}(r)\,dr$$

由以上关系可知，当 $l' = l+1 \quad m' = m\pm1,\ m$ 时，$\langle n'l'm' \mid r\sin\theta e^{i\phi} \mid nlm\rangle$、$\langle n'l'm' \mid r\sin\theta e^{-i\phi} \mid nlm\rangle$ 和 $\langle n'l'm' \mid r\cos\theta \mid nlm\rangle$ 对应的9个矩阵元中只有三个不为零，这三项为

$$\langle n',l+1,m+1 \mid r\sin\theta e^{i\phi} \mid nlm\rangle = -Ib_{lm}$$
$$\langle n',l+1,m \mid r\cos\theta \mid nlm\rangle = Ia_{lm}$$
$$\langle n',l+1,m-1 \mid r\sin\theta e^{-i\phi} \mid nlm\rangle = -Ib_{l,-m}$$

由此可得

$$\langle n',l+1,m+1 \mid x \mid nlm\rangle = -\frac{1}{2}Ib_{lm}$$

$$\langle n',l+1,m+1 \mid y \mid nlm\rangle = -\frac{1}{2i}Ib_{lm}$$

$$\langle n',l+1,m+1 \mid z \mid nlm\rangle = 0$$

$$\langle n',l+1,m \mid x \mid nlm\rangle = \langle n',l+1,m' \mid y \mid nlm\rangle = 0$$

$$\langle n',l+1,m \mid z \mid nlm\rangle = Ia_{lm}$$

$$\langle n',l+1,m-1 \mid x \mid nlm\rangle = -\frac{1}{2}Ib_{l,-m}$$

$$\langle n',l+1,m-1 \mid y \mid nlm\rangle = \frac{1}{2i}Ib_{l,-m}$$

$$\langle n',l+1,m-1 \mid z \mid nlm\rangle = 0$$

各跃迁矩阵元为

$$\langle n',l+1,m+1 \mid \boldsymbol{r} \mid nlm\rangle = -\frac{1}{2}Ib_{lm}\hat{i} - \frac{1}{2i}Ib_{lm}\hat{j}$$

$$\langle n',l+1,m \mid \boldsymbol{r} \mid nlm\rangle = Ia_{lm}\hat{k},\ \langle n',l+1,m-1 \mid \boldsymbol{r} \mid nlm\rangle = -\frac{1}{2}Ib_{l,-m}\hat{i} + \frac{1}{2i}Ib_{l,-m}\hat{j}$$

$$|\langle n',l+1,m+1 \mid \boldsymbol{r} \mid nlm\rangle|^2 + |\langle n',l+1,m \mid \boldsymbol{r} \mid nlm\rangle|^2 + |\langle n',l+1,m-1 \mid \boldsymbol{r} \mid nlm\rangle|^2$$

$$= I^2\left[\frac{1}{4}b_{lm}^2(2) + a_{lm}^2 + \frac{1}{4}b_{l,-m}^2(2)\right]$$

$$=I^2\left[\frac{1}{2}\frac{(l+m+1)(l+m+2)}{(2l+1)(2l+3)}+\frac{(l+1)^2-m^2}{(2l+1)(2l+3)}+\frac{1}{2}\frac{(l-m+1)(l-m+2)}{(2l+1)(2l+3)}\right]$$

$$=I^2\frac{l+1}{2l+1}$$

$$|R|^2=e^2I^2\frac{l+1}{2l+1}$$

$$A=\frac{\omega^3|R|^2}{3\pi\varepsilon_0\hbar c^3}=\frac{e^2\omega^3I^2}{3\pi\varepsilon_0\hbar c^3}\times\frac{l+1}{2l+1}\quad(l'=l+1)$$

同理，$l'=l-1$，$m'=m\pm1$，m 时，可得出

$$\langle n',l-1,m+1|\boldsymbol{r}|nlm\rangle=\frac{1}{2}Ib_{l-1,-(m+1)}\hat{i}+\frac{1}{2\mathrm{i}}Ib_{l-1,-(m+1)}\hat{j}$$

$$\langle n',l-1,m|\boldsymbol{r}|nlm\rangle=Ia_{l-1,m}\hat{k},\langle n',l-1,m-1|\boldsymbol{r}|nlm\rangle=-\frac{1}{2}Ib_{l-1,m-1}\hat{i}+\frac{1}{2\mathrm{i}}Ib_{l-1,m-1}\hat{j}$$

$$|\langle n',l-1,m+1|\boldsymbol{r}|nlm\rangle|^2+|\langle n',l-1,m|\boldsymbol{r}|nlm\rangle|^2+|\langle n',l-1,m-1|\boldsymbol{r}|nlm\rangle|^2$$

$$=I^2\left[\frac{1}{4}b^2_{l-1,-(m+1)}(2)+a^2_{l-1,m}+\frac{1}{4}b^2_{l-1,m-1}(2)\right]$$

$$=I^2\left[\frac{1}{2}\frac{(l-m+1)(l-m+2)}{(2l+1)(2l-1)}+\frac{l^2-(m-1)^2}{(2l+1)(2l-1)}+\frac{1}{2}\frac{(l+m-1)(l+m)}{(2l+1)(2l-1)}\right]=I^2\frac{l}{2l-1}$$

$$|R|^2=e^2I^2\frac{l}{2l-1}$$

$$A=\frac{\omega^3|R|^2}{3\pi\varepsilon_0\hbar c^3}=\frac{e^2\omega^3I^2}{3\pi\varepsilon_0\hbar c^3}\times\frac{l}{2l-1}\quad(l'=l-1)$$

综上所述

$$A=\frac{e^2\omega^3I^2}{3\pi\varepsilon_0\hbar c^3}\times\begin{cases}\dfrac{l+1}{2l+1} & (l'=l+1)\\[2ex]\dfrac{l}{2l-1} & (l'=l-1)\end{cases}$$

第 10 章　绝热近似

本章主要内容

1. 绝热定理

假设体系的哈密顿量随时间的变化非常缓慢(绝热变化)，当体系的哈密顿量由初值 H^i 逐渐变化到终值 H^f,绝热定理指出：如果粒子开始时处在 H^i 的第 n 阶本征态，它将演化至 H^f 的第 n 阶本征态。即若设 $\psi_n(t)$是哈密顿量 $H(t)$在每一时刻的本征态，在 $t=0$ 时体系处在 $\psi_n(0)$，则在以后时刻体系处在态

$$\Psi_n(t) = e^{i\theta_n(t)} e^{i\gamma_n(t)} \psi_n(t)$$

这个态与 $\psi_n(t)$仅差一对相因子，所以仍然是 $H(t)$的本征态。式中

$$\theta_n(t) \equiv -\frac{1}{\hbar}\int_0^t E_n(t')\,dt'$$

称为动力学相因子，

$$\gamma_n(t) \equiv i\int_0^t \left\langle \psi_n(t') \middle| \frac{\partial}{\partial t'}\psi_n(t') \right\rangle dt'$$

称为几何相因子。

2. 几何(贝瑞)相

如果哈密顿量随时间的变化可以表示为 N 个参数 $R_1(t)$，$R_2(t)$，…，$R_N(t)$的变化，则在这种情况下，

$$\frac{\partial\psi_n}{\partial t} = (\nabla_R\psi_n)\cdot\frac{d\boldsymbol{R}}{dt}$$

这里 $\boldsymbol{R}=(R_1, R_2, \cdots, R_N)$；$\nabla_R$ 是对这些参量求梯度。几何相因子可以表示为

$$\gamma_n(t) = i\int_{R_i}^{R_f}\langle\psi_n|\nabla_R\psi_n\rangle\cdot d\boldsymbol{R}$$

如果经过时间 T 之后，哈密顿量回到初始形式，那么，最终的几何相是

$$\gamma_n(T) = i\oint\langle\psi_n|\nabla_R\psi_n\rangle\cdot d\boldsymbol{R}$$

当参数空间是三维时，$\boldsymbol{R}=(R_1, R_2, R_3)$，可以类比磁矢势 $\boldsymbol{A}$、磁场、磁通量之间的关系。贝瑞相可以看做通过参数空间(闭合)路径一个“磁场”

$$\text{“}\boldsymbol{B}\text{”} = i\nabla_R\times\langle\psi_n|\nabla_R\psi_n\rangle$$

的“通量”，即贝瑞相可以写为一个面积分

$$\gamma_n(T) = i\int[\nabla_R\times\langle\psi_n|\nabla_R\psi_n\rangle]\cdot d\boldsymbol{a}$$

3. 阿哈拉诺夫-博姆效应

在经典电动力学中，势(ϕ 和 $\boldsymbol{A}$)是不可直接测量的量——物理量是电场和磁场，所以在

经典理论中在 $\boldsymbol{E}$ 和 $\boldsymbol{B}$ 为零的区域没有电磁场的影响。但是在量子力学中，矢势可以影响带电粒子的量子行为，即便是它在场为零的区域中运动。阿哈拉诺夫—博姆效应就是几何相的一个例子。

题解

*** **习题 10.1**　无限深方势阱的右壁以恒定的速度 v 扩张的问题可以精确求解，一组完备解是

$$\boldsymbol{\Phi}_n(x,t) \equiv \sqrt{\frac{2}{w}}\sin(\frac{n\pi}{w}x)\,\mathrm{e}^{\mathrm{i}(mvx^2-2E_n^i at)/2\hbar w}$$

其中，$w=a+vt$ 是势阱的瞬时宽度；$E_n^i \equiv n^2\pi^2\hbar^2/2ma^2$ 是初始势阱（宽度 a）的第 n 能级，一般解是各个 $\boldsymbol{\Phi}$ 的线性组合

$$\boldsymbol{\Psi}(x,t) = \sum_{n=1}^{\infty} c_n \boldsymbol{\Phi}_n(x,t)$$

展开系数 c_n 不依赖于时间 t。

（a）在适当的边界条件下，验证 $\boldsymbol{\Phi}_n(x,t) \equiv \sqrt{\frac{2}{w}}\sin\left(\frac{n\pi}{w}x\right)\mathrm{e}^{\mathrm{i}(mvx^2-2E_n^i at)/2\hbar w}$ 满足含时薛定谔方程。

（b）假设粒子初始态为初始势阱的基态

$$\boldsymbol{\Psi}(x,0) = \sqrt{\frac{2}{a}}\sin\left(\frac{\pi}{a}x\right)$$

证明展开系数可以写成如下形式

$$c_n = \frac{2}{\pi}\int_0^{\pi}\mathrm{e}^{-\mathrm{i}\alpha z^2}\sin(nz)\sin(z)\,\mathrm{d}z$$

式中，$\alpha \equiv mva/2\pi^2\hbar$ 是度量势阱扩展速度的一个无量纲量（遗憾的是，这个积分不能化为初等函数）。

（c）假设势阱的宽度扩展为原来的两倍，因此“外部时间”由 $w(T_e)=2a$ 确定。“内部时间”是（初始）基态含时指数因子的周期，确定 T_e 和 T_i，并证明绝热近似对应 $\alpha \ll 1$，因此，在整个积分区域 $\exp(-\mathrm{i}\alpha z^2)\cong 1$。由此确定展开系数 c_n，构造 $\boldsymbol{\Psi}(x,t)$，并验证它与绝热定理一致。

（d）指出在 $\boldsymbol{\Psi}(x,t)$ 中，相因子可以写成

$$\theta_n(t) \equiv -\frac{1}{\hbar}\int_0^t E_1(t')\,\mathrm{d}t'$$

这里 $E_n(t) \equiv n^2\pi^2\hbar^2/2mw^2$ 是时刻 t 的瞬时能量本征值，讨论这个结果。

解：（a）令

$$\phi(x,t) \equiv (mvx^2-2E_n^i at)/2\hbar w \rightarrow \boldsymbol{\Phi}_n = \sqrt{\frac{2}{w}}\sin\left(\frac{n\pi}{w}x\right)\mathrm{e}^{\mathrm{i}\phi}$$

$$\frac{\partial\phi}{\partial t}=\frac{(-2E_n^i a)}{2\hbar w}-\frac{(mvx^2-2E_n^i at)(v)}{2\hbar w^2}=-\frac{E_n^i a}{\hbar w}-\frac{v}{w}\phi$$

$$\frac{\partial\Phi_n(x,t)}{\partial t}=\mathrm{i}\frac{\partial\phi}{\partial t}\sqrt{\frac{2}{w}}\sin\left(\frac{n\pi x}{w}\right)\mathrm{e}^{\mathrm{i}\phi}-\frac{v}{2w}\sqrt{\frac{2}{w}}\sin\left(\frac{n\pi x}{w}\right)\mathrm{e}^{\mathrm{i}\phi}-\frac{n\pi xv}{w^2}\sqrt{\frac{2}{w}}\cos\left(\frac{n\pi x}{w}\right)\mathrm{e}^{\mathrm{i}\phi}$$

$$=\left[\mathrm{i}\frac{\partial\phi}{\partial t}-\frac{v}{2w}-\frac{n\pi xv}{w^2}\cot\left(\frac{n\pi x}{w}\right)\right]\Phi_n$$

$$=\left[-\frac{\mathrm{i}E_n^i a}{\hbar w}-\frac{\mathrm{i}v}{w}\phi-\frac{v}{2w}-\frac{n\pi xv}{w^2}\cot\left(\frac{n\pi x}{w}\right)\right]\Phi_n$$

$$\mathrm{i}\hbar\frac{\partial\Phi_n(x,t)}{\partial t}=\mathrm{i}\hbar\left[-\frac{\mathrm{i}E_n^i a}{\hbar w}-\frac{\mathrm{i}v}{w}\phi-\frac{v}{2w}-\frac{n\pi xv}{w^2}\cot\left(\frac{n\pi x}{w}\right)\right]\Phi_n$$

$$\frac{\mathrm{d}\Phi_n(x,t)}{\mathrm{d}x}=\mathrm{i}\frac{\partial\phi}{\partial x}\sqrt{\frac{2}{w}}\sin\left(\frac{n\pi x}{w}\right)\mathrm{e}^{\mathrm{i}\phi}+\frac{n\pi}{w}\sqrt{\frac{2}{w}}\cos\left(\frac{n\pi x}{w}\right)\mathrm{e}^{\mathrm{i}\phi}$$

$$=\left[\mathrm{i}\frac{\partial\phi}{\partial x}+\frac{n\pi}{w}\cot\left(\frac{n\pi x}{w}\right)\right]\Phi_n$$

$$=\left[\mathrm{i}\frac{mvx}{\hbar w}+\frac{n\pi}{w}\cot\left(\frac{n\pi x}{w}\right)\right]\Phi_n$$

$$\frac{\mathrm{d}^2\Phi_n(x,t)}{\mathrm{d}x^2}=\left[\mathrm{i}\frac{mv}{\hbar w}-\left(\frac{n\pi}{w}\right)^2\left(\sin\left(\frac{n\pi x}{w}\right)\right)^{-2}\right]\Phi_n+\left[\mathrm{i}\frac{mvx}{\hbar w}+\frac{n\pi}{w}\cot\left(\frac{n\pi x}{w}\right)\right]^2\Phi_n$$

把上面结果代入一维无限深势阱的薛定谔方程

$$\mathrm{i}\hbar\frac{\partial\Phi_n}{\partial t}=-\frac{\hbar^2}{2m}\frac{\partial^2\Phi_n}{\partial x^2}\quad(0<x<w)$$

有

$$-\mathrm{i}\hbar\left[\frac{\mathrm{i}E_n^i a}{\hbar w}+\frac{\mathrm{i}v}{w}\phi+\frac{v}{2w}+\frac{n\pi xv}{w^2}\cot\left(\frac{n\pi x}{w}\right)\right]$$

$$=-\frac{\hbar^2}{2m}\left\{\left[\mathrm{i}\frac{mv}{\hbar w}-\left(\frac{n\pi}{w}\right)^2\left(\sin\left(\frac{n\pi x}{w}\right)\right)^{-2}\right]+\left[\mathrm{i}\frac{mvx}{\hbar w}+\frac{n\pi}{w}\cot\left(\frac{n\pi x}{w}\right)\right]^2\right\}$$

$$=-\frac{\hbar^2}{2m}\left\{\left[\mathrm{i}\frac{mv}{\hbar w}-\left(\frac{n\pi}{w}\right)^2\left(\sin\left(\frac{n\pi x}{w}\right)\right)^{-2}\right]+\left[-\left(\frac{mvx}{\hbar w}\right)^2+2\mathrm{i}\frac{mvx}{\hbar w}\frac{n\pi}{w}\cot\left(\frac{n\pi x}{w}\right)+\left(\frac{n\pi}{w}\right)^2\cot^2\left(\frac{n\pi x}{w}\right)\right]\right\}$$

可以看出两边的 $\cot\left(\frac{n\pi x}{\omega}\right)$ 项相消，右边的 $-\left(\sin\left(\frac{n\pi x}{\omega}\right)\right)^{-2}$ 和 $\cot^2\left(\frac{n\pi x}{\omega}\right)$ 项合并为 -1，所以

$$-\mathrm{i}\hbar\left(\frac{\mathrm{i}E_n^i a}{\hbar w}+\frac{\mathrm{i}v}{w}\phi+\frac{v}{2w}\right)=-\frac{\hbar^2}{2m}\left[\mathrm{i}\frac{mv}{\hbar w}-\left(\frac{n\pi}{w}\right)^2-\left(\frac{mvx}{\hbar w}\right)^2\right]$$

代入 $E_n^i\equiv\dfrac{n^2\pi^2\hbar^2}{2ma^2}$，　$\phi(x,t)=(mvx^2-2E_n^i at)/2\hbar w$

$$\mathrm{i}\left[\frac{\mathrm{i}E_n^i a}{\hbar w}+\frac{\mathrm{i}v}{2\hbar w^2}(mvx^2-2E_n^i at)+\frac{v}{2w}\right]=\frac{\hbar}{2m}\left[\mathrm{i}\frac{mv}{\hbar w}-\left(\frac{n\pi}{w}\right)^2-\left(\frac{mvx}{\hbar w}\right)^2\right]\rightarrow$$

$$\left[-\frac{E_n^i a}{\hbar w}-\frac{mv^2x^2}{2\hbar w^2}+\frac{E_n^i avt}{\hbar w^2}+\frac{\mathrm{i}v}{2w}\right]=\left[\frac{\mathrm{i}v}{2w}-\frac{\hbar}{2m}\left(\frac{n\pi}{w}\right)^2-\frac{mv^2x^2}{2\hbar w^2}\right]\to$$

$$\left[-\frac{E_n^i a}{\hbar w}+\frac{E_n^i avt}{\hbar w^2}\right]=\left[-\frac{\hbar}{2m}\left(\frac{n\pi}{w}\right)^2\right]\to-\frac{E_n^i a}{\hbar w^2}\underbrace{(w-vt)}_{a}=-\frac{\hbar}{2m}\left(\frac{n\pi}{w}\right)^2\to$$

$$-\frac{E_n^i a^2}{\hbar w^2}=-\frac{\hbar}{2m}\left(\frac{n\pi}{w}\right)^2\to E_n^i=\frac{\hbar^2n^2\pi^2}{2ma^2}$$

所以题目所给的定态波函数满足含时薛定谔方程。由于含有 $\sin(n\pi x/w)$，它也满足边界条件 $\Phi_n(0,t)=\Phi_n(w,t)=0$。

(b) $\Psi(x,0)=\sqrt{\dfrac{2}{a}}\sin\left(\dfrac{\pi x}{a}\right)=\sum\limits_n c_n\Phi_n(x,0)=\sum\limits_n c_n\sqrt{\dfrac{2}{a}}\sin\left(\dfrac{n\pi x}{a}\right)\mathrm{e}^{imvx^2/2\hbar a}$

由傅里叶变换

$$c_n=\int_0^a\Phi_n^*(x,0)\Psi(x,0)\mathrm{d}x=\frac{2}{a}\int_0^a\sin\left(\frac{\pi x}{a}\right)\sin\left(\frac{n\pi}{a}x\right)\mathrm{e}^{-imvx^2/2\hbar a}\mathrm{d}x$$

令 $\alpha=\dfrac{mva}{2\hbar\pi^2}$, $z=\dfrac{\pi x}{a}\to\mathrm{d}x=\dfrac{a}{\pi}\mathrm{d}z$

故
$$c_n=\frac{2}{\pi}\int_0^\pi\sin(z)\sin(nz)\mathrm{e}^{-\mathrm{i}\alpha z^2}\mathrm{d}z$$

(c) $w(T_e)=a+vT_e=2a\to T_e=\dfrac{a}{v}$

基态含时指数因子为

$$\frac{E_1}{\hbar}=\frac{\pi^2\hbar}{2ma^2},\quad T_i=2\pi/\frac{\pi^2\hbar}{2ma^2}=\frac{4ma^2}{\pi\hbar}$$

绝热近似条件下为 $T_e>>T_i$，即 $T_i/T_e<<1$

$$\frac{4ma^2}{\pi\hbar}\bigg/\frac{a}{v}=8\pi\frac{mav}{2\pi^2\hbar}=8\pi\alpha<<1\to\alpha<<1$$

当 $\mathrm{e}^{-\mathrm{i}\alpha z^2}\approx1$ 时，

$$c_n=\frac{2}{\pi}\int_0^\pi\sin(nz)\sin(z)\mathrm{d}z$$

$$=\frac{1}{\pi}\int_0^\pi[\cos(n-1)z-\cos(n+1)z]\mathrm{d}z$$

$$=\begin{cases}0 & (n\neq1)\\1 & (n=1)\end{cases}$$

$$\Psi(x,t)=\sum_n c_n\Phi_n(x,t)=c_1\Phi_1(x,t)=\sqrt{\frac{2}{w}}\sin\left(\frac{\pi x}{w}\right)\mathrm{e}^{\mathrm{i}(mvx^2-2E_1^iat)/2\hbar w}$$

除了一个相因子外，展开式是基态，即正如绝热定理所叙述的那样，若初始时粒子处于此时的基态，则在阱壁缓慢移动的过程中，粒子始终处于扩展后势阱的基态。

(d) $\theta(t)=-\dfrac{1}{\hbar}\displaystyle\int_0^t E_1(t')\mathrm{d}t'=-\dfrac{\pi^2\hbar^2}{2m\hbar}\int_0^t\dfrac{1}{(a+vt')^2}\mathrm{d}t'=-\dfrac{\pi^2\hbar}{2m}\dfrac{1}{v}\left(-\dfrac{1}{a+vt'}\right)\bigg|_0^t$

$$= -\frac{\pi^2\hbar}{2m}\frac{1}{v}\left(\frac{1}{a}-\frac{1}{a+vt}\right) = -\frac{\pi^2\hbar}{2ma(a+vt)}t = -\frac{E_1{}^i at}{\hbar w}$$

由于$\frac{mvx^2}{2\hbar w} = \frac{x^2\pi}{aw}\alpha << 1$，故相因子中该项可忽略

$$\Psi(x,t) = \sqrt{\frac{2}{w}}\sin\left(\frac{\pi x}{w}\right)e^{i(mvx^2-2E_1^i at)/2\hbar w} = \sqrt{\frac{2}{w}}\sin\left(\frac{\pi x}{w}\right)e^{-iE_1^i at/\hbar w} = \sqrt{\frac{2}{w}}\sin\left(\frac{\pi x}{w}\right)e^{i\theta_n(t)}$$

可以看出，对固定阱宽的阱我们有 $\Psi(x,t)=\psi_1(x)e^{-iE_1t/\hbar}$，当井壁绝热移动时，用变化的阱宽 w 取代 a，用 $\int_0^t E_1(t')\mathrm{d}t'$ 取代 $E_1 t$，就得到在绝热变化下的波函数。

** **习题 10.2** 对式 10.25 的哈密顿量，验证式 10.31 满足含时的薛定谔方程，并验证式 10.33 同样满足，证明由归一化要求，组合系数的平方和等于 1。

证：我们需证明 $i\hbar\frac{\partial\chi}{\partial t}=H\chi$，其中

$$H(t) = \frac{e}{m}\boldsymbol{B}(t)\cdot\boldsymbol{S} = \frac{e\hbar B_0}{2m}[\sin\alpha\cos(\omega t)\sigma_x + \sin\alpha\cos(\omega t)\sigma_y + \cos\alpha\sigma_z]$$

$$= \frac{\hbar\omega_1}{2}\begin{bmatrix}\cos\alpha & e^{-i\omega t}\sin\alpha \\ e^{i\omega t}\sin\alpha & -\cos\alpha\end{bmatrix} \quad \left(\omega_0 = \frac{eB_0}{m}\right)$$

$$\chi = \begin{pmatrix}\left[\cos(\lambda t/2) - i\frac{(\omega_1-\omega)}{\lambda}\sin(\lambda t/2)\right]\cos(\alpha/2)e^{-i\omega t/2} \\ \left[\cos(\lambda t/2) - i\frac{(\omega_1+\omega)}{\lambda}\sin(\lambda t/2)\right]\sin(\alpha/2)e^{i\omega t/2}\end{pmatrix}$$

计算出

$$i\hbar\frac{\partial\chi}{\partial t} = i\hbar\begin{bmatrix}\frac{\lambda}{2}\left[-\sin\left(\frac{\lambda t}{2}\right)-i\frac{(\omega_1-\omega)}{\lambda}\cos\left(\frac{\lambda t}{2}\right)\right]\cos\left(\frac{\alpha}{2}\right)e^{-i\omega t/2} - \frac{i\omega}{2}\left[\cos\left(\frac{\lambda t}{2}\right)-i\frac{(\omega_1-\omega)}{\lambda}\sin\left(\frac{\lambda t}{2}\right)\right]\cos\left(\frac{\alpha}{2}\right)e^{-i\omega t/2} \\ \frac{\lambda}{2}\left[-\sin\left(\frac{\lambda t}{2}\right)-i\frac{(\omega_1+\omega)}{\lambda}\cos\left(\frac{\lambda t}{2}\right)\right]\sin\left(\frac{\alpha}{2}\right)e^{i\omega t/2} + \frac{i\omega}{2}\left[\cos\left(\frac{\lambda t}{2}\right)-i\frac{(\omega_1+\omega)}{2}\sin\left(\frac{\lambda t}{2}\right)\right]\sin\left(\frac{\alpha}{2}\right)e^{i\omega t/2}\end{bmatrix}$$

$$H\chi = \frac{\hbar\omega_1}{2}\begin{pmatrix}\left[\cos\left(\frac{\lambda t}{2}\right)-i\frac{(\omega_1-\omega)}{\lambda}\sin\left(\frac{\lambda t}{2}\right)\right]\cos\left(\frac{\alpha}{2}\right)\cos\alpha e^{-i\omega t/2} + \left[\cos\left(\frac{\lambda t}{2}\right)-i\frac{(\omega_1+\omega)}{\lambda}\sin\left(\frac{\lambda t}{2}\right)\right]\sin\frac{\alpha}{2}\sin\alpha e^{-i\omega t/2} \\ \left[\cos\left(\frac{\lambda t}{2}\right)-i\frac{(\omega_1-\omega)}{\lambda}\sin\left(\frac{\lambda t}{2}\right)\right]\cos\left(\frac{\alpha}{2}\right)\sin\alpha e^{i\omega t/2} - \left[\cos\left(\frac{\lambda t}{2}\right)-i\frac{(\omega_1+\omega)}{2}\sin\left(\frac{\lambda t}{2}\right)\right]\sin\frac{\alpha}{2}\cos\alpha e^{i\omega t/2}\end{pmatrix}$$

若满足薛定谔方程，则两矩阵对应项应相等，第一行约去因子 $\cos\left(\frac{\alpha}{2}\right)e^{-i\omega t/2}$，相减得

$$\frac{\hbar\omega_1}{2}\left\{\left[\cos\left(\frac{\lambda t}{2}\right)-i\frac{(\omega_1-\omega)}{\lambda}\sin\left(\frac{\lambda t}{2}\right)\right]\cos\alpha + \left[\cos\left(\frac{\lambda t}{2}\right)-i\frac{(\omega_1+\omega)}{\lambda}\sin\left(\frac{\lambda t}{2}\right)\right]2\sin^2\left(\frac{\alpha}{2}\right)\right\} -$$

$$i\hbar\left\{\frac{\lambda}{2}\left[-\sin\left(\frac{\lambda t}{2}\right)-i\frac{(\omega_1-\omega)}{\lambda}\cos\left(\frac{\lambda t}{2}\right)\right] - \frac{i\omega}{2}\left[\cos\left(\frac{\lambda t}{2}\right)-i\frac{(\omega_1-\omega)}{\lambda}\sin\left(\frac{\lambda t}{2}\right)\right]\right\}$$

$$= \left[\frac{\hbar\omega_1}{2}\left(\cos\alpha+2\sin^2\frac{\alpha}{2}\right) - \frac{\hbar(\omega_1-\omega)}{2} - \frac{\hbar\omega}{2}\right]\cos\left(\frac{\lambda t}{2}\right) +$$

$$\mathrm{i}\left[\frac{\hbar\omega_1}{2}\left(-\frac{\omega_1-\omega}{\lambda}\cos\alpha-\frac{\omega_1+\omega}{\lambda}\underbrace{2\sin^2\left(\frac{\alpha}{2}\right)}_{1-\cos\alpha}\right)+\frac{\hbar\lambda}{2}-\frac{\hbar\omega(\omega_1-\omega)}{\lambda}\right]\sin\left(\frac{\lambda t}{2}\right)$$

$$=\left[\frac{\hbar\omega_1}{2}-\frac{\hbar(\omega_1-\omega)}{2}-\frac{\hbar\omega}{2}\right]\cos\left(\frac{\lambda t}{2}\right)+\frac{\mathrm{i}\hbar}{2}\left[-\omega_1\frac{\omega_1+\omega-2\omega\cos\alpha}{\lambda}+\lambda-\frac{\omega(\omega_1-\omega)}{\lambda}\right]\sin\left(\frac{\lambda t}{2}\right)$$

$$=0+\frac{\mathrm{i}\hbar}{2}\left[-\frac{\lambda^2-\omega^2+\omega\omega_1}{\lambda}+\lambda-\frac{\omega(\omega_1-\omega)}{\lambda}\right]\sin\left(\frac{\lambda t}{2}\right)=0$$

第二行约去因子 $\sin\left(\frac{\alpha}{2}\right)e^{\mathrm{i}\omega t/2}$ 后相减得

$$\frac{\hbar\omega_1}{2}\left\{\left[\cos\left(\frac{\lambda t}{2}\right)-\mathrm{i}\frac{(\omega_1-\omega)}{\lambda}\sin\left(\frac{\lambda t}{2}\right)\right]2\cos^2\frac{\alpha}{2}-\left[\cos\left(\frac{\lambda t}{2}\right)-\mathrm{i}\frac{(\omega_1+\omega)}{\lambda}\sin\left(\frac{\lambda t}{2}\right)\right]\cos\alpha\right\}-$$

$$\mathrm{i}\hbar\left\{\frac{\lambda}{2}\left[-\sin\left(\frac{\lambda t}{2}\right)-\mathrm{i}\frac{(\omega_1+\omega)}{\lambda}\cos\left(\frac{\lambda t}{2}\right)\right]+\frac{\mathrm{i}\omega}{2}\left[\cos\left(\frac{\lambda t}{2}\right)-\mathrm{i}\frac{(\omega_1+\omega)}{\lambda}\sin\left(\frac{\lambda t}{2}\right)\right]\right\}$$

$$=\left[\frac{\hbar\omega_1}{2}\left(2\cos^2\frac{\alpha}{2}-\cos\alpha\right)-\frac{\hbar(\omega_1+\omega)}{2}+\frac{\hbar\omega}{2}\right]\cos\left(\frac{\lambda t}{2}\right)+$$

$$\frac{\mathrm{i}\hbar}{2}\left[-\frac{\omega_1(\omega_1-\omega)}{\lambda}\underbrace{2\cos^2\left(\frac{\alpha}{2}\right)}_{1+\cos\alpha}+\frac{\omega_1(\omega_1+\omega)}{\lambda}\cos\alpha+\lambda-\frac{\omega(\omega_1+\omega)}{\lambda}\right]\sin\left(\frac{\lambda t}{2}\right)$$

$$=\left[\frac{\hbar\omega_1}{2}-\frac{\hbar(\omega_1+\omega)}{2}+\frac{\hbar\omega}{2}\right]\cos\left(\frac{\lambda t}{2}\right)+\frac{\mathrm{i}\hbar}{2}\left[\frac{-\omega_1^2+\omega_1\omega+2\omega_1\omega\cos\alpha}{\lambda}+\lambda-\frac{\omega(\omega_1+\omega)}{\lambda}\right]\sin\left(\frac{\lambda t}{2}\right)$$

$$=0+\frac{\mathrm{i}\hbar}{2}\left[\frac{-\lambda^2+\omega^2+\omega\omega_1}{\lambda}+\lambda-\frac{\omega(\omega_1+\omega)}{\lambda}\right]\sin\left(\frac{\lambda t}{2}\right)=0$$

即证得
$$H\chi=\mathrm{i}\hbar\frac{\partial\chi}{\partial t}$$

在式 10.33 中

$$\chi(t)=\alpha\chi_++\beta\chi_-=\underbrace{\left[\cos\left(\frac{\lambda t}{2}\right)-\mathrm{i}\frac{(\omega_1-\omega\cos\alpha)}{\lambda}\sin\left(\frac{\lambda t}{2}\right)\right]e^{-\mathrm{i}\omega t/2}}_{\alpha}\underbrace{\begin{pmatrix}\cos\left(\frac{\alpha}{2}\right)\\ e^{\mathrm{i}\omega t}\sin\left(\frac{\alpha}{2}\right)\end{pmatrix}}_{\chi_+}+$$

$$\underbrace{\mathrm{i}\left[\frac{\omega}{\lambda}\sin\alpha\sin\left(\frac{\lambda t}{2}\right)\right]e^{\mathrm{i}\omega t/2}}_{\beta}\underbrace{\begin{pmatrix}e^{-\mathrm{i}\omega t}\sin\left(\frac{\alpha}{2}\right)\\ -\cos\left(\frac{\alpha}{2}\right)\end{pmatrix}}_{\chi_-}$$

$$=\begin{pmatrix}\left[\cos\left(\frac{\lambda t}{2}\right)-\mathrm{i}\frac{(\omega_1-\omega\cos\alpha)}{\lambda}\sin\left(\frac{\lambda t}{2}\right)+\mathrm{i}\frac{\omega}{\lambda}\sin\left(\frac{\lambda t}{2}\right)2\sin^2\left(\frac{\alpha}{2}\right)\right]\cos\left(\frac{\alpha}{2}\right)e^{-\mathrm{i}\omega t/2}\\ \left[\cos\left(\frac{\lambda t}{2}\right)-\mathrm{i}\frac{(\omega_1-\omega\cos\alpha)}{\lambda}\sin\left(\frac{\lambda t}{2}\right)-\mathrm{i}\frac{\omega}{\lambda}\sin\left(\frac{\lambda t}{2}\right)2\cos^2\left(\frac{\alpha}{2}\right)\right]\sin\left(\frac{\alpha}{2}\right)e^{\mathrm{i}\omega t/2}\end{pmatrix}$$

$$=\begin{pmatrix}\left[\cos\left(\frac{\lambda t}{2}\right)-\mathrm{i}\frac{(\omega_1-\omega)}{\lambda}\sin\left(\frac{\lambda t}{2}\right)\right]\cos\left(\frac{\alpha}{2}\right)\mathrm{e}^{-\mathrm{i}\omega t/2}\\\left[\cos\left(\frac{\lambda t}{2}\right)-\mathrm{i}\frac{(\omega_1+\omega)}{\lambda}\sin\left(\frac{\lambda t}{2}\right)\right]\cos\left(\frac{\alpha}{2}\right)\mathrm{e}^{\mathrm{i}\omega t/2}\end{pmatrix}$$

是式10.31的另外一种表示法，当然也满足含时薛定谔方程。由于χ_+和χ_-是正交归一的，所以$\chi(t)$可以归一化为

$$\begin{aligned}&\chi^\dagger(t)\chi(t)\\&=|\alpha|^2+|\beta|^2\\&=\left|\left[\cos\left(\frac{\lambda t}{2}\right)-\mathrm{i}\frac{(\omega_1-\omega\cos\alpha)}{\lambda}\sin\left(\frac{\lambda t}{2}\right)\right]\mathrm{e}^{-\mathrm{i}\omega t/2}\right|^2+\left|\mathrm{i}\left[\frac{\omega}{\lambda}\sin\alpha\sin\left(\frac{\lambda t}{2}\right)\right]\mathrm{e}^{\mathrm{i}\omega t/2}\right|^2\\&=\left[\cos\left(\frac{\lambda t}{2}\right)\right]^2+\left[\frac{(\omega_1-\omega\cos\alpha)}{\lambda}\sin\left(\frac{\lambda t}{2}\right)\right]^2+\left[\frac{\omega}{\lambda}\sin\alpha\sin\left(\frac{\lambda t}{2}\right)\right]^2\\&=\cos^2\left(\frac{\lambda t}{2}\right)+\frac{(\omega_1^2-2\omega_1\omega\cos\alpha+\omega^2\cos^2\alpha)}{\lambda^2}\sin^2\left(\frac{\lambda t}{2}\right)+\frac{\omega^2}{\lambda^2}\sin^2\alpha\sin^2\left(\frac{\lambda t}{2}\right)\\&=\cos^2\left(\frac{\lambda t}{2}\right)+\frac{(\omega_1^2-2\omega_1\omega\cos\alpha+\omega^2)}{\lambda^2}\sin^2\left(\frac{\lambda t}{2}\right)=\cos^2\left(\frac{\lambda t}{2}\right)+\sin^2\left(\frac{\lambda t}{2}\right)=1\end{aligned}$$

$$\omega_1^2-2\omega_1\omega\cos\alpha+\omega^2\equiv\lambda^2\quad\text{教材中的(式 10.32)}$$

即组合系数的平方和等于1。

*** 习题10.3**

(a) 当无限深方势阱的宽度从w_1绝热变化到w_2时，用式10.42计算其几何相，并讨论结果。

(b) 当宽度匀速变化时($\mathrm{d}w/\mathrm{d}t=v$)，对于这个过程动力学相变化如何？

(c) 如果势阱缩小到初始宽度，对于这个循环贝瑞相是如何变化的？

解： (a) 一维无限深势阱的第n本征态为

$$\psi_n=\begin{cases}\sqrt{\frac{2}{w}}\sin\left(\frac{n\pi x}{w}\right) & (0<x<w)\\0 & (\text{其他})\end{cases}$$

取阱宽w为参数，则在阱内

$$\frac{\partial\psi_n}{\partial w}=\left(-\frac{1}{2w}\right)\sqrt{\frac{2}{w}}\sin\left(\frac{n\pi x}{w}\right)+\left(-\frac{n\pi x}{w^2}\right)\sqrt{\frac{2}{w}}\cos\left(\frac{n\pi x}{w}\right)$$

因此

$$\begin{aligned}\left\langle\psi_n(x)\left|\frac{\partial\psi_n}{\partial w}\right.\right\rangle&=\int_0^w\sqrt{\frac{2}{w}}\sin\left(\frac{n\pi x}{w}\right)\left[\left(-\frac{1}{2w}\right)\sqrt{\frac{2}{w}}\sin\left(\frac{n\pi x}{w}\right)+\left(-\frac{n\pi x}{w^2}\right)\sqrt{\frac{2}{w}}\cos\left(\frac{n\pi x}{w}\right)\right]\mathrm{d}x\\&=-\frac{1}{w^2}\int_0^w\sin^2\left(\frac{n\pi x}{w}\right)\mathrm{d}x-\frac{2n\pi}{w^3}\int_0^w x\sin\left(\frac{n\pi x}{w}\right)\cos\left(\frac{n\pi x}{w}\right)\mathrm{d}x\\&=-\frac{1}{w^2}\left(\frac{w}{2}\right)-\frac{n\pi}{w^3}\int_0^w x\sin\left(\frac{2n\pi x}{w}\right)\mathrm{d}x\end{aligned}$$

$$= -\frac{1}{2w} - \frac{n\pi}{w^3}\left[-\frac{wx}{2n\pi}\cos\left(\frac{2n\pi x}{w}\right) + \left(\frac{w}{2n\pi}\right)^2 \sin\left(\frac{2n\pi x}{w}\right)\right]\Bigg|_0^w$$

$$= -\frac{1}{2w} - \frac{n\pi}{w^3}\left[-\frac{w^2}{2n\pi}\cos(2n\pi)\right] = -\frac{1}{2w} + \frac{1}{2w} = 0$$

因此几何相

$$\gamma_n = \mathrm{i}\int_{w_1}^{w_2} \langle \psi_n(x) \mid \partial\psi_n/\partial x \rangle \mathrm{d}w = 0$$

(b) 由已知阱宽

$$a = w_1 + vt, \quad E_n(t) = \frac{n^2\pi^2\hbar^2}{2m(w_1+vt)^2}$$

因此，动力学相为

$$\theta_n(t) = -\frac{1}{\hbar}\int_0^t E_n(t')\mathrm{d}t' = -\frac{1}{\hbar}\int_0^t \frac{n^2\pi^2\hbar^2}{2m(w_1+vt')^2}\mathrm{d}t' \rightarrow \theta_n(t) = -\frac{n^2\pi^2\hbar t}{2mw_1(w_1+vt)}$$

(c) 由于仅有一个变化参量 w，经过一段时间后当 w 回到初始值，几何相为

$$\gamma = i\oint \left\langle \psi(x) \left| \frac{\partial\psi_n}{\partial w} \right.\right\rangle \mathrm{d}w = 0$$

习题 10.4 δ 函数势阱(式 2.114)有一个单束缚态(式 2.129)。当 α 由 α_1 逐渐变化到 α_2 时，计算几何相。如果 α 均匀地变化($\mathrm{d}\alpha/\mathrm{d}t = c$)，此过程中动力学相如何变化？

解: δ 势阱 $V(x) = -\alpha\delta(x)$ 有唯一束缚态

$$\psi(x) = \frac{\sqrt{m\alpha}}{\hbar}\mathrm{e}^{-m\alpha|x|/\hbar^2}$$

能量为 $E = -\frac{m\alpha^2}{2\hbar^2}$，变化参量为 $R = \alpha$，

$$\frac{\partial\psi}{\partial\alpha} = \frac{\sqrt{m}}{\hbar}\frac{1}{2}\frac{1}{\sqrt{\alpha}}\mathrm{e}^{-m\alpha|x|/\hbar^2} + \frac{\sqrt{m\alpha}}{\hbar}\left(-\frac{m|x|}{\hbar^2}\right)\mathrm{e}^{-m\alpha|x|/\hbar^2}$$

因此有

$$\langle\psi \mid \partial\psi/\partial\alpha\rangle = \int_{-\infty}^{+\infty}\psi^*\frac{\partial\psi}{\partial\alpha}\mathrm{d}x = 2\int_0^{+\infty}\frac{\sqrt{m\alpha}}{\hbar}\mathrm{e}^{-m\alpha x/\hbar^2}\left[\frac{\sqrt{m}}{\hbar}\frac{1}{2}\frac{1}{\sqrt{\alpha}}\mathrm{e}^{-m\alpha x/\hbar^2} + \frac{\sqrt{m\alpha}}{\hbar}\left(-\frac{mx}{\hbar^2}\right)\mathrm{e}^{-m\alpha x/\hbar^2}\right]\mathrm{d}x$$

$$= \frac{m}{\hbar^2}\left[\int_0^{+\infty}\mathrm{e}^{-2m\alpha x/\hbar^2}\mathrm{d}x - 2\frac{m\alpha}{\hbar^2}\int_0^{+\infty}x\mathrm{e}^{-2m\alpha x/\hbar^2}\mathrm{d}x\right]$$

$$= \frac{m}{\hbar^2}\left[\left(\frac{\hbar^2}{2m\alpha}\right) - 2\frac{m\alpha}{\hbar^2}\left(\frac{\hbar^2}{2m\alpha}\right)^2\right] = 0$$

所以几何相为零。由 $E = -\frac{m(\alpha_1+ct)^2}{2\hbar^2}$，动力学相为

$$\theta(t) = -\frac{1}{\hbar}\int_0^T E(t')\mathrm{d}t' = \frac{1}{\hbar}\int_0^T \frac{m(\alpha_1+ct')^2}{2\hbar^2}\mathrm{d}t' = \frac{m}{6c\hbar^3}[(\alpha_1+cT)^3 - \alpha_1^3] = \frac{m}{6c\hbar^3}[\alpha_2^3 - \alpha_1^3]$$

习题 10.5 证明：如果$\psi_n(t)$是实的，那么几何相为零(习题10.3和习题10.4是这类例子)。你也许想在本征函数上添加一个不必要(但逻辑上合理)的相因子来处理这个问题。$\psi'_n(t)=e^{i\phi_n}\psi_n(t)$，其中$\phi_n(R)$是一个任意实函数。试一下。你可以得到一个非零的几何相；但是，注意当你把结果代入到式10.23时将会出现什么情况。对于闭合路径结果为零。切记：对于非零的贝瑞相，你需要(i)哈密顿量中的含时参数应该多于1个。(ii)一个可以产生非平庸的复数本征函数的哈密顿量。

证： 因为$\psi_n(t)$为可归一化的，所以有$\langle\psi_n|\psi_n\rangle=1$，因此有

$$0=\nabla_R\langle\psi_n|\psi_n\rangle=\langle\nabla_R\psi_n|\psi_n\rangle+\langle\psi_n|\nabla_R\psi_n\rangle=\langle\psi_n|\nabla_R\psi_n\rangle^*+\langle\psi_n|\nabla_R\psi_n\rangle\rightarrow$$
$$\langle\psi_n|\nabla_R\psi_n\rangle^*=-\langle\psi_n|\nabla_R\psi_n\rangle$$

这表明$\langle\psi_n|\nabla_R\psi_n\rangle$必是一个纯虚函数，或者为零。在$\psi_n(t)$是实函数时，$\langle\psi_n|\nabla_R\psi_n\rangle$不可能为虚函数，所以必定为零。这样几何相也必定为零。

若设$\psi'_n=e^{i\phi_n(R)}\psi_n$，其中$\psi_n$为实的，则有

$$\nabla_R\psi'_n=e^{i\phi_n}\nabla_R\psi_n+i(\nabla_R\phi_n)e^{i\phi_n}\psi_n\rightarrow$$

$$\langle\psi'_n|\nabla_R\psi'_n\rangle=e^{-i\phi_n}e^{i\phi_n}\underbrace{\langle\psi_n|\nabla_R\psi_n\rangle}_{0}+ie^{-i\phi_n}(\nabla_R\phi_n)e^{i\phi_n}\underbrace{\langle\psi_n|\psi_n\rangle}_{1}=i(\nabla_R\phi_n)$$

这样，几何相为

$$\gamma'_n(t)=i\int_{R_i}^{R_f}i(\nabla_R\phi_n)dR=-[\phi_n(R_f)-\phi_n(R_i)]$$

绝热演化后的波函数为

$$\begin{aligned}\Psi'_n(t)&=\psi'_n(t)e^{i[\theta_n(t)+\gamma_n(t)]}=\psi'_n(t)e^{-\frac{i}{\hbar}\int_0^t E_n(t')dt'}e^{-i[\phi_n(R_f)-\phi_n(R_i)]}\\&=[\psi_n(t)e^{i\phi_n(R_f)}]e^{-\frac{i}{\hbar}\int_0^t E_n(t')dt'}e^{-i[\phi_n(R_f)-\phi_n(R_i)]}\\&=[\psi_n(t)e^{-\frac{i}{\hbar}\int_0^t E_n(t')dt'}]e^{i\phi_n(R_i)}=\Psi_n(t)e^{i\phi_n(R_i)}\end{aligned}$$

即加上一个额外的相因子后，绝热演化后所得波函数还是原来(演化后)的波函数加上这个相因子。当积分为闭合路径时，显然有$\gamma'_n(t)=0$。

*** **习题 10.6** 对自旋为1的粒子，求出类似于式10.62的贝瑞相。答案：$-\Omega$(自旋为s的结果恰好为$-s\Omega$)。

解：

设磁场$\boldsymbol{B}=B_0[\sin\theta\cos\phi\hat{i}+\sin\theta\sin\phi\hat{j}+\cos\theta\hat{k}]$，体系的哈密顿量为

$$H=\frac{e}{m}\boldsymbol{B}\cdot\boldsymbol{S}=\frac{eB_0}{m}[\sin\theta\cos\phi S_x+\sin\theta\sin\phi S_y+\cos\theta S_z]$$

代入在S_z表象中的矩阵表示

$$S_x=\frac{\hbar}{\sqrt{2}}\begin{pmatrix}0&1&0\\1&0&1\\0&1&0\end{pmatrix},\quad S_y=\frac{\hbar}{\sqrt{2}}\begin{pmatrix}0&-i&0\\i&0&-i\\0&i&0\end{pmatrix},\quad S_z=\hbar\begin{pmatrix}1&0&0\\0&0&0\\0&0&-1\end{pmatrix}$$

得到

$$H=\frac{eB_0\hbar}{\sqrt{2}m}\begin{pmatrix}\sqrt{2}\cos\theta & e^{-i\phi}\sin\theta & 0\\ e^{i\phi}\sin\theta & 0 & e^{-i\phi}\sin\theta\\ 0 & e^{i\phi}\sin\theta & -\sqrt{2}\cos\theta\end{pmatrix}$$

这个哈密顿本征值为$(eB_0/m)\hbar$("自旋向上")的本征态χ_+为

$$\chi_+=\begin{pmatrix}e^{-i\phi}\cos^2(\theta/2)\\ \sqrt{2}\sin(\theta/2)\cos(\theta/2)\\ e^{i\phi}\sin^2(\theta/2)\end{pmatrix}$$

$$\nabla\chi_+=\frac{\partial\chi_+}{\partial r}\hat{r}+\frac{1}{r}\frac{\partial\chi_+}{\partial\theta}\hat{\theta}+\frac{1}{r\sin\theta}\frac{\partial\chi_+}{\partial\phi}\hat{\phi}$$

$$=\frac{1}{r}\begin{pmatrix}-e^{-i\phi}\cos(\theta/2)\sin(\theta/2)\\ \frac{\sqrt{2}}{2}[\cos^2(\theta/2)-\sin^2(\theta/2)]\\ e^{i\phi}\cos(\theta/2)\sin(\theta/2)\end{pmatrix}\hat{\theta}+\frac{1}{r\sin\theta}\begin{pmatrix}-ie^{-i\phi}\cos^2(\theta/2)\\ 0\\ ie^{i\phi}\sin^2(\theta/2)\end{pmatrix}\hat{\phi}$$

$$\langle\chi_+|\nabla\chi_+\rangle=\chi_+^\dagger(\nabla\chi_+)=\frac{i}{r\sin\theta}[\sin^4(\theta/2)-\cos^4(\theta/2)]\hat{\phi}$$

$$=\frac{i}{r\sin\theta}[\sin^2(\theta/2)+\cos^2(\theta/2)]\underbrace{[\sin^2(\theta/2)-\cos^2(\theta/2)]}_{-\cos\theta}\hat{\phi}$$

$$=\frac{-i\cos\theta}{r\sin\theta}\hat{\phi}=-\frac{i}{r}\cot\theta\hat{\phi}$$

$$\nabla\times\langle\chi_+|\nabla\chi_+\rangle=\nabla\times\left(-\frac{i}{r}\cot\theta\hat{\phi}\right)=\frac{1}{r\sin\theta}\frac{\partial}{\partial\theta}\left[\sin\theta\left(-\frac{i\cos\theta}{r\sin\theta}\right)\right]\hat{r}=\frac{i}{r^2}\hat{r}$$

根据式 10.51 有

$$\gamma_+(T)=i\int(\nabla\times\langle\chi_+|\nabla\chi_+\rangle)\mathrm{d}\boldsymbol{a}=-\int\frac{1}{r^2}\hat{r}\,\mathrm{d}\boldsymbol{a}=-\int\frac{1}{r^2}\hat{r}\cdot r^2\hat{r}\,\mathrm{d}\Omega=-\Omega$$

习题 10.7

(a) 由式 10.65 推导出式 10.67。

(b) 由式 10.78 开始，推导出式 10.79。

解：

(a) 式 10.65 给出的哈密顿算符为

$$H=\frac{1}{2m}\left(\frac{\hbar}{i}\nabla-q\boldsymbol{A}\right)^2+q\varphi$$

将这个算符作用在一个任意函数f，有

$$Hf=\left\{\frac{1}{2m}(-\hbar^2\nabla^2+q^2\boldsymbol{A}^2+i\hbar q\nabla\cdot\boldsymbol{A}+i\hbar q\boldsymbol{A}\cdot\nabla)+q\varphi\right\}f$$

由于

$$\nabla\cdot(\boldsymbol{A}f)=(\nabla\cdot\boldsymbol{A})f+\boldsymbol{A}\cdot\nabla f$$

如果采用库仑规范条件$\nabla\cdot\boldsymbol{A}=0$，则有$\nabla\cdot(\boldsymbol{A}f)=\boldsymbol{A}\cdot\nabla f$，所以有

$$Hf=\left\{\frac{1}{2m}(-\hbar^2\nabla^2+q^2\boldsymbol{A}^2+2\mathrm{i}\hbar q\boldsymbol{A}\cdot\nabla)+q\phi\right\}f$$

由于f是任意的，所以在标势$\varphi=0$情况下，得到式10.67

$$H=\frac{1}{2m}(-\hbar^2\nabla^2+q^2\boldsymbol{A}^2+2\mathrm{i}\hbar q\boldsymbol{A}\cdot\nabla)$$

(b) 式10.78为

$$\left(\frac{\hbar}{\mathrm{i}}\nabla-q\boldsymbol{A}\right)\boldsymbol{\Psi}=\frac{\hbar}{\mathrm{i}}\mathrm{e}^{\mathrm{i}g}\nabla\boldsymbol{\Psi}'$$

其中，$g(\boldsymbol{r})\equiv\frac{q}{\hbar}\int_{r_0}^{r}\boldsymbol{A}(\boldsymbol{r}')\mathrm{d}\boldsymbol{r}'$

$$\begin{aligned}\left(\frac{\hbar}{\mathrm{i}}\nabla-q\boldsymbol{A}\right)^2\boldsymbol{\Psi}&=\left(\frac{\hbar}{\mathrm{i}}\nabla-q\boldsymbol{A}\right)\cdot\left(\frac{\hbar}{\mathrm{i}}\mathrm{e}^{\mathrm{i}g}\nabla\boldsymbol{\Psi}'\right)=-\hbar^2\nabla\cdot(\mathrm{e}^{\mathrm{i}g}\nabla\boldsymbol{\Psi}')+\mathrm{i}\hbar q\mathrm{e}^{\mathrm{i}g}\boldsymbol{A}\cdot\nabla\boldsymbol{\Psi}'\\&=-\hbar^2[\nabla\mathrm{e}^{\mathrm{i}g}\cdot\nabla\boldsymbol{\Psi}'+\mathrm{e}^{\mathrm{i}g}\nabla^2\boldsymbol{\Psi}']+\mathrm{i}\hbar q\mathrm{e}^{\mathrm{i}g}\boldsymbol{A}\cdot\nabla\boldsymbol{\Psi}'\\&=-\mathrm{i}\hbar^2\mathrm{e}^{\mathrm{i}g}\underbrace{\nabla g}_{qA/\hbar}\cdot\nabla\boldsymbol{\Psi}'-\hbar^2\mathrm{e}^{\mathrm{i}g}\nabla^2\boldsymbol{\Psi}'+\mathrm{i}\hbar q\mathrm{e}^{\mathrm{i}g}\boldsymbol{A}\cdot\nabla\boldsymbol{\Psi}'\\&=-\mathrm{i}\hbar^2\mathrm{e}^{\mathrm{i}g}\frac{q}{\hbar}A\cdot\nabla\psi'-\hbar^2\mathrm{e}^{\mathrm{i}g}\nabla^2\boldsymbol{\Psi}'+\mathrm{i}\hbar q\mathrm{e}^{\mathrm{i}g}A\cdot\nabla\boldsymbol{\Psi}'\\&=-\hbar^2\mathrm{e}^{\mathrm{i}g}\nabla^2\boldsymbol{\Psi}'\end{aligned}$$

于是得到式10.79

$$\left(\frac{\hbar}{\mathrm{i}}\nabla-q\boldsymbol{A}\right)^2\boldsymbol{\Psi}=-\hbar^2\mathrm{e}^{\mathrm{i}g}\nabla^2\boldsymbol{\Psi}'$$

第10章补充习题解答

*** **习题10.8** 在无限深方势阱(势阱范围$0\leqslant x\leqslant a$)中运动的一个粒子开始时处在基态。现在有一个稍微偏离势阱中心的墙壁缓慢地竖起

$$V(x)=f(t)\delta\left(x-\frac{a}{2}-\varepsilon\right)$$

这里$f(t)$逐渐从0增加到∞。根据绝热理论，粒子将仍处在演化后的哈密顿量的基态。

(a) 求出(并画出草图)$t\to\infty$时的基态。提示：这应该是在$a/2+\varepsilon$处有一个不能穿透的势垒的无限深方势阱的基态。注意粒子是限制在势阱中稍大一点的左半部分。

(b) 给出时刻哈密顿量基态满足的(超越)方程。答案：

$$z\sin z=T[\cos z-\cos(z\delta)]$$

其中，$z\equiv ka$，$T\equiv maf(t)/\hbar^2$，$\delta\equiv2\varepsilon/a$，$k\equiv\sqrt{2mE}/\hbar$。

(c) 设$\delta=0$，图解z，证明当T从0增加到∞，z从π变化到2π。解释这个结果。

(d) 设$\delta=0.01$，数值求解z，用$T=0,1,5,20,100,1000$。

(e) 作为z和δ的函数，求出粒子处在势阱右半部分的概率P_r。答案：$P_r=1/[1+(I_+/I_-)]$。

其中，$I_\pm\equiv[1\pm\delta-(1/z)\sin(z(1\pm\delta))]\sin^2[z(1\mp\delta)/2]$。用这个表达式数值估计(d)中的

T。讨论你的结果。

(f) 对于那些同样的 T 和 δ 值，绘制基态波函数。观察随着势垒的增加，波函数是怎么挤进势阱的左半部分的。

解：

(a) 当 $t \to \infty$ 时，$f(t) \to \infty$，即在 $x = a/2 + \varepsilon$ 处有一个不能穿透的势垒，粒子仅可能存在于势垒的一边，也就是说，此时相当于存在左右两个无限深势阱并且左边阱宽 $a/2 + \varepsilon$ 大于右边阱宽 $a/2 - \varepsilon$。由无限深势阱基态能量 $E_1 = \pi^2 \hbar^2 / 2ma^2$ 知，阱宽 a 越小，基态能量越高，因此，左势阱基态能量要低于右势阱基态能量，整个系统的基态为粒子处于左势阱基态，左势阱基态波函数为

$$\psi(x) = \begin{cases} \sqrt{\dfrac{2}{a/2+\varepsilon}} \sin\left(\dfrac{\pi x}{a/2+\varepsilon}\right) & (0 < x < a/2 + \varepsilon) \\ 0 & (\text{其他}) \end{cases}$$

基态能量为 $E_1 = \dfrac{\pi^2 \hbar^2}{2m(a/2+\varepsilon)^2}$，基态波函数示意图如图 10-1 所示。

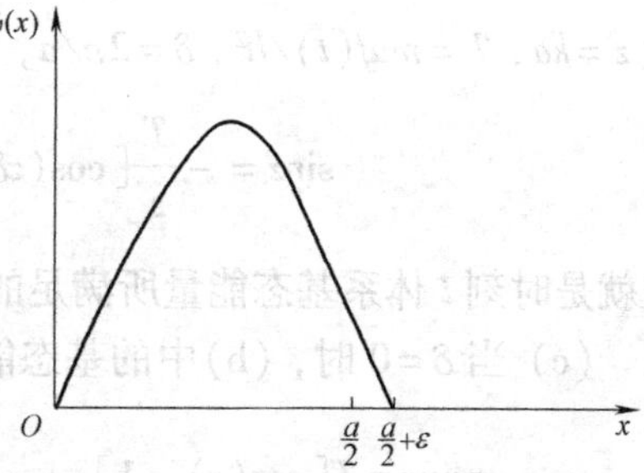

图 10-1

(b) 在时刻 t，势垒表示为 $V(x) = f(t)\delta\left(x - \dfrac{a}{2} - \varepsilon\right)$，此时 $f(t)$ 为有限值。

在 $0 \leqslant x \leqslant (a/2 + \varepsilon)$ 区域，定态薛定谔方程为

$$\frac{\mathrm{d}^2\psi}{\mathrm{d}x^2} = -k^2\psi \quad (k \equiv \sqrt{2mE}/\hbar)$$

该方程的解为

$$\psi = A\sin(kx) + B\cos(kx)$$

由边界条件 $\psi(0) = 0 \to B = 0$，故

$$\psi = A\sin(kx), \quad \psi' = Ak\cos(kx)$$

在 $(a/2 + \varepsilon) \leqslant x \leqslant a$ 区，波函数为

$$\psi = C\sin(kx) + D\cos(kx)$$

由边界条件 $\psi(a) = C\sin(ka) + D\cos(ka) = 0 \to D = -C\tan(ka)$，所以

$$\psi(x) = C[\sin(kx) - \tan(ka)\cos(kx)]$$

利用三角公式，这个波函数可以写为

$$\psi(x) = F\sin[k(a-x)], \quad \psi'(x) = -Fk\cos[k(a-x)]$$

在 $x = (a/2 + \varepsilon)$ 处，波函数连续，但是波函数的导数有跃变（见教材 2.5.2 节式 2.124）

$$\psi'(a/2 + \varepsilon + 0^+) - \psi'(a/2 + \varepsilon + 0^-) = \frac{2mf(t)}{\hbar^2}\psi(a/2 + \varepsilon)$$

所以有

$$\begin{cases} A\sin[k(a/2+\varepsilon)] = F\sin[k(a/2-\varepsilon)] \\ -Fk\cos[k(a/2-\varepsilon)] - Ak\cos[k(a/2+\varepsilon)] = \dfrac{2mf(t)}{\hbar^2}A\sin[k(a/2+\varepsilon)] \end{cases}$$

第一个方程给出

$$F=A\frac{\sin[k(a/2+\varepsilon)]}{\sin[k(a/2-\varepsilon)]}$$

代入第二个方程消去 A 后得到

$$\frac{\sin[k(a/2+\varepsilon)]}{\sin[k(a/2-\varepsilon)]}\cos[k(a/2-\varepsilon)]+\cos[k(a/2+\varepsilon)]=-\frac{2mf(t)}{\hbar^2 k}\sin[k(a/2+\varepsilon)]\rightarrow$$

$$\sin[k(a/2+\varepsilon)]\cos[k(a/2-\varepsilon)]+\cos[k(a/2+\varepsilon)]\sin[k(a/2-\varepsilon)]$$
$$=-\frac{2mf(t)}{\hbar^2 k}\sin[k(a/2+\varepsilon)]\sin[k(a/2-\varepsilon)]$$

利用三角公式，上式可化为

$$\sin(ka)=-\frac{2mf(t)}{\hbar^2 k}[\cos(2k\varepsilon)-\cos(ka)]$$

设 $z=ka$，$T=maf(t)/\hbar^2$，$\delta=2\varepsilon/a$，上式为

$$\sin z=-\frac{T}{z}[\cos(z\delta)-\cos z]\rightarrow z\sin z=T[\cos(z)-\cos(z\delta)]$$

这就是时刻 t 体系基态能量所满足的超越方程。

（c）当 $\delta=0$ 时，(b)中的基态能量方程为

$$z\sin z=T[\cos(z)-1]\rightarrow-\frac{z}{T}=\frac{1-\cos(z)}{\sin z}=\frac{2\sin^2(z/2)}{2\sin(z/2)\cos(z/2)}=\tan(z/2)$$

如图 10-2 所示，该图画出斜线 $-z/T$ 与 $\tan(z/2)$ 的图像。

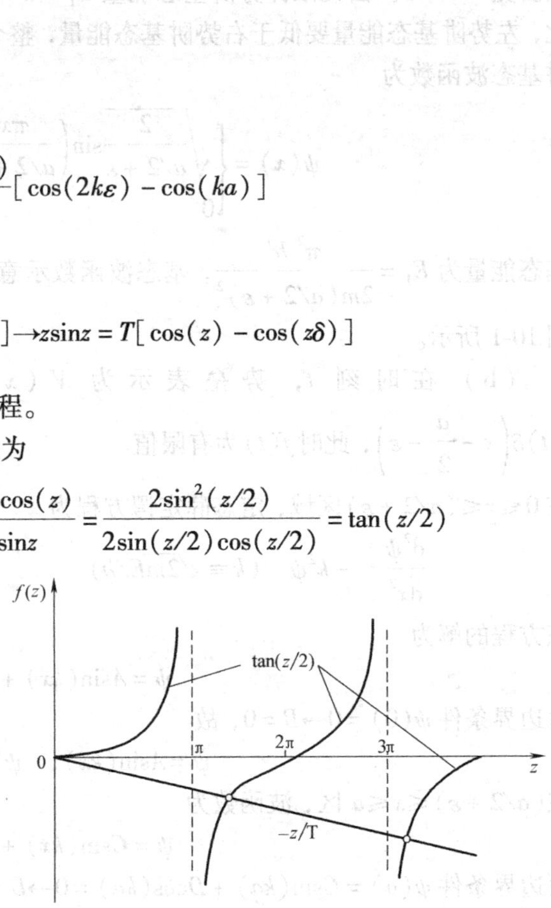

图 10-2

当 t 变化时，斜线 $-z/T$ 与 $\tan(z/2)$ 的第一个交点的变化反映了基态能量的变化，当 $t=0$ 时，$T=0$（竖直直线），交点位于 $z=\pi, E_1=\frac{z^2\hbar^2}{2ma^2}=\frac{\pi^2\hbar^2}{2ma^2}$。当 $t\rightarrow\infty$ 时，$T\rightarrow\infty$（水平线），交点位于 $z=2\pi$，$E_1=\frac{z^2\hbar^2}{2ma^2}=\frac{\pi^2\hbar^2}{2m(a/2)^2}$，即当 t 从 $0\rightarrow\infty$ 时，z 从 π 增加到 2π，在这个过程中基态能量不断升高，从阱宽为 a 的基态能量 $\frac{\pi^2\hbar^2}{2ma^2}$ 增加到阱宽为 $a/2$ 的基态能量 $\frac{\pi^2\hbar^2}{2m(a/2)^2}$。

（d）设 $\delta=0.01$，数值求解 $z\sin z=T[\cos(z)-\cos(0.01z)]$ 结果如下表。

T	0	1	5	20	100	1000
z	3.14159	3.67303	4.76031	5.72036	6.13523	6.21452

(e)
$$P_r = \frac{I_r}{I_l + I_r} = \frac{1}{1 + (I_l/I_r)}$$

其中，

$$I_l = \int_0^{a/2+\varepsilon} A^2 \sin^2(kx)\,dx = A^2\left[\frac{1}{2}x - \frac{1}{4k}\sin(2kx)\right]\Bigg|_0^{a/2+\varepsilon}$$

$$= A^2\left[\frac{1}{2}\left(\frac{a}{2}+\varepsilon\right) - \frac{1}{4k}\sin(2k(a/2+\varepsilon))\right]$$

$$= A^2\,\frac{a}{4}\left[1 + \frac{2\varepsilon}{a} - \frac{1}{ka}\sin\left(ka + \frac{2\varepsilon}{a}ka\right)\right]$$

$$= A^2\,\frac{a}{4}\left[1 + \delta - \frac{1}{z}\sin(z + \delta z)\right]$$

$$I_r = \int_{a/2+\varepsilon}^{a} F^2 \sin^2[k(a-x)]\,dx \qquad (\text{令 } u \equiv a - x)$$

$$= -F^2\int_{a/2-\varepsilon}^{0}\sin^2(ku)\,du = F^2\int_0^{a/2-\varepsilon}\sin^2(ku)\,du = F^2\,\frac{a}{4}\left[1 - \delta - \frac{1}{z}\sin(z - z\delta)\right]$$

代入前面得到的 $F = A\,\dfrac{\sin[k(a/2+\varepsilon)]}{\sin[k(a/2-\varepsilon)]}$，有

$$\frac{I_l}{I_r} = \frac{\sin^2[k(a/2-\varepsilon)]}{\sin^2[k(a/2+\varepsilon)]}\,\frac{\left[1+\delta-\dfrac{1}{z}\sin(z+\delta z)\right]}{\left[1-\delta-\dfrac{1}{z}\sin(z-z\delta)\right]}$$

$$= \frac{\sin^2[(z-\delta)/2]}{\sin^2[(z+\delta)/2]}\,\frac{\left[1+\delta-\dfrac{1}{z}\sin(z+\delta z)\right]}{\left[1-\delta-\dfrac{1}{z}\sin(z-z\delta)\right]} = \frac{I_+}{I_-}$$

$$I_\pm \equiv \sin^2[(z\mp\delta)/2]\left[1 \pm \delta - \frac{1}{z}\sin(z \pm \delta z)\right]$$

这样就把 $P_r = \dfrac{1}{1 + I_+/I_-}$ 表示成了关于 z, δ 的函数。

若取 $\delta = 0.01$，由(d)已经得到相应的 z 值，分别将 δ, z 带入 P_r 表达式可求出与各个 T 相应的 P_r，结果如下表所示。

T	0	1	5	20	100	1000
P_r	0.490001	0.486822	0.471116	0.401313	0.146523	0.00248163

由上表知，随着时间 t 的增加，粒子处于势阱右半部分的概率 P_r 是不断减小的，即粒子逐渐被挤进势阱的左半部分。

(f)基态波函数随时间的变换如图 10-3 所示。

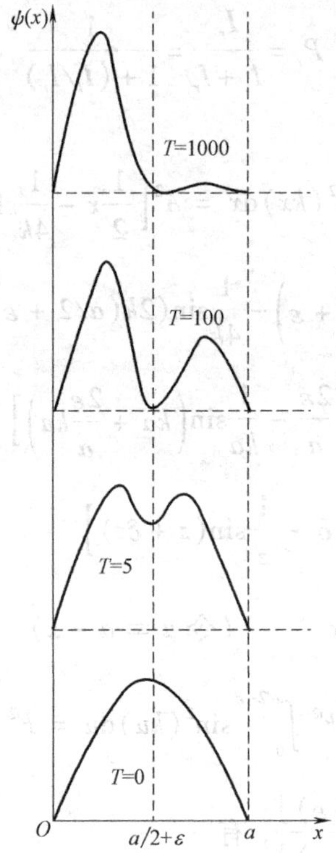

图 10-3

*** **习题 10.9** 假设一维谐振子(质量 m, 频率 ω)受到驱动力 $F(t)=m\omega^2 f(t)$, 这里 $f(t)$ 是某一具体的函数(因子 $m\omega^2$ 是为了标记方便, $f(t)$ 具有长度量纲)。其哈密顿量是

$$H(t)=-\frac{\hbar^2}{2m}\frac{\partial^2}{\partial x^2}+\frac{1}{2}m\omega^2x^2-m\omega^2xf(t)$$

假设在 $t=0$ 时开始施加力的作用: $f(t)=0(t\leqslant 0)$。这个体系无论用经典力学还是量子力学都可以精确求解。

(a) 求谐振子的经典位置, 假设它在原点从静止开始运动($x_c(0)=\dot{x}_c(0)=0$)。答案:

$$x_c(t)=\omega\int_0^t f(t')\sin[\omega(t-t')]\mathrm{d}t'$$

(b) 假设谐振子开始时处在非受迫谐振子的第 n 本征态($\Psi(x,0)=\psi_n(x)$, 其中 $\psi_n(x)$ 由式 2.61 给出), 证明这个谐振子(含时)薛定谔方程的解可以写成如下形式

$$\Psi(x,t)=\psi_n(x-x_c)\mathrm{e}^{\frac{i}{\hbar}\left[-(n+\frac{1}{2})\hbar\omega t+m\dot{x}_c(x-\frac{x_c}{2})+\frac{m\omega^2}{2}\int_0^t f(t')x_c(t')\mathrm{d}t'\right]}$$

(c) 证明 $H(t)$ 的本征值和本征函数是

$$\psi_n(x,t)=\psi_n(x-f),\quad E_n(t)=\left(n+\frac{1}{2}\right)\hbar\omega-\frac{1}{2}m\omega^2f^2$$

(d) 指出在绝热近似下经典位置变为 $x_c(t)\cong f(t)$。对本题, 作为对 f 导数的限制, 指出绝热近似成立的精确判据。提示: 把 $\sin[\omega(t-t')]$ 写成 $(1/\omega)(\mathrm{d}/\mathrm{d}t')\cos[\omega(t-t')]$, 并利用分部积分。

(e) 对于这个例子验证绝热定理，利用(c)和(d)的结果证明

$$\Psi(x,t)\cong\psi_n(x,t)\mathrm{e}^{\mathrm{i}\theta_n(t)}\mathrm{e}^{\mathrm{i}\gamma_n(t)}$$

验证动力学相位具有正确的形式(式 10.39)。几何相位具有你所期望的形式吗?

解:(a) 由牛顿方程

$$m\ddot{x}=-\frac{\partial V}{\partial x}=-\frac{\partial}{\partial x}\left[\frac{1}{2}m\omega^2x^2-m\omega^2xf(t)\right]=-m\omega^2x+m\omega^2f(t)$$

$$\ddot{x}+\omega^2x=f(t)$$

求解这个常微分方程得到

$$x(t)=c_1\sin(\omega t)+c_2\cos(\omega t)+\sin(\omega t)\int_0^t\omega f(t')\cos(\omega t')\mathrm{d}t'+\cos(\omega t)\int_0^t-\omega f(t')\sin(\omega t')\mathrm{d}t'$$

$$\dot{x}(t)=c_1\omega\cos(\omega t)-c_2\omega\sin(\omega t)+\omega\cos(\omega t)\int_0^t\omega f(t')\cos(\omega t')\mathrm{d}t'+$$

$$\sin(\omega t)\omega f(t)\cos(\omega t)-\omega\sin(\omega t)\int_0^t-\omega f(t')\sin(\omega t')\mathrm{d}t'+$$

$$\cos(\omega t)(-\omega)f(t)\sin(\omega t)$$

由初始条件 $x(0)=0$, $\dot{x}(0)=0$ 得 $c_1=c_2=0$。

故所求谐振子的经典位置为

$$\begin{aligned}x_c&=\sin(\omega t)\int_0^t\omega f(t')\cos(\omega t')\mathrm{d}t'-\cos(\omega t)\int_0^t\omega f(t')\sin(\omega t')\mathrm{d}t'\\&=\int_0^t\omega f(t')[\sin(\omega t)\cos(\omega t')-\cos(\omega t)\sin(\omega t')]\mathrm{d}t'\\&=\int_0^t\omega f(t')\sin(\omega t-\omega t')\mathrm{d}t'=\int_0^t\omega f(t')\sin[\omega(t-t')]\mathrm{d}t'\end{aligned}$$

(b) 设 $z\equiv x-x_c\to\psi_n(x-x_c)=\psi_n(z)$，显然 z 依赖于 x, t。标记

$$\{\}=\frac{1}{\hbar}\left[-\left(n+\frac{1}{2}\right)\hbar\omega t+m\dot{x}_c\left(x-\frac{x_c}{2}\right)+\frac{m\omega^2}{2}\int_0^tf(t')x_c(t')\mathrm{d}t'\right]$$

$$\frac{\partial\Psi(x,t)}{\partial t}=\frac{\partial\psi_n}{\partial z}(-\dot{x}_c)\mathrm{e}^{\mathrm{i}\{\}}+\psi_n(z)\mathrm{e}^{\mathrm{i}\{\}}\frac{\mathrm{i}}{\hbar}\left[-\left(n+\frac{1}{2}\right)\hbar\omega+\right.$$

$$\left.m\ddot{x}_c\left(x-\frac{x_c}{2}\right)+m\dot{x}_c\left(-\frac{\dot{x}_c}{2}\right)+\frac{m\omega^2}{2}fx_c\right]$$

代入 $m\ddot{x}_c=m\omega^2[f(t)-x_c]$，有

$$\mathrm{i}\hbar\frac{\partial\Psi(x,t)}{\partial t}=\mathrm{i}\hbar\frac{\partial\psi_n}{\partial z}(-\dot{x}_c)\mathrm{e}^{\mathrm{i}\{\}}-\psi_n\mathrm{e}^{\mathrm{i}\{\}}\left[-\left(n+\frac{1}{2}\right)\hbar\omega+m\omega^2(f-x_c)\left(x-\frac{x_c}{2}\right)+\right.$$

$$\left.m\dot{x}_c\left(-\frac{\dot{x}_c}{2}\right)+\frac{m\omega^2}{2}fx_c\right]$$

$$=\mathrm{i}\hbar\frac{\partial\psi_n}{\partial z}(-\dot{x}_c)\mathrm{e}^{\mathrm{i}\{\}}+\psi_n\mathrm{e}^{\mathrm{i}\{\}}\left[\left(n+\frac{1}{2}\right)\hbar\omega-m\omega^2(f-x_c)x-\frac{1}{2}m\omega^2x_c^2+\frac{1}{2}m\dot{x}_c^2\right]$$

$$\frac{\partial\Psi}{\partial x}=\frac{\partial\psi_n}{\partial x}\mathrm{e}^{\mathrm{i}\{\}}+\psi_n\mathrm{e}^{\mathrm{i}\{\}}\frac{\mathrm{i}}{\hbar}m\dot{x}_c=\frac{\partial\psi_n}{\partial z}\mathrm{e}^{\mathrm{i}\{\}}+\Psi\frac{\mathrm{i}}{\hbar}m\dot{x}_c$$

$$\frac{\partial^2 \Psi}{\partial x^2}=\frac{\partial^2 \psi_n}{\partial x \partial z}\mathrm{e}^{\mathrm{i}\{\}}+\frac{\partial \psi_n}{\partial z}\mathrm{e}^{\mathrm{i}\{\}}\left(\frac{\mathrm{i}}{\hbar}m\,\dot{x}_c\right)+\frac{\partial \Psi}{\partial x}\frac{\mathrm{i}}{\hbar}m\,\dot{x}_c$$

$$=\frac{\partial^2 \psi_n}{\partial z^2}\mathrm{e}^{\mathrm{i}\{\}}+\frac{\partial \psi_n}{\partial z}\mathrm{e}^{\mathrm{i}\{\}}\left(\frac{\mathrm{i}}{\hbar}m\,\dot{x}_c\right)+\left(\frac{\partial \psi_n}{\partial z}\mathrm{e}^{\mathrm{i}\{\}}+\Psi\frac{\mathrm{i}}{\hbar}m\,\dot{x}_c\right)\frac{\mathrm{i}}{\hbar}m\,\dot{x}_c$$

$$=\frac{\partial^2 \psi_n}{\partial z^2}\mathrm{e}^{\mathrm{i}\{\}}+2\frac{\partial \psi_n}{\partial z}\mathrm{e}^{\mathrm{i}\{\}}\left(\frac{\mathrm{i}}{\hbar}m\,\dot{x}_c\right)-\psi_n\mathrm{e}^{\mathrm{i}\{\}}\left(\frac{m\,\dot{x}_c}{\hbar}\right)^2$$

$$H(t)\Psi=\left(-\frac{\hbar^2}{2m}\frac{\mathrm{d}^2}{\mathrm{d}x^2}+\frac{1}{2}m\omega^2x^2-m\omega^2xf\right)\Psi$$

$$=-\frac{\hbar^2}{2m}\left[\frac{\partial^2 \psi_n}{\partial z^2}\mathrm{e}^{\mathrm{i}\{\}}+2\frac{\partial \psi_n}{\partial z}\mathrm{e}^{\mathrm{i}\{\}}\left(\frac{\mathrm{i}}{\hbar}m\,\dot{x}_c\right)-\psi_n\mathrm{e}^{\mathrm{i}\{\}}\left(\frac{m\,\dot{x}_c}{\hbar}\right)^2\right]+$$

$$\left(\frac{1}{2}m\omega^2x^2-m\omega^2xf\right)\psi_n\mathrm{e}^{\mathrm{i}\{\}}$$

由于$\psi_n(z)$满足定态薛定谔方程

$$-\frac{\hbar^2}{2m}\frac{\mathrm{d}^2\psi_n(z)}{\mathrm{d}z^2}+\frac{1}{2}m\omega^2z^2\psi_n(z)=(n+1/2)\hbar\omega\psi_n(z)$$

$$-\frac{\hbar^2}{2m}\frac{\mathrm{d}^2\psi_n(z)}{\mathrm{d}z^2}=\left[(n+1/2)\hbar\omega-\frac{1}{2}m\omega^2z^2\right]\psi_n(z)$$

所以

$$H(t)\Psi=\left[(n+1/2)\hbar\omega-\frac{1}{2}m\omega^2z^2\right]\psi_n(z)\mathrm{e}^{\mathrm{i}\{\}}-$$

$$\frac{\hbar^2}{2m}\left[+2\frac{\partial \psi_n}{\partial z}\mathrm{e}^{\mathrm{i}\{\}}\left(\frac{\mathrm{i}}{\hbar}m\,\dot{x}_c\right)-\psi_n\mathrm{e}^{\mathrm{i}\{\}}\left(\frac{m\,\dot{x}_c}{\hbar}\right)^2\right]+$$

$$\left(\frac{1}{2}m\omega^2x^2-m\omega^2xf\right)\psi_n\mathrm{e}^{\mathrm{i}\{\}}$$

$$\mathrm{i}\hbar\frac{\partial \Psi}{\partial t}=H\Psi\rightarrow$$

$$\mathrm{i}\hbar\frac{\partial \psi_n}{\partial z}(-\dot{x}_c)\mathrm{e}^{\mathrm{i}\{\}}+\psi_n\mathrm{e}^{\mathrm{i}\{\}}\left[\left(n+\frac{1}{2}\right)\hbar\omega-m\omega^2(f-x_c)x-\frac{1}{2}m\omega^2x_c^2+\frac{1}{2}m\,\dot{x}_c^2\right]$$

$$=\left[(n+1/2)\hbar\omega-\frac{1}{2}m\omega^2z^2\right]\psi_n(z)\mathrm{e}^{\mathrm{i}\{\}}-\frac{\hbar^2}{2m}\left[+2\frac{\partial \psi_n}{\partial z}\mathrm{e}^{\mathrm{i}\{\}}\left(\frac{\mathrm{i}}{\hbar}m\,\dot{x}_c\right)-\psi_n\mathrm{e}^{\mathrm{i}\{\}}\left(\frac{m\,\dot{x}_c}{\hbar}\right)^2\right]+$$

$$\left(\frac{1}{2}m\omega^2x^2-m\omega^2xf\right)\psi_n\mathrm{e}^{\mathrm{i}\{\}}$$

$$\left[-m\omega^2(f-x_c)x-\frac{1}{2}m\omega^2x_c^2\right]=-\frac{1}{2}m\omega^2z^2+\left(\frac{1}{2}m\omega^2x^2-m\omega^2xf\right)$$

$$m\omega^2x_cx-\frac{1}{2}m\omega^2x_c^2=-\frac{1}{2}m\omega^2(x-x_c)^2+\frac{1}{2}m\omega^2x^2$$

$$m\omega^2x_cx-\frac{1}{2}m\omega^2x_c^2=m\omega^2x_cx-\frac{1}{2}m\omega^2x_c^2$$

所以题给的 $\Psi(x,t)$ 满足含时薛定谔方程。

(c) 哈密顿量可以写为

$$H(t)=-\frac{\hbar^2}{2m}\frac{d^2}{dx^2}+\frac{1}{2}m\omega^2[x-f(t)]^2-\frac{1}{2}m\omega^2 f(t)^2$$

令 $u\equiv x-f(t)\rightarrow dx=du$，定态薛定谔方程为

$$\left(-\frac{\hbar^2}{2m}\frac{d^2}{du^2}+\frac{1}{2}m\omega^2u^2\right)\psi=\left(E+\frac{1}{2}m\omega^2 f(t)^2\right)\psi$$

此方程是一维线性谐振子能量本征方程，能量本征值为 $E_n'=(n+1/2)\hbar\omega=E_n+\frac{1}{2}m\omega^2f^2\rightarrow E_n=(n+1/2)\hbar\omega-\frac{1}{2}m\omega^2f^2$，本征函数为 $\psi_n(u)=\psi_n(x-f)$。

(d)

$$x_c(t)=\omega\int_0^t f(t')\sin[\omega(t-t')]dt'=\omega\int_0^t f(t')\frac{1}{\omega}\frac{d}{dt'}\cos[\omega(t-t')]dt'$$

$$=\int_0^t f(t')d\cos[\omega(t-t')]=f(t')\cos[\omega(t-t')]\Big|_0^t-\int_0^t\cos[\omega(t-t')]df(t')$$

$$=f(t)-\underbrace{f(0)}_{0}\cos\omega t-\int_0^t\cos[\omega(t-t')]\dot{f}(t')dt'=f(t)-\int_0^t\cos[\omega(t-t')]\dot{f}(t')dt'$$

绝热近似要求 $f(t)$ 缓慢变化，即 $f'(t')\ll 1$，而 $|\cos[\omega(t-t')]|\leqslant 1$，因此，上面第二项的积分可忽略不计，这样有 $x_c(t)\approx f(t)$。

(e) 如果在(b)所给的 $\Psi(x,t)$ 令 $x_c=f$，则有

$$\Psi(x,t)=\psi_n(x-f)\exp\left\{\frac{i}{\hbar}\left[-\left(n+\frac{1}{2}\right)\hbar\omega t+m\dot{f}\left(x-\frac{f}{2}\right)+\frac{m\omega^2}{2}\int_0^t f^2(t')dt'\right]\right\}$$

而由(c)知 $\psi_n(x-f)$ 为 t 时刻粒子的第 n 本征态

$$E_n(t)=(n+1/2)\hbar\omega-\frac{1}{2}m\omega^2f^2$$

所以动力学相为

$$\theta_n=-\frac{1}{\hbar}\int_0^t E_n(t')dt'=-\frac{1}{\hbar}\int_0^t\left[\left(n+\frac{1}{2}\right)\hbar\omega-\frac{1}{2}m\omega^2f(t')^2\right]dt'$$

$$=-\left(n+\frac{1}{2}\right)\omega t+\frac{m\omega^2}{2\hbar}\int_0^t f(t')^2dt'$$

与 $\Psi(x,t)$ 比较可得几何相为

$$\gamma_n=\frac{m}{\hbar}\dot{f}(x-f/2)$$

可是由习题10.5的结论可知，当本征函数是实数的时，几何相应该为零，要点在于 $\dot{f}$ 非常小，在这个极限下 $\gamma_n\approx 0$。

习题10.10 绝热近似可以看成是式10.12中有关系数 $c_m(t)$ 的绝热级数的第一项。假

设体系开始时处在第 n 态；在绝热近似中，它仍然处在第 n 态，仅仅是增加了含时的几何相因子(式 10.21)：

$$c_m(t)=\delta_{mn}e^{i\gamma_n(t)}$$

(a) 把上式代入式 10.16 的右边，可以得到绝热近似的"一级修正"

$$c_m(t)=c_m(0)-\int_0^t\left\langle\psi_m(t')\left|\frac{\partial}{\partial t'}\psi_n(t')\right.\right\rangle e^{i\gamma_n(t')}e^{i[\theta_n(t')-\theta_m(t')]}dt'$$

这使得我们能在近绝热区域计算跃迁概率。为了得到"二级近似"，我们需要把上式代入到式 10.16 的右边，依次类推可以得到更高级的近似。

(b) 作为一个例子，把式 10.95 应用到受迫谐振子上(习题 10.9)。证明(在近绝热近似下)能级的跃迁仅能发生在两个紧邻的能级，对这两个能级有

$$c_{n+1}(t)=i\sqrt{\frac{m\omega}{2\hbar}}\cdot\sqrt{n+1}\int_0^t\dot{f}(t')e^{i\omega t'}dt'$$

和

$$c_{n-1}(t)=i\sqrt{\frac{m\omega}{2\hbar}}\cdot\sqrt{n}\int_0^t\dot{f}(t')e^{-i\omega t'}dt'$$

当然，跃迁概率是它们绝对值的平方。

解：(a) 由已知 $c_{n'}(t)=\delta_{n'n}\exp[i\gamma_n(t)]$，则

$$\begin{aligned}\dot{c}_m(t)&=-\sum_{n'}c_{n'}\langle\psi_m(t)\mid\dot{\psi}_{n'}(t)\rangle\exp\{i[\theta_{n'}(t)-\theta_m(t)]\}\\&=-\sum_{n'}\delta_{n'n}\exp[i\gamma_n(t)]\langle\psi_m(t)\mid\dot{\psi}_{n'}(t)\rangle\exp\{i[\theta_{n'}(t)-\theta_m(t)]\}\\&=-\exp[i\gamma_n(t)]\sum_{n'}\delta_{n'n}\langle\psi_m(t)\mid\dot{\psi}_{n'}(t)\rangle\exp\{i[\theta_{n'}(t)-\theta_m(t)]\}\\&=-\exp[i\gamma_n(t)]\langle\psi_m(t)\mid\dot{\psi}_n(t)\rangle\exp\{i[\theta_{n'}(t)-\theta_m(t)]\}\end{aligned}$$

因此

$$\begin{aligned}c_m(t)&=c_m(0)+\int_0^t\dot{c}_m(t')dt'\\&=c_m(0)-\int_0^t\exp[i\gamma_n(t')]\langle\psi_m(t')\mid\dot{\psi}_n(t')\rangle\exp\{i[\theta_n(t')-\theta_m(t')]\}dt'\\&=c_m(0)-\int_0^t\left\langle\psi_m(t')\left|\frac{\partial}{\partial t'}\psi_n(t')\right.\right\rangle\exp[i\gamma_n(t')]\exp\{i[\theta_n(t')-\theta_m(t')]\}dt'\end{aligned}$$

此即所求绝热近似的"一级修正"。

(b) 对于习题 10.9 中的谐振子含时本征态为 $\psi_n(x,t)=\psi_n(x-f)=\psi_n(u)$，$\psi_n(u)$ 满足一般谐振子的定态方程

$$\left\{-\frac{\hbar^2}{2m}\frac{d^2}{du^2}+\frac{1}{2}m\omega^2u^2\right\}\psi_n(u)=E'_n\psi_n(u)$$

我们有 $\frac{\partial\psi_n}{\partial t}=\frac{\partial\psi_n}{\partial u}\frac{\partial u}{\partial t}=-\dot{f}\frac{\partial\psi_n}{\partial u}$，对此振子动量算符为 $\hat{p}=-i\hbar\frac{\partial}{\partial u}$，所以

$$\left\langle \psi_m \left| \frac{\partial \psi_n}{\partial t} \right. \right\rangle = -\frac{\mathrm{i}}{\hbar}\dot{f}\langle \psi_m | \hat{p} | \psi_n \rangle = \dot{f}\sqrt{\frac{m\omega}{2\hbar}}(\sqrt{m}\delta_{n,\,m-1} - \sqrt{n}\delta_{m,\,n-1})$$

(见习题3.33求 $\hat{p}$ 的矩阵元的方法)，所以跃迁只能发生在 $\Delta n = \pm 1$ 之间。

对 $m = n+1$

$$c_{n+1} = \underbrace{c_{n+1}(0)}_{0} - \int_0^t \left\langle \psi_m(t') \left| \frac{\partial}{\partial t'}\psi_n(t') \right. \right\rangle \exp[\mathrm{i}\gamma_n(t')]\exp\{\mathrm{i}[\theta_n(t') - \theta_m(t')]\}\mathrm{d}t' c_{n+1}(t)$$

$$= -\sqrt{\frac{m\omega}{2\hbar}}\sqrt{n+1}\int_0^t \dot{f}(t')\exp[i\gamma_n(t')]\exp\{i[\theta_n(t') - \theta_m(t')]\}\mathrm{d}t'$$

但是几何相为零(本征函数为实的)，动力学相为

$$\theta_n = -\frac{1}{\hbar}\int_0^t E_n(t')\mathrm{d}t' = -\frac{1}{\hbar}\int_0^t \left[\left(n+\frac{1}{2}\right)\hbar\omega - \frac{1}{2}m\omega^2 f(t')^2\right]\mathrm{d}t'$$

$$= -\left(n+\frac{1}{2}\right)\omega t + \frac{m\omega^2}{2\hbar}\int_0^t f(t')^2\mathrm{d}t'$$

$$\theta_n - \theta_{n+1} = \left(n+1+\frac{1}{2}\right)\omega t - \left(n+\frac{1}{2}\right)\omega t = \omega t$$

所以

$$c_{n+1}(t) = -\sqrt{\frac{m\omega}{2\hbar}}\cdot\sqrt{n+1}\int_0^t \dot{f}(t')\mathrm{e}^{\mathrm{i}\omega t'}\mathrm{d}t'$$

同理,可得

$$c_{n-1}(t) = \sqrt{\frac{m\omega}{2\hbar}}\cdot\sqrt{n}\int_0^t \dot{f}(t')\mathrm{e}^{-\mathrm{i}\omega t'}\mathrm{d}t'$$

第 11 章　散射

本章主要内容

1. 散射的基本概念

微分散射截面：微分散射截面 $D(\theta,\phi)$ 是单位时间内散射到 (θ,ϕ) 方向单位立体角内的粒子数与入射粒子流强度之比。

总散射截面

$$\sigma = \int D(\theta,\phi)\,\mathrm{d}\Omega$$

设入射波沿 z 轴方向传播，散射势是球对称势，则在远离散射中心的地方，波函数(入射波 + 散射波)可以表示为

$$\psi(r,\theta) \approx A\left\{\mathrm{e}^{\mathrm{i}kz} + f(\theta)\frac{\mathrm{e}^{\mathrm{i}kr}}{r}\right\}$$

$f(\theta)$ 是散射波振幅，微分散射截面与 $f(\theta)$ 的关系为

$$D(\theta) = |f(\theta)|^2$$

2. 分波法求散射截面

$$f(\theta) = \sum_{l=0}^{+\infty}(2l+1)a_l \mathrm{P}_l(\cos\theta)$$

$$D(\theta) = |f(\theta)|^2 = \sum_{l}\sum_{l'}(2l+1)(2l'+1)a_l^* a_{l'}\mathrm{P}_l(\cos\theta)P_{l'}(\cos\theta)$$

$$\sigma = 4\pi\sum_{l=0}^{+\infty}(2l+1)\,|a_l|^2$$

其中，a_l 称为第 l 个分波振幅。分波振幅与相移有关系

$$a_l = \frac{1}{2\mathrm{i}k}(\mathrm{e}^{2\mathrm{i}\delta_l}-1) = \frac{1}{k}\mathrm{e}^{\mathrm{i}\delta_l}\sin(\delta_l)$$

所以总截面可以表示为

$$\sigma = \frac{4\pi}{k^2}\sum_{l=0}^{+\infty}(2l+1)\sin^2(\delta_l) = \sum_{l=0}^{+\infty}\sigma_l$$

其中

$$\sigma_l \equiv \frac{4\pi}{k^2}(2l+1)\sin^2(\delta_l)$$

是第 l 个分波的散射截面。

3. 玻恩近似法求散射截面

$$f(\theta,\phi) = -\frac{m}{2\pi\hbar^2}\int \mathrm{e}^{\mathrm{i}(\boldsymbol{k}'-\boldsymbol{k})\cdot\boldsymbol{r}_0}V(\boldsymbol{r}_0)\,\mathrm{d}^3\boldsymbol{r}_0$$

在球对称势情况下

$$f(\theta) \cong -\frac{2m}{\hbar^2\kappa}\int_0^{+\infty} rV(r)\sin(\kappa r)\,\mathrm{d}r$$

题解

*** **习题 11.1　卢瑟福(Rutherford)散射**。设电荷为 q_1，动能为 E 的入射粒子被一电荷为 q_2 的静止重粒子散射。

(a) 给出碰撞参量和散射角的关系。答案：$b=(q_1q_2/8\pi\varepsilon_0 E)\cot(\theta/2)$。

(b) 求出微分散射截面。答案：

$$D(\theta)=\left[\frac{q_1q_2}{16\pi\varepsilon_0 E\sin^2(\theta/2)}\right]^2$$

(c) 证明卢瑟福散射的总截面是无穷大。通常说 $1/r$ 势具有"无穷大作用距离"；你逃脱不了库仑力的作用。

解：卢瑟福散射是用经典力学求解带电粒子被库仑场散射问题。散射示意图如图 11-1 所示。
其中，θ 为散射角。

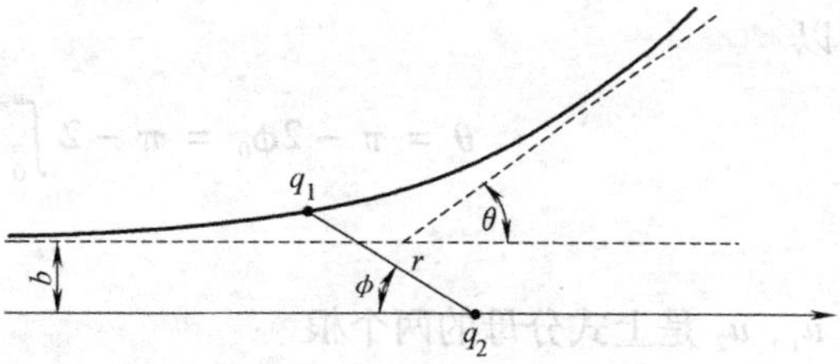

图　11-1

(a) 在散射过程中能量守恒(保守力场)，有(这是个二维问题，用平面极坐标 r，ϕ 表示)

$$E=\frac{m}{2}(\dot{r}^2+r^2\dot{\phi}^2)+V(r)=\text{常数}\quad\left(V(r)=\frac{1}{4\pi\varepsilon_0}\frac{q_1q_2}{r}\right)$$

根据角动量守恒(中心力场)，有

$$J=mr^2\dot{\phi}=\text{常数}\rightarrow\dot{\phi}=\frac{J}{mr^2}$$

代回能量守恒表达式，有

$$\dot{r}^2=\frac{2}{m}[E-V(r)]-\frac{J^2}{m^2r^2}$$

我们想求出 r 作为 ϕ 函数，令 $r=1/u$

$$\dot{r}=\frac{\mathrm{d}r}{\mathrm{d}t}=\frac{\mathrm{d}r}{\mathrm{d}u}\frac{\mathrm{d}u}{\mathrm{d}\phi}\frac{\mathrm{d}\phi}{\mathrm{d}t}=\left(-\frac{1}{u^2}\right)\dot{\phi}\frac{\mathrm{d}u}{\mathrm{d}\phi}=-\frac{1}{u^2}\frac{J}{mr^2}\frac{\mathrm{d}u}{\mathrm{d}\phi}=-\frac{J}{m}\frac{\mathrm{d}u}{\mathrm{d}\phi}$$

则

$$\left(-\frac{J}{m}\frac{\mathrm{d}u}{\mathrm{d}\phi}\right)^2=\frac{2}{m}\left(E-\frac{q_1q_2}{4\pi\varepsilon_0}u\right)-\frac{J^2}{m^2}u^2\rightarrow$$

$$\frac{\mathrm{d}u}{\mathrm{d}\phi}=\sqrt{\frac{2m}{J^2}\left(E-\frac{q_1q_2}{4\pi\varepsilon_0}u\right)-u^2}$$

或者

$$\mathrm{d}\phi=\frac{\mathrm{d}u}{\sqrt{\frac{2m}{J^2}\left(E-\frac{q_1q_2}{4\pi\varepsilon_0}u\right)-u^2}}$$

q_1 粒子从 $r=\infty$ ($u=0$)，$\phi=0$ 开始散射，设它离 q_2 粒子最近距离为 $r_{\min}(u_{\max})\phi=\phi_0$ 显然有

$$\phi_0=\int_0^{u_{\max}}\frac{\mathrm{d}u}{\sqrt{\frac{2m}{J^2}\left(E-\frac{q_1q_2}{4\pi\varepsilon_0}u\right)-u^2}}$$

当 q_1 粒子以散射角 θ 出射，由对称性

$$\phi_0+\phi_0+\theta=\pi$$

所以

$$\theta=\pi-2\phi_0=\pi-2\int_0^{u_{\max}}\frac{\mathrm{d}u}{\sqrt{\frac{2m}{J^2}\left(E-\frac{q_1q_2}{4\pi\varepsilon_0}u\right)-u^2}}$$

设 u_1，u_2 是上式分母的两个根

$$\frac{2m}{J^2}\left(E-\frac{q_1q_2}{4\pi\varepsilon_0}u\right)-u^2=(u_2-u)(u-u_1)$$

由于

$$\frac{\mathrm{d}u}{\mathrm{d}\phi}=\sqrt{\frac{2m}{J^2}\left(E-\frac{q_1q_2}{4\pi\varepsilon_0}u\right)-u^2}=\sqrt{(u_2-u)(u-u_1)}$$

所以极大值点 $u_{\max}$ 是一个根，设 $u_2>u_1$，则 $u_{\max}=u_2$，利用积分公式

$$\int_a^b\frac{\mathrm{d}x}{\sqrt{(x-u_1)(u_2-x)}}=-\arcsin\left[\frac{-2u+u_2+u_1}{u_2-u_1}\right]\Bigg|_a^b$$

$$\begin{aligned}\theta&=\pi-2\int_0^{u_{\max}}\frac{\mathrm{d}u}{\sqrt{(u_{\max}-u)(u_1-u)}}\\&=\pi+2\arcsin\left(\frac{-2u+u_{\max}+u_1}{u_{\max}-u_1}\right)\Bigg|_0^{u_{\max}}\\&=\pi+2\left[\arcsin(-1)-\arcsin\left(\frac{u_{\max}+u_1}{u_{\max}-u_1}\right)\right]\\&=\pi+2\left[-\frac{\pi}{2}-\arcsin\left(\frac{u_{\max}+u_1}{u_{\max}-u_1}\right)\right]=-2\arcsin\left(\frac{u_{\max}+u_1}{u_{\max}-u_1}\right)\end{aligned}$$

现在需要解出两个根来，由

$$\frac{2m}{J^2}\left(E-\frac{q_1q_2}{4\pi\varepsilon_0}u\right)-u^2=0$$

$$u_{max}=\frac{-\frac{2m}{J^2}\frac{qq}{4\pi\varepsilon_0}+\sqrt{\left(\frac{2m}{J^2}\frac{qq}{4\pi\varepsilon_0}\right)^2+4\frac{2m}{J^2}E}}{2}$$

$$u_1=\frac{-\frac{2m}{J^2}\frac{qq}{4\pi\varepsilon_0}-\sqrt{\left(\frac{2m}{J^2}\frac{qq}{4\pi\varepsilon_0}\right)^2+4\frac{2m}{J^2}E}}{2}$$

代入

$$E=\frac{1}{2}mv^2,\ J=mvb(b\ 为瞄准参量)$$

$$J^2=m^2v^2b^2=2mEb^2$$

$$u_{max}=\frac{-\frac{q_1q_2}{Eb^2 4\pi\varepsilon_0}+\sqrt{\left(\frac{q_1q_2}{Eb^2 4\pi\varepsilon_0}\right)^2+\frac{4}{b^2}}}{2}=\frac{A}{2b^2}\left[-1+\sqrt{1+(2b/A)^2}\right]$$

$$u_1=\frac{-\frac{q_1q_2}{Eb^2 4\pi\varepsilon_0}-\sqrt{\left(\frac{q_1q_2}{Eb^2 4\pi\varepsilon_0}\right)^2+\frac{4}{b^2}}}{2}=\frac{A}{2b^2}\left[-1-\sqrt{1+(2b/A)^2}\right]$$

其中，$A\equiv\frac{q_1q_2}{E4\pi\varepsilon_0}$

所以

$$\frac{u_{max}+u_1}{u_{max}-u_1}=\frac{-1}{\sqrt{1+(2b/A)^2}}$$

$$\theta=-2\arcsin\left(\frac{u_{max}+u_1}{u_{max}-u_1}\right)\to\theta=-2\arcsin\left[\frac{-1}{\sqrt{1+(2b/A)^2}}\right]\to$$

$$\frac{1}{\sqrt{1+(2b/A)^2}}=\sin(\theta/2)\to 1+(2b/A)^2=\frac{1}{\sin^2(\theta/2)}\to$$

$$(2b/A)^2=\frac{1}{\sin^2(\theta/2)}-1=\cot^2(\theta/2)\to(2b/A)=\cot(\theta/2)\to$$

$$b=\frac{A}{2}\cot(\theta/2)=\frac{q_1q_2}{8\pi\varepsilon_0 E}\cot(\theta/2)$$

（b）由式 11.4，微分散射截面为

$$D(\theta)=\frac{b}{\sin\theta}\left|\frac{\mathrm{d}b}{\mathrm{d}\theta}\right|=\frac{\frac{q_1q_2}{8\pi\varepsilon_0 E}\cot(\theta/2)}{2\sin(\theta/2)\cos(\theta/2)}\frac{q_1q_2}{8\pi\varepsilon_0 E}\left|\frac{\mathrm{d}\cot(\theta/2)}{\mathrm{d}\theta}\right|$$

$$=\left(\frac{q_1q_2}{8\pi\varepsilon_0 E}\right)^2\frac{1}{2\sin^2(\theta/2)}\left|-\frac{1}{2\sin^2(\theta/2)}\right|$$

$$= \left[\frac{q_1 q_2}{16\pi\varepsilon_0 E\sin^2(\theta/2)}\right]^2$$

(c) 总散射截面为

$$\sigma = \int D(\theta)\sin\theta d\theta d\phi = \left(\frac{q_1 q_2}{16\pi\varepsilon_0 E}\right)^2 2\pi\int_0^{\pi}\frac{\sin\theta}{\sin^4(\theta/2)}d\theta$$

这个积分并不收敛，因为当 θ 非常接近零时(或者 π 时) $\sin\theta\approx\theta$，$\sin(\theta/2)\approx\theta/2$

$$\int_0^{\varepsilon}\frac{\sin\theta}{\sin^4(\theta/2)}d\theta = 16\int_0^{\varepsilon}\frac{1}{\theta^3}d\theta = 8\left(\frac{-1}{\theta^2}\Big|_0^{\varepsilon}\right)\rightarrow\infty$$

习题 11.2 对一维和二维散射，构造与式 11.12 相对应的表达式。

解： 对于一维形式，由于散射波只能向前($\theta=0$ 透射波)或向后($\theta=\pi$ 反射波)传播，而且波幅不会衰减。因此(设散射中心位于 $z=0$)

$$\psi(z) = A\{e^{ikz} + f[(1-z/|z|)\pi/2]e^{-ikz}\}$$

其中，当 $z>0$ 时 $f[(1-z/|z|)\pi/2]=f(0)$，当 $z<0$ 时 $f[(1-z/|z|)\pi/2]=f(\pi)$ 分别对应向前和向后散射。

对于二维形式，以靶粒子为圆心建立极坐标(见图 11-2)，此时考虑到散射波概率密度对距离靶粒子 r 处的半径为 r 的圆积分有限，可仿照三维形式(式 11.12)写出其二维形式

$$\psi(r,\theta) = A\left\{e^{ikz} + f(\theta)\frac{e^{ikr}}{\sqrt{r}}\right\}，其中 \theta 为极角。$$

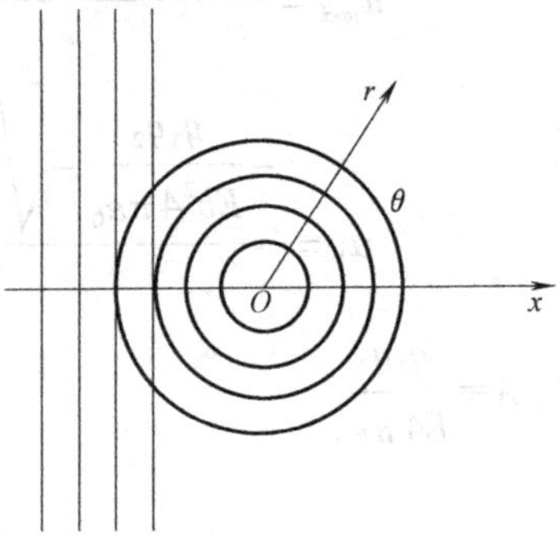

图 11-2

习题 11.3 试从式 11.32 证明式 11.33。提示：利用勒让德多项式的正交性证明具有不同 l 值的系数必定会分别为零。

证：

式 11.32 两边同时乘以 $P_{l'}(\cos\theta)$ 并对 θ 积分有

$$\sum_{l=0}^{\infty} i^l(2l+1)[j_l(kr) + ika_l h_l^{(1)}(kr)]\int_0^{\pi}P_l(\cos\theta)P_{l'}(\cos\theta)\sin\theta d\theta = 0$$

而积分

$$\int_0^{\pi}P_l(\cos\theta)P_{l'}(\cos\theta)\sin\theta d\theta = \frac{2\delta_{ll'}}{2l+1}$$

所以

$$\sum_{l=0}^{\infty} i^l(2l+1)[j_l(kr) + ika_l h_l^{(1)}(kr)]\frac{2\delta_{ll'}}{2l+1} = 0$$

$$i^l(2l+1)[j_l(kr) + ika_l h_l^{(1)}(kr)]\frac{2}{2l+1} = 0 \quad (l'\rightarrow l)\rightarrow$$

$$a_l = \frac{\mathrm{ij}_l(kr)}{k\mathrm{h}_l^{(1)}(kr)}$$

**** 习题 11.4** 考虑球形 δ 函数壳的低能散射

$$V(r) = \alpha\delta(r-a)$$

其中,α 和 a 是常数。计算散射振幅 $f(\theta)$、微分截面 $D(\theta)$ 以及总截面 σ。假定 $ka \ll 1$, 从而仅有 $l=0$ 项的贡献显著(为简单起见, 从一开始就舍去 $l \neq 0$ 的项)。当然, 主要问题就是确定 a_0。用无量纲量 $\beta = 2ma\alpha/\hbar^2$ 来表示答案。答案: $\sigma = 4\pi a^2\beta^2/(1+\beta)^2$。

解: 只考虑 S 波($l=0$)波, 由式 11.29, 在球壳外部区域,

$$\psi = A[\mathrm{j}_0(kr) + \mathrm{i}ka_0\mathrm{h}_0^{(1)}(kr)],\ \mathrm{P}_0(\cos\theta) = A\left[\frac{\sin(kr)}{kr} + \mathrm{i}ka_0\left(-\mathrm{i}\frac{\mathrm{e}^{\mathrm{i}kr}}{kr}\right)\right]$$

$$= A\left[\frac{\sin(kr)}{kr} + a_0\frac{\mathrm{e}^{\mathrm{i}kr}}{r}\right] \quad (r>a)$$

在内部区域, 由式 11.18

$$\psi = [B\mathrm{j}_0(kr) + Cn_0(kr)] = B\frac{\sin(kr)}{kr} \quad (r<a)$$

(因为 $r\to 0$, $n_0 \to \infty$, 所以必须有 $C=0$)。波函数在 $r=a$ 连续, 有

$$A\left[\frac{\sin(ka)}{ka} + a_0\frac{\mathrm{e}^{\mathrm{i}ka}}{a}\right] = B\frac{\sin(ka)}{ka}$$

在 $r=a$ 处, 波函数的导数有跃变(δ 函数势), 积分薛定谔方程($l=0$)

$$\lim_{\varepsilon\to 0}\int_{a-\varepsilon}^{a+\varepsilon}\left[\frac{\mathrm{d}^2u}{\mathrm{d}r^2} + k^2u - \frac{2m\alpha}{\hbar^2}\delta(r-a)u\right] = 0 \to$$

$$\lim_{\varepsilon\to 0}\frac{\mathrm{d}u}{\mathrm{d}r}\bigg|_{a-\varepsilon}^{a+\varepsilon} = \frac{2m\alpha}{\hbar^2}u(a) \to \Delta\left(\frac{\mathrm{d}u}{\mathrm{d}r}\right) = \frac{2m\alpha}{\hbar^2}u(a)$$

由于 $\psi = u(r)/r$, 所以

$$\frac{\mathrm{d}u}{\mathrm{d}r} = r\frac{\mathrm{d}\psi}{\mathrm{d}r} + \psi \to \Delta\left(\frac{\mathrm{d}u}{\mathrm{d}r}\right) = a\Delta\left(\frac{\mathrm{d}\psi}{\mathrm{d}r}\right)$$

所以

$$\Delta\left(\frac{\mathrm{d}\psi}{\mathrm{d}r}\right) = \frac{2m\alpha}{\hbar^2}au(a) = \frac{\beta}{a}\psi(a)$$

即

$$A\left[\frac{k\cos(ka)}{ka} - \frac{\sin(ka)}{ka^2} + a_0\frac{\mathrm{i}k\mathrm{e}^{\mathrm{i}ka}}{a} - a_0\frac{\mathrm{e}^{\mathrm{i}ka}}{a^2}\right] - B\left[\frac{k\cos(ka)}{ka} - \frac{\sin(ka)}{ka^2}\right] = \frac{\beta}{a}B\frac{\sin(ka)}{ka}$$

由波函数连续的公式, 上式化简为

$$A\left[\frac{k\cos(ka)}{ka} + a_0\frac{\mathrm{i}k\mathrm{e}^{\mathrm{i}ka}}{a}\right] - B\left[\frac{k\cos(ka)}{ka}\right] = \frac{\beta}{a}B\frac{\sin(ka)}{ka} \to$$

$$A[\cos(ka) + a_0\mathrm{i}k\mathrm{e}^{\mathrm{i}ka}] = B\sin(ka)\left[\cot(ka) + \frac{\beta}{ka}\right]$$

再次利用波函数连续的公式消去 B

$$A\left[\frac{\sin(ka)}{ka}+a_0\frac{e^{ika}}{a}\right]=B\frac{\sin(ka)}{ka}$$

$$A[\cos(ka)+a_0ike^{ika}]=A\left[\cot(ka)+\frac{\beta}{ka}\right][\sin(ka)+a_0ke^{ika}]\to$$

$$[\cos(ka)+a_0ike^{ika}]=\left[\cot(ka)+\frac{\beta}{ka}\right][\sin(ka)+a_0ke^{ika}]\to$$

$$[\cos(ka)+a_0ike^{ika}]=\left[\cos(ka)+\frac{\beta}{ka}\sin(ka)+a_0ke^{ika}\cot(ka)+\frac{\beta}{ka}a_0ke^{ika}\right]\to$$

$$a_0ike^{ika}=\left[\frac{\beta}{ka}\sin(ka)+a_0ke^{ika}\cot(ka)+\frac{\beta}{ka}a_0ke^{ika}\right]\to$$

$$ika_0e^{ika}\left[1+i\cot(ka)+i\frac{\beta}{ka}\right]=\frac{\beta}{ka}\sin(ka)$$

$ka\ll1\to\sin(ka)\approx ka$, $\cos(ka)\approx1$，上式为

$$ika_0(1+ika)\left(1+i\frac{1}{ka}+i\frac{\beta}{ka}\right)=\frac{\beta}{ka}ka\to ika_0(1+ika)\left(1+i\frac{1}{ka}+i\frac{\beta}{ka}\right)=\frac{\beta}{ka}ka\to$$

$$ika_0\left[1+\frac{i}{ka}(1+\beta)+ika-1-\beta\right]\approx ika_0\left[\frac{i}{ka}(1+\beta)\right]=\beta\to a_0=\frac{a\beta}{1+\beta}$$

由式 11.25

$$f(\theta)=\sum_{l=0}^{\infty}(2l+1)a_lP_l(\cos\theta)$$

所以只考虑 $l=0$ 分波时，散射振幅、微分散射截面和散射截面分别为

$$f(\theta)\approx a_0=-\frac{\beta a}{1+\beta},\quad D(\theta)=|f(\theta)|^2\approx\frac{\beta^2a^2}{(1+\beta)^2},\ \sigma=\int D(\theta)d\Omega=4\pi\frac{\beta^2a^2}{(1+\beta)^2}$$

习题 11.5 一个质量为 m，能量为 E 的粒子从左边入射到如下的势

$$V(x)=\begin{cases}0 & (x<-a)\\ -V_0 & (-a\leqslant x\leqslant0)\\ \infty & (x>0)\end{cases}$$

(a) 如果入射波是 Ae^{ikx}(其中 $k=\sqrt{2mE}/\hbar$)，求反射波。

答案：$Ae^{-2ika}\left[\frac{k-ik'\cot(k'a)}{k+ik'\cot(k'a)}\right]e^{-ikx}$，其中 $k'=\sqrt{2m(E+V_0)}/\hbar$。

(b) 证明反射波振幅与入射波相同。

(c) 对于一个很深的势阱($E\ll V_0$)，求相移 δ(式 11.40)。

答案：$\delta=-ka$。

解：(a)

如图 11-3 所示，将 $x\leqslant0$ 区域分为Ⅰ区和Ⅱ区，Ⅱ区中 $V(x)=-V_0(-a\leqslant x\leqslant0)$；Ⅰ区中 $V(x)=0(x\leqslant-a)$。定态薛定谔方程的解为

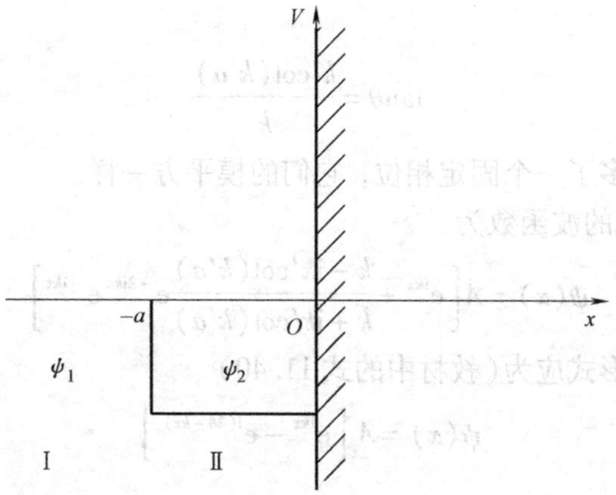

图　11-3

Ⅰ区：　$$\psi_1 = A\mathrm{e}^{\mathrm{i}kx} + B\mathrm{e}^{-\mathrm{i}kx} \quad \left(x < -a,\ k \equiv \frac{\sqrt{2mE}}{\hbar}\right)$$

其中，$A\mathrm{e}^{\mathrm{i}kx}$为入射波，$B\mathrm{e}^{-\mathrm{i}kx}$为反射波。

Ⅱ区：　$$\psi_2 = C\sin(k'x) + D\cos(k'x) \quad \left(-a < x < 0,\ k' \equiv \frac{\sqrt{2m(E+V_0)}}{\hbar}\right)$$

在 $x=0$ 处，$\psi=0$，因此 $D=0$

在 $x=-a$ 处，由 ψ 及其导数连续，有

$$A\mathrm{e}^{-\mathrm{i}ka} + B\mathrm{e}^{\mathrm{i}ka} = -C\sin(k'a)$$

$$\mathrm{i}k(A\mathrm{e}^{-\mathrm{i}ka} - B\mathrm{e}^{\mathrm{i}ka}) = k'C\cos(k'a)$$

两式相除，消去 C

$$\frac{\mathrm{i}k(A\mathrm{e}^{-\mathrm{i}ka} - B\mathrm{e}^{\mathrm{i}ka})}{A\mathrm{e}^{-\mathrm{i}ka} + B\mathrm{e}^{\mathrm{i}ka}} = -k'\cot(k'a)$$

解出 B 与 A 的关系

$$\mathrm{i}k(A\mathrm{e}^{-\mathrm{i}ka} - B\mathrm{e}^{\mathrm{i}ka}) = -k'\cot(k'a)(A\mathrm{e}^{-\mathrm{i}ka} + B\mathrm{e}^{\mathrm{i}ka}) \rightarrow$$

$$(k'\cot(k'a) - \mathrm{i}k)B\mathrm{e}^{\mathrm{i}ka} = -(k'\cot(k'a) + \mathrm{i}k)A\mathrm{e}^{-\mathrm{i}ka}$$

$$B = -\frac{(k'\cot(k'a) + \mathrm{i}k)}{(k'\cot(k'a) - \mathrm{i}k)}A\mathrm{e}^{-2\mathrm{i}ka} = A\mathrm{e}^{-2\mathrm{i}ka}\frac{(k - \mathrm{i}k'\cot(k'a))}{(k + \mathrm{i}k'\cot(k'a))}$$

故所求反射波为

$$B\mathrm{e}^{-\mathrm{i}kx} = A\frac{k - \mathrm{i}k'\cot(k'a)}{k + \mathrm{i}k'\cot(k'a)}\mathrm{e}^{-2\mathrm{i}ka}\mathrm{e}^{-\mathrm{i}kx}$$

(b)

$$|B|^2 = |A|^2\left|\mathrm{e}^{-2\mathrm{i}ka}\frac{(k - \mathrm{i}k'\cot(k'a))}{(k + \mathrm{i}k'\cot(k'a))}\right|^2 = |A|^2$$

或者

$$B = A\frac{k - \mathrm{i}k'\cot(k'a)}{k + \mathrm{i}k'\cot(k'a)}\mathrm{e}^{-2\mathrm{i}ka} = A\mathrm{e}^{-2\mathrm{i}ka}\mathrm{e}^{-2\mathrm{i}\theta}$$

其中

$$\tan\theta = \frac{k'\cot(k'a)}{k}$$

反射波与入射波相比只多了一个固定相位，它们的模平方一样。

(c) 在 $x < -a$ 区域的波函数为

$$\psi(x) = A\left[e^{ikx} + \frac{k - ik'\cot(k'a)}{k + ik'\cot(k'a)}e^{-2ika}e^{-ikx}\right]$$

但是这个区域的波函数形式应为(教材中的式 11.40)

$$\psi(x) = A\left[e^{ikx} - e^{i(2\delta - kx)}\right]$$

所以

$$\frac{k - ik'\cot(k'a)}{k + ik'\cot(k'a)}e^{-2ika} = -e^{2i\delta}$$

$E \ll V_0 \rightarrow k \ll k'$，所以

$$\frac{-ik'\cot(k'a)}{ik'\cot(k'a)}e^{-2ika} = -e^{-2ika} = -e^{2i\delta} \rightarrow \delta = -ka$$

习题 11.6 对于硬球散射(教材中的例题 11.3)，给出分波相移(δ_l)。

解：对于硬球散射，分波振幅为(式 11.33)

$$a_l = \frac{ij_l(ka)}{kh_l^{(1)}(ka)} = \frac{ij_l(ka)}{k[j_l(ka) + in_l(ka)]}$$

而由式 11.46

$$a_l = \frac{1}{2ik}(e^{2i\delta_l} - 1) = \frac{1}{k}e^{i\delta}\sin\delta_l$$

比较可得

$$e^{i\delta}\sin\delta_l = \frac{ij_l(ka)}{[j_l(ka) + in_l(ka)]} = i\frac{1}{(1 + in_l/j_l)}$$

$$= i\frac{(1 - in_l/j_l)}{1 + (n_l/j_l)^2} = \frac{(n_l/j_l) + i}{1 + (n_l/j_l)^2}$$

等式两边的实部和虚部应分别相等

$$\cos\delta_l\sin\delta_l = \frac{(n_l/j_l)}{1 + (n_l/j_l)^2}, \quad \sin^2\delta_l = \frac{1}{1 + (n_l/j_l)^2}$$

两式相除得到

$$\tan\delta_l = \frac{1}{(n_l/j_l)}, \rightarrow \delta_l = \arctan\left(\frac{j_l(ka)}{n_l(ka)}\right)$$

习题 11.7 对于 δ 函数球壳势散射(习题 11.4)，求 S 波($l=0$)分波相移 $\delta_0(k)$。假定当 $r\rightarrow\infty$ 时，径向波函数 $u(r)$ 趋于 0。答案：$-\operatorname{arccot}\left[\cot(ka) + \frac{ka}{\beta\sin^2(ka)}\right]$，其中 $\beta = \frac{2m\alpha a}{\hbar^2}$。

解：在 $r<a$ 区域，势能为零，S 波($l=0$)的径向波函数 $u(r)=rR(r)$ 满足方程

$$\frac{d^2u}{dr^2}+k^2u=0 \quad \left(r<a,\ k=\frac{\sqrt{2mE}}{\hbar}\right)$$

方程解为

$$u(r)=A\sin(kr+\delta_0')$$

$R(r)=\dfrac{u(r)}{r}$ 在 $r\to 0$ 有限，$\delta_0'=0$，所以

$$u(r)=A\sin(kr) \quad (r<a)$$

在 $r>a$，区域势能也为零，径向波函数 $u(r)$ 为

$$u(r)=C\sin(kr+\delta_0) \quad (r>a)$$

由波函数在 $r=a$ 连续，得到

$$C[\sin(ka+\delta_0)]=A\sin(ka)$$

及导数跃变条件(δ 函数产生的跃变)

$$\left.\frac{du}{dr}\right|_{a+0^+}-\left.\frac{du}{dr}\right|_{a+0^-}=\frac{2m\alpha}{\hbar^2}u(a)$$

得到

$$Ck\cos(ka+\delta_0)-Ak\cos(ka)=\frac{2m\alpha}{\hbar^2}A\sin(ka)\to$$

$$C\cos(ka+\delta_0)=A\left[\cos(ka)+\frac{2m\alpha}{\hbar^2 k}\sin(ka)\right]$$

此式除以前一式

$$\cot(ka+\delta_0)=\cot(ka)+\frac{2m\alpha}{\hbar^2 k}$$

$$\frac{\cos\delta_0\cos(ka)-\sin\delta_0\sin(ka)}{\sin\delta_0\cos(ka)+\sin(ka)\cos\delta_0}=\frac{\cos(ka)}{\sin(ka)}+\frac{\beta}{ka} \quad \left(\beta=\frac{2m\alpha a}{\hbar^2}\right)\to$$

$$\cos\delta_0\cos(ka)-\sin\delta_0\sin(ka)=(\sin\delta_0\cos(ka)+\sin(ka)\cos\delta_0)\left(\frac{\cos(ka)}{\sin(ka)}+\frac{\beta}{ka}\right)\to$$

$$\cos\delta_0\sin(ka)\frac{\beta}{ka}=-\sin\delta_0\sin(ka)-\sin\delta_0\cos(ka)\left(\frac{\cos(ka)}{\sin(ka)}+\frac{\beta}{ka}\right)\to$$

$$\cos\delta_0\sin(ka)\frac{\beta}{ka}=-\sin\delta_0\left(\sin(ka)+\frac{\cos^2(ka)}{\sin(ka)}+\cos(ka)\frac{\beta}{ka}\right)\to$$

$$\cos\delta_0\sin(ka)\frac{\beta}{ka}=-\sin\delta_0\left(\frac{1}{\sin(ka)}+\cos(ka)\frac{\beta}{ka}\right)\to$$

$$\cot\delta_0=-\left(\cot(ka)+\frac{ka}{\beta\sin^2(ka)}\right)$$

所以

$$\delta_0=\operatorname{arccot}\left(-\cot(ka)-\frac{ka}{\beta\sin^2(ka)}\right)$$

当 $ka \ll 1$ 时(δ_0 不一定很小)，取近似 $\sin(ka) \approx ka$，$\cos(ka) \approx 1$，有

$$\frac{\cos\delta_0 - ka\sin\delta_0}{\sin\delta_0 + ka\cos\delta_0} \approx \frac{1}{ka} + \frac{\beta}{ka} = \frac{1+\beta}{ka}$$

$$ka(\cos\delta_0 - ka\sin\delta_0) = (1+\beta)(\sin\delta_0 + ka\cos\delta_0) \rightarrow$$

$$-(ka)^2\sin\delta_0 = (1+\beta)\sin\delta_0 + \beta ka\cos\delta_0 \rightarrow$$

$$[1+\beta+(ka)^2]\sin\delta_0 = \beta ka\cos\delta_0 \rightarrow$$

$$[1+\beta+(ka)^2]^2\sin^2\delta_0 = (\beta ka)^2(1-\sin^2\delta_0) \rightarrow$$

$$\sin^2\delta_0 = \frac{(\beta ka)^2}{[1+\beta+(ka)^2+(\beta ka)^2]^2} \approx \frac{(\beta ka)^2}{(1+\beta)^2}$$

所以

$$D(\theta) = |f(\theta)|^2 = \frac{1}{k^2}\sin^2\delta_0 \approx \left(\frac{\beta a}{1+\beta}\right)^2$$

这与习题 11.4 中结果一样。

习题 11.8 用直接代入法验证 $G(\boldsymbol{r}) = -\dfrac{e^{ikr}}{4\pi r}$ 满足方程 $(\nabla^2 + k^2)G(\boldsymbol{r}) = \delta^3(\boldsymbol{r})$。提示：$\nabla^2(1/r) = -4\pi\delta^3(\boldsymbol{r})$。

解： $\nabla G(\boldsymbol{r}) = \nabla\left(-\dfrac{e^{ikr}}{4\pi r}\right) = \left[-\dfrac{ik}{r}\nabla r - \nabla\left(\dfrac{1}{r}\right)\right]\dfrac{e^{ikr}}{4\pi}$

$$\nabla\cdot\nabla G(\boldsymbol{r}) = \left[-ik\,\nabla\left(\frac{1}{r}\right)\nabla r - ik\frac{1}{r}\nabla^2 r - \nabla^2\left(\frac{1}{r}\right)\right]\frac{e^{ikr}}{4\pi} + \left[-\frac{ik}{r}\nabla r - \nabla\left(\frac{1}{r}\right)\right]ik\,\nabla r\,\frac{e^{ikr}}{4\pi}$$

$$= \left[-2ik\,\nabla\left(\frac{1}{r}\right)\nabla r - ik\frac{1}{r}\nabla^2 r + k^2\frac{1}{r}(\nabla r)^2 - \nabla^2\left(\frac{1}{r}\right)\right]\frac{e^{ikr}}{4\pi}$$

在上式中代入

$$\nabla r = \frac{\boldsymbol{r}}{r},\quad \nabla\left(\frac{1}{r}\right) = -\frac{\boldsymbol{r}}{r^3},\quad \nabla^2(r) = \frac{2}{r},\quad \nabla^2(1/r) = -4\pi\delta^3(\boldsymbol{r})$$

得

$$\nabla\cdot\nabla G(\boldsymbol{r}) = \left[2ik\frac{1}{r^2} - ik\frac{2}{r^2} + k^2\frac{1}{r} + 4\pi\delta^3(\boldsymbol{r})\right]\frac{e^{ikr}}{4\pi}$$

$$= \left[k^2\frac{1}{r} + 4\pi\delta^3(\boldsymbol{r})\right]\frac{e^{ikr}}{4\pi} = -k^2G(\boldsymbol{r}) + e^{ikr}\delta^3(\boldsymbol{r})$$

所以

$$(\nabla^2 + k^2)G(\boldsymbol{r}) = e^{ikr}\delta^3(\boldsymbol{r})$$

而 $e^{ikr}\delta^3(\boldsymbol{r})$ 等同于 $\delta^3(\boldsymbol{r})$，因为对于任何函数 $f(x)$ 有

$$\int_{-\varepsilon}^{\varepsilon} f(x)e^{ikr}\delta^3(\boldsymbol{r})\,d^3\boldsymbol{r} = f(0)$$

所以

$$(\nabla^2+k^2)G(\boldsymbol{r})=\delta^3(\boldsymbol{r})$$

** **习题 11.9**　证明：对于适当的 V 和 E，氢原子基态（式 4.80）满足积分形式薛定谔方程（注意 E 为负值，所以 $k=\mathrm{i}\kappa$，其中 $\kappa=\sqrt{-2mE/\hbar}$）。

解： 氢原子基态波函数是

$$\psi(r)=\frac{1}{\sqrt{\pi a^3}}\mathrm{e}^{-\frac{r}{a}}\quad\left(a=\frac{4\pi\varepsilon_0\hbar^2}{me^2}\text{为玻尔半径}\right)$$

相应势场是

$$V(r)=-\frac{1}{4\pi\varepsilon_0}\frac{\mathrm{e}^2}{r}=-\frac{\hbar^2}{ma}\frac{1}{r}$$

在氢原子的情况下没有入射波函数，因而 $\psi_0(\boldsymbol{r})=0$。于是我们要证明的是下面的式子

$$-\frac{m}{2\pi\hbar^2}\int\frac{\mathrm{e}^{\mathrm{i}k|\boldsymbol{r}-\boldsymbol{r}_0|}}{|\boldsymbol{r}-\boldsymbol{r}_0|}V(\boldsymbol{r}_0)\psi(\boldsymbol{r}_0)\mathrm{d}^3\boldsymbol{r}_0=\psi(\boldsymbol{r})$$

我们可以通过化简左边部分来证明它等于右边部分。代入波函数和势能，

$$\text{左边}=-\frac{m}{2\pi\hbar^2}\left(-\frac{\hbar^2}{ma}\right)\frac{1}{\sqrt{\pi a^3}}\int\frac{\mathrm{e}^{-|r-r_0|/a}}{|r-r_0|}\frac{1}{r_0}\mathrm{e}^{-r_0/a}\mathrm{d}^3\boldsymbol{r}_0$$

$$=\frac{1}{2\pi a}\frac{1}{\sqrt{\pi a^3}}\int\frac{\mathrm{e}^{-\sqrt{r^2+r_0^2-2rr_0\cos\theta}/a}}{\sqrt{r^2+r_0^2-2rr_0\cos\theta}}\frac{1}{r_0}\mathrm{e}^{-r_0/a}r_0^2 2\pi\sin\theta\mathrm{d}\theta\mathrm{d}r_0$$

$$=\frac{1}{a\sqrt{\pi a^3}}\int_0^{+\infty}\mathrm{d}r_0\mathrm{e}^{-r_0/a}r_0\int_0^{\pi}\frac{\mathrm{e}^{-\sqrt{r^2+r_0^2-2rr_0\cos\theta}/a}}{\sqrt{r^2+r_0^2-2rr_0\cos\theta}}\sin\theta\mathrm{d}\theta$$

$$=\frac{1}{a\sqrt{\pi a^3}}\int\mathrm{e}^{-\frac{r_0}{a}}r_0\mathrm{d}r_0\left(-\frac{a}{rr_0}\right)\left(\mathrm{e}^{-\sqrt{r^2+r_0^2-2rr_0\cos\theta}/a}\Big|_0^{\pi}\right)$$

$$=-\frac{1}{r\sqrt{\pi a^3}}\int_0^{+\infty}\mathrm{d}r_0\mathrm{e}^{-r_0/a}\left(\mathrm{e}^{-(r+r_0)/a}-\mathrm{e}^{-|r-r_0|/a}\right)$$

$$=-\frac{1}{r}\frac{1}{\sqrt{\pi a^3}}\left(\mathrm{e}^{-r/a}\int_0^{+\infty}\mathrm{e}^{-2r_0/a}\mathrm{d}r_0-\mathrm{e}^{-r/a}\int_0^{r}\mathrm{d}r_0-\mathrm{e}^{r/a}\int_r^{+\infty}\mathrm{e}^{-2r_0/a}\mathrm{d}r_0\right)$$

$$=-\frac{1}{r}\frac{1}{\sqrt{\pi a^3}}\left(\frac{a}{2}\mathrm{e}^{-r/a}-r\mathrm{e}^{-r/a}-\frac{a}{2}\mathrm{e}^{r/a}\mathrm{e}^{-2r/a}\right)=\frac{1}{\sqrt{\pi a^3}}\mathrm{e}^{-r/a}$$

右边正是氢原子基态波函数，所以基态波函数（$\mathrm{e}^{-r/a}/\sqrt{\pi a^3}$）满足薛定谔方程的积分形式。

* **习题 11.10**　对于任意能量的软球散射，求出其玻恩近似下的散射振幅。证明所得结果在低能情况下变为式 11.82，即

$$f(\theta,\varphi)\cong-\frac{m}{2\pi\hbar^2}V_0\left(\frac{4}{3}\pi a^3\right)$$

解: 在玻恩近似下，散射振幅的表达式(式 11.79)为

$$f(\theta,\phi) = -\frac{m}{2\pi\hbar^2}\int e^{i(\boldsymbol{k}'-\boldsymbol{k})\cdot\boldsymbol{r}_0}V(\boldsymbol{r}_0)\,d^3\boldsymbol{r}_0$$

令 $\boldsymbol{\kappa}=\boldsymbol{k}'-\boldsymbol{k}$, 并让极轴方向($z_0$)沿 $\boldsymbol{\kappa}$ 方向，所以

$$(\boldsymbol{k}'-\boldsymbol{k})\cdot\boldsymbol{r}_0=\boldsymbol{\kappa}\cdot\boldsymbol{r}_0=\kappa r\cos\theta_0$$

其中 θ_0 是 $\boldsymbol{\kappa}$ 与 $\boldsymbol{r}_0$ 的夹角，所以

$$f(\theta,\phi) = -\frac{m}{2\pi\hbar^2}\int e^{i\kappa r_0\cos\theta_0}V(r_0)\,r_0^2\sin\theta_0\,dr_0\,d\theta_0\,d\phi_0$$

对软球势

$$V(r)=\begin{cases}V_0 & (r\leqslant a)\\ 0 & (r>a)\end{cases}$$

对 θ_0 和 ϕ_0 进行积分得到

$$\begin{aligned}
f(\theta,\phi) &= -\frac{mV_0}{2\pi\hbar^2}\int_0^a r_0^2dr_0\int_0^\pi e^{i\kappa r_0\cos\theta_0}\sin\theta_0\,d\theta_0\int_0^{2\pi}d\phi_0\\
&= -\frac{mV_0}{\hbar^2}\int_0^a r_0^2dr_0\left[\frac{1}{i\kappa r_0}e^{i\kappa r_0\cos\theta_0}\Big|_0^\pi\right] = -\frac{mV_0}{\hbar^2}\int_0^a r_0^2dr_0\left[\frac{e^{-i\kappa r_0}-e^{i\kappa r_0}}{i\kappa r_0}\right]\\
&= -\frac{2mV_0}{\kappa\hbar^2}\int_0^a r_0\sin(\kappa r_0)\,dr_0 = -\frac{2mV_0}{\kappa\hbar^2}\left[\frac{1}{\kappa^2}\sin(\kappa r_0)-\frac{r_0}{\kappa}\cos(\kappa r_0)\right]\Big|_0^a\\
&= -\frac{2mV_0}{\kappa\hbar^2}\left[\frac{1}{\kappa^2}\sin(\kappa a)-\frac{a}{\kappa}\cos(\kappa a)\right]\\
&= -\frac{2mV_0}{\kappa^3\hbar^2}[\sin(\kappa a)-\kappa a\cos(\kappa a)]
\end{aligned}$$

由 $\kappa=2k\sin(\theta/2)$, $ka\ll1\rightarrow\kappa a\ll1$, 所以

$$\begin{aligned}
f(\theta,\phi) &= -\frac{2mV_0}{\kappa^3\hbar^2}[\sin(\kappa a)-\kappa a\cos(\kappa a)]\\
&\approx -\frac{2mV_0}{\kappa^3\hbar^2}\left\{\left[\kappa a-\frac{1}{3!}(\kappa a)^3\right]-\kappa a\left[1-\frac{1}{2}(\kappa a)^2\right]\right\}\\
&= -\frac{2mV_0}{\kappa^3\hbar^2}\frac{1}{3}(\kappa a)^3 = -\frac{2mV_0a^3}{3\hbar^2}
\end{aligned}$$

这和式 11.82 的结果一样。

习题 11.11 计算式 11.91 中的积分，验证右边的表达式，即证明

$$-\frac{2m\beta}{\hbar^2\kappa}\int_0^{+\infty}e^{-\mu r}\sin(\kappa r)\,dr = -\frac{2m\beta}{\hbar^2(\mu^2+\kappa^2)}$$

证: 将

$$\sin kr=\frac{e^{ikr}-e^{-ikr}}{2i}$$

代入，有

$$-\frac{2m\beta}{\hbar^2\kappa}\int_0^{+\infty}\mathrm{e}^{-\mu r}\left(\frac{\mathrm{e}^{\mathrm{i}\kappa r}-\mathrm{e}^{-\mathrm{i}\kappa r}}{2\mathrm{i}}\right)\mathrm{d}r=-\frac{2m\beta}{\hbar^2\kappa}\frac{1}{2\mathrm{i}}\int_0^{+\infty}(\mathrm{e}^{(-\mu+\mathrm{i}\kappa)r}-\mathrm{e}^{(-\mu-\mathrm{i}\kappa)r})\mathrm{d}r$$

$$=-\frac{2m\beta}{\hbar^2\kappa}\frac{1}{2\mathrm{i}}\left(\frac{\mathrm{e}^{(-\mu+\mathrm{i}\kappa)r}}{-\mu+\mathrm{i}\kappa}-\frac{\mathrm{e}^{(-\mu-\mathrm{i}\kappa)r}}{-\mu-\mathrm{i}\kappa}\right)\Bigg|_0^{+\infty}$$

$$=-\frac{2m\beta}{\hbar^2\kappa}\frac{1}{2\mathrm{i}}\left(\frac{1}{-\mu-\mathrm{i}\kappa}-\frac{1}{-\mu+\mathrm{i}\kappa}\right)$$

$$=-\frac{2m\beta}{\hbar^2(\mu^2+\kappa^2)}$$

**** 习题 11.12** 在玻恩近似下，计算汤川势散射的总截面，并将结果表示为 E 的函数。

解：上一题的结果即汤川势的散射振幅，汤川势的微分散射截面为散射振幅的模平方

$$D(\theta)=|f(\theta)|^2=\left(\frac{2m\beta}{\hbar^2}\right)^2\frac{1}{(\mu^2+\kappa^2)^2}$$

总散射截面

$$\sigma=\int D(\theta)\mathrm{d}\Omega=\left(\frac{2m\beta}{\hbar^2}\right)^2\int_0^{\pi}\int_0^{2\pi}\frac{1}{(\mu^2+\kappa^2)^2}\sin\theta\mathrm{d}\theta\mathrm{d}\phi$$

$$=\left(\frac{2m\beta}{\hbar^2}\right)^2 2\pi\int_0^{\pi}\frac{1}{(\mu^2+\kappa^2)^2}\sin\theta\mathrm{d}\theta$$

这里要注意其中 κ 是隐含角度 θ 的，因为 $\kappa=2k\sin(\theta/2)$。忽略常数系数，关键是要算下面这个积分

$$\int_0^{\pi}\frac{1}{[\mu^2+4k^2\sin^2(\theta/2)]^2}\sin\theta\mathrm{d}\theta$$

利用 $\sin\theta=2\sin(\theta/2)\cos(\theta/2)$，并作变量代换 $t=4k^2\sin(\theta/2)^2$

$\mathrm{d}t=4k^2\sin(\theta/2)\cos(\theta/2)\mathrm{d}\theta=2k^2\sin\theta\mathrm{d}\theta$，$t\in[0,4k^2]$，得

$$\frac{1}{2k^2}\int_0^{4k^2}\frac{1}{(\mu^2+t)^2}\mathrm{d}t=\frac{1}{2k^2}\left(-\frac{1}{\mu^2+t}\right)\Bigg|_0^{4k^2}=\frac{2}{\mu^2(\mu^2+4k^2)}$$

所以

$$\sigma=2\pi\left(\frac{2m\beta}{\hbar^2}\right)^2\frac{2}{\mu^2(\mu^2+4k^2)}=\pi\left(\frac{4m\beta}{\mu\hbar^2}\right)^2\frac{1}{(\mu^2+4k^2)}$$

代入

$$k^2=\frac{2mE}{\hbar^2}$$

$$\sigma=\pi\left(\frac{4m\beta}{\mu\hbar}\right)^2\frac{1}{(\hbar^2\mu^2+8mE)}$$

*** 习题 11.13** 对于习题 11.4 中的势，

(a) 在低能玻恩近似下，计算 $f(\theta)$，$D(\theta)$ 和 σ。

(b) 利用玻恩近似，计算任意能量情况下的$f(\theta)$。

(c) 证明所得结果在适当的范围与习题 11.4 的答案一致。

解：(a) 习题 11.4 中的势是 δ 函数球壳势，$V(r)=\alpha\delta(r-a)$。利用低能玻恩近似公式很容易得到$f(\theta)$和$D(\theta)$如下

$$f(\theta) = -\frac{m}{2\pi\hbar^2}\int_0^{+\infty} V(r)4\pi r^2 \mathrm{d}r$$

$$= -\frac{2m}{\hbar^2}\int_0^{+\infty}\alpha\delta(r-a)r^2\mathrm{d}r = -\frac{2m\alpha a^2}{\hbar^2}$$

$$D(\theta) = |f(\theta)|^2 = \left(\frac{2m\alpha a^2}{\hbar^2}\right)^2$$

由于$D(\theta)$与角度无关，所以总散射截面就很简单，为

$$\sigma = 4\pi D(\theta) = \pi\left(\frac{4m\alpha a^2}{\hbar^2}\right)^2$$

(b) 由于势是球对称的，直接套用球对称情形下的玻恩近似公式，有

$$f(\theta) \cong -\frac{2m}{\hbar^2\kappa}\int_0^{+\infty}\alpha\delta(r-a)r\sin(\kappa r)\mathrm{d}r = -\frac{2m\alpha}{\hbar^2\kappa}a\sin(\kappa a)$$

其中

$$\kappa = 2k\sin(\theta/2)$$

(c) 注意到习题 11.4 中考虑的是低能情况， $ka \ll 1$，而 $\kappa = 2k\sin(\theta/2)$，所以 $\kappa a \ll 1$ 也成立。在这种低能情况下，(b)中的$f(\theta)\approx -\frac{2m\alpha a^2}{\hbar^2}$，引入$\beta = \frac{2m\alpha a}{\hbar^2}$,则$f(\theta)\approx -a\beta$。而习题 11.4 中得到的是$f(\theta) = -\frac{a\beta}{1+\beta}$。如果$\beta \ll 1$，那么两题的结果是一致的。因为$\beta = f/a \ll 1$是散射波振幅相对于散射区域的比例，所以$\beta \ll 1$是一个合理的条件。

习题 11.14 用冲量近似计算卢瑟福散射的θ(作为碰撞参量的函数)，并证明在适当的极限下所得结果与精确表达式(习题 11.1(a))相一致。

解：冲量近似假设了粒子在整个散射过程始终沿着入射时的那条直线以恒定的初始速度运动，然后考虑在这种情况下垂直于运动方向的动量转移作为实际情况的近似。如图 11-4 所示。

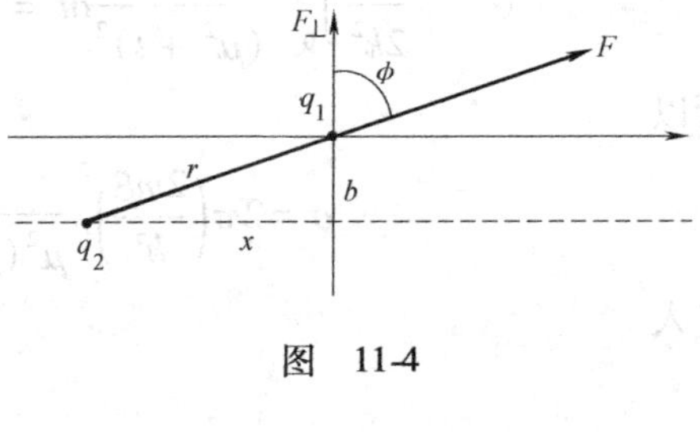

图 11-4

$$F_\perp = \frac{1}{4\pi\varepsilon_0}\frac{q_1q_2}{r^2}\cos\phi,\quad \cos\phi = \frac{b}{r},\ r=\sqrt{x^2+b^2}$$

垂直方向上的冲量为

$$I_\perp = \int F_\perp\ \mathrm{d}t = \int_{-\infty}^{+\infty}\frac{F_\perp}{v}\mathrm{d}x = \int_{-\infty}^{+\infty}\frac{1}{4\pi\varepsilon_0 v}\frac{q_1q_2}{r^2}\frac{b}{r}\mathrm{d}x = \frac{bq_1q_2}{4\pi\varepsilon_0 v}\int_{-\infty}^{+\infty}\frac{1}{(x^2+b^2)^{3/2}}\mathrm{d}x$$

利用变量代换 $x = b\tan\alpha$, $\mathrm{d}x = (b/\cos^2\alpha)\mathrm{d}\alpha$，上式的积分部分为

$$\int_{-\infty}^{+\infty}\frac{1}{(x^2+b^2)^{\frac{3}{2}}}\mathrm{d}x=\int_{-\frac{\pi}{2}}^{\frac{\pi}{2}}\frac{\cos\alpha}{b^2}\mathrm{d}\alpha=\frac{2}{b^2}$$

所以

$$I_{\perp}=\frac{1}{4\pi\varepsilon_0}\frac{2q_1q_2}{bv}$$

散射角为

$$\theta\cong\arctan(I/p)=\arctan\left(\frac{1}{4\pi\varepsilon_0}\frac{2q_1q_2}{bmv^2}\right)=\arctan\left(\frac{1}{4\pi\varepsilon_0}\frac{q_1q_2}{bE}\right)$$

因此

$$b=\frac{q_1q_2}{4\pi\varepsilon_0E\tan\theta}$$

假设散射角很小，则

$$\tan\theta\approx\theta=2\frac{\theta}{2}\approx2\tan\left(\frac{\theta}{2}\right)$$

这时 b 又可以写成

$$b=\frac{q_1q_2}{8\pi\varepsilon_0E\tan(\theta/2)}=\frac{q_1q_2}{8\pi\varepsilon_0E}\cot\left(\frac{\theta}{2}\right)$$

这与习题 11.1(a)中的精确表达式是一致的。

*** **习题 11.15**　在二阶玻恩近似下，计算低能软球散射的散射振幅。

解：根据二阶近似公式(式 11.101)有

$$\psi=\psi_0(\boldsymbol{r})+\int g(\boldsymbol{r}-\boldsymbol{r}_0)V(\boldsymbol{r}_0)\psi(\boldsymbol{r}_0)+\int g(\boldsymbol{r}-\boldsymbol{r}_0)V(\boldsymbol{r}_0)\left[\int g(\boldsymbol{r}_0-\boldsymbol{r}_1)V(\boldsymbol{r}_1)\psi_0(\boldsymbol{r}_1)\mathrm{d}^3\boldsymbol{r}_1\right]\mathrm{d}^3\boldsymbol{r}_0$$

代入入射波和格林函数(式 11.98)

$$\psi_0(\boldsymbol{r})=A\mathrm{e}^{ikz},\quad g(\boldsymbol{r})=-\frac{m}{2\pi\hbar^2}\frac{\mathrm{e}^{ikr}}{r}$$

$$\psi(r)=A\mathrm{e}^{ikz}-\frac{mA}{2\pi\hbar^2}\int\frac{\mathrm{e}^{ik|\boldsymbol{r}-\boldsymbol{r}_0|}}{|\boldsymbol{r}-\boldsymbol{r}_0|}V(\boldsymbol{r}_0)\mathrm{e}^{ikz_0}\mathrm{d}^3\boldsymbol{r}_0+$$
$$A\left(\frac{m}{2\pi\hbar^2}\right)^2\int\frac{\mathrm{e}^{ik|\boldsymbol{r}-\boldsymbol{r}_0|}}{|\boldsymbol{r}-\boldsymbol{r}_0|}V(\boldsymbol{r}_0)\left[\int\frac{\mathrm{e}^{ik|\boldsymbol{r}_0-\boldsymbol{r}_1|}}{|\boldsymbol{r}_0-\boldsymbol{r}_1|}V(\boldsymbol{r}_1)\mathrm{e}^{ikz_1}\mathrm{d}^3\boldsymbol{r}_1\right]\mathrm{d}^3\boldsymbol{r}_0$$

在散射区域 $r\gg r_0$，所以近似有 $k|\boldsymbol{r}-\boldsymbol{r}_0|\approx kr-\boldsymbol{k}\cdot\boldsymbol{r}_0$，$\dfrac{\mathrm{e}^{ik|\boldsymbol{r}-\boldsymbol{r}_0|}}{|\boldsymbol{r}-\boldsymbol{r}_0|}\approx\dfrac{\mathrm{e}^{ikr}}{r}\mathrm{e}^{-i\boldsymbol{k}\cdot\boldsymbol{r}_0}$，其中 $\boldsymbol{k}=k\hat{r}$。

在这样的近似下

$$\psi(\boldsymbol{r})=A\left\{\mathrm{e}^{ikz}-\frac{m}{2\pi\hbar^2}\frac{\mathrm{e}^{ikr}}{r}\int\mathrm{e}^{-i\boldsymbol{k}\cdot\boldsymbol{r}_0}V(\boldsymbol{r}_0)\mathrm{e}^{ikz_0}\mathrm{d}^3\boldsymbol{r}_0+\right.$$
$$\left.\left(\frac{m}{2\pi\hbar^2}\right)^2\frac{\mathrm{e}^{ikr}}{r}\int\mathrm{e}^{-i\boldsymbol{k}\cdot\boldsymbol{r}_0}V(\boldsymbol{r}_0)\left[\int\frac{\mathrm{e}^{ik|\boldsymbol{r}_1-\boldsymbol{r}_0|}}{|\boldsymbol{r}_1-\boldsymbol{r}_0|}V(\boldsymbol{r}_1)\mathrm{e}^{ikz_1}\mathrm{d}^3\boldsymbol{r}_1\right]\mathrm{d}^3\boldsymbol{r}_0\right\}$$

散射振幅是$\frac{e^{ikr}}{r}$前的系数，即

$$f(\theta,\phi)=-\frac{m}{2\pi\hbar^2}\int e^{-i\boldsymbol{k}\cdot\boldsymbol{r}_0}V(\boldsymbol{r}_0)e^{ikz_0}d^3\boldsymbol{r}_0+\left(\frac{m}{2\pi\hbar^2}\right)^2\int e^{-i\boldsymbol{k}\cdot\boldsymbol{r}_0}V(\boldsymbol{r}_0)\left[\int\frac{e^{ik|\boldsymbol{r}_0-\boldsymbol{r}_1|}}{|\boldsymbol{r}_0-\boldsymbol{r}_1|}V(\boldsymbol{r}_1)e^{ikz_1}d^3\boldsymbol{r}_1\right]d^3\boldsymbol{r}_0$$

接下来还要考虑另一个近似，即低能散射近似。根据这个近似，指数部分都可认为近似为1，所以

$$f(\theta,\phi)\approx-\frac{m}{2\pi\hbar^2}\int V(\boldsymbol{r}_0)d^3\boldsymbol{r}_0+\left(\frac{m}{2\pi\hbar^2}\right)^2\int V(\boldsymbol{r}_0)\left[\int\frac{1}{|\boldsymbol{r}_0-\boldsymbol{r}_1|}V(\boldsymbol{r}_1)d^3\boldsymbol{r}_1\right]d^3\boldsymbol{r}_0$$

对软球势

$$V(r)=\begin{cases}V_0 & (r\leqslant a)\\ 0 & (r>a)\end{cases}$$

先处理

$$\int\frac{1}{|\boldsymbol{r}_0-\boldsymbol{r}_1|}V(\boldsymbol{r}_1)d^3\boldsymbol{r}_1=V_0\int_0^a\int_0^\pi\int_0^{2\pi}\frac{1}{|\boldsymbol{r}_0-\boldsymbol{r}_1|}r_1^2dr_1\sin\theta_1d\theta_1d\phi_1$$

设z_1沿$\boldsymbol{r}_0$方向，所以$|\boldsymbol{r}_0-\boldsymbol{r}_1|=\sqrt{r_0^2+r_1^2-2r_0r_1\cos\theta_1}$

$$\begin{aligned}&\int\frac{1}{\sqrt{r_0^2+r_1^2-2r_0r_1\cos\theta}}V(\boldsymbol{r}_1)r_1^2dr_1d\Omega_1\\&=2\pi V_0\int_0^a r_1^2dr_1\int_0^\pi\frac{1}{\sqrt{r_0^2+r_1^2-2r_0r_1\cos\theta_1}}\sin\theta_1d\theta_1\\&=2\pi V_0\int_0^a r_1^2dr_1\left[\frac{1}{r_0r_1}\sqrt{r_0^2+r_1^2-2r_0r_1\cos\theta_1}\Big|_0^\pi\right]\\&=\frac{2\pi V_0}{r_0}\int_0^a r_1[(r_0+r_1)-|r_0-r_1|]dr_1\end{aligned}$$

当$r_1<r_0$时，$(r_0+r_1)-|r_0-r_1|=2r_1$；当$r_1>r_0$时，$(r_0+r_1)-|r_0-r_1|=2r_0$
由于$r_0\ll a$，所以上式

$$\int\frac{1}{|\boldsymbol{r}_0-\boldsymbol{r}_1|}V(\boldsymbol{r}_1)d^3\boldsymbol{r}_1=\frac{2\pi V_0}{r_0}\left(\int_0^{r_0}2r_1^2dr_1+r_0\int_{r_0}^a 2r_1dr_1\right)=2\pi V_0\left(-\frac{1}{3}r_0^2+a^2\right)$$

从而

$$\begin{aligned}\int V(\boldsymbol{r}_0)\left[\int\frac{1}{|\boldsymbol{r}_1-\boldsymbol{r}_0|}V(\boldsymbol{r}_1)d^3r_1\right]d^3\boldsymbol{r}_0&=8\pi^2V_0^2\int_0^a\left(-\frac{1}{3}r_0^2+a^2\right)r_0^2dr_0\\&=8\pi^2V_0^2\left(-\frac{1}{15}a^5+\frac{1}{3}a^5\right)=\frac{32}{15}\pi^2V_0^2a^5\end{aligned}$$

最后得到

$$f(\theta)=-\frac{m}{2\pi\hbar^2}\frac{4}{3}\pi a^3V_0+\left(\frac{m}{2\pi\hbar^2}\right)^2\frac{32}{15}\pi^2V_0^2a^5=-\left(\frac{2ma^3V_0}{3\hbar^2}\right)\left(1-\frac{4}{5}\frac{V_0ma^2}{\hbar^2}\right)$$

第11章补充习题解答

*** **习题 11.16** 推导出一维薛定谔方程的格林函数，并由它构造出积分形式（类似于式 11.67）。

答案：
$$\psi(x)=\psi_0(x)-\frac{\mathrm{i}m}{\hbar^2 k}\int_{-\infty}^{+\infty}\mathrm{e}^{\mathrm{i}k|x-x_0|}V(x_0)\psi(x_0)\,\mathrm{d}x_0$$

解： 类比式 11.52 和式 11.54，在一维情况下格林函数满足
$$\left(\frac{\mathrm{d}^2}{\mathrm{d}x^2}+k^2\right)G(x)=\delta(x),\quad G(x)=\frac{1}{\sqrt{2\pi}}\int \mathrm{e}^{\mathrm{i}sx}g(s)\,\mathrm{d}s$$

所以
$$\left(\frac{\mathrm{d}^2}{\mathrm{d}x^2}+k^2\right)G(x)=\frac{1}{\sqrt{2\pi}}\int(-s^2+k^2)\mathrm{e}^{\mathrm{i}sx}g(s)\,\mathrm{d}s=\delta(x)=\frac{1}{2\pi}\int \mathrm{e}^{\mathrm{i}sx}\,\mathrm{d}s\rightarrow$$

$$g(s)=\frac{1}{\sqrt{2\pi}(-s^2+k^2)}$$

$$G(x)=\frac{1}{2\pi}\int\frac{\mathrm{e}^{\mathrm{i}sx}}{(k^2-s^2)}\,\mathrm{d}s=-\frac{1}{2\pi}\int\frac{\mathrm{e}^{\mathrm{i}sx}}{(s+k)(s-k)}\mathrm{d}s$$

把 s 扩展到复平面，这个积分有两个极点 $s=\pm k$，对 $x>0$，积分围道应在上半平面，利用留数定理
$$G(x)=-\frac{1}{2\pi}\oint\frac{\mathrm{e}^{\mathrm{i}sx}}{(s+k)(s-k)}\mathrm{d}s=2\pi\mathrm{i}\left[-\frac{1}{2\pi}\frac{\mathrm{e}^{\mathrm{i}sx}}{(s+k)}\right]\Bigg|_{s=k}=-\mathrm{i}\frac{\mathrm{e}^{\mathrm{i}kx}}{2k}$$

对 $x<0$，积分围道应在下半平面，
$$G(x)=+\frac{1}{2\pi}\oint\frac{\mathrm{e}^{\mathrm{i}sx}}{(s+k)(s-k)}\mathrm{d}s=2\pi\mathrm{i}\left(\frac{1}{2\pi}\frac{\mathrm{e}^{\mathrm{i}sx}}{(s-k)}\right)\Bigg|_{s=-k}=-\mathrm{i}\frac{\mathrm{e}^{-\mathrm{i}kx}}{2k}$$

所以在两种情况下，都可以把 $G(x)$ 表示为
$$G(x)=-\mathrm{i}\frac{\mathrm{e}^{\mathrm{i}k|x|}}{2k}$$

所以由式 11.67
$$\begin{aligned}\psi(x)&=\psi_0(x)+\frac{2m}{\hbar^2}\int G(x-x_0)V(x_0)\psi(x_0)\,\mathrm{d}x_0\\&=\psi_0(x)-\mathrm{i}\frac{m}{k\hbar^2}\int \mathrm{e}^{\mathrm{i}k|x-x_0|}V(x_0)\psi(x_0)\,\mathrm{d}x_0\end{aligned}$$

其中 $\psi_0(x)$ 满足齐次薛定谔方程
$$\left(\frac{\mathrm{d}^2}{\mathrm{d}x^2}+k^2\right)\psi_0(x)=0$$

*** **习题 11.17** 利用习题 11.16 的结果推导一维散射的玻恩近似（在区间 $-\infty<x<+\infty$ 上，原点处无“砖墙”）。选择 $\psi_0(x)=A\mathrm{e}^{\mathrm{i}kx}$，且假定 $\psi(x_0)\cong\psi_0(x_0)$ 以计算积分。证明反射系数有如下形式：

$$R \cong \left(\frac{m}{\hbar^2 k}\right)^2 \left| \int_{-\infty}^{+\infty} e^{2ikx} V(x)\, dx \right|^2$$

解：根据习题 11.16，由玻恩近似令 $\psi(x_0) \approx A e^{ikx_0}$，$\psi_0(x) \approx A e^{ikx}$，有

$$\begin{aligned}
\psi(x) &= A e^{ikx} - \frac{im}{\hbar^2 k}\int_{-\infty}^{x} e^{ik|x-x_0|} V(x_0) A e^{ikx_0} dx_0 \\
&= A\left\{ e^{ikx} - \frac{im}{\hbar^2 k}\int_{-\infty}^{x} e^{ik(x-x_0)} V(x_0) e^{ikx_0} dx_0 - \frac{im}{\hbar^2 k}\int_{x}^{+\infty} e^{ik(x_0-x)} V(x_0) e^{ikx_0} dx_0 \right\} \\
&= A\left\{ e^{ikx} - \frac{im}{\hbar^2 k} e^{ikx}\int_{-\infty}^{x} V(x_0)\, dx_0 - \frac{im}{\hbar^2 k} e^{-ikx}\int_{x}^{+\infty} e^{2ikx_0} V(x_0)\, dx_0 \right\} \\
&= A\left(1 - \frac{im}{\hbar^2 k}\int_{-\infty}^{x} V(x_0)\, dx_0\right) e^{ikx} - A\left(\frac{im}{\hbar^2 k}\int_{x}^{+\infty} e^{2ikx_0} V(x_0)\, dx_0\right) e^{-ikx}
\end{aligned}$$

由于势是局域的，那么当 $x \to +\infty$ 时，上面的最后一项为零，

$$\psi(x) = A\left(1 - \frac{im}{\hbar^2 k}\int_{-\infty}^{+\infty} V(x_0)\, dx_0\right) e^{ikx}$$

显然这是透射波。当 $x \to -\infty$ 时，第一个积分为零，

$$\psi(x) = A e^{ikx} - A\left(\frac{im}{\hbar^2 k}\int_{-\infty}^{+\infty} e^{2ikx_0} V(x_0)\, dx_0\right) e^{-ikx}$$

显然，第一项是入射波，第二项代表反射波，所以反射系数是

$$R \cong \left(\frac{m}{\hbar^2 k}\right)^2 \left| \int_{-\infty}^{+\infty} e^{2ikx} V(x)\, dx \right|^2$$

如果试图计算透射系数

$$T = \left| 1 - \frac{im}{\hbar^2 k}\int_{-\infty}^{+\infty} V(x_0)\, dx_0 \right|^2 = 1 + \left(\frac{m}{\hbar^2 k}\int_{-\infty}^{+\infty} V(x_0)\, dx_0\right)^2$$

这显然不合理，因为 $T > 1$，所以玻恩一级近似可以给出反射系数，但是不能给出合理的透射系数，我们应当用 $T = 1 - R$ 计算透射系数。

习题 11.18 利用一维玻恩近似(习题 11.17)，分别对 δ 函数(式 2.114)散射和有限深方势阱(式 2.145)散射求透射系数($T = 1 - R$)，并将所得结果与精确解(式 2.141 和式 2.169)进行比较。

解：对 δ 函数势 $V(x) = -\alpha\delta(x)$，由上题结果有

$$R = \left(\frac{m}{\hbar^2 k}\right)^2 \left| -\alpha\int_{-\infty}^{+\infty} e^{2ikx}\delta(x)\, dx \right|^2 = \left(\frac{m\alpha}{\hbar^2 k}\right)^2$$

用能量 $E = \hbar^2 k^2 / 2m$ 重新表示结果为

$$R = \frac{m\alpha^2}{2\hbar^2 E}, \quad T = 1 - \frac{m\alpha^2}{2\hbar^2 E}$$

而精确的结果(式 2.141)为

$$T = 1 \Big/ \left(1 + \frac{m\alpha^2}{2\hbar^2 E}\right) \approx 1 - \frac{m\alpha^2}{2\hbar^2 E}$$

两者是一致的，前提是 $\frac{m\alpha^2}{2\hbar^2 E} \ll 1$。

对有限方势阱

$$V(x)=\begin{cases}-V_0 & (-a<x<a)\\ 0 & (\text{其他})\end{cases}$$

有

$$R=\left(\frac{m}{\hbar^2 k}\right)^2\left|-V_0\int_{-a}^{a}e^{2ikx}dx\right|^2=\left(\frac{m}{\hbar^2 k}\right)^2\left(V_0\frac{\sin(2ka)}{k}\right)^2$$

透射系数为

$$T=1-\left[\frac{V_0}{2E}\sin\left(\frac{2a}{\hbar}\sqrt{2mE}\right)\right]^2$$

当 $E>>V_0$ 时，精确解(式2.169)为

$$T^{-1}\approx 1+\left[\frac{V_0}{2E}\sin\left(\frac{2a}{\hbar}\sqrt{2mE}\right)\right]^2\to T=1-\left[\frac{V_0}{2E}\sin\left(\frac{2a}{\hbar}\sqrt{2mE}\right)\right]^2$$

所以两者结果是一致的。

习题 11.19 证明**光学定理**，它将总截面和向前散射振幅的虚部相联系：

$$\sigma=\frac{4\pi}{k}\mathrm{Im}(f(0))$$

提示：利用式11.47和式11.48。

解：由式11.47

$$f(\theta)=\frac{1}{k}\sum_{l=0}^{+\infty}(2l+1)e^{i\delta_l}\sin(\delta_l)P_l(\cos\theta)$$

由于 $P_l(1)=1$，所以

$$f(0)=\frac{1}{k}\sum_{l=0}^{+\infty}(2l+1)e^{i\delta_l}\sin(\delta_l)$$

取 $f(0)$ 的虚部有

$$\mathrm{Im}(f(0))=\frac{1}{k}\sum_{l=0}^{+\infty}(2l+1)\sin^2(\delta_l)$$

由总散射截面(式11.48)

$$\sigma=\frac{4\pi}{k^2}\sum_{l=0}^{+\infty}(2l+1)\sin^2(\delta_l)$$

所以

$$\sigma=\frac{4\pi}{k}\mathrm{Im}(f(0))$$